世界有色金属牌号手册

主　审　朱玉华
主　编　马存真　赵军锋
副主编　葛立新　杨丽娟　贺东江

北　京
冶　金　工　业　出　版　社
2017

内 容 提 要

本手册主要介绍我国常用铝、铜、镁、钛、镍、铅、锌、锡、锑、贵金属、铋、汞、镉、钴、钨、钼、钽、铌、锆及其合金等金属材料牌号、标准号及化学成分，以及国际标准化组织、欧盟、美国、日本等的相近似金属材料牌号及其化学成分等内容。

本手册内容系统全面，数据翔实可靠，实用性强，可供材料、冶金、机械、化工、交通、电力、航空航天及军工等行业的科研设计、工程技术人员等参考，也可供相关专业的高校师生阅读参考。

图书在版编目(CIP)数据

世界有色金属牌号手册／马存真，赵军锋主编.
—北京：冶金工业出版社，2017.4
ISBN 978-7-5024-7446-1

Ⅰ.①世… Ⅱ.①马… ②赵… Ⅲ.①有色金属—金属材料—世界—手册 Ⅳ.①TG146-62

中国版本图书馆 CIP 数据核字(2017)第 047601 号

出 版 人 谭学余
地　　址 北京市东城区嵩祝院北巷 39 号 邮编 100009 电话 (010)64027926
网　　址 www.cnmip.com.cn 电子信箱 yjcbs@cnmip.com.cn
责任编辑 徐银河 美术编辑 杨 帆 版式设计 彭子赫
责任校对 李 娜 责任印制 李玉山
ISBN 978-7-5024-7446-1
冶金工业出版社出版发行；各地新华书店经销；北京京华虎彩印刷有限公司
2017 年 4 月第 1 版，2017 年 4 月第 1 次印刷
210mm×297mm；37.5 印张；1239 千字；585 页
288.00 元
冶金工业出版社 投稿电话 (010)64027932 投稿信箱 tougao@cnmip.com.cn
冶金工业出版社营销中心 电话 (010)64044283 传真 (010)64027893
冶金书店 地址 北京市东四西大街 46 号(100010) 电话 (010)65289081(兼传真)
冶金工业出版社天猫旗舰店 yjgycbs.tmall.com
(本书如有印装质量问题，本社营销中心负责退换)

《世界有色金属牌号手册》
编 委 会

主 审　朱玉华

主 编　马存真　赵军锋

副主编　葛立新　杨丽娟　贺东江

编 委（以姓氏笔画为序）

前　　言

　　有色金属具有优良的物理化学性质，是国民经济和国防建设不可缺少的重要物质，广泛应用于机械制造、交通运输、航空航天、电子通信、新型能源、电力传输、建筑家电等领域。

　　在元素周期表中，共有64种有色金属，通常将它们分为轻金属、重金属、稀有金属、贵金属、半金属、稀土金属等。有色金属种类众多，涉及的相关牌号更是繁杂。为了让广大有色金属的生产、使用、设计、科研、贸易部门方便地查阅有色金属的牌号与化学成分，中国有色金属工业标准计量质量研究所组织相关标准化专家编译了本书。

　　1988年，中国有色金属工业标准计量质量研究所曾编译《世界有色金属材料成分与性能手册》。2000年，又编译了《袖珍世界有色金属牌号手册》，距今也已十余年，国内外相关标准、牌号几乎均已修订，实有必要编一本全新的有色金属牌号手册以满足各方面的需求。

　　本手册有三个显著特点：（1）涵盖有色金属品种多。第2章至第16章分别对55种有色金属品种的牌号和化学成分作了详尽介绍。较1988版和2000版，本手册不仅对常用有色金属品种进行了全面介绍，而且首次将半导体材料、稀土、稀散小金属也收入手册。（2）涉及范围广。不仅对我国国家标准、行业标准规定的金属牌号和化学成分作了详尽介绍，而且依序对国际标准化组织、欧盟、美国、日本、德国、法国、美国、俄罗斯等机构或国家相关金属的牌号和化学成分作了详尽介绍。（3）数据新。国内外所有有色金属的牌号和化学成分相关数据都是依据现行最新的有影响力的标准之中查询得来，时间截至2016年年底。

　　本手册由中国有色金属工业标准计量质量研究所主编，全国有色金属标准化技术委员会、全国稀土标准化技术委员会、全国半导体设备和材料标准化技术委员会材料分会均参与了编撰工作。本手册由朱玉华主审，马存真、赵军锋主编，数十位标准化专家参与编写。

　　由于时间仓促，难免出现不足之处，数据均以各标准单行本为准，敬请广大读者指正。

《世界有色金属牌号手册》编委会

2017年3月

目　　录

第1章　有色金属分类

1.1　有色金属概述

金属的种类繁多，通常分为黑色金属和有色金属两大类。黑色金属包括铁、铬、锰，而除此之外的金属均称为有色金属。有色金属的分类，各国并不完全一致，大致上按其密度、价格、在地壳中的储量及分布情况以及被发现和使用的时间早晚等分为六大类，即轻有色金属、重有色金属、稀有金属、贵金属、半金属、稀土金属。

有色金属的合金是由有色金属作为基体，加入另一种或几种金属（或非金属）组分所组成，既具有基体金属通性又具有某些特定性能的物质。有色金属合金分类方法很多，按基体金属可分为铜合金、铝合金、钛合金、镍合金、锌合金等；按其生产方法，可分为铸造合金与变形合金；根据组成合金的元素数目，可分为二元合金、三元合金、四元合金和多元合金。一般合金组分的总含量（质量分数）占 $2.5\% \sim 10\%$ 者，为中合金；含量（质量分数）大于 10% 者，为高合金。

1.2　有色金属分类

有色金属的分类如图 1-1 所示。

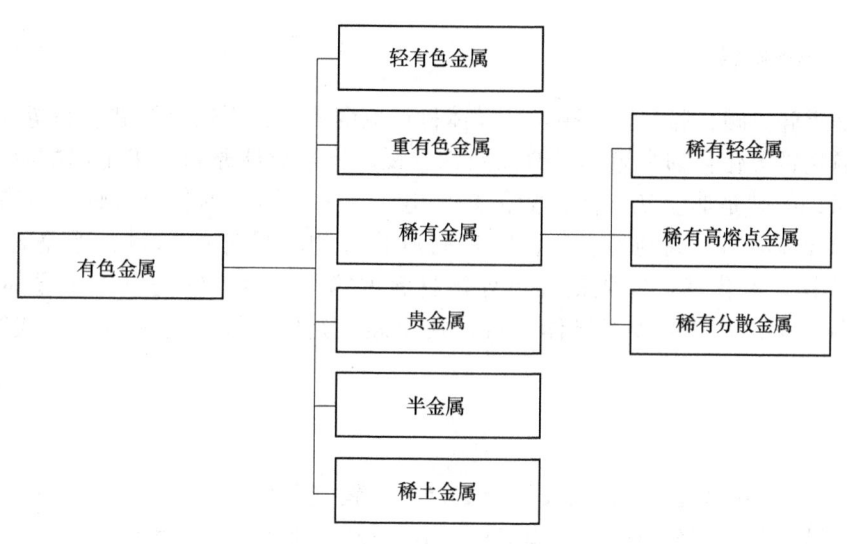

图 1-1　有色金属的分类

1.2.1　轻有色金属

轻有色金属一般指密度为 $4.5g/cm^3$ 以下的有色金属，包括铝、镁、钾、钠、钙、锶、钡。这类金属的共同特点是密度小（密度为 $0.53 \sim 4.5g/cm^3$），化学活性大，与氧、硫、碳和卤素形成的化合物都相当稳定。所以这类金属多采用熔盐电解法及金属热还原法提取。轻金属铝在自然界中占地壳重量的 8%（铁为 5%），目前铝已成为有色金属中生产量最大的金属。

1.2.2　重有色金属

重有色金属一般指密度为 $4.5g/cm^3$ 以上的有色金属，包括铜、镍、铅、锌、钴、锡、锑、汞、镉、铋。重有色金属的冶炼一般分为湿法冶炼和火法冶炼。

1.2.3　稀有金属

稀有金属通常是指那些在自然界中含量很少，分布稀散或难从原料中提取的金属。一般认为下述金属是稀有金属，包括锂、铷、铯、铍、钨、钼、钽、铌、钛、锆、铪、钒、铼、镓、铟、铊、锗等。根据各种稀有金属的某些共同点（如物理化学性质、原料的共生关系、生产流程等）划分为三类：稀有轻金属、稀有高熔点金属、稀有分散金属（如图 1-1 所示）。稀有金属的制取较为繁杂，一般不能从矿石中直接冶炼成金属，而需要经过制取化合物的中间阶段。

稀有轻金属包括锂、铍、铷、铯、钛，其共同特点是密度小、化学活性强。

稀有高熔点金属包括钨、钼、钽、铌、锆、铪、钒、铼，其共同特点是熔点高（1830～3400℃）、硬度大、抗腐蚀性强，可与一些非金属生成非常坚硬和非常难熔的稳定化合物。

稀有分散金属也称稀散金属，包括镓、铟、铊、锗。除铊外都是半导体材料。大多数稀散金属在自然界中没有单独矿物存在。

1.2.4　贵金属

贵金属包括金、银、铂、钯、铑、铱、钌、锇，由于其具有良好的耐腐蚀和耐氧化性、很高的熔点、良好的导电性和催化活性，已成为现代工业和国防建设的重要材料，被广泛应用到环境资源、生物、医药、航空、航天、船舶、武器装备、电子信息、国防等高技术领域，并广泛运用于冶金、化工、电气、电子、信息、能源、环境保护、航空航天航海等工业和其他高新产业，被誉为"现代工业维他命"和"新的高技术金属"。

1.2.5　半金属及半导体材料

半金属一般是指硅、硒、碲、砷、硼。半导体材料范围较广，不仅包括硅、锗等元素半导体材料，也包括砷化镓、磷化铟等化合物半导体材料以及镓、锑、铟半导体原料。半金属的物理化学性质介于金属与非金属之间，如砷是非金属，但又能传热导电。这类金属根据各自特性，具有不同用途。硅、锗是主要的元素半导体材料，高纯碲、硒、砷是制造化合物半导体的原料，硼是合金的添加元素，镓、锑是制造砷化镓、氮化镓、锑化铟等半导体材料的掺杂元素，铟是电子半导体原料，砷化镓、磷化铟、磷化镓等是第二代化合物半导体材料，碳化硅、氮化镓等则称为是第三代宽禁带化合物半导体材料。

1.2.6　稀土

稀土是元素周期表中镧系元素：镧（La）、铈（Ce）、镨（Pr）、钕（Nd）、钷（Pm）、钐（Sm）、铕（Eu）、钆（Gd）、铽（Tb）、镝（Dy）、钬（Ho）、铒（Er）、铥（Tm）、镱（Yb）、镥（Lu），加上与其同族的钪（Sc）和钇（Y），共计 17 种元素的总称。按元素原子量及物理化学性质，分为轻、中、重稀土元素，前 5 种元素为轻稀土，其余为中重稀土。稀土因其独特的物理化学性质，广泛应用于新能源、新材料、节能环保、航空航天、电子信息等领域，是现代工业中不可或缺的重要元素。

稀土冶炼方法有两种，即湿法冶金和火法冶金。湿法冶金全流程大多处于溶液、溶剂之中，如稀土精矿的分解、稀土氧化物、稀土化合物、单一稀土金属的分离和提取过程就是采用沉淀、结晶、氧化还原、溶剂萃取、离子交换等化学分离工艺过程，是工业分离高纯单一稀土元素的通用工艺。湿法冶金流程较为复杂，产品纯度高。稀土火法冶炼主要包括金属热还原法制取稀土金属、熔盐电解法制取稀土金属和合金、金属热还原法制取稀土中间合金等。火法冶金工艺过程简单，生产率较高。

第2章 铝及铝合金牌号与化学成分

2.1 中国

2.1.1 冶炼产品

2.1.1.1 重熔用铝锭（含重熔用电工铝锭）

重熔用铝锭的牌号用化学元素符号 Al 加铝的名义含量表示。如 Al99.70 表示铝含量不小于99.70%的重熔用铝锭。重熔用电工铝锭的牌号用化学元素符号 Al 加铝的名义含量及大写字母 E（Electrical）表示。如 Al99.70E 表示铝含量不小于99.70%的重熔用电工铝锭。

重熔用铝锭和重熔用电工铝锭执行的是国家标准《重熔用铝锭》（GB/T 1196—2016），产品分为8个牌号，其中 Al99.7E 和 Al99.6E 为电工用铝锭牌号。各牌号化学成分见表2-1。

表2-1 重熔用铝锭化学成分

牌 号	化学成分(质量分数)/%								
	Al[①] (不小于)	杂质(不大于)							
		Si	Fe	Cu	Ga	Mg	Zn	Mn	其他每种	总和
Al99.85[②]	99.85	0.08	0.12	0.005	0.03	0.02	0.03	—	0.015	0.15
Al99.80[②]	99.80	0.09	0.14	0.005	0.03	0.02	0.03	—	0.015	0.20
Al99.70[②]	99.70	0.10	0.20	0.01	0.03	0.02	0.03	—	0.03	0.30
Al99.60[②]	99.60	0.16	0.25	0.01	0.03	0.03	0.03	—	0.03	0.40
Al99.50[②]	99.50	0.22	0.30	0.02	0.03	0.05	0.05	—	0.03	0.50
Al99.00[②]	99.00	0.42	0.50	0.02	0.05	0.05	0.05	—	0.05	1.00
Al99.7E[②,③]	99.70	0.07	0.20	0.01	—	0.02	0.04	0.005	0.03	0.30
Al99.6E[②,④]	99.60	0.10	0.30	0.01	—	0.02	0.04	0.007	0.03	0.40

注：1. 对于表2-1中未规定的其他杂质元素含量，如需方有特殊要求时，可由供需双方另行协商。

2. 分析数值的判定采用修约比较，修约规则按 GB/T 8170 的规定进行，修约数位与表2-1中所列极限值数位一致。

① 铝含量为100%与表2-1中所列有数值要求的杂质元素含量实测值及等于或大于0.010%的其他杂质总和的差值，求和前数值修约至与表2-1中所列极限数位一致，求和后将数值修约至 0.0x% 再与100%求差。

② Cd、Hg、Pb、As 元素，供方可不做常规分析，但应监控其含量，要求 $w(Cd + Hg + Pb) \leqslant 0.0095\%$；$w(As) \leqslant 0.009\%$。

③ $w(B) \leqslant 0.04\%$；$w(Cr) \leqslant 0.004\%$；$w(Mn + Ti + Cr + V) \leqslant 0.020\%$。

④ $w(B) \leqslant 0.04\%$；$w(Cr) \leqslant 0.005\%$；$w(Mn + Ti + Cr + V) \leqslant 0.030\%$。

采购原铝液时的执行标准也是《重熔用铝锭》（GB/T 1196—2016）。

需要说明的是，行业标准《炼钢脱氧和部分铁合金用铝锭》（YS/T 75—1994）已经废止，不再使用。

2.1.1.2 重熔用精铝锭

重熔用精铝锭的牌号用化学元素符号 Al 加铝的名义含量表示。如 Al99.99 表示铝含量不小于99.99%的重熔用精铝锭。有时为了区别铝含量相似但杂质元素差别较大的牌号，在牌号后面加大写字母 A、B 等，表示该牌号的变异牌号。如 Al99.99A 表示铝含量不小于99.99%的重熔用精铝锭，但其杂质元素要求与 Al99.99 相异。

重熔用精铝锭执行行业标准《重熔用精铝锭》（YS/T 665—2009），产品分为7个牌号。各牌号化学成分见表2-2。

表 2 - 2　重熔用精铝锭化学成分

牌　号	Al（不小于）	化学成分（质量分数）/%								
		杂质（不大于）								
		Fe	Si	Cu	Mg	Zn	Ti	Mn	Ga	其他每种
Al99.995	99.995	0.0010	0.0010	0.0015	0.0015	0.0005	0.0005	0.0007	0.0010	0.0010
Al99.993A	99.993	0.0010	0.0010	0.0030	0.0020	0.0010	0.0010	0.0008	0.0010	0.0010
Al99.993	99.993	0.0015	0.0015	0.0030	0.0025	0.0010	0.0010	0.0010	0.0012	0.0010
Al99.99A	99.990	0.0010	0.0010	0.0050	0.0025	0.0010	0.0010	0.0010	0.0012	0.0010
Al99.99	99.990	0.0030	0.0030	0.0050	0.0030	0.0010	0.0010	0.0010	0.0015	0.0010
Al99.98	99.980	0.0070	0.0070	0.0080	0.0030	0.0020	0.0020	0.0015	0.0020	0.0030
Al99.95	99.950	0.0200	0.0200	0.0100	0.0050	0.0050	0.0050	0.0020	0.0020	0.0100

注：1. 铝质量分数为 100% 与表 2 - 2 中所列杂质元素及质量分数等于或大于 0.0010% 的其他杂质实测值总和的差值，求和前各元素数值要表示到 0.0xxx%，求和后将总和修约到 0.0xxx%。

2. 表 2 - 2 中未规定的重金属元素铅、砷、镉、汞含量，供方可不做常规分析，但应定期分析，每年至少检测一次，且应保证 $w(Cd + Hg + Pb) \leqslant 0.0095\%$，$w(As) \leqslant 0.0090\%$。其他杂质元素由供需双方协商。

3. 分析数值判定采用修约比较法，数值修约规则按 GB/T 8170 的规定进行，修约数位与表中所列极限数字一致。

　　需要说明的是，行业标准《重熔用精铝锭》（YS/T 665—2009）正在修订之中，预计于 2017 年发布新版本。根据此标准修订后将纳入 Al99.90 牌号，该牌号在 GB/T 1196 中由 2008 版修订为 2016 版时从普通铝锭牌号变为精铝锭牌号。根据该行业标准修订版的征求意见稿来看，此标准在牌号设置和化学成分要求方面将会有很大变动，请读者关注。

2.1.1.3　高纯铝锭

　　高纯铝锭的牌号用化学元素符号 Al 加符号"-"再加铝的纯度表示。如 Al - 5N 表示铝含量不小于 99.999% 的高纯铝锭，Al - 5N5 表示铝含量不小于 99.9995% 的高纯铝锭。

　　高纯铝锭执行的是行业标准《高纯铝》（YS/T 275—2008），产品分为 2 个牌号：Al - 5N 和 Al - 5N5，其化学成分见表 2 - 3。

表 2 - 3　高纯铝锭化学成分

牌号	Al（不小于）	化学成分（质量分数）/%										
		杂质含量（不大于）/×10⁻⁴										
		Cu	Si	Fe	Ti	Zn	Pb	Ga	Cd	Ag	In	总和
Al - 5N	99.999	2.8	2.5	2.5	1.0	0.9	0.5	0.5	0.2	0.2	0.2	10
Al - 5N5	99.9995	2.8	2.5	2.5	1.0	0.9	0.5	0.5	0.2	0.2	0.2	Cu + Si + Fe + Ti + Zn + Ga：5	5

注：1. 铝质量分数为 100% 与表 2 - 3 中质量分数等于或大于 $0.10 \times 10^{-4}\%$ 的杂质总和的差值。

2. 分析数值的判定采用修约比较法，数值修约规则按 GB/T 8170 的有关规定进行。修约数位与表 2 - 3 中所列极限值数位一致。

3. 对杂质元素 As、Hg、Cr 或其他杂质需方如有要求，可由供需双方协商。

4. 如需方有特殊要求，供需双方另行商定，但含量小于 $0.10 \times 10^{-4}\%$ 的杂质，不计入杂质总和。

　　需要说明的是，行业标准《高纯铝》（YS/T 275—2008）正在修订之中，预计于 2017 年发布新版本。根据此标准修订版的征求意见稿来看，该标准在牌号设置和化学成分要求方面将会有很大变动，请读者关注。

2.1.1.4　重熔用铝稀土合金锭

　　重熔用铝稀土合金锭的牌号用化学元素符号 Al 加稀土符号 RE 再加稀土总含量范围的名义中间值表示。如 AlRE0.6 表示稀土总含量为 0.21% ~ 1.0% 的重熔用铝稀土合金锭，AlRE4 表示稀土总含量为 3.0% ~ 5.0% 的重熔用铝稀土合金锭。

　　重熔用铝稀土合金锭执行的是行业标准《重熔用铝稀土合金锭》（YS/T 309—2012），产品分为 7 个牌号。各牌号化学成分见表 2 - 4。

表 2-4　重熔用铝稀土合金锭化学成分

牌　号	化学成分(质量分数)/%								
	稀土总量①	杂质(不大于)					其他杂质(不大于)		Al②
		Si	Fe	Cu	Ga	Mg	单个	总和	
AlRE0.06	0.03~0.12	0.10	0.20	0.01	0.03	0.03	0.03	0.05	余量
AlRE0.15	0.13~0.20	0.13	0.20	0.01	0.03	0.03	0.03	0.05	余量
AlRE0.6	0.21~1.0	0.13	0.20	0.02	0.03	0.03	0.03	0.05	余量
AlRE2	1.0~3.0	0.20	0.45	0.20	—	—	0.05	0.15	余量
AlRE4	3.0~5.0	0.25	0.50	0.20	—	—	0.05	0.15	余量
AlRE6	5.0~7.5	0.25	0.50	0.20	—	—	0.06	0.20	余量
AlRE8	7.5~10.0	0.25	0.50	0.20	—	—	0.06	0.20	余量

① 指以铈为主的混合轻稀土。

② 铝的质量分数为 100% 与等于或大于 0.010% 的所有元素含量总和的差值。

需要说明的是，表 2-4 中含量为单个数值者，其元素含量为最高限，"其他杂质"一栏是指表中未列出或未规定数值的杂质元素。

2.1.2　加工产品

我国铝及铝合金加工产品牌号表示方法按 GB/T 16474 规定，其牌号命名的基本原则：(1) 国际四位数字体系牌号（见 2.4.2 小节）直接引用；(2) 未命名为国际四位数字体系牌号的变形铝及铝合金采用四位字符牌号。

我国铝及铝合金加工产品牌号的第一位数字表示铝及铝合金组别，见表 2-5。牌号的第二位表示原始纯铝或铝合金的改型情况，最后两位数字用以标识同一组中不同的铝合金或表示铝的纯度。

表 2-5　铝及铝合金组别与牌号系列

组别①	牌号②系列
纯铝（铝含量不小于 99.00%）	1×××③
以铜为主要合金元素的铝合金	2×××
以锰为主要合金元素的铝合金	3×××
以硅为主要合金元素的铝合金	4×××
以镁为主要合金元素的铝合金	5×××
以镁和硅为主要合金元素，并以 Mg_2Si 相为强化相的铝合金	6×××
以锌为主要合金元素的铝合金	7×××
以其他合金为主要合金元素的铝合金	8×××
备用合金组	9×××

① 除改型合金外，铝合金组别按主要合金元素（6××× 系按 Mg_2Si）来确定。主要合金元素指极限含量算数平均值为最大的合金元素。当有一个以上的合金元素极限含量算数平均值同为最大时，按 Cu、Mn、Si、Mg、Mg_2Si、Zn、其他元素的顺序来确定合金组别。

② 牌号的第二位为数字 0 或字母 A 时，表示为原始纯铝或原始合金，否则表示原始纯铝的改型或改型合金，其与原始纯铝或原始合金相比，元素含量略有改变。

③ 牌号的最后两位数字就是最低铝百分含量中小数点后面的两位。

我国铝及铝合金加工产品大多采用《变形铝及铝合金化学成分》(GB/T 3190) 中规定的牌号与化学成分，部分产品采用近些年在有色金属标准化委员会注册的牌号与化学成分。

普通纯度金属为原料的、四位字符牌号的变形铝及铝合金化学成分见表 2-6；高纯金属为原料的、四位字符牌号的变形铝及铝合金化学成分见表 2-7。国际四位数字体系牌号的变形铝及铝合金化学成分见第 2.4.2 小节。

表 2－6　普通纯度金属为原料的、四位字符牌号的变形铝及铝合金化学成分（中国）

化学成分①（质量分数）/%

序号	牌号	Si	Fe	Cu	Mn	Mg	Cr	Ni	Zn	Ti	Ag	B	Bi	Ga	Li	Pb	Sn	V	Zr		其他②		Al③	备注
																					单个	合计		
1	1A99	0.003	0.003	0.005	—	—	—	—	0.001	0.002	—	—	—	—	—	—	—	—	—	—	0.002	—	99.99	LG5
2	1B99	0.0013	0.0015	0.0030	—	—	—	—	0.001	0.001	—	—	—	—	—	—	—	—	—	—	0.001	—	99.993	—
3	1C99	0.0010	0.0010	0.0015	—	—	—	—	0.001	0.001	—	—	—	—	—	—	—	—	—	—	0.001	—	99.995	—
4	1A97	0.015	0.015	0.005	—	—	—	—	0.001	0.002	—	—	—	—	—	—	—	—	—	—	0.005	—	99.97	LG4
5	1B97	0.015	0.030	0.005	—	—	—	—	0.001	0.005	—	—	—	—	—	—	—	—	—	—	0.005	—	99.97	—
6	1A95	0.030	0.030	0.010	—	—	—	—	0.003	0.008	—	—	—	—	—	—	—	—	—	—	0.005	—	99.95	—
7	1B95	0.030	0.040	0.010	—	—	—	—	0.003	0.008	—	—	—	—	—	—	—	—	—	—	0.005	—	99.95	LG3
8	1A93	0.040	0.040	0.010	—	—	—	—	0.005	0.010	—	—	—	—	—	—	—	—	—	—	0.007	—	99.93	—
9	1B93	0.040	0.050	0.010	—	—	—	—	0.005	0.010	—	—	—	—	—	—	—	—	—	—	0.007	—	99.93	—
10	1A90	0.060	0.060	0.010	—	—	—	—	0.008	0.015	—	—	—	—	—	—	—	—	—	—	0.01	—	99.90	LG2
11	1B90	0.060	0.060	0.010	—	—	—	—	0.008	0.010	—	—	—	—	—	—	—	—	—	—	0.01	—	99.90	—
12	1A85	0.08	0.10	0.01	—	—	—	—	0.01	0.01	—	—	—	—	—	—	—	0.05	—	—	0.01	—	99.85	LG1
13	1A80	0.15	0.15	0.03	0.02	0.02	—	—	0.03	0.03	—	—	—	0.03	—	—	—	—	—	—	0.02	—	99.80	—
14	1A80A	0.15	0.15	0.03	0.02	0.02	—	—	0.06	0.02	—	—	—	0.03	—	—	—	—	—	—	0.02	—	99.80	—
15	1A60	0.11	0.25	0.01	—	—	—	—	—	—	—	—	—	—	—	—	—	—	—	V+Ti+Mn+Cr:0.02	0.03	—	99.60	—
16	1A50	0.30	0.30	0.01	0.05	0.05	—	—	0.03	0.03	—	—	—	—	—	—	—	—	—	Fe+Si:0.45	0.03	—	99.50	LB2
17	1R50	0.11	0.25	0.01	—	—	—	0.01	—	—	—	—	—	—	—	—	—	—	—	RE:0.03~0.30, V+Ti+Mn+Cr:0.02	0.03	—	99.50	—
18	1R35	0.25	0.35	0.05	0.03	0.03	—	—	0.05	0.03	—	—	—	—	—	—	—	0.05	—	RE:0.10~0.25	0.03	—	99.35	—
19	1A30	0.10~0.20	0.15~0.30	0.05	0.01	0.01	—	—	0.02	0.02	—	—	—	—	—	—	—	—	—	—	0.03	—	99.30	L4－1
20	1B30	0.05~0.15	0.20~0.30	0.03	0.12~0.18	0.03	—	—	0.03	0.02~0.05	—	—	—	—	—	—	—	—	—	—	0.03	—	99.30	—
21	2A01	0.50	0.50	2.2~3.0	0.20	0.20~0.50	—	—	0.10	0.15	—	—	—	—	—	—	—	—	—	—	0.05	0.10	余量	LY1

续表 2-6

序号	牌号	化学成分①（质量分数）/%																			其他②		Al③	备注
		Si	Fe	Cu	Mn	Mg	Cr	Ni	Zn	Ti	Ag	B	Bi	Ga	Li	Pb	Sn	V	Zr		单个	合计		
22	2A02	0.30	0.30	2.6~3.2	0.45~0.7	2.0~2.4	—	—	0.10	0.15	—	—	—	—	—	—	—	—	—	—	0.05	0.10	余量	LY2
23	2A04	0.30	0.30	3.2~3.7	0.50~0.8	2.1~2.6	—	—	0.10	0.05~0.40	—	—	—	—	—	—	—	—	—	Be:0.001~0.01	0.05	0.10	余量	LY4
24	2A06	0.50	0.50	3.8~4.3	0.50~1.0	1.7~2.3	—	—	0.10	0.03~0.15	—	—	—	—	—	—	—	—	—	Be:0.001~0.005	0.05	0.10	余量	LY6
25	2B06	0.20	0.30	3.8~4.3	0.40~0.9	1.7~2.3	—	—	0.10	0.10	—	—	—	—	—	—	—	—	—	Be:0.0002~0.005	0.05	0.10	余量	—
26	2A10	0.25	0.20	3.9~4.5	0.30~0.50	0.15~0.30	—	—	0.10	0.15	—	—	—	—	—	—	—	—	—	—	0.05	0.10	余量	LY10
27	2A11	0.7	0.7	3.8~4.8	0.40~0.8	0.40~0.8	—	0.10	0.30	0.15	—	—	—	—	—	—	—	—	—	Fe+Ni:0.7	0.05	0.10	余量	LY11
28	2B11	0.50	0.50	3.8~4.5	0.40~0.8	0.40~0.8	—	—	0.10	0.15	—	—	—	—	—	—	—	—	—	—	0.05	0.10	余量	LY8
29	2A12	0.50	0.50	3.8~4.9	0.30~0.9	1.2~1.8	—	0.10	0.30	0.15	—	—	—	—	—	—	—	—	—	Fe+Ni:0.50	0.05	0.10	余量	LY12
30	2B12	0.50	0.50	3.8~4.5	0.30~0.7	1.2~1.6	—	0.05	0.10	0.15	—	—	—	—	—	—	—	—	—	—	0.05	0.10	余量	LY9
31	2B18	0.15~0.25	1.0~1.6	1.8~2.7	0.25	1.2~1.8	—	1.0~1.6	0.15	0.2	—	—	—	—	—	—	—	—	—	Sc+Zr:0.30	0.05	0.15	余量	—
32	2D12	0.20	0.30	3.8~4.9	0.30~0.9	1.2~1.8	—	—	0.10	0.10	—	—	—	—	—	—	—	—	—	—	0.05	0.10	余量	—
33	2E12	0.06	0.12	4.0~4.6	0.40~0.7	1.2~1.8	—	—	0.15	0.10	—	—	—	—	—	—	—	—	—	Be:0.0002~0.005	0.10	0.15	余量	—
34	2A13	0.7	0.6	4.0~5.0	—	0.30~0.50	—	—	0.6	0.15	—	—	—	—	—	—	—	—	—	—	0.05	0.10	余量	LY13
35	2A14	0.6~1.2	0.7	3.9~4.8	0.40~1.0	0.40~0.8	—	0.10	0.30	0.15	—	—	—	—	—	—	—	—	—	—	0.05	0.10	余量	LD10
36	2A16	0.30	0.30	6.0~7.0	0.40~0.8	0.05	—	—	0.10	0.10~0.20	—	—	—	—	—	—	—	—	0.20	—	0.05	0.10	余量	LY16

续表 2-6

| 序号 | 牌号 | 化学成分①（质量分数）/% | | | | | | | | | | | | | | | | | | | 其他② | | Al③ | 备注 |
		Si	Fe	Cu	Mn	Mg	Cr	Ni	Zn	Ti	Ag	B	Bi	Ga	Li	Pb	Sn	V	Zr		单个	合计		
37	2B16	0.25	0.30	5.8~6.8	0.20~0.40	0.05	—	—	—	0.08~0.20	—	—	—	—	—	—	—	0.05~0.15	0.10~0.25	—	0.05	0.10	余量	LY16-1
38	2A17	0.30	0.30	6.0~7.0	0.40~0.8	0.25~0.45	—	—	0.10	0.10~0.20	—	—	—	—	—	—	—	—	—	—	0.05	0.10	余量	LY17
39	2A19	0.1	0.2	5.0~6.4	0.10~1.0	0.10~1.0	—	—	0.1	0.05~0.20	—	—	—	—	—	—	—	0.05~0.25	0.10~0.30	—	0.05	0.15	余量	—
40	2A20	0.20	0.30	5.8~6.8	—	0.02	—	—	0.10	0.07~0.16	—	0.001~0.01	—	—	—	—	—	0.05~0.15	0.10~0.25	—	0.05	0.15	余量	LY20
41	2A21	0.20	0.20~0.6	3.0~4.0	0.05	0.8~1.2	—	1.8~2.3	0.20	0.05	—	—	—	—	0.30~0.9	—	—	—	—	—	0.05	0.15	余量	—
42	2A23	0.05	0.06	1.8~2.8	0.20~0.6	0.6~1.2	—	—	0.15	0.15	—	—	—	—	—	—	—	—	0.06~0.16	—	0.10	0.15	余量	—
43	2A24	0.20	0.30	3.8~4.8	0.6~0.9	1.2~1.8	0.10	—	0.25	—	—	—	—	—	—	—	—	—	0.08~0.12	Ti+Zr:0.20	0.05	0.15	余量	—
44	2A25	0.06	0.06	3.6~4.2	0.50~0.7	1.0~1.5	—	0.06	—	—	—	—	—	—	—	—	—	—	—	—	0.05	0.10	余量	—
45	2B25	0.05	0.15	3.1~4.0	0.20~0.8	1.2~1.8	—	0.15	0.10	0.03~0.07	0.30~0.6	—	—	—	—	—	—	—	0.08~0.25	Be:0.0003~0.0008	0.05	0.10	余量	—
46	2A39	0.25	0.35	3.4~5.0	0.30~0.8	0.30~0.8	0.10~0.20	—	0.30	0.15	—	—	—	—	—	—	—	—	0.10~0.25	—	0.10	0.15	余量	—
47	2A40	0.25	0.8~1.2	4.5~5.2	0.40~0.6	0.50~1.0	—	—	—	0.04~0.12	—	—	—	—	—	—	—	—	0.10~0.25	—	0.05	0.15	余量	—
48	2A49	0.7~1.2	0.8~1.2	3.2~3.8	0.40~0.8	1.8~2.2	—	0.8~1.2	—	0.08~0.12	—	—	—	—	—	—	—	—	—	—	0.05	0.15	余量	—
49	2A50	0.7~1.2	0.7	1.8~2.6	0.40~0.8	0.40~0.8	0.01~0.20	0.10	0.30	0.15	—	—	—	—	—	—	—	—	—	Fe+Ni:0.7	0.05	0.10	余量	LD5
50	2B50	0.7~1.2	0.7	1.8~2.6	0.40~0.8	0.40~0.8	—	0.10	0.30	0.02~0.10	—	—	—	—	—	—	—	—	—	Fe+Ni:0.7	0.05	0.10	余量	LD6
51	2A70	0.35	0.9~1.5	1.9~2.5	0.20	1.4~1.8	—	0.9~1.5	0.30	0.02~0.10	—	—	—	—	—	—	—	—	—	—	0.05	0.10	余量	LD7

| 序号 | 牌号 | 化学成分①（质量分数）/% | | | | | | | | | | | | | | | | | | | 其他② | | Al③ | 备注 |
		Si	Fe	Cu	Mn	Mg	Cr	Ni	Zn	Ti	Ag	B	Bi	Ga	Li	Pb	Sn	V	Zr		单个	合计		
52	2B70	0.25	0.9~1.4	1.8~2.7	0.20	1.2~1.8	—	0.8~1.4	0.15	0.10	—	—	—	—	—	0.05	0.05	—	—	Ti+Zr:0.20	0.05	0.15	余量	—
53	2D70	0.10~0.25	0.9~1.4	2.0~2.6	0.10	1.2~1.8	0.10	0.9~1.4	0.10	0.05~0.10	—	—	—	—	—	—	—	—	—	—	0.05	0.10	余量	—
54	2A80	0.50~1.2	1.0~1.6	1.9~2.5	0.20	1.4~1.8	—	0.9~1.5	0.30	0.15	—	—	—	—	—	—	—	—	—	—	0.05	0.10	余量	LD8
55	2A90	0.50~1.0	0.50~1.0	3.5~4.5	0.20	0.40~0.8	—	1.8~2.3	0.30	0.15	—	—	—	—	—	—	—	—	—	—	0.05	0.10	余量	LD9
56	2A97	0.15	0.15	2.0~3.2	0.20~0.6	0.25~0.50	—	—	0.17~1.0	0.001~0.10	—	—	—	—	0.8~2.3	—	—	—	0.08~0.20	Be:0.001~0.10	0.05	0.15	余量	—
57	3A11	0.6	0.7	0.05~0.2	1.0~1.5	—	—	—	0.50~1.5	—	—	—	—	—	—	—	—	—	—	—	0.05	0.15	余量	—
58	3A21	0.6	0.7	0.20	1.0~1.6	0.05	—	—	0.10④	0.15	—	—	—	—	—	—	—	—	—	—	0.05	0.10	余量	LF21
59	4A01	4.5~6.0	0.6	0.20	—	—	0.2	—	0.07	0.15	—	—	—	—	—	—	—	—	—	Zn+Sn:0.10	0.05	0.15	余量	LT1
60	4B01	3.8~5.4	0.4	0.25	0.25	0.25~0.50	0.10	—	0.25	0.15	—	—	—	—	—	—	—	—	—	—	0.05	0.15	余量	—
61	4A11	11.5~13.5	1.0	0.50~1.3	0.20	0.8~1.3	0.10	0.50~1.3	0.2	0.15	—	—	—	—	—	—	—	—	—	—	0.05	0.15	余量	LD11
62	4A12	8.5~9.5	0.3	1.5~1.7	0.20~0.25	0.45~0.6	0.05	0.05	—	0.18~0.25	—	—	—	—	—	—	—	—	—	—	0.05	0.15	余量	—
63	4A13	6.8~8.2	0.50	—	0.50	0.05	—	—	—	0.15	—	—	—	—	—	—	—	—	—	Cu+Zn:0.15, Ca:0.10	0.05	0.15	余量	LT13
64	4A17	11.0~12.5	0.50	—	0.50	0.05	—	—	—	0.15	—	—	—	—	—	—	—	—	—	Cu+Zn:0.15, Ca:0.10	0.05	0.15	余量	LT17
65	4A33	10.0~12.0	0.3	0.7~1.3	0.1	—	—	0.1	—	0.1	—	—	—	—	—	—	0.20	—	—	—	0.05	0.15	余量	—
66	4A43	6.8~8.2	0.8	0.25	0.1	—	—	—	0.50~1.5	0.1	—	—	—	—	—	—	—	—	—	—	0.05	0.15	余量	—

续表 2-6

序号	牌号	化学成分①(质量分数)/% Si	Fe	Cu	Mn	Mg	Cr	Ni	Zn	Ti	Ag	B	Bi	Ga	Li	Pb	Sn	V	Zr		其他② 单个	合计	Al③	备注
67	4A45	9.0~10.0	0.8	0.3	0.05	0.05	—	—	0.50~1.5	0.2	—	—	—	—	—	—	—	—	—	—	0.05	0.15	余量	—
68	4A47	10.7~12.3	0.05	—	—	—	—	—	—	—	—	—	—	—	—	—	—	—	—	Sr:0.01~0.10	—	0.20	余量	—
69	4A53	6.8~8.2	0.8	0.25	0.1	—	—	—	1.0~2.0	—	—	—	—	—	—	—	—	—	—	—	0.05	0.15	余量	—
70	4A54	7.0~9.0	—	—	—	—	—	—	1.5~2.1	0.10~0.20	0.35~0.55	—	—	—	—	—	—	—	—	—	—	0.20	余量	—
71	4A60	0.80~1.0	0.20~0.35	0.05	0.03	0.03	—	—	0.05	0.03	—	—	—	—	—	—	—	—	—	—	0.05	0.15	余量	—
72	4A91	1.0~4.0	0.7	0.7	1.2	1.0	0.20	0.20	1.2	0.20	—	—	—	—	—	—	—	—	—	—	0.05	0.15	余量	—
73	4B91	2.0~4.0	0.35	0.10~0.50	0.07	0.35~1.0	0.05~0.20	—	0.08	0.2	—	—	—	—	—	—	—	—	—	—	0.05	0.15	余量	—
74	5A01	—	—	0.10	0.30~0.7	6.0~7.0	0.10~0.20	—	0.25	0.15	—	—	—	—	—	—	—	—	0.10~0.20	—	0.05	0.15	余量	LF15
75	5A02	0.40	—	0.10	或Cr: 0.15~0.40	2.0~2.8	—	—	—	0.15	—	—	—	—	—	—	—	—	—	Si+Fe:0.40	0.05	0.15	余量	LF2
76	5B02	0.50~0.8	0.40	0.10	0.20~0.6	1.8~2.6	0.05	—	0.20	0.10	—	—	—	—	—	—	—	—	—	—	0.05	0.10	余量	—
77	5A03	0.50~0.8	0.50	0.10	0.30~0.6	3.2~3.8	—	—	0.20	0.15	—	—	—	—	—	—	—	—	—	—	0.05	0.10	余量	LF3
78	5A05	0.50	0.50	0.10	0.30~0.6	4.8~5.5	—	—	0.20	—	—	—	—	—	—	—	—	—	—	—	0.05	0.10	余量	LF5
79	5B05	0.40	0.40	0.20	0.20~0.6	4.7~5.7	—	—	—	0.15	—	—	—	—	—	—	—	—	—	Fe+Si:0.6	0.05	0.10	余量	LF10
80	5A06	0.40	0.40	0.10	0.50~0.8	5.8~6.8	—	—	0.20	0.02~0.10	—	—	—	—	—	—	—	—	—	Be:0.0001~0.005	0.05	0.10	余量	LF6
81	5B06	0.40	0.40	0.10	0.50~0.8	5.8~6.8	—	—	0.20	0.10~0.30	—	—	—	—	—	—	—	—	—	Be:0.0001~0.005	0.05	0.10	余量	LF14

化学成分①(质量分数)/%

序号	牌号	Si	Fe	Cu	Mn	Mg	Cr	Ni	Zn	Ti	Ag	B	Bi	Ga	Li	Pb	Sn	V	Zr	其他元素	其他② 单个	其他② 合计	Al③	备注
82	5E06	0.3	0.4	0.1	0.30~0.8	5.8~6.8	—	—	0.25	0.1	—	—	—	—	—	—	—	—	0.10~0.15	Er:0.20~0.40, Be:0.0005~0.005	0.05	0.10	余量	—
83	5A10	0.2	0.25	0.01	—	0.40~0.6	—	—	—	—	—	—	—	—	—	—	—	—	—	Si+Fe:0.36	0.03	0.15	余量	—
84	5A12	0.30	0.30	0.05	0.40~0.8	8.3~9.6	—	0.10	0.20	0.05~0.15	—	—	—	—	—	—	—	—	—	Be:0.005, Sb:0.004~0.05	0.05	0.10	余量	LF12
85	5A13	0.30	0.30	0.05	0.40~0.8	9.2~10.5	—	0.10	0.20	0.05~0.15	—	—	—	—	—	—	—	—	—	Be:0.005, Sb:0.004~0.05	0.05	0.10	余量	LF13
86	5A25	0.20	0.30	—	0.05~0.50	5.0~6.3	0.05~0.20	—	—	0.10	—	—	—	—	—	—	—	—	0.06~0.20	Be:0.0002~0.002, Sc:0.10~0.40	0.10	0.15	余量	—
87	5A30	—	—	0.10	0.50~1.0	4.7~5.5	—	—	0.25	0.03~0.15	—	—	—	—	—	—	—	—	—	Fe+Si:0.40	0.05	0.10	余量	LF16
88	5A33	0.35	0.35	0.10	0.10	6.0~7.5	—	—	0.50~1.5	0.05~0.15	—	—	—	—	—	—	—	—	0.10~0.30	Be:0.0005~0.005	0.05	0.10	余量	LF33
89	5A41	0.40	0.40	0.10	0.30~0.6	6.0~7.0	—	—	0.20	0.02~0.10	—	—	—	—	—	—	—	—	—	—	0.05	0.10	余量	LT41
90	5A43	0.40	0.40	0.10	0.15~0.40	0.6~1.4	—	—	—	0.15	—	—	—	—	—	—	—	—	—	—	0.05	0.10	余量	LF43
91	5A56	0.15	0.20	0.10	0.30~0.40	5.5~6.5	0.10~0.20	—	0.50~1.0	0.10~0.18	—	—	—	—	—	—	—	—	—	—	0.05	0.15	余量	—
92	5E59	0.25	0.25	0.15	0.4~0.8	5.3~6.3	—	—	0.4~0.8	—	—	—	—	—	—	—	—	—	0.08	Er:0.15~0.30	0.05	0.15	余量	—
93	5E61	0.25	0.25	0.1	0.7~1.0	5.5~6.5	—	—	0.2	—	—	—	—	—	—	—	—	—	Zr:0.02~0.12	Er:0.10~0.30	0.05	0.15	余量	—
94	5A66	0.005	0.01	0.005	—	1.5~2.0	—	—	—	—	—	—	—	—	—	—	—	—	—	—	0.005	0.01	余量	LT66

续表 2-6

化学成分① (质量分数)/%

序号	牌号	Si	Fe	Cu	Mn	Mg	Cr	Ni	Zn	Ti	Ag	B	Bi	Ga	Li	Pb	Sn	V	Zr	其他(指定元素)	其他②单个	其他②合计	Al③	备注
95	5A70	0.15	0.25	0.05	0.30~0.7	5.5~6.3	—	—	0.05	0.02~0.05	—	—	—	—	—	—	—	—	0.05~0.15	Sc:0.15~0.30, Be:0.0005~0.005	0.05	0.15	余量	—
96	5B70	0.1	0.2	0.05	0.15~0.40	4.2~6.5	—	—	0.05	0.02~0.05	—	—	—	—	—	—	—	—	0.10~0.20	Sc:0.20~0.40, Be:0.0005~0.005	0.05	0.15	余量	—
97	5A71	0.20	0.30	0.05	0.30~0.7	5.8~6.8	0.10~0.20	—	0.05	0.05~0.15	—	—	—	—	—	—	—	—	0.05~0.15	Sc:0.20~0.35, Be:0.0005~0.005	0.05	0.15	余量	—
98	5B71	0.2	0.3	0.05~0.20	0.3	5.8~6.8	0.3	—	0.3	0.02~0.05	—	0.003	—	—	—	—	—	—	0.08~0.15	Sc:0.30~0.50, Be:0.0005~0.005	0.05	0.15	余量	—
99	5E83	0.25	0.25	0.1	0.4~1.0	4.0~4.9	—	—	—	—	—	—	—	—	—	—	—	—	0.10~0.30	Er:0.10~0.30	0.05	0.15	余量	—
100	5A90	0.40~0.9	0.20	0.05	—	4.5~6.0	—	—	—	0.10	—	—	—	—	1.9~2.3	—	—	—	0.08~0.15	Na:0.005	0.05	0.15	余量	—
101	6A01	0.40~0.9	0.35	0.35	0.50	0.40~0.8	0.30	—	0.25	—	—	—	—	—	—	—	—	—	—	Mn+Cr:0.50	0.05	0.10	余量	6N01
102	6A02	0.50~1.2	0.50	0.20~0.6	或Cr:0.15~0.35	0.45~0.9	—	—	0.20	0.15	—	—	—	—	—	—	—	—	—	—	0.05	0.10	余量	LD2
103	6B02	0.7~1.1	0.40	0.10~0.40	0.10~0.30	0.40~0.8	0.10~0.30	—	0.15	0.01~0.04	—	—	—	—	—	—	—	—	—	—	0.05	0.10	余量	LD2-1
104	6S02	0.9~1.15	0.3	0.32~0.50	0.15~0.40	0.50~0.7	0.10~0.30	—	0.08	0.05	—	—	—	—	—	—	—	—	—	—	0.05	0.15	余量	—
105	6R05	0.40~0.9	0.30~0.50	0.15~0.25	0.10	0.20~0.6	0.10	—	—	0.10	—	—	—	—	—	—	—	—	—	—	0.05	0.15	余量	—
106	6A10	0.7~1.1	0.50	0.30~0.8	0.30~0.9	0.7~1.1	0.05~0.25	—	0.20	0.02~0.10	—	—	—	—	—	—	—	—	0.04~0.20	—	0.05	0.15	余量	—
107	6A16	0.6~1.2	0.4	0.02~0.20	0.01~0.25	0.7~1.3	0.1	—	0.25~0.80	0.15	—	—	—	—	—	—	—	—	0.01~0.20	—	0.05	0.15	余量	—

序号	牌号	化学成分①（质量分数）/%																			其他②		Al③	备注
		Si	Fe	Cu	Mn	Mg	Cr	Ni	Zn	Ti	Ag	B	Bi	Ga	Li	Pb	Sn	V	Zr		单个	合计		
108	6A51	0.50~0.7	0.50	0.15~0.35	—	0.45~0.6	—	—	0.25	0.01~0.04	—	—	—	—	—	—	0.15~0.35	—	—	—	0.05	0.15	余量	—
109	6A60	0.7~1.1	0.30	0.6~0.8	0.50~0.7	0.7~1.0	—	—	0.20~0.40	0.04~0.12	0.30~0.50	—	—	—	—	—	—	—	0.10~0.20	—	0.05	0.15	余量	—
110	6A61	0.55~0.8	0.5	0.25~0.45	0.1	0.7~1.4	0.3	—	0.1	0.07	—	—	—	—	—	—	—	—	—	—	0.05	0.15	余量	—
111	6R63	0.30~0.7	0.2	0.1	0.25	0.50~0.7	0.25	—	0.03	0.1	—	—	—	—	—	—	—	—	—	RE:0.10~0.25	0.03	0.15	余量	—
112	6A82	0.8~1.5	0.7	0.20~0.6	0.40~0.8	0.8~1.2	0.05~0.30	0.15	0.3	0.15	—	—	—	—	—	—	—	—	—	—	0.15	0.5	余量	—
113	7A01	0.30	0.30	0.01	—	—	—	—	0.9~1.3	—	—	—	—	—	—	—	—	—	—	Fe+Si:0.45	0.03	—	余量	LB1
114	7A02	0.50~0.8	0.35	0.10~0.25	—	0.55~0.85	—	—	0.65~2.0	0.05~0.10	—	—	—	—	—	—	—	0.10~0.40	0.04~0.10	—	0.03	0.1	余量	—
115	7A03	0.20	0.20	1.8~2.4	0.10	1.2~1.6	0.05	—	6.0~6.7	0.02~0.08	—	—	—	—	—	—	—	—	—	—	0.05	0.10	余量	LC3
116	7A04	0.50	0.50	1.4~2.0	0.20~0.6	1.8~2.8	0.10~0.25	—	5.0~7.0	0.10	—	—	—	—	—	—	—	—	—	—	0.05	0.10	余量	LC4
117	7B04	0.10	0.05~0.25	1.4~2.0	0.20~0.6	1.8~2.8	0.10~0.25	0.10	5.0~6.5	0.05	—	—	—	—	—	—	—	—	—	—	0.05	0.10	余量	—
118	7C04	0.30	0.30	1.4~2.0	0.30~0.50	2.0~2.6	0.10~0.25	—	5.5~6.5	—	—	—	—	—	—	—	—	—	—	—	0.05	0.10	余量	—
119	7D04	0.10	0.15	1.4~2.2	0.15~0.40	1.1~1.7	0.05~0.15	—	5.5~6.7	0.10	—	—	—	—	—	—	—	—	0.08~0.16	Be:0.02~0.07	0.05	0.10	余量	—
120	7A05	0.25	0.25	0.20	0.15~0.40	1.1~1.7	0.05~0.15	—	4.4~5.0	0.02~0.06	—	—	—	—	—	—	—	—	0.10~0.25	—	0.05	0.15	余量	—
121	7B05	0.30	0.35	0.20	0.20~0.7	1.0~2.0	0.30	—	4.0~5.0	0.20	—	—	—	—	—	—	—	0.10	0.25	—	0.05	0.10	余量	7N01
122	7A09	0.50	0.50	1.2~2.0	0.15	2.0~3.0	0.16~0.30	—	5.1~6.1	0.10	—	—	—	—	—	—	—	—	—	—	0.05	0.10	余量	LC9

续表 2-6

序号	牌号	Si	Fe	Cu	Mn	Mg	Cr	Ni	Zn	Ti	Ag	B	Bi	Ga	Li	Pb	Sn	V	Zr	其他	其他② 单个	其他② 合计	Al③	备注
123	7A10	0.30	0.30	0.50~1.0	0.20~0.35	3.0~4.0	0.10~0.20	—	3.2~4.2	0.10	—	—	—	—	—	—	—	—	—	—	0.05	0.10	余量	LC10
124	7A11	0.6	0.7	0.05~0.20	1.0~1.5	—	—	—	1.0~2.0	—	—	—	—	—	—	—	—	—	—	—	0.05	0.15	余量	—
125	7A12	0.10	0.06~0.15	0.8~1.2	0.10	1.6~2.2	0.05	—	6.3~7.2	0.03~0.06	—	—	—	—	—	—	—	—	0.10~0.18	Be:0.0001~0.02	0.05	0.10	余量	—
126	7A15	0.50	0.50	0.50~1.0	0.10~0.40	2.4~3.0	0.10~0.30	—	4.4~5.4	0.05~0.15	—	—	—	—	—	—	—	—	—	Be:0.005~0.01	0.05	0.15	余量	LC15
127	7A16	1.0~2.0	0.6	0.8~1.2	0.3	0.6	—	0.2	4.4~5.5	0.2	—	—	—	—	—	0.7~1.3	0.20	—	—	—	0.05	0.15	余量	—
128	7A19	0.30	0.40	0.08~0.30	0.30~0.50	1.3~1.9	0.10~0.20	—	4.5~5.3	—	—	—	—	—	—	—	—	—	0.08~0.20	Be:0.0001~0.004	0.05	0.15	余量	LC19
129	7A31	0.30	0.6	0.10~0.40	0.20~0.40	2.5~3.3	0.10~0.20	—	3.6~4.5	0.02~0.10	—	—	—	—	—	—	—	—	0.08~0.25	Be:0.0001~0.001	0.05	0.15	余量	—
130	7A33	0.25	0.30	0.25~0.55	0.05	2.2~2.7	0.05	—	4.6~5.4	0.05	—	—	—	—	—	—	—	—	—	—	0.05	0.10	余量	—
131	7A36	0.12	0.15	1.7~2.5	0.05	1.6~2.6	0.05	—	8.5~9.7	0.10	—	—	—	—	—	—	—	—	0.08~0.20	—	0.05	0.15	余量	—
132	7A46	0.12	0.3	0.10~0.40	0.1	0.9~1.7	0.06	—	6.0~7.0	0.08	—	—	—	—	—	—	—	—	—	—	0.05	0.15	余量	—
133	7E49	0.2	0.3	0.40~0.8	0.20~0.50	2.0~3.0	—	—	7.2~8.2	—	—	—	—	—	—	—	—	—	0.10~0.15	Er:0.10~0.15	0.05	0.15	余量	—
134	7B50	0.12	0.15	1.8~2.6	0.10	2.0~2.8	0.04	—	6.0~7.0	0.10	—	—	—	—	—	—	—	—	0.08~0.16	Be:0.0002~0.002	0.10	0.15	余量	—
135	7C50	0.06	0.1	1.3~2.0	0.08	1.6~2.5	0.05	—	5.7~6.9	0.05	—	—	—	—	—	—	—	—	0.06~0.12	—	0.05	0.15	余量	—
136	7A52	0.25	0.30	0.05~0.20	0.20~0.50	2.0~2.8	0.15~0.25	—	4.0~4.8	0.05~0.18	—	—	—	—	—	—	—	—	0.05~0.15	—	0.05	0.15	余量	LC52
137	7A55	0.10	0.10	1.8~2.5	0.05	1.8~2.8	0.04	—	7.5~8.5	0.01~0.05	—	—	—	—	—	—	—	—	0.08~0.20	—	0.10	0.15	余量	—

化学成分①（质量分数）/%

续表 2-6

化学成分①（质量分数）/%

序号	牌号	Si	Fe	Cu	Mn	Mg	Cr	Ni	Zn	Ti	Ag	B	Bi	Ga	Li	Pb	Sn	V	Zr		其他②单个	其他②合计	Al③	备注
138	7A56	0.12	0.15	1.3~2.1	0.05	1.6~2.4	0.05	—	8.6~9.8	0.1	—	—	—	—	—	—	—	—	0.06~0.18	—	0.05	0.15	余量	—
139	7A62	0.12	0.15	0.05~0.50	0.20~0.6	2.5~3.2	0.10~0.20	—	6.7~7.4	0.03~0.10	—	—	—	—	—	—	—	—	0.05~0.15	Be:0.0001~0.003	0.05	0.15	余量	—
140	7A68	0.15	0.35	2.0~2.6	0.15~0.40	1.6~2.5	0.10~0.20	—	6.5~7.2	0.05~0.20	—	—	—	—	—	—	—	—	0.05~0.20	Be:0.005	0.05	0.15	余量	—
141	7B68	0.05	0.05	2.0~2.6	0.05	1.8~2.8	0.04	—	7.8~9.0	0.01~0.05	—	—	—	—	—	—	—	—	0.08~0.25	—	0.10	0.15	余量	—
142	7D68	0.12	0.25	2.0~2.6	0.10	2.3~3.0	0.05	—	8.0~9.0	0.03	—	—	—	—	—	—	—	—	0.10~0.20	Be:0.0002~0.002	0.05	0.10	余量	7A60
143	7E75	0.2	0.3	1.1~1.7	0.20~0.40	2.3~3.2	—	—	5.5~6.5	0.05	—	—	—	—	—	—	—	—	0.08~0.12	Er:0.08~0.12	0.05	0.15	余量	—
144	7A85	0.05	0.08	1.2~2.0	0.10	1.2~2.0	0.05	—	7.0~8.2	0.05	—	—	—	—	—	—	—	—	0.08~0.16	—	0.05	0.15	余量	—
145	7B85	0.06	0.08	1.1~1.7	0.03	1.4~2.2	—	—	7.4~8.4	0.05	—	—	—	—	—	—	—	—	0.12~0.25	—	0.05	0.15	余量	—
146	7C85	0.05	0.08	1.1~1.6	0.04	1.2~1.6	0.04	—	7.0~7.6	0.05	—	—	—	—	—	—	—	—	0.08~0.15	—	0.05	0.15	余量	—
147	7A88	0.50	0.75	1.0~2.0	0.20~0.6	1.5~2.8	0.05~0.20	0.20	4.5~6.0	0.10	—	—	—	—	—	—	—	—	—	—	0.10	0.15	余量	—
148	7A93	0.12	0.15	1.6~2.2	—	2.0~2.6	—	0.08	9.8~11.0	0.1	—	—	—	—	—	—	—	—	0.15~0.30	—	0.05	0.15	余量	—
149	7A95	0.1	0.15	2.0~2.6	0.05	1.5~2.5	0.05	—	8.8~10.0	—	—	—	—	—	—	—	—	—	0.08~0.15	Be:0.0002~0.002	0.05	0.15	余量	—
150	7A99	0.10	0.20	1.4~2.0	—	1.7~2.3	—	—	7.6~8.6	0.05	—	—	—	—	—	—	—	—	0.10~0.20	—	0.05	0.15	余量	—
151	8A01	0.05~0.30	0.18~0.40	0.15~0.35	0.08~0.35	—	—	—	—	0.01~0.03	—	—	0.10~0.50	—	—	—	—	—	—	—	0.05	0.15	余量	—
152	8A02	0.15	0.1	0.005	0.005	0.03	—	—	0.005	—	—	—	—	—	—	—	0.10~0.25	—	—	—	0.1	0.2	余量	—

续表 2 - 6

序号	牌号	化学成分① (质量分数)/%																		其他②		Al③	备注
		Si	Fe	Cu	Mn	Mg	Cr	Ni	Zn	Ti	Ag	B	Bi	Ga	Li	Pb	Sn	V	Zr		单个	合计		
153	8B02	0.1	0.1	0.005	0.005	0.03	—	—	0.005	—	—	0.03~0.10	0.10~0.50	0.01~0.10	—	—	0.10~0.25	—	—	—	0.03	0.1	余量	—
154	8C05	0.05	0.04	—	0.03~0.05	0.03~0.10	—	0.005	—	—	—	—	—	—	—	—	—	—	—	C:0.1~0.5,O:0.05	0.03	0.1	余量	—
155	8A06	0.55	0.50	0.10	0.10	0.10	—	—	0.10	—	—	—	—	—	—	—	—	—	—	$Fe+Si$:1.0	0.05	0.15	余量	L6
156	8A07	0.15	0.45	—	—	—	—	—	—	—	—	—	—	—	—	—	—	—	0.01~0.50	—	0.03	0.1	余量	—
157	8A08	0.8~1.2	0.20~0.35	0.05	0.03	0.03	0.03	—	0.05	—	—	—	—	—	—	—	—	—	—	—	0.05	0.15	余量	—
158	8C12	0.05	0.04	0.05	0.03~0.05	0.03~0.10	—	0.005	—	—	—	—	—	—	—	—	—	—	—	C:0.6~1.2,O:0.05	0.03	0.15	余量	—
159	8A60	0.7	0.7	0.7~1.3	0.7	0.03	—	1.3	0.005	0.2	—	—	—	—	—	—	5.5~7.0	—	—	$Si+Fe+Mn$:1.0	0.05	0.15	余量	—
160	8A61	—	1.8~3.5	0.40~1.3	0.35	—	—	0.1	—	0.1	—	—	—	—	—	1.0~2.5	10.0~14.0	—	—	—	0.05	0.15	余量	—
161	8A62	0.7	0.7	0.7~1.3	0.7	—	—	0.1	—	0.2	—	—	—	—	—	—	17.5~22.5	—	—	$Si+Fe+Mn$:1.0	0.05	0.15	余量	—
162	8E76	0.08	0.30~1.5	0.005~0.30	—	—	—	—	—	—	—	—	—	—	—	—	—	—	—	Be:0.001~0.30,$RE(Ce,La,Sc)$:0.10~0.8	0.03	—	余量	—
163	8R76	0.1	0.40~1.2	—	—	—	—	—	—	—	—	—	—	—	—	—	—	—	—	$RE(Ce,La)$:0.01~0.30	0.03	—	余量	—

① 表 2 - 6 中含量为单个数值者，铝为最低值，铝为最低限，其他元素为最高限。食品行业用铝及铝合金材料化学成分控制符合表 2 - 8 的规定。电器、电子设备行业用铝及铝合金材料应控制 $w(Pb+Hg+Cd+Cr^{6+})$ ≤0.1%、$w(Hg)$ ≤0.1%、$w(Pb)$ ≤0.1%、$w(Cd)$ ≤0.01%，$w(Cr^{6+})$ ≤0.1%；制造包装、包装元件或包装组件用铝及铝合金材料应控制 $w(Pb+Cd+Cr^{6+})$ ≤0.01%。

② "其他"一栏是指表 2 - 6 中未列出或未规定数值的元素。

③ 铝含量由计算确定，铝含量大于等于 99.00%，但小于 99.90% 时，用 100.00% 减去所有含量不小于 0.010% 的元素总和的差值而得，求和前各元素数值要表示到 0.0x%；铝含量大于 99.90%，但小于 99.99% 时，用 100.00% 减去所有含量不小于 0.0010% 的元素总和的差值而得，求和前各元素数值要表示到 0.0x%，求和后将总和修约到 0.0x%；铝含量大于等于 99.99% 时，用 100.0000% 减去所有含量不小于 0.0001% 的元素（不包括 C、N、O、S 四元素）含量总和的差值，求和前各元素数值要表示到 0.000x%。

④ 做铆钉线材的 3A21 合金，$w(Zn)$ 不大于 0.03%。

表2-7 高纯金属为原料的、四位字符牌号的变形铝及铝合金化学成分（中国）

化学成分①（质量分数）/%

序号	牌号	杂质（不大于）/×10⁻⁴																	备注	其他②/×10⁻⁴		Al③
		Si	Fe	Cu	Mn	Mg	Cr	Ni	Zn	Ti	Ag	B	Bi	Ga	Li	Pb	Sn	V	Zr		单个	合计	
1	Al99.99	30	50	50	10	30	5	20	5	3	1	2	1	0.50	—	—	—	—	—	Be:0.10,Ba:1.0,Ca:2.0,Cd:2.0,As:0.50,Au:0.50,La:0.50,K:0.50,Ge:0.40,In:0.40,Sb:0.80,Co:1.0	1	100	99.99
2	Al99.998	5	5	10	1	5	1	1	—	1	1	2	—	1	0.50	1	0.50	2	2	Be:0.10,Ba:1.0,Ca:2.0,P:5.0,N:10,O:30,As:0.50,Au:0.50,La:0.50,K:0.50,Ge:0.40,In:0.40,Sb:0.80,Co:1.0	1	20	99.998
3	Al99.999	2.5	2.5	2.5	1	2	2	1	1	1	—	0.50	—	—	0.50	2.0	0.50	1.0	1	Ca:1.0,Ce:2.0,Cs:1.0,Mo:1.0,Na:0.50,P:2.0,U:0.007,Th:0.007,C:30,N:10,O:30,S:10,As:0.50,Au:0.50,La:0.50,K:0.50,Ge:0.40,In:0.40,Sb:0.80,Co:1.0	0.01	10	99.999
4	Al99.9995	2.5	1.5	1.5	0.4	1	0.7	0.50	0.50	1	0.50	0.80	1.0	0.20	0.10	0.50	0.50	1.0	0.50	Be:0.10,Ba:0.50,Ca:0.50,Cd:1.0,Ce:1.0,Cs:0.50,Mo:0.10,Na:0.20,P:1.0,U:0.001,Th:0.001,C:20,N:5,O:20,S:1,As:0.50,Au:0.50,La:0.50,K:0.50,Ge:0.40,In:0.40,Sb:0.80,Co:1.0	0.01	5	99.9995

续表2-7

序号	牌号	化学成分①(质量分数)/%																	备注	其他②/×10⁻⁴		Al③
		杂质(不大于)/×10⁻⁴																		单个	合计	
		Si	Fe	Cu	Mn	Mg	Cr	Ni	Zn	Ti	Ag	B	Bi	Ga	Li	Pb	Sn	V	Zr				
5	1G50	2	1	4500~5000	0.50	1	0.50	0.50	0.50	3	0.35	0.40	0.05	0.20	0.10	0.50	—	0.50	0.50	Ba:0.50,Ca:0.20,Cd:0.40,Mo:1.0,Na:0.10,P:0.50,U:0.001,Th:0.001,C:25,N:5,30,K:0.10,Co:0.05	5	10	99.5
6	4G60	9000~11000	1	1.5	0.50	1	0.50	0.50	0.50	0.50	0.35	0.40	0.05	0.20	0.10	0.50	—	0.50	0.50	Ba:0.50,Ca:0.50,Mo:1.0,Na:0.10,P:0.50,U:0.001,Th:0.001,C:30,N:10,O:30,S:10,K:0.10,In:0.50	5	10	余量
7	5G82	200	200	300	200	35000~42000	600	—	1800~3000	40	—	—	—	—	—	—	—	—	1	—	50	100	余量
8	6G61	6000~10000	200	1500~4000	400	8000~12000	2000~3000	—	—	400	—	10	—	400	6	—	—	—	—	Cd:10,Co:10,U:2,Th:2	200	1500	余量

① 表中含量为单个数值者，铝为最低限，其他元素为最高限。食品行业用铝及铝合金材料化学成分控制符合表2-8的规定。电器、电子设备行业用铝及铝合金材料应控制 $w(Pb) \leq 0.1\%$、$w(Hg) \leq 0.1\%$、$w(Cd) \leq 0.01\%$、$w(Cr^{6+}) \leq 0.1\%$；制造包装、包装元件或包装组件用铝及铝合金材料应控制 $w(Pb+Hg+Cd+Cr^{6+}) \leq 0.01\%$。

② "其他"一栏指表2-7中未列出或未规定数值的元素。

③ 铝含量由计算确定，铝含量大于99.00%，但小于99.90%时，用100.00%减去所有含量不小于0.010%的元素总和的差值而得，求和前各元素数值要表示到0.0x%；铝含量大于等于99.90%，但小于99.99%时，用100.00%减去所有含量不小于0.0010%的元素总和的差值而得，求和前各元素数值要表示到0.0xx%；铝含量大于99.99%时，用100.0000%与所有含量不小于0.0001%的元素（不包C、N、O、S四元素）含量总和的差值，求和前各元素数值要表示到0.000x%。

表 2 - 8　食品包装用铝及铝合金半成品化学成分控制要求（中国）

元　素	纯铝中最大含量/%	铝合金中最大含量/%
Si	Fe + Si：1.0	13.5
Fe		2.0
Cu	0.10；当 Cr（或 Mg）≤0.05 时，0.1 < w(Cu)≤0.20	0.6
Mn	0.10	4.0
Mg①	0.10	11.0
Cr	0.10	0.35
Ni	0.10	3.0
Zn	0.10	0.25
Ti	0.10	0.3
Zr	—	0.3
Sn	0.10	—
As	0.01	0.01
Cd + Hg + Pb + Cr^{6+}	0.01	0.01
其他元素②	单个：0.05	单个：0.05，合计：0.15

① 含镁量大于 5% 的合金不得用于生产加压蒸煮操作中的承压产品。

② 因不充分了解"其他元素"中部分合金成分接触食品时的特性，其最大含量应控制在 0.05% 以内。如有更多信息，可提高其最大含量限度。

2.1.3　铸造铝合金锭

按《铸造铝合金锭》（GB/T 8733）规定，铸造铝合金锭牌号采用三位数字加一位英文字母加小数点再加数字的形式表示，牌号的第一位数字表示铸造铝合金锭组别代号，铸造铝合金锭组别按主要合金元素确定，具体要求符合表 2 - 9 规定。牌号的第二、第三位数字为铸造铝合金锭顺序号，用以标识同一组别中不同的铸造铝合金锭。位于牌号小数点前面的英文字母和小数点后面的数字为类型标识代号，用来标识化学成分近似相同的同种铸造铝合金锭的不同类型。

表 2 - 9　铸造铝合金锭组别代号（中国）

组别代号	组　别	组别代号	组　别
2	以铜为主要合金元素的铸造铝合金锭	7	以锌为主要合金元素的铸造铝合金锭
3	以硅、铜和（或）镁为主要合金元素的铸造铝合金锭	8	以钛为主要合金元素的铸造铝合金锭
4	以硅为主要合金元素的铸造铝合金锭	9	以其他元素为主要合金元素的铸造铝合金锭
5	以镁为主要合金元素的铸造铝合金锭	6	备用组

铸造铝合金锭有牌号 74 个，其化学成分如表 2 - 10 所示。表中含量有上下限者为合金元素；含量为单个数值者为最高限；"—"为未规定具体数值；铝为余量，铝含量（质量分数）由计算确定，用 100.00% 减去所有含量不小于 0.010% 的元素总和的差值而得，求和前各元素数值要表示到 0.0x%。

食品、卫生行业用铸造铝合金锭应控制 $w(Cd + Hg + Pb + Cr^{6+})$≤0.01%、$w(As)$≤0.01%；电器、电子设备行业用铸锭应控制 $w(Pb)$≤0.1%、$w(Hg)$≤0.1%、$w(Cd)$≤0.01%、$w(Cr^{6+})$≤0.1%。

2.1.4　铝中间合金锭

铝中间合金是指以铝为基体，与其他金属或非金属通过升温熔化制成的合金，用于铸造铝合金与变形铝合金化学成分、组织的调整与控制。

铝中间合金牌号由"Al"加主要合金元素符号加主要合金元素的名义质量分数构成。牌号中最多排列三个主要合金元素，各主要合金元素按其元素含量降序排列，同一牌号杂质元素含量特殊控制，在牌号后面缀以英文字母标识。

按《铝中间合金》（GB/T 26766）规定，铝中间合金有 117 个牌号，其化学成分见表 2 - 11。表 2 - 11 中元素含量为单个数值者，其含量为最高限，"其他"一栏指表中未列出或未规定数值的元素。

表2-10　铸造铝合金锭牌号和化学成分（中国）

序号	牌号	对应ISO 3522:2007(E)	化学成分（质量分数）/%										备注	其他①		Al	原合金代号
			Si	Fe	Cu	Mn	Mg	Cr	Ni	Zn	Ti	Sn		单个	合计		
1	201Z.1		0.30	0.20	4.5~5.3	0.6~1.0	0.05	—	0.10	0.20	0.15~0.35	—	Zr:0.20	0.05	0.15	余量	ZLD201
2	201Z.2		0.05	0.10	4.8~5.3	0.6~1.0	0.05	—	0.05	0.10	0.15~0.35	—	Zr:0.15	0.05	0.15		ZLD201A
3	201Z.3		0.20	0.15	4.5~5.1	0.35~0.8	0.05	—	—	—	0.15~0.35	—	Cd:0.07~0.25, Zr:0.15	0.05	0.15		ZLD210A
4	201Z.4		0.05	0.13	4.6~5.3	0.6~0.9	0.05	—	—	0.10	0.15~0.35	—	Cd:0.15~0.25, Zr:0.15	0.05	0.15		ZLD204A
5	201Z.5	AlCu	0.05	0.10	4.6~5.3	0.30~0.50	0.05	—	—	0.10	0.15~0.35	—	B:0.01~0.06, Cd:0.15~0.25, V:0.05~0.30, Zr:0.05~0.20	0.05	0.15		ZLD205A
6	210Z.1		4.0~6.0	0.50	5.0~8.0	0.50	0.30~0.50	—	0.30	0.50	—	0.01	Pb:0.05	0.05	0.20		ZLD110
7	211Z.1		0.10	0.30	4.0~7.5	0.20~0.6	—	—	—	—	0.05~0.40	—	Be:0.001~0.08, B②:0.005~0.07, Cd②:0.05~0.50, C②:0.003~0.05, RE:0.02~0.30, Zr:0.05~0.50	0.05	0.15		—
8	295Z.1		1.2	0.6	4.0~5.0	0.10	0.03	—	—	0.20	0.20	0.01	Pb:0.05, Zr:0.10	0.05	0.15		ZLD203
9	304Z.1	AlSi2MgTi	1.6~2.4	0.50	0.08	0.30~0.50	0.50~0.7	—	0.05	0.10	0.07~0.15	0.05	Pb:0.05	0.05	0.15		—
10	312Z.1	AlSi12Cu	11.0~13.0	0.40	1.0~2.0	0.30~0.9	0.50~1.0	—	0.30	0.20	0.20	0.01	Pb:0.05	0.05	0.20		ZLD108
11	315Z.1	—	4.8~6.2	0.25	0.10	0.10	0.45~0.7	—	—	1.2~1.8	—	0.01	Sb:0.10~0.25, Pb:0.05	0.05	0.20		ZLD115
12	319Z.1	AlSi5Cu	4.0~6.0	0.7	3.0~4.5	0.55	0.25	0.15	0.30	0.55	0.20	0.05	Pb:0.15	0.05	0.20		—
13	319Z.2		5.0~7.0	0.8	2.0~4.0	0.50	0.50	0.20	0.35	1.0	0.20	0.10	Pb:0.20	0.10	0.30		—
14	319Z.3		6.5~7.5	0.40	3.5~4.5	0.30	0.10	—	—	0.20	—	0.01	Pb:0.05	0.05	0.20		ZLD107
15	328Z.1	AlSi9Cu	7.5~8.5	0.50	1.0~1.5	0.30~0.50	0.35~0.55	—	—	0.20	0.10~0.25	0.01	Pb:0.05	0.05	0.20		ZLD106
16	333Z.1		7.0~10.0	0.8	2.0~4.0	0.50	0.50	0.20	0.35	1.0	0.20	0.10	Pb:0.20	0.10	0.30		—
17	336Z.1	AlSi12CuMgNi	11.0~13.0	0.40	0.50~1.5	0.20	0.9~1.5	—	0.8~1.5	0.20	0.20	0.01	Pb:0.05	0.05	0.20		ZLD109
18	336Z.2		11.0~13.0	0.7	0.8~1.3	0.15	0.8~1.3	0.10	0.8~1.5	0.15	0.20	0.05	Pb:0.05	0.05	0.20		—

化学成分（质量分数）/%

序号	牌号	对应 ISO 3522:2007(E)	Si	Fe	Cu	Mn	Mg	Cr	Ni	Zn	Ti	Sn	备注	其他① 单个	其他① 合计	Al	原合金代号
19	354Z.1	AlSi9Cu	8.0~10.0	0.35	1.3~1.8	0.10~0.35	0.45~0.7	—	—	0.10	0.10~0.35	0.01	Pb:0.05	0.05	0.20	余量	ZLD111
20	355Z.1	AlSi5Cu	4.5~5.5	0.45	1.0~1.5	0.50	0.45~0.7	—	—	0.20	—	0.01	Be:0.10,Pb:0.05, Ti+Zr:0.15	0.05	0.15		ZLD105
21	355Z.2		4.5~5.5	0.15	1.0~1.5	0.10	0.50~0.7	—	—	0.10	—	0.01	Pb:0.05	0.05	0.15		ZLD105A
22	356Z.1		6.5~7.5	0.45	0.20	0.35	0.30~0.50	—	—	0.20	—	0.01	Be:0.10,Pb:0.05, Ti+Zr:0.15	0.05	0.15		ZLD101
23	356Z.2		6.5~7.5	0.12	0.10	0.05	0.30~0.50	—	0.05	0.05	0.08~0.20	0.01	Pb:0.05	0.05	0.15		ZLD101A
24	356Z.3		6.5~7.5	0.12	0.05	0.05	0.30~0.40	—	—	0.05	0.10~0.20	—	—	0.05	0.15		—
25	356Z.4		6.8~7.3	0.10	0.02	0.02	0.30~0.40	—	—	0.10	0.10~0.15	—	Ca:0.003, Sr:0.020~0.035	0.05	0.15		—
26	356Z.5		6.5~7.5	0.15	0.20	0.05	0.30~0.45	—	—	0.10	0.10~0.20	—	—	0.05	0.15		—
27	356Z.6		6.5~7.5	0.40	0.20	0.6	0.25~0.40	—	0.05	0.30	0.20	0.05	—	0.05	0.15		—
28	356Z.7	AlSi7Mg	6.5~7.5	0.15	0.10	0.10	0.50~0.7	—	—	—	0.10~0.20	—	Pb:0.05	0.05	0.15		ZLD114A
29	356Z.8		6.5~8.5	0.50	0.30	0.10	0.40~0.6	—	—	0.30	0.10~0.30	0.01	Be:0.15~0.40, B:0.10,Pb:0.05, Zr:0.20	0.05	0.20		ZLD116
30	356Z.9		6.5~7.5	0.12	0.02	0.03	0.25~0.40	0.03	0.03	0.07	0.08~0.18	0.03	Pb:0.03,Na:0.003, Sr:0.020~0.035	0.05	0.15		—
31	356A.1		6.5~7.5	0.15	0.20	0.10	0.30~0.45	—	—	0.10	0.20	—	—	0.05	0.15		—
32	356A.2		6.5~7.5	0.12	0.10	0.05	0.30~0.45	—	—	0.05	0.20	—	—	0.05	0.15		—
33	356C.2		6.5~7.5	0.08	0.03	0.05	0.35~0.45	—	—	0.05	0.10~0.18	0.01	Pb:0.03,Zr:0.09	0.03	0.15		—
34	360Z.1		9.0~11.0	0.40	0.03	0.45	0.25~0.45	—	0.05	0.10	0.15	0.05	—	0.05	0.15		—
35	360Z.2		9.0~11.0	0.45	0.08	0.45	0.25~0.45	—	0.05	0.10	0.15	0.05	Pb:0.05	0.05	0.15		—
36	360Z.3		9.0~11.0	0.55	0.30	0.55	0.25~0.45	—	0.15	0.35	0.15	—	Pb:0.10	0.05	0.15		—
37	360Z.4	AlSi10Mg	9.0~11.0	0.45~0.9	0.08	0.55	0.25~0.50	—	0.15	0.15	0.15	0.05	Pb:0.15	0.05	0.15		—
38	360Z.5		9.0~10.0	0.15	0.03	0.10	0.30~0.45	—	—	0.07	0.15	—	—	0.03	0.10		—
39	360Z.6		8.0~10.5	0.45	0.10	0.20~0.50	0.20~0.35	—	—	0.25	—	0.01	Pb:0.05,Ti+Zr:0.15	0.05	0.20		ZLD104

续表 2-10

序号	牌号	对应 ISO 3522:2007(E)	化学成分（质量分数）/%										备注	其他①		Al	原合金代号
			Si	Fe	Cu	Mn	Mg	Cr	Ni	Zn	Ti	Sn		单个	合计		
40	360Y.6		8.0~10.5	0.8	0.30	0.20~0.50	0.20~0.35	—	—	0.10	—	0.01	Pb:0.05,Ti+Zr:0.15	0.05	0.20	余量	YLD104
41	360A.1	AlSi10Mg	9.0~10.0	1.0	0.6	0.35	0.45~0.6	—	0.50	0.40	—	0.15	—	—	0.25		—
42	380A.1		7.5~9.5	1.0	3.0~4.0	0.50	0.10	—	0.50	2.9	—	0.35	—	—	0.50		—
43	380A.2		7.5~9.5	0.6	3.0~4.0	0.10	0.10	—	0.10	0.10	—	—	—	0.05	0.15		—
44	380Y.1		7.5~9.5	0.9	2.5~4.0	0.6	0.30	—	0.50	1.0	0.20	0.20	Pb:0.30	0.05	0.20		YLD112
45	380Y.2		7.5~9.5	0.9	2.0~4.0	0.50	0.30	—	0.50	1.0	—	0.20	—	—	0.20		—
46	383Z.1	AlSi9Cu	9.5~11.5	0.6~1.0	2.0~3.0	0.50	0.10	—	0.30	2.9	—	0.15	—	—	0.50		—
47	383Z.2		9.5~11.5	0.6~1.0	2.0~3.0	0.10	0.10	—	0.10	0.10	—	0.10	—	—	0.20		—
48	383Y.1		9.6~12.0	0.9	1.5~3.5	0.50	0.30	—	0.50	3.0	—	0.20	—	—	0.20		YLD113
49	383Y.2		9.6~12.0	0.9	2.0~3.5	0.50	0.30	—	0.50	0.8	—	0.20	—	0.05	0.30		—
50	383Y.3		9.6~12.0	0.9	1.5~3.5	0.50	0.30	—	0.50	1.0	—	0.20	—	—	0.20		—
51	390Y.1	AlSi17Cu	16.0~18.0	0.9	4.0~5.0	0.50	0.50~0.7	—	0.30	1.5	—	0.30	—	0.05	0.20		YLD117
52	398Z.1	—	19.0~22.0	0.50	1.0~2.0	0.30~0.50	0.50~0.8	—	—	0.10	0.20	0.01	Pb:0.05,RE:0.6~1.5,Zr:0.10	0.05	0.20		ZLD118
53	411Z.1		10.0~11.8	0.15	0.03	0.10	0.45	—	—	0.07	0.15	—	—	0.03	0.10		—
54	411Z.2	AlSi11	8.0~11.0	0.55	0.08	0.50	0.10	—	0.05	0.15	0.15	0.05	Pb:0.05	0.05	0.15		—
55	413Z.1		10.0~13.0	0.6	0.30	0.50	0.10	—	—	0.10	0.20	—	—	0.05	0.20		ZLD102
56	413Z.2		10.5~13.5	0.55	0.10	0.55	0.10	—	0.10	0.15	0.15	—	Pb:0.10	0.05	0.15		—
57	413Z.3	AlSi12	10.5~13.5	0.40	0.03	0.35	—	—	—	0.10	0.15	—	—	0.05	0.15		—
58	413Z.4		10.5~13.5	0.45~0.9	0.08	0.55	—	—	—	0.15	0.15	—	—	0.05	0.25		—
59	413Z.5		10.5~13.0	0.35	0.02	0.02	0.02	—	—	0.02	0.20	—	Ca:0.007	0.05	0.15		—

化学成分(质量分数)/%

序号	牌号	对应 ISO 3522:2007(E)	Si	Fe	Cu	Mn	Mg	Cr	Ni	Zn	Ti	Sn	备 注	其他① 单个	其他① 合计	Al	原合金代号
60	413Y.1		10.0~13.0	0.9	0.30	0.40	0.25	—	—	0.10	—	—	Zr:0.10	0.05	0.20	余量	YLD102
61	413Y.2	AlSi12	11.0~13.0	0.9	1.0	0.30	0.30	—	0.50	0.50	—	0.10	—	0.05	0.30	余量	—
62	413A.1		11.0~13.0	1.0	1.0	0.35	0.10	—	0.50	0.40	—	0.15	—	—	0.25	余量	—
63	413A.2		11.0~13.0	0.6	0.10	0.05	0.05	—	0.05	0.05	—	0.05	—	—	0.10	余量	—
64	443Z.1		4.5~6.0	0.6	0.6	0.50	0.05	0.25	—	0.50	0.25	—	—	—	0.35	余量	—
65	443Z.2	—	4.5~6.0	0.6	0.10	0.10	0.05	—	—	0.10	0.20	—	—	0.05	0.15	余量	—
66	502Z.1	AlMg5(Si)	0.8~1.3	0.45	0.10	0.10~0.40	4.6~5.6	—	—	0.20	0.20	—	—	0.05	0.15	余量	ZLD303
67	502Y.1		0.8~1.3	0.9	0.10	0.10~0.40	4.6~5.5	—	—	0.20	—	—	Zr:0.15	0.05	0.25	余量	YLD302
68	508Z.1	AlMg	0.20	0.25	0.10	0.10	7.6~9.0	—	—	1.0~1.5	0.10~0.20	—	Be:0.03~0.10	0.05	0.15	余量	ZLD305
69	515Y.1		1.0	0.6	0.10	0.40~0.6	2.6~4.0	—	0.10	0.40	—	0.10	—	0.05	0.25	余量	YLD306
70	520Z.1		0.30	0.25	0.10	0.15	9.8~11.0	—	0.05	0.15	0.15	0.01	Pb:0.05,Zr:0.20	0.05	0.15	余量	ZLD301
71	701Z.1	AlZnSiMg	6.0~8.0	0.6	0.6	0.50	0.15~0.35	—	—	9.2~13.0	—	—	—	0.05	0.20	余量	ZLD401
72	712Z.1	AlZnMg	0.30	0.40	0.25	0.10	0.55~0.7	0.40~0.6	—	5.2~6.5	0.15~0.25	—	—	0.05	0.20	余量	ZLD402
73	901Z.1	—	0.20	0.30	—	1.5~1.7	—	—	—	—	0.15	—	RE:0.03	0.05	0.15	余量	ZLD501
74	907Z.1	—	1.6~2.0	0.50	3.0~3.4	0.9~1.2	0.20~0.30	—	0.20~0.30	0.20	—	—	RE:4.4~5.0, Zr:0.15~0.25	0.05	0.20	余量	ZLD207

① "其他"一栏系指表中未列出或未规定具体数值的金属元素。

② B、C 两种元素可只添加其中一种。

表 2-11　铝中间合金牌号和化学成分（中国）

化学成分（质量分数）/%

序号	牌号	Si	Fe	Cu	Mn	Cr	Ni	Ti	B	V	备注	其他① 单个	其他① 合计	Al
1	AlB3	0.20	0.30	—	—	—	—	—	2.5~3.5	—	K:1.0,Na:0.50	0.03	0.10	余量
2	AlB4	0.20	0.30	—	—	—	—	—	3.5~4.5	—	K:1.0,Na:0.50	0.03	0.10	余量
3	AlB5	0.20	0.30	—	—	—	—	0.05	4.5~5.5	—	K:1.0,Na:0.50	0.03	0.10	余量
4	AlB8	0.25	0.30	—	—	—	—	0.05	7.5~9.0	—	K:1.0,Na:0.50	0.03	0.10	余量
5	AlB10	0.25	0.30	—	—	—	—	—	9.0~11.0	—	K:1.0,Na:0.50	0.03	0.10	余量
6	AlBe3	0.20	0.20	0.05	0.02	0.02	0.02	—	—	—	Be:2.5~3.5	0.05	0.15	余量
7	AlBe5	0.20	0.40	0.05	0.02	0.02	0.02	0.02	—	—	Be:4.5~6.0,Mg:0.50,Zn:0.10	0.05	0.15	余量
8	AlBi3	0.20	0.20	—	—	—	—	—	—	—	Bi:2.7~3.3	0.03	—	余量
9	AlBi5	0.20	0.30	—	—	—	—	—	—	—	Bi:4.5~5.5	0.05	0.15	余量
10	AlBi10	0.20	0.30	—	—	—	—	—	—	—	Bi:9.0~11.0	0.05	0.20	余量
11	AlCa5	0.20	0.30	—	—	—	—	—	—	—	Ca:4.5~5.5,Sr:0.10,Mg:0.10	0.05	0.15	余量
12	AlCa10	0.30	0.30	—	—	—	—	—	0.01	—	Ca:9.0~11.0,Zn:0.04,Pb:0.02,Sn:0.02,Sr:0.10,Mg:0.10	0.04	0.10	余量
13	AlCa20	0.20	0.30	—	—	—	—	—	—	0.05	Ca:19.0~21.0,Sr:0.10,Mg:0.20	0.03	0.10	余量
14	AlCe10	0.20	0.30	—	—	—	—	—	—	—	Ce:9.0~11.0	0.05	0.15	余量
15	AlCd5	0.20	0.30	—	—	—	—	—	—	—	Cd:4.5~5.5	0.05	0.15	余量
16	AlCd10	0.20	0.30	—	—	—	—	—	—	—	Cd:9.0~11.0	0.05	0.15	余量
17	AlCo5	0.30	0.30	—	—	—	—	—	—	—	Co:4.5~5.5	0.05	0.15	余量
18	AlCo10	0.30	0.30	—	—	—	—	—	—	—	Co:9.0~11.0	0.05	0.15	余量
19	AlCr3	0.20	0.30	—	—	2.5~3.5	—	—	—	—	—	0.05	0.15	余量
20	AlCr5	0.20	0.30	—	—	4.0~6.0	—	—	—	—	—	0.05	0.15	余量
21	AlCr10	0.30	0.30	—	—	9.0~11.0	—	—	0.01	—	Pb:0.02,Sn:0.02,Zn:0.04	0.04	0.10	余量
22	AlCr20	0.30	0.30	—	—	18.0~22.0	—	—	0.01	—	Pb:0.02,Sn:0.02,Zn:0.04	0.04	0.10	余量
23	AlCu20	0.20	0.25	18.0~22.0	—	—	—	—	—	—	—	0.05	0.15	余量
24	AlCu40	0.20	0.25	38~42	—	—	—	—	—	—	—	0.05	0.15	余量

序号	牌号	化学成分（质量分数）/%									备注	其他①		Al
		Si	Fe	Cu	Mn	Cr	Ni	Ti	B	V		单个	合计	
25	AlCu50	0.10	0.15	48~52	—	—	—	—	—	—	—	0.05	0.15	余量
26	AlCu60	0.10	0.15	57~63	—	—	—	—	—	—	—	0.05	0.15	余量
27	AlCu5P4.5	0.50	0.8	4.5~5.5	—	—	—	—	—	—	P:4.0~5,Ca:0.05	0.05	0.15	余量
28	AlCu10P4.5	0.50	0.8	9.5~10.5	—	—	—	—	—	—	P:4.0~5,Ca:0.05	0.05	0.15	余量
29	AlEr5	0.20	0.30	—	—	—	—	—	—	—	Er:4.5~5.5	0.05	0.15	余量
30	AlEr10	0.20	0.30	—	—	—	—	—	—	—	Er:9.0~11.0	0.05	0.15	余量
31	AlFe5	0.20	4.0~6.0	—	0.05	—	—	—	—	—	Pb:0.02,Sn:0.02,Zn:0.04	0.04	0.10	余量
32	AlFe10	0.30	9.0~11.0	—	—	—	—	—	0.01	—	Pb:0.02,Sn:0.02,Zn:0.04	0.04	0.10	余量
33	AlFe20	0.20	18.0~22.0	0.10	0.30	—	—	—	—	—	Zn:0.10	0.05	0.15	余量
34	AlFe45	0.30	43~47	—	0.30	—	—	—	0.01	—	Pb:0.02,Sn:0.02,Zn:0.04,C:0.10	0.04	0.10	余量
35	AlFe60	0.45	56~64	—	0.40	—	—	—	—	—	—	0.05	0.15	余量
36	AlLa10	0.20	0.30	—	—	—	—	—	—	—	La:9.0~11.0	0.05	0.15	余量
37	AlLi5	0.20	0.30	—	—	—	—	—	—	—	Li:4.5~5.5	0.05	0.15	余量
38	AlLi10	0.20	0.30	—	—	—	—	—	—	—	Li:9.0~11.0	0.05	0.15	余量
39	AlMg20	0.30	0.30	—	—	—	—	—	—	—	Mg:18.0~22.0	0.03	0.10	余量
40	AlMg25	0.10	0.15	—	—	—	—	—	—	—	Mg:23.0~27.0	0.03	0.10	余量
41	AlMg50	0.10	0.15	—	—	—	—	—	—	—	Mg:48~52	0.03	0.10	余量
42	AlMg60	0.10	0.15	—	—	—	—	—	—	—	Mg:58~62	0.05	0.15	余量
43	AlMg68	0.10	0.15	—	0.10	—	—	—	—	—	Mg:65~71	0.05	0.15	余量
44	AlMn10	0.30	0.30	—	9.0~11.0	—	—	—	0.01	—	Pb:0.02,Sn:0.02,Zn:0.04	0.04	0.10	余量
45	AlMn15	0.20	0.25	—	14.0~16.0	—	—	—	—	—	—	0.03	0.15	余量
46	AlMn20	0.20	0.25	0.10	19.0~21.0	—	—	—	—	—	—	0.03	0.15	余量
47	AlMn25	0.20	0.25	—	24.0~26.0	—	—	—	—	—	—	0.03	0.15	余量
48	AlMn30	0.20	0.30	—	28.0~32	—	—	—	—	—	—	0.05	0.15	余量
49	AlMn40	0.20	0.40	—	37~43	—	—	—	—	—	—	0.05	0.15	余量

续表 2-11

序号	牌号	化学成分（质量分数）/%										其他①		Al
		Si	Fe	Cu	Mn	Cr	Ni	Ti	B	V	备注	单个	合计	
50	AlMo5	0.20	0.30	—	—	—	—	—	—	—	Mo:4.0~6.0	0.05	0.15	余量
51	AlMo10	0.20	0.50	—	—	—	—	—	—	—	Mo:9.0~11.0	0.05	0.15	余量
52	AlNb10	0.20	0.30	—	—	—	—	—	—	—	Nb:9.0~11.0	0.05	0.15	余量
53	AlNd30	0.20	0.30	—	—	—	—	—	—	—	Nd:27.0~33	0.05	0.15	余量
54	AlNi10	0.15	0.20	—	—	—	9.0~11.0	—	—	—	—	0.03	0.10	余量
55	AlNi20	0.15	0.20	—	—	—	18.0~22.0	—	—	—	—	0.03	0.10	余量
56	AlP3	0.20	0.20	—	—	—	—	—	—	—	P:2.5~3.5	0.05	0.15	余量
57	AlP4	0.20	0.30	—	—	—	—	—	—	—	P:3.5~4.5	0.05	0.15	余量
58	AlP5	0.20	0.50	—	—	—	—	—	—	—	P:4.5~5.5	0.05	0.15	余量
59	AlPb10	0.20	0.30	—	—	—	—	—	—	—	Pb:9.0~11.0	0.05	0.15	余量
60	AlRE5	0.20	0.30	—	—	—	—	—	—	—	RE:4.0~6.0	0.05	0.15	余量
61	AlRE10	0.20	0.30	—	—	—	—	—	—	—	RE:9.0~11.0	0.05	0.15	余量
62	AlRE15	0.30	0.40	—	—	—	—	—	—	—	RE:13.5~16.0	0.05	0.15	余量
63	AlSb5	0.30	0.30	—	—	—	—	—	—	—	Sb:4.5~6.0	0.05	0.15	余量
64	AlSb10	0.30	0.30	—	—	—	—	—	—	—	Sb:9.0~11.0	0.05	0.15	余量
65	AlSb15	0.30	0.30	—	—	—	—	—	—	—	Sb:13.5~16.0	0.05	0.15	余量
66	AlSc2	0.05	0.05	0.10	—	—	—	—	—	—	Sc:1.8~2.2	0.03	0.10	余量
67	AlSi12	11.0~13.0	0.35	—	—	—	—	—	0.01	—	—	0.05	0.15	余量
68	AlSi20	18.0~22.0	0.30	—	—	—	—	—	—	—	Pb:0.02,Sn:0.02,Zn:0.04,Ca:0.06	0.04	0.10	余量
69	AlSi25	23.0~27.0	0.30	—	—	—	—	—	—	—	Pb:0.02,Sn:0.02,Zn:0.04,Ca:0.06	0.05	0.15	余量
70	AlSi30	28.0~32	0.30	—	—	—	—	0.05	—	—	—	0.05	0.15	余量
71	AlSi50	47~53	0.40	—	—	—	—	0.10	—	—	Ca:0.10	0.05	0.15	余量
72	AlSi60	57~63	0.50	—	—	—	—	0.10	—	—	Ca:0.10	0.05	0.15	余量
73	AlSi12P4.5	11.0~13.0	1.0	0.8	—	—	—	—	—	—	P:4.0~5.0,Ca:0.10	0.05	0.15	余量

续表 2-11

化学成分（质量分数）/%

序号	牌号	Si	Fe	Cu	Mn	Cr	Ni	Ti	B	V	备注	其他① 单个	其他① 合计	Al
74	AlSn10	0.20	0.30	—	—	—	—	—	—	—	Sn:9.0~11.0	0.05	0.15	余量
75	AlSn50	0.20	0.30	—	—	—	—	—	—	—	Sn:47~53	0.05	0.15	余量
76	AlSr3.5	0.20	0.30	—	—	—	—	—	—	—	Sr:3.2~3.8,Ca:0.03,P:0.01	0.03	0.10	余量
77	AlSr5	0.20	0.30	—	—	—	—	—	—	—	Sr:4.5~5.5,Ba:0.05,Ca:0.05	0.04	0.10	余量
78	AlSr10	0.20	0.30	—	—	—	—	—	—	—	Sr:9.0~11.0,Mg:0.05,Ba:0.10,Ca:0.03,P:0.01	0.05	0.15	余量
79	AlSr15	0.20	0.30	—	—	—	—	—	—	—	Sr:14.0~16.0,P:0.01,Ba:0.10,Ca:0.05	0.05	0.15	余量
80	AlSr20	0.20	0.30	—	—	—	—	—	—	—	Sr:18.0~22.0,Ba:0.10	0.05	0.15	余量
81	AlSr10Ti1B0.2	0.20	0.30	—	—	—	—	0.9~1.2	0.15~0.25	—	Sr:9.0~11.0,Ca:0.02	0.05	0.15	余量
82	AlTe5	0.20	0.30	—	—	—	—	—	—	—	Te:4.0~6.0	0.05	0.15	余量
83	AlTi4	0.20	0.20	—	—	—	—	3.5~4.5	—	—	Zn:0.10	0.05	0.15	余量
84	AlTi5	0.20	0.20	—	—	—	—	4.5~5.5	—	0.25	—	0.05	0.15	余量
85	AlTi6A	0.20	0.20	—	—	—	—	5.5~6.5	0.004	0.05	—	0.03	0.10	余量
86	AlTi6	0.30	0.30	—	—	—	—	5.5~6.5	—	0.30	Zr:0.10,Mo:0.10	0.05	0.15	余量
87	AlTi10A	0.20	0.20	—	—	—	0.05	9.0~11.0	0.004	0.20	—	0.03	0.10	余量
88	AlTi10	0.30	0.30	0.20	0.45	—	0.20	9.0~11.0	—	0.50	Zr:0.20,Mo:0.20,Mg:0.50,Zn:0.20	0.05	0.15	余量
89	AlTi12	0.30	0.30	—	—	0.10	0.10	11.0~13.0	—	0.50	Sn:0.10,Zr:0.20,Mo:0.20	0.10	0.15	余量
90	AlTi15	0.30	0.35	—	—	0.15	0.15	14.0~16.0	—	0.7	Sn:0.15,Zr:0.20,Mo:0.30	0.10	0.15	余量
91	AlTi3B1	0.20	0.30	—	—	—	—	2.8~3.4	0.7~1.1	0.05	—	0.03	0.10	余量
92	AlTi5B1A	0.15	0.20	—	—	—	—	4.8~5.2	0.9~1.1	0.05	—	0.03	0.10	余量
93	AlTi5B1	0.20	0.30	—	—	—	—	4.5~5.5	0.8~1.2	0.20	—	0.03	0.10	余量
94	AlTi1.7B1.4	0.20	0.30	—	—	—	—	1.3~2.2	1.1~1.7	0.05	—	0.03	0.10	余量
95	AlTi6B1.2	0.20	0.30	—	—	—	—	5.5~6.5	1.0~1.4	0.20	—	0.03	0.10	余量
96	AlTi10B1	0.30	0.35	—	—	—	0.05	9.0~11.0	0.9~1.5	0.50	—	0.03	0.15	余量

续表 2-11

序号	牌号	化学成分(质量分数)/%									备注	其他①		Al
		Si	Fe	Cu	Mn	Cr	Ni	Ti	B	V		单个	合计	
97	AlV2.5	0.20	0.25	—	—	—	—	0.03	0.01	2.0~3.0	—	0.03	0.10	余量
98	AlV3	0.20	0.25	—	—	—	—	0.03	0.01	2.5~3.5	—	0.03	0.10	余量
99	AlV4	0.20	0.25	—	—	—	—	0.03	0.01	3.5~4.5	—	0.03	0.10	余量
100	AlV5	0.20	0.25	—	—	—	—	0.03	0.01	4.5~5.5	—	0.03	0.10	余量
101	AlV10	0.30	0.30	—	—	—	—	—	0.01	9.0~11.0	Pb:0.02,Sn:0.02,Zn:0.04	0.04	0.10	余量
102	AlW2.5	0.20	0.30	—	—	—	—	—	—	—	W:2.0~3.0	0.05	0.15	余量
103	AlY5	0.20	0.30	—	—	—	—	—	—	—	Y:4.5~5.5	0.05	0.15	余量
104	AlY10	0.20	0.30	—	—	—	—	—	—	—	Y:9.0~11.0	0.05	0.15	余量
105	AlYb5	0.20	0.30	—	—	—	—	—	—	—	Yb:4.5~5.5	0.05	0.15	余量
106	AlYb10	0.20	0.30	—	—	—	—	—	—	—	Yb:9.0~11.0	0.05	0.15	余量
107	AlZn10	0.20	0.30	—	—	—	—	—	—	—	Zn:9.0~11.0	0.05	0.15	余量
108	AlZn30	0.20	0.30	—	—	—	—	—	—	—	Zn:28.0~32	0.05	0.10	余量
109	AlZr3	0.20	0.25	—	—	—	—	0.05	—	—	Zr:2.7~3.3,Hf:0.20	0.03	0.15	余量
110	AlZr4	0.20	0.30	—	—	—	—	—	—	—	Zr:3.5~4.5,Pb:0.10,Zn:0.10,Hf:0.20	0.05	0.15	余量
111	AlZr5A	0.20	0.20	—	—	—	—	—	0.01	—	Zr:4.5~5.5,Ca:0.01,Na:0.005,Pb:0.01,Sn:0.01,Zn:0.04,Hf:0.20	0.04	0.10	余量
112	AlZr5	0.30	0.30	0.10	—	—	0.10	0.10	—	—	Zr:4.5~5.5,Sn:0.10,Nb:0.10,Hf:0.30	0.05	0.15	余量
113	AlZr6	0.20	0.25	—	—	—	—	0.05	—	—	Zr:5.5~6.5,Hf:0.20	0.04	0.10	余量
114	AlZr10A	0.30	0.30	—	—	—	—	—	—	—	Zr:9.0~11.0,Hf:0.25	0.04	0.10	余量
115	AlZr10	0.30	0.45	0.20	—	—	0.20	0.20	—	—	Zr:9.0~11.0,Sn:0.20,Nb:0.20,Hf:0.30	0.05	0.15	余量
116	AlZr15A	0.30	0.30	—	—	—	—	—	—	—	Zr:13.5~16.0,Hf:0.35	0.05	0.15	余量
117	AlZr15	0.30	0.45	0.30	—	0.10	0.30	0.30	—	—	Zr:13.5~16.0,Sn:0.30,Nb:0.30,Hf:0.50	0.05	0.15	余量

① "其他"指表 2-11 中未列出或未规定质量分数数值的元素。

2.1.5 铝粉

铝粉按国家标准 GB/T 2085（4 个部分）执行，化学成分分别见表 2-12～表 2-15。

表 2-12 空气雾化铝粉化学成分

牌 号	化学成分(质量分数)/%					
	Al①(不小于)	活性铝(不小于)	杂质(不大于)			
			Fe	Si	Cu	H_2O
FLPA2500	98	—	0.5	0.5	0.1	0.2
FLPA1000	98	—	0.5	0.5	0.1	0.2
FLPA630	—	97	0.5	0.5	0.1	0.2
FLPA500	98	—	0.5	0.5	0.1	0.2
FLPA450	—	97	0.5	0.5	0.1	0.2
FLPA280	—	95	0.5	0.5	0.1	0.1
FLPA250	—	96	0.5	0.5	0.1	0.2
FLPA180	—	95	0.5	0.5	0.1	0.1
FLPA160A	98	—	0.5	0.5	0.1	0.2
FLPA160B	—	95	0.5	0.5	0.1	0.1
FLPA140	—	96	0.5	0.5	0.1	0.2
FLPA125	98	—	0.5	0.5	0.1	0.2
FLPA80	98	—	0.5	0.5	0.1	0.2

① 铝含量采用差减法计算求得，即为 100% 减去杂质含量总和（Fe + Si + Cu + H_2O）。

表 2-13 球磨铝粉化学成分

牌 号	化学成分(质量分数)/%							
	活性铝(不小于)	杂质(不大于)						
		Fe	Si	Cu	Mn	H_2O	油脂	Cu + Zn
FLQ355A	94	0.7	0.5	—	—	0.08	0.7	0.05
FLQ355B	94	0.7	0.5	—	—	0.08	1.0	1.0
FLQ250	94	0.7	0.5	—	—	0.08	0.8	0.05
FLQ224	92	0.8	0.7	—	—	0.08	0.9	0.05
FLQ160	90	1.0	0.8	—	—	0.08	1.0	0.05
FLQ80A	82	0.6	0.6	0.10	0.01	0.10	3.8	—
FLQ80B	90	—	—	—	—	—	3.5	—
FLQ80C	80	—	—	—	—	—	3.5	—
FLQ80D	95	—	—	—	—	—	2.8	—
FLQ80E	95	—	—	—	—	—	2.8	—
FLQ80F	95	—	—	—	—	—	3.0	—
FLQ63A	88	—	—	—	—	—	3.5	—
FLQ63B	80	—	—	—	—	—	3.5	—
FLQ56	82	0.6	0.6	0.1	0.01	0.1	3.8	—
FLQ45	80	0.6	0.6	0.1	0.01	0.1	3.8	—

表 2 - 14　粉碎铝粉化学成分

牌　号	化学成分(质量分数)/%			
	活性铝(不小于)	杂质(不大于)		
		Fe	Si	H_2O
FLS2500	98	0.5	0.2	0.1
FLS2000				
FLS1500				
FLS630				

表 2 - 15　氮气雾化铝粉化学成分

牌　号	化学成分(质量分数)/%											
	活性铝(不小于)	杂质(不大于)										
		Fe	Cu	Si	Sb	As	Ba	Cd	Cr	Pb	Hg	Se
FLPN21.7 FLPN20.0	97.0	0.12	0.0150	0.10	0.0010	0.0010	0.0250	0.0015	0.0025	0.0025	0.0010	0.0050
其他	98.0											

　　铝粉牌号采用 FLPA、FLQ、FLS 或 FLPN 加 2~4 位数字(或者数字后面再加一位英文字母)的形式表示,其中,FLPA、FLQ、FLS、FLPN 分别表示空气雾化铝粉、球磨铝粉、粉碎铝粉、氮气雾化铝粉,数字代表铝粉筛分试验选择的筛网最大孔径,字母表示筛分试验所选筛网最大孔径相同的粉末中粒度分布不同和(或)松装密度等物理性能有差异的不同粉末。

2.2　国际标准化组织

2.2.1　冶炼产品

　　现行有效的国际标准是《重熔用铝锭　牌号和化学成分》(ISO 115:2003)。ISO 115:2003 中纳入了两类表示方法的牌号,其化学成分稍有区别。

　　牌号以铝元素符号加铝名义含量的方式表示的牌号有 9 个,化学成分见表 2 - 16。

表 2 - 16　规定铝名义含量的重熔用铝锭化学成分

牌号	化学成分(质量分数)/%										
	Si(不大于)	Fe(不大于)	Cu(不大于)	Mn(不大于)	Mg(不大于)	Zn(不大于)	Ti(不大于)	Ga(不大于)	V(不大于)	其他单个杂质(不大于)	Al(不小于)
Al 99.995[①]	0.0020	0.0020	0.0020	0.001	0.0030	0.001	0.001	0.002	0.001	0.001	99.995
Al 99.990[①]	0.0030	0.0030	0.0040	0.001	0.0030	0.001	0.001	0.002	0.001	0.001	99.990
Al 99.99[①]	0.0040	0.0030	0.0020	0.001	0.0010	0.004	0.002	0.0030	0.001	0.001	99.99
Al 99.98[①]	0.006	0.006	0.0020	0.002	0.002	0.004	0.002	0.003	0.001	0.001	99.98
Al 99.97[①]	0.008	0.008	0.004	0.003	0.002	0.005	0.002	0.004	0.001	0.001	99.97

牌 号	化学成分(质量分数)/%										
	Si (不大于)	Fe (不大于)	Cu (不大于)	Mn (不大于)	Mg (不大于)	Zn (不大于)	Ti (不大于)	Ga (不大于)	V (不大于)	其他单个 杂质 (不大于)	Al (不小于)
Al 99.94[①]	0.030	0.030	0.005	0.010	0.010	0.010	0.005	0.02	—	0.010	99.94
Al 99.70[①]	0.10	0.20	0.01	—	0.02	0.03	0.02	0.03	0.03	0.03	99.70
Al 99.7E[①,②]	0.07	0.20	0.01	0.005	0.02	0.04	—	—	—	0.03	99.70
Al 99.6E[①,③]	0.10	0.30	0.01	0.007	0.02	0.04	—	—	—	0.03	99.60

① $w(Cd + Hg + Pb) \leqslant 0.0095\%$；$w(As) \leqslant 0.009\%$。

② $w(B) \leqslant 0.04\%$；$w(Cr) \leqslant 0.004\%$；$w(Mn + Ti + Cr + V) \leqslant 0.020\%$。

③ $w(B) \leqslant 0.04\%$；$w(Cr) \leqslant 0.005\%$；$w(Mn + Ti + Cr + V) \leqslant 0.030\%$。

牌号以 AA 国际注册牌号（大写英文字母 P 加硅、铁名义含量）的方式表示的牌号有 6 个，化学成分见表 2 - 17。

ISO 115：2003 与 EN 576：2003 的要求基本相同。

表 2 - 17　未规定铝名义含量的重熔用铝锭化学成分

牌 号	化学成分(质量分数)/%							
	Si (不大于)	Fe (不大于)	Zn (不大于)	Ga (不大于)	V (不大于)	其他杂质(不大于)		Al
						单个	总量	
P0404A[①]	0.04	0.04	0.03	0.03	0.01	0.01	0.03	余量
P0406A[①]	0.04	0.06	0.03	0.03	0.02	0.02	0.04	余量
P0610A[①]	0.06	0.10	0.03	0.04	0.02	0.02	0.05	余量
P1020A[①]	0.10	0.20	0.03	0.04	0.03	0.03	0.10	余量
P1020G[①,②]	0.10	0.20	0.03	0.04	0.03	0.03	0.10	余量
P1535A[①]	0.15	0.35	0.04	0.04	0.03	0.03	0.10	余量

① $w(Cd + Hg + Pb) \leqslant 0.0095\%$；$w(As) \leqslant 0.009\%$。

② $w(Mg) \leqslant 0.003\%$；$w(Na) \leqslant 0.0010\%$；$w(Li) \leqslant 0.0001\%$。

需要注意的是，ISO 115：2003 只涉及了普通铝锭和精铝锭，无高纯铝锭。

2.2.2　加工产品

《铝及铝合金化学成分》(ISO 209：2007 (E)) 规定变形铝及铝合金国际牌号和化学成分，符合美国铝业协会编辑并发布的"Teal Sheets《变形铝及铝合金国际牌号和化学成分要求》"（见第 2.4.2 小节）。

2.2.3　铸造产品

《重熔用铝合金锭》(ISO17615：2007 (E)) 规定铸造铝合金锭采用化学元素符号牌号体系，牌号中最多可排列 4 个主要合金元素，且各主要合金元素按含量降序排列，主要合金元素符号后跟随的数字代表该主要合金元素的质量分数，质量分数要求相同时，按合金元素符号的字母顺序排列。主要杂质的元素符号用括号括起后置于牌号尾部。必要时，可使用英文小写字母后缀来标识不同的合金。

铸造铝合金锭的牌号和化学成分见表 2 - 18。

表2-18 铸造铝合金锭的牌号和化学成分（ISO）

化学成分（质量分数）/%

组别	牌号	Si	Fe	Cu	Mn	Mg	Cr	Ni	Zn	Pb	Sn	Ti	其他[①] 单个	其他[①] 合计	Al
AlCu	AlCu4Ti	0.15	0.15	4.2~5.2	0.55	—	—	—	0.07	—	—	0.15~0.25	0.03	0.10	余量
	AlCu4MgTi	0.15	0.30	4.2~5.0	0.10	0.20~0.35	—	0.05	0.10	0.05	0.05	0.15~0.25	0.03	0.10	余量
	AlCu5MgAg[②]	0.05	0.10	4.0~5.0	0.20~0.40	0.20~0.35	—	—	0.05	—	—	0.15~0.35	0.03	0.10	余量
	AlCu5NiCoZr[③]	0.30	0.50	4.5~5.5	0.20~0.30	0.10	—	1.3~1.8	0.05	0.05	0.05	0.15~0.25	0.05	0.15	余量
AlSi	AlSi9	8.0~11.0	0.55	0.08	0.50	0.10	—	0.05	0.15	0.05	0.05	0.15	0.05	0.15	余量
	AlSi11	10.0~11.8	0.15	0.03	0.10	0.45	—	—	0.07	—	—	0.15	0.03	0.10	余量
	AlSi12(a)	10.5~13.5	0.40	0.03	0.35	—	—	—	0.10	0.10	—	0.15	0.05	0.15	余量
	AlSi12(b)	10.5~13.5	0.55	0.10	0.55	0.10	—	0.10	0.15	—	—	0.15	0.05	0.15	余量
	AlSi12(Fe)	10.5~13.5	0.45~0.90	0.08	0.55	—	—	—	0.15	—	—	0.15	0.05	0.25	余量
AlSiMgTi	AlSi2MgTi	1.6~2.4	0.50	0.08	0.30~0.50	0.50~0.65	—	0.05	0.10	0.05	0.05	0.07~0.15	0.05	0.15	余量
AlSi7Mg	AlSi7Mg	6.5~7.5	0.45	0.15	0.35	0.25~0.65	—	0.15	0.15	0.15	0.05	0.05~0.20	0.05	0.15	余量
	AlSi7Mg0.3	6.5~7.5	0.15	0.03	0.10	0.30~0.45	—	—	0.07	—	—	0.10~0.18	0.03	0.10	余量
	AlSi7Mg0.6	6.5~7.5	0.15	0.03	0.10	0.50~0.70	—	—	0.07	—	—	0.10~0.18	0.03	0.10	余量
AlSi9Mg	AlSi9Mg	9.0~10.0	0.15	0.03	0.10	0.30~0.45	—	—	0.07	—	—	0.15	0.03	0.10	余量
AlSi10Mg	AlSi10Mg	9.0~11.0	0.45	0.08	0.45	0.25~0.45	—	0.05	0.10	0.05	0.05	0.15	0.05	0.15	余量
	AlSi10Mg(Fe)	9.0~11.0	0.45~0.9	0.08	0.55	0.25~0.50	—	0.15	0.15	0.15	0.05	0.15	0.05	0.15	余量
	AlSi10Mg(Cu)	9.0~11.0	0.55	0.30	0.55	0.25~0.45	—	0.15	0.35	0.10	—	0.15	0.05	0.15	余量
AlSi5Cu	AlSi5Cu1Mg	4.5~5.5	0.55	1.0~1.5	0.55	0.40~0.65	—	0.25	0.15	0.15	0.05	0.05~0.20	0.05	0.15	余量
	AlSi5Cu3	4.5~6.0	0.50	2.6~3.6	0.55	0.05	—	0.10	0.20	0.10	0.05	0.20	0.05	0.15	余量
	AlSi5Cu3Mg	4.5~6.0	0.50	2.6~3.6	0.55	0.20~0.45	—	0.10	0.20	0.20	0.05	0.20	0.05	0.15	余量
	AlSi5Cu3Mn	4.5~6.0	0.7	2.5~4.0	0.20~0.55	0.40	—	0.30	0.55	0.20	0.10	0.15	0.05	0.25	余量
AlSi6Cu4	AlSi6Cu4	5.0~7.0	0.9	3.0~5.0	0.20~0.65	0.55	0.15	0.45	2.0	0.30	0.15	0.20	0.05	0.35	余量

续表 2-18

化学成分（质量分数）/%

组别	牌号	Si	Fe	Cu	Mn	Mg	Cr	Ni	Zn	Pb	Sn	Ti	其他① 单个	其他① 合计	Al
AlSi7Cu	AlSi7Cu2	6.0~8.0	0.7	1.5~2.5	0.15~0.65	0.35	—	0.35	1.0	0.25	0.15	0.20	0.05	0.15	余量
	AlSi7Cu3Mg	6.5~8.0	0.7	3.0~4.0	0.20~0.65	0.35~0.60	—	0.30	0.65	0.15	0.10	0.20	0.05	0.25	余量
AlSi8Cu	AlSi8Cu3	7.5~9.5	0.7	2.0~3.5	0.15~0.65	0.15~0.55	—	0.35	1.2	0.25	0.15	0.20	0.05	0.25	余量
AlSi9Cu	AlSi9Cu1Mg	8.3~9.7	0.7	0.8~1.3	0.15~0.55	0.30~0.65	—	0.20	0.8	0.10	0.10	0.10~0.18	0.05	0.25	余量
Si9Cu	AlSi9Cu3(Fe)	8.0~11.0	0.6~1.2	2.0~4.0	0.15~0.55	0.15~0.55	0.15	0.5	1.2	0.35	0.25	0.20	0.05	0.25	余量
	AlSi9Cu3(Fe)(Zn)	8.0~11.0	0.6~1.2	2.0~4.0	0.55	0.15~0.55	0.15	0.55	3.0	0.35	0.25	0.20	0.05	0.25	余量
AlSi11Cu	AlSi11Cu2(Fe)	10.0~12.0	0.45~1.0	1.5~2.5	0.55	0.30	0.15	0.45	1.7	0.25	0.25	0.20	0.05	0.25	余量
	AlSi11Cu3(Fe)	9.6~12.0	1.3	1.5~3.5	0.60	0.35	—	0.45	1.7	0.25	0.25	0.25	—	—	余量
AlSi12Cu	AlSi12(Cu)	10.5~13.5	0.7	0.9	0.05~0.55	0.35	0.10	0.30	0.55	0.20	0.10	0.15	0.05	0.25	余量
	AlSi12Cu1(Fe)	10.5~13.5	0.6~1.2	0.7~1.2	0.55	0.35	0.10	0.30	0.55	0.20	0.10	0.15	0.05	0.25	余量
	AlSi12CuMgNi	10.5~13.5	0.6	0.8~1.5	0.35	0.9~1.5	—	0.7~1.3	0.35	—	—	0.20	0.05	0.15	余量
AlSi17Cu	AlSi17Cu4Mg	16.0~18.0	1.0	4.0~5.0	0.50	0.45~0.65	—	0.3	1.5	—	0.3	—	—	—	余量
AlMg	AlMg3	0.45	0.45	0.08	0.45	2.7~3.5	—	—	0.10	—	—	0.15	0.05	0.15	余量
	AlMg5	0.45	0.45	0.05	0.45	4.8~6.5	—	—	0.10	—	—	0.15	0.05	0.15	余量
	AlMg5(Si)	1.3	0.45	0.03	0.45	—	—	—	0.10	—	—	0.15	0.05	0.15	余量
	AlMg9	2.5	0.5~0.9	0.08	0.55	8.5~10.5	—	0.10	0.25	0.10	0.10	0.15	0.05	0.15	余量
	AlMg5Si12Mn(Fe)④	1.8~2.6	0.20	0.05	0.5~0.8	5.0~6.0	—	—	0.07	—	—	0.20	0.05	0.15	余量
AlZnMg	AlZn5Mg	0.25	0.70	0.15~0.35	0.40	0.45~0.70	0.15~0.60	0.05	4.50~6.00	0.05	0.05	0.12~0.20	0.05	0.15	余量
AlZnSiMg	AlZn10Si8Mg	7.5~9.0	0.40	0.10	0.40	0.30~0.50	—	—	9.0~10.5	—	—	0.15	0.05	0.15	余量

注：表 2-18 中元素含量为单个数值者，其含量为最高限。

① "其他"不包括变质剂或晶粒细化剂元素，如 Na、Sr、Sb 和 P。

② $w(Ag)=0.4\%\sim1.0\%$。

③ $w(Zr)=0.10\%\sim0.30\%$；$w(Ti+Zr)\leqslant0.50\%$；$w(Sb)=0.10\%\sim0.40\%$；$w(Co)=0.10\%\sim0.40\%$；$w(Sb+Co)\leqslant0.60\%$。

④ $w(Be)\leqslant0.01\%$。

2.2.4　铝粉

铝粉按国际标准 ISO 1247—1974 执行，化学成分见表 2 – 19。

表 2 – 19　涂料铝粉分类及化学成分

分类	化学成分(质量分数,不大于)/%			
	105℃挥发物	有机溶剂中的可溶物	水分	干粉中金属杂质
1 类	1.0	6.0	0.2	$w(Cu + Fe + Pb + Si + Zn) < 1.0$,其中 $w(Pb) < 0.03$,除 Pb 外其他各金属限量由有关方面商定
2 类	35.0	4.0	0.15	
3 类	1.0	1.5	0.2	限量由有关方面商定
4 类	35.0	6.0	0.15	

注：改变糊状铝的挥发物含量的限量可由有关方面商定。

2.3　欧盟

2.3.1　冶炼产品

现行有效的欧盟标准是《铝及铝合金　重熔用铝锭》(EN 576：2003)。EN 576：2003 中纳入了两类表示方法的牌号，化学成分稍有区别。

牌号以铝元素符号加铝名义含量的方式表示的牌号有 9 个，化学成分见表 2 – 20。

牌号以 AA 国际注册牌号（大写英文字母 P 加硅、铁名义含量）的方式表示的牌号有 6 个，化学成分见表 2 – 21。

EN 576：2003 与 ISO 115：2003 的要求基本相同。

表 2 – 20　规定了铝名义含量的重熔用铝锭化学成分

牌号	化学成分(质量分数)/%										
	Si(不大于)	Fe(不大于)	Cu(不大于)	Mn(不大于)	Mg(不大于)	Zn(不大于)	Ti(不大于)	Ga(不大于)	V(不大于)	其他单个杂质(不大于)	Al(不小于)
Al 99.995	0.0020	0.0020	0.0020	0.001	0.0030	0.001	0.001	0.002	0.001	0.001	99.995
Al 99.990	0.0030	0.0030	0.0040	0.001	0.0030	0.001	0.001	0.002	0.001	0.001	99.990
Al 99.99	0.0040	0.0030	0.0020	0.001	0.0010	0.004	0.002	0.0030	0.001	0.001	99.99
Al 99.98	0.006	0.006	0.0020	0.002	0.002	0.004	0.002	0.003	0.001	0.001	99.98
Al 99.97	0.008	0.008	0.004	0.003	0.002	0.005	0.002	0.004	0.001	0.001	99.97
Al 99.94	0.030	0.030	0.005	0.010	0.010	0.010	0.005	0.02	—	0.010	99.94
Al 99.70	0.10	0.20	0.01	—	0.02	0.03	0.02	0.03	0.03	0.03	99.70

牌号	化学成分（质量分数）/%										
	Si（不大于）	Fe（不大于）	Cu（不大于）	Mn（不大于）	Mg（不大于）	Zn（不大于）	Ti（不大于）	Ga（不大于）	V（不大于）	其他单个杂质（不大于）	Al（不小于）
Al 99.7E	0.07	0.20	0.01	0.005	0.02	0.04	—	—	—	0.03①	99.70
Al 99.6E	0.10	0.30	0.01	0.007	0.02	0.04	—	—	—	0.03②	99.60

① $w(B) \leqslant 0.04\%$；$w(Cr) \leqslant 0.004\%$；$w(Mn + Ti + Cr + V) \leqslant 0.020\%$。

② $w(B) \leqslant 0.04\%$；$w(Cr) \leqslant 0.005\%$；$w(Mn + Ti + Cr + V) \leqslant 0.030\%$。

表 2 – 21   未规定铝名义含量的重熔用铝锭化学成分

牌号	化学成分（质量分数）/%							
	Si（不大于）	Fe（不大于）	Zn（不大于）	Ga（不大于）	V（不大于）	其他杂质单个（不大于）	其他杂质总量（不大于）	Al
P0404A①	0.04	0.04	0.03	0.03	0.01	0.01	0.03	余量
P0406A①	0.04	0.06	0.03	0.03	0.02	0.02	0.04	余量
P0610A①	0.06	0.10	0.03	0.04	0.02	0.02	0.05	余量
P1020A①	0.10	0.20	0.03	0.04	0.03	0.03	0.10	余量
P1020G①,②	0.10	0.20	0.03	0.04	0.03	0.03	0.10	余量
P1535A①	0.15	0.35	0.03	0.04	0.03	0.03	0.10	余量

① $w(Cd + Hg + Pb) \leqslant 0.0095\%$；$w(As) \leqslant 0.009\%$。

② $w(Mg) \leqslant 0.003\%$；$w(Na) \leqslant 0.0010\%$；$w(Li) \leqslant 0.0001\%$。

需要注意的是，EN 576：2003 只涉及了普通铝锭和精铝锭，无高纯铝锭，故无欧盟标准规定的高纯铝锭化学成分。

2.3.2   加工产品

牌号体系包括两个部分：四位数字牌号体系和化学元素符号牌号体系。四位数字牌号体系采用国际牌号体系，国际牌号和化学成分符合美国铝业协会编辑并发布的"Teal Sheets《变形铝及铝合金国际牌号和化学成分要求》"（见第 2.4.2 小节）。化学元素符号牌号由"Al"和主要合金元素符号做主体构成。牌号中最多可排列四个主要合金元素，且各主要合金元素按含量降序排列，主要合金元素符号之后跟随的数字代表该主要合金元素的质量百分数，质量百分数要求相同时，按合金元素符号的字母顺序排列。必要时，可使用英文大写字母后缀来标识不同的铝或铝合金。基体金属采用高纯金属时，在"Al"后标出铝质量百分数最低极限值中的有效数字。为了某种特殊用途，对至少一个元素有特定成分限制时，可将代表该用途的字母（如"E"代表电子用途）置于"Al"之前。

目前使用的变形铝及铝合金牌号和化学成分符合《铝及铝合金产品形状及化学成分第 3 部分：化学成分》（EN 573 – 3：2013）的规定，详见表 2 – 22 ~ 表 2 – 29。

按照《变形铝及铝合金产品用于食品包装的半成品化学成分》（EN602），生产食品包装用材料及器皿所用的铝合金中，元素最大含量应符合表 2 – 30 的规定。

表2-22　变形铝及铝合金牌号（1×××系列）和化学成分（欧盟）

牌号 四位数字牌号	牌号 化学元素符号牌号	Si	Fe	Cu	Mn	Mg	Cr	Ni	Zn	Ti	Ga	V	备注	其他① 单个	其他① 总计②	Al (不小于)
EN AW-1050A	EN AW-Al99.5	0.25	0.40	0.05	0.05	0.05	—	—	0.07	0.05	—	—	—	0.03	—	99.50③
EN AW-1060	EN AW-Al99.6	0.25	0.35	0.05	0.03	0.03	—	—	0.05	0.03	—	0.05	—	0.03	—	99.60③
EN AW-1070A	EN AW-Al99.7	0.20	0.25	0.03	0.03	0.03	—	—	0.07	0.03	—	—	—	0.03	—	99.70③
EN AW-1080A	EN AW-Al99.8(A)	0.15	0.15	0.03	0.02	0.02	—	—	0.06	0.02	0.03	—	⑤	0.02	—	99.80③
EN AW-1085	EN AW-Al99.85	0.10	0.12	0.03	0.02	0.02	—	—	0.03	0.02	0.03	0.05	—	0.01	—	99.85③
EN AW-1090	EN AW-Al99.90	0.07	0.07	0.02	0.01	0.01	—	—	0.03	0.01	0.03	0.05	—	0.01	—	99.90③
EN AW-1098	EN AW-Al99.98	0.010	0.006	0.003	—	—	—	—	0.015	0.003	—	—	—	0.003	—	99.98④
EN AW-1100	EN AW-Al99.0Cu	Si+Fe:0.95		0.05~0.20	0.05	—	—	—	0.10	—	—	—	⑤	0.05	0.15	99.00③
EN AW-1110	EN AW-Al99.1	0.30	0.8	0.04	0.01	0.25	0.01	—	—	—	—	—	B:0.02;V+Ti:0.03	0.05	0.15	99.10③
EN AW-1198	EN AW-Al99.98	0.010	0.006	0.006	0.006	0.006	—	—	0.010	0.006	0.006	—	—	0.003	—	99.98④
EN AW-1199	EN AW-Al99.99	0.006	0.006	0.006	0.002	0.006	—	—	0.006	0.002	0.005	0.005	—	0.002	—	99.99④
EN AW-1200	EN AW-Al99.0	Si+Fe:1.00		0.05	0.05	—	—	—	0.10	0.05	—	—	⑤	0.05	0.15	99.00③
EN AW-1200A	EN AW-Al99.0(A)	Si+Fe:1.00		0.10	0.30	0.30	0.10	—	0.10	—	—	—	—	0.05	0.15	99.00③
EN AW-1235	EN AW-Al99.35	Si+Fe:0.65		0.05	0.05	0.05	—	—	0.10	0.06	—	0.05	—	0.03	—	99.35③
EN AW-1350	EN AW-Al99.5	0.10	0.40	0.05	0.01	—	0.01	—	0.05	—	0.03	—	B:0.05;V+Ti:0.02	0.03	0.10	99.50③
EN AW-1350A	EN AW-Al99.5(A)	0.25	0.40	0.02	—	0.05	—	—	0.05	—	—	—	Cr+Mn+Ti+V:0.03	0.03	—	99.50③
EN AW-1370	EN AW-Al99.7	0.10	0.25	0.02	0.01	0.02	0.01	—	0.04	—	0.03	—	B:0.02;V+Ti:0.02	0.02	0.10	99.70③
EN AW-1450	EN AW-Al99.5Ti	0.25	0.40	0.05	0.05	0.05	0.01	—	0.07	0.10~0.20	—	—	⑤	0.03	—	99.50③

① "其他"一栏系指表2-22中未列出或未规定具体数值的金属元素。
② "总计"为单个元素含量不小于0.010%的"其他"金属元素的和值，求和前各元素数值要表示到0.0x%。
③ 非精炼工艺制作的纯铝，铝合金用100.00%减去所有含量不小于0.010%的元素总和而得，求和前各元素数值要表示到0.0x%。
④ 精炼工艺制作的纯铝，铝合金用100.00%减去所有含量不小于0.0010%的元素总和，求和前各元素数值要表示到0.0x%，求和后将总和修约到0.0x%。
⑤ 焊接电极，焊丝或焊接棒材中的w(Be)≤0.0003%。

表 2-23 变形铝及铝合金牌号（2×××系列）和化学成分（欧盟）

| 四位数字牌号 | 化学元素符号牌号 | 化学成分（质量分数）/% |||||||||||| 备注 | 其他① || Al（不小于） |
		Si	Fe	Cu	Mn	Mg	Cr	Ni	Zn	Ti	Ga	V		单个	总计②	
EN AW-2001	EN AW-AlCu5.5MgMn	0.20	0.20	5.2~6.0	0.15~0.50	0.20~0.45	0.10	0.05	0.10	0.20	—	—	Zr:0.05③	0.05	0.15	余量
EN AW-2007	EN AW-AlCu4PbMgMn	0.8	0.8	3.3~4.6	0.50~1.0	0.40~1.8	0.10	0.20	0.8	0.20	—	—	④	0.10	0.30	余量
EN AW-2011	EN AW-AlCu6BiPb	0.40	0.7	5.0~6.0	—	—	—	—	0.30	—	—	—	⑤	0.05	0.15	余量
EN AW-2011A	EN AW-AlCu6BiPb(A)	0.40	0.50	4.5~6.0	—	—	—	—	0.30	—	—	—	⑤	0.05	0.15	余量
EN AW-2014	EN AW-AlCu4SiMg	0.50~1.2	0.7	3.9~5.0	0.40~1.2	0.20~0.8	0.10	—	0.25	0.15	—	—	⑥	0.05	0.15	余量
EN AW-2014A	EN AW-AlCu4SiMg(A)	0.50~0.9	0.50	3.9~5.0	0.40~1.2	0.20~0.8	0.10	0.10	0.25	0.15	—	—	Zr+Ti:0.20	0.05	0.15	余量
EN AW-2017A	EN AW-AlCu4MgSi(A)	0.20~0.8	0.7	3.5~4.5	0.40~1.0	0.40~1.0	0.10	—	0.25	—	—	—	Zr+Ti:0.25	0.05	0.15	余量
EN AW-2024	EN AW-AlCu4Mg1	0.50	0.50	3.8~4.9	0.30~0.9	1.2~1.8	0.10	—	0.25	0.15	—	—	⑥	0.05	0.15	余量
EN AW-2030	EN AW-AlCu4PbMg	0.8	0.7	3.3~4.5	0.20~1.0	0.50~1.3	0.10	—	0.50	0.20	—	—	Bi:0.20;Pb:0.8~1.5	0.10	0.30	余量
EN AW-2031	EN AW-AlCu2.5NiMg	0.50~1.3	0.6~1.2	1.8~2.8	0.50	0.6~1.2	—	0.6~1.4	0.20	0.20	—	—	—	0.05	0.15	余量
EN AW-2091	EN AW-AlCu2Li2Mg1.5	0.20	0.30	1.8~2.5	0.10	1.1~1.9	0.10	—	0.25	0.10	—	—	Zr:0.04~0.16⑦	0.05	0.15	余量
EN AW-2117	EN AW-AlCu2.5Mg	0.8	0.7	2.2~3.0	0.20	0.20~0.50	0.10	—	0.25	—	—	—	—	0.05	0.15	余量
EN AW-2124	EN AW-AlCu4Mg1(A)	0.20	0.30	3.8~4.9	0.30~0.9	1.2~1.8	0.10	—	0.25	0.15	—	—	⑥	0.05	0.15	余量
EN AW-2214	EN AW-AlCu4SiMg(B)	0.50~1.2	0.30	3.9~5.0	0.40~1.2	0.20~0.8	0.10	—	0.25	0.15	—	—	⑥	0.05	0.15	余量
EN AW-2219	EN AW-AlCu6Mn	0.20	0.30	5.8~6.8	0.20~0.40	0.02	—	—	0.10	0.02~0.10	—	0.05~0.15	Zr:0.10~0.25	0.05	0.15	余量
EN AW-2319	EN AW-AlCu6Mn(A)	0.20	0.30	5.8~6.8	0.20~0.40	0.02	—	—	0.10	0.10~0.20	—	0.05~0.15	Zr:0.10~0.25⑧	0.05	0.15	余量
EN AW-2618A	EN AW-AlCu2Mg1.5Ni	0.15~0.25	0.9~1.4	1.8~2.7	0.25	1.2~1.8	—	0.8~1.4	0.15	0.20	—	—	Zr+Ti:0.25	0.05	0.15	余量

① "其他"一栏系指表2-23中未列出或未规定具体数值的金属元素。
② "总计"为单个元素含量不小于0.010%的"其他"金属元素的数值和值，求和前各元素数值要表示到0.0x%。
③ w(Pb)≤0.003%。
④ w(Bi)≤0.20%;w(Pb)=0.8%~1.5%;w(Sn)=0.20%。
⑤ w(Bi)=0.20%~0.6%;w(Pb)=0.20%~0.6%。
⑥ 当供需双方协议定时，允许挤压和锻造用铝合金w(Zr+Ti)≤0.20%。
⑦ w(Li)=1.7%~2.3%。
⑧ 焊接电极、焊丝或焊接棒材中w(Be)≤0.0003%。

表2-24　变形铝及铝合金牌号（3××系列）和化学成分（欧盟）

| 牌号 | | 化学成分（质量分数）/% | | | | | | | | | | | 备注 | 其他① | | Al |
四位数字牌号	化学元素符号牌号	Si	Fe	Cu	Mn	Mg	Cr	Ni	Zn	Ti	Ga	V	备注	单个	总计②	Al
EN AW-3002	EN AW-AlMn0.2Mg0.1	0.08	0.10	0.15	0.05~0.25	0.05~0.20	—	—	0.05	0.03	—	0.05	—	0.03	0.10	余量
EN AW-3003	EN AW-AlMn1Cu	0.6	0.7	0.05~0.20	1.0~1.5	—	—	—	0.10	—	—	—	—	0.05	0.15	余量
EN AW-3004	EN AW-AlMn1Mg1	0.30	0.7	0.25	1.0~1.5	0.8~1.3	—	—	0.25	—	—	—	—	0.05	0.15	余量
EN AW-3005	EN AW-AlMn1Mg0.5	0.6	0.7	0.30	1.0~1.5	0.20~0.6	0.10	—	0.25	0.10	—	—	—	0.05	0.15	余量
EN AW-3005A	EN AW-AlMn1Mg0.5(A)	0.7	0.8	0.30	1.0~1.5	0.20~0.6	0.10	—	0.40	0.10	—	—	—	0.05	0.15	余量
EN AW-3017	EN AW-AlMn1Cu0.3	0.25	0.25~0.45	0.25~0.40	0.8~1.2	0.10	0.15	—	0.10	0.05	—	—	—	0.05	0.15	余量
EN AW-3102	EN AW-AlMn0.2	0.40	0.7	0.10	0.05~0.40	—	0.10	—	0.30	0.10	—	—	—	0.05	0.15	余量
EN AW-3103	EN AW-AlMn1	0.50	0.7	0.10	0.9~1.5	0.30	0.10	—	0.20	—	—	—	Zr+Ti:0.10③	0.05	0.15	余量
EN AW-3103A	EN AW-AlMn1(A)	0.50	0.7	0.10	0.7~1.4	0.30	0.10	—	0.20	0.10	—	—	Zr+Ti:0.10	0.05	0.15	余量
EN AW-3104	EN AW-AlMn1Mg1Cu	0.6	0.8	0.05~0.25	0.8~1.4	0.8~1.3	0.20	—	0.25	0.10	0.05	0.05	—	0.05	0.15	余量
EN AW-3105	EN AW-AlMn0.5Mg0.5	0.6	0.7	0.30	0.30~0.8	0.20~0.8	0.20	—	0.40	0.10	—	—	—	0.05	0.15	余量
EN AW-3105A	EN AW-AlMn0.5Mg0.5(A)	0.6	0.7	0.30	0.30~0.8	0.20~0.8	0.20	—	0.25	0.10	—	—	—	0.05	0.15	余量
EN AW-3105B	EN AW-AlMn0.6Mg0.5	0.7	0.9	0.30	0.30~0.9	0.20~0.8	0.20	—	0.50	0.10	—	—	Pb:0.10	0.05	0.15	余量
EN AW-3207	EN AW-AlMn0.6	0.30	0.45	0.10	0.40~0.8	0.10	—	—	0.10	—	—	—	—	0.05	0.10	余量
EN AW-3207A	EN AW-AlMn0.6(A)	0.35	0.6	0.25	0.30~0.8	0.40	0.20	—	0.25	—	—	—	—	0.05	0.15	余量

① "其他"一栏系指表2-24中未列出或未规定具体数值的金属元素。
② "总计"为单个元素含量不小于0.010%的"其他"金属元素的和值，求和前各元素数值要示到0.0x%。
③ 焊接电极、焊丝或焊接棒材中$w(Be) \leq 0.0003\%$。

表2-25 变形铝及铝合金牌号（4×××系列）和化学成分（欧盟）

化学成分（质量分数）/%

牌号 四位数字牌号	牌号 化学元素符号牌号	Si	Fe	Cu	Mn	Mg	Cr	Ni	Zn	Ti	Ga	V	备注	其他① 单个	其他① 总计②	Al
EN AW-4004	EN AW-AlSi10Mg1.5	9.0~10.5	0.8	0.25	0.10	1.0~2.0	—	—	0.20	—	—	—	—	0.05	0.15	余量
EN AW-4006	EN AW-AlSi1Fe	0.8~1.2	0.50~0.8	0.10	0.05	0.01	0.20	—	0.05	—	—	—	—	0.05	0.15	余量
EN AW-4007	EN AW-AlSi1.5Mn	1.0~1.7	0.40~1.0	0.20	0.8~1.5	0.20	0.05~0.25	0.15~0.7	0.10	0.10	—	—	Co:0.05	0.05	0.15	余量
EN AW-4015	EN AW-AlSi2Mn	1.4~2.2	0.7	0.20	0.6~1.2	0.10~0.50	—	—	0.20	—	—	—	—	0.05	0.15	余量
EN AW-4016	EN AW-AlSi2MnZn	1.4~2.2	0.7	0.20	0.6~1.2	0.10	—	—	0.50~1.3	—	—	—	—	0.05	0.15	余量
EN AW-4017	EN AW-AlSiMnMgCu	0.6~1.6	0.7	0.10~0.50	0.6~1.2	0.10~0.50	—	—	0.20	—	—	—	—	0.05	0.15	余量
EN AW-4018	EN AW-AlSi7Mg	6.5~7.5	0.20	0.05	0.10	0.50~0.8	—	—	0.10	0.20	—	—	③	0.05	0.15	余量
EN AW-4032	EN AW-AlSi12.5MgCuNi	11.0~13.5	1.0	0.50~1.3	—	0.8~1.3	0.10	0.50~1.3	0.25	—	—	—	—	0.05	0.15	余量
EN AW-4043A	EN AW-AlSi5(A)	4.5~6.0	0.6	0.30	0.15	0.20	—	—	0.10	0.15	—	—	③	0.05	0.15	余量
EN AW-4045	EN AW-AlSi10	9.0~11.0	0.8	0.30	0.05	0.05	—	—	0.10	0.20	—	—	—	0.05	0.15	余量
EN AW-4046	EN AW-AlSi10Mg	9.0~11.0	0.50	0.03	0.40	0.20~0.50	—	—	0.10	0.15	—	—	③	0.05	0.15	余量
EN AW-4047A	EN AW-AlSi12(A)	11.0~13.0	0.6	0.30	0.15	0.10	—	—	0.20	0.15	—	—	③	0.05	0.15	余量
EN AW-4104	EN AW-AlSi10MgBi	9.0~10.5	0.8	0.25	0.10	1.0~2.0	—	—	0.20	—	—	—	Bi:0.02~0.20	0.05	0.15	余量
EN AW-4115	EN AW-AlSi2MnMgCu	1.8~2.2	0.7	0.10~0.50	0.6~1.2	0.10~0.50	—	—	0.20	—	—	—	—	0.05	0.15	余量
EN AW-4343	EN AW-AlSi7.5	6.8~8.2	0.8	0.25	0.10	—	—	—	0.20	—	—	—	—	0.05	0.15	余量

① "其他"一栏系指表2-25中未列出或未规定具体数值的金属元素。
② "总计"为单个元素含量不小于0.010%的"其他"金属元素的和值，求和时各元素数值要表示到0.0x%。
③ 焊接电极、焊丝或焊接棒材中的 $w(\text{Be}) \leqslant 0.0003\%$。

表2-26 变形铝及铝合金牌号（5×××系列）和化学成分（欧盟）

牌号		化学成分（质量分数）/%											备注	其他[1]		Al
四位数字牌号	化学元素符号牌号	Si	Fe	Cu	Mn	Mg	Cr	Ni	Zn	Ti	Ga	V		单个	总计[2]	
EN AW-5005	EN AW-AlMg1(B)	0.30	0.7	0.20	0.20	0.50~1.1	0.10	—	0.25	—	—	—	—	0.05	0.15	余量
EN AW-5005A	EN AW-AlMg1(C)	0.30	0.45	0.05	0.15	0.7~1.1	0.10	—	0.20	—	—	—	—	0.05	0.15	余量
EN AW-5006	EN AW-AlMg1Mn0.5	0.40	0.80	0.10	0.40~0.8	0.8~1.3	0.10	—	0.25	0.10	—	—	—	0.05	0.15	余量
EN AW-5010	EN AW-AlMg0.5Mn	0.40	0.7	0.25	0.10~0.30	0.20~0.6	0.15	—	0.30	0.10	—	—	—	0.05	0.15	余量
EN AW-5018	EN AW-AlMg3Mn0.4	0.25	0.40	0.05	0.20~0.6	2.6~3.6	0.30	—	0.20	0.15	—	—	Mn+Cr:0.20~0.6[3]	0.05	0.15	余量
EN AW-5019	EN AW-AlMg5	0.40	0.50	0.10	0.10~0.6	4.5~5.6	0.20	—	0.20	0.20	—	—	Mn+Cr:0.10~0.6	0.05	0.15	余量
EN AW-5026	EN AW-AlMg4.5MnSiFe	0.55~1.4	0.20~1.0	0.10~0.8	0.6~1.8	3.9~4.9	0.30	—	1.0	0.20	—	—	Zr:0.30	0.05	0.15	余量
EN AW-5040	EN AW-AlMg1.5Mn	0.30	0.7	0.25	0.9~1.4	1.0~1.5	0.10~0.30	—	0.25	—	—	—	—	0.05	0.15	余量
EN AW-5042	EN AW-AlMg3.5Mn	0.20	0.35	0.15	0.20~0.50	3.0~4.0	0.10	—	0.25	0.10	—	—	—	0.05	0.15	余量
EN AW-5049	EN AW-AlMg2Mn0.8	0.40	0.50	0.10	0.50~1.1	1.6~2.5	0.30	—	0.20	0.10	—	—	—	0.05	0.15	余量
EN AW-5050	EN AW-AlMg1.5(C)	0.40	0.7	0.20	0.10	1.1~1.8	0.10	—	0.25	—	—	—	—	0.05	0.15	余量
EN AW-5050A	EN AW-AlMg1.5(D)	0.40	0.7	0.20	0.30	1.1~1.8	0.10	—	0.25	—	—	—	—	0.05	0.15	余量
EN AW-5051A	EN AW-AlMg2(B)	0.30	0.45	0.05	0.25	1.4~2.1	0.30	—	0.20	0.10	—	—	—	0.05	0.15	余量
EN AW-5052	EN AW-AlMg2.5	0.25	0.40	0.10	0.10	2.2~2.8	0.15~0.35	—	0.10	—	—	—	—	0.05	0.15	余量
EN AW-5058	EN AW-AlMg5Pb1.5	0.40	0.50	0.10	0.20	4.5~5.6	0.10	—	0.20	0.20	—	—	Pb:1.2~1.8	0.05	0.15	余量
EN AW-5059	EN AW-AlMg5.5MnZnZr	0.45	0.50	0.25	0.6~1.2	5.0~6.0	0.25	—	0.40~0.9	0.20	—	—	Zr:0.05~0.25	0.05	0.15	余量
EN AW-5070	EN AW-AlMg4MnZn	0.25	0.40	0.25	0.40~0.8	3.5~4.5	0.30	—	0.40~0.8	0.15	—	—	—	0.05	0.15	余量
EN AW-5082	EN AW-AlMg4.5	0.20	0.35	0.15	0.15	4.0~5.0	0.15	—	0.25	0.10	—	—	—	0.05	0.15	余量
EN AW-5083	EN AW-AlMg4.5Mn0.7	0.40	0.40	0.10	0.40~1.0	4.0~4.9	0.05~0.25	—	0.25	0.15	—	—	—	0.05	0.15	余量
EN AW-5086	EN AW-AlMg4	0.40	0.50	0.10	0.20~0.7	3.5~4.5	0.05~0.25	—	0.25	0.15	—	—	—	0.05	0.15	余量
EN AW-5087	EN AW-AlMg4.5Mn0.7	0.25	0.40	0.05	0.7~1.1	4.5~5.2	0.05~0.25	—	0.25	0.15	—	—	Zr:0.10~0.20[3]	0.05	0.15	余量
EN AW-5088	EN AW-AlMg5Mn0.4	0.20	0.10~0.35	0.25	0.20~0.50	4.7~5.5	0.15	—	0.20~0.40	—	—	—	Zr:0.15	0.05	0.15	余量

续表 2-26

牌号 四位数字牌号	牌号 化学元素符号牌号	化学成分(质量分数)/% Si	Fe	Cu	Mn	Mg	Cr	Ni	Zn	Ti	Ga	V	备注	其他① 单个	其他 总计②	Al
EN AW-5110	EN AW-Al99.85Mg0.5	0.08	0.08	—	0.03	0.30~0.6	—	—	0.05	0.02	—	—	—	0.02	—	余量
EN AW-5119	EN AW-AlMg5(A)	0.25	0.40	0.05	0.20~0.6	4.5~5.6	0.30	—	0.20	0.15	—	—	Mn+Cr:0.20~0.6③	0.05	0.15	余量
EN AW-5119A	EN AW-AlMg5(B)	0.25	0.40	0.05	0.20~0.6	4.5~5.6	0.30	—	0.20	0.15	—	—	Mn+Cr:0.20~0.6⑤	0.05	0.15	余量
EN AW-5149	EN AW-AlMg2Mn0.8(A)	0.25	0.40	0.05	0.50~1.1	1.6~2.5	0.30	—	0.20	0.15	—	—	—	0.05	0.15	余量
EN AW-5154A	EN AW-AlMg3.5(A)	0.50	0.50	0.10	0.50	3.1~3.9	0.25	—	0.20	0.20	—	—	Mn+Cr:0.10~0.50③	0.05	0.15	余量
EN AW-5154B	EN AW-AlMg3.5Mn0.3	0.35	0.45	0.05	0.15~0.45	3.2~3.8	0.10	0.01	0.15	0.15	—	—	—	0.05	0.15	余量
EN AW-5182	EN AW-AlMg4.5Mn0.4	0.20	0.35	0.15	0.20~0.50	4.0~5.0	0.10	—	0.25	0.10	—	—	—	0.05	0.15	余量
EN AW-5183	EN AW-AlMg4.5Mn0.7(A)	0.40	0.40	0.10	0.50~1.0	4.3~5.2	0.05~0.25	—	0.25	0.15	—	—	③	0.05	0.15	余量
EN AW-5183A	EN AW-AlMg4.5Mn0.7(C)	0.40	0.40	0.10	0.50~1.0	4.3~5.2	0.05~0.25	—	0.25	0.15	—	—	⑤	0.05	0.15	余量
EN AW-5186	EN AW-AlMg4Mn0.4	0.40	0.45	0.25	0.20~0.50	3.8~4.8	0.15	—	0.40	0.15	—	—	Zr:0.05	0.05	0.15	余量
EN AW-5187	EN AW-AlMg4.5Mn0.7	0.25	0.40	0.05	0.7~1.1	4.5~5.2	0.05~0.25	—	0.25	0.15	—	—	Zr:0.10~0.20⑤	0.05	0.15	余量
EN AW-5210	EN AW-Al99.9Mg0.5	0.06	0.04	—	0.03	0.35~0.6	—	—	0.04	0.01	—	—	—	0.01	—	余量
EN AW-5249	EN AW-AlMg2Mn0.8Zr	0.25	0.40	0.05	0.50~1.1	1.6~2.5	0.30	—	0.20	0.15	—	—	Zr:0.10~0.20③	0.05	0.15	余量
EN AW-5251	EN AW-AlMg2Mn0.3	0.40	0.50	0.15	0.10~0.50	1.7~2.4	0.15	—	0.15	0.15	—	—	—	0.05	0.15	余量
EN AW-5252	EN AW-AlMg2.5(B)	0.08	0.10	0.10	0.10	2.2~2.8	—	0.03	0.05	—	—	0.05	—	0.03	0.10	余量
EN AW-5283A	EN AW-AlMg4.5Mn0.7(B)	0.30	0.30	0.03	0.50~1.0	4.5~5.1	0.05	—	0.10	0.03	—	—	Zr:0.05④	0.05	0.15	余量
EN AW-5305	EN AW-Al99.85Mg1	0.08	0.08	—	0.03	0.7~1.1	—	—	0.05	0.02	—	—	—	0.02	—	余量
EN AW-5310	EN AW-Al99.98Mg0.5	0.01	0.008	—	—	0.35~0.6	—	—	0.01	0.008	—	—	Fe+Ti:0.008	0.003	—	余量
EN AW-5352	EN AW-AlMg2.5(A)	Si+Fe:0.45		0.10	0.10	2.2~2.8	0.10	—	0.10	0.10	—	—	—	0.05	0.15	余量
EN AW-5354	EN AW-AlMg2.5MnZr	0.25	0.40	0.05	0.50~1.0	2.4~3.0	0.05~0.20	—	0.25	0.15	—	—	Zr:0.10~0.20	0.05	0.15	余量
EN AW-5356	EN AW-AlMg5Cr(A)	0.25	0.40	0.10	0.05~0.20	4.5~5.5	0.05~0.20	—	0.10	0.06~0.20	—	—	③	0.05	0.15	余量

续表2-26

| 牌号 | | 化学成分(质量分数)/% | | | | | | | | | | | 其他① | | Al |
四位数字牌号	化学元素符号牌号	Si	Fe	Cu	Mn	Mg	Cr	Ni	Zn	Ti	Ga	V	备注	单个②	总计②	
EN AW-5356A	EN AW-AlMg5Cr(B)	0.25	0.40	0.10	0.05~0.20	4.5~5.5	0.05~0.20	—	0.10	0.06~0.20	—	—	⑤	0.05	0.15	余量
EN AW-5383	EN AW-AlMg4.5Mn0.9	0.25	0.25	0.20	0.7~1.0	4.0~5.2	0.25	—	0.40	0.15	—	—	Zr:0.20	0.05	0.15	余量
EN AW-5449	EN AW-AlMg2Mn0.8(B)	0.40	0.7	0.30	0.6~1.1	1.6~2.6	0.30	—	0.30	0.10	—	—	—	0.05	0.15	余量
EN AW-5449A	EN AW-AlMg2Mn0.8(C)	0.6	1.20	0.30	0.6~1.1	1.6~2.6	0.30	0.10	0.30	0.10	—	—	Sn:0.10	0.05	0.15	余量
EN AW-5454	EN AW-AlMg3Mn	0.25	0.40	0.10	0.50~1.0	2.4~3.0	0.05~0.20	—	0.25	0.20	—	—	—	0.05	0.15	余量
EN AW-5456	EN AW-AlMg5Mn1	0.25	0.40	0.10	0.50~1.0	4.7~5.5	0.05~0.20	—	0.25	0.20	—	—	—	0.05	0.15	余量
EN AW-5456A	EN AW-AlMg5Mn1(A)	0.25	0.40	0.05	0.7~1.1	4.5~5.2	0.05~0.25	—	0.25	0.15	—	—	③	0.05	0.15	余量
EN AW-5456B	EN AW-AlMg5Mn1(B)	0.25	0.40	0.05	0.7~1.1	4.5~5.2	0.05~0.25	—	0.25	0.15	—	—	⑤	0.05	0.15	余量
EN AW-5505	EN AW-Al99.9Mg1	0.06	0.04	—	0.03	0.8~1.1	—	—	0.04	0.01	—	—	—	0.01	—	余量
EN AW-5554	EN AW-AlMg3Mn(A)	0.25	0.40	0.10	0.50~1.0	2.4~3.0	0.05~0.20	—	0.25	0.05~0.20	—	—	③	0.05	0.15	余量
EN AW-5556A	EN AW-AlMg5Mn	0.25	0.40	0.10	0.6~1.0	5.0~5.5	0.05~0.20	—	0.20	0.05~0.20	—	—	③	0.05	0.15	余量
EN AW-5556B	EN AW-AlMg5Mn(A)	0.25	0.40	0.10	0.6~1.0	5.0~5.5	0.05~0.20	—	0.20	0.05~0.20	—	—	⑤	0.05	0.15	余量
EN AW-5605	EN AW-Al99.98Mg1	0.01	0.008	—	—	0.8~1.1	—	—	0.01	0.008	—	—	Fe+Ti:0.008	0.003	—	余量
EN AW-5654	EN AW-AlMg3.5Cr	Si+Fe:0.45		0.05	0.01	3.1~3.9	0.15~0.35	—	0.20	0.05~0.15	—	—	③	0.05	0.15	余量
EN AW-5654A	EN AW-AlMg3.5Cr(A)	Si+Fe:0.45		0.05	0.01	3.1~3.9	0.15~0.35	—	0.20	0.05~0.15	—	—	⑤	0.05	0.15	余量
EN AW-5657	EN AW-Al99.85Mg1(A)	0.08	0.10	0.10	0.03	0.6~1.0	—	—	0.05	—	0.03	0.05	—	0.02	0.05	余量
EN AW-5754	EN AW-AlMg3	0.40	0.40	0.10	0.50	2.6~3.6	0.30	—	0.20	0.15	—	—	Mn+Cr:0.10~0.6③	0.05	0.15	余量

① "其他"一栏指表中未列出或未规定具体数值的金属元素。
② "总计"为单个元素含量不小于0.010%的"其他"金属元素的和值,求和各元素数值要表示到0.0x%。
③ 焊接电极、焊丝或焊接棒材中的w(Be)≤0.0003%。
④ w(Pb)≤0.003%。
⑤ 焊接电极、焊丝或焊接棒材中的w(Be)≤0.0005%。

表2-27　变形铝及铝合金牌号（6×× 系列）和化学成分（欧盟）

| 牌号 | | 化学成分（质量分数）/% | | | | | | | | | | | 备注 | 其他① | | Al |
四位数字牌号	化学元素符号牌号	Si	Fe	Cu	Mn	Mg	Cr	Ni	Zn	Ti	Ga	V		单个	总计②	
EN AW-6003	EN AW-AlMg1Si0.8	0.35~1.0	0.6	0.10	0.8	0.8~1.5	0.35	—	0.20	0.10	—	—	—	0.05	0.15	余量
EN AW-6005	EN AW-AlSiMg	0.6~0.9	0.35	0.10	0.10	0.40~0.6	0.10	—	0.10	0.10	—	—	—	0.05	0.15	余量
EN AW-6005A	EN AW-AlSiMg(A)	0.50~0.9	0.35	0.30	0.50	0.40~0.7	0.30	—	0.20	0.10	—	—	Mn+Cr:0.12~0.50	0.05	0.15	余量
EN AW-6005B	EN AW-AlSiMg(B)	0.45~0.8	0.30	0.10	0.10	0.40~0.8	0.10	—	0.10	0.10	—	—	—	0.05	0.15	余量
EN AW-6008	EN AW-AlSiMgV	0.50~0.9	0.35	0.30	0.30	0.40~0.7	0.30	—	0.20	0.10	—	0.05~0.20	—	0.05	0.15	余量
EN AW-6011	EN AW-AlMg0.9Si0.9Cu	0.6~1.2	1.0	0.40~0.9	0.8	0.6~1.2	0.30	0.20	1.5	0.20	—	—	—	0.05	0.15	余量
EN AW-6012	EN AW-AlMgSiPb	0.6~1.4	0.50	0.10	0.40~1.0	0.6~1.2	0.30	—	0.30	0.20	—	—	Bi:0.7,Pb:0.40~2.0	0.05	0.15	余量
EN AW-6012A	EN AW-AlMgSiSn	0.6~1.4	0.50	0.40	0.20~1.0	0.6~1.2	0.30	—	0.30	0.20	—	—	Bi:0.7,Sn:0.40~2.0	0.05	0.15	余量
EN AW-6013	EN AW-AlMg1Si0.8CuMn	0.6~1.0	0.50	0.6~1.1	0.20~0.8	0.8~1.2	0.10	—	0.25	0.10	—	—	—	0.05	0.15	余量
EN AW-6014	EN AW-AlMg0.6Si0.6V	0.30~0.6	0.35	0.25	0.05~0.20	0.40~0.8	0.20	—	0.10	0.10	—	0.05~0.20	—	0.05	0.15	余量
EN AW-6015	EN AW-AlMg1Si0.3Cu	0.20~0.40	0.10~0.30	0.10~0.25	0.10	0.8~1.1	0.10	—	0.10	0.10	—	—	—	0.05	0.15	余量
EN AW-6016	EN AW-AlSi1.2Mg0.4	1.0~1.5	0.50	0.20	0.20	0.25~0.6	0.10	—	0.20	0.15	—	—	—	0.05	0.15	余量
EN AW-6018	EN AW-AlMg1SiPbMn	0.50~1.2	0.7	0.15~0.40	0.30~0.8	0.6~1.2	0.10	—	0.30	0.20	—	—	③	0.05	0.15	余量
EN AW-6023	EN AW-AlSi1Sn1MgBi	0.6~1.4	0.50	0.20~0.50	0.20~0.6	0.40~0.9	—	—	—	—	—	—	Bi:0.30~0.8, Sn:0.6~1.2	0.05	0.15	余量
EN AW-6025	EN AW-AlMg2.5SiMnCu	0.8~1.5	0.7	0.20~0.7	0.6~1.4	2.1~3.0	0.20	—	0.50	0.20	—	—	—	0.05	0.15	余量
EN AW-6026	EN AW-AlMgSiBi	0.60~1.40	0.70	0.20~0.50	0.20~1.0	0.60~1.2	0.30	—	0.30	0.20	—	—	Si:0.60~1.40, Bi:0.50~1.5, Pb:0.40;Sn:0.05	0.05	0.15	余量
EN AW-6056	EN AW-AlSi1MgCuMn	0.7~1.3	0.50	0.50~1.1	0.40~1.0	0.6~1.2	0.25	—	0.10~0.7	④	—	—	④	0.05	0.15	余量
EN AW-6060	EN AW-AlMgSi	0.30~0.6	0.10~0.30	0.10	0.10	0.35~0.6	0.05	—	0.15	0.10	—	—	—	0.05	0.15	余量
EN AW-6061	EN AW-AlMg1SiCu	0.40~0.8	0.7	0.15~0.40	0.15	0.8~1.2	0.04~0.35	—	0.25	0.15	—	—	—	0.05	0.15	余量
EN AW-6061A	EN AW-AlMg1SiCu(A)	0.40~0.8	0.7	0.15~0.40	0.15	0.8~1.2	0.04~0.35	—	0.25	0.15	—	—	⑤	0.05	0.15	余量
EN AW-6063	EN AW-AlMg0.7Si	0.20~0.6	0.35	0.10	0.10	0.45~0.9	0.10	—	0.10	0.10	—	—	—	0.05	0.15	余量
EN AW-6063A	EN AW-AlMg0.7Si(A)	0.30~0.6	0.15~0.35	0.10	0.15	0.6~0.9	0.05	—	0.15	0.10	—	—	—	0.05	0.15	余量
EN AW-6064A	EN AW-AlMg1SiBi	0.40~0.80	0.7	0.15~0.40	0.15	0.8~1.2	0.04~0.14	—	0.25	0.15	—	—	—	0.05	0.15	余量
EN AW-6065	EN AW-AlMg1Bi1Si	0.40~0.8	0.7	0.15~0.40	0.15	0.8~1.2	0.15	—	0.25	0.10	—	—	Bi:0.50~1.5,Pb:0.05, Zr:0.15	0.05	0.15	余量

续表 2－27

| 牌号 | | 化学成分（质量分数）/% | | | | | | | | | | | | 其他① | | Al |
四位数字牌号	化学元素符号牌号	Si	Fe	Cu	Mn	Mg	Cr	Ni	Zn	Ti	Ga	V	备注	单个	总计②	
EN AW－6081	EN AW－AlSi0.9MgMn	0.7~1.1	0.50	0.10	0.10~0.45	0.6~1.0	0.10	—	0.20	0.15	—	—	—	0.05	0.15	余量
EN AW－6082	EN AW－AlSi1MgMn	0.7~1.3	0.50	0.10	0.40~1.0	0.6~1.2	0.25	—	0.20	0.10	—	—	—	0.05	0.15	余量
EN AW－6082A	EN AW－AlSi1MgMn(A)	0.7~1.3	0.50	0.10	0.40~1.0	0.6~1.2	0.25	—	0.20	0.10	—	—	⑤	0.05	0.15	余量
EN AW－6101	EN AW－AlMgSi	0.30~0.7	0.50	0.10	0.03	0.35~0.8	0.03	—	0.10	—	—	—	B:0.06	0.03	0.10	余量
EN AW－6101A	EN AW－AlMgSi(A)	0.30~0.7	0.40	0.05	—	0.40~0.9	—	—	—	—	—	—	—	0.03	0.10	余量
EN AW－6101B	EN AW－AlMgSi(B)	0.30~0.6	0.10~0.30	0.05	0.05	0.35~0.6	—	—	0.10	—	—	—	—	0.03	0.10	余量
EN AW－6106	EN AW－AlMgSiMn	0.30~0.6	0.35	0.25	0.05~0.20	0.40~0.8	0.20	—	0.10	—	—	—	—	0.05	0.10	余量
EN AW－6110A	EN AW－AlMg0.9Si0.9MnCu	0.7~1.1	0.50	0.30~0.8	0.30~0.9	0.7~1.1	0.05~0.25	—	0.20	—	—	—	Ti+Zr:0.20	0.05	0.15	余量
EN AW－6181	EN AW－AlSiMg0.8	0.8~1.2	0.45	0.10	0.15	0.6~1.0	0.10	—	0.20	0.10	—	—	—	0.05	0.15	余量
EN AW－6182	EN AW－AlSi1MgZr	0.9~1.3	0.50	0.10	0.50~1.0	0.7~1.2	0.25	—	0.20	—	—	—	Zr:0.05~0.20	0.05	0.15	余量
EN AW－6201	EN AW－AlMg0.7Si	0.50~0.9	0.50	0.10	0.03	0.6~0.9	0.03	—	0.10	—	—	—	B:0.06	0.03	0.10	余量
EN AW－6261	EN AW－AlMg1SiCuMn	0.40~0.7	0.40	0.15~0.40	0.20~0.35	0.7~1.0	0.10	—	0.20	0.10	—	—	—	0.05	0.15	余量
EN AW－6262	EN AW－AlMg1SiPb	0.40~0.8	0.7	0.15~0.40	0.15	0.8~1.2	0.04~0.14	—	0.25	0.15	—	—	—	0.05	0.15	余量
EN AW－6262A	EN AW－AlMg1SiSn	0.40~0.8	0.7	0.15~0.40	0.15	0.8~1.2	0.04~0.14	—	0.25	0.10	—	—	Bi:0.40~0.9, Sn:0.40~1.0	0.05	0.15	余量
EN AW－6351	EN AW－AlSi1Mg0.5Mn	0.7~1.3	0.50	0.10	0.40~0.8	0.40~0.8	—	—	0.20	0.20	—	—	—	0.05	0.15	余量
EN AW－6351A	EN AW－AlSiMg0.5Mn(A)	0.7~1.3	0.50	0.10	0.40~0.8	0.40~0.8	—	—	0.20	0.20	—	—	⑤	0.05	0.15	余量
EN AW－6360	EN AW－AlSiMgMn	0.35~0.8	0.10~0.30	0.15	0.02~0.15	0.25~0.45	0.05	—	0.10	0.10	—	—	—	0.03	0.10	余量
EN AW－6401	EN AW－Al99.9MgSi	0.35~0.7	0.04	0.05~0.20	0.03	0.35~0.7	—	—	0.04	0.01	—	—	—	0.01	—	余量
EN AW－6463	EN AW－AlMg0.7Si(B)	0.20~0.6	0.15	0.20	0.05	0.45~0.9	—	—	0.05	—	—	—	—	0.05	0.15	余量
EN AW－6951	EN AW－AlMgSi0.3Cu	0.20~0.50	0.8	0.15~0.40	0.10	0.40~0.8	—	—	0.20	—	—	—	—	0.05	0.15	余量

① "其他"一栏指表中未列出或未规定具体数值的金属元素。

② "总计"为单个元素含量不小于 0.010% 的"其他"金属元素的和值，求和前各元素数值要表列 0.0x%。

③ $w(Bi)=0.4\%~0.7\%$；$w(Pb)=0.4\%~1.2\%$。

④ $w(Zr+Ti)\leqslant0.20\%$。

⑤ $w(Pb)\leqslant0.003\%$。

⑥ $w(Bi)=0.4\%~0.7\%$；$w(Pb)=0.4\%~0.7\%$。

表2-28 变形铝及铝合金牌号（7××系列）和化学成分（欧盟）

四位数字牌号	化学元素符号牌号	Si	Fe	Cu	Mn	Mg	Cr	Ni	Zn	Ti	Ga	V	备注	其他① 单个	其他① 总计②	Al
EN AW-7003	EN AW-AlZn6Mg0.8Zr	0.30	0.35	0.20	0.30	0.50~1.0	0.20	—	5.0~6.5	0.20	—	—	Zr:0.05~0.25	0.05	0.15	余量
EN AW-7005	EN AW-AlZn4.5Mg1.5Mn	0.35	0.40	0.10	0.20~0.7	1.0~1.8	0.06~0.20	—	4.0~5.0	0.01~0.06	—	—	Zr:0.08~0.20	0.05	0.15	余量
EN AW-7009	EN AW-AlZn5.5MgCuAg	0.20	0.20	0.6~1.3	0.10	2.1~2.9	0.10~0.25	—	5.5~6.5	0.20	—	—	③	0.05	0.15	余量
EN AW-7010	EN AW-AlZn6MgCu	0.12	0.15	1.5~2.0	0.10	2.1~2.6	0.05	0.05	5.7~6.7	0.06	—	—	Zr:0.10~0.16	0.05	0.15	余量
EN AW-7012	EN AW-AlZn6Mg2Cu	0.15	0.25	0.8~1.2	0.08~0.15	1.8~2.2	0.04	—	5.8~6.5	0.02~0.08	—	—	Zr:0.10~0.18	0.05	0.15	余量
EN AW-7015	EN AW-AlZn5Mg1.5CuZr	0.20	0.30	0.06~0.15	0.10	1.3~2.1	—	—	4.6~5.2	0.10	—	—	Zr:0.10~0.20	0.05	0.15	余量
EN AW-7016	EN AW-AlZn4.5Mg1Cu	0.10	0.12	0.45~1.0	0.03	0.8~1.4	0.15	—	4.0~5.0	0.03	—	0.05	—	0.03	0.10	余量
EN AW-7019	EN AW-AlZn4Mg2	0.35	0.45	0.20	0.15~0.50	1.5~2.5	0.20	—	3.5~4.5	0.15	—	—	Zr:0.10~0.25	0.05	0.15	余量
EN AW-7020	EN AW-AlZn4.5Mg1	0.35	0.40	0.20	0.05~0.50	1.0~1.4	0.10~0.35	—	4.0~5.0	—	—	—	④	0.05	0.15	余量
EN AW-7021	EN AW-AlZn5.5Mg1.5	0.25	0.40	0.25	0.10	1.2~1.8	0.05	—	5.0~6.0	0.10	—	—	Zr:0.08~0.18	0.05	0.15	余量
EN AW-7022	EN AW-AlZn5Mg3Cu	0.50	0.50	0.50~1.0	0.10~0.40	2.6~3.7	0.10~0.30	—	4.3~5.2	—	—	—	Ti+Zr:0.20	0.05	0.15	余量
EN AW-7026	EN AW-AlZn5Mg1.5Cu	0.08	0.12	0.6~0.9	0.05~0.20	1.5~1.9	—	—	4.6~5.2	0.05	—	—	Zr:0.09~0.14	0.03	0.10	余量
EN AW-7029	EN AW-AlZn5Mg1.5Cu	0.10	0.12	0.50~0.9	0.03	1.3~2.0	—	—	4.2~5.2	0.05	—	—	—	0.05	0.15	余量
EN AW-7030	EN AW-AlZn4.5Mg1.5Cu	0.20	0.30	0.20~0.40	0.05	1.0~1.5	0.04	—	4.8~5.9	0.03	0.03	—	Zr:0.03	0.03	0.10	余量
EN AW-7039	EN AW-AlZn4Mg3	0.30	0.40	0.10	0.10~0.40	2.3~3.3	0.15~0.25	—	3.4~4.5	0.10	—	0.05	—	0.05	0.15	余量
EN AW-7049A	EN AW-AlZn8MgCu	0.40	0.50	1.2~1.9	0.50	2.1~3.1	0.05~0.25	—	7.2~8.4	—	—	—	Zr+Ti:0.25	0.05	0.15	余量
EN AW-7050	EN AW-AlZn6CuMgZr	0.12	0.15	2.0~2.6	0.10	1.9~2.6	0.04	—	5.7~6.7	0.06	—	—	Zr:0.08~0.15	0.05	0.15	余量
EN AW-7060	EN AW-AlZn7CuMg	0.15	0.20	1.8~2.6	0.20	1.3~2.1	0.15~0.25	—	6.1~7.5	0.05	—	—	Zr:0.05⑤	0.05	0.15	余量
EN AW-7072	EN AW-AlZn1	Si+Fe:0.7		0.10	0.10	0.10	—	—	0.8~1.3	—	—	—	—	0.05	0.15	余量
EN AW-7075	EN AW-AlZn5.5MgCu	0.40	0.50	1.2~2.0	0.30	2.1~2.9	0.18~0.28	—	5.1~6.1	0.20	—	—	⑥	0.05	0.15	余量
EN AW-7108	EN AW-AlZn5Mg1Zr	0.10	0.10	0.05	0.05	0.7~1.4	—	—	4.5~5.5	0.05	—	—	Zr:0.12~0.25	0.05	0.15	余量
EN AW-7108A	EN AW-AlZn5Mg1Zr	0.20	0.30	0.05	0.05	0.7~1.5	0.04	—	4.8~5.8	0.03	—	—	Zr:0.15~0.25	0.05	0.15	余量
EN AW-7116	EN AW-AlZn4.5Mg1Cu0.8	0.15	0.30	0.50~1.1	0.05	0.8~1.4	0.04	—	4.2~5.2	0.05	0.03	0.05	—	0.05	0.15	余量
EN AW-7129	EN AW-AlZn4.5Mg1.5Cu(A)	0.15	0.30	0.50~0.9	0.10	1.3~2.0	0.10	—	4.2~5.2	0.05	0.03	0.05	—	0.05	0.15	余量
EN AW-7149	EN AW-AlZn8MgCuZr(A)	0.12	0.15	1.2~1.9	0.10	2.0~2.9	0.10~0.22	—	7.2~8.2	0.10	0.03	—	—	0.05	0.15	余量
EN AW-7150	EN AW-AlZn6CuMgZr(A)	0.12	0.15	1.9~2.5	0.10	2.0~2.7	0.04	—	5.9~6.9	0.06	—	—	—	0.05	0.15	余量
EN AW-7175	EN AW-AlZn5.5MgCu(B)	0.15	0.20	1.2~2.0	0.10	2.1~2.9	0.18~0.28	—	5.1~6.1	0.10	—	—	Zr:0.08~0.15	0.05	0.15	余量
EN AW-7178	EN AW-AlZn7MgCu	0.40	0.50	1.6~2.4	0.30	2.4~3.1	0.18~0.28	—	6.3~7.3	0.20	—	—	—	0.05	0.15	余量
EN AW-7475	EN AW-AlZn5.5MgCu(A)	0.10	0.12	1.2~1.9	0.06	1.9~2.6	0.18~0.25	—	5.2~6.2	0.06	—	—	—	0.05	0.15	余量

① "其他"一栏系指表中未列出或未规定具体数值的金属元素。
② "总计"为单个元素含量不小于0.010%的"其他"金属元素的和值,求和前各元素数值要表示到0.0x%。
③ $w(Ag)=0.25\%\sim0.40\%$。
④ $w(Zr)=0.08\%\sim0.20\%$；$w(Zr+Ti)=0.08\%\sim0.25\%$。
⑤ $w(Pb)\leq0.003\%$。
⑥ 当供需双方协议定时,允许挤压和锻造用铝合金中$w(Zr+Ti)\leq0.25\%$。

表 2-29　变形铝及铝合金牌号（8××系列）和化学成分（欧盟）

牌 号		化学成分（质量分数）/%											备注	其他①		Al
四位数字牌号	化学元素符号牌号	Si	Fe	Cu	Mn	Mg	Cr	Ni	Zn	Ti	Ga	V		单个	总计②	
EN AW-8006	EN AW-AlFe1.5Mn	0.40	1.2~2.0	0.30	0.30~1.0	0.10	—	—	0.10	—	—	—	—	0.05	0.15	余量
EN AW-8008	EN AW-AlFe1Mn0.8	0.6	0.9~1.6	0.20	0.50~1.0	—	—	—	0.10	0.10	—	—	—	0.05	0.15	余量
EN AW-8011A	EN AW-AlFeSi（A）	0.40~0.8	0.50~1.0	0.10	0.10	0.10	0.10	—	0.10	0.05	—	—	—	0.05	0.15	余量
EN AW-8014	EN AW-AlFe1.5Mn0.4	0.30	1.2~1.6	0.20	0.20~0.6	0.10	—	—	0.10	0.10	—	—	—	0.05	0.15	余量
EN AW-8015	EN AW-AlFeMn0.3	0.30	0.8~1.4	0.10	0.10~0.40	0.10	—	—	0.10	—	—	—	—	0.05	0.15	余量
EN AW-8016	EN AW-AlFe1Mn	0.20	0.7~1.1	0.10	0.10~0.30	0.10	—	—	0.10	—	—	—	—	0.05	0.15	余量
EN AW-8018	EN AW-AlFeSiCu	0.50~0.9	0.6~1.0	0.30~0.6	0.30	—	—	—	—	0.006~0.06	—	—	—	0.05	0.15	余量
EN AW-8021B	EN AW-AlFe1.5	0.40	1.1~1.7	0.05	0.03	0.01	0.03	—	0.05	0.05	—	—	—	0.03	0.10	余量
EN AW-8030	EN AW-AlFeCu	0.10	0.30~0.8	0.15~0.30	0.03	0.05	0.05	—	0.05	—	—	—	B: 0.001~0.04	0.03	0.10	余量
EN AW-8079	EN AW-AlFe1Si	0.05~0.30	0.7~1.3	0.05	—	—	—	—	0.10	—	—	—	—	0.05	0.15	余量
EN AW-8090	EN AW-AlLi2.5Cu1.5Mg1	0.20	0.30	1.0~1.6	0.10	0.6~1.3	0.10	—	0.25	0.10	—	—	Zr: 0.04~0.16③	0.05	0.15	余量
EN AW-8111	EN AW-AlFeSi（B）	0.30~1.1	0.40~1.0	0.10	0.10	0.05	0.05	—	0.10	0.08	—	—	—	0.05	0.15	余量
EN AW-8112	EN AW-Al95	1.0	1.0	0.40	0.6	0.7	0.20	—	1.0	0.20	—	—	—	0.05	0.15	余量
EN AW-8176	EN AW-AlFeSi	0.03~0.15	0.40~1.0	—	—	—	—	—	0.10	—	0.03	—	—	0.05	0.15	余量
EN AW-8211	EN AW-AlFeSi（C）	0.40~0.8	0.50~1.0	0.10	0.05~0.20	0.10	0.15	—	0.10	0.05	—	—	—	0.06	0.15	余量

① "其他"一栏系指表中未列出或未规定具体数值的金属元素。
② "总计"为单个元素含量不小于 0.010% 的 "其他" 金属元素的和值，求和前各元素数值要表示到 0.0x%。
③ $w(\text{Li}) = 2.2\% \sim 2.7\%$。

表 2-30　生产食品包装用材料及器皿所用变形铝合金-元素最大含量（欧盟）

元素	最大含量/%	元素	最大含量/%
硅	13.5	镍	3.0
铁	2.0	锌	0.25
铜	0.6	锆	0.3
锰	4.0	钛	0.3
镁①	11.0	其他元素②	单个 0.05
铬	0.35		合计 0.15

① 含镁量大于 5% 的合金不得用于生产加压蒸煮操作中的承压产品。

② 因不充分了解"其他成分"中部分合金成分接触食品时的特性，其最大含量应控制在 0.05% 以内。如有更多信息，可提高其最大含量限度。

生产食品包装用材料及器皿所用的纯铝应符合如下规定：

（1）$w(Fe+Si) \leqslant 1.0\%$；

（2）铬、镁、锰、镍、锌、钛、锡元素的单个含量不大于 0.10%；

（3）$w(Cu) \leqslant 0.10\%$，在铬或锰的含量不超过 0.05% 的条件下，铜含量可大于 0.10%，小于等于 0.20%；

（4）其他元素不大于 0.05%（单个含量）。

按照《铝及铝合金包装和包装元件制造用产品的化学成分特殊要求》（EN14287），用于制造包装、包装元件或包装组件的产品至少应当满足下列要求：

（1）铅、汞、镉和六价铬不应当有意添加到这些产品当中；

（2）铅、汞、镉和六价铬这四种物质的总含量不得超过 100μg/g。

2.3.3　铸造产品

铸造铝合金牌号体系包括两个部分：五位数字牌号体系和化学元素符号牌号体系。

2.3.3.1　五位数字牌号

五位数字牌号中的首位数字表示主要合金元素，如下：

2××××：铜；

4××××：硅；

5××××：镁；

7××××：锌。

五位数字牌号中的第二位数字表示合金种类，如下：

21×××：Al Cu；

41×××：Al SiMgTi；

42×××：Al Si7Mg；

43×××：Al St10Mg；

44×××：Al Si；

45×××：Al Si5Cu；

46×××：Al Si9Cu；

47×××：Al Si(Cu)；

48×××：Al SiCuNiMg；

51×××：Al Mg；

71×××：Al ZnMg。

第三位数字是任意的。第四位数字一般是 0。第五位数字除了航空材料一般也是 0。

2.3.3.2　化学符号牌号

化学元素符号牌号由"Al"和主要合金元素符号作为主体构成。牌号中最多可排列四个主要合金元素，且各主要合金元素按含量降序排列，主要合金元素符号后跟随的数字代表该主要合金元素的质量百分数，质量百分数相同时，按合金元素符号的字母顺序排列。可将主要杂质元素符号括起置于牌号尾部，以标志不同的铝或铝合金，还可根据注册日期增加括号英文小写字母后缀来标志不同的铝或铝合金。

目前使用的铸造铝合金锭牌号和化学成分符合《重熔用铝合金锭》（EN 1676:2010E）之规定，见表 2-31。

表2-31 铸造铝合金牌号和化学成分（欧盟）

合金类	数字编号	化学符号	Si	Fe	Cu	Mn	Mg	Cr	Ni	Zn	Pb	Sn	Ti④	其他①⑤ 单个	其他①⑤ 总计	Al
AlCu	EN AB-21000	EN AB-AlCu4MgTi	0.15	0.30	4.2~5.0	0.10	0.20~0.35	—	0.05	0.10	0.05	0.05	0.15~0.25	0.03	0.10	余量
AlCu	EN AB-21100	EN AB-AlCu4Ti	0.15	0.15	4.2~5.2	0.55	—	—	—	0.07	—	—	0.15~0.25	0.03	0.10	余量
AlCu	EN AB-21200	EN AB-AlCu4MnMg	0.10	0.15	4.0~5.0	0.20~0.50	0.20~0.35	—	0.03	0.05	0.03	0.03	0.05	0.03	0.10	余量
AlSiMgTi	EN AB-41000	EN AB-AlSi2MgTi	1.6~2.4	0.50	0.08	0.30~0.50	0.50~0.65	—	0.05	0.10	0.05	0.05	0.07~0.15	0.05	0.15	余量
AlSi7Mg	EN AB-42000	EN AB-AlSi7Mg	6.5~7.5	0.45	0.15	0.35	0.25~0.65	—	0.15	0.15	0.15	0.05	0.20⑥	0.05	0.15	余量
AlSi7Mg	EN AB-42100	EN AB-AlSi7Mg0.3	6.5~7.5	0.15	0.03	0.10	0.30~0.45	—	—	0.07	—	—	0.18⑥	0.03	0.10	余量
AlSi7Mg	EN AB-42200	EN AB-AlSi7Mg0.6	6.5~7.5	0.15	0.03	0.10	0.50~0.70	—	—	0.07	—	—	0.18⑥	0.03	0.10	余量
AlSi10Mg	EN AB-43000	EN AB-AlSi10Mg(a)	9.0~11.0	0.40	0.03	0.45	0.25~0.45	—	0.05	0.10	0.05	—	0.15	0.05	0.15	余量
AlSi10Mg	EN AB-43100	EN AB-AlSi10Mg(b)	9.0~11.0	0.45	0.08	0.45	0.25~0.45	—	0.05	0.10	0.05	—	0.15	0.05	0.15	余量
AlSi10Mg	EN AB-43200	EN AB-AlSi10Mg(Cu)	9.0~11.0	0.55	0.30	0.55	0.25~0.45	—	0.15	0.35	0.10	—	0.15	0.05	0.15	余量
AlSi10Mg	EN AB-43300	EN AB-AlSi9Mg	9.0~10.0	0.15	0.03	0.10	0.30~0.45	—	—	0.07	—	—	0.15	0.03	0.10	余量
AlSi10Mg	EN AB-43400	EN AB-AlSi10Mg(Fe)	9.0~11.0	0.45~0.9	0.08	0.55	0.25~0.50	—	0.15	0.15	0.15	0.05	0.15	0.05	0.15	余量
AlSi10Mg	EN AB-43500	EN AB-AlSi10MnMg②	9.0~11.5	0.20	0.03	0.45~0.80	0.15~0.60	—	—	0.07	—	—	0.15	0.05	0.10	余量
AlSi	EN AB-44000	EN AB-AlSi11	10.0~11.8	0.15	0.03	0.10	0.45	—	0.05	0.07	—	—	0.15	0.05	0.15	余量
AlSi	EN AB-44100	EN AB-AlSi12(b)	10.5~13.5	0.55	0.10	0.55	0.10	—	0.10	0.15	0.10	—	0.15	0.05	0.15	余量
AlSi	EN AB-44200	EN AB-AlSi12(a)	10.5~13.5	0.40	0.03	0.35	—	—	0.10	0.10	—	—	0.15	0.05	0.15	余量
AlSi	EN AB-44300	EN AB-AlSi12(Fe)(a)	10.5~13.5	0.45~0.9	0.08	0.55	—	—	—	0.15	—	—	0.15	0.05	0.25	余量
AlSi	EN AB-44400	EN AB-AlSi9	8.0~11.0	0.55	0.08	0.50	0.10	—	0.05	0.15	0.05	0.05	0.15	0.05	0.15	余量
AlSi	EN AB-44500	EN AB-AlSi12(Fe)(b)	10.5~13.5	0.45~0.90	0.18	0.55	0.40	—	—	0.30	—	—	0.20	0.05	0.25	余量
AlSi5Cu	EN AB-45000	EN AB-AlSi6Cu4	5.0~7.0	0.9	3.0~5.0	0.20~0.65	0.55	0.15	0.45	2.0	—	0.10	0.20	0.05	0.35	余量
AlSi5Cu	EN AB-45100	EN AB-AlSi5Cu3Mg	4.5~6.0	0.50	2.6~3.6	0.55	0.20~0.45	—	0.10	0.20	—	—	0.20⑥	0.05	0.15	余量
AlSi5Cu	EN AB-45300	EN AB-AlSi5Cu1Mg	4.5~5.5	0.55	1.0~1.5	0.55	0.40~0.65	—	0.25	0.15	—	—	0.20	0.05	0.15	余量
AlSi5Cu	EN AB-45400	EN AB-AlSi5Cu3	4.5~6.0	0.45~0.9	2.6~3.6	0.55	0.05	—	0.10	0.20	—	—	0.20	0.05	0.15	余量
AlSi5Cu	EN AB-45500	EN AB-AlSi7Cu0.5Mg	6.5~7.5	0.25	0.2~0.7	0.15	0.25~0.45	—	—	0.07	—	—	0.20⑥	0.03	0.10	余量

续表 2-31

化学成分（质量分数）/%

合金类	数字编号	化学符号	Si	Fe	Cu	Mn	Mg	Cr	Ni	Zn	Pb	Sn	Ti④	其他①⑤ 单个	其他①⑤ 总计	Al
AlSi9Cu	EN AB-46000	EN AB-AlSi9Cu3(Fe)	8.0~11.0	0.6~1.1	2.0~4.0	0.55	0.15~0.55	0.15	0.55	1.2	0.35	0.15	0.20	0.05	0.25	余量
	EN AB-46100	EN AB-AlSi11Cu2(Fe)	10.0~12.0	0.45~1.0	1.5~2.5	0.55	0.30	0.15	0.45	1.7	0.25	0.15	0.20	0.05	0.25	余量
	EN AB-46200	EN AB-AlSi8Cu3	7.5~9.5	0.7	2.0~3.5	0.15~0.65	0.15~0.55	—	0.35	1.2	0.25	0.15	0.20	0.05	0.25	余量
	EN AB-46300	EN AB-AlSi7Cu3Mg	6.5~8.0	0.7	3.0~4.0	0.20~0.65	0.35~0.60	—	0.30	0.65	0.15	0.10	0.20	0.05	0.25	余量
	EN AB-46400	EN AB-AlSi9Cu1Mg	8.3~9.7	0.7	0.8~1.3	0.15~0.55	0.30~0.65	—	0.20	0.8	0.10	0.10	0.18⑥	0.05	0.25	余量
	EN AB-46500	EN AB-AlSi9Cu3(Fe)(Zn)	8.0~11.0	0.6~1.2	2.0~4.0	0.55	0.15~0.55	0.15	0.55	3.0	0.35	0.15	0.20	0.05	0.25	余量
	EN AB-46600	EN AB-AlSi7Cu2	6.0~8.0	0.7	1.5~2.5	0.15~0.65	0.35	—	0.35	1.0	0.25	0.15	0.20	0.05	0.15	余量
AlSi(Cu)	EN AB-47000	EN AB-AlSi12(Cu)	10.5~13.5	0.7	0.9	0.05~0.55	0.35	0.10	0.30	0.55	0.20	0.10	0.15	0.05	0.25	余量
	EN AB-47100	EN AB-AlSi12(Cu)	10.5~13.5	0.6~1.1	0.7~1.2	0.55	0.35	0.10	0.30	0.55	0.20	0.10	0.15	0.05	0.25	余量
AlSiCuNiMg	EN AB-48000	EN AB-AlSi12CuNiMg	10.5~13.5	0.6	0.8~1.5	0.35	0.9~1.5	—	0.7~1.3	0.35	—	—	0.20	0.05	0.15	余量
	EN AB-48100	EN AB-AlSi17Cu4iMg	16.0~18.0	1.0	4.0~5.0	0.50	0.45~0.65	—	0.3	1.5	—	0.15	0.15	0.05	0.25	余量
AlMg③	EN AB-51100	EN AB-AlMg3(b)	0.45	0.40	0.03	0.45	2.7~3.5	—	—	0.10	—	—	0.15	0.05	0.15	余量
	EN AB-51200	EN AB-AlMg9	2.5	0.45~0.9	0.08	0.55	8.5~10.5	—	0.10	0.25	0.10	—	0.15	0.05	0.15	余量
	EN AB-51300	EN AB-AlMg5	0.35	0.45	0.05	0.45	4.8~6.5	—	—	0.10	—	—	0.15	0.05	0.15	余量
	EN AB-51400	EN AB-AlMg5(Si)	1.3	0.45	0.03	0.45	4.8~6.5	—	—	0.10	—	—	0.15	0.05	0.15	余量
	EN AB-51500	EN AB-AlMg5Si2Mn	1.8~2.6	0.20	0.03	0.4~0.8	4.5~6.5	—	—	0.07	—	—	0.20	0.05	0.15	余量
AlZnSiMg	EN AB-71100	EN AB-AlZn10Si8Mg	7.5~9.5	0.27	0.08	0.10	0.25~0.5	—	—	9.0~10.5	—	—	0.15	0.05	0.15	余量

注：除非以一个范围来表示的情况，极限值都是以最大值来表示的。

① "其他"不包含变质剂或者精炼剂元素，如钠、锶、锑和磷。
② 建议添加 Sr。
③ w(Mg)≥3%时，w(Be)≤0.005%。
④ 精炼剂，倒如含晶核（如TiB₂）的 Ti，B 或者中间合金，不能当作是杂质。无论如何，精炼剂元素的最大，最小含量应由制造商与购买方之间商定。
⑤ "其他"是指没有在本表内列出的所有元素或是没有限定值的元素。
⑥ 精炼细化用 Ti 元素的最小极限值不要求，或者通过其他手段达到。

按照《铝及铝合金铸件用于食品包装的半成品化学成分》(EN601)，生产食品包装用材料及器皿所用的铸造铝及铝合金中，元素最大含量应符合表 2-32 的规定。

表 2-32 生产食品包装用材料及器皿所用铸造铝合金－元素最大含量（欧盟）

元 素	最大含量/%	元 素	最大含量/%
硅	13.5	锑	0.2
铁	2.0	锡	0.10
铜	0.6	锶	0.2
锰	4.0	锆	0.3
镁①	11.0	钛	0.3
铬	0.35	其他元素②	单个：0.05
镍	3.0		
锌	0.25		合计：0.15

① 含镁量大于 5% 的合金不得用于生产加压蒸煮操作中的承压产品。

② 因不充分了解"其他成分"中部分合金成分接触食品时的特性，其最大含量应控制在 0.05% 以内。如有更多信息，可提高其最大含量限度。

生产食品包装用材料及器皿所用的纯铝应符合如下规定：

（1）铁 + 硅含量不大于 1.0%；

（2）铬、镁、锰、镍、锌、钛、锡元素的单个含量不大于 0.10%；

（3）铜含量不大于 0.10%，在铬或锰的含量不超过 0.05% 的条件下，铜含量可大于 0.10%，但不大于 0.20%；

（4）其他元素含量不大于 0.05%（指单个含量）。

按照《铝及铝合金包装和包装元件制造用产品的化学成分特殊要求》(EN14287)，用于制造包装、包装元件或包装组件的产品至少应当满足下列要求：

（1）铅、汞、镉和六价铬不应当有意添加到这些产品当中；

（2）铅、汞、镉和六价铬这四种物质的总含量不得超过 $100\mu g/g$。

2.3.4 铝中间合金

铝中间合金牌号体系包括两个部分：五位数字牌号体系和化学元素符号牌号体系。

2.3.4.1 五位数字牌号

五位数字牌号的首位数字是 9。二、三位数字表示元素的主要成分（05 表示硼；14 表示硅；29 表示铜）。最后两位数字一般表示合金出现的时间顺序，但对第五个数字：偶数表示中间合金中杂质含量低；奇数表示中间合金中杂质含量高。

2.3.4.2 化学元素符号牌号

化学元素符号牌号由"Al"和主要合金元素符号做主体构成。牌号中最多可排列四个主要合金元素，且各主要合金元素按含量降序排列，主要合金元素符号后跟随的数字代表该主要合金元素的质量百分数，质量百分数要求相同时，按合金元素符号的字母顺序排列。可将主要杂质元素符号括起置于牌号尾部，以标识不同的铝或铝合金。根据杂质元素含量的高低，可以在牌号后面缀以（A）或（B）来标识不同的铝或铝合金：（A）表示中间合金中杂质元素含量较低，（B）表示中间合金中杂质元素含量较高。

目前使用的铝中间合金牌号和化学成分符合《铝中间合金》(EN 575：1995) 的规定，详见表 2-33，表中数值为质量百分数，单个数值为最大值。

表2-33　铝中间合金牌号与化学成分（欧盟）

| 名称 | | 化学成分（质量分数）/% | | | | | | | | | | 其他② | |
数字命名	成分符号	Si	Fe	Cu	Mn	Mg	Cr	Ni	Zn	备注	Ti	单个	合计
EN AM-90500	EN AM-AlB3(A)	0.30	0.30	—	—	—	—	—	—	B:2.5~3.5	—	0.04	0.10
EN AM-90502	EN AM-AlB3(A)	0.30	0.30	—	—	—	—	—	—	B:3.5~4.5	—	0.04	0.10
EN AM-90504	EN AM-AlB5(A)	0.30	0.30	—	—	—	—	—	—	B:4.5~5.5	—	0.04	0.10
EN AM-90400	EN AM-AlBe5(A)	0.30	0.30	—	—	0.50	—	—	—	Be:4.5~6.0	—	0.04	0.10
EN AM-98300	EN AM-AlBi3(A)	0.30	0.30	—	—	—	—	—	—	Bi:2.7~3.3	—	0.04	0.10
EN AM-92000	EN AM-AlCa10(A)	0.30	0.30	—	—	—	—	—	—	Ca:9.0~11.0	—	0.04	0.10
EN AM-92700	EN AM-AlCo10(A)	0.30	0.30	—	—	—	—	—	—	Co:9.0~11.0	—	0.04	0.10
EN AM-92401	EN AM-AlCr5(B)	0.50	0.70	0.20	0.40	0.50	4.5~5.5	0.20	0.20	—	0.10	0.05	0.15
EN AM-92402	EN AM-AlCr10(A)	0.30	0.30	—	—	—	9.0~11.0	—	—	—	—	0.04	0.10
EN AM-92404	EN AM-AlCr20(A)	0.30	0.30	—	—	—	18.0~22.0	—	—	—	—	0.04	0.10
EN AM-92405	EN AM-AlCr20(B)	0.50	0.70	0.20	0.40	0.50	18.0~22.0	0.20	0.20	—	0.10	0.05	0.15
EN AM-92900	EN AM-AlCu33(A)	0.30	0.30	31.0~35.0	—	—	—	—	0.05	—	—	0.04	0.10
EN AM-92901	EN AM-AlCu33(B)	0.50	0.70	31.0~35.0	0.40	0.50	0.10	0.20	0.20	—	0.10	0.05	0.15
EN AM-92902	EN AM-AlCu50(A)	0.30	0.30	47.0~53.0	—	—	—	—	0.05	—	—	0.04	0.10
EN AM-92903	EN AM-AlCu50(B)	0.50	0.70	47.0~53.0	0.40	0.50	0.10	0.20	0.20	—	0.10	0.05	0.15
EN AM-92600	EN AM-AlFe10(A)	0.30	9.0~11.0	—	—	—	—	—	—	—	—	0.04	0.15
EN AM-92601	EN AM-AlFe10(B)	0.50	9.0~11.0	0.20	0.40	0.50	0.10	0.20	0.20	—	0.10	0.05	0.15
EN AM-92602	EN AM-AlFe20(A)	0.30	18.0~22.0	—	0.20	—	—	—	—	—	—	0.04	0.10
EN AM-92604	EN AM-AlFe45(A)	0.30	43.0~47.0	—	0.30	—	—	—	—	C:0.10	—	0.04	0.10
EN AM-91200	EN AM-AlMg10(A)	0.30	0.30	—	—	9.0~11.0	—	—	—	—	—	0.04	0.10
EN AM-91202	EN AM-AlMg20(A)	0.30	0.30	—	—	18.0~22.0	—	—	—	—	—	0.04	0.10
EN AM-91204	EN AM-AlMg50(A)	0.30	0.30	—	—	47.0~53.0	—	—	—	—	—	0.04	0.10
EN AM-92500	EN AM-AlMn10(A)	0.30	0.30	—	9.0~11.0	—	—	—	—	—	—	0.04	0.10
EN AM-92501	EN AM-AlMn10(B)	0.50	0.70	0.20	9.0~11.0	0.50	0.10	0.20	0.20	—	0.10	0.05	0.15
EN AM-92502	EN AM-AlMn60(A)	0.30	0.30	—	58.0~64.0	—	—	—	—	—	—	0.04	0.10
EN AM-92503	EN AM-AlMn60(B)	0.30	0.15	—	58.0~64.0	—	—	—	—	—	—	0.05	0.15

续表 2 - 33

| 名称 | | 化学成分(质量分数)/% | | | | | | | | | | 其他② | |
数字命名	成分符号	Si	Fe	Cu	Mn	Mg	Cr	Ni	Zn	备注	Ti	单个	合计①
EN AM - 92800	EN AM - AlNi10(A)	0.30	0.30	—	—	—	—	9.0~11.0	—	—	—	0.04	0.10
EN AM - 92802	EN AM - AlNi20(A)	0.30	0.30	—	—	—	—	18.0~22.0	—	—	—	0.04	0.10
EN AM - 95100	EN AM - AlSb10(A)	0.30	0.30	—	—	—	—	—	—	Sb:9.0~11.0	—	0.04	0.10
EN AM - 91400	EN AM - AlSi20(A)	18.0~22.0	0.30	—	—	—	—	—	—	Ca:0.06	—	0.04	0.10
EN AM - 91401	EN AM - AlSi20(B)	18.0~22.0	0.70	0.20	0.40	0.50	0.10	0.20	0.20	Ca:0.06	0.10	0.05	0.15
EN AM - 91402	EN AM - AlSi50(A)	47.0~53.0	0.50	—	—	—	—	—	—	Ca:0.15	—	0.04	0.10
EN AM - 91403	EN AM - AlSi50(B)	47.0~53.0	0.70	0.20	0.40	0.50	0.10	0.20	0.20	Ca:0.15	0.10	0.05	0.15
EN AM - 93800	EN AM - AlSr3.5(A)	0.30	0.30	—	—	—	—	—	—	Sr:3.2~3.8, Ca:0.03, P:0.01	—	0.04	0.10
EN AM - 93802	EN AM - AlSr5(A)	0.30	0.30	—	—	0.05	—	—	—	Sr:4.5~5.5, Ba:0.05, Ca:0.05, P:0.01	—	0.04	0.10
EN AM - 93804	EN AM - AlSr10(A)	0.30	0.30	—	—	0.10	—	—	—	Sr:9.0~11.0, Ba:0.10, Ca:0.10, P:0.01	—	0.04	0.10
EN AM - 93850	EN AM - Al Sr10Ti1B0.2(A)	0.30	0.30	—	—	0.10	—	—	—	Sr:9.0~11.0, B:0.15~0.25, Ba:0.10, Ca:0.10, P:0.01	—	0.04	0.10
EN AM - 92201	EN AM - AlTi5(B)	0.50	0.70	0.20	0.40	0.50	0.10	0.20	0.20	V:0.30	4.5~5.5	0.05	0.15
EN AM - 92202	EN AM - AlTi6(A)	0.30	0.30	—	—	—	0.05	0.05	—	V:0.30	5.5~6.5	0.04	0.10
EN AM - 92204	EN AM - AlTi10(A)	0.30	0.40	—	—	—	0.05	0.05	—	V:0.50	9.0~11.0	0.04	0.10

续表 2-33

| 名称 | | 化学成分(质量分数)/% | | | | | | | | | | 其他① | |
数字命名	成分符号	Si	Fe	Cu	Mn	Mg	Cr	Ni	Zn	备注	Ti	单个②	合计
EN AM-92205	EN AM-AlTi10(B)	0.30	0.70	0.20	0.40	0.50	0.10	0.20	0.20	V:0.50	9.0~11.0	0.05	0.15
EN AM-92250	EN AM-AlTi3B1(A)	0.30	0.30	—	—	—	—	—	—	V:0.20, B:0.8~1.2	2.7~3.5	0.04	0.10
EN AM-92252	EN AM-AlTi5B0.2(A)	0.30	0.30	—	—	—	—	—	—	B:0.15~0.25, V:0.25	4.5~5.5	0.04	0.10
EN AM-92254	EN AM-AlTi5B0.6(A)	0.30	0.30	—	—	—	—	—	—	B:0.5~0.8, V:0.20	4.5~5.5	0.04	0.10
EN AM-92256	EN AM-AlTi5B1(A)	0.30	0.30	—	—	—	—	—	—	B:0.9~1.1, V:0.20	4.5~5.5	0.04	0.10
EN AM-92300	EN AM-AlV10(A)	0.30	0.30	—	—	—	—	—	—	V:9.0~11.0	—	0.04	0.10
EN AM-9400	EN AM-AlZr5(A)	0.30	0.30	—	—	—	—	—	—	Zr:4.5~5.5, Ca:0.010, Na:0.005, Pb:0.010, Sn:0.010	—	0.04	0.10
EN AM-94001	EN AM-AlZr5(A)	0.30	0.45	0.10	—	—	—	0.10	—	Zr:4.5~5.5, Sn:0.10	0.10	0.05	0.15
EN AM-94002	EN AM-AlZr10(A)	0.30	0.30	—	—	—	—	—	—	Zr:9.0~11.0	—	0.04	0.10
EN AM-94003	EN AM-AlZr10(B)	0.30	0.45	0.20	—	—	—	0.20	—	Zr:9.0~11.0, Sn:0.20	0.20	0.05	0.15
EN AM-94004	EN AM-AlZr15(A)	0.40	0.30	—	—	—	—	—	—	Zr:13.5~16.0	—	0.04	0.10

① "其他"包括了除 Si、Fe、Cu、Mn、Mg、Cr、Ni、Zn、Pb、Sn、Ti、B、V、Sr、Zr、Ca、Li、Na 等之外能够鉴定的其他常规杂质。"合计"是指其他含量超过 0.01% 的所有元素的总和,计算之前这些元素的含量保留两位小数。

② 除非其他情况,中间合金名称中带"A"的,最大含量值为 0.02%。对于 Pb 和 Sn,最大含量值为 0.04%。带"B"的 Zn 最大含量为 0.01%。

2.4　美国

2.4.1　冶炼产品

现行有效的是"北美及国际牌号注册组织"制定的标准《原铝锭 – 化学成分》2007 版，该组织为国际组织，秘书处设在美国铝业协会（The Aluminum Association，简称 AA）。此即贸易中常说的 AA 牌号。此系列牌号以"大写英文字母 P 加硅、铁名义含量"的方式表示，目前有 5 个非活跃牌号（P1020E、P1535E、P2055E、P2070E、P2585E，不再列出化学成分），还有 40 个活跃牌号，化学成分见表 2 – 34。

表 2 – 34　40 个 AA 活跃牌号铝锭的化学成分

牌号	注册日期（年 – 月 – 日）	注册国	Si	Fe	Zn	Ga	V	其余元素	其他杂质[3],[4] 单个	总和	Al[5]
P0202A	1993 – 03 – 16	美国	0.02	0.02	0.02	0.02	0.01	[1]	0.01	0.02	余量
P0303A	1982 – 03 – 29	美国	0.03	0.03	0.03	0.03	0.01	[1]	0.01	0.02	余量
P0303B	1993 – 03 – 02	美国	0.03	0.03	0.03	0.03	0.01	[1]	0.01	0.02	余量
P0304A	1995 – 09 – 12	美国	0.03	0.04	0.03	0.03	0.01	[1]	0.01	0.02	余量
P0305A	1995 – 09 – 12	美国	0.03	0.05	0.03	0.03	0.01	[1]	0.01	0.02	余量
P0404A	1982 – 03 – 29	美国	0.04	0.04	0.03	0.03	0.01	[1]	0.01	0.03	余量
P0404B	1993 – 03 – 02	美国	0.04	0.04	0.03	0.03	0.02	[1]	0.01	0.03	余量
P0405A	1982 – 03 – 29	美国	0.04	0.05	0.03	0.03	0.02	[1]	0.02	0.03	余量
P0406A	1982 – 03 – 29	美国	0.04	0.06	0.03	0.03	0.02	[1]	0.02	0.04	余量
P0506A	1982 – 03 – 29	美国	0.05	0.06	0.03	0.03	0.02	[1]	0.02	0.05	余量
P0506B	1982 – 03 – 29	美国	0.05	0.06	—	—	—	[1]	0.05	0.10	余量
P0507A	1982 – 03 – 29	美国	0.05	0.07	0.03	0.03	0.02	[1]	0.02	0.05	余量
P0507B	1982 – 03 – 29	美国	0.05	0.07	—	—	—	[1]	0.05	0.10	余量
P0608A	2003 – 06 – 16	澳大利亚	0.06	0.08	0.03	0.03	0.02	[1]	0.05	余量
P0610A	1982 – 03 – 29	美国	0.06	0.10	0.03	0.04	0.02	[1]	0.02	0.05	余量
P0610B	1982 – 03 – 29	美国	0.06	0.10	—	—	—	[1]	0.05	0.10	余量
P0610C	1992 – 08 – 19	美国	0.06	0.10	—	—	—	[1]	0.10	0.20	余量
P1015A	1982 – 03 – 29	美国	0.10	0.15	0.03	0.04	0.03	[1]	0.03	0.10	余量
P1015B	1982 – 03 – 29	美国	0.10	0.15	—	—	—	[1]	0.05	0.10	余量
P1015C	1992 – 08 – 19	美国	0.10	0.15	—	—	—	[1]	0.10	0.20	余量
P1015D	1992 – 08 – 19	美国	0.10	0.15	—	—	—	[1]	0.15	0.30	余量
P1020A	1982 – 03 – 29	美国	0.10	0.20	0.03	0.04	0.03	[1]	0.03	0.10	余量
P1020B	1982 – 03 – 29	美国	0.10	0.20	—	—	—	[1]	0.05	0.10	余量
P1020C	1992 – 08 – 19	美国	0.10	0.20	—	—	—	[1]	0.10	0.20	余量
P1020D	1992 – 08 – 19	美国	0.10	0.20	—	—	—	[1]	0.15	0.30	余量
P1020G	1999 – 03 – 17	瑞士	0.10	0.20	0.03	0.04	0.03	[1],[2]	0.03	0.10	余量
P1520A	1982 – 03 – 29	美国	0.15	0.20	0.03	0.04	0.03	[1]	0.03	0.10	余量
P1520B	1982 – 03 – 29	美国	0.15	0.20	—	—	—	[1]	0.05	0.10	余量
P1520C	1992 – 08 – 19	美国	0.15	0.20	—	—	—	[1]	0.10	0.20	余量
P1520D	1992 – 08 – 19	美国	0.15	0.20	—	—	—	[1]	0.15	0.30	余量
P1535A	1982 – 03 – 29	美国	0.15	0.35	0.03	0.04	0.03	[1]	0.03	0.10	余量

牌号注册信息			化学成分(质量分数)/%								
牌号	注册日期 (年 - 月 - 日)	注册国	Si	Fe	Zn	Ga	V	其余 元素	其他杂质③,④		Al⑤
									单个	总和	
P1535B	1982 - 03 - 29	美国	0.15	0.35	—	—	—	①	0.05	0.10	余量
P1535C	1992 - 08 - 19	美国	0.15	0.35	—	—	—	①	0.10	0.20	余量
P1535D	1992 - 08 - 19	美国	0.15	0.35	—	—	—	①	0.15	0.30	余量
P2055A	1982 - 03 - 29	美国	0.20	0.55	0.03	0.04	0.04	①	0.05	0.15	余量
P2055C	1992 - 08 - 19	美国	0.20	0.55	—	—	—	①	0.10	0.20	余量
P2055D	1992 - 08 - 19	美国	0.20	0.55	—	—	—	①	0.15	0.30	余量
P2070A	1982 - 03 - 29	美国	0.20	0.70	0.03	0.04	0.04	①	0.05	0.15	余量
P2070B	1992 - 08 - 19	美国	0.20	0.70	—	—	—	①	0.15	0.30	余量
P2585A	1982 - 03 - 29	美国	0.25	0.85	0.03	0.04	0.04	①	0.05	0.15	余量
P2585B	1992 - 08 - 19	美国	0.25	0.85	—	—	—	①	0.15	0.30	余量

注：表中化学成分数值为最大含量。当小于 0.001% 时表示为 0.000x%；当大于等于 0.001% 且小于 0.01% 时表示为 0.00x%；当大于等于 0.01% 且小于 0.10% 时表示为 0.0x%；当大于等于 0.10% 时表示为 0.xx%。

① $w(Cd + Hg + Pb) \leqslant 0.0095\%$；$w(As) \leqslant 0.009\%$。

② $w(Li) \leqslant 0.0001\%$，$w(Mg) \leqslant 0.003\%$；$w(Na) \leqslant 0.0010\%$。

③ 表中有数值规定的元素为常规检测元素。当怀疑有除表中有数值规定的元素之外的其他元素超出表中规定的上限值时也应当进行分析。

④ "其他杂质"是指表中列出但未规定数值的元素，以及表中未列出的元素。

⑤ 铝含量为 100% 与表中所有有数值要求的杂质元素含量实测值及等于或大于 0.01% 的其他杂质总和的差值，求和前数值修约至与表中所列极限数位一致，求和后将数值修约至 0.0x% 再与 100% 求差。

除国际注册牌号之外。美国材料与试验协会尚有 1 项标准规定了钢铁行业用铝锭的技术指标，即《钢铁行业用铝锭》[ASTM B37—2008 (2013)]，其化学成分见表 2 - 35。

表 2 - 35　钢铁行业用铝锭化学成分

牌　号	化学成分(质量分数)/%				
	铝(不小于)	铜(不大于)	锌(不大于)	镁(不大于)	所有杂质总和(不大于)
990A	99.0	0.2	0.2	0.2	1.0
980A	98.0	0.2	0.2	0.5	2.0
950A	95.0	1.5	1.5	1.0	5.0
920A	92.0	4.0	1.5	1.0	8.0
900A	90.0	4.5	3.0	2.0	10.0
850A	85.0	5.0	5.5	2.5	15.0

注：1. 仅对铜、锌、镁、硅和铁进行分析，除非合同或订货单中需要对其他元素进行测定，或者分析过程中发现有一定含量的其他元素存在。在后一种情况下，需要分析并报告其他元素的含量，并且铜、锌、镁、硅、铁和"其他元素"含量的总和不应该超过表中最后一列规定的含量。除非合同或订货单中注明，含量在 0.2% 及以上的任何"其他元素"都应被报告含量，并计入"所有杂质总和"中。

2. 分析数值的判定采用修约比较，修约数位与表中所列极限值数位一致。

2.4.2　加工产品

采用国际四位数字牌号，牌号的第一位数字表示铝及铝合金组别。牌号的第二位数字表示原始纯铝或铝合金的改型情况，最后两位数字用以标识同一组中不同的铝合金或表示铝的纯度，后缀英文大写字母表示国家间相似合金。国际牌号和化学成分符合美国铝业协会编辑并发布的"Teal Sheets《变形铝及铝合金国际牌号和化学成分要求》"，见表 2 - 36，表中单个数值为最大值。

表 2 - 36　变形铝及铝合金牌号与化学成分(美国)

化学成分(质量分数)/%

序号	牌号	Si	Fe	Cu	Mn	Mg	Cr	Ni	Zn	Ti	Ag	B	Bi	Ga	Li	Pb	Sn	V	Zr	备注	其他 单个	其他 合计	Al
1	1035	0.35	0.6	0.10	0.05	0.05	—	—	0.10	0.03	—	—	—	—	—	—	—	0.05	—	—	0.03	—	99.35
2	1040	0.30	0.50	0.10	0.05	0.05	—	—	0.10	0.03	—	—	—	—	—	—	—	0.05	—	—	0.03	—	99.40
3	1045	0.30	0.45	0.10	0.05	0.05	—	—	0.05	0.03	—	—	—	—	—	—	—	0.05	—	—	0.03	—	99.45
4	1050	0.25	0.40	0.05	0.05	0.05	—	—	0.05	0.03	—	—	—	—	—	—	—	0.05	—	—	0.03	—	99.50
5	1050A	0.25	0.40	0.05	0.05	0.05	—	—	0.07	0.05	—	—	—	—	—	—	—	—	—	—	0.03	—	99.50
6	1060	0.25	0.35	0.05	0.03	0.03	—	—	0.05	0.03	—	—	—	—	—	—	—	0.05	—	—	0.03	—	99.60
7	1065	0.25	0.30	0.05	0.03	0.03	—	—	0.05	0.03	—	—	—	—	—	—	—	0.05	—	—	0.03	—	99.65
8	1070	0.20	0.25	0.04	0.03	0.03	—	—	0.04	0.03	—	—	—	—	—	—	—	0.05	—	—	0.03	—	99.70
9	1070A	0.20	0.25	0.03	0.03	0.03	—	—	0.07	0.03	—	—	—	—	—	—	—	—	—	—	0.03	—	99.70
10	1080	0.15	0.15	0.03	0.02	0.02	—	—	0.03	0.03	—	—	—	0.03	—	—	—	0.05	—	—	0.02	—	99.80
11	1080A	0.15	0.15	0.03	0.02	0.02	—	—	0.06	0.02	—	—	—	0.03	—	—	—	—	—	①	0.02	—	99.80
12	1085	0.10	0.12	0.03	0.02	0.02	—	—	0.03	0.02	—	—	—	0.03	—	—	—	0.05	—	—	0.02	—	99.85
13	1090	0.07	0.07	0.02	0.01	0.01	—	—	0.03	0.01	—	—	—	0.03	—	—	—	0.05	—	—	0.01	—	99.90
14	1098	0.010	0.006	0.003	—	—	—	—	0.015	0.003	—	—	—	—	—	—	—	0.05	—	—	0.003	—	99.98
15	1100	—	—	0.05~0.20	0.05	—	—	—	0.10	—	—	—	—	—	—	—	—	—	—	Si+Fe:0.95①	0.05	0.15	99.00
16	1100A	—	—	0.05~0.20	0.05	0.10	—	—	0.10	0.10	—	—	—	—	—	—	—	—	—	Si+Fe:1.00	0.05	0.15	99.00
17	1200	—	—	0.05	0.05	—	—	—	0.10	0.05	—	—	—	—	—	—	—	—	—	Si+Fe:1.00	0.05	0.15	99.00
18	1200A	—	—	0.10	0.30	0.30	0.10	—	0.10	—	—	—	—	—	—	—	—	—	—	Si+Fe:1.00	0.05	0.15	99.00
19	1300	0.20	0.30	0.05	0.03	0.03	—	—	0.20~0.50	0.03	—	—	—	—	—	—	—	—	—	—	0.05	0.15	99.00
20	1110	0.30	0.8	0.04	0.01	0.25	0.01	—	—	—	—	0.02	—	—	—	—	—	—	—	V+Ti:0.03	0.03	—	99.10
21	1120	0.10	0.40	0.05~0.35	0.01	0.20	0.01	—	0.05	—	—	0.05	—	0.03	—	—	—	—	—	V+Ti:0.02	0.03	0.10	99.20
22	1230②	—	—	0.10	0.05	0.05	—	—	0.10	0.03	—	—	—	—	—	—	—	0.05	—	Si+Fe:0.70	0.03	—	99.30
23	1230A	—	—	0.10	0.05	0.05	—	—	0.05	—	—	—	—	—	—	—	—	—	—	Si+Fe:0.70	0.03	—	99.30

化学成分（质量分数）/%

序号	牌号	Si	Fe	Cu	Mn	Mg	Cr	Ni	Zn	Ti	Ag	B	Bi	Ga	Li	Pb	Sn	V	Zr	备注	其他		Al
																					单个	合计	
24	1235	—	—	0.05	0.05	0.05	—	—	0.10	0.06	—	—	—	—	—	—	—	0.05	—	Si+Fe:0.65	0.03	—	99.35
25	1435	0.15	0.30~0.50	0.02	0.05	0.05	—	—	0.10	0.03	—	—	—	—	—	—	—	0.05	—	—	0.03	—	99.35
26	1145	—	—	0.05	0.05	0.05	—	—	0.05	0.03	—	—	—	—	—	—	—	0.05	—	Si+Fe:0.55	0.03	—	99.45
27	1345	0.30	0.40	0.10	0.05	0.05	—	—	0.05	0.03	—	—	—	—	—	—	—	0.05	—	—	0.03	—	99.45
28	1445	—	—	0.04	—	—	—	—	—	—	—	—	—	—	—	—	—	—	—	Si+Fe+Cu:0.50	—	0.05	99.45
29	1150	—	—	0.05~0.20	0.05	0.05	—	—	0.05	0.03	—	—	—	0.03	—	—	—	—	—	Si+Fe:0.45	0.03	—	99.50
30	1350	0.10	0.40	0.05	0.01	—	0.01	—	0.05	—	—	0.05	—	—	—	—	—	—	—	V+Ti:0.02	0.03	0.10	99.50
31	1350A	0.25	0.40	0.02	—	0.05	—	—	0.05	—	—	—	—	—	—	—	—	—	—	Cr+Mn+Ti+V:0.03	0.03	—	99.50
32	1450	0.25	0.40	0.05	0.05	0.05	—	—	0.07	0.10~0.20	—	—	—	—	—	—	—	—	—	①	0.03	—	99.50
33	1260	—	—	0.04	0.01	0.03	—	—	0.05	0.03	—	—	—	—	—	—	—	0.05	—	Si+Fe:0.40①	0.03	—	99.60
34	1370	0.10	0.25	0.02	0.01	0.02	0.01	—	0.04	—	—	0.02	—	0.03	—	—	—	—	—	V+Ti:0.02	0.02	0.10	99.70
35	1275	0.08	0.12	0.05~0.10	0.02	0.02	0.01	—	0.03	0.02	—	—	—	0.03	—	—	—	0.03	—	—	0.01	—	99.75
36	1185	0.08	0.08	0.01	0.02	0.02	—	—	0.03	0.02	—	—	—	0.03	—	—	—	0.05	—	Si+Fe:0.15	0.01	—	99.85
37	1285	0.05	0.12	0.02	0.01	0.01	—	—	0.03	0.02	—	—	—	0.03	—	—	—	0.05	—	—	0.01	—	99.85
38	1385	0.05	0.12	0.02	0.01	0.01	0.01	—	0.03	0.01	—	—	—	0.03	—	—	—	—	—	V+Ti:0.03	0.01	—	99.85
39	1188	0.06	0.06	0.005	0.01	0.01	—	—	0.03	0.01	—	0.01	—	0.03	—	—	—	0.05	—	—	0.01	—	99.88
40	1190	0.05	0.07	0.01	0.01	0.01	0.01	—	0.02	0.01	—	—	—	0.02	—	—	—	—	—	①	0.01	—	99.90
41	1290	0.05	0.03	0.05	—	—	—	—	—	—	—	—	—	—	—	—	—	—	—	V+Ti:0.01	0.01	—	99.90
42	1193	0.04	0.04	0.006	0.01	0.01	—	—	0.03	0.01	—	—	—	0.03	—	—	—	0.05	—	—	0.01	—	99.93
43	1198	0.01	0.006	0.006	0.006	—	—	—	0.01	0.006	—	—	—	0.006	—	—	—	—	—	—	0.003	—	99.98
44	1199	0.006	0.006	0.006	0.002	0.006	—	—	0.006	0.002	—	—	—	0.005	—	—	—	0.005	—	—	0.002	—	99.99
45	2001	0.20	0.20	5.2~6.0	0.15~0.50	0.20~0.45	0.10	0.05	0.10	0.20	—	—	—	—	—	0.003	—	—	0.05	—	0.05	0.15	余量

续表 2-36

化学成分（质量分数）/%

序号	牌号	Si	Fe	Cu	Mn	Mg	Cr	Ni	Zn	Ti	Ag	B	Bi	Ga	Li	Pb	Sn	V	Zr	备注	其他单个	其他合计	Al
46	2002	0.35~0.8	0.30	1.5~2.5	0.20	0.50~1.0	0.20	—	0.20	0.20	—	—	—	—	—	—	—	—	—	—	0.05	0.15	余量
47	2004	0.20	0.20	5.5~6.5	0.10	0.50	—	—	0.10	0.05	—	—	—	—	—	—	—	—	0.30~0.50	—	0.05	0.15	余量
48	2005	0.8	0.7	3.5~5.0	1.0	0.20~1.0	0.10	0.20	0.50	0.20	—	—	0.20	—	—	1.0~2.0	—	—	—	—	0.05	0.15	余量
49	2006	0.8~1.3	0.7	1.0~2.0	0.6~1.0	0.50~1.4	—	0.20	0.20	0.30	—	—	—	—	—	—	—	—	—	—	0.05	0.15	余量
50	2007	0.8	0.8	3.3~4.6	0.50~1.0	0.40~1.8	0.10	0.20	0.8	0.20	—	—	0.20	—	—	0.8~1.5	0.20	—	—	—	0.10	0.30	余量
51	2007A	0.8	0.8	3.3~4.6	0.20~1.0	0.40~1.8	0.10	0.20	0.8	0.20	—	—	0.20	—	—	0.05	0.8~1.5	—	—	—	0.10	0.30	余量
52	2007B	0.8	0.7	3.3~4.6	0.50~1.0	0.40~1.8	0.10	0.10	0.8	0.20	—	—	0.10	—	—	0.10	0.40~1.9	—	—	—	0.05	0.15	余量
53	2008	0.50~0.8	0.40	0.7~1.1	0.30	0.25~0.50	0.10	—	0.25	0.10	—	—	—	—	—	—	—	0.05	—	0:0.6	0.05	0.15	余量
54	2009	0.25	0.05	3.2~4.4	—	1.0~1.6	0.15	—	0.10	—	—	—	—	—	—	—	—	—	—	—	0.05	0.15	余量
55	2010	0.50	0.50	0.7~1.3	0.10~0.40	0.40~1.0	—	—	0.30	—	—	—	0.20~0.6	—	—	0.20~0.6	—	—	—	—	0.05	0.15	余量
56	2011	0.40	0.7	5.0~6.0	—	—	—	—	0.30	—	—	—	0.20~0.6	—	—	0.20~0.6	—	—	—	—	0.05	0.15	余量
57	2011A	0.40	0.50	4.5~6.0	—	—	—	—	0.30	—	—	—	0.20~0.8	—	—	—	0.10~0.50	—	—	—	0.05	0.15	余量
58	2111	0.40	0.7	5.0~6.0	—	—	—	—	0.30	—	—	—	0.20~0.6	—	—	—	0.20~0.6	—	—	—	0.05	0.15	余量
59	2111A	0.40	0.7	5.0~6.0	0.15	0.15	—	—	0.30	0.05	—	—	—	—	—	0.05	—	—	—	—	0.05	0.15	余量
60	2111B	0.30	0.50	4.6~6.0	0.05	0.05	—	—	—	—	—	—	0.30~0.6	—	—	—	0.30~0.7	—	—	—	0.05	0.15	余量

续表 2－36

化学成分（质量分数）/%

序号	牌号	Si	Fe	Cu	Mn	Mg	Cr	Ni	Zn	Ti	Ag	B	Bi	Ga	Li	Pb	Sn	V	Zr	备注	其他		Al
																					单个	合计	
61	2012	0.40	0.7	4.0~5.5	—	—	—	—	0.30	—	—	—	0.20~0.7	—	—	—	0.20~0.6	—	—	—	0.05	0.15	余量
62	2013	0.6~1.0	0.40	1.5~2.0	0.25	0.8~1.2	0.04~0.35	—	0.25	0.15	—	—	—	—	—	—	—	—	—	—	0.05	0.15	余量
63	2014	0.50~1.2	0.7	3.9~5.0	0.40~1.2	0.20~0.8	0.10	—	0.25	0.15	—	—	—	—	—	—	—	—	—	③	0.05	0.15	余量
64	2014A	0.50~0.9	0.50	3.9~5.0	0.40~1.2	0.20~0.8	0.10	0.10	0.25	0.15	—	—	—	—	—	—	—	—	—	Zr+Ti:0.20	0.05	0.15	余量
65	2214	0.50~1.2	0.30	3.9~5.0	0.40~1.2	0.20~0.8	0.10	—	0.25	0.15	—	—	—	—	—	—	—	—	—	③	0.05	0.15	余量
66	2015	0.8	0.8	3.9~5.2	0.30~1.0	0.30~1.3	0.15	0.20	0.7	0.20	—	—	0.40	—	—	0.20	—	—	—	—	0.05	0.15	余量
67	2016	0.30~0.7	0.15	3.5~4.5	0.10~0.50	0.30~0.8	0.10	—	—	0.05~0.15	0.30~0.7	—	—	—	—	—	—	—	0.10~0.25	—	0.05	0.15	余量
68	2017	0.20~0.8	0.7	3.5~4.5	0.40~1.0	0.40~0.8	0.10	—	0.25	0.15	—	—	—	—	—	—	0.7~1.5	—	—	③	0.05	0.15	余量
69	2017A	0.20~0.8	0.7	3.5~4.5	0.40~1.0	0.40~1.0	0.10	—	0.25	—	—	—	—	—	—	—	—	—	—	—	0.05	0.15	余量
70	2117	0.8	0.7	2.2~3.0	0.20	0.20~0.50	0.10	—	0.25	—	—	—	—	—	—	—	—	—	—	—	0.05	0.15	余量
71	2018	0.9	1.0	3.5~4.5	0.20	0.45~0.9	0.10	1.7~2.3	0.25	—	—	—	—	—	—	—	—	—	—	—	0.05	0.15	余量
72	2218	0.9	1.0	3.5~4.5	0.20	1.2~1.8	0.10	1.7~2.3	0.25	—	—	—	—	—	—	—	—	—	—	—	0.05	0.15	余量
73	2395	0.08	0.10	3.6~4.3	0.35	0.25~0.8	—	—	0.25	0.10	0.10~0.45	—	—	—	0.9~1.4	—	—	—	0.05~0.15	—	0.05	0.15	余量
74	2618	0.10~0.25	0.9~1.3	1.9~2.7	—	1.3~1.8	—	0.9~1.2	0.10	0.04~0.10	—	—	—	—	—	—	—	—	—	—	0.05	0.15	余量
75	2618A	0.15~0.25	0.9~1.4	1.8~2.7	0.25	1.2~1.8	—	0.8~1.4	0.15	0.20	—	—	—	—	—	—	—	—	—	Zr+Ti:0.25	0.05	0.15	余量

续表 2－36

化学成分（质量分数）/%

序号	牌号	Si	Fe	Cu	Mn	Mg	Cr	Ni	Zn	Ti	Ag	B	Bi	Ga	Li	Pb	Sn	V	Zr	备注	其他		Al
---	---	---	---	---	---	---	---	---	---	---	---	---	---	---	---	---	---	---	---	---	单个	合计	
76	2219	0.20	0.30	5.8~6.8	0.20~0.40	0.02	—	—	0.10	0.02~0.10	—	—	—	—	—	—	—	0.05~0.15	0.10~0.25	—	0.05	0.15	余量
77	2319	0.20	0.30	5.8~6.8	0.20~0.40	0.02	—	—	0.10	0.10~0.20	—	—	—	—	—	—	—	0.05~0.15	0.10~0.25	①	0.05	0.15	余量
78	2419	0.15	0.18	5.8~6.8	0.20~0.40	0.02	—	—	0.10	0.02~0.10	—	—	—	—	—	—	—	0.05~0.15	0.10~0.25	—	0.05	0.15	余量
79	2519	0.25	0.30	5.3~6.4	0.10~0.50	0.05~0.40	—	—	0.10	0.02~0.10	—	—	—	—	—	—	—	0.05~0.15	0.10~0.25	—	0.05	0.15	余量
80	2021	0.20	0.30	5.8~6.8	0.20~0.40	0.02	—	—	0.10	0.02~0.10	—	—	—	—	—	—	0.03~0.08	0.05~0.15	0.10~0.25	Cd:0.05~0.20	0.05	0.15	余量
81	2022	0.15	0.20	4.5~5.5	0.15~0.50	0.10~0.45	0.05	—	0.05~0.30	0.15	—	—	—	—	—	—	—	—	—	—	0.05	0.15	余量
82	2023	0.10	0.15	3.6~4.5	0.30	1.0~1.6	0.10	—	—	0.05	—	—	—	—	—	—	—	—	0.05~0.15	Sc:0.01~0.06	0.05	0.15	余量
83	2024	0.50	0.50	3.8~4.9	0.30~0.9	1.2~1.8	0.10	—	0.25	0.15	—	—	—	—	—	—	—	—	—	③	0.05	0.15	余量
84	2024A	0.15	0.20	3.7~4.5	0.15~0.8	1.2~1.5	0.10	—	0.25	0.15	—	—	—	—	—	—	—	—	—	—	0.05	0.15	余量
85	2075	0.10	0.10	4.1~4.6	0.10	0.30~0.8	0.05	0.05	0.20	0.05	0.10~0.30	—	—	—	0.7~1.1	—	—	—	0.08~0.16	—	0.05	0.15	余量
86	2085	0.10	0.10	2.2~2.7	0.10	0.30~0.8	0.05	0.05	0.20	0.10	0.10~0.40	—	—	—	1.3~1.9	—	—	—	0.08~0.16	—	0.05	0.15	余量
87	2124	0.20	0.30	3.8~4.9	0.30~0.9	1.2~1.8	0.10	—	0.25	0.15	—	—	—	—	—	—	—	—	—	③	0.05	0.15	余量
88	2124A	0.20	0.30	3.8~4.9	0.30~0.9	1.2~1.8	0.10	—	0.25	0.15	—	—	—	—	—	—	—	—	—	0:0.6	0.05	0.15	余量
89	2224	0.12	0.15	3.8~4.4	0.30~0.9	1.2~1.8	0.10	—	0.25	0.15	—	—	—	—	—	—	—	—	—	—	0.05	0.15	余量
90	2224A	0.10	0.15	3.8~4.5	0.40~0.8	1.2~1.6	—	0.05	0.10	0.01~0.07	—	—	—	—	—	—	—	—	—	—	0.05	0.15	余量

续表 2-36

化学成分(质量分数)/%

序号	牌号	Si	Fe	Cu	Mn	Mg	Cr	Ni	Zn	Ti	Ag	B	Bi	Ga	Li	Pb	Sn	V	Zr	备注	其他 单个	其他 合计	Al
91	2324	0.10	0.12	3.8~4.4	0.30~0.9	1.2~1.8	0.10	—	0.25	0.15	—	—	—	—	—	—	—	—	—	—	0.05	0.15	余量
92	2424	0.10	0.12	3.8~4.4	0.30~0.6	1.2~1.6	—	—	0.20	0.10	—	—	—	—	—	—	—	—	—	—	0.05	0.15	余量
93	2524	0.06	0.12	4.0~4.5	0.45~0.7	1.2~1.6	0.05	—	0.15	0.10	—	—	—	—	—	—	—	—	—	—	0.05	0.15	余量
94	2624	0.08	0.08	3.8~4.3	0.45~0.7	1.2~1.6	0.05	—	0.15	0.10	—	—	—	—	—	—	—	—	—	—	0.05	0.15	余量
95	2724	0.15	0.20	3.8~4.9	0.30~0.9	1.2~1.8	—	—	0.25	0.06	—	—	—	—	—	—	—	—	0.08~0.14	—	0.05	0.15	余量
96	2824	0.08	0.11	3.7~4.3	0.50~0.9	1.1~1.6	0.05	—	0.25	0.15	—	—	—	—	—	—	—	—	—	—	0.05	0.15	余量
97	2025	0.50~1.2	1.0	3.9~5.0	0.40~1.2	0.05	0.10	—	0.25	0.15	—	—	—	—	—	—	—	—	—	—	0.05	0.15	余量
98	2026	0.05	0.07	3.6~4.3	0.30~0.8	1.0~1.6	—	—	0.10	0.06	—	—	—	—	—	—	—	—	0.05~0.25	—	0.05	0.15	余量
99	2027	0.12	0.15	3.9~4.9	0.50~1.2	1.0~1.5	—	—	0.20	0.08	—	—	—	—	—	—	—	—	0.05~0.15	—	0.05	0.15	余量
100	2028	0.8	0.8	3.3~4.6	0.50~1.0	0.40~1.8	0.10	0.20	0.8	0.20	—	—	0.10~1.0	—	—	1.0	0.10~1.0	—	—	—	0.10	0.30	余量
101	2028A	0.8	0.7	3.3~4.5	0.20~1.0	0.50~1.3	0.10	0.10	0.50	0.20	—	—	0.50~0.7	—	—	0.20~0.40	—	—	—	—	0.05	0.15	余量
102	2028B	0.8	0.8	3.3~4.6	0.50~1.0	0.40~1.8	0.10	0.10	0.8	0.20	—	—	0.50~0.7	—	—	0.20~0.40	—	—	—	—	0.05	0.15	余量
103	2028C	0.8	0.7	3.3~5.0	0.20~1.0	0.50~1.3	0.10	—	0.50	0.20	0.30~0.50	—	0.40~1.0	—	—	0.05	0.20~1.0	—	—	—	0.10	0.30	余量
104	2029	0.12	0.15	3.2~4.0	0.20~0.40	0.8~1.1	—	—	—	0.10	—	—	—	—	—	—	—	—	0.08~0.15	—	0.05	0.15	余量
105	2030	0.8	0.7	3.3~4.5	0.20~1.0	0.50~1.3	0.10	—	0.50	0.20	—	—	0.20	—	—	0.8~1.5	—	—	—	—	0.10	0.30	余量

续表 2 - 36

化学成分（质量分数）/%

序号	牌号	Si	Fe	Cu	Mn	Mg	Cr	Ni	Zn	Ti	Ag	B	Bi	Ga	Li	Pb	Sn	V	Zr	备注	其他 单个	其他 合计	Al
106	2031	0.50~1.3	0.6~1.2	1.8~2.8	0.50	0.6~1.2	—	0.6~1.4	0.20	0.20	—	—	—	—	—	—	—	—	—	—	0.05	0.15	余量
107	2032	0.50~1.3	0.6~1.5	1.5~2.5	0.20	1.2~1.8	—	0.6~1.4	0.20	0.20	—	—	—	—	—	—	—	—	—	—	0.05	0.15	余量
108	2034	0.10	0.12	4.2~4.8	0.8~1.3	1.3~1.9	0.05	—	0.20	0.15	—	—	—	—	—	—	—	—	0.08~0.15	—	0.05	0.15	余量
109	2036	0.50	0.50	2.2~3.0	0.10~0.40	0.30~0.6	0.10	—	0.25	0.15	—	—	—	—	—	—	—	—	—	—	0.05	0.15	余量
110	2037	0.50	0.50	1.4~2.2	0.10~0.40	0.30~0.8	0.10	—	0.25	0.15	—	—	—	—	—	—	—	0.05	—	—	0.05	0.15	余量
111	2038	0.50~1.3	0.60	0.8~1.8	0.10~0.40	0.40~1.0	0.20	—	0.50	0.15	—	—	—	0.05	—	—	—	0.05	—	—	0.05	0.15	余量
112	2039	0.20	0.30	4.5~5.5	0.20~0.50	0.40~0.8	—	—	—	0.15	0.05~0.50	—	0.50~0.7	—	—	0.05	0.50~0.7	—	0.10~0.25	—	0.05	0.15	余量
113	2139	0.10	0.15	4.5~5.5	0.20~0.6	0.20~0.8	0.05	—	0.25	0.15	0.15~0.6	—	—	—	—	—	—	0.05	—	—	0.05	0.15	余量
114	2040	0.08	0.10	4.8~5.4	0.45~0.8	0.7~1.1	—	—	0.25	0.06	0.40~0.7	—	—	—	—	—	—	—	0.08~0.15	Be:0.0001	0.05	0.15	余量
115	2041	0.40	0.7	5.0~6.0	—	0.10~0.45	—	0.10	0.30	—	—	—	—	—	—	—	—	—	—	—	0.05	0.15	余量
116	2042	0.10	0.15	4.5~5.5	0.15~0.50	0.50~1.3	0.05	0.10	0.15	0.10	—	—	—	—	—	—	—	—	0.08~0.16	—	0.05	0.15	余量
117	2044	0.8	0.7	3.3~4.5	0.20~1.0	0.50~1.3	0.10	0.10	0.50	0.20	—	—	0.20~0.40	—	—	0.05	0.9~1.3	—	—	—	0.05	0.15	余量
118	2045	0.8	0.8	3.3~4.6	0.50~1.0	0.40~1.8	0.10	0.10	0.8	0.20	—	—	0.20~0.40	—	—	0.05	0.9~1.3	—	—	—	0.05	0.15	余量
119	2050	0.08	0.10	3.2~3.9	0.20~0.50	0.20~0.6	0.05	0.05	0.25	0.10	0.20~0.7	—	—	0.05	0.7~1.3	—	—	0.05	0.06~0.14	—	0.05	0.15	余量
120	2055	0.07	0.10	3.2~4.2	0.10~0.50	0.20~0.6	—	—	0.30~0.7	0.10	0.20~0.7	—	—	—	1.0~1.3	—	—	—	0.05~0.15	—	0.05	0.15	余量

续表 2-36

化学成分(质量分数)/%

序号	牌号	Si	Fe	Cu	Mn	Mg	Cr	Ni	Zn	Ti	Ag	B	Bi	Ga	Li	Pb	Sn	V	Zr	备注	其他 单个	其他 合计	Al
121	2056	0.10	0.12	3.3~4.3	0.10~0.50	0.6~1.4	—	—	0.40~0.8	—	—	—	—	—	—	—	—	—	—	—	0.05	0.15	余量
122	2060	0.07	0.07	3.4~4.5	0.10~0.50	0.6~1.1	—	—	0.30~0.50	0.10	0.05~0.50	—	—	—	0.6~0.9	—	—	—	0.05~0.15	—	0.05	0.15	余量
123	2065	0.10	0.10	3.8~4.7	0.15~0.50	0.25~0.8	—	—	0.30	0.10	0.15~0.50	—	—	—	0.8~1.5	—	—	—	0.05~0.15	—	0.05	0.15	余量
124	2070	0.12	0.15	2.9~3.8	0.10~0.50	0.05~0.40	—	—	0.10~0.50	0.10	—	—	—	—	1.0~1.4	—	—	—	0.05~0.15	—	0.05	0.15	余量
125	2076	0.10	0.10	2.0~2.7	0.15~0.50	0.20~0.8	—	—	0.30	0.10	0.15~0.40	—	—	—	1.2~1.8	—	—	—	0.05~0.16	—	0.05	0.15	余量
126	2090	0.10	0.12	2.4~3.0	0.05	0.25	0.05	—	0.10	0.15	—	—	—	—	1.9~2.6	—	—	—	0.08~0.15	—	0.05	0.15	余量
127	2091	0.20	0.30	1.8~2.5	0.10	1.1~1.9	0.10	—	0.25	0.10	—	—	—	—	1.7~2.3	—	—	—	0.04~0.16	—	0.05	0.15	余量
128	2094	0.12	0.15	4.4~5.2	0.25	0.25~0.8	—	—	0.25	0.10	0.25~0.6	—	—	—	0.7~1.4	—	—	—	0.04~0.18	—	0.05	0.15	余量
129	2095	0.12	0.15	3.9~4.6	0.25	0.25~0.8	—	—	0.25	0.10	0.25~0.6	—	—	—	0.7~1.5	—	—	—	0.04~0.18	—	0.05	0.15	余量
130	2122	0.10	0.15	4.5~5.4	0.15~0.50	0.10~0.6	—	—	0.15	0.15	—	—	—	—	—	—	—	—	—	—	0.05	0.15	余量
131	2195	0.12	0.15	3.7~4.3	0.25	0.25~0.8	—	—	0.25	0.10	0.25~0.6	—	—	—	0.8~1.2	—	—	—	0.08~0.16	—	0.05	0.15	余量
132	2295	0.08	0.08	3.9~4.5	0.10	0.25~0.8	—	—	0.25	0.10	0.10~0.50	—	—	—	0.9~1.3	—	—	—	0.05~0.15	—	0.05	0.15	余量
133	2196	0.12	0.15	2.5~3.3	0.35	0.25~0.8	—	—	0.35	0.10	0.25~0.6	—	—	—	1.4~2.1	—	—	—	0.04~0.18	—	0.05	0.15	余量
134	2296	0.12	0.15	2.1~2.8	0.05~0.50	0.20~0.8	—	—	0.25	0.10	0.25~0.6	—	—	—	1.3~1.9	—	—	—	0.04~0.18	—	0.05	0.15	余量
135	2097	0.12	0.15	2.5~3.1	0.10~0.6	0.35	—	—	0.35	0.15	—	—	—	—	1.2~1.8	—	—	—	0.08~0.16	—	0.05	0.15	余量

续表 2-36

序号	牌号	Si	Fe	Cu	Mn	Mg	Cr	Ni	Zn	Ti	Ag	B	Bi	Ga	Li	Pb	Sn	V	Zr	备注	其他 单个	其他 合计	Al
136	2197	0.10	0.10	2.5~3.1	0.10~0.50	0.25	—	—	0.05	0.12	—	—	—	—	1.3~1.7	—	—	—	0.08~0.15	—	0.05	0.15	余量
137	2297	0.10	0.10	2.5~3.1	0.10~0.50	0.25	—	—	0.05	0.12	—	—	—	—	1.1~1.7	—	—	—	0.08~0.15	—	0.05	0.15	余量
138	2397	0.10	0.10	2.5~3.1	0.10~0.50	0.25	—	—	0.05~0.15	0.12	—	—	—	—	1.1~1.7	—	—	—	0.08~0.15	—	0.05	0.15	余量
139	2098	0.12	0.15	3.2~3.8	0.35	0.25~0.8	—	—	0.35	0.10	0.25~0.6	—	—	—	0.8~1.3	—	—	—	0.04~0.18	—	0.05	0.15	余量
140	2198	0.08	0.10	2.9~3.5	0.10~0.50	0.25~0.8	0.05	—	0.35	0.10	0.10~0.50	—	—	—	0.8~1.1	—	—	—	0.04~0.18	—	0.05	0.15	余量
141	2099	0.05	0.07	2.4~3.0	0.10~0.50	0.10~0.50	—	—	0.40~1.0	—	—	—	—	—	1.6~2.0	—	—	—	0.05~0.12	Be:0.0001	0.05	0.15	余量
142	2199	0.05	0.07	2.3~2.9	0.10~0.50	0.05~0.40	—	—	0.20~0.9	—	—	—	—	—	1.4~1.8	—	—	—	0.05~0.12	Be:0.0001	0.05	0.12	余量
143	3002	0.08	0.10	0.15	0.05~0.25	0.05~0.20	—	—	0.05	0.03	—	—	—	—	—	—	—	0.05	—	—	0.03	0.10	余量
144	3102	0.40	0.7	0.10	0.05~0.40	—	—	—	0.30	0.10	—	—	—	—	—	—	—	—	—	—	0.05	0.15	余量
145	3003	0.6	0.7	0.05~0.20	1.0~1.5	—	—	—	0.10	—	—	—	—	—	—	—	—	—	—	Zr+Ti:0.10①	0.05	0.15	余量
146	3103	0.50	0.7	0.10	0.9~1.5	0.30	0.10	—	0.20	0.10	—	—	—	—	—	—	—	—	—	Zr+Ti:0.10①	0.05	0.15	余量
147	3103A	0.50	0.7	0.10	0.7~1.4	0.30	0.10	—	0.20	0.20	—	—	—	—	—	—	—	—	—	—	0.05	0.15	余量
148	3103B	0.50~1.3	0.7	0.50	0.7~1.3	0.50	—	—	0.50	—	—	—	—	—	—	—	—	—	—	—	0.05	0.15	余量
149	3203	0.6	0.7	0.05	1.0~1.5	—	—	—	0.10	—	—	—	—	—	—	—	—	—	—	①	0.05	0.15	余量
150	3403	1.3	0.8	0.50	0.8~1.5	0.6	0.10	—	0.40	0.10	—	—	—	—	—	—	—	—	—	—	0.05	0.15	余量

续表 2-36

化学成分(质量分数)/%

序号	牌号	Si	Fe	Cu	Mn	Mg	Cr	Ni	Zn	Ti	Ag	B	Bi	Ga	Li	Pb	Sn	V	Zr	备注	其他 单个	其他 合计	Al
151	3004	0.30	0.7	0.25	1.0~1.5	0.8~1.3	—	—	0.25	—	—	—	—	—	—	—	—	—	—	—	0.05	0.15	余量
152	3004A	0.40	0.7	0.25	0.8~1.5	0.8~1.5	0.10	—	0.25	0.05	—	—	—	—	—	0.03	—	—	—	—	0.05	0.15	余量
153	3104	0.6	0.8	0.05~0.25	0.8~1.4	0.8~1.3	—	—	0.25	0.10	—	—	—	0.05	—	—	—	0.05	—	—	0.05	0.15	余量
154	3204	0.30	0.7	0.10~0.25	0.8~1.5	0.8~1.5	—	—	0.25	—	—	—	—	—	—	—	—	—	—	—	0.05	0.15	余量
155	3304	0.7	0.8	0.6	0.8~1.4	0.8~1.4	0.10	—	0.40	0.10	—	—	—	—	—	—	—	—	—	—	0.05	0.15	余量
156	3005	0.6	0.7	0.30	1.0~1.5	0.20~0.6	0.10	—	0.25	0.10	—	—	—	—	—	—	—	—	—	—	0.05	0.15	余量
157	3005A	0.7	0.8	0.30	1.0~1.5	0.20~0.6	0.10	—	0.40	0.10	—	—	—	—	—	—	—	—	—	—	0.05	0.15	余量
158	3105	0.6	0.7	0.30	0.30~0.8	0.20~0.8	0.20	—	0.40	0.10	—	—	—	—	—	—	—	—	—	—	0.05	0.15	余量
159	3105A	0.6	0.7	0.30	0.30~0.8	0.20~0.8	0.20	—	0.25	0.10	—	—	—	—	—	—	—	—	—	—	0.05	0.15	余量
160	3105B	0.7	0.9	0.30	0.30~0.9	0.20~0.8	0.20	—	0.50	0.10	—	—	—	—	—	0.10	—	—	—	—	0.05	0.15	余量
161	3006	0.50	0.7	0.10~0.30	0.50~0.8	0.30~0.6	0.20	—	0.15~0.40	0.10	—	—	—	—	—	—	—	—	—	—	0.05	0.15	余量
162	3007	0.50	0.7	0.05~0.30	0.30~0.8	0.6	0.20	—	0.40	0.10	—	—	—	—	—	—	—	—	—	—	0.05	0.15	余量
163	3107	0.6	0.7	0.05~0.15	0.40~0.9	—	—	—	0.20	—	—	—	—	—	—	—	—	—	—	—	0.05	0.15	余量
164	3207	0.30	0.45	0.10	0.40~0.8	0.10	—	—	0.10	—	—	—	—	—	—	—	—	—	—	—	0.05	0.10	余量
165	3207A	0.35	0.6	0.25	0.30~0.8	0.40	0.20	—	0.25	—	—	—	—	—	—	—	—	—	—	—	0.05	0.15	余量

续表 2-36

序号	牌号	Si	Fe	Cu	Mn	Mg	Cr	Ni	Zn	Ti	Ag	B	Bi	Ga	Li	Pb	Sn	V	Zr	备注	其他单个	其他合计	Al
166	3307	0.6	0.8	0.30	0.50~0.9	0.30	0.20	—	0.40	0.10	—	—	—	—	—	—	—	—	—	—	0.05	0.15	余量
167	3009	1.0~1.8	0.7	0.10	1.2~1.8	0.10	0.05	0.05	0.05	0.10	—	—	—	—	—	—	—	—	0.10	—	0.05	0.15	余量
168	3010	0.10	0.20	0.03	0.20~0.9	—	0.05~0.40	—	0.05	0.05	—	—	—	—	—	—	—	0.05	—	—	0.03	0.10	余量
169	3110	0.25	0.05~0.35	0.05	0.30~0.7	0.05	0.05~0.25	—	0.05	0.05~0.30	—	—	—	—	—	—	—	—	—	—	0.05	0.15	余量
170	3011	0.40	0.7	0.05~0.20	0.8~1.2	—	0.10~0.40	—	0.10	0.10	—	—	—	—	—	—	—	—	0.10~0.30	—	0.05	0.15	余量
171	3012	0.6	0.7	0.10	0.50~1.1	0.10	0.20	—	0.10	0.10	—	—	—	—	—	—	—	—	—	—	0.05	0.15	余量
172	3012A	0.30	0.20	0.05	0.7~1.2	0.05	0.05	0.05	0.05	0.05	—	—	—	—	—	—	—	—	—	—	0.05	0.15	余量
173	3013	0.6	1.0	0.50	0.9~1.4	0.20~0.6	—	—	0.50~1.0	—	—	—	—	—	—	—	—	—	—	—	0.05	0.15	余量
174	3014	0.6	1.0	0.50	1.0~1.5	0.20~0.7	0.05	—	0.50~1.0	0.10	—	—	—	—	—	—	—	—	—	—	0.05	0.15	余量
175	3015	0.6	0.8	0.30	0.50~0.9	0.20~0.7	0.10	—	0.25	0.10	—	—	—	—	—	—	—	—	—	—	0.05	0.15	余量
176	3016	0.6	0.8	0.30	0.50~0.9	0.50~0.8	0.10	—	0.25	0.10	—	—	—	—	—	—	—	—	—	—	0.05	0.15	余量
177	3017	0.25	0.25~0.45	0.25~0.40	0.8~1.2	0.10	0.15	0.10	0.10	0.05	—	—	—	—	—	—	—	—	—	—	0.05	0.15	余量
178	3019	0.6	0.7	0.30~0.9	0.30~0.9	0.20~0.9	0.20	—	0.20~0.9	0.10	—	—	—	—	—	—	—	—	—	—	0.05	0.15	余量
179	3020	0.50	0.6	0.10	0.6~1.2	0.20	0.20	—	0.05~0.50	0.05~0.25	—	—	—	—	—	—	—	—	—	—	0.05	0.15	余量
180	3021	0.50	0.7	0.20~0.6	0.05~0.8	0.10	0.10	—	0.10	0.10	—	—	—	—	—	—	—	—	—	—	0.05	0.15	余量

化学成分(质量分数)/%

续表 2－36

化学成分（质量分数）/%

序号	牌号	Si	Fe	Cu	Mn	Mg	Cr	Ni	Zn	Ti	Ag	B	Bi	Ga	Li	Pb	Sn	V	Zr	备注	其他单个	其他合计	Al
181	3025	0.6	0.50~0.9	0.30	0.40~1.0	0.20~0.8	0.20	0.05	0.25	0.10	—	—	—	—	—	—	—	—	—	—	0.05	0.15	余量
182	3026	0.25	0.10~0.40	0.05	0.40~0.9	0.10	0.05	—	0.05~0.30	0.05~0.30	—	—	—	—	—	—	—	—	—	—	0.05	0.15	余量
183	3030	0.15	0.35	0.10	0.10~0.7	0.05	0.05	—	0.05~0.50	0.05~0.35	—	—	—	—	—	—	—	—	—	—	0.05	0.15	余量
184	3130	0.15	0.20	0.05	0.10~0.40	0.05	—	—	0.05~0.30	0.05	—	—	—	—	—	—	—	—	—	—	0.05	0.15	余量
185	3065	0.30	0.30	0.40~0.8	0.6~0.9	0.25	—	0.05	0.05	0.05	—	—	—	—	—	—	—	—	—	—	0.05	0.15	余量
186	4004②	9.0~10.5	0.8	0.25	0.10	1.0~2.0	—	—	0.20	—	—	—	0.02~0.20	—	—	—	—	—	—	—	0.05	0.15	余量
187	4104	9.0~10.5	0.8	0.25	0.10	1.0~2.0	—	—	0.20	—	—	—	—	—	—	—	—	—	—	—	0.05	0.15	余量
188	4006	0.8~1.2	0.50~0.8	0.10	0.05	0.01	—	—	0.05	—	—	—	—	—	—	—	—	—	—	—	0.05	0.15	余量
189	4007	1.0~1.7	0.40~1.0	0.20	0.8~1.5	0.20	0.05~0.25	0.15~0.7	0.10	0.10	—	—	—	—	—	—	—	—	—	Co:0.05	0.05	0.15	余量
190	4008	6.5~7.5	0.09	0.05	0.05	0.30~0.45	—	—	0.05	0.04~0.15	—	—	—	—	—	—	—	—	—	—	0.05	0.15	余量
191	4009	4.5~5.5	0.20	1.0~1.5	0.10	0.45~0.6	—	—	0.10	0.20	—	—	—	—	—	—	—	—	—	—	0.05	0.15	余量
192	4010	6.5~7.5	0.20	0.20	0.10	0.30~0.45	—	—	0.10	0.20	—	—	—	—	—	—	—	—	—	—	0.05	0.15	余量
193	4013	3.5~4.5	0.35	0.05~0.20	0.03	0.05~0.20	—	—	0.05	0.02	—	—	0.6~1.5	—	—	—	—	—	—	Cd:0.05	0.05	0.15	余量
194	4014	1.4~2.2	0.7	0.20	0.35	0.30~0.8	—	—	0.20	—	—	—	—	—	—	—	—	—	—	—	0.05	0.15	余量
195	4015	1.4~2.2	0.7	0.20	0.6~1.2	0.10~0.50	—	—	0.20	—	—	—	—	—	—	—	—	—	—	—	0.05	0.15	余量

续表 2 - 36

序号	牌号	化学成分（质量分数）/%																		备注	其他		Al
		Si	Fe	Cu	Mn	Mg	Cr	Ni	Zn	Ti	Ag	B	Bi	Ga	Li	Pb	Sn	V	Zr		单个	合计	
196	4015A	1.4~2.2	0.7	0.35	0.6~1.2	0.10~0.50	0.05	—	0.20	0.05	—	—	—	—	—	—	—	—	—	—	0.05	0.15	余量
197	4115	1.8~2.2	0.7	0.10~0.50	0.6~1.2	0.10~0.50	—	—	0.20	—	—	—	—	—	—	—	—	—	—	—	0.05	0.15	余量
198	4016	1.4~2.2	0.7	0.20	0.6~1.2	0.10	—	—	0.50~1.3	—	—	—	—	—	—	—	—	—	—	—	0.05	0.15	余量
199	4017	0.6~1.6	0.7	0.10~0.50	0.6~1.2	0.10~0.50	—	—	0.20	—	—	—	—	—	—	—	—	—	—	—	0.05	0.15	余量
200	4018	6.5~7.5	0.20	0.05	0.10	0.50~0.8	—	—	0.10	0.20	—	—	—	—	—	—	—	—	—	—	0.05	0.15	余量
201	4019	18.5~21.5	4.6~5.4	—	—		—	1.8~2.2	—	—	—	—	—	—	—	—	—	—	—	—	0.05	0.15	余量
202	4020	2.5~3.5	0.20	0.03	0.8~1.2	0.01	0.01	—	—	0.005	—	0.005	—	—	—	—	—	—	0.01	Na:0.0005 P:0.005	0.02	0.10	余量
203	4021	3.3~4.3	0.20~0.50	0.15	0.40~0.7	0.6~1.1	0.15	—	0.25	0.10	—	—	—	—	—	0.03	—	—	—	—	0.05	0.15	余量
204	4026	9.0~11.5	0.50	2.5~3.5	—	0.7~1.4	—	0.50~1.3	0.10	0.05	—	—	1.0~2.0	—	—	—	—	—	—	—	0.05	0.15	余量
205	4032	11.0~13.5	1.0	0.50~1.3	—	0.8~1.3	0.10	0.50~1.3	0.25	—	—	—	—	—	—	—	—	—	—	—	0.05	0.15	余量
206	4043	4.5~6.0	0.8	0.30	0.05	0.05	—	—	0.10	0.20	—	—	—	—	—	—	—	—	—	—	0.05	0.15	余量
207	4043A	4.5~6.0	0.6	0.30	0.15	0.20	—	—	0.10	0.15	—	—	—	—	—	—	—	—	—	—	0.05	0.15	余量
208	4143	4.7~6.0	0.8	0.30	0.05	0.15~0.30	—	—	0.10	0.20	—	—	—	—	—	—	—	—	—	—	0.05	0.15	余量
209	4343	6.8~8.2	0.8	0.25	0.10	—	—	—	0.20	—	—	—	—	—	—	—	—	—	—	—	0.05	0.15	余量
210	4643	3.6~4.6	0.8	0.10	0.05	0.10~0.30	—	—	0.10	0.15	—	—	—	—	—	—	—	—	—	—	0.05	0.15	余量

续表 2－36

化学成分(质量分数)/%

序号	牌号	Si	Fe	Cu	Mn	Mg	Cr	Ni	Zn	Ti	Ag	B	Bi	Ga	Li	Pb	Sn	V	Zr	备注	其他 单个	其他 合计	Al
211	4943	5.0~6.0	0.40	0.10	0.05	0.10~0.50	—	—	0.10	0.15	—	—	—	—	—	—	—	—	—	—	0.05	0.15	余量
212	4044	7.8~9.2	0.8	0.25	0.10	—	—	—	0.20	—	—	—	—	—	—	—	—	—	—	—	0.05	0.15	余量
213	4045	9.0~11.0	0.8	0.30	0.05	0.05	—	—	0.10	0.20	—	—	—	—	—	—	—	—	—	—	0.05	0.15	余量
214	4145	9.3~10.7	0.8	3.3~4.7	0.15	0.15	0.15	—	0.20	—	—	—	—	—	—	—	—	—	—	—	0.05	0.15	余量
215	4145A	9.0~11.0	0.6	3.0~5.0	0.15	0.10	—	—	0.20	0.15	—	—	—	—	—	—	—	—	—	—	0.05	0.15	余量
216	4046	9.0~11.0	0.50	0.03	0.40	0.20~0.50	—	—	0.10	0.15	—	—	—	—	—	—	—	—	—	—	0.05	0.15	余量
217	4047	11.0~13.0	0.8	0.30	0.15	0.10	—	—	0.20	—	—	—	—	—	—	—	—	—	—	—	0.05	0.15	余量
218	4047A	11.0~13.0	0.6	0.30	0.15	0.10	—	—	0.20	0.15	—	—	—	—	—	—	—	—	—	—	0.05	0.15	余量
219	4147	11.0~13.0	0.8	0.25	0.10	0.10~0.50	—	—	0.20	—	—	—	—	—	—	—	—	—	—	—	0.05	0.15	余量
220	5005	0.30	0.7	0.20	0.20	0.50~1.1	0.10	—	0.25	—	—	—	—	—	—	—	—	—	—	—	0.05	0.15	余量
221	5005A	0.30	0.45	0.05	0.15	0.7~1.1	0.10	—	0.20	—	—	—	—	—	—	—	—	—	—	—	0.05	0.15	余量
222	5205	0.15	0.7	0.03~0.10	0.10	0.6~1.0	0.10	—	0.05	—	—	—	—	—	—	—	—	—	—	—	0.05	0.15	余量
223	5305	0.08	0.08	—	0.03	0.7~1.1	—	—	0.05	0.02	—	—	—	—	—	—	—	—	—	—	0.02	—	余量
224	5505	0.06	0.04	—	0.03	0.8~1.1	—	—	0.04	0.01	—	—	—	—	—	—	—	—	—	—	0.01	—	余量
225	5605	0.01	0.008	—	—	0.8~1.1	—	—	0.01	0.008	—	—	—	—	—	—	—	—	—	Fe＋Ti:0.008	0.003	—	余量

续表 2 – 36

化学成分（质量分数）/%

序号	牌号	Si	Fe	Cu	Mn	Mg	Cr	Ni	Zn	Ti	Ag	B	Bi	Ca	Li	Pb	Sn	V	Zr	备注	其他 单个	其他 合计	Al
226	5006	0.40	0.8	0.10	0.40~0.8	0.8~1.3	0.10	—	0.25	0.10	—	—	—	—	—	—	—	—	—	—	—	0.15	余量
227	5106	0.40	0.7	0.30	0.40~0.7	0.8~1.2	0.10	—	0.10	0.10	—	—	—	—	—	—	—	—	—	—	0.05	0.15	余量
228	5010	0.40	0.7	0.25	0.10~0.30	0.20~0.6	0.15	—	0.30	0.10	—	—	—	—	—	—	—	—	—	—	0.05	0.15	余量
229	5110	0.08	0.08	—	0.03	0.30~0.6	—	—	0.05	0.02	—	—	—	—	—	—	—	—	—	—	0.02	—	余量
230	5110A	0.15	0.25	0.20	0.20	0.20~0.6	—	—	0.03	—	—	—	—	—	—	—	—	—	—	—	0.05	0.10	余量
231	5210	0.06	0.04	—	0.03	0.35~0.6	—	—	0.04	0.01	—	—	—	—	—	—	—	—	—	—	0.01	—	余量
232	5310	0.01	0.008	—	—	0.35~0.6	—	—	0.01	0.008	—	—	—	—	—	—	—	—	—	Fe+Ti:0.008	0.003	—	余量
233	5016	0.25	0.6	0.20	0.40~0.7	1.4~1.9	0.10	—	0.15	0.05	—	—	—	—	—	—	—	—	—	—	0.05	0.10	余量
234	5017	0.40	0.7	0.18~0.28	0.6~0.8	1.9~2.2	—	—	—	0.09	—	—	—	—	—	—	—	—	—	—	0.05	0.10	余量
235	5018	0.25	0.40	0.05	0.20~0.6	2.6~3.6	0.30	—	0.20	0.15	—	—	—	—	—	—	—	—	—	Mn+Cr:0.20~0.6	0.05	0.15	余量
236	5018A	0.40	0.40	0.10	0.35~0.500	3.0~3.6	0.30	—	0.20	0.15	—	—	—	—	—	—	—	—	—	Mn+Cr:0.35~0.7	0.05	0.15	余量
237	5019	0.40	0.50	0.10	0.10~0.6	4.5~5.6	0.20	—	0.20	0.20	—	—	—	—	—	—	—	—	—	Mn+Cr:0.10~0.6	0.05	0.15	余量
238	5019A	0.20	0.35	0.15	0.20~0.50	4.4~5.4	0.10	—	0.25	0.10	—	—	—	—	—	—	—	—	—	—	—	0.15	余量
239	5119	0.25	0.40	0.05	0.20~0.6	4.5~5.6	0.30	—	0.20	0.15	—	—	—	—	—	—	—	—	—	Mn+Cr:0.20~0.6	0.05	0.15	余量
240	5119A	0.25	0.40	0.05	0.20~0.6	4.5~5.6	0.30	—	0.20	0.15	—	—	—	—	—	—	—	—	—	Mn+Cr:0.20~0.6	0.05	0.15	余量

续表 2－36

化学成分（质量分数）/%

序号	牌号	Si	Fe	Cu	Mn	Mg	Cr	Ni	Zn	Ti	Ag	B	Bi	Ga	Li	Pb	Sn	V	Zr	备注	其他 单个	其他 合计	Al
241	5021	0.40	0.50	0.15	0.10~0.50	2.2~2.8	0.15	—	0.15	—	—	—	—	—	—	—	—	—	—	—	0.05	0.15	余量
242	5022	0.25	0.40	0.20~0.50	0.20	3.5~4.9	0.10	—	0.25	0.10	—	—	—	—	—	—	—	—	—	—	0.05	0.15	余量
243	5023	0.25	0.40	0.20~0.50	0.20	5.0~6.2	0.10	—	0.25	0.10	—	—	—	—	—	—	—	—	—	—	0.05	0.15	余量
244	5024	0.25	0.40	0.20	0.20	3.9~5.1	0.10	—	0.25	0.20	—	—	—	—	—	—	—	—	0.05~0.20	Sc:0.10~0.40	0.05	0.15	余量
245	5026	0.55~1.4	0.20~1.0	0.10~0.8	0.6~1.8	3.9~4.9	0.30	—	1.0	0.20	—	—	—	—	—	—	—	—	0.30	—	0.05	0.15	余量
246	5027	0.05~0.20	0.20~0.40	0.05~0.15	0.40~0.8	4.7~5.4	0.10	—	0.25	0.15	—	—	—	—	—	—	—	—	—	—	0.05	0.15	余量
247	5028	0.30	0.40	0.20	0.30~1.0	3.2~4.8	0.05~0.15	—	0.05~0.50	0.05~0.15	—	—	—	—	—	—	—	—	—	Sc:0.02~0.40	0.05	0.15	余量
248	5040	0.30	0.7	0.25	0.9~1.4	1.0~1.5	0.10~0.30	—	0.25		—	—	—	—	—	—	—	—	—	—	0.05	0.15	余量
249	5140	0.7	0.6	0.6	0.7~1.3	1.1~1.5	0.10	—	0.40	0.10	—	—	—	—	—	—	—	—	—	—	0.05	0.15	余量
250	5041	0.40	0.40	0.10	0.30~1.0	3.0~4.0	0.50	—	0.10	0.20	—	—	—	—	—	—	—	—	—	—	0.05	0.15	余量
251	5042	0.20	0.35	0.15	0.20~0.50	3.0~4.0	0.10	—	0.25	0.10	—	—	—	—	—	—	—	—	—	—	0.05	0.15	余量
252	5043	0.40	0.7	0.05~0.35	0.7~1.2	0.05	—	0.25	0.10		—	—	0.05	—	—	—	0.05	—	—	—	0.05	0.15	余量
253	5049	0.40	0.50	0.10	0.50~1.1	1.6~2.5	0.30	—	0.20	0.10	—	—	—	—	—	—	—	—	—	—	0.05	0.15	余量
254	5149	0.25	0.40	0.05	0.50~1.1	1.6~2.5	0.30	—	0.20	0.15	—	—	—	—	—	—	—	—	—	—	0.05	0.15	余量
255	5249	0.25	0.40	0.05	0.5~1.1	1.6~2.5	0.30	—	0.20	0.15	—	—	—	—	—	—	—	—	0.10~0.20	—	0.05	0.15	余量

续表 2 - 36

序号	牌号	化学成分（质量分数）/%																		备注	其他		Al
		Si	Fe	Cu	Mn	Mg	Cr	Ni	Zn	Ti	Ag	B	Bi	Ga	Li	Pb	Sn	V	Zr		单个	合计	
256	5349	0.40	0.7	0.18~0.28	0.6~1.2	1.7~2.6	—	—	0.20	0.09	—	—	—	—	—	—	—	—	—	—	0.05	0.15	余量
257	5449	0.40	0.7	0.30	0.6~1.1	1.6~2.6	0.30	—	0.30	0.10	—	—	—	—	—	—	—	—	—	—	0.05	0.15	余量
258	5449A	0.6	1.2	0.30	0.6~1.1	1.6~2.6	0.30	0.10	0.30	0.10	—	—	—	—	—	—	0.10	—	—	—	0.05	0.15	余量
259	5050	0.40	0.7	0.20	0.10	1.1~1.8	0.10	—	0.25	—	—	—	—	—	—	—	—	—	—	—	0.05	0.15	余量
260	5050A	0.40	0.7	0.20	0.30	1.1~1.8	0.10	—	0.25	0.10	—	—	—	—	—	—	—	—	—	—	0.05	0.15	余量
261	5050C	0.25	0.06	0.50	0.20	1.2~1.8	0.10	—	0.50	0.06	—	—	—	—	—	—	—	—	—	—	0.05	0.10	余量
262	5150	0.08	0.10	0.10	0.03	1.3~1.7	—	—	0.10	0.10	—	—	—	—	—	—	—	—	—	—	0.03	0.15	余量
263	5051	0.40	0.7	0.25	0.20	1.7~2.2	0.10	—	0.25	0.10	—	—	—	—	—	—	—	—	—	—	0.05	0.15	余量
264	5051A	0.30	0.45	0.05	0.25	1.4~2.1	0.30	—	0.20	0.10	—	—	—	—	—	—	—	—	—	—	0.05	0.15	余量
265	5151	0.20	0.35	0.15	0.10	1.5~2.1	0.10	—	0.15	0.10	—	—	—	—	—	—	—	—	—	—	0.05	0.15	余量
266	5250	0.08	0.10	0.10	0.04~0.15	1.3~1.8	—	—	0.05	—	—	—	—	0.03	—	—	—	0.05	—	—	0.03	0.10	余量
267	5251	0.40	0.50	0.15	0.10~0.50	1.7~2.4	0.15	—	0.15	0.15	—	—	—	—	—	—	—	—	—	—	0.05	0.15	余量
268	5251A	0.50	0.7	0.25	0.20~0.7	1.6~2.2	0.10	—	0.25	0.10	—	—	—	—	—	—	—	0.05	—	—	0.05	0.15	余量
269	5351	0.08	0.10	0.10	0.10	1.6~2.2	—	0.05	0.05	0.05	—	—	—	—	—	—	—	—	—	—	0.03	0.10	余量
270	5451	0.25	0.40	0.10	0.10	1.8~2.4	0.15~0.35	—	0.10	—	—	—	—	—	—	—	—	0.05	—	—	0.05	0.15	余量
271	5052	0.25	0.40	0.10	0.10	2.2~2.8	0.15~0.35	—	0.10	—	—	—	—	—	—	—	—	—	—	—	0.05	0.15	余量
272	5252	0.08	0.10	0.10	0.10	2.2~2.8	0.10	—	0.05	0.10	—	—	—	—	—	—	—	—	—	—	0.03	0.10	余量
273	5352	—	—	0.10	0.10	2.2~2.8	0.10	—	0.10	0.10	—	—	—	—	—	—	—	—	—	Si+Fe:0.45	0.05	0.15	余量
274	5154	0.25	0.40	0.10	0.10	3.1~3.9	0.15~0.35	—	0.20	0.20	—	—	—	—	—	—	—	—	—	—	0.05	0.15	余量
275	5154A	0.50	0.50	0.10	0.50	3.1~3.9	0.25	—	0.20	0.20	—	—	—	—	—	—	—	—	—	Mn+Cr:0.10~0.50①	0.05	0.15	余量

续表 2-36

化学成分(质量分数)/%

序号	牌号	Si	Fe	Cu	Mn	Mg	Cr	Ni	Zn	Ti	Ag	B	Bi	Ga	Li	Pb	Sn	V	Zr	备注	其他 单个	其他 合计	Al
276	5154B	0.35	0.45	0.05	0.15~0.45	3.2~3.8	0.10	0.01	0.15	0.15	—	—	—	—	—	—	—	—	—	—	0.05	0.15	余量
277	5154C	0.20	0.30	0.10	0.05~0.25	3.2~3.7	0.01	—	0.01	0.01	—	—	—	—	—	—	—	—	—	—	0.05	0.15	余量
278	5254	—	—	0.05	0.01	3.1~3.9	0.15~0.35	—	0.20	0.05	—	—	—	—	—	—	—	—	—	—	0.05	0.15	余量
279	5354	0.25	0.40	0.05	0.50~1.0	2.4~3.0	0.05~0.20	—	0.25	0.15	—	—	—	—	—	—	—	—	0.10~0.20	—	0.05	0.15	余量
280	5454	0.25	0.40	0.10	0.50~1.0	2.4~3.0	0.05~0.20	—	0.25	0.20	—	—	—	—	—	—	—	—	—	—	0.05	0.15	余量
281	5554	0.25	0.40	0.10	0.50~1.0	2.4~3.0	0.05~0.20	—	0.25	0.05~0.20	—	—	—	—	—	—	—	—	—	—	0.05	0.15	余量
282	5654	—	—	0.05	0.01	3.1~3.9	0.15~0.35	—	0.20	0.05~0.15	—	—	—	—	—	—	—	—	—	Si+Fe:0.45	0.05	0.15	余量
283	5654A	—	—	0.05	0.01	3.1~3.9	0.15~0.35	—	0.20	0.05~0.15	—	—	—	—	—	—	—	—	—	Si+Fe:0.45	0.05	0.15	余量
284	5754	0.40	0.40	0.10	0.50	2.6~3.6	0.30	—	0.20	0.15	—	—	—	—	—	—	—	—	—	Mn+Cr:0.10~0.6	0.05	0.15	余量
285	5854	0.40	0.40	0.10	0.50	2.8~3.6	0.30	—	0.20	0.15	—	—	—	—	0.0009	0.01	—	—	0.05~0.30	Ca:0.0009, Na:0.0009	0.05	0.15	余量
286	5954	0.25	0.40	0.10	0.10	3.3~4.1	0.10	—	0.20	0.20	—	—	—	—	—	—	—	—	—		0.05	0.15	余量
287	5056	0.30	0.40	0.10	0.05~0.20	4.5~5.6	0.05~0.20	—	0.10	—	—	—	—	—	—	—	—	—	—	—	0.05	0.15	余量
288	5356	0.25	0.40	0.10	0.05~0.20	4.5~5.5	0.05~0.20	—	0.10	0.06~0.20	—	—	—	—	—	—	—	—	—	—	0.05	0.15	余量
289	5356A	0.25	0.40	0.10	0.05~0.20	4.5~5.5	0.05~0.20	—	0.10	0.06~0.20	—	—	—	—	—	—	—	—	—	—	0.05	0.15	余量
290	5456	0.25	0.40	0.10	0.50~1.0	4.7~5.5	0.05~0.20	—	0.25	0.20	—	—	—	—	—	—	—	—	—	—	0.05	0.15	余量

续表 2-36

化学成分（质量分数）/%

序号	牌号	Si	Fe	Cu	Mn	Mg	Cr	Ni	Zn	Ti	Ag	B	Bi	Ga	Li	Pb	Sn	V	Zr	备注	其他 单个	其他 合计	Al
291	5456A	0.25	0.40	0.05	0.7~1.1	4.5~5.2	0.05~0.25	—	0.25	0.15	—	—	—	—	—	—	—	—	—	—	0.05	0.15	余量
292	5456B	0.25	0.40	0.05	0.7~1.1	4.5~5.2	0.05~0.25	—	0.25	0.15	—	—	—	—	—	—	—	—	—	—	0.05	0.15	余量
293	5556	0.25	0.40	0.10	0.50~1.0	4.7~5.5	0.05~0.20	—	0.25	0.05~0.20	—	—	—	—	—	—	—	—	—	—	0.05	0.15	余量
294	5556A	0.25	0.40	0.10	0.6~1.0	5.0~5.5	0.05~0.20	—	0.20	0.05~0.20	—	—	—	—	—	—	—	—	—	—	0.05	0.15	余量
295	5556B	0.25	0.40	0.10	0.6~1.0	5.0~5.5	0.05~0.20	—	0.20	0.05~0.20	—	—	—	—	—	—	—	—	—	—	0.05	0.15	余量
296	5556C	0.25	0.40	0.10	0.50~1.0	5.0~5.5	0.05~0.20	—	0.25	0.05~0.20	—	—	—	—	—	—	—	—	—	—	0.05	0.15	余量
297	5257	0.08	0.10	0.10	0.03	0.20~0.6	—	—	0.03	—	—	—	—	—	—	—	—	0.05	—	—	0.02	0.05	余量
298	5457	0.08	0.10	0.20	0.15~0.45	0.8~1.2	—	—	0.05	—	—	—	—	—	—	—	—	0.05	—	—	0.03	0.10	余量
299	5557	0.10	0.12	0.15	0.10~0.40	0.40~0.8	—	—	—	—	—	—	—	—	—	—	—	0.05	—	—	0.03	0.10	余量
300	5657	0.08	0.10	0.10	0.03	0.6~1.0	—	—	0.05	—	—	—	—	0.03	—	—	—	—	—	—	0.02	0.05	余量
301	5058	0.40	0.50	0.10	0.20	4.5~5.6	0.10	—	0.20	0.20	—	—	—	—	—	1.2~1.8	—	—	—	—	0.05	0.15	余量
302	5059	0.45	0.50	0.25	0.6~1.2	5.0~6.0	0.25	—	0.40~0.9	0.20	—	—	—	—	—	—	—	—	0.05~0.25	—	0.05	0.15	余量
303	5070	0.25	0.40	0.25	0.40~0.8	3.5~4.5	0.30	—	0.40~0.8	0.15	—	—	—	—	—	—	—	—	—	—	0.05	0.15	余量
304	5180	—	—	0.10	0.20~0.7	3.5~4.5	0.10	—	1.7~2.8	0.06~0.20	—	—	—	—	—	—	—	—	0.08~0.25	Si+Fe:0.35	0.05	0.15	余量
305	5180A	—	—	0.10	0.20~0.7	3.5~4.5	0.10	—	1.7~2.8	0.06~0.20	—	—	—	—	—	—	—	—	0.08~0.25	Si+Fe:0.35	0.05	0.15	余量
306	5082	0.20	0.35	0.15	0.15	4.0~5.0	0.15	—	0.25	0.10	—	—	—	—	—	—	—	—	—	—	0.05	0.15	余量

序号	牌号	化学成分(质量分数)/%																		备注	其他		Al
		Si	Fe	Cu	Mn	Mg	Cr	Ni	Zn	Ti	Ag	B	Bi	Ga	Li	Pb	Sn	V	Zr		单个	合计	
307	5182	0.20	0.35	0.15	0.20~0.50	4.0~5.0	0.10	—	0.25	0.10	—	—	—	—	—	—	—	—	—	—	0.05	0.15	余量
308	5083	0.40	0.40	0.10	0.40~1.0	4.0~4.9	0.05~0.25	—	0.25	0.15	—	—	—	—	—	—	—	—	—	—	0.05	0.15	余量
309	5183	0.40	0.40	0.10	0.50~1.0	4.3~5.2	0.05~0.25	—	0.25	0.15	—	—	—	—	—	—	—	—	—	①	0.05	0.15	余量
310	5183A	0.40	0.40	0.10	0.50~1.0	4.3~5.2	0.05~0.25	—	0.25	0.15	—	—	—	—	—	—	—	—	—	—	0.05	0.15	余量
311	5283	0.30	0.30	0.03	0.50~1.0	4.5~5.1	0.05	0.03	0.10	0.03	—	—	—	—	—	—	—	—	0.05	—	0.05	0.15	余量
312	5283A	0.30	0.30	0.03	0.50~1.0	4.5~5.1	0.05	0.03	0.10	0.03	—	—	—	—	—	0.003	—	—	0.05	—	0.05	0.15	余量
313	5283B	0.15	0.35	0.15	0.30~0.9	4.2~5.2	0.10	—	0.25	0.15	—	—	—	—	—	—	—	—	—	—	0.05	0.15	余量
314	5383	0.25	0.25	0.20	0.7~1.0	4.0~5.2	0.25	—	0.40	0.15	—	—	—	—	—	—	—	—	0.20	—	0.05	0.15	余量
315	5483	0.30	0.25	0.10	0.7~1.0	4.3~5.2	0.15	—	0.40	0.15	—	—	—	—	—	—	—	—	0.05~0.20	—	0.05	0.15	余量
316	5086	0.40	0.50	0.10	0.20~0.7	3.5~4.5	0.05~0.25	—	0.25	0.15	—	—	—	—	—	—	—	—	—	—	0.05	0.15	余量
317	5186	0.40	0.45	0.25	0.20~0.50	3.8~4.8	0.15	—	0.40	0.15	—	—	—	—	—	—	—	—	0.05	—	0.05	0.15	余量
318	5087	0.25	0.40	0.05	0.7~1.1	4.5~5.2	0.05~0.25	—	0.25	0.15	—	—	—	—	—	—	—	—	0.10~0.20	—	0.05	0.15	余量
319	5187	0.25	0.40	0.05	0.7~1.1	4.5~5.2	0.05~0.25	—	0.25	0.15	—	—	—	—	—	—	—	—	0.10~0.20	—	0.05	0.15	余量
320	5088	0.20	0.10~0.35	0.25	0.20~0.50	4.7~5.5	0.15	—	0.20~0.40	—	—	—	—	—	—	—	—	—	0.15	—	0.05	0.15	余量
321	6101	0.30~0.7	0.50	0.10	0.03	0.35~0.8	0.03	—	0.10	—	—	0.06	—	—	—	—	—	—	—	—	0.03	0.10	余量

续表 2－36

序号	牌号	Si	Fe	Cu	Mn	Mg	Cr	Ni	Zn	Ti	Ag	B	Bi	Ga	Li	Pb	Sn	V	Zr	备注	其他 单个	其他 合计	Al
322	6101A	0.30~0.7	0.40	0.05	—	0.40~0.9	—	—	—	—	—	—	—	—	—	—	—	—	—	—	0.03	0.10	余量
323	6101B	0.30~0.6	0.10~0.30	0.05	0.05	0.35~0.6	—	—	0.10	—	—	—	—	—	—	—	—	—	—	—	0.03	0.10	余量
324	6201	0.50~0.9	0.50	0.10	0.03	0.6~0.9	0.03	—	0.10	—	—	0.06	—	—	—	—	—	—	—	—	0.03	0.10	余量
325	6201A	0.50~0.7	0.50	0.04	—	0.6~0.9	—	—	—	—	—	—	0.06	—	—	—	—	—	—	—	0.03	0.10	余量
326	6401	0.35~0.7	0.04	0.05~0.20	0.03	0.35~0.7	—	—	0.04	0.01	—	—	—	—	—	—	—	—	—	—	0.01	0.10	余量
327	6501	0.20~0.6	0.35	0.20	0.05~0.20	0.20~0.6	0.05	—	0.15	0.15	—	—	—	—	—	—	—	—	—	—	0.05	0.15	余量
328	6002	0.6~0.9	0.25	0.10~0.25	0.10~0.20	0.45~0.7	0.05	—	—	0.08	—	—	—	—	—	—	—	—	0.09~0.14	—	0.05	0.15	余量
329	6003	0.35~1.0	0.6	0.10	0.8	0.8~1.5	0.35	—	0.20	0.10	—	—	—	—	—	—	—	—	—	—	0.05	0.15	余量
330	6103	0.35~1.0	0.6	0.20~0.30	0.8	0.8~1.5	0.35	—	0.20	0.10	—	—	—	—	—	—	—	—	—	—	0.05	0.15	余量
331	6005	0.6~0.9	0.35	0.10	0.10	0.40~0.6	0.10	—	0.10	0.10	—	—	—	—	—	—	—	—	—	—	0.05	0.15	余量
332	6005A	0.50~0.9	0.35	0.30	0.50	0.40~0.7	0.30	—	0.20	0.10	—	—	—	—	—	—	—	—	—	Mn+Cr:0.12~0.50	0.05	0.15	余量
333	6005B	0.45~0.8	0.30	0.10	0.10	0.40~0.8	0.10	—	0.10	0.10	—	—	—	—	—	—	—	—	—	Mn+Cr:0.12~0.50	0.05	0.15	余量
334	6005C	0.40~0.9	0.35	0.35	0.50	0.40~0.8	0.30	—	0.25	0.10	—	—	—	—	—	—	—	—	—	Mn+Cr:0.50	0.05	0.15	余量
335	6105	0.6~1.0	0.35	0.10	0.15	0.45~0.8	0.10	—	0.10	0.10	—	—	—	—	—	—	—	—	—	—	0.05	0.15	余量
336	6205	0.6~0.09	0.7	0.20	0.05~0.15	0.40~0.6	0.05~0.15	—	0.25	0.15	—	—	—	—	—	—	—	—	0.05~0.15	—	0.05	0.15	余量

化学成分（质量分数）/%

续表 2－36

化学成分(质量分数)/%

序号	牌号	Si	Fe	Cu	Mn	Mg	Cr	Ni	Zn	Ti	Ag	B	Bi	Ga	Li	Pb	Sn	V	Zr	备注	其他 单个	其他 合计	Al
337	6305	0.6~1.0	0.35	0.10	0.15	0.45~0.8	0.15	—	0.10	0.10	—	—	—	—	—	—	—	—	—	Mn+Cr:0.12~0.20	0.05	0.15	余量
338	6006	0.20~0.6	0.35	0.15~0.30	0.05~0.20	0.45~0.9	0.10	—	0.10	0.10	—	—	—	—	—	—	—	—	—	—	0.05	0.15	余量
339	6106	0.30~0.6	0.35	0.25	0.05~0.20	0.40~0.8	0.20	—	0.10	—	—	—	—	—	—	—	—	—	—	—	0.05	0.10	余量
340	6206	0.35~0.7	0.35	0.20~0.50	0.13~0.30	0.45~0.8	0.10	—	0.20	0.10	—	—	—	—	—	—	—	—	—	—	0.05	0.15	余量
341	6306	0.20~0.6	0.10	0.05~0.16	0.10~0.40	0.45~0.9	—	—	0.05	0.05	—	—	—	—	—	—	—	—	—	—	0.05	0.15	余量
342	6008	0.50~0.9	0.35	0.30	0.30	0.40~0.7	0.30	—	0.20	0.10	—	—	—	—	—	—	—	0.05~0.20	—	—	0.05	0.15	余量
343	6009	0.6~1.0	0.50	0.15~0.6	0.20~0.8	0.40~0.8	0.10	—	0.25	0.10	—	—	—	—	—	—	—	—	—	—	0.05	0.15	余量
344	6010	0.8~1.2	0.50	0.15~0.6	0.20~0.8	0.6~1.0	0.10	—	0.25	0.10	—	—	—	—	—	—	—	—	—	—	0.05	0.15	余量
345	6110	0.7~1.5	0.8	0.20~0.7	0.20~0.7	0.50~1.1	0.04~0.25	0.20	0.30	0.15	—	—	—	—	—	—	—	—	—	—	0.05	0.15	余量
346	6110A	0.6~1.1	0.50	0.30~0.8	0.30~0.9	0.7~1.1	0.05~0.25	—	0.20	—	—	—	—	—	—	—	—	—	—	Zr+Ti:0.20	0.05	0.15	余量
347	6011	0.6~1.2	1.0	0.40~0.9	0.8	0.6~1.2	0.30	—	1.5	0.20	—	—	0.7	—	—	0.40~2.0	—	—	—	—	0.05	0.15	余量
348	6111	0.6~1.1	0.40	0.50~0.9	0.10~0.45	0.50~1.0	0.10	—	0.15	0.10	—	—	—	—	—	—	—	—	—	—	0.05	0.15	余量
349	6012	0.6~1.4	0.5	0.10	0.40~1.0	0.6~1.2	0.30	—	0.30	0.20	—	—	—	—	—	—	—	—	—	—	0.05	0.15	余量
350	6012A	0.6~1.4	0.5	0.40	0.20~1.0	0.6~1.2	0.30	—	0.30	0.20	—	—	0.7	—	—	—	0.40~2.0	—	—	—	0.05	0.15	余量
351	6013	0.6~1.0	0.5	0.6~1.1	0.20~0.8	0.8~1.2	0.10	—	0.25	0.10	—	—	—	—	—	—	—	—	—	—	0.05	0.15	余量

续表 2-36

序号	牌号	化学成分（质量分数）/%																		备注	其他		Al
		Si	Fe	Cu	Mn	Mg	Cr	Ni	Zn	Ti	Ag	B	Bi	Ga	Li	Pb	Sn	V	Zr		单个	合计	
352	6113	0.6~1.0	0.30	0.6~1.1	0.10~0.6	0.8~1.2	0.10	—	0.25	0.10	—	—	—	—	—	—	—	—	—	O:0.05~0.50	0.05	0.15	余量
353	6014	0.30~0.6	0.35	0.25	0.05~0.20	0.40~0.8	0.20	—	0.10	0.10	—	—	—	—	—	—	—	0.05~0.20	—	—	—	0.15	余量
354	6015	0.20~0.40	0.10~0.30	0.10~0.25	0.10	0.8~1.1	0.10	—	0.10	0.10	—	—	—	—	—	—	—	—	—	—	0.05	0.15	余量
355	6016	1.0~1.5	0.50	0.20	0.20	0.25~0.6	0.10	—	0.20	0.15	—	—	—	—	—	—	—	—	—	—	0.05	0.15	余量
356	6016A	0.9~1.5	0.50	0.25	0.20	0.20~0.6	0.10	—	0.20	0.15	—	—	—	—	—	—	—	—	—	—	0.05	0.15	余量
357	6116	0.9~1.3	0.25	0.20	0.15	0.25~0.6	0.15	—	0.20	0.15	—	—	—	—	—	—	—	—	—	—	0.05	0.15	余量
358	6018	0.50~1.2	0.7	0.15~0.40	0.30~0.8	0.6~1.2	0.10	—	0.30	0.20	—	—	0.40~0.7	—	—	0.40~1.2	—	—	—	—	0.05	0.15	余量
359	6019	0.6~1.0	0.50	0.20~0.6	0.10	0.8~1.2	0.05~0.35	—	0.40~1.0	0.15	—	—	—	—	—	—	—	—	—	—	0.05	0.15	余量
360	6020	0.40~0.9	0.50	0.30~0.9	0.35	0.6~1.2	0.15	—	0.2	0.15	—	—	—	—	—	0.05	0.09~1.5	—	—	—	0.05	0.15	余量
361	6021	0.6~1.5	0.40	0.20	0.40~1.0	0.8~1.5	0.25	—	0.20	0.10	—	—	—	—	—	—	0.6~1.5	—	—	—	0.05	0.15	余量
362	6022	0.8~1.5	0.05~0.20	0.01~0.11	0.02~0.10	0.45~0.7	0.10	—	0.25	0.15	—	—	—	—	—	—	—	—	—	—	0.05	0.15	余量
363	6023	0.6~1.4	0.50	0.20~0.7	0.20~0.6	0.40~0.9	0.20	—	—	0.20	—	—	0.30~0.8	—	—	—	0.6~1.2	—	—	—	0.05	0.15	余量
364	6024	0.7~1.3	0.05~0.7	0.30~0.9	0.30~1.2	0.30~1.0	0.20	—	0.20	0.20	—	—	—	—	—	—	—	—	—	—	0.05	0.15	余量
365	6025	0.8~1.5	0.7	0.20~0.7	0.6~1.4	2.1~3.0	0.20	—	0.50	0.20	—	—	0.50~1.5	—	—	—	—	—	—	—	0.05	0.15	余量
366	6026	0.6~1.4	0.7	0.20~0.50	0.20~1.0	0.6~1.2	0.30	—	0.30	0.20	—	—	—	—	—	0.40	0.05	—	—	—	0.05	0.15	余量

续表2-36

化学成分(质量分数)/%

序号	牌号	Si	Fe	Cu	Mn	Mg	Cr	Ni	Zn	Ti	Ag	B	Bi	Ga	Li	Pb	Sn	V	Zr	备注	其他 单个	其他 合计	Al
367	6027	0.55~0.8	0.30	0.15	0.10~0.30	0.8~1.1	0.10	—	0.10~0.30	0.15	—	—	—	—	—	—	—	—	—	—	0.15	0.15	余量
368	6028	1.0~1.3	0.5	0.25~0.40	0.6~0.9	0.7~1.0	0.04~0.10	—	0.30	0.20	—	—	0.6~0.8	—	—	—	0.6~0.8	—	—	—	0.05	0.15	余量
369	6031	0.50~0.8	0.25	0.10~0.25	0.40~0.6	0.6~0.8	0.10~0.20	—	0.05	0.05	—	—	—	—	—	—	—	—	—	—	0.03	0.15	余量
370	6032	0.45~0.7	0.25	0.03	0.10~0.20	0.45~0.7	0.03	—	0.05	0.08~0.12	—	—	—	—	—	—	—	—	—	—	0.03	0.15	余量
371	6033	0.8~1.3	0.50	0.40~1.0	0.05	0.7~1.3	0.10	—	0.50~1.0	0.15	—	—	0.30~1.0	—	—	0.05	—	—	—	—	0.05	0.15	余量
372	6040	0.40~0.8	0.7	0.20~0.8	0.15	0.8~1.2	0.15	—	0.25	0.15	—	—	0.15~0.7	—	—	—	0.30~1.2	—	—	—	0.05	0.15	余量
373	6041	0.50~0.9	0.15~0.7	0.15~0.6	0.05~0.20	0.8~1.2	0.05~0.15	—	0.25	0.15	—	—	0.30~0.9	—	—	—	0.35~1.2	—	—	—	0.05	0.15	余量
374	6042	0.50~1.2	0.7	0.20~0.6	0.40	0.7~1.2	0.04~0.35	—	0.25	0.15	—	—	0.20~0.8	—	—	0.15~0.40	—	—	—	—	0.05	0.15	余量
375	6043	0.40~0.9	0.50	0.30~0.9	0.35	0.6~1.2	0.15	—	0.20	0.15	—	—	0.40~0.7	—	—	—	—	—	—	—	0.05	0.15	余量
376	6151	0.6~1.2	1.0	0.35	0.20	0.45~0.8	0.15~0.35	—	0.25	0.15	—	—	—	—	—	—	—	—	—	—	0.05	0.15	余量
377	6351	0.7~1.3	0.50	0.10	0.40~0.8	0.40~0.8	—	—	0.20	0.20	—	—	—	—	—	—	—	—	—	—	0.05	0.15	余量
378	6351A	0.7~1.3	0.50	0.10	0.40~0.8	0.40~0.8	—	—	0.20	0.20	—	—	—	—	—	0.003	—	—	—	—	0.05	0.15	余量
379	6451	0.6~1.0	0.40	0.40	0.05~0.40	0.40~0.8	0.10	—	0.15	—	—	—	—	—	—	—	—	0.10	—	—	0.05	0.15	余量
380	6951	0.20~0.50	0.8	0.15~0.40	0.10	0.40~0.8	—	—	0.20	—	—	—	—	—	—	—	—	—	—	—	0.05	0.15	余量
381	6053	9.0	0.35	0.10	—	1.1~1.4	0.15~0.35	—	0.10	—	—	—	—	—	—	—	—	—	—	—	0.05	0.15	余量

续表 2-36

化学成分(质量分数)/%

序号	牌号	Si	Fe	Cu	Mn	Mg	Cr	Ni	Zn	Ti	Ag	B	Bi	Ga	Li	Pb	Sn	V	Zr	备注	其他		Al
																					单个	合计	
382	6055	0.6~1.2	0.30	0.50~1.0	0.10	0.7~1.1	0.20~0.30	—	0.55~0.9	0.10	—	—	—	—	—	—	—	—	—	—	0.05	0.15	余量
383	6056	0.7~1.3	0.50	0.50~1.1	0.40~1.0	0.6~1.2	0.25	—	0.10~0.7	—	—	—	—	—	—	—	—	—	—	Zr+Ti:0.20	0.05	0.15	余量
384	6156	0.7~1.3	0.20	0.7~1.1	0.40~0.7	0.6~1.2	0.25	—	0.10~0.7	—	—	—	—	—	—	—	—	—	—	—	0.05	0.15	余量
385	6060	0.30~0.6	0.10~0.30	0.10	0.10	0.35~0.6	0.05	—	0.15	0.10	—	—	—	—	—	—	—	—	—	—	0.05	0.15	余量
386	6160	0.30~0.6	0.15	0.20	0.05	0.35~0.6	0.05	—	0.05	—	—	—	—	—	—	—	—	—	—	—	0.05	0.15	余量
387	6260	0.40~0.7	0.15~0.40	0.10	0.03	0.45~0.7	0.03	—	0.05	0.10	—	—	—	—	—	—	—	0.10~0.25	—	—	0.05	0.15	余量
388	6360	0.35~0.8	0.10~0.30	0.15	0.02~0.15	0.25~0.45	0.05	—	0.10	0.10	—	—	—	—	—	—	—	—	0.05	—	0.05	0.15	余量
389	6460	0.30~0.7	0.15	0.20	0.20	0.20~0.6	0.05	—	0.05	0.10	—	—	—	—	—	—	—	—	—	—	0.05	0.15	余量
390	6460B	0.20~0.7	0.20	0.10	0.10	0.20~0.40	0.03	—	0.04	0.10	—	—	—	—	—	—	—	—	—	—	0.05	0.15	余量
391	6560	0.30~0.7	0.10~0.30	0.05~0.20	0.20	0.20~0.6	0.05	—	0.15	0.10	—	—	—	—	—	—	—	—	—	—	0.05	0.15	余量
392	6660	0.40~0.8	0.15~0.30	0.10	0.03~0.20	0.30~0.6	0.05	—	0.10	0.10	—	—	—	0.05	—	—	—	0.05	—	—	0.05	0.15	余量
393	6061	0.40~0.8	0.7	0.15~0.40	0.15	0.8~1.2	0.04~0.35	—	0.25	0.15	—	—	—	—	—	—	—	—	—	—	0.05	0.15	余量
394	6061A	0.40~0.8	0.7	0.15~0.40	0.15	0.8~1.2	0.04~0.35	0.05	0.25	0.15	—	—	—	—	—	—	—	—	—	—	0.05	0.15	余量
395	6061B	0.40~0.8	0.7	0.15~0.40	0.15	0.8~1.2	0.04~0.35	—	0.25	0.15	—	—	—	—	—	—	—	—	—	0,0.6	0.05	0.15	余量
396	6261	0.40~0.7	0.40	0.15~0.40	0.20~0.35	0.7~1.0	0.10	—	0.20	0.10	—	—	—	—	—	—	—	—	—	—	0.05	0.15	余量

序号	牌号	化学成分(质量分数)/%																		备注	其他		Al
		Si	Fe	Cu	Mn	Mg	Cr	Ni	Zn	Ti	Ag	B	Bi	Ga	Li	Pb	Sn	V	Zr		单个	合计	
397	6361	0.6~0.9	0.40	0.20~0.50	0.10~0.20	1.0~1.4	0.10~0.30	—	0.25	0.15	—	—	—	—	—	—	—	—	—	—	0.05	0.15	余量
398	6162	0.40~0.8	0.50	0.20	0.10	0.7~1.1	0.10	—	0.25	0.10	—	—	—	—	—	—	—	—	—	—	0.05	0.15	余量
399	6262	0.40~0.8	0.7	0.15~0.40	0.15	0.8~1.2	0.04~0.14	—	0.25	0.15	—	—	—	—	—	—	—	—	—	—	0.05	0.15	余量
400	6262A	0.40~0.8	0.7	0.15~0.40	0.15	0.8~1.2	0.04~0.14	—	0.25	0.10	—	—	0.40~0.9	—	—	—	0.40~1.0	—	—	—	0.05	0.15	余量
401	6063	0.20~0.6	0.35	0.10	0.10	0.45~0.9	0.10	—	0.10	0.10	—	—	—	—	—	—	—	—	—	—	0.05	0.15	余量
402	6063A	0.30~0.6	0.15~0.35	0.10	0.15	0.6~0.9	0.05	—	0.15	0.10	—	—	—	—	—	—	—	—	—	—	0.05	0.15	余量
403	6463	0.20~0.6	0.15	0.20	0.05	0.45~0.9	—	—	0.05	—	—	—	—	—	—	—	—	—	—	—	0.05	0.15	余量
404	6463A	0.20~0.6	0.15	0.25	0.05	0.30~0.9	—	—	0.05	—	—	—	—	—	—	—	—	—	—	—	0.05	0.15	余量
405	6763	0.20~0.6	0.08	0.04~0.16	0.03	0.45~0.9	—	—	0.03	—	—	—	—	—	—	—	—	0.05	—	—	0.03	0.10	余量
406	6963	0.40~0.6	0.25	0.15~0.25	0.05	0.35~0.7	0.10	—	0.10	0.15	—	—	—	—	—	—	—	—	—	—	0.05	0.15	余量
407	6064	0.40~0.8	0.7	0.15~0.40	0.15	0.8~1.2	0.05~0.14	—	0.25	0.15	—	—	0.50~0.7	—	—	0.20~0.40	—	—	—	—	0.05	0.15	余量
408	6064A	0.40~0.8	0.7	0.15~0.40	0.15	0.8~1.2	0.04~0.14	—	0.25	0.15	—	—	0.40~0.8	—	—	0.20~0.40	—	—	—	—	0.05	0.15	余量
409	6065	0.40~0.8	0.7	0.15~0.40	0.15	0.8~1.2	0.15	—	0.25	0.10	—	—	0.50~1.5	—	—	0.05	—	—	0.15	—	0.05	0.15	余量
410	6066	0.9~1.8	0.50	0.7~1.2	0.6~1.1	0.8~1.4	0.40	—	0.25	0.20	—	—	—	—	—	—	—	—	—	—	0.05	0.15	余量
411	6068	0.6~1.4	0.50	0.10	0.40~1.0	0.6~1.2	0.30	0.05	0.30	0.20	—	—	0.6~1.1	0.03	—	0.20~0.40	—	0.05	—	—	0.05	0.15	余量

续表 2-36

化学成分（质量分数）/%

序号	牌号	Si	Fe	Cu	Mn	Mg	Cr	Ni	Zn	Ti	Ag	B	Bi	Ga	Li	Pb	Sn	V	Zr	备注	其他 单个	其他 合计	Al
412	6069	0.6~1.2	0.40	0.55~1.0	0.05	1.2~1.6	0.05~0.30	—	0.05	0.10	—	—	—	—	—	—	—	0.10~0.30	—	Sr:0.05	0.05	0.15	余量
413	6070	1.0~1.7	0.50	0.15~0.40	0.40~1.0	0.50~1.2	0.10	—	0.25	0.15	—	—	—	—	—	—	—	—	—	—	0.05	0.15	余量
414	6081	0.7~1.1	0.50	0.10	0.10~0.45	0.6~1.0	0.10	—	0.20	0.15	—	—	—	—	—	—	—	—	—	—	0.05	0.15	余量
415	6181	0.8~1.2	0.45	0.10	0.15	0.6~1.0	0.10	—	0.20	0.10	—	—	—	—	—	—	—	—	—	—	0.05	0.15	余量
416	6181A	0.7~1.1	0.15~0.50	0.25	0.40	0.6~1.0	0.15	—	0.30	0.25	—	—	—	—	—	—	—	0.10	—	—	0.05	0.15	余量
417	6082	0.7~1.3	0.50	0.10	0.40~1.0	0.6~1.2	0.25	—	0.20	0.10	—	—	—	—	—	—	—	—	—	—	0.05	0.15	余量
418	6082A	0.7~1.3	0.50	0.10	0.40~1.0	0.6~1.2	0.25	—	0.20	0.10	—	—	—	—	—	—	—	—	—	—	0.05	0.15	余量
419	6182	0.9~1.3	0.50	0.10	0.50~1.0	0.7~1.2	0.25	—	0.20	0.10	—	—	—	—	—	—	—	—	0.05~0.20	—	0.05	0.15	余量
420	6091	0.40~0.8	0.70	0.15~0.40	0.15	0.8~1.2	0.15	—	0.25	0.15	—	—	—	—	—	—	—	—	—	—	0.05	0.15	余量
421	6092	0.40~0.8	0.30	0.7~1.0	0.15	0.8~1.2	0.15	—	0.25	0.15	—	—	—	—	—	—	—	—	—	—	0.05	0.15	余量
422	7001	0.35	0.40	1.6~2.6	0.20	2.6~3.4	0.18~0.35	—	6.8~8.0	0.20	—	—	—	—	—	—	—	—	—	—	0.05	0.15	余量
423	7003	0.30	0.35	0.20	0.30	0.50~1.0	0.20	—	5.0~6.5	0.20	—	—	—	—	—	—	—	—	0.05~0.25	0:0.05~0.50	0.05	0.15	余量
424	7004	0.25	0.35	0.05	0.20~0.7	1.0~2.0	0.05	—	3.8~4.6	0.05	—	—	—	—	—	—	—	—	0.10~0.20	0:0.05~0.50	0.05	0.15	余量
425	7204	0.30	0.35	0.20	0.20~0.7	1.0~2.0	0.30	—	4.0~5.0	0.20	—	—	—	—	—	—	—	0.10	0.25	—	0.05	0.15	余量
426	7005	0.35	0.40	0.10	0.20~0.7	1.0~1.8	0.06~0.20	—	4.0~5.0	0.01~0.06	—	—	—	—	—	—	—	—	0.08~0.20	—	0.05	0.15	余量

续表 2-36

化学成分（质量分数）/%

序号	牌号	Si	Fe	Cu	Mn	Mg	Cr	Ni	Zn	Ti	Ag	B	Bi	Ga	Li	Pb	Sn	V	Zr	备注	其他 单个	其他 合计	Al
427	7108②	0.10	0.10	0.05	0.05	0.7~1.4	—	—	4.0~5.5	0.05	—	—	—	—	—	—	—	—	0.12~0.25	—	0.05	0.15	余量
428	7108A	0.20	0.30	0.05	0.05	0.7~1.5	0.04	—	4.8~5.8	0.03	—	—	—	0.03	—	—	—	—	0.15~0.25	—	0.05	0.15	余量
429	7009	0.20	0.20	0.6~1.3	0.10	2.1~2.9	0.10~0.25	—	5.5~6.5	0.20	0.25~0.40	—	—	—	—	—	—	—	—	—	0.05	0.15	余量
430	7010	0.12	0.15	1.5~2.0	0.10	2.1~2.6	0.05	0.05	5.7~6.7	0.06	—	—	—	—	—	—	—	—	0.10~0.16	—	0.05	0.15	余量
431	7012	0.15	0.25	0.8~1.2	0.08~0.15	1.8~2.2	0.04	—	5.8~6.5	0.02~0.08	—	—	—	—	—	—	—	—	0.10~0.18	—	0.05	0.15	余量
432	7014	0.50	0.50	0.30~0.7	0.30~0.7	2.2~3.2	—	0.10	5.2~6.2	—	—	—	—	—	—	—	—	—	—	Zr+Ti:0.20	0.05	0.15	余量
433	7015	0.20	0.30	0.06~0.15	0.10	1.3~2.1	0.15	—	4.6~5.2	0.10	—	—	—	—	—	—	—	—	0.10~0.20	—	—	—	余量
434	7016	0.10	0.12	0.45~0.10	0.03	0.8~1.4	—	—	4.0~5.0	0.03	—	—	—	—	—	—	—	0.05	—	—	0.03	0.10	余量
435	7116	0.15	0.30	0.50~1.1	0.05	0.8~1.4	—	—	4.2~5.2	0.05	—	—	—	0.03	—	—	—	0.05	—	—	—	—	—
436	7017	0.35	0.45	0.20	0.05~0.50	2.0~3.0	0.35	0.10	4.0~5.2	0.15	—	—	—	—	—	—	—	—	0.10~0.25	Mn+Cr≥0.15	0.05	0.15	余量
437	7018	0.35	0.45	0.20	0.15~0.50	0.7~1.5	0.20	0.10	4.5~5.5	0.15	—	—	—	—	—	—	—	—	0.10~0.25	—	0.05	0.15	余量
438	7019	0.35	0.45	0.20	0.15~0.50	1.5~2.5	0.20	0.10	3.5~4.5	0.15	—	—	—	—	—	—	—	—	0.10~0.25	—	0.05	0.15	余量
439	7019A	0.30	0.40	0.10	0.10~0.6	1.5~2.5	0.05~0.35	—	3.0~5.0	0.10	—	—	—	—	—	—	—	—	—	—	0.05	0.15	余量
440	7020	0.35	0.40	0.20	0.05~0.50	1.0~1.4	0.10~0.35	—	4.0~5.0	—	—	—	—	—	—	—	—	—	—	Zr+Ti:0.08~0.25	0.05	0.15	余量
441	7021	0.25	0.40	0.25	0.10	1.2~1.8	0.05	—	5.0~6.0	0.10	—	—	—	—	—	—	—	—	0.08~0.18	—	0.05	0.15	余量

续表 2-36

化学成分(质量分数)/%

序号	牌号	Si	Fe	Cu	Mn	Mg	Cr	Ni	Zn	Ti	Ag	B	Bi	Ga	Li	Pb	Sn	V	Zr	备注	其他 单个	其他 合计	Al
442	7022	0.50	0.50	0.50~1.0	0.10~0.40	2.6~3.7	0.10~0.30	—	4.3~5.2	—	—	—	—	—	—	—	—	—	—	Ti+Zr:0.20	0.05	0.15	余量
443	7122	0.25	0.35	0.50~1.0	0.10	2.6~3.7	0.10	—	4.3~5.2	0.15	—	—	—	—	—	—	—	—	0.10~0.25	—	0.05	0.15	余量
444	7023	0.50	0.50	0.50~1.0	0.10~0.6	2.0~3.0	0.05~0.35	—	4.0~6.0	0.10	—	—	—	—	—	—	—	—	—	—	0.05	0.15	余量
445	7024	0.30	0.40	0.10	0.10~0.6	0.50~1.0	0.05~0.35	—	3.0~5.0	0.10	—	—	—	—	—	—	—	—	—	—	0.05	0.15	余量
446	7025	0.30	0.40	0.10	0.10~0.6	0.8~1.5	0.05~0.35	—	3.0~5.0	0.10	—	—	—	—	—	—	—	—	—	—	0.05	0.10	余量
447	7026	0.08	0.12	0.6~0.9	0.05~0.20	1.5~1.9	—	—	4.6~5.2	0.05	—	—	—	—	—	—	—	—	0.09~0.14	—	0.05	0.15	余量
448	7028	0.35	0.50	0.10~0.30	0.15~0.6	1.5~2.3	0.20	—	4.5~5.2	0.05	—	—	—	—	—	—	—	—	—	Zr+Ti: 0.08~0.25	0.05	0.10	余量
449	7029	0.10	0.12	0.50~0.9	0.03	1.3~2.0	0.10	—	4.2~5.2	0.05	—	—	—	—	—	—	—	0.05	—	—	0.03	0.10	余量
450	7129	0.15	0.30	0.50~0.9	0.10	1.3~2.0	0.10	—	4.2~5.2	0.05	—	—	—	0.03	—	—	—	0.05	—	—	0.05	0.15	余量
451	7229	0.06	0.08	0.50~0.9	0.05	1.3~2.0	0.10	—	4.2~5.2	0.05	—	—	—	—	—	—	—	0.05	—	—	0.03	0.10	余量
452	7030	0.20	0.30	0.20~0.40	0.03	1.0~1.5	0.04	—	4.8~5.9	0.03	—	—	—	—	—	—	—	—	0.03	—	0.05	0.15	余量
453	7031	0.30	0.8~1.4	0.10	0.10~0.40	0.10	0.15~0.25	—	0.8~1.8	—	—	—	0.01	—	—	0.01	—	—	—	—	0.05	0.15	余量
454	7032	0.15	0.12	1.7~2.3	0.05	1.5~2.5	0.20	—	5.5~6.5	0.10	—	—	—	0.03	—	—	—	—	—	—	0.05	0.15	余量
455	7033	0.15	0.30	0.7~1.3	0.10	1.3~2.2	0.20	—	4.6~5.6	0.10	—	—	—	—	—	—	—	0.05	0.08~0.15	—	0.05	0.15	余量
456	7034	0.10	0.12	0.8~1.2	0.25	2.0~3.0	0.20	—	11.0~12.0	—	—	—	—	—	—	—	—	—	0.08~0.30	—	0.05	0.15	余量

续表 2-36

化学成分(质量分数)/%

序号	牌号	Si	Fe	Cu	Mn	Mg	Cr	Ni	Zn	Ti	Ag	B	Bi	Ga	Li	Pb	Sn	V	Zr	备注	其他 单个	其他 合计	Al
457	7035	0.15	0.25	0.05~0.30	0.10	2.5~3.5	0.05	—	4.3~5.5	0.02~0.05	—	—	—	—	—	—	—	—	0.08~0.20	—	0.05	0.15	余量
458	7035A	0.15	0.25	0.05~0.30	0.10	2.5~3.5	0.05	—	4.3~5.5	0.02~0.05	—	—	—	—	—	—	—	—	0.04~0.20	—	0.05	0.15	余量
459	7036	0.12	0.15	1.9~2.5	0.05	1.8~2.5	0.08~0.13	—	8.4~9.4	0.10	—	—	—	—	—	—	—	—	0.10~0.20	—	0.05	0.15	余量
460	7136	0.12	0.15	1.9~2.5	0.05	1.8~2.5	0.05	—	8.4~9.4	0.10	—	—	—	—	—	—	—	—	0.10~0.20	—	0.05	0.15	余量
461	7037	0.10	0.10	0.6~1.1	0.50	1.3~2.1	0.04	—	7.8~9.0	0.10	—	—	—	—	—	—	—	—	0.06~0.25	—	0.05	0.15	余量
462	7039	0.30	0.40	0.10	0.10~0.40	2.3~3.3	0.15~0.25	—	3.5~4.5	0.10	—	—	—	—	—	—	—	—	—	—	0.05	0.15	余量
463	7040	0.10	0.13	1.5~2.3	0.04	1.7~2.4	0.04	—	5.7~6.7	0.06	—	—	—	—	—	—	—	—	0.05~0.12	—	0.05	0.15	余量
464	7140	0.10	0.13	1.3~2.3	0.04	1.5~2.4	0.04	—	6.2~7.0	0.06	—	—	—	—	—	—	—	—	0.05~0.12	—	0.05	0.15	余量
465	7041	0.15	0.25	0.40~0.9	0.04	1.5~2.3	0.04	—	5.7~6.7	0.06	—	—	—	—	—	—	—	—	0.05~0.12	—	0.05	0.15	余量
466	7042	0.20	0.20	1.3~1.9	0.20~0.40	2.0~2.8	0.05	—	6.5~7.9	—	—	—	—	—	—	—	—	—	0.11~0.20	Sc:0.18~0.50	0.05	0.15	余量
467	7046	0.20	0.40	0.25	0.30	1.0~1.6	0.20	—	6.6~7.6	0.06	—	—	—	—	—	—	—	—	0.10~0.18	—	0.05	0.15	余量
468	7046A	0.20	0.40	0.35	0.30	0.8~1.6	0.20	—	6.1~7.3	0.06	—	—	—	—	—	—	—	—	0.10~0.25	—	0.05	0.15	余量
469	7047	0.12	0.15	0.04	0.04	1.3~1.8	0.05	—	7.0~8.0	0.08	0.25~0.50	—	—	—	—	—	—	—	0.07~0.13	—	0.05	0.15	余量
470	7049	0.25	0.35	1.2~1.9	0.20	2.0~2.9	0.10~0.22	—	7.2~8.2	0.10	—	—	—	—	—	—	—	—	—	—	0.05	0.15	余量
471	7049A	0.40	0.50	1.2~1.9	0.50	2.1~3.1	0.05~0.25	—	7.2~8.4	—	—	—	—	—	—	—	—	—	—	Zr+Ti:0.25	0.05	0.15	余量

续表 2 – 36

化学成分（质量分数）/%

序号	牌号	Si	Fe	Cu	Mn	Mg	Cr	Ni	Zn	Ti	Ag	B	Bi	Ga	Li	Pb	Sn	V	Zr	备注	其他 单个	其他 合计	Al
472	7149	0.15	0.20	1.2~1.9	0.20	2.0~2.9	0.10~0.22	—	7.2~8.2	0.10	—	—	—	—	—	—	—	—	—	—	0.05	0.15	余量
473	7249	0.10	0.12	1.3~1.9	0.10	2.0~2.4	0.12~0.18	—	7.5~8.2	0.06	—	—	—	—	—	—	—	—	—	—	0.05	0.15	余量
474	7349	0.12	0.15	1.4~2.1	0.20	1.8~2.7	0.10~0.22	—	7.5~8.7	—	—	—	—	—	—	—	—	—	—	Zr + Ti:0.25	0.05	0.15	余量
475	7449	0.12	0.15	1.4~2.1	0.20	1.8~2.7	—	—	7.5~8.7	—	—	—	—	—	—	—	—	—	—	Zr + Ti:0.25	0.05	0.15	余量
476	7050	0.12	0.15	2.0~2.6	0.10	1.9~2.6	0.04	—	5.7~6.7	0.06	—	—	—	—	—	—	—	—	0.08~0.15	—	0.05	0.15	余量
477	7050A	0.12	0.15	1.7~2.4	0.04	1.7~2.6	0.04	—	5.7~6.9	0.06	—	—	—	—	—	—	—	—	0.05~0.12	—	0.05	0.15	余量
478	7150	0.12	0.15	1.9~2.5	0.10	2.0~2.7	0.04	0.03	5.9~6.9	0.06	—	—	—	—	—	—	—	—	0.08~0.15	—	0.05	0.15	余量
479	7055	0.10	0.15	2.0~2.6	0.05	1.8~2.3	0.04	—	7.6~8.4	0.06	—	—	—	—	—	—	—	—	0.08~0.25	—	0.05	0.15	余量
480	7155	0.25	0.25	2.0~2.6	0.10	1.8~2.3	0.05	—	7.6~8.4	0.10	—	—	—	—	—	—	—	—	0.08~0.15	—	0.05	0.15	余量
481	7255	0.06	0.09	2.0~2.6	0.05	1.8~2.3	0.04	—	7.6~8.4	0.06	—	—	—	—	—	—	—	—	0.08~0.15	—	0.05	0.15	余量
482	7056	0.10	0.12	1.2~1.9	0.20	1.5~2.3	—	—	8.5~9.7	0.08	—	—	—	—	—	—	—	—	0.05~0.15	—	0.05	0.15	余量
483	7060	0.15	0.20	1.8~2.6	0.20	1.3~2.1	0.15~0.25	—	6.1~7.5	0.05	—	—	—	—	—	0.003	—	—	0.05	—	0.05	0.15	余量
484	7064	0.15	0.15	1.8~2.4	—	1.9~2.9	0.06~0.25	—	6.8~8.0	—	—	—	—	—	—	—	—	—	0.10~0.50	Co:0.10~0.40, O:0.05~0.30	0.05	0.15	余量
485	7065	0.06	0.08	1.9~2.3	0.04	1.5~1.8	0.04	—	7.1~8.3	0.06	—	—	—	—	—	—	—	—	0.05~0.15	—	0.05	0.15	余量
486	7068	0.12	0.15	1.6~2.4	0.10	2.2~3.0	0.05	—	7.3~8.3	0.10	—	—	—	—	—	—	—	—	0.05~0.15	—	0.05	0.15	余量

化学成分(质量分数)/%

序号	牌号	Si	Fe	Cu	Mn	Mg	Cr	Ni	Zn	Ti	Ag	B	Bi	Ca	Li	Pb	Sn	V	Zr	备注	单个	合计	Al
487	7168	0.10	0.12	1.6~2.4	0.05	2.0~2.8	0.04	—	7.8~8.8	0.10	—	—	—	—	—	—	—	—	0.05~0.15	—	0.05	0.15	余量
488	7072②	—	—	0.10	0.10	0.10	—	—	0.8~1.3	—	—	—	—	—	—	—	—	—	—	Si+Fe:0.7	0.05	0.15	余量
489	7075	0.40	0.50	1.2~2.0	0.30	2.1~2.9	0.18~0.28	—	5.1~6.1	0.20	—	—	—	—	—	—	—	—	—	④	0.05	0.15	余量
490	7175	0.15	0.20	1.2~2.0	0.10	2.1~2.9	0.18~0.28	—	5.1~6.1	0.10	—	—	—	—	—	—	—	—	—	—	0.05	0.15	余量
491	7475	0.10	0.12	1.2~1.9	0.06	1.9~2.6	0.18~0.25	—	5.2~6.2	0.06	—	—	—	—	—	—	—	—	—	—	0.05	0.15	余量
492	7076	0.40	0.6	0.30~1.0	0.30~0.8	1.2~2.0	—	—	7.0~8.0	0.20	—	—	—	—	—	—	—	—	—	—	0.05	0.15	余量
493	7178	0.40	0.50	1.6~2.4	0.30	2.4~3.1	0.18~0.28	—	6.3~7.3	0.20	—	—	—	—	—	—	—	—	—	—	0.05	0.15	余量
494	7278	0.15	0.20	1.6~2.2	0.02	2.5~3.2	0.17~0.25	—	6.6~7.4	0.03	—	—	—	0.03	—	—	—	0.05	—	—	0.03	0.10	余量
495	7278A	0.12	0.15	1.3~2.1	0.25	2.3~3.2	0.05	—	6.4~7.4	0.05	—	—	—	—	—	—	—	—	0.05~0.25	—	0.05	0.15	余量
496	7081	0.12	0.15	1.2~1.8	0.25	1.8~2.2	0.04	—	6.9~7.5	0.06	—	—	—	—	—	—	—	—	0.06~0.15	—	0.05	0.15	余量
497	7181	0.08	0.10	1.2~1.9	0.15	1.7~2.2	0.04	—	6.7~7.9	0.06	—	—	—	—	—	—	—	—	0.08~0.18	—	0.05	0.15	余量
498	7085	0.06	0.08	1.3~2.0	0.04	1.2~1.8	0.04	—	7.0~8.0	0.06	—	—	—	—	—	—	—	—	0.08~0.15	—	0.05	0.15	余量
499	7185	0.25	0.25	1.3~2.0	0.10	1.2~1.8	0.10	—	7.0~8.2	0.06	—	—	—	—	—	—	—	—	0.08~0.15	—	0.05	0.15	余量
500	7090	0.12	0.15	0.6~1.3	—	2.0~3.0	—	—	7.3~8.7	—	—	—	—	—	—	—	—	—	—	Co:1.0~1.9, O:0.20~0.50	0.05	0.15	余量
501	7093	0.12	0.15	1.1~1.9	—	2.0~3.0	—	0.04~0.16	8.3~9.7	—	—	—	—	—	—	—	—	—	0.08~0.20	O:0.20~0.50	0.05	0.15	余量

续表 2-36

化学成分（质量分数）/%

序号	牌号	Si	Fe	Cu	Mn	Mg	Cr	Ni	Zn	Ti	Ag	B	Bi	Ga	Li	Pb	Sn	V	Zr	备注	其他 单个	其他 合计	Al
502	7095	0.10	0.12	2.0~2.8	0.05	1.4~2.0	—	—	8.6~9.8	0.06	—	—	—	—	—	—	—	—	0.08~0.15	—	0.05	0.15	余量
503	7097	0.12	0.15	0.8~1.6	0.04	1.6~2.6	0.04	—	7.4~8.4	0.06	—	—	—	—	—	—	—	—	0.05~0.15	—	0.05	0.15	余量
504	7099	0.12	0.15	1.4~2.1	0.04	1.6~2.3	0.04	—	7.4~8.4	0.06	—	—	—	—	—	—	—	—	0.05~0.15	—	0.05	0.15	余量
505	7199	0.10	0.12	1.4~2.1	0.04	1.6~2.3	0.04	—	7.4~8.4	0.06	—	—	—	—	—	—	—	—	0.05~0.15	—	0.05	0.15	余量
506	8001	0.17	0.45~0.7	0.15	—	—	—	0.9~1.3	0.05	—	—	0.001	—	—	0.008	—	—	—	—	Cd:0.003, Co:0.001	0.05	0.15	余量
507	8005	0.20~0.50	0.40~0.8	0.05	—	0.05	—	—	0.05	—	—	—	—	—	—	—	—	—	—	—	0.05	0.15	余量
508	8006	0.40	1.2~2.0	0.30	0.30~1.0	0.10	—	—	0.10	—	—	—	—	—	—	—	—	—	—	—	0.05	0.15	余量
509	8007	0.40	1.2~2.0	0.10	0.30~1.0	0.10	—	—	0.8~1.8	—	—	—	—	—	—	—	—	—	—	—	0.05	0.15	余量
510	8008	0.6	0.9~1.6	0.20	0.50~1.0	—	—	—	0.10	0.10	—	—	—	—	—	—	—	—	—	—	0.05	0.15	余量
511	8010	0.40	0.35~0.7	0.10~0.30	0.10~0.8	0.10~0.50	0.20	—	0.40	0.10	—	—	—	—	—	—	—	—	—	—	0.05	0.15	余量
512	8011	0.50~0.9	0.6~1.0	0.10	0.20	0.05	0.05	—	0.10	0.08	—	—	—	—	—	—	—	—	—	—	0.05	0.15	余量
513	8011A	0.40~0.8	0.50~1.0	0.10	0.10	0.10	0.10	—	0.10	0.05	—	—	—	—	—	—	—	—	—	—	0.05	0.15	余量
514	8111	0.30~1.1	0.40~1.0	0.10	0.10	0.05	0.05	—	0.10	0.08	—	—	—	—	—	—	—	—	—	—	0.05	0.15	余量
515	8211	0.40~0.8	0.50~1.0	0.10	0.05~0.20	0.10	0.15	—	0.10	0.05	—	—	—	—	—	—	—	—	—	—	0.05	0.15	余量
516	8112	1.0	1.0	0.40	0.6	0.7	0.20	—	1.0	0.20	—	—	—	—	—	—	—	—	—	—	0.05	0.15	余量

化学成分（质量分数）/%

序号	牌号	Si	Fe	Cu	Mn	Mg	Cr	Ni	Zn	Ti	Ag	B	Bi	Ga	Li	Pb	Sn	V	Zr	备注	其他		Al
																					单个	合计	
517	8014	0.30	1.2~1.6	0.20	0.20~0.6	0.10	—	—	0.10	0.10	—	—	—	—	—	—	—	—	—	—	0.05	0.15	余量
518	8015	0.30	0.8~1.4	0.10	0.10~0.40	0.10	—	—	0.10	—	—	—	—	—	—	—	—	—	—	—	0.05	0.15	余量
519	8016	0.20	0.7~1.1	0.10	0.10~0.30	0.10	—	—	0.10	—	—	—	—	—	—	—	—	—	—	—	0.05	0.15	余量
520	8017	0.10	0.55~0.8	0.10~0.20	—	0.01~0.05	—	—	0.05	—	—	0.04	—	—	0.003	—	—	—	—	—	0.03	0.10	余量
521	8018	0.50~0.9	0.6~1.0	0.30~0.6	0.30	—	—	—	—	0.006~0.06	—	—	—	—	—	—	—	—	—	—	0.05	0.15	余量
522	8019	0.20	7.3~9.3	—	0.05	—	—	—	0.05	0.05	—	—	—	—	—	—	—	—	—	Ce:3.5~4.5, O:0.05~0.50	0.05	0.15	余量
523	8021	0.15	1.2~1.7	0.05	—	—	—	—	—	—	—	—	—	—	—	—	—	—	—	—	0.05	0.15	余量
524	8021A	0.20	1.2~1.7	0.05	0.03	0.02	0.03	—	0.05	0.05	—	—	—	—	—	—	—	—	—	—	0.02	0.15	余量
525	8021B	0.40	1.1~1.7	0.05	0.03	0.01	0.10	—	0.05	0.05	—	—	—	—	—	—	—	—	—	—	0.03	0.10	余量
526	8022	1.2~1.4	6.2~6.8	—	0.10	—	0.02	—	0.25	0.10	—	—	—	—	—	—	—	0.40~0.8	—	—	0.05	0.15	余量
527	8023	0.20	1.3~1.6	0.10~0.40	0.30~0.6	0.005	—	—	—	0.05~0.10	—	0.01~0.02	—	—	—	—	—	—	—	O:0.05~0.20	0.05	0.15	余量
528	8024	0.10	0.12	—	—	—	0.18	—	0.50	—	—	—	—	—	3.4~4.2	—	—	—	0.08~0.25	—	0.05	0.15	余量
529	8025	0.05~0.15	0.06~0.25	0.20	0.03~0.10	0.05	—	—	0.25	0.005~0.02	—	—	—	—	—	—	—	—	0.02~0.20	—	0.05	0.15	余量
530	8026	0.6	0.6~1.2	0.30	0.40~1.0	0.20~0.6	0.20	—	0.05	0.10	—	—	—	—	—	—	—	—	—	—	0.05	0.15	余量
531	8030	0.10	0.30~0.8	0.15~0.30	—	0.05	—	—	0.05	—	—	0.001~0.04	—	—	—	—	—	—	—	—	0.03	0.10	余量

续表 2 - 36

| 序号 | 牌号 | 化学成分(质量分数)/% | | | | | | | | | | | | | | | | | | 备注 | 其他 | | Al |
		Si	Fe	Cu	Mn	Mg	Cr	Ni	Zn	Ti	Ag	B	Bi	Ga	Li	Pb	Sn	V	Zr		单个	合计	
532	8130	0.15	0.40~1.0	0.05~0.15	—	—	—	—	0.10	—	—	—	—	—	—	—	—	—	—	Si+Fe:1.0	0.03	0.10	余量
533	8040	—	—	0.20	—	—	—	—	0.20	—	—	—	—	—	—	—	—	—	0.10~0.30	Si+Fe:1.0	0.05	0.15	余量
534	8050	0.15~0.30	1.1~1.2	0.05	0.45~0.55	0.05	0.05	—	0.10	—	—	—	—	—	—	—	—	—	—	—	0.05	0.15	余量
535	8150	0.30	0.9~1.3	—	0.20~0.7	—	—	—	—	0.05	—	—	—	—	—	—	—	—	—	—	0.05	0.15	余量
536	8076	0.10	0.6~0.9	0.04	—	0.08~0.22	—	—	0.05	—	—	0.04	—	—	—	—	—	—	—	—	0.03	0.10	余量
537	8076A	0.10	0.40~0.8	0.04	0.02	0.06~0.25	0.02	—	0.05	0.02	—	—	—	—	—	—	—	—	—	—	0.03	0.10	余量
538	8176	0.03~0.15	0.40~1.0	—	—	—	—	—	0.10	—	—	—	—	0.03	—	—	—	—	—	—	0.05	0.15	余量
539	8077	0.10	0.10~0.40	0.05	—	0.10~0.30	—	—	0.05	—	—	0.05	—	—	—	—	—	—	0.02~0.08	—	0.03	0.10	余量
540	8177	0.10	0.25~0.45	0.04	—	0.04~0.12	—	—	0.05	—	—	0.04	—	—	—	—	—	—	—	—	0.03	0.10	余量
541	8079	0.05~0.30	0.7~1.3	0.05	—	—	—	—	0.10	—	—	—	—	—	—	—	—	—	—	—	0.05	0.15	余量
542	8090	0.20	0.30	1.0~1.6	0.10	0.6~1.3	0.10	—	0.25	0.10	—	—	—	—	2.2~2.7	—	—	—	0.04~0.16	—	0.05	0.15	余量
543	8091	0.30	0.50	1.6~2.2	0.10	0.50~1.2	0.10	—	0.25	0.10	—	—	—	—	2.4~2.8	—	—	—	0.08~0.16	—	0.05	0.15	余量
544	8093	0.10	0.10	1.0~1.6	0.10	0.9~1.6	0.10	—	0.25	0.10	—	—	—	—	1.9~2.6	—	—	—	0.04~0.14	—	0.05	0.15	余量

① 焊接电极及填料焊丝的 Be≤0.0003%。

② 主要用作包覆材料。

③ 经供需双方协商同意,挤压产品与锻件的 Zr+Ti 最大可达 0.20%。

④ 经供需双方协商并同意,挤压产品与锻件的 Zr+Ti 最大可达 0.25%。

2.4.3　铸造产品

铸造铝及合金采用四位数字牌号体系。第一位数字表示合金组别，铝合金组别按主要合金元素划分，详见表 2 - 37。

表 2 - 37　铸造铝及铝合金组别与牌号系列（美国）

组　别[①]	牌　号　系　列
纯铝(铝含量不小于 99.00%)	1 × × . ×[②]
以铜为主要合金元素的铝合金	2 × × . ×
以硅为主要合金元素的铝合金,有添加铜和/或镁	3 × × . ×
以硅为主要合金元素的铝合金	4 × × . ×
以镁为主要合金元素的铝合金	5 × × . ×
以锌为主要合金元素的铝合金	7 × × . ×
以锑为主要合金元素的铝合金	8 × × . ×
以其他合金为主要合金元素的铝合金	9 × × . ×
备用合金组	6 × × . ×

① 除 6 × × . × 以外的 2 × × . × 到 9 × × . × 合金组别是根据极限含量算数平均值为最大的合金元素进行确定的，除非是已经注册的合金的改型。当有一个以上的合金元素极限含量算数平均值同为最大时，合金组别将根据以上的元素出现顺序进行排序。

② 牌号的最后两位数字就是最低铝百分含量中小数点后面的两位。

牌号中的第二、三位数字没有特殊含义，仅用来区别组别中的不同铝合金。小数点后面的最后一位数字为 1 或 2 时代表产品形式为铸锭。除非属表 2 - 38 规定的情况，×××.1 牌号铸锭的合金元素和杂质限值规定应与相应铸件要求相同。×××.2 牌号铸锭的化学成分极限值规定与相应 ×××.1 牌号略有差异，但化学成分仍处于相应 ×××.1 牌号铸锭要求的成分范围内。

表 2 - 38　×××.1 牌号铸锭的合金元素和杂质限值与 ×××.0 牌号铸件的允许差异（美国）

铁含量(质量分数)/%		
×××.0 牌号铸件		×××.1 牌号铸锭
砂型铸件和永久模铸件	≤0. 15	比铸件低 0.03
	>0. 15 ~ 0. 25	比铸件低 0.05
	>0. 25 ~ 0. 6	比铸件低 0.10
	>0. 6 ~ 1. 0	比铸件低 0.2
	>1. 0	比铸件低 0.3
压铸件	≤1. 3	比铸件低 0.3
	>1. 3	最大 1.1

镁含量(质量分数)/%		
所有铸件	<0.50	比铸件高 0.05①
	≥0.50	比铸件高 0.1①

锌含量(质量分数)/%		
压铸件	>0.25 ~ ≤0.60	比铸件低 0.10
	>0.6	比铸件低 0.1

① 仅适用于镁含量范围不小于 0.15% 。

　　原有合金或杂质含量的改型通过在数字牌号前面添加一系列字母进行标注。系列字母从 A 开始，忽略 I、O、Q 和 X，按字母序号表述。

　　有意添加变质元素，且含量范围符合表 2 – 39 规定时，可在牌号尾部增加英文字母后缀（见表 2 – 39）以标识，后缀由连字符分开（例如，A356.1 – S）。有意添加的变质元素有一种以上时，牌号的后缀以质量分数大的变质元素字母来标记。

表 2 – 39　铸造铝及铝合金用变质元素与牌号后缀（美国）

牌号后缀	变质元素	变质元素(质量分数)/%	
		最小	最大
N	Na	0.003	0.08
S	Sr	0.005	0.08
C	Ca	0.005	0.15
P	P	—	0.060

　　铸造铝合金锭的化学成分符合美国铝业协会编辑并发布的"Pink Sheets《铸造铝及铝合金锭和铸件牌号与化学成分要求》"，见表 2 – 40。

2.4.4　铝中间合金锭

　　牌号由四位数字加前缀 H 构成。前面两个数字表示合金组别，根据铝以外的主要合金元素进行划分，见表 2 – 41。后面两个数字表示中间合金注册的顺序，由 H2X00 开始，无特殊含义。

　　中间铝合金的化学成分符合美国铝业协会编辑并发布的"Gray Sheets《中间铝合金国际牌号与化学成分》"，见表 2 – 42，表中单个数值为最大值。

2.4.5　铝粉

　　铝粉的美国标准按 ASTM D962—1981（2008）执行，本标准未对化学成分作出规定。

表2-40 铸造铝及铝合金锭牌号与化学成分①,②（美国）

化学成分（质量分数）/%

牌号	Si	Fe	Cu	Mn	Mg	Cr	Ni	Zn	Ti	Sn	备注	其他③ 单个	其他③ 总量	Al
100.1	0.15	0.6~0.8	0.10	⑲	—	⑲	—	0.05	⑲	—	⑲	0.03	0.10	99.00④
130.1	⑱	⑱	0.10	⑲	—	⑲	—	0.05	⑲	—	⑲	0.03	0.10	99.30④
150.1	⑳	⑳	0.05	⑲	—	⑲	—	0.05	⑲	—	⑲	0.03	0.10	99.50④
160.1	0.10⑳	0.25㉑	—	⑲	—	⑲	—	0.05	⑲	—	⑲	0.03	0.10	99.60④
170.1	㉑	㉑	—	⑲	—	⑲	—	0.05	⑲	—	⑲	0.03	0.10	99.70④
201.2	0.10	0.10	4.0~5.2	0.20~0.50	0.20~0.55	—	—	—	0.15~0.35	—	⑥	0.05	0.10	余量
A201.1	0.05	0.07	4.0~5.0	0.20~0.40	0.20~0.35	—	—	—	0.15~0.35	—	⑥	0.03	0.10	余量
203.2	0.20	0.35	4.8~5.2	0.20~0.30	0.10	—	1.3~1.7	0.10	0.15~0.25	—	㉒	0.05	0.20	余量
204.2	0.15	0.10~0.20	4.0~4.9	0.05	0.20~0.35	—	0.03	0.05	0.15~0.25	0.05	—	0.05	0.15	余量
206.2	0.10	0.10	4.2~5.0	0.20~0.50	0.20~0.35	—	0.03	0.05	0.15~0.25	0.05	—	0.05	0.15	余量
A206.2	0.05	0.07	4.2~5.0	0.20~0.50	0.20~0.35	—	0.03	0.05	0.15~0.25	0.05	—	0.05	0.15	余量
B206.2	0.05	0.07	4.2~5.0	0.20~0.50	0.20~0.35	—	0.03	0.05	0.05	0.05	—	0.05	0.15	余量
240.1	0.50	0.40	7.0~9.0	0.30~0.7	5.6~6.5	—	0.30~0.7	0.10	0.20	—	—	0.05	0.15	余量
242.1	0.7	0.8	3.5~4.5	0.35	1.3~1.8	0.25	1.7~2.3	0.35	0.25	—	—	0.05	0.15	余量
242.2	0.6	0.6	3.5~4.5	0.10	1.3~1.8	—	1.7~2.3	0.10	0.20	—	—	0.05	0.15	余量
A242.1	0.6	0.6	3.7~4.5	0.10	1.3~1.7	0.15~0.25	1.8~2.3	0.10	0.07~0.20	—	—	0.05	0.15	余量
A242.2	0.35	0.6	3.7~4.5	0.10	1.3~1.7	0.15~0.25	1.8~2.3	0.10	0.07~0.20	—	—	0.05	0.15	余量
295.1	0.7~1.5	0.8	4.0~5.0	0.35	0.03	—	—	0.35	0.25	—	—	0.05	0.15	余量
295.2	0.7~1.2	0.8	4.0~5.0	0.30	0.03	—	—	0.30	0.20	—	—	0.05	0.15	余量
296.1	2.0~3.0	0.9	4.0~5.0	0.35	0.05	—	0.35	0.50	0.25	—	—	—	0.35	余量
296.2	2.0~3.0	0.8	4.0~5.0	0.30	0.03	—	—	0.30	0.20	—	—	0.05	0.15	余量
301.1⑪	9.5~10.5	0.8~1.2	3.0~3.5	0.50~0.8	0.30~0.50	—	1.0~1.5	0.05	0.20	—	—	0.03	0.10	余量
302.1⑪	9.5~10.5	0.20	2.8~3.2	—	0.8~1.2	—	1.0~1.5	0.05	0.20	—	—	0.03	0.10	余量
303.1⑪	9.5~10.5	0.8~1.2	0.20	0.50~0.8	0.50~0.7	—	0.35	0.05	0.20	—	—	0.03	0.10	余量
308.1⑪	5.0~8.0	0.8	4.0~5.0	0.50	0.10	—	—	1.0	0.25	—	—	0.03	0.50	余量
308.2⑪	5.5~6.0	0.8	4.0~5.0	0.30	0.10	—	—	0.50	0.20	—	—	0.03	0.50	余量
318.1⑪	5.5~6.5	0.8	3.0~4.0	0.50	0.15~0.6	—	0.35	0.9	0.25	—	—	—	0.50	余量

续表 2-40

牌号	Si	Fe	Cu	Mn	Mg	Cr	Ni	Zn	Ti	Sn	备注	其他 单个	其他 总量	Al
319.1⑩	5.5~6.5	0.8	3.0~4.0	0.50	0.10	—	0.35	1.0	0.25	—	—	—	0.50	余量
319.2⑩	5.5~6.5	0.6	3.0~4.0	0.10	0.10	—	0.10	0.10	0.20	—	—	—	0.20	余量
A319.1⑩	5.5~6.5	0.8	3.0~4.0	0.50	0.10	—	0.35	3.0	0.25	—	—	—	0.50	余量
B319.1⑩	5.5~6.5	0.9	3.0~4.0	0.8	0.15~0.50	—	0.50	1.0	0.25	—	—	—	0.50	余量
320.1⑩	5.0~8.0	0.9	2.0~4.0	0.8	0.10~0.6	—	0.35	3.0	0.25	—	—	—	0.50	余量
328.1⑩	7.5~8.5	0.8	1.0~2.0	0.20~0.6	0.25~0.6	0.35	0.25	1.5	0.25	—	—	—	0.50	余量
332.1⑩	8.5~10.5	0.9	2.0~4.0	0.50	0.6~1.5	—	0.50	1.0	0.25	—	—	—	0.50	余量
332.2⑩	8.5~10.0	0.6	2.0~4.0	0.10	0.9~1.3	—	0.10	0.10	0.20	—	—	—	0.30	余量
333.1⑩	8.0~10.0	0.8	3.0~4.0	0.50	0.10~0.50	—	0.50	1.0	0.25	—	—	—	0.50	余量
A333.1⑩	8.0~10.0	0.8	3.0~4.0	0.50	0.10~0.50	—	0.50	3.0	0.25	—	—	0.05	—	余量
336.1⑩	11.0~13.0	0.9	0.50~1.5	0.35	0.8~1.3	—	2.0~3.0	0.35	0.25	—	—	0.05	0.15	余量
336.2⑩	11.0~13.0	0.9	0.50~1.5	0.10	0.9~1.3	—	2.0~3.0	0.10	0.20	—	—	0.05	0.50	余量
339.1⑩	11.0~13.0	0.9	1.5~3.0	0.50	0.6~1.5	—	0.50~1.5	1.0	0.25	—	—	0.05	0.15	余量
354.1⑩	8.6~9.4	0.15	1.6~2.0	0.10	0.45~0.6	—	—	0.10	0.20	—	—	0.05	0.15	余量
354.2⑩	8.6~9.4	0.06	1.6~2.0	0.10	0.45~0.6	—	—	0.10	0.20	—	—	0.05	0.15	余量
355.1⑩	4.5~5.5	0.50⑨	1.0~1.5	0.50⑨	0.45~0.6	0.25	—	0.35	0.25	—	—	0.05	0.10	余量
355.2⑩	4.5~5.5	0.14~0.25	1.0~1.5	0.05	0.50~0.6	—	—	0.05	0.20	—	—	0.03	0.15	余量
A355.2⑩	4.5~5.5	0.06	1.0~1.5	0.03	0.50~0.6	—	—	0.03	0.04~0.20	—	—	0.05	0.15	余量
C355.1⑩	4.5~5.5	0.15	1.0~1.5	0.10	0.45~0.6	—	—	0.10	0.20	—	—	0.05	0.15	余量
C355.2⑩	4.5~5.5	0.13	1.0~1.5	0.05	0.50~0.6	—	—	0.05	0.20	—	—	0.05	0.15	余量
356.1⑩	6.5~7.5	0.50⑨	0.25	0.35⑨	0.25~0.45	—	—	0.35	0.25	—	—	0.05	0.15	余量
356.2⑩	6.5~7.5	0.13~0.25	0.10	0.05	0.30~0.45	—	—	0.05	0.20	—	—	0.05	0.15	余量
A356.1⑩	6.5~7.5	0.15	0.20	0.10	0.30~0.45	—	—	0.10	0.20	—	—	0.05	0.15	余量
A356.2⑩	6.5~7.5	0.12	0.10	0.05	0.30~0.45	—	—	0.05	0.20	—	—	0.05	0.15	余量
B356.2⑩	6.5~7.5	0.06	0.03	0.03	0.30~0.45	—	—	0.03	0.04~0.20	—	—	0.03	0.10	余量
C356.2⑩	6.5~7.5	0.04	0.03	0.03	0.30~0.45	—	—	0.03	0.04~0.20	—	—	0.03	0.10	余量
F356.2⑩	6.5~7.5	0.12	0.10	0.05	0.17~0.25	—	—	0.05	0.04~0.20	—	—	0.05	0.15	余量

续表 2-40

牌号	化学成分(质量分数)/%										备注③	其他②		Al
	Si	Fe	Cu	Mn	Mg	Cr	Ni	Zn	Ti	Sn		单个	总量	
357.1⑩	6.5~7.5	0.12	0.05	0.03	0.45~0.6	—	—	0.05	0.20	—	—	0.05	0.15	余量
A357.2⑩	6.5~7.5	0.12	0.10	0.05	0.45~0.7	—	—	0.05	0.04~0.20	—	⑤	0.03	0.10	余量
B357.2⑩	6.5~7.5	0.06	0.03	0.03	0.45~0.6	—	—	0.03	0.04~0.20	—	—	0.03	0.10	余量
C357.2⑩	6.5~7.5	0.06	0.03	0.03	0.50~0.7	—	—	0.03	0.04~0.20	—	⑤	0.03	0.10	余量
E357.1⑩	6.5~7.5	0.07	—	0.10	0.6~0.7	—	—	—	0.10~0.20	—	㉜	0.05	0.15	余量
E357.2⑩	6.5~7.5	0.07	—	0.10	0.6~0.7	—	—	—	0.10~0.20	—	㉝	0.05	0.15	余量
F357.1⑩	6.5~7.5	0.07	0.20	0.10	0.45~0.7	—	—	0.10	0.04~0.20	—	㉜	0.05	0.15	余量
F357.2⑩	6.5~7.5	0.07	0.20	0.10	0.45~0.7	—	—	0.10	0.04~0.20	—	㉝	0.05	0.15	余量
358.2⑩	7.6~8.6	0.20	0.10	0.10	0.45~0.6	0.05	—	0.10	0.12~0.20	—	⑮	0.05	0.15	余量
359.2⑩	8.5~9.5	0.12	0.10	0.10	0.55~0.7	—	—	0.10	0.20	—	—	0.05	0.15	余量
A359.1⑩	8.5~9.5	0.20	0.20	0.10	0.45~0.6	—	—	0.05	0.20	—	—	0.03	0.10	余量
360.2⑩	9.0~10.0	0.7~1.1	0.10	0.10	0.45~0.6	—	0.10	0.10	—	0.10	—	—	0.20	余量
A360.1⑩,㉞	9.0~10.0	1.0	0.6	0.35	0.45~0.6	—	0.50	0.40	—	0.15	—	—	0.25	余量
A360.2⑩	9.0~10.0	0.6	0.10	0.05	0.45~0.6	—	—	0.05	—	—	—	0.05	0.15	余量
361.1⑩	9.5~10.5	0.8	0.50	0.25	0.45~0.6	0.20~0.30	0.20~0.30	0.40	0.20	0.10	—	0.05	0.15	余量
363.1⑩	4.5~6.0	0.8	2.5~3.5	⑯	0.20~0.40	⑯	0.25	3.0~4.5	0.20	0.25	⑰	—	0.30	余量
364.2⑩	7.5~9.5	0.7~1.1	0.20	0.10	0.25~0.40	0.25~0.50	0.15	0.15	—	0.15	⑪	0.05	0.15	余量
365.1⑩	9.5~11.5	0.12	0.03	0.50~0.8	0.15~0.50	—	—	0.07	0.04~0.15	—	⑫	0.03	0.10	余量
A365.2⑩	9.5~11.5	0.15~0.20	0.02	0.30~0.6	0.15~0.6	—	—	0.03	0.10	—	㊳	0.05	0.15	余量
366.1⑩	6.5~7.5	0.12	0.05	0.03	0.6~1.2	—	—	0.05	0.20	—	—	0.05	0.15	余量
367.1⑩	8.5~9.5	0.20	0.25	0.25~0.35	0.35~0.50	—	—	0.10	0.20	—	㊲	0.05	0.15	余量
368.1⑩	8.5~9.5	0.20	0.25	0.25~0.35	0.15~0.30	—	—	0.10	0.20	—	㊲	0.05	0.15	余量
369.1⑩	11.0~12.0	1.0	0.50	0.35	0.30~0.45	0.30~0.40	0.05	0.9	—	0.10	—	0.05	0.20	余量
380.2⑩	7.5~9.5	0.7~1.1	3.0~4.0	0.10	0.10	—	0.10	0.10	—	0.10	—	—	0.20	余量
A380.1⑩,㉝	7.5~9.5	1.0	3.0~4.0	0.50	0.10	—	0.50	2.9	—	0.35	—	—	0.50	余量
A380.2⑩	7.5~9.5	0.6	3.0~4.0	0.10	0.10	—	0.10	0.10	—	—	—	0.05	0.15	余量
B380.1⑩	7.5~9.5	1.0	3.0~4.0	0.50	0.10	—	0.50	0.9	—	0.35	—	—	0.50	余量

续表 2－40

牌号	化学成分（质量分数）/%										备注	其他②		Al
	Si	Fe	Cu	Mn	Mg	Cr	Ni	Zn	Ti	Sn		单个	总量③	
C380.1[17]	7.5~9.5	1.0	3.0~4.0	0.50	0.15~0.30	—	0.50	2.9	—	0.35	—	—	0.50	余量
D380.1[17]	7.5~9.5	1.0	3.0~4.0	0.50	0.15~0.30	—	0.50	0.9	—	0.35	—	—	0.50	余量
E380.1[17]	7.5~9.5	1.0	3.0~4.0	0.50	0.30	—	0.50	2.9	—	0.35	—	—	0.50	余量
381.2[17]	9.0~10.0	0.7~1.0	3.0~4.0	0.50	0.13	0.15	0.50	2.9	0.20	0.15	㉔	—	0.50	余量
383.1[17]	9.5~11.5	1.0	2.0~3.0	0.50	0.10	—	0.30	2.9	—	0.15	—	—	0.50	余量
383.2[17]	9.5~11.5	0.6~1.0	2.0~3.0	0.10	0.10	—	0.10	0.10	—	0.10	—	—	0.20	余量
A383.1[17]	9.5~11.5	1.0	2.0~3.0	0.50	0.15~0.30	—	0.30	2.9	—	0.15	—	—	0.50	余量
B383.1[17]	9.5~11.5	1.0	2.0~3.0	0.50	0.30	—	0.30	2.9	—	0.15	—	—	0.50	余量
384.1[17]	10.5~12.0	1.0	3.0~4.5	0.50	0.10	—	0.50	2.9	—	0.35	—	—	0.50	余量
384.2[17]	10.5~12.0	0.6~1.0	3.0~4.5	0.10	0.10	—	0.10	0.10	—	0.10	—	—	0.20	余量
A384.1[17]	10.5~12.0	1.0	3.0~4.5	0.50	0.10	—	0.50	0.9	—	0.35	—	—	0.50	余量
B384.1[17]	10.5~12.0	1.0	3.0~4.5	0.50	0.15~0.30	—	0.50	0.9	—	0.35	—	—	0.50	余量
C384.1[17]	10.5~12.0	1.0	3.0~4.5	0.50	0.15~0.30	—	0.50	2.9	—	0.35	—	—	0.50	余量
390.2[17]	16.0~18.0	0.6~1.0	4.0~5.0	0.10	0.50~0.65[8]	—	—	0.10	0.20	—	—	0.10	0.20	余量
A390.1[17]	16.0~18.0	0.40	4.0~5.0	0.10	0.50~0.65[8]	—	—	0.10	0.20	—	—	0.10	0.20	余量
B390.1[17]	16.0~18.0	1.0	4.0~5.0	0.50	0.50~0.65[8]	—	0.10	1.4	0.20	—	—	0.10	0.20	余量
391.1[17]	18.0~20.0	0.9	0.20	0.30	0.45~0.7	—	—	0.10	0.20	—	—	0.10	0.20	余量
A391.1[17]	18.0~20.0	0.50	0.20	0.30[20]	0.45~0.7	—	—	0.10	0.20	—	—	0.10	0.20	余量
B391.1[17]	18.0~20.0	0.15	0.20	0.30	0.45~0.7	—	0.10	0.10	0.20	—	—	0.10	0.20	余量
392.1[17]	18.0~20.0	1.1	0.40~0.8	0.20~0.6	0.9~1.2	—	0.50	0.40	0.20	0.30	—	0.15	0.50	余量
393.1[17]	21.0~23.0	1.0	0.7~1.1	0.10	0.8~1.3	—	2.0~2.5	0.10	0.10~0.20	—	⑬	0.05	0.15	余量
393.2[17]	21.0~23.0	0.8	0.7~1.1	0.10	0.8~1.3	—	2.0~2.5	0.10	0.10~0.20	—	⑬	0.05	0.15	余量
409.2[20][28]	9.0~10.0	0.6~1.3	0.10	0.10	0.07	—	0.10	0.10	—	—	—	0.10	0.20	余量
413.2[17]	11.0~13.0	0.7~1.1	0.10	0.10	0.10	—	0.50	0.10	—	0.10	—	—	0.20	余量
A413.1[10],[20]	11.0~13.0	1.0	1.0	0.35	0.10	—	0.50	0.40	—	0.15	—	—	0.25	余量
A413.2[17]	11.0~13.0	0.6	0.10	0.05	0.05	—	0.05	0.05	—	0.05	—	—	0.10	余量
B413.1[17]	11.0~13.0	0.40	0.10	0.35	0.05	—	0.05	0.10	0.25	—	—	0.05	0.20	余量

续表 2-40

牌号	化学成分（质量分数）/%										备注③	其他②		Al
	Si	Fe	Cu	Mn	Mg	Cr	Ni	Zn	Ti	Sn		单个	总量③	
435.2②⑤③	3.3~3.9	0.40	0.05	0.05	0.05	—	—	0.10	—	—	—	0.05	0.20	余量
443.1①	4.5~6.0	0.6	0.6	0.50	0.05	0.25	—	0.50	0.25	—	—	—	0.35	余量
443.2①	4.5~6.0	0.6	0.10	0.10	0.05	—	—	0.10	0.20	—	—	0.05	0.15	余量
A443.1①	4.5~6.0	0.6	0.30	0.50	0.05	0.25	—	0.50	0.25	—	—	—	0.35	余量
B443.1①	4.5~6.0	0.6	0.15	0.35	0.05	—	—	0.35	0.25	—	—	0.05	0.15	余量
C443.1①	4.5~6.0	1.1	0.6	0.35	0.10	—	0.50	0.40	—	0.15	—	—	0.25	余量
C443.2①	4.5~6.0	0.7~1.1	0.10	0.10	0.05	—	—	0.10	—	—	—	0.05	0.15	余量
444.2①	6.5~7.5	0.13~0.25	0.10	0.05	0.05	—	—	0.05	0.20	—	—	0.05	0.15	余量
A444.1①	6.5~7.5	0.15	0.10	0.10	0.05	—	—	0.10	0.20	—	—	0.05	0.15	余量
A444.2①	6.5~7.5	0.12	0.05	0.05	0.05	—	—	0.05	0.20	—	—	0.05	0.15	余量
445.2②③	6.5~7.5	0.6~1.3	0.10	0.10	—	—	—	0.10	—	—	—	0.10	0.20	余量
505.1	0.40~0.8	0.50	0.15~0.40	0.15	0.9~1.2	0.04~0.35	—	0.25	0.15	—	—	0.05	0.15	余量
511.1	0.30~0.7	0.40	0.15	0.35	3.6~4.5	—	—	0.15	0.25	—	—	0.05	0.15	余量
511.2	0.30~0.7	0.30	0.10	0.10	3.6~4.5	—	—	0.10	0.20	—	—	0.05	0.15	余量
512.2	1.4~2.2	0.30	0.10	0.10	3.6~4.5	—	—	0.10	0.20	—	—	0.05	0.15	余量
513.2	0.30	0.30	0.10	0.10	3.6~4.5	—	—	1.4~2.2	0.20	—	—	0.05	0.15	余量
514.1	0.35	0.40	0.15	0.35	3.6~4.5	—	—	0.15	0.25	—	—	0.05	0.15	余量
514.2	0.30	0.30	0.10	0.10	3.6~4.5	—	—	0.10	0.20	—	—	0.05	0.15	余量
515.2	0.50~1.0	0.6~1.0	0.10	0.40~0.6	2.7~4.0	—	—	0.05	—	—	—	0.05	0.15	余量
516.1	0.30~1.5	0.35~0.7	0.30	0.15~0.40	2.6~4.5	—	0.25~0.40	0.20	0.10~0.20	0.10	㉖	0.05	—	余量
518.1	0.35	1.1	0.25	0.35	7.6~8.5	—	0.15	0.15	—	0.15	—	—	0.25	余量
518.2	0.25	0.7	0.10	0.10	7.6~8.5	—	0.05	—	—	0.05	—	—	0.10	余量
520.2	0.15	0.20	0.20	0.10	9.6~10.6	—	—	0.10	0.20	—	—	0.05	0.15	余量
535.2	0.10	0.10	0.05	0.10~0.25	6.6~7.5	—	—	—	0.10~0.25	—	㉗	0.05	0.15	余量
A535.1	0.20	0.15	0.10	0.10~0.25	6.6~7.5	—	—	—	0.25	—	—	0.05	0.15	余量
B535.2	0.10	0.12	0.05	0.05	6.6~7.5	—	—	—	0.10~0.25	—	—	0.05	0.15	余量
705.1	0.20	0.6	0.20	0.40~0.6	1.5~1.8	0.20~0.40	—	2.7~3.3	0.25	—	—	0.05	0.15	余量

续表 2-40

牌号	化学成分（质量分数）/%											其他②		Al
	Si	Fe	Cu	Mn	Mg	Cr	Ni	Zn	Ti	Sn	备注	单个	总量③	
707.1	0.20	0.6	0.20	0.40~0.6	1.9~2.4	0.20~0.40	—	4.0~4.5	0.25	—	—	0.05	0.15	余量
709.1	0.40	0.40	1.2~2.0	0.30	2.2~2.9	0.18~0.28	—	5.1~6.1	0.20	—	—	0.05	0.15	余量
709.2	0.15	0.20	1.2~2.0	0.15	2.2~2.9	0.18~0.28	—	5.1~6.0	0.20	—	—	0.05	0.15	余量
710.1	0.15	0.40	0.35~0.6	0.05	0.65~0.8	—	—	6.0~7.0	0.25	—	—	0.05	0.15	余量
711.1	0.30	0.7~1.1	0.35~0.6	0.05	0.30~0.45	—	—	6.0~7.0	0.20	—	—	0.05	0.15	余量
712.2	0.15	0.40	0.25	0.10	0.50~0.65⑤	0.40~0.6	—	5.0~6.5	0.15~0.25	—	—	0.05	0.20	余量
713.1	0.25	0.8	0.40~1.0	0.6	0.25~0.50	0.35	0.15	7.0~8.0	0.25	—	—	0.10	0.25	余量
771.2	0.10	0.10	0.10	0.10	0.85~1.0	0.06~0.20	—	6.5~7.5	0.10~0.20	—	—	0.05	0.15	余量
772.2	0.10	0.10	0.10	0.10	0.65~0.8	0.06~0.20	—	6.0~7.0	0.10~0.20	—	—	0.05	0.15	余量
850.1	0.7	0.50	0.7~1.3	0.10	0.10	—	0.7~1.3	—	0.20	5.5~7.0	—	—	0.30	余量
851.1	2.0~3.0	0.50	0.7~1.3	0.10	0.10	—	0.30~0.7	—	0.20	5.5~7.0	—	—	0.30	余量
852.1	0.40	0.50	1.7~2.3	0.10	0.7~0.9	—	0.9~1.5	—	0.20	5.5~7.0	—	—	0.30	余量
853.2	5.5~6.5	0.50	3.0~4.0	0.10	—	—	—	—	0.20	5.5~7.0	—	—	0.30	余量

① 表中含量为单个数值者为最高限。合金或杂质元素表示到下列位数：

当<0.001%时，0.000x%；

当0.0001%～<0.01%时，0.00x%；

当0.01%～<0.10%时，精铝原料制取的纯铝：0.0xx%；

非精铝原料制取的纯铝或铝合金：0.0x%；

当0.10%～0.55%（通常0.30%～0.55%范围内的极限值表示为0.x0%或0.x5%）时，0.xx%。

当>0.55%（某些老合金的镁含量除外）时，0.x%或 x.x%。

② 仅对表中列出极限值的元素（铝和其他元素除外）进行常规分析，且结果按如下规定修约：

当紧邻保留位数后的第一个数值小于5时，保留位数上的最后位数不变；

当紧邻保留位数后的第一个数值等于5，5之后无数值或为0时，若保留数上的最后位数为0时，保留位数上的最后位数加1，若为偶数则取保留位数加1，若为偶数则取保留位数不变；5之后的数值非0时，保留位数上的最后位数加1；

当紧邻保留位数后的第一个数值大于5时，保留位数上的最后位数加1。

③ "其他"金属元素是指含量不小于0.010%的元素，求和后将总和修约到0.0x%。

④ 非精铝原料制取的纯铝中的铝含量，采用100.00%减去所有含量不小于0.010%的金属元素和硅元素测定值总和的差值求出，求和前各元素测定值要表示到0.010%的金属元素测定值为0时，含该测定数值，含量测定值大于0.005%但小于0.010%时，含该测定数值，结果表示为"不小于0.01%"。0.xx%，而测定值大于0.005%~0.07%。

⑤ w(Be)=0.04%~0.07%。

⑥ w(Ag)=0.40%~1.0%。

⑦ $w(Be)$=0.003%~0.007%，B 含量不大于 0.005%。

⑧ 镁含量表示数位数见表注①。

⑨ 如果铁含量超过 0.45%，锰含量不得低于一半的铁含量。

⑩ A360.1、A380.1、A413.1 铝锭用于生产相应的 360.0，A360.0，380.0，A380.0，413.0，A413.0 铸件。

⑪ $w(Be)$=0.02%~0.04%。

⑫ P 含量不大于 0.001，$w(Sr)$=0.010%~0.020%。

⑬ $w(V)$=0.08%~0.15%。

⑭ $w(Be)$=0.10%~0.30%。

⑮ $w(Be)$=0.15%~0.30%。

⑯ Mn+Cr 含量不大于 0.8%。

⑰ Pb 含量不大于 0.25%。

⑱ $\dfrac{m(Fe)}{m(Si)}$≥2.5%。

⑲ Mn+Cr+Ti+V 含量不大于 0.025%。

⑳ $\dfrac{m(Fe)}{m(Si)}$≥2.0%。

㉑ $\dfrac{m(Fe)}{m(Si)}$≥1.5%。

㉒ $w(Sb)$=0.20%~0.30%,$w(Co)$=0.20%~0.30%,$w(Zr)$=0.10%~0.30%，Ti+Zr 含量不大于 0.50%。

㉓ 409.2 和 445.2 用于包铁。

㉔ Sb 含量不大于 0.15%，Pb 含量不大于 0.15%。

㉕ 和锌一同使用，用于包铁。

㉖ Pb 含量不大于 0.10%。

㉗ $w(Be)$=0.003%~0.007%，B 含量不大于 0.002%。

㉘ $w(Ag)$=0.50%~1.0%。

㉙ "其他"包括表中列出的没有规定极限值的元素。

㉚ 主要用于金属基复合材料。

㉛ 3××.×和 4××.×铸锭牌号后缀有变质剂元素标识符（如 A356.1-S）时，含义见表 2-39。对于此类牌号，变质剂元素的质量分数不应计入"其他-单个"，或"其他-总量"中。

㉜ Be 含量不大于 0.002%。

㉝ Be 含量不大于 0.0003%。

㉞ 用于半固态成型产品。

㉟ 用于离心铸造产品。

㊱ 合金牌号再生效日期。

㊲ P 含量不大于 0.001%，Sr 由供需双方商定。

㊳ P 含量不大于 0.001%。

表 2-41　中间合金组别

主要合金元素	牌号系列	主要合金元素	牌号系列
其他元素①	H20××	Ni	H25××
Cu	H21××	Zr, V	H26××
Ti, B	H22××	两个或以上元素（每个超过 9.5%）	H27××
Si	H23××	Fe	H28××
Mn	H24××	Cr	H29××

① 除列表以外的其他主要元素。

表 2-42　铝中间合金牌号与化学成分（美国）

牌号	化学成分（质量分数）/%									备注	其他		Al
	Si	Fe	Cu	Mn	Cr	Ni	Ti	B	V		单个	总量	
H2000	0.20	0.30	—	—	—	—	—	—	0.05	Ca:18.0~22.0	0.03	0.10	余量
H2001	0.30	0.30	—	—	—	—	—	0.01	—	Ca:9.0~11.0, Zn:0.04（最大）, Pb:0.02（最大）, Sn:0.02（最大）	0.04	0.10	余量
H2002	0.20	0.40	0.05	0.02	0.02	0.02	0.02	—	—	Be:0.9~1.2, Mg:0.20（最大）, Zn:0.10（最大）	0.05	0.15	余量
H2003	0.20	0.20	—	—	—	—	—	—	—	Bi:2.7~3.3	0.03	—	余量
H2004	0.20	0.40	0.05	0.02	0.02	0.02	—	—	—	Be:2.2~3.0, Mg:0.50（最大）, Zn:0.10（最大）	0.05	0.15	余量
H2005	0.20	0.40	0.05	0.02	0.02	0.02	0.02	—	—	Be:4.5~6.0, Mg:0.50（最大）, Zn:0.10（最大）	0.05	0.15	余量
H2007	0.20	0.30	—	—	—	—	—	—	—	Sr:9.0~11.0, Mg:0.05（最大）, Ba:0.10（最大）, Ca:0.03（最大）, P:0.01（最大）	0.05	0.15	余量
H2010	0.10	0.15	—	—	—	—	—	—	—	Mg:23.0~27.0	0.03	0.10	余量
H2011	0.10	0.15	—	—	—	—	—	—	—	Mg:48~52	0.03	0.10	余量
H2012	0.20	0.30	—	—	—	—	—	—	—	Sr:3.2~3.8, Ca:0.03（最大）, P:0.01（最大）	0.03	0.10	余量
H2016	0.20	0.30	—	—	—	—	—	—	—	Bi:7.5~8.5, Zn:0.10（最大）	0.05	0.20	余量
H2017	0.20	0.30	—	—	—	—	0.9~1.2	0.15~0.25	—	Sr:9.0~11.0, Ca:0.02（最大）	0.05	0.15	余量
H2018	0.20	0.30	—	—	—	—	—	—	—	Sr:4.5~5.5, Ba:0.05（最大）, Ca:0.05（最大）	0.04	0.10	余量
H2019	0.20	0.30	—	—	—	—	—	—	—	Sr:14.0~16.0, P:0.01（最大）, Ba:0.10（最大）, Ca:0.05（最大）	0.05	0.15	余量
H2020	0.20	0.30	—	—	—	—	—	—	—	Sr:18.0~22.0, Ba:0.10（最大）	0.05	0.15	余量

牌号	化学成分(质量分数)/%										其他		Al
	Si	Fe	Cu	Mn	Cr	Ni	Ti	B	V	备注	单个	总量	
H2025	0.05	0.05	—	—	—	—	—	—	—	Sc:1.8~2.2	0.03	0.10	余量
H2030	0.10	0.15	—	0.10	—	—	—	—	—	Mg:65~71	0.05	0.15	余量
H2035	0.20	0.30	—	—	—	—	—	—	—	Bi:9.0~11.0	0.05	0.20	余量
H2132	0.20	0.30	32~34	—	—	—	—	—	—	—	0.05	0.15	余量
H2149	0.50	0.7	47~53	0.40	0.10	0.20	0.10	—	—	Mg:0.50(最大), Zn:0.20(最大)	0.05	0.15	余量
H2150	0.10	0.15	48~52	—	—	—	—	—	—	—	0.05	0.15	余量
H2154	0.10	0.10	51~57	—	—	—	—	—	—	—	0.05	—	余量
H2201	0.30	0.35	—	—	—	—	4.5~5.5	0.10~0.20	0.25	—	0.03	0.10	余量
H2202	0.20	0.30	—	—	—	—	4.5~5.5	0.50~0.7	0.20	—	0.03	0.10	余量
H2203	0.20	0.30	—	—	—	—	—	2.5~3.5	—	K:1.0(最大), Na:0.50(最大)	0.03	0.10	余量
H2204	0.20	0.30	—	—	—	—	—	3.5~4.5	—	K:1.0(最大), Na:0.50(最大)	0.03	0.10	余量
H2206	0.30	0.35	—	—	—	—	5.5~6.5	0.004	0.30	—	0.03	0.10	余量
H2207	0.30	0.35	—	—	—	—	4.5~5.5	0.15~0.25	0.25	—	0.03	0.10	余量
H2209	0.30	0.7	0.20	0.45	0.10	0.20	9.0~11.0	—	0.50	Mg:0.50(最大), Zn:0.20(最大)	0.05	0.15	余量
H2210	0.30	0.35	—	—	—	0.05	9.0~11.0	0.004	0.50	—	0.03	0.10	余量
H2211	0.30	0.35	—	—	—	0.05	9.0~11.0	0.9~1.5	0.50	—	0.03	0.15	余量
H2213	0.20	0.30	—	—	—	—	9.0~11.0	0.30~0.50	0.10	—	0.03	0.10	余量
H2214	0.20	0.30	—	—	—	—	2.8~3.4	0.7~1.1	0.05	—	0.03	0.10	余量
H2217	0.20	0.30	—	—	—	—	0.05	4.5~5.5	—	K:1.0(最大), Na:0.50(最大)	0.03	0.10	余量
H2218	0.20	0.30	—	—	—	—	5.5~6.5	0.30~0.50	0.15	—	0.03	0.10	余量
H2219	0.20	0.30	—	—	—	—	2.7~3.3	0.30~0.50	0.15	—	0.03	0.10	余量
H2220	0.20	0.30	—	—	—	—	2.7~3.3	0.15~0.25	0.15	—	0.03	0.10	余量
H2221	0.25	0.30	—	—	—	—	—	9.0~11.0	—	K:1.0(最大), Na:0.50(最大)	0.03	0.10	余量
H2222	0.25	0.30	—	—	—	—	0.05	7.5~9.0	—	K:1.0(最大), Na:0.50(最大)	0.03	0.10	余量
H2223	0.20	0.30	—	—	—	—	1.3~2.2	1.1~1.7	0.05	—	0.03	0.10	余量

续表 2-42

| 牌号 | 化学成分(质量分数)/% | | | | | | | | | | 其他 | | Al |
	Si	Fe	Cu	Mn	Cr	Ni	Ti	B	V	备注	单个	总量	
H2231	0.30	1.5	—	—	—	—	2.6~3.4	0.004	0.30	C:0.08~0.22	0.03	0.10	余量
H2252	0.20	0.30	—	—	—	—	4.5~5.5	0.8~1.2	0.20	—	0.03	0.10	余量
H2258	0.30	0.35	—	—	—	—	4.5~5.5	0.005	0.30	C:0.13~0.23	0.03	0.10	余量
H2264	0.20	0.35	—	—	—	—	5.5~6.5	0.004	0.05	C:0.03~0.05	0.03	0.10	余量
H2302	34~39	0.50	—	—	—	—	0.07	0.01	0.06	P:0.01(最大)	0.05	0.15	余量
H2312	11.0~13.0	0.35	0.10	—	—	—	—	—	—	—	0.05	0.15	余量
H2320	18.0~22.0	0.30	—	—	—	—	—	0.01	—	Pb:0.02(最大),Sn:0.02(最大),Zn:0.04(最大),Ca:0.06(最大)	0.04	0.10	余量
H2321	18.0~22.0	0.7	0.20	0.40	0.10	0.20	0.10	—	—	Mg:0.50(最大),Ca:0.06(最大)	0.05	0.15	余量
H2350	47~54	0.50	—	—	—	—	0.07	0.01	0.06	—	0.05	—	余量
H2410	0.30	0.30	—	9.0~11.0	—	—	—	0.01	—	Pb:0.02(最大),Sn:0.02(最大),Zn:0.04(最大)	0.04	0.10	余量
H2411	0.50	0.7	0.20	9.0~11.0	0.10	0.20	0.10	—	—	Mg:0.50(最大),Zn:0.20(最大)	0.05	0.15	余量
H2425	0.20	0.25	—	24.0~26.0	—	—	—	—	—	—	0.03	0.15	余量
H2461	0.15	0.25	—	58~64	—	—	—	—	—	—	0.03	0.10	余量
H2475	0.10	0.20	—	74~76	0.10	—	—	—	—	—	0.05	0.15	余量
H2485	0.10	0.20	—	84~86	0.10	—	—	—	—	—	0.05	0.15	余量
H2500	0.15	0.20	—	—	9.0~11.0	—	—	—	—	—	0.03	0.10	余量
H2501	0.15	0.20	—	—	18.0~22.0	—	—	—	—	—	0.03	0.10	余量
H2575	—	0.10	—	—	0.05	74~76	—	—	—	Co:0.10(最大)	0.05	0.15	余量
H2600	0.20	0.25	—	—	—	—	0.05	—	—	Zr:9.0~11.0	0.03	0.15	余量
H2602	0.20	0.25	—	—	—	—	0.03	0.01	2.0~3.0	—	0.03	0.10	余量
H2603	0.20	0.25	—	—	—	—	0.05	—	—	Zr:2.7~3.3	0.03	0.10	余量
H2605	0.20	0.25	—	—	—	—	0.03	0.01	4.5~5.5	—	0.03	0.10	余量
H2606	0.20	0.25	—	—	—	—	0.05	—	—	Zr:5.5~6.5	0.03	0.10	余量
H2607	0.30	0.30	—	—	—	—	—	0.01	—	Zr:4.5~5.5,Ca:0.010(最大),Na:0.005(最大),Pb:0.010(最大),Sn:0.010(最大),Zn:0.04(最大)	0.04	0.10	余量
H2610	0.30	0.30	—	—	—	—	—	0.01	9.0~11.0	Pb:0.02(最大),Sn:0.02(最大),Zn:0.04(最大)	0.04	0.10	余量
H2612	0.30	0.45	0.20	—	—	0.20	0.20	—	—	Zr:9.0~11.0 Sn:0.20	0.05	0.15	余量

| 牌号 | 化学成分(质量分数)/% | | | | | | | | | | 其他 | | Al |
	Si	Fe	Cu	Mn	Cr	Ni	Ti	B	V	备注	单个	总量	
H2615	0.35	0.35	—	—	—	—	—	—	—	Zr:13.5~16.0	0.05	0.15	余量
H2632	0.20	0.25	—	—	—	—	—	—	1.8~2.2	Zr:2.7~3.3	0.03	0.10	余量
H2633	0.35	0.35	—	—	—	—	—	—	3.5~4.5	Zr:5.5~6.5	0.05	0.15	余量
H2700	12.0~16.0	1.5	0.05	0.10	0.05	0.05	0.10	—	0.05	Sr:9.0~11.0,Ba:0.50(最大),Ca:0.50(最大),P:0.01(最大),Zr:0.10(最大)	0.05	0.15	余量
H2810	0.30	9.0~11.0	—	—	—	—	—	0.01	—	Pb:0.02(最大),Sn:0.02(最大),Zn:0.04(最大)	0.04	0.10	余量
H2811	0.50	9.0~11.0	0.20	0.40	0.10	0.20	0.10	—	—	Mg:0.50(最大),Zn:0.20(最大)	0.05	0.15	余量
H2825	0.30	23.0~27.0	0.05	0.20	—	—	—	—	—	—	0.05	—	余量
H2845	0.30	43~47	—	0.30	—	—	—	0.01	—	Pb:0.02(最大),Sn:0.02(最大),Zn:0.04(最大),C:0.10(最大)	0.04	0.10	余量
H2875	—	74~76	0.15	0.25	0.10	0.10	—	—	—	—	0.05	0.15	余量
H2880	—	79~81	0.15	0.30	0.10	0.10	—	—	—	—	0.05	0.15	余量
H2918	0.30	0.30	—	—	9.0~11.0	—	—	0.01	—	Pb:0.02(最大),Sn:0.02(最大),Zn:0.04(最大)	0.04	0.10	余量
H2919	0.30	0.30	—	—	18.0~22.0	—	—	0.01	—	Pb:0.02(最大),Sn:0.02(最大),Zn:0.04(最大)	0.04	0.10	余量
H2920	0.30	0.55	0.10	—	19.0~21.0	—	—	—	—	—	0.05	0.15	余量
H2921	0.50	0.7	0.20	0.40	18.0~22.0	0.20	0.10	—	—	Mg:0.50(最大),Zn:0.20(最大)	0.05	0.15	余量
H2975	0.50	0.50	—	0.10	74~76	—	—	—	—	—	0.05	0.15	余量

2.5 日本

2.5.1 冶炼产品

日本有多项关于铝锭的现行有效标准:

(1)《原铝锭》(JIS H 2102—1968),其中将原铝锭分为 5 级,其化学成分见表 2-43。此标准于 2009 年发布了第 1 号修改单,但并未对化学成分进行修订,只是更新了多项检验方法。

(2)《电工原铝锭》(JIS H 2110—1968),其中只有 1 个牌号,其化学成分见表 2-44。此标准也于 2009 年发布了第 1 号修改单,但并未对化学成分进行修订,只是更新了多项检验方法。

(3)《精铝锭》(JIS H 2111—1968),其中将精铝锭分为 3 级,其化学成分见表 2-45。此标准也于 2009 年发布了第 1 号修改单,但并未对化学成分进行修订,只是更新了多项检验方法。

表 2-43 原铝锭化学成分

等 级	化学成分（质量分数）/%					
	常规分析元素			非常规分析元素	所有杂质总和（不大于）	Al（不小于）
	Si（不大于）	Fe（不大于）	Cu（不大于）	Ti、Mn（不大于）		
特一级	0.05	0.07	0.01	0.01	0.10	99.90
特二级	0.08	0.12	0.01	0.01	0.15	99.85
一级	0.15	0.20	0.01	0.02	0.30	99.70
二级	0.25	0.40	0.02	0.02	0.50	99.50
三级	0.50	0.80	0.02	0.03	1.00	99.00

表 2-44 电工原铝锭化学成分

化学成分（质量分数）/%					
Si（不大于）	Fe（不大于）	Cu（不大于）	Mn（不大于）	Ti + V（不大于）	Al（不小于）
0.10	0.25	0.005	0.005	0.005	99.65

表 2-45 精铝锭化学成分

等 级	化学成分（质量分数）/%			
	Si（不大于）	Fe（不大于）	Cu（不大于）	Al（不小于）
特级	0.002	0.002	0.002	99.995
一级	0.005	0.005	0.005	99.990
二级	0.020	0.020	0.010	99.950

2.5.2 加工产品

日本对国际四位数字体系牌号（见 2.4.2 小节）的变形铝及铝合金直接引用，对未命名为国际四位数字体系牌号的变形铝及铝合金采用四位字符牌号。

牌号的第一位数字表示铝及铝合金组别，组别划分原则与中国相同，如表 2-5 所示。牌号的第二位为英文大写字母"N"，代表日本特有的铝或铝合金。最后两位数字用以标识同一组中不同的铝合金或表示铝的纯度。

日本特有的变形铝及铝合金四位字符牌号与化学成分见表 2-46，表中单个数值为最大值。

表 2-46 变形铝及铝合金四位字符牌号与化学成分（日本）

牌号	化学成分（质量分数）/%											Al（不小于）
	Si	Fe	Cu	Mn	Mg	Cr	Zn	备注	Ti	其他[①]		
										单个	总计[②]	
1N90	Si + Cu:0.080	0.030	—	—	—	—	—	—	—	—	—	99.90
1N99	Si + Cu:0.010	0.004	—	—	—	—	—	—	—	—	—	99.99
2N01	0.50~1.3	0.6~1.5	1.5~2.5	0.20	1.2~1.8	—	0.20	Ni:0.6~1.4	0.20	0.05	0.15	余量
3N03	0.6	0.7	0.20	1.0~1.5	—	—	0.5~2.5	—	—	0.05	0.15	余量
3N33	0.6	0.7	0.30~0.7	1.0~1.5	—	—	2.5	—	—	0.05	0.15	余量
3N43	0.6	0.7	0.30~0.7	1.0~1.5	0.05~0.6	—	0.25	—	—	0.05	0.15	余量
4N04	10.5~13.0	0.8	0.25	0.10	1.0~2.0	—	0.20	—	—	0.05	0.15	余量
4N43	6.8~8.2	0.8	0.25	0.10	—	—	0.5~3.0	—	—	0.05	0.15	余量
4N45	9.0~11.0	0.8	0.30	0.05	0.05	—	0.5~3.0	—	—	0.05	0.15	余量
5N02	0.40	0.40	0.30~1.0	3.0~4.0	—	0.50	0.10	—	0.20	0.05	0.15	余量
6N01	0.40~0.9	0.35	0.35	0.50	0.40~0.8	0.30	0.25	—	0.10	0.05	0.15	余量
7N82	Si + Fe:0.7		0.10	0.10	0.20~3.0	—	0.5~3.0	—	—	0.05	0.15	余量

2.5.3 铸造产品

ISO17615：2007 中规定的牌号加"AC"前缀后直接引用，日本特有的铸造铝合金锭牌号用"AC××.×"表示。AC 表示铸造铝合金，其后的数字表示合金组别，合金组别按主要合金元素划分，详见表 2-47。紧随数字后的英文大写字母 A、B、C、D，标识同一系列合金中元素含量不同的合金。主成分基本相同，杂质含量不同的合金，可在英文标识字母后再添加一个英文大写字母（如 AC4CH.×）来表示杂质含量差异。AC××.2 牌号铸锭的杂质元素最大极限规定值较相应 AC××.1 牌号更低。

表 2-47　日本特有的铸造铝合金锭牌号系列与合金组别

合金组别	牌号系列	合金组别	牌号系列
Al-Cu 系合金	AC1×.1、AC1×.2	Al-Cu-Mg(Ni) 系合金	AC5×.1、AC5×.2
Al-Cu-Si 系合金	AC2×.1、AC2×.2	Al-Mg 系合金	AC7×.1、AC7×.2
Al-Si 系合金	AC3×.1、AC3×.2	Al-Si-Cu-Mg 系合金	AC8×.1、AC8×.2
Al-Si-Mg 系合金	AC4×.1、AC4×.2	Al-Si-Cu-Ni-Mg 系合金	AC9×.1、AC9×.2

日本特有的铸造铝合金锭牌号与化学成分符合《铸件用铝合金锭》（JISH 2211：2010）的规定，见表 2-48。

表 2-48　日本特有的铸造铝合金锭牌号与化学成分

牌号	化学成分(质量分数)/%											
	Cu	Si	Mg	Zn	Fe	Mn	Ni	Ti	Pb	Sn	Cr	Al
AC1B.1	4.2~5.0	0.30	0.20~0.35	0.10	0.30	0.10	0.05	0.05~0.35	0.05	0.05	0.05	余量
AC1B.2	4.2~5.0	0.30	0.20~0.35	(0.03)	0.25	(0.03)	(0.03)	0.05~0.35	(0.03)	(0.03)	(0.03)	余量
AC2A.1	3.0~4.5	4.0~6.0	0.25	0.55	0.7	0.55	0.30	0.20	0.15	0.05	0.15	余量
AC2A.2	3.0~4.5	4.0~6.0	0.25	(0.03)	0.30	(0.03)	(0.03)	0.20	(0.03)	(0.03)	(0.03)	余量
AC2B.1	2.0~4.0	5.0~7.0	0.50	1.0	0.8	0.50	0.35	0.20	0.20	0.10	0.20	余量
AC2B.2	2.0~4.0	5.0~7.0	0.50	(0.03)	0.30	(0.03)	(0.03)	0.20	(0.03)	(0.03)	(0.03)	余量
AC3A.1	0.25	10.0~13.0	0.15	0.30	0.7	0.35	0.10	0.20	0.10	0.10	0.15	余量
AC3A.2	(0.05)	10.0~13.0	(0.03)	(0.03)	0.30	(0.03)	(0.03)	(0.03)	(0.03)	(0.03)	(0.03)	余量
AC4A.1	0.25	8.0~10.0	0.35~0.6	0.25	0.40	0.30~0.6	0.10	0.20	0.10	0.05	0.15	余量
AC4A.2	(0.05)	8.0~10.0	0.35~0.6	(0.03)	0.30	0.30~0.6	(0.03)	(0.03)	(0.03)	(0.03)	(0.03)	余量
AC4B.1	2.0~4.0	7.0~10.0	0.50	1.0	0.8	0.50	0.35	0.20	0.20	0.10	0.20	余量
AC4B.1	2.0~4.0	7.0~10.0	0.50	(0.03)	0.30	(0.03)	(0.03)	0.20	(0.03)	(0.03)	(0.03)	余量
AC4C.1	0.20	6.5~7.5	0.25~0.4	0.3	0.4	0.6	0.05	0.20	0.05	0.05	0.05	余量
AC4C.2	(0.05)	6.5~7.5	0.25~0.4	(0.03)	0.2	(0.03)	(0.03)	0.20	(0.03)	(0.03)	(0.03)	余量
AC4CH.1	0.10	6.5~7.5	0.30~0.45	0.10	0.17	0.10	0.05	0.20	0.05	0.05	0.05	余量
AC4CH.2	0.05	6.5~7.5	0.30~0.45	0.03	0.12	0.03	0.03	0.20	0.03	0.03	0.03	余量
AC4D.1	1.0~1.5	4.5~5.5	0.45~0.6	0.5	0.5	0.5	0.3	0.2	0.1	0.1	0.05	余量
AC4D.2	1.0~1.5	4.5~5.5	0.45~0.6	(0.03)	0.3	(0.03)	0.3	0.2	(0.03)	(0.03)	(0.03)	余量
AC5A.1	3.0~4.5	0.7	1.3~1.8	0.1	0.6	0.6	1.7~2.3	0.2	0.05	0.05	0.2	余量
AC5A.2	3.0~4.5	0.5	1.3~1.8	0.4	(0.03)	(0.03)	1.7~2.3	0.2	(0.03)	(0.03)	(0.03)	余量
AC7A.1	0.10	0.20	3.6~5.5	0.15	0.25	0.6	0.05	0.20	0.05	0.05	0.15	余量
AC7A.2	(0.05)	0.20	3.6~5.5	(0.03)	0.20	0.6	(0.03)	0.20	(0.03)	(0.03)	(0.03)	余量
AC8A.1	0.8~1.3	11.0~13.0	0.8~1.3	0.15	0.7	0.15	0.8~1.5	0.20	0.05	0.05	0.10	余量
AC8A.2	0.8~1.3	11.0~13.0	0.8~1.3	(0.03)	0.40	(0.03)	0.8~1.5	(0.03)	(0.03)	(0.03)	(0.03)	余量
AC8B.1	2.0~4.0	8.5~10.5	0.6~1.5	0.50	0.8	0.50	0.10~1.0	0.20	0.10	0.10	0.10	余量
AC8B.2	2.0~4.0	8.5~10.5	0.6~1.5	(0.03)	0.40	(0.03)	0.10~1.0	(0.03)	(0.03)	(0.03)	(0.03)	余量
AC8C.1	2.0~4.0	8.5~10.5	0.6~1.5	0.50	0.8	0.50	0.50	0.20	0.10	0.10	0.10	余量
AC8C.2	2.0~4.0	8.5~10.5	0.6~1.5	(0.03)	0.40	(0.03)	0.50	(0.03)	(0.03)	(0.03)	(0.03)	余量
AC9A.1	0.50~1.5	22~24	0.6~1.5	0.20	0.7	0.50	0.50~1.5	0.20	0.10	0.10	0.10	余量
AC9A.2	0.50~1.5	22~24	0.6~1.5	(0.03)	0.40	(0.03)	0.50~1.5	(0.03)	(0.03)	(0.03)	(0.03)	余量
AC9B.1	0.50~1.5	18~20	0.6~1.5	0.20	0.7	0.50	0.50~1.5	0.20	0.10	0.10	0.10	余量
AC9B.2	0.50~1.5	18~20	0.6~1.5	(0.03)	0.40	(0.03)	0.50~1.5	(0.03)	(0.03)	(0.03)	(0.03)	余量

注：表中含量为单个数值者为最高限。

2.5.4　铝粉

铝粉的日本标准按《涂料用铝颜料》(JIS K5906—1998) 执行, 化学成分见表 2 - 49。

表 2 - 49　涂料铝粉分类及化学成分

分类	化学成分(质量分数)/%			
	加热残余(不小于)	有机溶剂中的可溶物(不大于)	水分(不大于)	干粉中金属杂质
1 类	99.0	6.0	0.2	$w(Cu + Fe + Pb + Si + Zn) < 1.0$, 其中, $w(Pb) < 0.03$, 除 Pb 外, 其他各金属限量由有关方面商定
2 类	65.0	4.0	0.15	
3 类	99.0	1.5	0.2	限量由有关方面商定
4 类	65.0	6.0	0.15	

2.6　铝及铝合金牌号对照

2.6.1　铝锭牌号对照

国内外铝锭牌号对照见表 2 - 50。表中相应牌号只是指化学成分接近, 并非完全相同, 具体化学成分请查阅前文。除中国外, 其他国家或标准化组织中均未规定高纯铝锭牌号, 因此表 2 - 43 中不再列出中国标准 YS/T 275 中的高纯铝锭牌号 Al - 5N5 和 Al - 5N。同理, 也不再列出中国标准 YS/T 309—2012 中的重熔用铝稀土合金锭牌号。表中的 "—" 表示牌号之间无对应关系。

表 2 - 50　国内外铝锭牌号对照

中国	ISO、欧盟	美国	日本
Al99.995	—	P0202A	—
Al99.993A	—	—	—
Al99.993	Al99.995	—	精铝锭特级
Al99.99A	—	—	—
Al99.99	Al99.990、Al99.99	—	—
Al99.98	Al99.98、Al99.97	—	精铝锭一级
Al99.95	Al99.94	—	精铝锭二级
Al99.90	—	P0507A	原铝锭特一级
Al99.85	—	—	原铝锭特二级
Al99.80	—	P1015A	—
Al99.70	Al99.70、P1020A	P1020A	原铝锭一级
Al99.60	—	—	—
Al99.50	P1535A	P1535A	原铝锭二级
Al99.00	—	—	原铝锭三级
Al99.7E	Al99.7E	P1020G	—
Al99.6E	Al99.6E	—	电工原铝锭

2.6.2　变形铝及铝合金、铸造铝及铝合金、铝中间合金牌号对照

中国、欧盟、美国、日本都直接采用了变形铝及铝合金国际牌号体系, 但中国、欧盟、日本同时也

保留了自己独特的、无法与国际牌号对应的四位字符牌号或化学元素符号牌号体系，以方便国内或欧盟内部的贸易交流。

中国、欧盟、美国铸造铝合金牌号体系各不相同，与中国牌号有对照关系的ISO牌号、美国（AA）牌号、欧盟（EN）牌号见表2-51。

表2-51 铸造铝合金牌号对照

序号	中国牌号	ISO牌号	相应美国(AA)牌号	相应欧盟(EN)牌号
1	201Z.5	Al Cu5MgAg	201.2	—
2	295Z.1	—	295.2	—
3	304Z.1	Al Si2MgTi	—	EN AB-41000
4	312Z.1	Al Si12Cu1(Fe)	339.1	EN AB-47100
5	319Z.2	—	319.1	—
6	333Z.1	Al Si9Cu3(Fe)(Zn)	333.1	EN AB-46500
7	354Z.1	—	354.1	—
8	355Z.2	Al Si5Cu1Mg	C355.1	—
9	355Z.1	Al Si5Cu1Mg	355.1	EN AB-45300
10	356Z.1	Al Si7Mg	356.1	EN AB-42000
11	356 A.1	Al Si7Mg0.3	A356.1	EN AB-42100
12	356 A.2	Al Si7Mg0.3	A356.2	—
13	356C.2	—	B356.2	—
14	360A.1	Al Si10Mg(Fe)	A360.1	EN AB-43400
15	380A.1	Al Si8Cu3	A380.1	EN AB-46200
16	380A.2	Al Si8Cu3	A380.2	—
17	380Y.2	Al Si8Cu3	B380.1	—
18	383Z.1	—	383.1	—
19	383Z.2	—	383.2	—
20	383Y.1	—	B383.1	—
21	390Y.1	Al Si17Cu4Mg	B390.1	—
22	411Z.1、411Z.2	Al Si11Cu2(Fe)	—	EN AB-46100
23	413Z.5	Al Si12	413.2	—
24	413A.1	Al Si12(Fe)	A413.1	EN AB-44300
25	413A.2	Al Si12(Fe)	A413.2	—
26	413Z.3	Al Si12(b)	B413.1	EN AB-44100
27	443Z.1	—	443.1	—
28	443Z.2	—	443.2	—
29	502Z.1	Al Mg5(Si)	—	EN AB-51400
30	508Z.1	Al Mg3	—	EN AB-51000
31	515Z.1	—	515.2	—
32	520Z.1	—	520.2	—
33	701Z.1	Al Zn10Si8Mg	—	—
34	712Z.1	Al Zn5Mg	712.2	EN AB-71000

中国、欧盟、美国铝中间合金牌号体系各不相同，与中国牌号有对照关系的美国牌号见表2-52。

表 2 - 52 铝中间合金牌号对照

中国牌号	美国牌号	中国牌号	美国牌号	中国牌号	美国牌号
AlB3	H2203	AlMg50	H2011	AlSr10Ti1B0.2	H2017
AlB4	H2204	AlMg60	—	AlTe5	—
AlB5	H2217	AlMg68	H2030	AlTi4	—
AlB8	H2222	AlMn10	H2410	AlTi5	—
AlB10	H2221	AlMn15	—	AlTi6A	—
AlBe3	—	AlMn20	—	AlTi6	—
AlBe5	H2005	AlMn25	H2425	AlTi10A	—
AlBi3	H2003	AlMn30	—	AlTi10	—
AlBi5	—	AlMn40	—	AlTi12	—
AlBi10	H2035	AlMo5	—	AlTi15	—
AlCa5	—	AlMo10	—	AlTi3B1	H2214
AlCa10	—	AlNb10	—	AlTi5B1A	—
AlCa20	—	AlNd30	—	AlTi5B1	H2252
AlCe10	—	AlNi10	H2500	AlTi1.7B1.4	H2223
AlCd5	—	AlNi20	H2501	AlTi6B1.2	—
AlCd10	—	AlP3	—	AlTi10B1	H2211
AlCo5	—	AlP4	—	AlV2.5	H2602
AlCo10	—	AlP5	—	AlV3	—
AlCr3	—	AlPb10	—	AlV4	—
AlCr5	—	AlRE5	—	AlV5	H2605
AlCr10	H2918	AlRE10	—	AlV10	H2610
AlCr20	H2919	AlRE15	—	AlW2.5	—
AlCu20	—	AlSb5	—	AlY5	—
AlCu40	—	AlSb10	—	AlY10	—
AlCu50	H2150	AlSb15	—	AlYb5	—
AlCu60	—	AlSc2	H2025	AlYb10	—
AlCu5P4.5	—	AlSi12	H2312	AlZn10	—
AlCu10P4.5	—	AlSi20	H2320	AlZn30	—
AlEr5	—	AlSi25	—	AlZr3	—
AlEr10	—	AlSi30	—	AlZr4	—
AlFe5	—	AlSi50	—	AlZr5A	—
AlFe10	H2810	AlSi60	—	AlZr5	—
AlFe20	—	AlSi12P4.5	—	AlZr6	—
AlFe45	H2845	AlSn10	—	AlZr10A	—
AlFe60	—	AlSn50	—	AlZr10	—
AlLa10	—	AlSr3.5	H2012	AlZr15A	—
AlLi5	—	AlSr5	H2018	AlZr15	—
AlLi10	—	AlSr10	H2007		
AlMg20	—	AlSr15	H2019		
AlMg25	H2010	AlSr20	H2020		

第3章 镁及镁合金牌号与化学成分

3.1 中国

3.1.1 冶炼产品

纯镁牌号以 Mg 加数字的形式表示，Mg 后的数字表示 Mg 的质量分数。重熔用镁锭按 GB/T 3499—2011 有 6 个牌号，其化学成分见表 3 - 1。

表 3 - 1 重熔用镁锭化学成分

牌号	化学成分(质量分数)[①]/%											
	Mg (不小于)	杂质元素(不大于)										
		Fe	Si	Ni	Cu	Al	Mn	Ti	Pb	Sn	Zn	其他单个杂质
Mg9999	99.99	0.002	0.002	0.0003	0.0003	0.002	0.002	0.0005	0.001	0.002	0.003	—
Mg9998	99.98	0.002	0.003	0.0005	0.0005	0.004	0.002	0.001	0.001	0.004	0.004	—
Mg9995A	99.95	0.003	0.006	0.001	0.002	0.008	0.006	—	0.005	0.005	0.005	0.005
Mg9995B	99.95	0.005	0.015	0.001	0.002	0.015	0.015	—	0.005	0.005	0.01	0.01
Mg9990	99.90	0.04	0.03	0.001	0.004	0.02	0.03	—	—	—	—	0.01
Mg9980	99.80	0.05	0.05	0.002	0.02	0.05	0.05	—	—	—	—	0.05

① Cd、Hg、As、Cr^{6+} 供方可不做常规分析，但应监控其含量，要求 $w(Cd + Hg + As + Cr^{6+}) \leqslant 0.03\%$。

3.1.2 变形产品

变形镁及镁合金按国标 GB/T 5153—2016 有 66 个牌号。

变形镁合金牌号以英文字母加数字再加英文字母的形式表示。前面的英文字母是其最主要的合金组成元素代号（元素代号符合表 3 - 2 的规定），其后的数字表示最主要的合金组成元素的大致含量。最后面的英文字母为标识代号，用以标识各具体组成元素相异或元素含量有微小差别的不同合金。

表 3 - 2 元素代号

元素代号	元素名称	元素代号	元素名称
A	铝(Al)	G	钙(Ca)
B	铋(Bi)	H	钍(Th)
C	铜(Cu)	J	锶(Sr)
D	镉(Cd)	K	锆(Zr)
E	稀土(RE)	L	锂(Li)
F	铁(Fe)	M	锰(Mn)

元素代号	元素名称	元素代号	元素名称
N	镍(Ni)	T	锡(Sn)
P	铅(Pb)	V	钆(Gd)
Q	银(Ag)	W	钇(Y)
R	铬(Cr)	Y	锑(Sb)
S	硅(Si)	Z	锌(Zn)

示例 1：

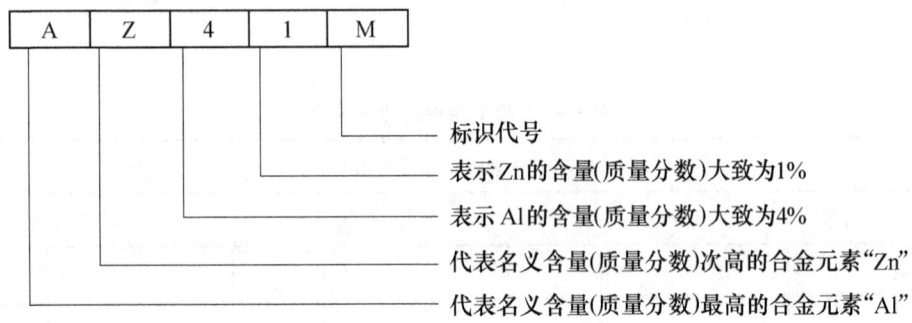

示例 2：

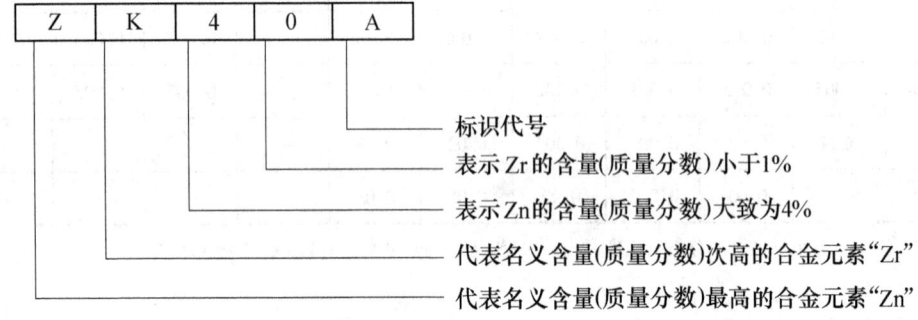

变形镁及镁合金牌号与化学成分见表 3 - 3。表 3 - 3 中"其他"一栏是指表中未列出的金属元素。质量分数为单个数值者，镁为最低限，其他元素为最高限。极限数值表示方法如下：

<0.001% ·· 0.000x

≥0.001% ~0.01% ··· 0.00x

>0.01% ~0.10% ·· 0.0x

>0.10% ~0.55% ·· 0.xx

>0.55% ·· 0.x、x.x、xx.x

3.1.3　铸造产品

铸造镁合金按国标 GB/T 19078—2016 有 48 个牌号。

牌号表示方法同变形镁及镁合金产品（参见第 3.1.2 小节）。铸造镁合金牌号与化学成分见表 3 - 4。

3.1.4　镁粉

镁粉的国家标准按《镁粉　第 1 部分：铣削镁粉》（GB/T 5149.1—2004）和《雾化镁粉》（YS/T 628—2007）执行，化学成分分别见表 3 - 5 和表 3 - 6。

表 3－3　变形镁及镁合金牌号与化学成分

合金组别	牌号	对应ISO3116的数字牌号	化学成分(质量分数)/%														其他元素①	
			Mg	Al	Zn	Mn	RE	Gd	Y	Zr	Li		Si	Fe	Cu	Ni	单个	总计
	AZ30M	—	余量	2.2~3.2	0.20~0.50	0.20~0.40	Ce:0.05~0.08	—	—	—	—	—	0.01	0.005	0.0015	0.0005	0.01	0.15
	AZ31B	—	余量	2.5~3.5	0.6~1.4	0.20~1.0	—	—	—	—	—	Ca:0.04	0.08	0.003	0.01	0.001	0.05	0.30
	AZ31C	—	余量	2.4~3.6	0.50~1.5	0.15~1.0②	—	—	—	—	—	—	0.10	—	0.10	0.03	—	0.30
	AZ31N	—	余量	2.5~3.5	0.50~1.5	0.20~0.40	—	—	—	—	—	—	0.05	0.0008	—	—	0.02	0.15
	AZ31S	ISO－WD21150	余量	2.4~3.6	0.50~1.5	0.15~0.40	—	—	—	—	—	—	0.10	0.005	0.05	0.005	0.05	0.30
	AZ31T	ISO－WD21151	余量	2.4~3.6	0.50~1.5	0.05~0.40	—	—	—	—	—	—	0.10	0.05	0.05	—	0.05	0.30
	AZ33M	—	余量	2.6~4.2	2.2~3.8	—	—	—	—	—	—	—	0.10	0.008	0.005	—	0.01	0.30
	AZ40M	—	余量	3.0~4.0	0.20~0.8	0.15~0.50	—	—	—	—	—	Be:0.01	0.10	0.05	0.05	0.005	0.01	0.30
	AZ41M	—	余量	3.7~4.7	0.8~1.4	0.30~0.6	—	—	—	—	—	Be:0.01	0.10	0.05	0.05	0.005	0.01	0.30
	AZ61A	—	余量	5.8~7.2	0.40~1.5	0.15~0.50	—	—	—	—	—	—	0.10	0.005	0.05	0.005	—	0.30
	AZ61M	—	余量	5.5~7.0	0.50~1.5	0.15~0.50	—	—	—	—	—	Be:0.01	0.10	0.05	0.05	0.005	0.01	0.30
	AZ61S	ISO－WD21160	余量	5.5~6.5	0.50~1.5	0.15~0.40	—	—	—	—	—	—	0.10	0.005	0.05	0.005	0.05	0.30
MgAl	AZ62M	—	余量	5.0~7.0	2.0~3.0	0.20~0.50	—	—	—	—	—	Be:0.01	0.10	0.05	0.05	0.005	0.01	0.30
	AZ63B	—	余量	5.3~6.7	2.5~3.5	0.15~0.6	—	—	—	—	—	—	0.08	0.003	0.01	0.001	0.01	0.30
	AZ80A	—	余量	7.8~9.2	0.20~0.8	0.12~0.50	—	—	—	—	—	—	0.10	0.005	0.05	0.005	0.01	0.30
	AZ80M	—	余量	7.8~9.2	0.20~0.8	0.15~0.50	—	—	—	—	—	Be:0.01	0.10	0.05	0.05	0.005	0.05	0.30
	AZ80S	ISO－WD21170	余量	7.8~9.2	0.20~0.8	0.12~0.40	—	—	—	—	—	—	0.10	0.005	0.05	0.005	0.05	0.30
	AZ91D	—	余量	8.5~9.5	0.45~0.9	0.17~0.40	—	—	—	—	—	Be:0.0005~0.003	0.08	0.004	0.02	0.001	0.01	—
	AM41M	—	余量	3.0~5.0	—	0.50~1.5	—	—	—	—	—	—	0.01	0.005	0.10	0.004	0.01	0.30
	AM81M	—	余量	7.5~9.0	0.20~0.50	0.50~2.0	—	—	—	—	—	—	0.01	0.005	0.10	0.004	—	0.30
	AE90M	—	余量	8.0~9.5	0.30~0.9	—	0.20~1.2③	—	—	—	—	—	0.01	0.005	0.10	0.004	0.01	0.20
	AW90M	—	余量	8.0~9.5	0.30~0.9	—	0.01~0.10	—	0.20~1.2	—	—	—	0.01	—	0.10	0.004	0.05	0.20
	AQ80M	—	余量	7.5~8.5	0.35~0.55	0.15~0.35	—	—	—	—	—	Ag:0.02~0.8, Ca:0.001~0.02	0.05	0.02	0.02	0.001	0.01	0.30
	AI33M	—	余量	2.5~3.5	0.50~0.8	0.20~0.40	—	—	—	—	1.0~3.0	—	0.01	0.005	0.0015	0.0005	0.02	0.15
	AJ31M	—	余量	2.5~3.5	0.20	0.6~0.8	—	—	—	—	—	Sr:0.9~1.5	0.10	0.02	0.05	0.005	0.05	0.15

续表 3-3

合金组别	牌号	对应ISO3116的数字牌号	化学成分(质量分数)/% Mg	Al	Zn	Mn	RE	Cd	Y	Zr	Li		Si	Fe	Cu	Ni	其他元素① 单个	其他元素① 总计
MgAl	AT11M	—	余量	0.50~1.2	—	0.10~0.30	—	—	—	—	—	Sn:0.6~1.2	0.01	0.004	—	—	0.01	0.15
	AT51M	—	余量	4.5~5.5	—	0.20~0.50	—	—	—	—	—	Sn:0.8~1.3	0.02	0.005	—	—	0.05	0.15
	AT61M	—	余量	6.0~6.8	—	0.20~0.40	—	—	—	—	—	Sn:0.7~1.3	0.02	0.005	—	—	0.05	0.15
MgZn	ZA73M	—	余量	2.5~3.5	6.5~7.5	0.01	Er:0.30~0.9	—	—	—	—	—	0.0005	0.01	0.001	0.0001	—	0.30
	ZM21M	—	余量	—	1.0~2.5	0.50~1.5	—	—	—	—	—	—	0.01	0.005	0.10	0.004	—	0.30
	ZM21N	—	余量	0.02	1.3~2.4	0.30~0.9	Ce:0.10~0.6	—	—	—	—	—	0.01	0.008	0.006	0.004	0.01	0.20
	ZM51M	—	余量	—	4.5~6.0	0.50~2.0	—	—	—	—	—	—	0.01	0.005	0.10	0.004	—	0.30
	ZE10A	—	余量	—	1.0~1.5	—	0.12~0.22	—	—	—	—	—	—	—	—	—	—	0.30
	ZE20M	—	余量	0.02	1.8~2.4	0.50~0.9	Ce:0.10~0.6	—	—	—	—	—	0.01	0.008	0.006	0.004	0.01	0.20
	ZE90M	—	余量	0.0001	8.5~9.0	0.01	Er:0.45~0.50	—	—	0.30~0.50	—	—	0.0005	0.0001	0.001	0.0001	0.01	0.15
	ZW62M	—	余量	0.01	5.0~6.5	0.20~0.8	Ce:0.12~0.25	—	1.0~2.5	0.50~0.9	—	Ag:0.20~1.6, Cd:0.10~0.6	0.05	0.005	0.05	0.005	0.05	0.30
	ZW62N	—	余量	0.20	5.5~6.5	0.6~0.8	—	—	1.6~2.4	—	—	—	0.10	0.02	0.05	0.005	0.05	0.15
	ZK40A	—	余量	—	3.5~4.5	—	—	—	—	≥0.45	—	—	—	—	—	—	—	0.30
	ZK60A	—	余量	0.05	4.8~6.2	—	—	—	—	≥0.45	—	—	—	—	—	—	—	0.30
	ZK61M	—	余量	0.05	5.0~6.0	0.10	—	—	—	0.30~0.9	—	Be:0.01	0.05	0.05	0.05	0.005	0.01	0.30
	ZK61S	ISO-WD32260	余量	—	4.8~6.2	—	—	—	—	0.45~0.8	—	—	—	—	—	—	0.05	0.30
	ZC20M	—	余量	0.20	1.5~2.5	—	Ce:0.20~0.6	—	—	—	—	—	0.02	0.02	0.30~0.6	—	0.01	0.05
MgMn	M1A	—	余量	—	—	1.2~2.0	—	—	—	—	—	Ca:0.30	0.10	—	0.05	0.01	—	0.30
	M1C	—	余量	0.01	—	0.50~1.3	—	—	—	—	—	—	0.05	—	0.01	0.001	0.05	0.30
	M2M	—	余量	0.20	0.30	1.3~2.5	—	—	—	—	—	Be:0.01	0.10	0.05	0.05	0.007	0.01	0.20
	M2S	ISO-WD43150	余量	—	—	1.2~2.0	—	—	—	—	—	—	0.10	—	0.05	0.01	0.05	0.30
	ME20M	—	余量	0.20	0.30	1.3~2.2	Ce:0.15~0.35	—	—	—	—	Be:0.01	0.10	0.05	0.05	0.007	0.01	0.30
MgRE	EZ22M	—	余量	0.001	1.2~2.0	0.01	Er:2.0~3.0	—	—	0.10~0.50	—	—	0.0005	0.001	0.001	0.0001	0.01	0.15

合金组别	牌号	对应ISO3116的数字牌号	化学成分(质量分数)/%										Si	Fe	Cu	Ni	其他元素①	
			Mg	Al	Zn	Mn	RE	Gd	Y	Zr	Li						单个	总计
	VE82M	—	余量	—	—	—	0.50~2.5③	7.5~9.5	—	0.40~1.0	—	—	0.01	0.05	—	0.004	—	0.30
	VW64M	—	余量	—	0.30~1.0	—	—	5.5~6.5	3.0~4.5	0.30~0.7	—	Ag:0.20~1.0, Ca:0.002~0.02	0.05	0.02	0.02	0.001	0.01	0.30
MgGd	VW75M	—	余量	0.01	—	0.10	Nd:0.9~1.5	6.5~7.5	4.6~5.7	0.40~1.0	—	—	0.01	—	0.10	0.004	—	0.30
	VW83M	—	余量	0.02	0.10	0.05	—	8.0~9.0	2.8~3.5	0.40~0.6	—	—	0.05	0.01	0.02	0.005	0.01	0.15
	VW84M	—	余量	—	1.0~2.0	0.6~1.0	—	7.5~9.0	3.5~5.0	—	—	—	0.05	0.01	0.02	0.005	0.01	0.15
	VK41M	—	余量	—	—	—	—	3.8~4.2	—	0.8~1.2	—	—	0.02	0.01	—	0.005	0.03	0.30
	WZ52M	—	余量	—	1.5~2.5	0.35~0.55	—	—	4.0~6.0	0.50~1.5	—	Cd:0.15~0.50	0.05	0.01	0.04	0.005	—	0.30
	WE43B	—	余量	—	Zn+Ag:0.20	0.03	Nd:2.0~2.5, 其他不大于1.9④	—	3.7~4.3	0.40~1.0	0.20	—	—	0.01	0.02	0.005	0.01	—
	WE43C	—	余量	—	0.06	0.03	Nd:2.0~2.5, 其他0.30~1.0⑤	⑤	3.7~4.3	0.20~1.0	0.05	—	—	0.005	0.02	0.002	0.01	—
MgY	WE54A	—	余量	—	0.20	0.03	1.5~2.0Nd, 其他≤2.0④	—	4.8~5.5	0.40~1.0	0.20	—	0.01	—	0.03	0.005	0.20	0.30
	WE71M	—	余量	—	—	—	0.7~2.5③	—	6.7~8.5	0.40~1.0	—	—	0.01	0.05	—	0.004	—	0.30
	WE83M	—	余量	0.01	—	0.10	2.4~3.4Nd	—	7.4~8.5	0.40~1.0	—	—	0.01	—	0.10	0.004	—	0.30
	WE91M	—	余量	0.10	—	—	0.7~1.9③	—	8.2~9.5	0.40~1.0	—	—	0.01	—	—	0.004	—	0.30
	WE93M	—	余量	0.10	—	—	2.5~3.7③	—	8.2~9.5	0.40~1.0	—	—	0.01	—	—	0.004	—	0.30
	LA43M	—	余量	2.5~3.5	2.5~3.5	—	—	—	—	—	3.5~4.5	—	0.50	0.05	0.05	—	0.05	0.30
MgLi	LA86M	—	余量	5.5~6.5	0.50~1.5	—	—	—	0.50~1.2	—	7.0~9.0	Cd:2.0~4.0, Ag:0.50~1.5, K:0.005, Na:0.005	0.10~0.40	0.01	0.04	0.005	—	0.30
	LA103M	—	余量	2.5~3.5	0.8~1.8	—	—	—	—	—	9.5~10.5	—	0.50	0.05	0.05	—	0.05	0.30
	LA103Z	—	余量	2.5~3.5	2.5~3.5	—	—	—	—	—	9.5~10.5	—	0.50	0.05	0.05	—	0.05	0.30

① 其他元素指在表3-3中表头中列出了元素符号,但在表3-3中却未规定极限数值含量的元素。

② Fe元素含量不大于0.005%时,不必限制Mn元素的最小极限值。

③ 稀土为富铈混合稀土,其中$w(Ce)=50\%$;$w(La)=30\%$;$w(Nd)=15\%$;$w(Pr)=5\%$。

④ 其他稀土为钇、镝、铒、镱。例如:钇、镝、铒,其他稀土源生自钇,典型为80%钇,20%的重稀土。

⑤ 其他稀土为中重稀土,例如:钇、镝、铒,钇+镝+铒和镱的含量为0.3%~1.0%。钐的含量不大于0.04%,镥的含量不大于0.02%。

表 3 - 4　铸造镁合金牌号与化学成分

化学成分(质量分数)/%

合金组别	牌号	对应ISO 16220的牌号	Mg	Al	Zn	Mn	RE	Gd	Y	Zr	Ag	Li	Sr	Ca	Be	Si	Fe	Cu	Ni	其他元素 单个	其他元素 总计
MgAl	AZ81A	—	余量	7.2~8.0	0.50~0.9	0.15~0.35	—	—	—	—	—	—	—	—	0.0005~0.002	0.20	—	0.08	0.01	—	0.30
	AZ81S	—	余量	7.2~8.5	0.45~0.9	0.17~0.40	—	—	—	—	—	—	—	—	—	0.05	0.004	0.02	0.001	0.01	—
	AZ91A	—	余量	8.5~9.5	0.45~0.9	0.15~0.40	—	—	—	—	—	—	—	—	—	0.20	—	0.08	0.01	—	0.30
	AZ91B	—	余量	8.5~9.5	0.45~0.9	0.15~0.40	—	—	—	—	—	—	—	—	—	0.20	—	0.25	0.01	—	0.30
	AZ91C	—	余量	8.3~9.2	0.45~0.9	0.15~0.35	—	—	—	—	—	—	—	—	—	0.20	—	0.08	0.01	—	0.30
	AZ91D	ISO - MB21120	余量	8.5~9.5	0.45~0.9	0.17~0.40	—	—	—	—	—	—	—	—	0.0005~0.003	0.08	0.004	0.02	0.001	0.01	—
	AZ91E	—	余量	8.3~9.2	0.45~0.9	0.17~0.50	—	—	—	—	—	—	—	—	—	0.20	0.005	0.02	0.001	0.01	0.30
	AZ91S	ISO - MB21121	余量	8.0~10.0	0.30~1.0	0.10~0.50	—	—	—	—	—	—	—	—	—	0.30	0.03	0.20	0.01	0.05	—
	AZ92A	—	余量	8.5~9.5	1.7~2.3	0.13~0.35	—	—	—	—	—	—	—	—	—	0.20	—	0.20	0.01	—	0.30
	AZ33M	—	余量	2.6~4.2	2.2~3.8	—	—	—	—	—	—	—	—	—	—	0.10	0.008	0.005	—	0.01	0.30
	AZ63A	—	余量	5.5~6.5	2.7~3.3	0.15~0.35	—	—	—	—	—	—	—	—	0.0005~0.002	0.05	0.005	0.02	0.001	—	0.30
	AM20S	ISO - MB21210	余量	1.7~2.5	0.20	0.35~0.6	—	—	—	—	—	—	—	—	—	0.05	0.004	0.008	0.001	0.01	—
	AM50A	ISO - MB21220	余量	4.5~5.3	0.30	0.28~0.50	—	—	—	—	—	—	—	—	0.0005~0.003	0.08	0.004	0.008	0.001	0.01	—
	AM60A	—	余量	5.6~6.4	0.20	0.15~0.50	—	—	—	—	—	—	—	—	—	0.20	—	0.25	0.01	—	0.30
	AM60B	ISO - MB21230	余量	5.6~6.4	0.30	0.26~0.50	—	—	—	—	—	—	—	—	0.005~0.003	0.08	0.004	0.008	0.001	0.01	—
	AM100A	—	余量	9.4~10.6	0.20	0.13~0.35	—	—	—	—	—	—	—	—	—	0.20	—	0.08	0.01	—	0.30
	AS21B	—	余量	1.9~2.5	0.25	0.05~0.15	0.06~0.25	—	—	—	—	—	—	—	0.005~0.002	0.7~1.2	0.004	0.008	0.001	0.01	—

续表 3-4

合金组别	牌号	对应ISO 16220的牌号	Mg	Al	Zn	Mn	RE	Cd	Y	Zr	Ag	Li	Sr	Ca	Be	Si	Fe	Cu	Ni	其他元素 单个	其他元素 总计
MgAl	AS21S	ISO-MB21310	余量	1.9~2.5	0.20	0.20~0.6	—	—	—	—	—	—	—	—	0.0005~0.002	0.7~1.2	0.004	0.008	0.001	0.01	—
	AS41A	—	余量	3.7~4.8	0.10	0.22~0.48	—	—	—	—	—	—	—	—	—	0.6~1.4	—	0.04	0.01	—	0.30
	AS41B	—	余量	3.7~4.8	0.10	0.35~0.6	—	—	—	—	—	—	—	—	0.0005~0.002	0.6~1.4	0.004	0.02	0.001	0.01	—
	AS41S	ISO-MB21320	余量	3.7~4.8	0.20	0.20~0.6	—	—	—	—	—	—	—	—	—	0.7~1.2	0.004	0.008	0.001	0.01	—
	AE44S①	ISO-MB21410	余量	3.6~4.4	0.20	0.15~0.50	3.6~4.6	—	—	—	—	—	—	—	—	0.08	0.004	0.008	0.001	0.01	—
	AE81M②	—	余量	7.2~8.4	0.6~0.8	0.30~0.40	1.2~1.8	—	—	—	—	—	0.05~0.10	—	—	0.01	0.006	—	—	0.05	0.15
	AJ52A	—	余量	4.6~5.5	0.20	0.26~0.50	—	—	—	—	—	—	1.8~2.3	—	0.0005~0.002	0.08	0.004	0.008	0.001	0.01	—
	AJ62A	—	余量	5.6~6.6	0.20	0.26~0.50	—	—	—	—	—	—	2.1~2.8	—	0.0005~0.002	0.08	0.004	0.008	0.001	0.01	—
	ZA81M	—	余量	0.8~1.2	7.5~8.2	0.50~0.7	—	—	—	—	—	—	—	—	—	0.05	0.005	0.40~0.6	0.005	—	0.10
	ZA84M③	—	余量	3.6~4.4	7.4~8.4	0.25~0.35	—	—	—	—	—	—	0.05~0.10	—	—	—	0.008	—	—	0.01	0.10
MgZn	ZE41A①	ISO-MB35110	余量	—	3.5~5.0	0.15	1.0~1.8	—	—	0.10~1.0	—	—	—	—	—	0.01	0.01	0.03	0.005	0.01	0.30
	ZK51A	—	余量	—	3.8~5.3	—	—	—	—	0.30~1.0	—	—	—	—	—	0.01	—	0.03	0.01	0.01	0.30
	ZK61A	—	余量	—	5.7~6.3	—	—	—	—	0.30~1.0	—	—	—	—	—	0.01	—	0.03	0.01	0.01	0.30
	ZQ81M	—	余量	—	7.5~9.0	—	0.6~1.2	—	—	0.30~1.0	—	—	—	—	—	—	—	0.10	0.01	—	0.30
	ZC63A	ISO-MB32110	余量	0.20	5.5~6.5	0.25~0.8	—	—	—	—	—	—	—	—	—	0.20	0.05	2.4~3.0	0.01	0.01	—
MgRE	EZ30M①	—	余量	—	0.20~0.7	0.15	2.5~4.0	—	—	0.30~1.0	—	—	—	—	—	—	—	0.10	0.01	0.01	0.30
	EZ30Z④	—	余量	—	0.14~0.7	0.05	2.0~3.5	—	—	0.30~1.0	—	—	—	0.50	—	0.01	0.01	0.03	0.005	0.01	0.30

合金组别	牌号	对应ISO 16220的牌号	Mg	Al	Zn	Mn	RE	Gd	Y	Zr	Ag	Li	Sr	Ca	Be	Si	Fe	Cu	Ni	其他元素⑨ 单个	其他元素⑨ 总计
MgRE	EZ33A①	ISO-MB65120	余量	—	2.0~3.0	0.15	2.4~4.0	—	—	0.10~1.0	—	—	—	—	—	0.01	0.01	0.03	0.005	0.01	0.30
	EV31A⑤	ISO-MB65410	余量	—	0.20~0.50	0.03	2.6~3.1	1.0~1.7	—	0.10~1.0	0.05	—	—	—	—	—	0.01	0.01	0.002	0.01	—
	EQ21A⑥		余量	—	—	—	1.5~3.0	—	—	0.30~1.0	1.3~1.7	—	—	—	—	0.01	—	0.05~0.10	0.01	—	0.30
	EQ21S⑥	ISO-MB65220	余量	—	0.20	0.15	1.5~3.0	—	—	0.10~1.0	1.3~1.7	—	—	—	—	0.01	0.01	0.03	0.005	0.01	—
MgGd	VW76S		余量	—	—	0.03	—	6.5~7.5	5.5~6.5	0.20~1.0	—	0.20	—	—	—	0.01	0.01	0.03	0.005	0.01	—
	VW103Z		余量	0.02	0.20	0.05	—	8.5~10.5	2.5~3.5	0.3~1.0	—	—	—	—	—	0.01	0.01	0.03	0.005	0.01	0.30
	VQ132Z		余量	—	0.50	0.05	—	12.5~14.5	—	0.3~1.0	1.0~2.5	—	—	0.50	—	0.05	0.01	0.03	0.005	0.01	0.30
MgY	WE43A⑦	ISO-MB95320	余量	—	0.2	0.15	2.4~4.4	—	3.7~4.3	0.10~1.0	—	0.20	—	—	—	0.01	0.01	0.03	0.005	0.01	0.30
	WE43B⑧		余量	—	—	0.03	2.4~4.4	—	3.7~4.3	0.30~1.0	—	0.18	—	—	—	—	—	0.02	0.004	0.01	—
	WE54A⑦	ISO-MB95310	余量	0.02	0.20	0.15	1.5~4.0	4.5~5.5	4.8~5.5	0.10~1.0	—	0.20	—	—	—	0.01	0.01	0.03	0.005	0.01	0.30
	WV115Z		余量	—	1.5~2.5	0.05	—	—	10.5~11.5	0.30~1.0	—	—	—	—	—	0.05	0.01	0.02	0.005	0.01	0.30
MgZr	K1A		余量	—	—	—	—	—	—	0.30~1.0	—	—	—	—	—	0.01	—	0.03	0.01	0.01	0.30
MgAg	QH22A⑥		余量	—	0.20	0.15	1.9~2.4	—	—	0.30~1.0	2.0~3.0	—	—	—	—	0.01	0.01	0.03	0.01	0.01	0.30
	QH22S⑨	ISO-MB65210	余量	—	0.20	0.15	2.0~3.0	—	—	0.10~1.0	2.0~3.0	—	—	—	—	0.01	0.01	0.03	0.005	0.01	—

注：1. 表3-4中含量有上下限者为合金元素，含量为单个数值者为最高限，"—"为未规定具体数值。
2. 稀土为富铈混合稀土。其中AS21B、AJ51B、AJ52A、AJ62A、ZA81M、ZA81M、EZ30Z、WV115Z、WV115Z、EV31A、VW76S、VW103Z和VQ132Z合金为专利合金，受专利权保护。在使用前，请确定合金的专利有效性，并承担相关的责任。

① 稀土为富钕钕混合稀土。
② 稀土为纯钕稀土。
③ 合金中含有Sn（质量分数）为0.8%~1.4%。
④ 稀土为富钕混合稀土或纯钕稀土。当稀土为富钕混合稀土时，Nd含量（质量分数）不小于85%。
⑤ 稀土为富钕稀土，其中纯钕含量为2.6%~3.1%，其他稀土元素的最大含量为0.4%，主要可以是Ce、La和Pr。
⑥ 稀土为富钕钕混合稀土，Nd含量（质量分数）不小于70%。
⑦ 稀土中富钕和重稀土，WE54A、WE43A和WE43B合金中含Nd（质量分数）分别为1.5%~2.0%，2.0%~2.5%和2.0%~2.5%，余量为重稀土，重稀土主要包括：Gd、Dy、Er和Yb。
⑧ 其中（Zn+Ag）（质量分数）不大于0.20%。
⑨ 其他元素是指在表3-4表头中列出了元素符号，但在表3-4中却未规定极限数值含量的元素。

表3-5 铣削法生产的镁粉化学成分

牌 号	化学成分(质量分数)/%				
	活性镁含量（不小于）	杂质(不大于)			
		Fe	Cl	H_2O	盐酸不溶物
FM1	98.5	0.2	0.005	0.1	0.2
FM2	98.5	0.2	0.005	0.1	0.2
FM3	98.5	0.2	0.005	0.1	0.2
FM4	98.5	0.2	0.005	0.1	0.2
FM5	98.5	0.2	0.005	0.1	0.2
FM6	98.5	0.2	0.005	0.2	0.2
FM7	98.5	0.2	0.005	0.2	0.2
FM8	98.5	0.2	0.005	0.2	0.2
FM9	98.0	0.2	0.005	0.2	0.2
FM10	96.5	0.2	0.005	0.2	0.2
FM11	95.5	0.2	0.005	0.2	0.2

表3-6 雾化镁粉化学成分

牌号	化学成分(质量分数)/%								
	活性镁含量（不小于）	杂质(不大于)							
		Fe	Cl	H_2O	盐酸不溶物	Si	Ni	Cr	C
FMW350	98.5	0.01	0.005	0.1	0.2	—	—	—	—
FMW180	98.5	0.01	0.005	0.1	0.2	0.003	0.002	0.002	0.004
FMW120	98.5	0.01	0.005	0.1	0.2	—	—	—	—
FMW60	98.0	0.01	0.005	0.1	0.2	—	—	—	—
FMW40	98.0	0.01	0.005	0.1	0.2	—	—	—	—
FMW20	97.5	0.01	0.005	0.1	0.2	—	—	—	—
FMW8	96.5	0.01	0.005	0.1	0.2	—	—	—	—

注：表中 Cr 和 C 含量为参考指标，供方可不做常规检验。当需方需要时，供方应能提供检测数据。需方对化学成分有其他要求时，由供需双方协商确定，并在合同中注明。

3.2 国际标准化组织

3.2.1 冶炼产品

重熔用镁锭按国际标准 ISO 8287：2011 有 9 个牌号。重熔用镁锭牌号与化学成分见表 3-7。

表 3-7　重熔用镁锭牌号与化学成分

牌 号		化学成分(质量分数)/%													
ISO 体系	EN12421 体系	最小或最大	Al	Mn	Si	Fe	Cu	Ni	Pb	Sn	Na	Ca	Zn	其他①(单个)	Mg②
ISO Mg99.5	EN - MB10010	最小	—	—	—	—	—	—	—	—	—	—	—	—	99.5
		最大	0.1	0.1	0.1	0.1	0.1	0.1	—	—	0.01	0.01	—	0.05	—
ISO Mg99.80A	EN - MB10020	最小	—	—	—	—	—	—	—	—	—	—	—	—	99.80
		最大	0.05	0.05	0.05	0.05	0.02	0.001	0.02	0.01	0.003	0.003	0.05	0.05	—
ISO Mg99.80B	EN - MB10021	最小	—	—	—	—	—	—	—	—	—	—	—	—	99.80
		最大	0.05	0.05	0.05	0.05	0.02	0.002	0.02	0.01	—	—	0.05	0.05	—
ISO Mg99.80C		最小	—	—	—	—	—	—	—	—	—	—	—	—	99.80
		最大	0.05	0.1	0.02	0.004	0.005	0.001	—	—	—	—	—	0.01	—
ISO Mg99.90		最小	—	—	—	—	—	—	—	—	—	—	—	—	99.90
		最大	0.02	0.03	0.03	0.04	0.004	0.001	—	—	—	—	—	0.01	—
ISO Mg99.95A	EN - MB10030	最小	—	—	—	—	—	—	—	—	—	—	—	—	99.95
		最大	0.01	0.006	0.006	0.003	0.005	0.001	0.005	0.005	0.003	0.003	0.005	0.005	—
ISO Mg99.5B	EN - MB10031	最小	—	—	—	—	—	—	—	—	—	—	—	—	99.95
		最大	0.015	0.015	0.015	0.005	0.005	0.001	0.005	0.005	—	—	0.01	0.005	—
ISO Mg99.98		最小	—	—	—	—	—	—	—	—	—	—	—	—	99.98
		最大	0.004	0.002	0.003	0.002	0.0005	0.0005	0.001	0.004	—	—	0.004	0.005	—
ISO Mg99.99		最小	—	—	—	—	—	—	—	—	—	—	—	—	99.99
		最大	0.002	0.002	0.003	0.002	0.0003	0.0003	0.002	0.002	—	—	0.003	0.003	—

① Cd、Hg、As 和 Cr 总量不超过 0.01%，食品、药品用产品必须对此 4 种元素进行检测。

② 余量。

3.2.2　变形产品

变形镁及镁合金按国际标准 ISO 3116：2007 有 11 个牌号。变形镁及镁合金牌号与化学成分见表 3-8。

3.2.3　铸造产品

铸造镁合金按国际标准 ISO 16220：2005 有 17 个牌号。镁合金铸锭、铸件的牌号与化学成分见表 3-9 和表 3-10。

表3-8 变形镁及镁合金牌号与化学成分

合金组别	牌号 符号	数字	产品形状①	元素	Mg③	化学成分(质量分数)/% Al	Zn	Mn	RE②	Zr	Y	Li	Si	Fe	Cu	Ni	其他(单个)	其他(总和)
MgAlZn	ISO-MgAl3Zn1(A)	ISO-WD21150	BTFP	最小	余量	2.4	0.50	0.15	—	—	—	—	—	—	—	—	—	—
				最大		3.6	1.5	0.40	—	—	—	—	0.10	0.005	0.05	0.005	0.05	0.30
	ISO-MgAl3Zn1(B)	ISO-WD21151	BTFP	最小	余量	2.4	0.5	0.05	—	—	—	—	—	—	—	—	—	—
				最大		3.6	1.5	0.4	—	—	—	—	0.1	0.05	0.05	0.005	0.05	0.30
	ISO-MgAl6Zn1	ISO-WD21160	BTF	最小	余量	5.5	0.50	0.15	—	—	—	—	—	—	—	—	—	—
				最大		6.5	1.5	0.40	—	—	—	—	0.10	0.005	0.05	0.005	0.05	0.30
	ISO-MgAl8Zn	ISO-WD21170	BF	最小	余量	7.8	0.20	0.12	—	—	—	—	—	—	—	—	—	—
				最大		9.2	0.8	0.40	—	—	—	—	0.10	0.005	0.05	0.005	0.05	0.30
MgMn	ISO-MgMn2	ISO-WD43150	BT	最小	余量	—	—	1.2	—	—	—	—	—	—	—	—	—	—
				最大		—	—	2.0	—	—	—	—	0.10	—	0.05	0.01	0.05	0.30
MgZnZr	ISO-MgZn3Zr	ISO-WD32250	BTF	最小	余量	—	2.5	—	—	0.45	—	—	—	—	—	—	—	—
				最大		—	4.0	—	—	0.8	—	—	—	—	—	—	0.05	0.30
	ISO-MgZn6Zr	ISO-WD32260	BTF	最小	余量	—	4.8	—	—	0.45	—	—	—	—	—	—	—	—
				最大		—	6.2	—	—	0.8	—	—	—	—	—	—	0.05	0.30
MgZnMn	ISO-MgZn2Mn1	ISO-WD32350	BTFP	最小	余量	0.1	1.75	0.6	—	—	—	—	—	—	—	—	—	—
				最大		—	2.3	1.3	—	—	—	—	0.10	0.06	0.1	0.005	0.05	0.30
MgZnCu	ISO-MgZn7Cu1	ISO-WD32150	B	最小	余量	—	6.0	0.5	—	—	—	—	—	—	1.0	—	—	—
				最大		0.2	7.0	1.0	—	—	—	—	0.10	0.05	1.5	0.01	0.05	0.30
MgYREZr	ISO-MgY5RE4Zr	ISO-WD95350	BF	最小	余量	—	—	—	1.5	0.4	4.75	—	—	—	—	—	—	—
				最大		—	0.20	0.03	4.0	1.0	5.5	0.2	0.01	0.010	0.02	0.005	0.01	0.30
	ISO-MgY4RE3Zr	ISO-WD95360	BF	最小	余量	—	—	—	2.4	0.4	3.7	—	—	—	—	—	—	—
				最大		—	0.20④	0.03	4.4	1.0	4.3	0.2	0.01	0.010	0.02	0.005	0.01	0.30

① B—棒材，T—管材，F—锻件，P—板带材。
② RE—铈和其他重稀土金属。
③ 余量。
④ Zn+Ag。

表 3－9　镁合金铸锭牌号与化学成分

合金组别	材料牌号		最小或最大	化学成分(质量分数)/%															$\frac{m(RE)}{m(Al)}$
	与 ISO 2092:1981① 一致性	与 EN1753 一致性		Mg	Al	Zn	Mn②	RE③	Zr	Ag	Y	Gd	Li	Si	Fe	Cu	Ni	其他(单个)	
MgAlZn	ISO－MgAl9Zn1(A)	ISO－MB21120	最小	余量	8.5	0.45	0.17	—	—	—	—	—	—	—	—	—	—	—	—
			最大		9.5	0.9	0.40	—	—	—	—	—	—	0.08	0.004	0.025	0.001	0.01	—
	ISO－MgAl9Zn1(B)	ISO－MB21121	最小	余量	8.0	0.3	0.1	—	—	—	—	—	—	—	—	—	—	—	—
			最大		10.0	1.0	0.50	—	—	—	—	—	—	0.3	0.03	0.20	0.01	0.05	—
MgAlMn	ISO－MgAl2Mn	ISO－MB21210	最小	余量	1.7	—	0.35	—	—	—	—	—	—	—	—	—	—	—	—
			最大		2.5	0.20	0.60	—	—	—	—	—	—	0.05	0.004	0.008	0.001	0.01	—
	ISO－MgAl5Mn	ISO－MB21220	最小	余量	4.5	—	0.28	—	—	—	—	—	—	—	—	—	—	—	—
			最大		5.3	0.30	0.50	—	—	—	—	—	—	0.08	0.004	0.008	0.001	0.01	—
	ISO－MgAl6Mn	ISO－MB21230	最小	余量	5.6	—	0.26	—	—	—	—	—	—	—	—	—	—	—	—
			最大		6.4	0.30	0.50	—	—	—	—	—	—	0.08	0.004	0.008	0.001	0.01	—
MgAlSi	ISO－MgAl2Si	ISO－MB21310	最小	余量	1.9	—	0.2	—	—	—	—	—	—	0.7	—	—	—	—	—
			最大		2.5	0.20	0.6	—	—	—	—	—	—	1.2	0.004	0.008	0.001	0.01	—
	ISO－MgAl4Si	ISO－MB21320	最小	余量	3.7	—	0.2	—	—	—	—	—	—	0.7	—	—	—	—	—
			最大		4.8	0.20	0.6	—	—	—	—	—	—	1.2	0.004	0.008	0.001	0.01	—
MgAlRE④	ISO－MgAl4RE4	ISO－MB21410	最小	余量	3.6	—	0.15	3.6	—	—	—	—	—	—	—	—	—	—	0.9
			最大		4.4	0.20	0.50	4.6	—	—	—	—	—	0.08	0.004	0.008	0.001	0.01	—
MgZnCu	ISO－MgZn6Cu3Mn	ISO－MB32110	最小	余量	—	5.5	0.25	—	—	—	—	—	—	—	—	2.4	—	—	—
			最大		0.2	6.5	0.75	—	—	—	—	—	—	0.20	0.05	3.0	0.01	0.01	—

续表 3 - 9

合金组别	材料牌号 与ISO 2092:1981① 一致性	材料牌号 与EN1753 一致性	最小或最大	Mg	Al	Zn	Mn②	RE③	Zr	Ag	Y	Gd	Li	Si	Fe	Cu	Ni	其他(单个)	m(RE)/m(Al)
MgZnREZr④	ISO－MgZn4RE1Zr	ISO－MB35110	最小	余量	—	3.5	—	1.0	0.1	—	—	—	—	—	—	—	—	—	—
			最大		—	5.0	0.15	0.75	1.0	—	—	—	—	0.01	0.01	0.03	0.005	0.01	—
	ISO－MgZn3RE2Zr	ISO－MB65120	最小	余量	—	2.0	—	2.4	0.1	—	—	—	—	—	—	—	—	—	—
			最大		—	3.0	0.15	4.0	1.0	—	—	—	—	0.01	0.01	0.03	0.005	0.01	—
MgREAgZr⑤	ISO－MgAg2RE2Zr	ISO－MB65210	最小	余量	—	—	—	2.0	0.1	2.0	—	—	—	—	—	—	—	—	—
			最大		—	0.2	0.15	3.0	1.0	3.0	—	—	—	0.01	0.01	0.05	0.005	0.01	—
	ISO－MgRE2Ag1Zr	ISO－MB65220	最小	余量	—	—	—	1.5	0.1	1.3	—	—	—	—	—	—	—	—	—
			最大		—	0.2	0.15	3.0	1.0	1.7	—	—	—	0.01	0.01	0.10	0.005	0.01	—
MgYREZr⑥,⑦	ISO－MgY5RE4Zr	ISO－MB95310	最小	余量	—	—	—	2.0	0.1	—	4.75	—	—	—	—	—	—	—	—
			最大		—	0.20	0.15	4.0	1.0	—	5.4	—	0.20	0.01	0.01	0.03	0.005	0.01	—
	ISO－MgY4RE3Zr	ISO－MB95320	最小	余量	—	—	—	2.4	0.1	—	3.7	—	—	—	—	—	—	—	—
			最大		—	0.20	0.15	4.4	1.0	—	4.3	—	0.20	0.01	0.01	0.03	0.005	0.01	—
MgREGdZr⑧	ISO－MgRE3Gd1Zr	ISO－MB65410	最小	余量	—	0.20	—	2.6	0.1	—	—	1.0	—	—	—	—	—	—	—
			最大		—	0.50	0.03	3.1	1.0	0.05	—	1.7	—	0.01	0.010	0.01	0.0020	0.01	—

化学成分(质量分数)/%

① 2002 年废止。
② 最大锰含量有特殊要求。
③ RE—稀土。
④ 铈。
⑤ 钕。
⑥ 钕和重稀土金属。
⑦ 通过减少锰最大含量至 0.03%，铁最大含量至 0.01%，铜最大含量至 0.02%，锌的最大含量至 0.2%，可提高产品防腐性能。
⑧ 钕含量为 2.6% ~3.1%；其他稀土金属含量综合含量最高值为 0.4%，这些稀土金属原则上包括铈、镧和镨。

表 3 - 10　镁合金铸件牌号与化学成分

合金组别	材料牌号① 与ISO 2092:1981 一致性	与EN1753 一致性	最小或最大	Mg	Al	Zn	Mn②	RE③	Zr	Ag	Y	Gd	Li	Si	Fe	Cu	Ni	其他(单个)	铸造方式	$m(\mathrm{Fe})④/m(\mathrm{Mn})$	$m(\mathrm{RE})/m(\mathrm{Al})$
MgAlZn	ISO - MgAl9Zn1(A)	ISO - MB21120	最小	余量	8.5	0.35	0.15	—	—	—	—	—	—	—	—	—	—	—	D	—	—
			最大		9.5	0.9	0.5	—	—	—	—	—	—	0.08	0.005	0.025	0.001	0.01		0.32	—
	ISO - MgAl9Zn1(A)	ISO - MB21120	最小	余量	8.3	0.40	0.17	—	—	—	—	—	—	—	—	—	—	—	SKL	—	—
			最大		9.7	1.0	0.35	—	—	—	—	—	—	0.20	0.005	0.030	0.001	0.01		0.32	—
	ISO - MgAl9Zn1(B)	ISO - MB21121	最小	余量	8.0	0.3	0.1	—	—	—	—	—	—	—	—	—	—	—	DSKL	—	—
			最大		10.0	1.0	0.6	—	—	—	—	—	—	0.3	0.03	0.20	0.01	0.05		—	—
MgAlMn	ISO - MgAl2Mn	ISO - MB21210	最小	余量	1.6	—	0.33	—	—	—	—	—	—	—	—	—	—	—	D	—	—
			最大		2.5	0.20	0.7	—	—	—	—	—	—	0.08	0.004	0.008	0.001	0.01		0.012	—
	ISO - MgAl5Mn	ISO - MB21220	最小	余量	4.4	—	0.26	—	—	—	—	—	—	—	—	—	—	—	D	—	—
			最大		5.3	0.30	0.6	—	—	—	—	—	—	0.08	0.004	0.008	0.001	0.01		0.015	—
	ISO - MgAl6Mn	ISO - MB21230	最小	余量	5.5	—	0.24	—	—	—	—	—	—	—	—	—	—	—	D	—	—
			最大		6.4	0.30	0.6	—	—	—	—	—	—	0.08	0.005	0.008	0.001	0.01		0.021	—
MgAlSi	ISO - MgAl2Si	ISO - MB21310	最小	余量	1.8	—	0.18	—	—	—	—	—	—	0.7	—	—	—	—	D	—	—
			最大		2.5	0.20	0.7	—	—	—	—	—	—	1.2	0.004	0.008	0.001	0.01		0.022	—
	ISO - MgAl4Si	ISO - MB21320	最小	余量	3.5	—	0.18	—	—	—	—	—	—	0.5	—	—	—	—	D	—	—
			最大		4.8	0.20	0.7	—	—	—	—	—	—	1.2	0.004	0.008	0.001	0.01		0.022	—
MgAlRE⑤	ISO - MgAl4RE4	ISO - MB21410	最小	余量	3.5	—	0.15	3.5	—	—	—	—	—	—	—	—	—	—	D	—	—
			最大		4.5	0.20	0.5	4.5	—	—	—	—	—	0.08	0.005	0.008	0.001	0.01		—	0.8
MgZnCu	ISO - MgZn6Cu3Mn	ISO - MB32110	最小	余量	—	5.5	0.25	—	—	—	—	—	—	—	—	2.4	—	—	SKL	—	—
			最大		0.2	6.5	0.75	—	—	—	—	—	—	0.20	0.05	3.0	0.01	0.01		—	—
MgZnREZr⑤	ISO - MgZn4RE1Zr	ISO - MB35110	最小	余量	—	3.5	—	0.75	0.4	—	—	—	—	—	—	—	—	—	SKL	—	—
			最大		—	5.0	0.15	1.75	1.0	—	—	—	—	0.01	0.01	0.03	0.005	0.01		—	—
	ISO - MgZn3RE2Zr	ISO - MB65120	最小	余量	—	2	—	2.5	0.4	—	—	—	—	—	—	—	—	—	SKL	—	—
			最大		—	3	0.15	4.0	1.0	—	—	—	—	0.01	0.01	0.03	0.005	0.01		—	—

化学成分(质量分数)/%

续表 3-10

合金组别	与ISO 2092:1981一致性[1]	与EN1753一致性	最小或最大	Mg	Al	Zn	Mn[2]	RE[3]	Zr	Ag	Y	Gd	Li	Si	Fe	Cu	Ni	其他(单个)	铸造方式	m(Fe)/m(Mn)[4]	m(RE)/m(Al)
MgREAgZr[6]		ISO-MgAg2RE2Zr	最小	余量	—	—	—	2	0.4	2.0	—	—	—	—	—	—	—	—	SKL	—	—
			最大		—	0.2	0.15	3	1.0	3.0	—	—	—	0.01	0.01	0.03	0.005	0.01		—	—
		ISO-MgRE2Ag1Zr	最小	余量	—	—	—	1.5	0.4	1.3	—	—	—	—	—	0.05	—	—	SKL	—	—
			最大		—	0.2	0.15	3.0	1.0	1.7	—	—	—	0.01	0.01	0.10	0.005	0.01		—	—
MgYREZr[7][8]		ISO-MgY5RE4Zr	最小	余量	—	—	—	2.0	0.4	—	4.75	—	—	—	—	—	—	—	SKL	—	—
			最大		—	0.2	0.15	4.0	1.0	—	5.5	—	0.20	0.01	0.01	0.03	0.005	0.01		—	—
		ISO-MgY4RE3Zr	最小	余量	—	—	—	2.4	0.4	—	3.7	—	—	—	—	—	—	—	SKL	—	—
			最大		—	0.2	0.15	4.4	1.0	—	4.3	—	0.20	0.01	0.01	0.03	0.005	0.01		—	—
MgREGdZr[9]		ISO-MgRE3Gd1Zr	最小	余量	—	0.20	—	2.6	0.4	0.05	—	1.0	—	—	—	—	—	—	SKL	—	—
			最大		—	0.50	0.03	3.1	1.0	0.05	—	1.7	—	—	0.010	0.01	0.0020	0.01		—	—

① 2002年废止。

② 最大锰含量有特殊要求。

③ RE—稀土。

④ 如果未达到Mn最低含量。

⑤ 铈。

⑥ 钕。

⑦ 钕和重稀土金属。

⑧ 通过减少锰最大含量至0.03%,铁最大含量至0.01%,铜最大含量0.02%,锌的最大含量至0.02%,可提高产品防腐性能。

⑨ 钕含量为2.6%~3.1%;其他稀土金属含量综合最高值为0.4%,这些稀土金属原则上包括铈、镧和镨。

3.3 欧盟

镁及镁合金现有有效的欧盟标准包括：《重熔用镁锭》（EN 12421—1998）、《铸造阳极用镁合金》（EN 12438—1998）和《镁合金铸锭及铸件》（EN 1753—1997）。其中，《重熔用镁锭》（EN 12421—1998）产品牌号与化学成分见表 3 – 11；《铸造阳极用镁合金》（EN 12438—1998）产品牌号与化学成分见表 3 – 12 和表 3 – 13；《镁合金铸锭及铸件》（EN 1753—1997）产品牌号与化学成分与 ISO 16220：2005 相同。

表 3 – 11 重熔用镁锭牌号与化学成分

牌 号		化学成分(质量分数)/%												
符号	数字	元素	Al	Mn	Si	Fe	Cu	Ni	Pb	Sn	Na	Ca	Zn	其他(单个)	Mg[①]
EN – MB99.5	EN – MB10010	最小	—	—	—	—	—	—	—	—	—	—	—	—	99.5
		最大	0.1	0.1	0.1	0.1	0.1	0.01	—	—	0.01	0.01	—	0.05	—
EN – MB99.80A	EN – MB10020	最小	—	—	—	—	—	—	—	—	—	—	—	—	99.80
		最大	0.05	0.05	0.05	0.05	0.02	0.001	0.01	0.01	0.003	0.003	0.05	0.05	—
EN – MB99.80B	EN – MB10021	最小	—	—	—	—	—	—	—	—			—	—	99.80
		最大	0.05	0.05	0.05	0.05	0.02	0.002	0.01	0.01			0.05	0.05	—
EN – MB99.95A	EN – MB10030	最小	—	—	—	—	—	—	—	—	—	—	—	—	99.95
		最大	0.01	0.006	0.006	0.003	0.005	0.001	0.005	0.005	0.003	0.003	0.005	0.005	—
EN – MB99.95B	EN – MB10031	最小	—	—	—	—	—	—	—	—			—	—	99.95
		最大	0.01	0.01	0.01	0.005	0.005	0.001	0.005	0.005			0.01	0.005	—

注：产品牌号符合 EN1754 要求。

① 余量。

表 3 – 12 铸造阳极用镁合金锭的化学成分

合金系	牌 号		化学成分(质量分数)/%									
	元素符号	数字	元素	Mg	Al	Zn	Mn	Si	Fe	Cu	Ni	其他(单个)
MgAlZn	EN – MBMgAl3Zn1	EN – MB21130	最小	余量	2.6	0.7	0.20	—	—	—	—	—
			最大		3.5	1.4	1.0	0.30	0.01	0.05	0.001	0.05
	EN – MBMgAl6Zn1	EN – MB21140	最小	余量	5.6	0.7	0.20	—	—	—	—	—
			最大		6.5	1.4	1.0	0.30	0.01	0.05	0.001	0.05
	EN – MBMgAl6Zn3	EN – MB21150	最小	余量	5.1	2.1	0.20	—	—	—	—	—
			最大		7.0	4.0	1.0	0.30	0.01	0.05	0.001	0.05
MgMn	EN – MBMgMn1	EN – MB40010	最小	余量	—	—	0.50	—	—	—	—	—
			最大		0.01	0.05	1.3	0.05	0.02	0.02	0.001	0.05
	EN – MBMgMn2	EN – MB40020	最小	余量	—	—	1.20	—	—	—	—	—
			最大		0.01	0.05	2.5	0.05	0.02	0.02	0.001	0.05

注：牌号符合 EN1754。

3.4 美国

镁及镁合金现有有效的美国标准包括：《镁合金砂铸件》（ASTM B80—2015）、《镁合金薄板和厚板》（ASTM B90—2013）、《镁合金锻件》（ASTM B91—2012）、《重熔用镁锭和镁棒》（ASTM B92—2011）、《砂型铸件、永久模铸件和压铸件用镁合金锭》（ASTM B93—2015）、《镁合金压铸件》（ASTM B94—2013）、《镁合金挤压棒材、条材、型材、管材和线材》（ASTM B107—2013）、《镁合金冷硬铸造》（ASTM B199—2012）、《镁合金熔模铸件》（ASTM B403—2012）和《镁合金牺牲阳极》（ASTM B843—2013）。

镁及镁合金现有牌号与化学成分汇总见表 3 – 14。

表3-13　镁合金阳极铸件化学成分

合金系	牌号 元素符号	牌号 数字	铸造工艺①	元素	化学成分(质量分数)/% Mg	Al	Zn	Mn	Si	Fe	Cu	Ni	其他(单个)	As+Sb+Pb+Cr+Ni②	Cd+Hg+Se②
MgAlZn	EN-MAMgAl3Zn1	EN-MA21130	S,K,C	最小	余量	2.5	0.6	0.2	—	—	—	—	—	—	—
				最大		3.5	1.4	1.0	0.3	0.02	0.05	0.002	0.05	0.1	0.01
	EN-MAMgAl6Zn1	EN-MA21140	S,K,C	最小	余量	5.5	0.6	0.2	—	—	—	—	—	—	—
				最大		6.5	1.4	1.0	0.3	0.02	0.05	0.002	0.05	0.1	0.01
	EN-MAMgAl3Zn3	EN-MA21150	S,K,C	最小	余量	5.0	2.0	0.2	—	—	—	—	—	—	—
				最大		7.0	4.0	1.0	0.3	0.02	0.05	0.002	0.05	0.1	0.01
MgMn	EN-MAMgMn1	EN-MA40010	S,K,C	最小	余量	—	—	0.5	—	—	—	—	—	—	—
				最大		0.01	0.05	1.3	0.05	0.03	0.02	0.002	0.05	0.1	0.01
	EN-MAMgMn2	EN-MA40020	S,K,C	最小	余量	—	—	1.2	—	—	—	—	—	—	—
				最大		0.01	0.05	2.5	0.05	0.03	0.02	0.002	0.05	0.1	0.01

注:牌号符合EN 1754。

① S—砂铸，K—硬模铸造，C—连续铸造。

② 仅适用于在饮用水中使用的阳极。

表 3-14 镁及镁合金牌号与化学成分

化学成分(质量分数)/%

牌号	Al	Be	Cu	Gd	Fe	Li	Mn	Rb	Ni	RE	Si	Ag	Y	Sr	Zn	Zr	Ca	Th	其他单个	其他合计	备注
AM100A	9.3~10.7	—	0.10	—	—	—	0.10~0.35	—	0.01	—	0.30	—	—	—	0.30	—	—	—	—	0.30	ASTM B80-15/B93-09/B199-12/B403-12
AZ63A	5.3~6.7	—	0.25	—	—	—	0.15~0.35	—	0.01	—	0.30	—	—	—	2.5~3.5	—	—	—	—	0.30	ASTM B80-15/B93-09
AZ81A	7.0~8.1	—	0.10	—	—	—	0.13~0.35	—	0.01	—	0.30	—	—	—	0.40~1.0	—	—	—	—	0.30	ASTM B80-15/B93-09/B199-12/B403-12
AZ91C	8.1~9.3	—	0.10	—	—	—	0.13~0.35	—	0.01	—	0.30	—	—	—	0.40~1.0	—	—	—	—	0.30	ASTM B80-15/B93-09/B199-12/B403-12
AZ91E	8.1~9.3	—	0.015	—	0.005	—	0.17~0.35	—	0.001	—	0.20	—	—	—	0.40~1.0	—	—	—	0.01	0.30	ASTM B80-15/B93-09/B199-12/B403-12
AZ92A	8.3~9.7	—	0.25	—	—	—	0.10~0.35	—	0.01	—	0.30	—	—	—	1.6~2.4	—	—	—	—	0.30	ASTM B80-15/B93-09/B199-12/B403-12
EQ21A	—	—	0.05~0.10	—	—	—	—	—	0.01	1.5~3.0	—	1.3~1.7	—	—	—	0.40~1.0	—	—	—	0.30	ASTM B80-15/B93-09/B199-12/B403-12
EV31A	—	—	0.01	1.0~1.7	0.010	—	—	2.6~3.1	0.002	0.4	—	0.05	—	—	0.20~0.50	0.40~1.0	—	—	0.01	—	ASTM B80-15/B93-09
EZ33A	—	—	0.10	—	—	—	—	—	0.01	2.5~4.0	—	—	—	—	2.0~3.1	0.50~1.0	—	—	—	0.30	ASTM B80-15/B93-09/B199-12/B403-12
K1A	—	—	—	—	—	—	—	—	—	—	—	—	—	—	—	0.40~1.0	—	—	—	0.30	ASTM B80-15/B93-09/B403-12
QE22A	—	—	0.10	—	—	—	—	—	0.01	1.8~2.5	—	2.0~3.0	—	—	—	0.40~1.0	—	—	—	0.30	ASTM B80-15/B93-09/B199-12/B403-12
WE43A	—	—	0.03	—	0.01	0.2	0.15	2.0~2.5	0.005	1.9	0.01	—	3.7~4.3	—	0.20	0.40~1.0	—	—	0.2	—	ASTM B80-15/B93-09
WE43B	—	—	0.02	—	0.010	0.2	0.03	2.0~2.5	0.005	1.9	0.01	—	3.7~4.3	—	—	0.40~1.0	—	—	0.01	—	ASTM B80-15/B93-09/B107-13
WE54A	—	—	0.03	—	—	0.2	0.03	1.5~2.0	0.005	2.0	0.01	—	4.75~5.5	—	0.20	0.40~1.0	—	—	0.20	—	ASTM B80-15/B93-09/B107-13
ZC63A	—	—	2.4~3.0	—	—	—	0.25~0.75	—	0.01	—	0.20	—	—	—	5.5~6.5	—	—	—	—	0.30	ASTM B80-15/B93-09/B403-12
ZE41A	—	—	0.10	—	—	—	0.15	—	0.01	0.75~1.75	—	—	—	—	3.5~5.0	0.40~1.0	—	—	—	0.30	ASTM B80-15/B93-09/B403-12

续表 3-14

化学成分(质量分数)/%

牌号	Al	Be	Cu	Gd	Fe	Li	Mn	Rb	Ni	RE	Si	Ag	Y	Sr	Zn	Zr	Ca	Th	其他 单个	其他 合计	备注
ZK51A	—	—	0.10	—	—	—	—	—	0.01	—	—	—	—	—	3.6~5.5	0.50~1.0	—	—	—	0.30	ASTM B80-15/B93-09
ZK61A	—	—	0.10	—	—	—	—	—	0.01	—	—	—	—	—	5.5~6.5	0.6~1.0	—	—	—	0.30	ASTM B80-15/B93-09/B403-12
AZ31B	2.5~3.5	—	0.05	—	0.005	—	0.20~1.0	—	0.005	—	0.10	—	—	—	0.6~1.4	—	0.04	—	—	0.30	ASTM B90-13/ASTM B91-12/B107-13/B843-13
ZE10A	—	—	—	—	—	—	—	—	—	0.12~0.22	—	—	—	—	1.0~1.5	—	—	—	—	0.30	ASTM B90-13
AZ61A	5.8~7.2	—	0.05	—	0.005	—	0.15~0.5	—	0.005	—	0.10	—	—	—	0.40~1.5	—	—	—	—	0.30	ASTM B91-12/B107-13
AZ80A	7.8~9.2	—	0.05	—	0.005	—	0.12~0.5	—	0.005	—	0.10	—	—	—	0.20~0.8	—	—	—	—	0.30	ASTM B91-12/B107-13
ZK60A	—	—	—	—	—	—	—	—	0.01	—	—	—	—	—	4.8~6.2	0.45	—	—	—	0.30	ASTM B91-12/B107-13
AS41A	3.7~4.8	—	0.04	—	—	—	0.22~0.48	—	0.01	—	0.60~1.4	—	—	—	0.10	—	—	—	—	0.30	ASTM B93-09/B94-13
AS41B	3.7~4.8	0.0005~0.0015	0.015	—	0.0035	—	0.35~0.6	—	0.001	—	0.60~1.4	—	—	—	0.10	—	—	—	0.01	—	ASTM B93-09/B94-13
AM50A	4.5~5.3	0.0005~0.0015	0.008	—	0.004	—	0.28~0.50	—	0.001	—	0.08	—	—	—	0.20	—	—	—	0.01	—	ASTM B93-09/B94-13
AM60A	5.6~6.4	—	0.25	—	—	—	0.15~0.50	—	0.01	—	0.20	—	—	—	0.20	—	—	—	—	0.30	ASTM B93-09/B94-13
AM60B	5.6~6.4	0.0005~0.0015	0.008	—	0.004	—	0.26~0.50	—	0.001	—	0.08	—	—	—	0.20	—	—	—	0.01	—	ASTM B93-09/B94-13
AZ91A	8.5~9.5	—	0.08	—	—	—	0.15~0.40	—	0.01	—	0.20	—	—	—	0.45~0.9	—	—	—	—	0.30	ASTM B93-09/B94-13
AZ91B	8.5~9.5	—	0.25	—	—	—	0.15~0.40	—	0.01	—	0.20	—	—	—	0.45~0.9	—	—	—	—	0.30	ASTM B93-09/B94-13

续表 3 - 14

牌号	化学成分(质量分数)/%																		其他		备注
	Al	Be	Cu	Gd	Fe	Li	Mn	Rb	Ni	RE	Si	Ag	Y	Sr	Zn	Zr	Ca	Th	单个	合计	
AZ91D	8.5~9.5	0.0005~0.0015	0.025	—	0.004	—	0.17~0.40	—	0.001	—	0.08	—	—	—	0.45~0.9	—	—	—	0.01	—	ASTM B93-09/B94-13
AJ52A	4.6~5.5	0.0005~0.0015	0.008	—	0.004	—	0.26~0.5	—	0.001	—	0.08	—	—	1.8~2.3	0.20	—	—	—	0.01	—	ASTM B93-09/B94-13
AJ62A	5.6~6.6	0.0005~0.0015	0.008	—	0.004	—	0.26~0.5	—	0.001	—	0.08	—	—	2.1~2.8	0.20	—	—	—	0.01	—	ASTM B93-09/B94-13
AS21A	1.9~2.5	0.0005~0.0015	0.008	—	0.004	—	0.2~0.6	—	0.001	—	0.7~1.2	—	—	—	0.20	—	—	—	0.01	—	ASTM B93-09/B94-13
AS21B	1.9~2.5	0.0005~0.0015	0.008	—	0.0035	—	0.05~0.15	—	0.001	0.06~0.25	0.7~1.2	—	—	—	0.25	—	—	—	0.01	—	ASTM B93-09/B94-13
AZ31C	2.4~3.6	—	0.10	—	—	—	0.15~1.0	—	0.03	—	0.10	—	—	—	0.50~1.5	—	—	—	—	0.30	ASTM B107-13
M1A	—	—	0.05	—	—	—	1.2~2.0	—	0.01	—	0.10	—	—	—	—	—	0.30	—	—	0.30	ASTM B107-13
WE43C	—	—	0.02	—	0.005	—	0.03	2.0~2.5	0.002	0.3~1.0	—	—	3.7~4.3	—	0.06	0.2~1.0	—	—	0.01	—	ASTM B107-13
ZK40A	—	—	—	—	—	—	—	—	—	—	—	—	—	—	3.5~4.5	0.45	—	—	—	0.30	ASTM B107-13
AZ63B	5.3~6.7	—	0.02	—	0.003	—	0.15~0.7	—	0.002	—	0.10	—	—	—	2.5~3.5	—	—	—	—	0.30	ASTM B843-13
AZ63C	5.3~6.7	—	0.05	—	0.003	—	0.15~0.7	—	0.003	—	0.30	—	—	—	2.5~3.5	—	—	—	—	0.30	ASTM B843-13
AZ63D	5.0~7.0	—	0.10	—	0.003	—	0.15~0.7	—	0.003	—	0.30	—	—	—	2.0~4.0	—	—	—	—	0.30	ASTM B843-13
M1C	0.01	—	0.02	—	0.03	—	0.50~1.3	—	0.001	—	0.05	—	—	—	—	—	—	—	0.05	0.30	ASTM B843-13
AZ31D	2.5~3.5	—	0.04	—	0.002	—	0.20~1.0	—	0.001	—	0.05	—	—	—	0.6~1.4	—	0.04	—	0.01	0.30	ASTM B843-13

3.5　日　本

3.5.1　重熔用镁锭产品

重熔用镁锭现有有效的日本标准包括：《重熔用镁锭》(JIS H2150—2006)。重熔用镁锭牌号与化学成分见表 3 – 15。

表 3 – 15　重熔用镁锭的牌号与化学成分

牌号	对应 ISO 牌号	化学成分(质量分数,不大于)/%													
		Al	Mn	Zn	Si	Cu	Fe	Ni	Pb	Sn	Na	Ca	Ti	其他(单个)	Mg(不小于)
MI1A	Mg 99.95A	0.01	0.006	0.005	0.006	0.005	0.003	0.001	0.005	0.005	0.003	0.003	0.01	0.005	99.95
MI1B	Mg 99.95B	0.01	0.01	0.01	0.01	0.005	0.005	0.001	0.005	0.005	—	—	—	0.005	99.95
MI2	—	0.01	0.01	0.05	0.01	0.005	0.04	0.001	0.01	0.01	—	—	—	0.01	99.90
MI3A	Mg 99.80A	0.05	0.05	0.05	0.05	0.02	0.05	0.001	0.01	0.003	0.003	—	—	0.05	99.80
MI3B	Mg 99.80B	0.05	0.05	0.05	0.05	0.02	0.05	0.002	0.001	0.01	—	—	—	0.05	99.80

3.5.2　铸造镁合金产品

铸造镁合金现有有效的日本标准包括：《铸造镁合金锭》(JIS H2221—2000)、《压铸用镁合金锭》(JIS H2222—2000)、《镁合金铸件》(JIS H5203—2000)、《镁合金模铸件》(JIS H5303—2000)。铸造镁合金牌号与化学成分见表 3 – 16。

表 3 – 16　铸造镁合金牌号与化学成分

牌号	化学成分(质量分数)/%												
	Mg	Al	Zn	Zr	Mn	RE	Y	Ag	Si(不大于)	Cu(不大于)	Ni(不大于)	Fe(不大于)	其他(单个, 不大于)
MC2C	余量	8.3 ~ 9.2	0.45 ~ 0.9	—	0.15 ~ 0.35	—	—	—	0.20	0.08	0.010	0.03	0.05
MC2E	余量	8.3 ~ 9.2	0.45 ~ 0.9	—	0.17 ~ 0.50	—	—	—	0.20	0.015	0.0010	0.004	0.01
MC5	余量	9.4 ~ 10.6	≤0.2	—	0.13 ~ 0.35	—	—	—	0.20	0.08	0.010	—	0.01
MC6	余量	—	3.8 ~ 5.3	0.3 ~ 1.0	—	—	—	—	0.01	0.03	0.010	—	0.01
MC7	余量	—	5.7 ~ 6.3	0.3 ~ 1.0	—	—	—	—	0.01	0.03	0.010	—	0.01
MC8	余量	—	2.0 ~ 3.0	0.3 ~ 1.0	≤0.15	2.6 ~ 3.9	—	—	0.01	0.03	0.010	0.01	0.01

牌号	化学成分(质量分数)/%												
	Mg	Al	Zn	Zr	Mn	RE	Y	Ag	Si (不大于)	Cu (不大于)	Ni (不大于)	Fe (不大于)	其他 (单个, 不大于)
MCI9	余量	—	≤0.2	0.3~1.0	≤0.15	1.9~2.4	—	2.0~3.0	0.01	0.03	0.010	0.01	0.01
MCI10	余量	—	3.7~4.8	0.3~1.0	≤0.15	1.0~1.75	—		0.01	0.03	0.010	0.01	0.01
MCI11	余量	—	5.5~6.5	—	0.25~0.75	—	—		0.20	2.4~3.0	0.001	0.05	0.01
MCI12	余量	—	≤0.20	0.3~1.0	≤0.15	2.4~4.4	3.7~4.3	—	0.01	0.03	0.005	0.01	0.01
MCI13	余量	—	≤0.20	0.3~1.0	≤0.15	1.5~4.0	4.75~5.5	—	0.01	0.03	0.005	0.01	0.01
MCI14	余量	—	≤0.2	0.3~1.0	≤0.15	1.5~3.0	—	1.3~1.7	0.01	0.05	0.005	0.01	0.01

3.5.3　变形镁及镁合金产品

变形镁及镁合金现行有效日本标准包括:《阴极保护用镁牺牲阳极》(JIS H6125—1995)、《镁合金薄板和厚板》(JIS H4201—2005)、《镁合金无缝管》(JIS H4202—2005)、《镁合金棒》(JIS H4203—2005)和《镁合金挤压型材》(JIS H4204—2005)。变形镁及镁合金牌号与化学成分见表3-17。

表3-17　变形镁及镁合金牌号与化学成分　　　　　　　　(%)

牌号	Mg	Al	Zn	Mn	RE①	Zr	Y	Li	Fe	Si	Cu	Ni	Ca	其他		备注
														单个	合计	
MP1B	余量	2.4~3.6	0.50~1.5	0.15~1.0	—	—	—	—	0.005	0.10	0.05	0.005	0.04	0.05	0.30	JISH 4201:2011
MP1C	余量	2.4~3.6	0.5~1.5	0.05~0.4	—	—	—	—	0.05	0.1	0.05	0.005	—	0.05	0.30	JISH 4201:2011
MP2	余量	5.5~6.5	0.50~1.5	0.15~0.4	—	—	—	—	0.005	0.10	0.05	0.005	—	0.05	0.30	JISH 4201:2011
MP7	余量	1.5~2.4	0.50~1.5	0.05	—	—	—	—	0.01	0.10	0.10	0.005	—	0.05	0.30	JISH 4201:2011
MP9	余量	0.1	1.75~2.3	0.6~1.3	—	—	—	—	0.06	0.10	0.1	0.005	—	0.05	0.30	JISH 4201:2011
MT1B	余量	2.4~3.6	0.50~1.5	0.15~1.0	—	—	—	—	0.005	0.10	0.05	0.005	0.04	0.05	0.30	JISH 4202:2011
MT1C	余量	2.4~3.6	0.5~1.5	0.05~0.4	—	—	—	—	0.05	0.1	0.05	0.005	—	0.05	0.30	JISH 4202:2011

牌号	Mg	Al	Zn	Mn	RE①	Zr	Y	Li	Fe	Si	Cu	Ni	Ca	其他		备注
														单个	合计	
MT2	余量	5.5 ~ 6.5	0.50 ~ 1.5	0.15 ~ 0.40	—	—	—	—	0.005	0.10	0.05	0.005	—	0.05	0.30	JISH 4202:2011
MT3	余量	7.8 ~ 9.2	0.20 ~ 0.8	0.12 ~ 0.40	—	—	—	—	0.005	0.10	0.05	0.005	—	0.05	0.30	JISH 4202:2011
MT5	余量	—	2.5 ~ 4.0	—	—	0.45 ~ 0.8	—	—	—	—	—	—	—	0.05	0.30	JISH 4202:2011
MT6	余量	—	4.8 ~ 6.2	—	—	0.45 ~ 0.8	—	—	—	—	—	—	—	0.05	0.30	JISH 4202:2011
MT8	余量	—	—	1.2 ~ 2.0	—	—	—	—	—	0.10	0.05	0.01	—	0.05	0.30	JISH 4202:2011
MT9	余量	0.1	1.75 ~ 2.3	0.6 ~ 1.3	—	—	—	—	0.06	0.10	0.1	0.005	—	0.05	0.30	JISH 4202:2011
MB1B	余量	2.4 ~ 3.6	0.50 ~ 1.5	0.15 ~ 1.0	—	—	—	—	0.005	0.10	0.05	0.005	0.04	0.05	0.30	JISH 4203:2011
MB1C	余量	2.4 ~ 3.6	0.5 ~ 1.5	0.05 ~ 0.4	—	—	—	—	0.05	0.1	0.05	0.005	—	0.05	0.30	JISH 4203:2011
MB2	余量	5.5 ~ 6.5	0.50 ~ 1.5	0.15 ~ 0.40	—	—	—	—	0.005	0.10	0.05	0.005	—	0.05	0.30	JISH 4203:2011
MB3	余量	7.8 ~ 9.2	0.20 ~ 0.8	0.12 ~ 0.40	—	—	—	—	0.005	0.10	0.05	0.005	—	0.05	0.30	JISH 4203:2011
MB5	余量	—	2.5 ~ 4.0	—	—	0.45 ~ 0.8	—	—	—	—	—	—	—	0.05	0.30	JISH 4203:2011
MB6	余量	—	4.8 ~ 6.2	—	—	0.45 ~ 0.8	—	—	—	—	—	—	—	0.05	0.30	JISH 4203:2011
MB8	余量	—	—	1.2 ~ 2.0	—	—	—	—	—	0.10	0.05	0.01	—	0.05	0.30	JISH 4203:2011
MB9	余量	0.1	1.75 ~ 2.3	0.6 ~ 1.3	—	—	—	—	0.06	0.10	0.1	0.005	—	0.05	0.30	JISH 4203:2011
MB10	余量	0.2	6.0 ~ 7.0	0.5 ~ 1.0	—	—	—	—	0.05	0.10	1.0 ~ 1.5	0.01	—	0.05	0.30	JISH 4203:2011
MB11	余量	—	0.2	0.03	1.5 ~ 4.0	0.4 ~ 1.0	4.75 ~ 5.5	0.2	0.01	0.01	0.02	0.005	—	0.01	0.30	JISH 4203:2011
MB12	余量	—	0.2	0.03	2.4 ~ 4.4	0.4 ~ 1.0	3.7 ~ 4.3	0.2	0.01	0.01	0.02	0.005	—	0.01	0.30	JISH 4203:2011
MS1B	余量	2.4 ~ 3.6	0.50 ~ 1.5	0.15 ~ 1.0	—	—	—	—	0.005	0.10	0.05	0.005	0.04	0.05	0.30	JISH 4204:2011
MS1C	余量	2.4 ~ 3.6	0.5 ~ 1.5	0.05 ~ 0.4	—	—	—	—	0.05	0.1	0.05	0.005	—	0.05	0.30	JISH 4204:2011
MS2	余量	5.5 ~ 6.5	0.50 ~ 1.5	0.15 ~ 0.40	—	—	—	—	0.005	0.10	0.05	0.005	—	0.05	0.30	JISH 4204:2011

| 牌号 | Mg | Al | Zn | Mn | RE① | Zr | Y | Li | Fe | Si | Cu | Ni | Ca | 其他 | | 备注 |
														单个	合计	
MS3	余量	7.8 ~ 9.2	0.20 ~ 0.8	0.12 ~ 0.40	—	—	—	—	0.005	0.10	0.05	0.005	—	0.05	0.30	JISH 4204:2011
MS5	余量	—	2.5 ~ 4.0	—	—	0.45 ~ 0.8	—	—	—	—	—	—	—	0.05	0.30	JISH 4204:2011
MS6	余量	—	4.8 ~ 6.2	—	—	0.45 ~ 0.8	—	—	—	—	—	—	—	0.05	0.30	JISH 4204:2011
MS8	余量	—	—	1.2 ~ 2.0	—	—	—	—	—	0.10	0.05	0.01	—	0.05	0.30	JISH 4204:2011
MS9	余量	0.1	1.75 ~ 2.3	0.6 ~ 1.3	—	—	—	—	0.06	0.10	0.1	0.005	—	0.05	0.30	JISH 4204:2011
MS10	余量	0.2	6.0 ~ 7.0	0.5 ~ 1.0	—	—	—	—	0.05	0.10	1.0 ~ 1.5	0.01	—	0.05	0.30	JISH 4204:2011
MS11	余量	—	0.2	0.03	1.5 ~ 4.0	0.4 ~ 1.0	4.75 ~ 5.5	0.2	0.01	0.01	0.02	0.005	—	0.01	0.30	JISH 4204:2011
MS12	余量	—	0.2	0.03	2.4 ~ 4.4	0.4 ~ 1.0	3.7 ~ 4.3	0.2	0.01	0.01	0.02	0.005	—	0.01	0.30	JISH 4204:2011

① RE 表示 Nd 和其他重稀土元素。

3.5.4　镁粉

镁粉的日本标准按《镁粉》(JIS K8876—1994)执行，化学成分见表 3 – 18。

表 3 – 18　镁粉化学成分

| 项目 | 化学成分(质量分数)/% | | | | |
	Mg(不小于)	Cu(不大于)	Al(不大于)	Si(不大于)	Fe(不大于)
规格	99.0	0.01	0.02	0.05	0.03

第4章 铜及铜合金牌号与化学成分

4.1 中国

4.1.1 冶炼及冶炼中间产品

铜冶炼及冶炼中间产品一般用"品级"或"Cu+铜含量"表示，如一级品、Cu95.00 等，阴极铜用 Cu-CATH 表示（CATH 是阴极铜的英文缩写），如 Cu-CATH-1、Cu-CATH-2、Cu-CATH-3。

我国对铜的冶炼产品分别制定了冰铜、黑铜、粗铜、阳极铜、阴极铜、高纯铜标准。其中，冰铜是经熔炼得到的由硫化亚铜和硫化亚铁组成的含铜为 15%~70% 的中间产品；黑铜是经熔炼处理的废杂铜或铜的氧化物而产生的含杂质较多的铜，铜含量一般不小于 80%；粗铜是用转炉、卡尔多炉、倾动炉、闪速吹炼炉等冶金炉熔炼铜物料而产生的铜，铜含量一般不小于 97.50%；阳极铜是精炼炉生产的，铜含量不低于 98.50% 的铜；阴极铜是用电解精炼法或电解沉积法获得的扁平状未加工产品，通常用于重熔。冰铜、黑铜、粗铜、阳极铜是供精炼铜用的冶炼中间产品，其品级或牌号与化学成分分别见表 4-1~表 4-4；阴极铜的牌号与化学成分分别见表 4-5~表 4-7。

表 4-1 冰铜化学成分（YS/T 921—2013）

品 级	化学成分(质量分数)/%					
	铜含量	杂质含量(不大于)				
		Pb	Zn	As	MgO	Sb + Bi
一级	>50	3	2	0.15	1	0.3
二级	≥35~50	4	3	0.3	2	0.4
三级	≥15~35	8	4	0.5	3	0.5

注：块状冰铜中水分含量不大于 3%；粉状冰铜中水分含量不大于 8%。

表 4-2 黑铜化学成分（YS/T 632—2007）

牌 号	化学成分(质量分数)/%						
	Cu (不小于)	杂质含量(不大于)					
		As	Sb	Bi	Pb	Sn	Ni	Zn
Cu95.00	95.00	0.35	0.30	0.08	0.40	0.50	0.20	0.20
Cu90.00	90.00	0.40	0.35	0.10	0.80	0.80	0.30	0.40
Cu85.00	85.00	0.45	0.40	0.15	1.00	—	0.40	1.00
Cu80.00	80.00	0.50	0.45	0.20	2.00	—	0.50	2.00

表 4-3 粗铜的化学分成分（YS/T 70—2015）

牌 号	化学成分(质量分数)/%					
	Cu(不小于)	杂质含量(不大于)				
		As	Sb	Bi	Pb	Ni	Zn
Cu99.40	99.40	0.10	0.03	0.01	0.10	0.10	0.05
Cu99.00	99.00	0.15	0.10	0.02	0.15	0.20	0.10
Cu98.50	98.50	0.20	0.15	0.04	0.20	0.30	0.15
Cu97.50	97.50	0.34	0.30	0.08	0.40	—	—

表 4 – 4　阳极铜化学成分（YS/T 1083—2015）

品 级	化学成分（质量分数）/%							
	铜 含 量	杂质含量（不大于）						
		Ni	As	Sb	Bi	Pb	Sn	O
一级品	99.20 ≤ Cu < 99.50	0.10	0.10	0.02	0.01	0.10	0.05	0.15
二级品	98.80 ≤ Cu < 99.20	0.20	0.15	0.05	0.03	0.15	0.10	0.20
三级品	98.50 ≤ Cu < 98.80	0.30	0.20	0.10	0.05	0.20	0.15	0.25

表 4 – 5　阴极铜中 A 级铜（Cu-CATH-1）化学成分（GB/T 467—2010）　　　　（%）

元 素 组	杂质元素	含量（不大于）	元素组总含量（不大于）	
1	Se	0.00020	0.00030	0.0003
	Te	0.00020		
	Bi	0.00020		
2	Cr	—	0.0015	
	Mn	—		
	Sb	0.0004		
	Cd	—		
	As	0.0005		
	P	—		
3	Pb	0.0005	0.0005	
4	S	0.0015	0.0015	
5	Sn	—	0.0020	
	Ni	—		
	Fe	0.0010		
	Si	—		
	Zn	—		
	Co	—		
6	Ag	0.0025	0.0025	
表中所列杂质元素总含量		0.0065		

表 4 – 6　阴极铜中 1 号标准铜（Cu-CATH-2）化学成分（GB/T 467—2010）　　　　（%）

Cu + Ag（不小于）	杂质含量（不大于）									
	As	Sb	Bi	Fe	Pb	Sn	Ni	Zn	S	P
99.95	0.0015	0.0015	0.0005	0.0025	0.002	0.0010	0.0020	0.002	0.0025	0.001

注：1. 供方需按批测定 1 号标准铜中的铜、银、砷、锑、铋含量，并保证其他杂质符合本标准的规定。

　　2. 表中铜含量为直接测得。

表 4 – 7　阴极铜中 2 号标准铜（Cu-CATH-3）化学成分（GB/T 467—2010）　　　　（%）

Cu（不小于）	杂质含量（不大于）			
	Bi	Pb	Ag	总含量
99.90	0.0005	0.005	0.025	0.03

注：表中铜含量为直接测得。

《高纯铜》(GB/T 26017—2010) 规定了 5N 和 6N 两个级别的高纯铜，其牌号与化学成分规定如下：

HPCu-1 中金属 Cu 的含量不低于 99.9999%；Li、Be、B、Na、Mg、Al、Si、P、S、K、Ca、Ti、V、Cr、Mn、Fe、Co、Ni、Zn、Ge、As、Se、Zr、Nb、Mo、Ag、Cd、Sn、Sb、Te、Au、Hg、Pb、Bi、Th、U 主控杂质元素含量之和不大于 0.0001%。

HPCu-2 中金属 Cu 的含量不低于 99.999%；Li、Be、B、Na、Mg、Al、Si、P、S、K、Ca、Ti、V、Cr、Mn、Fe、Co、Ni、Zn、Ge、As、Se、Zr、Nb、Mo、Ag、Cd、Sn、Sb、Te、Au、Hg、Pb、Bi、Th、U 主控杂质元素含量之和不大于 0.001%。

4.1.2　加工产品

我国铜及铜合金加工产品分为铜、高铜、黄铜、青铜和白铜五大类。

4.1.2.1　牌号（或代号）表示方法

《铜及铜合金牌号和代号表示方法》(GB/T 29091—2012) 规定了铜及铜合金加工、铸造和再生产品的牌号、代号的表示方法。铜及铜合金加工、铸造和再生产品牌号表示方法见表4-8。

表4-8　铜及铜合金牌号的表示方法

分类	定　义	命　名　方　法	示　例
铜	铜含量高于99.30%工业用金属铜,俗称紫铜	1. "T+顺序号"或"T+第一主添加元素化学符号+各添加元素含量(数字间以'-'隔开)"; 2. 无氧铜以"TU+顺序号"或"TU+添加元素的化学符号+各添加元素含量"命名; 3. 磷脱氧铜以"TP+顺序号"命名	T2 纯铜 TU1 无氧铜 TP1 磷脱氧铜 TAg0.1 银铜 TUAg0.1 银无氧铜 TUAl0.12 弥散无氧铜
高铜合金	铜含量在96.0%~99.3%的范围内,用于冷、热压力加工	"T+第一主添加元素化学符号+各添加元素含量(数字以'-'隔开)"	TCd1 镉铜 TBe0.3-1.5 铍铜 TCr1 铬铜 TMg0.4 镁铜
黄铜	以铜为基体金属,主要由铜和锌组成的合金	1. 普通黄铜以"H+铜含量"命名; 2. 复杂黄铜以"H+第二主添加元素化学符号+铜含量+除锌以外的各添加元素含量(数字间以'-'隔开)"命名	H85 普通黄铜 HAs70-0.05 含砷黄铜 HPb59-1 铅黄铜 HSn70-1 锡黄铜 HAl77-2 铝黄铜
青铜	以铜为基体金属,除锌和镍以外其他元素为主添加元素的合金	青铜以"Q+第一主添加元素化学符号+各添加元素含量(数字间以'-'隔开)"命名	QSn6.5-0.1 锡青铜 QAl10-4-4-1 铝青铜 QSi1-3 硅青铜
白铜	以铜为基体金属,主要由铜和镍组成的合金	1. 普通白铜以"B+镍含量"命名; 2. 铜为余量的复杂白铜,以"B+第二主添加元素化学符号+镍含量+各添加元素含量(数字间以'-'隔开)"命名; 3. 锌为余量的锌白铜,以"B+Zn元素化学符号+第一主添加元素(镍)含量+第二主添加元素(锌)含量+第三主添加元素含量(数字间以'-'隔开)"命名	B5 普通白铜 BFe5-1.5-0.5 铁白铜 BAl6-1.5 铝白铜 BZn18-10 锌白铜
铸造铜及铜合金	只经过铸造,不需要进行压力加工的合金	在加工铜及铜合金牌号的命名方法的基础上,牌号的最前端冠以"铸造"一词汉语拼音的第一个大写字母"Z"	ZHMn59-2-2 锰黄铜 ZQSn6.5-0.1 锡青铜
再生铜及铜合金	直接利用铜及铜合金废料,生产出的铜及铜合金	在加工铜及铜合金牌号的命名方法的基础上,牌号的最前端冠以"再生"英文单词recycling的第一个大写字母"R"	RT3 再生纯铜 RHPb59-2 再生铅黄铜

铜及铜合金的代号由"铜"的汉语拼音第一个大写字母"T"或英文第一个大写字母"C"和五位阿拉伯数字组成（等同采用美国牌号的合金首字母采用"C"）。

加工铜及铜合金的代号数字范围为"10000～79999"，铸造铜及铜合金的代号数字范围为"80000～99999"。在同一分类中，按铜含量由高到低排序；铜含量相同时，按第一主添加元素含量由高到低排序。铜及铜合金加工产品代号表示方法见表4－9，铜及铜合金铸造产品代号表示方法见表4－10。

表4－9　加工铜及铜合金代号数字系列

分　类	代号数字系列	示　例
铜	10000～15999	T10900 纯铜
高铜合金	16000～19999	T17720 铍铜
铜－锌合金(普通黄铜)	20000～29999	C23000 普通黄铜
铜－锌－铅合金(铅黄铜)	30000～39999	T38100 铅黄铜
铜－锌－锡合金和铜－锌－锡－铋合金(锡黄铜和铋黄铜)	40000～49999	T45000 锡黄铜 C49260 铋黄铜
铜－锡－磷合金(锡磷青铜)	50000～52999	T51510 锡磷青铜
铜－锡－铅－磷合金(含铅锡磷青铜)	53000～54999	T53500 含铅锡磷青铜
铜－磷合金、铜－银－磷合金和铜－银－锌合金(铜焊合金)	55000～59999	—
铜－铬合金(铬青铜)	60000～60299	—
铜－锰合金(锰青铜)	60300～60799	—
铜－铝合金(铝青铜)	60800～64699	C60800 铝青铜
铜－硅合金(硅青铜和硅黄铜)	64700～66199	C64700 硅青铜
其他铜－锌合金(其他复杂黄铜)	66200～69999	—
铜－镍合金(白铜)	70000～73499	T70380 普通白铜
铜－镍－锌合金(锌白铜)	73500～79999	C73500 锌白铜

表4－10　铸造铜及铜合金代号数字系列

分　类	代号数字系列
铜	80000～81399
高铜合金	81400～83299
铜－锡－锌和铜－锡－锌－铅合金(红黄铜、铅红黄铜)	83300～83999
铜－锡－锌和铜－锡－锌－铅合金(半红黄铜、含铅半红黄铜)	84000～84900
铜－锌合金(普通黄铜)	85000～85999
锰青铜和含铅锰青铜合金	86000～86999
铜－硅合金(硅青铜和硅黄铜)	87000～87999
铜－铋合金和铜－铋－硒合金	88800～89999
铜－锡合金(锡青铜)	90000～91999
铜－锡－铅合金(含铅锡青铜)	92000～92900
铜－锡－铅合金(高铅锡青铜)	93000～94500
铜－锡－镍合金(镍锡青铜)	94600～94999
铜－铝－铁合金和铜－铝－铁－镍合金(铝青铜)	95000～95999
铜－镍－铁合金(铜镍)	96000～96999
铜－镍－锌合金(镍银)	97000～97999
铜－铅合金	98000～98999
特殊合金	99000～99999

4.1.2.2 牌号与化学成分

A 加工铜

用于集成电路的各类磷铜阳极牌号与化学成分（质量分数）见表 4 – 11。

表 4 – 11 磷铜阳极牌号与化学成分（GB/T 33140—2016）

牌 号		CuP-99.95	CuP-99.99	CuP-99.995	CuP-99.999
Cu + P(不小于)/%		99.95	99.99	99.995	99.999
P/×10⁻⁴%		400 ~ 650	400 ~ 650	400 ~ 650	400 ~ 650
杂质元素含量 （不大于）/×10⁻⁴%	Al	—	1	0.5	0.5
	As	30	2	1	0.5
	Ag	30	15	1	0.5
	Ca	—	2	0.05	0.05
	Cr	—	—	0.1	0.05
	Fe	30	2	1	0.5
	K	—	1	0.05	0.05
	Li	—	1	0.05	0.05
	Mg	—	1	0.05	0.05
	Mn	—	1	0.1	0.05
	Ni	20	5	1.5	0.5
	Pb	10	2	0.5	0.1
	Sn	10	5	1	0.5
	Ti	—	2	0.1	0.1
	V	—	2	1	0.5
	Zn	10	2	1	0.5
	S	30	20	10	5
杂质总含量(不大于)/×10⁻⁴%		500	100	50	10

注：1. 磷铜阳极 Cu + P 的质量分数为 100% 减去表 4 – 11 中所列杂质元素实测值总和的余量（不含 S）。

　　2. "—"表示不作要求，但参与减杂。

用于电子薄膜制造用的各类高纯铜溅射靶材牌号与化学成分（质量分数）见表 4 – 12。

表 4 – 12 高纯铜溅射靶材牌号与化学成分（YS/T 819—2012）

牌 号		4N	4N5	5N	6N
Cu(不小于)/%		99.99	99.995	99.999	99.9999
杂质含量 （不大于）/×10⁻⁴%	Ag	—	25	5	0.3
	Al	—	—	0.5	0.1
	As	20	5	0.5	0.02
	Bi	20	1	1	0.02
	Ca	—	—	0.5	0.02
	Cd	—	1	0.1	—
	Cl	—	—	—	—
	Co	—	—	0.3	—
	Cr	—	—	0.05	0.02
	F	1	1	—	—
	Fe	30	10	0.5	0.2
	K	—	—	—	0.02
	Mn	10	0.5	0.1	—
	Na	—	—	—	0.02
	Nb	—	—	—	—

续表 4 – 12

牌　号		4N	4N5	5N	6N
Cu(不小于)/%		99.99	99.995	99.999	99.9999
杂质含量 (不大于)/×10⁻⁴%	Ni	10	10	0.5	0.1
	P	3	3	0.1	0.02
	Pb	10	5	0.05	—
	Sb	10	4	0.1	0.02
	Se	—	3	0.1	—
	Si	—	—	0.5	—
	Sn	10	2	0.1	—
	Te	—	2	0.1	—
	Th	—	—	—	0.0005
	U	—	—	—	0.0005
	U + Th	—	—	—	0.001
	Zn	10	1	0.1	—
	S	30	15	1	0.05
气体杂质含量 (不大于)/×10⁻⁴%	C	—	20	10	1
	N	—	10	5	1
	O	30	5	5	1
杂质(不包含 C、H、O、N)总含量(不大于)/%		0.01	0.005	0.001	0.0001

注：高纯铜靶的含量为100%减去表中杂质实测总和的余量（不含 C、O、N、H）。

根据《加工铜及铜合金牌号与化学成分》(GB/T 5231—2012)，加工铜包括含氧铜、无氧铜、脱氧铜和微合金化铜，铜含量一般不低于99.3%。其牌号与化学成分见表 4 – 13。

B　加工高铜

加工高铜是以铜为基体金属，加入一种或几种微量元素以获得某些预定特性的合金。用于冷、热压力加工的高铜，铜含量一般在96.0% ~99.3%的范围内。其牌号与化学成分见表 4 – 14。

C　加工黄铜

加工黄铜是以铜为基体金属，主要由铜和锌组成的合金。黄铜中可含有或不含有其他合金元素。不含其他合金元素的黄铜称简单黄铜（或称普通黄铜）；含有其他合金元素的黄铜称复杂黄铜（或称特殊黄铜），或依据第二合金元素命名，如镍黄铜、铅黄铜、锡黄铜、铝黄铜、锰黄铜、铁黄铜、硅黄铜等。当含有其他合金元素时，锌含量应占优势，超过其他任一合金元素；镍含量不超过6.5%；锡含量不超过3.0%；其他合金元素含量不作规定。其牌号与化学成分见表 4 – 15。

D　加工青铜

加工青铜是以铜为基体金属，除锌和镍以外其他元素为主添加元素的合金。根据主添加元素不同，可分为锡青铜（或称铜锡合金，包括铜锡、铜锡磷、铜锡铅合金等）、铝青铜（或称铜铝合金）、铬青铜（或称铜铬合金）、锰青铜（或称铜锰合金）、硅青铜（或称铜硅合金）等。青铜中可含有或不含有主添加元素外的其他元素。当含有其他合金元素时，主添加元素含量应占优势，超过其他任一合金元素。硅青铜中，镍含量可大于硅含量，但不应大于5%。锡青铜中，当锡含量在3%以上时，锌含量可等于或大于锡含量，但不应大于10%。其牌号与化学成分见表 4 – 16。

E　加工白铜

加工白铜是以铜为基体金属，主要由铜和镍组成的合金。白铜中可含有或不含有其他合金元素。不含其他合金元素的白铜称简单白铜；含有其他合金元素的白铜称复杂白铜，或依据第二合金元素命名，如铁白铜、锰白铜、铝白铜、锌白铜等。

当含有其他合金元素时，镍含量应占优势，超过其他任一合金元素。但当镍含量小于4.0%时，锰含量可以超过镍含量。其牌号与化学成分见表 4 – 17。

表 4-13　加工铜牌号与化学成分

化学成分（质量分数）/%

分类	代号	牌号	Cu+Ag（不小于）	P	Ag	Bi②	Sb②	As②	Fe	Ni	Pb	Sn	S	Zn	O
无氧铜	C10100	TU00①	99.99①	0.0003	0.0025	0.0001	0.0004	0.0005	0.0010	0.0010	0.0005	0.0002	0.0015	0.0001	0.0005
			Te≤0.0002，Se≤0.0003，Mn≤0.00005，Cd≤0.0001												
	T10130	TU0	99.97	0.002	—	0.001	0.002	0.002	0.004	0.002	0.003	0.002	0.004	0.003	0.001
	T10150	TU1	99.97	0.002	—	0.001	0.002	0.002	0.004	0.002	0.003	0.002	0.004	0.003	0.002
	T10180	TU2③	99.95	0.002	—	0.001	0.002	0.002	0.004	0.002	0.004	0.002	0.004	0.003	0.003
	C10200	TU3	99.95	—	—	—	—	—	—	—	—	—	—	—	0.0010
银无氧铜	T10350	TU00Ag0.06	99.99	0.002	0.05~0.08	0.0003	0.0005	0.0004	0.0025	0.0006	0.0006	0.0007	—	0.0005	0.0005
	C10500	TU Ag0.03	99.95	—	≥0.034	—	—	—	—	—	—	—	—	—	0.0010
	T10510	TUAg0.05	99.96	0.002	0.02~0.06	0.001	0.002	0.002	0.004	0.002	0.004	0.002	0.004	0.003	0.003
	T10530	TUAg0.1	99.96	0.002	0.06~0.12	0.001	0.002	0.002	0.004	0.002	0.004	0.002	0.004	0.003	0.003
	T10540	TUAg0.2	99.96	0.002	0.15~0.25	0.001	0.002	0.002	0.004	0.002	0.004	0.002	0.004	0.003	0.003
	T10550	TUAg0.3	99.96	0.002	0.25~0.35	0.001	0.002	0.002	0.004	0.002	0.004	0.002	0.004	0.003	0.003
锆无氧铜	T10600	TUZr0.15	99.97	0.002	Zr：0.11~0.21	0.001	0.002	0.002	0.004	0.002	0.003	0.002	0.004	0.003	0.002
纯铜	T10900	T1	99.95	0.001	—	0.001	0.002	0.002	0.005	0.002	0.003	0.002	0.005	0.005	0.02
	T11050	T2④·⑤	99.90	—	—	0.001	0.002	0.002	0.005	—	0.005	—	0.005	—	—
	T11090	T3	99.70	—	—	0.002	—	—	—	—	0.01	—	—	—	0.05
银铜	T11200	TAg0.1-0.01⑥	99.9⑥	0.004~0.012	0.08~0.12	—	—	—	—	0.05	—	—	—	—	—
	T11210	TAg0.1⑦	99.5⑦	0.015~0.040	0.06~0.12	0.002	0.005	0.01	0.05	0.2	0.01	0.05	0.01	—	0.1
	T11220	TAg0.15	99.5	0.01~0.025	0.10~0.20	0.002	0.005	0.01	0.05	0.2	0.01	0.05	0.01	—	0.1
磷脱氧铜	C12000	TP1	99.90	0.004~0.012	—	—	—	—	—	—	—	—	—	—	—
	C12200	TP2	99.9	0.015~0.040	—	—	—	—	—	—	—	—	—	—	—
	T12210	TP3	99.9	0.01~0.025	—	—	—	—	—	—	—	—	—	—	0.01
	T12400	TP4	99.90	0.040~0.065	—	—	—	—	—	—	—	—	—	—	0.002

续表 4-13

化学成分(质量分数)/%

分类	代号	牌号	Cu+Ag (不小于)	P	Ag	Bi②	Sb②	As②	Fe	Ni	Pb	Sn	S	Zn	O	Cd
碲铜	T14440	TTe0.3	99.9⑧	0.001	Te: 0.20~0.35	0.001	0.0015	0.002	0.008	0.002	0.01	0.001	0.0025	0.005	—	0.01
	T14450	TTe0.5-0.008	99.8⑨	0.004~0.012	Te: 0.4~0.6	0.001	0.003	0.002	0.008	0.005	0.01	0.01	0.003	0.008	—	0.01
	C14500	TTe0.5	99.90⑩	0.004~0.012	Te: 0.40~0.7	—	—	—	—	—	—	—	—	—	—	—
	C14510	TTe0.5-0.02	99.85⑩	0.010~0.030	Te: 0.30~0.7	—	—	—	—	—	0.05	—	—	—	—	—
硫铜	C14700	TS0.4	99.90⑪	—	—	—	—	—	—	—	—	—	0.20~0.50	—	—	—
	C15000	TZr0.15⑬	99.80	—	Zr: 0.10~0.20	—	—	—	—	—	—	—	—	—	—	—
锆铜	T15200	TZr0.2	99.5⑫	—	Zr: 0.15~0.30	0.002	0.005	—	0.05	0.2	0.01	0.05	0.01	—	—	—
	T15400	TZr0.4	99.5⑫	—	Zr: 0.30~0.50	0.002	0.005	—	0.05	0.2	0.01	0.05	0.01	—	—	—
弥散无氧铜	T15700	TUAl0.12	余量	0.002	Al₂O₃:0.16~0.26	0.001	0.002	0.002	0.004	0.002	0.003	0.002	0.004	0.003	—	—

① 此值为铜量，铜含量(质量分数)不小于 99.99% 时，其值应由差减法求得。
② 砷、铋、锑可不分析，但供方必须保证不大于极限值。
③ 电工用无氧铜 TU2 氧含量不大于 0.002%。
④ 经双方协商，可供应含 P 不大于 0.001% 的导电 T2 铜。
⑤ 电力机车接触材料用纯铜线坯：$w(Bi)$ ≤0.0005%，$w(Pb)$ ≤0.0050%，$w(O)$ ≤0.035%，$w(P)$ ≤0.001%，其他杂质含量总和不大于 0.03%。
⑥ 此值为 Cu+Ag+P 含量。
⑦ 此值为铜量。
⑧ 此值为 Cu+Ag+Te 含量。
⑨ 此值为 Cu+Ag+Te+P 含量。
⑩ 此值为 Cu+Ag+Te+P 含量。
⑪ 此值为 Cu+Ag+S+P 含量。
⑫ 此值为 Cu+Ag+Zr 含量。
⑬ 此牌号 Cu+Ag+Zr 含量不小于 99.9%。

表4-14　加工高铜合金①牌号与化学成分

化学成分(质量分数)/%

分类	代号	牌号	Cu	Be	Ni	Cr	Si	Fe	Al	Pb	Ti	Zn	Sn	S	P	Mn	Co	杂质(合计)
镉铜	C16200	TCd1	余量	—	—	—	—	0.02	—	—	—	—	—	—	—	Cd:0.7~1.2	—	0.5
铍铜	C17300	TBe1.9-0.4②	余量	1.80~2.00	—	—	0.20	—	0.20	0.20~0.6	—	—	—	—	—	—	—	0.9
	T17490	TBe0.3-1.5	余量	0.25~0.50	—	—	0.20	0.10	0.20	—	—	—	—	—	—	Ag:0.90~1.10	1.40~1.70	0.5
	C17500	TBe0.6-2.5	余量	0.4~0.7	—	—	0.20	0.10	0.20	—	—	—	—	—	—	—	—	1.0
	C17510	TBe0.4-1.8	余量	0.2~0.6	1.4~2.2	—	0.20	0.10	0.20	—	—	—	—	—	—	—	2.4~2.7	1.3
	T17700	TBe1.7	余量	1.6~1.85	0.2~0.4	—	0.15	0.15	0.15	0.005	0.10~0.25	—	—	—	—	—	0.3	0.5
	T17710	TBe1.9	余量	1.85~2.1	0.2~0.4	—	0.15	0.15	0.15	0.005	0.10~0.25	—	—	—	—	—	—	0.5
	T17715	TBe1.9-0.1	余量	1.85~2.1	0.2~0.4	—	0.15	0.15	0.15	0.005	0.10~0.25	—	—	—	—	Mg:0.07~0.13	—	0.5
	T17720	TBe2	余量	1.80~2.1	0.2~0.5	—	0.15	0.15	0.15	0.005	—	—	—	—	—	—	—	0.5
	C18000	TNi2.4-0.6-0.5	余量	—	1.8~3.0③	0.10~0.8	0.40~0.8	0.15	—	—	—	—	—	—	—	—	—	0.65
铬铜	C18135	TCr0.3-0.3	余量	—	—	0.20~0.6	—	—	—	—	—	—	—	—	—	Cd:0.20~0.6	—	0.5
	T18140	TCr0.5	余量	—	0.05	0.4~1.1	—	0.1	—	—	—	—	—	—	—	—	—	0.5
	T18142	TCr0.5-0.2-0.1	余量	—	—	0.4~1.0	—	—	0.1~0.25	—	—	—	—	—	—	Mg:0.1~0.25	—	0.5
	T18144	TCr0.5-0.1	余量	—	0.05	0.40~0.70	0.05	0.05	—	0.005	—	0.05~0.25	0.01	0.005	—	Ag:0.08~0.13	—	0.25
	T18146	TCr0.7	余量	—	0.05	0.55~0.85	—	0.1	—	—	—	—	—	—	—	—	—	0.5

续表 4-14

分类	代号	牌号	化学成分（质量分数）/%																
			Cu	Zr	Cr	Ni	Si	Fe	Al	Pb	Mg	Zn	Sn	S	P	B	Sb	Bi	杂质（合计）
铬铜	T18148	TCr0.8	余量	—	0.6~0.9	0.05	0.03	0.03	0.005	—	—	—	—	0.005	—	—	—	—	0.2
	C18150	TCr1-0.15	余量	0.05~0.25	0.50~1.5	—	—	—	—	—	—	—	—	—	—	—	—	—	0.3
	T18160	TCr1-0.18	余量	0.05~0.30	0.5~1.5	—	0.10	0.10	0.05	0.05	0.05	—	—	—	0.10	0.02	0.01	0.01	0.3③
	T18170	TCr0.6-0.4-0.05	余量	0.3~0.6	0.4~0.8	—	0.05	0.05	—	—	0.04~0.08	—	—	—	0.01	—	—	—	0.5
	C18200	TCr1	余量	—	0.6~1.2	—	0.10	0.10	—	0.05	—	—	—	—	—	—	—	—	0.75
镁铜	T18658	TMg0.2	余量	—	—	—	—	—	—	—	0.1~0.3	—	—	—	0.01	—	—	—	0.1
	C18661	TMg0.4	余量	—	—	—	—	—	—	—	0.10~0.7	—	0.20	—	0.001~0.02	—	—	—	0.8
	T18664	TMg0.5	余量	—	—	—	—	—	—	—	0.4~0.7	—	—	—	0.01	—	—	—	0.1
	T18667	TMg0.8	余量	—	—	0.006	—	0.005	—	0.005	0.70~0.85	0.005	0.002	0.005	—	—	0.005	0.002	0.3
铅铜	C18700	TPb1	余量	—	—	—	—	—	—	0.8~1.5	—	—	—	—	—	—	—	—	0.5
铁铜	C19200	TFe1.0	98.5	—	—	—	—	0.8~1.2	—	—	—	0.20	—	—	0.01~0.04	—	—	—	0.4
	C19210	TFe0.1	余量	—	—	—	—	0.05~0.15	—	—	—	—	—	—	0.025~0.04	—	—	—	0.2
	C19400	TFe2.5	97.0	—	—	—	—	2.1~2.6	—	0.03	—	0.05~0.20	—	—	0.015~0.15	—	—	—	—
钛铜	C19910	TT3.0-0.2	余量	—	—	—	—	0.17~0.23	—	—	—	—	—	—	—	Ti:2.9~3.4	—	—	0.5

① 高铜合金，指铜含量为96.0%~99.3%的合金。

② 该牌号 $w(Ni+Co)$≥0.20%，$w(Ni+Co+Fe)$≤0.6%。

③ 此值为 $w(Ni+Co)$。

④ 此值为表4-14中所列杂质元素实测值总和。

表4-15 加工黄铜牌号与化学成分

化学成分(质量分数)/%

铜锌合金

分类	代号	牌号	Cu	Fe②	Pb	Si	Ni	B	As	Zn	杂质(合计)
普通黄铜	C21000	H95	94.0~96.0	0.05	0.05	—	—	—	—	余量	0.3
	C22000	H90	89.0~91.0	0.05	0.05	—	—	—	—	余量	0.3
	C23000	H85	84.0~86.0	0.05	0.05	—	—	—	—	余量	0.3
	C24000	H80③	78.5~81.5	0.05	0.05	—	—	—	—	余量	0.3
	T26100	H70③	68.5~71.5	0.10	0.03	—	—	—	—	余量	0.3
	T26300	H68	67.0~70.0	0.10	0.03	—	—	—	—	余量	0.3
	C26800	H66	64.0~68.5	0.05	0.09	—	—	—	—	余量	0.45
	C27000	H65	63.0~68.5	0.07	0.09	—	—	—	—	余量	0.45
	T27300	H63	62.0~65.0	0.15	0.08	—	—	—	—	余量	0.5
	T27600	H62	60.5~63.5	0.15	0.08	—	—	—	—	余量	0.5
	T28200	H59	57.0~60.0	0.3	0.5	—	—	—	—	余量	1.0
硼砷黄铜	T22130	HB90-0.1	89.0~91.0	0.02	0.02	0.5	—	0.05~0.3	—	余量	0.5①
	T23030	HAs85-0.05	84.0~86.0	0.10	0.03	—	—	—	0.02~0.08	余量	0.3
	C26130	HAs70-0.05	68.5~71.5	0.05	0.05	—	—	—	0.02~0.08	余量	0.4
	T26330	HAs68-0.04	67.0~70.0	0.10	0.03	—	—	—	0.03~0.06	余量	0.3

化学成分(质量分数)/%

铜锌铅合金

分类	代号	牌号	Cu	Fe②	Pb	Al	Mn	Sn	As	Zn	杂质(合计)
铅黄铜	C31400	HPb89-2	87.5~90.5	0.10	1.3~2.5	—	Ni:0.7	—	—	余量	1.2
	C33000	HPb66-0.5	65.0~68.0	0.07	0.25~0.7	—	—	—	—	余量	0.5
	T34700	HPb63-3	62.0~65.0	0.10	2.4~3.0	—	—	—	—	余量	0.75
	T34900	HPb63-0.1	61.5~63.5	0.15	0.05~0.3	—	—	—	—	余量	0.5
	T35100	HPb62-0.8	60.0~63.0	0.2	0.5~1.2	—	—	—	—	余量	0.75
	C35300	HPb62-2	60.0~63.0	0.15	1.5~2.5	—	—	—	—	余量	0.65
	C36000	HPb62-3	60.0~63.0	0.35	2.5~3.7	—	—	—	—	余量	0.85
	T36210	HPb62-2-0.1	61.0~63.0	0.1	1.7~2.8	0.05	0.1	0.1	0.02~0.15	余量	0.55

续表 4 - 15

分类	代号	牌号	化学成分(质量分数)/%									
			Cu	Te	Fe②	Pb	Al	Mn	Sn	As	Zn	杂质(合计)
	T36220	HPb61-2-1	59.0~62.0	—	—	1.0~2.5	—	—	0.30~1.5	0.02~0.25	余量	0.4
	T36230	HPb61-2-0.1	59.2~62.3	—	0.2	1.7~2.8	—	—	0.2	0.08~0.15	余量	0.5
	C37100	HPb61-1	58.0~62.0	—	0.15	0.6~1.2	—	—	—	—	余量	0.55
	C37700	HPb60-2	58.0~61.0	—	0.30	1.5~2.5	—	—	—	—	余量	0.8
	T37900	HPb60-3	58.0~61.0	—	0.3	2.5~3.5	—	—	0.3	—	余量	0.8①
铅黄铜	T38100	HPb59-1	57.0~60.0	—	0.5	0.8~1.9	—	—	—	—	余量	1.0
	T38200	HPb59-2	57.0~60.0	—	0.5	1.5~2.5	—	—	0.5	—	余量	1.0①
	T38210	HPb58-2	57.0~59.0	—	0.5	1.5~2.5	—	—	0.5	—	余量	1.0①
	T38300	HPb59-3	57.5~59.5	—	0.50	2.0~3.0	—	—	—	—	余量	1.2
	T38310	HPb58-3	57.0~59.0	—	0.5	2.5~3.5	—	—	0.5	—	余量	1.0①
	T38400	HPb57-4	56.0~58.0	—	0.5	3.5~4.5	—	—	0.5	—	余量	1.2②

铜锌合金

分类	代号	牌号	化学成分(质量分数)/%													
			Cu	Te	B	Si	As	Bi	Cd	Sn	P	Ni	Mn	Fe②	Zn	Pb	杂质(合计)
	T41900	HSn90-1	88.0~91.0	—	—	—	—	—	—	0.25~0.75	—	—	—	0.10	余量	0.03	0.2
	C44300	HSn72-1	70.0~73.0	—	—	—	0.02~0.06	—	—	0.8~1.2①	—	—	—	0.06	余量	0.07	0.4
	T45000	HSn70-1	69.0~71.0	—	—	—	0.03~0.06	—	—	0.8~1.3	—	—	—	0.10	余量	0.05	0.3
	T45010	HSn70-1-0.01	69.0~71.0	—	0.0015~0.02	—	0.03~0.06	—	—	0.8~1.3	—	—	—	0.10	余量	0.05	0.3
	T45020	HSn70-1-0.01-0.04	69.0~71.0	—	0.0015~0.02	—	0.03~0.06	—	—	0.8~1.3	—	0.05~1.00	0.02~2.00	0.10	余量	0.05	0.3
锡黄铜	T46100	HSn65-0.03	63.5~68.0	—	—	—	—	—	—	0.01~0.2	0.01~0.07	—	—	0.05	余量	0.03	0.3
	T46300	HSn62-1	61.0~63.0	—	—	—	—	—	—	0.7~1.1	—	—	—	0.10	余量	0.10	0.3
	T46410	HSn60-1	59.0~61.0	—	—	—	—	—	—	1.0~1.5	—	—	—	0.10	余量	0.30	1.0

铜锡合金

复杂黄铜

分类	代号	牌号	化学成分(质量分数)/%														
			Cu	Te	B	Si	As	Bi	Cd	Sn	P	Ni	Mn	Fe②	Pb	Zn	杂质(合计)
铋黄铜	T49230	HBi60-2	59.0~62.0	—	—	—	—	2.0~3.5	0.01	0.3	—	—	—	0.2	0.1	余量	0.5①
	T49240	HBi60-1.3	58.0~62.0	—	—	—	—	0.3~2.3	0.01	0.05~1.2⑤	—	—	—	0.1	0.2	余量	0.3①
	C49260	HBi60-1.0-0.05	58.0~63.0	—	—	0.10	—	0.50~1.8	0.001	0.50	0.05~0.15	—	—	0.50	0.09	余量	1.5

复杂黄铜

分类	代号	牌号	化学成分(质量分数)/%														
			Cu	Te	Al	Si	As	Bi	Cd	Sn	P	Ni	Mn	Fe②	Pb	Zn	杂质总和
铋黄铜	T49310	HBi60-0.5-0.01	58.5~61.5	0.010~0.015	—	—	0.01	0.45~0.65	0.01	—	—	—	—	—	0.1	余量	0.5①
	T49320	HBi60-0.8-0.01	58.5~61.5	0.010~0.015	—	—	0.01	0.70~0.95	0.01	—	—	—	—	—	0.1	余量	0.5①
	T49330	HBi60-1.1-0.01	58.5~61.5	0.010~0.015	—	—	0.01	1.00~1.25	0.01	—	—	—	—	—	0.1	余量	0.5①
	T49360	HBi59-1	58.0~60.0	—	—	—	—	0.8~2.0	0.01	0.2	—	—	—	0.2	0.1	余量	0.5①
	C49350	HBi62-1	61.0~63.0	Sb:0.02~0.10	—	0.30	—	0.50~2.5	—	1.5~3.0	0.04~0.15	—	—	—	0.09	余量	0.9
锰黄铜	T67100	HMn64-8-5-1.5	63.0~66.0	—	4.5~6.0	1.0~2.0	—	—	—	0.5	—	0.5	7.0~8.0	0.5~1.5	0.3~0.8	余量	1.0
	T67200	HMn62-3-3-0.7	60.0~63.0	—	2.4~3.4	0.5~1.5	—	—	—	0.1	—	—	2.7~3.7	0.1	0.05	余量	1.2
	T67300	HMn62-3-3-1	59.0~65.0	—	1.7~3.7	0.5~1.3	Cr:0.07~0.27	—	—	—	—	0.2~0.6	2.2~3.8	0.6	0.18	余量	0.8
	T67310	HMn62-13⑩	59.0~65.0	—	0.5~2.5⑧	0.05	—	—	—	—	—	0.05~0.5⑨	10~15	0.05	0.03	余量	0.15①
	T67320	HMn55-3-1④	53.0~58.0	—	—	—	—	—	—	—	—	—	3.0~4.0	0.5~1.5	0.5	余量	1.5

续表 4−15

复杂黄铜

分类	代号	牌号	Cu	Fe②	Pb	Al	Mn	P	Sb	Ni	Si	Cd	Sn	Zn	杂质总和
	T67330	HMn59-2-1.5-0.5	58.0~59.0	0.35~0.65	0.3~0.6	1.4~1.7	1.8~2.2	—	—	—	0.6~0.9	—	—	余量	0.3
锰黄铜	T67400	HMn58-2④	57.0~60.0	1.0	0.1	—	1.0~2.0	—	—	—	—	—	—	余量	1.2
	T67410	HMn57-3-1④	55.0~58.5	1.0	0.2	0.5~1.5	2.5~3.5	—	—	—	—	—	—	余量	1.3
	T67420	HMn57-2-2-0.5	56.5~58.5	0.3~0.8	0.3~0.8	1.3~2.1	1.5~2.3	—	—	0.5	0.5~0.7	—	0.5	余量	1.0
铁黄铜	T67600	HFe59-1-1	57.0~60.0	0.6~1.2	0.20	0.1~0.5	0.5~0.8	—	—	—	—	—	0.3~0.7	余量	0.3
	T67610	HFe58-1-1	56.0~58.0	0.7~1.3	0.7~1.3	—	—	—	—	—	—	—	—	余量	0.5
锑黄铜	T68200	HSb61-0.8-0.5	59.0~63.0	0.2	0.2	—	—	—	0.4~1.2	0.05~1.2⑥	0.3~1.0	0.01	—	余量	0.5①
	T68210	HSb60-0.9	58.0~62.0	—	0.2	—	—	—	0.3~1.5	0.05~0.9⑦	—	0.01	—	余量	0.3①
硅黄铜	T68310	HSi80-3	79.0~81.0	0.6	0.1	—	—	—	—	—	2.5~4.0	—	—	余量	1.5
	T68320 C69300	HSi75-3	73.0~77.0	0.1	0.1	—	—	0.04~0.15	—	0.1	2.7~3.4	0.01	0.2	余量	0.6①
	C68350	HSi62-0.6	59.0~64.0	0.15	0.09	0.30	0.1	0.05~0.40	—	0.20	0.3~1.0	—	0.6	余量	2.0
	T68360	HSi61-0.6	59.0~63.0	0.15	0.2	—	—	0.03~0.12	—	0.05~1.0⑤	0.4~1.0	0.01	—	余量	0.3
铝黄铜	C68700	HAl77-2	76.0~79.0	0.06	0.07	1.8~2.5	As:0.02~0.06	—	—	—	—	—	—	余量	0.6
	T68900	HAl67-2.5	66.0~68.0	0.6	0.5	2.0~3.0	—	—	—	—	—	—	—	余量	1.5
	T69200	HAl66-6-3-2	64.0~68.0	2.0~4.0	0.5	6.0~7.0	1.5~2.5	—	—	—	—	—	—	余量	1.5
	T69210	HAl64-5-4-2	63.0~66.0	1.8~3.0	0.2~1.0	4.0~6.0	3.0~5.0	—	—	—	0.5	—	0.3	余量	1.3

化学成分(质量分数)/%

续表 4－15

化学成分(质量分数)/%

复杂黄铜

分类	代号	牌号	Cu	Fe②	Pb	Al	As	Bi	Mg	Cd	Mn	Ni	Si	Co	Sn	Zn	杂质(合计)
铝黄铜	T69220	HAl61-4-3-1.5	59.0~62.0	0.5~1.3	—	3.5~4.5	—	—	—	—	—	2.5~4.0	0.5~1.5	1.0~2.0	0.2~1.0	余量	1.3
	T69230	HAl61-4-3-1	59.0~62.0	0.3~1.3	—	3.5~4.5	—	—	—	—	—	2.5~4.0	0.5~1.5	0.5~1.0	—	余量	0.7
	T69240	HAl60-1-1	58.0~61.0	0.70~1.50	0.40	0.70~1.50	—	—	—	—	0.1~0.6	—	—	—	—	余量	0.7
	T69250	HAl59-3-2	57.0~60.0	0.50	0.10	2.5~3.5	—	—	—	—	—	2.0~3.0	—	—	—	余量	0.9
镁黄铜	T69800	HMg60-1	59.0~61.0	0.2	0.1	—	—	0.3~0.8	0.5~2.0	0.01	—	—	—	—	0.3	余量	0.5①
镍黄铜	T69900	HNi65-5	64.0~67.0	0.15	0.03	—	—	—	—	—	—	5.0~6.5	—	—	—	余量	0.3
	T69910	HNi56-3	54.0~58.0	0.15~0.5	0.2	0.3~0.5	—	—	—	—	—	2.0~3.0	—	—	—	余量	0.6

① 此值为表 4－15 中所列杂质质量元素实测值总和。
② 此值用黄铜的铁的质量分数不大于 0.030%。
③ 特殊用途的 H70、H80 的杂质质量分数最大值为 0.030%。特殊用途的 $w(Fe)=0.07\%$，$w(Sb)=0.002\%$，$w(P)=0.002\%$，$w(As)=0.005\%$，$w(S)=0.002\%$，杂质总和为 0.20%。
④ 供异型铸造和热压镦用的 HMn57-3-1、HMn58-2 的磷的质量分数不大于 0.03%。供特殊使用的 HMn55-3-1 的铝的质量分数不大于 0.1%。
⑤ 此值为 $w(Sb+B+Ni+Sn)$。
⑥ 此值为 $w(Ni+Sn+B)$。
⑦ 此值为 $w(Ni+Fe+B)$。
⑧ 此值为 $w(Ti+Al)$。
⑨ 此值为 $w(Ni+Co)$。
⑩ 此牌号 $w(P) \leqslant 0.005\%$，$w(B) \leqslant 0.01\%$，$w(Bi) \leqslant 0.005\%$，$w(Sb) \leqslant 0.005\%$
⑪ 此牌号为管材产品时，Sn 含量最小值为 0.9%。

表4-16　加工青铜牌号与化学成分

化学成分(质量分数)/%

分类	代号	牌号	Cu	Sn	P	Fe	Pb	Al	B	Ti	Mn	Si	Ni	Zn	杂质(合计)
								铜锡、铜锡磷、铜锡铝合金							
锡青铜②	T50110	QSn0.4	余量	0.15~0.55	0.001	—	—	—	—	—	—	—	0≤0.035	—	0.1
	T50120	QSn0.6	余量	0.4~0.8	0.01	0.020	—	—	—	—	—	—	—	—	0.1
	T50130	QSn0.9	余量	0.85~1.05	0.03	0.05	—	—	—	—	—	—	—	—	0.1
	T50300	QSn0.5-0.025	余量	0.25~0.6	0.015~0.035	0.010	—	—	—	—	—	—	—	—	0.1
	T50400	QSn1-0.5-0.5	余量	0.9~1.2	0.09	—	0.01	0.01	S≤0.005	—	0.3~0.6	0.3~0.6	—	—	0.1
	C50500	QSn1.5-0.2	余量	1.0~1.7	0.03~0.35	0.10	0.05	—	—	—	—	—	—	0.30	0.95
	C50700	QSn1.8	余量	1.5~2.0	0.30	0.10	0.05	—	—	—	—	—	—	0.30	0.95
	T50800	QSn4-3	余量	3.5~4.5	0.03	0.05	0.02	0.002	—	—	—	—	—	2.7~3.3	0.2
	C51000	QSn5-0.2	余量	4.2~5.8	0.03~0.35	0.10	0.05	—	—	—	—	—	—	0.30	0.95
	T51010	QSn5-0.3	余量	4.5~5.5	0.01~0.40	0.1	0.02	—	—	—	—	—	0.2	0.2	0.75
	C51100	QSn4-0.3	余量	3.5~4.9	0.03~0.35	0.10	0.05	—	—	—	—	—	—	0.30	0.95
	T51500	QSn6-0.05	余量	6.0~7.0	0.05	0.10	—	—	Ag:0.05~0.12	—	—	—	—	0.05	0.2
	T51510	QSn6.5-0.1	余量	6.0~7.0	0.10~0.25	0.05	0.02	0.002	—	—	—	—	—	0.3	0.4
	T51520	QSn6.5-0.4	余量	6.0~7.0	0.26~0.40	0.02	0.02	0.002	—	—	—	—	—	0.3	0.4
	T51530	QSn7-0.2	余量	6.0~8.0	0.10~0.25	0.05	0.02	0.01	—	—	—	—	—	0.3	0.45
	C52100	QSn8-0.3	余量	7.0~9.0	0.03~0.35	0.10	0.05	—	—	—	—	—	—	0.20	0.85
	T52500	QSn15-1-1	余量	12~18	0.5	0.1~1.0	—	—	0.002~1.2	0.002	0.6	—	—	0.5~2.0	1.0⑤
	T53300	QSn4-4-2.5	余量	3.0~5.0	0.03	0.05	1.5~3.5	0.002	—	—	—	—	—	3.0~5.0	0.2
	T53500	QSn4-4-4	余量	3.0~5.0	0.03	0.05	3.5~4.5	0.002	—	—	—	—	—	3.0~5.0	0.2

化学成分(质量分数)/%

分类	代号	牌号	Cu	Al	Fe	Ni	Mn	P	Zn	Sn	Si	Pb	As①	Mg	Sb①	Bi①	S	杂质(合计)
							铜铬、铜锰、铜铝合金											
铬青铜	T55600	QCr4.5-2.5-0.6	余量	Cr:3.5~5.5	0.05	0.2~1.0	0.5~2.0	0.005	0.05	—	—	—	Ti:1.5~3.5	—	—	—	—	0.1①
锰青铜	T56100	QMn1.5	余量	0.07	0.1	0.1	1.20~1.80	—	—	0.05	0.1	0.01	Cr≤0.1	—	0.005	0.002	0.01	0.3
	T56200	QMn2	余量	0.07	0.1	—	1.5~2.5	—	—	0.05	0.1	0.01	0.01	—	0.05	0.002	—	0.5
	T56300	QMn5	余量	—	0.35	—	4.5~5.5	0.01	0.4	0.1	0.1	0.03	—	—	0.002	—	—	0.9

续表 4-16

铜铬、铜锰、铜铝合金

分类	代号	牌号	化学成分(质量分数)/%														
			Cu	Al	Fe	Ni	Mn	P	Zn	Sn	Si	Pb	As①	Mg	Sb①	Bi①	S	杂质(合计)
铝青铜	T60700	QAl5	余量	4.0~6.0	0.5	—	0.5	0.01	0.5	0.1	0.1	0.03	—	—	—	—	—	1.6
	C60800	QAl6	余量	5.0~6.5	0.10	—	—	—	—	—	—	0.10	0.02~0.35	—	—	—	—	0.7
	C61000	QAl7	余量	6.0~8.5	0.50	—	—	—	0.20	—	0.10	0.02	—	—	—	—	—	1.3
	T61700	QAl9-2	余量	8.0~10.0	0.5	—	1.5~2.5	0.01	1.0	0.1	0.1	0.03	—	—	—	—	—	1.7
	T61720	QAl9-4	余量	8.0~10.0	2.0~4.0	—	0.5	0.01	1.0	0.1	0.1	0.01	—	—	—	—	—	1.7
	T61740	QAl9-5-1-1	余量	8.0~10.0	0.5~1.5	4.0~6.0	0.5~1.5	0.01	0.3	0.1	0.1	0.01	0.01	—	—	—	—	0.6
	T61760	QAl10-3-1.5③	余量	8.5~10.0	2.0~4.0	—	1.0~2.0	0.01	0.5	0.1	0.1	0.03	—	—	—	—	—	0.75
	T61780	QAl10-4-4④	余量	9.5~11.0	3.5~5.5	3.5~5.5	0.3	—	0.5	0.1	0.1	0.02	—	—	—	—	—	1.0
	T61790	QAl10-4-4-1	余量	8.5~11.0	3.0~5.0	3.0~5.0	0.5~2.0	—	0.5	—	0.1	—	—	—	—	—	—	0.8
	T62100	QAl10-5-5	余量	8.0~11.0	4.0~6.0	4.0~6.0	0.5~2.5	—	0.5	0.2	0.25	0.05	—	0.10	—	—	—	1.2
	T62200	QAl11-6-6	余量	10.0~11.5	5.0~6.5	5.0~6.5	0.5	0.1	0.6	0.2	0.2	0.05	—	—	—	—	—	1.5

铜硅合金

分类	代号	牌号	化学成分(质量分数)/%												
			Cu	Si	Fe	Ni	Zn	Pb	Mn	Sn	P	As①	Sb①	Al	杂质(合计)
硅青铜	C64700	QSi0.6-2	余量	0.40~0.8	0.10	1.6~2.2⑥	0.50	0.09	—	—	—	—	—	—	1.2
	T64720	QSi1-3	余量	0.6~1.1	0.1	2.4~3.4	0.2	0.15	0.1~0.4	0.1	—	—	—	0.02	0.5
	T64730	QSi3-1②	余量	2.7~3.5	0.3	0.2	0.5	0.03	1.0~1.5	0.25	—	—	—	—	1.1
	T64740	QSi3.5-3-1.5	余量	3.0~4.0	1.2~1.8	0.2	2.5~3.5	0.03	0.5~0.9	0.25	0.03	0.002	0.002	—	1.1

① 砷、锑和铋可不分析，但供方必须保证不大于界限值。
② 抗磁用锡青铜铁的质量分数不大于0.020%，QSi3-1铁的质量分数可达1%，其锌的质量分数不大于0.030%。
③ 非耐磨材料用QAl10-3-1.5，其锌的质量分数可达1%，但杂质质量总和应不大于1.25%。
④ 经双方协商，焊接或特殊要求的QAl10-4-4，其锌的质量分数不大于0.2%。
⑤ 此值为表中所列杂质元素实测值总和。
⑥ 此值为 Ni + Co 的质量分数。

表 4 - 17　加工白铜牌号与化学成分

分类	代号	牌号	Cu	Ni+Co	Al	Fe	Mn	Pb	P	S	C	Mg	Si	Zn	Sn	杂质(合计)
普通白铜	T70110	B0.6	余量	0.57~0.63	—	0.005	—	0.005	0.002	0.005	0.002	—	0.002	—	—	0.1
	T70380	B5	余量	4.4~5.0	—	0.20	—	0.01	0.01	0.01	0.03	—	—	—	—	0.5
	T71050	B19②	余量	18.0~20.0	—	0.5	0.5	0.005	0.01	0.01	0.05	0.05	0.15	0.3	—	1.8
	C71100	B23	余量	22.0~24.0	—	0.10	0.15	0.05	—	—	—	—	—	0.20	—	1.0
	T71200	B25	余量	24.0~26.0	—	0.5	0.5	0.005	0.01	0.01	0.05	0.05	0.15	0.3	0.03	1.8
	T71400	B30	余量	29.0~33.0	—	0.9	1.2	0.05	0.006	0.01	0.05	—	0.15	—	—	2.3
铁白铜	C70400	BFe5-1.5-0.5	余量	4.8~6.2	—	1.3~1.7	0.30~0.8	0.05	—	—	—	—	—	1.0	—	1.55
	T70510	BFe7-0.4-0.4	余量	6.0~7.0	—	0.1~0.7	0.1~0.7	0.01	0.01	0.01	0.03	—	0.02	0.05	—	0.7
	T70590	BFe10-1-1	余量	9.0~11.0	—	1.0~1.5	0.5~1.0	0.02	0.006	0.01	0.05	—	0.15	0.3	0.03	0.7
	C70610	BFe10-1.5-1	余量	10.0~11.0	—	1.0~2.0	0.50~1.0	0.01	—	0.05	0.05	—	—	—	—	0.6
	T70620	BFe10-1.6-1	余量	9.0~11.0	—	1.5~1.8	0.5~1.0	0.03	0.02	0.01	0.05	—	—	0.20	—	0.4
	T70900	BFe16-1-1-0.5	余量	15.0~18.0	Ti:≤0.03	0.50~1.00	0.2~1.0	—	0.05	Cr:0.30~0.70		—	0.03	1.0	—	1.1
	C71500	BFe30-0.7	余量	29.0~33.0	—	0.40~1.0	1.0	0.05	—	—	—	—	—	1.0	—	2.5
	T71510	BFe30-1-1	余量	29.0~32.0	—	0.5~1.0	0.5~1.2	0.02	0.006	0.01	0.05	—	0.15	0.3	0.03	0.7
	T71520	BFe30-2-2	余量	29.0~32.0	—	1.7~2.3	1.5~2.5	0.01	—	0.03	0.06	—	—	—	—	0.6
锰白铜	T71620	BMn3-12③	余量	2.0~3.5	0.2	0.20~0.50	11.5~13.5	0.020	0.005	0.020	0.05	0.03	0.1~0.3	—	—	0.5
	T71660	BMn40-1.5③	余量	39.0~41.0	—	0.50	1.0~2.0	0.005	0.005	0.02	0.10	0.05	0.10	—	—	0.9
	T71670	BMn43-0.5③	余量	42.0~44.0	—	0.15	0.10~1.0	0.002	0.002	0.01	0.10	0.05	0.10	—	—	0.6
铝白铜	T72400	BAl6-1.5	余量	5.5~6.5	1.2~1.8	0.50	0.20	0.003	—	—	—	—	—	—	—	1.1
	T72600	BAl13-3	余量	12.0~15.0	2.3~3.0	1.0	0.50	0.003	0.01	—	—	—	—	—	—	1.9

化学成分(质量分数)/%　　铜镍合金

续表 4-17

分类	代号	牌号	化学成分（质量分数）/%															
			Cu	Ni+Co	Fe	Mn	Pb	Al	Si	P	S	C	Sn	Bi①	Ti	Sb①	Zn	杂质（合计）
铜镍锌合金	C73500	BZn18-10	70.5~73.5	16.5~19.5	0.25	0.50	0.09	—	—	—	—	—	—	—	—	—	余量	1.35
	T74600	BZn15-20	62.0~65.0	13.5~16.5	0.5	0.3	0.02	Mg≤0.05	0.15	0.005	0.01	0.03	—	0.002	As①≤0.010	0.002	余量	0.9
	C75200	BZn18-18	63.0~66.5	16.5~19.5	0.25	0.50	0.05	—	—	—	—	—	—	—	—	—	余量	1.3
	T75210	BZn18-17	62.0~66.0	16.5~19.5	0.25	0.50	0.03	—	—	—	—	—	—	—	—	—	余量	0.9
	T76100	BZn9-29	60.0~63.0	7.2~10.4	0.3	0.5	0.03	0.005	0.15	0.005	0.005	0.03	0.08	0.002	0.005	0.002	余量	0.8④
	T76200	BZn12-24	63.0~66.0	11.0~13.0	0.3	0.5	0.03	—	—	—	—	—	0.03	—	—	—	余量	0.8④
	T76210	BZn12-26	60.0~63.0	10.5~13.0	0.3	0.5	0.03	0.005	0.15	0.005	0.005	0.03	0.08	0.002	0.005	0.002	余量	0.8④
	T76220	BZn12-29	57.0~60.0	11.0~13.5	0.3	0.5	0.03	—	—	—	—	—	0.03	—	—	—	余量	0.8④
	T76300	BZn18-20	60.0~63.0	16.5~19.5	0.3	0.5	0.03	0.005	0.15	0.005	0.005	0.03	0.08	0.002	0.005	0.002	余量	0.8④
	T76400	BZn22-16	60.0~63.0	20.5~23.5	0.3	0.5	0.03	0.005	0.15	0.005	0.005	0.03	0.08	0.002	0.005	0.002	余量	0.8④
	T76500	BZn25-18	56.0~59.0	23.5~26.5	0.3	0.5	0.03	0.005	0.15	0.005	0.005	0.03	0.08	0.002	0.005	0.002	余量	0.8④
	T77000	BZn18-26	53.5~56.5	16.5~19.5	0.25	0.50	0.05	—	—	—	—	—	—	—	—	—	余量	0.8
	T77500	BZn40-20	38.0~42.0	38.0~41.5	0.3	0.5	0.03	0.005	0.15	0.005	0.005	0.10	0.08	0.002	0.005	0.002	余量	0.8④
锌白铜	T78300	BZn15-21-1.8	60.0~63.0	14.0~16.0	0.3	0.5	1.5~2.0	—	0.15	—	—	—	—	—	—	—	余量	0.9
	T79500	BZn15-24-1.5	58.0~60.0	12.5~15.5	0.25	0.05~0.5	1.4~1.7	—	—	0.02	0.005	—	—	—	—	—	余量	0.75
	T79800	BZn10-41-2	45.5~48.5	9.0~11.0	0.25	1.5~2.5	1.5~2.5	—	—	—	—	—	—	—	—	—	余量	0.75
	C79860	BZn12-37-1.5	42.3~43.7	11.8~12.7	0.20	5.6~6.4	1.3~1.8	—	0.06	0.005	—	—	0.10	—	—	—	余量	0.56

① 铋、锑和砷可不分析，但供方必须保证不大于界限值。
② 特殊用途的 B19 白铜带，可供应硅的质量分数不大于 0.05% 的材料。
③ 为保证电气性能，对 BMn3-12 合金，作热电偶用的 BMn40-1.5 和 BMn43-0.5 合金，其规定有最大值和最小值的成分，允许略微超出表 4-17 的规定。
④ 此值为表 4-7 中所列杂质元素实测值总和。

4.1.3　铸造铜及铜合金锭

高纯铜铸锭按化学成分分为四个牌号：6N5、6N、5N、4N5，用于制造半导体铜靶材，其牌号与化学成分见表 4 - 18，高纯铜锭中碳、氮、氧、硫杂质元素含量见表 4 - 19。

表 4 - 18　高纯铜铸锭的化学成分（YS/T 919—2013）

牌　　号		6N5	6N	5N	4N5
铜含量(质量分数,不小于)/%		99.99995	99.9999	99.999	99.995
杂质含量 (质量分数,不大于) /×10⁻⁴%	Ag	0.1	0.3	2	25
	Al	0.005	0.05	0.5	—
	As	0.01	0.02	0.1	5
	Bi	0.01	0.02	0.2	1
	Ca	0.01	0.02	0.5	—
	Cd	0.05	—	0.1	1
	Cl	0.05	—	—	—
	Co	0.02	—	0.3	—
	Cr	0.01	0.02	0.1	—
	F	0.05	—	—	1
	Fe	0.05	0.1	0.5	10
	K	0.01	0.02	—	—
	Mn	0.02	—	0.1	0.5
	Na	0.02	0.02	—	—
	Ni	0.05	0.1	0.5	10
	P	0.01	0.02	0.1	3
	Pb	0.01	0.02	0.05	5
	Sb	0.01	0.02	0.1	4
	Se	0.05	0.05	0.1	3

牌 号		6N5	6N	5N	4N5
铜含量(质量分数,不小于)/%		99.99995	99.9999	99.999	99.995
杂质含量 (质量分数,不大于) / ×10⁻⁴%	Si	0.05	0.05	0.5	—
	Sn	0.01	0.05	0.1	2
	Te	0.02	0.05	0.1	2
	Th	0.0005	0.0005	—	—
	U	0.0005	0.0005	—	—
	Zn	0.02	0.05	0.1	1
	合计	0.5	1	10	50

注：高纯铜铸锭的铜含量为 100% 减去表 4 - 18 中所列杂质实测总和的余量（不含 C、N、O、S）。

表 4 - 19　高纯铜铸锭中碳、氮、氧、硫元素杂质元素含量（YS/T 919—2013）

牌 号		6N5	6N	5N	4N5
铜含量(质量分数,不小于)/%		99.99995	99.9999	99.999	99.995
杂质含量 (质量分数,不大于) / ×10⁻⁴%	C	1	1	10	20
	N	1	1	5	10
	O	1	1	5	5
	S	0.05	0.05	1	15

　　铸造铜及铜合金锭主要用于重熔制造铜合金铸件或深加工产品，铸锭表面应整洁，不得有飞边、毛刺，铸锭断口组织应致密，不得有熔渣和夹杂物。但允许有浇铸时的轻微收缩裂纹。如客户有要求，铸锭可进行镜面抛光处理。其牌号与化学成分见表 4 - 20 和表 4 - 21。

　　铜铟合金锭是使用 4N 铜和 4N 铟制备的。铜铟合金锭的牌号由铜铟配比组成，一般有 Cu40In60、Cu50In50、Cu60In40，配比中的铜铟含量应不超过其规定成分的 ±0.5%。其牌号与化学成分见表 4 - 22。

4.1.4　铜中间合金锭

　　铜中间合金锭用于配制合金或做脱氧剂用，其牌号与化学成分见表 4 - 23。铜铍中间合金锭的化学成分见表 4 - 24。

表4-20　黄铜锭牌号及其化学成分（YS/T 544—2009）

序号	牌号	化学成分（质量分数）/%																	主要用途
		主要成分						杂质含量（不大于）											
		Cu	Al	Fe	Mn	Si	Pb	As	Bi	Zn	Fe	Pb	Sb	Mn	Sn	Al	P	Si	
1	ZH68	67.0~70.0	—	—	—	—	—	—	—	余量	0.10	0.03	0.01	—	1.0	0.1	0.01	—	制造冷冲、深拉制件和各种板、棒、管材等
2	ZH62	60.0~63.0	—	—	—	—	—	—	—	余量	0.2	0.08	0.01	—	1.0	0.3	0.01	—	冷态下有较高的塑性,广泛用于所有的工业部门
3	ZHAl67-5-2-2	67.0~70.0	5.0~6.0	2.0~3.0	2.0~3.0	—	—	—	—	余量	—	0.5	0.01	—	0.5	—	0.01	—	重载荷耐蚀零件
4	ZHAl63-6-3-3	60.0~66.0	4.5~7.0	2.0~4.0	1.5~4.0	—	—	—	—	余量	—	0.20	—	—	0.2	—	—	0.10	高强度耐磨零件
5	ZHAl62-4-3-3	60.0~66.0	2.5~5.0	1.5~4.0	1.5~4.0	—	—	—	—	余量	—	0.20	—	—	0.2	—	—	0.10	高强度耐蚀零件
6	ZHAl67-2.5	66.0~68.0	2.0~3.0	—	—	—	—	—	—	余量	0.6	0.5	0.05	0.5	0.5	—	—	—	管配件和要求不高的耐磨零件
7	ZHAl61-2-2-1	57.0~65.0	0.5~2.5	0.5~2.0	0.1~3.0	—	—	—	—	余量	0.6	0.5	Sb+P+As: 0.4	—	1.0	—	—	0.10	轴瓦、衬筒及其他减磨零件
8	ZHMn58-2-2	57.0~60.0	1.5~2.5	—	1.5~2.5	—	1.5~2.5	—	—	余量	0.6	—	0.05	—	0.5	1.0	0.01	—	轴瓦、衬筒及其他减磨零件
9	ZHMn58-2	57.0~60.0	—	—	1.0~2.0	—	—	—	—	余量	0.6	0.1	0.05	—	0.5	0.5	0.01	—	在空气、淡水、海水、蒸汽和各种液体燃料中工作的零件
10	ZHMn57-3-1	53.0~58.0	—	0.5~1.5	3.0~4.0	—	—	—	—	余量	—	0.3	0.05	—	0.5	0.5	0.01	—	大型铸件,耐海水腐蚀的零件及在300℃以下工作的管配件
11	ZHPb65-2	63.0~66.0	—	—	—	—	1.0~2.8	—	—	余量	0.7	—	—	0.2	1.5	0.1	0.02	0.03	煤气给水设备的壳体及机械电子等行业的部分构件和配件
12	ZHPb59-1	57.0~61.0	—	—	—	—	0.8~1.9	—	—	余量	0.6	—	0.05	—	—	0.2	0.01	—	滚珠轴承及一般用途的耐磨耐蚀零件

续表 4-20

序号	牌号	化学成分（质量分数）/%																	主要用途
		主要成分									杂质含量（不大于）								
		Cu	Al	Fe	Mn	Si	Pb	As	Bi	Zn	Fe	Pb	Sb	Mn	Sn	Al	P	Si	
13	ZHPb60-2	58.0~62.0	0.2~0.8	—	—	—	0.5~2.5	—	—	余量	0.7	—	—	0.5	1.0	—	—	0.05	耐磨耐蚀零件。如轴套、双金属件等
14	ZHPb60-1A	59.0~61.0	0.5~0.7	—	—	—	1.0~2.0	—	—	余量	0.1	—	—	—	0.1	—	0.005	—	大型水暖铸件，镜面抛光面积大的产品，如大型卫浴龙头本体等
15	ZHPb60-1B	59.0~61.0	0.5~0.7	—	—	—	1.0~2.0	—	—	余量	0.2	—	—	—	0.2	—	0.01	—	中型水暖铸件，镜面抛光面积较大的产品，如中型卫浴龙头本体等
16	ZHPb59-2C	58.0~60.0	0.4~0.8	—	—	—	2.0~3.0	—	—	余量	0.8	—	—	—	0.8	—	—	—	小型水暖铸件，镜面抛光面积较小的产品，如卫浴龙头配件、连接阀等
17	ZHPb62-2-0.1	61.0~63.0	0.5~0.7	—	—	—	1.5~3.0	0.08~0.15	—	余量	0.1	—	—	0.1	0.1	—	0.005	—	大型水暖铸件，同时耐海水腐蚀性强，镜面抛光面积大的产品，如卫浴龙头本体等
18	ZHBi60-0.8	59.0~61.0	—	—	—	—	—	—	0.5~1.0	余量	0.5	0.1	—	—	0.5	—	—	—	环保型大型水暖铸件，镜面抛光面积大的产品，对铅渗出有特殊要求等
19	ZHSi80-3	79.0~81.0	—	—	—	2.5~4.5	—	—	—	余量	0.4	0.1	0.05	0.5	0.2	0.1	0.02	—	摩擦条件下工作的零件
20	ZHSi80-3-3	79.0~81.0	—	—	—	2.5~4.5	2.0~4.0	—	—	余量	0.4	—	0.05	0.5	0.2	0.2	0.02	—	铸造轴承、衬套

注：抗磁用的黄铜锭，铁含量不超过 0.05%。

表 4－21　青铜锭牌号及其化学成分（YS/T 544—2009）

序号	牌号	化学成分（质量分数）/% 主要成分									化学成分（质量分数）/% 杂质含量（不大于）											主要用途
		Sn	Zn	Pb	P	Ni	Al	Fe	Mn	Cu	Sn	Zn	Pb	P	Ni	Al	Fe	Mn	Sb	Si	S	
1	ZQSn3－8－6－1	2.0~4.0	6.3~9.3	4.0~6.7	—	0.5~1.5	—	—	—	余量	—	—	—	0.05	—	0.02	0.3	—	0.3	0.02	—	海水工作条件下的配件，压力不大于2.5MPa的阀门
2	ZQSn3－11－4	2.0~4.0	9.5~13.5	3.0~5.8	—	—	—	—	—	余量	—	—	—	0.05	—	0.02	0.4	—	0.3	0.02	—	海水、淡水、蒸汽中，压力不大于2.5MPa的管配件
3	ZQSn5－5－5	4.0~6.0	4.5~6.0	4.0~5.7	—	—	—	—	—	余量	—	—	—	0.03	—	0.01	0.25	—	0.25	0.01	0.10	在较高负荷和中等滑动速度下工作的耐磨、耐蚀零件
4	ZQSn6－6－3	5.0~7.0	5.3~7.3	2.0~3.8	—	—	—	—	—	余量	—	—	—	—	—	0.05	0.3	—	0.2	0.05	—	摩擦条件下工作的零件，如衬套、轴瓦等
5	ZQSn10－1	9.2~11.5	—	—	0.60~1.0	—	—	—	—	余量	—	0.05	—	—	—	0.01	0.08	0.05	0.05	0.02	0.05	高负荷和高滑动速度下工作的耐磨零件
6	ZQSn10－2	9.2~11.2	1.0~3.0	—	—	—	—	—	—	余量	—	—	1.3	0.03	—	0.01	0.20	0.2	0.3	0.01	0.10	复杂成型铸件，管配件、阀、泵体、齿轮、蜗轮等
7	ZQSn10－5	9.2~11.0	—	4.0~5.8	—	—	—	—	—	余量	—	1.0	—	0.05	—	0.01	0.2	—	0.2	0.01	—	结构材料，耐蚀、耐酸的配件及破碎机机衬套、轴瓦
8	ZQPb10－10	9.2~11.0	—	8.5~10.5	—	—	—	—	—	余量	—	2.0	—	0.05	—	0.01	0.15	0.2	0.50	0.01	0.10	汽车及其他重载荷的零件，表面压力高、又存在侧压力的滑动轴承
9	ZQPb15－8	7.2~9.0	—	13.5~16.5	—	—	—	—	—	余量	—	2.0	—	0.05	—	0.01	0.15	0.2	0.5	0.01	0.1	耐酸配件，高压工作的零件
10	ZQPb17－4－4	3.5~5.0	2.0~6.0	14.5~19.5	—	—	—	—	—	余量	—	—	—	0.05	—	0.02	0.3	—	0.3	0.02	0.05	高滑动速度的轴承和一般耐磨件等
11	ZQPb20－5	4.0~6.0	—	19.0~23.0	—	—	—	—	—	余量	—	2.0	—	0.05	—	0.01	0.15	0.2	0.75	0.01	0.1	高滑动速度的轴承，抗蚀零件，负荷达70MPa的活塞销套
12	ZQPb30	—	—	28.0~33.0	—	—	—	—	—	余量	—	0.1	—	0.08	—	0.01	0.2	—	0.2	0.01	0.05	高滑动速度的双金属轴瓦及减磨件
13	ZQPb85－5－5	4.0~6.0	4.0~6.0	4.0~6.0	—	—	—	—	—	84.0~86.0	—	—	—	—	—	—	0.3	—	—	—	—	耐海水腐蚀的水暖铸件，如卫浴龙头本体、连接阀等

续表 4-21

序号	牌号	化学成分(质量分数)/%																				主要用途
		主要成分									杂质含量(不大于)											
		Sn	Zn	Pb	P	Ni	Al	Fe	Mn	Cu	Sn	Zn	Pb	P	Ni	Al	Fe	Mn	Sb	Si	S	
14	ZQPb80-7-3	2.3~3.5	7.0~10.0	6.0~8.0	—	—	—	—	—	78.0~82.0	—	—	—	—	—	—	0.4	—	—	—	—	耐海水腐蚀的水暖铸件,如卫浴龙头本体、连接阀等
15	ZQAl9-2	—	—	—	—	—	8.2~10.0	—	1.5~2.5	余量	0.2	0.5	0.1	0.10	—	—	0.5	—	0.05	0.20	—	耐蚀、耐磨零件。形状简单的大型铸件及在250℃以下工作的管配件和要求气密性高的铸件的零件
16	ZQAl9-4-4-2	—	—	—	—	4.0~5.0	8.7~10.0	4.0~5.0	0.8~2.5	余量	—	—	0.02	—	—	—	—	—	—	0.15	—	耐蚀、高强度铸件,耐磨和400℃以下工作的零件
17	ZQAl10-2	—	—	—	—	—	9.2~11.0	—	1.5~2.5	余量	0.2	1.0	0.1	0.1	—	—	0.5	—	—	0.2	—	轮缘、轴套、齿轮、阀座、压下螺母等
18	ZQAl9-4	—	—	—	—	—	8.7~10.7	2.0~4.0	—	余量	0.20	0.40	0.10	—	—	—	—	1.0	—	0.10	—	高强度、耐磨、耐蚀零件及250℃以下工作管配件
19	ZQAl10-3-2	—	—	—	—	—	9.2~11.0	2.0~4.0	1.0~2.0	余量	0.1	0.5	0.1	0.01	0.5	—	—	—	0.05	0.10	—	高强度、耐磨、耐蚀的零件及耐热管配件等
20	ZQMn12-8-3	—	—	—	—	—	7.2~9.0	2.0~4.0	12.0~14.5	余量	—	0.3	0.02	—	—	—	—	—	—	0.15	—	重型机械用的轴套及高强度耐磨零件
21	ZQMn12-8-3-2	—	—	—	—	1.8~2.5	7.2~8.5	2.5~4.0	11.5~14.0	余量	0.1	0.1	0.02	0.01	—	—	—	—	—	0.15	—	高强度耐蚀铸件及耐压、耐磨零件

注:抗磁用的青铜锭,铁含量不超过0.05%。

表 4-22 铜铟合金锭的化学成分 (YS/T 1015—2014)

纯度	化学成分(质量分数)/%									
	Cu+In (不小于)	杂质元素(不大于)								
		Ag	Al	Fe	Mn	Ni	Pb	Sn	Zn	合计
5N	99.999	0.0002	0.0002	0.0005	0.0002	0.0002	0.0002	0.0002	0.0002	0.001
4N	99.99	0.002	0.002	0.002	0.002	0.002	0.002	0.002	0.002	0.01

注:1. 总和为表4-22中所列杂质元素之和。
2. 铜铟合金锭中的Cu+In的含量为100%减去表4-22中所列杂质实测值总和的余量。

表4-23 铜中间合金锭牌号与化学成分（YS/T 283—2009）

序号	牌号	化学成分(质量分数)/%																		物理性能	
		主要成分								杂质(不大于)										熔化温度/℃	特性
		Si	Mn	Ni	Fe	Sb	Be	As	Cu	Si	Mn	Ni	Fe	Sb	P	Pb	Zn	Al	Bi		
1	CuSi16	13.5~16.5	—	—	—	—	—	—	余量	—	—	—	0.50	—	—	—	0.10	0.25	—	800	脆
2	CuSi20	18.0~21.0	—	—	—	—	—	—	余量	—	—	—	0.50	—	—	—	0.10	0.25	—	820	脆
3	CuMn28	—	25.0~28.0	—	—	—	—	—	余量	—	—	—	1.0	0.1	0.1	—	—	—	—	870	韧
4	CuMn30	—	28.0~31.0	—	—	—	—	—	余量	—	—	—	1.0	0.1	0.1	—	—	—	—	850~860	韧
5	CuMn22	—	20.0~25.0	—	—	—	—	—	余量	—	—	—	1.0	0.1	0.1	—	—	—	—	850~900	韧
6	CuNi15	—	—	14.0~18.0	—	—	—	—	余量	—	—	—	0.5	—	—	—	0.3	—	—	1050~1200	韧
7	CuFe10	—	—	—	9.0~11.0	—	—	—	余量	—	0.10	0.10	—	—	—	—	—	—	—	1300~1400	韧
8	CuFe5	—	—	—	4.0~6.0	—	—	—	余量	—	0.10	0.10	—	—	—	—	—	—	—	1200~1300	韧
9	CuSb50	—	—	—	—	49.0~51.0	—	—	余量	—	—	—	0.2	—	0.1	0.1	—	—	—	680	脆
10	CuBe4	—	—	—	—	—	3.8~4.3	—	余量	0.18	—	—	0.15	—	—	—	—	0.13	—	1100~1200	韧
11	CuAs23	—	—	—	—	—	—	20.0~25.0	余量	—	—	—	0.05	0.05	—	0.05	—	0.01	0.05	700~720	脆

续表 4-23

序号	牌号	化学成分（质量分数）/%														物理性能	
		主要成分							杂质（不大于）								
		B	Zr	P	Mg	Cd	Cr	Cu	Si	Mn	Bi	Fe	Sb	Pb	Al	熔化温度/℃	特性
12	CuP14	—	—	13.0~15.0	—	—	—	余量	—	—	—	0.15	—	—	—	900~1020	脆
13	CuP12	—	—	11.0~13.0	—	—	—	余量	—	—	—	0.15	—	—	—	900~1020	脆
14	CuP10	—	—	9.0~11.0	—	—	—	余量	—	—	—	0.15	—	—	—	900~1020	脆
15	CuP8	—	—	8.0~9.0	—	—	—	余量	—	—	—	0.15	—	—	—	900~1020	脆
16	CuMg10	—	—		9.0~13.0	—	—	余量	—	—	—	0.15	—	—	—	750~800	脆
17	CuMg15	—	—		13.0~17.0	—	—	余量	—	—	—	0.15	—	—	—	760~820	脆
18	CuMg20	—	—		17.0~23.0	—	—	余量	—	—	—	0.15	—	—	—	730~818	脆
19	CuCd48	—	—			45.0~51.0	—	余量	—	—	—	—	—	—	—	780	脆
20	CuCr7	—	—			—	6.0~8.0	余量	—	—	0.01	—	0.02	—	—	1150~1180	韧
21	CuB5	4.0~7.0	—			—	—	余量	—	—	0.01	0.05	0.02	0.05	0.01	1000~1100	韧
22	CuZr5	—	6.0~10.0			—	—	余量	—	—	0.01	0.05	0.01	0.05	—	970~990	韧

注：作为脱氧剂用的 CuP14、CuP12、CuP10、CuP8，其杂质 Fe 的含量可允许不大于 0.3%。

表 4-24　铜铍中间合金锭的牌号与化学成分（YS/T 260—2016）

牌　号	化学成分(质量分数)/%						
	主成分		杂质(不大于)				
	Cu	Be	Fe	Si	Al	Pb	P
CuBe-1	余量	3.85~4.10	0.11	0.11	0.11	0.002	0.007
CuBe-2	余量	3.50~3.85	0.11	0.11	0.11	0.002	0.007
CuBe-3	余量	3.00~3.50	0.11	0.11	0.11	0.002	0.007

4.1.5　铜粉末产品

用硫酸铜溶液电解法制得的电解铜粉的牌号与化学成分见表 4-25，主要用于粉末冶金零件、金刚石制品、电碳制品、电子材料和化工触媒等。

表 4-25　电解铜粉的牌号与化学成分（GB/T 5246—2007）

产品牌号	化学成分(质量分数)/%									
	Cu (不小于)	杂质含量(不大于)								
		Fe	Pb	As	Sb	O	Bi	Ni	Sn	Zn
FTD1	99.8	0.01	0.04	0.004	0.005	0.10	0.002	0.003	0.004	0.004
FTD2	99.8	0.01	0.04	0.004	0.005	0.10	0.002	0.003	0.004	0.004
FTD3	99.7	0.01	0.04	0.004	0.005	0.15	—	—	—	—
FTD4	99.6	0.01	0.04	0.004	—	0.20	—	—	—	—
FTD5	99.6	0.01	0.05	0.004	—	0.25	—	—	—	—

产品牌号	化学成分(不大于)/%				
	S	Cl⁻	H_2O	硝酸处理后灼烧残渣	杂质总和
FTD1	0.004	0.004	0.04	0.05	0.2
FTD2	0.004	0.004	0.04	0.05	0.2
FTD3	0.004	—	0.04	0.05	0.3
FTD4	0.004	—	0.04	0.05	0.4
FTD5	0.004	—	0.04	0.05	0.4

用于水雾化工艺制得的雾化铜粉的牌号与化学成分见表 4-26。

表 4-26　雾化铜粉的牌号与化学成分（YS/T 499—2015）

Cu (不小于)	化学成分(质量分数)/%													
	杂质(不大于)													
	Fe	Pb	Zn	As	Sb	Bi	Ni	Sn	P	S	C	氢损	硝酸不溶物	总和
99.6	0.02	0.02	0.004	0.005	0.005	0.002	0.01	0.004	0.01	0.004	0.004	0.25	0.05	0.4

注：1. 总和是指表 4-26 中所列杂质元素实测值的总和。

2. 化学成分中不包括添加剂，如加添加剂，则必须标明所加添加剂的名称和添加量。

用铜粉氧化法、碳酸氢铵 – 氨水亚铜浸出法和可溶铜加碱合成法所生产的氧化铜粉的牌号与化学成分见表 4 – 27，一般用于制造玻璃、搪瓷、陶瓷等的着色剂和磁性材料的原料，还用于制造烟火、染料、触媒、其他铜盐以及人造丝工业和电镀行业等。

表 4 – 27　氧化铜粉的化学成分（GB/T 26046—2010）　　　　　　　　　　（%）

名　称	CuO990	CuO985	CuO980
氧化铜（CuO）	≥99.0	≥98.5	≥98.0
盐酸不溶物	≤0.05	≤0.10	≤0.15
氯化物（Cl）	≤0.005	≤0.010	≤0.015
硫化合物（以 SO_4^{2-} 计）	≤0.01	≤0.05	≤0.1
铁（Fe）	≤0.01	≤0.04	≤0.1
总氮量（N）	≤0.005	—	—
水溶物	≤0.01	≤0.05	≤0.1

适用于电子工业用的片状铜粉的牌号与化学成分见表 4 – 28。

表 4 – 28　片状铜粉的化学成分（GB/T 26034—2010）　　　　　　　　　　（%）

Cu（不小于）	杂质含量(不大于)										
	Fe	S	Ni	As	Bi	Sb	Pb	O	Zn	Sn	杂质总量
99.7	0.01	0.004	0.003	0.004	0.002	0.005	0.02	0.2	—	—	0.3

注：1. 铜含量为直接测得。

　　2. 杂质总量是指表 4 – 28 中所列杂质元素实测值的总和。

以还原铁粉为原料，采用化学浸镀、烧结扩散在铁粉颗粒外面包覆铜/铜、锡/铜、锌/铜、锡、锌合金的铁铜复合粉的牌号与化学成分见表 4 – 29，用于制造粉末冶金含油轴承以及金刚石制品中的黏相材料。

表 4 – 29　铁青铜复合粉的牌号与化学成分（YS/T 706—2009）

牌　号	主要成分含量/%				杂质成分含量(不大于)/%	
	Fe	Cu	Sn	Zn	硝酸处理后的灼烧残渣	氧含量
FHFeCu – 1	余量	17～21	—	—	0.60	0.50
FHFeCu – 2	余量	17～21	—	—	0.60	0.50
FHFeCuSn – 1	余量	16～20	1.8～2.2	—	0.60	0.50
FHFeCuSn – 2	余量	16～20	1.8～2.2	—	0.60	0.50
FHFeCuSnZn – 3	余量	11～18	1.0～3.0	1.0～6.0	0.60	0.50
FHFeCuSnZn – 4	余量	11～18	1.0～3.0	1.0～6.0	0.60	0.50
FHFeCuZn – 1	余量	12～15	—	5～8	0.60	0.50
FHFeCuZn – 2	余量	12～15	—	5～8	0.60	0.50

用于电子、机电、通信、印刷、航空航天、军工等行业的导电、电磁屏蔽等领域作导电胶、导电涂料、导电油漆、导电油墨等的银包铜粉的牌号与化学成分见表 4 – 30。

表 4 – 30　银包铜粉的牌号与化学成分（GB/T 26049—2010）

牌　号	化学成分（质量分数）/%										
	Ag	Cu + Ag（不小于）	杂质含量（不大于）								
			Fe	Pb	As	Sb	Bi	Ni	Sn	Zn	油脂
PAC – 1	2.5 ~ 3.0	99	0.01	0.01	0.004	0.005	0.002	0.003	0.004	0.004	0.5
PAC – 2	3.0 ~ 3.5										
PAC – 3	5.0 ~ 5.8										
PAC – 4	7.0 ~ 8.0										
PAC – 5											
PAC – 6	18.0 ~ 18.5										
PAC – 7											
PAC – 8											
PAC – 9	19.5 ~ 20.5										

4.2　国际标准化组织

4.2.1　牌号表示方法

国际标准 ISO 1190/1—1982 规定用元素符号和化学成分来表示铜及铜合金。

（1）表示原则。铜及铜合金的材料牌号用所规定的元素符号和化学成分表示。所有材料牌号前均应有"ISO"前缀，但是在国际标准或通信文件中已明显知道是用 ISO 牌号时，为简便起见可以省略"ISO"。基体元素和主要合金元素应采用国际化学元素符号，其后再加上表示金属特征的字母或表示合金名义成分的数字。

（2）铜。非合金化铜（在中国一般称之为纯铜）的牌号应由该元素铜的国际化学元素符号以及随后的表明铜种类的一系列大写字母组成。大写字母与化学元素符号之间用一短横线隔开，以表明这些字母并非化学元素符号，例如，Cu-ETP、Cu-DHP、Cu-FRHC 等。未加工产品的牌号及含义见表 4 – 31。

表 4 – 31　未加工产品的牌号及含义

牌　号	名　称	英 文 名 称
Cu-CATH	阴极铜	Cathode copper
Cu-ETP	电解精炼韧铜	Electrolytically refined tough-pitch copper
Cu-ERHC	火法精炼高导铜	Fire-refined high-con-ductivity copper
Cu-CRTP	化学精炼韧铜	Chemically refined toughpitch copper
Cu-FRTP	火法精炼韧铜	Fire-refined tough-pitch copper
Cu-HCP	高导电含磷铜	High-conductivity phosphorus-containing copper
Cu-PHC	高导电含磷铜	High-conductivity phosphorus-containing copper
Cu-PHCE	高导电含磷铜（电子级）	High-conductivity phosphorus-containing copper（electronic grade）
Cu-DLP	磷脱氧铜-低残留磷	Phophorus-deoxidized copper-Low residual phosphorus
Cu-DHP	磷脱氧铜-高残留磷	Phophorus-deoxidized copper-High residual phosphorus
Cu-OF	电解精炼无氧铜	Oxygen-free electroly tically refined copper
Cu-OFE	电解精炼无氧铜（电子级）	Oxygen-free electroly tically refined copper（electronic grade）
Cu-Ag（OF）	含银无氧铜	Oxygen-free coppersilver
Cu-Ag	含银韧铜	Tough-pitch coppersilver
Cu-Ag（P）	含银的磷脱氧铜	Phophorus-deoxidized copper-silver

（3）铜合金。铜合金牌号应由基体元素铜、合金化元素的化学元素符号以及表明其含量的数字（最好是整数）组成（但这些元素的名义含量（质量分数）必须不小于 1%）。

合金按所规定的名义含量表示。

对铸造合金锭，其牌号从相应合金铸件所规定的化学成分导出，这样可避免在一些情况下混淆合金牌号（即金属锭较窄的化学成分范围会有不同的平均合金含量，从而会使金属锭的牌号不同于用这种金属锭制成的铸件的牌号）。

当合金中有两种以上的合金化元素时，除非为识别该合金而必须列出的成分，否则不必在该牌号中列出所有的次要成分。

当两种或两种以上合金具有相同成分，而只在同一种杂质允许含量上有差别时，应将允许有较高含量的杂质元素的元素符号用括号在该合金牌号中表示出来。

如果对合金化元素规定了范围，在牌号中应使用经修约的平均值。如对合金化元素只规定最小的百分数含量，那么在牌号中应用合金化元素的名义含量按递减的顺序表示（如 CuZn36Pb3）。如果元素含量相同时，则按化学元素符号的字母顺序排列（如 CuAl10Fe5Ni5），但合金中的主要合金化元素则不论其含量多少，都应排在前面（如 CuNi18Zn27 不能表示为 CuZn27Ni18）。

对铸造合金，均应在该合金牌号前冠以前缀 G，以便于区别成分界限值相近而采用同一牌号的加工合金。按铸造工艺，分别采用下述前缀：GS—砂型铸造；GM—硬模铸造；GZ—离心铸造；GC—连续铸造；GP—压力铸造。

当合金元素的含量范围的平均值是两个整数之前的中间值时，牌号中所采用的数字一般应修约成最靠近中间值的偶数。

为了能区别一些主要合金元素含量之差小于 1% 的合金，有必要在牌号中这一合金化元素的化学元素符号后面使用两个数字，并用小数点隔开。

（4）未加工的产品，国际标准化组织 ISO/TC26 对未加工的产品（即精炼铜锭块）所规定的牌号、产品名称及含义见表 4-31。

4.2.2 牌号与化学成分

4.2.2.1 冶炼产品

国际标准化组织 TC26（铜及铜合金技术委员会）不用"冶炼产品"这一术语，而是将其称之为"非精炼铜"和"精炼铜"。前者包括冰铜、黑铜、泥铜、粗铜。其中粗铜未给定具体的化学成分，只给出铜含量（质量分数）一般为 98% 左右；后者是指经化学精炼、电解精炼、火法精炼等方法所制得的金属铜，其铜含量（质量分数）在 99.85% 以上或铜含量（质量分数）在 97.5% 以上，但其他元素均规定了极限含量（详见 ISO 197/1—1983）。根据 ISO 431—1981，铜含量（质量分数）在 99.85% 以上的精炼铜包括：韧铜、无氧铜和脱氧铜，其牌号及化学成分见表 4-32。

表 4-32 铜（$w(Cu) \geqslant 99.85\%$）牌号及化学成分

材料名称	牌号	化学成分(质量分数)/%		备 注
		Cu + Ag(不小于)	P	
阴极铜	Cu-CATH	99.90	—	
电解精炼韧铜	Cu-ETP	99.90	—	
火法精炼韧高导铜	Cu-ERHC	99.90	—	
化学精炼韧铜	Cu-CRTP	99.90	—	
火法精炼韧铜	Cu-FRTP	99.85	—	
含磷高导铜	Cu-PHC	99.95	0.001 ~ 0.005	当用无氧铜制造时,其氧含量应低于 0.001%
含磷高导铜	Cu-HCP	99.95	0.003	
含磷高导铜(电工级)	Cu-PHCE	99.99(不含 Ag)	—	杂质含量见表 2-38
低残磷脱氧铜	Cu-DLP	99.90	0.005 ~ 0.012	
高残磷脱氧铜	Cu-DHP	99.85	0.013 ~ 0.04	
电解精炼无氧铜	Cu-OF	99.95	—	

材 料 名 称	牌号	化学成分（质量分数）/%		备　注
		Cu + Ag（不小于）	P	
电解精炼无氧铜（电工级）	Cu-OFE	99.99（不含 Ag）	—	杂质含量见表 2 - 38
含银无氧铜	Cu-Ag（OF）	99.95	—	经供需双方商定，银含量可规定在 0.01～0.25%
含银韧铜	Cu-Ag	99.0	—	
含银的磷脱氧铜	Cu-Ag（P）	99.0	—	

Cu-OFE 和 Cu-PHCE 电工级牌号铜对其他元素最大含量的要求见表 4 - 33。

表 4 - 33　Cu-OFE 和 Cu-PHCE 杂质最大限值（质量分数）

铜牌号	杂质元素不大于/%								
	As	Sb	Bi	Cd	Fe	Pb	Mn	Hg	Ni
Cu-OFE	①	①	0.001①	0.0001	②	0.001	①②	0.0001	②
Cu-PHCE	①	①	0.001①	0.0001①	②	0.001	①②	0.0001	②

铜牌号	杂质元素（不大于）/%							
	O_2	P	Se	Ag	S	Te	Sn	Zn
Cu-OFE	0.001	0.0003	0.001①	②	0.0018	0.001①	①	0.0001
Cu-PHCE	0.003③	0.003③	0.001①	②	0.0018	0.001①	①	0.0001

① 这几个元素（质量分数）的总和不超过 0.004%。

② 要求分析，不规定界限值。

③ 近似值。

4.2.2.2　加工产品

加工铜的（质量分数）分铜含量为 99.85% 以上和 97.5% 以上两类。后者在 1983 年以前被称为"低合金化铜"。

铜合金是不同于非精炼铜的金属材料，其中铜按质量均超过其他任一种元素，并且：

（1）这样一些其他元素中至少有一种的含量按质量分数大于表中规定的极限值；

（2）这样一些其他元素的总含量超过 2.5%（质量分数）。

规定的加工铜及铜合金牌号的原 ISO1337—1980、ISO 1337—1980、ISO 426—1983、ISO 427—1983、ISO 428—1983、ISO 429—1983、ISO 430—1983、ISO 1187—1983 标准，现均已废止。也就是说，现在国际标准中没有加工铜及铜合金牌号。

4.3　欧盟

欧盟 CEN 成员为以下国家标准化组织：奥地利、比利时、保加利亚、克罗地亚、塞浦路斯、捷克、丹麦、爱沙尼亚、芬兰、马其顿、法国、德国、希腊、匈牙利、冰岛、爱尔兰、意大利、拉脱维亚、立陶宛、卢森堡、马耳他、荷兰、挪威、波兰、葡萄牙、罗马尼亚、斯洛伐克、斯洛文尼亚、西班牙、瑞典、瑞士、土耳其和英国。其中 CEN/TC133"铜及铜合金"技术委员会秘书处设在德国。因此，德国、英国、法国等发达国家的铜及铜合金标准均采用欧盟标准。

4.3.1　牌号（或代号）表示方法

欧盟的铜及铜合金牌号采用了两种表示方法，一种是由基体金属和合金元素的化学符号以及表示中心元素平均质量分数的阿拉伯数字组成，这种表示方法和国际标准化组织 ISO 标准一致，见表 4 - 34；一种是数字代号体系由拉丁字母和阿拉伯数字组成，见表 4 - 35。

表4-34　牌号表示方法

分类	牌号组成	示例
纯铜	Cu-铜类型的大写字母代号①	例如:Cu-FRHC、Cu-FRTP、Cu-OF
铜合金	Cu后添加元素化学符号及其含量②	例如:CuZn37Pb1、CuCr1Zr、CuAl10Ni5Fe5

① 字母代号含义:ETP—电解精炼韧铜,FRHC—火法精炼高导电铜,FRTP—火法精炼韧铜,OF—无氧铜,HCP—含磷高导电铜,DLP—低磷脱氧铜,DHP—高磷脱氧铜,PHC—含磷高导电铜,OFE—无氧导电铜,PHCE—含磷高导电铜(电工级),CATH—阴极铜。

② 元素含量尽量取整数。当元素含量小于1%时,不标注元素含量。

《铜及铜合金欧盟数字代号》(EN 1412:1995)规定了欧盟数字代号表示方法,数字代号由6位字符组成。字符的位置如下:

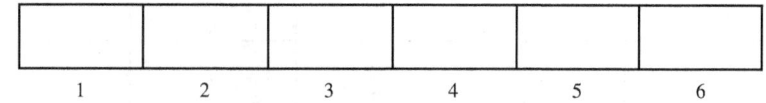

| 1 | 2 | 3 | 4 | 5 | 6 |

表4-35　数字代号位置1~6的含义

位置1	位置2	位置3、4、5① (数字系列之一)	材料组	位置6(材料组的字母代号)	示例
用字母"C"	B:用于重熔的铸锭; C:铸件; F:钎焊填充材料; M:中间合金; R:未加工的精炼铜; S:废杂品; W:加工产品; X:未标准化的材料	000~999	铜	A 或 B	CW024A CR003A
		000~999	铜合金、低合金铜(合金元素小于5%)	C 或 D	CW107C
		000~999	多元铜合金(合金元素不小于5%)	E 或 F	CM203E
		000~999	Cu-Al 系合金	G	CW300G
		000~999	Cu-Ni 系合金	H	CC383H
		000~999	Cu-Ni-Zn 系合金	J	CW403J
		000~999	Cu-Sn 系合金	K	CW452K
		000~999	Cu-Zn 系合金,二元系	L 或 M	CW500L
		000~999	Cu-Zn-Pb 系合金	N 或 P	CW600N
		000~999	Cu-Zn 系合金,多元系	R 或 S	CB752S

① 标准化的铜材料用000~799;非标准化的铜材料用800~999。

4.3.2　牌号与化学成分

《铜及铜合金化学成分和产品汇总》(CEN/TS 13388:2013)包括了被CEN/TC133标准化的铜及铜合金牌号与化学成分。

4.3.2.1　铜

根据PDCEN/TS 13388:2013,铜的牌号和数字代号及其化学成分可参见下列诸表。表4-36为符合EN 1978:1998的Cu-CATH-1(CR001A)和Cu-CATH-2(CR002A)阴极铜化学成分;表4-37为符合EN 1978的Cu-CATH-1(CR001A)纯铜化学成分;表4-38为Cu-CATH-1(CR001A)之外的纯铜化学成分;表4-39为磷铜化学成分;表4-40为银铜化学成分(银铜)。

4.3.2.2　铜合金

铜合金的符号牌号和数字牌号及其化学成分见下表:表4-41为铜合金化学成分,低合金(合金元素小于5%);表4-42为铜铝合金化学成分;表4-43为铜镍合金化学成分;表4-44为铜镍锌合金化学成分;表4-45为铜锡合金化学成分;表4-46为铜锌二元合金化学成分;表4-47为铜锌铅合金化学成分;表4-48为铜锌多元合金化学成分。

4.3.2.3　中间合金

符合EN 1981:2003的中间合金符号牌号和数字牌号及其化学成分见表4-49。

表 4 – 36　符合 EN 1978：1998 的 Cu-CATH-1（CR001A）和 Cu-CATH-2（CR002A）阴极铜化学成分

化学成分（质量分数）/%

材料牌号	符号/编号		Cu	Ag	As	Bi	Cd	Co	Cr	Fe	Mn	Ni	P	Pb	S	Sb	Se	Si	Sn	Te	Zn	除铜外表中所列元素总和
Cu-CATH-1	CR001A	最小	—	—	—	—	—	—	—	—	—	—	—	—	—	—	—	—	—	—	—	
		最大	—	0.0025	0.0005①	0.00020②	①	③	①	0.0010③	①	③	①	0.0005	0.0015④	0.0004①	0.00020②	③	③	0.00020②	③	0.0065
Cu-CATH-2	CR002A	最小	99.90⑤	—	—	—	—	—	—	—	—	—	—	—	—	—	—	—	—	—	—	
		最大	—	—	—	0.0005	—	—	—	—	—	—	—	0.005	—	—	—	—	—	—	—	0.03 除 Ag 外

① $w(As+Cd+Cr+Mn+P+Sb) \leq 0.0015\%$。
② $w(Bi+Se+Te) \leq 0.0003\%$，其中 $w(Se+Te) \leq 0.00030\%$。
③ $w(Co+Fe+Ni+Si+Sn+Zn) \leq 0.0020\%$。
④ 硫含量应在一个样锭上测定。
⑤ 包括银最大到 0.015%。

表 4-37 符合 EN 1978 的 Cu-CATH-1 (CR001A) 纯铜化学成分

化学成分(质量分数)/%

符号	编号 未加工铜	编号 加工铜	元素	Cu	Ag	As	Bi	Cd	Co	Cr	Fe	Mn	Ni	O	P	Pb
Cu-ETP1	CR003A	CW003A	最小	—	—	—	—	—	—	—	—	—	—	—	—	—
			最大	—	0.0025	0.0005①	0.00020②	①	③	①	0.0010③	①	③	0.04	①	0.0005
Cu-OF1	CR007A	CW007A	最小	—	—	—	—	—	—	—	—	—	—	—	—	—
			最大	—	0.0025	0.0005①	0.00020②	①	③	①	0.0010③	①	③	④	①	0.0005
Cu-OFE	CR009A	CW009A	最小	99.99	—	—	—	—	—	—	—	—	—	—	—	—
			最大	—	0.0025	0.0005	0.00020	0.0001	—	—	0.0010	0.0005	0.0010	④	0.0003	0.0005
Cu-PHCE	CR022A	CW022A	最小	99.99	—	—	—	—	—	—	—	—	—	—	0.001	—
			最大	—	0.0025	0.0005	0.00020	0.0001	—	—	0.0010	0.0005	0.0010	④	0.006	0.0005

化学成分(质量分数)/%

符号	编号 未加工铜	编号 加工铜	元素	S	Sb	Se	Si	Sn	Te	Zn	除铜外表中所列元素总和 总和	除铜外表中所列元素总和 不包括
Cu-ETP1	CR003A	CW003A	最小	—	—	—	—	—	—	—	—	—
			最大	0.0015	0.0004①	0.00020②	③	③	0.00020②	③	0.0065	0
Cu-OF1	CR007A	CW007A	最小	—	—	—	—	—	—	—	—	—
			最大	0.0015	0.0004①	0.00020②	③	③	0.00020②	③	0.0065	0
Cu-OFE	CR009A	CW009A	最小	—	—	—	—	—	—	—	—	—
			最大	0.0015	0.0004	0.00020	—	0.0002	0.0002	0.0001	—	—
Cu-PHCE	CR022A	CW022A	最小	—	—	—	—	—	—	—	—	—
			最大	0.0015	0.0004	0.00020	—	0.0002	0.0002	0.0001	—	—

① $w(As+Cd+Cr+Mn+P+Sb) \leqslant 0.0015\%$。
② $w(Bi+Se+Te) \leqslant 0.0003\%$，其中 $w(Se+Te) \leqslant 0.00030\%$。
③ $w(Co+Fe+Ni+Si+Sn+Zn) \leqslant 0.0020\%$。
④ 氧含量应在生产时进行控制，以使材料符合 EN 1976 氢脆试验的要求。

表 4-38　符合 EN 1978 的除了 Cu-CATH-1（CR001A）之外纯铜化学成分

材料牌号			化学成分(质量分数)/%						
符号	编号		元素	Cu[①]	Bi	O	Pb	其他元素[④]	
	未加工铜	加工铜						总和	不包括
Cu-ETP	CR004A	CW004A	最小	99.90	—	—	—	—	Ag、O
			最大	—	0.0005	0.0400[②]	0.005	0.03	
Cu-FRHC	CR005A	CW005A	最小	99.90	—	—	—	—	Ag、O
			最大	—	—	0.040[②]	—	0.040	
Cu-FRTP	CR006A	CW006A	最小	99.90	—	—	—	—	Ag、Ni、O
			最大	—	—	0.100	—	0.05	
Cu-OF	CR008A	CW008A	最小	99.95	—	—	—	—	Ag
			最大	—	0.0005	[③]	0.005	0.03	

① 包括银，最大到 0.015%。

② 供需双方同意时，氧含量允许到 0.060%。

③ 氧含量应在生产时进行控制，以便材料符合 EN 1976 氢脆试验的要求。

④ 其他元素总和（不包括铜）为 Ag、As、Bi、Cd、Co、Cr、Fe、Mn、Ni、O、P、Pb、S、Sb、Se、Si、Sn、Te 和 Zn 之和，不包括在此指出的那些元素。

表 4-39　磷铜化学成分

材料牌号			化学成分(质量分数)/%						
符号	编号		元素	Cu[①]	Bi	P	Pb	其他元素[④]	
	未加工铜	加工铜						总和	不包括
Cu-PHC	CR020A	CW020A	最小	99.95	—	0.001	—	—	Ag、P
			最大	—	0.0005	0.006	0.005	0.03[②]	
Cu-HCP	CR021A	CW021A	最小	99.95	—	0.002	—	—	Ag、P
			最大	—	0.0005	0.007	0.005	0.03[②]	
Cu-DLP	CR023A	CW023A	最小	99.90	—	0.005	—	—	Ag、Ni、P
			最大	—	0.0005	0.013	0.005	0.03	
Cu-DHP	CR024A	CW024A	最小	99.90	—	0.015	—	—	—
			最大	—	—	0.040	—	[③]	
Cu-DXP	CR025A	—	最小	99.90	—	0.04	—	—	Ag、Ni、P
			最大	—	0.0005	0.06	0.005	0.03	

① 包括银，最大到 0.015%。

② 氧含量应在生产时进行控制，以便材料符合 EN 1976 氢脆试验的要求。

③ 如需要，除银和磷外，其他元素允许总和应由供需双方协商同意。

④ 其他元素总和（不包括铜）为 Ag、As、Bi、Cd、Co、Cr、Fe、Mn、Ni、O、P、Pb、S、Sb、Se、Si、Sn、Te 和 Zn 之和，不包括在此指出的那些元素。

表 4-40 银铜化学成分

材料牌号			化学成分(质量分数)/%							
符号	编号		元素	Cu	Ag	Bi	O	P	其他元素[2]	
	未加工铜	加工铜							总和	不包括
CuAg0.04	CR011A	CW011A	最小	余量	0.03	—	—	—	—	Ag、O
			最大		0.05	0.0005	0.040	—	0.03	
CuAg0.07	CR012A	CW012A	最小	余量	0.06	—	—	—	—	Ag、O
			最大		0.08	0.0005	0.040	—	0.03	
CuAg0.10	CR013A	CW013A	最小	余量	0.08	—	—	—	—	Ag、O
			最大		0.12	0.0005	0.040	—	0.03	
CuAg0.04P	CR014A	CW014A	最小	余量	0.03	—	—	0.001	—	Ag、P
			最大		0.05	0.0005	[1]	0.007	0.03	
CuAg0.07P	CR015A	CW015A	最小	余量	0.06	—	—	0.001	—	Ag、P
			最大		0.08	0.0005	[1]	0.007	0.03	
CuAg0.10P	CR016A	CW016A	最小	余量	0.08	—	—	0.001	—	Ag、P
			最大		0.12	0.0005	[1]	0.007	0.03	
CuAg0.04(OF)	CR017A	CW017A	最小	余量	0.03	—	—	—	—	Ag、O
			最大		0.05	0.0005	[1]	—	0.0065	
CuAg0.07(OF)	CR018A	CW018A	最小	余量	0.06	—	—	—	—	Ag、O
			最大		0.08	0.0005	[1]	—	0.0065	
CuAg0.10(OF)	CR019A	CW019A	最小	余量	0.08	—	—	—	—	Ag、O
			最大		0.12	0.0005	[1]	—	0.0065	

① 氧含量应在生产时进行控制,以便材料符合 EN 1976 氢脆试验的要求。

② 其他元素总和(不包括铜)为 Ag、As、Bi、Cd、Co、Cr、Fe、Mn、Ni、O、P、Pb、S、Sb、Se、Si、Sn、Te 和 Zn 之和,不包括在此规定的单一元素。

表 4 - 41　铜合金化学成分、低合金（合金元素小于 5%）

化学成分（质量分数）/%

材料牌号 符号	编号	元素	Cu	Al	Be	Co	Cr	Fe	Mn	Ni	P	Pb	S	Si	Sn	Te	Zn	Zr	其他元素总和	密度①(约)/g·cm⁻³
CuBe1.7	CW100C	最小	余量	—	1.6	—	—	—	—	—	—	—	—	—	—	—	—	—	—	8.3
		最大		—	1.8	0.3	—	0.2	—	0.3	—	—	—	—	—	—	—	—	0.5	
CuBe2	CW101C	最小	余量	—	1.8	—	—	—	—	—	—	—	—	—	—	—	—	—	—	8.3
		最大		—	2.1	0.3	—	0.2	—	0.3	—	—	—	—	—	—	—	—	0.5	
CuBe2Pb	CW102C	最小	余量	—	1.8	—	—	—	—	—	—	0.2	—	—	—	—	—	—	—	8.3
		最大		—	2.0	0.3	—	0.2	—	0.3	—	0.6	—	—	—	—	—	—	0.5	
CuCo1Ni1Be	CW103C	最小	余量	—	0.4	0.8	—	—	—	0.8	—	—	—	—	—	—	—	—	—	8.8
		最大		—	0.7	1.3	—	0.2	—	1.3	—	—	—	—	—	—	—	—	0.5	
CuCo2Be	CW104C	最小	余量	—	0.4	2.0	—	—	—	—	—	—	—	—	—	—	—	—	—	8.8
		最大		—	0.7	2.8	—	0.2	—	0.3	—	—	—	—	—	—	—	—	0.5	
CuCr1	CW105C	最小	余量	—	—	—	0.5	—	—	—	—	—	—	—	—	—	—	—	—	8.9
		最大		—	—	—	1.2	0.08	—	—	—	—	—	0.1	—	—	—	—	0.2	
CuCr1Zr	CW106C	最小	余量	—	—	—	0.5	—	—	—	—	—	—	—	—	—	—	0.03	—	8.9
		最大		—	—	—	1.2	0.08	—	—	—	—	—	0.1	—	—	—	0.3	0.2	
CuFe2P	CW107C	最小	余量	—	—	—	—	2.1	—	—	0.015	—	—	—	—	—	0.05	—	—	8.8
		最大		—	—	—	—	2.6	—	—	0.15	0.03	—	—	—	—	0.20	—	0.2	
CuNi1P	CW108C	最小	余量	—	—	—	—	—	—	0.8	0.15	—	—	—	—	—	—	—	—	8.9
		最大		—	—	—	—	—	—	1.2	0.25	—	—	—	—	—	—	—	0.1	
CuNi1Si	CW109C	最小	余量	—	—	—	—	—	—	1.0	—	—	—	0.4	—	—	—	—	—	8.8
		最大		—	—	—	—	0.2	0.1	1.6	—	0.02	—	0.7	—	—	—	—	0.3	
CuNi2Be	CW110C	最小	余量	—	0.2	—	—	—	—	1.4	—	—	—	—	—	—	—	—	—	8.8
		最大		—	0.6	0.3	—	0.2	—	2.4	—	—	—	—	—	—	—	—	0.5	

续表 4-41

材料牌号 符号	编号	元素	Cu	Al	Be	Co	Cr	Fe	Mn	Ni	P	Pb	S	Si	Sn	Te	Zn	Zr	其他元素总和	密度① (约)/g·cm⁻³
CuNi2Si	CW111C	最小	余量	—	—	—	—	—	—	1.6	—	—	—	0.4	—	—	—	—	—	
		最大		—	—	—	—	0.2	0.1	2.5	—	0.02	—	0.8	—	—	—	—	0.3	8.8
CuNi3Si1	CW112C	最小	余量	—	—	—	—	—	—	2.6	—	—	—	0.8	—	—	—	—	—	
		最大		—	—	—	—	0.2	0.1	4.5	—	0.02	—	1.3	—	—	—	—	0.5	8.8
CuPb1P	CW113C	最小	余量	—	—	—	—	—	—	—	0.003	0.7	—	—	—	—	—	—	—	
		最大		—	—	—	—	—	—	—	0.012	1.5	—	—	—	—	—	—	0.1	8.9
CuSP	CW114C	最小	余量	—	—	—	—	—	—	—	0.003	—	0.2	—	—	—	—	—	—	
		最大		—	—	—	—	—	—	—	0.012	—	0.7	—	—	—	—	—	0.1	8.9
CuSi1	CW115C	最小	余量	0.02	—	—	—	—	—	—	—	—	—	0.8	—	—	—	—	—	
		最大		—	—	—	—	0.8	0.7	—	0.02	0.05	—	2.0	—	—	1.5	—	0.5	8.8
CuSi3Mn1	CW116C	最小	余量	0.05	—	—	—	—	0.7	—	—	—	—	2.7	—	—	—	—	—	
		最大		—	—	—	—	0.2	1.3	—	0.05	0.05	—	3.2	—	—	0.4	—	0.5	8.8
CuSn0.15	CW117C	最小	余量	—	—	—	—	—	—	0.02	—	—	—	—	0.10	—	—	—	—	
		最大		—	—	—	—	0.02	—	0.15	0.015	—	—	—	0.15	—	0.10	—	0.10	8.9
CuTeP	CW118C	最小	余量	—	—	—	—	—	—	—	0.003	—	—	—	—	0.4	—	—	—	
		最大		—	—	—	—	—	—	—	0.012	—	—	—	—	0.7	—	—	0.1	8.9
CuZn0.5	CW119C	最小	余量	—	—	—	—	—	—	—	—	—	—	—	—	—	0.1	—	—	
		最大		—	—	—	—	—	—	—	0.02	—	—	—	—	—	1.0	—	0.1	8.9
CuZr	CW120C	最小	余量	—	—	—	—	—	—	—	—	—	—	—	—	—	—	0.1	—	
		最大		—	—	—	—	—	—	—	0.01	—	—	—	—	—	—	0.2	0.1	8.9
CuSi3Zn2P	CW121C	最小	余量	—	—	—	—	—	0.20	0.20	0.20	0.10	—	2.5	—	—	1.0	—	—	
		最大		—	—	—	—	—	0.20	0.20	0.20	0.10	—	3.5	—	—	3.0	—	0.2	8.6

① 仅供参考。

表 4-42　铜铝合金化学成分

材料牌号		元素	化学成分(质量分数)/%												密度[①] (约)/g·cm⁻³
符号	编号		Cu	Al	As	Fe	Mn	Ni	P	Pb	Si	Sn	Zn	其他元素总和	
CuAl5As	CW300G	最小	余量	4.0	0.1	—	—	—	—	—	—	—	—	—	8.2
		最大		6.5	0.4	0.2	0.2	0.2	—	0.02	—	0.05	0.3	0.3	
CuAl6Si2Fe	CW301G	最小	余量	6.0	—	0.5	—	—	—	—	2.0	—	—	—	7.7
		最大		6.4	—	0.7	0.1	0.1	—	0.05	2.4	0.1	0.4	0.2	
CuAl7Si2	CW302G	最小	余量	6.3	—	—	—	—	—	—	1.5	—	—	—	7.7
		最大		7.6	—	0.3	0.2	0.2	—	0.05	2.2	0.2	0.5	0.2	
CuAl8Fe3	CW303G	最小	余量	6.5	—	1.5	—	—	—	—	—	—	—	—	7.7
		最大		8.5	—	3.5	1.0	1.0	—	0.05	0.2	0.1	0.5	0.2	
CuAl9Ni3Fe2	CW304G	最小	余量	8.0	—	1.0	—	2.0	—	—	—	—	—	—	7.4
		最大		9.5	—	3.0	2.5	4.0	—	0.05	0.1	0.1	0.2	0.3	
CuAl10Fe1	CW305G	最小	余量	9.0	—	0.5	—	—	—	—	—	—	—	—	7.6
		最大		10.0	—	1.5	0.5	1.0	—	0.02	0.2	0.1	0.5	0.2	
CuAl10fe3Mn2	CW306G	最小	余量	9.0	—	2.0	1.5	—	—	—	—	—	—	—	7.6
		最大		11.0	—	4.0	3.5	1.0	—	0.05	0.2	0.1	0.5	0.2	
CuAl10Ni5Fe4	CW307G	最小	余量	8.5	—	3.0	—	4.0	—	—	—	—	—	—	7.6
		最大		11.0	—	5.0	1.0	6.0	—	0.05	0.2	0.1	0.4	0.2	
CuAl11Fe6Ni6	CW308G	最小	余量	10.5	—	5.0	—	5.0	—	—	—	—	—	—	7.4
		最大		12.5	—	7.0	1.5	7.0	—	0.05	0.2	0.1	0.5	0.2	
CuAl5Zn5Sn1	CW309G	最小	余量	4.0	—	0.15	—	—	—	—	—	0.3	4.0	—	8.2
		最大		6.0	—	—	—	—	0.05	—	—	1.5	6.0	0.5	

① 仅供参考。

表 4-43　铜镍合金化学成分

材料牌号		元素	化学成分(质量分数)/%												密度[①] (约)/g·cm⁻³
符号	编号		Cu	C	Co	Fe	Mn	Ni	P	Pb	S	Sn	Zn	其他元素总和	
CuNi25	CW350H	最小	余量	—	—	—	—	24.0	—	—	—	—	—	—	8.9
		最大		0.05	0.1	0.3	0.5	26.0	—	0.02	0.05	0.03	0.5	0.1	
CuNi9Sn2	CW351H	最小	余量	—	—	—	—	8.5	—	—	—	1.8	—	—	8.9
		最大		—	—	0.3	0.3	10.5	—	0.03	—	2.8	0.1	0.1	
CuNi10Fe1Mn	CW352H	最小	余量	—	—	1.0	0.5	9.0	—	—	—	—	—	—	8.9
		最大		0.05	0.1[②]	2.0	1.0	11.0	0.02	0.02	0.05	0.03	0.5	0.2	
CuNi30Fe2Mn2	CW353H	最小	余量	—	—	1.5	1.5	29.0	—	—	—	—	—	—	8.9
		最大		0.05	0.1[②]	2.5	2.5	32.0	0.02	0.02	0.05	0.05	0.5	0.2	
CuNi30Mn1Fe	CW354H	最小	余量	—	—	0.4	0.5	30.0	—	—	—	—	—	—	8.9
		最大		0.05	0.1[②]	1.0	1.5	32.0	0.02	0.02	0.05	0.05	0.5	0.2	

① 仅供参考。

② Co 计入 Ni 中。

表 4 - 44 铜镍锌合金化学成分

材料牌号		化学成分(质量分数)/%									密度① (约)/g·cm⁻³
符号	编号	元素	Cu	Fe	Mn	Ni	Pb	Sn	Zn	其他元素总和	
CuNi7Zn39 Pb3Mn2	CW400J	最小	47.0	—	1.5	6.0	2.3	—	余量	—	8.5
		最大	50.0	0.3	3.0	8.0	3.3	0.2		0.2	
CuNi10Zn27	CW401J	最小	61.0	—	—	9.0	—	—	余量	—	8.6
		最大	64.0	0.3	0.5	11.0	0.05	—		0.2	
CuNi10 Zn42Pb2	CW402J	最小	45.0	—	—	9.0	1.0	—	余量	—	8.4
		最大	48.0	0.3	0.5	11.0	2.5	0.2		0.2	
CuNi12Zn24	CW403J	最小	63.0	—	—	11.0	—	—	余量	—	8.7
		最大	66.0	0.3	0.5	13.0	0.03	0.03		0.2	
CuNi12 Zn25Pb1	CW404J	最小	60.0	—	—	11.0	0.5	—	余量	—	8.7
		最大	63.0	0.3	0.5	13.0	1.5	0.2		0.2	
CuNi12Zn29	CW405J	最小	57	—	—	11.0	—	—	余量	—	8.6
		最大	60	0.3	0.5	13.5	0.03	0.03		0.2	
CuNi12 Zn30Pb1	CW406J	最小	56.0	—	—	11.0	0.5	—	余量	—	8.6
		最大	58.0	0.3	0.5	13.0	1.5	0.2		0.2	
CuNi12Zn38 Mn5Pb2	CW407J	最小	42.0	—	4.5	11.0	1.0	—	余量	—	8.4
		最大	45.0	0.3	6.0	13.0	2.5	0.2		0.2	
CuNi18 Zn19Pb1	CW408J	最小	59.5	—	—	17.0	0.5	—	余量	—	8.7
		最大	62.5	0.3	0.7	19.0	1.5	0.2		0.2	
CuNi18Zn20	CW409J	最小	60.0	—	—	17.0	—	—	余量	—	8.7
		最大	63.0	0.3	0.5	19.0	0.03	0.03		0.2	
CuNi18Zn27	CW410J	最小	53.0	—	—	17.0	—	—	余量	—	8.7
		最大	56.0	0.3	0.5	19.0	0.03	0.03		0.2	

① 仅供参考。

表 4 - 45 铜锡合金化学成分

材料牌号		化学成分(质量分数)/%										密度① (约)/g·cm⁻³
符号	编号	元素	Cu	Fe	Ni	P	Pb	Sn	Te	Zn	其他元素总和	
CuSn4	CW450K	最小	余量	—	—	0.01	—	3.5	—	—	—	8.9
		最大		0.1	0.2	0.4	0.02	4.5	—	0.2	0.2	
CuSn5	CW451K	最小	余量	—	—	0.01	—	4.5	—	—	—	8.9
		最大		0.1	0.2	0.4	0.02	5.5	—	0.2	0.2	
CuSn6	CW452K	最小	余量	—	—	0.01	—	5.5	—	—	—	8.8
		最大		0.1	0.2	0.4	0.02	7.0	—	0.2	0.2	
CuSn8	CW453K	最小	余量	—	—	0.01	—	7.5	—	—	—	8.8
		最大		0.1	0.2	0.4	0.02	8.5	—	0.2	0.2	
CuSn3Zn9	CW454K	最小	余量	—	—	—	—	1.5	—	7.5	—	8.8
		最大		0.1	0.2	0.4	0.1	3.5	—	10.0	0.2	
CuSn4Pb2P	CW455K	最小	余量	—	—	0.2	1.5	3.5	—	—	—	8.9
		最大		0.1	0.2	0.4	2.5	4.5	—	0.3	0.2	

材料牌号		化学成分(质量分数)/%										密度① (约)/g·cm⁻³
符号	编号	元素	Cu	Fe	Ni	P	Pb	Sn	Te	Zn	其他元素总和	
CuSn4Pb4Zn4	CW456K	最小	余量	—	—	0.01	3.5	3.5	—	3.5	—	8.9
		最大		0.1	0.2	0.4	4.5	4.5	0.2	4.5	0.2	
CuSn4Te1P	CW457K	最小	余量	—	—	0.1	—	4.0	0.5	—	—	8.9
		最大		0.1	0.2	0.4	—	5.0	1.0	0.3	0.2	
CuSn5Pb1	CW458K	最小	余量	—	—	0.01	0.5	3.5	—	—	—	8.8
		最大		0.1	0.2	0.4	1.5	5.5	—	0.3	0.2	
CuSn8P	CW459K	最小	余量	—	—	0.2	—	7.5	—	—	—	8.8
		最大		0.1	0.3	0.4	0.05	8.5	—	0.3	0.2	
CuSn8PbP	CW460K	最小	余量	—	—	0.2	0.1	7.5	—	—	—	8.8
		最大		0.1	0.3	0.4	0.5	9.0	—	0.3	0.2	

① 仅供参考。

表4-46 铜锌二元合金化学成分

材料牌号		化学成分(质量分数)/%										密度① (约)/g·cm⁻³
符号	编号	元素	Cu	As	Al	Fe	Ni	Pb	Sn	Zn	其他元素总和	
CuZn5	CW500L	最小	94.0	—	—	—	—	—	—	余量	—	8.9
		最大	96.0	—	0.02	0.05	0.3	0.05	0.1		0.1	
CuZn10	CW501L	最小	89.0	—	—	—	—	—	—	余量	—	8.8
		最大	91.0	—	0.02	0.05	0.3	0.05	0.1		0.1	
CuZn15	CW502L	最小	84.0	—	—	—	—	—	—	余量	—	8.8
		最大	86.0	—	0.02	0.05	0.3	0.05	0.1		0.1	
CuZn20	CW503L	最小	79.0	—	—	—	—	—	—	余量	—	8.7
		最大	81.0	—	0.02	0.05	0.3	0.05	0.1		0.1	
CuZn28	CW504L	最小	71.0	—	—	—	—	—	—	余量	—	8.6
		最大	73.0	—	0.02	0.05	0.3	0.05	0.1		0.1	
CuZn30	CW505L	最小	69.0	—	—	—	—	—	—	余量	—	8.5
		最大	71.0	—	0.02	0.05	0.3	0.05	0.1		0.1	
CuZn33	CW506L	最小	66.0	—	—	—	—	—	—	余量	—	8.5
		最大	68.0	—	0.02	0.05	0.3	0.05	0.1		0.1	
CuZn36	CW507L	最小	63.5	—	—	—	—	—	—	余量	—	8.4
		最大	65.5	—	0.02	0.05	0.3	0.05	0.1		0.1	
CuZn37	CW508L	最小	62.0	—	—	—	—	—	—	余量	—	8.4
		最大	64.0	—	0.05	0.1	0.3	0.1	0.1		0.1	
CuZn40	CW509L	最小	59.5	—	—	—	—	—	—	余量	—	8.4
		最大	61.5	—	0.05	0.2	0.3	0.3	0.2		0.2	
CuZn38As	CW511L	最小	61.5	0.02	—	—	—	—	—	余量	—	8.4
		最大	63.5	0.15	0.05	0.1	0.3	0.2	0.1		0.2	

① 仅供参考。

表 4 - 47 铜锌铅合金化学成分

材料牌号			化学成分(质量分数)/%										密度[①] (约)/g·cm⁻³
符号	编号	元素	Cu	Al	As	Fe	Mn	Ni	Pb	Sn	Zn	其他元 素总和	
CuZn35Pb1	CW600N	最小	62.5	—	—	—	—	—	0.8	—	余量	—	8.5
		最大	64.0	0.05	—	0.1	—	0.3	1.6	0.1		0.1	
CuZn35Pb2	CW601N	最小	62.0	—	—	—	—	—	1.6		余量	—	8.5
		最大	63.5	0.05	—	0.1	—	0.3	2.5	0.1		0.1	
CuZn36Pb2As	CW602N	最小	61.0	—	0.02	—	—	—	1.7	—	余量	—	8.4
		最大	63.0	0.05	0.15	0.1	0.1	0.3	2.8	0.1		0.2	
CuZn36Pb3	CW603N	最小	60.0	—	—	—	—	—	2.5	—	余量	—	8.5
		最大	62.0	0.05	—	0.3	—	0.3	3.5	0.2		0.2	
CuZn37Pb0.5	CW604N	最小	62.0	—	—	—	—	—	0.1	—	余量	—	8.4
		最大	64.0	0.05	—	0.1	—	0.3	0.8	0.2		0.2	
CuZn37Pb1	CW605N	最小	61.0	—	—	—	—	—	0.8	—	余量	—	8.4
		最大	62.0	0.05	—	0.2	—	0.3	1.6	0.2		0.2	
CuZn37Pb2	CW606N	最小	61.0	—	—	—	—	—	1.6	—	余量	—	8.4
		最大	62.0	0.05	—	0.2	—	0.3	2.5	0.2		0.2	
CuZn38Pb1	CW607N	最小	60.0	—	—	—	—	—	0.8	—	余量	—	8.4
		最大	61.0	0.05	—	0.2	—	0.3	1.6	0.2		0.2	
CuZn38Pb2	CW608N	最小	60.0	—	—	—	—	—	1.6	—	余量	—	8.4
		最大	61.0	0.05	—	0.2	—	0.3	2.5	0.2		0.2	
CuZn38Pb4	CW609N	最小	57.0	—	—	—	—	—	3.5	—	余量	—	8.4
		最大	59.0	0.05	—	0.3	—	0.3	4.2	0.3		0.2	
CuZn39Pb0.5	CW610N	最小	59.0	—	—	—	—	—	0.2	—	余量	—	8.4
		最大	60.5	0.05	—	0.3	—	0.3	0.8	0.2		0.2	
CuZn39Pb1	CW611N	最小	59.0	—	—	—	—	—	0.8	—	余量	—	8.4
		最大	60.0	0.05	—	0.2	—	0.3	1.6	0.2		0.2	
CuZn39Pb2	CW612N	最小	59.0	—	—	—	—	—	1.6	—	余量	—	8.4
		最大	60.0	0.05	—	0.3	—	0.3	2.5	0.3		0.2	
CuZn39Pb2Sn	CW613N	最小	59.0	—	—	—	—	—	1.6	0.2	余量	—	8.4
		最大	60.0	0.1	—	0.4	—	0.3	2.5	0.5		0.2	
CuZn39Pb3	CW614N	最小	57.0	—	—	—	—	—	2.5	—	余量	—	8.4
		最大	59.0	0.05	—	0.3	—	0.3	3.5	0.3		0.2	
CuZn39Pb3Sn	CW615N	最小	57.0	—	—	—	—	—	2.5	0.2	余量	—	8.4
		最大	59.0	0.1	—	0.4	—	0.3	3.5	0.5		0.2	
CuZn40Pb1Al	CW616N	最小	57.0	0.05	—	—	—	—	1.0	—	余量	—	8.3
		最大	59.0	0.3	—	0.2	—	0.2	2.0	0.2		0.2	
CuZn40Pb2	CW617N	最小	57.0	—	—	—	—	—	1.6	—	余量	—	8.4
		最大	59.0	0.05	—	0.3	—	0.3	2.5	0.3		0.2	

材料牌号		化学成分(质量分数)/%											密度①(约)/g·cm⁻³
符号	编号	元素	Cu	Al	As	Fe	Mn	Ni	Pb	Sn	Zn	其他元素总和	(约)/g·cm⁻³
CuZn40Pb2Al	CW618N	最小	57.0	0.05	—	—	—	—	1.6	—	余量	—	8.3
		最大	59.0	0.5	—	0.3	—	0.3	3.0	0.3		0.2	
CuZn40Pb2Sn	CW619N	最小	57.0	—	—	—	—	—	1.6	0.2	余量	—	8.4
		最大	59.0	0.1	—	0.4	—	0.3	2.5	0.5		0.2	
CuZn41Pb1Al	CW620N	最小	57.0	0.05	—	—	—	—	0.8	—	余量	—	8.3
		最大	59.0	0.5	—	0.3	—	0.3	1.6	0.3		0.2	
CuZn42PbAl	CW621N	最小	57.0	0.05	—	—	—	—	0.2	—	余量	—	8.3
		最大	59.0	0.5	—	0.3	—	0.3	0.8	0.3		0.2	
CuZn43Pb1Al	CW622N	最小	55.0	0.05	—	—	—	—	0.8	—	余量	—	8.3
		最大	57.0	0.5	—	0.3	—	0.3	1.6	0.3		0.2	
CuZn43Pb2	CW623N	最小	55.0	—	—	—	—	—	1.6	—	余量	—	8.4
		最大	57.0	0.05	—	0.3	—	0.3	3.0	0.3		0.2	
CuZn43Pb2Al	CW624N	最小	55.0	0.05	—	—	—	—	1.6	—	余量	—	8.4
		最大	57.0	0.5	—	0.3	—	0.3	3.0	0.3		0.2	

① 仅供参考。

表 4 - 48　铜锌多元合金化学成分

材料牌号		化学成分(质量分数)/%													密度①
符号	编号	元素	Cu	Al	As	Co	Fe	Mn	Ni	P	Pb	Si	Sn	Zn	其他元素总和	(约)/g·cm⁻³
CuZn13Al1Ni1Si1	CW700R	最小	81.0	0.7	—	—	—	—	0.8	—	—	0.8	—	余量	—	8.5
		最大	84.0	1.2	—	—	0.25	0.1	1.4	—	0.05	1.3	0.1		0.5	
CuZn19Sn	CW701R	最小	80.0	—	—	—	—	—	—	—	—	—	0.2	余量	—	8.6
		最大	82.0	—	—	—	0.05	—	0.3	—	0.05	—	0.5		0.2	
CuZn20Al2As	CW702R	最小	76.0	1.8	0.02	—	—	—	—	—	—	—	—	余量	—	8.4
		最大	79.0	2.3	0.06	—	0.07	0.1	0.1	0.01	0.05	—	—		0.3	
CuZn23Al3Co	CW703R	最小	72.0	3.0	—	0.25	—	—	—	—	—	—	—	余量	—	8.2
		最大	75.0	3.8	—	0.55	0.05	—	0.3	—	0.05	—	0.1		0.1	
CuZn23Al6Mn4Fe3Pb	CW704R	最小	63.0	5.0	—	—	2.0	3.5	—	—	0.2	—	—	余量	—	8.2
		最大	65.0	6.0	—	—	3.5	5.0	0.5	—	0.8	0.2	0.2		0.2	
CuZn25Al5Fe2Mn2Pb	CW705R	最小	65.0	4.0	—	—	0.5	0.5	—	—	0.2	—	—	余量	—	8.2
		最大	68.0	5.0	—	—	3.0	3.0	1.0	—	0.8	—	0.2		0.3	
CuZn28Sn1As	CW706R	最小	70.0	—	0.02	—	—	—	—	—	—	—	0.9	余量	—	8.5
		最大	72.5	—	0.06	—	0.07	0.1	0.1	0.01	0.05	—	1.3		0.3	
CuZn30As	CW707R	最小	69.0	—	0.02	—	—	—	—	—	—	—	—	余量	—	8.5
		最大	71.0	0.02	0.06	—	0.05	0.1	—	0.01	0.07	—	0.05		0.3	

| 材料牌号 | | 化学成分(质量分数)/% | | | | | | | | | | | | | | 密度① |
符号	编号	元素	Cu	Al	As	Co	Fe	Mn	Ni	P	Pb	Si	Sn	Zn	其他元素总和	(约)/g·cm⁻³
CuZn31Si1	CW708R	最小	66.0	—	—	—	—	—	—	—	—	0.7	—	余量	—	8.4
		最大	70.0	—	—	—	0.4	—	0.5	—	0.8	1.3	—		0.5	
CuZn32Pb2 AsFeSi	CW709R	最小	64.0	—	0.03	—	0.1	—	—	—	1.5	0.45	—	余量	—	8.4
		最大	66.5	0.05	0.08	—	0.2	—	0.3	—	2.2	0.8	0.3		0.2	
CuZn35Ni3 Mn2AlPb	CW710R	最小	58.0	0.3	—	—	—	1.5	2.0	—	—	—	—	余量	—	8.3
		最大	60.0	1.3	—	—	0.5	2.5	3.0	—	0.8	0.1	0.5		0.3	
CuZn36Pb2 Sn1	CW711R	最小	59.5	—	—	—	—	—	—	—	1.3	—	0.5	余量	—	8.5
		最大	61.5	—	—	—	0.1	—	0.3	—	2.2	—	1.0		0.2	
CuZn36Sn1Pb	CW712R	最小	61.0	—	—	—	—	—	—	—	0.2	—	1.0	余量	—	8.3
		最大	63.0	—	—	—	0.1	—	0.2	—	0.6	—	1.5		0.2	
CuZn37Mn3 Al2PbSi	CW713R	最小	57.0	1.3	—	—	—	1.5	—	—	0.2	0.3	—	余量	—	8.1
		最大	59.0	2.3	—	—	1.0	3.0	1.0	—	0.8	1.3	0.4		0.3	
CuZn37Pb1 Sn1	CW714R	最小	59.0	—	—	—	—	—	—	—	0.4	—	0.5	余量	—	8.4
		最大	61.0	—	—	—	0.1	—	0.3	—	1.0	—	1.0		0.2	
CuZn38Al FeNiPbSn	CW715R	最小	59.0	0.1	—	—	0.1	—	0.2	—	0.3	—	0.3	余量	—	8.3
		最大	60.7	0.5	0.05	—	0.4	—	0.5	—	0.7	—	0.6		0.2	
CuZn38 Mn1Al	CW716R	最小	59.0	0.3	—	—	—	0.6	—	—	—	—	—	余量	—	8.3
		最大	61.5	1.3	—	—	1.0	1.8	0.6	—	1.0	0.5	0.3		0.3	
CuZn38 Sn1As	CW717R	最小	59.0	—	0.02	—	—	—	—	—	—	—	0.5	余量	—	8.4
		最大	62.0	—	0.06	—	0.1	—	0.2	—	0.2	—	1.0		0.2	
CuZn39Mn1 AlPbSi	CW718R	最小	57.0	0.3	—	—	0.8	—	—	—	0.2	0.2	—	余量	—	8.2
		最大	59.0	1.3	—	—	0.5	1.8	0.5	—	0.8	0.8	0.5		0.3	
CuZn39Sn1	CW719R	最小	59.0	—	—	—	—	—	—	—	—	—	0.5	余量	—	8.4
		最大	61.0	—	—	—	0.1	—	0.2	—	0.2	—	1.0		0.2	
CuZn40Mn1 Pb1	CW720R	最小	57.0	—	—	—	—	0.5	—	—	1.0	—	—	余量	—	8.3
		最大	59.0	0.2	—	—	0.3	1.5	0.6	—	2.0	0.1	0.3		0.3	
CuZn40Mn1 Pb1AlFeSn	CW721R	最小	57.0	0.3	—	—	0.2	0.8	—	—	0.8	—	0.2	余量	—	8.3
		最大	59.0	1.3	—	—	1.2	1.8	0.3	—	1.6	—	1.0		0.3	
CuZn40Mn1 Pb1FeSn	CW722R	最小	56.5	—	—	—	0.2	0.8	—	—	0.8	—	0.2	余量	—	8.3
		最大	58.5	0.1	—	—	1.2	1.8	0.3	—	1.6	—	1.0		0.3	
CuZn40 Mn2Fe1	CW723R	最小	56.5	—	—	—	0.5	1.0	—	—	—	—	—	余量	—	8.3
		最大	58.5	0.1	—	—	1.5	2.0	0.6	—	0.5	0.1	0.3		0.4	
CuZn21Si3P	CW724R	最小	75.0	—	—	—	—	—	—	0.02	—	2.7	—	余量	—	8.3
		最大	77.0	0.05	—	—	0.3	0.05	0.2	0.1	0.1.0	3.5	0.3		0.2	

① 仅供参考。

表 4 - 49　中间合金化学成分

材料牌号		主要元素	化学成分(质量分数)/%																其他元素	
符号	编号		杂质(不大于)																	
			Al	As	Bi	C	Fe	Mn	Ni	P	Pb	Sb	Se	Si	Sn	Te	Zn	此外元素	单一	总和
CuAl50(A)	CM344G	Cu:余量, Al:48.5~51.5	①	—	—	—	0.25	0.1	0.1	0.05	0.05	—	—	0.15	0.05	—	0.1	Ti:0.01	0.05	0.3
CuAl50(B)	CM345G	Cu:余量, Al:48~52	①	—	—	—	0.5	0.2	0.1	0.05	0.1	—	—	0.25	0.1	—	0.2	—	0.1	0.5
CuAs30	CM200E	Cu:余量, As:28.5~31.5	0.05	①	0.05	—	0.2	0.2	0.2	0.05	0.10	0.20	0.03	0.10	0.1	0.03	0.3	Cr:0.10	0.1	0.5
CuB2	CM121C	Cu:余量, B:1.6~2.0	0.10	—	—	—	0.10	—	—	—	0.02	—	—	0.15	0.02	—	—	—	0.05	0.3
CuBe4	CM122C	Be:3.5~4.5	0.17	—	—	—	0.17	—	0.1	—	0.02	—	—	0.17	0.03	—	—	—	0.05	0.3
CuCo10	CM237E	Cu:余量, Co:9.0~11.0	—	—	—	—	0.10	—	0.20	0.05	0.05	—	—	—	0.05	—	—	Co:0.1 Cr:0.05	0.05	0.3
CuCo15	CM201E	Cu:余量, Co:14.0~16.0	—	0.01	0.005	—	0.10	—	0.20	0.10	0.05	0.01	0.005	0.05	0.05	0.005	0.20	—	0.05	0.3
CuCr10	CM202E	Cu:余量, Cr:9.0~11.0②	0.02	0.01	0.005	—	0.08	0.03	0.02	0.005	0.02	0.01	0.005	0.02	0.02	0.005	0.10	—	0.05	0.3
CuFe10(A)	CM203E	Cu:余量, Fe:9.0~11.0	0.02	0.01	0.005	0.05	①	0.1	0.15	0.05	0.03	0.01	0.005	0.05	0.10	0.005	0.1	—	0.05	0.3
CuFe10(B)	CM204E	Cu:余量, Fe:9.0~11.0	—	—	—	—	①	0.2	0.2	—	0.1	—	—	0.1	0.1	—	0.1	—	0.1	0.5
CuFe15	CM213E	Cu:余量, Fe:14.0~16.0	—	—	—	—	①	0.15	0.15	0.05	0.05	0.01	0.005	0.10	0.10	0.005	0.1	—	0.05	0.3
CuFe20(A)	CM205E	Cu:余量, Fe:19.0~21.0	0.02	0.01	0.005	0.05	①	0.1	0.15	0.05	0.05	0.01	0.005	0.05	0.10	0.005	0.1	—	0.05	0.3
CuFe20(B)	CM206E	Cu:余量, Fe:19.0~21.0	—	—	—	—	①	0.2	0.2	—	0.1	—	—	0.1	0.1	—	0.1	—	0.1	0.5

续表 4-49

化学成分(质量分数)/%

材料牌号 符号	编号	主要元素	Al	As	Bi	C	Fe	Mn	Ni	P	Pb	Sb	Se	Si	Sn	Te	Zn	此外元素	其他元素 单一	其他元素 总和
			杂质(不大于)																	
CuLi2	CM123C	Cu:余量,Li:1.6~2.2	—	—	—	—	—	—	—	—	—	—	—	0.10	—	—	—	—	0.03	0.2
CuMg10	CM238E	Cu:余量,Mg:9.0~11.0	0.05	0.01	0.005	0.05	0.10	—	0.20	0.02	0.03	0.01	0.005	0.05	0.05	0.005	0.10	—	0.05	0.3
CuMg20	CM207E	Cu:余量,Mg:18.0~22.0	0.05	0.01	0.005	0.05	0.10	—	0.20	0.02	0.05	0.01	0.005	0.10	0.05	0.005	0.10	—	0.05	0.3
CuMn30(A)	CM209E	Cu:余量,Mn:29.0~31.0	0.05	0.02	0.005	0.05	0.20	①	0.20	0.02	0.05	0.02	0.005	0.05	0.05	0.005	0.20	Mg:0.05	0.05	0.3
CuMn30(B)	CM210E	Cu:余量,Mn:29~31	—	—	—	—	0.5	①	0.2	0.05	0.2	—	—	0.2	0.2	—	0.2	—	0.1	0.5
CuMn50	CM211E	Cu:余量,Mn:48.0~52.0	—	—	—	—	0.5	①	0.2	0.05	0.2	—	—	0.2	0.2	—	0.2	—	0.1	0.5
CuNi30	CM390H	Cu:余量,Ni:29.0~31.0	0.05	—	—	0.03	0.8	0.2	①	0.02	0.05	—	—	0.05	0.05	—	0.1	—	0.05	0.3
CuNi50	CM239E	Cu:余量,Ni:48.5~51.5	0.05	—	—	0.05	0.3	0.2	①	0.03	0.05	—	—	0.05	0.05	—	0.1	—	0.05	0.3
CuP10(A)	CM215E	Cu:余量,P:9.5~11.0	0.02	0.01	0.005	—	0.10	0.10	0.10	①	0.03	0.01	0.005	0.05	0.05	0.005	0.05	—	0.05	0.3
CuP10(B)	CM216E	Cu:余量,P:9.5~11.0	—	—	—	—	0.20	—	0.20	①	0.20	—	—	—	0.2	—	0.2	—	0.1	0.5
CuP15(A)	CM217E	Cu:余量,P:13.5~15.0	0.02	0.01	0.005	—	0.10	0.10	0.10	①	0.03	0.01	0.005	0.05	0.05	0.005	0.05	—	0.05	0.3
CuP15(B)	CM 218E	Cu:余量,P:13.5~15.0	—	—	—	—	0.10	—	0.10	①	0.10	—	—	—	0.1	—	0.1	—	0.10	0.4
CuP15(C)	CM 219E	Cu:余量,P:13.5~15.0	—	—	—	—	0.20	—	0.20	①	0.20	—	—	—	0.2	—	0.2	—	0.1	0.5

续表 4－49

材料牌号 符号	编号	主要元素	Al	As	Bi	C	Fe	Mn	Ni	P	Pb	Sb	Se	Si	Sn	Te	Zn	此外元素	其他元素 单一	其他元素 总和
									杂质(不大于)/%											
CuS20	CM230 E	Cu:余量③, S:18~22	—	—	—	—	0.20	—	—	—	0.02	—	—	—	0.20	—	0.02	—	0.05	0.3
CuSi10(A)	CM231E	Cu:余量, Si:9.0~11.0	0.03	0.01	0.005	—	0.20	0.10	0.1	0.05	0.05	0.01	0.005	①	0.05	0.005	0.10	—	0.05	0.3
CuSi10(B)	CM232E	Cu:余量, Si:9~11	0.05	—	—	—	0.5	0.2	0.2	—	0.20	—	—	①	0.2	—	0.1	—	0.1	0.5
CuSi20(A)	CM233E	Cu:余量, Si:19.0~21.0	0.05	0.02	0.01	—	0.4	0.2	0.2	0.05	0.1	0.02	0.01	①	0.1	0.01	0.1	—	0.05	0.3
CuSi20(B)	CM234E	Cu:余量, Si:19~21	0.05	—	—	—	0.6	0.2	0.2	—	0.2	—	—	①	0.2	—	0.1	—	0.1	0.5
CuSi30(A)	CM240E	Cu:余量, Si:28.5~31.5	0.05	0.03	0.015	—	0.60	0.2	0.2	0.05	0.1	0.02	0.01	①	0.1	0.01	0.1	—	0.05	0.3
CuSi30(B)	CM241E	Cu:余量, Si:28.0~32.0	0.10	—	—	—	0.7	0.2	0.2	—	0.2	—	—	①	0.2	—	0.2	—	0.1	0.5
CuTi30	CM244E	Cu:余量, Ti:28.5~31.5	0.10	—	0.005	—	0.1	—	—	—	0.05	—	—	0.05	0.05	0.005	0.05	—	0.05	0.3
CuZr50(A)	CM236E	Cu:余量, Zr:49.0~53.0	0.05	—	0.005	—	0.1	—	—	—	0.05	—	—	0.05	0.20	0.005	—	Hf:2.5	0.1	0.5
CuZr50(B)	CM242E	Cu:余量, Zr:49.0~53.0	0.05	—	0.005	—	0.1	—	—	—	0.05	—	—	0.05	0.20	0.005	—	Nb:2.0	0.1	0.5
CuZr50(C)	CM243E	Cu:余量, Zr:49.0~53.0	0.05	—	0.005	—	0.20	—	—	—	0.05	—	—	0.05	0.8	0.005	—	—	0.1	0.5

注："—"表示"未规定"，但包括在其他元素中。只有规定的元素应该进行测定，除非供需双方有其他规定。
① 见主元素栏。
② Cr_2O_3最大0.5%
③ 游离铜最大5.0%。

4.3.2.4 铸锭和铸件

符合 EN 1982：2008 的铸锭和铸件符号牌号和数字牌号及其化学成分见下表：表 4 - 50 为铸锭和铸件——铜及铜铬合金化学成分和铸造方式；表 4 - 51 为铸锭和铸件——铜锌合金化学成分和铸造方式；表 4 - 52 为铸锭和铸件——铜锡合金化学成分和铸造方式；表 4 - 53 为铸锭和铸件——铜锡铅合金化学成分和铸造方式；表 4 - 54 为铸锭和铸件——铜铝合金化学成分和铸造方式；表 4 - 55 为铸锭和铸件——铜锰铝合金化学成分和铸造方式；表 4 - 56 为铸锭和铸件——铜镍合金化学成分和铸造方式。

表 4 - 50 铸锭和铸件——铜及铜铬合金化学成分和铸造方式

材料牌号		化学成分（质量分数）/%			铸造方式和代号	
符 号	编 号	元 素	Cr	Cu	硬模铸造 GM	砂模铸造 GS
Cu-C[①,②]	CC040A[①,②]	最小	—	—	√	√
		最大	—	—		
CuCr1-C[①,③]	CC140C[①,③]	最小	0.4	余量	√	√
		最大	1.2			

① 该材料的铸锭没有规定。

② 该牌号的化学成分没有规定。

③ Cu + Cr 总量应不小于 99.5%。

4.3.2.5 焊料金属

符合 EN 13347：2002 的焊料金属符号牌号和数字牌号及其化学成分见下表：表 4 - 57 为焊料金属——铜化学成分；表 4 - 58 为焊料金属——多元铜合金化学成分；表 4 - 59 为焊料金属——铜锌合金化学成分；表 4 - 60 为焊料金属——铜锡合金化学成分；表 4 - 61 为焊料金属——铜铝合金化学成分；表 4 - 62 为焊料金属——铜镍锌合金化学成分。

4.3.2.6 铜及铜合金废料

符合 EN 12861：1999 的铜及铜合金废料的符号牌号和数字牌号及其化学成分见表 4 - 63。

4.3.2.7 被其他 CEN 技术委员会标准化的铜及铜合金

被其他 CEN 技术委员会标准化的且符合 CR 12776 的程序，但未被 CEN/TC133 注册的铜合金材料牌号和数字牌号见表 4 - 64 ~ 表 4 - 68。

表 4－51　铸锭和铸件——铜锌合金化学成分和铸造方式

材料牌号 符号	编号	元素	Al	As	Cu	Fe	Mn	Ni	P	Pb	Sb	Si	Sn	Zn	连续铸造 GC	硬模铸造 GM	压力铸造 GP	砂模铸造 GS	离心铸造 GZ
CuZn33Pb2-B	CB750S	最小	—	—	63.0	—	—	—	—	1.0	—	—	—	余量				√	√
		最大	0.1①	—	66.0②	0.7	0.2	1.0	0.02	2.8	—	0.04	1.5	—					
CuZn33Pb2-C	CC750S	最小	—	—	63.0	—	—	—	—	1.0	—	—	—	余量					
		最大	0.1	—	67.0②	0.8	0.2	1	0.05	3.0	—	0.05	1.5	—					
CuZn33Pb2Si-B	CB751S	最小	—	—	63.5	0.25	—	—	—	0.8	—	0.7	—	余量					
		最大	0.10	—	65.5②	0.50	0.1	0.80	—	2.0	0.05	1.0	0.80	—					
CuZn33Pb2Si-C③	CC751S③	最小	—	—	63.5	0.25	—	—	—	0.8	—	0.65	—	余量					
		最大	0.10	0.04	66.0②	0.5	0.15	0.8	—	2.2	0.05	1.1	0.8	—					
CuZn35Pb2Al-B④⑤	CB752S④⑤	最小	0.3	—	61.5	—	—	—	—	1.5	—	—	—	余量		√	√		
		最大	0.7	0.12	65.0	0.3	0.1	0.2	—	2.1	—	0.02	0.3	—					
CuZn35Pb2Al-C③⑤	CC752S③⑤	最小	0.3	0.04	61.5	—	—	—	—	1.5	—	—	—	余量					
		最大	0.70	0.14⑥	64.5	0.3	0.1	0.2	—	2.2	0.14⑥⑦	0.02	0.3	—					
CuZn37Pb2Ni1AlFe-B⑧	CB753S⑧	最小	0.4	—	58.0	0.5	—	0.5	—	1.8	—	—	—	余量		√	√		
		最大	0.8	—	60.0②	0.8	0.20	1.2	0.02	2.5	0.05	0.05	0.8	—					
CuZn37Pb2Ni1AlFe-C	CC753S	最小	0.4	—	58.0	0.5	—	0.5	—	1.8	—	—	—	余量					
		最大	0.8	—	61.0②	0.8	0.20	1.2	0.02	2.50	0.05	0.05	0.8	—					
CuZn39Pb1Al-B④	CB754S④	最小	0.10	—	58.0	—	—	—	—	0.5	—	—	—	余量		√	√	√	√
		最大	0.8⑨	—	62.0②	0.7	0.5	1.0	0.02	2.4	—	0.05	1.0	—					
CuZn39Pb1Al-C	CC754S	最小	—	—	58.0	0.05	—	—	—	0.5	—	—	—	余量					
		最大	0.8	—	63.0②	0.2	0.5	1.0	0.02	2.5	—	0.05⑩	1.0	—					
CuZn39Pb1AlB-B⑤⑩	CB755S⑤⑩	最小	0.4	—	59.0	0.05	—	—	—	1.2	—	—	—	余量		√	√		
		最大	0.65	—	60.5	0.2	0.05	0.2	—	1.7	—	0.03	0.3	—					
CuZn39Pb1AlB-C⑤	CC755S⑤	最小	0.4	—	59.5	—	—	—	—	1.2	—	—	—	余量					
		最大	0.7	—	61.0	0.2	0.05	0.2	—	1.7	—	0.05	0.3	—					

注：化学成分（质量分数）/%

| 材料牌号 | | 元素 | 化学成分(质量分数)/% | | | | | | | | | | | | 铸造方式和代号 | | | | |
符号	编号		Al	As	Cu	Fe	Mn	Ni	P	Pb	Sb	Si	Sn	Zn	连续铸造 CC	硬模铸造 GM	压力铸造 GP	砂模铸造 GS	离心铸造 GZ
CuZn15As-B	CB760S	最小	—	0.06	83.0	—	—	—	—	—	—	—	—	余量					
		最大	0.01	0.15	87.5	0.15	0.1	0.1	—	0.5	—	0.02	0.3	—					
CuZn15As-C	CC760S	最小	—	0.05	83.0	—	—	—	—	—	—	—	—	余量				√	
		最大	0.01	0.15	88.0	0.15	0.1	0.1	—	0.5	—	0.02	0.3	—					
CuZn16Si4-B	CB761S	最小	—	—	78.5	—	—	—	—	—	—	3.0	—	余量				√	√
		最大	0.1	—	82.0	0.5	0.2	1.0	0.02	0.6	0.05	5.0	0.25	—					
CuZn16Si4-C	CC761S	最小	—	—	78.0	—	—	—	—	—	—	3.0	—	余量					
		最大	0.10	—	83.0	0.6	0.2	1.0	0.03	0.8	0.05	5.0	0.3	—					
CuZn25Al5Mn4Fe3-B	CB762S	最小	4.0	—	60.0	1.5	3.0	—	—	—	—	—	—	余量					
		最大	7.0	—	66.0②	3.5	5.0	2.7	—	0.20	0.03	0.08	0.20	—					
CuZn25Al5Mn4Fe3-C	CC762S	最小	3.0	—	60.0	1.5	2.5	—	—	—	—	—	—	余量	√	√	√	√	√
		最大	7.0	—	67.0②	4.0	5.0	3.0	—	0.2	0.03	0.1	0.2	—					
CuZn32Al2Mn2Fe1-B	CB763S	最小	1.0	—	59.0	0.5	1.0	—	—	—	—	—	—	余量					
		最大	2.5	—	67.0②	2.0	3.5	2.5	—	1.5	0.08	1.0	1.0	—					
CuZn32Al2Mn2Fe1-C	CC763S	最小	1.0	—	59.0	0.5	1.0	—	—	—	—	—	—	余量			√	√	
		最大	2.5	—	67.0②	2.0	3.5	2.5	—	1.5	0.08	1.0	1.0	—					
CuZn34Mn3Al2Fe1-B	CB764S	最小	1.5	—	55.0	0.8	1.0②	—	—	—	—	—	—	余量		√		√	
		最大	3.0	—	65.0②	2.0	3.5	2.7	0.02	0.2	0.05	0.08	0.3	—					
CuZn34Mn3Al2Fe1-C	CC764S	最小	1.0	—	55.0	0.5	1.0②	—	—	—	—	—	—	余量				√	√
		最大	3.0	—	66.0②	2.5	4.0	3.0	0.03	0.3	0.05	0.1	0.3	—					

续表 4－51

材料牌号 符号	编号	元素	化学成分（质量分数）/% Al	As	Cu	Fe	Mn	Ni	P	Pb	Sb	Si	Sn	Zn	铸造方式和代号 连续铸造 GC	硬模铸造 GM	压力铸造 GP	砂模铸造 GS	离心铸造 GZ
CuZn35Mn2Al1Fe1-B	CB765S	最小	0.7	—	56.0	0.5	0.5⑫	—	—	—	—	—	—	余量				√	√
		最大	2.2	—	64.0②	1.8	2.5	6.0	0.02	0.5	0.08	0.10	0.8	—					
CuZn35Mn2Al1Fe1-C⑬	CC765S⑬	最小	0.5	—	57.0	0.5	0.5⑫	—	—	—	—	—	—	余量	√	√			
		最大	2.5	—	65.0②	2.0	3.0	6.0	0.03	0.5	0.08	0.1	1.0	—					
CuZn37Al1-B	CB766S	最小	0.6	—	60.0	—	—	—	—	—	—	—	—	余量					
		最大	1.8	—	63.0②	0.4	0.4	1.8	0.02	0.4	0.05	0.5	0.4	—					
CuZn37Al1-C	CC766S	最小	0.3	—	60.0	—	—	—	—	—	—	—	—	余量		√			
		最大	1.8	—	64.0②	0.5	0.5	2.0	—	0.5	0.1	0.6	0.50	—					
CuZn38Al-B	CB767S	最小	0.1	—	59.0	—	—	—	—	—	—	—	—	余量		√			
		最大	0.8	—	64.0②	0.4	0.4	0.8	0.05	0.1	—	0.05	0.1	—					
CuZn38Al-C	CC767S	最小	0.1	—	59.0	—	—	—	—	—	—	—	—	余量					
		最大	0.8	—	64.0②	0.5	0.5	1.0	—	0.1	—	0.2	0.1	—					

① 用于压力砂型铸造和离心铸造的铸锭，铝最大为0.02%。
② 包括镍。
③ 该合金的铸件应符合 EN 1982：2008 的抗脱锌要求。
④ 对精密铸造的特殊要求，铸锭应进行晶粒细化，其最大平均晶粒为0.150mm。
⑤ 对用于水系统的铸锭，其他单个元素不应大于0.02%，这些单个元素总和不应超过0.25%。
⑥ 用于饮用水系统的铸锭，Sb 可作为抑制脱锌的替代物。如 Sb 作为抑制脱锌的替代物使用，As 含量最大为0.04%，(Sb＋As) 最大为0.14%。
⑦ 用于饮用水系统的铸锭，Sb 含量不大于0.02%。
⑧ 除非供需双方同意，该合金锭应采用结晶细化，其最大平均晶粒为0.300mm。
⑨ 对用于砂型铸件和离心铸造的铸锭，铝含量最大为0.02%。
⑩ 对用于压力铸造的铸锭，硅含量最大为0.30%。
⑪ 除非供需双方同意，该合金锭应采用硼进行晶粒细化，其最大平均晶粒为0.100mm。
⑫ 对用于硬模铸造的铸锭，锰含量最小为0.3%。
⑬ 对特定用途要求铸件显微组织 α 相为最小比例时，见 EN 1982：2008 中 6.4。

表4－52　铸锭和铸件——铜锡合金化学成分和铸造方式

材料牌号 符号	编号	元素	Al	Cu	Fe	Mn	Ni	P	Pb	S	Sb	Si	Sn	Zn	连续铸造 GC	硬模铸造 GM	砂模铸造 GS	离心铸造 GZ
CuSn10-B	CB480K	最小	—	88.5	—	—	—	—	—	—	—	—	9.3	—		✓	✓	✓
		最大	0.01	90.5①	0.15	0.10	1.8	0.05	0.8	0.04	0.15	0.01	11.0	0.5				
CuSn10-C	CC480K	最小	—	88.0	—	—	—	—	—	—	—	—	9.0	—	✓			
		最大	0.01	90.0①	0.2	0.10	2.0	0.2	1.0	0.05	0.2	0.02	11.0	0.5				
CuSn11P-B	CB481K	最小	—	87.0	—	—	—	0.6	—	—	—	—	10.2	—			✓	✓
		最大	0.01	89.3	0.10	0.05	0.10	1.0	0.25	0.05	0.05	0.01	11.5	0.05				
CuSn11P-C	CC481K	最小	—	87.0	—	—	—	0.5	—	—	—	—	10.0	—	✓			
		最大	0.01	89.5	0.10	0.05	0.10	1.0②	0.25	0.05	0.05	0.01	11.5	0.05				
CuSn11Pb2-B	CB482K	最小	—	83.5	—	—	—	—	0.7	—	—	—	10.7	—			✓	✓
		最大	0.01	86.5	0.15	0.2	2.0	0.05	2.5	0.08	0.20	0.01	12.5	2.0				
CuSn11Pb2-C	CC482K	最小	—	83.5	—	—	—	—	0.7	—	—	—	10.5	—	✓			
		最大	0.01	87.0	0.20	0.2	2.0	0.40	2.5	0.08	0.2	0.01	12.5	2.0				
CuSn12-B	CB483K	最小	—	85.5	—	—	—	—	—	—	—	—	11.2③	—		✓	✓	✓
		最大	0.01	88.5③	0.15	0.2	2.0	0.20	0.6	0.05	0.15	0.01	13.0	0.4				
CuSn12-C	CC483K	最小	—	85.0	—	—	—	—	—	—	—	—	11.0③	—	✓			
		最大	0.01	88.5③	0.2	0.2	2.0	0.60	0.7	0.05	0.15	0.01	13.0	0.5				
CuSn12Ni2-B	CB484K	最小	—	84.0	—	—	1.5	—	—	—	—	—	11.3	—			✓	✓
		最大	0.01	87.0	0.15	0.10	2.4	0.05	0.2	0.04	0.05	0.01	13.0	0.3				
CuSn12Ni2-C	CC484K	最小	—	84.5	—	—	1.5	—	—	—	—	—	11.0	—	✓			
		最大	0.01	87.5	0.20	0.2	2.5	0.40	0.3	0.05	0.1	0.01	13.0	0.4				

化学成分（质量分数）/%　　铸造方式和代号

① 包括镍。
② 对非轴承用砂型铸件，磷最大为0.15% [见EN 1982：2008)]。
③ 对连续铸件和离心铸件，铸锭锡含量最小为10.7%，铸件锡含量最小为10.5%，铸锭和铸件的铜含量最大为89.0%。

表 4-53　铸锭和铸件——铜锡铅合金化学成分和铸造方式

材料牌号 符号	编号	元素	化学成分(质量分数)/% Al	Cu①	Fe	Mn	Ni	P	Pb	S	Sb	Si	Sn	Zn	铸造方式和代号 连续铸造 GC	硬模铸造 GM	砂模铸造 GS	离心铸造 GZ
CuSn3Zn8Pb5-B	CB490K	最小	—	81.0	—	—	—	—	3.5	—	—	—	2.2	7.5	✓		✓	✓
		最大	0.01	85.5	0.50	—	2.0	0.03	5.8	0.08	0.25	0.01	3.5	10.0				
CuSn3Zn8Pb5-C	CC490K	最小	—	81.0	—	—	—	—	3.0	—	—	—	2.0	7.0	✓		✓	✓
		最大	0.01	86	0.5	—	2.0	0.05	6.0	0.10	0.30	0.01	3.5	9.5				
CuSn5Zn5Pb2-B②,③	CB499K②,③	最小	—	84.0	—	—	—	—	—	—	—	—	4.2	4.5	✓	✓	✓	✓
		最大	0.01	87.5	0.30	—	0.60	0.03	3.0	0.04	0.10	0.01	6.0	6.5				
CuSn5Zn5Pb2-C②,③	CC499K②,③	最小	—	84.0	—	—	—	—	—	—	—	—	4.0	4.0	✓	✓	✓	✓
		最大	0.01	88.0	0.30	—	0.60	0.04	3.0	0.04	0.10	0.01	6.0	6.0				
CuSn5Zn5Pb5-B	CB491K	最小	—	83.0	—	—	—	—	4.2	—	—	—	4.2	4.5	✓	✓	✓	✓
		最大	0.01	86.5	0.25	—	2.0	0.03	5.8	0.08	0.25	0.01	6.0	6.5				
CuSn5Zn5Pb5-C	CC491K	最小	—	83.0	—	—	—	—	4.0	—	—	—	4.0	4.0	✓	✓	✓	✓
		最大	0.01	87.0	0.3	—	2.0	0.10	6.0	0.10	0.25	0.01	6.0	6.0				
CuSn7Zn2Pb3-B	CB492K	最小	—	85.0	—	—	—	—	2.7	—	—	—	6.2	1.7	✓	✓	✓	✓
		最大	0.01	88.5	0.20	—	2.0④	0.03	3.5	0.08	0.25	0.01	8.0④	3.2				
CuSn7Zn2Pb3-C	CC492K	最小	—	85.0	—	—	—	—	2.5	—	—	—	6.0	1.5	✓	✓	✓	✓
		最大	0.01	89.0	0.2	—	2.0④	0.10	3.5	0.10	0.25	0.01	8.0④	3.0				
CuSn7Zn4Pb7-B	CB493K	最小	—	81.0	—	—	—	—	5.2	—	—	—	6.2⑤	2.3	✓	✓	✓	✓
		最大	0.01	84.5⑤	0.20	—	2.0	0.03	8.0	0.08	0.30	0.01	8.0	5.0				
CuSn7Zn4Pb7-C	CC493K	最小	—	81.0	—	—	—	—	5.0	—	—	—	6.0⑤	2.0	✓	✓	✓	✓
		最大	0.01	85.0⑤	0.2	—	2.0	0.10	8.0	0.10	0.3	0.01	8.0	5.0				
CuSn6Zn4Pb2-B	CB498K	最小	—	86.0	—	—	—	—	1.2	—	—	—	5.7	3.2	✓	✓	✓	✓
		最大	0.01	89.5	0.25	—	1.0	0.03	2.0	0.08	0.25	0.01	6.5	5.0				
CuSn6Zn4Pb2-C	CC498K	最小	—	86.0	—	—	—	—	1.0	—	—	—	5.5	3.0	✓	✓	✓	✓
		最大	0.01	90.0	0.25	—	1.0	0.05	2.0	0.10	0.25	0.01	6.5	5.0				

续表 4-53

材料牌号 符号	编号	元素	Al	Cu①	Fe	Mn	Ni	P	Pb	S	Sb	Si	Sn	Zn	连续铸造 GC	硬模铸造 GM	砂模铸造 GS	离心铸造 GZ
CuSn5Pb9-B	CB494K	最小	—	80.0	—	—	—	—	8.2	—	—	—	4.2	—				
		最大	0.01	86.5	0.20	0.2	2.0	0.10	10.0	0.08	0.5	0.01	6.0	2.0				
CuSn5Pb9-C	CC494K	最小	—	80.0	—	—	—	—	8.0	—	—	—	4.0	—	√	√	√	√
		最大	0.01	87.0	0.25	0.2	2.0	0.10	10.0	0.10	0.5	0.01	6.0	2.0				
CuSn10Pb10-B	CB495K	最小	—	78.0	—	—	—	—	8.2	—	—	—	9.2	—				
		最大	0.01	81.5	0.20	0.2	2.0	0.10	10.5	0.08	0.5	0.01	11.0	2.0				
CuSn10Pb10-C	CC495K	最小	—	78.0	—	—	—	—	8.0	—	—	—	9.0	—	√	√	√	√
		最大	0.01	82.0	0.25	0.2	2.0	0.10	11.0	0.10	0.5	0.01	11.0	2.0				
CuSn7Pb15-B	CB496K	最小	—	74.0	—	—	0.5	—	13.2	—	—	—	6.2	—				
		最大	0.01	79.5	0.20	0.20	2.0	0.10	17.0	0.08	0.5	0.01	8.0	2.0				
CuSn7Pb15-C	CC496K	最小	—	74.0	—	—	0.5	—	13.0	—	—	—	6.0	—	√	√	√	√
		最大	0.01	80.0	0.25	0.20	2.0	0.10	17.0	0.10	0.5	0.01	8.0	2.0				
CuSn5Pb20-B	CB497K	最小	—	70.0	—	—	0.5	—	19.0	—	—	—	4.2	—				
		最大	0.01	77.5	0.20	0.20	2.5	0.10	23.0	0.08	0.75	0.01	6.0	2.0				
CuSn5Pb20-C	CC497K	最小	—	70.0	—	—	0.5	—	18.0	—	—	—	4.0	—	√	√	√	√
		最大	0.01	78.0	0.25	0.20	2.5	0.10	23.0	0.10	0.75	0.01	6.0	2.0				

① 包括镍。
② 用于饮用水系统的铸锭，其他单一元素不大于0.02%，这些单一元素总和不超过0.25%。
③ 其他元素最大：As 0.03%，Bi 0.02%，Cd 0.02%，Cr 0.02%。
④ (Sn+1/2Ni) 含量为7.0% ~ 8.0%。
⑤ 对连续铸造和离心铸造，铸锭锡含量最小为5.4%，铜含量最大85.0%；铸件锡含量最小为5.2%，铜含量最大86.0%。

表4-54　铸锭和铸件——铜铝合金化学成分和铸造方式

材料牌号 编号	材料牌号 符号	元素	化学成分(质量分数)/%												铸造方式和代号			
			Al	Bi	Cr	Cu	Fe	Mg	Mn	Ni	Pb	Si	Sn	Zn	连续铸造 CC	硬模铸造 GM	砂模铸造 GS	离心铸造 GZ
CB330G	CuAl9-B	最小	8.2	—	—	88.0	—	—	—	—	—	—	—	—		✓		✓
		最大	10.5	—	—	91.5①	1.0	—	0.50	1.0	0.25	0.15	0.25	0.40				
CC330G	CuAl9-C	最小	8.0	—	—	88.0	—	—	—	—	—	—	—	—		✓	✓	✓
		最大	10.5	—	—	92.0①	1.2	—	0.50	1.0	0.30	0.20	0.30	0.50				
CB331G	CuAl10Fe2-B	最小	8.7	—	—	83.0	1.5	—	—	—	—	—	—	—		✓	✓	✓
		最大	10.5	—	—	89.0	3.3	0.05	1.0	1.5	0.03	0.15	0.20	0.50				
CC331G	CuAl10Fe2-C	最小	8.5	—	—	83.0	1.5	—	—	—	—	—	—	—		✓	✓	✓
		最大	10.5	—	—	89.5	3.5	0.05	1.0	1.5	0.10②	0.2	0.20	0.50				
CB332G	CuAl10Ni3Fe2-B	最小	8.7	—	—	80.0	1.0	—	—	1.5	—	—	—	—	✓	✓	✓	✓
		最大	10.5③	—	—	85.5⑥	2.8	0.05	2.0	4.0③	0.03	0.15	0.20	0.50				
CC332G	CuAl10Ni3Fe2-C	最小	8.5	—	—	80.0	1.0	—	—	1.5	—	—	—	—	✓	✓	✓	✓
		最大	10.5③	—	—	86.0⑥	3.0	0.05	2.0	4.0③	0.10②	0.2	0.20	0.50				
CB333G	CuAl10Fe5Ni5-B	最小	8.8	0.01	0.05	76.0	—	—	—	4.0	—	—	—	—	✓	✓	✓	✓
		最大	10.0	—	0.05	82.5	5.3④	0.05	2.5	5.5④	0.03	0.10	0.1	0.40				
CC333G	CuAl10Fe5Ni5-C	最小	8.5	0.01	0.05	76.0	—	—	—	4.0	—	—	—	—		✓	✓	✓
		最大	10.5	—	0.05	83.0	5.5④	0.05	3.0	6.0④	0.03	0.1	0.1	0.50				
CB334G	CuAl11Fe6Ni6-B	最小	10.3	—	—	72.0	4.2	—	—	4.3	—	—	—	—		✓	✓	✓
		最大	12.0⑤	—	—	81.5⑤	7.0⑤	0.05	2.5	7.5	0.04	0.10	0.20	0.40				
CC334G	CuAl11Fe6Ni6-C	最小	10.0	—	—	72.0	4.0	—	—	4.0	—	—	—	—		✓	✓	✓
		最大	12.0⑤	—	—	82.5⑤	7.0⑤	0.05	2.5	7.5	0.05	0.1	0.2	0.50				

① 包括镍。
② 焊接用铸件，铅含量最大为0.03%。
③ 海水用铸件，铝含量为 Al% < (8.2+0.5Ni%)。
④ 对硬模铸造的铸锭和铸件，铁含量最小为3.0%，镍含量最小为3.7%。
⑤ 对硬模铸造的铸锭和铸件，铁含量最小为3.0%，铝含量最小为9.0%，此时，铜含量最大为84.5%。
⑥ 对硬模铸造的铸锭和铸件，铜含量最大为88.5%。

表 4-55 铸锭和铸件——铜锰铝合金化学成分和铸造方式

材料牌号 符号	编号	元素	Al	Cu	Fe	Mg	Mn	Ni	Pb	Si	Sn	Zn	砂模铸造 GS
CuMn11Al8Fe3Ni3-C①	CC212E①	最小	7.0	68.0	2.0	—	8.0	1.5	—	—	—	—	√
		最大	9.0	77.0	4.0	0.05	15.0	4.5	0.05	0.1	0.5	1.0	

① 用于生产铸件的 CuMn11Al8Fe3Ni3-C（CC212E）铸锭在 EN 1982 中没有规定。铸锭的化学成分由需方确定，并在询价和订货时明确 [见 EN 1982：2008]。

表 4-56 铸锭和铸件——铜镍合金化学成分和铸造方式

材料牌号 符号	编号	元素	Al	B	Bi	C	Cd	Cr	Cu	Fe	Mg	Mn	Nb	Ni	P	Pb	S	Se	Si	Te	Ti	Zn	Zr	连续铸造 GC	砂模铸造 GS	离心铸造 GZ
CuNi10Fe1Mn1-B	CB380H	最小	—	—	—	—	—	—	84.5	1.2	—	1.2	—	9.2	—	—	—	—	—	—	—	—	—			√
		最大	0.01	—	—	0.10	—	—	—	1.8	—	1.5	1.0	11.0	—	0.03	—	—	0.10	—	—	0.50	—			
CuNi10Fe1Mn1-C	CC380H	最小	—	—	—	—	—	—	84.5	1.0	—	1.0	—	9.0	—	—	—	—	—	—	—	—	—	√	√	
		最大	0.01	—	—	0.10	—	—	—	1.8	—	1.5	1.0	11.0	—	0.03	—	—	0.10	—	—	0.5	—			
CuNi30Fe1Mn1-B	CB381H	最小	—	—	—	—	—	—	64.5	0.5	—	0.7	—	29.2	—	—	—	—	—	—	—	—	—			√
		最大	0.01	—	—	0.02	—	—	—	1.5	—	1.2	1.0	31.0	0.01	0.03	0.01	—	0.10	—	—	0.50	—			
CuNi30Fe1Mn1-C	CC381H	最小	—	—	—	—	—	—	64.5	0.5	—	0.6	—	29.0	—	—	—	—	—	—	—	—	—		√	
		最大	0.01	—	—	0.03	—	—	—	1.5	—	1.2	1.0	31.0	0.01	0.03	0.01	—	0.1	—	—	0.5	—			
CuNi30Cr2FeMnSi-C①	CC382H①	最小	—	—	—	—	—	1.5	余量	0.5	—	0.5	—	29.0	—	—	—	—	0.15	—	—	—	—		√	
		最大	0.01	0.01	0.002	0.03	—	2.0	—	1	0.01	1.0	0.5	32	0.01	0.005	0.01	0.005	0.50	0.005	0.25	0.2	0.15			
CuNi30Fe1Mn1NbSi-C①	CC383H①	最小	—	—	—	—	—	—	余量	0.5	—	0.6	0.5	29.0	—	—	—	—	0.3	—	—	—	—		√	
		最大	0.01	0.01	0.01	0.03	0.02	—	—	1.5	0.01	1.2	1.0	31.0	0.01	0.01	0.01	0.01	0.7	0.01	—	0.50	0.15			

① 用于生产铸件的 CuMn11Al8Fe3Ni3-C（CC212E）铸锭在 EN 1982 中没有规定。铸锭的化学成分由需方确定，并在询价和订货时明确 [见 EN 1982：2008]。

表4-57　焊料金属——铜化学成分

材料牌号 符号	编号	元素	化学成分（质量分数）/% Cu①	Bi	O	P	Pb	其他元素 总和	其他元素 不包括
Cu-ETP	CF004A	最小	99.90	—	—	—	—	—	Ag,O
		最大	—	0.0005	0.040②	—	0.005	0.03	Ag,O
Cu-OF	CF008A	最小	99.95	—	—	—	—	—	Ag
		最大	—	0.0005	③	—	0.005	0.03	Ag
Cu-DHP	CF024A	最小	99.90	—	—	0.015	—	—	—
		最大	—	—	—	0.040	—	—	—

注：其他元素总和（不包括铜）为 Ag, As, Bi, Cd, Co, Cr, Fe, Mn, Ni, O, P, Pb, S, Sb, Se, Si, Sn, Te 和 Zn 的总和，不包括在此规定的单一元素。
① 包括银，最大为0.015%。
② 供需双方同意时，允许氧最大到0.060%。
③ 氧含量应能使材料满足 EN 1976 氢脆试验要求。

表4-58　焊料金属——多元铜合金化学成分

材料牌号 符号	编号	元素	化学成分（质量分数）/% Cu	Al	Bi	Cd	Fe	Mn	Ni	P	Pb	Si	Sn	Zn	其他元素总和
CuSi3Mn1	CF116C	最小	余量	—	—	—	—	0.7	—	—	—	2.7	—	—	—
		最大	—	0.05	—	—	0.2	1.3	—	0.05	0.05	3.2	—	0.4	0.5
CuMnSi	CF132C	最小	余量	—	—	—	—	0.1	—	—	—	0.1	—	—	—
		最大	—	0.03	—	—	0.03	0.4	0.1	0.015	0.01	0.4	0.1	—	0.2
CuSn1MnSi	CF133C	最小	余量	—	—	—	—	0.1	—	—	—	0.1	0.5	—	—
		最大	—	0.03	—	—	0.03	0.4	0.1	0.015	0.01	0.4	1.0	—	0.2
CuP8	CF222E	最小	余量	—	—	—	—	—	—	7.5	—	—	—	—	—
		最大	—	0.01	0.030	0.025①	—	—	—	8.1	0.025	—	—	0.05①	0.25（所有）
CuMn13Al6Fe2Ni2	CF239E	最小	72.0	5.5	—	—	1.5	9.0	1.5	—	—	—	—	—	—
		最大	78.0	6.5	—	—	2.5	14.0	2.5	—	0.02	0.2	—	0.2	0.5（所有）

① $w(Cd+Zn) \leq 0.05\%$。

表 4-59 焊料金属——铜锌合金化学成分

材料牌号 符号	编号	元素	化学成分(质量分数)/%									
			Cu	Al	Fe	Mn	Ni	Pb	Si	Sn	Zn	其他元素总和
CuZn40Si①	CF724R①	最小	58.5	—	—	—	—	—	0.2	—		—
		最大	61.5	0.01	0.25	—	—	0.02	0.4	0.2	余量	0.2
CuZn40SiSn①	CF725R①	最小	58.5	—	—	—	—	—	0.2	0.2		—
		最大	61.5	0.01	0.25	—	—	0.02	0.4	0.5	余量	0.2
CuZn40MnSi①	CF726R①	最小	58.5	—	—	0.05	—	—	0.15	—		—
		最大	61.5	0.01	0.25	0.25	—	0.02	0.4	0.2	余量	0.2
CuZn40MnSiSn①	CF727R①	最小	58.5	—	—	0.05	—	—	0.15	0.2		—
		最大	61.5	0.01	0.25	0.25	—	0.02	0.4	0.5	余量	0.2
CuZn39Mn1SiSn	CF728R	最小	59.0	—	—	0.5	—	—	0.15	0.20		—
		最大	61.0	0.05	0.05	1.0	—	0.02	0.40	0.50	余量	0.2
CuZn37Si	CF729R	最小	62.5	—	—	—	—	0.05	0.1	—		—
		最大	63.5	0.02	0.05	0.02	—	0.05	0.2	0.05	余量	0.2
CuZn40Sn1	CF730R	最小	57.0	—	—	—	—	—	—	0.25		—
		最大	61.0	0.02	0.2	0.01	0.3	0.05	0.2	1.0	余量	0.2
CuZn40Sn1 MnNiSi①	CF731R①	最小	56.0	—	—	0.2	0.5②	—	0.1	0.5		—
		最大	62.0	0.01	0.25	1.0	1.5	0.02	0.5	1.5	余量	0.2
CuZn40Fe1Sn1 MnSi	CF732R	最小	56.0	—	0.25	0.01	—	—	0.04	0.8		—
		最大	60.0	0.01	1.2	0.5	—	0.05	0.15	1.1	余量	0.2
CuZn39Fe1Sn1 MnNiSi	CF733R	最小	56.0	—	0.25	0.01	0.2	—	0.04	0.8		—
		最大	60.0	0.01	1.2	0.5	0.8	0.05	0.15	1.1	余量	0.2
CuZn40FeSiSn	CF734R	最小	58.5	—	0.1	0.05	—	—	0.15	0.2		—
		最大	61.5	0.02	0.5	0.25	—	0.03	0.3	0.5	余量	0.2

① 当订购满足 EN 1044 要求的焊料金属，$w(As)$ ≤0.01%，$w(Bi)$ ≤0.01%，$w(Cd)$ ≤0.01%，除 Fe 之外的杂质总含量不大于 0.2%。
② 当订购满足 EN 1044 要求的焊料金属，$w(Ni)$ ≥0.2%。

表 4-60　焊料金属——铜锡合金化学成分

| 材料牌号 | | 元素 | 化学成分(质量分数)/% | | | | | | | | | | |
符号	编号		Cu	Al	Cd	Fe	Ni	P	Pb	S	Sn	Zn	其他元素总和
CuSn5	CF451K	最小	余量	—	—	—	—	0.01	—	—	4.5	—	—
		最大		—	—	0.1	0.2	0.4	0.02	—	5.5	0.2	0.2
CuSn6	CF452K	最小	余量	—	—	—	—	0.01	—	—	5.5	—	—
		最大		—	—	0.1	0.2	0.4	0.02	—	7.0	0.2	0.2
CuSn8	CF453K	最小	余量	—	—	—	—	0.01	—	—	7.5	—	—
		最大		—	—	0.1	0.2	0.4	0.02	—	8.5	0.2	0.2
CuSn12	CF461K①	最小	余量	0.005	—	—	—	0.01	—	—	11.0	—	—
		最大		—	0.025	—	—	0.40	0.02	—	13.0	0.05	0.4

① 当订购满足 EN 1044 要求的焊料金属，其他单一元素不大于 0.1%。

表 4-61　焊料金属——铜铝合金化学成分

| 材料牌号 | | 元素 | 化学成分(质量分数)/% | | | | | | | | | | |
符号	编号		Cu	Al	Fe	Mn	Ni	Pb	Si	Sn	Zn	其他元素总和
CuAl6Si2Fe	CF301G	最小	余量	6.0	0.5	—	—	—	2.0	—	—	—
		最大		6.4	0.7	0.1	0.1	0.05	2.4	0.1	0.4	0.2
CuAl10Fe1	CF305G	最小	余量	9.0	0.5	—	—	—	0.2	—	—	—
		最大		10.0	1.5	0.5	1.0	0.02	0.2	—	0.5	0.2
CuAl8	CF309G	最小	余量	7.0	—	—	—	—	—	—	—	—
		最大		9.0	0.5	0.5	0.5	0.02	0.2	0.1	0.2	0.2
CuAl9Ni4Fe3Mn2	CF310G	最小	余量	8.5	2.5	1.0	3.5	—	—	—	—	—
		最大		9.5	4.0	2.0	5.5	0.02	0.1	—	0.2	0.2

表 4-62　焊料金属——铜镍锌合金化学成分

| 材料牌号 | | 元素 | 化学成分(质量分数)/% | | | | | | | | | | |
符号	编号		Cu	Al	Fe	Mn	Ni	Pb	Si	Sn	Zn	其他元素总和
CuNi10Zn42	CF411J①	最小	46.0	—	—	—	8.0	—	0.15	—	余量	—
		最大	50.0	0.01	0.25	0.2	11.0	0.02	0.4	0.2		0.2

① 当订购满足 EN 1044 要求的焊料金属，$w(As) \leqslant 0.01\%$，$w(Bi) \leqslant 0.01\%$，$w(Cd) \leqslant 0.025\%$，$w(Sb) \leqslant 0.01\%$，除 Fe 之外的杂质总量不大于 0.2%。

表4-63 废料的化学成分

材料牌号		化学成分(质量分数)/%												特 性
符号	编号	元素	Cu	Al	As	Bi	Fe	Ni	P	Pb	Sn	Zn	其他元素总和	
S-Cu-1	CS026A	最小	99.90①	—	—	—	—	—	—	—	—	—	—	用于生产电解铜的废料,未源于导线,挤压余料和导电材料生产线的下角料(接线棒、线及电缆等)
		最大	—	—	—	—	—	—	—	—	—	—	—	
S-Cu-2	CS027A	最小	99.90①	—	—	—	—	—	—	—	—	—	—	用于生产电解铜的旧废料,由导线(未烧过)和接线棒组成
		最大	—	—	—	0.0005	—	—	0.001	0.005	—	—	—	
S-Cu-3	CS028A	最小	99.90①	—	—	—	—	—	—	—	—	—	—	用于生产铜的废料,由漆包线组成
		最大	—	—	—	0.0005	—	—	0.001	0.005	—	—	—	
S-Cu-4	CS029A	最小	99.90①	—	—	—	—	—	—	—	—	—	—	用于生产铜的废料,由管、带、板、片和挤压余料组成
		最大	—	—	—	0.0005	—	—	0.001	0.005	—	—	—	
S-Cu-5	CS030A	最小	99.90①	—	—	—	—	—	—	—	—	—	—	用于生产铜的旧废料,由管、带、板、片和挤压余料组成
		最大	—	—	—	—	—	—	0.06	0.005	—	—	—	
S-Cu-6	CS051B	最小	99.7②	—	—	—	—	—	—	—	—	—	—	用于生产铜的旧废料,由烧过但未破碎的导线和切削料组成
		最大	—	0.02	—	0.0005	0.04	0.01	0.001	0.04	0.04	0.04	—	
S-Cu-7	CS052B	最小	99.5②	—	—	—	—	—	—	—	—	—	—	用于生产铜的旧废料,由管、冲孔料、切削料、板剪切料、片、铜容器和烧过但未破碎的导线组成
		最大	—	0.05	0.005	—	0.05	0.02	0.06	0.1	0.06	0.05	—	
S-Cu-8	CS053B	最小	98③	—	—	—	—	—	—	—	—	—	—	用于生产铜的旧废料,由烧过但未破碎或破碎的导线、切削料、带板剪切料、片或管及铜容器组成
		最大	—	0.05	—	—	0.30	0.10	—	0.50	0.25	0.50	0.05	
S-Cu-9	CS054B	最小	96③	—	—	—	—	—	—	—	—	—	—	用于生产铜的旧废料,由未破碎或破碎的导线、板、铜容器和其他窗体,未归类[S-Cu-1(CS026A)~S-Cu-8(CS053B)][任何类型的铜的废料,含有较多金属混合物]
		最大	—	0.20	—	—	0.50	0.20	—	1.50	0.50	1.50	0.1	
S-Cu-10A	CS031A	最小	99.90②	—	—	—	—	—	—	—	—	—	—	镀或未镀铜铜线,呈颗粒状
		最大	—	0.002	—	0.0005	0.002	0.002	0.001	0.005	0.002	0.002	—	
S-Cu-10B	CS055B	最小	99.8②	—	—	—	—	—	—	—	—	—	—	
		最大	—	0.02	—	0.0005	0.02	0.02	0.002	0.02	0.02	0.02	—	
S-Cu-10C	CS056B	最小	98.5②	—	—	—	—	—	—	—	—	—	—	
		最大	—	0.05	—	0.002	0.1	0.1	0.002	0.8	0.25	0.15	—	
S-Cu-10D	CS057B	最小	97.5	—	—	—	—	—	—	—	—	—	—	
		最大	—	0.1	—	0.002	0.2	0.2	0.002	1.0	0.5	0.3	—	

续表4-63

材料牌号		元素	化学成分（质量分数）/%											特性
符号	编号		Cu	Al	As	Bi	Fe	Ni	P	Pb	Sn	Zn	其他元素总和	
S-CuZn-1A	CS510L	最小	63.5	—	—	—	—	—	—	—	—	—	—	生产黄铜的废料，由单一的或多种的加工材料组成
		最大	—	0.02	—	—	0.05	0.3	—	0.05	0.1	余量	0.1	
S-CuZn-1B	CS511L	最小	62	—	—	—	—	—	—	—	—	—	—	
		最大	—	0.05	—	—	0.1	0.3	—	0.1	0.1	余量	0.1	
S-CuZn-1C	CS512L	最小	59.5	—	—	—	—	—	—	—	—	—	—	
		最大	—	0.05	—	—	0.2	0.3	—	0.3	0.2	余量	0.2	
S-CuZn-2	CS513L	最小	69	—	—	—	—	—	—	—	—	—	—	以壳体形式存在的黄铜废料
		最大	—	0.02	—	—	0.05	0.3	—	0.05	0.1	余量	0.1	
S-CuZn-3	CS514L	最小	69	—	—	—	—	—	—	—	—	—	—	以弹壳形式存在的黄铜废料
		最大	—	0.02	—	—	0.05	0.3	—	0.05	0.1	余量	0.1	
S-CuZn-4A	CS625N	最小	57	—	—	—	—	—	—	—	—	—	—	铝黄铜废料，由棒、棒，挤压余物，冷热加工中的切削料（非铸件）组成
		最大	—	0.05	—	—	0.3	0.3	—	3.5④	0.3	余量	0.2	
S-CuZn-4B	CS626N	最小	57	—	—	—	—	—	—	—	—	—	—	
		最大	—	0.1	—	—	0.4	0.3	—	3.5④	0.5	余量	0.2	
S-CuZn-5A	CS627N	最小	57	—	—	—	—	—	—	—	—	—	—	铝黄铜车削料，非锉屑和磨屑
		最大	—	0.05	—	—	0.3	0.3	—	3.5④	0.3	余量	0.2	
S-CuZn-5B	CS628N	最小	57	—	—	—	—	—	—	—	—	—	—	
		最大	—	0.1	—	—	0.4	0.3	—	3.5④	0.5	余量	0.2	
S-CuZn-6	CS629N	最小	57	—	—	—	—	—	—	—	—	—	—	黄铜阀门和龙头关混合物
		最大	—	0.4⑤	—	—	0.6⑤	0.5⑤	—	3.5④	0.6⑤	余量	0.4⑤	
S-CuZn-7	CS630N	最小	57	—	—	—	—	—	—	—	—	—	—	来源于多方面的黄铜废料，包括铸件、轧制黄铜、黄铜棒，包括电镀材料
		最大	—	0.3⑤	—	—	0.6⑤	0.5⑤	—	3.5④	0.7⑤	余量	0.2⑤	
S-CuNi10Fe1Mn	CS352H		CuNi10Fe1Mn（CW352H）											单一成分冷凝管的开口端
S-CuNi30Fe2Mn2	CS353H		CuNi30Fe2Mn2（CW353H）											
S-CuNi30Mn1Fe	CS354H		CuNi30Mn1Fe（CW354H）											
S-CuZn20Al2As	CS702R		CuZn20Al2As（CW702R）											
S-CuZn28Sn1As	CS706R		CuZn28Sn1As（CW706R）											
S-CuZn30As	CS707R		CuZn30As（CW707R）											

材料的允许成分见表4-43和表4-48。

注：具体的特征、条件和湿存水量见EN 12861。

① 包括 $w(Ag) \leqslant 0.015\%$。，其他元素每个含量不大于0.002%。

② 包括 $w(Ag) \leqslant 0.015\%$，$w(O) \leqslant 0.06\%$，其他元素每个含量不大于0.002%。

③ 包括 $w(Ag) \leqslant 0.015\%$，$w(O) \leqslant 0.06\%$。

④ CuZn38Pb4（CW609N）的 Pb 最大 4.2%。

⑤ $w(Al+Fe+Ni+Sn+其他元素) \leqslant 1.7\%$。

表 4 - 64　AG 类：由 CEN/TC 121 标准化的铜银钎料金属

材料牌号				化学成分（质量分数）/%				
CEN/TC 121		CEN/TC 133		Ag	Cu	Zn	Cd[①]	其他元素
符号	EN ISO 3677:1995	字符	数字	最小	最小	最小	最小	最小
				最大	最大	最大	最大	最大
AG 106	B-Cu36AgZnSn-630/730	—	CF229E	33.0	35.0	25.5	—	Sn 2.0
				35.0	37.0	29.5	—	3.0
AG 107	B-Cu36ZnAgSn-665/755	—	CF739R	29.0	35.0	30.0	—	Sn 1.5
				31.0	37.0	34.0	—	2.5
AG 108	B-Cu40ZnAgSn-680/760	—	CF740R	24.0	39.0	31.0	—	Sn 1.5
				26.0	41.0	35.0	—	2.5
AG 204	B-Cu38ZnAg-680/765	—	CF738R	29.0	37.0	30.0	—	—
				31.0	39.0	34.0	—	—
AG 205	B-Cu40ZnAg-700/790	—	CF741R	24.0	39.0	33.0	—	—
				26.0	41.0	37.0	—	—
AG 206	B-Cu44ZnAg(Si)-690/810	—	CF742R	19.0	43.0	34.0	—	Si 0.05
				21.0	45.0	38.0	—	0.25
AG 207	B-Cu48ZnAg(Si)-800/830	—	CF744R	11.0	47.0	38.0	—	Si 0.05
				13.0	49.0	42.0	—	0.25
AG 208	B-Cu55ZnAg(Si)-820/870	—	CF743R	4.0	54.0	38.0	—	Si 0.05
				6.0	56.0	42.0	—	0.25
AG 307	B-Cu30ZnAgCd-605/720	—	CF737R	24.0	29.0	25.5	15.5	—
				26.0	31.0	29.5	19.5	—
AG 308	B-Cu36ZnAgCd(Si)-610/750	—	CF736R	20.0	34.5	24.5	14.5	Si 0.3
				22.0	36.5	28.5	18.5	0.7
AG 309	B-Cu40ZnAgCd-605/765	—	CF735R	19.0	39.0	23.0	13.0	—
				21.0	41.0	27.0	17.0	—
AG 503	B-Cu38AgZnMnNi-680/630	—	CF228E	26.0	37.0	18.0	—	Mn 8.5
				28.0	39.0	22.0	—	10.5
								Ni 5.0
								6.0

注：各类牌号含的最大杂质（质量分数）为：Al：0.001%，Bi：0.030%，Cd[②]：0.030%，P：0.008%，Pb：0.025%，Si[②]：0.05%；
杂质含量总和为 0.15%；AG 503 的杂质总和为 0.30%。

① 任何国家都要求遵守镉烟应进行观测的规定。

② 除非有其他规定。

表 4 - 65　CP 类: 被 CEN/TC 121 标准化的铜磷钎料金属

材料牌号				化学成分(质量分数)/%			
CEN/TC 121		CEN/TC 133		Cu	P	Ag	其他元素
符号	EN ISO 3677:1995 代码	符号	编号	最小 / 最大	最小 / 最大	最小 / 最大	最小 / 最大
CP 101	B-Cu75AgP-645	—	CF238E	余量	6.6 / 7.5	17.0 / 19.0	— / —
CP 102	B-Cu80AgP-645/800	—	CF237E	余量	4.7 / 5.3	14.5 / 15.5	— / —
CP 103	B-Cu87PAg(Ni)-645/725	—	CF225E	余量	7.0 / 7.6	5.5 / 6.5	Ni 0.05 / 0.15
CP 104	B-Cu89PAg-645/815	—	CF224E	余量	5.7 / 6.3	4.5 / 5.5	— / —
CP 105	B-Cu92PAg-645/825	—	CF223E	余量	5.9 / 6.7	1.5 / 2.5	— / —
CP 201	B-Cu92P-710/770	CuP 8	CF222E	余量	7.5 / 8.1	— / —	— / —
CP 202	B-Cu93P-710/820	—	CF221E	余量	6.6 / 7.4	— / —	— / —
CP 203	B-Cu94P-710/890	—	CF220E	余量	5.9 / 6.5	— / —	— / —
CP 301	B-Cu92PSb-690/825	—	CF226E	余量	5.6 / 6.4	— / —	Sb 1.8 / 2.2
CP 302	B-Cu86SnP-650/700	—	CF227E	余量	6.4 / 7.2	— / —	Sn 6.5 / 7.5

注: 1. 各类牌号含的最大杂质 (质量分数) 为: Al: 0.01%, Bi: 0.030%, Cd: 0.025%, Pb: 0.023%, Zn: 0.05%, Zn + Cd: 0.05%; 杂质含量总和为 0.25%。

2. 这些钎料金属决不能用于黑色金属、镍合金或含镍的铜合金。

表 4 - 66　CU 类: 铜钎料金属——被 CEN/TC 121 标准化的 CU 100 和 CU 200 系列

材料牌号			化学成分(质量分数)/%						
CEN/TC 121		CEN/TC 133	Cu(含 Ag)	Sn	Ag	Ni	P	B	杂质总和
符号	EN ISO 3677:1995 代码	编号(符号)	最小 / 最大	最小 / 最大	最小 / 最大	最小 / 最大	最小 / 最大	最小 / 最大	最大
CU 101	B-Cu100-1085	CF032A	99.90	—	—	—	—	—	0.04 (除 O 和 Ag 外)
CU 102	B-Cu100-1085	CF033A	99.95	—	—	—	—	—	0.03 (除 Ag 外)
CU 103	B-Cu99-1085	CF010A	99.00	—	—	—	—	—	0.03 (除 O 外)
CU 104	B-Cu100(P)-1085	CF034A	99.90	—	—	—	0.015 / 0.040	—	0.06 (除 Ag、As 和 Ni)
CU 105	B-Cu97Ni(B)-1085/1100	CF125C	余量	—	—	2.5 / 3.5	—	0.02 / 0.05	0.15 (除 Ag 外)

续表 4 - 66

材 料 牌 号			化学成分(质量分数)/%						
CEN/TC 121		CEN/TC 133	Cu(含 Ag)	Sn	Ag	Ni	P	B	杂质总和
符号	EN ISO 3677:1995 代码	编号(符号)	最小	最小	最小	最小	最小	最小	最大
			最大	最大	最大	最大	最大	最大	
CU 106	B-Cu99(Ag)-1070/1080	CF126C	余量	—	0.8	—	—	—	0.3 (包括 Bi 最大 0.1)
			—	—	1.2	—	—	—	
CU 201	B-Cu9C4Sn(P)-910/1040	CF462K	余量	5.5	—	—	0.01	—	Al:0.005; Cd:0.025; Pb:0.02; Zn:0.05; 其他 0.1; 总和 0.4
				7.0	—	—	0.40	—	
CU 202	B-Cu88Sn(P)-825/990	CF461K (CuSn12)	余量	11.0	—	—	0.01	—	
				13.0	—	—	0.40	—	

表 4 - 67 CU 类:铜钎料金属——被 CEN/TC 121 标准化的 CU 100 和 CU300 系列

材 料 牌 号				化学成分(质量分数)/%					
CEN/TC 121		CEN/TC 133		Cu	Zn	Sn	Si	Mn	Ni
符号	EN ISO 3677:1995 代码	符号	编号	最小	最小	最小	最小	最小	最小
				最大	最大	最大	最大	最大	最大
CU 301	B-Cu60Zn(Si)-875/895	CuZn40Si	CF724R	58.5		—	0.2	—	—
				61.5		0.2	0.4	—	—
CU 302	B-Cu60Zn(Sn)(Si)-875/895	CuZn40SiSn	CF725R	58.5		0.2	0.2	—	—
				61.5		0.5	0.4	—	—
CU 303	B-Cu60Zn(Si)(Mn)-870/900	CuZn40MnS	CF726R	58.5	余量	—	0.15	0.05	—
				61.5		0.2	0.4	0.25	—
CU 304	B-Cu60Zn(Sn)(Si)(Mn)-870/900	CuZn40MnSiSn	CF727R	58.5		0.2	0.15	0.05	—
				61.5		0.5	0.4	0.25	—
CU 305	B-Cu48ZnNi(Si)-890/920	CuNi10Zn42	CF411J	46.0		—	0.15	—	8.0
				50.0		0.2	0.4	0.2	11.0
CU 306	B-Cu59ZnSn(Ni)(Mn)(Si)-870/890	CuZn40Sn1MnNiSi	CF731R	56.0		0.5	0.1	0.2	0.2
				62.0		1.5	0.5	1.0	1.5

注:各类牌号的最大杂质(质量分数)为:Al:0.001%,As:0.01%,Bi:0.01%,Cd:0.025%,Fe:0.25%,Pb:0.02%,Sb: 0.01%;杂质总和(除 Fe 外)为 0.2%。

表 4 - 68 被 CLC/TC 9X 标准化的铜合金化学成分

材 料 牌 号		化学成分(质量分数)/%						
符号	编号	元素	Cu	Cd	Mg	P	Sn	其他元素总和
CuMg0.2	CW127C	最小	余量	—	0.1	—	—	0.1
		最大	—	—	0.3	0.01	—	
CuMg0.5	CW128C	最小	余量	—	0.4	—	—	0.1
		最大	—	—	0.7	0.01	—	
CuSn0.2	CW129C	最小	余量	—	—	—	0.15	0.1
		最大	—	—	—	—	0.55	
CuCd0.7	CW130C	最小	余量	0.5	—	—	—	0.1
		最大	—	0.8	—	—	—	
CuCd1.0	CW131C	最小	余量	0.8	—	—	—	0.1
		最大	—	1.2	—	—	—	

4.4　美国

4.4.1　牌号（或代号）表示方法

美国的铜及铜合金均采用 5 位数字作为牌号的代号。这种新的代号系统是在过去 3 位数字代号的基础上，经美国材料与试验协会和美国机动工程师协会共同研究和发展而成的，并成为美国金属与合金统一数字代号制度（UNS）的构成部分。然而，新、旧两种代号表示方法之间仍有着紧密的联系和显而易见的继承性。如原来代号为 No.377（铸造黄铜）的铜合金，在 UNS 制度中变为 C37700。新旧两种代号表示方法并不会造成合金代号的混淆，并且在合金代号的转变交替时期将共同存在并使用若干年。但近期的新合金则均按 5 位数字编号命名。

5 位数字代号对铜及铜合金规定的编号范围如下：

加工合金：铜　　　　　　C10000 ~ C15999

　　　　　铜合金　　　　C16000 ~ C79999

铸造合金：铜　　　　　　C80000 ~ C81199

　　　　　铜合金　　　　C81300 ~ C99999

在上述 5 位数字代号右边 4 位数字代号的"区间"中，可根据字母 C 后的第 1 位及第 2 位数字区别各种不同的合金系，或辨认该合金中的主要合金组元。

美国现有合金系的 5 位数字代号实际编号情况、铜合金数，以及各合金系中最常用的合金数见表 4 - 69 和表 4 - 70。

表 4 - 69　加工铜及铜合金

加工铜及铜合金	实际编号情况	现有合金数	活跃合金数
铜	C10100 ~ C15900	90	65
高铜合金	C16200 ~ C19910	95	83
铜 – 锌合金	C2000 ~ C29800	34	27
铜 – 锌 – 铅合金	C31000 ~ C38600	44	24
铜 – 锌 – 锡合金	C40400 ~ C49080	61	43
其他黄铜	C49250 ~ C49360	8	8
青铜	C50000 ~ C69999	193	136
铜 – 镍合金	C70100 ~ C73200	57	45
铜 – 镍 – 锌合金	C73500 ~ C79900	49	27

表 4 - 70　铸造铜及铜合金

铸造铜及铜合金	实际编号情况	现有合金数	活跃合金数
铜	C80100 ~ C81300	9	4
高铜合金	C81400 ~ C82800	14	11
黄铜	C83300 ~ C89999	94	78
青铜	C90000 ~ C95999	75	71
铜 – 镍 – 铁（铜镍合金）	C96000 ~ C96999	9	9
铜 – 镍 – 锌（镍银）	C97000 ~ C97999	4	4
铜 – 铅（加铅铜）	C98000 ~ C98999	6	6
特殊合金	C99000 ~ C99999	15	15

在美国，当一种新合金产生后，如果要按 5 位数字代号的表示方法编号命名，则必须具备下述三个条件：

（1）合金的全部成分已公开。

（2）属商业中应用或已确定在商业中使用的铜及铜合金。

（3）其成分不同于任何已经编有代号的合金。

对合金编号命名时，应遵循下述定义和规定：

（1）铜。金属铜含量（质量分数）不小于 99.3%。

（2）高铜合金。对加工产品，铜含量（质量分数）小于 99.3% 而大于 96.0%，不能归入其他任何铜合金组；对铸造产品，铜含量（质量分数）超过 94%，为了获得特殊性能可以加入银。

（3）黄铜。以锌作为主要的合金化元素，可以含有或不含有标明的其他合金化元素，如铁、铝、镍和硅。加工合金包括 3 个主要的黄铜组：铜锌合金、铜锌铅合金（加铅黄铜）、铜锌锡合金（锡黄铜）；铸造合金包括 4 个主要的黄铜组：铜锡锌合金、"锰青铜"（高强度黄色黄铜）、加铅高强度黄色黄铜、铜锌硅合金。

（4）青铜不以锌或镍为主要合金元素的合金。对加工合金，有 4 个主要青铜组：铜锡磷合金、铜锡铅磷合金、铜铝合金、铜硅合金；对铸造合金有 4 个主要的青铜组：铜锡合金、铜锡铅合金、铜锡镍合金、铜铝合金。称为"锰青铜"的合金，由于锌是主要的合金化元素，因此应归于黄铜。

（5）铜 – 镍合金。含镍并作为主要合金化元素的合金，含有或不含有其他的合金化元素。

（6）铜 – 镍 – 锌合金通常称之为"镍银"，以锌、镍为主要合金化元素，含有或不含有其他的合金化元素。

（7）加铅铜。指一系列含铅等于和大于 20% 的铸造铜合金，通常含有少量的银，但不含锡或锌。

（8）特殊合金。化学成分不归入上述任何范围的合金。

美国的这种代号表示方法应用范围很广，不仅在北美洲使用，巴西、澳大利亚也采用这种方法。日本所采用的铜合金数字代号则是根据美国原 3 位数字代号确定的。

4.4.2　牌号与化学成分

4.4.2.1　铜冶炼产品

根据《铜分类》（ASTM 224—2010），铜冶炼产品代号为 CATH，按《电解阴极铜》（ASTM 115—2010）分为 2 个级别，化学成分见表 4 – 71。

表 4 – 71　铜冶炼产品的化学成分

元　　素	1 级[①]	2 级[①]
Cu[②]（不小于）	99.95%	
杂质元素[③]（不大于）	10[-6]	
Se	2	10
Te	2	5
Bi	1.0	3
Se + Te + Bi	3	—
Sb	4	15
Pb	5	40
As	5	15
Fe	10	25
Ni	10	20
Sn	5	10
S	15	25
Ag	25	70
表中所列杂质元素总含量	65	—

① 每个样品至少进行的两次分析，最大极限值不包含测量误差。

② 包括银。

③ 用熔炼样品测定。

4.4.2.2　加工铜及铜合金

A　加工铜

加工铜包括韧铜、无氧铜、脱氧铜，共 90 个牌号，其化学成分见表 4 – 72。

B　高铜合金

高铜合金又称低合金化铜，是以铜为基体金属，在铜中加入一种或几种微量元素以获得某些预定特性的合金，其铜含量在 96.0% ~ <99.3% 的范围内，用于冷、热压力加工。高铜合金共有 95 个牌号，其化学成分见表 4 – 73。

C　黄铜

黄铜牌号共有 147 个，其化学成分见表 4 – 74。

D　青铜

青铜牌号共有 193 个，其化学成分见表 4 – 75。

表 4-72　加工铜牌号与化学成分（C10100~C15999）

（%）

UNS#	Cu 最小	Cu 最大	Pb 最小	Pb 最大	Zn 最小	Zn 最大	Fe 最小	Fe 最大	P 最小	P 最大	Al 最小	Al 最大	Ag 最小	Ag 最大	As 最小	As 最大	B 最小	B 最大	O 最小	O 最大	Sb 最小	Sb 最大	Te 最小	Te 最大	其他元素 最小	其他元素 最大
C10100⑨ 电子用无氧铜 OFE	99.99①②③④	—	—	—	—	—	—	—	—	0.0003	—	—	—	—	—	0.0005	—	—	—	0.0005	—	0.0004	—	0.0002	—	—
C10200⑨ 无氧 OF	99.95①④⑤	—	—	—	—	—	—	—	—	—	—	—	—	—	—	—	—	—	—	0.0010	—	—	—	—	—	—
C10300⑨ 无氧铜 OFXLP	99.95④⑥	—	—	—	—	—	—	—	0.001	0.005	—	—	—	—	—	—	—	—	—	—	—	—	—	—	—	—
C10400⑨ 含银无氧铜 OFS	99.95①④⑤	—	—	—	—	—	—	—	—	—	—	—	0.027⑦	—	—	—	—	—	—	0.0010	—	—	—	—	—	—
C10500⑨ 含银无氧铜 OFS	99.95①④⑤	—	—	—	—	—	—	—	—	—	—	—	0.034⑧	—	—	—	—	—	—	0.001	—	—	—	—	—	—
C10700⑨ 含银无氧铜 OFS	99.95①④⑤	—	—	—	—	—	—	—	—	—	—	—	0.085⑨	—	—	—	—	—	—	0.001	—	—	—	—	—	—
C10800⑨ OFLP	99.95④⑥	—	—	—	—	—	—	—	0.005	0.012	—	—	—	—	—	—	—	—	—	—	—	—	—	—	—	—
C10900⑨ 无氧	99.99④	—	—	—	—	—	—	—	—	—	—	—	—	—	—	—	—	—	—	—	—	—	—	—	—	Bi:0.001
C10910⑨	99.95⑩④	—	—	—	—	—	—	—	—	—	—	—	—	—	—	—	—	—	—	0.005	—	—	—	—	—	—
C10920⑨	99.90④	—	—	—	—	—	—	—	—	—	—	—	—	—	—	—	—	—	—	0.02	—	—	—	—	—	—
C10930⑨	99.90④	—	—	—	—	—	—	—	—	—	—	—	0.044⑪	—	—	—	—	—	—	0.02	—	—	—	—	—	—
C10940⑨	99.90④	—	—	—	—	—	—	—	—	—	—	—	0.085⑨	—	—	—	—	—	—	0.02	—	—	—	—	—	—
C11000⑨ 电解韧铜 ETP	99.90④⑩⑫	—	—	—	—	—	—	—	—	—	—	—	—	—	—	—	—	—	—	—	—	—	—	—	—	—

续表 4-72

UNS#	Cu 最小	Cu 最大	Pb 最小	Pb 最大	Zn 最小	Zn 最大	Fe 最小	Fe 最大	P 最小	P 最大	Al 最小	Al 最大	Ag 最小	Ag 最大	As 最小	As 最大	B 最小	B 最大	O 最小	O 最大	Sb 最小	Sb 最大	Te 最小	Te 最大	其他元素 最小	其他元素 最大
C11010[12][25] 重熔高导铜 RHC	99.90[4][20]	—	—	—	—	—	—	—	—	—	—	—	—	—	—	—	—	—	—	—	—	—	—	—	—	—
C11020[12][25] 火法精炼高导铜 FRHC	99.90[4][13]	—	—	—	—	—	—	—	—	—	—	—	—	—	—	—	—	—	—	—	—	—	—	—	—	—
C11025 火法精炼高导铜 FRHC	99.90[4][13][14]	—	—	—	—	—	—	—	—	—	—	—	—	0.015	—	0.0010	—	—	0.0100	0.0400	—	0.0050	—	0.0010	—	—
C11030[12][25] 化学精炼韧铜 CRTP	99.90[4][20]	—	—	—	—	—	—	—	—	—	—	—	—	—	—	—	—	—	—	—	—	—	—	—	—	—
C11040[25]	99.90[4][20][15]	—	—	—	—	—	—	—	—	—	—	—	—	—	—	0.0005	—	—	—	—	—	0.0004	—	0.0002	—	—
C11045[25] ETP ETP	99.90[4][16]	—	—	—	—	—	—	—	—	—	—	—	—	—	—	0.0005	—	—	—	—	—	0.0004	—	0.0002	—	—
C11080 被 C13100 代替	99.8[4]	—	—	—	—	—	—	—	—	—	—	—	—	—	—	—	—	—	—	—	—	—	—	—	—	—
C11100[11][25] 电解韧铜，抗软化 ETP	99.90[4][17]	—	—	—	—	—	—	—	—	—	—	—	—	—	—	—	—	—	—	—	—	—	—	—	—	—
C11111	—	—	—	—	—	—	—	—	—	—	—	—	—	—	—	—	—	—	—	—	—	—	—	—	—	—
C11300[25] 含银韧铜 STP	99.90[4][20][12]	—	—	—	—	—	—	—	—	—	—	—	—	0.027[7]	—	—	—	—	—	—	—	—	—	—	—	—
C11400[25] 含银韧铜 STP	99.90[4][20][12]	—	—	—	—	—	—	—	—	—	—	—	—	0.034[8]	—	—	—	—	—	—	—	—	—	—	—	—

续表 4-72

UNS#	Cu		Pb		Zn		Fe		P		Al		Ag		As		B		O		Sb		Te		其他元素	
	最小	最大	最小	最大	最小	最大	最小	最大	最小	最大	最小	最大	最小	最大	最小	最大	最小	最大	最小	最大	最小	最大	最小	最大	最小	最大
C11500⑨ 含银韧铜 STP	99.90④⑩⑫	—	—	—	—	—	—	—	—	—	—	—	0.054⑱	—	—	—	—	—	—	—	—	—	—	—	—	—
C11600⑨ 含银韧铜 STP	99.90④⑩⑫	—	—	—	—	—	—	—	—	—	—	—	0.085⑲	—	—	—	—	—	—	—	—	—	—	—	—	—
C11700⑨	99.9④⑲	—	—	—	—	—	—	—	—	0.04	—	—	—	—	—	—	0.004	0.02	—	—	—	—	—	—	—	—
C11900⑨ 铜合金	99.93④	—	—	—	—	—	—	—	0.002	0.010	—	—	—	—	—	—	—	—	—	—	—	—	—	—	—	—
C11904 铜合金	99.90④	—	—	—	—	—	—	—	—	—	—	—	0.027⑳	—	—	—	—	—	—	—	—	—	—	—	—	—
C11905⑨ 铜合金	99.90④	—	—	—	—	—	—	—	—	—	—	—	0.034⑱	—	—	—	—	—	—	—	—	—	—	—	—	—
C11907 铜合金	99.90④	—	—	—	—	—	—	—	—	—	—	—	0.085⑨	—	—	—	—	—	—	—	—	—	—	—	—	—
C12000⑨ 低磷脱氧铜 DLP	99.90④	—	—	—	—	—	—	—	0.004	0.012	—	—	—	—	—	—	—	—	—	—	—	—	—	—	—	—
C12100⑨ 低磷脱氧铜 DLPS	99.90④	—	—	—	—	—	—	—	0.005	0.012	—	—	0.014㉑	—	—	—	—	—	—	—	—	—	—	—	—	—
C12200⑨ 高磷脱氧铜 DHP	99.9④㉒	—	—	—	—	—	—	—	0.015	0.040	—	—	—	—	—	—	—	—	—	—	—	—	—	—	—	—
C12210⑨	99.90④	—	—	—	—	—	—	—	0.015	0.025	—	—	—	—	—	—	—	—	—	—	—	—	—	—	—	—
C12220⑨	99.9④	—	—	—	—	—	—	—	0.040	0.065	—	—	—	—	—	—	—	—	—	—	—	—	—	—	—	—
C12300⑨ 高磷脱氧铜 DHPS	99.90④	—	—	—	—	—	—	—	0.015	0.040	—	—	—	0.014㉒	—	—	—	—	—	—	—	—	—	—	—	—

续表 4-72

UNS#	Cu 最小	Cu 最大	Pb 最小	Pb 最大	Zn 最小	Zn 最大	Fe 最小	Fe 最大	P 最小	P 最大	Al 最小	Al 最大	Ag 最小	Ag 最大	As 最小	As 最大	B 最小	B 最大	O 最小	O 最大	Sb 最小	Sb 最大	Te 最小	Te 最大	其他元素 最小	其他元素 最大
C12500⑳ 火法精炼韧铜 FRTP	99.88④	—	—	0.004	—	—	—	—	—	—	—	—	—	—	—	0.012	—	—	—	—	—	0.003	—	0.025㉒	—	Ni:0.050 Bi:0.003
C12510⑳	99.9④	—	—	0.020	—	0.080	—	0.05	—	0.03	—	—	—	—	—	—	—	—	—	—	—	0.003	—	0.025㉒	—	Sn:0.05 Ni:0.050 Bi:0.005
C12700⑳ 铜合金	99.88④	—	—	0.004	—	—	—	—	—	—	—	—	0.027㉒	—	—	0.012	—	—	—	—	—	0.003	—	0.025㉒	—	Ni:0.050 Bi:0.003
C12800⑳ 铜合金	99.76④	—	—	0.004	—	—	—	—	—	—	—	—	0.034⑧	—	—	0.012	—	—	—	—	—	0.003	—	0.025㉒	—	Ni:0.050 Bi:0.003
C12900⑳ 含银火法精炼铜 FRSTP	99.88④	—	—	0.004	—	—	—	—	—	—	—	—	—	0.054⑱	—	0.012	—	—	—	—	—	0.003	—	0.025㉒	—	Ni:0.050 Bi:0.003
C13000 铜合金	99.88④	—	—	0.004	—	—	—	—	—	—	—	—	0.085⑨	—	—	0.012	—	—	—	—	—	0.003	—	0.025㉒	—	Ni:0.05 Bi:0.003
C13000⑳	99.8④	—	—	—	—	—	—	—	—	—	—	—	—	—	—	—	—	—	—	—	—	—	—	—	—	—
C13150⑳ 铜	99.5④	—	—	—	—	—	—	—	—	—	—	—	—	—	—	—	—	—	—	—	—	—	—	—	—	—
C13400⑳ 铜合金	99.99④	—	—	—	—	—	—	—	—	0.0005	—	—	0.027㉒	—	—	—	—	—	—	—	—	—	—	—	—	—
C13500⑳ 铜合金	99.99④	—	—	—	—	—	—	—	—	0.0005	—	—	0.034⑧	—	—	—	—	—	—	—	—	—	—	—	—	—
C13600⑱ 铜合金	99.99④	—	—	—	—	—	—	—	—	0.0005	—	—	0.054⑱	—	—	—	—	—	—	—	—	—	—	—	—	—
C13700⑨ 铜合金	99.99④	—	—	—	—	—	—	—	—	0.0005	—	—	0.085⑨	—	—	—	—	—	—	—	—	—	—	—	—	—

续表4-72

UNS#	Cu 最小	Cu 最大	Pb 最小	Pb 最大	Zn 最小	Zn 最大	Fe 最小	Fe 最大	P 最小	P 最大	Al 最小	Al 最大	Ag 最小	Ag 最大	As 最小	As 最大	B 最小	B 最大	O 最小	O 最大	Sb 最小	Sb 最大	Te 最小	Te 最大	其他元素 最小	其他元素 最大
C14100④ 铜合金	99.40	—	—	—	—	—	—	—	—	—	—	—	—	—	0.15	0.50	—	—	—	—	—	—	—	—	—	—
C14180④	99.90	—	—	0.02	—	—	—	—	—	0.075	—	0.01	—	—	—	—	—	—	—	—	—	—	—	—	—	—
C14181④	99.90	—	—	0.002	—	0.002	—	—	—	0.002	—	—	—	—	—	—	—	—	—	—	—	—	—	—	—	C:0.005 Cd:0.002
C14200④ 含砷磷脱氧铜 DPA	99.4	—	—	—	—	—	—	—	0.015	0.040	—	—	—	—	0.15	0.50	—	—	—	—	—	—	—	—	—	—
C14210④ 铜合金	99.20	—	—	—	—	—	—	—	0.013	0.050	—	—	—	—	0.30	0.50	—	—	—	—	—	—	—	—	—	—
C14300④ 镉脱氧铜	99.90④,⑤	—	—	—	—	—	—	—	—	—	—	—	—	—	—	—	—	—	—	—	—	—	—	—	Cd:0.05	Cd:0.15
C14310④ 镉铜	99.90④,⑤	—	—	—	—	—	—	—	—	—	—	—	—	—	—	—	—	—	—	—	—	—	—	—	Cd:0.10	Cd:0.30
C14400④ 铜合金	99.90	—	—	—	—	0.05	—	0.03	0.013	0.025	—	—	—	—	—	—	—	—	—	—	—	0.003	—	0.02	Sn:0.10	Sn:0.20 Ni:0.05
C14410④,㉖	99.90④,㉖	—	—	0.05	—	—	—	0.05	0.005	0.020	—	—	—	—	—	—	—	—	—	—	—	—	—	—	Sn:0.10	Sn:0.20
C14415④	99.96	—	—	—	—	—	—	—	—	—	—	—	—	—	—	—	—	—	—	—	—	—	—	—	Sn:0.10	Sn:0.15
C14420④,㉗	99.90④,㉗	—	—	—	—	—	—	—	—	—	—	—	—	—	—	—	—	—	—	—	—	—	0.005	0.05	Sn:0.04	Sn:0.15
C14425 铜合金	99.97④,㉘	—	—	0.10	—	0.10	—	0.020	—	0.010	—	—	—	—	—	—	—	—	—	—	—	—	—	—	Sn:0.25	Sn:0.35 Ni:0.020
C14430④ 铜合金	—	余量④	—	—	—	—	—	—	—	—	—	—	—	—	—	—	—	—	—	—	—	—	—	—	Sn:0.25	Sn:0.35
C14440④ 铜合金	99.96	—	—	—	—	—	—	—	—	—	—	—	—	—	—	—	—	—	—	—	—	—	—	—	Sn:0.005	Sn:0.01
C14500④ 碲铜 PTE	99.90④,㉚	—	—	—	—	—	—	0.004	0.012	—	—	—	—	—	—	—	—	—	—	—	—	—	0.40	0.7	—	—

续表 4-72

UNS#	Cu 最小	Cu 最大	Pb 最小	Pb 最大	Zn 最小	Zn 最大	Fe 最小	Fe 最大	P 最小	P 最大	Al 最小	Al 最大	Ag 最小	Ag 最大	As 最小	As 最大	B 最小	B 最大	O 最小	O 最大	Sb 最小	Sb 最大	Te 最小	Te 最大	其他元素 最小	其他元素 最大
C14510[30] 碲铜	99.85[4][30]	—	—	0.05	—	—	—	0.010	0.030	—	—	—	—	—	—	—	—	—	—	—	—	—	0.30	0.7	—	—
C14520[30] 含磷碲脱氧铜 DPTE	99.90[4][30]	—	—	—	—	—	—	0.004	0.020	—	—	—	—	—	—	—	—	—	—	—	—	—	0.40	0.7	—	—
C14530[32]	99.90[32]	—	—	—	—	—	—	0.001	0.010	—	—	—	—	—	—	—	—	—	—	—	—	—	0.003[33]	0.023	Sn:0.003	Sn:0.023
C14700[29] 硫铜	99.90[4][31][32]	—	—	—	—	—	—	0.002[34]	0.005	—	—	—	—	—	—	—	—	—	—	—	—	—	—	—	S:0.20	S:0.50[34]
C14710[29] 铜合金	99.90[31][35]	—	—	0.05[35]	—	—	—	—	0.010[35]	0.030	—	—	—	—	—	—	—	—	—	—	—	—	—	—	S:0.05	S:0.15[35]
C14720 铜合金	99.50[4][31][35]	—	—	0.1	—	—	—	—	0.010	0.030[34]	—	—	—	—	—	—	—	—	—	—	—	—	—	—	S:0.20[34]	S:0.50
C14730 硫铜	99.80	—	—	—	—	—	—	—	—	—	—	—	—	—	—	—	—	—	—	—	—	—	—	—	—	—
C14750 高铜合金	—	余量[4][36]	—	—	—	—	—	—	—	0.012	—	—	—	—	—	—	—	—	—	—	—	—	—	—	Mn:0.05 S:0.20	Mn:0.50 S:0.50
C15000[29] 锆铜	—	余量[37]	—	—	—	—	—	—	—	—	—	—	—	—	—	—	—	—	—	—	—	—	—	—	Zr:0.10	Zr:0.20
C15100[29]	99.80[4][32]	—	—	—	—	—	—	—	—	—	—	—	—	—	—	—	—	—	—	—	—	—	—	—	Zr:0.05	Zr:0.15
C15150[29]	99.90[4]	—	—	—	—	—	—	—	—	—	—	—	—	—	—	—	—	—	—	—	—	—	—	—	Zr:0.0150	Zr:0.030
C15500[29]	99.75[4]	—	—	—	—	—	—	—	0.040	0.080	—	—	0.027	0.10[22]	—	—	—	—	—	—	—	—	—	—	Mg:0.08	Mg:0.13
C15600[29] 铜合金	99.6[4]	—	—	—	—	—	—	—	0.06	0.09	—	—	—	—	—	—	—	—	—	—	—	—	—	—	Co:0.20	Co:0.30
C15650[29] MASJ铜	99.9[4]	—	—	—	—	—	—	—	0.015	0.040	—	—	—	—	—	—	—	—	—	—	—	—	—	—	Co:0.04	Co:0.06 Mg:0.02
C15710[29] 铜合金	99.74[4]	—	—	0.01	—	—	—	0.01	—	—	0.08	0.12	—	—	—	—	—	—	0.07	0.15	—	—	—	—	—	—

续表 4-72

UNS#	Cu 最小	Cu 最大	Pb 最小	Pb 最大	Zn 最小	Zn 最大	Fe 最小	Fe 最大	P 最小	P 最大	Al 最小	Al 最大	Ag 最小	Ag 最大	As 最小	As 最大	B 最小	B 最大	O 最小	O 最大	Sb 最小	Sb 最大	Te 最小	Te 最大	其他元素 最小	其他元素 最大
C15715[3] 弥散强化合金	99.62[4]	—	—	0.01	—	—	—	0.01	—	—	0.13	0.17[4]	—	—	—	—	—	—	0.12[3]	0.19	—	—	—	—	—	—
C15720[3] 弥散强化合金	99.52[4]	—	—	0.01	—	—	—	0.01	—	—	0.18[4]	0.22	—	—	—	—	—	—	0.16	0.24[3]	—	—	—	—	—	—
C15725[3] 弥散强化合金	99.43[4]	—	—	0.01	—	—	—	0.01	—	—	0.23[3]	0.27	—	—	—	—	—	—	0.20[3]	0.28	—	—	—	—	—	—
C15730[3] 铜合金	98.94[4]	—	—	—	—	—	—	0.04	—	—	0.26	0.34[3]	—	—	—	—	—	0.22	0.32[3]	0.46	—	—	—	—	—	—
C15735[3] 铜合金	99.24[4]	—	—	0.01	—	—	—	0.01	—	—	0.33	0.37	—	—	—	—	—	—	0.29	0.37	—	—	—	—	—	—
C15750[3] 弥散强化铜 C3/60	98.56[4]	—	—	—	—	—	—	0.04	—	—	0.42[3]	0.50	—	—	—	—	—	0.22	0.52	0.68[3]	—	—	—	—	—	—
C15760[3] 弥散强化合金	98.77[4]	—	—	0.01	—	—	—	0.01	—	—	0.58[3]	0.62	—	—	—	—	—	—	0.52	0.59[3]	—	—	—	—	—	—
C15780[3] 铜合金	98.10[4]	—	—	—	—	—	—	0.04	—	—	0.66[3]	0.74	—	—	—	—	—	0.22	0.76[3]	0.90	—	—	—	—	—	—
C15790[3] 铜合金	97.68[4]	—	—	—	—	—	—	0.04	—	—	0.88[3]	0.96	—	—	—	—	—	0.22	0.96[3]	1.10	—	—	—	—	—	—
C15815[3] 弥散强化合金	97.82[4]	—	—	0.01	—	—	—	0.01	—	—	0.13	0.17[3]	—	—	—	—	1.2	1.8	—	0.19[3]	—	—	—	—	—	—
C15900[3] 弥散强化铜 C3/11	97.51[4]	—	—	—	—	—	—	0.04	—	—	0.76	0.84[3]	—	—	—	—	—	—	0.40[3]	0.54	—	—	—	—	C:0.27 Ti:0.66	C:0.33 Ti:0.74

① 高导铜在退火状态下的最小电导率应为100%IACS，但C10100的最小电导率应为101%IACS。

② 其他杂质的最大极限值（质量分数）如下：Bi:0.0001%；Cd:0.0001%；Fe:0.0010%；Pb:0.0005%；Mn:0.00005%；Ni:0.0010%；Se:0.0003%；Ag:0.0025%；S:0015%；Sn:0.0002%；Zn:0.0001%。

③ Cu 含量为100%减去杂质总和之差所得，C10100牌号的Cu含量不包括Ag。

④ Cu 含量包括 Ag。

⑤ Cu 含量为 100% 减去杂质总和之差所得。

⑥ 包括 P。

⑦ $w(Ag) \geq 0.027\%$ 相当于 Ag 大于 8 Troy Oz。

⑧ $w(Ag) \geq 0.034\%$ 相当于 Ag 大于 10 Troy Oz。

⑨ $w(Ag) \geq 0.085\%$ 相当于 Ag 大于 25 Troy Oz。

⑩ 高导铜在退火状态下的最小电导率等应为 100% IACS。

⑪ $w(Ag) \geq 0.044\%$ 相当于 Ag 大于 13 Troy Oz。

⑫ 氧含量和微量元素可能由于电导加工工艺而发生变化。

⑬ 包括 Se: 0.0010%; Bi: 0.0005%; Sn: 0.0150%; Pb: 0.0450%; Fe: 0.0020%; Ni: 0.0150%; S: 0.0020%; Ag: 0.0150%; Cd: 0.0100%; Zn: 0.0080%。

⑭ 最大允许总量为 0.0750%。

⑮ 其他元素的最大极限值（质量分数）如下: Se: 0.0002%; Bi: 0.00010%; Te + Se + Bi: 0.0003%; Sn: 0.0005%; Pb: 0.0005%; Fe: 0.0010%; Ni: 0.0010%; S: 0.0015%; Ag: 0.0025%; O: 0.010%~0.065%。最大允许总量为 0.0065%，但不包括氧含量。

⑯ 最大允许总量（质量分数）为: Se: 0.0002%; Bi: 0.0002%; Te + Se + Bi: 0.00005%; Sn: 0.0005%; Pb: 0.0005%; Fe: 0.0010%; Ni: 0.0010%; S: 0.0015%; Ag: 0.0025%; O: $125 \times 10^{-6} \sim 600 \times 10^{-6}$。

⑰ 为了改善高温下的抗软化性，经协商同意，可另外添加有少量的 Cd 和其他元素。

⑱ Ag 大于 0.054% 相当于 Ag 大于 16 Troy Oz。

⑲ 包含 B + P。

⑳ $w(Ag) \geq 0.027\% \sim 0.10\%$ 相当于 Ag 大于 8~30 Troy Oz。

㉑ $w(Ag) \geq 0.014\%$ 相当于 Ag 大于 4 Troy Oz。

㉒ 经协商同意，包括含磷的无氧铜。

㉓ 0.025 Te + Se。

㉔ 包括 Te + Se。

㉕ 经协商同意，包括 Cd、Li 或其他合适的元素脱氧。

㉖ 包括 Cu + Ag + Sn。

㉗ 包括 Te + Sn。

㉘ $w($Cu + 所列元素$) \geq 99.97\%$。

㉙ 包括 Co。

㉚ 包括 Te + P。

㉛ 包括无氧铜或经协商同意用磷、硼、锂或其他元素脱氧的脱氧铜。

㉜ 包括 Ag + Sn + Te + Se。

㉝ 碲和/或硒。

㉞ 包括 Cu + S + P。

㉟ 包括 Ag、S、P 和 Pb。

㊱ $w($Cu + 所列元素$) \geq 99.8\%$。

㊲ $w($Cu + 所列元素$) \geq 99.9\%$。

㊳ 所有的铝以 Al_2O_3 的形式存在；0.04% 氧以 Cu_2O 的形式式微量固溶在铜中。

㊴ 表示被美国环境保护局注册为抗菌材料。

表 4-73　高铜合金牌号与化学成分（C16000～C19999）

（%）

UNS#	Cu 最小	Cu 最大	Pb 最小	Pb 最大	Sn 最小	Sn 最大	Zn 最小	Zn 最大	Fe 最小	Fe 最大	P 最小	P 最大	Ni 最小	Ni 最大	Al 最小	Al 最大	Be 最小	Be 最大	Co 最小	Co 最大	Cr 最小	Cr 最大	Si 最小	Si 最大	其他元素 最小	其他元素 最大
C16200[①][②] 镉铜	—	余量[①][②]	—	—	—	—	—	—	—	0.02	—	—	—	—	—	—	—	—	—	—	—	—	—	—	Cd:0.7	Cd:1.2
C16210[①][②] 高铜合金	—	余量[①][②]	—	—	—	—	—	—	—	—	—	—	—	—	—	—	—	—	—	—	—	—	—	—	Cd:0.50	Cd:1.20
C16400[①][②] 高铜合金	99.8[②]	—	—	—	0.20	0.4	—	—	—	0.02	—	—	—	—	—	—	—	—	—	—	—	—	—	—	Cd:0.6	Cd:0.9
C16500[①][②]	—	余量[①][②]	—	—	0.50	0.7	—	—	—	0.02	—	—	—	—	—	—	—	—	—	—	—	—	—	—	Cd:0.6	Cd:1.0
C17000[①][②] 铍铜	—	余量[①][②]	—	—	—	—	—	—	—	—	—	—	—	—	—	0.20	1.60	1.85	0.20[③]	—	—	—	—	0.20	—	—
C17200[①][②] 铍铜	—	余量[①][②]	—	—	—	—	—	—	—	—	—	—	—	—	—	0.20	1.80	2.00	0.20[③]	—	—	—	—	0.20	—	—
C17300[①][②] 铍铜	—	余量[①][②]	0.20	0.6	—	—	—	—	—	—	—	—	—	—	—	0.20	1.80	2.00	0.20[③]	—	—	—	—	0.20	—	—
C17400[①][②] 铍铜	—	余量[①][②]	—	—	—	—	—	—	—	0.20[③]	—	—	—	—	—	0.20	0.15	0.50	0.15	0.35[③]	—	—	—	0.20	—	—
C17410[①][②] 铍铜	—	余量[①][②]	—	—	—	—	—	—	—	0.20	—	—	—	—	—	0.20	0.15	0.50	0.35	0.6	—	—	—	0.20	—	—
C17420[①][②] 铍铜	—	余量[②]	—	—	—	—	—	—	—	0.20	—	—	—	—	—	0.20	0.15	0.15	0.05	0.6	—	—	—	0.20	—	—
C17450[①][②] 铍铜	—	余量[①][②]	—	—	—	0.25	—	—	—	0.20	—	—	0.50	1.0	—	0.20	0.15	0.50	—	—	—	—	—	0.20	—	Zr:0.50
C17455 铍铜	—	余量[①][②]	0.20	0.6	—	0.25	—	—	—	0.20	—	—	0.50[④]	1.0	—	0.20	0.15	0.50	—	—	—	—	—	0.20	—	Zr:0.50
C17460[①][②] 铍铜	—	余量[①][②]	—	—	—	0.25	—	—	—	0.20	—	—	1.0	1.4	—	0.20	0.15	0.50	—	—	—	—	—	0.20	—	Zr:0.50
C17465 铍铜	—	余量[①][②]	0.20	0.6	—	0.25	—	—	—	0.20	—	—	1.0[④]	1.4	—	0.20	0.15	0.50	—	—	—	—	—	0.20	—	Zr:0.50

UNS#	Cu 最小	Cu 最大	Pb 最小	Pb 最大	Sn 最小	Sn 最大	Zn 最小	Zn 最大	Fe 最小	Fe 最大	P 最小	P 最大	Ni 最小	Ni 最大	Al 最小	Al 最大	Be 最小	Be 最大	Co 最小	Co 最大	Cr 最小	Cr 最大	Si 最小	Si 最大	其他元素 最小	其他元素 最大
C17500⑫ 铍铜	—	余量①,②	—	—	—	—	—	—	—	—	—	—	—	—	—	0.20	0.4	0.7	2.4	2.7	—	—	—	0.20	—	—
C17510⑫ 铍铜①	—	余量②	—	—	—	—	—	—	—	0.10	—	—	1.4	2.2	—	0.20	0.2	0.6	—	0.3	—	—	—	0.20	—	—
C17520⑫ 铍铜	—	余量②	—	—	—	—	—	—	—	—	—	—	0.50	1.5	—	—	0.10	0.30	—	—	—	—	—	—	Mg:0.06 Zr:0.10	Mg:0.60 Zr:0.30
C17530⑫ 铍铜	—	余量①,②	—	—	—	—	—	—	—	0.20	—	—	1.8④	2.5	—	0.6	0.20	0.40	—	—	—	—	—	0.20	—	—
C17600⑫ 铍铜	—	余量②	—	—	—	—	—	—	—	0.10	—	—	—	—	—	0.20	0.25	0.50	1.4	1.7	—	—	—	0	Ag:0.9	Ag:1.1
C17700⑫ 铍铜	—	余量②	—	—	—	—	—	—	—	0.10	—	—	—	—	—	—	0.40	0.70	2.4	2.7	—	—	—	0.20	Te:0.40	Te:0.6
C18000	—	余量①,②	—	—	—	—	—	—	—	0.15	—	—	1.8	3.0④	—	—	—	—	—	—	0.10	0.8	0.40	0.8	—	—
C18020	—	余量②,⑤	—	—	0.05	0.25	0.10	0.30	—	—	0.005	0.015	—	—	—	—	—	—	—	—	0.10	0.30	—	0.05	—	—
C18025 高铜合金	—	余量②,⑤	—	—	0.15	0.25	0.05	0.15	—	—	0.005	0.015	—	—	—	—	—	—	—	—	0.20	0.30	0.03	0.07	Mg:0.01	Mg:0.03
C18030	—	余量②,⑤	—	—	0.08	0.12	—	—	—	—	—	—	—	—	—	—	—	—	—	—	0.10	0.20	—	—	—	—
C18040	—	余量②,⑥	—	—	0.20	0.30	0.05	0.15	—	—	—	—	—	—	—	—	—	—	—	—	0.25	0.35	—	—	—	—
C18045	99.1②,⑤	—	—	—	0.20	0.30	0.15	0.30	—	—	—	—	—	—	—	—	—	—	—	—	0.20	0.35	—	0.05	—	—
C18050	—	余量②,⑦	—	—	—	—	—	—	—	—	—	—	—	—	—	—	—	—	—	—	0.05	0.15	—	—	Te:0.005	Te:0.015
C18070	99.0②,⑦	—	—	—	—	—	—	—	—	—	—	—	—	—	—	—	—	—	—	—	0.15	0.40	0.02	0.07	Ti:0.01	Ti:0.40
C18080	—	—	—	—	—	—	—	—	0.02	0.20	—	—	—	—	—	—	—	—	—	—	0.20	0.7	0.01	0.10	Ag:0.01 Ti:0.01	Ag:0.30 Ti:0.15
C18090	96.0②,⑨	—	—	—	0.50	1.2	—	—	—	—	—	—	0.30	1.2	—	—	—	—	—	—	0.20	1.0	—	—	Ti:0.15	Ti:0.8
C18100	98.7①,②	—	—	—	—	—	—	—	—	—	—	—	—	—	—	—	—	—	—	—	0.40	1.2	—	—	Mg:0.03 Zr:0.08	Mg:0.06 Zr:0.20
C18135①	—	余量②	—	—	—	—	—	—	—	—	—	—	—	—	—	—	—	—	—	—	0.20	0.6	—	—	Cd:0.20	Cd:0.6

续表 4－73

UNS#	Cu 最小	Cu 最大	Pb 最小	Pb 最大	Sn 最小	Sn 最大	Zn 最小	Zn 最大	Fe 最小	Fe 最大	P 最小	P 最大	Ni 最小	Ni 最大	Al 最小	Al 最大	Be 最小	Be 最大	Co 最小	Co 最大	Cr 最小	Cr 最大	Si 最小	Si 最大	其他元素 最小	其他元素 最大
C18140	—	余量①②	—	—	—	—	—	—	—	—	—	—	—	—	—	—	—	—	—	—	0.15	0.45	0.005	0.05	Zr:0.05	Zr:0.25
C18141 高铜合金 MZC1	—	余量①②	—	—	—	0.20	—	—	—	—	—	—	—	—	—	0.10	—	—	—	—	0.20	0.40	0.01	0.03	Mg:0.002 Zr:0.07	Mg:0.05 Zr:0.13
C18143 高铜	—	余量①②	—	—	—	0.20	—	—	—	—	—	—	—	—	—	0.10	—	—	—	—	0.20	0.40	0.01	0.03	Zr:0.07	Mn:0.05 Zr:0.13
C18145	—	余量①②	—	—	—	—	—	—	—	—	—	—	—	—	—	—	—	—	—	—	0.10	0.30	—	—	Zr:0.05	Zr:0.15
C18150	—	余量②.00	—	—	—	—	0.10	0.30	—	—	—	—	—	—	—	—	—	—	—	—	0.50	1.5	—	—	Zr:0.02	Zr:0.20
C18200 铬铜	—	余量①②	—	0.05	—	—	—	—	—	0.10	—	—	—	—	—	—	—	—	—	—	0.6	1.2	—	0.10	—	—
C18400 铬铜	—	余量①②	—	—	—	—	—	0.7	—	0.15	—	0.05	—	—	—	—	—	—	—	—	0.40	1.2	—	0.10	—	As:0.005 Ca:0.005 Li:0.05
C18500 高铜	—	余量②	—	0.015	—	—	—	—	—	—	—	0.04	—	—	—	—	—	—	—	—	0.40	1.0	—	—	Ag:0.08	Ag:0.12
C18550 铬铜	—	余量②	—	—	0.10	0.14	—	—	—	—	—	—	—	—	—	—	—	—	—	0.10	0.6	1.0	—	—	—	—
C18600	—	余量①②	—	—	—	—	—	—	0.25	0.8	—	—	—	0.25	—	—	—	—	0.25	0.8	0.10	1.0	—	—	Ti:0.05 Zr:0.05	Ti:0.50 Zr:0.40
C18610	—	余量①②	—	—	—	—	—	—	—	0.10	—	—	—	0.25	—	—	—	—	—	—	0.10	1.0	—	—	Ti:0.05 Zr:0.05	Ti:0.50 Zr:0.40
C18620① 高铜	99.40②	—	—	—	0.03	0.15	0.02	0.10	—	—	0.040	0.075	0.02	0.06	—	—	—	—	0.14	0.21	—	—	—	—	—	—
C18625 HRSC	99.40①②	—	—	—	0.01	0.10	—	0.10	—	—	0.05	0.09	—	0.10	—	—	—	—	0.15	0.35	—	—	—	—	—	—
C18660 高铜合金	—	余量②⑤	—	—	0.08	0	—	—	0.10	0.15	0.03	0.08	—	—	—	—	—	—	—	—	0.01	0.02	0.01	0.02	Mg:0.03	Mg:0.07
C18661	—	余量①②	—	—	—	0.20	—	—	—	0.10	0.001	0.02	—	—	—	—	—	—	—	—	—	—	—	—	Mg:0.10	Mg:0.7
C18665	99.0②	—	—	—	—	—	—	—	—	—	0.002	0.04	—	—	—	—	—	—	—	—	—	—	—	—	Mg:0.40	Mg:0.9

续表 4－73

UNS#	Cu 最小	Cu 最大	Pb 最小	Pb 最大	Sn 最小	Sn 最大	Zn 最小	Zn 最大	Fe 最小	Fe 最大	P 最小	P 最大	Ni 最小	Ni 最大	Al 最小	Al 最大	Be 最小	Be 最大	Co 最小	Co 最大	Cr 最小	Cr 最大	Si 最小	Si 最大	其他元素 最小	其他元素 最大
C18700⑫ 易切削铜	99.5②①	—	0.8	1.5	—	—	—	—	—	—	—	—	—	—	—	—	—	—	—	—	—	—	—	—	—	—
C18835⑫	99.0①②	—	—	0.05	0.15	0.55	—	0.30	—	0.10	—	0.01	—	—	—	—	—	—	—	—	—	—	—	—	—	—
C18900⑫	—	余量①②	—	0.02	0.6	0.9	—	0.10	—	—	—	0.05	—	—	—	0.01	—	—	—	—	—	—	0.15	0.40	Mn:0.10	Mn:0.30
C18910⑫	—	余量②	—	—	—	1.0	—	—	—	—	—	0.15	—	—	—	—	—	—	—	—	—	—	—	0.50	—	Mn:0.50
C18980①⑫	98.0②	—	—	0.02	1.8	2.2	—	—	—	—	—	0.15	—	—	—	—	—	—	—	—	—	—	—	0.50	—	Mn:0.50
C18990	—	余量②⑤	—	—	—	—	—	0.8	—	0.10	0.005	0.015	0.9	1.3	—	—	—	—	—	—	0.10	0.20	—	—	—	—
C19000⑫	—	余量①②	—	0.05	—	—	0.01	—	—	0.10	0.15	0.35	—	—	—	—	—	—	—	—	—	—	—	—	—	—
C19002⑫	—	余量①②	—	0.05	0.02	0.30	—	0.35	—	0.10	—	0.05	1.4	1.7④	—	—	—	—	—	—	—	—	0.20	0.35	Ag:0.02 Zr:0.005	Ag:0.50 Mg:0.01 Zr:0.05
C19010⑫	—	余量①②	—	—	—	—	—	—	—	—	0.01	0.05	0.8	1.8	—	—	—	—	—	—	—	—	0.15	0.35	—	—
C19015⑫	—	余量②⑦	—	—	—	—	—	—	—	—	0.02	0.20	0.50	2.4	—	—	—	—	—	—	—	—	0.10	0.40	Mg:0.02	Mg:0.15
C19020⑫	—	余量②⑦	—	—	0.30	0.9	—	—	—	—	0.01	0.20	0.50	3.0	—	—	—	—	—	—	—	—	—	—	—	—
C19022⑫ 高铜合金	—	余量①②	—	0.009	0.3	1.0	—	0.2	—	0.04	0.01	0.07	0.3	1.0④	—	—	—	—	—	—	—	—	—	—	—	—
C19024 高铜合金	—	余量②⑤	—	0.01	0.02	0.8	—	0.05	—	0.02	0.008	0.05	0.10	0.6	—	—	—	—	—	—	—	—	—	—	—	—
C19025⑫	—	余量②⑩	—	—	0.7	1.1	—	0.20	—	0.10	0.03	0.07	0.8	1.2	—	—	—	—	—	—	—	—	—	—	—	—
C19027⑫ NB115 高铜	—	余量②⑩	—	—	1.20	1.80	—	0.20	—	0.10	0.03	0.15	0.50	1.20	—	—	—	—	—	—	—	—	—	—	—	—
C19030⑫	—	余量②⑩	—	0.02	1.0	1.5	—	—	—	0.10	0.01	0.03	1.5	2.0	—	—	—	—	—	—	—	—	—	—	—	—
C19040⑫ CAC5 高铜	96.1②⑦	—	—	0.02	1.0	2.0	—	0.8	—	0.06	0.02	0.09	0.7	0.9④	—	—	—	—	—	—	—	—	—	0.010	—	Mn:0.02
C19050⑫ SPKFC-5E 高铜	95.1②⑦	—	—	0.02	0.8	2.5	—	1.0	0.05	0.15	0.08	0.20	0.50④	1.0	—	—	—	—	—	—	—	—	—	—	—	—

续表4-73

UNS#	Cu 最小	Cu 最大	Pb 最小	Pb 最大	Sn 最小	Sn 最大	Zn 最小	Zn 最大	Fe 最小	Fe 最大	P 最小	P 最大	Ni 最小	Ni 最大	Al 最小	Al 最大	Be 最小	Be 最大	Co 最小	Co 最大	Cr 最小	Cr 最大	Si 最小	Si 最大	其他元素 最小	其他元素 最大
C19100	—	余量①②	—	0.10	—	—	—	0.50	—	0.20	0.15	0.35	0.9	1.3	—	—	—	—	—	—	—	—	—	—	Te:0.35	Te:0.6
C19140	—	余量①②	0.40	0.8	—	0.05	—	0.50	—	0.05	0.15	0.35	0.8	1.2	—	—	—	—	—	—	—	—	—	—	—	—
C19150	—	余量①②	0.50	1.0	—	0.05	—	—	—	0.05	0.15	0.35	0.8	1.2	—	—	—	—	—	—	—	—	—	—	—	—
C19160	—	余量	0.8	1.2	—	0.05	—	0.50	—	0.05	0.15	0.35	0.8	1.2	—	—	—	—	—	—	—	—	—	—	—	—
C19170① KLF170 高铜	96.8	—	—	0.02	—	0.8	—	1.0	—	0.15	0.08	0.20	0.50④	1.0	—	—	—	—	—	—	—	—	—	0.010	—	—
C19200⑫	98.5⑦	—	—	—	—	—	—	0.20	0.8	1.2	0.01	0.04	—	—	—	—	—	—	—	—	—	—	—	—	—	—
C19210⑫	—	余量⑦	—	—	—	—	—	—	0.05	0.15	0.025	0.04	—	—	—	—	—	—	—	—	—	—	—	—	—	—
C19215⑫	—	余量⑦	—	—	0.05	0.10	1.1	3.5	0.05	0.20	0.025	0.050	—	—	—	—	—	—	—	—	—	—	—	—	—	—
C19220⑫	—	余量	—	0.02	—	0.10	—	—	0.10	0.30	0.03	0.07	0.10	0.25	—	—	—	—	—	—	—	—	—	—	B:0.005	B:0.015
C19240⑦⑫ Super KFC	97.5⑦	—	—	—	—	0.8	—	1.0	0.15	0.45	0.04	0.20	—	—	—	—	—	—	—	—	—	—	—	0.010	—	Mn:0.020
C19250⑦⑫ SPKFC-5W 高铜	95.8②	—	—	0.02	0.8	2.5	—	1.0	0.15	0.45	0.04	0.20	—	—	—	—	—	—	—	—	—	—	—	0.010	—	Mn:0.02
C19260⑫	98.5⑤	—	—	—	—	—	—	—	0.40	0.8	—	—	—	—	—	—	—	—	—	—	—	—	—	—	Mg:0.02 Ti:0.20	Mg:0.15 Ti:0.40
C19280⑫	—	余量	—	0.003	0.30	0.7	0.30	0.7	0.50	1.5	0.005	0.015	—	—	—	—	—	—	—	—	—	—	—	—	—	—
C19300⑫ 高铜合金	92.0	94.0	—	0.03	—	0.03	—	余量	2.05	2.60	—	—	—	—	—	0.02	—	—	—	—	—	—	—	—	—	—
C19400⑫	97.0	—	—	—	—	—	0.05	0.20	2.1	2.6	0.015	0.15	—	—	—	—	—	—	—	—	—	—	—	—	—	—
C19410⑦⑫ 高铜	—	余量	—	0.02	0.6	0.9	0.10	0.20	1.8	2.3	0.015	0.050	—	—	—	—	—	—	—	—	—	—	—	—	—	—
C19419 CAC19 高铜	96.7	—	—	—	0.05	0.18	0.10	0.40	1.7	2.3	—	0.03	—	0.04④	—	—	—	—	0.30	1.3	—	—	0.03	0.09	—	Mn:0.04
C19450⑫	—	余量⑦	—	0.02	0.8	2.5	—	—	1.5	3.0	0.005	0.05	—	—	—	—	—	—	—	—	—	—	—	—	—	—
C19500⑫	96.0⑦	—	—	0.02	0.10	1.0	—	0.20	1.0	2.0	0.01	0.35	—	—	—	0.02	—	—	—	—	—	—	—	—	—	—

续表 4 - 73

UNS#	Cu 最小	Cu 最大	Pb 最小	Pb 最大	Sn 最小	Sn 最大	Zn 最小	Zn 最大	Fe 最小	Fe 最大	P 最小	P 最大	Ni 最小	Ni 最大	Al 最小	Al 最大	Be 最小	Be 最大	Co 最小	Co 最大	Cr 最小	Cr 最大	Si 最小	Si 最大	其他元素 最小	其他元素 最大
C19520⑫	96.6⑦	—	0.01	3.5	—	—	—	—	0.50	1.5	—	—	—	—	—	—	—	—	—	—	—	—	—	—	—	—
C19600⑫高铜合金	—	余量	—	—	—	—	—	0.35	0.9	1.2	0.25	0.35	—	—	—	—	—	—	—	—	—	—	—	—	—	—
C19700⑫	—	余量⑦	—	0.05	—	0.20	—	0.20	0.30	1.2	0.10	0.40	—	0.05	—	—	—	—	—	0.05	—	—	—	—	Mg:0.01	Mg:0.20 Mn:0.05
C19710⑫	—	余量①	—	0.05	—	0.20	—	0.20	0.05	0.40	0.07	0.15	—	0.10④	—	—	—	—	—	—	—	—	—	—	Mg:0.03	Mg:0.06 Mn:0.05
C19720⑫	—	余量①	—	0.05	—	0.20	—	0.20	0.05	0.50	0.05	0.15	—	0.10④	—	—	—	—	—	—	—	—	—	—	Mg:0.06	Mg:0.20 Mn:0.05
C19750⑫	—	余量⑦	—	0.05	0.05	0.40	—	0.20	0.35	1.2	0.10	0.40	—	0.05	—	—	—	—	—	0.05	—	—	—	—	Mg:0.01	Mg:0.20 Mn:0.05
C19800⑫	—	余量⑦	—	—	0.10	1.0	0.30	1.5	0.02	0.50	0.01	0.10	—	—	—	—	—	—	—	—	—	—	—	—	Mg:0.10	Mg:1.0
C19810⑫高铜合金	—	余量⑦	—	—	—	—	1.0	5.0	1.5	3.0	—	0.10	—	—	—	—	—	—	—	—	—	0.09	—	—	—	Mg:0.10 Ti:0.10 Zr:0.10
C19900⑫	—	余量①	—	—	—	—	—	—	—	—	—	—	—	—	—	—	—	—	—	—	—	—	—	—	Ti:2.9	Ti:3.5
C19910⑫ NKT 322 高铜	—	余量①	—	—	—	—	—	—	0.17	0.23	—	—	—	—	—	—	—	—	—	—	—	—	—	—	Ti:2.9	Ti:3.4

① w(Cu+所列元素)≥99.5%。
② Cu 含量包括 Ag。
③ w(Ni+Co)≥0.20%；w(Ni+Fe+Co)≤0.6%。
④ Ni 含量包括 Co。
⑤ w(Cu+所列元素)≥99.9%。
⑥ 包括无氧铜或经协商同意用磷、硼、锂或其他元素脱氧的脱氧铜。
⑦ w(Cu+所列元素)≥99.8%。
⑧ 不包括 Ag。
⑨ w(Cu+所列元素)≥99.85%。
⑩ w(Cu+所列元素)≥99.7%。
⑪ 包括 Pb。
⑫ 表示被美国环境保护局注册为抗菌材料。

表 4 - 74　黄铜牌号与化学成分（C20000 ~ C49999）

UNS#	Cu 最小	Cu 最大	Pb 最小	Pb 最大	Sn 最小	Sn 最大	Zn 最小	Zn 最大	Fe 最小	Fe 最大	P 最小	P 最大	其他元素 最小	其他元素 最大 (%)
C20000 普通黄铜	—	—	—	—	—	—	—	—	—	—	—	—	—	—
C20500 黄铜	97.0	98.0	—	0.02	—	—	—	余量	—	0.05	—	—	—	—
C21000 仿金色，95%	94.0	96.0①	—	0.05	—	—	—	余量	—	0.05	—	—	—	—
C22000 工业古铜色，90%	89.0	91.0①	—	0.05	—	—	—	余量	—	0.05	—	—	—	—
C22600① 宝石蓝古铜色，87 - 1/2%	86.0	89.0	—	0.05	—	—	—	余量	—	0.05	—	—	—	—
C23000 红色黄铜，85%	84.0	86.0①	—	0.05	—	—	—	余量	—	0.05	—	—	—	—
C23030	83.5①	85.5	—	0.05	—	—	—	余量	—	0.05	—	—	Si:0.20	Si:0.40
C23400	81.0	84.0①	—	0.05	—	—	—	余量	—	0.05	—	—	—	—
C24000 低黄铜，80%	78.5①	81.5	—	0.05	—	—	—	余量	—	0.05	—	—	—	—
C24080	78.0①	82.0	—	0.20	—	—	—	余量	—	—	—	—	—	Al:0.10
C25000 黄铜	74.0	76.0	—	0.05	—	—	—	余量	—	0.05	—	—	—	—
C25600	71.0	73.0②	—	0.05	—	—	—	余量	—	0.05	—	—	—	—
C26000 弹壳黄铜，70%	68.5②	71.5	—	0.07	—	—	—	余量	—	0.05	—	—	—	—
C26100 黄铜	68.5	71.5②	—	0.05	—	—	—	余量	—	0.05	0.02	0.05	As:0.02	As:0.06
C26130	68.5	71.5②	—	0.05	—	—	—	余量	—	0.05	—	—	As:0.02	As:0.08
C26200	67.0	70.0②	—	0.07	—	—	—	余量	—	0.05	—	—	—	—
C26380 黄铜	68.0	72.0	—	0.30	—	—	—	余量	—	0.05	—	—	—	Ag:0.10
C26800 黄色黄铜，66%	64.0	68.5②	—	0.09	—	—	—	余量	—	0.05	—	—	—	—
C27000 黄色黄铜，65%	63.0	68.5②	—	0.09	—	—	—	余量	—	0.07	—	—	—	—
C27200 黄色黄铜，63%	62.0	65.0②	—	0.07	—	—	—	余量	—	0.07	—	—	—	—
C27400 黄色黄铜，63%	61.0	64.0②	—	0.09	—	—	—	余量	—	0.05	—	—	—	—
C27450 黄色黄铜	60.0③	65.0	—	0.25	—	—	—	余量	—	0.35	—	—	—	—
C27451 黄色黄铜	61.0	65.0③	—	0.25	—	—	—	余量	—	0.35	—	0.20	—	—
C27453 铜锌合金	61.5③	63.5	—	0.25	—	0.15	—	余量	—	0.15	0.05	—	As:0.02	As:0.15
C28000 蒙次黄铜，60%	59.0	63.0③	—	0.09	—	—	—	余量	—	0.07	—	—	—	—
C28200 铜锌合金	58.0	61.0	—	0.03	—	—	—	余量	—	0.05	0.12	0.22	—	Al:0.005 Si:0.05

续表 4-74

UNS#	Cu 最小	Cu 最大	Pb 最小	Pb 最大	Sn 最小	Sn 最大	Zn 最小	Zn 最大	Fe 最小	Fe 最大	P 最小	P 最大	其他元素 最小	其他元素 最大
C28300⑲ 黄色黄铜	58.0④	62.0	—	0.09	—	—	31.0	41.0	—	0.35	—	—	S:0.10	B:0.20 Mn:0.01 S:0.65 Zr:0.20
C28310⑲ 黄色黄铜	58.0④	62.0	—	0.09	—	—	31.0	41.0	—	0.35	—	—	Mn:0.01 S:0.10	B:0.20 Mn:0.20 S:0.65 Zr:0.20
C28320⑲ 黄色黄铜	58.0	62.0④	—	0.09	—	—	31.0	41.0	—	0.35	—	—	S:0.10	B:0.20 C:0.10 Mn:0.20 S:0.65 Ti:0.30 Zr:0.20
C28330 低铅黄色黄铜	58.0	62.0④	—	0.09	—	—	31.0	39.0	—	0.35	—	—	S:0.10 Sb:0.10	B:0.10 C:0.10 Mn:0.20 S:0.25 Sb:1.5 Ti:0.10 Zr:0.10
C28340	61.0③	62.0	0.17	0.25	0.30	0.40	—	余量⑤	—	0.12	—	—	As:0.07 Bi:0.65	Ni:0.20 As:0.17⑥ Bi:0.75 Cd:0.04 Cr:0.02 Mn:0.05 Sb:0.05 Si:0.05
C28500 铜锌合金 Brass	57.0	59.0⑦	—	0.25	—	—	—	余量	—	0.35	—	—	—	—
C28580 黄铜	49.0	52.0	—	0.50	—	—	—	余量	—	0.10	—	—	—	Al:0.10
C29800 铜锌合金	49.0	52.0	—	0.50	—	—	—	余量	—	0.10	—	—	—	Al:0.10
C31000 铜锌合金	89.0	91.0	0.30	0.7	—	—	—	余量	—	0.10	—	—	—	—
C31200	87.5	90.5⑧	0.7	1.2	—	—	—	余量	—	0.10	—	—	—	Ni:0.25

续表 4－74

UNS#	Cu 最小	Cu 最大	Pb 最小	Pb 最大	Sn 最小	Sn 最大	Zn 最小	Zn 最大	Fe 最小	Fe 最大	P 最小	P 最大	其他元素 最小	其他元素 最大
C31400 加铅工业古铜色	87.5	90.5⑧	1.3	2.5	—	—	—	余量	—	0.10	—	—	—	Ni:0.7
C31600⑧ 加铅工业古铜色（含镍）	87.5	90.5	1.3	2.5	—	—	—	余量	—	0.10	0.04	0.10	Ni:0.7	Ni:1.2
C32000 加铅的红色黄铜	83.5⑧	86.5	1.5	2.2	—	—	—	余量	—	0.10	—	—	—	Ni:0.25
C32500 铜锌铅合金	72.0	74.5	2.5	3.0	—	—	—	余量	—	0.10	—	—	—	—
C32510 加铅黄铜	69.0	72.0	0.3	0.7	—	—	—	余量	—	—	—	—	As:0.02	As:0.06
C33000 低铅黄铜（管）	65.0	68.0⑧	0.25	0.7	—	—	—	余量	—	0.07	—	—	—	—
C33100 加铅黄铜	65.0	68.0	0.8	1.5	—	—	—	余量	—	0.06	—	—	—	—
C33200 高铅黄铜（管）	65.0	68.0⑧	1.5	2.5	—	—	—	余量	—	0.07	—	—	—	—
C33500 低铅黄铜	62.0⑧	65.0	0.25	0.7	—	—	—	余量	—	0.15⑨	—	—	As:0.02	As:0.06
C33530 铅黄铜	62.5	66.5	0.30	0.8	—	—	—	余量	—	0.1	—	—	—	—
C34000 中等含量铅黄铜, 64－1/2%	62.0⑧	65.0	0.8	1.5	—	—	—	余量	—	0.15⑨	—	—	—	—
C34200 高铅黄铜, 64－1/2%	62.0⑧	65.0	1.5	2.5	—	—	—	余量	—	0.15⑨	—	—	—	—
C34400 铅黄铜	62.0	66.0	0.5	1.0	—	—	—	余量	—	0.10	—	—	—	—
C34500	62.0⑧	65.0	1.5	2.5	—	—	—	余量	—	0.15	—	—	—	—
C34700 铅黄铜	62.5	64.5	1.0	1.8	—	—	—	余量	—	0.10	—	—	—	—
C34800 铅黄铜	61.5	63.5	0.40	0.8	—	—	—	余量	—	0.10	—	—	—	—
C34900 铅黄铜	61.0	64.0	0.10	0.50	—	—	—	余量	—	0.10	—	—	—	—
C35000 中等含量铅黄铜, 62%	60.0⑧.⑩	63.0	0.8	2.0	—	—	—	余量	—	0.15⑨	—	—	—	—
C35300 高铅黄铜, 62%	60.0⑧.⑩	63.0	1.5	2.5	—	—	—	余量	—	0.15⑨	—	—	—	—
C35330 抗脱锌黄铜	59.5	64.0⑪	1.5	3.5⑪	—	—	—	余量	—	—	—	—	As:0.02	As:0.25
C35340 铅黄铜	60.0	63.0	1.5	2.5	—	—	—	余量	0.10	0.30	—	—	—	—
C35350 铅黄铜	61.0③	63.0	2.0	4.5	—	0.30	—	余量	—	0.40	0.05	0.20	Ni:0.05	Ni:0.30
C35600 超高铅黄铜	60.0③	63.0	2.0	3.0	—	—	—	余量	—	0.15⑨	—	—	—	—
C36000 易切削黄铜	60.0	63.0⑧	2.5	3.0	—	—	—	余量	—	0.35	—	—	—	—
C36010 易切削加铅黄铜	60.0	63.0⑧	3.1	3.7	—	—	—	余量	—	0.35	—	—	—	—

续表 4-74

UNS#		Cu		Pb		Sn		Zn		Fe		P		其他元素	
		最小	最大	最小	最大	最小	最大	最小	最大	最小	最大	最小	最大	最小	最大
C36200	铅黄铜	60.0	63.0	3.5	4.5	—	—	—	余量	—	0.15	—	—	—	—
C36300	铜锌铅合金	61.0	63.0③	0.25	0.7	—	—	—	余量	—	0.15	0.04	0.15	—	—
C36500	含铅蒙次黄铜通用	58.0⑧	61.0	0.25	0.7	—	0.25	—	余量	—	0.15	—	—	—	—
C36600	含铅砷蒙次黄铜	58.0	61.0	0.25	0.7	—	0.25	—	余量	—	0.15	—	—	As:0.02	As:0.06
C36700	含铅锑蒙次黄铜	58.0	61.0	0.25	0.7	—	0.25	—	余量	—	0.15	—	—	Sb:0.02	Sb:0.10
C36800	铅黄铜	58.0	61.0	0.25	0.7	—	0.25	—	余量	—	0.15	0.02	0.10	—	—
C37000	易切削蒙次黄铜	59.0	62.0⑧	0.8	1.5	—	—	—	余量	—	0.15	—	—	—	—
C37100		58.0	62.0⑧	0.6	1.2	—	—	—	余量	—	0.15	—	—	—	—
C37700	锻压黄铜	58.0③	61.0	1.5	2.5	—	—	—	余量	—	0.30	—	—	—	—
C37710		56.5⑤	60.0	1.0	3.0	—	—	—	余量	—	0.30	—	—	—	—
C37800	铅黄铜	56.0	59.0	1.5	2.5	—	—	—	余量	—	0.30	—	—	—	—
C38000	建筑古铜色低铅	55.0	60.0③	1.5	2.5	—	0.30	—	余量	—	0.35	—	—	—	Al:0.50
C38010	铅黄铜	55.0	60.0	1.5	3.0	—	—	—	余量	—	0.30	—	—	Al:0.10	Al:0.6
C38500	建筑古铜色	55.0③	59.0	2.5	3.5	—	—	—	余量	—	0.35	—	—	—	—
C38510	铅黄铜	56.0	60.0	2.5	4.5	—	—	—	余量	—	—	—	—	—	—
C38590	铅黄铜	56.5	60.0	2.0	3.5	—	—	—	余量	—	0.35	—	—	—	—
C38600	铅黄铜	56.0	59.0	2.5	3.5	—	—	—	余量	—	0.35	—	—	—	Sb:0.02
C40400⑲		—	余量②	—	—	0.35	0.7	2.0	3.0	—	—	—	—	—	—
C40410⑲	铜锌锡合金	95.0	99.0②	—	0.05	0.1	0.4	—	余量	—	0.05	—	—	—	—
C40500⑲	(美)便士古铜色	94.0②	96.0	—	0.05	0.7	1.3	—	余量	—	0.05	—	—	—	—
C40800⑲	硅黄铜	94.0	96.0	—	0.05	1.8	2.2	—	余量	—	0.05	—	—	—	—
C40810⑲		94.5②	96.5	—	0.05	1.8	2.2	—	余量	0.08	0.12	0.028	0.04	Ni:0.11	Ni:0.20
C40820⑲		94.0③	—	—	0.02	1.0	2.5	0.20	2.5	—	—	—	0.05	Ni:0.10	Ni:0.50
C40850⑲		94.5②	96.5	—	0.05	2.6	4.0	—	余量	0.05	0.20	0.01	0.20	Ni:0.05	Ni:0.20
C40860⑲		94.0②	96.0	—	0.05	1.7	2.3	—	余量	0.01	0.05	0.02	0.04	Ni:0.05	Ni:0.20

续表4-74

UNS#	Cu		Pb		Sn		Zn		Fe		P		其他元素	
	最小	最大	最小	最大	最小	最大	最小	最大	最小	最大	最小	最大	最小	最大
C40900 铜锌锡合金	92.0	94.0	—	0.05	0.50	0.8	—	余量	—	0.05	—	—	—	—
C40950	91.5[2]	94.5	—	0.05	0.3	0.8	—	余量	—	0.03	0.01	0.08	Ni:0.30[12]	Ni:0.8
C41000[19]	91.0[2]	93.0	—	0.05	2.0	2.8	—	余量	—	0.05	—	—	—	—
C41100[19] 锡黄铜	89.0	92.0[2]	—	0.09	0.30	0.7	—	余量	—	0.05	—	—	—	—
C41110[19] 铜锌锡合金	90.0	94.0[2]	—	0.05	0.10	0.50	—	余量	—	0.05	—	—	—	—
C41120[19]	89.0	92.0[2]	—	0.05	0.30	0.7	—	余量	0.05	0.20	0.01	0.35	Ni:0.05	Ni:0.20
C41125	86.5[3]	90.5	—	0.05	0.5	0.9	—	余量	—	0.03	—	0.06	—	Ni:0.8
C41300[19] 锡黄铜	89.0[2]	93.0	—	0.09	0.7	1.3	—	余量	—	0.05	—	—	—	—
C41500[19] 锡黄铜	89.0	93.0[2]	—	0.09	1.5	2.2	—	余量	—	0.05	—	—	—	—
C41900 锡黄铜	89.0	92.0	—	0.1	4.5	5.5	—	余量	—	0.05	—	0.25	—	—
C42000[2][19]	88.0	91.0	—	—	1.5	2.0	—	余量	—	—	—	—	—	—
C42100[19] 锡黄铜	87.5	89.0	—	0.05	2.2	3.0	—	余量	—	0.05	—	0.35	Mn:0.15	Mn:0.35
C42200[19]	86.0[2]	89.0	—	0.05	0.8	1.4	—	余量	—	0.05	—	0.35	—	—
C42210[2][9] 锡黄铜	86.0[13]	89.0	—	0.01	1.1	1.6	—	余量	—	0.035	0.001	0.01	—	Ni:0.5[14]; Te:0.005[15]; Se:0.005[15]
C42220[19]	88.0[2]	91.0	—	0.05	0.7	1.4	0.05	余量	0.05	0.20	0.02	0.05	Ni:0.05	Ni:0.20
C42500[2][19]	87.0	90.0	—	0.05	1.5	3.0	—	余量	—	0.05	—	0.35	—	—
C42510[16]	—	—	—	—	—	—	—	—	—	—	—	—	—	—
C42520[19]	88.0[2]	91.0	—	0.05	1.5	3.0	0.05	余量	0.05	0.20	0.01	0.20	Ni:0.05	Ni:0.20
C42600[2][19]	87.0	90.0[13]	—	0.05	2.5	4.0	0.05	余量	0.05	0.20	0.01	0.20	Ni:0.05	Ni:0.20[12]
C43000[19] 锡黄铜	84.0	87.0[2]	—	0.09	1.7	2.7	—	余量	—	0.05	—	0.09	—	—
C43200 锡黄铜	85.0	88.0	—	0.35	0.4	0.6	—	余量	—	0.05	—	0.35	—	—
C43400[2][19]	84.0	87.0	—	0.05	0.4	1.0	—	余量	—	0.05	—	—	—	—
C43500[19] 锡黄铜	79.0	83.0[2]	—	0.09	0.6	1.2	—	余量	—	0.05	—	—	—	—

续表 4－74

UNS#	Cu 最小	Cu 最大	Pb 最小	Pb 最大	Sn 最小	Sn 最大	Zn 最小	Zn 最大	Fe 最小	Fe 最大	P 最小	P 最大	其他元素 最小	其他元素 最大
C43600[⑩]	80.0[②]	83.0	—	0.05	0.20	0.50	—	余量	—	0.05	—	—	—	—
C43800[⑩] 铜锌锡合金	79.0	82.0	—	0.05	1.0	1.5	—	余量	—	0.05	—	—	—	—
C44200[⑩] 铜锌锡锡合金	70.0	73.0	—	0.07	0.8	1.2	—	余量	—	0.06	—	—	—	—
C44250[⑩]	73.0[⑧]	76.0	—	0.07	0.5	1.5	—	余量	—	0.2	—	0.1	—	Ni:0.20
C44300[⑩] 海军黄铜	70.0	73.0[⑧]	—	0.07	0.8	1.2[⑰]	—	余量	—	0.06	—	—	As:0.02	As:0.06
C44400[⑩] 海军黄铜	70.0	73.0[⑧]	—	0.07	0.8[⑰]	1.2	—	余量	—	0.06	—	—	Sb:0.02	Sb:0.10
C44500[⑩] 海军黄铜	70.0[⑧]	73.0	—	0.07	0.8	1.2[⑰]	—	余量	—	0.06	0.02	0.1	—	—
C44730	—	余量[③]	—	0.05	0.50	1.5	27.0	31.0	—	0.6	—	0.05	Ni:0.8[⑫] Si:0.10	Ni:2.5 Cr:0.7 Mg:0.40 Mn:0.40 Si:0.6 Zr:0.40
C44750 锡黄铜	—	余量[⑧]	—	0.05	0.30	3.0	27.0	31.5	0.10	1.5	—	—	—	—
C45450[⑩] 锡黄铜	65.0	66.0	—	—	0.1	0.3	—	余量	—	—	0.10	0.30	—	Al:0.40
C45470 铝锌锡铝合金	64.0	69.0[③]	—	0.09	0.6	0.9	—	余量	—	—	—	—	Al:0.30	Al:0.8
C46200 海军黄铜, 63-1/2%	62.0	65.0[⑧]	—	0.20	0.50	1.0	—	余量	—	0.1	—	—	—	—
C46210[⑩] 锡黄铜	61.0	64.0	—	0.05	—	1.0	—	余量	—	—	—	—	—	Al:0.03 Si:0.50
C46250 HONLUX 01	62.0	65.0[③,⑱]	—	0.09	0.50	1.0	—	37.0	—	—	0.05	0.15	—	—
C46400 海军黄铜, 通用	59.0[⑧]	62	—	0.20	0.50	1.0	—	余量	—	0.10	—	—	Mg:0.05	Mg:0.20
C46420 锡黄铜	61.0	63.5	—	0.20	1.0	1.4	—	余量	—	0.10	—	—	—	—
C46500 加砷海军黄铜	59.0[⑧]	62.0	—	0.20	0.50	1.0	—	余量	—	0.20	—	—	As:0.02	As:0.06
C46600 锡黄铜	59.0	62.0	—	0.20	0.50	1.0	—	余量	—	0.10	0.02	0.10	Sb:0.02	Sb:0.10
C46700 锡黄铜	59.0	62.0	—	0.20	0.50	1.0	—	余量	—	0.10	—	—	—	—
C46750	59.2[③]	62.5	—	0.25	1.0	1.8	—	余量	—	0.10	0.05	0.15	Sb:0.05	Ni:0.50[⑫] Sb:0.15

续表 4-74

UNS#	Cu 最小	Cu 最大	Pb 最小	Pb 最大	Sn 最小	Sn 最大	Zn 最小	Zn 最大	Fe 最小	Fe 最大	P 最小	P 最大	其他元素 最小	其他元素 最大
C47000 海军黄铜钎焊条	57.0⑧	61.0	—	0.05	0.25	1.0	—	余量	—	—	—	—	—	Al:0.01
C47200 铅锌锡铝合金	49.0	52.0	—	0.50	3.0	4.0	—	余量	—	0.10	—	—	—	—
C47600 锡黄铜	86.0	88.0	1.8	2.2	1.8	2.2	—	余量	—	0.05	0.03	0.07	Mn:0.05	Mn:0.15
C47940	63.0⑧	66.0	1.0	2.0	1.2	2.0	—	余量	0.10	1.0	—	—	Ni:0.10	Ni:0.50⑫
C48200 中等含铅海军黄铜	59.0⑧	62.0	0.40	1.0	0.50	1.0	—	余量	—	0.10	—	—	—	—
C48500 高铅海军黄铜	59.0⑧	62.0	1.3	2.2	0.50	1.0	—	余量	—	0.10	—	—	—	—
C48510 锡黄铜	59.0	62.0	1.0	2.5	0.7	1.5	—	余量	—	—	—	—	As:0.02	As:0.25
C48600 抗脱锌黄铜	59.0	62.0⑧	1.0	2.5	0.3	1.5	—	余量	—	—	—	—	As:0.02	As:0.25
C48650 敏 C48600 代替	—	52.0	—	—	—	—	—	余量	—	—	—	—	—	Al:0.10
C49080 锡黄铜	49.0	52.0	—	0.50	3.0	4.0	—	余量	—	—	—	—	—	—
C49250⑲ 铜铋合金	58.0③	61.0③	—	0.09	—	0.30	—	余量	—	0.50	—	—	Bi:1.8	Bi:2.4 Cd:0.001
C49255 铜锌铋合金	58.0③	60.0	—	0.01	—	0.5	—	余量	—	0.10	—	0.10	Ni:0.10 Bi:1.7 Se:0.02	Ni:0.30⑫ Bi:2.9 Cd:0.01 Si:0.10 Se:0.07
C49260⑲ 宝石黄铜	58.0	63.0③	—	0.09	—	0.5	—	余量	—	0.50	0.05	0.15	Bi:0.50	Bi:1.8 Cd:0.001 Si:0.10
C49300⑲ 无铅敏黄铜	58.0	62.0③	—	0.01	1.0	1.8	—	余量	—	0.10	—	0.20	Bi:0.50	Ni:1.5⑫ Al:0.50 Bi:2.0 Mn:0.03 Sb:0.50 Si:0.10 Se:0.20

续表 4 - 74

UNS#	Cu 最小	Cu 最大	Pb 最小	Pb 最大	Sn 最小	Sn 最大	Zn 最小	Zn 最大	Fe 最小	Fe 最大	P 最小	P 最大	其他元素 最小	其他元素 最大
C49340⑲宝石黄铜	60.0	63.0③⑬	—	0.09	0.50	1.5	—	余量	—	0.12	0.05	0.15	Bi:0.50	Bi:2.2 Cd:0.001 Si:0.10
C49350⑲铋黄铜	61.0③	63.0	—	0.09	1.5	3.0	—	余量	—	0.12	0.04	0.15	Bi:0.50 Sb:0.02	Bi:2.5 Sb:0.10 Si:0.30
C49355⑲铜锌铋合金	63.0③	69.0	—	0.09	0.5	2.0	27.0	35.0	—	0.10	—	—	Bi:0.50 Si:1.0	B:0.001 Bi:1.5 Mn:0.10 Si:2.0
C49360⑲锡 - Eco（铋）	—	余量③	—	0.09	1.0	2.0	19.0	22.0	—	—	—	—	Bi:0.50 Si:2.0	Bi:1.5 Si:3.5

① w（Cu + 所列元素）≥99.8%。
② w（Cu + 所列元素）≥99.7%。
③ w（Cu + 所列元素）≥99.5%。
④ w（Cu + 所列元素）≥99.3%。
⑤ 为了达到最佳的抗脱锌性，锌含量应不超过38%。
⑥ P可以代替As。
⑦ w（Cu + 所列元素）≥99.1%。
⑧ w（Cu + 所列元素）≥99.6%。
⑨ 对扁平轧制材，铁含量最大为10%。
⑩ 对棒材，Cu含量最小为61.0%。
⑪ 经协商，Cu含量，Pb含量可以减少为1.0%。
⑫ Ni含量包括Co。
⑬ Cu含量包括Ag。
⑭ 包括Co。
⑮ w（Te + Se）≤0.006%。
⑯ 合金牌号变为C42220。
⑰ 对管材产品，Sn最小含量可以为0.9%。
⑱ 包括镧含量0.01%~0.08%。
⑲ 表示被美国环境保护局注册为抗菌材料。

表 4－75　青铜牌号与化学成分（C50000～C69999）

UNS#	Cu 最小	Cu 最大	Pb 最小	Pb 最大	Sn 最小	Sn 最大	Zn 最小	Zn 最大	Fe 最小	Fe 最大	P 最小	P 最大	Ni 最小	Ni 最大	Al 最小	Al 最大	Ag 最小	Ag 最大	Mn 最小	Mn 最大	Si 最小	Si 最大	其他元素 最小	其他元素 最大 (%)
C50100[19][1]	—	余量	—	0.05	0.50	0.8	—	—	—	0.05	0.01	0.05	—	—	—	—	—	—	—	—	—	—	—	—
C50150[19]铜锡锆磷锆	99.0[2]	—	—	—	0.50	0.8	—	—	—	—	0.004	0.015	—	—	—	—	—	—	—	—	—	—	Zr:0.04	Zr:0.08
C50200[19]	—	余量[1]	—	0.05	1.0	1.5	—	—	—	0.10	—	0.04	—	—	—	—	—	—	—	—	—	—	—	—
C50500[19]磷青铜，1.25% E	—	余量[1]	—	0.05	1.0	1.7	—	0.30	—	0.10	0.03	0.35	—	—	—	—	—	—	—	—	—	—	—	—
C50510[19]	—	余量[3]	—	—	1.0	1.5	0.10	0.25	—	—	0.02	0.07	0.15	0.40	—	—	—	—	—	—	—	—	—	—
C50580[19]	—	余量[1]	—	0.05	1.0	1.7	—	0.30	0.05	0.20	0.01	0.35	0.05	0.20	—	—	—	—	—	—	—	—	—	—
C50590[19]	97.0[1]	余量[1]	—	0.02	0.50	1.5	—	0.50	0.05	0.40	0.02	0.15	—	—	—	—	—	—	—	—	—	—	—	—
C50700[19]	—	余量[1]	—	0.05	1.5	2.0	—	—	—	0.10	—	0.30	—	—	—	—	—	—	—	—	—	—	—	—
C50705[19]	96.5[1]	余量[1]	—	0.02	1.5	2.0	—	0.50	0.10	0.40	0.04	0.15	—	—	—	—	—	—	—	—	—	—	—	—
C50710[19]	—	余量[1]	—	—	1.7	2.3	—	0.50	—	—	—	0.15	0.10	0.40	—	—	—	—	—	—	—	—	—	—
C50715[19]	—	余量[4]	—	0.02	1.7	2.3[4]	—	—	0.05	0.15[4]	0.025[4]	0.04	—	—	—	—	—	—	—	—	—	—	—	—
C50725[19]	94.0[1]	余量	—	0.02	1.5	2.5	1.5	3.0	0.05	0.20	0.02	0.06	—	—	—	—	—	—	—	—	—	—	—	—
C50780[19]	—	余量	—	0.05	1.7	2.3	—	0.30	0.05	0.20	0.01	0.35	0.05	0.20	—	—	—	—	—	—	—	—	—	—
C50800[19]锡黄铜	—	余量	—	0.05	2.6	3.4	—	—	—	0.10	0.01	0.07	—	—	—	—	—	—	—	—	—	—	—	—
C50900[19]	—	余量[1]	—	0.05	2.5	3.8	—	0.30	0.05	0.10	0.03	0.30	—	—	—	—	—	—	—	—	—	—	—	—
C51000[19]磷青铜，5% A	—	余量[1]	—	0.05	4.2	5.8	—	0.30	—	0.10	0.03	0.35	—	—	—	—	—	—	—	—	—	—	—	—
C51080[19]	—	余量[1]	—	0.05	4.8	5.8	—	0.30	0.05	0.20	0.01	0.35	0.05	0.20	—	—	—	—	—	—	—	—	—	—
C51100[19][1]	—	余量[1]	—	0.05	3.5	4.9	—	0.30	—	0.10	0.03	0.35	—	—	—	—	—	—	—	—	—	—	—	—
C51180[19]	—	余量[1]	—	0.05	3.5	4.9	—	0.30	0.05	0.10	0.01	0.35	0.05	0.20	—	—	—	—	—	—	—	—	—	—
C51190[19]	—	余量[1]	—	0.02	3.0	6.5	—	—	0.05	0.15	0.025	0.045	—	—	—	—	—	—	—	—	—	—	—	Co:0.15
C51800[19]磷黄铜	—	余量[1]	—	0.02	4.0	6.0	—	—	—	—	0.10	0.35	—	—	—	0.01	—	—	—	—	—	—	—	—
C51900[19]	—	余量[1]	—	0.05	5.0	7.0	—	0.30	0.05	0.10	0.03	0.35	0.05	0.20	—	—	—	—	—	—	—	—	—	—
C51980[19]	—	余量[1]	—	0.05	5.5	7.0	—	0.30	—	0.20	0.01	0.35	—	—	—	—	—	—	—	—	—	—	—	—
C52100[19][1]磷青铜，8% C	—	余量[1]	—	0.05	7.0	9.0	—	0.20	—	0.10	0.03	0.35	—	—	—	—	—	—	—	—	—	—	—	—

续表 4-75

UNS#	Cu 最小	Cu 最大	Pb 最小	Pb 最大	Sn 最小	Sn 最大	Zn 最小	Zn 最大	Fe 最小	Fe 最大	P 最小	P 最大	Ni 最小	Ni 最大	Al 最小	Al 最大	Ag 最小	Ag 最大	Mn 最小	Mn 最大	Si 最小	Si 最大	其他元素 最小	其他元素 最大
C52180[19]	—	余量[1]	—	0.05	7.0	9.0	—	0.30	0.05	0.20	0.01	0.35	0.05	0.20	—	—	—	—	—	—	—	—	—	—
C52400[19]磷青铜 10% D	—	余量[1]	—	0.05	9.0	11.0	—	0.20	—	0.10	0.03	0.35	—	—	—	—	—	—	—	—	—	—	—	—
C52480[19]	—	余量[1]	—	0.05	9.0	11.0	—	0.30	0.05	0.20	0.01	0.35	0.05	0.20	—	—	—	—	—	—	—	—	—	—
C52600[19]铜锡磷合金	—	余量	—	0.05	2.2	3.3	—	0.20	—	0.10	0.03	0.35	—	—	—	—	—	—	1.0	2.0	—	—	—	—
C52900[19]铜锡磷合金	—	余量	—	0.05	7.0	9.0	—	0.20	—	0.10	0.03	0.35	—	—	—	—	—	—	1.0	2.0	—	—	—	—
C53200 锡黄铜	—	余量	2.5	4.0	4.0	5.5	—	0.20	—	0.10	0.03	0.35	—	—	—	—	—	—	—	—	—	—	—	—
C53400 磷青铜 B-1	—	余量[1]	0.8	1.2	3.5	5.8	—	0.30	—	0.10	0.03	0.35	—	—	—	—	—	—	—	—	—	—	—	—
C53800	—	余量[2].[5]	0.40	0.6	13.1	13.9	—	0.12	—	0.030	—	—	—	0.03[6]	—	—	—	—	—	0.06	—	—	—	—
C54400 磷青铜 B-2	—	余量[1]	3.0	4.0	3.5	4.5	1.5	4.5	—	0.10	0.01	0.50	—	—	—	—	—	—	—	—	—	—	—	—
C54600 铜锡磷合金	—	余量	3.5	4.6	3.5	4.5	1.5	4.5	—	—	—	0.50	—	—	—	—	—	—	—	—	—	—	—	—
C54800 锡黄铜	—	余量	4.0	6.0	4.0	6.0	—	0.30	—	0.10	0.03	0.35	—	—	—	—	—	—	—	—	—	—	—	—
C55180[19]	—	余量[7]	—	—	—	—	—	—	—	—	4.8	5.2	—	—	—	—	—	—	—	—	—	—	—	—
C55181[19]	—	余量[7]	—	—	—	—	—	—	—	—	7.0	7.5	—	—	—	—	—	—	—	—	—	—	—	—
C55185	—		—	—	—	—	—	—	—	—	—	—	—	—	—	—	—	—	—	—	—	—	—	—
C55280[19]	—	余量[7]	—	—	—	—	—	—	—	—	6.8	7.2	—	—	—	—	1.8	2.2	—	—	—	—	—	—
C55281[19]	—	余量[7]	—	—	—	—	—	—	—	—	5.8	6.2	—	—	—	—	4.8	5.2	—	—	—	—	—	—
C55282[19]	—	余量[7]	—	—	—	—	—	—	—	—	6.5	7.0	—	—	—	—	4.8	5.2	—	—	—	—	—	—
C55283[19]	—	余量[7]	—	—	—	—	—	—	—	—	7.0	7.5	—	—	—	—	5.8	6.2	—	—	—	—	—	—
C55284[19]	—	余量[7]	—	—	—	—	—	—	—	—	4.8	5.2	—	—	—	—	14.5	15.5	—	—	—	—	—	—
C55285[19]铜银磷合金 钎料合金	—	余量[7]	—	—	—	—	—	—	—	—	6.0	6.7	—	—	—	—	17.2	18.0	—	—	—	—	—	—
C55385[19]	—	余量[7]	—	—	6.0	7.0	—	—	—	—	6.0	7.0	—	—	—	—	—	—	—	—	0.01	0.40	—	—
C55386[19]其他铜钎料合金	—	余量[7]	—	—	5.5	6.5	—	—	—	—	6.8	7.2	3.0	5.0	—	—	—	—	—	—	—	—	—	—
C56000	—	余量[1]	—	—	—	—	30.0	34.0	—	—	—	—	—	—	—	—	29.0	31.0	—	—	—	—	—	—
C60600[19]铝青铜	—	余量	—	—	—	—	—	—	—	0.50	—	—	—	—	4.0	7.0	—	—	—	—	—	—	—	—

续表 4-75

UNS#	Cu		Pb		Sn		Zn		Fe		P		Ni		Al		Ag		Mn		Si		其他元素	
	最小	最大	最小	最大	最小	最大	最小	最大	最小	最大	最小	最大	最小	最大	最小	最大	最小	最大	最小	最大	最小	最大	最小	最大
C60700⑲铝青铜	—	余量	—	0.01	1.7	2.0	—	—	—	—	—	—	—	—	2.3	2.9	—	—	—	—	—	—	—	—
C60800	—	余量①⑤	—	0.10	—	—	—	—	—	0.10	—	—	—	—	5.0	6.5	—	—	—	—	—	—	As:0.02	As:0.35
C61000⑲	—	余量①⑤	—	0.02	—	—	—	—	0.20	0.50	—	—	—	—	6.0	8.5	—	—	—	—	—	0.10	—	—
C61200⑲铝青铜	—	余量	—	—	—	—	—	—	—	0.05	—	—	—	—	7.0	9.0	—	—	—	—	—	—	—	—
C61300⑲	—	余量②⑤	—	0.01	0.20	0.50	—	0.10⑧	2.0	3.0	—	0.015	—	0.15⑥	6.0	7.5	—	—	—	0.20	—	0.10	—	—
C61400⑲	—	余量①⑤	—	0.01	—	—	—	0.2	1.5	3.5	—	0.015	—	—	6.0	8.0	—	—	—	1.0	—	—	—	—
C61470铝青铜电极焊	—	余量	—	0.02	—	—	—	—	0.5	5.0	—	—	—	—	8.5	11.0	—	—	—	—	—	2.0	—	—
C61500⑲	—	余量①⑤	—	0.015	—	—	—	—	—	—	—	—	1.8	2.2⑥	7.7	8.3	—	—	—	1.0	—	—	—	—
C61550⑲	—	余量①⑤	—	0.05	—	0.05	—	1.0	—	0.2	—	—	1.5	2.5⑥	5.5	6.5	—	—	—	1.5	—	0.25	—	—
C61600⑲铝青铜	—	余量	—	—	—	0.6	—	1.0	—	4.0	—	—	—	1.0	6.5	11.0	—	—	—	—	—	—	—	—
C61700⑲铝青铜	—	余量	—	—	—	2.0	—	1.0	0.5	1.5	—	—	—	2.0	7.0	—	—	—	—	2.0	—	—	—	Sb:10.0
C61800⑲	—	余量①⑤	—	0.02	—	—	—	0.02	0.5	1.5	—	—	—	—	8.5	11.0	—	—	—	—	—	0.10	—	—
C61810⑲铝青铜	—	余量①⑤	—	0.02	—	—	—	0.02	—	1.5	—	—	—	—	8.5	11.0	—	—	—	—	—	0.10	—	—
C61900⑲	—	余量①⑤	—	0.02	—	0.6	—	0.8	3.0	4.5	—	—	—	—	8.5	10.0	—	—	—	—	—	—	—	—
C62000⑲铝青铜	—	余量	—	—	—	—	—	—	3.2	3.7	—	—	—	—	9.8	10.5	—	—	—	—	—	0.1	—	—
C62200⑲	—	余量①⑤	—	0.02	—	—	—	0.02	3.0	4.2	—	—	—	1.0⑥	11.0	12.0	—	—	—	—	—	0.25	—	—
C62300⑲铝青铜,9%	—	余量①⑤	—	—	—	0.6	—	—	2.0	4.0	—	—	—	—	8.5	10.0	—	—	—	0.50	—	0.25	—	—
C62400⑲铝青铜,11%	—	余量①⑤	—	—	—	0.20	—	—	2.0	4.5	—	—	—	—	10.0	11.5	—	—	—	0.30	—	0.25	—	—
C62500⑲	—	余量①⑤	—	—	—	—	—	—	3.5	5.5	—	—	—	—	12.5	13.5	—	—	—	2.0	—	—	—	—
C62580⑲	—	余量①⑤	—	0.02	—	—	—	0.02	3.0	5.0	—	—	—	—	12.0	13.0	—	—	—	—	—	0.04	—	—
C62581⑲	—	余量①⑤	—	0.02	—	—	—	0.02	3.0	5.0	—	—	—	—	13.0	14.0	—	—	—	—	—	0.04	—	—
C62582⑲	—	余量	—	0.02	—	—	—	0.20	3.0	5.0	—	—	—	—	14.0	15.0	—	—	—	—	—	0.04	—	—
C62600⑲铝青铜	—	余量	—	—	—	—	—	—	2.0	4.5	—	—	—	—	9.7	10.7	—	—	—	1.5	3.0	4.5	—	—
C62700 铜铝合金	—	余量	—	—	—	—	—	—	—	—	—	—	—	—	—	—	—	—	—	—	—	—	—	—
C62730⑲铝青铜	—	余量	—	0.05	—	0.10	—	0.40	4.0	6.0	—	—	4.0	6.0	8.5	11.0	—	—	—	0.05	—	0.10	—	Mg:0.05
C62800⑲铝青铜	—	余量	—	—	—	—	—	—	1.5	3.5	—	—	4.0	7.0	8.0	11.0	—	—	0.5	3.2	—	—	—	—

续表 4 - 75

UNS#	Cu		Pb		Sn		Zn		Fe		P		Ni		Al		Ag		Mn		Si		其他元素	
	最小	最大	最小	最大	最小	最大	最小	最大	最小	最大	最小	最大	最小	最大	最小	最大	最小	最大	最小	最大	最小	最大	最小	最大
C63000[19]铝青铜	—	余量[1,5]	—	—	—	0.20	—	0.30	2.0	4.0	—	—	4.0[6]	5.5	9.0	11.0	—	—	—	1.5	—	—	—	—
C63010[19]	78.0[2,5]	—	—	—	—	0.20	—	0.30	2.0	3.5	—	—	4.5[6]	5.5	9.7	10.9	—	—	—	1.5	—	0.25	—	—
C63020[19]	74.5[1,5]	—	—	0.03	—	0.25	—	0.30	4.0	5.5	—	—	4.2	6.0[6]	10.0	11.0	—	—	—	1.5	—	—	—	Co:0.20, Cr:0.05
C63200[19]铝青铜	—	余量[1,5]	—	0.02	—	—	—	—	3.5	4.3[19]	—	—	4.0	4.8[6,9]	8.7	9.5	—	—	1.2	2.0	—	0.10	—	—
C63230[19]铝青铜	75.9	84.4	—	0.02	—	—	—	—	3.0	5.0	—	—	4.0	5.5	8.5	9.5	—	—	—	3.5	—	0.10	—	—
C63280[19]	—	余量[1,5]	—	0.02	—	—	—	—	3.0	5.0	—	—	4.0[6]	5.5	8.5	9.5	—	—	0.6	3.5	—	—	—	—
C63300[19]铝青铜	—	余量[5]	—	0.02	—	—	—	—	2.0	6.0	—	—	1.0	2.5	5.0	7.5	—	—	11.0	13.0	—	1.5	—	—
C63380[19]	—	余量[1,5]	—	0.02	—	—	—	0.15	2.0	4.0	—	—	1.5[6]	3.0	7.0	8.5	—	—	11.0	14.0	—	0.1	—	—
C63400[19]铝青铜	—	余量[1,5]	—	0.05	—	0.20	—	0.50	—	0.15	—	—	—	0.15[6]	2.6	3.2	—	—	—	—	0.25	0.45	—	As:0.09
C63500[19] 加亮金铜铝锌合金	—	余量[1,5]	—	—	0.50	2.0	4.5	7.0	0.15	0.50	—	—	—	—	4.5	7.0	—	—	—	—	—	—	—	—
C63600	—	余量[1,5]	—	0.05	—	0.20	—	0.5	0.15	0.15	—	—	—	0.15[6]	3.0	4.0	—	—	—	—	0.7	1.3	—	As:0.15
C63700[19]铜青铜	—	余量[1,5]	—	0.05	—	0.6	—	1.0	—	0.30	—	—	—	0.25	6.5	8.5	—	—	—	—	1.2	2.2	Co:0.25	Co:0.55
C63800[19]	—	余量[5]	—	0.05	—	—	—	0.8	—	0.20	—	—	—	0.20[10]	2.5	3.1	—	—	—	0.10	1.5	2.1	—	—
C63900[19]铝青铜	—	余量[5]	—	0.05	—	—	—	—	—	1.0	—	—	—	—	6.5	8.0	—	—	—	—	1.5	3.0	—	—
C64100[19]铝青铜	—	余量[5]	—	—	—	—	—	—	—	—	—	—	—	—	—	—	—	—	—	—	—	—	—	—
C64110[19]铝青铜	—	余量[5]	1.0	2.0	—	—	—	—	—	—	—	—	—	—	—	—	—	—	—	—	—	—	—	—
C64200[19]铝青铜	—	余量[1,5]	—	0.05	—	0.20	—	0.50	—	0.30	—	—	—	0.25[6]	8.0	11.0	—	—	—	0.50	1.5	2.2	—	As:0.09
C64210[19]铝硅青铜	—	余量[1,5]	—	0.05	—	0.20	—	0.50	—	0.30	—	—	—	0.25[6]	6.3	7.6	—	—	—	0.10	1.5	2.0	—	As:0.09
C64250[19]铝青铜	—	余量	—	—	—	—	—	—	—	1.0	—	—	—	5.0	6.3	7.0	—	—	—	0.10	0.0	3.0	—	—
C64400[19]铝青铜	—	余量	—	0.03	—	0.10	—	0.20	—	0.05	—	—	4.2[6]	5.0	5.5	7.5	—	—	—	0.50	0.8	1.3	—	—
C64700[19]硅青铜	—	余量	—	0.09	—	—	0.2	0.50	—	0.10	—	—	1.6	2.2	3.5	4.5	—	—	—	—	0.40	0.8	—	—
C64710[19]硅青铜	95.0[1,5]	—	—	—	—	—	0.10	0.50	—	—	—	—	2.9	3.5[6]	—	—	—	—	—	0.10	0.50	0.9	Mg:0.01	Mg:0.03
C64720[19]铜硅合金	—	余量	—	0.01	0.20	0.8	0.50	1.5	—	0.25	—	—	1.6	2.2	—	—	—	—	—	—	0.35	0.6	—	Ca:0.01, Cr:0.09, Mg:0.20
C64725[19]铜硅合金	95	—	—	—	—	—	—	—	—	—	—	—	1.3[6]	2.7	—	—	—	—	—	—	0.20	0.8	—	—

续表 4-75

UNS#	Cu 最小	Cu 最大	Pb 最小	Pb 最大	Sn 最小	Sn 最大	Zn 最小	Zn 最大	Fe 最小	Fe 最大	P 最小	P 最大	Ni 最小	Ni 最大	Al 最小	Al 最大	Ag 最小	Ag 最大	Mn 最小	Mn 最大	Si 最小	Si 最大	其他元素 最小	其他元素 最大
C64727⑲铜硅合金 MAX375	—	余量	—	0.01	0.20	0.8	0.20	1.0	—	0.25	—	—	2.5	3.0	—	—	—	—	—	—	0.50	0.8	Mg:0.002	Ca:0.01 Cr:0.01 Mg:0.20
C64728⑲	—	余量①⑤	—	0.05	0.10	1.0	0.10	2.0	—	0.20	—	—	2.0	3.6	—	—	—	—	—	—	0.30	0.9	—	—
C64730⑲ 铜镍锌合金	93.5①⑤	—	—	—	1.0	1.5	0.20	0.50	—	—	—	—	2.9⑥	3.5	—	—	—	—	—	0.10	0.50	0.9	—	Ca:0.01 Mg:0.05
C64740⑲	95.0①⑤	—	—	0.01	1.5	2.5	0.20	1.0	—	0.25	—	—	1.0	2.0⑥	—	—	—	—	—	0.10	0.05	0.5	—	—
C64745⑲ NKC164	—	余量①⑤	—	0.05	0.20	0.80	0.20	0.8	—	0.20	—	—	0.7	2.5⑥	—	—	—	—	—	0.10	0.10	0.7	—	—
C64750⑲	—	余量①⑤	—	—	0.05	0.8	—	1.0	—	1.0	—	0.10	1.0	3.0⑥	—	—	—	—	—	—	0.10	0.7	—	Mg:0.10 Zr:0.10
C64760⑲	93.5①⑤	—	—	0.02	—	0.30	0.20	2.5	—	—	—	—	0.4	2.5⑥	—	—	—	—	—	—	0.05	0.6	—	Mg:0.05
C64770⑲	—	余量①⑤	—	0.05	0.05	0.50	0.30	0.8	—	0.1	—	—	1.5⑥	3.0	—	—	—	—	—	0.10	0.40	0.8	—	Mg:0.30
C64775 铜镍硅	—	余量	—	0.05	0.05	1.0	0.30	0.8	—	0.1	—	—	1.5	3.5⑥	—	—	—	—	—	0.10	0.40	0.9	—	Cr:0.50 Mg:0.30
C64780⑲	90.0①⑤	—	—	0.02	0.10	2.0	0.20	2.5	—	—	—	—	1.0	3.5	—	—	—	—	0.01	1.0	0.20	0.9	—	Cr:0.01 Mg:0.01 Ti:0.01 Zr:0.01
C64785⑲	—	余量①⑤	—	0.015	0.50	2.0	3.0	6.0	—	0.02	—	0.015	0.40	1.6⑳	3.0	6.0	—	—	0.20	1.0	—	0.15	—	—
C64790	—	余量	—	0.05	0.05	0.50	0.30	0.8	—	0.10	—	—	2.5⑥	4.5	—	—	—	—	—	0.1	0.6	1.2	Cr:0.05 Mg:0.05	Cr:0.50 Mg:0.30
C64800 NKC4419	—	余量	—	0.05	—	0.50	—	0.50	—	1.0	—	0.50	—	0.50	—	—	—	—	—	—	0.20	1.0	Co:1.0	Co:3.0 Cr:0.09
C64900⑲	—	余量①⑤	—	0.05	1.2	1.6	—	0.20	—	0.1	—	—	—	0.10⑥	—	0.10	—	—	—	—	0.8	1.2	—	—
C65100⑲低硅青铜	—	余量①⑤	—	0.05	—	—	—	1.5	—	0.8	—	—	—	—	—	—	—	—	—	0.7	0.8	2.0	—	—
C65300⑲硅青铜	—	余量	—	0.05	—	—	—	—	—	0.08	—	—	—	—	—	—	—	—	—	—	2.0	2.6	—	—
C65400	—	余量①⑤	—	0.05	1.2	1.9	—	0.5	—	—	—	—	—	—	—	—	—	—	—	—	2.7	3.4	Cr:0.01	Cr:0.12

续表 4-75

UNS#	Cu 最小	Cu 最大	Pb 最小	Pb 最大	Sn 最小	Sn 最大	Zn 最小	Zn 最大	Fe 最小	Fe 最大	P 最小	P 最大	Ni 最小	Ni 最大	Al 最小	Al 最大	Ag 最小	Ag 最大	Mn 最小	Mn 最大	Si 最小	Si 最大	其他元素 最小	其他元素 最大
C65500[19] 高硅青铜	—	余量[19][5]	—	0.05	—	—	—	1.5	—	0.8	—	—	—	0.6[6]	—	—	—	—	0.5	1.3	2.8	3.8	—	—
C65600[19] 硅青铜	—	余量[5]	—	0.02	—	1.5	—	1.5	—	0.5	—	0.1	—	—	—	0.01	—	—	—	1.5	2.8	4.0	—	—
C65620[19] 硅青铜	90.0[5]	—	—	—	—	—	1.5	4.0	1.0	2.0	—	—	—	—	—	—	—	—	—	1.0	2.4	4.0	—	—
C65700 铜硅合金	—	—	—	—	—	—	—	—	—	—	—	—	—	—	—	—	—	—	—	—	—	—	—	—
C65800[19] 硅青铜	—	余量[5]	0.2	0.05	—	—	—	—	—	0.25	—	—	—	0.6	—	—	—	—	0.5	1.3	2.5	3.8	—	—
C66100	—	余量[19][5]	—	—	—	—	—	1.5	—	0.25	—	—	—	—	—	—	—	—	—	1.5	2.8	3.5	—	—
C66200[19]	86.6	91.0	—	0.05	0.20	0.7	—	余量	—	0.05	—	0.2	0.30[6]	1.0	—	—	—	—	—	—	—	—	—	—
C66300[19]	84.5	87.5[19][5]	—	0.05	1.5	3.0	—	余量	1.4	2.4[12]	0.05	—	—	—	—	—	—	—	—	—	—	—	—	Co:0.20[12]
C66400[19]	—	余量[1][5]	—	0.015	—	0.05	11.0	12	1.3[13]	1.7	—	—	0.35	—	—	—	—	—	—	—	—	—	Co:0.30[13]	Co:0.7
C66410[19]	—	余量[1][5]	—	0.015	—	0.05	11.0	12	1.8	2.3	—	—	—	—	—	—	—	—	—	—	—	—	—	—
C66420[19]	—	余量[1][5]	—	—	—	—	12.7	17	0.5	1.5	—	—	—	—	—	—	—	—	—	—	—	—	—	—
C66430[19]	—	余量[1][5]	—	0.05	0.6	0.9	13.0	15	0.6	0.9	—	—	0.1	—	—	—	—	—	—	—	—	—	—	—
C66500[19] 铜锌合金	80	82.0	—	0.05	—	—	—	余量	—	0.1	—	—	—	—	—	—	—	—	0.7	1.5	—	—	—	—
C66700[19] 锰黄铜	68.5	71.5[19][5]	—	0.07	—	—	—	余量	—	0.1	—	—	—	—	—	—	—	—	0.8	1.5	—	—	—	—
C66800	60.0[1][5]	63.0	—	0.50	—	0.30	—	余量	—	0.35	—	—	—	0.25[6]	—	0.25	—	—	2.0	3.5	0.5	1.5	—	—
C66850[19] 铜锌合金	60.0	64.0	—	0.09	—	0.6	6.0	余量	0.5	1.5	—	0.05	—	0.50[6]	0.5	1.5	—	—	4.0	8.0	—	—	Co:0.01	—
C66900[19] 锰黄铜	62.5	64.5	—	0.05	—	0.50	6.0	余量	—	0.25	—	—	—	—	—	—	—	—	11.5	12.5	—	—	—	—
C66908[19] 铜锌锰	—	余量[1][19]	—	0.05	—	—	6.0	9.0	0.01	2.0	—	—	0.01	3.5	—	0.25	—	—	4.0	7.0	—	—	—	—
C66910[19] 铜锌锰	—	余量	—	0.05	—	0.05	6.0	8.0	0.01	1.5	—	—	0.01	3.5	—	0.25	—	—	12.0	15.0	—	—	—	Co:0.01 Ti:0.15 Zr:0.15 Nb:0.05
C66913[19] 铜锌锰	—	余量	—	0.05	—	0.50	8.0	12.5	0.01	1.5	—	—	0.01	3.5	—	0.25	—	—	12.0	15.0	—	—	—	Co:0.01
C66915[19] 铜锌锰	—	余量	—	0.05	—	0.50	8.0	12.5	0.01	1.5	—	—	0.01	3.5	—	0.25	—	—	12.0	15.0	—	—	Co:0.01	Co:0.50
C66920 白色合金	66.0[19][5]	70.0	—	0.09	—	—	10.0	14.0	—	0.6	—	—	3.0	6.0[6]	—	—	—	—	12.0	16.0	—	0.05	Sb:0.10	C:0.10 S:0.25 Sb:1.0
C66925[19] 铜锌锰	—	余量[1][19]	—	0.05	—	0.50	17.0	21.0	—	0.50	—	—	0.01	3.5	—	0.25	—	—	8.0	11.0	—	—	—	Co:0.01

续表 4-75

UNS#	Cu 最小	Cu 最大	Pb 最小	Pb 最大	Sn 最小	Sn 最大	Zn 最小	Zn 最大	Fe 最小	Fe 最大	P 最小	P 最大	Ni 最小	Ni 最大	Al 最小	Al 最大	Ag 最小	Ag 最大	Mn 最小	Mn 最大	Si 最小	Si 最大	其他元素 最小	其他元素 最大
C66930[⑩] 锰铜合金	—	余量[⑤⑩]	—	0.02	0.05	—	—	0.05	—	0.05	—	0.02	—	0.02[⑥]	—	—	—	—	19.0	20.5	—	—	—	—
C66950[⑨]	—	余量[①⑤]	—	0.01	—	—	14.0	15.0	—	0.50	—	—	—	—	1.0	1.5	—	—	14.0	15.0	—	—	—	—
C67000 锰青铜	63.0[①⑤]	68.0	0.15	0.20	—	0.50	—	余量	2.0	4.0	—	—	—	—	3.0	6.0	—	—	2.5	5.0	—	—	—	—
C67100 铜锌合金	59.0[⑤]	62.0	0.50	0.35	0.50	1.0	—	余量	0.20	0.8	—	—	—	—	—	—	—	—	0.05	0.25	—	—	—	—
C67130 铜锌	56.0	59.0[⑤]	0.50	1.5	0.50	1.5	—	余量	—	—	—	—	0.5	1.5	0.1	1.0	—	—	0.5	1.5	—	—	—	—
C67200 铜锌合金	57.5	61.0	—	0.05	0.05	—	—	余量	—	0.25	—	—	4.0	6.0	—	—	—	—	6.0	8.0	—	—	—	—
C67300	58.0	63.0	0.40	3.0	—	0.30	—	余量	—	0.50	—	—	—	0.25[⑥]	—	0.25	—	—	2.0	3.5	0.5	1.5	—	—
C67400	57.0	60.0[①⑤]	—	0.50	—	0.30	—	余量	—	0.35	—	—	—	0.25[⑥]	0.5	2	—	—	2.0	3.5	0.5	1.5	—	—
C67410 铜锌	55.0	59.0	0.25	0.8	—	0.50	—	余量	—	1.0	—	—	—	2	1.3	2.3	—	—	1.0	2.4	0.7	1.3	—	—
C67420	57.0	58.5[⑤]	—	0.8	—	0.35	—	余量	—	0.55	—	—	—	0.25[⑥]	1.0	2.0	—	—	1.5	2.5	0.25	0.7	—	—
C67500 锰青铜	57.0	60.0[①⑤]	0.50	0.20	0.50	1.5	—	余量	0.8	2.0	—	—	—	—	—	0.25	—	—	0.05	0.5	—	—	—	—
C67600	57.0	60.0[①⑤]	0.50	1.0	0.50	1.5	—	余量	0.4	1.3	—	—	—	—	—	1.0	—	—	0.05	0.5	—	—	—	—
C67610 铜锌	56.0[⑤]	59.0	0.50	1.5	0.50	1.0	—	余量	—	—	—	—	0.5	1.5	0.4	1.0	—	—	0.5	1.5	—	—	—	—
C67620 铜锌	55.0	57.0[⑤]	0.50	1.5	—	—	—	余量	0.5	1.2	—	—	1.5	2.3	—	—	—	—	1.0	2.0	—	—	—	—
C67700 铜锌	55.5[⑤]	58.0	0.50	1.0	—	0.20	—	余量	0.7	1.5	—	—	—	—	—	—	—	—	0.05	0.3	—	—	As:0.40	As:0.8
C67800 铜锌	56.0	59.0	—	0.30	—	0.50	—	余量	0.7	1.5	—	—	—	—	0.5	1.5	—	—	0.2	0.6	—	—	—	—
C67810 铜锌	56.5	59.5	—	1.0	—	1.0	41.9	余量	—	1.0	—	—	—	1.5	0.4	1.6	—	—	0.4	1.8	—	0.6	—	—
C67820 铜锌	56.5	59.5[⑤]	—	0.10	0.30	1.0	—	余量	0.50	1.2	—	—	—	—	0.3	1.2	—	—	0.3	2.0	—	—	—	—
C67830 铜锌	56.0	60.0[⑤]	0.50	1.50	0.2	—	—	余量	0.50	1.2	—	—	—	—	0.30	1.5	—	—	0.30	2.0	—	—	—	—
C67900 铜锌合金	49.0	52.0	—	0.50	—	—	—	余量	1.05	2.5	—	—	3.0	5.0	—	—	—	—	7.5	8.5	—	—	—	—
C68000 青铜，低蒸发（镍）	56	60.0	—	0.05	0.75	1.1	—	余量	0.25	1.25	—	—	0.2	0.8[⑥]	—	0.01	—	—	0.01	0.5	0.04	0.15	—	—
C68100 青铜，低蒸发	56	60.0	—	0.05	0.75	1.1	—	余量	0.25	1.3	—	—	—	—	—	0.01	—	—	0.01	0.5	0.04	0.15	—	—
C68200 铜锌	58	60.0	—	—	—	—	—	余量	—	—	—	—	—	—	—	—	—	—	0.6	1.0	0.07	0.15	—	—

续表 4-75

UNS#	Cu 最小	Cu 最大	Pb 最小	Pb 最大	Sn 最小	Sn 最大	Zn 最小	Zn 最大	Fe 最小	Fe 最大	P 最小	P 最大	Ni 最小	Ni 最大	Al 最小	Al 最大	Ag 最小	Ag 最大	Mn 最小	Mn 最大	Si 最小	Si 最大	其他元素 最小	其他元素 最大
C68300⑲铜锌合金硅改良黄铜	59.0①⑤	63.0	—	0.09	0.05	0.2	—	余量	—	—	—	—	—	—	—	—	—	—	—	—	0.3	1.0	Sb:0.30	Cd:0.01 Sb:1.0
C68350⑲低硅黄铜	59.0	64.0	—	0.09	—	0.6	—	余量	—	0.15	0.05	0.40	—	0.20⑥	—	0.30	—	—	—	—	0.3	1.0	—	—
C68400	59.0	64.0①⑤	—	0.09	—	0.50	—	余量	—	1.0	0.03	0.30	—	0.50⑥	—	0.50	—	—	0.20	1.5	1.5	2.5	B:0.001	B:0.03
C68410	59.0	64.0①	—	0.09	—	0.50	—	余量	—	1.0	0.03	0.30	—	0.50⑥	—	0.50	—	—	0.20	1.5	1.0	1.5	B:0.001	B:0.03
C68600 铜锌	56.0	60.0	0.5	1.5	0.2	1.0	—	余量	0.50	1.2	—	—	—	—	0.30	1.5	—	—	0.3	2.0	—	—	—	—
C68700⑲加砷铝黄铜	76.0	79.0	—	0.07	—	—	—	余量	—	0.06	—	—	—	—	1.8	2.5	—	—	—	—	—	—	As:0.02	As:0.06
C68800⑲	—	余量	—	0.05	—	—	21.3⑰	24.1	—	0.20	—	—	—	—	3.0	3.8⑰	—	—	—	—	—	—	Co:0.25	Co:0.55
C68900⑲铜锌合金	65.0	67.0⑤	—	0.03	—	—	—	余量	—	1.4	—	0.02	—	—	1.1	2.0	—	—	—	—	—	—	Zr:0.01	Zr:0.20
C69000⑲铜锌	72.0	74.5①⑤	—	0.025	—	—	—	余量	—	0.05	—	0.025	0.50⑥	0.8	3.3	3.5	—	—	—	—	—	—	—	—
C69050⑲	70.0	75.0①⑤	—	—	—	—	—	余量	—	—	—	—	0.50⑥	1.5	3.0	4.0	—	—	—	—	—	—	—	—
C69100⑲	81.0	84.0	—	0.05	—	0.1	—	余量	—	0.25	—	—	0.8	1.4⑥	0.7	1.2	—	—	0.10	—	0.1	0.6	—	—
C69150⑲铜锌合金	82.5⑤⑱	87.5	—	0.05	—	0.025	—	余量	—	0.25	—	—	—	0.20⑥	0.7	1.3	—	—	0.25	0.6	0.8	1.3	—	—
C69200⑲铜锌合金	89.0	91.0⑤	—	0.05	0.3	—	—	余量	—	0.05	—	—	—	—	—	—	—	—	0.8	1.8	—	0.02	—	—
C69220⑲铜锌合金	69.0	71.0	—	0.08	—	0.3	—	余量	—	0.10	0.05	0.20	—	0.20⑥	—	—	—	—	0.8	1.8	1.8	2.6	—	—
C69230①铜锌锰	70.0	73.0⑤	—	0.08	—	0.20	—	余量	—	0.10	0.05	0.20	—	0.10⑥	—	—	—	—	0.1	0.8	3.0	3.6	Ca:0.10	Ca:0.15
C69250⑲铜锌锰	—	余量	—	0.05	0.2	0.2	7.5	8.5	—	0.2	—	—	2.0	3.0	1.0	2.0	—	—	5.0	6.0	—	0.1	—	—
C69300⑲ ECO 黄铜	73.0	77.0	—	0.09	—	0.2	—	余量	—	0.1	0.04	0.15	—	0.10⑥	—	—	—	—	—	0.1	2.7	3.4	—	—
C69310 锡 Eco	74.0①⑤	79.0	—	0.09	0.3	0.7	—	余量	—	0.1	0.04	0.15	—	0.20⑥	—	—	—	—	—	0.10	2.6	3.4	—	—
C69350	73.0	77.0①⑤	—	0.20	—	0.20	—	余量	0.10	0.50	0.04	0.10	—	0.10⑥	—	0.10	—	—	—	0.10	3.0	3.4	—	Sb:0.10
C69400 加硅红色黄铜	80.0①⑤	83.0	—	0.3	—	—	—	余量	—	0.20	—	—	—	—	—	—	—	—	—	—	3.5	4.5	—	—
C69430	80.0	83.0	—	0.3	—	—	—	余量	—	0.20	—	—	—	—	—	—	—	—	—	0.40	3.5	4.5	As:0.03	As:0.06
C69440 铜锌	80.0⑤	83.0	—	0.3	—	—	—	余量	—	0.20	—	—	—	—	—	—	—	—	—	0.40	3.5	4.5	Sb:0.03	Sb:0.06
C69450 铜锌	80.0	83.0	—	0.3	—	—	—	余量	—	0.20	0.03	0.06	—	—	—	—	—	—	—	0.40	3.5	4.5	—	—
C69700	75.0	80.0①⑤	0.50	1.5	—	—	—	余量	—	0.20	—	—	—	—	—	—	—	—	—	0.40	2.5	3.5	As:0.03	As:0.06
C69710	75.0	80.0	0.50	1.5	—	—	—	余量	—	0.20	—	—	—	—	—	—	—	—	—	0.40	2.5	3.5	As:0.03	As:0.06

续表 4 - 75

UNS#	Cu		Pb		Sn		Zn		Fe		P		Ni		Al		Ag		Mn		Si		其他元素	
	最小	最大	最小	最大	最小	最大	最小	最大	最小	最大	最小	最大	最小	最大	最小	最大	最小	最大	最小	最大	最小	最大	最小	最大
C69720 铜锌	75.0	80.0⑤	0.50	1.5	—	—	—	余量	—	0.20	—	—	—	—	—	—	—	—	—	0.40	2.5	3.5	Sb:0.03	Sb:0.06
C69730 铜锌	75.0⑤	80.0	0.50	1.5	—	—	—	余量	—	0.20	0.03	0.06	—	—	—	—	—	—	—	—	2.5	3.5	—	—
C69750	78.0①⑤	83.0	0.8	1.3	—	0.05	—	余量	—	0.05	—	0.02	—	0.01⑥	—	—	—	—	—	0.05	1.9	2.22	—	—
C69800 铜锌	66.0	70.0	—	0.8	—	—	—	余量	—	0.40	—	—	—	0.5	—	—	—	—	—	—	0.7	1.3	—	—
C69900 铜锌	—	余量⑤	—	0.02	—	—	—	0.14	—	0.10	—	—	—	0.1	1.4	2.3	—	0.1	40.0	48.0	—	—	—	As:0.01 C:0.05 Cd:0.05 Co:0.20
C69910 铜锌	—	余量⑤	—	0.01	—	—	3.0	5.0	1.0	1.4	—	—	8.5	10.5	0.25	0.8	—	—	28.0	32.0	—	—	—	—
C69950 铜锌	51.0⑤	54.0	—	—	—	—	—	—	—	—	—	—	—	—	—	—	—	—	36.0	40.0	—	—	—	—

① w(Cu+所列元素)≥99.5%。
② w(Cu+所列元素)≥99.8%。
③ w(Cu+所列元素)≥99.7%。
④ w(Cu+Sn+Fe+P)≥99.5%。
⑤ Cu 含量包括 Ag。
⑥ 不包括 Ni 含量。
⑦ w(Cu+所列元素)≥99.85%。
⑧ 当需方说明产品后续要用于焊接，其 Cr、Cd、Zr、Zn 各元素含量最大应为0.05%。
⑨ Fe 含量不超过 Ni 含量。
⑩ 不包括 Co。
⑪ w(Cu+所列元素)≥99.92%。
⑫ w(Fe+Co)为1.4%~2.4%。
⑬ w(Fe+Co)为1.8%~2.3%。
⑭ 不包括 Ag。
⑮ w(Cu+所列元素)≥99.3%。
⑯ w(Cu+所列元素)≥99.9%。
⑰ w(Al+Zn)为25.1%~27.1%。
⑱ w(Cu+所列元素)≥99.6%。
⑲ 表示被美国环境保护局注册为抗菌材料。

E 铜镍合金

铜镍合金牌号共有57个，其化学成分见表4-76。

表4-76 铜镍合金牌号与化学成分 (C70000~C73499)

(%)

UNS#	Cu 最小	Cu 最大	Pb 最小	Pb 最大	Sn 最小	Sn 最大	Zn 最小	Zn 最大	Fe 最小	Fe 最大	Ni 最小	Ni 最大	Mn 最小	Mn 最大	其他元素 最小	其他元素 最大
C70100①②	—	余量①②	—	—	—	—	—	0.25	—	0.05	3.0③	4.0	—	0.50	—	—
C70200①②	—	余量①②	—	0.05	—	—	—	—	—	0.1	2.0③	3.0	—	0.40	—	—
C70230①②	—	余量①②	—	—	0.10	0.50	0.50	2.0	—	—	2.2	3.2	—	—	Si:0.40	Ag:0.10④ Si:0.8
C70240②	—	余量	—	0.05	—	—	0.30	0.8	—	0.1	1.0	4.0③	0.01	0.20	Ag:0.01 Si:0.40	Ag:0.10 Si:0.8
C70250②	—	余量①②	—	0.05	—	—	—	1.0	—	0.20	2.2	4.2③	—	0.10	Mg:0.05 Si:0.25	Mg:0.30 Si:1.2
C70252② 铜镍合金 NKC 388	—	余量①②	—	0.05	—	—	—	1.0	—	0.20	3.0③	4.2	0.11	0.20	Mg:0.05 Si:0.40	Mg:0.30 Si:1.2
C70260②	—	余量①②	—	—	—	—	—	—	—	—	1.0	3.0③	—	—	Si:0.20	P:0.01 Si:0.7
C70265②	—	余量①②	—	0.05	0.05	0.8	—	0.3	—	—	1.0	3.0③	—	—	Si:0.20	P:0.01 Si:0.7
C70270②②	—	余量①	—	0.05	0.10	1.0	—	1.0	0.28	1.0	1.0	3.0③	—	0.15	Si:0.20	Si:1.0
C70275② 铜镍合金 MAX 126	—	余量	—	0.01	0.30	1.0	0.30	1.0	—	0.25	0.5	1.5	—	—	Mg:0.002 Si:0.10	Ca:0.01 Cr:0.06 Mg:0.20 Si:0.50
C70280②	—	余量	—	0.02	1.0	1.5	—	0.30	—	0.015	1.3③	1.7	—	—	P:0.02 Si:0.22	P:0.04 Si:0.30
C70290②	—	余量	—	0.02	2.1	2.7	—	0.30	—	0.015	1.3③	1.7	—	—	P:0.02 Si:0.22	P:0.04 Si:0.30
C70300① 铜镍合金	—	余量①	—	—	—	—	—	—	—	0.05	4.7	5.7	—	0.05	—	—
C70310②	—	余量	—	0.05	—	1.0	—	2.0	—	0.10	1.0	4.0③	—	—	Ag:0.02 Si:0.08 Zr:0.005	P:0.05 Ag:0.50 Mg:0.10 Si:1.0 Zr:0.05

续表 4-76

UNS#	Cu 最小	Cu 最大	Pb 最小	Pb 最大	Sn 最小	Sn 最大	Zn 最小	Zn 最大	Fe 最小	Fe 最大	Ni 最小	Ni 最大	Mn 最小	Mn 最大	其他元素 最小	其他元素 最大
C70320 铜镍	—	余量①	—	—	—	—	—	—	—	—	2.5	5.0③	—	—	Al:0.20 Cr:0.18 Si:0.20	Al:1.2 Cr:10.50 Si:1.2
C70350⑫	—	余量	—	0.05	—	—	—	1.0	—	0.20	1.0	2.5	—	0.20	Co:1.0 Si:0.50	Co:2.0 Mg:0.04 Si:1.2
C70370⑫	—	余量	—	0.05	—	—	—	1.0	—	0.20	1.0	2.0	—	0.20	Ag:0.20 Co:1.0 Si:0.50	Ag:0.70 Co:2.0 Mg:0.04 Si:1.0
C70400⑫铜镍,5%	—	余量①,②	—	0.05	—	—	—	1.0	1.3	1.7	4.8③	6.2	0.30	0.8	—	—
C70440 95/5 铜镍	—	余量①,②	—	0.05	—	—	—	1.0	1.0	1.8	4.5③	6.0	1.0	1.5	Si:0.35	C:0.05 S:0.05 Si:0.45
C70500⑫铜镍,7%	—	余量①,②	—	0.05	—	—	—	0.20	—	0.10	5.8③	7.8	—	0.15	—	—
C70600⑫铜镍,10%	—	余量	—	0.05	—	—	—	1.0	1.0	1.8	9.0	11.0③	—	1.0	—	—
C70610⑫	—	余量①,②	—	0.01	—	—	—	—	1.0	2.0	10.0③	11.0	0.5	1.0	—	C:0.05 S:0.05
C70620⑫	86.5①,②	—	—	0.02	—	—	—	0.50	1.0	1.8	9.0	11.0③	—	1.0	—	P:0.02 C:0.05 S:0.02
C70690⑫	—	余量①,②,⑤	—	0.001	—	—	—	0.001	—	0.005	9.0③	11.0	—	0.001	—	—
C70700⑫	—	余量①,②	—	—	—	—	—	—	—	0.05	9.5	10.5③	—	0.5	—	—
C70800⑫铜镍,11%	—	余量①,②	—	0.05	—	—	—	0.20	—	0.10	10.5③	12.5	—	0.15	—	—
C70900⑫铜镍	—	余量①	—	0.05	—	—	—	1.0	—	0.6	13.5③	16.5	—	0.6	—	—
C71000⑫铜镍,20%	—	余量①,②	—	0.05	—	—	—	1.0	—	1.0	19.0③	23.0	—	1.0	—	—
C71100⑫	—	余量①,②	—	0.05	—	—	—	0.20	—	0.10	22.0③	24.0	—	0.15	—	—
C71110⑫铜镍	—	余量	—	—	—	—	—	—	—	—	21.5③	23.5	—	0.35	—	S:0.008 Ti:0.05
C71300⑫,⑬	—	余量①	—	0.05	—	—	—	1.0	—	0.2	23.5③	26.5	—	1.0	—	—
C71500⑫铜镍,30%	—	余量①,②	—	0.05	—	—	—	1.0	0.40	1.0	29.0	33.0③	—	1.0	—	—

续表4-76

UNS#	Cu		Pb		Sn		Zn		Fe		Ni		Mn		其他元素	
	最小	最大	最小	最大	最小	最大	最小	最大	最小	最大	最小	最大	最小	最大	最小	最大
C71520[12]	65.0[1][12]	—	—	0.02	—	—	—	0.50	0.40	1.0	29.0[3]	33.0	—	1.0	—	P:0.02 C:0.05 S:0.02
C71580[12]	—	余量[1][2][6]	—	0.05	—	—	—	0.05	—	0.50	29.0[3]	33.0	—	0.30	—	—
C71581[12]	—	余量[1][2][7]	—	0.02	—	—	—	—	0.40	0.7	29.0[3]	32.0	—	1.0	—	—
C71590[12]	—	余量[1][5]	—	0.001	—	0.001	—	0.001	—	0.15	29.0[3]	31.0	—	0.5	—	—
C71600[12]铜镍合金	—	余量[1]	—	0.05	—	—	—	1.0	4.8	5.8	29.0[3]	33.0	—	1.0	—	C:0.06 S:0.08
C71630[12]铜镍	—	余量	—	0.01	—	—	—	—	0.4	1.0	30.0[3]	32.0	0.5	1.5	—	C:0.06 S:0.03
C71640[12]	—	余量[1][2][8]	—	0.05[8]	—	—	—	1.0[8]	1.7	2.3	29.0[3]	32.0	1.5	2.5	Be:0.30	Be:0.7
C71700[12]	—	余量[1][2]	—	—	—	—	—	1.0	0.4	1.0	29.0[3]	33.0	—	1.0	—	—
C71900	—	余量[1][2]	—	0.015	—	—	—	0.05		0.5	28.0[3]	33.0	0.2	1.0	Cr:2.2 Ti:0.01 Zr:0.02	P:0.02 C:0.04 Cr:3.0 S:0.015 Si:0.25 Ti:0.20 Zr:0.35
C72000铜镍合金	—	余量	—	0.05	—	—	—	0.30	1.5	2.5	40.0	43.0[3]	0.8	1.7	—	—
C72150	—	余量[1][2]	—	0.05	—	—	—	0.20	—	0.1	43.0[3]	46.0	—	0.05	—	C:0.10 Si:0.50
C72200	—	余量[1]	—	0.05[8]	—	—	—	1.0[8]	0.50	1.0	15.0[3]	18.0	—	1.0	Cr:0.30	Cr:0.7 Si:0.03 Ti:0.03
C72400铜镍	—	余量[1]	—	0.05	—	0.05	—	0.50	—	0.1	11.0	15.0[3]	—	1.0	Al:1.5 Mg:0.05	Al:2.5 Mg:0.40 Hg:1.0
C72420	—	余量[1][10]	—	0.02	—	0.1	—	0.20	0.7	1.2	13.0[3]	16.5	3.5	5.5	Al:1.0	P:0.01 Al:2.0 C:0.05 Mg:0.05 S:0.15 Si:0.15

续表4-76

UNS#	Cu 最小	Cu 最大	Pb 最小	Pb 最大	Sn 最小	Sn 最大	Zn 最小	Zn 最大	Fe 最小	Fe 最大	Ni 最小	Ni 最大	Mn 最小	Mn 最大	其他元素 最小	其他元素 最大
C72500⑫	—	余量	—	0.05	1.8	2.8	—	0.50	—	0.6	8.5③	10.5	—	0.20	—	—
C72600⑫铜镍	91.0	93.0①⑨	—	—	3.5	4.5	—	0.50	—	0.20	3.5③	4.5	—	0.20	—	P:0.05
C72650⑫	—	余量①⑨	—	0.01	4.5	5.5	—	0.10	—	0.10	7.0③	8	—	0.10	—	—
C72660	—	余量②	—	0.02	4.5	5.5	—	0.50	—	0.50	7.0	8.0⑩	0.05	0.30	—	Mg:0.15
C72700⑫	—	余量①⑨	—	0.02⑪	5.5	6.5	—	0.50	—	0.50	8.5	9.5③	0.05	0.30	—	Mg:0.15 Nb:0.10
C72800⑫	—	余量①⑨	—	0.005	7.5	8.5	—	1.0	—	0.50	9.5③	10.5	0.05	0.30	Mg:0.005 Nb:0.10	P:0.005 Al:0.10 B:0.001 Bi:0.001 Mg:0.15 S:0.0025 Sb:0.02 Si:0.05 Ti:0.01 Nb:0.30
C72900⑫	—	余量①⑨	—	0.02⑪	7.5	8.5	—	0.50	—	0.50	14.5	15.5③	—	0.30	—	Mg:0.15
C72950⑫	—	余量①⑨	—	0.05	4.5	5.7	—	—	0.6	20.0③	22.0	—	0.6	0.6	—	Mg:0.10
C73100 铜锌镍合金⑫	—	余量①②	—	0.05	—	0.10	18.0	22.0	—	0.10	4.0	6.0	—	0.50	—	—
C73150⑫铜镍	—	余量	—	0.10	—	—	9.0	15.0	—	0.25	4.0	7.0	—	0.50	—	—
C73200⑫铜镍	—	余量	—	0.05	—	—	3.0	6.0	—	0.6	19.0	23.0	—	1.0	—	—

① Cu 含量包括 Ag。
② w(Cu+所列元素)≥99.5%。
③ Ni 含量包括 Co。
④ Ag 含量包括 B。
⑤ 下列其他元素为最大值：C：0.02%，Si：0.015%，S：0.003%，Al：0.002%，P：0.001%，Hg：0.0005%，Ti：0.001%，Sb：0.001%，Bi：0.001%，As：0.001%，O：0.005%。C70690 的 Co 最大为 0.02%。
⑥ 下列其他元素为最大值：C：0.07%，Si：0.15%，S：0.024%，Al：0.05%，P：0.03%。
⑦ 包括：w(P)≤0.02%，w(Si)≤0.25%，w(S)≤0.01%，Ti：0.02%~0.50%。
⑧ 当需方说明产品后续要用于焊接时，下列其他元素为最大值：Zn：0.50%，P：0.02%，S：0.02%，C：0.05%。
⑨ w(Cu+所列元素)≥99.7%。
⑩ 包括 Co。
⑪ 用于热轧时，w(Pb)≤0.005%。
⑫ 表示被美国环境保护局注册为抗菌材料。

F 铜镍锌合金

铜镍锌合金牌号共有49个，其化学成分见表4-77。

表4-77 铜镍锌合金（镍银）牌号与化学成分（C73500~C79999）

（%）

UNS#	Cu 最小	Cu 最大	Pb 最小	Pb 最大	Zn 最小	Zn 最大	Fe 最小	Fe 最大	Ni 最小	Ni 最大	Mn 最小	Mn 最大	其他元素 最小	其他元素 最大
C73500② 镍银	70.5	73.5①·②	—	0.09	—	余量	—	0.25	16.5	19.5③	—	0.50	—	—
C73600 铜镍锌合金	69.0②	73.5	—	0.10	—	余量	—	0.25	—	—	—	—	—	—
C73800② 铜镍	68.5②	71.6	—	0.05	—	余量	—	0.25	11.0	13.0	—	0.50	—	—
C74000② 铜镍锌合金	69.0	73.5	—	0.05	—	余量	—	0.25	9.0	11.0③	—	0.50	—	—
C74100 铜镍锌合金	—	余量②	—	—	—	—	—	—	—	—	—	—	—	—
C74200 铜镍锌合金	—	—	—	—	—	—	—	—	—	—	—	—	—	—
C74300② 镍银	63.0	66.0	—	0.09	—	余量	—	0.25	7.0	9.0③	—	0.50	—	—
C74400② 镍银	62.0②·④	66.0	—	0.05	—	余量	—	0.05	2.0	4.0③	—	—	—	—
C74500② 镍银，65-10	63.5①·②	66.5	—	0.09⑤	—	余量	—	0.25	9.0	11.0③	—	0.50	—	—
C75200② 镍银，65-18	63.0	66.5	—	0.05	—	余量	—	0.25	16.5	19.5③	—	0.50	—	—
C75400 镍银，65-15	63.5	66.5	—	0.10	—	余量	—	0.25	14.0	16.0③	—	0.50	—	—
C75700② 镍银，65-12	63.5	66.5	—	0.05	—	余量	—	0.25	11.0	13.0③	—	0.50	—	—
C75720② 铜镍锌	60.0	65.0②	—	0.04	—	余量	—	0.25	11.0	13.0	0.05	0.30	—	—
C75900 铜镍锌	60.0	65.0②	—	0.1	—	余量	—	0.25	17.0	19.0	—	0.50	—	—
C76000	60.0①·②	63.0	—	0.1	—	余量	—	0.25	7.0③	9.0	—	0.50	—	—
C76100 铜镍锌	59.0②	63.0	—	0.1	—	余量	—	0.25	7.0	9.0	—	0.50	—	—
C76200 镍银	57.0	61.0	—	0.09	—	余量	—	0.25	11.0	13.5③	—	0.50	—	—
C76300 铜镍锌	60.0	64.0②	0.50	2.0	—	余量	—	0.5	17.0	19.0	—	0.50	—	—
C76390 铜镍锌	59.0	63.0②	0.8	1.1	—	余量	—	0.25	23.0	26.0	—	0.50	Sn:0.40	Sn:0.6
C76400② 镍银	58.5	61.5	—	0.05	—	余量	—	0.25	16.5	19.5③	—	0.50	—	—
C76600 铜镍银	55.0②	58.0	—	0.1	—	余量	—	0.25	11.0	13.5	—	0.50	—	—
C76700 镍银，56.5-15	55.0①·②	58.0	—	—	—	余量	—	—	14.0③	16.0	—	0.50	—	—
C76800 WNS7	47.5	50.0①·②	—	0.09	—	余量	—	—	8.0③	9.5	4.5	6.5	—	—
C77000 镍银，55-18	53.5	56.5①·②	—	0.05	—	余量	—	0.25	16.5③	19.5	—	0.50	—	—
C77010 铜镍锌	54.0②	56	—	0.03	—	余量	—	—	17.0	19.0	0.05	0.35	—	—
— C77100	52.0	56.0①·⑥	—	0.03	—	余量	—	—	9.0⑦	12.0	—	0.9	—	—
C77300	46.0	50.0①·②	—	0.05	—	余量	—	—	9.0③	11.0	—	—	Si:0.04	Al:0.01 Si:0.25
C77310 铜镍锌	46.0	56.0	—	0.05	—	余量	—	—	9.0	11.0	—	0.5	Si:0.04	Al:0.01 Si:0.25

续表4-77

UNS#	Cu 最小	Cu 最大	Pb 最小	Pb 最大	Zn 最小	Zn 最大	Fe 最小	Fe 最大	Ni 最小	Ni 最大	Mn 最小	Mn 最大	其他元素 最小	其他元素 最大
C77400	43.0	47.0①②	—	0.09	—	余量	—	—	9.0③	11.0	—	—	—	—
C77600	42.0	45.0	—	0.25	—	余量	—	0.20	12	14.0③	—	0.25	—	Sn:0.15
C78150 被 C78270 代替														
C78200	63.0①②	67.0	1.5	2.5	—	余量	—	0.35	7.0	9.0③	—	0.50	—	—
C78270① 镍银	65.0②	68.0	1.0	1.8	—	余量	—	0.35	4.5	6.0③	—	0.50	—	—
C78400 铜镍锌合金	60.0②	63.0	0.8	1.4	—	余量	—	0.25	9.0	11.0	—	0.50	—	—
C78600 铜镍锌合金	60.0	63.0②	1.25	1.75	—	余量	—	0.35	8.5	11.0	—	0.50	—	—
C78800 铜镍锌	63.0	67.0②	1.5	2.0	—	余量	—	0.25	9.0	11.0	—	0.50	—	—
C79000①	63.0②	67.0	1.5	2.2	—	余量	—	0.35	11.0③	13.0	—	0.50	—	—
C79200 铜镍锌	59.0	66.5	0.8	1.4	—	余量	—	0.25	11.0	13.0③	—	0.50	—	—
C79300 铜镍锌	55.0	59.0	0.5	2.0	—	余量	—	0.50	11.0	13.0	—	0.50	—	—
C79350	59.0	63.0	0.8	1.1	—	余量	—	0.25	23.0③	26.0	—	0.50	Sn:0.40	Sn:0.6
C79400 铜镍锌合金	59.0	66.5	0.8	1.2	—	余量	—	0.30	16.5	19.5	—	0.50	—	—
C79600 铝镍银, 10%镍银	43.5	46.5	0.8	1.2	—	余量	—	—	9.0	11.0⑦	1.5	2.5	—	—
C79620 铜镍锌	46.0	48.0②	0.5	2.0	—	余量	—	0.25	8.0	11.0	—	0.50	—	—
C79800	45.5	48.5①②	1.5	2.5	—	余量	—	—	9.0③	11.0	1.5	2.5	—	—
C79810 铜镍锌	46.0	48.0	2.0	3.5	—	余量	—	—	8	11.0	—	0.50	—	—
C79820 铜镍锌	46.0	48.0	2.0	3.5	—	余量	—	—	8	11.0	—	0.50	—	—
C79830	45.5	47.0	1.0	2.5	—	余量	—	0.45	9.0③	10.5	0.15	0.55	—	—
C79860	42.3	43.7②⑧	1.3	1.8	—	余量	—	0.20	11.8③	12.7	5.6	6.4	—	Sn:0.10 Si:0.06
C79900 铜镍锌	47.5	50.5	1.0	1.5	—	余量	—	0.3	6.5	8.5③	—	0.5	—	—

① w(Cu+所列元素)≥99.5%。
② Cu含量包括Ag。
③ Ni含量包括Co。
④ w(Cu+所列元素)≥99.7%。
⑤ 对于棒材、线材和管材, Pb最大为0.05%。
⑥ 包括Ag。
⑦ 包括Co。
⑧ w(Cu+所列元素)≥99.8%。
⑨ 表示被美国环境保护局注册为抗菌材料。

4.4.2.3 铸造铜及铜合金

A 铸造铜

铸造铜牌号共有 9 个,其化学成分见表 4 – 78。

表 4 – 78 铸造铜牌号与化学成分（C80000 ~ C81399） （%）

UNS#	Cu		P		其 他 元 素	
	最小	最大	最小	最大	最小	最大
C80100[①]	99.95[②]	—	—	—	—	—
C80300[①]铜合金	99.95[②]	—	—	—	Ag:0.034	As:0.02
C80410[①]	99.9[②]	—	—	—	—	—
C80500[①]铜合金	99.75[②]	—	—	—	Ag:0.034	B:0.02
C80700[①]铜合金	99.75[②]	—	—	—	—	B:0.02
C80900[①]铜合金	99.70[②]	—	—	—	Ag:0.034	—
C81100[①]	99.70[②]	—	—	—	—	—
C81200[①]	99.9[②]	—	0.045	0.065	—	—
C81300[①]铜合金	98.5[②,③]	—	—	—	Be:0.02 Co:0.6	Be:0.10 Co:1.0

① 被美国环境保护局注册为抗菌材料。

② Cu 含量包括 Ag。

③ $w(Cu + 所列元素) \geqslant 99.5\%$。

B 铸造高铜合金

铸造高铜合金牌号共有 14 个,其化学成分见表 4 – 79。

C 铸造黄铜

铸造黄铜牌号共有 94 个,其化学成分见表 4 – 80。

D 铸造青铜

铸造青铜牌号共有 75 个,其化学成分见表 4 – 81。

E 铸造铜镍铁合金

铸造铜镍铁合金牌号共有 9 个,其化学成分见表 4 – 82。

F 铸造铜合金（镍银）

铸造铜合金（镍银）牌号共有 4 个,其化学成分见表 4 – 83。

G 铸造铜铅合金

铸造铜铅合金牌号共有 6 个,其化学成分见表 4 – 84。

H 铸造特殊铜合金

铸造特殊铜合金牌号共有 15 个,其化学成分见表 4 – 85。

表4-79　铸造高铜合金牌号与化学成分（C81400~C83299）

（%）

UNS#	Cu 最小	Cu 最大	Pb 最小	Pb 最大	Sn 最小	Sn 最大	Zn 最小	Zn 最大	Fe 最小	Fe 最大	Ni 最小	Ni 最大	Al 最小	Al 最大	Ag 最小	Ag 最大	Be 最小	Be 最大	Co 最小	Co 最大	Cr 最小	Cr 最大	Si 最小	Si 最大	其他元素 最小	其他元素 最大
C81400 铍铜70C	—	余量②	—	—	—	—	—	—	—	—	—	—	—	—	—	—	0.02	0.10	—	—	0.6	1.0	—	—	—	—
C81500 铬铜	—	余量②	—	0.02	—	0.10	—	0.10	—	0.10	—	—	—	0.10	—	—	—	—	—	—	0.40	1.5	—	0.15	—	—
C81540	95.1②③	—	—	0.02	—	0.10	—	0.10	—	0.15	2.0	3.0④	—	0.10	—	—	—	—	—	—	0.10	0.6	0.40	0.8	—	—
C81700① 铍铜	94.2②	—	—	—	—	—	—	—	—	—	0.25	1.5	—	—	0.8	1.2	0.3	0.55	0.25	1.5	—	—	—	—	—	—
C81800① 铍铜50C	95.6②	—	—	—	—	—	—	—	—	—	—	—	—	—	0.8	1.2	0.3	0.55	1.4	1.7	—	—	—	—	—	—
C82000① 铍铜10C	—	余量②	—	0.02	—	0.10	—	0.10	—	0.10	—	0.20⑤	—	0.10	—	—	0.45	0.8	2.40⑤	2.7	—	0.09	—	0.15	—	—
C82100① 铍铜	95.5	—	—	—	—	—	—	—	—	—	0.25	1.5	—	—	—	—	0.35	0.8	0.25	1.5	—	—	—	—	—	—
C82200 铍铜30C	—	余量②	—	0.02	—	0.10	—	0.10	—	0.20	1.0	3.0	—	0.15	—	—	0.35	0.8	—	0.30	—	—	—	0.15	—	—
C82400① 铍铜165C	—	余量②	—	0.02	—	0.10	—	0.10	—	0.25	—	0.20	—	0.15	—	—	1.6	1.85	0.20	0.65	—	0.09	—	0.35	—	—
C82500① 铍铜20C	—	余量②	—	0.02	—	0.10	—	0.10	—	0.25	—	0.20⑤	—	0.15	—	—	1.9	2.25	0.35⑤	0.70	—	0.09	0.20	0.35	—	—
C82510① 铍铜21C	—	余量②	—	0.02	—	0.10	—	0.10	—	0.25	—	0.20	—	0.15	—	—	1.9	2.15	1.0	1.2	—	0.09	0.20	0.35	—	—
C82600① 铍铜245C	—	余量②	—	0.02	—	0.10	—	0.10	—	0.25	—	0.20	—	0.15	—	—	2.25	2.55	0.35	0.65	—	0.09	0.20	0.35	—	—
C82700① 高铜合金	—	余量②	—	0.02	—	0.10	—	0.10	—	0.25	1.0	1.5	—	0.15	—	—	2.35	2.55	—	—	—	0.09	—	0.15	—	—
C82800① 铍铜275C	—	余量②	—	0.02	—	0.10	—	0.10	—	0.25	—	0.20⑤	—	0.15	—	—	2.5	2.85	0.35⑤	0.70	—	0.09	0.20	0.35	—	—

① 被美国环境保护局注册为抗菌材料。
② w(Cu+所列元素)≥99.5%。
③ Cu含量包括Ag。
④ Ni含量包括Co。
⑤ Ni+Co。

表4-80 铸造黄铜牌号与化学成分（C83300～C89999） （%）

UNS#	Cu 最小	Cu 最大	Pb 最小	Pb 最大	Sn 最小	Sn 最大	Zn 最小	Zn 最大	Fe 最小	Fe 最大	P 最小	P 最大	Ni 最小	Ni 最大	Al 最小	Al 最大	As 最小	As 最大	Bi 最小	Bi 最大	Mg 最小	Mg 最大	Mn 最小	Mn 最大	S 最小	S 最大	Sb 最小	Sb 最大	Si 最小	Si 最大	Se 最小	Se 最大	其他元素 最小	其他元素 最大
C83300	92.0②,③	94.0	1.0	2.0	1.0	2.0	2.0	6.0	—	—	—	—	—	—	—	—	—	—	—	—	—	—	—	—	—	—	—	—	—	—	—	—	—	—
C83400	88.0	92.0	—	0.50	—	0.20	8.0	12.0	—	0.25	—	0.03④	—	1.0⑤	—	0.005	—	—	—	—	—	—	—	—	—	0.08	—	0.25	—	0.005	—	—	—	—
C83410 红色黄铜	88.0	91.0	—	0.10	1.0	2.0	—	余量	—	0.05	—	—	—	0.05	—	0.005	—	—	—	—	—	—	—	—	—	—	—	—	—	0.005	—	—	—	—
C83420 红色黄铜	88.0②,③	92.0	—	0.50	0.25	0.7	—	余量	—	0.1	—	—	—	—	—	—	—	—	—	—	—	—	—	—	—	—	—	—	—	—	—	—	—	—
C83450	87.0②,③	89.0	1.5	3.0	2.0	3.5	5.5	7.5	—	0.3	0.03④	0.8	2.0⑤	—	—	0.005	—	—	—	—	—	—	—	—	—	0.08	—	0.25	—	0.005	—	—	—	—
C83460	—	余量③,⑥	—	0.09	2.5	4.5	4.0	6.0	0.50	1.0	0.05	0.10	—	1.0⑤	—	0.005	—	—	—	—	—	—	—	—	0.15	0.6	—	0.25	—	0.005	—	—	—	—
C83470① 铜锡锌合金	90.0	96.0③,⑥	—	0.09	3.0	5.0	1.0	3.0	—	0.50	—	0.10⑦	—	1.0⑤	—	0.01	—	—	—	—	—	—	—	—	0.20	0.6	—	0.20	—	0.01	—	—	—	—
C83500	86.0②,③	88	3.5	5.5	5.5	6.5	1.0	2.5	—	0.25	—	0.03④	0.50⑤	1.0	—	0.005	—	—	—	—	—	—	—	—	—	0.08	—	0.25	—	0.005	—	—	—	—
C83520 红色黄铜	—	余量	3.5	4.5	3.5	4.5	—	—	—	0.30	—	—	—	1.0	—	—	—	—	—	—	—	—	—	—	—	—	—	0.25	—	—	—	—	—	—
C83600 蓝司金属	84.0	86.0②,③	4.0	6.0	4.0	6.0	4.0	6.0	—	0.30	—	0.05④	—	1.0⑤	—	0.005	—	—	—	—	—	—	—	—	—	0.08	—	0.25	—	0.005	—	—	—	—
C83700 红色黄铜	83.0	88.0	—	0.5	—	1.00	5.0	余量	—	0.30	—	0.05	—	0.30	—	0.005	—	—	—	—	—	—	—	0.10	—	0.08	—	0.25	—	0.005	—	—	—	—
C83800 液正青铜	82.0②,③	83.8	5.0	7.0	3.3	4.2	5.0	8.0	—	0.30	—	0.03④	—	1.0⑤	—	0.005	0.05	0.20	—	—	—	—	—	—	—	0.08	—	0.25	—	0.005	—	—	—	—
C83810	—	余量②,③	4.0	6.0	2.0	3.5	7.5	9.5	—	0.50⑧	—	—	—	2.0⑤	—	0.005	—	—	—	—	—	—	—	—	—	—	—	—	—	0.10	—	—	—	—
C84000① 半红色黄铜	82.0	89.0②	—	0.09	2.0	4.0	5.0	14.0	—	0.40	—	0.05	0.50	2.0	—	0.005	—	—	—	—	—	—	0.01	0.01	0.10	0.65	—	0.02	—	0.005	—	—	—	B:0.10 Zr:0.10
C84010① 半红色黄铜	82.0②	89.0	—	0.09	2.0	4.0	5.0	14.0	—	0.40	—	0.05	0.50	2.0	—	0.005	—	—	—	—	—	—	0.01	0.20	0.10	0.65	—	0.02	—	0.005	—	—	—	B:0.10 Zr:0.10
C84020① 半红色黄铜	82.0②	89.0	—	0.09	2.0	4.0	5.0	14.0	—	0.40	—	0.05	0.50	2.0	—	—	—	—	—	—	—	—	—	0.20	0.10	0.65	—	0.02	—	—	—	—	—	B:0.10 C:0.10 Ti:0.10 Zr:0.10
C84030 低铅 半红色黄铜	82.0②	89.0	—	0.09	2.0	4.0	5.0	14.0	—	0.40	—	0.05	0.50	2.0	—	0.005	—	—	—	—	—	—	—	0.20	0.10	0.65	0.10	1.5	—	—	—	—	—	B:0.10 C:0.10 Ti:0.10 Zr:0.10

续表 4-80

UNS#	Cu 最小	Cu 最大	Pb 最小	Pb 最大	Sn 最小	Sn 最大	Zn 最小	Zn 最大	Fe 最小	Fe 最大	P 最小	P 最大	Ni 最小	Ni 最大	Al 最小	Al 最大	As 最小	As 最大	Bi 最小	Bi 最大	Mg 最小	Mg 最大	Mn 最小	Mn 最大	S 最小	S 最大	Sb 最小	Sb 最大	Si 最小	Si 最大	Se 最小	Se 最大	其他元素 最小	其他元素 最大
C84200	78.0	82.0[2][3]	2.0	3.0	4.0	6.0	10.0	16.0	—	0.40	—	0.05[4]	—	0.8[5]	—	0.005	—	—	—	—	—	—	—	—	—	0.08	—	0.25	—	0.005	—	—	—	—
C84400 阀门金属	78.0[2][3]	82.0	6.0	8.0	2.3	3.5	7.0	10.0	—	0.40	—	0.02[4]	—	1.0[5]	—	0.005	—	—	—	—	—	—	—	—	—	0.08	—	0.25	—	0.005	—	—	—	—
C84410	—	余量[2][3][9]	7.0	9.0	3.0	4.5	7.0	11.0	—	—	—	—	—	1.0[5]	—	0.01	—	—	—	0.05	—	—	—	—	—	—	—	—	—	0.2	—	—	—	—
C84500	77.0	79.0	6.0	7.5	2.0	4.0	10.0	14.0	—	0.40	—	0.02[4]	—	1.0[5]	—	0.005	—	—	—	—	—	—	—	—	—	0.08	—	0.25	—	0.005	—	—	—	—
C84800	75.0	77.0	5.5	7.0	2.0	3.0	13.0	17.0	—	0.40	—	0.02[4]	—	1.0[5]	—	0.005	—	—	—	—	—	—	—	—	—	0.08	—	0.25	—	0.005	—	—	—	—
C85200 铝化武黄铜	70.0	74.0	1.5	3.8	0.7	2.0	20.0	27.0	—	0.6	—	0.02	—	1.0	—	0.005	—	—	—	—	—	—	—	—	—	0.05	—	0.20	—	0.05	—	—	—	—
C85210 加铅黄色黄铜	70.0	75.0[3][10]	2.0	5.0	1.0	3.0	—	余量	—	0.8	—	—	—	1.0	—	0.005	0.02	0.06	—	—	—	—	—	—	—	—	—	—	—	0.005	—	—	—	—
C85300[1] 黄色黄铜	68.0	72.0	—	0.09	—	0.50	—	余量	—	—	0.02	0.50	—	1.0	—	—	—	—	—	—	—	—	—	—	—	—	—	—	—	—	—	—	—	—
C85310 黄色黄铜	68.0	73.0	2.0	5.0	—	1.5	—	余量	—	0.8	—	—	—	1.0	—	0.35	0.02	0.06	—	—	—	—	—	—	—	—	—	—	—	—	—	—	—	—
C85400 1号 黄色黄铜	65.0	70.0	1.5	3.8	0.50	1.5	24.0	32.0	—	0.7	—	—	—	1.0[5]	0.1	1.0	—	—	—	—	—	—	—	—	—	—	—	—	—	0.05	—	—	—	—
C85450[1] 铜锌合金	60.0[6]	65.0[6]	—	0.09	0.5	1.5	—	余量	0.3	1	—	—	—	1.0[5]	—	1.0	—	—	—	—	—	—	—	0.6	—	—	—	—	—	—	—	—	—	—
C85470	60.0	64.0	1.0	4.0	1.0	4.0	—	余量	—	0.2	0.02	0.25	—	—	—	—	—	—	—	—	—	—	—	—	—	—	—	—	—	—	—	—	—	—
C85500[1]	59.0[3][11]	63	—	0.09	—	0.2	—	余量	—	0.2	—	—	—	0.20[5]	—	0.3	—	—	—	—	—	—	—	0.2	—	—	—	—	0.3	1.0	—	—	—	—
C85550[1] 低锌黄铜	59.0	64.0[6]	1.0	5.0	—	0.3	—	余量	—	0.15	—	—	—	0.20[12]	—	—	—	—	—	—	—	—	—	—	—	—	—	—	—	—	—	—	—	—
C85560	60.0	64.0[6][13]	0.10	0.25	0.20	0.50	32.0	余量[14]	—	0.15	—	—	0.05	0.20	—	—	0.05	0.20[15]	0.60	0.90	—	—	—	—	—	—	—	—	—	—	—	—	—	—
C85600	59.0	63.0	—	0.2	—	0.2	—	余量	—	—	—	—	—	0.2	—	—	—	—	—	—	—	—	—	0.2	—	—	—	—	—	—	—	—	—	—
C85610 黄色黄铜	63.0	66.0	1.0	2.0	1.2	2.0	—	余量	0.1	1.0	—	—	—	2.0	—	—	—	—	—	—	—	—	—	—	—	—	—	—	—	—	—	—	—	Be:1.0
C85700 加铅 黄色黄铜	58.0	64.0	0.8	1.5	0.5	1.5	—	40	—	0.7	—	—	—	1.0	0.2	0.8	—	—	—	—	—	—	—	—	—	—	—	—	—	0.05	—	—	—	—
C85710 黄色黄铜	58.0	63.0	1.0	2.5	—	1.0	—	余量	—	0.8	—	—	0.2	1.0	—	0.8	—	—	—	—	—	—	—	0.5	—	—	—	—	—	0.05	—	—	—	—
C85800	57.0	—	—	1.5	—	1.5	31.0	41.0	—	0.50	—	0.01	—	0.50[5]	0.10	0.55	—	0.05	—	—	—	—	—	0.25	—	0.05	—	0.05	—	0.25	—	—	—	—
C85900[1] 黄色黄铜	58.0	62.0	—	0.09	—	1.5	31.0	41.0	—	0.50	—	0.01	—	1.5	0.10	0.6	—	—	—	—	—	—	—	0.01	0.10	0.65	—	0.20	—	0.25	—	—	B:0.20 Zr:0.20	—

续表 4-80

UNS#	Cu 最小	Cu 最大	Pb 最小	Pb 最大	Sn 最小	Sn 最大	Zn 最小	Zn 最大	Fe 最小	Fe 最大	P 最小	P 最大	Ni 最小	Ni 最大	Al 最小	Al 最大	As 最小	As 最大	Bi 最小	Bi 最大	Mg 最小	Mg 最大	Mn 最小	Mn 最大	S 最小	S 最大	Sb 最小	Sb 最大	Si 最小	Si 最大	Se 最小	Se 最大	其他元素 最小	其他元素 最大
C85910① 黄色黄铜	58.0②	62.0	—	0.09	—	1.5	31.0	41.0	—	0.50	—	0.01	—	1.5	0.10	0.6	—	—	—	—	—	—	0.01	0.20	0.10	0.65	—	0.20	—	0.25	—	—	—	B:0.20 Zr:0.20
C85920① 黄色黄铜	58.0	62.0②	—	0.09	—	1.5	31.0	41.0	—	0.5	—	—	—	1.5	0.10	0.6	—	—	—	—	—	—	—	—	0.1	0.65	—	0.2	—	0.25	—	—	—	B:0.20 C:0.10 Ti:0.30 Zr:0.20
C85930 低铝黄色黄铜	58.0②	62.0	—	0.09	—	1.5	31.0	41.0	—	0.5	—	—	—	1.5	0.10	0.6	—	—	—	—	—	—	—	—	0.1	0.65	0.1	1.5	—	0.25	—	—	—	B:0.20 C:0.10 Ti:0.30 Zr:0.20
C86100 锰青铜	66.0③⑯	68.0	—	0.2	—	0.2	余量		2.0	4.0	—	—	—	—	4.5	5.5	—	—	—	—	—	—	2.5	5.0	—	—	—	—	—	—	—	—	—	—
C86200	60.0③⑯	66.0	—	0.2	—	0.2	22.0	28.0	2.0	4.0	1.0⑤	—	—	—	3.0	4.9	—	—	—	—	—	—	2.5	5.0	—	—	—	—	—	—	—	—	—	—
C86300 锰青铜	60.0	66.0③⑯	—	0.2	—	0.2	22.0	28	2.0	4	1.0⑤	—	—	—	5.0	7.5	—	—	—	—	—	—	2.5	5.0	—	—	—	—	—	—	—	—	—	—
C86350①	60.0	64.0	—	0.09	—	0.8	余量		0.7	1.0	0.50⑤	—	—	—	0.30	1.1	—	—	—	—	—	0.1	2.0	5.0	—	—	—	—	—	—	—	—	—	—
C86400 锰青铜	56.0	62.0③⑯	0.50	1.5	—	1.5	34.0	42.0	0.40	2.0	—	—	—	1.0⑤	0.50	1.5	—	—	—	—	—	—	0.10	1.5	—	—	—	—	—	—	—	—	—	—
C86500 锰青铜	55.0	60.0③⑯	—	0.40	—	1.0	36.0	42.0	0.40	2.0	—	—	—	1.0⑤	0.50	1.5	—	—	—	—	—	—	0.10	1.5	—	—	—	—	—	—	—	—	—	—
C86550	57.0③⑯	—	—	0.50	—	1.0	—	余量	0.7	2.0	—	—	—	1.0⑤	0.50	2.5	—	—	—	—	—	—	0.10	3.0	—	—	—	—	—	0.10	—	—	—	—
C86700	55.0	60.0	0.50	1.5	—	1.5	30.0	38.0	1.0	3.0	—	—	—	1.0⑤	1.0	3.0	—	—	—	—	—	—	0.10	3.5	—	—	—	—	—	—	—	—	—	—
C86800	53.5	57.0③⑯	—	0.20	—	1.0	余量		1.0	2.5	—	—	2.5	4.0⑤	—	2.0	—	—	—	—	—	—	2.5	4.0	—	—	—	—	—	—	—	—	—	—
C87200 硅青铜	89.0	—	—	0.50	—	1.0	—	5.0	—	2.5	—	0.50	—	—	—	1.5	—	—	—	—	—	—	—	1.5	—	—	—	—	1.0	5.0	—	—	—	—
C87300① 硅青铜	94.0⑥	—	—	0.09	—	—	—	0.25	—	0.20	—	—	—	—	—	—	—	—	—	—	—	—	0.8	1.5	—	—	—	—	3.5	4.5	—	—	—	—
C87400	79.0⑰	—	—	1.0	—	—	12.0	16.0	—	—	—	—	—	—	—	0.8	—	—	—	—	—	—	—	—	—	—	—	—	2.5	4.0	—	—	—	—
C87410 黄色黄铜	79.0⑰	—	—	1.0	—	—	12.0	16.0	—	—	—	—	—	—	—	0.8	0.03	0.06	—	—	—	—	—	—	—	—	—	—	2.5	4.0	—	—	—	—
C87420 铜硅	79.0⑰	—	—	1.0	—	—	12.0	16.0	—	—	—	—	—	—	—	0.8	—	—	—	—	—	—	—	—	—	—	0.03	0.06	0.06	2.5	—	—	—	—

续表 4 - 80

UNS#	Cu 最小	Cu 最大	Pb 最小	Pb 最大	Sn 最小	Sn 最大	Zn 最小	Zn 最大	Fe 最小	Fe 最大	P 最小	P 最大	Ni 最小	Ni 最大	Al 最小	Al 最大	As 最小	As 最大	Bi 最小	Bi 最大	Mg 最小	Mg 最大	Mn 最小	Mn 最大	S 最小	S 最大	Sb 最小	Sb 最大	Si 最小	Si 最大	Se 最小	Se 最大	其他元素 最小	其他元素 最大
C87430 铜硅	79.0[17]	—	—	1.0	—	—	12.0	16.0	—	—	0.03	0.06	—	—	—	0.8	—	—	—	—	—	—	—	—	—	—	—	—	2.5	4.0	—	—	—	—
C87500[1] 铜硅合金	79.0[6]	—	—	0.09	—	—	12.0	16.0	—	—	—	—	—	—	—	0.50	—	—	—	—	—	—	—	—	—	—	—	—	3.0	5.0	—	—	—	—
C87510	79.0	—	—	0.50	—	—	12.0	16.0	—	—	—	—	—	—	—	0.50	0.03	0.06	—	—	—	—	—	—	—	—	—	—	3.0	5.0	—	—	—	—
C87520 铜硅	79.0	—	—	0.50	—	—	12.0	16.0	—	—	—	—	—	—	—	0.50	—	—	—	—	—	—	—	—	—	—	0.03	0.06	3.0	5.0	—	—	—	—
C87530 铜硅	79.0	—	—	0.50	—	—	12.0	16.0	—	—	0.03	0.06	—	—	—	0.50	—	—	—	—	—	—	—	—	—	—	—	—	3.0	5.0	—	—	—	—
C87600[1] 铜硅合金	88.0	—	—	0.09	—	—	4.0	7.0	—	0.20	—	—	—	—	—	—	—	—	—	—	—	—	—	0.25	—	—	—	—	3.5	5.5	—	—	—	—
C87610[1] 铸造铜硅	90.0[6]	—	—	0.09	—	—	3.0	5.0	—	0.20	—	—	—	—	—	—	—	—	—	—	—	—	—	0.25	—	—	—	—	3.0	5.0	—	—	—	—
C87700[1] 硅青铜	87.5[17]	—	—	0.09	—	2.0	7.0	9.0	—	0.50	—	0.15	—	0.25	—	—	—	—	—	—	—	—	—	0.8	—	—	—	0.1	2.5	3.5	—	—	—	—
C87710[1] 硅青铜	84.0[17]	—	—	0.09	—	2.0	9.0	11.0	—	0.50	—	0.15	—	0.25	—	—	—	—	—	—	—	—	—	0.8	—	—	—	0.1	3.0	5.0	—	—	—	—
C87800[1] 铸造硅青铜	80.0[6]	—	—	0.09	—	0.25	12.0	16.0	—	0.15	—	0.01	—	0.20[5]	—	0.15	—	0.05	—	—	—	0.01	—	0.15	—	0.05	—	0.05	3.8	4.2	—	—	—	—
C87845[1] 铜硅黄铜	75.0	78.0[17]	—	0.02	—	0.1	—	余量	—	0.10	0.03	0.06	—	0.20[5]	—	0.09	—	0.015	—	—	—	—	—	0.10	—	—	—	0.015	2.5	2.9	—	—	—	Cr:0.015
C87850[1] 铜硅合金	74.0[6]	78.0	—	0.09	—	0.3	—	余量	—	0.10	0.05	0.20	—	0.20[5]	—	—	—	—	—	—	—	—	—	0.10	—	—	—	0.10	2.7	3.4	—	—	—	—
C87860	75.0[6]	79.0	—	0.09	0.30	0.30	—	余量	—	0.10	0.05	0.20	—	0.20[5]	—	—	—	—	—	—	—	—	—	0.10	—	—	—	—	2.7	3.5	—	—	Zr: 0.002	Zr: 0.030
C87870	75.0	79.0[6]	—	0.09	—	0.7	16.0	23.0	—	0.10	0.05	0.20	—	0.20[5]	—	—	—	—	—	—	—	—	—	0.10	—	—	—	—	2.7	3.5	—	—	—	Zr:0.030
C87900 铜硅	63.0	—	—	0.25	—	0.25	30.0	36.0	—	0.40	—	0.01	—	0.5	—	0.15	—	0.05	—	—	—	—	—	0.15	—	0.05	—	0.05	0.8	1.2	—	—	—	—
C89320[1]	87.0[6]	91.0	—	0.09	5.0	7.0	—	1.0	—	0.2	—	0.3	—	1.0[5]	—	0.005	—	—	4.0	6.0	—	—	—	—	—	0.08	—	0.35	—	0.005	—	—	—	—

续表 4-80

UNS#	Cu		Pb		Sn		Zn		Fe		P		Ni		Al		As		Bi		Mg		Mn		S		Sb		Si		Se		其他元素	
	最小	最大	最小	最大	最小	最大	最小	最大	最小	最大	最小	最大	最小	最大	最小	最大	最小	最大	最小	最大	最小	最大	最小	最大	最小	最大	最小	最大	最小	最大	最小	最大	最小	最大
C89325	84.0	88.0[10][17]	—	0.1	9.0	11.0	—	1.0	—	0.15	—	0.1	—	1.0[5]	—	0.005	—	—	2.7	3.7	—	—	—	—	—	0.08	—	0.5	—	0.005	—	—	—	—
C89510 SeBiLOY I (环境黄铜 I)[1]	86.0[6]	88.0	—	0.09	4.0	6.0	4.0	6.0	—	0.20	—	0.05	—	1.0[5]	—	0.005	—	—	0.50	1.5[19]	—	—	—	—	—	0.08	—	0.25	—	0.005	0.35[19]	0.75	—	—
C89520 SeBiLOY II (环境黄铜 II)[1]	85	87.0[6]	—	0.09	5.0	6.0	4.0	6.0	—	0.20	—	—	—	1.0[5]	—	0.005	—	—	1.6[20]	2.2	—	—	—	—	0.10	0.65	—	0.25	—	—	0.8	1.1[20]	—	—
C89530 铜-铋-硒合金黄铜	84.0[6]	89.0	—	0.20	3.5	6.0	7.0	9.0	—	0.30	—	0.05	—	1.0[5]	—	0.01	—	—	1.0	2.0	—	—	—	—	—	—	—	0.20	—	0.01	0.10	0.30	—	—
C89535 铜铋合金	84.0	89.0[6]	—	0.25	2.5	5.5	5.0	9.0	—	0.30	—	0.4	0.30[5]	1.0	—	0.01	—	—	0.8	2.0	—	—	—	—	—	—	—	0.2	—	0.01	—	0.50	—	—
C89537	84.0[6]	86.0	—	0.09	3.0	6.0	5.0	13.0	—	0.50	—	—	—	—	—	—	—	—	0.5	3.0	0.01	0.1	—	—	—	—	—	—	0.6	1.2	—	—	B: 0.0005	B: 0.002
C89540	58.0	64.0[6]	—	0.1	—	1.2	32.0	38.0	—	0.50	—	—	—	1.0[5]	0.10	0.60	—	—	0.6	1.2	—	—	—	—	—	—	—	—	—	—	—	0.10	—	—
C89550 SeBiLOY III (环境黄铜 III)[1]	58.0[6]	64.0	—	0.09	0.0	1.2	32.0	38.0	—	0.50	—	0.01	—	1.0[5]	0.10	0.6	—	—	0.6	1.2	—	—	—	—	—	0.05	—	0.05	—	0.25	0.01	0.10	—	—
C89560 铜锌铋[1]	58.0[6]	61.0	—	0.09	0.20	0.25	35.0	余量	—	0.12	—	—	—	—	0.30	0.8	—	—	1.0	2.4	—	—	—	—	—	—	—	—	—	—	—	—	B: 0.0003; Cd: —	B: 0.0015; Cd: 0.001
C89570	58.0	63.0[6]	—	0.09	—	1.5	—	38.0	—	0.50	0.05	0.15	0.15	0.50[5]	0.10	1.0	—	—	0.05	1.5	—	—	—	—	—	—	—	—	—	—	—	—	B: 0.0001	B: 0.0020
C89580	57.0[6]	64.0	—	0.09	—	0.50	—	余量	—	0.10	—	—	—	0.30[5]	0.10	1.2	—	—	0.10	1.0	—	—	—	—	—	—	—	—	—	—	—	—	B: 0.0005	B: 0.01
C89720 铜铋合金 TECO[1]	63.0[6]	—	—	0.09	0.6	1.5	26.0	32.0	—	0.10	—	0.02	—	0.10[5]	0.35	1.5	—	—	0.50	2.0	—	—	—	0.10	—	—	0.02	0.20	0.40	1.0	—	—	—	—
C89831	87.0[10][18]	91.0	—	0.1	2.7	3.7	2.0	4.0	—	0.30	—	0.05	—	1.0[5]	—	0.005	—	—	2.7	3.7	—	—	—	—	—	0.08	—	0.25	—	0.005	—	—	—	—
C89833 铜铋合金[1]	86.0[2]	91.0	—	0.09	4.0	6.0	2.0	6.0	—	0.30	—	0.05	—	1.0[5]	—	0.005	—	—	1.7	2.7	—	—	—	—	—	0.08	—	0.25	—	0.005	—	—	—	—

续表4-80

UNS#	Cu 最小	Cu 最大	Pb 最小	Pb 最大	Sn 最小	Sn 最大	Zn 最小	Zn 最大	Fe 最小	Fe 最大	P 最小	P 最大	Ni 最小	Ni 最大	Al 最小	Al 最大	As 最小	As 最大	Bi 最小	Bi 最大	Mg 最小	Mg 最大	Mn 最小	Mn 最大	S 最小	S 最大	Sb 最小	Sb 最大	Si 最小	Si 最大	Se 最小	Se 最大	其他元素 最小	其他元素 最大
C89835① 联邦III-932	85.0	89.0⑥⑱	—	0.09	6.0	7.5	2.0	4.0	—	0.20	—	0.10	—	1.0⑤	—	0.005	—	—	1.7	2.7	—	—	—	—	—	0.08	—	0.35	—	0.005	—	—	—	—
C89836 铜铋合金	87.0⑥	91.0	—	0.25	4.0	7.0	2.0	4.0	—	0.35	—	0.06	—	0.90⑤	—	0.005	—	—	1.5	3.5	—	—	—	—	—	0.08	—	0.25	—	0.005	—	—	—	—
C89837 铜铋合金	84.0	88.0⑥⑱	—	0.1	3.0	4.0	6.0	10.0	—	0.30	—	0.05	—	1.0⑤	—	0.005	—	—	0.7	1.2	—	—	—	—	—	0.08	—	0.25	—	0.005	—	—	—	—
C89841	73.0	77.0⑥	—	—	—	0.30	18.4	23.0	—	0.10	—	0.05	—	0.20⑫	—	0.01	—	—	0.50	1.0	—	—	—	0.10	—	—	—	0.10	2.8	3.4	—	—	—	—
C89842① 铜锌锡铋	78.0	82.0②	—	0.09	2.0	3.0	—	余量	—	0.30	0.005	0.02	0.10⑤	0.5	—	0.005	—	—	1.5	2.5	—	—	—	—	—	0.05	—	0.05	—	0.005	—	—	—	—
C89844	83.0	86.0②	—	0.2	3.0	5.0	7.0	10.0	—	0.30	—	0.05	—	1.0⑤	—	0.005	—	—	2.0	4.0	—	—	—	—	—	0.08	—	0.25	—	0.005	—	—	—	—
C89845① 铜铋合金	82.5	87.5⑥	—	0.09	3.0	5.0	6.0	9.0	—	0.30	—	0.05	1.5⑤	2.5	—	0.01	—	—	1.0	2.0	—	—	—	—	—	—	—	0.25	—	0.01	—	—	—	—
C89940①	64.0	68.0⑪	—	0.01	3.0	5.0	3.0	5.0	0.7	2.0	0.10	0.15	20.0⑤	23	—	0.005	—	—	4.0	5.5	—	—	—	0.2	—	0.05	—	0.10	—	0.15	—	—	—	—

① 被美国环境保护局注册为抗菌材料。
② w(Cu+所列元素)≥99.3%。
③ 测定最小Cu含量时,Cu含量可能包括Cu+Ni。
④ 对于连续铸造,P含量最大应为1.5%。
⑤ Ni含量包括Co。
⑥ w(Cu+所列元素)≥99.5%。
⑦ 对于连续铸造,P含量最大应为1.0%。
⑧ w(Fe+Sb+As)≤0.50%。
⑨ w(Fe+Sb+As)≤0.8%。
⑩ w(Cu+所列元素)≥98.9%。
⑪ w(Cu+所列元素)≥99.1%。
⑫ 包括Co。
⑬ Cu含量包括Ag。
⑭ 为了达到最佳抗脱锌性,Zn含量不应超过38%。
⑮ P可以代替As。
⑯ w(Cu+所列元素)≥99.0%。
⑰ w(Cu+所列元素)≥99.2%。
⑱ 在协商同意时,Ce、La或其他稀土元素可以单一或组合含量为0.01%~2.0%。(x)ASM国际组织规定:原子序数57~71的一系列相似金属的化学元素通常归类为镧系元素。
⑲ 经验证明:m(Bi):m(Se)≥2:1。
⑳ m(Bi):m(Se)≥2:1。

表4-81　铸造青铜牌号与化学成分（C90000～C95999）

（%）

UNS#	Cu 最小	Cu 最大	Pb 最小	Pb 最大	Sn 最小	Sn 最大	Zn 最小	Zn 最大	Fe 最小	Fe 最大	P 最小	P 最大	Ni 最小	Ni 最大	Al 最小	Al 最大	Mg 最小	Mg 最大	Mn 最小	Mn 最大	S 最小	S 最大	Sb 最小	Sb 最大	Si 最小	Si 最大	其他元素 最小	其他元素 最大
C90200 锡青铜	91.0②③	94.0	—	0.3	6.0	8.0	—	0.50	—	0.20	—	0.05④	—	0.50⑤	—	0.005	—	—	—	—	—	0.05	—	0.2	—	0.005	—	—
C90250	89.0	91.0	—	0.3	9.0	11.0	—	0.50	—	0.25	—	0.05	—	2.0	—	0.005	—	—	—	0.20	—	0.05	—	0.02	—	0.005	—	—
C90280	87.0⑥	90.0	—	0.09	9.0	11.0	—	—	0.30	0.6	—	0.05	—	—	—	—	—	—	—	—	0.30	0.6	—	—	—	—	—	—
C90300 锡青铜	86.0	89.0②③	—	0.3	7.5	9.0	3.0	5.0	—	0.20	—	0.05④	—	1.0⑤	—	0.005	—	—	—	—	—	0.05	—	0.20	—	0.005	—	—
C90400① 锡青铜	86.0⑦	89.0	—	0.09	7.5	8.5	1.0	5.0	—	0.40	—	0.05	—	1.0	—	0.005	—	—	—	0.01	0.10	0.65	—	0.02	—	0.005	—	B:0.10 Zr:0.10
C90410①⑦ 锡青铜	86.0	89.0	—	0.09	7.5	8.5	1.0	5.0	—	0.40	—	0.05	—	1.0	—	0.005	—	—	0.01	0.20	0.10	0.65	—	0.02	—	0.005	—	B:0.10 Zr:0.10
C90420① 锡青铜	86.0⑦	89.0	—	0.09	7.5	8.5	1.0	5.0	—	0.40	—	0.05	—	1.0	—	—	—	—	—	0.20	0.10	0.65	—	0.02	—	—	—	B:0.10 C:0.10 Ti:0.10 Zr:0.10
C90430⑦ 低铅锡青铜	86.0	89.0	—	0.09	7.5	8.5	1.0	5.0	—	0.40	—	0.05	—	1.0	—	—	—	—	—	0.20	0.10	0.65	0.10	1.5	—	—	—	B:0.10 C:0.10 Ti:0.10 Zr:0.10
C90500 枪支金属	86.0	89.0②⑧	—	0.30	9.0	11.0	1.0	3.0	—	0.20	—	0.05④	—	1.0⑤	—	0.005	—	—	—	—	—	0.05	—	0.20	—	0.005	—	—
C90700 锡青铜,65	88.0	90.0②③	—	0.5	10.0	12.0	—	0.5	—	0.15	—	0.30④	—	0.50⑤	—	0.005	—	—	—	—	—	0.05	—	0.20	—	0.005	—	—
C90710	—	余量②③	—	0.25	10.0	12.0	—	0.05	—	0.10	0.05④	1.2	—	0.10⑤	—	0.005	—	—	—	—	—	0.05	—	0.20	—	0.005	—	—
C90800 锡青铜	85.0	89.0②③	—	0.25	11.0	13.0	—	0.25	—	0.15	—	0.30④	—	0.50⑤	—	0.005	—	—	—	—	—	0.05	—	0.20	—	0.005	—	—
C90810	—	余量②③	—	0.25	11.0	13.0	—	0.3	—	0.15	0.15	0.8④	—	0.50⑤	—	0.005	—	—	—	—	—	0.05	—	0.20	—	0.005	—	—
C90900	86.0②③	89.0	—	0.25	12.0	14.0	—	0.25	—	0.15	—	0.05④	—	0.50⑤	—	0.005	—	—	—	—	—	0.05	—	0.20	—	0.005	—	—
C91000	84.0②③	86.0	—	0.20	14.0	16.0	—	1.5	—	0.10	—	0.05④	—	0.8⑤	—	0.005	—	—	—	—	—	0.05	—	0.20	—	0.005	—	—
C91100	—	85.0	—	0.25	15.0	17.0	—	0.25	—	0.25	—	1.0④	—	0.50⑤	—	0.005	—	—	—	—	—	0.05	—	0.20	—	0.005	—	—
C91300	79.0	82.0②③	—	0.25	18.0	20.0	—	0.25	—	0.25	—	1.0④	—	0.50⑤	—	—	—	—	—	—	—	0.05	—	0.20	—	0.005	—	—
C91500 铜锡合金	—	余量	2.0	3.2	9.0	11.0	—	—	—	—	—	0.5	2.8	4.0	—	—	—	—	—	—	—	—	—	—	—	—	—	—

续表 4-81

UNS#	Cu 最小	Cu 最大	Pb 最小	Pb 最大	Sn 最小	Sn 最大	Zn 最小	Zn 最大	Fe 最小	Fe 最大	P 最小	P 最大	Ni 最小	Ni 最大	Al 最小	Al 最大	Mg 最小	Mg 最大	Mn 最小	Mn 最大	S 最小	S 最大	Sb 最小	Sb 最大	Si 最小	Si 最大	其他元素 最小	其他元素 最大
C91600	86.0	89.0②③	—	0.25	9.7	10.8	—	0.25	—	0.20	—	0.30④	1.2	2.0⑤	—	0.005	—	—	—	—	—	0.05	—	0.20	—	0.005	—	—
C91700 含镍齿轮青铜	84.0②③	87.0	—	0.25	11.3	12.5	—	0.25	—	0.20	—	0.30④	1.2②	2.0	—	0.005	—	—	—	—	—	0.05	—	0.20	—	0.005	—	—
C92200 海军青铜	86.0②⑦	90.0	1.0	2.0	5.5	6.5	3.0	5.0	—	0.25	—	0.05④	—	1.0⑤	—	0.005	—	—	—	—	—	0.05	—	0.25	—	0.005	—	—
C92210	86.0	89.0②⑦	1.7	2.5	4.5	5.5	3.0	4.5	—	0.25	—	0.03④	0.7	1.0⑤	—	0.005	—	—	—	—	—	0.05	—	0.2	—	0.005	—	—
C92220 ⑦	86.0	88.0	1.5	2.5	5.0	6.0	3.0	5.5	—	0.25	—	0.05④	0.50②	1.0	—	—	—	—	—	—	—	—	—	—	—	—	—	—
C92300 加铝锡青铜	85.0②⑦	89.0	0.3	1.0	7.5	9.0	2.5	5.0	—	0.25	—	0.05④	—	1.0⑤	—	0.005	—	—	—	—	—	0.05	—	0.25	—	0.005	—	—
C92310	—	余量②⑦	0.30	1.5	7.5	8.5	3.5	4.5	—	—	—	—	—	1.0⑤	—	0.005	—	—	—	0.03	—	—	—	—	—	0.005	—	—
C92400	86.0②⑦	89.0	1.0	2.5	9.0	11.0	1.0	3.0	—	0.25	—	0.05④	—	1.0⑤	—	0.005	—	—	—	—	—	0.05	—	0.25	—	0.005	—	—
C92410	—	余量②⑦	2.5	3.5	6.0	8.0	1.5	3.0	—	0.20	—	—	—	0.20⑤	—	0.005	—	—	—	0.05	—	—	—	0.25	—	0.005	—	—
C92500	85.0	88.0②⑦	1.0	1.5	10.0	12.0	—	0.5	—	0.3	—	0.30④	0.8	1.5⑤	—	0.005	—	—	—	—	—	0.05	—	0.25	—	0.005	—	—
C92600 ⑦	86.0	88.5②	0.8	1.5	9.3	10.5	1.3	2.5	—	0.20	—	0.03④	—	0.7⑤	—	0.005	—	—	—	—	—	0.05	—	0.25	—	0.005	—	—
C92610	—	余量②⑦	0.3	1.5	9.5	10.5	1.7	2.8	—	0.15	—	—	—	1.0⑤	—	0.005	—	—	—	0.03	—	—	—	—	—	0.005	—	—
C92700 加铝锡青铜	86.0	89.0②⑦	1.0	2.5	9.0	11.0	—	0.7	—	0.20	—	0.25④	—	1.0⑤	—	0.005	—	—	—	—	—	0.05	—	0.25	—	0.005	—	—
C92710	—	余量②⑦	4.0	6.0	9.0	11.0	—	1.0	—	0.20	—	0.10④	—	2.0⑤	—	0.005	—	—	—	—	—	0.05	—	0.25	—	0.005	—	—
C92800	78.0②⑦	82.0	4.0	6.0	15.0	17.0	—	0.8	—	0.50	—	0.05④	0.8	0.8⑤	—	0.005	—	—	—	—	—	0.05	—	0.25	—	0.005	—	—
C92810	78.0	82.0②⑦	4.0	6.0	12.0	14.0	—	0.50	—	0.25	—	0.05②	0.8	1.2②	—	0.005	—	—	—	—	—	0.05	—	0.25	—	0.005	—	—
C92900	82.0	86.0②⑦	2.0	3.2	9.0	11.0	—	0.25	—	0.20	—	0.50④	2.8	4.0⑤	—	0.005	—	—	—	—	—	0.05	—	0.25	—	0.005	—	—
C93100	—	余量②⑨	2.0	5.0	6.5	8.5	—	2.0	—	0.25	—	0.30④	—	1.0⑤	—	0.005	—	—	—	—	—	0.05	—	0.25	—	0.005	—	—
C93200	81	85.0②⑨	6.0	8.0	6.3	7.5	1.0	4.0	—	0.20	—	0.15④	—	1.0⑤	—	0.005	—	—	—	—	—	0.05	—	0.35	—	0.005	—	—
C93400	82.0②⑨	85.0	7.0	9.0	7.0	9.0	—	0.8	—	0.20	—	0.50④	—	1.0⑤	—	0.005	—	—	—	—	—	0.08	—	0.50	—	0.005	—	—
C93500	83.0②⑨	86.0	8.0	10.0	4.3	6.0	—	2.0	—	0.20	—	0.05④	—	1.0⑤	—	0.005	—	—	—	—	—	0.08	—	0.30	—	0.005	—	—
C93600	79.0	83.0⑦	11.0	13.0	6.0	8.0	—	1.0	—	0.20	—	0.15④	—	1.0⑤	—	0.005	—	—	—	—	—	0.08	—	0.55	—	0.005	—	—
C93700 轴承青铜	78.0⑩	82.0	8.0	11.0	9.0	11.0	—	0.8	—	0.7⑩	—	0.10④	—	0.50⑤	—	0.005	—	—	—	—	—	0.08	—	0.50	—	0.005	—	—

续表 4-81

UNS#	Cu 最小	Cu 最大	Pb 最小	Pb 最大	Sn 最小	Sn 最大	Zn 最小	Zn 最大	Fe 最小	Fe 最大	P 最小	P 最大	Ni 最小	Ni 最大	Al 最小	Al 最大	Mg 最小	Mg 最大	Mn 最小	Mn 最大	S 最小	S 最大	Sb 最小	Sb 最大	Si 最小	Si 最大	其他元素 最小	其他元素 最大
C93720	83.0[9]	—	7.0	9.0	3.5	4.5	—	4.0	—	0.7	—	0.10[4]	—	0.50[5]	—	—	—	—	—	—	—	—	—	0.50	—	—	—	—
C93800 抗酸金属	75.0[9]	79.0	13.0	16.0	6.3	7.5	—	0.8	—	0.15	—	0.05[4]	—	1.0[5]	—	0.005	—	—	—	—	—	0.08	—	0.8	—	0.005	—	—
C93900 79-6-15	76.5	79.5[1]	14.0	18.0	5.0	7.0	—	1.5	—	0.40	—	1.5[4]	—	0.8[5]	—	0.005	—	—	—	—	—	0.08	—	0.50	—	0.005	—	—
C94000	69.0	72.0[12]	14.0	16.0	12.0	14.0	—	0.5	—	0.25	—	0.05[4]	0.50	1.0[5]	—	0.005	—	—	—	—	—	0.08[13]	—	0.50	—	0.005	—	—
C94100	72.0[12]	79.0	18.0	22.0	4.5	6.5	—	1.0	—	0.25	—	0.50[4]	—	1.0[5]	—	0.005	—	—	—	—	—	0.08[13]	—	0.8	—	0.005	—	—
C94200 铸造高铝锡青铜	68.5	75.5	3.0	4.0	3.0	4.0	—	3.0	—	0.35	—	—	—	0.50	—	—	—	—	—	—	—	—	—	0.50	—	—	—	—
C94300 软化青铜	67.0	72.0[9]	23.0	27.0	4.5	6.0	—	0.8	—	0.15	—	0.08[4]	—	1.0[5]	—	0.005	—	—	—	—	—	0.08[13]	—	0.80	—	0.005	—	—
C94310	—	余量[9]	27.0	34.0	1.5	3.0	—	0.50	—	0.50	—	0.05[4]	0.25	1.0[5]	—	—	—	—	—	—	—	—	—	0.50	—	—	—	—
C94320	—	余量[9]	24.0	32.0	4.0	7.0	—	—	—	0.35	—	0.10[4]	—	—	—	—	—	—	—	—	—	—	—	0.50	—	—	—	—
C94330	68.5[9]	75.5	21.0	25.0	3.0	4.0	—	3.0	—	0.7	—	0.50[4]	—	0.50[5]	—	—	—	—	—	—	—	—	—	0.50	—	—	—	—
C94400	—	余量[9]	9.0	12.0	7.0	9.0	—	0.8	—	0.15	—	0.50[4]	—	1.0[5]	—	0.005	—	—	—	—	—	0.08	—	0.8	—	0.005	—	—
C94500	—	余量[12]	16.0	22.0	6.0	8.0	—	1.2	—	0.15	—	0.05[4]	—	1.0[5]	—	0.005	—	—	—	—	—	0.08	—	0.8	—	0.005	—	—
C94700[1] 铸造加镍锡青铜	85.0	90.0[12]	—	0.09[14]	4.5	6.0	1.0	2.5	—	0.25	—	0.05	4.5[5]	6.0	—	0.005	—	—	—	0.20	—	0.05	—	0.15	—	0.005	—	—
C94800	84.0[12]	89.0	0.30	1.0	4.5	6.0	1.0	2.5	—	0.25	—	0.05	4.5	6.0[5]	—	0.005	—	—	—	0.20	—	0.05	—	0.15	—	0.005	—	—
C94900	79.0[3]	81.0	4.0	6	4.0	6.0	4.0	6.0	—	0.3	—	0.05	4.0	6.0[5]	—	0.005	—	—	—	0.10	—	0.08	—	0.25	—	0.005	—	—
C95200[1]	86.0[9]	—	—	0.05	—	0.10	—	0.50	2.5	4.0	—	—	—	1.0[5]	8.5	9.5	—	—	—	1.0	—	—	—	—	—	—	—	—
C95210[1]	86.0[9]	—	—	—	—	—	—	—	2.5	4.0	—	—	—	2.5[5]	8.5	9.5	—	—	—	0.50	—	—	—	—	—	—	—	—
C95220[1]	—	余量[6]	—	—	—	—	—	—	2.5	4.0	—	—	—	—	9.5	10.5	—	0.05	—	—	—	—	—	—	—	0.25	—	—
C95300[1]	86.0[9]	—	—	—	—	—	—	—	0.8	1.5	—	—	—	—	9	11	—	—	—	—	—	—	—	—	—	—	—	—
C95400[1]	83.0[6]	—	—	—	—	—	—	—	3.0	5.0	—	—	—	1.5[5]	10	11.5	—	—	—	0.50	—	—	—	—	—	—	—	—
C95410[1]	83.0[6]	—	—	—	—	—	—	—	3.0	5.0	—	—	1.5	2.5[5]	10	11.5	—	—	—	0.50	—	—	—	—	—	—	—	—
C95420[1]	83.5[6]	—	—	—	—	—	—	—	3.0	4.3	—	—	—	0.50[5]	10.5	12.0	—	—	—	0.50	—	—	—	—	—	—	—	—

续表 4 - 81

UNS#	Cu 最小	Cu 最大	Pb 最小	Pb 最大	Sn 最小	Sn 最大	Zn 最小	Zn 最大	Fe 最小	Fe 最大	P 最小	P 最大	Ni 最小	Ni 最大	Al 最小	Al 最大	Mg 最小	Mg 最大	Mn 最小	Mn 最大	S 最小	S 最大	Sb 最小	Sb 最大	Si 最小	Si 最大	其他元素 最小	其他元素 最大
铜铝铁合金																												
C95430①	—	余量	—	—	—	—	—	—	—	—	—	—	—	0.50	10.5	12.0	—	—	—	0.50	—	—	—	—	—	—	—	—
C95500①	78.0⑥	—	—	—	—	—	—	—	3.0	5.0	—	—	3.0	5.5⑤	10	11.5	—	—	—	3.5	—	—	—	—	—	—	—	—
C95510①	78.0⑤	—	—	—	—	0.20	—	0.30	2.0	3.5	—	—	4.5	5.5⑤	9.7	10.9	—	—	—	1.5	—	—	—	—	—	—	—	—
C95520①	74.5⑥	—	—	0.03	—	0.25	—	0.30	4.0	5.5	—	—	4.2	6.0⑤	10.5	11.5	—	—	—	1.5	—	—	—	—	—	0.15	—	Co:0.20 Cr:0.05
C95600①	88.0⑨	—	—	—	—	—	—	—	—	—	—	—	—	0.25⑤	6.0	8.0	—	—	—	—	—	—	—	—	1.8	3.2	—	—
C95700①	71.0⑥	—	—	—	—	—	—	—	2.0	4.0	—	—	1.5⑤	3.0	7.0	8.5	—	—	11.0	14.0	—	—	—	—	—	0.10	—	—
C95710①	71.0⑥	—	—	0.05	—	1.0	—	0.50	2.0	4.0	—	0.05	1.5⑤	3.0	7.0	8.5	—	—	11.0	14.0	—	—	—	—	—	0.15	—	—
C95720①	73.0⑥	—	—	0.03	—	0.10	—	0.10	1.5	3.5	—	—	3.0⑤	6.0	6.0	8.0	—	—	12.0	15.0	—	—	—	—	—	0.10	—	Cr:0.09
铜铝铁合金																												
C95800①	79.0⑥	—	—	0.03	—	—	—	—	3.5⑩	4.5	—	—	4.0	5.0⑩	8.5	9.5	—	—	0.8	1.5	—	—	—	—	—	0.10	—	—
C95810①	79.0⑥	—	—	0.09	—	—	—	0.50	3.5⑩	4.5	—	—	4.0⑩	5.0	8.5	9.5	—	0.05	0.8	1.5	—	—	—	—	—	0.10	—	—
铸造锰青铜																												
C95820①	77.5⑦	—	—	0.02	—	0.20	—	0.20	4.0	5.0	—	—	4.5	5.8⑤	9.0	10.0	—	—	—	1.5	—	—	—	—	—	0.10	—	—
C95900①	—	余量⑥	—	—	—	—	—	—	3.0	5.0	—	—	—	0.50⑤	12	13.5	—	—	—	1.5	—	—	—	—	—	—	—	—

① 被美国环境保护局注册为抗菌材料。
② 测定最小 Cu 含量时，Cu 含量可能包括 Cu + Ni。
③ w(Cu + 所列元素)≥99.4%。
④ 对于连续铸造，P 含量最大应为 1.5%。
⑤ Ni 含量包括 Co。
⑥ w(Cu + 所列元素)≥99.5%。
⑦ w(Cu + 所列元素)≥99.3%。
⑧ w(Cu + 所列元素)≥99.7%。
⑨ w(Cu + 所列元素)≥99.0%。
⑩ 当用于钢背轴承时，Fe 含量最大应为 0.35%。
⑪ w(Cu + 所列元素)≥98.9%。
⑫ w(Cu + 所列元素)≥98.7%。
⑬ 对于连续铸造，S 含量最大应为 0.25%。
⑭ 如果 Pb 含量超过 0.01%，C94700（热处理）的力学性能可能难于实现。
⑮ w(Cu + 所列元素)≥99.8%。
⑯ Fe 含量应不超过 Ni 含量。
⑰ w(Cu + 所列元素)≥99.2%。

表4-82 铸铜镍铁合金牌号与化学成分 (C96000~C96999) (%)

UNS#	Cu 最小	Cu 最大	Pb 最小	Pb 最大	Fe 最小	Fe 最大	Ni 最小	Ni 最大	Be 最小	Be 最大	C 最小	C 最大	Mn 最小	Mn 最大	Si 最小	Si 最大	Nb 最小	Nb 最大	其他元素 最小	其他元素 最大
C96200①	—	余量②	—	0.01	1.0	1.8	9.0③	11.0	—	—	—	0.10	—	1.5	—	0.50	—	1.0④	—	P:0.02 S:0.02
C96300①	—	余量②	—	0.01	0.50	1.5	18.0	22.0③	—	—	—	0.15	0.25	1.5	—	0.50	0.50	1.5	—	P:0.02 S:0.02
C96400① 70-30铜镍	—	余量②	—	0.01	0.25	1.5	28.0	32.0③	—	—	—	0.15	—	1.5	—	0.50	0.50	1.5	—	P:0.02 S:0.02
C96600①	—	余量②	—	0.01	0.80	1.1	29.0	33.0③	0.40	0.7	—	—	—	1.0	—	0.15	—	—	—	—
C96700①	—	余量②	—	0.01	0.40	1.0	29.0	33.0③	1.1	1.2	—	—	0.40	1.0	—	0.15	—	—	Ti:0.15 Zr:0.15	Ti:0.35 Zr:0.35
C96800①②⑤	—	余量②⑤	—	0.005	—	0.50	9.5③	10.5	—	—	—	—	0.05	0.30	—	0.05	0.10	0.30	Sn:7.5 Mg:0.005	Sn:8.5 Zn:1.0 Mg:0.15
C96900①	—	余量②	—	0.02	—	0.50	14.5③	15.5	—	—	—	—	0.05	0.30	—	—	—	0.10	Sn:7.5	Sn:8.5 Zn:0.50 Mg:0.15
C96950①	—	余量②	—	0.02	—	0.50	11.0③	15.5	—	—	—	—	0.05	0.40	—	0.30	—	0.10	Sn:5.8	Sn:8.5 Mg:0.15
C96970①	—	余量②	—	0.02	—	0.50	8.5③	9.5	—	—	—	—	—	0.30	—	—	—	0.10	Sn:5.5	Sn:6.5 Zn:0.50 Mg:0.15

① 被美国环境保护局注册为抗菌材料。
② w(Cu+所列元素)≥99.5%。
③ Ni含量包括Co。
④ 当铸造产品须定用于焊接，并被需方说明时，Nb含量最大应不超过0.40%。
⑤ 系列其他杂质元素的最大限量（质量分数）为：Al：0.10%，B：0.001%，Bi：0.001%，P：0.005%，S：0.0025%，Sb：0.02%，Ti：0.01%。

表 4－83　铸造铜合金（镍银）牌号与化学成分（C97000～C97999）

（%）

UNS#	Cu 最小	Cu 最大	Pb 最小	Pb 最大	Sn 最小	Sn 最大	Zn 最小	Zn 最大	Fe 最小	Fe 最大	Ni 最小	Ni 最大	P 最小	P 最大	Al 最小	Al 最大	Mn 最小	Mn 最大	S 最小	S 最大	Sb 最小	Sb 最大	Si 最小	Si 最大	其他元素 最小	其他元素 最大
C97300	53.0	58.0①	8.0	11.0	1.5	3.0	17.0	25.0	—	1.5	11.0②	14.0	—	0.05	—	0.005	—	0.50	—	0.08	—	0.35	—	0.15	—	—
C97400	58.0①	61.0	4.5	5.5	2.5	3.5	—	余量	—	1.5	15.5	17.0②	—	—	—	—	—	0.50	—	—	—	—	—	—	—	—
C97600	63.0③	67.0	3.0	5.0	3.5	4.5	3.0	9.0	—	1.5	19.0②	21.5	—	0.05	—	0.005	—	1.0	—	0.08	—	0.25	—	0.15	—	—
C97800	64.0	67.0④	1.0	2.5	4	5.5	1.0	4.0	—	1.5	24.0	27.0②	—	0.05	—	0.005	—	1.0	—	0.08	—	0.20	—	0.15	—	—

注：被美国环境保护局注册为抗菌材料。

① w（Cu＋所列元素）≥99.0%。

② Ni 含量包括 Co。

③ w（Cu＋所列元素）≥99.7%。

④ w（Cu＋所列元素）≥99.6%。

表 4－84　铸造铜铅合金牌号与化学成分（C98000～C98999）

（%）

UNS#	Cu 最小	Cu 最大	Pb 最小	Pb 最大	Sn 最小	Sn 最大	Zn 最小	Zn 最大	Fe 最小	Fe 最大	P 最小	P 最大	Ni 最小	Ni 最大	Ag 最小	Ag 最大	Sb 最小	Sb 最大	其他元素 最小	其他元素 最大
C98200	—	余量①	21.0	27.0	0.6	2.0	—	0.50	—	0.7	—	0.10	—	0.50	—	—	—	0.50	—	—
C98400	—	余量①	26.0	33.0	—	0.50	—	0.50	—	0.7	—	0.10	—	0.50	—	1.5	—	0.50	—	—
C98600	60.0	70.0	30.0	40.0	—	0.50	—	—	—	0.35	—	—	—	—	—	1.5	—	—	—	—
C98800	56.5②	62.5③	37.5③	42.5	—	0.25	—	0.10	—	0.35	—	0.02	—	—	—	5.5④	—	—	—	—
C98820	—	余量	40.0	44.0	1.0	5.0	—	—	—	0.35	—	—	—	—	—	—	—	—	—	—
C98840	—	余量	44.0	58.0	1.0	5.0	—	—	—	0.35	—	—	—	—	—	—	—	—	—	—

注：被美国环境保护局注册为抗菌材料。

① w（Cu＋所列元素）≥99.5%。

② Cu 含量包括 Ag。

③ Pb 和 Ag 可以调整和改善合金的硬度。

表4-85 铸造特殊铜合金牌号与化学成分 (C99000～C99999)

(%)

UNS#	Cu 最小	Cu 最大	Pb 最小	Pb 最大	Sn 最小	Sn 最大	Fe 最小	Fe 最大	Ni 最小	Ni 最大	Al 最小	Al 最大	Co 最小	Co 最大	Mn 最小	Mn 最大	Si 最小	Si 最大	其他元素 最小	其他元素 最大
C99300① Incramet 800 Incramet 800	—	余量②	—	0.02	—	0.05	0.4	1.0	13.5	16.5	10.7	11.5	1.0	2.0	—	—	—	0.02	—	—
C99350	—	余量②	—	0.15	—	—	—	1.0	14.5③	16	9.5	10.5	—	—	—	0.25	—	—	Zn:7.5	Zn:9.5
C99400① 非脱锌合金	—	余量②	—	0.09	—	—	1.0	3.0	1.0	3.5	0.5	2.0	—	—	—	0.50	0.50	2.0	Zn:0.50	Zn:5.0
C99500① 特殊合金	—	余量②	—	0.09	—	—	3.0	5.0	3.5	5.5	0.5	2.0	—	—	—	0.50	0.50	2.0	Zn:0.50	Zn:2.0
C99600 Incramute 1 Incramute 1	—	余量②	—	0.02	—	0.10	—	0.20	—	0.20	1.0	2.8	—	0.20	39.0	45.0	—	0.10	—	Zn:0.20 C:0.05
C99700 白色锰黄铜	54.0②	—	—	2.0	—	1.0	—	1.0	4.0	6.0	0.50	3.0	—	—	11.0	15.0	—	—	Zn:19.0	Zn:25.0
C99710① 特殊合金	60.0②④	—	—	0.09	—	1.0	—	1.0	4.0	6.0	—	1.0	—	—	11.0	15.0	—	—	Zn:19.0	Zn:25.0
C99720 特殊合金	54.0	59.0⑤	—	0.05	1.5	2.0	0.6	1.0	5.0	6.0	1.0	1.4	—	—	11.0	14.0	—	0.05	Zn:18.0 Bi:2.0	Zn:24.0 P:0.05 Bi:3.0
C99740 特殊合金	55.0	60.0⑤	—	0.05	1.5	2.0	0.6	1.0	5.0	6.0	1.0	1.4	—	—	11.0	14.0	—	0.05	Zn:17.0	Zn:23.0 P:0.1 Bi:4.0
C99750	55.0	61.0②	0.5	2.5	—	—	—	1.0	—	5.0	0.25	3.0	—	—	17.0	23.0	—	—	Zn:17.0	Zn:23.0

续表 4－85

UNS#	Cu 最小	Cu 最大	Pb 最小	Pb 最大	Sn 最小	Sn 最大	Fe 最小	Fe 最大	Ni 最小	Ni 最大	Al 最小	Al 最大	Co 最小	Co 最大	Mn 最小	Mn 最大	Si 最小	Si 最大	其他元素 最小	其他元素 最大
C99760	61.0⑥	67.0	—	0.09	0.20	1.0	—	0.6	8.0③	12.0	—	0.6	—	—	10.0	16.0	—	0.05	Zn:8.0 Sb:0.10	Zn:14.0 P:0.05 C:0.10 S:0.25 Sb:1.0
C99761 白色合金	58.0	64.0⑥	—	0.09	0.20	1.5	—	0.6	8.0	10.0③	0.1	2.0	—	—	8.0	12.0	—	0.05	Zn:16.0 Sb:0.10	Zn:21.0 P:0.05 C:0.10 S:0.25 Sb:1.0
C99770	66.0	70.0⑥	—	0.09	0.20	1.0	—	0.6	3.0	6.0③	—	0.6	—	—	10.0	16.0	—	0.05	Zn:8.0 Sb:0.10	Zn:14.0 P:0.05 C:0.10 S:0.25 Sb:1.0
C99771 白色合金	62.0⑥	70.0	—	0.09	0.20	1.5	—	0.6	2.0③	4.0	0.01	2.0	—	—	8.0	12.0	—	0.05	Zn:16.0 Sb:0.10	Zn:21.0 P:0.05 C:0.10 S:0.25 Sb:1.0
C99780 特殊合金	62.0⑤	66.0	—	0.05	0.50	2.0	—	0.5	4.0	6.0	0.30	1.0	—	—	12.0	15.0	—	0.05	Zn:16.0 Bi:0.50	Zn:20.0 P:0.05 Bi:2.0

① 被美国环境保护局注册为抗菌材料。
② $w(Cu+所列元素)\geq99.7\%$。
③ Ni 含量包括 Co。
④ Cu 含量包括 Ag。
⑤ $w(Cu+所列元素)\geq99.8\%$。
⑥ $w(Cu+所列元素)\geq99.3\%$。

4.5 日本

4.5.1 牌号表示方法

日本没有制定统一的有色金属牌号表示方法标准，铜及铜合金的牌号表示参照采用了美国铜业发展协会（CDA）的牌号表示方法。

按日本工业标准（JIS）的规定，铜及铜合金加工产品牌号用英文铜 Copper 的首字母 C 加 4 位数字表示，其表示方法与美国铜业发展协会（CDA）制定的方法基本相同。

1 位	2 位	3 位	4 位	5 位

第 1 位 C 表示铜及铜合金。

第 2 位表示合金系列，用数字 1~9 表示，各数字的含义如下：

1——纯铜、高铜系合金；

2——Cu-Zn 系合金；

3——Cu-Zn-Pb 系合金；

4——Cu-Zn-Sn 系合金；

5——Cu-Sn 系合金、Cu-Sn-Pb 系合金；

6——Cu-Al 系合金、Cu-Sn 系合金、特殊 Cu-Zn 系合金；

7——Cu-Ni 系合金、Cu-Ni-Zn 系合金；

8——尚未使用；

9——尚未使用。

第 2、3、4 位为美国铜业发展协会的合金牌号。

第 5 位为 0 时，表示是与 CDA 合金相同的基本合金；为 1~9 时，分别表示是在基本合金基础上发展起来的新合金。

铜及铜合金加工产品的代号，是由其牌号和表示产品形状类别与用途的英文字头或缩写字母组成。

常用的表示加工产品形状类别和用途的英文字头或缩写字母见表 4-86。

表 4-86　表示加工产品形状类别和用途的英文字头或缩写字母

缩写字母	意义	缩写字母	意义
P	板、条、圆板	TW	焊接管
PC	复合板	TWA	电弧焊接管
BE	挤制棒	S	挤压型材
BD	拉制棒	BR	铆钉材料
W	拉制线材	FD	模锻件
TE	挤制无缝管	FH	自由锻件
TD	拉制无缝管		

4.5.2 牌号与化学成分

4.5.2.1 铜冶炼产品

日本制定了电解阴极铜（JISH2121）和铜坯及铸锭（JISH2123）标准，均未用牌号表示，而是直接用产品名称表示，其化学成分分别见表 4-87 和表 4-88。

表 4 – 87　电解阴极铜化学成分　　　　　　　　　　　　（%）

Cu(不小于)	As(不大于)	Sb(不大于)	Bi(不大于)	Pb(不大于)	S(不大于)	Fe(不大于)
99.96	0.003	0.005	0.001	0.005	0.010	0.01

表 4 – 88　铜坯及铸锭化学成分　　　　　　　　　　　　（%）

类　型		Cu(不小于)	P	O(不大于)	其他(不大于)
无氧铜 坯及铸锭	1 类	99.99	≤0.0003	0.001	Pb:0.001 Zn:0.0001 Bi:0.001 Cd:0.0001 Hg:0.0001 S:0.0018 Se:0.001 Te:0.001
	2 类	99.96	—	0.001	—
韧铜坯及铸锭		99.90	—	—	—
磷氧铜 坯及铸锭	1 类	99.90	0.004 ~ 0.015	—	—
	2 类	99.90	0.015 ~ 0.040	—	—

4.5.2.2　加工铜及铜合金

日本加工铜及铜合金牌号从 1977 年起采用"C"加 4 位数字表示。

A　加工铜及高铜

加工铜包括含氧铜（韧铜）、无氧铜、脱氧铜，高铜包括铍铜、钛铜、锡铜、锆铜、铁铜等，共有 17 个牌号，其化学成分见表 4 – 89。

表 4 – 89　加工铜和高铜牌号与化学成分（质量分数）

材料名称	牌　号	化学成分(不大于,注明不小于和范围值者除外)/%		
		Cu(不小于)	其　他　元　素	其 他 规 定
电子管用无氧铜 铜	C1011	99.99	P:0.0003、Pb:0.001、Zn:0.0001、Bi:0.001、Hg:0.0001、 Cd:0.0001、O:0.001、S:0.0018、 Te:0.001、Se:0.001	—
无氧铜	C1020	99.96	O:0.001	—
韧铜	C1100	99.90	—	—
磷脱氧铜	C1201	99.90	P:0.004 ~ 0.015	—
	C1220	99.90	P:0.015 ~ 0.040	—
	C1221	99.75	P:0.004 ~ 0.040	—
印刷用铜	C1401	99.30	Ni:0.10 ~ 0.20	—
铍铜	C1700	—	Ni + Co:0.20 Be:1.6 ~ 1.79	Fe + Ni + Co:0.6, Cu + Be + Fe + Ni + Co 不小于 99.5
	C1720	—	Ni + Co:0.20 Be:1.8 ~ 2.0	
	C1751	—	Be:0.2 ~ 0.6 Ni:1.4 ~ 2.2	Cu + Be + Ni 不小于 99.5

材 料 名 称	牌 号	化学成分(不大于,注明不小于和范围值者除外)/%		
		Cu(不小于)	其 他 元 素	其 他 规 定
钛铜	C1990	—	Ti:2.9 ~ 3.5	Cu + Ti 不小于 99.5
高强铜	C1565	99.90	P:0.02 ~ 0.040	Co:0.040 ~ 0.055
高强铜	C1862	99.40	Sn:0.07 ~ 0.12 Zn:0.02 ~ 0.10 Ni:0.02 ~ 0.06	P:0.046 ~ 0.062 Co:0.16 ~ 0.21
锡铜	C1441	余量	Pb:0.03 Fe:0.02 Sn:0.10 ~ 0.20 Zn:0.10 P:0.001 ~ 0.020	—
锆铜	C1510	余量	Zr:0.05 ~ 0.15	
铁铜	C1921	余量	Fe:0.05 ~ 0.15	P:0.015 ~ 0.050
铁铜	C1940	余量	Pb:0.03	Fe:2.1 ~ 2.6 Zn:0.05 ~ 0.20 P:0.015 ~ 0.150 Cu + Pb + Fe + Zn + P:≥99.8

B 加工黄铜

加工黄铜共有 43 个牌号,其化学成分见表 4 - 90 ~ 表 4 - 92。

表 4 - 90 加工黄铜牌号及化学成分(质量分数)

材 料 名 称	牌号	化学成分(不大于,注明余量和范围值除外)/%					
		Cu	Pb	Fe	Sn	Zn	其他规定
雷管用铜	C2051	98.0 ~ 99.0	0.05	0.05	—	余量	—
红黄铜1种	C2100	94.0 ~ 96.0	0.03	0.05	—	余量	—
红黄铜2种	C2200	89.0 ~ 91.0	0.05	0.05	—	余量	—
红黄铜1种	C2300	84.0 ~ 86.0	0.05	0.05	—	余量	—
红黄铜4种	C2400	78.5 ~ 81.5	0.05	0.05	—	余量	—
造纸卷管黄铜1种 黄铜1种	C2600	68.5 ~ 71.5	0.05	0.05	—	余量	—
黄铜2A种	C2680	64.0 ~ 68.0	0.05	0.05	—	余量	—
造纸卷管黄铜2种 黄铜2种	C2700	63.0 ~ 67.0	0.05	0.05	—	余量	—
黄铜2B种	C2720	62.0 ~ 64.0	0.07	0.07	—	余量	—
造纸卷管黄铜3种 黄铜3种	C2800	59.0 ~ 63.0	0.10	0.07	—	余量	—
黄铜3种	C2801	59.0 ~ 62.0	0.10	0.07	—	余量	—

材 料 名 称	牌号	化学成分(不大于,注明余量和范围值除外)/%					
		Cu	Pb	Fe	Sn	Zn	其他规定
螺纹接套用黄铜	C3501	60.0 ~ 64.0	0.7 ~ 1.7	0.20	—	余量	Fe + Sn:0.40
易切削黄铜 11 种	C3560	61.0 ~ 64.0	2.0 ~ 3.0	0.10	—	余量	—
抗脱锌易切削黄铜	C3531	59.0 ~ 64.0	1.0 ~ 4.0	0.8	2.3	余量	P + Ni + Al + Si + Sb:0.10 ~ 1.9
易切削黄铜 14 种	C3561	57.0 ~ 61.0	2.0 ~ 3.0	0.10	—	余量	—
易切削黄铜特 1 种	C3601	59.0 ~ 63.0	1.8 ~ 3.7	0.30	—	余量	Fe + Sn:0.50
易切削黄铜 1 种	C3602	59.0 ~ 63.0	1.8 ~ 3.7	0.50	—	余量	Fe + Sn:1.0
易切削黄铜特 2 种	C3603	57.0 ~ 61.0	1.8 ~ 3.7	0.35	—	余量	Fe + Sn:0.6
易切削黄铜 2 种	C3604	57.0 ~ 61.0	1.8 ~ 3.7	0.50	—	余量	Fe + Sn:1.0
易切削黄铜 2 种	C3605	56.0 ~ 60.0	3.5 ~ 4.5	0.50	—	余量	Fe + Sn:1.0
易切削黄铜 12 种	C3710	58.0 ~ 62.0	0.6 ~ 1.2	0.10	—	余量	—
锻造用黄铜 1 种	C3712	58.0 ~ 62.0	0.25 ~ 1.2	0.8		余量	—
易切削黄铜 13 种	C3713	58.0 ~ 62.0	1.0 ~ 2.0	0.10	—	余量	—
锻造用黄铜 2 种	C3771	57.0 ~ 61.0	1.0 ~ 2.5	1.0		余量	—
海军黄铜 1 种	C4621	61.0 ~ 64.0	0.20	0.10	0.7 ~ 1.5	余量	—
海军黄铜 1 种	C4622	61.0 ~ 64.0	0.30	0.20	0.7 ~ 1.5	余量	—
海军黄铜 2 种	C4640	59.0 ~ 62.0	0.20	0.20	0.50 ~ 1.0	余量	—
海军黄铜 2 种	C4641	59.0 ~ 62.0	0.50	0.20	0.50 ~ 1.0	余量	—
海军黄铜	C4250	87.0 ~ 90.0	0.05	0.05	1.5 ~ 3.0	余量	P:0.35
海军黄铜	C4450	70.0 ~ 73.0	0.05	0.03	0.8 ~ 1.2	余量	P:0.002 ~ 0.100

表 4 - 91　无铅/镉易切削黄铜牌号与化学成分（质量分数）

材料名称	牌号	化学成分(不大于,注明余量和范围值者除外)/%										
		Cu	Bi	Si	Sn	P	Pb	Zn	Fe	Cd	Se + Al + Sb + Te + Ni	其他规定
无铅/镉易切削	C6801	57.0 ~ 64.0	0.5 ~ 4.0	—	0.1 ~ 2.5	0.2	0.01	余量	0.50	0.0075	—	—
	C6802	57.0 ~ 64.0	0.5 ~ 4.0	—	0.1 ~ 3.0	0.2	>0.01 ~ 0.10	余量	0.7	0.0075	—	—
	C6803	57.0 ~ 64.0	0.5 ~ 4.0	—	0.1 ~ 2.5	0.2	0.01	余量	0.50	0.0075	0.02 ~ 0.6	—
	C6804	57.0 ~ 64.0	0.5 ~ 4.0	—	0.1 ~ 3.0	0.2	>0.01 ~ 0.10	余量	0.7	0.0075	0.02 ~ 0.6	—
	C6932	74.0 ~ 78.0	0.05	2.7 ~ 3.4	0.6	0.05 ~ 0.2	0.10	余量	0.10	0.0075	—	Mn:0.1 Ni:0.2

表 4-92 专用和高强度黄铜牌号及化学成分（质量分数）

材 料 名 称	牌号	化学成分(不大于,注明余量和范围值者除外)/%											
		Cu	Pb	Fe	Sn	Zn	Al	As	Mn	Ni	Si	P	其他规定
乐器用黄铜 11 种	C6711	61.0 ~ 65.0	0.10 ~ 1.0	—	0.7 ~ 1.5	余量	—	—	0.05 ~ 1.0	—	—	—	Fe + Al + Si:1.0
乐器用黄铜 12 种	C6712	58.0 ~ 62.0	0.10 ~ 1.0	—	—	余量	—	—	0.05 ~ 1.0	—	—	—	Fe + Al + Si:1.0
高强度 1 种 黄铜 2 种	C6782	56.0 ~ 60.5	0.50	0.10 ~ 1.0	—	余量	0.20 ~ 2.0	—	0.50 ~ 2.5	—	—	—	—
高强度黄铜 3 种	C6783	55.0 ~ 59.0	0.50	0.20 ~ 1.5	—	余量	0.20 ~ 2.0	—	1.0 ~ 3.0	—	—	—	—
热交换器用黄铜 1 种	C4430	70.0 ~ 73.0	0.05	0.05	0.9 ~ 1.2	余量	—	0.02 ~ 0.06	—	—	—	—	—
热交换器用黄铜 4 种	C6870	76.0 ~ 79.0	0.05	0.05	—	余量	1.8 ~ 2.5	0.02 ~ 0.06	—	—	—	—	—
热交换器用黄铜 2 种	C6871	76.0 ~ 79.0	0.05	0.05	—	余量	1.8 ~ 2.5	0.02 ~ 0.06	—	—	0.20 ~ 0.50	—	—
热交换器用黄铜 3 种	C6872	76.0 ~ 79.0	0.05	0.05	—	余量	1.8 ~ 2.5	0.02 ~ 0.06	—	0.20 ~ 1.0	—	—	—

C 加工青铜

加工青铜共有 19 个牌号，其化学成分见表 4-93 和表 4-94。

表 4-93 磷青铜牌号与化学成分（质量分数）

材料名称	牌号	化学成分(不大于,注明余量和范围值者除外)/%							
		Cu	Pb	Fe	Sn	Zn	Ni	P	其 他
磷青铜	C5010	99.2	—	—	0.58 ~ 0.72	—	—	0.015 ~ 0.040	—
	C5015	99.0	—	—	0.58 ~ 0.72	—	—	0.015 ~ 0.040	Zr:0.04 ~ 0.08
	C5050	—	0.02	0.10	1.0 ~ 1.7	0.20	—	0.15	Cu + Sn + P 不小于 99.5
	C5071	—	0.02	0.10	1.7 ~ 2.3	0.20	0.10 ~ 0.40	0.15	Cu + Sn + Ni + P 不小于 99.5
	C5101	—	—	—	3.5 ~ 4.5	—	—	0.03 ~ 0.35	Cu + Sn + P 不小于 99.5
	C5102	—	0.02	0.10	4.5 ~ 5.5	0.20	—	0.03 ~ 0.35	Cu + Sn + P 不小于 99.5
	C5111	—	0.02	0.10	3.5 ~ 4.5	0.20	—	0.03 ~ 0.35	Cu + Sn + P 不小于 99.5
	C5191	—	0.02	0.10	5.5 ~ 7.0	0.20	—	0.03 ~ 0.35	Cu + Sn + P 不小于 99.5
	C5212	—	0.02	0.10	7.0 ~ 9.0	0.20	—	0.03 ~ 0.35	Cu + Sn + P 不小于 99.5
	C5240	—	0.02	0.10	9.0 ~ 11.0	0.20	—	0.03 ~ 0.35	Cu + Sn + P 不小于 99.5
易切削 磷青铜	C5341	—	0.8 ~ 1.5	—	3.5 ~ 5.8	—	—	0.03 ~ 0.35	Cu + Sn + Pb + P 不小于 99.5
	C5441	—	3.5 ~ 4.0	—	3.0 ~ 4.5	1.5 ~ 4.5	—	0.01 ~ 0.50	Cu + Sn + Pb + Zn + P 不小于 99.5

表 4 - 94　铝青铜和硅青铜牌号及化学成分（质量分数）

材料名称	牌号	化学成分(不大于,注明余量和范围值者除外)/%										
		Cu	Pb	Fe	Sn	Zn	Al	Mn	Ni	Si	P	其 他 规 定
铝青铜 1 种	C6161	83.0 ~ 90.0	0.02	2.0 ~ 4.0	—	—	7.0 ~ 10.0	0.50 ~2.0	0.50 ~2.0	—	—	Cu + Al + Fe + Ni + Mn 不小于 99.5
铝青铜 2 种	C6191	81.0 ~ 88.0	—	3.0 ~ 5.0	—	—	8.5 ~ 11.0	0.50 ~2.0	0.50 ~2.0	—	—	Cu + Al + Fe + Ni + Mn 不小于 99.5
铝青铜	C6140	88.0 ~ 92.5	0.01	1.5 ~ 3.5	—	0.20	6.0 ~ 8.0	1.0	—	—	—	Cu + Pb + Fe + Zn + Al + Mn + P 不小于 99.5
铝青铜 3 种	C6241	80.0 ~ 87.0	—	3.0 ~ 5.0	—	—	9.0 ~ 12.0	0.50 ~2.0	0.50 ~2.0	—	—	Cu + Al + Fe + Ni + Mn 不小于 99.5
铝青铜 4 种	C6280	78.0 ~ 85.0	0.02	1.5 ~ 3.5	—	—	8.0 ~ 11.0	0.50 ~2.0	4.0 ~ 7.0	—	—	Cu + Al + Fe + Ni + Mn 不小于 99.5
铝青铜 5 种	C6301	77.0 ~ 84.0	—	3.5 ~ 6.0	—	—	8.5 ~ 10.5	0.50 ~2.0	3.5 ~ 6.0	—	—	Cu + Al + Fe + Ni + Mn 不小于 99.5
硅青铜	C6561			1.0	0.50 ~1.5	—	—	—	—	2.5 ~ 3.5		Cu + Si + Sn 不小于 99.5

D　加工白铜

加工白铜共有 12 个牌号，其化学成分见表 4 - 95。

表 4 - 95　加工白铜牌号及化学成分（质量分数）

材料名称	牌号	化学成分(不大于,注明余量和范围值者除外)/%						
		Cu	Pb	Fe	Zn	Mn	Ni	其 他 规 定
热交换器用白铜 1 种	C7060	—	0.02	1.0 ~ 1.8	0.50	0.20 ~ 1.0	9.0 ~ 11.0	Cu + Ni + Fe + Mn 不小于 99.5
热交换器用白铜 2 种	C7100	—	0.05	0.50 ~ 1.0	0.50	0.20 ~ 1.0	19.0 ~ 23.0	Cu + Ni + Fe + Mn 不小于 99.5
热交换器用白铜 3 种	C7150	—	0.02	0.40 ~ 1.0	0.50	0.20 ~ 1.0	29.0 ~ 33.0	Cu + Ni + Fe + Mn 不小于 99.5
热交换器用白铜 2 种	C7164	—	0.05	1.7 ~ 2.3	0.50	1.5 ~ 2.5	29.0 ~ 32.0	Cu + Ni + Fe + Mn 不小于 99.5
锌白铜 1 种	C7351	70.0 ~ 75.0	0.03	0.25	余量	0.50	16.5 ~ 19.5	—
锌白铜 4 种	C7451	63.0 ~ 67.0	0.03	0.25	余量	0.50	8.5 ~ 11.5	—
锌白铜 2 种	C7521	62.0 ~ 66.0	0.03	0.25	余量	0.50	16.5 ~ 19.5	—
锌白铜 3 种	C7541	60.0 ~ 64.0	0.03	0.25	余量	0.50	12.5 ~ 15.5	—
弹簧用锌白铜 特种锌白铜	C7701	54.0 ~ 58.0	0.03	0.25	余量	0.50	16.5 ~ 19.5	—
易切削锌白铜	C7941	60.0 ~ 64.0	0.8 ~ 1.8	0.25	余量	0.50	16.5 ~ 19.5	—
弹簧用铜镍锡合金	C7270	余量	0.02	0.50	—	0.50	8.5 ~ 9.5	Sn:5.5 ~ 6.5
弹簧用铜镍锡合金	C7250	余量	0.05	0.6	0.50	0.20	8.5 ~ 10.5	Sn:1.8 ~ 2.8 Cu + Pb + Fe + Sn + Zn + Mn + Ni 不小于 99.8

4.5.2.3　铸造铜合金

铸造铜合金共有 33 个牌号，其化学成分见表 4 - 96。

表4-96 铸造铜合金牌号与化学成分

(%)

牌号	Cu	Sn	Pb	Zn	Bi	Se	Fe	Ni	P	Al	Mn	Si	Sb	S
CACIn201	83.0~88.0	≤0.1	≤0.5	余量	—	—	≤0.2	≤0.2	—	≤0.2	—	—	—	—
CACIn202	65.0~70.0	≤1.0	0.5~3.0	余量	—	—	≤0.6	≤1.0	—	≤0.5	—	—	—	—
CACIn203	58.0~64.0	≤1.0	0.5~3.0	余量	—	—	≤0.6	≤1.0	—	≤0.5	—	—	—	—
CACIn301	55.0~60.0	≤1.0	≤0.4	余量	—	—	0.5~1.5	≤1.0	—	0.5~1.5	0.1~1.5	≤0.1	—	—
CACIn302	55.0~60.0	≤1.0	≤0.4	余量	—	—	0.5~2.0	≤1.0	—	0.5~2.0	0.1~3.5	≤0.1	—	—
CACIn303	60.0~65.0	≤0.5	≤0.2	余量	—	—	2.0~4.0	≤0.5	—	3.0~5.0	2.5~5.0	≤0.1	—	—
CACIn304	60.0~65.0	≤0.2	≤0.2	余量	—	—	2.0~4.0	≤0.5	—	5.0~7.5	2.5~5.0	≤0.1	—	—
CACIn401①⑧	79.0~83.0	2.0~4.0	3.0~7.0	8.0~12.0	—	—	≤0.35	≤0.8	≤0.03	≤0.005	—	≤0.005	≤0.2	—
CACIn402②⑧	86.0~90.0	7.0~9.0	≤1.0	3.0~5.0	—	—	≤0.2	≤0.8	≤0.03	≤0.005	—	≤0.005	≤0.2	—
CACIn403②⑧	86.5~89.5	9.0~11.0	≤1.0	1.0~3.0	—	—	≤0.2	≤0.8	≤0.03	≤0.005	—	≤0.005	≤0.2	—
CACIn406①⑧	83.0~87.0	4.0~6.0	4.0~6.0	4.0~6.0	—	—	≤0.3	≤0.8	≤0.03	≤0.005	—	≤0.005	≤0.2	—
CACIn407③⑧	86.0~90.0	5.0~7.0	1.0~3.0	3.0~5.0	—	—	≤0.2	≤0.8	≤0.03	≤0.005	—	≤0.005	≤0.2	—
CACIn408①⑧	84.0~88.0	4.0~6.0	2.0~<4.0	5.0~7.0	—	—	≤0.3	≤0.8	≤0.03	≤0.005	—	≤0.005	≤0.2	—
CACIn411⑦	90.0~96.0	3.0~5.0	≤0.1	1.0~3.0	—	—	≤0.3	0.1~1.0	≤0.05	≤0.005	—	≤0.005	≤0.2	—
CACIn502④⑧	87.0~91.0	9.0~12.0	≤0.3	≤0.3	—	—	≤0.2	≤0.5	≤0.1	≤0.005	—	≤0.005	≤0.05	—
CACIn503④⑧	84.0~88.0	12.0~15.0	≤0.3	≤0.3	—	—	≤0.2	≤0.5	≤0.1	≤0.005	—	≤0.005	≤0.05	—
CACIn602⑤⑧	82.0~86.0	9.0~11.0	4.0~6.0	≤1.0	—	—	≤0.2	≤1.0	≤0.05	≤0.005	—	≤0.005	≤0.3	—
CACIn603⑤⑧	77.0~81.0	9.0~11.0	9.0~11.0	≤1.0	—	—	≤0.2	≤1.0	≤0.05	≤0.005	—	≤0.005	≤0.5	—
CACIn604⑤⑧	74.0~78.0	7.0~9.0	14.0~16.0	≤1.0	—	—	≤0.2	≤1.0	≤0.05	≤0.005	—	≤0.005	≤0.5	0.2~0.6
CACIn605⑤⑧	70.0~76.0	6.0~8.0	16.0~22.0	≤1.0	—	—	≤0.2	≤1.0	≤0.05	≤0.005	—	≤0.005	≤0.5	—

续表4-96

牌号	Cu	Sn	Pb	Zn	Bi	Se	Fe	Ni	P	Al	Mn	Si	Sb	S
CACln701⑥	≥85.0	≤0.1	≤0.1	≤0.5	—	—	1.0~3.0	0.1~1.0	—	8.0~10.0	0.1~1.0	—	—	—
CACln702⑥	≥80.0	≤0.1	≤0.1	≤0.5	—	—	2.5~5.0	1.0~3.0	—	8.0~10.5	0.1~1.5	—	—	—
CACln703⑥	≥78.0	≤0.1	≤0.1	≤0.5	—	—	3.0~6.0	3.0~6.0	—	8.5~10.5	0.1~1.5	—	—	—
CACln704⑥	≥71.0	≤0.1	≤0.1	≤0.5	—	—	2.0~5.0	1.0~4.0	—	6.0~9.0	7.0~15.0	—	—	—
CACln801	84.0~88.0	—	≤0.1	9.0~11.0	—	—	—	—	—	≤0.5	—	3.5~4.5	—	—
CACln802	78.5~82.5	—	≤0.3	14.0~16.0	—	—	—	—	—	≤0.3	—	4.0~5.0	—	—
CACln803	80.0~84.0	—	≤0.2	13.0~15.0	—	—	≤0.3	—	—	≤0.3	≤0.2	3.2~4.2	—	—
CACln804	74.0~78.0	≤0.6	≤0.1	18.5~22.5	≤0.1	≤0.1	≤0.1	≤0.15	0.05~0.2	—	≤0.1	2.7~3.4	≤0.1	—
CACln901⑧	86.0~90.6	4.0~6.0	≤0.1	4.0~8.0	>0.4~1.0	<0.10	≤0.3	≤0.8	≤0.03	≤0.005	—	≤0.005	≤0.3	—
CACln902⑧	84.5~90.0	4.0~6.0	≤0.1	4.0~8.0	>1.0~2.5	<0.10	≤0.3	≤0.8	≤0.03	≤0.005	—	≤0.005	≤0.3	—
CACln903⑧	83.5~88.5	4.0~6.0	≤0.1	4.0~8.0	>2.5~3.5	<0.10	≤0.3	≤0.8	≤0.03	≤0.005	—	≤0.005	≤0.3	—
CACln904⑨	82.5~87.5	3.0~5.0	≤0.1	6.0~9.0	1.0~2.0	<0.10	≤0.3	1.5~2.5	≤0.03	≤0.005	—	≤0.005	≤0.3	—
CACln911⑧	83.0~90.6	3.5~6.0	≤0.1	4.0~9.0	0.8~2.5	0.1~0.5	≤0.3	≤0.8	≤0.03	≤0.005	—	≤0.005	≤0.2	—

① w(Cu+Sn+Zn+Pb+Ni)≥99.0%。
② w(Cu+Sn+Zn+Ni)≥99.5%。
③ w(Cu+Sn+Zn+Pb+Ni)≥99.5%。
④ w(Cu+Sn+P+Ni)≥99.5%。
⑤ w(Cu+Sn+Pb+Ni)≥98.5%。
⑥ w(Cu+Al+Fe+Ni+Mn)≥99.5%。
⑦ w(Cu+Sn+Zn+Ni+S)≥99.5%。
⑧ 当铜含量在下限值不理想时，可用Cu+Ni计量，同时，Ni含量要满足限极值要求。
⑨ w(Cu+Sn+Zn+Bi+Ni)≥99.5%。

第5章 铅及铅合金牌号与化学成分

5.1 中国

5.1.1 铅冶炼产品

5.1.1.1 粗铅

采用冶炼炉熔炼生产，主要用作生产铅锭的原料有3个牌号，其化学成分应符合表5-1的规定（YS/T 71—2013）。

表5-1 粗铅的牌号与化学成分

牌 号	化学成分(质量分数)/%		
	Pb 含量(不小于)	杂质含量(不大于)	
		Sb	As
Pb98.0C	98.0	0.8	0.6
Pb96.0C	96.0	0.9	0.7
Pb94.0C	94.0	1.0	0.9

5.1.1.2 铅锭

用电解法或火法精炼生产的铅锭，主要供蓄电池、电缆、合金等工业用。分为Pb99.994、Pb99.990、Pb99.985、Pb99.970、Pb99.940等5个牌号，其化学成分应符合表5-2的规定（GB/T 469—2013）。

表5-2 铅锭的牌号与化学成分

牌号	化学成分(质量分数)/%											
	Pb (不小于)	杂质(不大于)										
		Ag	Cu	Bi	As	Sb	Sn	Zn	Fe	Cd	Ni	总和
Pb99.994	99.994	0.0008	0.001	0.004	0.0005	0.0007	0.0005	0.0004	0.0005	0.0002	0.0002	0.006
Pb99.990	99.990	0.0015	0.001	0.010	0.0005	0.0008	0.0005	0.0004	0.0010	0.0002	0.0002	0.010
Pb99.985	99.985	0.0025	0.001	0.015	0.0005	0.0008	0.0005	0.0004	0.0010	0.0002	0.0005	0.015
Pb99.970	99.970	0.0050	0.003	0.030	0.0010	0.0010	0.0010	0.0005	0.0020	0.0010	0.0010	0.030
Pb99.940	99.940	0.0080	0.005	0.060	0.0010	0.0010	0.0010	0.0005	0.0020	0.0020	0.0020	0.060

注：Pb含量为100%减去表5-2中所列杂质实测总和的余量。

5.1.1.3 蓄电池板栅用铅锑合金锭

蓄电池板栅用铅锑合金锭按组成合金的化学成分可分为PBSB1、PBSB2、PBSB3、PBSB4、PBSB5等5个牌号。其化学成分应符合表5-3的规定（YS/T 915—2013）。

5.1.1.4 蓄电池板栅用铅钙合金锭

蓄电池板栅用铅钙合金锭按化学成分分为PC1、PC2、PC3、PC4、PC5、PC6等六个牌号。其化学成分应符合表5-4的规定（GB/T 26045—2010）。

5.1.1.5 电缆护套用铅锭

电缆护套用铅合金锭共有HTP1、HTP2、HTP3、HTP4、HTP5、HTP6等6个牌号。其化学成分应符合表5-5的规定（GB/T 26011—2010）。

表 5-3　蓄电池板栅用铅锑合金锭的化学成分

牌号	主要成分/%					杂质含量(不大于)/%						
	Pb	Sb	Sn	Cu	Se	S	Ag	Bi	Zn	Fe	Ni	Cd
PBSB1	余量	1.6~1.8			0.01~0.03							
PBSB2	余量	2.3~2.7										
PBSB3	余量	2.8~3.2	0.03~0.3	0.02~0.1		0.003	0.01	0.03	0.0015	0.001	0.002	0.002
PBSB4	余量	3.5~4.5			≤0.01							
PBSB5	余量	5.5~6.5										

注：铅的含量为 100% 减去表 5-3 中所列合金成分及杂质含量总和的余量。

表 5-4　蓄电池板栅用铅钙合金锭的牌号及化学成分

牌号	主要成分/%				杂质成分(不大于)/%								
	Ca	Sn	Al	Pb	Fe	Cu	Zn	Sb	As	Bi	Ni	Cd	Ag
PC1	0.06~0.10	0.05~0.1	0.02~0.05	余量									
PC2	0.09~0.12	0.15~0.3	0.005~0.01	余量									
PC3	0.10~0.12	0.5~0.6	0.02~0.04	余量	0.002	0.002	0.002	0.001	0.002	0.008	0.002	0.002	0.002
PC4	0.06~0.08	0.7~1.0	0.02~0.04	余量									
PC5	0.08~0.10	1.1~1.2	0.02~0.04	余量									
PC6	0.05~0.08	1.4~1.8	0.01~0.03	余量									

表 5-5　电缆护套用铅合金锭的牌号及化学成分

牌号	化学成分/%												
	Sb	Cu	Sn	Te	As	Ag	Cd	Bi	Zn	Mg	Fe	Ni	Pb
HTP1	0.20~0.30	0.01	0.10~0.35	0.02~0.10	0.001	0.005	0.005	0.005	0.002	0.005	0.001	0.01	余量
HTP2	0.30~0.50	0.01	0.10~0.35	0.02~0.10	0.001	0.005	0.005	0.005	0.002	0.005	0.001	0.01	余量
HTP3	0.50~1.0	0.03~0.05	0.005	—	0.001	0.005	0.005	0.003	0.001	—	—	0.01	余量
HTP4	0.40~0.70	0.01~0.10	0.01	0.02~0.10	0.001	0.005	0.005	0.005	0.002	0.005	0.001	0.01	余量
HTP5	—	0.02~0.05	0.01	0.03~0.10	0.001	0.005	0.005	0.001	0.03	0.001	0.005	0.01	余量
HTP6	0.10~0.30	0.002	0.25~0.55	0.005	0.001	0.005	0.005	0.005	0.002	0.005	—	0.01	余量

注：表 5-5 中所列范围值为合金元素；单个值为杂质元素且是最高限量。

5.1.1.6　高纯铅

高纯铅按化学成分分为 Pb-05、Pb-06 两个牌号，其化学成分应符合表 5-6 的规定(YS/T 265—2012)。

表 5-6　高纯铅的牌号与化学成分

牌号	化 学 成 分												
	Pb 含量(不小于)/%	杂质含量(不大于)/10^{-4}%											
		As	Fe	Cu	Bi	Sn	Sb	Ag	Mg	Al	Cd	Zn	Ni
Pb-05	99.999	0.3	0.5	0.8	1.0	0.5	0.5	0.5	0.5	0.5	0.5	1.0	0.5
Pb-06	99.9999	0.1	0.05	0.05	0.1	0.05	0.1	0.05	0.1	0.1	0.1	0.1	0.1

注：1. Pb-05、Pb-06 牌号中的铅含量为 100% 减去表 5-6 中所列杂质元素实测总和的余量。

　　2. 表 5-6 中未规定的其他杂质元素，或由供需双方协商确定。

5.1.1.7　再生铅及铅合金锭

再生铅及铅合金锭按化学成分分为 7 个牌号：ZSPb99.994、ZSPb99.992、ZSPbSb1、ZSPbSb2、ZSPb-Ca 、ZSPbSn1、ZSPbSn2，其化学成分应符合表 5-7 的规定（GB/T 21181—2016）。

表 5 - 7 再生铅及铅合金锭的牌号与化学成分

类 别	牌 号	主 要 成 分					化学成分/%										
								杂质含量(不大于)									杂质(合计)
		Pb	Sb	Ca	Sn	Al	Ag	Cu	Bi	As	Sb	Sn	Zn	Fe	Cd	Ni	
再生铅	ZSPb99.994	≥99.994	—	—	—	—	0.0008	0.0004	0.003	0.0002	0.0005	0.0003	0.0002	0.0002	—	—	0.006
	ZSPb99.992	≥99.992	—	—	—	—	0.001	0.0004	0.004	0.0004	0.0005	0.0004	0.0004	0.0004	0.0002	0.0002	0.008
再生铅合金 铅锑合金	ZSPbSb1	余量	1.5～3.5	—	0.10～0.25	—	0.01	0.03	0.02	0.01	—	—	0.001	0.001	0.001	0.001	—
	ZSPbSb2	余量	3.6～7.5	—	0.26～0.50	—	0.02	0.05	0.03	0.02	—	—	0.001	0.001	0.001	0.001	—
铅钙合金	ZSPbCa	余量	—	0.06～0.12	0.05～1.80	0.01～0.04	0.001	0.002	0.008	0.001	0.005	—	0.001	0.001	0.001	0.001	—
铅锡合金	ZSPbSn1	余量	—	—	1.5～3.5	—	—	0.03	0.03	0.03	0.1	—	0.002	0.02	—	—	—
	ZSPbSn1	余量	—	—	3.6～7.5	—	—	0.03	0.03	0.03	0.1	—	0.002	0.02	—	—	—

注：牌号表示方法："ZS"为"再生"的汉语拼音首字母。

5.1.2　加工铅及铅合金

5.1.2.1　铅阳极板

电解沉积用铅阳极板共有 9 个牌号，其化学成分应符合表 5 - 8 的规定（YS/T 498—2006）。湿法冶金铜电积用阳极板共有 4 个牌号，其化学成分应符合表 5 - 9 的规定（YS/T 1089—2015）。

表 5 - 8　电解沉积用铅阳极板的牌号与化学成分

牌号	主要成分/%			杂质含量(不大于)/%									
	Pb	Ag	Sb	Ag	Sb	Cu	As	Sn	Bi	Fe	Zn	Mg + Ca + Na	杂质（合计）
Pb1	≥99.994	—	—	0.0005	0.001	0.001	0.0005	0.001	0.003	0.0005	0.0005	—	0.006
Pb2	≥99.9	—	—	0.002	0.05	0.01	0.01	0.005	0.03	0.002	0.002	—	0.1
PbAg1		0.9 ~ 1.1	—	—	0.004	0.001	0.002	0.002	0.006	0.002	0.001	0.003	0.02
PbSb0.5		—	0.3 ~ 0.8	—	—	—	0.005	0.008	0.06	0.005	0.005	—	0.15
PbSb1		—	0.8 ~ 1.3	—	—	—	0.005	0.008	0.06	0.005	0.005	—	0.15
PbSb2	余量	—	1.5 ~ 2.5	—	—	—	0.01	0.008	0.06	0.005	0.005	—	0.2
PbSb4		—	3.5 ~ 4.5	—	—	—	0.01	0.008	0.06	0.005	0.005	—	0.2
PbSb6		—	5.5 ~ 6.5	—	—	—	0.015	0.01	0.08	0.01	0.01	—	0.3
PbSb8		—	7.5 ~ 8.5	—	—	—	0.015	0.01	0.08	0.01	0.01	—	0.3

注：铅含量为 100% 减去各元素含量的总和。

表 5 - 9　湿法冶金铜电积用阳极板面的牌号与化学成分

牌号	化学成分(质量分数)/%										
	合金成分					杂质含量(不大于)					
	Pb	Sn	Ca	Sr	Sb	Cu	Sb	As	Bi	Fe	Zn
PbSb			—	—	3.0 ~ 7.5	0.001	—	0.01	0.08	0.001	0.001
PbCa	余量	—	0.04 ~ 1.0	—	—	0.001	0.001	0.001	0.005	0.001	0.001
PbCaSn		0.5 ~ 4.0	0.04 ~ 0.2	—	—	0.001	0.001	0.001	0.025	0.001	0.001
PbCaSnSr			0.04 ~ 0.2	0.002 ~ 0.1	—	0.001	0.001	0.001	0.025	0.001	0.001

5.1.2.2　铅及铅锑合金管、棒、线

铅及铅锑合金管、棒、线共包括了 7 个合金牌号，具体化学成分应符合表 5 - 10 的规定（GB/T 1472—2014 和 YS/T 636—2007）。

表 5 - 10　铅及铅锑合金管、棒、线牌号与化学成分

牌号	主要成分/%		杂质含量(不大于)/%								
	Pb	Sb	Ag	Cu	Sb	As	Bi	Sn	Zn	Fe	杂质（合计）
Pb1	≥99.994	—	0.0005	0.001	0.001	0.0005	0.003	0.001	0.0005	0.0005	0.006
Pb2	≥99.9	—	0.002	0.01	0.05	0.01	0.03	0.005	0.002	0.002	0.10
PbSb0.5		0.3 ~ 0.8	—	—	—	0.005	0.06	0.008	0.005	0.005	0.15
PbSb2		1.5 ~ 2.5	—	—	—	0.010	0.06	0.008	0.005	0.005	0.2
PbSb4	余量	3.5 ~ 4.5	—	—	—	0.010	0.06	0.008	0.005	0.005	0.2
PbSb6		5.5 ~ 6.5	—	—	—	0.015	0.08	0.01	0.01	0.01	0.3
PbSb8		7.5 ~ 8.5	—	—	—	0.015	0.08	0.01	0.01	0.01	0.3

注：铅含量按 100% 减去所列元素含量的总和计算，所得结果不再进行修约。

5.1.2.3　铅及铅锑合金板

铅及铅锑合金板共包括纯铅、铅锑合金、硬铅锑合金、特硬铅锑合金四组 19 个牌号，其化学成分应符合表 5 - 11 的规定（GB/T 1470—2014）。

表 5 – 11　铅及铅锑合金板的牌号与化学成分

组别	牌号	主要成分/%						杂质含量（不大于）/%										
		Pb[①]	Ag	Sb	Cu	Sn	Te	Sb	Cu	As	Sn	Bi	Fe	Zn	Mg+Ca	Se	Ag	杂质总和
纯铅	Pb1	≥99.992	—	—	—	—	—	0.001	0.001	0.0005	0.001	0.004	0.0005	0.0005	—	—	0.0005	0.008
	Pb2	≥99.90	—	—	—	—	—	0.05	0.01	0.01	0.005	0.03	0.002	0.002	—	—	0.002	0.10
铅锑合金	PbSb0.5	余量	—	0.3~0.8	—	—	—	杂质总和不大于 0.3										
	PbSb1		—	0.8~1.3	—	—	—											
	PbSb2		—	1.5~2.5	—	—	—											
	PbSb4		—	3.5~4.5	—	—	—											
	PbSb6		—	5.5~6.5	—	—	—											
	PbSb8		—	7.5~8.5	—	—	—											
硬铅锑合金	PbSb4-0.2-0.5		—	3.5~4.5	0.05~0.2	0.05~0.5	—											
	PbSb6-0.2-0.5		—	5.5~6.5	0.05~0.2	0.05~0.5	—											
	PbSb8-0.2-0.5		—	7.5~8.5	0.05~0.2	0.05~0.5	—											
特硬铅锑合金	PbSb1-0.1-0.05		0.01~0.5	0.5~1.5	0.05~0.2	—	0.04~0.1											
	PbSb2-0.1-0.05		0.01~0.5	1.6~2.5	0.05~0.2	—	0.04~0.1											
	PbSb3-0.1-0.05		0.01~0.5	2.6~3.5	0.05~0.2	—	0.04~0.1											
	PbSb4-0.1-0.05		0.01~0.5	3.6~4.5	0.05~0.2	—	0.04~0.1											
	PbSb5-0.1-0.05		0.01~0.5	4.6~5.5	0.05~0.2	—	0.04~0.1											
	PbSb6-0.1-0.05		0.01~0.5	5.6~6.5	0.05~0.2	—	0.04~0.1											
	PbSb7-0.1-0.05		0.01~0.5	6.6~7.5	0.05~0.2	—	0.04~0.1											
	PbSb8-0.1-0.05		0.01~0.5	7.6~8.5	0.05~0.2	—	0.04~0.1											

注：杂质总和为表 5 – 11 中所列杂质之和。

① 铅含量按 100% 减去所列杂质含量的总和计算，所得结果不再进行修约。

5.1.2.4　铅及铅合金箔

铅及铅合金箔共有 11 个牌号，其化学成分应符合表 5-12 的规定（YS/T 523—2011）。

表 5-12　铅及铅合金箔牌号与化学成分

牌号	主要成分/%				杂质含量(不大于)/%											
	Sn	Pb	Sb	Zn	As	Fe	Cu	Pb	Bi	Sb	S	Ag	Sn	Zn	Cd	杂质总和
Pb2	—	≥99.99	—	—	0.001	0.001	0.001	—	0.005	0.001	—	0.0005	0.001	0.001	—	0.01
Pb3	—	≥99.98	—	—	0.002	0.002	0.001	—	0.006	0.004	—	0.001	0.002	0.001	—	0.02
Pb4	—	≥99.95	—	—	0.002	0.003	0.001	—	0.03	0.005	—	0.0015	0.002	0.002	—	0.05
Pb5	—	≥99.9	—	—	0.005	0.005	0.002	—	0.06	Sb + Sn：0.01	—	0.002	—	0.005	—	0.1
PbSb3.5	—	余量	3.0~4.5	—	—	—	—	—	—	—	—	—	Sn + Cu：0.5	—	—	—
PbSb3-1	0.5~1.5	余量	2.5~3.5	—	—	—	—	—	—	—	—	—	—	—	—	—
PbSb6-5	4.5~5.5	余量	5.5~6.5	—	—	—	—	—	—	—	—	—	—	—	—	—
PbSn2-2	1.5~2.5	余量	1.5~2.5	—	—	—	—	—	—	—	—	—	—	—	—	—
PbSn4.5-2.5	4.0~5.0	余量	2.0~3.0	—	—	—	—	—	—	—	—	—	—	—	—	—
PbSn6.5	5.0~8.0	余量	—	—	—	—	—	—	—	—	—	—	—	—	—	—
PbSn45	44.5~45.5	余量	—	—	—	—	—	—	—	—	—	—	—	—	—	—

5.1.3　铸造铅合金

铸造铅合金主要用于双金属轴承，共有 5 个牌号，其化学成分应符合表 5-13 的规定（GB/T 8470—2013）。

表 5-13　铸造轴承合金锭牌号及化学成分

类别	牌号	化学成分/%									
		Sn	Pb	Sb	Cu	Fe	As	Bi	Zn	Al	Cd
铅基合金	PbSb16Sn1As1	0.80~1.20	余量	14.50~17.50	0.6	0.10	0.80~1.40	0.10	0.0050	0.0050	0.050
	PbSb16Sn16Cu2	15.00~17.00	余量	15.00~17.00	1.50~2.00	0.10	0.25	0.10	0.0050	0.0050	0.050
	PbSb15Sn10	9.30~10.70	余量	14.00~16.00	0.50	0.10	0.30~0.60	0.10	0.0050	0.0050	0.050
	PbSb15Sn5	4.50~5.50	余量	14.00~16.00	0.50	0.10	0.30~0.60	0.10	0.0050	0.0050	0.050
	PbSb10Sn6	5.50~6.50	余量	9.50~10.50	0.50	0.10	0.25	0.10	0.0050	0.0050	0.050

注：表 5-13 内没有标明范围的值都是最大值。

5.2　国际标准化组织

到目前为止，国际标准化组织没有制定铅及铅合金的牌号或标准。

5.3　欧盟

5.3.1　铅锭

铅锭共有 4 个牌号，其化学成分见表 5 - 14（EN12659—1999）。

表 5 - 14　铅的化学成分（质量分数）　　　　　　　（%）

物料数字牌号	打印用缩写①	铅含量	元素（不大于）									总量
			Ag	As	Bi	Cd	Cu	Ni	Sb	Sn	Zn	
PB990R	990R	99.990	0.0015	0.0005	0.0100	0.0002	0.0005	0.0002	0.0005	0.0005	0.0002	0.010
PB985R	985R	99.985	0.0025	0.0005	0.0150	0.0002	0.0010	0.0005	0.0005	0.0005	0.0002	0.015
PB970R	970R	99.970	0.0050	0.0010	0.030	0.0010	0.0030	0.0010	0.0010	0.0010	0.0005	0.030
PB940R	940R	99.940	0.0080	0.0010	0.060	0.0020	0.0050	0.0020	0.0010	0.0010	0.0005	0.060

注：1. 所表示的铅含量为：100 -（杂质总量）。

　　2. 对于某些应用来说，需方可以要求某一杂质含量低于表 5 - 14 规定的最大值，另外，也可以就表 5 - 14 未列出的元素做出规定。

① 如果将数字牌号的 6 个字母全部打印到锭上有实际困难，则可以使用这个缩写。

5.3.2　电缆护套和套筒用铅合金锭

电缆护套和套筒用铅合金锭共有 16 个牌号，其化学成分符合表 5 - 15 的规定（EN12548：1999）。

表 5 - 15　电缆护套用铅合金锭化学成分　　　　　　　（%）

牌号	代号	合金元素									杂质(不大于)									
		As	Bi	Ca	Cd	Cu	Sb	Sn	Te	Pb	Ag	As	Bi	Cd	Cu	Ni	Sb	Sn	Te	Zn
Pb001k	001k	—	—	—	—	—	0.80 ~ 0.95	—	—	余量	0.005	0.005	0.05	0.001	0.003	0.001	—	0.01	0.002	0.0005
Pb002k	002k	—	—	—	—	—	0.50 ~ 0.60	—	—	余量	0.005	0.005	0.05	0.001	0.003	0.001	—	0.005	0.002	0.0005
Pb011k	011k	—	—	—	0.14 ~ 0.16	—	—	0.35 ~ 0.45	—	余量	0.0025	0.001	0.015	—	0.003	0.0005	0.003	—	0.002	0.0005
Pb012k	012k	—	—	—	0.06 ~ 0.09	—	—	0.17 ~ 0.23	—	余量	0.0025	0.001	0.015	—	0.003	0.0005	0.003	—	0.002	0.0005
Pb021k	021k	—	—	—	—	—	0.15 ~ 0.25	0.35 ~ 0.45	—	余量	0.005	0.001	0.03	0.001	0.003	0.001	—	—	0.002	0.0005
Pb022k	022k	—	—	—	—	—	0.06 ~ 0.10	0.35 ~ 0.45	—	余量	0.005	0.001	0.03	0.001	0.003	0.001	—	—	0.002	0.0005
Pb023k	023k	—	—	—	—	—	0.08 ~ 0.12	0.17 ~ 0.23	—	余量	0.005	0.001	0.03	0.001	0.003	0.001	—	—	0.002	0.0005
Pb031k	031k	0.15 ~ 0.18	0.08 ~ 0.12	—	—	—	—	0.10 ~ 0.13	—	余量	0.0025	—	—	0.0005	0.003	0.0005	0.003	—	0.002	0.0005
Pb032k	032k	0.07 ~ 0.09	0.04 ~ 0.06	—	—	—	—	0.05 ~ 0.07	—	余量	0.0025	—	—	0.0005	0.003	0.0005	0.003	—	0.002	0.0005
Pb041k	041k	—	—	—	—	0.030 ~ 0.045	—	—	0.035 ~ 0.045	余量	0.005	0.001	0.03	0.001	—	0.0010	0.001	0.02	—	0.0005
Pb042k	042k	—	—	—	—	0.014 ~ 0.020	—	—	0.014 ~ 0.020	余量	0.0025	0.001	0.015	0.001	—	0.0005	0.001	0.02	—	0.0005
Pb043k	043k	—	—	—	—	0.006 ~ 0.009	—	—	0.006 ~ 0.009	余量	0.0025	0.001	0.015	0.001	—	0.0005	0.001	0.02	—	0.0005
Pb051k	051k	—	—	0.02 ~ 0.04	—	—	—	0.30 ~ 0.40	—	余量	0.0025	0.001	0.015	0.001	0.001	0.0005	0.001	—	0.002	0.0005
Pb061k	061k	—	—	—	—	0.03 ~ 0.05	—	—	—	余量	0.005	0.001	0.03	0.001	—	0.001	0.001	0.02	0.002	0.0005
Pb071k	071k	—	—	—	—	—	—	—	—	余量	0.005	0.001	0.03	0.001	0.003	0.001	0.001	0.02	—	0.0005
Pb081k	081k	—	—	—	—	0.03 ~ 0.05	0.5 ~ 1.0	—	—	余量	0.003	0.001	0.03	0.001	—	—	—	0.005	—	0.001

5.3.3　建筑用轧制铅薄板

建筑用轧制铅薄板只有 1 个牌号，即 PB810M，其化学成分符合表 5-16 的规定（EN 12588：2006）。

表 5-16　PB810M 的化学成分

元素	质量分数（m/m）/%	元素	质量分数（m/m）/%
Cu	0.03 ~ 0.06	Sn	≤ 0.05
Sb	≤ 0.005	Zn	≤ 0.001
Bi	≤ 0.100	其他杂质	≤ 0.005
Ag	≤ 0.005	Pb	余量

5.4　美国

铅及铅合金产品有精炼铅和铅及铅合金薄板、厚板和带，两个产品牌号一致，共有四个牌号，其化学成分见表 5-17（ASTMB29 和 ASTMB749）

表 5-17　铅及铅合金牌号与化学成分（质量分数）

UNS 牌号		L50006	L50021	L50049	L51121
化学成分（不大于，注明范围和不小于者除外）/%	Pb（不小于）	99.995	99.97	99.94	99.90
	Sb	0.0005	0.0005	0.001	0.001
	As	0.0005	0.0005	0.001	0.001
	Sn	0.0005	0.0005	0.001	0.001
	Sb、As、Sn	—	—	0.002	0.002
	Cu	0.0010	0.0010	0.0015	0.040 ~ 0.080
	Ag	0.0010	0.0075	0.010	0.020
	Bi	0.0015	0.025	0.05	0.025
	Zn	0.0005	0.001	0.001	0.001
	Te	0.0001	0.0002	—	—
	Ni	0.0002	0.0002	0.0005	0.002
	Fe	0.0002	0.001	0.001	0.002
	Se	—	0.0005	0.001	0.001
	S	—	0.001	0.002	0.001
	Al	—	0.0005	0.0005	0.0005
	Cd	—	0.0005	0.0005	0.0003

5.5　日本

5.5.1　铅锭

铅锭有 6 个牌号，其化学成分见表 5-18（JISH2105—1955）。

5.5.2　加工铅及铅合金

加工铅及铅合金主要用于制作铅板、铅管。制作铅板的有 5 个牌号，制作一般工业用铅管的有 5 个牌号，其化学成分符合表 5-19 的规定（JISH4301—1993 和 JISH4311—1993）。

表 5 – 18　铅锭的牌号与化学成分（质量分数）

牌号	铅含量	化学成分(不大于,注明不小于者除外)/%							
		Ag	Cu	As	Sb + Sn	Zn	Fe	Bi	Sn
特级	99.994	0.002	0.002	0.002	0.005	0.002	0.002	0.005	0.0005
1 级	99.990	0.002	0.003	0.002	0.007	0.002	0.004	0.010	0.0005
2 级	99.985	0.002	0.005	0.005	0.010	0.002	0.005	0.050	—
3 级	99.970	0.004	0.010	0.010	0.015	0.010	0.010	0.100	—
4 级	99.940	—	0.05	0.010	0.04	0.015	0.02	0.10	0.0010
5 级	99.994	—	0.05	0.010	0.15	0.015	0.05	0.15	0.0010

表 5 – 19　加工铅及铅合金牌号与化学成分（质量分数）

牌号	化学成分(不大于,注明不小于者除外)/%									
	Pb	Te	Sb	Sn	Cu	Ag	As	Zn	Fe	Bi
PbP-1	余量	0.0005		合计 0.10						
PbP-2										
TPbP		0.015 ~ 0.025		合计 0.02						
HPbP4			3.50 ~ 4.50	合计 0.40						
HPbP6			5.50 ~ 6.50							
PbT-1	余量	0.0005		合计 0.10						
PbT-2				合计 0.40						
TPbT		0.015 ~ 0.025		合计 0.02						
HPbT4			3.50 ~ 4.50	合计 0.40						
HPbT6			5.50 ~ 6.50							

5.5.3　硬铅铸件

硬铅铸件有 2 个牌号，其化学成分符合表 5 – 20 的规定（JISH5601—1990）。

表 5 – 20　硬铅铸件牌号与化学成分（质量分数）

牌　号	化学成分(不大于,注明余量和范围者除外)/%				
	Pb	Sb	Sn	Cu	Bi + 其他杂质
HPbC8	余量	7.5 ~ 8.5	0.50	0.20	0.10
HPbC10	余量	9.5 ~ 10.5	0.50	0.20	0.10

第6章　锌及锌合金牌号与化学成分

6.1　中国

6.1.1　冶炼产品

6.1.1.1　锌锭

锌锭按化学成分分为 5 个牌号：Zn99.995、Zn99.99、Zn99.95、Zn99.5、Zn98.5。其化学成分应符合表 6-1 的规定（GB/T470—2008）。

表6-1　锌锭的牌号与化学成分

牌　号	Zn（不小于）	化学成分(质量分数)/%						
		杂质含量(不大于)						
		Pb	Cd	Fe	Cu	Sn	Al	总和
Zn99.995	99.995	0.003	0.002	0.001	0.001	0.001	0.001	0.005
Zn99.99	99.99	0.005	0.003	0.003	0.002	0.001	0.002	0.01
Zn99.95	99.95	0.030	0.01	0.02	0.002	0.001	0.01	0.05
Zn99.5	99.5	0.45	0.01	0.05	—	—	—	0.5
Zn98.5	98.5	1.4	0.01	0.05	—	—	—	1.5

注：当锌锭用于热浸镀行业时，Zn99.995 牌号锌锭中的铝不参与杂质减量。

6.1.1.2　铸造用锌合金锭

用于铸造（含砂型铸、金属型铸和压铸等）的锌合金锭共有 11 个牌号，其化学成分应符合表 6-2 的规定（GB/T 8738—2014）。

表6-2　铸造用锌合金锭的牌号与化学成分

牌　号	代号	化学成分(质量分数)/%									
		Zn	Al	Cu	Mg	Fe	Pb	Cd	Sn	Si	Ni
ZnAl4	ZX01	余量	3.9~4.3	0.03	0.03~0.06	0.02	0.003	0.003	0.0015	—	0.001
ZnAl4Cu0.4	ZX02	余量	3.9~4.3	0.25~0.45	0.03~0.06	0.02	0.003	0.003	0.0015	—	0.001
ZnAl4Cu1	ZX03	余量	3.9~4.3	0.7~1.1	0.03~0.06	0.02	0.003	0.003	0.0015	—	0.001
ZnAl4Cu3	ZX04	余量	3.9~4.3	2.7~3.3	0.03~0.06	0.02	0.003	0.003	0.0015	—	0.001
ZnAl6Cu1	ZX05	余量	5.6~6.0	1.2~1.6	0.005	0.02	0.003	0.003	0.001	0.02	0.001
ZnAl8Cu1	ZX06	余量	8.2~8.8	0.9~1.3	0.02~0.03	0.035	0.005	0.005	0.002	0.02	0.001
ZnAl9Cu2	ZX07	余量	8.0~10.0	1.0~2.0	0.03~0.06	0.05	0.005	0.005	0.002	0.05	—
ZnAl11Cu1	ZX08	余量	10.8~11.5	0.5~1.2	0.02~0.03	0.05	0.005	0.005	0.002		
ZnAl11Cu5	ZX09	余量	10.0~12.0	4.0~5.5	0.03~0.06	0.05	0.005	0.005	0.002	0.05	—
ZnAl27Cu2	ZX10	余量	25.5~28.0	2.0~2.5	0.012~0.02	0.07	0.005	0.005	0.002		
ZnAl17Cu4	ZX11	余量	6.5~7.5	3.5~4.5	0.01~0.03	0.05	0.005	0.005	0.002		

注：有范围值的元素为添加元素，其他为杂质元素，数值为最高限量。

6.1.1.3 铸造用锌中间合金锭

用于生产铸造用锌合金锭时配料、添加补料用的锌中间合金锭，共有4个牌号，其化学成分应符合表6-3的规定（YS/T 994—2014）。

表6-3 铸造用锌中间合金锭的牌号与化学成分

牌 号	代号	化学成分(质量分数)/%						
		Zn	Al	Cu	Fe	Pb	Cd	Sn
ZZnAl5	ZZ01	余量	4.8~5.2	0.005	0.03	0.008	0.003	0.005
ZZnAl20	ZZ02	余量	18~22	0.01	0.05	0.01	0.01	0.01
ZZnAl30	ZZ03	余量	28~31	0.02	0.07	0.02	0.02	0.02
ZZnAl25Cu15	ZZ04	余量	24~26	14~16	0.07	0.015	0.02	0.02

注：有范围值的元素为添加元素，其他为杂质元素，数值为最高限量。

6.1.1.4 热镀用锌合金锭

用于钢材热镀用锌合金锭，按合金的主要成分，分为锌铝合金类、锌铝锑合金类、锌铝稀土合金类和锌铝硅合金类四类，共11个牌号。其化学成分应符合表6-4~表6-7的规定（YS/T 310—2008）。

表6-4 锌铝合金类热镀用锌合金锭化学成分

合金种类	牌号	化学成分(质量分数)/%						
		主 要 成 分		杂质含量(不大于)				
		Zn	Al	Fe	Cd	Sn	Pb	Cu
锌铝合金类	RZnAl 0.4	余量	0.25~0.55	0.004	0.003	0.001	0.004	0.002
	RZnAl 0.6	余量	0.55~0.70	0.005	0.003	0.001	0.005	0.002
	RZnAl 0.8	余量	0.70~0.85	0.006	0.003	0.001	0.005	0.002
	RZnAl 5	余量	4.8~5.2	0.01	0.003	0.005	0.008	0.003
	RZnAl 10	余量	9.5~10.5	0.03	0.003	0.005	0.01	0.005
	RZnAl 15	余量	13.0~17.0					

注：热镀用锌合金锭中杂质Cu、Cd、Sb可根据需方要求取舍。

表6-5 锌铝锑合金类热镀用锌合金锭化学成分

合金种类	牌号	化学成分(质量分数)/%						
		主 要 成 分			杂质含量(不大于)			
		Zn	Al	Sb	Fe	Cd	Sn	Pb	Cu
锌铝锑合金类	RZnAl0.4Sb	余量	0.30~0.60	0.05~0.30	0.006	0.003	0.002	0.005	0.003
	RZnAl0.7Sb	余量	0.60~0.90						

注：热镀用锌合金锭中杂质Cu、Cd、Sb可根据需方要求取舍。

表6-6 锌铝硅合金类热镀用锌合金锭化学成分

合金种类	牌号	化学成分(质量分数)/%						
		主 要 成 分			杂质含量(不大于)			
		Zn	Al	Si	Pb	Fe	Cu	Cd	Mn
锌铝硅合金类	RAl56ZnSi1.5	余量	52.0~60.0	1.2~1.8	0.02	0.15	0.03	0.01	0.03
	RAl65.0ZnSi1.7	余量	60.0~70.0	1.4~2.0	0.015	—	—	—	—

注：热镀用锌合金锭中杂质Cu、Cd、Sb可根据需方要求取舍。

表6-7 锌铝稀土合金类热镀用锌合金锭化学成分

合金种类	牌号	化学成分(质量分数)/%									
		主 要 成 分			杂质含量(不大于)						
										其他杂质元素	
		Zn	Al	La + Ce	Fe	Cd	Sn	Pb	Si	单个	总和
锌铝稀土合金类	RZnAl5RE	余量	4.2 ~ 6.2	0.03 ~ 0.10	0.075	0.005	0.002	0.005	0.015	0.02	0.04

注：1. Sb、Cu、Mg 允许含量分别可以达到 0.002%、0.1%、0.05%，因为它们的存在对合金没有影响，所以不要求分析。

2. Mg 根据需方要求最高可以达 0.1%。

3. Zr、Ti 根据需方要求最高分别可以达 0.02%。

4. Al 根据需方要求最高可以达 8.2%。

5. 其他杂质元素是指除 Sb、Cu、Mg、Zr、Ti 以外的元素。

6.1.1.5 高纯锌

高纯锌产品主要应用于制备半导体化合物、红外发光材料、高级合金等，也可用作化学试剂等。共有 2 个牌号，其化学成分应符合表 6-8 的规定。

表6-8 高纯锌的化学成分

牌 号	化学成分(质量分数)/%												
	Zn (不小于)	杂质含量(不大于)/10^{-4}											
		Pb	Ni	Cu	Fe	Cd	Sn	Bi	Mg	Al	As	Cr	Sb
Zn-05	99.999	1.5	0.5	0.3	1.0	1.5	0.5	0.1	0.5	0.5	0.5	0.5	0.5
Zn-06	99.9999	0.25	0.05	0.03	0.1	0.25	0.01	0.02	0.05	0.05	0.01	0.02	0.05

注：高纯锌中的锌含量为 100% 减去表 6-8 中所列杂质元素实测值总和的余量。

6.1.1.6 再生锌及锌合金锭

再生锌及锌合金锭主要是指以含锌的废料为原料经冶炼加工生产的再生锌锭，主要应用于铸造业、压铸业。共有 3 个自带，其化学成分应符合表 6-9 的规定。

表6-9 再生锌合金锭化学成分

牌 号	化学成分(质量分数)/%							
	主 要 成 分				杂质含量(不大于)			
	Al	Cu	Mg	Zn	Fe	Pb	Cd	Sn
ZSZnAl4	3.5 ~ 4.3	0.2 ~ 0.75	0.02 ~ 0.08	余量	0.1	0.008	0.004	0.003
ZSZnAl4Cu0.5	3.5 ~ 4.3	0.3 ~ 0.75	0.01 ~ 0.08	余量	0.1	0.012	0.01	0.003
ZSZnAl4Cu1	3.8 ~ 4.3	0.75 ~ 1.25	0.03 ~ 0.08	余量	0.1	0.015	0.01	0.003

注：牌号表示方法："ZS"为"再生"字汉语拼音首字母。

6.1.2 加工锌及锌合金

6.1.2.1 锌及锌合金压铸件

锌合金压铸件有 7 个牌号，其化学成分应符合表 6-10 的规定（GB/T 13821—2009）。

表 6-10 铸造用锌合金锭化学成分

序号	牌号	合金代号	化学成分(质量分数)/%							
			主 要 成 分				杂 质 含 量			
			Al	Cu	Mg	Zn	Fe	Pb	Sn	Cd
1	YZZnAl4A	YX040A	3.5~4.3	≤0.25	0.02~0.06	余量	0.10	0.005	0.003	0.004
2	YZZnAl4B	YX040B	3.5~4.3	≤0.25	0.005~0.02	余量	0.075	0.003	0.001	0.002
3	YZZnAl4Cu1	YX041	3.5~4.3	0.75~1.25	0.03~0.08	余量	0.10	0.005	0.003	0.004
4	YZZnAl4Cu3	YX043	3.5~4.3	2.5~3.0	0.02~0.05	余量	0.10	0.005	0.003	0.004
5	YZZnAl8Cu1	YX081	8.0~8.8	0.8~1.3	0.015~0.03	余量	0.075	0.005	0.003	0.006
6	YZZnAl11Cu1	YX111	10.5~11.5	0.5~1.2	0.015~0.03	余量	0.075	0.006	0.003	0.006
7	YZZnAl27Cu2	YX272	25.0~28.0	2.0~2.5	0.010~0.02	余量	0.075	0.006	0.003	0.006

注：有范围值的元素为添加元素，其他为杂质元素，数值为最高限量。

6.1.2.2 电池锌饼

用于制造锌-锰干电池负极整体锌筒用的锌饼，只有1个牌号。其化学成分应符合表6-11的规定（GB/T 3610—2010）。

表 6-11 锌饼的牌号与化学成分

牌号	化学成分(质量分数)/%								
	Zn	合 金 元 素			杂 质 元 素					
DX		Al	Ti	Mg	Pb	Cd	Fe	Cu	Sn	杂质总和
	余量	0.002~0.02	0.001~0.05	0.0005~0.0015	<0.004	<0.002	≤0.003	≤0.001	≤0.001	<0.011

6.1.2.3 电池用锌板和锌带

用于制造锌-锰干电池负极焊接锌筒用锌板和锌带，只有1个牌号，其化学成分应符合表6-12的规定（YS/T 565—2010）。

表 6-12 锌板、锌带的牌号与化学成分

牌号	化学成分(质量分数)/%								
DX	Zn	Ti	Mg	Al	Pb	Cd	Fe	Cu	Sn	杂质总和
	余量	0.001~0.05	0.0005~0.0015	0.002~0.02	<0.004	<0.002	≤0.003	≤0.001	≤0.001	0.040

注：1. 元素含量为上下限者为合金元素，元素含量为单个数值者为杂质元素，单个数值者表示最高限量。

2. 杂质总和为表6-12中所列杂质元素实测值总和。

3. 表6-12中用"余量"表示的元素含量为100%减去表6-12中所列元素实测值所得。

6.1.2.4 微晶锌板

用于无粉腐蚀照相制版用微晶锌板，有1个牌号，其化学成分应符合表6-13的规定（YS/T 225—2010）。

表 6-13 微晶锌板的牌号与化学成分

牌号	化学成分(质量分数)/%								
X12	Zn	Mg	Al	Pb	Fe	Cd	Cu	Sn	杂质总和
	余量	0.05~0.15	0.02~0.10	0.005	0.006	0.005	0.001	0.001	0.013

注：1. 元素含量为上下限者为合金元素，元素含量为单个数值者为杂质元素，单个数值者表示最高限量。

2. 杂质总和为表6-13中所列杂质元素实测值总和。

3. 表6-13中用"余量"表示的元素含量为100%减去表6-13中所列元素实测值所得。

6.1.2.5　锌箔

适用于电气、仪表、医疗器械等工业部门制造零件使用的锌箔，共有 2 个牌号，其化学成分应符合表 6 - 14 的规定（YS/T 523—2011）。

表 6 - 14　锌箔的牌号与化学成分

牌号	化学成分(质量分数)/%											
	Zn (不小于)	杂质成分(不大于)										
		As	Fe	Cu	Pb	Bi	Sb	S	Ag	Sn	Zn	Cd	杂质总和
Zn2	99.95	—	0.010	0.001	0.020	—	—	—	—	—	—	0.02	0.05
Zn3	99.9	—	0.020	0.002	0.05	—	—	—	—	—	—	0.02	0.10

6.1.3　粉末产品

6.1.3.1　锌粉

以金属锌或含锌物料为原料，用蒸馏法、雾化法、电热还原法生产的金属锌粉，不分牌号，有四个等级，其化学成分应符合表 6 - 15 的规定（GB/T 6890—2012）。

表 6 - 15　锌粉的化学成分

等级	化学成分(质量分数)/%						
	主要成分(不小于)		杂质(不大于)				
	全锌	金属锌	Pb	Fe	As	Cd	酸不溶物
一级	98	96	0.1	0.05	0.0005	0.1	0.2
二级	98	94	0.2	0.2	0.0005	0.2	0.2
三级	96	92	0.3	—	0.0005	—	0.2
四级	92	88	—	—	—	—	0.2

注：以含锌物料为原料生产的四级锌粉，其含硫量应不大于 0.5%。

6.1.3.2　无汞锌粉

用于无汞碱性锌 - 二氧化锰电池制造业的无汞锌粉，没有牌号，其化学成分应符合表 6 - 16 的规定（GB/T 26039—2010）。

表 6 - 16　无汞锌粉的化学成分

元素名称		单位	含量	备注
主要成分	Zn	%	余量	
添加	In	%	0.010 ~ 0.090	非限制条件 可由不同元素种类和含量组成多种 牌号的无汞锌粉
	Bi	%	0.010 ~ 0.060	
	Al	%	0 ~ 0.020	
	Ca	%	0 ~ 0.020	
杂质	Cu	μg/g	≤1	限制条件
	Fe	μg/g	≤3	
	Cd	μg/g	≤10	
	Pb	μg/g	≤30	
	Hg	μg/g	≤3	
	ZnO	%	≤0.4	

6.1.3.3 片状锌粉

用于锌铬防腐涂液和富锌防腐涂料等领域，采用球磨法（包括干法和湿法）生产的片状锌粉，按粒度范围分为 3 个牌号，其化学成分应符合表 6-17 的规定（GB/T 26035—2010）。

表 6-17　片状锌粉的牌号与化学成分

牌　号	化学成分(质量分数)/%					
	全锌(不小于)	金属锌(不小于)	杂质含量(不大于)			油脂(不大于)
			Fe	Pb	Cd	
FZP-1						
FZP-2	95	90	0.020	0.005	0.005	4
FZP-3						

6.1.4　氧化物

6.1.4.1　直接法氧化锌

直接法氧化锌的分类、级别和牌号的应符合表 6-18 的规定，其化学成分应符合表 6-19 的规定（GB/T 3494—2012）。

表 6-18　直接法氧化锌的分类、级别和牌号

类　别	级　别	牌　号	主　要　用　途
X	一级	ZnO-X1	主要用于橡胶等工业部门
	二级	ZnO-X2	
T	一级	ZnO-T1	主要用于涂料等工业部门
	二级	ZnO-T2	
	三级	ZnO-T3	
C	一级	ZnO-C1	主要用于陶瓷等工业部门
	二级	ZnO-C2	

表 6-19　直接法氧化锌化学成分和物理性能

指　标　项　目	ZnO-X1	ZnO-X2	ZnO-T1	ZnO-T2	ZnO-T3	ZnO-C1	ZnO-C2
氧化锌(以干品计,不少于)/%	99.5	99.0	99.5	99.0	98.0	99.3	99.0
氧化铅(不大于)/%	0.12	0.20	—	—	—	—	—
三氧化二铁(不大于)/%	—	—	—	—	—	0.05	0.08
氧化镉(不大于)/%	0.02	0.05	—	—	—	—	—
氧化铜(不大于)/%	0.006	—	—	—	—	—	—
锰(不大于)/%	0.0002	—	—	—	—	—	—
金属锌	无	无	无	—	—	—	—
盐酸不溶物(不大于)/%	0.03	0.04	—	—	—	0.08	0.08
灼烧减量(不大于)/%	0.4	0.6	0.4	0.6	—	0.4	0.6
水溶物(不大于)/%	0.4	0.6	0.4	0.6	0.8	0.4	0.6

6.1.4.2　副产品氧化锌

用于含锌的冶炼渣料和合金经综合回收所得的氧化锌，共分为 5 个级别，其化学成分应符合表 6-20 的规定（YS/T 73—2011）。

表 6-20　副产品氧化锌级别和化学成分

级　别	化学成分(质量分数)/%		
	ZnO(不小于)	杂质(不大于)	
		F	Cl
ZnO-90	90	0.08	0.1
ZnO-80	80	0.1	0.2
ZnO-70	70	0.1	0.3
ZnO-60	60	0.2	0.3
ZnO-50	50	0.2	0.3

6.2　国际标准化组织

6.2.1　锌锭

锌锭共有 5 个牌号,其化学成分应符合表 6-21 的规定(ISO 752—2004)。

表 6-21　锌锭的牌号与化学成分

名称	Pb	Fe	Cd	Al	Cu	Sn	允许总量	最小锌含量	色标
ZN-1	0.003	0.002	0.003	0.001	0.001	0.001	0.005	99.995	白色
ZN-2	0.003	0.003	0.003	0.002	0.002	0.001	0.010	99.990	黄色
ZN-3	0.03	0.02	0.01	0.01	0.002	0.001	0.05	99.95	绿色
ZN-4	0.45	0.05	0.01	—	—	—	0.5	99.5	蓝色
ZN-5[1,2]	1.4	0.05	0.01	—	—	—	1.5	98.5	黑色

注: 1. 所有成分值均以百分比表示(质量分数)。除另外标明的外,所有值都是最大值。

　　2. 分析规定的元素,通过计算算出锌的最小值,即上述规定元素的总量与 100% 之间的差值。

① Zn-5 的铅含量最小值是 0.5%。

② Zn-5 的镉含量最大值可以到 0.20%,但禁用镉的除外。

6.2.2　铸造用锌合金锭

铸造用锌合金锭共有 6 个牌号,其化学成分应符合表 6-22 的规定(ISO 301—2006)。

表 6-22　铸造锌合金锭牌号与化学成分　　　　(%)

字符牌号	颜色代号	数字牌号	简化牌号	元素	Al	Cu	Mg	Pb	Cd	Sn	Fe	Zn
ZnAl4	白/黄	ZL0400	ZL3	不小于	3.9	—	0.03	—	—	—	—	余量
				不大于	4.2	0.1	0.06	0.0040	0.0030	0.0015	0.035	
ZnAl4Cu1	白/黑	ZL0410	ZL5	不小于	3.9	0.7	0.03	—	—	—	—	余量
				不大于	4.2	1.1	0.06	0.0040	0.0030	0.0015	0.035	
ZnAl4Cu3	白/绿	ZL0430	ZL2	不小于	3.9	2.6	0.03	—	—	—	—	余量
				不大于	4.2	3.1	0.06	0.0040	0.0030	0.0015	0.035	
ZnAl8Cu1	白/蓝	ZL0810	ZL8	不小于	8.2	0.9	0.02	—	—	—	—	余量
				不大于	8.8	1.3	0.03	0.005	0.005	0.002	0.035	
ZnAl11Cu1	白/橙	ZL1110	ZL12	不小于	10.8	0.5	0.02	—	—	—	—	余量
				不大于	11.5	1.2	0.03	0.005	0.005	0.002	0.05	
ZnAl27Cu2	白/紫	ZL2720	ZL27	不小于	25.5	2.0	0.012	—	—	—	—	余量
				不大于	28.0	2.5	0.020	0.005	0.005	0.002	0.07	

6.2.3 锌合金铸件

锌合金铸件共有 6 个牌号，其化学成分应符合表 6 - 23 的规定（ISO 15201—2006）。

表 6 - 23　铸造锌合金锭牌号与化学成分　　　　　　　　　　　（%）

合金数字	简化牌号	颜色代号	元素	Al	Cu	Mg	Pb	Cd	Sn	Fe	Zn
ZP0400	ZP3	白/黄	不小于	3.7	—	0.02	—	—	—	—	余量
			不大于	4.3	0.1	0.06	0.005	0.004	0.002	0.05	
ZP0410	ZP5	白/黑	不小于	3.7	0.7	0.02	—	—	—	—	余量
			不大于	4.3	1.2	0.06	0.005	0.004	0.002	0.05	
ZP0430	ZP2	白/绿	不小于	3.7	2.6	0.02	—	—	—	—	余量
			不大于	4.3	3.3	0.06	0.005	0.004	0.002	0.05	
ZP0810	ZP8	白/蓝	不小于	8.0	0.8	0.01	—	—	—	—	余量
			不大于	8.8	1.3	0.03	0.006	0.006	0.003	0.075	
ZP1110	ZP12	白/橙	不小于	10.5	0.5	0.01	—	—	—	—	余量
			不大于	11.5	1.2	0.03	0.006	0.006	0.003	0.075	
ZP27200	ZP27	白/紫	不小于	25.0	2.0	0.01	—	—	—	—	余量
			不大于	28.0	2.5	0.02	0.006	0.006	0.003	0.075	

6.3　欧盟

6.3.1　原生锌

原生锌共有 5 个牌号，其化学成分应符合表 6 - 24 的规定（EN 1179—2003）。

表 6 - 24　原生锌的化学成分（质量分数）

牌号	颜色代码	化学成分(不大于)/%							
		锌含量	Pb	Cd	Fe	Sn	Cu	Al	元素总量 （不大于）
Z1	白	99.995	0.003	0.003	0.002	0.001	0.001	0.001	0.005
Z2	黄	99.99	0.005	0.003	0.003	0.001	0.002	—	0.01
Z3	绿	99.95	0.03	0.005	0.02	0.001	0.002	—	0.05
Z4	蓝	99.5	0.45	0.005	0.05	—	—	—	0.5
Z5	黑	98.5	1.4	0.005	0.05	—	—	—	1.5

6.3.2　铸造用锌合金

铸造用锌合金共有 8 个牌号，其化学成分应符合表 6 - 25 的规定（EN 1179—2003）。

6.3.3　锌合金铸件

锌合金铸件共有 8 个牌号，其化学成分应符合表 6 - 26 的规定（EN 12844—1998）。

表 6 - 25　铸造用锌合金的牌号与化学成分

（%）

字符牌号	颜色代码	数字牌号	简化牌号	元素	Al	Cu	Mg	Cr	Ti	Pb	Cd	Sn	Fe	Ni	Si	Zn
ZnAl4	白/黄	ZL0400	ZL3	不小于	3.8	—	0.035	—	—	—	—	—	—	—	—	余量
				不大于	4.2	0.03	0.06	—	—	0.003	0.003	0.001	0.020	0.001	0.02	
ZnAl4Cu1	白/黑	ZL0410	ZL5	不小于	3.8	0.7	0.035	—	—	—	—	—	—	—	—	余量
				不大于	4.2	1.1	0.06	—	—	0.003	0.003	0.001	0.020	0.001	0.02	
ZnAl4Cu3	白/绿	ZL0430	ZL2	不小于	3.8	2.7	0.035	—	—	—	—	—	—	—	—	余量
				不大于	4.2	3.3	0.06	—	—	0.003	0.003	0.001	0.020	0.001	0.02	
ZnAl6Cu1	白/白	ZL0610	ZL6	不小于	5.6	1.2	—	—	—	—	—	—	—	—	—	余量
				不大于	6.0	1.6	0.005	—	—	0.003	0.003	0.001	0.020	0.001	0.02	
ZnAl8Cu1	白/蓝	ZL0810	ZL8	不小于	8.2	0.9	0.02	—	—	—	—	—	—	—	—	余量
				不大于	8.8	1.3	0.03	—	—	0.005	0.005	0.002	0.035	0.001	0.035	
ZnAl11Cu1	白/橙	ZL1110	ZL12	不小于	10.8	0.5	0.02	—	—	—	—	—	—	—	—	余量
				不大于	11.5	1.2	0.03	—	—	0.005	0.005	0.002	0.05	—	0.05	
ZnAl27Cu2	白/紫	ZL2720	ZL27	不小于	25.5	2.0	0.012	—	—	—	—	—	—	—	—	余量
				不大于	28.0	2.5	0.02	—	—	0.005	0.005	0.002	0.07	—	0.07	
ZnCu1CrTi	白/褐	ZL0010	ZL16	不小于	0.01	1.0	0.02	0.1	0.15	—	—	—	—	—	—	余量
				不大于	0.04	1.5	0.02	0.2	0.25	0.005	0.004	0.003	0.04	—	0.04	

表6-26　铸造用锌合金的牌号与化学成分　（%）

数字牌号	简化牌号	颜色代码	元素	Al	Cu	Mg	Cr	Ti	Pb	Cd	Sn	Fe	Ni	Si	Zn
ZP0400	ZP3	白/黄	不小于	3.7	—	0.025	—	—	—	—	—	—	—	—	
			不大于	4.3	0.1	0.06	—	—	0.005	0.005	0.002	0.05	0.02	0.03	余量
ZP0410	ZP5	白/黑	不小于	3.7	0.7	0.025	—	—	—	—	—	—	—	—	
			不大于	4.3	1.2	0.06	—	—	0.005	0.005	0.002	0.05	0.02	0.03	余量
ZP0430	ZP2	白/绿	不小于	3.7	2.7	0.025	—	—	—	—	—	—	—	—	
			不大于	4.3	3.3	0.06	—	—	0.005	0.005	0.002	0.05	0.02	0.03	余量
ZP0610	ZP6	白/白	不小于	5.4	1.1	—	—	—	—	—	—	—	—	—	
			不大于	6.0	1.7	0.005	—	—	0.005	0.005	0.002	0.05	0.02	0.03	余量
ZP0810	ZP8	白/蓝	不小于	8.0	0.8	0.015	—	—	—	—	—	—	—	—	
			不大于	8.8	1.3	0.03	—	—	0.006	0.006	0.003	0.06	0.02	0.045	余量
ZP1110	ZP12	白/橙	不小于	10.5	0.5	0.015	—	—	—	—	—	—	—	—	
			不大于	11.5	1.2	0.03	—	—	0.006	0.006	0.003	0.07	0.02	0.06	余量
ZP2720	ZP27	白/紫	不小于	25.0	2.0	0.01	—	—	—	—	—	—	—	—	
			不大于	28.0	2.5	0.02	—	—	0.006	0.006	0.003	0.1	0.02	0.08	余量
ZP0010	ZP16	白/褐	不小于	0.01	1.0	—	0.1	0.15	—	—	—	—	—	—	
			不大于	0.04	1.5	0.02	0.2	0.25	0.005	0.005	0.004	0.05	—	0.05	余量

6.3.4　再生锌

再生锌共有 3 个牌号，其化学成分应符合表 6 – 27 的规定（EN 13283—2002）。

表 6 – 27　再生锌的化学成分（质量分数）

牌号	化学成分（不大于）/%								备　注（仅参考）
	锌含量	Pb	Cd	Fe	Al	Cu	Sn	杂质元素总量	
ZSA	98.5	1.3	0.02	0.05	0.05	—	①	1.5	主要原料是锌冶炼残余物,如锌渣
ZS1	98.0	1.3	0.04	0.05	0.1	—	0.7①	2.0② 1.5	主要原料是锌废料或者使用过的锌产品
ZS2	97.5	1.5	0.05	0.12	—	—	0.7①	2.5② 2.0	

① 当用于铜锌合金时，锡的限量应为 0.3%。

② 当用于镀锌时，应注意 ENISO1461 的要求，镀锌槽中的杂质含量除了 Fe 和 Sn 不超过 1.5%，除了 Zn（包括 Fe 和 Sn）其他元素总和不超过 2%。

6.4　美国

6.4.1　锌锭

锌锭有 5 个牌号，其化学成分应符合表 6 – 28 的规定（ASTMB6—2013）。

表 6 – 28　锌锭化学成分

牌号（UNS）	化学成分（质量分数）/%								
	颜色代号	Pb	Fe（最大）	Cd（最大）	Al（最大）	Cu（最大）	Sn（最大）	除锌外总量（最大）	锌含量（最低）
LME 级[Z12002]	白色	≤0.003	0.002	0.003	0.001	0.001	0.001	0.005	99.995
特高级 SHG[Z13001]	黄色	≤0.003	0.003	0.003	0.002	0.002	0.001	0.01	99.99
高级 HG[Z14003]	绿色	≤0.03	0.02	0.01	0.01	0.002	0.001	0.05	99.95
中级 IG[Z16005]	蓝色	≤0.45	0.05	0.01	0.01	0.20	—	0.5	99.5
西部普通级 PWG[Z18005]	黑色	0.5 ~ 1.4	0.05	0.20	0.01	0.10	—	1.5	98.5

6.4.2　轧制锌

轧制锌共有 12 个牌号，其化学成分应符合表 6 – 29 的规定（ASTMB69—2013）。

表6-29 轧制锌牌号与化学成分（质量分数）

合金（UNS）	化学成分(不大于,注明范围值,差减余量除外)/%									
	Cu	Pb	Fe	Cd	Ti	Al	Sn	Mn	Mg	Zn
特高级轧制锌（Z13004）	0.003	0.003	0.003	0.003	—	0.002	0.001	—	—	差减余量
工业纯轧制锌（Z15006）	0.08	0.03	0.02	0.01	0.02	0.01	0.003	—	—	差减余量
锌-低铜轧制锌合金(Z40101)	0.08~0.40	0.01	0.01	0.005	0.02	0.01	0.003	—	—	差减余量
锌-高铜轧制锌合金(Z40301)	0.50~1.0	0.01	0.01	0.005	0.04	0.01	0.003	—	—	差减余量
建筑轧制锌Ⅰ型（Z41110）	0.08~0.20	—	—	—	0.07~0.12	0.001~0.015	—	—	—	差减余量
建筑轧制锌Ⅱ型（Z41310）	0.80~1.00	—	—	—	0.07~0.12	0.001~0.015	—	—	—	差减余量
锌-低铜钛轧制锌合金(Z41121)	0.08~0.49	0.01	0.01	0.005	0.05~0.18	0.01	0.003	—	—	差减余量
锌-高铜钛轧制锌合金(Z41321)	0.50~1.00	0.01	0.01	0.005	0.08~0.18	0.01	0.003	—	—	差减余量
锌-铅轧制锌合金(Z20301)	0.005	0.10	0.01	0.01	0.02	0.002	—	—	—	差减余量
锌-铅-镉轧制锌合金(Z21721)	0.005	1.0	0.01	0.07	0.02	0.002	—	—	—	差减余量
锌-铅-镁轧制锌合金(Z24311)	0.005	0.03~0.08	0.01	0.005	0.02	0.002	—	0.015	0.0015	差减余量
锌-铝轧制锌合金(Z30900)	5.0	0.05	0.1	0.15	0.2	1.4~34.0	003	—	0.10	差减余量

注：建筑轧制锌Ⅰ型和Ⅱ型中铅、铁、镉、锡、锰和镁量总和不超过0.005%。

6.4.3 铸造和压模铸件用锌铝合金锭

铸造和压模铸件用锌铝合金锭共有7个牌号，其化学成分应符合表6-30的规定（ASTMB240—2013）。

表6-30 铸造和压模铸件用锌铝合金锭的牌号与化学成分（质量分数）

牌号	颜色代号	化学成分(不大于,注明范围值,余量除外)/%								
		Al	Mg	Cu	Fe	Pb	Cd	Sn	Ni	Zn
合金3 Zamak3（AG40A）Z33524	无	3.9~4.3	0.03~0.06	0.01	0.035	0.0040	0.0030	0.0015	—	余量
合金7 Zamak7（AG40B）Z33526	棕色	3.9~4.3	0.010~0.020	0.01	0.035	0.0030	0.0020	0.0010	0.005~0.020	余量
合金5 Zamak5（AG41A）Z33532	黑色	3.9~4.3	0.03~0.06	0.7~1.1	0.035	0.0040	0.0030	0.0015	—	余量

牌　号	颜色代号	化学成分(不大于,注明范围值,余量除外)/%								
		Al	Mg	Cu	Fe	Pb	Cd	Sn	Ni	Zn
合金 2 Zamak2 （AG43A） Z33544	绿色	3.9 ~ 4.3	0.03 ~ 0.06	2.7 ~ 3.3	0.035	0.0040	0.0030	0.0015	—	余量
ZA-8 Z35637	蓝色	8.2 ~ 8.8	0.02 ~ 0.03	0.9 ~ 1.3	0.035	0.005	0.005	0.002	—	余量
ZA-12 Z35632	橙色	10.8 ~ 11.5	0.02 ~ 0.03	0.5 ~ 1.2	0.05	0.005	0.005	0.002	—	余量
ZA-27 Z35842	紫色	25.5 ~ 28.0	0.012 ~ 0.02	2.0 ~ 2.5	0.07	0.005	0.005	0.002	—	余量

注：有控制范围的为添加元素，其他为杂质元素，数值为最高限量。

6.4.4　电镀用锌阳极

加工或铸造而成的用于电镀的锌阳极共有 2 个牌号，其化学成分应符合表 6 – 31 的规定（ASTMB418—2012）。

表 6 – 31　电镀用锌阳极的牌号与化学成分（质量分数）

类型（UNS）	化学成分(不大于,注明范围值,余量除外)/%						
	铝	镉	铁	铅	铜	总和	锌
TypeI（Z32120）	0.1 ~ 0.5	0.025 ~ 0.07	0.005	0.006	0.005	0.1	余量
TypeII（Z13000）	0.005	0.003	0.0014	0.003	0.002	—	余量

6.4.5　热镀锌合金

锌铝合金类热镀用锌合金锭有 8 个牌号，其化学成分应符合表 6 – 32 的规定（ASTMB852—2014）。锌铝稀土合金类有 1 个牌号，应符合表 6 – 33 的规定（ASTMB750—2012）。

表 6 – 32　热镀用锌铝合金牌号与化学成分

牌号	化学成分(质量分数)/%							
	Al	Pb	Zn	杂质含量(不大于)				
				Fe	Cd	Cu	Pb	其他元素
Z80310	0.22 ~ 0.28	—	余量	0.0075	0.01	0.01	0.007	0.01
Z80411	0.31 ~ 0.39	—	余量	0.0075	0.01	0.01	0.007	0.01
Z80511	0.40 ~ 0.50	—	余量	0.0075	0.01	0.01	0.007	0.01
Z80531	0.40 ~ 0.50	0.01 ~ 0.03	余量	0.0075	0.01	0.01	—	0.01
Z80610	0.49 ~ 0.61	—	余量	0.0075	0.01	0.01	0.007	0.01
Z80710	0.58 ~ 0.72	—	余量	0.0075	0.01	0.01	0.007	0.01
Z80810	0.67 ~ 0.83	—	余量	0.0075	0.01	0.01	0.007	0.01
Z80910	0.90 ~ 1.10	—	余量	0.0075	0.01	0.01	0.007	0.01

表6-33　热镀用锌铝稀土合金牌号与化学成分

牌号	化学成分(质量分数)/%									
	Al	Ce+La	Zn	杂质含量(不大于)					其他杂质元素	
				Fe	Si	Pb	Cd	Sn	单个	总和
Z38510	4.2~6.2	0.03~0.10	余量	0.075	0.015	0.005	0.005	0.002	0.02	0.04

注：1. Sb、Cu、Mg 允许含量分别可以达到 0.002%、0.1%、0.05%，因为它们的存在对合金没有影响，所以不要求分析。

2. Mg 根据需方要求最高可以达 0.1%。

3. Zr、Ti 根据需方要求最高分别可以达 0.02%。

4. Al 根据需方要求最高可以达 8.2%。

5. 其他杂质元素是指除 Sb、Cu、Mg、Zr、Ti 以外的元素。

6.5　日本

6.5.1　锌锭

锌锭共有6个牌号，其化学成分应符合表6-34的规定（JISH2107—2015）。

表6-34　锌锭的牌号与化学成分

牌　号	化学成分(质量分数)/%						
	Zn(不小于)	杂质含量(不大于)					
		Pb	Cd	Fe	Sn	Cu	Al
高纯锌锭	99.995	0.003	0.002	0.002	0.001	0.001	0.001
特级锌锭	99.990	0.003	0.003	0.003	0.001	0.002	0.002
普通锌锭	99.97	0.02	0.005	0.01	0.001	0.002	0.010
蒸馏锌(特级)	99.7	0.3	0.01	0.02	—	—	—
蒸馏锌(一级)	98.5	1.3	0.2	0.025	—	—	—
蒸馏锌(二级)	98.0	1.8	0.5	0.1	—	—	—

6.5.2　铸造用锌合金锭

铸造用锌合金锭共有2个牌号，其化学成分应符合表6-35的规定（JISH2201—2015）。

表6-35　铸造用锌合金锭的牌号与化学成分　　　　　（%）

类型	Al	Cu	Mg	Fe	Pb	Cd	Sn	Zn
锌合金1类	3.9~4.2	0.75~1.25	0.03~0.06	≤0.035	≤0.003	≤0.002	≤0.001	余量
锌合金2类	3.9~4.2	≤0.03	0.03~0.06	≤0.035	≤0.003	≤0.002	≤0.001	余量

6.5.3　锌合金压铸件

锌合金压铸件共有2个牌号，其化学成分应符合表6-36的规定（JISH5301—2009）。

表6-36　锌合金压铸件牌号与化学成分　　　　　（%）

类型	Al	Cu	Mg	Fe	Zn	杂质元素		
						Pb	Cd	Sn
1类	3.5~4.3	0.75~1.25	0.020~0.06	≤0.10	余量	≤0.005	≤0.004	≤0.003
2类	3.5~4.3	≤0.25	0.020~0.06	≤0.10	余量	≤0.005	≤0.004	≤0.003

第7章 镍及镍合金牌号与化学成分

7.1 中国

7.1.1 冶炼产品

7.1.1.1 镍基体料

用于冶炼不锈钢、冶炼特钢、铸造特殊铸件用镍基体料及镍合金的替代品分为粗加工镍基体料和精加工镍基体料。粗加工镍基体料有 19 个牌号，精加工镍基体料有 21 个牌号，其化学成分应符合表 7 - 1 的规定（YS/T 881—2013）。

表 7 - 1 火法冶炼镍基体料牌号与化学成分

牌 号		等级	化学成分（质量分数）/%				
			Ni	C	Si	S	P
				不大于			
粗加工镍基体料	FeNi1.5		1.00 ~ <2.00	5.0	2.0	0.300	0.060
	FeNi2.5		2.00 ~ <3.00				
	FeNi3.5		3.00 ~ <4.00				
	FeNi4.5		4.00 ~ <5.00	4.5	3.0	0.300	0.100
	FeNi5.5		5.00 ~ <6.00				
	FeNi6.5		6.00 ~ <7.00				
	FeNi7.5		7.00 ~ <8.00				
	FeNi8.5		8.00 ~ <9.00				
	FeNi9.5		9.00 ~ <10.00				
	FeNi10.5		10.00 ~ <11.00	4.5	4.0	0.200	0.050
	FeNi11.5		11.00 ~ <12.00				
	FeNi12.5		12.00 ~ <13.00				
	FeNi13.5		13.00 ~ <14.00				
	FeNi14.5		14.00 ~ <15.00				
	FeNi15.5		15.00 ~ <16.00				
	FeNi16.5		16.00 ~ <17.00				
	FeNi17.5		17.00 ~ <18.00				
	FeNi18.5		18.00 ~ <19.00				
	FeNi19.5		19.00 ~ <20.00				
精加工镍基体料	FeNi4.5	A	4.00 ~ <5.00	1.0	1.0	0.045	0.035
		B				0.040	0.030
	FeNi5.5	A	5.00 ~ <6.00			0.045	0.035
		B				0.040	0.030
	FeNi6.5	A	6.00 ~ <7.00			0.045	0.035
		B				0.040	0.030

牌 号	等级	化学成分(质量分数)/%				
		Ni	C	Si	S	P
			不大于			
FeNi7.5	A	7.00 ~ <8.00			0.045	0.035
	B				0.040	0.030
FeNi8.5	A	8.00 ~ <9.00			0.045	0.035
	B				0.040	0.030
FeNi9.5	A	9.00 ~ <10.00			0.045	0.035
	B				0.040	0.030
FeNi10.5	A	10.00 ~ <11.00			0.045	0.035
	B				0.040	0.030
FeNi11.5	A	11.00 ~ <12.00			0.045	0.035
	B				0.040	0.030
FeNi12.5	A	12.00 ~ <13.00			0.045	0.035
	B				0.040	0.030
FeNi13.5	A	13.00 ~ <14.00			0.045	0.035
	B				0.040	0.030
FeNi14.5	A	14.00 ~ <15.00			0.045	0.035
	B				0.040	0.030
FeNi15.5	A	15.00 ~ <16.00			0.045	0.035
	B		1.0	1.0	0.040	0.030
FeNi16.5	A	16.00 ~ <17.00			0.045	0.035
	B				0.040	0.030
FeNi17.5	A	17.00 ~ <18.00			0.045	0.035
	B				0.040	0.030
FeNi18.5	A	18.00 ~ <19.00			0.045	0.035
	B				0.040	0.030
FeNi19.5	A	19.00 ~ <20.00			0.045	0.035
	B				0.040	0.030
FeNi20.5	A	20.00 ~ <21.00			0.045	0.035
	B				0.040	0.030
FeNi21.5	A	21.00 ~ <22.00			0.045	0.035
	B				0.040	0.030
FeNi22.5	A	22.00 ~ <23.00			0.045	0.035
	B				0.040	0.030
FeNi23.5	A	23.00 ~ <24.00			0.045	0.035
	B				0.040	0.030
FeNi24.5	A	24.00 ~ <25.00			0.045	0.035
	B				0.040	0.030

注:牌号列左侧纵排文字为"精加工镍基体料"。

7.1.1.2 电解镍

电解镍共有 5 个牌号,用于不锈钢、镍基合金、合金钢及电镀等行业。其化学成分应符合表 7 – 2 的规定(GB/T 6516—2010)。

表7-2　电解镍的牌号与化学成分

牌　号		Ni9999	Ni9996	Ni9990	Ni9950	Ni9920
Ni+Co(不小于)/%		99.99	99.96	99.90	99.50	99.20
Co(不大于)/%		0.005	0.02	0.08	0.15	0.50
化学成分 (质量分数)/%	杂质含量 (不大于) C	0.005	0.01	0.01	0.02	0.10
	Si	0.001	0.002	0.002	—	—
	P	0.001	0.001	0.001	0.003	0.02
	S	0.001	0.001	0.001	0.003	0.02
	Fe	0.002	0.01	0.02	0.20	0.50
	Cu	0.0015	0.01	0.02	0.04	0.15
	Zn	0.001	0.0015	0.002	0.005	—
	As	0.0008	0.0008	0.001	0.002	—
	Cd	0.0003	0.0003	0.0008	0.002	—
	Sn	0.0003	0.0003	0.0008	0.0025	—
	Sb	0.0003	0.0003	0.0008	0.0025	—
	Pb	0.0003	0.0015	0.0015	0.002	0.005
	Bi	0.0003	0.0003	0.0008	0.0025	—
	Al	0.001	—	—	—	—
	Mn	0.001	—	—	—	—
	Mg	0.001	0.001	0.002	—	—

注：镍加钴含量由100%减去表中所列元素的含量而得。

7.1.1.3　高纯镍

高纯镍按品级分为两个牌号：HPNi-1和HPNi-2。其化学成分应符合表7-3的规定（GB/T 26016—2010）。

表7-3　高纯镍的牌号与化学成分

牌　号	化学成分(质量分数)/%	
	Ni 含量(不小于)	Li、Be、B、Na、Mg、Al、Si、P、S、K、Ca、Ti、V、Cr、Mn、Fe、Co、Cu、Zn、Ge、As、 Se、Zr、Nb、Mo、Ag、Cd、Sn、Sb、Te、Au、Hg、Pb、Bi、Th、U 杂质含量之和（不大于）
HPNi-1	99.9999	0.0001
HPNi-2	99.999	0.001

7.1.2　加工产品

7.1.2.1　一般用途的加工镍及镍合金

加工镍及镍合金主要用于电镀、电子、电气、化工、热电偶、医疗器械等行业，目前有综合的镍及镍合金牌号与化学成分标准（GB/T 5235—2007），详见表7-4的规定。

7.1.2.2　镍基耐蚀合金

镍基耐蚀合金共分两类，一类是变形耐蚀合金，共有36个牌号；一类是铸造耐蚀合金，共有10个牌号。变形耐蚀合金牌号与化学成分（见表7-5）、铸造耐蚀合金牌号与化学成分（见表7-6）的规定为GB/T 15007—2008。

7.1.2.3　镍及镍合金管

除了上述表7-4外，镍及镍合金管还新增加了1个牌号NCr15-8（N06600），其化学成分见表7-7的规定（GB/T 2882—2013）。

7.1.2.4　镍及镍合金锻件

镍及镍合金锻件共有29个牌号，其化学成分应符合表7-8的规定（GB/T 26030—2010）。

7.1.2.5　镍及镍合金板带材和棒材

用于电子工业部门制作氧化物阴极用的镍及镍合金板带材和棒材，除了表7-4中的部分牌号外，还有3个牌号，其化学成分应符合表7-9的规定（YS/T 908—2013）。

表 7−4 加工镍及镍合金牌号与化学成分

化学成分(质量分数)/%

组别	名称	牌号	元素	Ni + Co	Cu	Si	Mn	C	Mg	S	P	Fe	Pb	Bi	As
纯镍	二号镍	N2	最小值	99.98	—	—	—	—	—	—	—	—	—	—	—
			最大值	—	0.001	0.003	0.002	0.005	0.003	0.001	0.001	0.007	0.0003	0.0003	0.001
	四号镍	N4	最小值	99.9	—	—	—	—	—	—	—	—	—	—	—
			最大值	—	0.015	0.03	0.002	0.01	0.01	0.001	0.001	0.04	0.001	0.001	0.001
	五号镍	N5 (NW2201) (N02201)	最小值	99.0	—	—	—	—	—	—	—	—	—	—	—
			最大值	—	0.25	0.30	0.35	0.02	—	0.01	—	0.40	—	—	—
	六号镍	N6	最小值	99.5	—	—	—	—	—	—	—	—	—	—	—
			最大值	—	0.10	0.10	0.05	0.10	0.10	0.005	0.002	0.10	0.002	0.002	0.002
	七号镍	N7 (NW2200) (N02200)	最小值	99.0	—	—	—	—	—	—	—	—	—	—	—
			最大值	—	0.25	0.30	0.35	0.15	—	0.01	—	0.40	—	—	—
	八号镍	N8	最小值	99.0	—	—	—	—	—	—	—	—	—	—	—
			最大值	—	0.15	0.15	0.20	0.20	0.10	0.015	—	0.30	—	—	—
	九号镍	N9	最小值	98.63	—	—	—	—	—	—	—	—	—	—	—
			最大值	—	0.25	0.35	0.35	0.02	0.10	0.005	0.002	0.4	0.002	0.002	0.002
	电真空镍	DN	最小值	99.35	—	0.02	—	0.02	0.02	0.005	0.002	—	—	—	—
			最大值	—	0.06	0.10	0.05	0.10	0.10	0.005	0.002	0.10	0.002	0.002	0.002
阳极镍	一号阳极镍	NY1	最小值	99.7	0.1	0.10	—	0.02	0.10	0.005	—	0.10	—	—	—
			最大值	—	0.01	0.10	—	0:0.03		0.002	—	0.10	—	—	—
	二号阳极镍	NY2	最小值	99.4	—	—	—	—	0.3	0.01	—	0.10	—	—	—
			最大值	—	0.10	—	—	—	—	—	—	—	—	—	—
	三号阳极镍	NY3	最小值	99.0	0.15	0.2	—	0.1	0.10	0.005	—	0.25	—	—	—
镍锰合金	3 镍锰合金	NMn3	最小值	余量	—	0.30	2.30	0.30	0.10	0.03	0.010	0.65	0.002	0.002	0.030
			最大值	—	0.50	0.75	3.30	—	—	—	—	—	—	—	—
	4-1 镍锰合金	NMn4-1	最小值	余量	—	1.05	3.75								
			最大值	—	—		4.25								

续表 7－4

组别	名称	牌号	元素	Ni+Co	Cu	Si	Mn	C	Mg	S	P	Fe	Pb	Bi	As
镍锰合金	5镍锰合金	NMn5	最小值	余量	—	—	4.60	—	—	—	—	—	—	—	—
			最大值	—	0.50	0.30	5.40	0.30	0.10	0.03	0.020	0.65	0.002	0.002	0.030
	1.5-1.5-0.5镍锰镁合金	NMn1.5-1.5-0.5	最小值	余量	—	0.35	1.3	—	—	—	—	—	—	—	—
			最大值	—	—	0.75	1.7	—	—	—	—	—	—	—	—
镍铜合金	40-2-1镍铜合金	NCu40-2-1	最小值	余量	38.0	—	1.25	—	—	—	—	0.2	—	—	—
			最大值	—	42.0	0.15	2.25	0.30	—	0.02	0.005	1.0	0.006	—	—
	28-1-1镍铜合金	NCu28-1-1	最小值	余量	28	—	1.0	—	—	—	—	1.0	—	—	—
			最大值	—	32	—	1.4	—	—	—	—	1.4	—	—	—
	28-2.5-1.5镍铜合金	NCu28-2.5-1.5	最小值	余量	27.0	0.1	1.2	—	—	—	—	2.0	—	—	—
			最大值	—	29.0	—	1.8	0.20	0.10	0.02	0.005	3.0	0.003	0.002	0.010
	30镍铜合金	NCu30 (NW4400) (N04400)	最小值	63.0	28.0	—	—	—	—	—	—	—	—	—	—
			最大值	—	34.0	0.5	2.0	0.3	—	0.024	0.005	2.5	—	—	—
	30-3-0.5镍铜合金	NCu30-3-0.5 (NW5500) (N05500)	最小值	63.0	27.0	0.5	—	—	—	—	—	—	—	—	—
			最大值	—	33.0	—	1.5	0.1	—	0.01	—	2.0	—	—	—
	35-1.5-1.5镍铜合金	NCu35-1.5-1.5	最小值	余量	34	0.1	1.0	—	—	—	—	1.0	—	—	—
			最大值	—	38	0.4	1.5	—	—	—	—	1.5	—	—	—
电子用镍合金	0.1镍镁合金	NMg0.1	最小值	99.6	—	—	—	—	0.07	—	—	—	—	—	—
			最大值	—	0.05	0.02	0.05	0.05	0.15	0.005	0.002	0.07	0.002	0.002	0.002
	0.19镍硅合金	NSi0.19	最小值	99.4	—	0.15	—	—	—	—	—	—	—	—	—
			最大值	—	0.05	0.25	0.05	0.10	0.05	0.005	0.002	0.07	0.002	0.002	0.002
	4-0.15镍钨钙合金	NW4-0.15	最小值	余量	—	—	—	—	—	—	—	—	—	—	—
			最大值	—	0.02	0.01	0.005	0.01	0.01	0.003	0.002	0.03	0.002	0.002	0.002
	4-0.2-0.2镍钨钙合金	NW4-0.2-0.2	最小值	余量	—	—	—	—	—	—	—	—	—	—	—
			最大值	—	0.02	0.01	0.02	0.05	0.03	—	—	0.03	—	—	—
	4-0.1镍钨钴合金	NW4-0.1	最小值	余量	—	—	—	—	—	—	—	—	—	—	—
			最大值	—	0.005	0.005	0.005	0.01	0.005	0.001	0.001	0.03	0.001	0.001	—

化学成分（质量分数）/%

续表 7-4

化学成分（质量分数）/%

组别	名称	牌号	元素	Ni+Co	Cu	Si	Mn	C	Mg	S	P	Fe	Pb	Bi	As
电子用镍合金	4-0.07镍钨镁合金	NW4-0.07	最小值	余量	—	—	—	—	0.05	—	—	—	—	—	—
			最大值	—	0.02	0.01	0.005	0.01	0.1	0.001	0.001	0.03	0.002	0.002	0.002
	3镍硅合金	NSi3	最小值	97	—	3	—	—	—	—	—	—	—	—	—
			最大值	—	—	—	—	—	—	—	—	—	—	—	—
热电合金	10镍铬合金	NCr10	最小值	90	—	—	—	—	—	—	—	—	—	—	—
			最大值	—	—	—	—	—	—	—	—	—	—	—	—
	20镍铬合金	NCr20	最小值	余量	—	—	—	—	—	—	—	—	—	—	—
			最大值	—	—	—	—	—	—	—	—	—	—	—	—

化学成分（质量分数）/%

组别	名称	牌号	元素	Sb	Zn	Cd	Sn	W	Ca	Cr	Ti	Al	杂质总和	产品形状
纯镍	二号镍	N2	最小值	0.0003	0.002	0.0003	0.001	—	—	—	—	—	—	板、带、箔
			最大值	—	—	—	—	—	—	—	—	—	0.02	
	四号镍	N4	最小值	—	—	—	—	—	—	—	—	—	—	板、带、箔
			最大值	0.001	0.005	0.001	0.001	—	—	—	—	—	0.1	
	五号镍	N5（NW2201）（N02201）	最小值	—	—	—	—	—	—	—	—	—	—	板、带、箔
			最大值	—	—	—	—	—	—	0.2	—	—	—	
	六号镍	N6	最小值	—	—	—	—	—	—	—	—	—	—	板、带、箔、棒、线
			最大值	0.002	0.007	0.002	0.002	—	—	—	—	—	0.5	
	七号镍	N7（NW2200）（N02200）	最小值	—	—	—	—	—	—	—	—	—	—	板、带、箔
			最大值	—	—	—	—	—	—	0.2	—	—	—	
	八号镍	N8	最小值	—	—	—	—	—	—	—	—	—	—	板、带、箔、棒、线
			最大值	—	0.007	0.002	0.002	—	—	—	—	—	1.0	
	九号镍	N9	最小值	—	—	—	—	—	—	—	—	—	—	板、带、箔
			最大值	0.002	0.007	0.002	0.002	—	—	—	—	—	0.5	
	电真空镍	DN	最小值	—	—	—	—	—	—	—	—	—	—	板、带、管、棒、线
			最大值	0.002	0.007	0.002	0.002	—	—	—	—	—	—	

续表 7-4

组别	名称	牌号	元素	Sb	Zn	Cd	Sn	W	Ca	Cr	Ti	Al	杂质总和	产品形状
阳极镍	一号阳极镍	NY1	最小值	—	—	—	—	—	—	—	—	—	—	板、棒
			最大值	—	—	—	—	—	—	—	—	—	—	
	二号阳极镍	NY2	最小值	—	—	—	—	—	—	—	—	—	—	板、棒
			最大值	—	—	—	—	—	—	—	—	—	0.3	
	三号阳极镍	NY3	最小值	—	—	—	—	—	—	—	—	—	—	板
			最大值	—	—	—	—	—	—	—	—	—	—	
镍锰合金	3 镍锰合金	NMn3	最小值	—	—	—	—	—	—	—	—	—	—	线
			最大值	0.002	—	—	—	—	—	—	—	—	1.5	
	4-1 镍锰合金	NMn4-1	最小值	—	—	—	—	—	—	—	—	—	—	板带
			最大值	—	—	—	—	—	—	—	—	—	—	
	5 镍锰合金	NMn5	最小值	—	—	—	—	—	—	—	—	—	—	线
			最大值	0.002	—	—	—	—	—	—	—	—	—	
	1.5-1.5-0.5 镍锰合金	NMn1.5-1.5-0.5	最小值	—	—	—	—	—	—	1.3	—	—	—	板、带
			最大值	—	—	—	—	—	—	1.7	—	—	—	
镍铜合金	40-2-1 镍铜合金	NCu40-2-1	最小值	—	—	—	—	—	—	—	—	—	—	板、带、管、棒、线
			最大值	—	—	—	—	—	—	—	—	—	—	
	28-1-1 镍铜合金	NCu28-1-1	最小值	—	—	—	—	—	—	—	—	—	—	板、带
			最大值	—	—	—	—	—	—	—	—	—	—	
	28-2.5-1.5 镍铜合金	NCu28-2.5-1.5	最小值	—	—	—	—	—	—	—	—	—	—	板、带、管、棒、线
			最大值	0.002	—	—	—	—	—	—	—	—	—	
	30 镍铜合金	NCu30 (NW4400) (N04400)	最小值	—	—	—	—	—	—	—	—	—	—	板、带、箔、管
			最大值	—	—	—	—	—	—	—	—	—	—	
	30-3-0.5 镍铜合金	NCu30-3-0.5 (NW5500) (N05500)	最小值	—	—	—	—	—	—	—	0.35	2.3	—	管、棒、线
			最大值	—	—	—	—	—	—	—	0.86	3.15	—	
	35-1.5-1.5 镍铜合金	NCu35-1.5-1.5	最小值	—	—	—	—	—	—	—	—	—	—	板、带
			最大值	—	—	—	—	—	—	—	—	—	—	

化学成分(质量分数)/%

组别	名称	牌号	元素	化学成分（质量分数）/%										产品形状
				Sb	Zn	Cd	Sn	W	Ca	Cr	Ti	Al	杂质总和	
电子用镍合金	0.1镍镁合金	NMg0.1	最小值	—	—	—	—	—	—	—	—	—	—	板、棒
			最大值	0.002	0.007	0.002	0.002	—	—	—	—	—	—	
	0.19镍硅合金	NSi0.19	最小值	—	—	—	—	—	—	—	—	—	—	带、管
			最大值	0.002	0.007	0.002	0.002	—	—	—	—	—	—	
	4-0.15镍钨钙合金	NW4-0.15	最小值	—	—	—	—	3.0	0.07	—	—	—	—	带、线
			最大值	0.002	0.003	0.002	0.002	4.0	0.17	—	—	0.01	—	
	4-0.2-0.2镍钨钙合金	NW4-0.2-0.2	最小值	$w(\text{P}+\text{Pb}+\text{Sn}+\text{Bi}+\text{Sb}+\text{Cd}+\text{S})\leq0.002$	—			3.0	0.1	—	—	0.1	—	带
			最大值		0.003			4.0	0.19	—	—	0.2	—	
	4-0.1镍钨钙合金	NW4-0.1	最小值	—	—	—	—	3.0	Zr:0.08	—	—	—	—	带
			最大值	0.001	0.003	0.001	0.001	4.0	0.14	—	0.005	0.005	—	
	4-0.07镍钨镁合金	NW4-0.07	最小值	—	—	—	—	3.5	—	—	—	—	—	带
			最大值	0.002	0.005	0.002	0.002	4.5	—	—	—	0.001	—	
热电合金	3镍硅合金	NSi3	最小值	—	—	—	—	—	—	—	—	—	—	线
			最大值	—	—	—	—	—	—	—	—	—	—	
	10镍铬合金	NCr10	最小值	—	—	—	—	—	—	10	—	—	—	线
			最大值	—	—	—	—	—	—	—	—	—	—	
	20镍铬合金	NCr20	最小值	—	—	—	—	—	—	18	—	—	—	线
			最大值	—	—	—	—	—	—	20	—	—	—	

注：1. 元素含量规定了上下限者为合金元素，元素含量为单个数值者，除镍加钴为最低限量外，其他元素为最高限量。

2. 杂质总和为表中所列杂质元素实测值总和。

3. 除 NCu30、NCu30-3-0.5 的 Ni + Co 含量为实测值外，其余牌号的 Ni + Co 含量为 100% 减去表中所列元素实测值所得。

4. 热电合金的化学成分为名义成分。

表7-5　变形耐蚀合金牌号与化学成分

化学成分(质量分数)/%

序号	统一数字代号	新牌号	旧牌号	C	N	Cr	Ni	Fe	Mo	W	Cu	Al	Ti	Nb	V	Co	Si	Mn	P	S
1	H01101	NS1101	NS111	≤0.10	—	19.0~23.0	30.0~35.0	余量	—	—	≤0.75	0.15~0.60	0.15~0.60	—	—	—	≤1.00	≤1.50	≤0.030	≤0.015
2	H01102	NS1102	NS112	0.05~0.10	—	19.0~23.0	30.0~35.0	余量	—	—	≤0.75	0.15~0.60	0.15~0.60	—	—	—	≤1.00	≤1.50	≤0.030	≤0.015
3	H01103	NS1103	NS113	≤0.030	—	24.0~26.5	34.0~37.0	余量	—	—	—	0.15~0.45	0.15~0.60	—	—	—	0.30~0.70	0.5~1.50	≤0.030	≤0.030
4	H01301	NS1301	NS131	≤0.05	—	19.0~21.0	42.0~44.0	余量	12.5~13.5	—	3.0~4.0	—	—	—	—	—	≤0.70	≤1.00	≤0.030	≤0.030
5	H01401	NS1401	NS141	≤0.030	—	25.0~27.0	34.0~37.0	余量	2.0~3.0	—	1.5~3.0	—	0.40~0.90	—	—	—	≤0.70	≤1.00	≤0.030	≤0.030
6	H01402	NS1402	NS142	≤0.05	—	19.0~23.5	38.0~46.0	余量	2.5~3.5	—	3.0~4.0	≤0.20	0.60~1.20	—	—	—	≤0.50	≤1.00	≤0.030	≤0.030
7	H01403	NS1403	NS143	≤0.07	—	19.0~21.0	32.0~38.0	余量	2.0~3.0	—	3.0~4.0	—	—	$8 \times w(\mathrm{C})$~1.00	—	—	≤1.00	≤2.00	≤0.030	≤0.030
8	H01501	NS1501		≤0.030	0.17~0.24	22.0~24.0	34.0~36.0	余量	7.0~8.0	—	—	—	—	—	—	—	≤1.00	≤1.00	≤0.030	≤0.010
9	H01601	NS1601		≤0.015	0.15~0.25	26.0~28.0	30.0~32.0	余量	6.0~7.0	—	0.5~1.5	—	—	—	—	—	≤0.30	≤2.00	≤0.020	≤0.010
10	H01602	NS1602		≤0.015	0.35~0.60	31.0~35.0	余量	30.0~33.0	0.50~2.0	—	0.30~1.20	—	—	—	—	—	≤0.50	≤2.00	≤0.020	≤0.010
11	H03101	NS3101	NS311	≤0.06	—	28.0~31.0	余量	≤1.0	—	—	—	≤0.30	—	—	—	—	≤0.50	≤1.20	≤0.020	≤0.020
12	H03102	NS3102	NS312	≤0.15	—	14.0~17.0	余量	6.0~10.0	—	—	≤0.50	—	—	—	—	—	≤0.50	≤1.00	≤0.030	≤0.015

序号	统一数字代号	新牌号	旧牌号	化学成分(质量分数)/%																
				C	N	Cr	Ni	Fe	Mo	W	Cu	Al	Ti	Nb	V	Co	Si	Mn	P	S
13	H03103	NS3103	NS313	≤0.10	—	21.0~25.0	余量	10.0~15.0	—	—	≤1.00	1.00~1.70	—	—	—	—	≤0.50	≤1.00	≤0.030	≤0.015
14	H03104	NS3104	NS314	≤0.030	—	35.0~38.0	余量	≤1.0	—	—	—	0.20~0.50	—	—	—	—	≤0.50	≤1.00	≤0.030	≤0.020
15	H03105	NS3105	NS315	≤0.05	—	27.0~31.0	余量	7.0~11.0	—	—	≤0.50	—	—	—	—	—	≤0.50	≤0.50	≤0.030	≤0.015
16	H03201	NS3201	NS321	≤0.05	—	≤1.00	余量	4.0~6.0	26.0~30.0	—	—	—	—	—	0.20~0.40	≤2.5	≤1.00	≤1.00	≤0.030	≤0.030
17	H03202	NS3202	NS322	≤0.020	—	≤1.00	余量	≤2.0	26.0~30.0	—	—	—	—	—	—	≤1.0	≤0.10	≤1.00	≤0.040	≤0.030
18	H03203	NS3203	—	≤0.010	—	1.0~3.0	≥65.0	1.0~3.0	27.0~32.0	≤3.0	≤0.20	≤0.50	≤0.20	≤0.20	≤0.20	≤3.00	≤0.10	≤3.0	≤0.030	≤0.010
19	H03204	NS3204	—	≤0.010	—	0.5~1.5	≥65.0	1.0~6.0	26.0~30.0	—	≤0.5	0.1~0.5	—	—	—	≤2.50	≤0.05	≤1.5	≤0.040	≤0.010
20	H03301	NS3301	NS331	≤0.030	—	14.0~17.0	余量	≤8.0	2.0~3.0	—	—	—	0.40~0.90	—	—	—	≤0.70	≤1.00	≤0.030	≤0.020
21	H03302	NS3302	NS332	≤0.030	—	17.0~19.0	余量	≤1.0	16.0~18.0	—	—	—	—	—	—	—	≤0.70	≤1.00	≤0.030	≤0.030
22	H03303	NS3303	NS333	≤0.08	—	14.5~16.5	余量	4.0~7.0	15.0~17.0	3.0~4.5	—	—	—	—	≤0.35	≤2.5	≤1.00	≤1.00	≤0.040	≤0.030
23	H03304	NS3304	NS334	≤0.020	—	14.5~16.5	余量	4.0~7.0	15.0~17.0	3.0~4.5	—	—	—	—	≤0.35	≤2.5	≤0.08	≤1.00	≤0.040	≤0.030
24	H03305	NS3305	NS335	≤0.015	—	14.0~18.0	余量	≤3.0	14.0~17.0	—	—	—	≤0.70	—	—	≤2.0	≤0.08	≤1.00	≤0.040	≤0.030

续表 7-5

序号	统一数字代号	新牌号	旧牌号	化学成分(质量分数)/%															
				C	N	Cr	Ni	Fe	Mo	W	Cu	Al	Ti	Nb	V	Co	Si	Mn	P	S
25	H03306	NS3306	NS336	≤0.10	—	20.0~23.0	余量	≤5.0	8.0~10.0	—	—	≤0.40	≤0.40	3.15~4.15	—	≤1.0	≤0.50	≤0.50	≤0.015	≤0.015
26	H03307	NS3307	NS337	≤0.030	—	19.0~21.0	余量	≤5.0	15.0~17.0	—	≤0.10	—	—	—	—	≤0.10	≤0.40	0.50~1.50	≤0.020	≤0.020
27	H03308	NS3308	—	≤0.015	—	20.0~22.5	余量	2.0~6.0	12.5~14.5	2.5~3.5	—	—	—	—	≤0.35	≤2.50	≤0.08	≤0.50	≤0.020	≤0.020
28	H03303	NS3309	—	≤0.010	—	19.0~23.0	余量	≤5.0	15.0~17.0	3.0~4.4	—	—	0.02~0.025	—	—	—	≤0.08	≤0.75	≤0.040	≤0.020
29	H03310	NS3310	—	≤0.015	—	19.0~21.0	余量	15.0~20.0	8.0~10.0	≤1.0	≤0.50	≤0.4	—	≤0.5	—	≤2.5	≤1.00	≤1.00	≤0.040	≤0.015
30	H03311	NS3311	—	≤0.010	—	22.0~24.0	余量	≤1.5	15.0~16.5	—	—	0.1~0.4	—	—	—	≤0.3	≤0.10	≤0.50	≤0.015	≤0.005
31	H03401	NS3401	NS341	≤0.030	—	19.0~21.0	余量	≤7.0	2.0~3.0	—	1.0~2.0	—	0.4~0.9	—	—	—	≤0.70	≤1.00	≤0.030	≤0.030
32	H03402	NS3402	—	≤0.05	—	21.0~23.0	—	18.0~21.0	5.5~7.5	≤1.0	1.5~2.5	—	—	1.75~2.50	—	≤2.5	≤1.0	1.0~2.0	≤0.040	≤0.030
33	H03403	NS3403	—	≤0.015	—	21.0~23.5	余量	18.0~21.0	6.0~8.0	≤1.5	1.5~2.5	—	—	≤0.50	—	≤5.0	≤1.0	≤1.0	≤0.040	≤0.030
34	H03404	NS3404	—	≤0.03	—	28.0~31.5	余量	13.0~17.0	4.0~6.0	1.5~4.0	1.0~2.4	—	—	0.30~1.50	—	≤5.0	≤0.80	≤1.50	≤0.04	≤0.020
35	H03405	NS3405	—	≤0.010	—	22.0~24.0	余量	≤3.0	15.0~17.0	—	1.3~1.9	≤0.50	2.25~2.75	—	—	≤2.0	≤0.08	≤0.50	≤0.025	≤0.010
36	H04101	NS4101	NS411	≤0.05	—	19.0~21.0	余量	5.0~9.0	—	—	—	0.40~1.00	—	0.70~1.20	—	—	≤0.80	≤1.00	≤0.030	≤0.030

表 7-6　铸造耐蚀合金牌号与化学成分

序号	统一数字代号	合金牌号	化学成分（质量分数）/%															
			C	Cr	Ni	Fe	Mo	W	Cu	Al	Ti	Nb	V	Co	Si	Mn	P	S
1	C71301	ZNS1301	≤0.050	19.5~23.5	38.0~44.0	余量	2.5~3.5	—	—	—	—	0.60~1.2	—	—	≤1.0	≤1.0	≤0.03	≤0.03
2	C73101	ZNS3101	≤0.40	14.0~17.0	余量	≤11.0	—	—	—	—	—	—	—	—	≤3.0	≤1.5	≤0.03	≤0.03
3	C73201	ZNS3201	≤0.12	≤1.00	余量	4.0~6.0	26.0~30.0	—	—	—	—	—	0.20~0.60	—	≤1.00	≤1.00	≤0.040	≤0.030
4	C73202	ZNS3202	≤0.07	≤1.00	余量	≤3.00	30.0~33.0	—	—	—	—	—	—	—	≤1.00	≤1.00	≤0.040	≤0.040
5	C73301	ZNS3301	≤0.12	15.5~17.5	余量	4.5~7.5	16.0~18.0	3.75~5.25	—	—	—	—	0.20~0.40	—	≤1.00	≤1.00	≤0.040	≤0.030
6	C73302	ZNS3302	≤0.07	17.0~20.0	余量	≤3.0	17.0~20.0	—	—	—	—	—	—	—	≤1.00	≤1.00	≤0.040	≤0.030
7	C73303	ZNS3303	≤0.02	15.0~17.5	余量	≤2.0	15.0~17.5	≤1.0	—	—	—	—	—	—	≤0.80	≤1.00	≤0.03	≤0.03
8	C73304	ZNS3304	≤0.02	15.0~16.5	余量	≤1.50	15.0~16.5	—	—	—	—	—	—	—	≤0.50	≤1.00	≤0.020	≤0.020
9	C73305	ZNS3305	≤0.05	20.0~22.50	余量	2.0~6.0	12.5~14.5	2.5~3.5	—	—	—	—	≤0.35	—	≤0.80	≤1.00	≤0.025	≤0.025
10	C74301	ZNS4301	≤0.06	20.0~23.0	余量	≤5.0	8.0~10.0	—	—	—	—	3.15~4.15	—	—	≤1.00	≤1.00	≤0.015	≤0.015

表 7-7　牌号 NCr15-8（N06600）的化学成分

牌　　号	化学成分(质量分数)/%							
	主　要　成　分			杂质（不大于）				
	Ni	Fe	Cr	Cu	Mn	Si	C	S
NCr15-8 (N06600)	≥72.0	6.0~10.0	14.0~17.0	0.5	1.0	0.5	0.15	0.015

注：镍含量采用算术差减法求得。

表 7-8　镍及镍合金锻件牌号与化学成分

ISO 数字牌号	牌号 元素符号牌号	成分（质量分数）①/% Ni	Fe	Al	B	C	Co②	Cr	Cu	Mn	Mo	P	S	Si	Ti	W	其他元素
NW2200	Ni99.0 (ASTM N02200)	99.0	0.4	—	—	0.15	—	—	0.2	0.3	—	—	0.010	0.3	—	—	—
NW2201	Ni99.0-LC (ASTM N02201)	99.0	0.4	—	—	0.02	—	—	0.2	0.3	—	—	0.010	0.3	—	—	—
NW3021	NiCo20Cr15Mo5Al4Ti	余量	0.1	4.5~4.9	0.003~0.010	0.12~0.17	18.0~22.0	14.0~15.7	0.2	1.0	4.5~5.5	—	0.015	1.0	0.9~1.5	—	Ag:0.0005 Bi:0.0001 Pb:0.0015
NW7263	NiCo20Cr20Mo5Ti2Al	余量	0.7	0.3~0.6	0.005	0.04~0.08	19.0~21.0	19.0~21.0	0.2	0.6	5.6~6.1	—	0.007	0.4	1.9~2.4	—	Ag:0.0005 Bi:0.0001 Pb:0.0020 Ti+Al:2.4~2.8
NW7001	NiCr20Co13Mo4Ti3Al	余量	2.0	1.2~1.6	0.003~0.010	0.02~0.10	12.0~15.0	18.0~21.0	0.10	1.0	3.5~5.0	0.015	0.015	0.1	2.8~3.3	—	Ag:0.0005 Bi:0.0001 Pb:0.0010 Zr:0.02~0.08
NW7090	NiCr20Co18Ti3	余量	1.5	1.0~2.0	0.020	0.13	15.0~21.0	18.0~21.0	0.2	1.0	—	—	0.015	1.0	2.0~3.0	—	Zr:0.15
NW7750	NiCr15Fe7Ti2Al	70.0	5.0~9.0	0.4~1.0	—	0.08	—	14.0~17.0	0.5	1.0	—	—	0.015	0.5	2.2~2.8	—	Nb+Ta: 0.7~1.2
NF6600	NiCr15Fe8 (ASTM N06600)	72.0	6.0~10.0	—	—	0.15	—	14.0~17.0	0.5	1.0	—	—	0.015	0.5	—	—	—
NW6602	NiCr15Fe8-LC	72.0	6.0~10.0	—	—	0.02	—	14.0~17.0	0.5	1.0	—	—	0.015	0.5	—	—	—
NW7718	NiCr19Fe19Nb5Mo3	50.0~55.0	余量	0.2~0.8	0.006	0.05~0.15	0.5~2.5	17.0~21.0	0.3	0.4	2.8~3.3	0.015	0.015	0.4	0.6~1.2	—	Nb+Ta: 4.7~5.5
NW6002	NiCr21Fe18Mo9	余量	17.0~20.0	—	0.010	0.05~0.15	—	20.5~23.0	—	1.0	8.0~10.0	0.040	0.030	1.0	—	0.2~1.0	—

续表 7-8

| 牌号 | | 成分(质量分数)①/% | | | | | | | | | | | | | | | |
ISO 数字牌号	元素符号牌号	Ni	Fe	Al	B	C	Co②	Cr	Cu	Mn	Mo	P	S	Si	Ti	W	其他元素
NW6601	NiCr23Fe15Al	58.0~63.0	余量	1.0~1.7	—	0.10	—	21.0~25.0	1.0	1.0	—	—	0.015	0.5	—	—	—
NW6455	NiCr16Mo16Ti	余量	3.0	—	—	0.015	2.0	14.0~18.0	—	1.0	14.0~17.0	0.040	0.030	0.08	0.7	—	—
NW6625	NiCr22Mo9Nb (ASTM N06625)	58.0	5.0	0.40	—	0.10	1.0	20.0~23.0	—	0.50	8.0~10.0	0.015	0.015	0.50	0.40	—	Nb+Ta:3.15~4.15
NW6621	NiCr20Ti	余量	5.0	—	—	0.08~0.15	5.0	18.0~21.0	0.5	1.0	—	—	0.020	1.0	0.20~0.60	—	Pb:0.0050
NW7080	NiCr20Ti2Al	余量	1.5	1.0~1.8	0.008	0.04~0.10	2.0	18.0~21.0	0.2	1.0	—	—	0.015	1.0	1.8~2.7	—	—
NW4400	NiCu30 (ASTM N04400)	63.0	2.5	—	—	0.30	—	—	28.0~34.0	2.0	—	—	0.025	0.5	—	—	Ag:0.0005 Bi:0.0001 Pb:0.0020
NW4402	NiCu30-LC	63.0	2.5	—	—	0.04	—	—	28.0~34.0	2.0	—	—	0.025	0.5	—	—	—
NW5500	NiCu30Al3Ti	余量	2.0	2.2~3.2	—	0.25	—	—	27.0~34.0	1.5	—	0.020	0.015	0.5	0.35~0.85	—	—
NW8825	NiFe30CrMo3 (ASTM N08825)	38.0~46.0	余量	0.2	—	0.05	—	19.5~23.5	1.5~3.0	1.0	2.5~3.5	—	0.015	0.5	0.6~1.2	—	—
NW9911	NiFe36Cr12Mo6Ti3	40.0~45.0	余量	0.35	0.010~0.020	0.02~0.06	2.5	11.0~14.0	0.2	0.5	5.0~6.5	0.020	0.020	0.4	2.8~3.1	—	—
NW0276	NiMo16Cr15Fe6W4 (ASTM N010276)	余量	4.0~7.0	—	—	0.010	2.5	14.5~16.5	—	1.0	15.0~17.0	0.040	0.030	0.08	—	3.0~4.5	—
NW0665	NiMo28 (ASTM N10665)	余量	2.0	—	—	0.02	1.0	1.0	—	1.0	26.0~30.0	0.040	0.030	0.1	—	—	—

续表 7-8

ISO 数字牌号	元素符号牌号	成分（质量分数）[①]/%															
		Ni	Fe	Al	B	C	Co[②]	Cr	Cu	Mn	Mo	P	S	Si	Ti	W	其他元素
NW0001	NiMo30Fe5	余量	4.0~6.0	—	—	0.05	2.5	1.0	—	1.0	26.0~30.1	0.040	0.030	1.0	—	—	V:0.2~0.4
NW8800	FeNi32Cr21AlTi（ASTM N08800）	30.0~35.0	余量	0.15~0.60	—	0.10	—	19.0~23.0	0.7	1.5	—	—	0.015	1.0	0.15~0.60	—	—
NW8810	FeNi32Cr21AlTi-LC（ASTM N08810）	30.0~35.0	余量	0.15~0.60	—	0.15~0.10	—	19.0~23.0	0.7	1.5	—	—	0.015	1.0	0.15~0.60	—	—
NW8811	FeNi32Cr21AlTi-HT（ASTM N08811）	30.0~35.0	余量	0.25~0.60	—	0.06~0.10	—	19.0~23.0	0.5	1.5	—	—	0.015	1.0	0.25~0.60	—	Al+Ti:0.85~1.2
NW8801	FeNi32Cr21Ti	30.0~34.0	余量	—	—	0.10	—	19.0~22.0	0.5	1.5	—	—	0.015	1.0	0.7~1.5	—	—
NW8020	FeNi35Cr20Cu4Mo2	32.0~38.0	余量	—	—	0.07	—	19.0~21.0	3.0~4.0	2.0	2.0~3.0	0.040	0.030	1.0	—	—	Nb+Ta:8×w(C)~1.0

① 除镍单个值为最小含量外，凡为范围值者为主成分元素，所有其他元素含量单个值均为杂质元素，其值为最大含量。
② 没有规定钴含量时，允许钴含量最大值 1.5%，并计为镍含量。

表 7－9　电真空器件用镍及镍合金板带材和棒材的化学成分

牌号	化学成分（质量分数）/%													
	Ni+Co	W	Zr	Mg	Cu	Fe	Mn	Al	Si	C	S	Pb	Zn	P
NWZrMg4-0.2-0.05	余量	3.5~4.5	0.17~0.23	0.04~0.07	0.02	0.03	0.05	0.01	0.02	0.01	0.03	0.002	0.002	0.002
					Sn≤0.002,Sb≤0.002,Bi≤0.002,Cd≤0.002									
N3	99.95	—	—	0.005	0.008	0.021	0.005	0.005	0.01	0.01	0.005	—	0.005	0.002
NMgSi0.05	余量	—	—	0.04~0.07	0.02	0.07	0.05	—	0.04~0.07	0.05	0.005	0.002	0.005	—

注：1. 表中含量有上下限者为合金元素，含量为单个数值者为最高限量。
2. Ni+Co 含量采用差减法求得。

7.1.2.6 镍蒸发料

用于半导体行业用的各类镍蒸发料有 2 个牌号，其化学成分应符合表 7 - 10 的规定（GB/T 26032—2010）。

表 7 - 10　镍蒸发材料化学成分要求

牌　号		IC - Ni99.99	IC - Ni99.995
Ni 含量(不小于)/%		99.99	99.995
杂质含量(不大于)/10⁻⁶	K	0.05	0.05
	Na	0.5	0.5
	Li	0.01	0.01
	Be	0.01	0.01
	Mg	10	1
	Ca	0.05	0.05
	Mn	10	0.1
	Fe	20	20
	Co	20	20
	Cu	20	20
	Zn	0.1	0.1
	Cd	0.05	0.05
	Al	10	5
	Sn	3	0.1
	Sb	3	0.1
	Pb	3	1
	Bi	3	0.05
	B	20	0.1
	As	5	5
	Si	50	10
	P	1	0.1
	Ti	20	20
	V	20	20
	Cr	20	20
杂质总量(不大于)/%		100	50

注：1. 镍的含量为 100% 减去表中杂质元素实测总和的余量。

　　2. 顾客对某种特定杂质元素含量有要求的，由供需双方协商确认。

7.1.2.7 烧结镍片

用于烧结方法得到的镍片，供磁性材料、镍合金钢、催化剂、电池材料等行业使用，共有 3 个牌号，其化学成分应符合表 7 - 11 的规定（YS/T 720—2009）。

表 7 – 11　烧结镍片的化学成分

等级	Ni（不小于）	化学成分（质量分数）/%												
		杂质含量（不大于）												
		Co	Cu	Fe	Ca	Mg	Pb	Zn	Cd	Mn	Na	Al	Si	O
SNi1	99.90	0.005	0.008	0.008	0.008	0.008	0.005	0.002	0.005	0.008	0.008	0.005	0.005	0.05
SNi2	99.80	0.01	0.01	0.01	0.01	0.01	0.01	0.01	0.01	0.01	0.01	0.01	0.01	0.1
SNi3	99.70	0.015	0.02	0.02	0.02	0.015	0.02	0.01	0.015	0.02	0.02	0.01	0.015	0.2

7.1.3　粉末产品

7.1.3.1　电解镍粉

用于粉末冶金机械零件、金刚石工具、硬质合金、磁性材料、电触头和催化剂等行业的电解镍粉共有 3 个牌号，其化学成分应符合表 7 – 12 的规定（GB 7160—2008）。

表 7 – 12　电解镍粉牌号与化学成分

产品牌号			FND1	FND2	FND3
	Ni + Co（不小于）		99.8	99.7	99.5
	Co（不大于）		0.005	0.05	0.1
化学成分（质量分数）/%	杂质含量（不大于）	Zn	0.002	0.002	0.002
		Mg	0.002	0.005	0.005
		Pb	0.002	0.002	0.002
		Mn	0.002	0.01	0.01
		Si	0.005	0.01	0.01
		Al	0.003	0.005	0.005
		Bi	0.001	—	—
		As	0.001	0.001	0.001
		Cd	0.001	0.001	0.001
		Sn	0.001	—	—
		Sb	0.001	—	—
		Ca	0.015	0.03	0.03
		Fe	0.006	0.03	0.03
		S	0.003	0.003	0.003
		C	0.08	0.05	0.05
		Cu	0.05	0.03	0.03
		P	0.001	0.001	0.001
		氢损	—	0.15	0.25

注：镍粉主品位应为 100% 与表所列各种杂质实测含量总和之差。

7.1.3.2　羰基镍粉

用于电池材料、粉末冶金、磁性材料和多孔金属过滤器等的羰基镍粉共有 8 个牌号，其化学成分应符合表 7 – 13 的规定（GB/T 7160—2008）。

表 7 - 13 羰基镍粉牌号与化学成分

牌 号	化学成分(质量分数)/%					
	Ni (不小于)	杂质含量(不大于)				
		Co	Fe	O	S	C
FNiTQ-101	99.50	0.005	0.01	0.20	0.001	0.20
FNiTQ-121						
FniTQ-131						
FNiTZ-101	99.50	0.005	0.01	0.20	0.001	0.15
FNiTZ-121						
FNiTZ-131						
FNiTS-100	99.95	0.005	0.01	0.15	0.0002	0.015
FNiTS-120						

7.1.3.3 超细羰基镍粉

用于高效催化剂、磁性液体、高效助燃剂、导电浆料、高性能电极材料、活化烧结添加剂、金属和非金属的表面导电涂层片等的超细羰基镍粉共有 6 个牌号,其化学成分应符合表 7 - 14 的规定(YS/T 218—2011)。

表 7 - 14 超细羰基镍粉牌号与化学成分

牌 号	化学成分(质量分数)/%				
	主含量	杂质含量(不大于)			
	Ni	Fe	C	O	S
FNiTS-1	余量	0.01	0.15	2.0	0.001
FNiTS-2	余量	0.03	0.20	2.0	0.003
FNiTS-3	余量	0.01	0.15	4.0	0.001
FNiTS-4	余量	0.03	0.20	4.0	0.003
FNiTS-5	余量	0.01	0.15	5.0	0.001
FNiTS-6	余量	0.03	0.20	5.0	0.003

7.1.3.4 羰基镍铁粉

用于硬质合金、粉末冶金添加剂、吸波材料、磁性材料等的羰基镍铁粉共有 8 个牌号,其化学成分应符合表 7 - 15 的规定 (YS/T 634—2007)。

表 7 - 15 羰基镍铁粉的化学成分和物理规格

牌号	杂质元素含量(不大于)/%			主元素含量/%		平均粒度/μm	主 要 用 途
	C	O	S	Fe	Ni		
FNT-A1	1.5	3.0	0.005	25.0 ~ 35.0	余量	0.5 ~ 4.0	吸波材料
FNT-A2	1.5	3.0	0.005	60.0 ~ 70.0	余量		
FNT-B1	0.10	0.5	0.005	20.0 ~ 40.0	余量	1 ~ 7	粉末冶金、硬质合金、软磁材料、化工催化剂
FNT-B2	0.20	0.5	0.005	20.0 ~ 40.0	余量		
FNT-B3	0.10	0.5	0.005	40.0 ~ 60.0	余量		
FNT-B4	0.20	0.5	0.005	40.0 ~ 60.0	余量		
FNT-B5	0.10	0.5	0.005	60.0 ~ 80.0	余量		
FNT-B6	0.20	0.5	0.005	60.0 ~ 80.0	余量		

7.1.3.5 雾化镍粉

用于生产特种焊条、硬面喷涂焊、高比重合金、硬质合金、金刚石工具、粉末冶金零件等的雾化镍粉共有 4 个牌号,其化学成分应符合表 7 - 16 的规定 (YS/T 717—2009)。

表 7-16　雾化镍粉的化学成分

牌号	Ni + Co (不小于)	化学成分(质量分数)/%									
		杂质含量(不大于)									
		Co	Mg	S	Fe	Ca	C	Cu	氢损	杂质总和
FNW1 FNW2 FNW3	99.5	0.05	0.005	0.003	0.04	0.03	0.03	0.03	0.3	0.5
FNW4	99.2	0.1	0.015	0.005	—	0.035	0.05	0.05	0.4	0.8

注：镍含量以 100% 减去砷、镉、铅、锌、锑、铋、锡、钴、铜、锰、镁、硅、铝、铁、钙、碳、硫及氢损的量计算。

7.1.3.6　还原镍粉

用于草酸镍、碳酸镍和氧化镍等含镍物料经还原，供硬质合金、金刚石制品、粉末冶金及充电电池等行业使用的还原镍粉，按粒度分为 3 个牌号，按化学成分分为 3 个等级，其各牌号和等级的化学成分应符合表 7-17 的规定（YS/T 925—2013）。

表 7-17　还原镍粉的化学成分

牌号-等级	Ni 不小于	化学成分(质量分数)/%														
		杂质含量(不大于)														
		Co	Cu	Fe	Ca	Mg	Pb	Zn	Cd	Mn	Na	Al	Li	Cr	Si	S
HNiF-1a HNiF-2a HNiF-3a	99.90	0.002	0.002	0.005	0.005	0.003	0.003	0.002	0.002	0.002	0.005	0.002	0.001	0.002	0.001	0.005
HNiF-1b HNiF-2b HNiF-3b	99.90	0.005	0.005	0.008	0.008	0.008	0.005	0.005	0.005	0.005	0.008	0.005	0.003	0.005	0.003	0.008
HNiF-1c HNiF-2c HNiF-3c	99.80	0.008	0.005	0.008	0.008	0.008	0.005	0.005	0.005	0.005	0.008	0.005	0.005	0.005	0.008	0.008

注：1. 镍含量为差减法计算得到，差减元素为表所列杂质元素和碳元素。

2. 如需方有其他要求时，根据客户的要求进行分析。

7.1.3.7　粉末冶金用再生镍粉

用于利用各种再生废料生产的镍粉，共有 3 个牌号，其化学成分应符合表 7-18 的规定（YS/T 889—2013）。

表 7-18　粉末冶金用再生镍粉　　　　　　　　　　　　　　　　　（%）

化 学 成 分		牌　　号		
		FNiR-1	FNiR-2	FNiR-3
余量	Ni(不小于)	99.9	99.9	99.8
杂质元素 (不大于)	Co	0.002	0.005	0.010
	Cu	0.002	0.005	0.008
	Fe	0.005	0.008	0.010
	Pb	0.003	0.005	0.005
	Zn	0.002	0.005	0.010
	Cd	0.002	0.005	0.005
	Ca	0.005	0.008	0.010
	Mg	0.003	0.008	0.010
	Mn	0.002	0.005	0.005
	Si	0.001	0.003	0.010
	Al	0.002	0.005	0.005
	S	0.005	0.008	0.010
	C	0.03	0.03	0.02
	杂质总和	0.1	0.1	0.2

注：1. 镍含量用杂质减量法计算得到，差减元素为表中所列杂质元素。

2. 杂质总和为表中所列杂质元素实测值之和。

7.1.3.8 纳米镍粉

纳米级镍粉共有 3 个牌号，其化学成分应符合表 7 - 19 的规定（GB/T 19588—2004）。

表 7 - 19 纳米镍粉的牌号与化学成分

牌 号	化学成分（质量分数）/%		
	O(小于)	杂质(小于)	Ni
FniN-20	9	0.4	余量
FniN-50	5	0.45	余量
FniN-80	4	0.5	余量

注：牌号中的杂质包括 B、Al、Si、Cr、Mn、Fe、Co、Cu、Mo、W、P、C、S 等元素，需方有要求时，供方可以提供。

7.2 国际标准化组织

7.2.1 冶炼产品

7.2.1.1 精炼镍

国际标准中精炼镍共有 3 个牌号，其化学成分应符合表 7 - 20 的规定（ISO 6283—1995）。

表 7 - 20 精炼镍的牌号与化学成分（质量分数） （%）

代 号	NR9980	NR9990	NR9995
Ni(不小于)	99.80	99.90	99.95
Ag(不大于)	—	0.001	0.0001
Al(不大于)	—	0.001	0.0005
As(不大于)	0.004	0.004	0.0001
Bi(不大于)	0.004	0.0002	0.00005
C(不大于)	0.03	0.015	0.015
Cd(不大于)	—	0.001	0.0001
Co(不大于)	0.15	0.05	0.0005
Cu(不大于)	0.02	0.01	0.001
Fe(不大于)	0.02	0.015	0.015
Mn(不大于)	0.004	0.004	0.0005
P(不大于)	0.004	0.002	0.0002
Pb(不大于)	0.004	0.001	0.0001
S(不大于)	0.01	0.002	0.001
Sb(不大于)	0.004	0.0005	0.0001
Se(不大于)	—	0.001	0.0001
Si(不大于)	0.004	0.002	0.001
Sn(不大于)	0.004	0.0001	0.0001
Te(不大于)	—	0.0001	0.00005
Tl(不大于)	—	0.0001	0.00005
Zn(不大于)	0.004	0.0015	0.0005

7.2.1.2 镍铁

国际标准中镍铁共有 25 个牌号，其化学成分应符合表 7 - 21 的规定（ISO 6283—1995）。

表 7 - 21　精炼镍的牌号与化学成分（质量分数）

牌　号	Ni		C		Si	P	S	Co	Cu	Cr
	不小于	小于	大于	不大于	不大于	不大于	不大于	不大于	不大于	不大于
FeNi20LC	15.0	25.0	—	0.030	0.20	0.030	0.030	①	0.20	0.10
FeNi30LC	25.0	35.0								
FeNi40LC	35.0	45.0								
FeNi50LC	45.0	60.0								
FeNi70LC	60.0	80.0								
FeNi20LCLP	15.0	25.0	—	0.030	0.20	0.020	0.030	①	0.20	0.10
FeNi30LCLP	25.0	35.0								
FeNi40LCLP	35.0	45.0								
FeNi50LCLP	45.0	60.0								
FeNi70LCLP	60.0	80.0								
FENi20MC	15.0	25.0	0.030	1.0	1.0	0.030	0.10	①	0.20	0.50
FENi30MC	25.0	35.0								
FENi40MC	35.0	45.0								
FENi50MC	45.0	60.0								
FeNi70MC	60.0	80.0								
FENi20MCLP	15.0	25.0	0.030	1.0	1.0	0.020	0.10	①	0.20	0.50
FENi30MCLP	25.0	35.0								
FENi40MCLP	35.0	45.0								
FENi50MCLP	45.0	60.0								
FeNi70MCLP	60.0	80.0								
FENi20HC	15.0	25.0	1.0	2.5	4.0	0.030	0.40	①	0.20	2.0
FENi30HC	25.0	35.0								
FENi40HC	35.0	45.0								
FENi50HC	45.0	60.0								
FeNi70HC	60.0	80.0								

注：表中仅列出了主要元素和常见杂质含量。

① $\frac{Co}{Ni} = \frac{1}{20} \sim \frac{1}{40}$ （仅供参考）。

7.2.2　加工产品

国际标准中，镍加工产品的牌号共有 36 个，其具体牌号与化学成分应符合表 7 - 22 的规定（ISO 9722—1992）。

7.2.3　铸造产品

镍及镍合金铸件产品共有 16 个牌号，其化学成分应符合表 7 - 23 的规定（ISO 12725—1997）。

表 7-22　加工镍及镍合金化学成分及密度

| 合金牌号① | | 化学成分（质量分数）②/% | | | | | | | | | | | | | | | | 密度③/g·cm⁻³ |
数字牌号	元素符号牌号	Al	B	C	Co④	Cr	Cu	Fe	Mn	Mo	Ni	P	S	Si	Ti	W	其他⑤	
NW2200	Ni 99.0	—	—	0.15	—	—	0.2	0.4	0.3	—	99.0	—	0.010	0.3	—	—	—	8.9
NW2201	Ni99.0-LC	—	—	0.02	—	—	0.2	0.4	0.3	—	99.0	—	0.010	0.3	—	—	—	8.9
NW3021	NiCo20Cr15Mo5Al4Ti	4.5~4.9	0.003~0.010	0.12~0.17	18.0~22.0	14.0~15.7	0.2	1.0	1.0	4.5~5.5	余量	—	0.015	1.0	0.9~1.5	—	Ag:0.0005(5) Bi:0.0001(1) Pb:0.0015(15)	8.4
NW7263	NiCo20Cr20Mo5Ti2Al	0.3~0.6	0.005	0.04~0.08	19.0~21.0	19.0~21.0	0.2	0.7	0.6	5.6~6.1	余量	—	0.007	0.4	1.9~2.4	—	Ag:0.0005(5) Bi:0.0001(1) Pb:0.0020(20) Ti+Al:2.4~2.8	8.4
NW7001	NiCr20Co13Mo4Ti3Al	1.2~1.6	0.003~0.010	0.02~0.10	12.0~15.0	18.0~21.0	0.10	2.0	1.0	3.5~5.0	余量	0.015	0.015	0.1	2.8~3.3	—	Ag:0.0005(5) Bi:0.0005(0.5) Pb:0.0010(10) Zr:0.02~0.08	8.4
NW7090	NiCr20Co18Ti3	1.0~1.2	0.020	0.13	15.0~21.0	18.0~21.0	0.2	1.5	1.0	—	余量	—	0.015	1.0	2.0~3.0	—	Zr:0.15	8.2
NW6617	NiCr22Co12Mo9	0.8~1.5	0.006	0.05~0.15	10.0~15.0	20.0~24.0	0.5	3.0	1.0	8.0~10.0	余量	—	0.015	1.0	0.6	—	—	8.4
NW7750	NiCr15Fe7Ti2Al	0.4~1.0	—	0.08	—	14.0~17.0	0.5	5.0~9.0	1.0	—	70.0	—	0.015	0.5	2.2~2.8	—	—	8.3
NW6600	NiCr15Fe8	—	—	0.15	—	14.0~17.0	0.5	6.0~10.0	1.0	—	72.0	—	0.015	0.5	—	—	—	8.4
NW6602	NiCr15Fe8-LC	—	—	0.02	—	14.0~17.0	0.5	6.0~10.0	1.0	—	72.0	—	0.015	0.5	—	—	—	8.4
NW7718	NiCr19Fe19Nb5Mo3	0.2~0.8	0.006	0.08	0.5~2.5	17.0~21.0	0.3	余量	0.4	2.8~3.3	50.0~55.0	0.015	0.015	0.4	0.6~1.2	—	Nb+Ta:4.7~5.5	8.0
NW6002	NiCr21Fe18Mo9	—	0.010	0.05~0.15	0.5~2.5	20.5~23.0	—	17.0~20.0	1.0	8.0~10.0	余量	0.040	0.030	1.0	—	0.2~1.0	—	8.2
NW6007	NiCr22Fe20Mo6Cu2Nb	—	—	0.05	2.5	21.0~23.5	1.5~2.5	18.0~21.0	1.0	5.5~7.5	余量	0.040	0.030	1.0	—	—	Nb+Ta:1.7~2.5	8.3

续表 7－22

| 合金牌号 | | 化学成分(质量分数)②/% | | | | | | | | | | | | | | | 密度③ |
数字牌号	元素符号牌号①	Al	B	C	Co④	Cr	Cu	Fe	Mn	Mo	Ni	P	S	Si	Ti	W	其他⑤	/g·cm⁻³
NW6985	NiCr22Fe20Mo7Cu2	—	—	0.015	5.0	21.0~23.5	1.5~2.5	余量	1.0	6.0~8.0	余量	0.040	0.030	1.0	—	1.5	Nb+Ta:0.5	8.3
NW6601	NiCr23Fe15Al	1.0~1.7	—	0.10	—	21.0~25.0	1.0	余量	1.0	—	58.0~63.0	—	0.015	0.5	—	—	—	8.0
NW6333	NiCr26Fe20Co3Mo3W3	—	—	0.10	2.5~4.0	24.0~27.0	—	余量	2.0	2.5~4.0	44.0~48.0	0.030	0.030	1.5	—	2.5~4.0	—	—
NW6690	NiCr29Fe9	—	—	0.05	—	27.0~31.0	0.5	7.0~11.0	0.5	—	余量	—	0.015	0.5	—	—	—	8.2
NW6455	NiCr16Mo16Ti	—	—	0.015	2.0	14.0~18.0	—	3.0	1.0	14.0~17.0	余量	0.040	0.030	0.08	0.7	—	—	8.6
NW6022	NiCr21Mo13Fe4W3	—	—	0.015	2.5	20.0~22.5	—	2.0~6.0	0.5	12.5~14.5	余量	0.025	0.020	0.08	—	2.5~3.5	V:0.35	8.7
NW6625	NiCr22Mo9Nb	0.40	—	0.10	1.0	20.0~23.0	—	5.0	0.50	8.0~10.0	58.0	0.015	0.015	0.50	0.40	—	Nb+Ta: 3.15~4.15	8.5
NW6621	NiCr20Ti	—	—	0.08~0.15	5.0	18.0~21.0	0.5	5.0	1.0	—	余量	—	0.020	1.0	0.20~0.60	—	Pb:0.0050(50)	8.4
NW7080	NiCr20Ti2Al	1.0~1.8	0.008	0.04~0.10	2.0	18.0~21.0	0.2	1.5	1.0	—	余量	—	0.015	1.0	1.8~2.7	—	Ag:0.0005(5) Bi:0.0001(1) Pb:0.0020(20)	8.2
NW4400	NiCu30	—	—	0.30	—	—	28.0~34.0	2.5	2.0	—	63.0	—	0.025	0.5	—	—	—	8.8
NW4402	NiCu30-LC	—	—	0.04	—	—	28.0~34.0	2.5	2.0	—	63.0	—	0.025	0.5	—	—	—	8.8
NW5500	NiCu30Al3Ti	2.2~3.2	—	0.25	—	—	27.0~34.0	2.0	1.5	—	余量	0.020	0.015	0.5	0.35~0.85	—	—	8.5
NW8825	NiFe30Cr21Mo3	0.2	—	0.05	—	19.5~23.5	1.5~3.0	余量	1.0	2.5~3.5	38.0~46.0	—	0.015	0.5	0.6~1.2	—	—	8.1

续表 7-22

合金牌号		化学成分(质量分数)②/%																密度③ /g·cm⁻³
数字牌号	元素符号牌号	Al	B	C	Co④	Cr	Cu	Fe	Mn	Mo	Ni	P	S	Si	Ti	W	其他⑤	
NW9911	NiFe36Cr12Mo6Ti3	0.35	0.010~0.020	0.02~0.06	—	11.0~14.0	0.2	余量	0.5	5.0~6.5	40.0~45.0	0.020	0.020	0.4	2.8~3.1	—	—	8.2
NW0276	NiMo16Cr15Fe6W4	—	—	0.010	2.5	14.5~16.5	—	4.0~7.0	1.0	15.0~17.0	余量	0.040	0.030	0.08	—	3.0~4.5	—	8.9
NW0665	NiMo28	—	—	0.02	1.0	1.0	—	2.0	1.0	26.0~30.0	余量	0.040	0.030	0.1	—	—	—	9.2
NW0001	NiMo30Fe5	—	—	0.05	2.5	1.0	—	4.0~6.0	1.0	26.0~30.0	余量	0.040	0.030	1.0	—	—	V:0.2~0.4	9.2
NW8028	FeNi31Cr27Mo4Cu1	—	—	0.030	—	26.0~28.0	0.6~1.4	余量	2.5	3.0~4.0	30.0~34.0	0.030	0.030	1.0	—	—	—	8.0
NW8800	FeNi32Cr21AlTi	0.15~0.60	—	0.10	—	19.0~23.0	0.7	余量	1.5	—	30.0~35.0	—	0.015	1.0	0.15~0.60	—	—	8.0
NW8810	FeNi32Cr21AlTi-HC	0.15~0.60	—	0.05~0.10	—	19.0~23.0	0.7	余量	1.5	—	30.0~35.0	—	0.015	1.0	0.15~0.60	—	—	8.0
NW8811	FeNi32Cr21AlTi-HT	0.25~0.60	—	0.06~0.10	—	19.0~23.0	0.7	余量	1.5	—	30.0~35.0	—	0.015	1.0	0.25~0.60	—	Al+Ti:0.85~1.2	8.0
NW8801	FeNi32Cr21Ti	—	—	0.10	—	19.0~22.0	0.5	余量	1.5	—	30.0~34.0	—	0.015	1.0	0.7~1.5	—	—	8.0
NW8020	FeNi35Cr20Cu4Mo2	—	—	0.07	—	19.0~21.0	3.0~4.0	余量	2.0	2.0~3.0	32.0~38.0	0.040	0.030	1.0	—	—	Nb+Ta: 8×w(C)~1.0	8.1

① 合金牌号即可用数字牌号也可用元素符号牌号。
② 除 Ni 为最小值外，其他单项值均为最大值。
③ 密度值是平均值，且仅用于参考。
④ 当对 Co 不作规定值时，Co 的最大允许值为 1.5%，并作为 Ni 计算，此种情况下，不需要 Co 含量的指标。
⑤ Ag，Bi 和 Pb 的值可以质量分数表示（%或 10^{-6}）。

表 7 - 23　铸造镍及镍合金的化学成分

化学成分(质量分数)②/%

合金牌号①		C	Co	Cr	Cu	Fe	Mn	Mo	Ni	P	S	Si	W	其他
数字牌号	元素符号牌号													
NC2100	C-Ni99,-HC	1.00	—	—	1.25	3.0	1.50	—	95	0.030	0.030	2.00	—	—
NC4020	C-NiCu30Si	0.35	—	—	26.0~33.0	3.5	1.50	—	余量	0.030	0.030	2.00	—	Nb:0.5
NC4135	C-NiCu30	0.35	—	—	27.0~33.0	3.5	1.50	—	余量	0.030	0.030	1.25	—	Nb:0.5
NC4030	C-NiCu30Si3	0.30	—	—	26.0~33.0	3.5	1.50	—	余量	0.030	0.030	2.7~3.7	—	Nb:1.0~3.0
NC4130	C-NiCu30Nb2Si2	0.30	—	1.0	—	3.5	1.50	—	余量	0.030	0.030	1.0~2.0	—	V:0.20~0.60
NC0012	C-NiMo31	0.03	—	1.0	—	3.0	1.00	30.0~33.0	余量	0.030	0.030	1.00	—	Nb+Ta:0.5
NC0007	C-NiMo30Fe5	0.05	—	1.0	—	4.0~6.0	1.00	26.0~33.0	余量	0.030	0.030	1.00	—	Nb:3.2~4.5
NC6985	C-NiCr22Fe20Mo7Cu2	0.02	5.0	21.5~23.5	1.5~2.5	18.0~21.0	1.00	6.0~8.0	余量	0.030	0.030	1.00	1.50	—
NC6625	C-NiCr22Mo9Nb4	0.06	—	20.0~23.0	—	5.0	1.00	8.0~10.0	余量	0.030	0.030	1.00	—	V:0.20~0.40
NC6455	C-NiCr16Mo16	0.02	—	15.0~17.5	—	2.0	1.00	15.0~17.5	余量	0.030	0.030	0.80	1.00	V:0.35
NC0002	C-NiMo17Cr16Fe6W4	0.06	—	15.5~17.5	—	4.5~7.5	1.00	16.0~18.0	余量	0.030	0.030	1.00	3.8~5.3	—
NC6022	C-NiCr21Mo14Fe4W3	0.02	—	20.0~22.5	—	2.0~6.0	1.00	12.5~14.5	余量	0.030	0.025	0.80	2.5~3.5	—
NC0107	C-NiCr18Mo18	0.03	—	17.0~20.0	—	3.0	1.00	17.0~20.0	余量	0.030	0.030	1.00	—	Nb:0.70~1.00
NC6040	C-NiCr15Fe	0.40	—	14.0~17.0	—	11.0	1.50	—	余量	0.030	0.030	3.00	—	—
NC8826	C-NiFe20Mo3CuNb	0.05	—	19.5~23.5	1.5~3.0	28.0~32.0	1.00	2.5~3.5	余量	0.030	0.030	0.75~1.20	—	—
NC2000	C-NiSi9Cu3	0.12	—	1.0	2.0~4.0		1.50	—	余量	0.030	0.030	8.5~10.0	—	—

① 合金牌号即用数字牌号,也可用元素符号牌号。
② 单项值为最大含量,镍单项值为最小值除外。

7.3 欧盟

目前欧盟关于镍合金只有两类，一类是奥氏体镍合金，有5个牌号，其化学成分应符合表7-24的规定；另一类是抗蠕变镍合金，共12个牌号，其化学成分应符合表7-25的规定。

表7-24 奥氏体镍合金牌号与化学成分

| 合金牌号 | | 化学成分(质量分数)/% | | | | | | | | | | | | | | | |
名称	代号	C	Mn (不大于)	Si (不大于)	P (不大于)	S (不大于)	Ni	Cr	Co	Fe	Mo	Al	Ti	Cu (不大于)	Nb+Ta	B (不大于)	Ce
NiCr15Fe	2.4861	0.05~ 0.10	1.00	0.50	0.020	0.015	72.0 (不小于)	14.00~ 17.00	②	6.00~ 10.00		0.30 (不大于)	0.30 (不大于)	0.50			
NiCr20Ti	2.4951	0.08~ 0.15	1.00	1.00	0.020	0.015	余量	18.00~ 21.00	5.00 (不大于)	5.00 (不大于)		0.30 (不大于)	0.20~ 0.60	0.50			
NiCr22Mo9Nb	2.4856	0.03~ 0.10	0.50	0.50	0.020	0.015	58.0 (不小于)	20.00~ 23.00	1.00 (不大于)	1.00 (不大于)	8.00~ 10.00	0.40 (不大于)	0.40 (不大于)	0.50	3.15~ 4.15	0.006	0.03~ 0.09
NiCr23Fe	2.4851	0.03~ 0.10	1.00	0.50	0.020	0.015	58.00~ 63.00	21.00~ 25.00	②	18.00 (不大于)		1.00~ 1.70	0.50 (不大于)	0.50			
NiCr28FeSiCe	2.4889	0.05~ 0.12	1.00	2.50~ 3.00	0.020	0.010	45.00 (不小于)	26.00~ 29.00	②	21.00~ 25.00		—	—	0.30			

① 除非完成了铸锭，负责没有买方方同意，表中没有列出的元素不能随意加到合金中。所有这些措施主要目的是防止正碎料和其他材料中的额外元素进入生产过程中，那将破坏合金的力学性能和材料的适应性。

② 如果钴没有额外要求，被当做镍用于计入到成分中的钴含量最多是1.5%。

表 7 - 25 抗蠕变镍合金牌号与化学成分①

合金牌号	数字	化学成分(质量分数)/%														
		C	Si	Mn	P	S	Al	Cr	Co	Cu	Fe	Mo	Ni	Nb+Ta	Ti	其他
NiCr26MoW	2.4608	0.030~0.08	0.70~1.50	2.00	0.030	0.015	—	24.0~26.0	2.50~4.0	—	余量	2.50~4.0	44.0~47.0	—	—	W:2.50~4.0
NiCr20Co18Ti	2.4632	≤0.13	≤1.00	1.00	0.020	0.015	1.00~2.00	18.0~21.0	15.0~21.0	0.20	≤1.50	—	余量	—	2.00~3.00	B:≤0.02 Zr:≤0.15
NiCr25FeAlY	2.4633	0.15~0.25	≤0.50	0.50	0.020	0.010	1.80~2.40	24.0~26.0	—	0.10	8.0~11.0	—	余量	—	0.10~0.20	Y:0.05~0.12 Zr:0.01~0.10
NiCr29Fe	2.4642	≤0.05	≤0.50	0.50	0.020	0.015	≤0.50	27.0~31.0	—	0.50	7.0~11.0	—	余量	—	—	—
NiCo20Cr20MoTi	2.4650	0.04~0.08	≤0.40	0.60	0.020	0.007	0.30~0.60	19.0~21.0	19.0~21.0	0.20	0.70	5.6~6.1	余量	—	1.90~2.40	B:≤0.005 Ti+Al:2.40~2.80
NiCr20Co13Mo4Ti3Al	2.4654	0.020~0.10	≤0.15	1.00	0.015	0.015	1.20~1.60	18.0~21.0	12.0~15.0	0.10	≤2.00	3.5~5.0	余量	—	2.80~3.3	B:0.003~0.010 Zr:0.02~0.08
NiCr23Co12Mo	2.4663	0.05~0.10	≤0.20	0.20	0.010	0.010	0.70~1.40	20.0~23.0	11.0~14.0	0.50	≤2.00	8.5~10.0	余量	—	0.20~0.60	B:≤0.006
NiCr22Fe18Mo	2.4665	0.05~0.15	≤1.00	1.00	0.020	0.015	≤0.50	20.5~23.0	0.50~2.50	0.50	17.0~20.0	8.0~10.0	余量	—	—	B:≤0.010 W:0.20~1.00
NiCr19Fe19Nb5Mo3	2.4668	0.020~0.08	≤0.35	0.35	0.015	0.015	0.30~0.70	17.0~21.0	≤1.00	0.30	余量	2.80~3.3	50.0~55.0	4.7~5.5	0.60~1.20	B:0.002~0.006
NiCr15Fe7TiAl	2.4669	≤0.08	≤0.50	1.00	0.020	0.015	0.40~1.00	14.0~17.0	≤1.00	0.50	5.0~9.0	—	≥70.0	0.70~1.20	2.25~2.75	—
NiCr20TiAl	2.4952	0.04~0.10	≤1.00	1.00	0.020	0.015	1.00~1.80	18.0~21.0	≤1.00	0.20	≤1.50	—	≥65.0	—	1.80~2.70	B:≤0.008
NiCr25Co20TiMo	2.4878	0.03~0.07	≤0.50	0.50	0.010	0.007	1.20~1.60	23.0~25.0	19.0~21.0	0.20	≤1.00	1.00~2.00	余量	0.70~1.20	2.80~3.2	B:0.010~0.015 Ta≤0.05,Zr:0.03~0.07

① 除了浇注原因之外，在没有得到买方同意的情况下，表中未列元素也可能添加到合金中。应当采取必要措施控制这些废料元素和生产过程中其他材料进入合金中，以至于影响钢铁的力学性能和合金适用性。

7.4 美国

7.4.1 镍冶炼产品

镍冶炼产品是指从矿石或者类似原料生产的精炼镍，产品的主要形状为阴极镍、镍块、镍丸等，其化学成分应符合表 7 - 26 的规定 [ASTMB39 - 73（2013）]。

表 7 - 26 镍牌号与化学成分

元 素	化学成分（质量分数）/%
Ni（不小于）	99.80
Co（不大于）	0.15
Cu（不大于）	0.02
C（不大于）	0.03
Fe（不大于）	0.02
S（不大于）	0.01
P（小于）	0.005
Mn（小于）	0.005
Si（小于）	0.005
As（小于）	0.005
Pb（小于）	0.005
Sb（小于）	0.005
Bi（小于）	0.005
Sn（小于）	0.005
Zn（小于）	0.005

7.4.2 加工产品

加工镍及镍合金产品有锻件、管材、板材、带材、棒材、线材等，包括焊接管，镀层合金，涉及的牌号有 102 个，其牌号与化学成分应符合表 7 - 27 的规定。

表7-27　镍及镍合金牌号与化学成分（质量分数）

牌号	Ni	Cu	Mo	Fe	Mn	C	Si	S	Cr	Al	Ti	P	Zr	Co	B	Nb+Ta	W	其他（%）
Ni35Cr20	34~37	—	—	余量	1	0.15	1.0~3.0	0.01	18~21	—	—	—	—	—	—	—	—	—
Ni38Cr21	36~39	0.5	—	余量	1.0	0.12	1.3~2.2	0.03	20~23	—	—	0.03	—	—	—	—	—	La:0.03~0.20
Ni60Cr16	57	—	—	余量	1.0	0.15	0.75~1.75	0.01	14~18	—	—	—	—	—	—	—	—	—
Ni80Cr20	余量	—	—	1.0	1.0	0.15	0.75~1.75	0.01	19~21	—	—	—	—	—	—	—	—	—
N02200	99.0（不小于）	0.25	—	0.40	0.35	0.15	0.35	0.01	—	—	—	—	—	—	—	—	—	—
N02201	99.0（不小于）	0.25	—	0.40	0.35	0.02	0.35	0.01	—	—	—	—	—	—	—	—	—	—
N02211	93.7（不小于）	0.25	—	0.75	4.25~5.25	0.20	0.15	0.015	—	—	—	—	—	—	—	—	—	—
N04400	63.0（不小于）	28.0~34.0	—	2.5	2.0	0.3	0.5	0.024	—	—	—	—	—	—	—	—	—	—
N04405	63.0（不小于）	28.0~34.0	—	2.5	2.0	0.3	0.5	0.025~0.060	—	—	—	—	—	—	—	—	—	—
N05500	63.0（不小于）	27.0~33.0	—	2.0	1.5	0.18	0.50	0.010	—	2.30~3.15	0.35~0.85	—	—	—	—	—	—	—
N06002	余量	—	8.0~10.0	17.0~20.0	1.00	0.05~0.15	1.00	0.03	20.5~23.0	—	—	0.04	—	0.5~2.5	—	—	0.2~1.0	—
N06007	余量	1.5~2.5	5.5~7.5	18.0~21.0	1.0~2.0	0.05	1.0	0.03	21.0~23.5	—	—	0.04	—	2.5	—	1.75~2.50	1.0	N:0.15~0.25
N06022	余量	—	12.5~14.5	2.0~6.0	0.50	0.015	0.08	0.02	20.0~22.5	—	—	0.02	—	2.5	—	—	2.5~3.5	V:0.35
N06025	余量	0.1	—	8.0~11.0	0.15	0.15~0.25	0.5	0.01	24.0~26.0	1.8~2.4	0.1~0.2	0.020	0.01~0.10	—	—	Y:0.05~0.12	—	—

续表7-27

牌号	Ni	Cu	Mo	Fe	Mn	C	Si	S	Cr	Al	Ti	P	Zr	Co	B	Nb+Ta	W	其他
N06030	余量	1.0~2.4	4.0~6.0	13.0~17.0	1.5	0.03	0.8	0.02	28.0~31.5	—	—	0.04	—	5.0	—	0.30~1.50	1.5~4.0	—
N06035	余量	0.30	7.60~9.00	2.00	0.50	0.050	0.60	0.015	32.25~34.25	0.40	—	0.030	—	1.00	—	—	0.60	V:0.20
N06045	45.0（不小于）	0.3	—	21.0~25.0	1.0	0.05~0.12	2.5~3.0	0.01	26.0~29.0	—	—	0.020	—	—	—	Ce:0.03~0.09	—	—
N06058	余量	0.50	19.0~21.0	1.5	0.5	0.010	0.10	0.010	20.0~23.0	0.40	—	0.015	—	0.3	—	—	0.3	N:0.02~0.15
N06059	余量	0.50	15.0~16.5	1.5	0.5	0.010	0.10	0.010	22.0~24.0	0.1~0.4	—	0.015	—	0.3	—	—	—	—
N06060	54.0~60.0	0.25~1.25	12.0~14.0	余量	1.50	0.03	0.50	0.005	19.0~22.0	—	—	0.030	—	—	—	0.50~1.25	0.25~1.25	—
N06110	51.0（不小于）	0.50	9.0~12.0	1.0	1.0	0.15	1.0	0.015	28.0~33.0	1.0	1.0	0.50	—	—	—	1.0	1.0~4.0	—
N06200	余量	1.3~1.9	15.0~17.0	3.0	0.50	0.01	0.08	0.010	22.0~24.0	0.50	—	0.025	—	2.0	—	—	—	—
N06210	余量	—	18.0~20.0	1.0	0.5	0.015	0.08	0.02	18.0~20.0	—	—	0.02	—	1.0	—	Ta:1.5~2.2	—	V:0.35
N06219	余量	0.50	7.0~9.0	2.0~4.0	0.30~1.00	0.05~0.15	0.70~1.10	0.010	18.0~22.0	0.50	0.50	0.020	—	1.0	—	—	0.25~1.25	—
N06230	余量	—	1.0~3.0	3.0	1.00	0.05~0.15	0.25~0.75	0.015	20.0~24.0	0.50	—	0.030	—	5.0	0.015	—	13.0~15.0	La:0.005~0.050
N06250	50.0~54.0	0.25~1.25	10.1~12.0	余量	1.00	0.020	0.09	0.005	20.0~23.0	—	—	0.030	—	—	—	—	0.25~1.25	—
N06255	47.0~52.0	1.2	6.0~9.0	余量	1.0	0.03	1.0	0.03	23.0~26.0	—	0.69	0.03	—	—	—	—	3.0	—

牌号	Ni	Cu	Mo	Fe	Mn	C	Si	S	Cr	Al	Ti	P	Zr	Co	B	Nb+Ta	W	其他
N06333	44.0~48.0	—	2.5~4.0	余量	2.0	0.10	1.5	0.03	24.0~27.0	—	—	0.03	—	2.5~4.0	—	—	2.5~4.0	—
N06455	余量	—	14.0~17.0	3.0	1.0	0.015	0.08	0.03	14.0~18.0	—	0.03	0.04	—	2.0	—	—	—	—
N06600	72.0(不小于)	0.5	—	6.0~10.0	1.0	0.15	0.5	0.015	14.0~17.0	—	—	—	—	—	—	—	—	—
N06601	58.0~63.0	1.0	—	余量	1.0	0.1	0.5	0.015	21.0~25.0	1.0~1.7	—	—	—	—	—	—	—	—
N06603	余量	0.5	—	8.0~11.0	0.15	0.20~0.40	0.5	0.010	24.0~26.0	2.4~3.0	0.01~0.25	0.02	0.01~0.10	—	—	Y:0.01~0.15	—	—
N06617	44.5(不小于)	0.5	8.0~10.0	3.0	1.0	0.05~0.15	1.0	0.015	20.0~24.0	0.8~1.5	0.6	—	—	10.0~15.0	0.006	—	—	—
N06625	58.0(不小于)	—	8.0~10.0	5.0	0.50	0.10	0.50	0.015	20.0~23.0	0.4	0.4	0.015	—	—	—	3.15~4.15	—	—
N06650	余量	0.30	9.5~12.5	12.0~16.0	0.50	0.03	0.50	0.010	19.0~21.0	0.05~0.50	0.05~0.20	0.020	—	1.0	—	0.05~0.50	0.50~2.50	N:0.05~0.20
N06674	余量	—	—	20.0~27.0	1.50	0.01	1.0	0.015	21.5~24.5	—	—	0.030	—	—	0.0005~0.006	Nb:0.10~0.35	6.0~8.0	N:0.02
N06686	余量	—	15.0~17.0	5.0	0.75	0.010	0.08	0.02	19.0~23.0	—	0.02~0.25	0.04	—	—	—	—	3.0~4.4	—
N06690	58.0(不小于)	0.5	—	7.0~11.0	0.5	0.05	0.5	0.015	27.0~31.0	—	1.0	—	—	—	—	—	—	—
N06693	余量	0.5	—	2.5~6.0	1.0	0.15	0.5	0.01	27.0~31.0	2.5~4.0	1.0	—	—	—	—	Nb:0.5~2.5	—	—
N06696	余量	1.5~3.0	1.0~3.0	2.0~6.0	1.0	0.15	1.0~2.5	0.010	28.0~32.0	—	1.0	—	—	—	—	—	—	—

续表 7-27

牌号	Ni	Cu	Mo	Fe	Mn	C	Si	S	Cr	Al	Ti	P	Zr	Co	B	Nb+Ta	W	其他
N06811	38.0~46.0	—	0.50~1.50	余量	2.0	0.03	0.60	0.01	27.0~31.0	—	—	0.030	—	—	—	—	—	N:0.10~0.20
N06845	44.0~50.0	2.0~4.0	5.0~7.0	余量	0.5	0.05	0.5	0.010	20.0~25.0	—	—	—	—	—	—	—	2.0~5.0	—
N06852	余量	—	8.0~10.0	15.0~20.0	0.50	0.05	0.50	0.015	20.0~23.0	0.40	0.40	0.015	—	—	—	Nb:0.51~1.00	—	—
N06920	余量	—	8.0~10.0	17.0~20.0	1.0	0.03	1.0	0.030	20.5~23.0	—	—	0.040	—	5.0	—	—	1.0~3.0	—
N06975	47.0~52.0	0.70~1.20	5.0~7.0	余量	1.0	0.03	1.0	0.03	23.0~26.0	—	0.7~1.5	0.03	—	—	—	—	—	—
N06985	余量	1.5~2.5	6.0~8.0	18.0~21.0	1.0	0.015	1.0	0.03	21.0~23.5	—	—	0.04	—	5.0	—	0.50	1.5	—
N07001	余量	0.50	3.50~5.00	2.00	1.00	0.03~0.10	0.75	0.030	18.00~21.00	1.20~1.60	2.75~3.25	0.030	0.02~0.12	12.00~15.00	0.003~0.01	—	—	—
N07022	余量	0.5	15.5~17.4	1.8	0.5	0.010	0.08	0.015	20.0~21.4	0.5	—	0.025	—	1.0	0.006	Ta:0.2	0.8	—
N07080	余量	—	8.0~9.0	3.00	1.00	0.10	1.00	—	18.00~21.00	0.50~1.80	1.80~2.70	0.015	—	—	—	—	—	—
N07208	余量	0.1	8.0~9.0	1.5	0.3	0.04~0.08	0.15	0.015	18.5~20.5	1.38~1.65	1.90~2.30	0.015	—	9.0~11.0	0.003~0.010	Nb:0.2, Ta:0.1	—	—
N07252	余量	—	9.00~10.50	5.00	0.50	0.10~0.20	0.50	0.015	18.00~20.00	0.75~1.25	2.25~2.75	0.015	—	9.00~11.00	0.003~0.01	—	0.5	—
N07500	余量	0.15	3.00~5.00	4.00	0.75	0.15	0.75	0.015	15.00~20.00	2.50~3.25	2.50~3.25	0.015	—	13.00~20.00	0.003~0.01	—	—	—
N07716	59.00~63.00	—	7.00~9.50	余量	0.20	0.03	0.20	0.010	19.00~22.00	0.35	1.00~1.60	0.015	—	—	—	Nb:2.75~4.00	—	—

续表 7－27

牌号	Ni	Cu	Mo	Fe	Mn	C	Si	S	Cr	Al	Ti	P	Zr	Co	B	Nb+Ta	W	其他
N07718	50.0~55.0	0.30	2.80~3.30	余量	0.35	0.08	0.35	0.015	17.0~21.0	0.20~0.80	0.65~1.15	0.015	—	1.0	0.006	4.75~5.50	—	—
N07725	55.00~59.00	—	7.00~9.50	余量	0.35	0.03	0.20	0.010	19.00~22.50	0.35	1.00~1.70	0.015	—	—	—	Nb:2.75~4.00	—	—
N07740	余量	0.50	2.0	3.0	1.0	0.005~0.08	1.0	0.03	23.5~25.5	0.2~2.0	0.5~2.5	0.03	—	15.0~22.0	0.0006~0.006	0.50~2.5	—	—
N07750	70.00(不小于)	0.50	—	5.00~9.00	1.00	0.08	0.50	0.01	14.00~17.00	0.40~1.00	2.25~2.75	—	—	1.00	—	0.70~1.20	—	—
N07752	70.0(不小于)	—	—	5.00~9.00	1.00	0.020~0.060	0.50	0.003	14.50~17.00	0.40~1.00	2.25~2.75	0.008	0.050	0.050	0.007	0.70~1.20	—	V:0.10
N07773	45.0~60.0	—	2.5~5.5	余量	1.00	0.03	0.50	0.010	18.0~27.0	2.0	2.0	0.030	—	—	—	Nb:2.5~6.0	6.0	Mo+0.5W: 2.5~5.5
N07776	50.0~60.0	—	9.0~15.0	余量	1.00	0.03	0.50	0.010	12.0~22.0	2.00	1.00	0.030	—	—	—	Nb:4.0~6.0	0.5~2.5	—
N08020	32.00~38.00	3.00~4.00	2.00~3.00	余量	2.00	0.07	1.00	0.035	19.00~21.00	—	—	0.045	—	—	—	8×ω(C)-1.00	—	—
N08024	35.00~40.00	0.50~1.50	3.50~5.00	余量	1.00	0.03	0.50	0.035	22.50~25.00	—	—	0.035	—	—	—	0.15~0.35	—	—
N08026	33.00~37.20	2.00~4.00	5.00~6.70	余量	1.00	0.03	0.50	0.03	22.00~26.00	—	—	0.03	—	—	—	—	—	N:0.10~0.16
N08028	29.5~32.5	0.6~1.4	3.0~4.0	余量	2.50	0.030	1.00	0.030	26.0~28.0	—	—	0.030	—	—	—	—	—	—
N08031	30.0~32.0	1.0~1.4	6.0~7.0	余量	2.0	0.015	0.3	0.01	26.0~28.0	—	—	0.02	—	—	—	—	—	N:0.15~0.25
N08120	35.0~39.0	0.50	2.50	余量	1.5	0.02~0.10	1.0	0.03	23.0~27.0	0.40	0.20	0.04	—	3.0	0.010	Nb:0.4~0.9	2.50	N:0.15~0.30

续表 7-27

牌号	Ni	Cu	Mo	Fe	Mn	C	Si	S	Cr	Al	Ti	P	Zr	Co	B	Nb+Ta	W	其他
N08135	33.0~38.0	—	4.0~5.0	余量	1.00	0.030	0.75	0.03	20.5~23.5	—	—	0.03	—	—	—	—	0.20~0.80	—
N08221	39.0~46.0	1.5~3.0	5.0~6.5	22.0(不小于)	1.0	0.025	0.5	0.03	20.0~22.0	0.2	0.6~1.0	—	—	—	—	—	—	—
N08320	25.0~27.0	—	4.0~6.0	余量	2.5	0.05	1.0	0.03	21.0~23.0	—	4×w(C)含量(不小于)	0.04	—	—	—	—	—	—
N08330	34.0~37.0	1.00	—	余量	2.00	0.08	0.75~1.50	0.03	17.0~20.0	—	—	0.03	—	—	—	Sn:0.025	—	Pb:0.005
N08332	34.0~37.0	1.00	—	余量	2.00	0.05~0.10	0.75~1.50	0.03	17.0~20.0	—	—	0.03	—	—	—	Sn:0.025	—	Pb:0.005
N08354	34.0~36.0	—	7.0~8.0	余量	1.00	0.030	1.00	0.010	22.0~24.0	—	—	0.03	—	—	—	—	—	N:0.17~0.24
N08366	23.50~25.50	—	6.00~7.00	余量	2.00	0.035	1.00	0.030	20.00~22.00	—	—	0.040	—	—	—	—	—	—
N08367	23.50~25.50	0.75	6.00~7.00	余量	2.00	0.030	1.00	0.030	20.00~22.00	—	—	0.040	—	—	—	—	—	N:0.18~0.25
N08535	29.0~36.5	1.50	2.5~4.0	余量	1.0	0.03	0.50	0.03	24.0~27.0	—	—	0.03	—	—	—	—	—	—
N08700	24.0~26.0	0.50	4.3~5.0	余量	2.00	0.04	1.00	0.030	19.0~23.0	—	—	0.040	—	—	—	8×w(C)~0.40	—	—
N08800	30.0~35.0	0.75	—	39.5(不小于)	1.5	0.10	1.0	0.015	19.0~23.0	0.15~0.60	0.15~0.60	—	—	—	—	—	—	—
N08801	30.0~34.0	0.50	—	39.5(不小于)	1.50	0.10	1.00	0.015	19.0~22.0	—	0.75~1.5	—	—	—	—	—	—	—
N08810	30.0~35.0	0.75	—	39.5(不小于)	1.5	0.05~0.10	1.0	0.015	19.0~23.0	0.15~0.60	0.15~0.60	—	—	—	—	—	—	—

续表 7-27

牌号	Ni	Cu	Mo	Fe	Mn	C	Si	S	Cr	Al	Ti	P	Zr	Co	B	Nb+Ta	W	其他
N08811	30.0~35.0	0.75	—	39.5(不小于)	1.5	0.06~0.10	1.0	0.015	19.0~23.0	—	—	—	—	—	—	—	—	Al+Ti:0.85~1.20
N08825	38.0~46.0	1.5~3.0	2.5~3.5	22.0(不小于)	1.0	0.05	0.5	0.03	19.5~23.5	0.2	0.6~1.2	—	—	—	—	—	—	—
N08830	29.0~34.0	0.50~2.00	4.5~6.5	余量	3.0~6.0	0.015	1.00	0.010	20.0~24.0	—	—	0.035	—	0.50~3.5	—	—	0.20~1.80	N:0.20~0.55
N08890	40.0~45.0	0.75	1.0~2.0	余量	1.5	0.06~0.14	1.0~2.0	0.015	23.5~28.5	0.05~0.60	0.15~0.60	—	—	—	—	Nb:0.2~1.0 Ta:0.10~0.60	—	—
N08925	24.00~26.00	0.8~1.5	6.0~7.0	余量	1.00	0.020	0.50	0.030	19.00~21.00	—	—	0.045	—	—	—	—	—	N:0.10~0.20
N08926	24.00~26.00	0.5~1.5	6.0~7.0	余量	2.00	0.02	0.50	0.01	19.00~21.00	—	—	0.03	—	—	—	—	—	N:0.15~0.25
N08932	24.0~26.0	1.0~2.0	4.5~6.5	余量	2.00	0.020	0.40	0.010	24.0~26.0	—	—	0.025	—	—	—	—	—	N:0.15~0.25
N09777	34.0~42.0	—	2.5~5.5	余量	1.00	0.03	0.50	0.010	14.0~19.0	0.35	2.0~3.0	0.030	—	—	—	Nb:0.10	—	—
N09908	47.0~51.0	0.5	—	余量	1.0	0.03	0.5	0.005	3.75~4.5	0.75~1.25	1.20~1.80	0.015	—	0.5	0.012	Nb:2.7~3.3	—	—
N09925	38.0~46.0	1.50~3.00	2.50~3.50	22.0(不小于)	1.00	0.03	0.50	0.030	19.5~23.5	0.10~0.50	1.90~2.40	—	—	—	—	Nb:0.50	—	—
N09945	45.0~55.0	1.5~3.0	3.0~4.0	余量	1.0	0.005~0.04	0.5	0.03	19.5~23.0	0.01~0.7	0.5~2.5	0.03	—	—	—	Nb:2.4~4.5	—	—
N10001	余量	—	26.0~30.0	4.0~6.0	1.0	0.05	1.0	0.03	1.0	—	—	0.04	—	2.5	—	—	—	V:0.2~0.4

续表 7－27

牌号	Ni	Cu	Mo	Fe	Mn	C	Si	S	Cr	Al	Ti	P	Zr	Co	B	Nb+Ta	W	其他
N10003	余量	0.35	15.0~18.0	5.0	1.00	0.04~0.08	1.00	0.020	6.0~8.0	Al+Ti:0.50		0.015	—	0.20	0.01	—	0.50	V:0.50
N10242	余量	0.50	24.0~26.0	2.0	0.80	0.03	0.80	0.015	7.0~9.0	0.50	—	0.03	—	1.00	0.006	—	—	—
N10276	余量	—	15.0~17.0	4.0~7.0	1.0	0.01	0.08	0.03	14.5~16.5	—	—	0.04	—	2.5	—	—	3.0~4.5	V:0.35
N10362	余量	—	21.5~23.0	1.25	0.60	0.01	0.08	0.010	13.8~15.6	0.50	—	0.025	—	—	—	—	—	—
N10624	余量	0.5	21.0~25.0	5.0~8.0	1.0	0.01	0.10	0.01	6.0~10.0	0.50	—	0.025	—	1.0	—	—	—	—
N10629	余量	0.5	26.0~30.0	1.0~6.0	1.5	0.01	0.05	0.01	0.5~1.5	0.1~0.5	—	0.04	—	2.5	—	—	—	—
N10665	余量	—	26.0~30.0	2.0	1.0	0.02	0.10	0.03	1.0	—	—	0.04	—	1.0	—	—	—	—
N10675	65.0（不小于）	0.20	27.0~32.0	1.0~3.0	3.0	0.01	0.10	0.010	1.0~3.0	0.50	0.20	0.030	0.10	3.0	—	Nb:0.20 Ta:0.20	3.0	V:0.20 Ni+Mo:94.0~98.0
N12160	余量	—	1.0	3.5	1.5	0.15	2.4~3.0	0.015	26.0~30.0	—	0.20~0.80	0.030	—	27.0~33.0	—	Nb:1.0	1.0	—
R20033	30.0~33.0	0.30~1.20	0.50~2.0	余量	2.00	0.015	0.50	0.01	31.0~35.0	—	—	0.02	—	—	—	—	—	N:0.35~0.60
R30556	19.0~22.5	—	2.5~4.0	余量	0.50~2.00	0.05~0.15	0.20~0.80	0.015	21.0~23.0	0.10~0.50	—	0.04	0.001~0.10	16.0~21.0	0.02	Nb:0.30 Ta:0.30~1.25	2.0~3.5	N:0.10~0.30 La:0.005~0.10

注：表中除标明范围值或者不小于外，其他均为最大值。

7.5　日本

7.5.1　镍冶炼产品

镍冶炼产品共有 3 级，其化学成分和牌号应符合表 7 - 28 的规定（JISH 2104—1997）。

表 7 - 28　镍锭的牌号与化学成分

品级	代号	化学成分(质量分数,不大于,注明不小于者除外)/%								
		Ni(不小于)	Fe	Cu	Pb	Mn	C	S	Si	Co
特级	N0	99.98	0.005	0.002	0.001	0.001	0.01	0.001	0.001	0.01
一级	N1	99.80	0.02	0.02	0.004	0.004	0.03	0.01	0.004	0.15
二级	N2	98.00	0.04	0.03	—	—	0.03	0.05	—	—

7.5.2　镍加工产品

日本镍加工产品分为板、带、管、棒、丝及拉拔材料，采用相同的牌号，共涉及 13 个牌号，其化学成分应符合表 7 - 29 的规定（JISH 4551—2000、JISH 4552—2000、JISH 4553—1999、JISH 4554—1999）。

表 7 - 29　镍及镍合金加工产品牌号与化学成分

牌号	代号	化学成分(质量分数,不大于,注明范围值、不小于者除外)/%															
		Al	B	C	Co	Cr	Cu	Fe	Mn	Mo	Ni	P	S	Si	Ti	W	其他
NW2200	Ni99.0	—	—	0.15	—	—	0.2	0.4	0.3	—	99.0	—	0.010	0.3	—	—	—
NW2201	Ni99.0-LC	—	—	0.02	—	—	0.2	0.4	0.3	—	99.0	—	0.010	0.3	—	—	—
NW4400	NiCu30	—	—	0.03	—	—	28.0 34.0	2.5	2.0	—	63.0	—	0.025	0.5	—	—	—
NW4402	NiCu30-LC	—	—	0.04	—	—	28.0 34.0	2.5	2.0	—	63.0	—	0.025	0.5	—	—	—
NW5500	NiCu30Al3Ti	2.2 3.2	—	0.25	—	—	27.0 34.0	2.0	1.5	—	余量	0.020	0.015	0.5	0.35 0.85	—	—
NW0001	NiMo30Fe5	—	—	0.05	2.5	1.0	—	4.0 6.0	1.0	26.0 30.0	余量	0.040	0.030	1.0	—	—	V:0.2~0.4
NW0665	NiMo28	—	—	0.02	1.0	1.0	—	2.0	1.0	26.0 30.0	余量	0.040	0.030	0.1	—	—	—
NW0276	NiMo16Cr15Fe6W4	—	—	0.010	2.5	14.5 16.5	—	4.0 7.0	1.0	15.0 17.0	余量	0.040	0.030	0.08	—	3.0 4.5	—
NW6455	NiCr16Mo16Ti	—	—	0.015	2.0	14.0 18.0	—	3.0	1.0	14.0 17.0	余量	0.040	0.030	0.08	0.7	—	—
NW6022	NiCr21Mo13Fe4W3	—	—	0.015	2.5	20.0 22.5	—	2.0 6.0	0.5	12.5 14.5	余量	0.025	0.020	0.08	—	2.5 3.5	V:0.35 以下
NW6007	NiCr22Fe20Mo6Cu2Nb	—	—	0.05	2.5	21.0 23.5	1.5 2.5	18.0 21.0	1.0 2.0	5.0 7.5	余量	0.040	0.030	1.0	—	—	Nb + Ta: 1.7~2.5
NW6985	NiCr22Fe20Mo7Cu2	—	—	0.015	2.5	21.0 23.5	1.5 2.5	18.0 21.0	1.0	6.0 8.0	余量	0.040	0.030	1.0	—	1.5	Nb + Ta: 0.5 以下
NW6002	NiCr21Fe18Mo9	—	0.010	0.05 0.15	0.5 2.5	20.5 23.0	—	17.0 20.0	1.0	8.0 10.0	余量	0.040	0.030	1.0	0.2 1.0	—	—

7.5.3　镍及镍合金铸件

镍及镍合金铸件共有5种，纯镍、镍－铜合金、镍－钼合金、镍－钼－铬合金、镍－铁－铬合金。其化学成分应符合表7－30的规定（JISH 5701—1991）。

表7－30　镍及镍合金铸件产品牌号与化学成分

种　类	化学成分(质量分数,不大于,注明范围值、不小于者除外)/%											
	Ni	Cu	Fe	Mn	C	Si	S	Cr	P	Mo	V	W
纯镍(不小于)	95.0	1.25	3.00	1.50	1.00	2.00	0.030	—	0.030	—	—	—
镍－铜合金	余量	26.0～33.0	3.50	1.50	0.35	1.25	0.030	—	0.030	—	—	—
镍－钼合金	余量	—	4.0～6.0	1.00	0.12	1.00	0.030	1.00	0.040	26.0～30.0	0.20～0.60	—
镍－钼－铬合金	余量	—	4.5～7.5	1.00	0.12	1.00	0.030	15.5～17.5	0.040	16.0～18.0	0.20～0.40	3.75～5.25
镍－铁－铬合金	余量	—	11.00	1.50	0.40	3.00	0.030	14.0～17.0	0.030	—	—	—

第8章 钴及钴合金牌号与化学成分

8.1 中国

8.1.1 冶炼产品

8.1.1.1 钴

钴主要用于重熔（溶）制造合金、钴盐等，采用电解法和电积法生产。按化学成分分为6个牌号。其化学成分应符合表8-1的规定（YS/T 255—2009）。

表8-1 钴的牌号与化学成分

牌　号			Co9998	Co9995	Co9980	Co9965	Co9925	Co9830
	Co(不小于)		99.98	99.95	99.80	99.65	99.25	98.30
化学成分（质量分数）/%	杂质含量（不大于）	C	0.004	0.005	0.007	0.009	0.03	0.1
		S	0.001	0.001	0.002	0.003	0.004	0.01
		Mn	0.001	0.005	0.008	0.01	0.07	0.1
		Fe	0.003	0.006	0.02	0.05	0.2	0.5
		Ni	0.005	0.01	0.1	0.2	0.3	0.5
		Cu	0.001	0.005	0.008	0.02	0.03	0.08
		As	0.0003	0.0007	0.001	0.002	0.002	0.005
		Pb	0.0003	0.0005	0.0007	0.001	0.002	—
		Zn	0.001	0.002	0.003	0.004	0.005	—
		Si	0.001	0.003	0.003	—	—	—
		Cd	0.0002	0.0005	0.0008	0.001	0.001	—
		Mg	0.001	0.002	0.002	—	—	—
		P	0.0005	0.001	0.002	0.003	—	—
		Al	0.001	0.002	0.003	—	—	—
		Sn	0.0003	0.0005	0.001	0.003	—	—
		Sb	0.0002	0.0006	0.001	0.002	—	—
		Bi	0.0002	0.0003	0.0004	0.0005	—	—
		杂质总量	0.02	0.05	0.20	0.35	0.75	1.70

8.1.1.2 高纯钴

用于磁传感材料、光感材料、磁记录溅射靶材及离子镀膜、蒸发镀膜、制造高纯试剂、标样和高纯合金等用途的高纯钴，按品级分为两个牌号：HPCo-1、HPCo-2。其化学成分应符合表8-2的规定（GB/T 26018—2010）。

表8-2 高纯钴的牌号与化学成分

牌号	化学成分（质量分数）/%	
	Co含量（不小于）	Li、Be、B、Na、Mg、Al、Si、P、S、K、Ca、Ti、V、Cr、Mn、Fe、Ni、Cu、Zn、Ge、As、Se、Zr、Nb、Mo、Ag、Cd、Sn、Sb、Te、Au、Hg、Pb、Bi、Th、U 杂质含量之和（不大于）
HPCo-1	99.9999	0.0001
HPCo-2	99.999	0.001

8.1.1.3 高纯钴铸锭

用于半导体钴靶材制造所需的高纯钴铸锭，共有 2 个牌号，其化学成分应符合表 8 - 3 的规定（YS/T 1150—2016）。

表 8 - 3 高纯钴铸锭的化学成分（质量分数）

牌号	Co② (不小于) /%	杂质含量(不大于)/×10⁻⁴%								
		Ag	Al	B	Ca	Cl	Cr	Cu	Fe	K
Co-5N	99.999	0.1	1.0	0.1	1.0	1.0	1.0	1.0	3.0	0.05
Co-4N5	99.995	2.0	2.0	—	—	—	1.0	2.0	10.0	0.2

牌号	Co (不小于) /%	杂质含量(不大于)/×10⁻⁴%								
		Li	Mg	Mn	Mo	Na	Ni	Si	Sn	Ti
Co-5N	99.999	0.1	0.1	1.0	1.0	0.05	6.0	1.0	0.5	2.0
Co-4N5	99.995	—	2.0	1.0	—	0.2	8.0	5.0	—	2.0

牌号	Co (不小于) /%	杂质含量(不大于)/×10⁻⁴%						
		V	Zn	Th	U	W	Zr	杂质(合计)①
Co-5N	99.999	0.5	0.1	0.0001	0.0001	1.0	1.0	10
Co-4N5	99.995	1.0	—	0.01	0.01	—	—	50

注：用户对某种特定杂质元素含量有特殊要求的，由供需双方协商确认。

① 杂质总和为表中所列杂质实测值之和。

② 高纯钴铸锭的钴含量为 100% 减去表中所列杂质实测值总和的余量。

8.1.2 钴的氧化物

8.1.2.1 氧化亚钴

用于供生产锂离子电池材料、镍氢电池材料、镍镉电池材料、镍 - 合金电池材料、磁性材料及其他用途的氧化亚钴，有 2 个牌号，其化学成分应符合表 8 - 4 的规定（YS/T 1052—2015）。

表 8 - 4 氧化亚钴的牌号与化学成分

牌 号		CoO-1	CoO-2
Co 含量(质量分数)/%		77.5 ~ 78.5	
杂质含量 (质量分数,不大于)/%	Cu	0.002	0.005
	Mn	0.002	0.005
	Zn	0.002	0.005
	Ni	0.005	0.010
	Fe	0.005	0.010
	Ca	0.005	0.010
	Mg	0.005	0.010
	Na	0.010	0.020

8.1.2.2 氧化钴

用于供生产硬质合金，磁性材料，玻璃与搪、陶瓷颜、釉料及其他用途的氧化钴，按其主要用途分为两类（Y、T），每类按化学成分分为三个牌号，其化学成分应符合表 8 - 5 的规定（YS/T 256—2009）。

表 8-5　氧化钴的牌号与化学成分

牌号	Co (不小于)	化学成分(质量分数)/%												
		杂质含量(不大于)												
		Ni	Fe	Ca	Mn	Na	Cu	Mg	Zn	Si	Pb	Cd	As	S
Y0	70.0	0.05	0.01	0.008	0.008	0.004	0.008	0.01	0.005	0.01	0.002	—	0.005	0.01
Y1	70.0	0.1	0.04	0.01	0.01	0.008	0.01	0.02	0.005	0.02	0.005		0.01	0.01
Y2	70.0	0.1	0.05	0.018	0.015	0.015	0.05	0.03	0.01	0.03	0.005		0.01	0.05
T0	72.0	0.2	0.2	—	0.04	—	0.04	—	0.01	—	0.005	0.003	0.003	—
T1	72.0	0.3	0.3	—	0.05	—	0.1	—	0.05	—	0.005	0.005	0.005	—
T2	70.0	0.3	0.4	—	0.05	—	0.2	—	0.10	—	0.006	0.006	0.005	—

8.1.2.3　四氧化三钴

用于供生产锂离子电池材料、磁性材料及其他用途的四氧化三钴有 3 个牌号，其化学成分应符合表 8-6 的规定（YS/T 633—2015）。

表 8-6　四氧化三钴的牌号与化学成分

牌号		Co_3O_4-0	Co_3O_4-1	Co_3O_4-2
Co 含量(质量分数)/%		72.6 ~ 73.6		
杂质含量 (质量分数,不大于)/%	Ni	0.005	0.010	0.020
	Cu	0.001	0.003	0.005
	Fe	0.003	0.005	0.005
	Na	0.010	0.020	0.030
	Ca	0.005	0.010	0.020
	Mg	0.010	0.015	0.020
	Pb	0.005	0.005	0.005
	Al	0.001	0.003	0.005
	Zn	0.003	0.005	0.010
	Mn	0.005	0.005	0.010
	Si	0.005	0.010	0.010

注：如需方有其他要求时，根据客户的要求进行。

8.1.3　钴深加工产品

8.1.3.1　烧结钴片

用于磁性材料、电池材料、钴合金钢、催化剂领域，采用烧结法生产的钴片，有 3 个牌号，其化学成分应符合表 8-7 的规定（YS/T 721—2009）。

表 8-7　烧结钴片的牌号与化学成分

牌号	Co (不小于)	化学成分(质量分数)/%												
		杂质含量(不大于)												
		Ni	Cu	Fe	Ca	Mg	Pb	Zn	Cd	Mn	Na	Al	Si	O
SCo1	99.90	0.010	0.008	0.005	0.008	0.005	0.005	0.008	0.001	0.002	0.005	0.005	0.008	0.05
SCo2	99.80	0.020	0.008	0.010	0.010	0.008	0.005	0.010	0.005	0.008	0.008	0.008	0.010	0.10
SCo3	99.70	0.030	0.010	0.020	0.015	0.010	0.005	0.010	0.010	0.008	0.020	0.020	0.015	0.20

8.1.3.2　高纯钴靶材

用于电子薄膜制造用的高纯钴靶材有 2 个牌号，其化学成分应符合表 8-8 的规定（YS/T 1053—2015）。

表8-8　高纯钴靶材的牌号与化学成分（质量分数）

牌号	Co[1](不小于)/%	非气体杂质含量(不大于)/×10⁻⁴%								
		Ag	Al	As	B	Ca	Cd	Cl	Cr	Cu
Co-5N	99.999	1	10	—	0.1	5	1	1	1	5
Co-4N5	99.995	1	4.5	5	0.1	2	1	1	1	1

牌号	Co(不小于)/%	非气体杂质含量(不大于)/×10⁻⁴%								
		Fe	K	Li	Mg	Mn	Mo	Na	Ni	Pb
Co-5N	99.999	10	0.5	—	5	1	—	0.5	40	—
Co-4N5	99.995	6	0.1	0.1	2	1	1	0.2	6	1

牌号	Co(不小于)/%	非气体杂质含量(不大于)/×10⁻⁴%								
		Sb	Si	Sn	Th	Ti	U	V	W	Zn	Zr
Co-5N	99.999	—	10	1	0.1	—	0.1	2	—	10	—
Co-4N5	99.995	1	4.5	0.5	0.1	2	0.1	1	1	5	1

牌号	Co(不小于)/%	气体杂质含量(不大于)/×10⁻⁴%					杂质总含量 (不包含 C、H、N、O、S,不大于)/%
		C	H	N	O	S	
Co-5N	99.999	100	10	30	200	10	0.001
Co-4N5	99.995	75	10	20	155	10	0.005

① 高纯钴靶的 Co 含量为 100% 减去表中杂质实测总和的余量（不含 C、H、N、O、S）。

8.1.4　钴粉

8.1.4.1　超细钴粉

用于生产硬质合金、金刚石工具、高温合金、磁性材料等冶金产品，以及可充电电池、工业爆破剂、火箭燃料和医药等领域的超细钴粉共有 3 个牌号，其化学成分应符合表 8-9 的规定（GB/T 26285—2010）。

8.1.4.2　还原钴粉

用于供硬质合金、金刚石制品、充电电池、陶瓷等行业使用的采用草酸钴、碳酸钴和氧化钴等含钴物料经还原得到的钴粉，按费氏粒度分为 HCoF-0、HCoF-1、HCoF-2、HCoF-3、HCoF-4 五个牌号，其费氏粒度、中位径、松装密度和氧含量、碳含量见表 8-10。化学成分有 4 个等级，具体见表 8-11 的规定（YS/T 673—2013）。

表8-9　超细钴粉的牌号与化学成分

牌号	化学成分(质量分数)/%												
	Co (不小于)	杂质元素(不大于)											
		Ni	Cu	Fe	Pb	Zn	Ca	Mg	Na	Mn	Si	S	C	杂质总和
FCo999	99.9	0.005	0.005	0.005	0.003	0.003	0.005	0.005	0.005	0.005	0.008	0.005	0.05	0.1
FCo997	99.7	0.02	0.015	0.02	0.005	0.010	0.015	0.015	0.015	0.010	0.015	0.010	0.05	0.3
FCo995	99.5	0.05	0.03	0.03	0.01	0.02	0.03	0.03	0.03	0.02	0.03	0.02	0.05	0.5

注：1. 钴元素为差减法计算得到，差减元素为表中所列元素。

　　2. 杂质总和为表中所列杂质元素实测值之和。

表 8－10　还原钴粉的牌号

牌　号	费氏粒度 FSSS /μm	中位径 D_{50}（不大于）/μm	松装密度 AD /g·cm^{-3}	O（质量分数，不大于）/%	C（质量分数，不大于）/%
HCoF-0	≥2.00	—	0.40~1.50	0.40	0.02
HCoF-1	>1.50~2.00	15	0.70~1.20	0.40	0.02
HCoF-2	>1.00~1.50	10	0.60~1.20	0.50	0.03
HCoF-3	>0.80~1.00	8	0.60~0.80	0.70	0.03
HCoF-4	0.60~0.80	7	0.50~0.80	0.80	0.03

注：如需方对费氏粒度、松装密度、中位径项目有特殊要求，由供需双方协商确定。

表 8－11　还原钴粉的化学成分

等级	化学成分（质量分数）/%														
	Co（不小于）	杂质含量（不大于）													
		Ni	Cu	Fe	Ca	Mg	Pb	Zn	Cd	Mn	Na	Al	Si	S
a	99.90	0.003	0.002	0.005	0.005	0.002	0.002	0.002	0.002	0.002	0.005	0.002	0.001	0.005
b	99.90	0.005	0.005	0.008	0.008	0.005	0.005	0.005	0.005	0.005	0.008	0.005	0.003	0.008
c	99.80	0.020	0.008	0.010	0.010	0.008	0.005	0.010	0.005	0.008	0.008	0.008	0.010	0.010
d	99.80	0.030	0.010	0.020	0.015	0.010	0.005	0.010	0.010	0.008	0.020	0.020	0.015	0.020

注：1. 钴含量为差减法计算得到，差减元素为表中所列杂质元素和碳元素。

　　2. 如需方有其他要求时，根据客户的要求进行分析。

8.1.4.3　粉末冶金用再生钴粉

采用含钴废料回收的再生钴粉，供粉末冶金领域使用。共有 3 个牌号，其化学成分应符合表 8－12 的规定（YS/T 890—2013）。

表 8－12　还原钴粉的牌号与化学成分

化学成分（质量分数）		牌　号		
		FCoR-1	FCoR-2	FCoR-3
余量/%	Co（不小于）	99.9	99.8	99.7
杂质元素（不大于）/%	Ni	0.003	0.01	0.02
	Cu	0.002	0.008	0.015
	Fe	0.005	0.01	0.02
	Pb	0.003	0.004	0.005
	Zn	0.002	0.006	0.010
	Cd	0.002	0.005	0.010
	Ca	0.005	0.010	0.015
	Cr	0.005	0.010	0.015
	Mg	0.004	0.008	0.010
	Mn	0.005	0.008	0.010
	Na	0.005	0.008	0.015
	Si	0.005	0.010	0.015
	Al	0.005	0.020	0.030
	S	0.005	0.008	0.010
	Mo	0.005	0.008	0.02
	C	0.025	0.03	0.05

注：钴含量用杂质减量法（不含氧）计算得到。

8.1.4.4　包覆钴粉

以石蜡为成型剂的包覆钴粉，供硬质合金行业使用。根据化学成分及费氏粒度分为：BFCo-1a、BFCo-1b、BFCo-1c、BFCo-1d、BFCo-2a、BFCo-2b、BFCo-2c、BFCo-2d、BFCo-3a、BFCo-3b、BFCo-3c、BFCo-3d 共 12 个牌号。其化学成分应符合表 8 - 13 的规定。

表 8 - 13　包覆钴粉的化学成分

等级	Co（不小于）	化学成分(质量分数)/%												
		杂质含量(不大于)												
		Ni	Cu	Fe	Ca	Mg	Pb	Zn	Cd	Mn	Na	Al	Si	S
a	99.90	0.003	0.002	0.005	0.005	0.002	0.002	0.002	0.002	0.002	0.005	0.002	0.001	0.005
b	99.90	0.005	0.005	0.008	0.008	0.005	0.005	0.005	0.005	0.005	0.008	0.005	0.003	0.008
c	99.80	0.020	0.008	0.010	0.010	0.008	0.005	0.010	0.005	0.008	0.008	0.008	0.010	0.010
d	99.80	0.030	0.010	0.020	0.015	0.010	0.005	0.010	0.010	0.008	0.020	0.020	0.015	0.020

注：1. 钴含量为差减法计算得到，差减元素为表中所列杂质元素总和。

　　2. 如需方对表中所列元素有其他要求时，由供需双方协商确定。

8.2　国际标准化组织

目前未发现有钴合金牌号。

8.3　欧盟

欧盟目前只有一个抗蠕变钴合金牌号，即钴 - 铬 - 钨 - 镍合金 CoCr20W15Ni，其化学成分应符合表 8 - 14 的规定（EN10302—2008）。

表 8 - 14　抗蠕变钴合金化学成分

元　素	化学成分(质量分数)/%	元　素	化学成分(质量分数)/%
C	0.05 ~ 0.15	Cr	19.0 ~ 21.0
Si	≤0.40	Co	余量
Mn	≤2.00	Fe	≤3.00
P	≤0.020	Ni	9.0 ~ 11.0
S	≤0.015	W	14.0 ~ 16.0

8.4　美国

钴合金，美国材料与试验协会只有 1 个牌号，为钴 - 铬 - 镍 - 钼 - 钨合金 UNS R31233，生产板、带、棒。其化学成分应符合表 8 - 15 的规定 ［ASTMB812—02（2012）］。

表 8 - 15　钴铬镍钼钨合金的化学成分

元　素	化学成分(质量分数)/%	元　素	化学成分(质量分数)/%
B	≤0.015	Cr	23.5 ~ 27.5
C	0.02 ~ 0.10	Fe	1.0 ~ 5.0

元　素	化学成分（质量分数）/%	元　素	化学成分（质量分数）/%
Mn	0.1 ~ 1.5	S	≤0.020
Mo	4.0 ~ 6.0	Si	0.05 ~ 1.00
N	0.03 ~ 0.12	W	1.0 ~ 3.0
Ni	7.0 ~ 11.0	Co	余量
P	≤0.030		

8.5　日本

目前未查到钴合金牌号。

第9章 锡及锡合金牌号与化学成分

9.1 中国

9.1.1 冶炼产品

冶炼产品主要为锡锭，系火法或电解法生产，主要供制造镀锡产品、含锡合金用。锡锭的标准编号为 GB/T 728—2010，按化学成分分为 3 牌号，其牌号及化学成分见表 9-1。

表 9-1 锡锭化学成分

牌　　号			Sn99.90		Sn99.95		Sn99.99
级　　别			A	AA	A	AA	A
化学成分（质量分数）/%	Sn（不小于）		99.90	99.90	99.95	99.95	99.99
	杂质（不大于）	As	0.0080	0.0080	0.0030	0.0030	0.0005
		Fe	0.0070	0.0070	0.0040	0.0040	0.0020
		Cu	0.0080	0.0080	0.0040	0.0040	0.0005
		Pb	0.0320	0.0100	0.0200	0.0100	0.0035
		Bi	0.0150	0.0150	0.0060	0.0060	0.0025
		Sb	0.0200	0.0200	0.0140	0.0140	0.0015
		Cd	0.0008	0.0008	0.0005	0.0005	0.0003
		Zn	0.0010	0.0010	0.0008	0.0008	0.0003
		Al	0.0010	0.0010	0.0008	0.0008	0.0005
		S	0.0005	0.0005	0.0005	0.0005	0.0003
		Ag	0.0050	0.0050	0.0001	0.0001	0.0001
		Ni + Co	0.0050	0.0050	0.0050	0.0050	0.0006
		杂质总和	0.10	0.10	0.05	0.05	0.01

注：表中杂质总和指表中所列杂质元素实测值之和。

9.1.2 加工产品

锡及锡加工产品主要应用于电讯、电器、仪表、电镀等行业，高纯锡标准编号为 YS/T 44—2011，其牌号与化学成分见表 9-2，二氧化锡产品标准编号为 GB/T 26013—2010，其牌号与化学成分见表 9-3，锡酸钠产品标准编号为 GB/T 26040—2010，其牌号与化学成分见表 9-4，锡粉产品标准编号为 GB/T 26304—2010，其牌号与化学成分见表 9-5，无铅锡基焊料产品标准编号为 YS/T 747—2010，其牌号与化学成分见表 9-6，电容器端面用无铅锡基喷金线其牌号与化学成分见表 9-10，锡箔材的牌号、状态和规格见表 9-11。

表 9-2　高纯锡化学成分

牌号	Sn (不小于)/%	化学成分(质量分数)													
		杂质(不大于)/×10⁻⁴%													
		Ag	Al	Ca	Cu	Fe	Mg	Ni	Zn	Sb	Bi	As	Pb	Au	Co	In
Sn-05	99.999	0.5	0.3	0.5	0.5	0.5	0.5	0.5	0.5	0.3	0.5	0.5	0.5	0.1	0.1	0.2
Sn-06	99.9999	0.01	0.05	0.05	0.05	0.05	0.05	0.05	0.05	0.05	0.05	0.05	0.05	0.01	0.01	0.02
Sn-07	99.99999	0.005	0.005	0.005	0.005	0.005	0.005	0.005	0.005	0.005	0.005	0.005	0.005	0.001	0.001	0.002

注：锡含量为 100% 减去表中实测杂质总量的余量。

表 9-3　二氧化锡的化学成分及粒度

名称		牌号	化学成分(质量分数)/%										过筛率/%
			SnO_2 (不小于)	杂质(不大于)									
				Fe	Cu	Pb	As	Sb	S	硫酸盐 (以 SO_4^{2-} 计)	灼烧失重	盐酸可溶物	
二氧化锡	气化法	SnO_2-98.00	98.00	0.040	0.020	0.06	0.010	—	0.03	—	0.50	—	(-0.010mm)98
		SnO_2-99.00	99.00	0.035	0.015	0.05	0.005	—	0.02	—	0.35	—	(-0.010mm)98
	酸法	SnO_2-98.00	98.00	0.040	—	0.06	—	0.04	—	0.50	0.50	0.50	(-0.125mm)98
		SnO_2-99.00	99.00	0.035	—	0.04	—	0.03	—	0.10	0.50	0.40	(-0.125mm)98

注：需方如对产品有特殊要求时，可由供需双方商定。

表 9-4　锡酸钠的化学成分

名称	牌号	化学成分(质量分数)/%							
		Sn (不小于)	杂质(不大于)						
			Pb	Sb	As	Fe	游离碱 (NaOH 计)	硝酸盐 (NO_3^- 计)	碱不溶物
锡酸钠	Sn-42	42	0.0020	0.0025	0.0010	0.02	3.5	0.1	0.1
	Sn-36.5	36.5	0.0020	0.0020	0.0020	0.02	4.5	0.2	0.2

注：需方如对产品有特殊要求时，可由供需双方商定。

表 9-5　锡粉的化学成分

牌号	品级	化学成分(质量分数)/%								
		Sn (不小于)	杂质(不大于)							
			Cu	Fe	Bi	Pb	Sb	As	总氧量	杂质总量
FSn 1	A	99.50	0.008	0.007	0.015	0.032	0.020	0.008	0.35	0.50
FSn 2										
FSn 3										
FSn 1	AA	99.50	0.008	0.007	0.015	0.010	0.020	0.008	0.35	0.50
FSn 2										
FSn 3										

注：1. 需方如对锡粉的化学成分有特殊要求时，可由供需双方商定。

2. 锡含量为 100% 减去实测杂质含量之和的余量。

表 9-6　无铅锡基焊料牌号及化学成分

系列	牌号(合金组分)		化学成分(质量分数,不大于)/%												
			Sn	Ag	Cu	In	Bi	Sb	Zn	Pb	Fe	As	Al	Cd	Ni
二元系	Sn		余量	0.10	0.08	—	0.05	0.10	0.005	0.05	0.02	0.01	0.005	0.002	0.10
	SnAg	SnAg3.8	余量	3.5~4.1	0.08	—	0.05	0.10	0.005	0.05	0.02	0.01	0.005	0.002	0.05
		SnAg3.5	余量	3.2~3.8	0.08	—	0.05	0.10	0.005	0.05	0.02	0.01	0.005	0.002	0.05
		SnAg3.0	余量	2.7~3.3	0.08	—	0.05	0.10	0.005	0.05	0.02	0.01	0.005	0.002	0.05
		SnAg0.5	余量	0.3~0.7	0.08	—	0.05	0.10	0.005	0.05	0.02	0.01	0.005	0.002	0.05
		SnAg0.3	余量	0.2~0.4	0.08	—	0.05	0.10	0.005	0.05	0.02	0.01	0.005	0.002	0.10
	SnCu	SnCu3.0	余量	0.10	2.5~3.5	—	0.05	0.10	0.005	0.05	0.02	0.01	0.005	0.002	0.10
		SnCu0.7	余量	0.10	0.5~0.9	—	0.05	0.10	0.005	0.05	0.02	0.01	0.005	0.002	0.10
		SnCu0.3	余量	0.10	0.2~0.4	—	0.05	0.10	0.005	0.05	0.02	0.01	0.005	0.002	0.10
	SnZn	SnZn50	余量	0.10	0.08	—	0.05	0.10	49.0~51.0	0.05	0.02	0.01	0.005	0.002	0.05
		SnZn40	余量	0.10	0.08	—	0.05	0.10	39.0~41.0	0.05	0.02	0.01	0.005	0.002	0.05
		SnZn30	余量	0.10	0.08	—	0.05	0.10	29.0~31.0	0.05	0.02	0.01	0.005	0.002	0.05
		SnZn20	余量	0.10	0.08	—	0.05	0.10	19.0~21.0	0.05	0.02	0.01	0.005	0.002	0.05
		SnZn9	余量	0.10	0.08	—	0.05	0.10	8.0~10.0	0.05	0.02	0.01	0.005	0.002	0.05
	SnIn52		余量	0.10	0.08	51.0~53.0	0.05	0.10	0.005	0.05	0.02	0.01	0.005	0.002	0.05
	SnBi	SnBi58	余量	0.10	0.08	—	57.0~59.0	0.10	0.005	0.05	0.02	0.01	0.005	0.002	0.05
		SnBi42	余量	0.10	0.08	—	41.0~43.0	0.10	0.005	0.05	0.02	0.01	0.005	0.002	0.05
	SnSb5		余量	0.10	0.08	—	0.05	4.5~5.5	0.005	0.05	0.02	0.01	0.005	0.002	0.05

续表 9 - 6

化学成分(质量分数)/%

系列	牌号(合金组分)	Sn	Ag	Cu	Bi(不大于)	Sb(不大于)	Zn(不大于)	Pb(不大于)	Fe(不大于)	As(不大于)	Al(不大于)	Cd(不大于)	Ni(不大于)
SnSbCu	SnSb0.55Cu0.25	余量	≤0.10	0.15~0.35	0.05	0.45~0.65	0.005	0.05	0.02	0.01	0.005	0.002	0.05
	SnSb0.25Cu0.1	余量	≤0.10	0.05~0.15	0.05	0.15~0.35	0.005	0.05	0.02	0.01	0.005	0.002	0.05
SnAgCu	SnAg3.8Cu0.7	余量	3.5~4.1	0.5~0.9	0.05	0.10	0.005	0.05	0.02	0.01	0.005	0.002	0.05
	SnAg3Cu0.5	余量	2.7~3.3	0.3~0.7	0.05	0.10	0.005	0.05	0.02	0.01	0.005	0.002	0.05
	SnAg1Cu0.5	余量	0.8~1.2	0.3~0.7	0.05	0.10	0.005	0.05	0.02	0.01	0.005	0.002	0.05
	SnAg0.5Cu0.7	余量	0.3~0.7	0.5~0.9	0.05	0.10	0.005	0.05	0.02	0.01	0.005	0.002	0.05
	SnAg0.3Cu0.7	余量	0.2~0.4	0.5~0.9	0.05	0.10	0.005	0.05	0.02	0.01	0.005	0.002	0.05
SnAg3.5Bi3		余量	3.2~3.8	≤0.08	2.7~3.3	0.10	0.005	0.05	0.02	0.01	0.005	0.002	0.05

三元系

化学成分(质量分数)/%

系列	牌号(合金组分)	Sn	Ag	Cu	In	Bi	Sb(不大于)	Zn(不大于)	Pb(不大于)	Fe(不大于)	As(不大于)	Al(不大于)	Cd(不大于)	Ni(不大于)
	SnAg2.5Cu0.8Sb0.5	余量	2.2~2.8	0.6~1.0	—	≤0.05	0.4~0.6	0.005	0.05	0.02	0.01	0.005	0.002	0.05
	SnAg2.5Bi1Cu0.5	余量	2.2~2.8	0.3~0.7	—	0.8~1.2	0.10	0.005	0.05	0.02	0.01	0.005	0.002	0.05
SnInAgBi	SnIn8Ag3.5Bi0.5	余量	3.2~3.8	≤0.08	7.5~8.5	0.4~0.6	0.10	0.005	0.05	0.02	0.01	0.005	0.002	0.05
	SnIn4Ag3.5Bi0.5	余量	3.2~3.8	≤0.08	3.5~4.5	0.4~0.6	0.10	0.005	0.05	0.02	0.01	0.005	0.002	0.05

四元系

9.1.3　铸造产品

9.1.3.1　铸造锡基轴承合金锭

铸造锡基轴承合金锭主要用于制造双金属轴承，标准编号为 GB/T 8740—2005，其牌号及化学成分见表 9 – 7。

表 9 – 7　铸造轴承合金锭牌号及化学成分

类别	牌号	化学成分(质量分数)/%									
		Sn	Pb	Sb	Cu	Fe	As	Bi	Zn	Al	Cd
锡基合金	SnSb4Cu4	余量	0.35	4.00 ~ 5.00	4.00 ~ 5.00	0.060	0.10	0.080	0.0050	0.0050	0.050
	SnSb8Cu4	余量	0.35	7.00 ~ 8.00	3.00 ~ 4.00	0.060	0.10	0.080	0.0050	0.0050	0.050
	SnSb8Cu8	余量	0.35	7.50 ~ 8.50	7.50 ~ 8.50	0.080	0.10	0.080	0.0050	0.0050	0.050
	SnSb9Cu7	余量	0.35	7.50 ~ 9.50	7.50 ~ 8.50	0.080	0.10	0.080	0.0050	0.0050	0.050
	SnSb11Cu6	余量	0.35	10.00 ~ 12.00	5.50 ~ 6.50	0.080	0.10	0.080	0.0050	0.0050	0.050
	SnSb12Pb10Cu4	余量	9.00 ~ 11.00	11.00 ~ 13.00	2.50 ~ 5.00	0.080	0.10	0.080	0.0050	0.0050	0.050
铅基合金	PbSb16Sn1As1	0.80 ~ 1.20	余量	14.50 ~ 17.50	0.6	0.10	0.80 ~ 1.40	0.10	0.0050	0.0050	0.050
	PbSb16Sn16Cu2	15.00 ~ 17.00	余量	15.00 ~ 17.00	1.50 ~ 2.00	0.10	0.25	0.10	0.0050	0.0050	0.050
	PbSb15Sn10	9.30 ~ 10.70	余量	14.00 ~ 16.00	0.50	0.10	0.30 ~ 0.60	0.10	0.0050	0.0050	0.050
	PbSb15Sn5	4.50 ~ 5.50	余量	14.00 ~ 16.00	0.50	0.10	0.30 ~ 0.60	0.10	0.0050	0.0050	0.050
	PbSb10Sn6	5.50 ~ 6.50	余量	9.50 ~ 10.50	0.50	0.10	0.25	0.10	0.0050	0.0050	0.050

注：表中没有标明范围的值都是最大值。

9.1.3.2　铸造锡铅焊料

铸造锡铅焊料主要供电信、电器、电子仪器仪表及其他机械制造业作焊料，标准编号为 GB/T 8012—2001，其牌号及化学成分见表 9 – 8。

9.2　欧盟

9.2.1　冶炼产品

锡和锡合金。锡锭的欧盟标准为 EN 610—1996，其牌号及化学成分见表 9 – 9。

表9-8 铸造锡铅焊料牌号及化学成分

化学成分（质量分数）/%

类别	牌号	代号	合金				杂质（不大于）							
			Sn	Pb	Sb	其他	Bi	Fe	As	Cu	Zn	Al	Cd	Ag
锡铅焊料	ZHLSn63PbAA	63AA	62.50~63.50	余量	≤0.0070	—	0.008	0.0050	0.0020	0.0050	0.0010	0.0010	0.0010	0.010
	ZHLSn90PbA	90A	89.50~90.50	余量	≤0.050	—	0.020	0.010	0.010	0.020	0.0010	0.0010	0.0010	0.015
	ZHLSn70PbA	70A	69.50~70.50	余量	≤0.050	—	0.020	0.010	0.010	0.020	0.0010	0.0010	0.0010	0.015
	ZHLSn63PbA	63A	62.50~63.50	余量	≤0.012	—	0.020	0.010	0.010	0.020	0.0010	0.0010	0.0010	0.015
	ZHLSn60PbA	60A	59.50~60.50	余量	≤0.012	—	0.020	0.010	0.010	0.020	0.0010	0.0010	0.0010	0.015
	ZHLSn55PbA	55A	54.50~55.50	余量	≤0.012	—	0.020	0.010	0.010	0.020	0.0010	0.0010	0.0010	0.015
	ZHLSn50PbA	50A	49.50~50.50	余量	≤0.012	—	0.020	0.010	0.010	0.020	0.0010	0.0010	0.0010	0.015
	ZHLSn45PbA	45A	44.50~45.50	余量	≤0.050	—	0.025	0.012	0.010	0.030	0.0010	0.0010	0.0010	0.015
	ZHLSn40PbA	40A	39.50~40.50	余量	≤0.050	—	0.025	0.012	0.010	0.030	0.0010	0.0010	0.0010	0.015
	ZHLSn35PbA	35A	34.50~35.50	余量	≤0.050	—	0.025	0.012	0.010	0.030	0.0010	0.0010	0.0010	0.015
	ZHLSn30PbA	30A	29.50~30.50	余量	≤0.050	—	0.025	0.012	0.010	0.030	0.0010	0.0010	0.0010	0.015
	ZHLSn25PbA	25A	24.50~25.50	余量	≤0.050	—	0.025	0.012	0.010	0.030	0.0010	0.0010	0.0010	0.015
	ZHLSn20PbA	20A	19.50~20.50	余量	≤0.050	—	0.025	0.012	0.010	0.030	0.0010	0.0010	0.0010	0.015
	ZHLSn15PbA	15A	14.50~15.50	余量	≤0.050	—	0.025	0.012	0.010	0.030	0.0010	0.0010	0.0010	0.015
	ZHLSn10PbA	10A	9.50~10.50	余量	≤0.050	—	0.025	0.012	0.010	0.030	0.0010	0.0010	0.0010	0.015
	ZHLSn5PbA	5A	4.50~5.50	余量	≤0.050	—	0.025	0.012	0.010	0.030	0.0010	0.0010	0.0010	0.015
	ZHLSn2PbA	2A	1.50~2.50	余量	≤0.050	—	0.025	0.012	0.010	0.030	0.0010	0.0010	0.0010	0.015
	ZHLSn63PbB	63B	62.50~63.50	余量	0.12~0.50	—	0.050	0.012	0.015	0.040	0.0010	0.0010	0.0010	0.015
	ZHLSn60PbB	60B	59.50~60.50	余量	0.12~0.50	—	0.050	0.012	0.015	0.040	0.0010	0.0010	0.0010	0.015
	ZHLSn50PbB	50B	49.50~50.50	余量	0.12~0.50	—	0.050	0.012	0.015	0.040	0.0010	0.0010	0.0010	0.015
	ZHLSn45PbB	45B	44.50~45.50	余量	0.12~0.50	—	0.050	0.012	0.015	0.040	0.0010	0.0010	0.0010	0.015
	ZHLSn40PbB	40B	39.50~40.50	余量	0.12~0.50	—	0.050	0.012	0.015	0.040	0.0010	0.0010	0.0010	0.015
	ZHLSn60PbC	60C	59.50~60.50	余量	0.50~0.80	—	0.100	0.020	0.020	0.050	0.0010	0.0010	0.0010	—
	ZHLSn55PbC	55C	54.50~55.50	余量	0.12~0.80	—	0.100	0.020	0.020	0.050	0.0010	0.0010	0.0010	—
	ZHLSn50PbC	50C	49.50~50.50	余量	0.50~0.80	—	0.100	0.020	0.020	0.050	0.0010	0.0010	0.0010	—
	ZHLSn45PbC	45C	44.50~45.50	余量	0.50~0.80	—	0.100	0.020	0.020	0.050	0.0010	0.0010	0.0010	—

续表 9-8

类别	牌号	代号	合金				化学成分（质量分数）/% 杂质（不大于）							
			Sn	Pb	Sb	其他	Bi	Fe	As	Cu	Zn	Al	Cd	Ag
锡铅焊料	ZHLSn40PbC	40C	39.50~40.50	余量	1.50~2.00	—	0.100	0.020	0.020	0.050	0.0010	0.0010	0.0010	—
	ZHLSn35PbC	35C	34.50~35.50	余量	1.50~2.00	—	0.100	0.020	0.020	0.050	0.0010	0.0010	0.0010	—
	ZHLSn30PbC	30C	29.50~30.50	余量	1.50~2.00	—	0.100	0.020	0.020	0.050	0.0010	0.0010	0.0010	—
	ZHLSn25PbC	25C	24.50~25.50	余量	0.20~1.50	—	0.100	0.020	0.020	0.050	0.0010	0.0010	0.0010	—
	ZHLSn20PbC	20C	19.50~20.50	余量	0.50~3.00	—	0.100	0.020	0.020	0.050	0.0010	0.0010	0.0010	—
含银焊料	ZHLSn62PbAg	Ag2	61.50~62.50	余量	≤0.012	银:1.80~2.20	0.020	0.010	0.010	0.020	0.0010	0.0010	0.0010	—
	ZHLSn5PbAg	Ag2.5	4.50~5.50	余量	≤0.050	银:2.30~2.70	0.020	0.012	0.010	0.030	0.0010	0.0010	0.0010	—
	ZHLSn1PbAg	Ag1.5	0.80~1.20	余量	≤0.050	银:1.30~1.70	0.020	0.012	0.010	0.030	0.0010	0.0010	0.0010	—
含磷焊料	ZHLSn63PbP	63P	62.50~63.50	余量	≤0.012	磷:0.001~0.004	0.020	0.010	0.010	0.020	0.0010	0.0010	0.0010	0.015
	ZHLSn60PbP	60P	59.50~60.50	余量	≤0.012	磷:0.001~0.004	0.020	0.010	0.010	0.020	0.0010	0.0010	0.0010	0.015
	ZHLSn50PbP	50P	49.50~50.50	余量	≤0.012	磷:0.001~0.004	0.020	0.010	0.010	0.020	0.0010	0.0010	0.0010	0.015

表 9-9　锡锭牌号与化学成分

牌号	化学成分（质量分数）/%										
	Sn（不小于）	Al（不大于）	As（不大于）	Bi（不大于）	Cd（不大于）	Cu（不大于）	Fe（不大于）	Pb（不大于）	Sb（不大于）	Zn（不大于）	杂质总量（不大于）
Sn99.99	99.99	0.0005	0.0005	0.0001	0.0005	0.0005	0.0001	0.0040	0.0010	0.0005	0.010
Sn99.95	99.95	0.0005	0.0040	0.0050	0.0005	0.005	0.0025	0.040	0.015	0.0005	0.050
Sn99.93	99.93	0.0005	0.004	0.005	0.0005	0.010	0.003	0.040	0.040	0.0005	0.070
Sn99.90	99.90	0.0010	0.030	0.010	0.0010	0.030	0.005	0.010	0.040	0.0010	0.100
Sn99.85	99.85	0.0010	0.030	0.030	0.0010	0.050	0.010	0.050	0.050	0.0010	0.150

表 9 – 10　牌号、状态、规格

牌　号	供货形式	状态	直径/mm
SnZn7Cu3			
SnZn17Cu3			
SnSb7Cu3			
SnCu3			
SnZn10			
SnZn20	线状	Y（冷拉）	1.10 ~ 3.50
SnZn30			
SnZn40			
SnZn50			
SnZn60			
SnZn70			

表 9 – 11　锡箔材的牌号、状态和规格

牌　号	供应状态	厚度/mm	宽度（不大于）/mm	长度（不小于）/mm
Sn1、Sn2、Sn3、SnSb1.5、SnSb2.5、SnSb12-1.5、SnSb13.5-2.5、Pb2、Pb3、Pb4、Pb5、PbSb3-1、PbSb6-5、PbSb45、PbSb3.5、PbSn2-2、PbSn4.5-2.5、PbSn6.5	轧制	0.010 ~ 0.100	350	5000

9.2.2　加工产品

锡和锡合金加工产品的欧盟标准为 EN 611 – 1—1995 和 EN 611 – 2—1996，其牌号及化学成分见表 9 – 12 和表 9 – 13。

表 9 – 12　锡及锡合金化学成分及牌号　　　　　　　　（%）

序号	Sn	限量范围	Ag	Bi	Cd	Cu	Pb	Sb	总杂质量
1	余量,w(Sn+Ag)≥91%	最小	—	—	—	1.0	—	5.0	—
		最大	4.0[①]	0.5	0.05	2.5	0.25	7.0	0.2
2	余量,≥94%	最小	—	—	—	0.5	—	3.0	—
		最大	0.05	0.5	0.05	2.5	0.25	5.0	0.2
3	余量,≥91.5%	最小	—	—	—	0.25	—	4.5	—
		最大	0.05	0.5	0.05	2.0	0.25	8.0	0.2

序号	Sn	限量范围	Ag	Bi	Cd	Cu	Pb	Sb	总杂质量
4	余量,≥94%	最小	—	—	—	—	—	5.0	—
		最大	0.05	0.5	0.05	0.05	0.25	7.0	0.2
5	余量,≥92.5%	最小	—	—	—	1.0	—	6.5	—
		最大	0.05	0.5	0.05	0.05	0.25	7.5	0.2
6	余量	最小	—	—	—	—	—	—	—
		最大	0.05	0.5	0.05	1.5	0.25	2.05	0.2

① 对于合金而言,银的范围最大限量4.0%,应由买卖双方协商或在合同中注明。

表9–13 锡及锡合金化学成分及牌号

合金序号	合金牌号	温度/℃	限量范围	化学成分(质量分数)/%										除 Sb、Bi、Cu 之外总量
				Sn	Pb	Sn	Cd	Zn	Al	Bi	As	Fe	Cu	
11	S-Sn63Pb37Sb	183	最小	62.5	余量	0.12	—	—	—	—	—	—	—	—
			最大	63.5	余量	0.50	0.002	0.001	0.001	0.10	0.03	0.02	0.05	0.08
12	S-Sn60Pb40Sb	183 ~ 190	最小	59.5	余量	—	—	—	—	—	—	—	—	—
			最大	60.5	余量	—	—	—	—	—	—	—	—	—
21	S-Bi57Sn43	138	最小	42.5	—	—	—	—	—	余量	—	—	—	—
			最大	43.5	0.05	0.10	0.020	0.010	0.010	余量	0.03	0.02	0.10	0.2①②

① 在合金 21 中,所有杂质总和(除 Bi 和 Sn 之外所有元素)不超过 0.2%。

② 在合金 21 中,铟量不超过 0.05%,银量不超过 0.05%。

9.3 美国

9.3.1 冶炼产品

锡锭的美国标准为 ASTM B339—2010,其牌号及化学成分见表 9 – 14。

表9–14 锡锭牌号及化学成分

元 素	化学成分(质量分数)/%			
	A 级	B 级	用于制造 A 级的马口铁	高纯级
Sn(不小于)	99.85	99.85	99.85	99.95
Sb(不大于)	0.04	0.015	0.04	0.005
As(不大于)	0.05	0.05	0.05	0.005
Bi(不大于)	0.030	0.030	0.030	0.015
Cr(不大于)	0.001	0.001	0.001	0.001
Cu(不大于)	0.04	0.04	0.04	0.005
Fe(不大于)	0.010	0.010	0.010	0.010
Pb(不大于)	0.05	0.5	0.010	0.001

元　素	化学成分(质量分数)/%			
	A 级	B 级	用于制造 A 级的马口铁	高纯级
Ni + Co(不大于)	0.01	0.01	0.01	0.010
S(不大于)	0.01	0.01	0.01	0.010
Zn(不大于)	0.005	0.005	0.005	0.005
Ag(不大于)	0.01	0.01	0.01	0.010
其　他	—	—	0.010	0.010

9.3.2　加工产品

锡和锡合金加工产品的美国材料协会标准为 ASTM B 23—2010、ASTM B 560—2010 和 ASTM B 32—2008，其牌号及化学成分见表 9 – 15 ~ 表 9 – 17。

表 9 – 15　轴承合金（巴氏合金）化学成分[①]和牌号

化学成分(质量分数)/%	合　金　号							
	锡　基				铅　基			
	1	2	3	11	7	8	13	15
	UNS-L13910	UNS-L13890	UNS-L13840	UNS-L13870	UNS-L53585	UNS-L53656	UNS-L53346	UNS-L53620
Sn	余量[②]	余量[②]	余量[②]	余量[②]	9.3 ~ 10.7	4.5 ~ 5.5	5.5 ~ 6.5	0.8 ~ 1.2
Sb	4.0 ~ 5.0	7.0 ~ 80	7.5 ~ 8.5	6.0 ~ 7.5	14.0 ~ 16.0	14.0 ~ 16.0	9.5 ~ 10.5	14.5 ~ 17.5
Pb	0.35	0.35	0.35	0.50	余量[②]	余量[②]	余量[②]	余量[②]
Cu	4.0 ~ 5.0	3.0 ~ 40	7.5 ~ 8.5	5.0 ~ 6.5	0.50	0.50	0.50	0.6
Fe	0.08	0.08	0.08	0.08	0.10	0.10	0.10	0.10
As	0.10	0.10	0.10	0.10	0.30 ~ 0.60	0.30 ~ 0.60	0.25	0.8 ~ 1.4
Bi	0.08	0.08	0.08	0.08	0.10	0.10	0.10	0.10
Zn	0.005	0.005	0.005	0.005	0.005	0.005	0.005	0.005
Al	0.005	0.005	0.005	0.005	0.005	0.005	0.005	0.005
Ca	0.05	0.05	0.05	0.05	0.05	0.05	0.05	0.05
以上元素之和(不小于)	99.80	99.80	99.80	99.80				

① 9 号合金在 1946 年被废止，4、5、6、10、11、12、16 和 19 号合金在 1959 年被废止，一个新合金号 11，类似于 SAE11 等级的合金在 1966 年被增加。

② 被差别化确认。

表 9 – 16　新型锡基合金化学成分和牌号

合金牌号	L13911	L13912	L13963
元　素	化学成分(质量分数)/%		
	1 类:铸造合金[①]	2 类:合金板[②]	3 类:特殊目的合金
Sn	90 ~ 93	90 ~ 93	95 ~ 98
Sb	6 ~ 8	5 ~ 7.5	1.0 ~ 3.0
Cu	0.25 ~ 2.0	1.5 ~ 3.0	1.0 ~ 2.0
Pb(不大于)	0.05	0.05	0.05
As(不大于)	0.05	0.05	0.05
Fe(不大于)	0.015	0.015	0.015
Zn(不大于)	0.005	0.005	0.005

① 常规 1 类合金成分: $w(Sn) = 92\%$、$w(Sb) = 7.5\%$、$w(Cu) = 0.5\%$。

② 常规 2 类合金成分: $w(Sn) = 91\%$、$w(Sb) = 7\%$、$w(Cu) = 2\%$。

表9-17 焊料金属化学成分和牌号

合金元素	化学成分(质量分数)/%														熔点变化				UNS编号
															固体		液体		
	Sn	Pb	Sb	Ag	Cu	Cd	Al	Bi	As	Fe	Zn	Ni	Ce	Se	°F	°C	°F	°C	
第1部分:少于0.2%铝的焊料合金																			
Sn96	余量	0.10	0.12	3.4~3.8	0.08	0.005	0.005	0.15	≤0.05	0.02	0.005	—	—	—	430	221	430	221	L13965
Sn95	余量	0.10	0.12	4.4~4.8	0.08	0.005	0.005	0.15	0.05	0.02	0.005	—	—	—	430	221	473	245	L13967
Sn94	余量	0.10	0.12	5.4~5.8	0.08	0.005	0.005	0.15	0.05	0.02	0.005	—	—	—	430	221	536	280	L13969
Sb5	≥94.0	0.20	4.5~5.5	0.015	0.08	0.005	0.005	0.15	0.05	0.04	0.5~4.0	—	—	—	450	233	464	240	L13950
E	余量	0.10	0.05	0.25~0.75	3.0~5.0	0.005	0.005	0.02	0.05	0.02	0.01	0.05~2.0	—	—	440	225	660	349	L13935
HA	余量	0.10	0.5~4.0	0.1~3.0	0.1~2.0	0.005	0.005	0.15	0.05	0.02	0.005	0.15~0.25	—	—	420	216	440	227	L13955
HB	余量	0.10	4.0~6.0	0.05~0.5	2.0~5.0	0.005	0.005	0.15	0.05	0.02	0.005	0.005	0.01~0.25	—	460	238	660	349	L13952
HN	余量	0.10	0.05	0.05~0.15	3.5~4.5	0.005	0.005	0.15	0.05	0.02	0.005	0.001	—	—	440	225	660	350	L13933
PT	余量	0.12	0.25~4.0	0.05~0.50	0.25~4.0	0.005	0.005	0.15	0.01	0.02	0.005	—	—	—	430	221	435	224	
AC	余量	0.10	0.05	0.2~0.3	0.1~0.3	0.005	0.005	0.15	0.05	0.02	0.005	—	—	—	403	206	453	234	L13964
OA	余量	0.2	0.05	0.05~0.3	2.0~4.0	0.005	0.005	2.75~3.75	0.05	0.04	0.05	—	—	—	420	216	460	238	L13937
AM	余量	0.10	0.8~1.2	0.4~0.6	2.8~3.2	0.005	0.005	0.5~1.5	0.05	0.02	0.005	—	—	—	430	220	446	230	L13938
TC	余量	0.20	0.05	0.015	4.0~5.0	0.005	0.005	0.05	0.05	0.04	0.005	0.005	—	0.04~0.20	419	215	660	350	L13931
WS	余量	0.10	0.6~1.0	0.2~0.6	3.5~4.5	0.005	0.005	0.02	0.05	0.02	0.005	—	—	—	430	225	660	350	L13939
第2部分:含铅的焊料合金																			
Sn70	69.5~71.5	余量	0.50	0.015	0.08	0.001	0.005	0.25	0.03	0.02	0.005	—	—	—	361	183	377	193	L13700
Sn63	62.5~63.5	余量	0.50	0.015	0.08	0.001	0.005	0.25	0.03	0.02	0.005	—	—	—	361	183	361	183	L13630
Sn62	61.5~62.5	余量	0.50	1.75~2.25	0.08	0.001	0.005	0.25	0.03	0.02	0.005	—	—	—	354	179	372	189	L13620
Sn60	59.5~61.5	余量	0.50	0.015	0.08	0.001	0.005	0.25	0.025	0.02	0.005	—	—	—	361	183	374	190	L13600

续表 9 – 17

合金元素	化学成分（质量分数）/%														熔点变化				UNS编号
	Sn	Pb	Sb	Ag	Cu	Cd	Al	Bi	As	Fe	Zn	Ni	Ce	Se	固体		液体		
															℉	℃	℉	℃	
Sn50	49.5~51.5	余量	0.50	0.015	0.08	0.001	0.005	0.25	0.025	0.02	0.005	—	—	—	361	183	421	216	L55031
Sn45	44.5~46.5	余量	0.50	0.015	0.08	0.001	0.005	0.25	0.02	0.02	0.005	—	—	—	361	183	441	227	L54951
Sn40A	39.5~41.5	余量	0.50	0.015	0.08	0.001	0.005	0.25	0.02	0.02	0.005	—	—	—	361	183	460	238	L54916
Sn40B	39.5~41.5	余量	1.8~2.4	0.015	0.08	0.001	0.005	0.25	0.02	0.02	0.005	—	—	—	365	185	448	231	L54918
Sn35A	34.5~36.5	余量	0.50	0.015	0.08	0.001	0.005	0.25	0.02	0.02	0.005	—	—	—	361	183	447	247	L54851
Sn35B	34.5~36.5	余量	1.6~2.0	0.015	0.08	0.001	0.005	0.25	0.02	0.02	0.005	—	—	—	365	185	470	243	L54852
Sn30A	29.5~31.5	余量	0.50	0.015	0.08	0.001	0.005	0.25	0.02	0.02	0.005	—	—	—	361	183	491	255	L54821
Sn30B	29.5~31.5	余量	1.4~1.8	0.015	0.08	0.001	0.005	0.25	0.02	0.02	0.005	—	—	—	365	185	482	250	L54822
Sn25A	24.5~26.5	余量	0.50	0.015	0.08	0.001	0.005	0.25	0.02	0.02	0.005	—	—	—	361	183	511	266	L54721
Sn25B	24.5~26.5	余量	1.1~1.5	0.015	0.08	0.001	0.005	0.25	0.02	0.02	0.005	—	—	—	365	185	504	263	L54722
Sn20A	19.5~21.5	余量	0.50	0.015	0.08	0.001	0.005	0.25	0.02	0.02	0.005	—	—	—	361	183	531	277	L54711
Sn20B	19.5~21.5	余量	0.8~1.2	0.015	0.08	0.001	0.005	0.25	0.02	0.02	0.005	—	—	—	363	184	517	270	L54712
Sn15	14.5~16.5	余量	0.50	0.015	0.08	0.001	0.005	0.25	0.02	0.02	0.005	—	—	—	437	225	554	290	L54560
Sn10A	9.0~11.0	余量	0.50	0.015	0.08	0.001	0.005	0.25	0.02	0.02	0.005	—	—	—	514	268	576	302	L54520
Sn10B	9.0~11.0	余量	0.20	1.7~2.4	0.08	0.001	0.005	0.25	0.02	0.02	0.005	—	—	—	514	268	570	299	L54525
Sn5	4.5~5.5	余量	0.50	0.015	0.08	0.001	0.005	0.25	0.02	0.02	0.005	—	—	—	586	308	594	312	L54322
Sn2	1.5~2.5	余量	0.50	0.015	0.08	0.001	0.005	0.25	0.02	0.02	0.005	—	—	—	601	316	611	322	L54210
Ag1.5	0.75~1.25	余量	0.40	1.3~1.7	0.30	0.001	0.005	0.25	0.02	0.02	0.005	—	—	—	588	309	588	309	L53132
Ag2.5	0.25	余量	0.40	2.3~2.7	0.30	0.001	0.005	0.25	0.02	0.02	0.005	—	—	—	580	304	580	304	L50151
Ag5.5	0.25	余量	0.40	5.0~6.0	0.30	0.001	0.005	0.25	0.02	0.02	0.005	—	—	—	580	304	716	380	L50180

9.4　日本

9.4.1　冶炼产品

锡锭的日本标准为 JIS2108AMD—2009，其牌号及化学成分见表 9-18。

表 9-18　锡锭化学成分

品级及牌号	化学成分(质量分数)/%					
	Sn(不小于)	Pb(不大于)	Sb(不大于)	As(不大于)	Cu(不大于)	Fe(不大于)
特级 A	99.99	0.0030	0.0020	0.0010	0.0020	0.0030
特级 B	99.95	0.020	0.010	0.010	0.010	0.010
1 级	99.90	0.040	0.020	0.030	0.030	0.010
2 级	99.80	0.050	0.040	0.050	0.040	0.050
3 级	99.50	—	—	—	—	—

9.4.2　加工产品

锡焊料产品的日本标准为 JIS3282—2006，其牌号及化学成分见表 9-19。

表 9-19　锡焊料牌号与化学成分

合金分类	牌号		化学成分(质量分数)/%														性能			
	1	2	Sn	Pb	Sb	Bi	Cd	Cu	Au	In	Ag	Al	As	Fe	Ni	Zn	固体温度/℃	液态温度/℃	密度/g·cm⁻³	ISO合金号
Sn-Pb系列	Sn95Pb5	H95A	94.5~95.5		0.20	0.10	0.002	0.08	0.05	0.10	0.10	0.001	0.03	0.02	0.01	0.001	183	224	7.4	—
	Sn63Pb37	H63A	62.5~63.5		0.20	0.10	0.002	0.08	0.05	0.10	0.10	0.001	0.03	0.02	0.01	0.001	183	183	8.4	101
	Sn63Pb37E	H63E	62.5~63.5		0.05	0.05	0.002	0.08	0.05	0.10	0.10	0.001	0.03	0.02	0.01	0.001				102
	Sn60Pb40	H60A	59.5~60.5		0.20	0.10	0.002	0.08	0.05	0.10	0.10	0.001	0.03	0.02	0.01	0.001	183	190	8.5	103
	Sn63Pb40E	H60E	59.5~60.5		0.05	0.05	0.002	0.08	0.05	0.10	0.10	0.001	0.03	0.02	0.01	0.001				104
	Pb50Sn50	H50A	49.5~50.5	余量	0.20	0.10	0.002	0.08	0.05	0.10	0.10	0.001	0.03	0.02	0.01	0.001	183	215	8.9	111
	Pb50Sn50E	H50E	49.5~50.5		0.05	0.05	0.002	0.08	0.05	0.10	0.10	0.001	0.03	0.02	0.01	0.001				112
	Pb55Sn45	H45A	44.5~45.5		0.50	0.25	0.005	0.08	0.05	0.10	0.10	0.001	0.03	0.02	0.01	0.001	183	226	9.1	113
	Pb60Sn40	H40A	39.5~40.5		0.50	0.25	0.005	0.08	0.05	0.10	0.10	0.001	0.03	0.02	0.01	0.001	183	238	9.3	114
	Pb65Sn35	H35A	34.5~35.5		0.50	0.25	0.005	0.08	0.05	0.10	0.10	0.001	0.03	0.02	0.01	0.001	183	245	9.5	115
	Pb70Sn30	H30A	29.5~30.5		0.50	0.25	0.005	0.08	0.05	0.10	0.10	0.001	0.03	0.02	0.01	0.001	183	255	9.7	116

合金分类	牌号 1	牌号 2	化学成分(质量分数)/%														性能			
			Sn	Pb	Sb	Bi	Cd	Cu	Au	In	Ag	Al	As	Fe	Ni	Zn	固体温度/℃	液态温度/℃	密度/g·cm⁻³	ISO合金号
Sn-Pb系列	Pb80Sn20	H20A	19.5~20.5	余量	0.50	0.25	0.005	0.08	0.05	0.10	0.10	0.001	0.03	0.02	0.01	0.001	183	280	10.2	117
	Pb90Sn10	H10A	9.5~10.5		0.50	0.25	0.005	0.08	0.05	0.10	0.10	0.001	0.03	0.02	0.01	0.001	268	302	10.7	122
	Pb95Sn5	H5A	4.5~5.5		0.50	0.10	0.005	0.08	0.05	0.10	0.10	0.001	0.03	0.02	0.01	0.001	300	314	11.0	123
Sn-Pb-Bi系列	Sn57Pb40Bi3	H57Bi3	56.5~57.5		0.20	2.5~3.5	0.002	0.08	0.05	0.10	0.10	0.001	0.03	0.02	0.01	0.001	175	185	8.6	—
	Sn46Pb46Bi8	H46Bi8	45.5~46.5		0.20	7.5~8.5	0.002	0.08	0.05	0.10	0.10	0.001	0.03	0.02	0.01	0.001	175	190	8.9	—
	Sn43Pb43Bi14	H43Bi14	42.5~43.5		0.20	13.5~14.5	0.002	0.08	0.05	0.10	0.10	0.001	0.03	0.02	0.01	0.001	135	165	9.1	—
Sn-Pb-Ag系列	Sn62Pb36Ag2	H62Ag2A	61.5~62.5		0.20	0.10	0.002	0.08	0.05	0.10	1.8~2.2	0.001	0.03	0.02	0.01	0.001	179	170	8.4	—
	Sn97.5Ag1.5Sn1	H1Ag1.5A	0.7~1.3		0.20	0.25	0.002	0.08	0.05	0.10	1.2~1.8	0.001	0.03	0.02	0.01	0.001	309	309	11.3	171

第10章 锑、铋、汞、镉、砷牌号与化学成分

10.1 锑

10.1.1 中国

10.1.1.1 冶炼产品

冶炼产品主要为锑锭,是十大有色金属之一,被广泛用于生产各种阴燃剂、搪瓷、玻璃、橡胶、涂料、陶瓷、塑料等产品。锑锭的标准执行 GB/T 1599—2014,按化学成分分为 4 个牌号,其牌号及化学成分见表 10 - 1。

表 10 - 1　锑锭的化学成分

牌号	化学成分(质量分数)/%									
	Sb（不小于）	杂质含量(不大于)								
		As	Fe	S	Cu	Se	Pb	Bi	Cd	总和
Sb99. 90	99. 90	0. 010	0. 015	0. 040	0. 0050	0. 0010	0. 010	0. 0010	0. 0005	0. 10
Sb99. 70	99. 70	0. 050	0. 020	0. 040	0. 010	0. 0030	0. 150	0. 0030	0. 0010	0. 30
Sb99. 65	99. 65	0. 100	0. 030	0. 060	0. 050	—	0. 300	—	—	0. 35
Sb99. 50	99. 50	0. 150	0. 050	0. 080	0. 080	—	—	—	—	0. 50

注:主成分锑的含量系指 100% 减去砷、铁、硫、铜、硒、铅、铋和镉杂质含量总和的值。

10.1.1.2 加工产品

锑和锑合金加工产品的标准为 GB/T 10117—2009、YS/T 415—2011,其牌号及化学成分见表 10 - 2 和表 10 - 3。

表 10 - 2　高纯锑的化学成分（质量分数）

牌　　号	Sb-05	Sb-06
Sb 含量(不小于)/%	99. 999	99. 9999
杂质含量总量(不大于)/×10^{-4}%	10	1
杂质含量（不大于）/×10^{-4}%	Ag	0. 05	0. 01
	Au	0. 1	0. 03
	Cd	0. 5	0. 01
	Cu	0. 05	0. 01
	Fe	0. 5	0. 05
	Mg	0. 2	0. 05
	Ni	0. 2	0. 05
	Pb	0. 3	0. 03
	Zn	0. 5	0. 05
	Mn	0. 05	0. 01
	As	1. 5	0. 3
	S	0. 5	0. 1
	Si	1. 0	0. 1
	Bi	0. 2	0. 02

表 10 - 3 高铅锑锭的化学成分

牌号	化学成分(质量分数)/%								
	主成分(不小于)		杂质(不大于)						
	Sb	Pb	As	Cu	S	Bi	Fe	Zn	其他
SbPb90-6	90.00	6.00	0.80	0.08	0.07	0.10	0.05	0.01	0.1
SbPb90-7	90.00	7.00	1.20	0.09	0.08	0.15	0.06	0.01	0.1
SbPb88-8	88.00	8.00	3.00	0.10	0.08	0.18	0.06	0.01	0.1

10.1.2 美国

锑锭的美国标准为 ASTM B237—2010，其牌号及化学成分见表 10 - 4。

表 10 - 4 锑锭的化学成分

元 素	化学成分(质量分数)/%	
	A 等级	B 等级
	UNS M00998	UNS M00995
As(不大于)	0.05	0.10
S(不大于)	0.10	0.10
Pb(不大于)	0.15	0.20
其他元素(如 Fe、Cu、Sn、Ag、Ni,单项不大于)	0.05	0.10
Sb(差减法,不小于)	99.80	99.50

10.2 铋

10.2.1 中国

10.2.1.1 金属铋

用于医药、化工、冶金添加剂及低熔点合金等的采用于火法精炼或电解精炼所生产的铋，共有 4 个牌号，其化学成分应符合表 10 - 5 和表 10 - 6 的规定（GB/T 915—2010）。

表 10 - 5 医用铋的牌号与化学成分

牌号	化学成分(质量分数)/%												
	Bi 含量(不小于)	杂质含量(不大于)											
		Cu	Pb	Zn	Fe	Ag	As	Sb	Sn	Cd	Hg	Ni	总和
Bi99997	99.997	0.0003	0.0007	0.0001	0.0005	0.0005	0.0003	0.0003	0.0002	0.0001	0.00005	0.0005	0.003

注：铋含量为 100% 减去表中实测杂质总量的余量。

表 10 - 6 普通用途的铋的牌号与化学成分

牌号	化学成分(质量分数)/%										
	Bi 含量(不小于)	杂质含量(不大于)									
		Cu	Pb	Zn	Fe	Ag	As	Te	Sb	Cl	总和
Bi9999	99.99	0.001	0.001	0.0005	0.001	0.004	0.0003	0.0003	0.0005	0.0015	0.010
Bi9995	99.95	0.003	0.008	0.005	0.001	0.015	0.001	0.001	0.001	0.004	—
Bi998	99.8	0.005	0.02	0.005	0.005	0.025	0.005	0.005	0.005	0.005	—

注：铋含量为 100% 减去表中实测杂质总量的余量。

10.2.1.2 高纯铋

用于制备化合物半导体、高纯合金、热电转换材料以及原子反应堆冷却载体等，采用以电解精炼和区熔法生产的高纯铋有 2 个牌号，其化学成分应符合表 10 – 7 的规定（YS/T 818—2012）。

表 10 – 7　高纯铋的牌号与化学成分

牌号	Bi 含量（不小于）	化学成分（质量分数）/%							
		杂质含量（不大于）							
		Cu	Ag	Mg	Ni	Zn	Au	Fe	Cd
Bi99.9999	99.9999	0.00001	0.00001	0.000005	0.00001	0.00001	0.000005	0.00001	0.00001
Bi99.999	99.999	0.0001	0.0001	0.0001	0.0001	0.0001	0.0001	0.0001	0.0001

牌号	Bi 含量（不小于）	化学成分（质量分数）/%					
		杂质含量（不大于）					
		Cr	As	Al	Pb	Sn	总和
Bi99.9999	99.9999	0.000005	0.00001	0.00001	0.00001	0.000005	0.0001
Bi99.999	99.999	0.0001	0.0001	0.0001	0.0001	0.0001	0.001

注：牌号中的铋含量为 100% 减去表中所列杂质元素实测总和的余量。

10.2.2　ISO、欧盟、美国和日本

国际标准化组织、欧盟、美国和日本均未查寻到相关标准。

10.3　汞

10.3.1　中国

汞主要应用于电气仪表、试剂、药剂、化工、冶金等行业。汞的标准编号为 GB 913—2012，按化学成分分为 4 个牌号，其品级、牌号及化学成分见表 10 - 8。

表 10 – 8　汞的品级、牌号及化学成分

品级	牌号	化学成分（质量分数）/%			
		Hg（不小于）	杂质（不大于）		
			灼烧残渣总量	Fe	Pb
高纯汞	Hg-06	99.9999	0.0001	0.00004	0.00004
零号汞	Hg-055	99.9995	0.0005	0.0001	0.0002
一号汞	Hg-05	99.999	0.001	0.0002	0.0004
工业粗汞	Hg-03	99.9	0.1	—	—

10.3.2　其他国家

无。

10.4　镉

10.4.1　中国

10.4.1.1　冶炼产品

冶炼产品主要为镉锭，系火法、电解法精炼生产的镉锭。主要供合金、电镀、蓄电池、化工等行业

使用。镉锭的标准编号为 YS/T 72—2014，按化学成分分为 3 个牌号，其牌号及化学成分见表 10 - 9。

表 10 - 9　镉锭的化学成分要求

牌号	Cd（不小于）	化学成分（质量分数）/%										
		杂质含量（不大于）										
		Pb	Zn	Fe	Cu	Tl	Ni	As	Sb	Sn	Ag	总和
Cd99.995	99.995	0.002	0.001	0.0008	0.0005	0.0010	0.0005	0.0005	0.0002	0.0002	0.0005	0.0050
Cd99.99	99.99	0.004	0.002	0.002	0.001	0.002	0.001	0.002	0.0015	0.002	—	0.010
Cd99.95	99.95	0.02	0.03	0.003	0.01	0.003	—	—	—	—	—	0.050

注：1. 杂质总和为表中所列杂质总和。

2. 镉的含量为 100% 减去表中所列杂质实测值总和的余量。

10.4.1.2　加工产品

高纯镉产品适用于以 99.99% 镉为原料，经真空蒸馏等生产工艺提纯而制得的 99.999% ~ 99.9999% 高纯镉。产品主要用于制造高纯合金、化合物半导体以及红外探测、光伏电池等光电材料和器件。高纯镉标准编号为 YS/T 916—2013，其牌号见表 10 - 10。镉棒牌号、规格和状态应符合表 10 - 11 的规定（YS/T 247—2011）。《电镀用铜、锌、镉、镍、锡阳极板》（GB/T 2056—2005）中阳极镉板的牌号和成分见表 10 - 12。

表 10 - 10　高纯镉的化学成分

牌号	Cd 含量（不小于）/%	化学成分（质量分数）												
		杂质含量（不大于）/ × 10⁻⁴%												
		Ag	Al	Bi	Ca	Cr	Cu	Fe	Mg	Ni	Pb	Sb	Sn	Zn	杂质总和
Cd-05	99.999	0.5	0.5	0.5	0.5	0.5	0.1	0.5	0.5	0.5	1.0	0.5	0.5	1.0	10
Cd-06	99.9999	0.05	0.05	0.05	—	0.05	0.01	0.05	0.05	0.05	0.1	0.05	0.05	0.1	1

注：Cd-05、Cd-06 牌号中的镉含量为 100% 减去表中所列杂质元素实测总和的余量。

表 10 - 11　镉棒化学成分

牌号	Cd（不小于）	化学成分（质量分数）/%									
		杂质（不大于）									
		Pb	Zn	Fe	Cu	Tl	Ni	As	Sb	Sn	Ag
Cd99.995	99.995	0.002	0.001	0.0010	0.0007	0.0010	0.0005	0.0005	0.0002	0.0002	0.0005
Cd99.99	99.99	0.004	0.002	0.002	0.001	0.002	0.001	0.002	0.0015	0.002	—
Cd99.95	99.95	0.02	0.03	0.003	0.01	0.003	—	—	—	—	—

注：1. 镉的含量为 100% 减去表中杂质实测值总和的余量。

2. 需方如对镉棒中的杂质含量有特殊要求时，由供需双方协商确定。

表 10 - 12　镉阳极板的化学成分

牌号	主成分	化学成分（质量分数）/%								
	Cd（不小于）	杂质（不大于）								
		Pb	Zn	Fe	Cu	Tl	As	Sb	Sn	杂质总和
Cd2	99.95	0.02	0.005	0.003	0.01	0.003	0.002	0.002	0.002	0.050
Cd3	99.90	0.05	0.02	0.004	0.02	0.004	0.002	0.002	0.002	0.10

10.4.2　美国

美国材料试验协会标准中镉的标准为 ASTM B440—2005，见表 10 - 13。锌、锡和镉基焊料规范标准为

ASTM B907—2013,见表 10 – 14。

表 10 – 13 镉阳极板的化学成分(质量分数)

元 素	牌 号		
	99.95Cd	99.99Cd	99.995Cd
镉(不小于)/%	99.95	99.99	99.995
铁(不大于)/×10^{-6}	—	10	5
铜(不大于)/×10^{-6}	150	20	5
镍(不大于)/×10^{-6}	—	10	5
铅(不大于)/×10^{-6}	250	100	20
锌(不大于)/×10^{-6}	350	30	5
钛(不大于)/×10^{-6}	35	35	5
锡(不大于)/×10^{-6}	—	—	1
银(不大于)/×10^{-6}	—	—	1
锑(不大于)/×10^{-6}	—	—	0.1
砷(不大于)/×10^{-6}	—	—	1
汞(不大于)/×10^{-6}	—	—	0.1

表 10 – 14 镉基焊料的牌号与化学成分（质量分数） (%)

牌号	代号	Cd	Zn	Sn	Pb	Sb	Ag	Cu	Al	Bi	As	Fe	Ni	Mg
Cd60	L01181	余量	39.0 ~ 41.0	0.003	0.05	0.10	0.015	0.05	0.100	0.02	0.002	0.02	0.005	0.05
Cd70	L0117	余量	2.0 ~ 31.0	0.003	0.05	0.10	0.015	0.05	0.100	0.02	0.002	0.02	0.005	0.05
Cd78	L01255	余量	11.0 ~ 13.0	0.003	0.05	0.10	4.5 ~ 5.5	0.05	0.100	0.02	0.002	0.02	0.005	0.05
Cd83	L01161	余量	16.0 ~ 18.0	0.003	0.05	0.10	0.015	0.05	0.100	0.02	0.002	0.02	0.005	0.05
Cd95	L01331	余量	0.007	0.003	0.05	0.10	4.5 ~ 5.5	0.05	0.100	0.02	0.002	0.02	0.005	0.05

10.4.3 日本

镉金属标准的编号为 JIS H 2113—1961，其牌号与化学成分见表 10 – 15。

表 10 – 15 镉的化学成分

等级	化学成分(质量分数)/%				
	Cd(不小于)	Pb(不大于)	Cu(不大于)	Zn(不大于)	Fe(不大于)
1 级	99.99	0.006	0.003	0.002	0.002
2 级	99.96	0.020	0.015	0.005	0.005

10.5 砷

10.5.1 中国

10.5.1.1 砷产品

砷主要是以三氧化二砷（As_2O_3）为原料，经升华、还原、冷却而制得。主要用于生产合金和半导体等行业。共有 4 个牌号，其化学成分见表 10 – 16 的规定（YS/T 68—2014）。

表 10 - 16　砷的化学成分

牌　号	化学成分(质量分数)/%			
	As (不小于)	杂质含量(不大于)		
		Sb	Bi	S
As99.5	99.5	0.2	0.08	0.1
As99.0	99.0	0.4	0.1	0.2
As98.5	98.5	0.6	0.2	0.3
As98.0	98.0	0.8	0.3	0.4

10.5.1.2　三氧化二砷

三氧化二砷主要采用湿法、火法工艺,从含砷物料中提取生产。主要用于防腐剂、农药、玻璃工业以及陶瓷、染织、颜料、医药、制革、焰火等。共有 3 个牌号,其化学成分见表 10 - 17 的规定 (GB 26721—2011)。

表 10 - 17　三氧化二砷化学成分

牌号		As$_2$O$_3$-1	As$_2$O$_3$-2	As$_2$O$_3$-3
化学成分(质量分数) /%	As$_2$O$_3$(不小于)	99.5	98.0	95.0
	杂质(不大于) Cu	0.005	—	—
	Zn	0.001	—	—
	Fe	0.002	—	—
	Pb	0.001	—	—
	Bi	0.001	—	—

注:表中未列杂质元素的要求由供需双方商定。

10.5.1.3　高纯砷

高纯砷是以工业砷为原料,经过升华、氯化、精馏、氢还原等加工提纯后制得,主要用于制造砷化镓等化合物半导体、外延源以及半导体掺杂剂等,共有 3 个牌号,其化学成分应符合表 10 - 18 的规定 (YS/T 43—2011)。

表 10 - 18　高纯砷的化学成分

牌号	As 含量 (不小于) /%	化学成分(质量分数)															
		杂质含量(不大于)/×10^{-7}%															
		Na	Mg	Al	K	Ca	Cr	Fe	Ni	Cu	Zn	Se	S	Ag	Sb	Pb	Bi
As-05	99.999	500	200	500	500	500	500	500	100	500	500	1000	1000	100	500	500	500
As-06	99.9999	100	50	50	50	50	50	50	10	10	50	—	—	10	50	30	50
As-07	99.99999	10	5	5	10	10	10	10	10	5	5	—	—	10	10	5	10

注:As-05 牌号杂质总含量应不超过 10000×10^{-7}%;As-06 牌号杂质总含量应不超过 1000×10^{-7}%;As-07 牌号杂质总含量应不超过 100×10^{-7}%。

10.5.2　其他国家

无。

第 11 章　钛及钛合金牌号与化学成分

11.1　中国

11.1.1　钛冶炼产品

11.1.1.1　海绵钛

工业化生产海绵钛的方法主要是金属镁还原法，简称镁法钛（牌号的第一个字母为 M）。《海绵钛》（GB/T 2524）在经过多次标准修订后只保留了镁法钛。GB/T 2524—2010 中规定的海绵钛的牌号与化学成分见表 11 -1。

表 11 -1　中国海绵钛牌号与化学成分

产品等级	产品牌号	化学成分(质量分数)/%										布氏硬度 HBW10/1500/30 (不大于)
		Ti (不小于)	杂质(不大于)									
			Fe	Si	Cl	C	N	O	Mn	Mg	H	
0_A 级	MHT-95	99.8	0.03	0.01	0.06	0.01	0.01	0.05	0.01	0.01	0.003	95
0 级	MHT-100	99.7	0.05	0.02	0.06	0.02	0.01	0.06	0.01	0.02	0.003	100
1 级	MHT-110	99.6	0.08	0.02	0.08	0.02	0.02	0.08	0.01	0.03	0.005	110
2 级	MHT-125	99.5	0.12	0.03	0.10	0.03	0.03	0.10	0.02	0.04	0.005	125
3 级	MHT-140	99.3	0.20	0.03	0.15	0.03	0.04	0.15	0.02	0.06	0.010	140
4 级	MHT-160	99.1	0.30	0.04	0.15	0.04	0.05	0.20	0.03	0.09	0.012	160
5 级	MHT-200	98.5	0.40	0.06	0.30	0.05	0.10	0.30	0.08	0.15	0.030	200

注：粒度为 0.83 ~ 25.4mm；产品中粒度大于 25.4mm 的产品质量不大于批产品总量的 5%，其中最大颗粒不应大于 40mm；粒度小于 0.83mm 的产品质量不应超出批产品总量的 5%。

11.1.1.2　冶金用二氧化钛

各种类型含钛耐高温合金以及对钛纯度要求较高的其他制品用的二氧化钛。YS/T 322—2015 中的牌号与化学成分见表 11 -2。

表 11 -2　中国冶金用二氧化钛的牌号与化学成分

牌号	化学成分(质量分数)/%												
	TiO_2 (不小于)	杂质含量(不大于)											
		Al_2O_3	Cr_2O_3	Fe_2O_3	CuO	PbO_2	SnO_2	Sb_2O_3	Bi_2O_3	As_2O_3	SiO_2	P_2O_5	C	SO_3
$YTiO_2$-1	99.5	0.02	0.02	0.1	0.02	0.001	0.001	0.001	0.001	0.001	0.25	0.05	0.05	0.05
$YTiO_2$-2	99	0.02	0.02	0.1	0.02	0.0015	0.0015	0.001	0.001	0.001	0.35	0.05	0.1	0.05

注：1. 二氧化钛的水分不大于 0.5%。

　　2. 粒度应不大于 0.09mm，粒度大于 0.09mm 的质量分数应小于 0.5%。

11.1.2　加工钛及钛合金

11.1.2.1　牌号及化学成分通则

钛牌号采用字母加数字的方式表示。第一位用大写字母"T"表示钛及钛合金。牌号的第二位表示合金的类型，依据其名义成分含量计算所得的钼当量的结果进行分类，可分为 α、β 和 α - β 三类，分别用大写字母 A、B 和 C 表示，A 表示工业纯钛和 α 类合金，B 表示 β 类合金，C 表示 α - β 类合金。牌号中的阿拉伯数字按注册的先后自然排序。相同牌号的低间隙牌号在数字后加大写字母"ELI"表示，与相应牌号之间无空格相连并组成新的牌号。成分相近的同类牌号在数字后加" - x"，"x"为阿拉伯数字，按注册的先后自然顺序顺延。

　　钛及钛合金中的其他元素是指在钛及钛合金生产过程中固有存在的微量元素，而不是人为添加的元素，其他元素在产品出厂时供方可不检验，用户要求并在合同中注明时可予以抽测。其他元素一般包括：Al、V、Sn、Mo、Cr、Mn、Zr、Ni、Cu、Si、Y（该牌号中含有的合金元素应除去）。钇（Y）元素含量为不大于 0.005%。硼（B）元素按名义量加入，并报实测数据，供参考。

11.1.2.2　工业纯钛

　　工业纯钛共计 12 个牌号，其中 TA0、TA1、TA2 和 TA3 为 GB/T 3620.1—1994 中规定的原中国纯钛牌号，这些牌号主要用于早期定型产品；TA1G、TA2G、TA3G 和 TA4G 是与美国 ASTM 标准规定的工业纯钛 Gr.1、Gr.2、Gr.3 和 Gr.4 一一对应的牌号，TA1GELI、TA2GELI、TA3GELI 和 TA4GELI 分别是 TA1G、TA2G、TA3G 和 TA4G 低间隙牌号。《钛及钛合金牌号与化学成分》（GB/T 3620.1—2016）中的工业纯钛牌号见表 11 - 3。

11.1.2.3　钛合金

　　GB/T 3620.1—2016 中规定的 α 型（包括近 α 型）、β 型和 α - β 钛合金的牌号及化学成分分别见表 11 - 4 ~ 表 11 - 6。

表 11 - 3　中国工业纯钛的牌号与化学成分

牌号	名义化学成分	化学成分（质量分数，不大于）/%									
		Ti	Al	Si	Fe	C	N	H	O	其他元素	
										单一	总和
TA0	工业纯钛	余量	—	—	0.15	0.10	0.03	0.015	0.15	0.1	0.4
TA1	工业纯钛	余量	—	—	0.25	0.10	0.03	0.015	0.20	0.1	0.4
TA2	工业纯钛	余量	—	—	0.30	0.10	0.05	0.015	0.25	0.1	0.4
TA3	工业纯钛	余量	—	—	0.40	0.10	0.05	0.015	0.30	0.1	0.4
TA1GELI	工业纯钛	余量	—	—	0.10	0.03	0.012	0.008	0.10	0.05	0.20
TA1G	工业纯钛	余量	—	—	0.20	0.08	0.03	0.015	0.18	0.10	0.40
TA1G-1	工业纯钛	余量	0.20	0.08	0.15	0.05	0.03	0.003	0.12	—	0.10
TA2GELI	工业纯钛	余量	—	—	0.20	0.03	0.03	0.008	0.10	0.05	0.20
TA2G	工业纯钛	余量	—	—	0.30	0.08	0.03	0.015	0.25	0.10	0.40
TA3GELI	工业纯钛	余量	—	—	0.25	0.04	0.03	0.008	0.18	0.05	0.20
TA3G	工业纯钛	余量	—	—	0.30	0.08	0.05	0.015	0.35	0.10	0.40
TA4GELI	工业纯钛	余量	—	—	0.30	0.05	0.05	0.008	0.25	0.05	0.20
TA4G	工业纯钛	余量	—	—	0.50	0.08	0.05	0.015	0.40	0.10	0.40

11.1.3　铸造钛及钛合金

　　铸造钛及钛合金代号由 ZT 加 A、B 或 C（分别表示 α 型、β 型和 α + β 型合金）及顺序号组成，顺序号与同类型变形钛合金的表示方法相同。《铸造钛及钛合金》（GB/T 15073—2014）中规定的牌号与化学成分见表 11 - 7。

　　其他元素是指钛及钛合金铸件生产过程中固有存在的微量元素，一般包括 Al、V、Sn、Mo、Cr、Mn、Zr、Ni、Cu、Si、Nb、Y 等（该牌号中含有的合金元素应除去）。其他元素单个含量和总量只有在需方有要求时才考虑分析。

表11-4　中国α型和近α型钛合金牌号与化学成分

合金牌号	名义化学成分	化学成分(质量分数)/%																						
		主要成分															杂质(不大于)					其他元素	
		Ti	Al	Si	V	Mn	Fe	Ni	Cu	Zr	Nb	Mo	Ru	Pd	Sn	Ta	Nd	Fe	C	N	H	O	单一	合计
TA5	Ti-4Al-0.005B	余量	3.3~4.7	—	—	—	—	—	—	—	—	—	—	—	B:0.005	—	—	0.30	0.08	0.04	0.015	0.15	0.10	0.40
TA6	Ti-5Al	余量	4.0~5.5	—	—	—	—	—	—	—	—	—	—	—	—	—	—	0.30	0.08	0.05	0.015	0.15	0.10	0.40
TA7	Ti-5Al-2.5Sn	余量	4.0~6.0	—	—	—	—	—	—	—	—	—	—	—	2.0~3.0	—	—	0.50	0.08	0.05	0.015	0.20	0.10	0.40
TA7ELI①	Ti-5Al-2.5SnELI	余量	4.50~5.75	—	—	—	—	—	—	—	—	—	—	—	2.0~3.0	—	—	0.25	0.05	0.035	0.0125	0.12	0.05	0.30
TA8	Ti-0.05Pd	余量	—	—	—	—	—	—	—	—	—	—	—	0.04~0.08	—	—	—	0.30	0.08	0.03	0.015	0.25	0.10	0.40
TA8-1	Ti-0.05Pd	余量	—	—	—	—	—	—	—	—	—	—	—	0.04~0.08	—	—	—	0.20	0.08	0.03	0.015	0.18	0.10	0.40
TA9	Ti-0.2Pd	余量	—	—	—	—	—	—	—	—	—	—	—	0.12~0.25	—	—	—	0.30	0.08	0.03	0.015	0.25	0.10	0.40
TA9-1	Ti-0.2Pd	余量	—	—	—	—	—	—	—	—	—	—	—	0.12~0.25	—	—	—	0.20	0.08	0.03	0.015	0.18	0.10	0.40
TA10	Ti-0.3Mo-0.8Ni	余量	—	—	—	—	—	0.6~0.9	—	—	—	0.2~0.4	—	—	—	—	—	0.30	0.08	0.03	0.015	0.25	0.10	0.40
TA11	Ti-8Al-1Mo-1V	余量	7.35~8.35	—	0.75~1.25	—	—	—	—	—	—	0.75~1.25	—	—	—	—	—	0.30	0.08	0.05	0.015	0.12	0.10	0.30
TA12	Ti-5.5Al-4Sn-2Zr-1Mo-1Nd-0.25Si	余量	4.8~6.0	0.2~0.35	—	—	—	—	—	1.5~2.5	—	0.75~1.25	—	—	3.7~4.7	—	0.6~1.2	0.25	0.08	0.05	0.0125	0.15	0.10	0.40

续表 11－4

合金牌号	名义化学成分	化学成分(质量分数)/%																杂质(不大于)					其他元素	
		主要成分																					单一	合计
		Ti	Al	Si	V	Mn	Fe	Ni	Cu	Zr	Nb	Mo	Ru	Pd	Sn	Ta	Nd	Fe	C	N	H	O		
TA12-1	Ti-5Al-4Sn-2Zr-1Mo-1Nd-0.25Si	余量	4.5~5.5	0.2~0.35	—	—	—	—	—	1.5~2.5	—	1.0~2.0	—	—	3.7~4.7	—	0.6~1.2	0.25	0.08	0.04	0.0125	0.15	0.10	0.30
TA13	Ti-2.5Cu	余量	—	—	—	—	—	—	2.0~3.0	—	—	—	—	—	—	—	—	0.20	0.08	0.05	0.01	0.2	0.10	0.30
TA14	Ti-2.3Al-11Sn-5Zr-1Mo-0.25Si	余量	2.0~2.5	0.10~0.50	—	—	—	—	—	4.0~6.0	—	0.8~1.2	—	—	10.52~11.50	—	—	0.20	0.08	0.05	0.0125	0.2	0.10	0.30
TA15	Ti-6.5Al-1Mo-1V-2Zr	余量	5.5~7.1	≤0.15	0.8~2.5	—	—	—	—	1.5~2.5	—	0.5~2.0	—	—	—	—	—	0.25	0.08	0.05	0.015	0.15	0.10	0.30
TA15-1	Ti-2.5Al-1Mo-1V-1.5Zr	余量	2.0~3.0	≤0.10	0.5~1.5	—	—	—	—	1.0~2.0	—	0.5~1.5	—	—	—	—	—	0.15	0.05	0.04	0.003	0.12	0.10	0.30
TA15-2	Ti-4Al-1Mo-1V-1.5Zr	余量	3.5~4.5	≤0.10	0.5~1.5	—	—	—	—	1.0~2.0	—	0.5~1.5	—	—	—	—	—	0.15	0.05	0.04	0.003	0.12	0.10	0.30
TA16	Ti-2Al-2.5Zr	余量	1.8~2.5	≤0.12	—	—	—	—	—	2.0~3.0	—	—	—	—	—	—	—	0.25	0.08	0.04	0.006	0.15	0.10	0.30
TA17	Ti-4Al-2V	余量	3.5~4.5	≤0.15	1.5~3.0	—	—	—	—	—	—	—	—	—	—	—	—	0.25	0.08	0.05	0.015	0.15	0.10	0.30
TA18	Ti-3Al-2.5V	余量	2.0~3.5	—	1.5~3.0	—	—	—	—	—	—	—	—	—	—	—	—	0.25	0.08	0.05	0.015	0.12	0.10	0.30
TA19	Ti-6Al-2Sn-4Zr-2Mo-0.1Si	余量	5.5~6.5	≤0.13	—	—	—	—	—	3.6~4.4	—	1.8~2.2	—	—	1.8~2.2	—	—	0.25	0.05	0.05	0.0125	0.15	0.10	0.30
TA20	Ti-4Al-3V-1.5Zr	余量	3.5~4.5	≤0.10	2.5~3.5	—	—	—	—	1.0~2.0	—	—	—	—	—	—	—	0.15	0.05	0.04	0.003	0.12	0.10	0.30

续表 11－4

合金牌号	名义化学成分	化学成分(质量分数)/%																					
		主要成分																杂质(不大于)				其他元素	
		Ti	Al	Si	V	Mn	Fe	Ni	Cu	Zr	Nb	Mo	Ru	Pd	Sn	Ta	Nd	Fe	C	N	H	O	单一	合计
TA21	Ti-1Al-1Mn	余量	0.4~1.5	≤0.12	—	0.5~1.3	—	—	—	≤0.30	—	—	—	—	—	—	—	0.30	0.10	0.05	0.012	0.15	0.10	0.30
TA22	Ti-3Al-1Mo-1Ni-1Zr	余量	2.5~3.5	≤0.15	—	—	—	0.3~1.0	—	0.8~2.0	—	0.5~1.5	—	—	—	—	—	0.20	0.10	0.05	0.015	0.15	0.10	0.30
TA22-1	Ti-2.5Al-1Mo-1Ni-1Zr	余量	2.0~3.0	≤0.04	—	—	—	0.3~0.8	—	0.5~1.0	—	0.2~0.8	—	—	—	—	—	0.20	0.10	0.04	0.008	0.10	0.10	0.30
TA23	Ti-2.5Al-2Zr-1Fe	余量	2.2~3.0	≤0.15	—	—	0.8~1.2	—	—	1.7~2.3	—	—	—	—	—	—	—	—	0.10	0.04	0.01	0.15	0.10	0.30
TA23-1	Ti-2.5Al-2Zr-1Fe	余量	2.2~3.0	≤0.10	—	—	0.8~1.1	—	—	1.7~2.3	—	—	—	—	—	—	—	—	0.10	0.04	0.008	0.1	0.10	0.30
TA24	Ti-3Al-2Mo-2Zr	余量	2.0~3.8	≤0.15	—	—	—	—	—	1.0~3.0	—	1.0~2.5	—	—	—	—	—	0.30	0.10	0.05	0.015	0.15	0.10	0.30
TA24-1	Ti-3Al-2Mo-2Zr	余量	1.5~2.5	≤0.04	—	—	—	—	—	1.0~3.0	—	1.0~2.0	—	—	—	—	—	0.15	0.10	0.04	0.01	0.10	0.10	0.30
TA25	Ti-3Al-2.5V-0.05Pd	余量	2.5~3.5	—	2.0~3.0	—	—	—	—	—	—	—	—	0.04~0.08	—	—	—	0.25	0.08	0.03	0.015	0.15	0.10	0.40
TA26	Ti-3Al-2.5V-0.10Ru	余量	2.5~3.5	—	2.0~3.0	—	—	—	—	—	—	—	0.08~0.14	—	—	—	—	0.25	0.08	0.03	0.015	0.15	0.10	0.40
TA27	Ti-0.10Ru	余量	—	—	—	—	—	—	—	—	—	—	0.08~0.14	—	—	—	—	0.30	0.08	0.03	0.015	0.25	0.10	0.40
TA27-1	Ti-0.10Ru	余量	—	—	—	—	—	—	—	—	—	—	0.08~0.14	—	—	—	—	0.20	0.08	0.03	0.015	0.18	0.10	0.40

续表 11－4

合金牌号	名义化学成分	化学成分(质量分数)/% 主要成分																杂质(不大于)					其他元素	
		Ti	Al	Si	V	Mn	Fe	Ni	Cu	Zr	Nb	Mo	Ru	Pd	Sn	Ta	Nd	Fe	C	N	H	O	单一	合计
TA28	Ti-3Al	余量	2.0~3.0	—	—	—	—	—	—	—	—	—	—	—	—	—	—	0.30	0.08	0.05	0.015	0.15	0.10	0.40
TA29	Ti-5.8Al-4Sn-4Zr-0.7Nb-1.5Ta-0.4Si-0.06C	余量	5.4~6.1	0.34~0.45	—	—	—	—	—	3.7~4.3	0.5~0.9	—	—	—	3.7~4.3	1.3~1.7	—	0.05	0.04~0.08	0.02	0.010	0.10	0.10	0.20
TA30	Ti-5.5Al-3.5Sn-3Zr-1Nb-1Mo-0.3Si	余量	4.7~6.0	0.20~0.35	—	—	—	—	—	2.4~3.5	0.7~1.3	0.7~1.3	—	—	3.0~3.8	—	—	0.15	0.10	0.04	0.012	0.15	0.10	0.30
TA31	Ti-6Al-3Nb-2Zr-1Mo	余量	5.5~6.5	≤0.15	—	—	—	—	—	1.5~2.5	2.5~3.5	0.6~1.5	—	—	—	—	—	0.25	0.10	0.05	0.015	0.15	0.10	0.30
TA32	Ti-5.5Al-3.5Sn-3Zr-1Mo-0.5Nb-0.7Ta-0.3Si	余量	4.5~6.0	0.1~0.5	—	—	—	—	—	2.5~3.5	0.2~0.7	0.2~1.5	—	—	3.0~4.0	0.2~0.7	—	0.25	0.10	0.05	0.012	0.15	0.10	0.30
TA33	Ti-5.8Al-4Sn-3.5Zr-0.7Mo-0.5Nb-1.1Ta-0.4Si-0.06C	余量	5.2~6.5	0.2~0.6	—	—	—	—	—	2.5~4.0	0.2~0.7	0.2~1.0	—	—	3.0~4.5	0.7~1.5	—	0.25	0.02~0.08	0.05	0.012	0.15	0.10	0.30
TA34	Ti-2Al-3.8Zr-1Mo	余量	1.0~3.0	—	—	—	—	—	—	3.0~4.5	—	0.5~1.5	—	—	—	—	—	0.25	0.05	0.035	0.008	0.10	0.10	0.25
TA35	Ti-6Al-2Sn-4Zr-2Nb-1Mo-0.2Si	余量	5.8~7.0	0.05~0.50	—	—	—	—	—	3.5~4.5	1.5~2.5	0.3~1.3	—	—	1.5~2.5	—	—	0.20	0.10	0.05	0.015	0.15	0.10	0.30
TA36	Ti-1Al-1.2Fe	余量	0.7~1.3	—	—	—	1.0~1.4	—	—	—	—	—	—	—	—	—	—	—	0.10	0.05	0.015	0.15	0.15	0.30

① TA7ELI牌号的杂质 "Fe+O" 的总和应不大于0.32%。

表11-5 中国β型钛合金牌号及化学成分

化学成分（质量分数）/%

合金牌号	名义化学成分	主要成分											杂质（不大于）				其他元素	
		Ti	Al	Si	V	Cr	Fe	Zr	Nb	Mo	Pd	Sn	Fe	C	N	H	O	单一	合计
TB2	Ti-5Mo-5V-8Cr-3Al	余量	2.5~3.5	—	4.7~5.7	7.5~8.5	—	—	—	4.7~5.7	—	—	0.30	0.05	0.04	0.015	0.15	0.10	0.40
TB3	Ti-3.5Al-10Mo-8V-1Fe	余量	2.7~3.7	—	7.5~8.5	—	0.8~1.2	—	—	9.5~11.0	—	—	—	0.05	0.04	0.015	0.15	0.10	0.40
TB4	Ti-4Al-7Mo-10V-2Fe-1Zr	余量	3.0~4.5	—	9.0~10.5	—	1.5~2.5	0.5~1.5	—	6.0~7.8	—	—	—	0.05	0.04	0.015	0.20	0.10	0.40
TB5	Ti-15V-3Al-3Cr-3Sn	余量	2.5~3.5	—	14.0~16.0	2.5~3.5	—	—	—	—	—	2.5~3.5	0.25	0.05	0.05	0.015	0.15	0.10	0.30
TB6	Ti-10V-2Fe-3Al	余量	2.6~3.4	—	9.0~11.0	—	1.6~2.2	—	—	—	—	—	—	0.05	0.05	0.015	0.13	0.10	0.30
TB7	Ti-32Mo	余量	—	—	—	—	—	—	—	30.0~34.0	—	—	0.30	0.08	0.05	0.015	0.20	0.10	0.40
TB8	Ti-15Mo-3Al-2.7Nb-0.25Si	余量	2.5~3.5	0.15~0.25	—	—	—	—	2.4~3.2	14.0~16.0	—	—	0.40	0.05	0.05	0.015	0.17	0.10	0.40
TB9	Ti-3Al-8V-6Cr-4Mo-4Zr	余量	3.0~4.0	—	7.5~8.5	5.5~6.5	—	3.5~4.5	—	3.5~4.5	≤0.10	—	0.30	0.05	0.03	0.03	0.14	0.10	0.40
TB10	Ti-5Mo-5V-2Cr-3Al	余量	2.5~3.5	—	4.5~5.5	1.5~2.5	—	—	—	4.5~5.5	—	—	0.30	0.05	0.04	0.015	0.15	0.10	0.40

续表 11－5

合金牌号	名义化学成分	化学成分（质量分数）/%																	
		主 要 成 分											杂质（不大于）					其他元素	
		Ti	Al	Si	V	Cr	Fe	Zr	Nb	Mo	Pd	Sn	Fe	C	N	H	O	单一	合计
TB11	Ti-15Mo	余量	—	—	—	—	—	—	—	14.0~16.0	—	—	0.10	0.10	0.05	0.015	0.20	0.10	0.40
TB12	Ti-25V-15Cr-0.3Si	余量	—	0.2~0.5	24.0~28.0	13~17	—	—	—	—	—	—	0.25	0.10	0.03	0.015	0.15	0.10	0.30
TB13	Ti-4Al-22V	余量	3.0~4.5	—	20.0~23.0	—	—	—	—	—	—	—	0.15	0.05	0.03	0.010	0.18	0.10	0.40
TB14	Ti-45Nb	余量	—	≤0.03	—	≤0.02	—	—	42.0~47.0	—	—	—	0.03	0.04	0.03	0.0035	0.16	0.10	0.40
TB15	Ti-4Al-5V-6Cr-5Mo	余量	3.5~4.7	—	4.5~5.5	4.5~6.5	—	—	—	4.5~5.8	—	—	0.30	0.10	0.05	0.015	0.15	0.10	0.30
TB16	Ti-3Al-5V-6Cr-5Mo	余量	2.5~3.5	—	4.5~5.7	5.5~6.5	—	—	—	4.5~5.7	—	—	0.30	0.05	0.04	0.015	0.15	0.10	0.40
TB17	Ti-6.5Mo-2.5Cr-2V-2Nb-1Sn-1Zr-4Al	余量	3.5~5.5	≤0.15	1.0~3.0	2.0~3.5	—	0.5~2.5	1.5~3.0	5.0~7.5	—	0.5~2.5	0.15	0.08	0.05	0.015	0.13	0.10	0.40

注：TB14 钛合金的 $w(\text{Mg}) \leqslant 0.01\%$，$w(\text{Mn}) \leqslant 0.01\%$。

表11-6 中国α-β型钛合金牌号及化学成分

合金牌号	名义化学成分	化学成分(质量分数)/%																						
		主要成分															杂质(不大于)					其他元素	
		Ti	Al	Si	V	Cr	Mn	Fe	Cu	Zr	Nb	Mo	Ru	Pd	Sn	Ta	W	Fe	C	N	H	O	单一	合计
TC1	Ti-2Al-1.5Mn	余量	1.0~2.5	—	—	—	0.7~2.0	—	—	—	—	—	—	—	—	—	—	0.30	0.08	0.05	0.012	0.15	0.10	0.40
TC2	Ti-4Al-1.5Mn	余量	3.5~5.0	—	—	—	0.8~2.0	—	—	—	—	—	—	—	—	—	—	0.30	0.08	0.05	0.012	0.15	0.10	0.40
TC3	Ti-5Al-4V	余量	4.5~6.0	—	3.5~4.5	—	—	—	—	—	—	—	—	—	—	—	—	0.30	0.08	0.05	0.015	0.15	0.10	0.40
TC4	Ti-6Al-4V	余量	5.50~6.75	—	3.5~4.5	—	—	—	—	—	—	—	—	—	—	—	—	0.30	0.08	0.05	0.015	0.20	0.10	0.40
TC4ELI	Ti-6Al-4VELI	余量	5.5~6.5	—	3.5~4.5	—	—	—	—	—	—	—	—	—	—	—	—	0.25	0.08	0.03	0.012	0.13	0.10	0.30
TC6	Ti-6Al-1.5Cr-2.5Mo-0.5Fe-0.3Si	余量	5.5~7.0	0.15~0.40	—	0.8~2.3	—	0.2~0.7	—	—	—	2.0~3.0	—	—	—	—	—	—	0.08	0.05	0.015	0.18	0.10	0.40
TC8	Ti-6.5Al-3.5Mo-0.25Si	余量	5.8~7.0	0.20~0.40	—	—	—	—	—	—	—	2.8~3.8	—	—	—	—	—	0.40	0.08	0.05	0.015	0.15	0.10	0.40
TC9	Ti-6.5Al-3.5Mo-2.5Sn-0.3Si	余量	5.8~6.8	0.2~0.4	—	—	—	—	—	—	—	2.8~3.8	—	—	1.8~2.8	—	—	0.40	0.08	0.05	0.015	0.15	0.10	0.40
TC10	Ti-6Al-6V-2Sn-0.5Cu-0.5Fe	余量	5.5~6.5	—	5.5~6.5	—	—	0.35~1.00	0.35~1.00	—	—	—	—	—	1.5~2.5	—	—	—	0.08	0.04	0.015	0.20	0.10	0.40
TC11	Ti-6.5Al-3.5Mo-1.5Zr-0.3Si	余量	5.8~7.0	0.20~0.35	—	—	—	—	—	0.8~2.0	—	2.8~3.8	—	—	—	—	—	0.25	0.08	0.05	0.012	0.15	0.10	0.40
TC12	Ti-5Al-4Mo-4Cr-2Zr-2Sn-1Nb	余量	4.5~5.5	—	—	3.5~4.5	—	—	—	1.5~3.0	0.5~1.5	3.5~4.5	—	—	1.5~2.5	—	—	0.30	0.08	0.05	0.015	0.20	0.10	0.40
TC15	Ti-5Al-2.5Fe	余量	4.5~5.5	—	—	—	—	2.0~3.0	—	—	—	—	—	—	—	—	—	—	0.08	0.05	0.013	0.20	0.10	0.40
TC16	Ti-3Al-5Mo-4.5V	余量	2.2~3.8	≤0.15	4.0~5.0	—	—	—	—	—	—	4.5~5.5	—	—	—	—	—	0.25	0.08	0.05	0.012	0.15	0.10	0.30
TC17	Ti-5Al-2Sn-2Zr-4Mo-4Cr	余量	4.5~5.5	—	—	3.5~4.5	—	—	—	1.5~2.5	—	3.5~4.5	—	—	1.5~2.5	—	—	0.25	0.05	0.05	0.0125	0.08~0.13	0.10	0.30

续表 11-6

合金牌号	名义化学成分	主要成分															杂质(不大于)					其他元素	
		Ti	Al	Si	V	Cr	Mn	Fe	Cu	Zr	Nb	Mo	Ru	Pd	Sn	Ta	W	Fe	C	N	H	O	单一	合计
TC18	Ti-5Al-4.75Mo-4.75V-1Cr-1Fe	余量	4.4~5.7	≤0.15	4.0~5.5	0.5~1.5	—	0.5~1.5	—	≤0.30	—	4.0~5.5	—	—	—	—	—	—	0.08	0.05	0.015	0.18	0.10	0.30
TC19	Ti-6Al-2Sn-4Zr-6Mo	余量	5.5~6.5	—	—	—	—	—	—	3.5~4.5	—	5.5~6.5	—	—	1.75~2.25	—	—	0.15	0.04	0.04	0.0125	0.15	0.10	0.40
TC20	Ti-6Al-7Nb	余量	5.5~6.5	—	—	—	—	—	—	—	6.5~7.5	—	—	—	—	≤0.5	—	0.25	0.08	0.05	0.009	0.20	0.10	0.40
TC21	Ti-6Al-2Mo-2Nb-2Zr-2Sn-1.5Cr	余量	5.2~6.8	—	—	0.9~2.0	—	—	—	1.6~2.5	1.7~2.3	2.2~3.3	—	—	1.6~2.5	—	—	0.15	0.08	0.05	0.015	0.15	0.10	0.40
TC22	Ti-6Al-4V-0.05Pd	余量	5.50~6.75	—	3.5~4.5	—	—	—	—	—	—	—	—	0.04~0.08	—	—	—	0.40	0.08	0.05	0.015	0.20	0.10	0.40
TC23	Ti-6Al-4V-0.1Ru	余量	5.50~6.75	—	3.5~4.5	—	—	—	—	—	—	—	0.08~0.14	—	—	—	—	0.25	0.08	0.05	0.015	0.13	0.10	0.40
TC24	Ti-4.5Al-3V-2Mo-2Fe	余量	4.0~5.0	—	2.5~3.5	—	—	1.7~2.3	—	—	—	1.8~2.2	—	—	—	—	—	—	0.05	0.05	0.015	0.15	0.10	0.40
TC25	Ti-6.5Al-2Mo-1Zr-1Sn-1W-0.2Si	余量	6.2~7.2	0.10~0.25	—	—	—	—	—	0.8~2.5	—	1.5~2.5	—	—	0.8~2.5	—	0.5~1.5	0.15	0.10	0.04	0.012	0.15	0.10	0.30
TC26	Ti-13Nb-13Zr	余量	—	—	—	—	—	—	—	12.5~14.0	12.5~14.0	—	—	—	—	—	—	0.25	0.08	0.05	0.012	0.15	0.10	0.40
TC27	Ti-5Al-4Mo-6V-2Nb-1Fe	余量	5.0~6.2	—	5.5~6.5	—	—	0.5~1.5	—	—	1.5~2.5	3.5~4.5	—	—	—	—	—	—	0.05	0.05	0.015	0.13	0.10	0.30
TC28	Ti-6.5Al-1Mo-1Fe	余量	5.0~8.0	—	—	—	—	0.5~2.0	—	—	—	0.2~2.0	—	—	—	—	—	—	0.10	—	0.015	0.15	0.10	0.40
TC29	Ti-4.5Al-7Mo-2Fe	余量	3.5~5.5	≤0.5	—	—	—	0.8~3.0	—	—	—	6.0~8.0	—	—	—	—	—	—	0.10	—	0.015	0.15	0.10	0.40
TC30	Ti-5Al-3Mo-1V	余量	3.5~6.3	—	0.9~1.9	—	—	—	—	—	—	2.5~3.8	—	—	—	—	—	0.30	0.10	0.05	0.015	0.15	0.10	0.30
TC31	Ti-6Al-3Sn-3Zr-3Nb-3Mo-1W-0.4Si	余量	6.0~7.2	0.1~0.5	—	—	—	—	—	2.5~3.2	1.0~3.2	1.0~3.2	—	—	2.5~3.2	—	0.3~1.2	0.25	0.10	0.05	0.015	0.15	0.10	0.30
TC32	Ti-5Al-3Mo-3Cr-1Zr-0.15Si	余量	4.5~5.5	0.1~0.2	—	2.5~3.5	—	—	—	0.5~1.5	—	2.5~3.5	—	—	—	—	—	0.30	0.08	0.05	0.0125	0.20	0.10	0.40

表11-7　中国铸造钛及钛合金牌号与化学成分

铸造钛及钛合金		化学成分(质量分数)/%																其他元素	
		主　要　成　分									杂质(不大于)								
牌　号	代　号	Ti	Al	Sn	Mo	V	Zr	Nb	Ni	Pd	Fe	Si	C	N	H	O	单个	合计
ZTi1	ZTA1	余量	—	—	—	—	—	—	—	—	0.25	0.10	0.10	0.03	0.015	0.25	0.10	0.40
ZTi2	ZTA2	余量	—	—	—	—	—	—	—	—	0.30	0.15	0.10	0.05	0.015	0.35	0.10	0.40
ZTi3	ZTA3	余量	—	—	—	—	—	—	—	—	0.40	0.15	0.10	0.05	0.015	0.40	0.10	0.40
ZTiAl4	ZTA5	余量	3.3~4.7	—	—	—	—	—	—	—	0.30	0.15	0.10	0.04	0.015	0.20	0.10	0.40
ZTiAl5Sn2.5	ZTA7	余量	4.0~6.0	2.0~3.0	—	—	—	—	—	—	0.50	0.15	0.10	0.05	0.015	0.20	0.10	0.40
ZTiPd0.2	ZTA9	余量	—	—	—	—	—	—	—	0.12~0.25	0.25	0.10	0.10	0.05	0.015	0.40	0.10	0.40
ZTiMo0.3Ni0.8	ZTA10	余量	—	—	0.2~0.4	—	—	—	0.6~0.9	—	0.30	0.10	0.10	0.05	0.015	0.25	0.10	0.40
ZTiAl6Zr2Mo1V1	ZTA15	余量	5.5~7.0	—	0.5~2.0	0.8~2.5	1.5~2.5	—	—	—	0.30	0.15	0.10	0.05	0.015	0.20	0.10	0.40
ZTiAl4V2	ZTA17	余量	3.5~4.5	—	—	1.5~3.0	—	—	—	—	0.25	0.15	0.10	0.05	0.015	0.20	0.10	0.40
ZTiMo32	ZTB32	余量	—	—	30.0~34.0	—	—	—	—	—	0.30	0.15	0.10	0.05	0.015	0.15	0.10	0.40
ZTiAl6V4	ZTC4	余量	5.5~6.75	—	—	3.5~4.5	—	—	—	—	0.40	0.15	0.10	0.05	0.015	0.25	0.10	0.40
ZTiAl6Sn4.5Nb2Mo1.5	ZTC21	余量	5.5~6.5	4.0~5.0	1.0~2.0	—	—	1.5~2.0	—	—	0.30	0.15	0.10	0.05	0.015	0.20	0.10	0.40

11.2 国际标准化组织

在国际标准化组织（ISO）中，钛由轻金属技术委员会钛分委员会 TC79/SC11 分管，近年来该委员会组织相关成员国开展了钛及钛合金牌号与化学成分标准的编制工作，但至今未能获得有效进展，也未制定出任何钛的具体标准。TC150 将钛作为外科植入物材料制定了包括 ISO 5832 - 2、ISO 5832 - 3、ISO 5832 - 10 和 ISO 5832 - 11，这些标准中规定的钛及钛合金牌号与化学成分见表 11 - 8。

表 11 - 8 ISO 钛及钛合金牌号与化学成分

牌 号	化学成分(质量分数,不大于)/%										标 准 号
	Ti	Al	Zr	Mo	Ta	Fe	O	N	C	H[①]	
Grade1 ELI	余量	—	—	—	—	0.10	0.10	0.012	0.03	0.0125[①]	
Grade1	余量	—	—	—	—	0.20	0.18	0.03	0.10	0.0125[①]	
Grade2	余量	—	—	—	—	0.30	0.25	0.03	0.10	0.0125[①]	ISO 5832 - 2:1999(E)
Grade3	余量	—	—	—	—	0.30	0.35	0.05	0.10	0.0125[①]	
Grade4A Grade4B	余量	—	—	—	—	0.50	0.40	0.05	0.10	0.0125[①]	
Ti-6-Al4-V	余量	5.5 ~ 6.75	V:3.5 ~ 4.5		—	0.3	0.2	0.05	0.08	0.015[②]	ISO 5832 - 3:1996(E)
Ti-5-Al2.5-Fe	余量	4.5 ~ 5.5	—		—	2.0 ~ 3.0	0.20	0.05	0.08	0.015	ISO 5832 - 10:1996(E)
Ti-6-Al7-Nb	余量	5.5 ~ 6.5	Nb:6.5 ~ 7.5	0.50		0.25	0.20	0.05	0.08	0.009	ISO 5832 - 11:2014(E)
Ti-15-Mo5-Zr3-Al	余量	2.5 ~ 3.5	4.5 ~ 5.5	14.0 ~ 16.0	—	0.30	0.20	0.05	0.08	0.02	ISO 5832 - 14:2007(E)

① 坯料的氢含量应不大于 0.0100%，轧制产品的氢含量应不大于 0.015%。

② 坯料的氢含量应不大于 0.010%。

11.3 美国

美国钛及钛合金牌号较多，在 AMS 标准体系中和 ASTM 标准体系中的牌号表述各有不同。从其发展的趋势来看，AMS 标准将去除具体牌号的命名，逐步修改为以合金的名义化学成分标准其牌号，而 ASTM 标准体系中的相关牌号是以"级别"加"数字"的方式进行表述，其中"数字"没有固定的特殊含义，只是纳入标准时的顺序而已。另外 ASTM 标准体系也在逐步将材料编号引入到标准体系中。在此，主要给出 ASTM 标准中的相关钛及钛合金牌号与化学成分。

11.3.1 钛冶炼产品

钛的冶炼产品只有《海绵钛》（ASTM B299—2013）一项标准，海绵钛的牌号与化学成分见表 11 - 9。

表 11-9　美国海绵钛牌号与化学成分

元　素	化学成分(基本干燥,质量分数,不大于)/%				
	GP①	EL②	SL③	ML④	MD⑤
N	0.02	0.008	0.015	0.015	0.015
C	0.03	0.02	0.02	0.02	0.02
S	⑥	0.10	0.19	—	—
Mg	⑥	0.08	—	0.50	0.08
Al	0.05	0.03	0.05	0.05	—
Cl	0.20	0.10	0.20	0.20	0.12
Fe	0.15	0.05	0.05	0.15	0.12
Si	0.04	0.04	0.04	0.04	0.04
H	0.03	0.02	0.05	0.03	0.010
H_2O	0.02	0.02	0.02	0.02	0.02
O	0.15	0.08	0.10	0.10	0.10
Cr	—	—	—	—	0.06⑦
Ni	—	—	—	—	0.05⑦
其他杂质(总和)	0.05	0.05	0.05	0.05	0.05
Ti,基体(名义值)	余量	余量	余量	余量	余量
布氏硬度	140	110	120	140	140

① GP—普通级别,采用金属镁或金属钠还原并滤取和/或惰性气体处理。

② EL—电解工艺生产的产品。

③ SL—金属钠还原并经完全蒸馏。

④ ML—金属镁还原并经蒸馏或惰性气体处理。

⑤ MD—金属镁还原并经蒸馏。

⑥ 钠或镁的最大含量为 0.50%。

⑦ 采用不锈钢容器生产 MD 级别的海绵钛(的装置)需要改进。由于不锈钢材质将发生反应,必然影响(海绵钛中的)镍含量和铬含量。这些污染对海绵钛的性能没有影响。这两种不可避免的污染仅对 MD 级别的化学成分有要求,其他不可避免的污染归入允许的(其他杂质)最大含量。

11.3.2　加工钛及钛合金

ASTM 标准体系中没有单独的钛及钛合金牌号与化学成分标准,在各自的产品标准中分别规定出了牌号与化学成分。除外科植入物用钛加工材的牌号采用名义成分表述,板材、带材、棒材、线材的牌号均采用"级别"加"数字"表示,锻件采用"级别"加"F-数字"表示,虽然表述上略有不同,但统一UNS 编号的牌号在不同产品中的化学成分基本相同,极少元素的控制略有差异,此处不逐一列出具体差异。本书中仅列出了 ASTM B265—2013 和部分外科植入物行业用钛加工材的牌号与化学成分,其具体要求见表 11-10。

表 11-10　ASTM 标准钛及钛合金加工材牌号及化学成分

含量(质量分数,最大或范围)/%

级别	UNS编号	C	O	N	H	Fe	Al	V	Pd	Ru	Ni	Mo	Cr	Co	Zr	Nb	Sn	Si	其他元素(单个)	其他元素(合计)	相关标准
1	R50250	0.08	0.18	0.03	0.015	0.20	—	—	—	—	—	—	—	—	—	—	—	—	0.1	0.4	B265、B381、B348、B861、B862、B863、F67
2/2H	R50400	0.08	0.25	0.03	0.015	0.30	—	—	—	—	—	—	—	—	—	—	—	—	0.1	0.4	B265、B381、B348、B861、B862、B863、F67
3	R50550	0.08	0.35	0.05	0.015	0.30	—	—	—	—	—	—	—	—	—	—	—	—	0.1	0.4	B265、B381、B348、B861、B862、B863、F67
4	R50700	0.08	0.40	0.05	0.015	0.50	—	—	—	—	—	—	—	—	—	—	—	—	0.1	0.4	B265、B381、B348、B861、B863、F67
5	R56400	0.08	0.20	0.05	0.015	0.40	5.5~6.75	3.5~4.5	—	—	—	—	—	—	—	—	—	—	0.1	0.4	B265、B381、B348、B861、B862、B863、F1472
6	R54520	0.08	0.20	0.03	0.015	0.50	4.0~6.0	—	—	—	—	—	—	—	—	—	2.0~3.0	—	0.1	0.4	B265、B381、B348、B863
7/7H	R52400	0.08	0.25	0.03	0.015	0.30	—	—	0.12~0.25	—	—	—	—	—	—	—	—	—	0.1	0.4	B265、B381、B348、B861、B862、B863
9	R56320	0.08	0.15	0.03	0.015	0.25	2.5~3.5	2.0~3.0	—	—	—	—	—	—	—	—	—	—	0.1	0.4	B265、B381、B348、B861、B862、B863、F2146
11	R52250	0.08	0.18	0.03	0.015	0.20	—	—	0.12~0.25	—	—	—	—	—	—	—	—	—	0.1	0.4	B265、B381、B348、B861、B862、B863
12	R53400	0.08	0.25	0.03	0.015	0.30	—	—	—	—	0.6~0.9	0.2~0.4	—	—	—	—	—	—	0.1	0.4	B265、B381、B348、B861、B862、B863
13	R53413	0.08	0.10	0.03	0.015	0.20	—	—	—	0.04~0.06	0.4~0.6	—	—	—	—	—	—	—	0.1	0.4	B265、B381、B348、B861、B862、B863
14	R53414	0.08	0.15	0.03	0.015	0.30	—	—	—	0.04~0.06	0.4~0.6	—	—	—	—	—	—	—	0.1	0.4	B265、B381、B348、B861、B862、B863
15	R53415	0.08	0.25	0.05	0.015	0.30	—	—	—	0.04~0.06	0.4~0.6	—	—	—	—	—	—	—	0.1	0.4	B265、B381、B348、B861、B862、B863

续表 11-10

级别	UNS编号	含量(质量分数,最大或范围)/%																			相关标准
		C	O	N	H	Fe	Al	V	Pd	Ru	Ni	Mo	Cr	Co	Zr	Nb	Sn	Si	其他元素(单个)	其他元素(合计)	
16/16H	R52402	0.08	0.25	0.03	0.015	0.30	—	—	0.04~0.08	—	—	—	—	—	—	—	—	—	0.1	0.4	B265、B381、B348、B861、B862、B863
17	R52252	0.08	0.18	0.03	0.015	0.20	—	—	0.04~0.08	—	—	—	—	—	—	—	—	—	0.1	0.4	B265、B381、B348、B861、B862、B863
18	R56322	0.08	0.15	0.03	0.015	0.25	2.5~3.5	2.0~3.0	0.04~0.08	—	—	—	—	—	—	—	—	—	0.1	0.4	B265、B381、B348、B861、B862、B863
19	R58640	0.05	0.12	0.03	0.02	0.30	3.0~4.0	7.5~8.5	—	—	—	3.5~4.5	5.5~6.5	—	3.5~4.5	—	—	—	0.15	0.40	B265、B381、B348、B861、B862、B863
20	R58645	0.05	0.12	0.03	0.02	0.30	3.0~4.0	7.5~8.5	0.04~0.08	—	—	3.5~4.5	5.5~6.5	—	3.5~4.5	—	—	—	0.15	0.40	B265、B381、B348、B861、B862、B863
21	R58210	0.05	0.17	0.03	0.015	0.40	2.5~3.5	—	—	—	—	14.0~16.0	—	—	—	2.2~3.2	—	0.15~0.25	0.1	0.4	B265、B381、B348、B861、B862、B863
23	R56407	0.08	0.13	0.03	0.0125	0.25	5.6~6.5	3.5~4.5	—	—	—	—	—	—	—	—	—	—	0.1	0.4	B265、B381、B348、B861、B862、B863
24	R56405	0.08	0.20	0.05	0.015	0.40	5.5~6.75	3.5~4.5	0.04~0.08	—	—	—	—	—	—	—	—	—	0.1	0.4	B265、B381、B348、B861、B862、B863
25	R56403	0.08	0.20	0.05	0.015	0.40	5.5~6.75	3.5~4.5	0.04~0.08	—	0.3~0.8	—	—	—	—	—	—	—	0.1	0.4	B265、B381、B348、B861、B862、B863
26/26H	R52405	0.08	0.25	0.03	0.015	0.30	—	—	—	0.08~0.14	—	—	—	—	—	—	—	—	0.1	0.4	B265、B381、B348、B861、B862、B863
27	R52254	0.08	0.18	0.03	0.015	0.20	—	—	—	0.08~0.14	—	—	—	—	—	—	—	—	0.1	0.4	B265、B381、B348、B861、B862、B863
28	R56323	0.08	0.15	0.03	0.015	0.25	2.5~3.5	2.0~3.0	—	0.08~0.14	—	—	—	—	—	—	—	—	0.1	0.4	B265、B381、B348、B861、B862、B863
29	R56404	0.08	0.13	0.03	0.0125	0.25	5.5~6.5	3.5~4.5	—	0.08~0.14	—	—	—	—	—	—	—	—	0.1	0.4	B265、B381、B348、B861、B862、B863

续表 11 – 10

级别	UNS 编号	含量(质量分数,最大或范围)/%																			相关标准
		C	O	N	H	Fe	Al	V	Pd	Ru	Ni	Mo	Cr	Co	Zr	Nb	Sn	Si	其他元素(单个)	其他元素(合计)	
30	R53530	0.08	0.25	0.03	0.015	0.30	—	—	0.04~0.08	—	—	—	—	0.20~0.80	—	—	—	—	0.1	0.4	B265,B381,B348,B863
31	R53532	0.08	0.35	0.05	0.015	0.30	—	—	0.04~0.08	—	—	—	—	0.20~0.80	—	—	—	—	0.1	0.4	B265,B381,B348,B863
32	R55111	0.08	0.11	0.03	0.015	0.25	4.5~5.5	0.6~1.4	—	—	—	0.6~1.2	—	—	0.6~1.4	—	0.6~1.4	0.06~0.14	0.1	0.4	B265,B381,B348,B861,B863
33	R53442	0.08	0.25	0.03	0.015	0.30	—	—	0.01~0.02	0.02~0.04	0.35~0.55	—	0.1~0.2	—	—	—	—	—	0.1	0.4	B265,B381,B348,B861,B862,B863
34	R53445	0.08	0.35	0.05	0.015	0.30	—	—	0.01~0.02	0.02~0.04	0.35~0.55	—	0.1~0.2	—	—	—	—	—	0.1	0.4	B265,B381,B348,B861,B862,B863
35	R56340	0.08	0.25	0.05	0.015	0.20~0.80	4.0~5.0	1.1~2.1	—	—	—	1.5~2.5	—	—	—	—	—	0.20~0.40	0.1	0.4	B265,B381,B348,B861,B862,B863
36	R58450	0.04	0.16	0.03	0.015	0.30	—	—	—	—	—	—	—	—	—	42.0~47.0	—	—	0.1	0.4	B265,B381,B348,B861,B863
37	R52815	0.08	0.25	0.03	0.015	0.30	1.0~2.0	—	—	—	—	—	—	—	—	—	—	—	0.1	0.4	B265,B381,B348,B861,B862,B863
38	R54250	0.08	0.20~0.30	0.03	0.015	1.2~1.8	3.5~4.5	2.0~3.0	—	—	—	—	—	—	—	—	—	—	0.1	0.4	B265,B381,B348,B861,B862,B863
39	R53390	0.08	0.15	0.03	0.015	0.15~0.40	—	—	—	—	—	—	—	—	—	—	—	0.30~0.50	0.1	0.4	B265,B862,B863
—	R58150	0.10	0.20	0.05	0.015	0.10	—	—	—	—	—	14.00~16.00	—	—	5.0~7.0	—	—	—	—	—	F2066
—	R58120	0.05	0.008~0.28	0.05	0.020	1.5~2.5	—	—	—	—	—	10.0~13.0	—	—	12.5~14.0	—	—	—	—	—	F1813
—	R58130	0.08	0.15	0.05	0.012	0.25	—	—	—	—	—	—	—	—	12.5~14.0	12.5~14.0	—	—	—	—	F1713

注：ASTM B265 为板、带、箔材；ASTM B381 为锻件；ASTM B348 为棒材；ASTM B861 和 B862 为管材；ASTM F67、F1472、F2146、F2066、F1813 和 F1713 为外科植入物用加工材。

11.3.3 铸造钛及钛合金

ASTM 标准体系中的铸造钛及钛合金标准包括 B367 和 F1108，其中 ASTM B367 为一般工业用铸件规范，ASTM F1108 为外科植物用铸件规范。在 ASTM B367 中的牌号采用"级别"加"C – 数字"表示牌号。为便于对比，本书将两项标准中的化学成分列于同一表中，详见表 11 – 11。

表 11 – 11 ASTM 标准钛及钛合金铸件牌号与化学成分

牌号	UNS 编号	元素①②③④⑤（质量分数）/%										相关标准
		C	O	N	H	Fe	Al	V	Pd	单个	总和	
C-2	R52550	0.10	0.40	0.05	0.015	0.20	—	—	—	0.1	0.4	ASTM B367
C-3	R52550	0.10	0.40	0.05	0.015	0.25	—	—	—	0.1	0.4	ASTM B367
C-5	R56400	0.10	0.25	0.05	0.015	0.40	5.5 ~ 6.75	3.5 ~ 4.5	—	0.1	0.4	ASTM B367
C-6	R54520	0.10	0.20	0.05	0.015	0.50	4.0 ~ 6.0	Sn:2.0 ~ 3.0		0.1	0.4	ASTM B367
C-7	R52700	0.10	0.40	0.05	0.015	0.20	—	—	0.12 ~ 0.25	0.1	0.4	ASTM B367
C-8	R52700	0.10	0.40	0.05	0.015	0.25	—	—	0.12 ~ 0.25	—	—	ASTM B367
C-9	R56320	0.10	0.20	0.05	0.015	0.25	2.5 ~ 3.5	2.0 ~ 3.0	—	0.1	0.4	ASTM B367
C-12	R53400	0.10	0.25	0.05	0.015	0.30	Ni:0.6 ~ 0.9	Mo:0.2 ~ 0.4		0.1	0.4	ASTM B367
C-16	R52402	0.10	0.18	0.03	0.015	0.30	—	—	0.04 ~ 0.08	0.1	0.4	ASTM B367
C-17	R52252	0.10	0.20	0.03	0.015	0.25	—	—	0.04 ~ 0.08	0.1	0.4	ASTM B367
C-18	R58465	0.08	0.20	0.03	0.015	0.25	2.5 ~ 3.5	2.0 ~ 3.0	0.04 ~ 0.08	0.1	0.4	ASTM B367
C-38	R54250	0.08	0.20 ~ 0.30	0.03	0.015	1.2 ~ 1.8	3.5 ~ 4.5	2.0 ~ 3.0	—	0.1	0.4	ASTM B367
—	R56406	0.10	0.20	0.05	0.015	0.30	5.5 ~ 6.75	3.5 ~ 4.5	—	—	—	ASTM F1108

① 每个浇铸（批）至少应对表中所有元素进行分析并报出结果。

② 如果铸件经热处理或化学处理，应在成品铸件上分析氢元素含量，并代替浇铸（批）分析值。与制造方进行磋商可供低氢产品。

③ 单个值是最大的。钛的百分率是有差异的。

④ 其他元素不需要报出，除非单个大于 0.1% 或总和超过 0.4%。其他元素指非有意添加的。其他元素指钛及钛合金中少量的并且为（原料）生产中固有的元素。钛中的其他元素包括 Al、V、Sn、Cr、Mo、Nb、Zr、Hf、Bi 和 Ru。

⑤ 用户要求并在合同中注明时，可对本标准中未列元素进行分析。

11.4　日本

11.4.1　钛冶炼产品

海绵钛的标准为 JIS H 2151（1994），其牌号及化学成分见表 11－12。

表 11－12　日本海绵钛的牌号与化学成分

级别	牌号	Ti（不小于）/%	化学成分(质量分数,不大于)/%										HBW 10/1500
			Fe	Cl	Mn	Mg	Na	Si	N	C	H	O	
1 级 M	TS-105M	99.6	0.10	0.10	0.01	0.06	—	0.03	0.02	0.03	0.005	0.08	≤105
1 级 S	TS-105S	99.6	0.30	0.15	0.01	—	0.10	0.03	0.01	0.03	0.010	0.08	
2 级 M	TS-120M	99.4	0.15	0.12	0.02	0.07	—	0.03	0.02	0.03	0.005	0.12	>105～120
2 级 S	TS-120S	99.4	0.05	0.20	0.02	—	0.15	0.03	0.01	0.03	0.010	0.12	
3 级 M	TS-140M	99.3	0.30	0.15	0.05	0.07	—	0.03	0.03	0.03	0.005	0.15	>120～140
3 级 S	TS-140S	99.3	0.07	0.20	0.05	—	0.15	0.03	0.03	0.03	0.015	0.15	
4 级 M	TS-160M	99.2	0.20	0.15	0.05	0.08	—	0.03	0.03	0.03	0.005	0.25	>140～160
4 级 S	TS-160S	99.2	0.07	0.20	0.05	—	0.15	0.03	0.03	0.03	0.015	0.25	

11.4.2　加工钛及钛合金

日本工业标准（JIS）中没有建立钛及钛合金牌号与化学成分专用标准，在各种产品标准中列出来相应的牌号与化学成分，加工产品标准中的钛及钛合金牌号与化学成分见表 11－13，钛及钛合金焊接棒材和线材标准中的牌号及化学成分见表 11－14。

表 11-13 日本加工产品的牌号与化学成分

化学成分(质量分数,不大于)/%

级别	Ti	N	C	H	Fe	O	Al	V	Ru	Pd
1级①②③④⑤⑥	余量	0.03	0.08	0.013	0.20	0.15	—	—	—	—
2级①②③④⑤⑥	余量	0.03	0.08	0.013	0.25	0.20	—	—	—	—
3级①②③④⑤⑥	余量	0.05	0.08	0.013	0.30	0.30	—	—	—	—
4级①②⑤	余量	0.05	0.08	0.013	0.50	0.40	—	—	—	—
11级①②③④⑤⑥	余量	0.03	0.08	0.013	0.20	0.15	—	—	—	0.12~0.25
12级①②③④⑤⑥	余量	0.03	0.08	0.013	0.25	0.20	—	—	—	0.12~0.25
13级①②③④⑤⑥	余量	0.05	0.08	0.013	0.30	0.30	—	—	—	0.12~0.25
14级①②③④⑤⑥	余量	0.03	0.08	0.015	0.30	0.25	Cr:0.1~0.2	Ni:0.35~0.55	0.02~0.04	0.01~0.02
15级①②③④⑤⑥	余量	0.05	0.08	0.015	0.30	0.35	Cr:0.1~0.2	Ni:0.35~0.55	0.02~0.04	0.01~0.02
16级①②③④⑤⑥	余量	0.03	0.08	0.010	0.15	0.15	—	—	—	Ta:4.0~6.0
17级①②③④⑤⑥	余量	0.03	0.08	0.015	0.20	0.18	—	—	—	0.04~0.08
18级①②③④⑤⑥	余量	0.03	0.08	0.015	0.30	0.25	—	—	—	0.04~0.08
19级①②③④⑤⑥	余量	0.05	0.08	0.015	0.30	0.25	Co:0.20~0.80	—	—	0.04~0.08
20级①②③④⑤⑥	余量	0.05	0.08	0.015	0.30	0.35	Co:0.20~0.80	—	—	0.04~0.08
21级①②③④⑤⑥	余量	0.03	0.08	0.015	0.20	0.10	—	Ni:0.04~0.06	0.04~0.06	—
22级①②③④⑤⑥	余量	0.03	0.08	0.015	0.30	0.15	—	Ni:0.04~0.06	0.04~0.06	—
23级①②③④⑤⑥	余量	0.05	0.08	0.015	0.30	0.25	—	Ni:0.04~0.06	0.04~0.06	—
50级①⑤⑥	余量	0.03	0.08	0.015	0.30	0.25	1.0~2.0	—	—	—
60级①⑤⑦	余量	0.05	0.08	0.015	0.40	0.20	5.50~6.75	3.50~4.50	—	—
60E级①⑤⑦	余量	0.03	0.08	0.0125	0.25	0.13	5.50~6.50	3.50~4.50	—	—
61级①②④⑤⑥⑦	余量	0.03	0.08	0.015	0.25	0.15	2.50~3.50	2.00~3.00	—	—
61F级①⑤⑥⑦⑧	余量	0.05	0.10	0.015	0.30	0.25	2.70~3.50	1.60~3.40	—	S:0.05~0.20
80级①⑤⑥	余量	0.05	0.10	0.015	1.00	0.25	3.50~4.50	20.0~23.0	—	—

① JIS H 4600—2012。
② JIS H 4630—2012。
③ JIS H 4631—2012。
④ JIS H 4635—2012。
⑤ JIS H 4650—2012。
⑥ JIS H 4670—2012。
⑦ 其他杂质元素单个不大于0.10%，总和不大于0.40%。
⑧ w(La+Ce+Pr+Nd)为0.05%~0.70%。

表 11 - 14　日本焊条和焊丝的牌号与化学成分

| 类别 | 牌号 | 化学成分[1][2]（质量分数，不大于）/% | | | | | | | | | | | | | | | | | JIS Z3331:2002[3] | | |
		C	O	N	H	Fe	Al	V	Sn	Mo	Ni	Zr	Cr	Co	Si	Pd	Ru	棒	线
STi0100	Ti99.8	0.03	0.03 ~ 0.10	0.012	0.005	0.08	—	—	—	—	—	—	—	—	—	—	—	—	—
STi0100J	Ti99.8J	0.03	0.10	0.02	0.008	0.20	—	—	—	—	—	—	—	—	—	—	—	YTB270	YTW270
STi0120	Ti99.6	0.03	0.08 ~ 0.16	0.015	0.008	0.12	—	—	—	—	—	—	—	—	—	—	—	—	—
STi0120J	Ti99.6J	0.03	0.15	0.02	0.008	0.20	—	—	—	—	—	—	—	—	—	—	—	YTB340	YTW340
STi0125	Ti99.5	0.03	0.13 ~ 0.20	0.02	0.008	0.16	—	—	—	—	—	—	—	—	—	—	—	—	—
STi0125J	Ti99.5J	0.03	0.25	0.02	0.008	0.30	—	—	—	—	—	—	—	—	—	—	—	YTB480	YTW480
STi0130	Ti99.3	0.03	0.18 ~ 0.32	0.025	0.008	0.25	—	—	—	—	—	—	—	—	—	—	—	—	—
STi0130J	Ti99.3J	0.03	0.35	0.02	0.008	0.30	—	—	—	—	—	—	—	—	—	—	—	YTB550	YTW550
STi2251	TiPd0.2	0.03	0.03 ~ 0.10	0.012	0.005	0.08	—	—	—	—	—	—	—	—	—	0.12 ~ 0.25	—	—	—
STi2251J	TiPd0.2J	0.03	0.10	0.02	0.008	0.20	—	—	—	—	—	—	—	—	—	0.12 ~ 0.25	—	YTB270Pd	YTW270Pd
STi2253	TiPd0.06	0.03	0.03 ~ 0.10	0.012	0.005	0.08	—	—	—	—	—	—	—	—	—	0.04 ~ 0.08	—	—	—
STi2255	TiRu0.1	0.03	0.03 ~ 0.10	0.012	0.005	0.08	—	—	—	—	—	—	—	—	—	—	0.08 ~ 0.14	—	—
STi2401	TiPd0.2A	0.03	0.08 ~ 0.16	0.015	0.008	0.12	—	—	—	—	—	—	—	—	—	0.12 ~ 0.25	—	—	—
STi2401J	TiPd0.2AJ	0.03	0.15	0.02	0.008	0.20	—	—	—	—	—	—	—	—	—	0.12 ~ 8.25	—	YTB340Pd	YTW340Pd
STi2402J	TiPd0.2BJ	0.03	0.25	0.02	0.008	0.30	—	—	—	—	—	—	—	—	—	0.12 ~ 0.25	—	YTB480Pd	YTW480Pd
STi2403	TiPd0.06A	0.03	0.08 ~ 0.16	0.015	0.008	0.12	—	—	—	—	—	—	—	—	—	0.04 ~ 0.08	—	—	—

续表 11-14

类别	牌号	化学成分①②（质量分数，不大于）/%																JIS Z3331:2002③	
		C	O	N	H	Fe	Al	V	Sn	Mo	Ni	Zr	Cr	Co	Si	Pd	Ru	棒	线
STi2405	TiRu0.1	0.03	0.08~0.16	0.015	0.008	0.12	—	—	—	—	—	—	—	—	—	—	0.08~0.14	—	—
STi3401	TiNi0.7Mo0.3	0.03	0.08~0.16	0.015	0.008	0.15	—	—	—	0.2~0.4	0.6~0.9	—	—	—	—	—	—	—	—
STi3416	TiRu0.05Ni0.5	0.03	0.13~0.20	0.02	0.008	0.16	—	—	—	—	0.4~0.6	—	—	—	—	—	0.04~0.06	—	—
STi3423	TiNi0.5	0.03	0.03~0.10	0.012	0.005	0.08	—	—	—	—	0.4~0.6	—	—	—	—	—	0.04~0.06	—	—
STi3424	TiNi0.5A	0.03	0.08~0.16	0.015	0.008	0.12	—	—	—	—	0.4~0.6	—	—	—	—	—	0.04~0.06	—	—
STi3443	TiNi0.45Cr0.15	0.03	0.08~0.16	0.015	0.008	0.12	—	—	—	—	0.35~0.55	—	0.1~0.2	—	—	0.01~0.02	0.02~0.04	—	—
STi3444	TiNi0.45Cr0.15A	0.03	0.13~0.20	0.02	0.008	0.16	—	—	—	—	0.35~0.55	—	0.1~0.2	—	—	0.01~0.02	0.02~0.04	—	—
STi3531	TiCo0.5	0.03	0.08~0.16	0.015	0.008	0.12	—	—	—	—		—	—	0.20~0.80	—	0.04~0.08	—	—	—
STi3533	TiCo0.5A	0.03	0.13~0.20	0.02	0.008	0.16	—	—	—	—		—	—	0.20~0.80	—	0.04~0.08	—	—	—
STi4621	TiAl6Zr4Mo2Sn2	0.04	0.30	0.015	0.15	0.05	5.50~6.50	—	1.80~2.20	1.80~2.20	—	3.60~4.40	0.25	—	—	—	—	—	—
STi4810	TiAl8V1Mo1	0.08	0.12	0.05	0.01	0.30	7.35~8.35	0.75~1.25	—	0.75~1.25	—	—	—	—	—	—	—	—	—
STi5112	TiAl5V1Sn1Mo1Zr1	0.03	0.05~0.10	0.012	0.008	0.20	4.5~5.5	0.6~1.4	0.6~1.4	0.6~1.2	—	0.6~1.4	—	—	0.06~0.14	—	—	—	—
STi5250J	TiAl5Sn2.5J	0.10	0.20	0.05	0.020	0.50	4.0~6.0	—	2.0~3.0	—	—	—	—	—	—	—	—	YTAB5250	YTAW5250
STi6320	TiAl3V2.5	0.03	0.08~0.16	0.020	0.008	0.25	2.5~3.5	2.0~3.0	—	—	—	—	—	—	—	—	—	—	—

续表 11-14

| 类别 | 牌号 | 化学成分①②（质量分数，不大于）/% | | | | | | | | | | | | | | | | JIS Z3331:2002③ | |
		C	O	N	H	Fe	Al	V	Sn	Mo	Ni	Zr	Cr	Co	Si	Pd	Ru	棒	线
STi6321	TiAl3V2.5A	0.03	0.06~0.12	0.012	0.005	0.20	2.5~3.5	2.0~3.0	—	—	—	—	—	—	—	—	—	—	—
STi6321J	TiAl3V2.5AJ	0.05	0.12	0.02	0.0125	0.30	2.5~3.5	2.0~3.0	—	—	—	—	—	—	—	—	—	YTAB3250	YTAW3250
STi6324	TiAl3V2.5Ru	0.03	0.06~0.12	0.012	0.005	0.20	2.5~3.5	2.0~3.0	—	—	—	—	—	—	—	—	0.08~0.14	—	—
STi6326	TiAl3V2.5Pd	0.03	0.06~0.12	0.012	0.005	0.20	2.5~3.5	2.0~3.0	—	—	—	—	—	—	—	0.04~0.08	—	—	—
STi6400	TiAl6V4	0.05	0.12~0.20	0.030	0.015	0.22	5.5~6.7	3.5~4.5	—	—	—	—	—	—	—	—	—	—	—
STi6400J	TiAl6V4J	0.10	0.20	0.05	0.0125	0.30	5.50~6.70	3.5~4.5	—	—	—	—	—	—	—	—	—	YTAB6400	YTAW6400
STi6402	TiAl6V4B	0.03	0.08	0.012	0.005	0.15	5.50~6.70	3.50~4.50	—	—	—	—	—	—	—	—	—	—	—
STi6408	TiAl6V4A	0.03	0.03~0.11	0.012	0.005	0.20	5.5~6.5	3.5~4.5	—	—	—	—	—	—	—	—	—	—	—
STi6408J	TiAl6V4AJ	0.08	0.13	0.05	0.0125	0.25	5.5~6.5	3.5~4.5	—	—	—	—	—	—	—	—	—	YTAB6400E	YTAW6400E
STi6413	TiAl6V4Ni0.5Pd	0.05	0.12~0.20	0.030	0.015	0.22	5.5~6.7	3.5~4.5	—	—	0.3~0.8	—	—	—	—	0.04~0.08	—	—	—
STi6414	TiAl6V4Ru	0.03	0.03~0.11	0.012	0.005	0.20	5.5~6.5	3.5~4.5	—	—	—	—	—	—	—	—	0.08~0.14	—	—
STi6415	TiAl6V4Pd	0.05	0.12~0.20	0.030	0.015	0.22	5.5~6.7	3.5~4.5	—	—	—	—	—	—	—	0.04~0.08	—	—	—

① 表中没有给出钛中的其他元素控制要求（质量分数），若是人为添加的元素，其单个应不大于 0.05%，总和应不大于 0.20%。Y 元素不大于 0.005%。
② 钛为余量。
③ 仅供参考。

11.5 德国

德国标准（DIN）中没有冶炼产品和铸造产品，只有加工产品。常用的加工钛及钛合金牌号与化学成分分别为《钛（纯钛）化学成分》（DIN 17850—1990）和《钛合金化学成分》（DIN 17851—1990）两项标准做了规定。DIN 17850—1990 中规定的牌号与化学成分见表 11 - 15，DIN 17851—1990 中规定的低合金化钛合金牌号与化学成分见表 11 - 16，高合金化钛合金牌号与化学成分见表 11 - 17。

表 11 - 15 德国纯钛牌号与化学成分

牌 号	代号	化学成分(质量分数,不大于)/%							
		Ti	Fe①	C	N	H②	O	其 他 元 素	
								单一	合计
Ti1	3.7025	余量	0.15	0.06	0.05	0.013	0.12	0.10	0.40
Ti2	3.7035	余量	0.20	0.06	0.05	0.013	0.18	0.10	0.40
Ti3	3.7055	余量	0.25	0.06	0.05	0.013	0.25	0.10	0.40
Ti4	3.7065	余量	0.30	0.06	0.05	0.013	0.35	0.10	0.40

① 在氢氧化性介质中使用的纯钛，若合同中规定时，其铁含量可控制在不大于 0.10%。

② 直径或厚度小于 2mm 的成品或半成品的氢含量可为不大于 0.015%。

表 11 - 16 德国低合金化钛合金牌号与化学成分

牌 号	代号	化学成分(质量分数,不大于)/%										
		Ti	Fe①	O	N	C	H②	Pd	Ni	Mo	其他元素	
											单一	合计
TiNi0.8Mo0.3	3.7105	余量	0.25	0.25	0.03	0.06	0.013	—	0.6~0.9	0.2~0.4	0.10	0.40
Ti1Pd	3.7225	余量	0.15	0.12	0.05	0.06	0.013	0.15~0.25	—	—	0.10	0.40
Ti2Pd	3.7235	余量	0.20	0.18	0.05	0.06	0.013	0.15~0.25	—	—	0.10	0.40
Ti3Pd	3.7255	余量	0.25	0.25	0.05	0.06	0.013	0.15~0.25	—	—	0.10	0.40

① 在腐蚀性介质中使用的半成品，其铁含量可控制较低。

② 直径或厚度小于 2mm 的成品或半成品的氢含量可为不大于 0.015%。

11.6 法国

法国标准（NF）中的钛及钛合金牌号较少，且没有建立钛及钛合金牌号与化学成分标准，其牌号与化学成分分别列在产品标准中。同一牌号在其不同加工材产品标准中的主要成分是相同的，个别元素控制要求略有差异。钛及钛合金加工材标准中的牌号与化学成分见表 11 - 18。

随着欧盟一体化进程发展，法国钛标准逐渐将欧盟（EN）标准直接引用为国家标准，在标准中仅增加了法国标准编号，标准内容与欧盟相应标准保持一致。

表 11 - 17　德国高合金化钛合金牌号与化学成分

化学成分（质量分数，不大于）/%

牌　号	代号	Ti	Al	V	Sn	Zr	Mo	Cu	Si	Fe	O	N	C	H	其他元素	
															单一	合计
TiAl6Sn2Zr4Mo2Si	3.7145	余量	5.5~6.5	—	1.8~2.2	3.6~4.4	1.8~2.2	—	0.06~0.12	0.25	0.15	0.05	0.05	0.015	0.10	0.40
TiAl6V6Sn2	3.7175	余量	5.0~6.0	5.0~6.0	1.5~2.5	—	—	—	—	0.35~1.0	0.20	0.04	0.05	0.015	0.10	0.40
TiAl6V4	3.7165	余量	5.50~6.75	3.5~4.5	—	—	—	—	—	0.30	0.20	0.05	0.08	0.015	0.10	0.40
TiAl6Zr5Mo0.5Si	3.7155	余量	5.70~6.30	—	—	4.0~6.0	0.25~0.75	—	0.10~0.40	0.2	0.19	0.05	0.08	0.015	0.10	0.40
TiAl5Fe2.5	3.7110	余量	4.5~5.5	—	—	—	—	—	—	2.0~3.0	0.20	0.05	0.08	0.015	0.10	0.40
TiAl5Sn2.5	3.7115	余量	4.5~5.5	—	2.0~3.0	—	—	—	—	0.50	0.20	0.05	0.08	0.020	0.10	0.40
TiAl4Mo4Sn2	3.7185	余量	3.0~5.0	—	1.5~2.5	—	3.0~5.0	—	0.3~0.7	0.20	0.25	0.05	0.08	0.015	0.10	0.40
TiAl3V2.5	3.7195	余量	2.5~3.5	2.0~3.0	—	—	—	—	—	0.30	0.12	0.04	0.05	0.015	0.10	0.40

表 11-18　法国钛及钛合金牌号与化学成分

化学成分(质量分数,不大于)/%

牌号	Ti	Al	V	Sn	Mo	Y	Si	Fe	O+2N	O	N	C	H	其他元素		标准号	备注
														单一	合计		
T40	余量	—	—	—	—	—	0.04	0.25	—	0.15	0.07	0.08	0.015	—	—	NF L21-110	锻造用棒坯
TA6V	余量	5.50~6.75	3.50~4.50	—	—	0.0050	—	0.30	—	0.12~0.20	0.05	0.08	0.0100	0.10	0.20	NF L14-601	锻造用棒坯
													0.0125			NF L14-602	锻件
													0.0100			NF L14-603	锻造用棒坯
													0.0125			NF L14-604	锻件
													0.015			NF L21-270	铆钉用杆材
TI-P64001 (Ti-6Al-4V)	余量	5.50~6.75	3.50~4.50	—	—	0.0050	—	0.30	0.25	—	0.03	0.08	0.0125	0.10	0.40	NF L14-633	锻件
		5.50~6.75	3.50~4.50							—			0.010			NF L14-642	锻坯、锻件
		5.50~6.75	3.50~4.50							—			0.0125			NF L14-643	锻件
		5.50~6.75	3.50~4.50							—			0.0080			NF L14-644	棒、线材
		5.50~6.75	3.50~4.50							0.20			0.0080			NF L14-645	薄板
		5.5~6.75	3.5~4.5							—			0.0125			NF L10-089	棒材
		5.50~6.75	3.50~4.50							0.20			0.0125			NF L14-722	型材
		5.50~6.75	3.50~4.50							—			0.0125			NF L10-810	厚板

续表 11－18

化学成分(质量分数,不大于)/%

牌　号	Ti	Al	V	Sn	Mo	Y	Si	Fe	O+2N	O	N	C	H	其他元素 单一	其他元素 合计	标准号	备注
TA6Zr5D3	余量	5.70~6.30	—	Zr:4.50~6.00	0.25~0.75	0.0010	0.10~0.40	0.05	—	0.09~0.19	0.03	0.08	0.006	—	—	NF L14-611	锻造用棒坯
TA6Zr5D3	余量	5.70~6.30	—	Zr:4.50~6.00	0.25~0.75	0.0010	0.10~0.40	0.05	—	0.09~0.19	0.03	0.08	0.010	—	—	NF L14-612	锻件
TI-P64003	余量	2.5~3.5	2.0~3.0	—	—	—	—	0.30	—	0.120	0.020	0.05	0.0150	0.10	0.40	NF L14-641	管材
TI-P63001 (Ti-4Al4Mo-2Sn)	余量	3.0~5.0	—	1.5~2.5	3.0~5.0	—	0.3~0.7	0.20	—	0.25	0.03	0.08	0.0125	0.10	0.40	NF L14-648	锻件
TI-P63001 (Ti-4Al4Mo-2Sn)	余量	3.0~5.0	—	1.5~2.5	3.0~5.0	—	0.3~0.7	0.20	—	0.25	0.03	0.08	0.0125	0.10	0.40	NF L10-812	板材
TI-P63002 T5Al5Mo5V3Cr0.4Fe	余量	4.40~5.70	4.00~5.50	Cr:2.50~3.50	4.00~5.50	0.005	0.3~0.7	0.30~0.50	—	0.18	0.05	0.10	—	0.10	0.30	NF L14-646	棒材
TI-10V-2Fe-3Al	余量	2.60~3.40	9.00~11.00	—	—	0.005	—	1.60~2.20	—	0.13	0.05	0.05	0.0050	0.10	0.30	NF L14-647	棒材
TI-W99001	余量	Cu:2.0~3.0	—	—	—	—	—	0.20	—	0.18	0.05	0.08	0.015	0.10	0.40	NF L13-233	焊丝,焊条
TI-W19001	余量	—	Ni:14.0~16.0	—	—	—	—	0.20	—	0.20	0.05	0.08	—	0.10	0.40	NF L13-210	焊丝
TI-B17001	余量	Cu:14.0~16.0	—	—	—	—	—	—	—	0.02	0.02	0.04	0.015	—	—	NF L14-148	焊丝
TI-W64001	余量	5.5~6.75	3.5~4.5	—	—	0.0050	—	0.30	—	0.18	0.03	0.05	0.015	0.10	0.40	NF L13-209	焊丝

注：其他元素包括 Sn、Mo、Cu、Mn、Zr，合金中包括的元素除外。

11.7　英国

英国标准（BS）体系中没有统一的钛及钛合金牌号与化学成分专用标准，其牌号与化学成分分别列在产品标准中。在不同产品形式的标准中，同一牌号的主要成分基本一致，只是对个别杂质元素的控制要求略有不同。在此，依据英国钛合金牌号的合金系不同分别进行梳理，其中纯钛牌号、化学成分和相应的产品标准见表11-19；钛铝钒合金的牌号、化学成分和相应的产品标准见表11-20；钛铜合金的牌号、化学成分和相应的产品标准见表11-21；钛铝钼锡硅合金的牌号、化学成分和相应的产品标准见表11-22；钛铝锆钼硅合金的牌号、化学成分和相应的产品标准见表11-23；钛铝钼锡硅碳合金的牌号、化学成分和相应的产品标准见表11-24。

表11-19　英国工业纯钛的牌号与化学成分

牌　号	化学成分(质量分数,不大于)/%								标 准 号	备　注
	Ti	Fe	C	O_2	N_2	H_2	其他元素			
							单个	合计		
BS TA1	基	0.20	0.08	0.20	0.05	0.015	0.10	0.30	BS 3TA 1:2009	板、带
BS TA2	基	0.20	0.08	0.25	0.05	0.015	0.10	0.30	BS 3TA 2:2009	板、带
—	基	0.20	0.08	—	—	0.0125	—	—	BS 2TA 3:1973(作废)	棒材
—	基	0.20	0.08	—	—	0.010	—	—	BS 2TA 4:1973(作废)	锻坯
—	基	0.20	0.08	—	—	0.010	—	—	BS 2TA 5:1973(作废)	锻件
BS TA6	基	0.20	0.08	0.40	0.05	0.015	0.10	0.30	BS 3TA 6:2009	板、带
BS TA7	基	0.20	0.08	0.40	0.05	0.015	0.10	0.30	BS 3TA 7:2009	棒、锻件
—	基	0.20	0.08	—	—	0.010	—	—	BS 2TA 8:1973(作废)	锻坯
—	基	0.20	—	—	—	0.015	—	—	BS 2TA 9:1973(作废)	锻件

近年来，随着欧盟一体化进程的加速，英国将部分欧盟标准直接纳入国家标准体系中，即仅在欧盟标准号前增加了BS标识，标准内容与欧盟标准完全保持一致，在此将其具体成分进行罗列，详见表11-25。

表 11-20　英国钛铝钒合金的牌号与化学成分

化学成分（质量分数，不大于）/%

名义成分	牌号	Ti	Al	V	Fe	C	O$_2$	O+2N	N$_2$	H$_2$	Y	其他元素		标准号	备注
												单个	合计		
Ti-6Al-4V	—	基体	5.5~6.75	3.5~4.5	0.30	0.08	—	0.25	—	0.0125	—	—	—	BS 2TA 10:1974	板、带
	BS TA11	基体	5.50~6.75	3.50~4.50	0.30	0.08	0.20	—	0.050	0.015	0.005	0.10	0.40	BS 3TA 11:2009	棒材、锻件
	—	基体	5.5~6.75	3.5~4.5	0.30	0.08	0.20	—	0.05	0.010	—	—	—	BS 2TA 12:1974	锻坯
	—	基体	5.5~6.75	3.5~4.5	0.30	—	0.20	—	0.05	0.015	—	—	—	BS 2TA 13:1974	锻件
	BS TA28	基体	5.50~6.75	3.50~4.50	0.30	0.08	0.20	—	0.050	0.008	0.005	0.10	0.40	BS 3TA 28:2009	锻坯及线材
	BS TA56	基体	5.50~6.75	3.50~4.50	0.30	0.08	0.20	—	0.05	0.015	0.005	0.10	0.40	BS 2TA 56:2009	厚板
	BS TA59	基体	5.50~6.75	3.50~4.50	0.30	0.08	0.20	—	0.050	0.015	0.005	0.10	0.40	BS 2TA 59:2009	薄板

表 11-21　英国钛铜合金的牌号与化学成分

化学成分（质量分数，不大于）/%

名义成分	牌号	Ti	Cu	Fe	C	O$_2$	O+2N	N$_2$	H$_2$	其他元素		标准号	备注
										单个	合计		
Ti-2.5Cu	BS TA21	基体	2.0~3.0	0.20	0.08	0.20	—	0.030	0.010	0.10	0.40	BS 3TA 21:2009	薄板、带材
	—	基体	2.0~3.0	0.20	0.08	—	—	—	0.010	—	—	BS 2TA 22:1973（作废）	棒材
	—	基体	2.0~3.0	0.20	0.08	—	—	—	0.010	—	—	BS 2TA 23:1973（作废）	棒材
	—	基体	2.0~3.0	0.20	—	—	—	—	0.015	—	—	BS 2TA 24:1973（作废）	锻件
	BS TA52	基体	2.0~3.0	0.20	0.08	0.20	—	0.030	0.010	0.10	0.40	BS 2TA 52:2009	薄板、带材
	—	基体	2.0~3.0	0.20	0.08	—	—	—	0.010	—	—	BS 2TA 53:1973（作废）	棒材
	—	基体	2.0~3.0	0.20	0.08	—	—	—	0.010	—	—	BS 2TA 54:1973（作废）	锻坯
	—	基体	2.0~3.0	0.20	0.08	—	—	—	0.015	—	—	BS 2TA 55:1973（作废）	锻件
	BS TA58	基体	2.0~3.0	0.20	0.08	0.20	—	0.030	0.010	0.10	0.40	BS 2TA 58:2009	厚板

表 11-22 英国钛铝钼锡硅合金的牌号与化学成分

名义成分	牌号	化学成分(质量分数,不大于)/%												标准号	备注
		Ti	Al	Mo	Sn	Si	Fe	O₂	O+2N	N₂	H₂	其他元素 单个	其他元素 合计		
Ti-4Al-4Mo-2Sn-0.5Si	BS TA45	基体	3.0~5.0	3.0~5.0	1.5~2.5	0.3~0.7	0.2	0.25	0.27	0.03	0.0125	0.1	0.4	BS 2TA 45:2009	棒材和坯料
	BS TA49	基体	3.0~5.0	3.0~5.0	1.5~2.5	0.3~0.7	0.2	0.25	0.27	0.03	0.0125	0.1	0.4	BS 2TA 49:2009	棒材和坯料
	BS TA57	基体	3.0~5.0	3.0~5.0	1.5~2.5	0.3~0.7	0.2	0.25	0.27	0.03	0.0125	0.1	0.4	BS 2TA 57:2009	厚板
	BS TA46	基体	3.0~5.0	3.0~5.0	1.5~2.5	0.3~0.7	0.2	0.25	0.27	0.03	0.0125	0.1	0.4	BS 2TA 46:2009	棒材和坯料
	BS TA47	基体	3.0~5.0	3.0~5.0	1.5~2.5	0.3~0.7	0.2	0.25	0.27	0.03	0.0125	0.1	0.4	BS 2TA 47:2009	锻坯
	BS TA50	基体	3.0~5.0	3.0~5.0	1.5~2.5	0.3~0.7	0.2	0.25	0.27	0.03	0.0125	0.1	0.4	BS 2TA 50:2009	锻坯

表 11-23 英国钛铝锆钼硅合金的牌号与化学成分

名义成分	牌号	化学成分(质量分数,不大于)/%										标准号	备注
		Ti	Al	Zr	Mo	Si	Fe	O₂	C	N₂	H₂		
Ti-6Al-5.25Zr-0.5Mo-0.25Si	—	基体	5.7~6.3	4.5~6.0	0.25~0.75	0.10~0.40	0.20	0.19	0.08	0.05	0.006	BS TA 43:1972(作废)	锻坯
	—	基体	5.7~6.3	4.5~6.0	0.25~0.75	0.10~0.40	0.20	0.19	—	0.05	0.010	BS TA 44:1972(作废)	锻件

表 11-24 英国钛铝锡钼硅碳合金的牌号与化学成分

名义成分	牌号	化学成分(质量分数,不大于)/%											其他元素		标准号	备注
		Ti	Al	Sn	Mo	Si	Fe	C	O₂	O+2N	N₂	H₂	单个	合计		
Ti-4Al-4Mo-2Sn-0.5Si	BS TA38	基体	3.00~5.00	3.00~5.00	3.00~5.00	0.30~0.70	0.2	0.05~0.20	0.25	0.27	0.03	0.0125	0.1	0.4	BS 2TA 38:2009	棒材
	BS TA39	基体	3.00~5.00	3.00~5.00	3.00~5.00	0.30~0.70	0.2	0.05~0.20	0.25	0.27	0.03	0.0125	0.1	0.4	BS 2TA 39:2009	锻坯
	BS TA40	基体	3.00~5.00	3.00~5.00	3.00~5.00	0.30~0.70	0.2	0.05~0.20	0.25	0.27	0.03	0.0125	0.1	0.4	BS 2TA 40:2009	棒材
	BS TA41	基体	3.00~5.00	3.00~5.00	3.00~5.00	0.30~0.70	0.2	0.05~0.20	0.25	0.27	0.03	0.0125	0.1	0.4	BS 2TA 41:2009	锻坯
	BS TA42	基体	3.00~5.00	3.00~5.00	3.00~5.00	0.30~0.70	0.2	0.05~0.20	0.25	0.27	0.03	0.0125	0.1	0.4	BS 2TA 42:2009	锻件

表 11-25 英国直接引用欧盟标准中的钛合金牌号及化学成分

牌 号	化学成分(质量分数,不大于)/%											其他元素		标准号 BS EN	备注
	Ti	Al	V	Sn	Mo	Y	Fe	O	N	C	H	单一	合计		
Ti-6Al-4V	余量	5.50~6.75	3.50~4.50	O+2N:0.25	—	0.0050	0.30	—	0.03	0.08	0.0125	0.10	0.40	3456:2002	锻件
		5.50~6.75	3.50~4.50					—			0.010			3310:2011	锻环、锻件
		5.50~6.75	3.50~4.50					—			0.0125			3312:2012	锻件
		5.50~6.75	3.50~4.50					—			0.0080			3813:2013	棒、线材
		5.50~6.75	3.50~4.50					0.20			0.0080			3354:2013	薄板
		5.5~6.75	3.5~4.5					—			0.0125			3311:2009	棒材
		5.50~6.75	3.50~4.50					0.20			0.0125			3355:2012	型材
		5.50~6.75	3.50~4.50					—			0.0125			3464:2012	厚板
T-3Al-2.5V	余量	2.5~3.5	2.0~3.0	—	—	—	0.30	0.120	0.020	0.05	0.0150	0.10	0.40	3120:2012	管材
Ti-4Al-4Mo-2Sn	余量	3.0~5.0	—	1.5~2.5	3.0~5.0	Si:0.3~0.7	0.20	0.25	0.03	0.08	0.0125	0.10	0.40	3351:2012	锻件
		3.0~5.0	—	1.5~2.5	3.0~5.0	Si:0.3~0.7	0.20	0.25	0.03	0.08	0.0125	0.10	0.40	3459:2010	板材
Ti5Al5Mo5V3Cr0.4Fe	余量	4.40~5.70	4.00~5.50	Cr:2.50~3.50	4.00~5.50	0.005	0.30~0.50	0.18	0.05	0.10	—	0.10	0.30	4675:2011	棒材
Ti-10V-2Fe-3Al	余量	2.60~3.40	9.00~11.00	—	—	0.005	1.60~2.20	0.13	0.05	0.05	—	0.10	0.30	4685:2011	棒材
Ti-W99001	余量	Cu:2.0~3.0	—	—	—	—	0.20	0.18	0.05	0.08	0.0050	0.10	0.40	4342:2001	焊丝、焊条
Ti-W19001	余量	—	Ni:14.0~16.0	—	—	—	0.20	0.20	0.05	0.08	0.015	0.10	0.40	3893:2001	焊丝
Ti-B17001	余量	Cu:14.0~16.0	—	—	—	—	—	0.02	0.02	0.04	—	—	0.40	3965:2001	焊丝
Ti-W64001	余量	5.5~6.75	3.5~4.5	—	—	0.0050	0.30	0.18	0.03	0.05	0.015	0.10	0.40	3892:2001	焊丝

11.8 俄罗斯

11.8.1 钛冶炼产品

俄罗斯海绵钛标准为 GOST 17746—1996，其牌号与化学成分见表 11-26。除 TG-TV 外，其他牌号的海绵钛粒度可为 -70mm+12mm 和 -12mm+2mm。

表 11-26 俄罗斯海绵钛牌号及化学成分

牌号	化学成分(质量分数)/%								布氏硬度 HB/10/1500/30 (不大于)
	Ti (不小于)	杂质[①](不大于)							
		Fe	Si	Ni	C	Cl$_2$	N$_2$	O$_2$	
TG-90	99.74	0.05	0.01	0.04	0.02	0.08	0.02	0.01	90
TG-100	99.72	0.06	0.01	0.04	0.03	0.08	0.02	0.04	100
TG-110	99.67	0.09	0.02	0.04	0.03	0.08	0.02	0.05	110
TG-120	99.64	0.11	0.02	0.04	0.03	0.08	0.02	0.06	120
TG-130	99.56	0.13	0.03	0.04	0.03	0.10	0.03	0.08	130
TG-150	99.45	0.2	0.03	0.04	0.03	0.12	0.03	0.10	150
TG-TV	97.75	1.9	—	—	0.10	0.15	0.10	—	—

① 除 TG-TV 外，其他牌号的海绵钛可检测 H、Mg、Al、V、Cr、Mn、Cu、Zr、Nb、Mo、Pd、Sn、Ta、W。

11.8.2 加工钛及钛合金

俄罗斯的钛及钛合金加工产品牌号标准为《变形钛及钛合金牌号》(ГOCT（GOST）19807—1991)，该标准规定的牌号适用于板材、带材、箔材、条材、厚板、棒材、型材、管材、锻件、模锻件以及铸锭。标准中规定的钛及钛合金牌号与化学成分见表 11-27。其中 H 含量是对铸锭的要求；BT3-1 牌号中的 Zr 与其他杂质含量总和不大于 0.30%，用于生产叶片的 BT3-1 Al 含量上限应不超过 6.8%；在添加 Mo 元素的合金中，允许用总含量不超过 0.3% 的 W 代替 Mo，且 W 与 Mo 的总含量不超过合金规定范围；合金中未添加 Cr 和 Mn 元素时，其含量总和应不大于 0.15%；所有牌号中的 Cu 与 Ni 含量总和应不大于 0.10%，Ni 含量应不大于 0.08%。

表 11-27 俄罗斯钛及钛合金加工产品牌号与化学成分

牌号	化学成分(质量分数,不大于)/%														其他杂质总和
	Ti	Al	V	Mo	Sn	Zr	Mn	Cr	Si	Fe	O	H	N	C	
BT1-00	基体	0.30	—	—	—	—	—	—	0.08	0.15	0.10	0.008	0.04	0.05	0.10
BT1-0	基体	0.70	—	—	—	—	—	—	0.10	0.25	0.20	0.010	0.04	0.07	0.30
BT1-2	基体	—	—	—	—	—	—	—	0.15	1.5	0.30	0.010	0.15	0.10	0.30
OT4-0	基体	0.4 ~ 1.4	—	—	—	0.30	0.5 ~ 1.3	—	0.12	0.30	0.15	0.012	0.05	0.10	0.30
OT4-1	基体	1.5 ~ 2.5	—	—	—	0.30	0.7 ~ 2.0	—	0.12	0.30	0.15	0.012	0.05	0.10	0.30
OT4	基体	3.5 ~ 5.0	—	—	—	0.30	0.8 ~ 2.0	—	0.12	0.30	0.15	0.012	0.05	0.10	0.30
BT5	基体	4.5 ~ 6.2	1.2	0.8	—	0.30	—	—	0.12	0.30	0.20	0.015	0.05	0.10	0.30

牌号	化学成分(质量分数,不大于)/%														
	Ti	Al	V	Mo	Sn	Zr	Mn	Cr	Si	Fe	O	H	N	C	其他杂质总和
BT5-1	基体	4.3 ~ 6.0	1.0	—	2.0 ~ 3.0	0.30	—	—	0.12	0.30	0.15	0.015	0.05	0.10	0.30
BT6	基体	5.3 ~ 6.8	3.5 ~ 5.3	—	—	0.30	—	—	0.10	0.60	0.20	0.015	0.05	0.10	0.30
BT6C	基体	5.3 ~ 6.5	3.5 ~ 4.5	—	—	0.30	—	—	0.15	0.25	0.15	0.015	0.04	0.10	0.30
BT3-1	基体	5.5 ~ 7.0	—	2.0 ~ 3.0	—	0.50	—	0.8 ~ 2.0	0.15 ~ 0.40	0.2 ~ 0.7	0.15	0.015	0.05	0.10	0.30
BT8	基体	5.8 ~ 7.0	—	2.8 ~ 3.8	—	0.50	—	—	0.20 ~ 0.40	0.30	0.15	0.015	0.05	0.10	0.30
BT9	基体	5.8 ~ 7.0	—	2.8 ~ 3.8	—	1.0 ~ 2.0	—	—	0.20 ~ 0.35	0.25	0.15	0.015	0.05	0.10	0.30
BT14	基体	3.5 ~ 6.3	0.9 ~ 1.9	2.5 ~ 3.8	—	0.30	—	—	0.15	0.25	0.15	0.015	0.05	0.10	0.30
BT20	基体	5.5 ~ 7.0	0.8 ~ 2.5	0.5 ~ 2.0	—	1.5 ~ 2.5	—	—	0.15	0.25	0.15	0.015	0.05	0.10	0.30
BT22	基体	4.4 ~ 5.7	4.0 ~ 5.5	4.0 ~ 5.5	—	0.30	—	0.5 ~ 1.5	0.15	0.5 ~ 1.5	0.18	0.015	0.05	0.10	0.30
ПТ-7M	基体	1.8 ~ 2.5	—	—	2.0 ~ 3.0	—	—	—	0.12	0.25	0.15	0.006	0.04	0.10	0.30
ПТ-3B	基体	3.5 ~ 5.0	1.2 ~ 2.5	—	—	0.30	—	—	0.12	0.25	0.15	0.006	0.04	0.10	0.30
AT3	基体	2.0 ~ 3.5	—	—	—	—	—	0.2 ~ 0.5	0.20 ~ 0.40	0.2 ~ 0.5	0.15	0.008	0.05	0.10	0.30

11.9　钛及钛合金牌号对照

11.9.1　冶炼产品

　　各国海绵钛之间均有一定的差异,没有完全相同的级别。因此,本书分别从海绵钛的硬度和化学成分两个方面进行对照。

　　按布氏硬度进行海绵钛牌号对照见表 11 - 28;按化学成分进行海绵钛对照见表 11 - 29。

表 11 - 28　各国海绵钛牌号对照 (按布氏硬度)

中国	俄罗斯	日本	美国
—	TG-90	—	—
MHT-95			
MHT-100	TG-100	—	—
	—	TS-105M、TS-105S	—
MHT-110	TG-110	—	EL
—	TG-120	TS-120M、TS-120S	SL

中国	俄罗斯	日本	美国
MHT-125	—	—	—
—	TG-130	—	—
MHT-140	—	TS-140M、TS-140S	GP、ML、MD
—	TG-150	—	—
MHT-160	—	TS-160M、TS-160S	—
—	TG-TV	—	—

表 11 - 29　各国海绵钛牌号对照（按钛含量）

中国	俄罗斯	美国	日本
MHT-95	—	—	—
MHT-100	TG-110、TG-100、TG-90	—	—
MHT-110	TG-130、TG-120	—	TS-105M、TS-105S
MHT-125	TG-150	—	—
—	—	EL、MD	TS-120M、TS-120S
MHT-140	—	GP	TS-140M、TS-140S
—	—	SL	TS-160M、TS-160S
MHT-160	—	—	—
—	—	ML	—
MHT-200	—	—	—
—	TG-TV	—	—

11.9.2　加工产品

各国钛及钛合金加工产品化学成分要求相近或等同的牌号对照见表 11 - 30。由于各国在化学成分控制要求方面略有差异，因此化学成分完全相同的牌号仅是极个别的。

表 11 - 30　各国钛加工材相近或相同牌号对照

中国	美国	日本	ISO	德国	法国	英国	俄罗斯
TA1G	Gr. 1	Class1	Gr. 1	3.7024	—	BS TA1	BT1-00
TA2G	Gr. 2	Class2	Gr. 2	3.7035	T40	BS TA2、3、4、5	BT1-0
TA3G	Gr. 3	Class3	Gr. 3	3.7055	—	—	—
TA4G	Gr. 4	Class4	Gr. 4	3.7065	—	BS TA6、7、8、9	—
TA6	—	—	—	—	—	—	BT5
TA7	Gr. 6	—	—	3.7115	—	—	BT5-1
TA8	Gr. 16	—	—	—	—	—	—
TA8-1	Gr. 17	—	—	—	—	—	—
TA9	Gr. 7	Class13	—	3.7235	—	—	—
TA9-1	Gr. 11	—	—	3.7225	—	—	—
TA10	Gr. 12	—	—	3.7105	—	—	—
TA13	—	—	—	—	TI-W19001	BS TA21、52、58	—
TA15	—	—	—	—	—	—	BT20
TA15-1	—	—	—	—	—	—	BT20-1CB
TA15-2	—	—	—	—	—	—	BT20-2CB
TA16	—	—	—	—	—	—	ПT-7M

中国	美国	日本	ISO	德国	法国	英国	俄罗斯
TA17	—	—	—	—	—	—	ПТ-3В
TA18	Gr. 9	Class61	—	3. 7195	Ti-P64003	—	—
TA19	—	—	—	3. 7145	—	—	BT25
TA20	—	—	—	—	—	—	СПТ-2
TA21	—	—	—	—	—	—	OT4-0
TA25	Gr. 18	—	—	—	—	—	—
TA26	Gr. 28	—	—	—	—	—	—
TA27	Gr. 26	—	—	—	—	—	—
TA27-1	Gr. 27	—	—	—	—	—	—
TB6	—	—	—	—	TI-10V-2Fe-3Al	—	—
TB11	Ti-15Mo	—	—	—	—	—	—
TB13	—	Class80	—	—	—	—	—
TC1	—	—	—	—	—	—	OT4-1
TC2	—	—	—	—	—	—	OT4
TC4	Gr. 5	Class60	Ti-6-Al4-V	3. 7165	TA6V、Ti-P64001	BS TA10、11、12、28、56、59	BT6、BT6S
TC4ELI	Gr. 23	Class60E	—	—	—	—	—
TC6	—	—	—	—	—	—	BT3-1
TC8	—	—	—	—	—	—	BT8
TA10	—	—	—	3. 7175	—	—	—
TC11	—	—	—	—	—	—	BT9
TC15	—	—	Ti-5-Al2. 5-Fe	3. 7110	—	—	—
TC16	—	—	—	—	—	—	BT16
TC18	—	—	—	—	—	—	BT22
TC20	—	—	Ti-6-Al7-Nb	—	—	—	—
TC22	Gr. 24	—	—	—	—	—	—
TC23	Gr. 29	—	—	—	—	—	—
TC25	—	—	—	—	—	—	BT25
TC30	—	—	—	—	—	—	BT14

11.9.3　铸造产品

钛及钛合金铸造产品的牌号对照见表 11 – 31。

表 11 – 31　各国铸造钛及钛合金产品的牌号对照

中　　国	美　　国
ZTi1	Gr. C-2
ZTi2	Gr. C-3
ZTiAl5Sn2. 5	Gr. C-6
ZTiPd0. 2	Gr. C-7、C-8
ZTiMo0. 3Ni0. 8	Gr. C-12
ZTiAl6V4	Gr. C-5

第12章 钨、钼、钽、铌、锆、铪、钒、铼及其合金的牌号与化学成分

我国已制定了钨、钼、钽、铌、锆及其合金的牌号与化学成分标准。逐步改变了在产品标准中规定牌号及其化学成分导致的同一牌号其化学成分不同；同一化学成分其牌号不同的状况。

钨、钼、钽、铌、锆、铪、钒、铼均为稀有高熔点金属，其熔点依次为：钨3140℃、钼2625℃、钽2980℃、铌2470℃、锆1852℃、铪2222℃、钒1900℃、铼3180℃。这些金属难以熔化，为得到其致密金属，多采用粉末冶金法或电弧熔炼和电子束熔炼等方法生产。

12.1 中国

12.1.1 冶炼产品

12.1.1.1 钨冶炼产品

（1）氧化钨。《氧化钨》（GB/T 3457—2013）按化学成分及品级不同，将氧化钨分为黄钨、蓝钨、紫钨共六个牌号，见表12-1。氧化钨的化学成分见表12-2。

表12-1 氧化钨牌号及品级

简 称	牌 号	品 级
黄钨	WO_3-0	特级
	WO_3-1	一级
蓝钨	WO_x-0	特级
	WO_x-1	一级
紫钨	$WO_{2.72}$-0	特级
	$WO_{2.72}$-1	一级

表12-2 氧化钨的化学成分（质量分数）

牌 号		WO_3-0、WO_x-0、$WO_{2.72}$-0	WO_3-1、WO_x-1、$WO_{2.72}$-1
杂质含量（不大于）/%	Al	0.0005	0.0010
	As	0.0015	0.0015
	Bi	0.0001	0.0001
	Ca	0.0010	0.0010
	Co	0.0010	0.0010
	Cr	0.0010	0.0010
	Cu	0.0003	0.0005
	Fe	0.0015	0.0015
	K	0.0010	0.0015
	Mg	0.0007	0.0010
	Mn	0.0010	0.0010
	Mo	0.0020	0.0040
	Na	0.0010	0.0020

续表 12－2

牌　号		WO_3-0、WO_x-0、$WO_{2.72}$-0	WO_3-1、WO_x-1、$WO_{2.72}$-1
杂质含量 （不大于）/%	Ni	0.0005	0.0007
	P	0.0008	0.0015
	Pb	0.0001	0.0001
	S	0.0007	0.0010
	Sb	0.0005	0.0010
	Si	0.0010	0.0010
	Sn	0.0002	0.0005
	Ti	0.0010	0.0010
	V	0.0010	0.0010
	灼损	0.5	0.5

（2）钨粉。《钨粉》（GB/T 3458—2006）按化学成分和用途不同，将钨粉分为 FW-1、FW-2、FWP-1 三个牌号，见表 12-3。FW-1 适用于碳化钨粉用原料、大型板坯、加工用材等；FW-2 适用于触头合金、高密度屏蔽材料；FWP-1 适用于等离子喷镀材料。钨粉按粒度范围不同分为 14 个规格，见表 12-4。

表 12-3　钨粉的牌号与化学成分（质量分数）

产品牌号		FW-1	FW-2	FWP-1
杂质含量 （不大于）/%	Fe	0.0050（粒度小于 10μm） 0.010（粒度不小于 10μm）	0.030	0.030
	Al	0.0010	0.0040	0.0050
	Si	0.0020	0.0050	0.010
	Mg	0.0010	0.0040	0.0040
	Mn	0.0010	0.0020	0.0040
	Ni	0.0030	0.0040	0.0050
	As	0.0015	0.0020	0.0020
	Pb	0.0001	0.0005	0.0007
	Bi	0.0001	0.0005	0.0007
	Sn	0.0003	0.0005	0.0007
	Sb	0.0010	0.0010	0.0010
	Cu	0.0007	0.0010	0.0020
	Ca	0.0020	0.0040	0.0040
	Mo	0.0050	0.010	0.010
	K + Na	0.0030	0.0030	0.0030
	P	0.0010	0.0040	0.0040
	C	0.0050	0.010	0.010
	O	—		0.20

表 12-4　FW-1、FW-2 的平均粒度范围及氧含量

产品规格	平均粒度范围/μm	氧含量（质量分数，不大于）/%
04	BET < 0.10	0.80
06	BET：0.10 ~ 0.20	0.50
08	FSSS：≥0.8 ~ 1.0	0.40
10	FSSS：> 1.0 ~ 1.5	0.30
15	FSSS：> 1.5 ~ 2.0	0.30

产 品 规 格	平均粒度范围/μm	氧含量(质量分数,不大于)/%
20	FSSS：>2.0~3.0	0.25
30	FSSS：>3.0~4.0	0.25
40	FSSS：>4.0~5.0	0.25
50	FSSS：>5.0~7.0	0.25
70	FSSS：>7.0~10.0	0.20
100	FSSS：>10.0~15.0	0.20
150	FSSS：>15.0~20.0	0.10
200	FSSS：>20.0~30.0	0.10
300	FSSS：>30.0	0.10

注：1. BET 是按 GB/T 2596 比表面积（平均粒度）测定（简化氮吸附法）。

2. FSSS 是按 GB/T 3249 难熔金属及碳化物粉末粒度测定方法——费氏法测定。

12.1.1.2 钼冶炼产品

（1）纯三氧化钼。《纯三氧化钼》（YS/T 639—2007）按化学成分和用途不同，将纯三氧化钼分为 MoO_3-1、MoO_3-2 两个牌号。MoO_3-1 主要用于钼制品的生产。MoO_3-2 主要用于钼制品、化工、催化剂、颜料、陶瓷、玻璃、钢铁及精密合金生产等行业。纯三氧化钼的化学成分见表 12 – 5。

表 12 – 5 纯三氧化钼牌号及化学成分（质量分数）

元 素		牌 号	
		MoO_3-1	MoO_3-2
MoO_3（不小于）/%		99.95	99.80
杂质元素含量（不大于）/%	Al	0.0015	0.0050
	Ca	0.0015	0.0050
	Cr	0.0010	0.0030
	Cu	0.0015	0.0030
	Fe	0.0020	0.0050
	Mg	0.0010	0.0030
	Ni	0.0010	0.0020
	K	0.0080	0.0300
	Si	0.0020	0.0050
	Na	0.0020	0.0030
	P	0.0005	0.0010
	Pb	0.0005	0.0020
	Ti	0.0010	0.0030
	S	0.0050	0.0080
	Sn	0.0015	0.0050
	W	0.0150	0.0300
	As	0.0010	0.0015

（2）钼粉。《钼粉》（GB/T 3461—2016）按化学成分不同，将钼粉分为 FMo-1、FMo-2 两个牌号，见表 12 – 6。FMo-1 主要用作制备钼制品的原料；FMo-2 主要用作制备合金添加剂。FMo-1 的费氏粒度范围及氧含量见表 12 – 7 的规定。

表 12-6　钼粉的牌号与化学成分（质量分数）

产　品　牌　号		FMo-1	FMo-2
主含量(不小于)/%		99.95	99.90
杂质含量 (不大于)/%	Pb	0.0005	0.0005
	Bi	0.0005	0.0005
	Sn	0.0005	0.0005
	Sb	0.0010	0.0010
	Cd	0.0010	0.0010
	Fe	0.0050	0.0300
	Al	0.0015	0.0050
	Si	0.0020	0.0100
	Mg	0.0020	0.0050
	Ni	0.0030	0.0050
	Cu	0.0010	0.0010
	Ca	0.0015	0.0040
	P	0.0010	0.0050
	C	0.0050	0.0100
	N	0.0150	0.0200
	O	—	0.2500
	Ti	0.0010	—
	Mn	0.0010	—
	Cr	0.0030	—
	W	0.0200	—

注：主含量按杂质减量法计算（气体元素除外）。

表 12-7　钼粉的费氏粒度及氧含量

费氏粒度/μm	氧含量(质量分数,不大于)/%
≤2.0	0.20
>2.0~8.0	0.15
>8.0	0.10

12.1.1.3　钽冶炼产品

（1）五氧化二钽。《五氧化二钽》（YS/T 427—2012）按化学成分不同，将五氧化二钽分为 FTa_2O_5-1、FTa_2O_5-2、FTa_2O_5-3 三个牌号，见表 12-8。

表 12-8　五氧化二钽牌号及化学成分（质量分数）

产　品　牌　号		FTa_2O_5-1	FTa_2O_5-2	FTa_2O_5-3
主含量(不小于)/%	Ta_2O_5	99.6	99.4	99.0
杂质元素 (不大于)/%	Nb	0.0030	0.020	0.10
	Ti	0.0010	0.0020	0.0030
	W	0.0010	0.0020	0.0050
	Mo	0.0010	0.0020	0.0050
	Cr	0.0010	0.0020	0.0030
	Mn	0.0010	0.0020	0.0030
	Fe	0.0040	0.010	0.030
	Ni	0.0010	0.0020	—

产品牌号		FTa₂O₅-1	FTa₂O₅-2	FTa₂O₅-3
杂质元素 （不大于）/%	Cu	0.0010	0.0020	—
	Ca	0.0020	0.0050	0.010
	Mg	0.0010	0.0020	0.0050
	Zr	0.0010	0.0020	0.0050
	Al	0.0010	0.0020	0.010
	Sn	0.0020	0.0050	0.010
	Si	0.0030	0.0050	0.010
	Pb	0.0010	0.0020	0.0050
	F⁻	0.050	0.10	0.15
灼减量/%		0.20	0.30	0.40

注：灼减为850℃下灼烧1h的实测值。

（2）冶金用钽粉。《冶金用钽粉》（YS/T 259—2012）按化学成分和物理性能的不同，将冶金用钽粉分为 FTa-1、FTa-2、FTa-3、FTa-4、FTaNb-3 和 FTaNb-20 共 6 个牌号，见表 12 - 9。冶金用钽粉的松装密度、费氏平均粒径和筛分粒度见表 12 - 10 的规定。

表 12 - 9　冶金用钽粉牌号及化学成分（质量分数）

牌　号		FTa-1	FTa-2	FTa-3	FTa-4	FTaNb-3	FTaNb-20
主含量/%	Ta（不小于）	99.95	99.95	99.93	99.5	—	—
	Nb	—	—	—	—	2.5~3.5	17~23
杂质含量 （不大于）/%	H	0.003	0.003	0.005	0.01	0.01	0.01
	O	0.15	0.18	0.20	0.30	0.30	0.30
	C	0.005	0.008	0.015	0.02	0.05	0.05
	N	0.005	0.015	0.015	0.045	0.02	0.02
	Fe	0.003	0.005	0.005	0.02	0.03	0.03
	Ni	0.003	0.005	0.005	0.02	0.02	0.02
	Cr	0.003	0.003	0.005	0.02	—	—
	Si	0.003	0.005	0.01	0.03	0.02	0.02
	Nb	0.003	0.005	0.005	0.03	—	—
	W	0.002	0.003	0.003	0.01	0.01	0.01
	Mo	0.001	0.002	0.002	0.01	0.01	0.01
	Ti	0.001	0.001	0.001	0.01	0.01	0.01
	Mn	0.001	0.001	0.001	0.001	—	—
	Sn	0.001	0.001	0.001	0.001	—	—
	Ca	0.001	0.001	0.001	0.001	—	—
	Al	0.001	0.001	0.001	0.001	—	—
	Cu	0.001	0.001	0.001	0.001	—	—
	Mg	0.001	0.005	0.01	0.01	—	—
	P	0.0015	0.003	—	—	—	—

注：钽含量用减量法计算。

表 12 - 10　冶金用钽粉的松装密度、费氏平均粒径和筛分粒度

牌　号	松装密度/g·cm⁻³	费氏平均粒径/μm	筛分粒度
FTa-1	提供实测值	2.0 ~ 10.0	154μm 筛下物的数量不小于 95%
FTa-2	3.0 ~ 5.0	3.0 ~ 10.0	
FTa-3	2.3 ~ 5.0	2.5 ~ 8.5	
FTa-4	2.3 ~ 5.0	2.5 ~ 8.5	315μm 筛下物的数量不小于 95%
FTaNb-3	—	—	100μm 筛下物的数量不小于 95%
FTaNb-20	—	—	

（3）钽粉。《钽粉》（YS/T 573—2007）按化学成分的不同，将钽粉分为 26 个牌号，见表 12 - 11。钽粉的松装密度、费氏平均粒径和流动性见表 12 - 12。钽粉的电性能见表 12 - 13。

表 12 - 11　钽粉的牌号与化学成分

产品牌号	化学成分(质量分数)/% 杂质(不大于)														
	O	C	N	H	Fe	Ni	Cr	Si	Nb	W	Mo	Mn	Ti	Al	K + Na
FTA120K	0.80	0.0065	0.28	0.030	0.0030	0.0030	0.0025	0.0020	0.0030	0.0005	0.0005	0.0005	0.0005	0.0005	0.0050
FTA100K	0.60	0.0065	0.25	0.020	0.0030	0.0030	0.0025	0.0020	0.0030	0.0005	0.0005	0.0005	0.0005	0.0005	0.0050
FTA800	0.50	0.006	0.20	0.018	0.0030	0.0030	0.0020	0.0020	0.0030	0.0005	0.0005	0.0005	0.0005	0.0005	0.0050
FTA700	0.40	0.004	0.10	0.018	0.0030	0.0030	0.0020	0.0020	0.0030	0.0005	0.0005	0.0005	0.0005	0.0005	0.0040
FTA500	0.35	0.004	0.05	0.017	0.0030	0.0030	0.0020	0.0020	0.0030	0.0005	0.0005	0.0005	0.0005	0.0005	0.0030
FTA400	0.30	0.004	0.05	0.017	0.0030	0.0030	0.0020	0.0020	0.0030	0.0005	0.0005	0.0005	0.0005	0.0005	0.0030
FTA320	0.25	0.003	0.04	0.012	0.0030	0.0030	0.0020	0.0020	0.0030	0.0005	0.0005	0.0005	0.0005	0.0005	0.0030
FTA300	0.25	0.003	0.04	0.012	0.0030	0.0030	0.0020	0.0020	0.0030	0.0005	0.0005	0.0005	0.0005	0.0005	0.0030
FTA230	0.25	0.003	0.015	0.012	0.0030	0.0030	0.0020	0.0020	0.0030	0.0005	0.0005	0.0005	0.0005	0.0005	0.0020
FTA150	0.25	0.003	0.015	0.004	0.0030	0.0030	0.0020	0.0020	0.0030	0.0005	0.0005	0.0005	0.0005	0.0005	0.0020
FTA80	0.22	0.003	0.012	0.004	0.0030	0.0030	0.0020	0.0020	0.0030	0.0005	0.0005	0.0005	0.0005	0.0005	0.0020
FTA60	0.20	0.004	0.010	0.003	0.0030	0.0025	0.0020	0.0020	0.0030	0.0010	0.0010	0.0005	0.0005	0.0005	0.0020
FTA42	0.17	0.004	0.007	0.002	0.0030	0.0025	0.0010	0.0025	0.0030	0.0010	0.0010	0.0005	0.0005	0.0005	0.0020
FTB300	0.25	0.008	0.04	0.012	0.0050	0.0020	0.0020	0.0020	0.0030	0.0010	0.0010	0.0005	0.0005	0.0005	0.0025
FTB200	0.25	0.008	0.04	0.012	0.0050	0.0020	0.0020	0.0020	0.0030	0.0010	0.0010	0.0005	0.0005	0.0005	0.0020
FTB150	0.25	0.008	0.03	0.010	0.0050	0.0020	0.0020	0.0020	0.0030	0.0010	0.0010	0.0005	0.0005	0.0005	0.0020
FTB100	0.24	0.006	0.015	0.005	0.0040	0.0015	0.0015	0.0020	0.0030	0.0010	0.0010	0.0005	0.0005	0.0005	0.0020
FTB80	0.24	0.006	0.015	0.005	0.0040	0.0015	0.0015	0.0020	0.0030	0.0010	0.0010	0.0005	0.0005	0.0005	0.0020
FTB50	0.18	0.006	0.008	0.003	0.0040	0.0015	0.0015	0.0020	0.0030	0.0010	0.0010	0.0005	0.0005	0.0005	0.0020
FTC40	0.18	0.004	0.006	—	0.0036	0.0010	0.0010	0.0030	0.0030	0.0010	0.0010	0.0005	0.0005	0.0005	—
FTC35	0.16	0.004	0.006	—	0.0030	0.0010	0.0010	0.0030	0.0030	0.0010	0.0010	0.0005	0.0005	0.0005	—
FTC28	0.14	0.003	0.004	—	0.0015	0.0005	0.0005	0.0020	0.0030	0.0010	0.0010	0.0005	0.0005	0.0005	—
FTC25	0.12	0.003	0.004	—	0.0010	0.0005	0.0005	0.0020	0.0030	0.0010	0.0010	0.0005	0.0005	0.0005	—
FTC20	0.12	0.0025	0.004	—	0.0010	0.0005	0.0005	0.0020	0.0030	0.0010	0.0010	0.0005	0.0005	0.0005	—
FTC15	0.10	0.0025	0.004	—	0.0010	0.0005	0.0005	0.0020	0.0030	0.0010	0.0010	0.0005	0.0005	0.0005	—
FTC10	0.10	0.0025	0.004	—	0.0010	0.0005	0.0005	0.0020	0.0030	0.0010	0.0010	0.0005	0.0005	0.0005	—

表 12 - 12　钽粉的松装密度、费氏平均粒径和流动性

产品牌号	松装密度/g·cm⁻³	费氏平均粒径/μm	流动性(50g,不大于)/s
FTA120K	1.2 ~ 2.2	0.8 ~ 2.0	35
FTA100K	1.4 ~ 2.2	1.2 ~ 2.6	20
FTA800	1.5 ~ 2.1	1.4 ~ 2.8	20
FTA700	1.5 ~ 2.1	1.8 ~ 3.0	15
FTA500	1.6 ~ 2.2	2.0 ~ 3.4	15
FTA400	1.6 ~ 2.2	2.0 ~ 3.5	15
FTA320	1.7 ~ 2.3	2.4 ~ 3.5	15
FTA300	1.7 ~ 2.3	2.4 ~ 3.5	15
FTA230	1.7 ~ 2.3	2.4 ~ 3.5	15
FTA150	1.7 ~ 2.3	2.5 ~ 4.5	15
FTA80	1.8 ~ 2.3	4.5 ~ 6.5	15
FTA60	1.9 ~ 2.5	4.5 ~ 7.5	15
FTA42	2.0 ~ 3.5	5.0 ~ 8.0	15
FTB300	1.5 ~ 2.3	1.8 ~ 3.5	15
FTB200	1.5 ~ 2.3	1.8 ~ 3.5	15
FTB150	1.4 ~ 2.2	2.0 ~ 4.5	15
FTB100	1.5 ~ 2.3	3.0 ~ 5.0	15
FTB80	1.5 ~ 2.3	3.0 ~ 5.0	15
FTB50	1.8 ~ 3.0	4.0 ~ 8.0	15
FTC40	3.0 ~ 4.5	6.0 ~ 12.0	—
FTC35	3.0 ~ 4.5	7.0 ~ 12.0	—
FTC28	3.0 ~ 5.5	8.0 ~ 13.0	—
FTC25	4.5 ~ 6.0	8.0 ~ 14.0	—
FTC20	4.5 ~ 6.5	9.0 ~ 15.0	—
FTC15	4.5 ~ 6.0	12.0 ~ 18.0	—
FTC10	5.0 ~ 7.5	15.0 ~ 25.0	—

表 12 - 13　钽粉的电性能

产品牌号	检测条件					指标				
	压块重量/克·支⁻¹	压块直径/mm	压制密度/g·cm⁻³	烧结条件/℃·min⁻¹	赋能电压(测试电压)/V	重量比容/μFV·g⁻¹	漏电流(不大于)/μA·μFV⁻¹	损耗(不大于)/%	体积收缩率(不大于)/%	击穿电压(不小于)/V
FTA120K	0.10	3.0	5.0	1250/20	20(14)	120000	7×10^{-4}	90	10	—
FTA100K	0.15	3.0	5.0	1250/20	20(14)	100000	6×10^{-4}	90	10	—
FTA800	0.15	3.0	5.0	1300/20	30(21)	80000	5×10^{-4}	60	10	—
FTA700	0.15	3.0	5.0	1320/20	30(21)	70000	5×10^{-4}	40	15	120
FTA500	0.15	3.0	5.5	1350/20	35(24.5)	50000	4×10^{-4}	25	18	120
FTA400	0.15	3.0	5.0	1400/20	50(35)	40000	4×10^{-4}	20	18	120
FTA320	0.15	3.0	4.5	1450/30	70(49)	32000	4×10^{-4}	20	18	120
FTA300	0.15	3.0	4.5	1450/30	70(49)	30000	4×10^{-4}	20	18	120
FTA230	0.15	3.0	5.0	1500/30	70(49)	23000	4×10^{-4}	15	18	140
FTA150	1.0	6.0	4.5	1600/30	100(70)	15000	4×10^{-4}	15	25	160
FTA80	1.0	6.0	5.5	1700/30	160(112)	8000	4×10^{-4}	12	20	190
FTA60	2.0	6.0	5.5	1800/30	200(140)	6000	4×10^{-4}	10	18	230
FTA42	2.0	6.0	6.5	1900/30	200(140)	4200	5×10^{-4}	8	20	240

产品牌号	检 测 条 件					指 标				
	压块重量 /克·支$^{-1}$	压块直径 /mm	压制密度 /g·cm^{-3}	烧结条件 /℃·min^{-1}	赋能电压 (测试电压) /V	重量比容 /μFV·g^{-1}	漏电流 (不大于) /μA·μFV^{-1}	损耗 (不大于) /%	体积收缩率 (不大于) /%	击穿电压 (不小于) /V
FTB300	0.15	3.0	5.0	1450/30	100(70)	30000	6×10^{-4}	15	20	160
FTB200	0.15	3.0	5.0	1500/30	140(98)	20000	6×10^{-4}	15	20	180
FTB150	0.3	4.0	5.0	1600/30	160(112)	15000	6×10^{-4}	10	22	180
FTB100	1.0	6.0	5.5	1700/30	160(112)	10000	4×10^{-4}	10	22	180
FTB80	1.0	6.0	5.5	1750/30	200(140)	8000	4×10^{-4}	10	25	230
FTB50	2.0	6.0	6.5	1850/30	240(168)	5000	6×10^{-4}	8	20	250
FTC40	2.0	6.0	6.5	1950/30	270(240)	4000	8×10^{-4}	6	20	300
FTC35	2.0	6.0	6.5	1950/30	270(240)	3500	8×10^{-4}	6	20	300
FTC28	2.0	6.0	7.5	2050/30	270(240)	2800	8×10^{-4}	5	18	300
FTC25	2.0	6.0	7.5	2050/30	270(240)	2500	8×10^{-4}	4	16	300
FTC20	2.0	6.0	8.5	2050/30	270(240)	2000	7×10^{-4}	4	12	310
FTC15	2.0	6.0	8.5	2050/30	270(240)	1500	7×10^{-4}	3	8	310
FTC10	2.0	6.0	9.5	2050/30	270(240)	1000	7×10^{-4}	3	6	310

12.1.1.4 铌冶炼产品

（1）五氧化二铌。《五氧化二铌》（YS/T 428—2012）按化学成分不同，将五氧化二铌分为 FNb_2O_5-1、FNb_2O_5-2、FNb_2O_5-3 三个牌号，见表 12 - 14。

表 12 - 14 五氧化二铌牌号及化学成分（质量分数）

产 品 牌 号		FNb_2O_5-1	FNb_2O_5-2	FNb_2O_5-3
主含量(不小于)/%	Nb_2O_5	99.6	99.4	99.0
杂质元素(不大于)/%	Ta	0.030	0.050	0.20
	Ti	0.0010	0.0020	0.0050
	W	0.0030	0.0050	0.010
	Mo	0.0020	0.0030	—
	Cr	0.0020	0.0030	—
	Mn	0.0020	0.0050	0.010
	Fe	0.0050	0.020	0.030
	Ni	0.0020	0.010	0.020
	Sn	0.0020	0.0050	0.010
	Cu	0.0020	0.0050	0.0050
	Ca	0.0020	0.0050	0.010
	Mg	0.0020	0.0050	0.010
	Zr	0.0020	0.0030	0.0050
	Al	0.0020	0.0020	0.010
	Si	0.0030	0.0050	0.020
	As	0.0050	0.0050	0.0050
	Pb	0.0010	0.0030	0.0050
	S	0.0030	0.0060	0.010
	P	0.010	0.010	0.010
	F^-	0.050	0.080	0.12
灼减量/%		0.20	0.30	0.40

注：灼减为 850℃ 下灼烧 1h 所测值。

（2）冶金用铌粉。《冶金用铌粉》（YS/T 258—2011）按化学成分不同，将冶金用铌粉分为 FNb-0、FNb-1、FNb-2 和 FNb-3 四个牌号，见表 12–15。冶金用铌粉的粒度组成见表 12–16。

表 12–15　冶金用铌粉牌号及化学成分（质量分数）

牌　号			FNb-0	FNb-1	FNb-2	FNb-3
化学成分/%	Nb + Ta(不小于)		99.8	99.5	99.5	98.0
	杂质含量（不大于）	Ta	0.20	0.20	0.50	1.0
		O	0.15	0.20	0.20	0.50
		H	0.005	0.005	0.005	0.01
		N	0.02	0.04	0.06	0.10
		C	0.05	0.05	0.05	0.08
		Fe	0.01	0.01	0.05	0.08
		Si	0.005	0.005	0.01	0.02
		Ni	0.005	0.005	0.005	0.01
		Cr	0.005	0.005	0.07	0.01
		W	0.005	0.005	0.01	0.03
		Mo	0.003	0.003	0.005	0.01
		Ti	0.003	0.003	0.005	0.02
		Mn	0.003	0.003	0.005	0.01
		Cu	0.003	0.003	0.005	0.01
		Ca	0.005	0.005	0.005	0.02
		Sn	0.005	0.005	0.005	0.01
		Al	0.01	0.01	0.01	0.02
		Mg	0.005	0.005	0.005	0.01
		P	0.01	0.01	0.01	0.01
		S	0.01	0.01	0.01	0.01

表 12–16　冶金用铌粉的粒度组成

牌　号	粒度组成(通过150μm的筛下物)/%
FNb-0	≥95
FNb-1	≥95
FNb-2	≥95
FNb-3	100(通过180μm的筛下物)

12.1.1.5　锆冶炼产品

海绵锆。《海绵锆》（YS/T 397—2015）中规定了海绵锆的牌号及化学成分，见表 12–17。锆的含量用杂质减量法计算，需方复验时化学成分分析允许偏差应符合表 12–18 的规定。

表 12–17　海绵锆牌号及化学成分（质量分数）

产品级别			核　级		工　业　级		火器级
产品牌号			HZr-01	HZr-02	HZr-1	HZr-2	HQZr-1
化学成分/%	杂质含量（不大于）	Zr + Hf(不小于)	—	—	99.4	99.2	99.2
		Al	0.0075	0.0075	0.03	—	—
		B	0.00005	0.00005	—	—	—
		C	0.010	0.025	0.03	0.03	0.05
		Cd	0.00005	0.00005	—	—	—

产品级别			核 级		工 业 级		火 器 级
产品牌号			HZr-01	HZr-02	HZr-1	HZr-2	HQZr-1
化学成分/%	杂质含量 （不大于）	Cl	0.030	0.080	0.13	—	0.13
		Co	0.001	0.002	—	—	—
		Cr	0.010	0.020	0.02	0.05	—
		Cu	0.003	0.003	—	—	—
		Fe	0.060	0.150	—	0.15	—
		H	0.0025	0.0125	0.0125	0.0125	—
		Hf	0.008	0.010	3.0	4.5	—
		Mg	0.015	0.060	0.06	—	—
		Mn	0.0035	0.005	0.01	—	—
		Mo	0.005	0.005	—	—	—
		N	0.005	0.005	0.01	0.025	0.025
		Na	0.015	—	—	—	—
		Ni	0.007	0.007	0.01	—	—
		O	0.070	0.140	0.1	0.14	0.14
		P	0.001	—	—	—	—
		Pb	0.005	0.010	0.005	—	—
		Si	0.007	0.010	0.01	—	0.01
		Sn	0.005	0.020	—	—	—
		Ti	0.005	0.005	0.005	—	—
		U	0.0003	0.0003	—	—	—
		V	0.005	0.005	0.005	—	—
		W	0.005	0.005	—	—	—

表 12 – 18 化学成分允许偏差

元 素	规定范围的成分复验 允许偏差/%	元 素	规定范围的成分复验 允许偏差/%
C	0.005	N	0.002
Fe	0.010	O	0.010
H	0.005	其他杂质元素（取小者）	0.002 或规定极限的 20%

12.1.1.6 铪冶炼产品

海绵铪。《海绵铪》（YS/T 399—2013）中规定了海绵铪的牌号与化学成分，见表 12 – 19。铪的质量分数为 100% 减去表 12 – 19 中杂质实测值总和后的余量。

表 12 – 19 海绵铪牌号与化学成分

产品级别			原 子 能 级	工 业 级
产品牌号			HHf-01	HHf-1
化学成分 （质量分数）/%		Hf(不小于)	96	—
	杂质含量 （不大于）	Zr	3.0	—
		Al	0.015	0.050
		Co	0.001	—
		Cr	0.010	0.050

产品级别			原子能级	工业级
产品牌号			HHf-01	HHf-1
化学成分（质量分数）/%	杂质含量（不大于）	Na	0.002	—
		Mg	0.080	—
		Mn	0.003	—
		Cu	0.005	—
		Fe	0.050	0.075
		Mo	0.001	—
		Ni	0.005	—
		Nb	0.010	—
		Ta	0.020	—
		Pb	0.001	—
		Cd	0.0001	—
		Sn	0.005	—
		Ti	0.010	0.050
		W	0.001	0.015
		V	0.001	—
		Si	0.002	0.050
		P	0.002	—
		Cl	0.030	0.050
		B	0.0005	—
		O	0.120	0.130
		C	0.010	0.025
		N	0.005	0.015
		H	0.005	0.005
		U	0.0005	—

12.1.1.7 钒冶炼产品

钒冶炼产品包括以下几种。

（1）五氧化二钒。《有色中间合金及催化剂用五氧化二钒》（YS/T 860—2013）中规定五氧化二钒产品按化学成分分为两个等级：一级品、二级品。产品的化学成分见表 12－20。

表 12－20　五氧化二钒化学成分

等级	V（不小于）/%	杂质含量（不大于）/%														
		V_2O_4	Al	As	Ca	Cl	Cr	Fe	K	Mg	Mo	Na	P	Pb	S	Si	W
一级品	55.76	0.50	0.01	0.002	0.005	0.005	0.002	0.005	0.005	0.005	0.005	0.005	0.002	0.005	0.01	0.01	0.005
二级品	55.76	1.0	0.02	0.005	0.010	0.010	0.005	0.015	0.020	0.010	0.010	0.020	0.005	0.005	0.01	0.02	0.005

（2）钒。《钒》（GB/T 4310—2016）根据产品的杂质含量不同，产品划分为 V-1、V-2、V-3 和 V-4 四个牌号，见表 12－21。余量为 100% 减去表 12－21 中杂质实测值总和。

表 12 - 21　钒牌号与化学成分（质量分数）

牌号	主成分 V（不小于）/%	杂质元素(不大于)/%						
		Fe	Cr	Al	Si	C	O	N
V-1	余量	0.005	0.006	0.005	0.004	0.01	0.025	0.006
V-2	余量	0.02	0.02	0.01	0.004	0.02	0.035	0.01
V-3	99.5	0.10	0.10	0.05	0.05	—	0.08	—
V-4	99.0	0.15	0.15	0.08	0.08	—	0.10	—

12.1.1.8　铼冶炼产品

铼冶炼产品包括以下几种。

（1）铼粉。《铼粉》（YS/T 1017—2015）中规定了铼粉的牌号与化学成分，见表 12 - 22。铼含量为 100% 减去表 12 - 22 中所列杂质元素实测值总和的余量。

表 12 - 22　铼粉牌号与化学成分（质量分数）

牌号		FRe-04	FRe-05
Re(不小于)/%		99.99	99.999
杂质含量(不大于)/%	Al	0.0001	0.00001
	As	0.0001	0.00001
	Ba	0.0001	0.00001
	Be	0.0001	0.00001
	Bi	0.0001	0.00001
	Ca	0.0005	0.00005
	Cd	0.0001	0.00001
	Co	0.0002	0.00005
	Cr	0.0001	0.00001
	Cu	0.0001	0.00001
	Fe	0.0005	0.00005
	K	0.0005	0.00005
	Mg	0.0001	0.00001
	Mn	0.0001	0.00001
	Mo	0.0005	0.00005
	Na	0.0005	0.00005
	Ni	0.0001	0.00001
	Pb	0.0001	0.00001
	Pt	0.0001	0.00001
	Sb	0.0001	0.00001
	Se	0.0005	0.00005
	Si	0.0005	0.00005
	Sn	0.0001	0.00001
	Te	0.0001	0.00001
	Ti	0.0001	0.00001
	Tl	0.0001	0.00001
	W	0.0005	0.00005
	Zn	0.0001	0.00001

（2）铼粒。《铼粒》（YS/T 1018—2015）中规定了铼粒的牌号与化学成分，见表 12 – 23 和表 12 – 24。

表 12 – 23　铼粒的牌号与化学成分（质量分数）

牌　　号		Re-04
Re(不小于)/%		99.99
杂质含量 （不大于)/%	Al	0.0001
	Ba	0.0001
	Be	0.0001
	Ca	0.0005
	Cd	0.0001
	Co	0.0005
	Cr	0.0001
	Cu	0.0001
	Fe	0.0005
	K	0.0005
	Mg	0.0001
	Mn	0.0001
	Mo	0.0010
	Na	0.0005
	Ni	0.0005
	Pb	0.0001
	Pt	0.0001
	S	0.0005
	Sb	0.0001
	Se	0.0005
	Si	0.0010
	Sn	0.0001
	Te	0.0001
	Ti	0.0005
	Tl	0.0001
	W	0.0010
	Zn	0.0001

注：Re-04 铼含量为 100% 减去表中所列杂质元素实测值总和的余量。

表 12 – 24　铼粒中气体杂质含量（质量分数）

牌　　号		Re-04
气体元素杂质含量(不大于)/%	C	0.003
	H	0.002
	N	0.001
	O	0.03

12.1.2　加工产品

12.1.2.1　钨加工产品

《钨及钨合金加工产品的牌号与化学成分》（YS/T 659—2007）中规定了钨及钨合金加工产品的牌号与化学成分，见表 12-25。

表 12-25　钨及钨合金加工产品的牌号与化学成分（质量分数）

牌号	主 成 分/%				杂质元素（不大于）/%									
	W	Ce	Th	Re	Al	Ca	Fe	Mg	Mo	Ni	Si	C	N	O
W1	余量	—	—	—	0.002	0.003	0.005	0.002	0.010	0.003	0.003	0.005	0.003	0.005
W2	余量	—	—	—	0.004	0.003	0.005	0.002	0.010	0.003	0.005	0.008	0.003	0.008
WAl1、WAl2	余量	—	—	—	—	0.005	0.005	0.005	0.010	0.005	—	0.005	0.003	—
WCe0.8	余量	0.65 ~ 0.98	—	—	—	0.005	0.005	0.005	0.010	0.003	0.005	0.010	0.003	—
WCe1.1	余量	1.06 ~ 1.38	—	—	—	0.005	0.005	0.005	0.010	0.003	0.005	0.010	0.003	—
WCe1.6	余量	1.47 ~ 1.79	—	—	—	0.005	0.005	0.005	0.010	0.003	0.005	0.010	0.003	—
WCe2.4	余量	2.28 ~ 2.60	—	—	—	0.005	0.005	0.005	0.010	0.003	0.005	0.010	0.003	—
WCe3.2	余量	3.09 ~ 3.42	—	—	—	0.005	0.005	0.005	0.010	0.003	0.005	0.010	0.003	—
WTh0.7	余量	—	0.60 ~ 0.84	—	—	0.005	0.005	—	0.010	0.003	—	0.010	0.003	—
WTh1.1	余量	—	0.85 ~ 1.27	—	—	0.005	0.005	—	0.010	0.003	—	0.010	0.003	—
WTh1.5	余量	—	1.28 ~ 1.70	—	—	0.005	0.005	—	0.010	0.003	—	0.010	0.003	—
WTh1.9	余量	—	1.71 ~ 2.13	—	—	0.005	0.005	—	0.010	0.003	—	0.010	0.003	—
WRe1.0	余量	—	—	0.90 ~ 1.10	—	0.005	0.005	—	0.010	0.003	—	0.010	0.003	—
WRe3.0	余量	—	—	2.85 ~ 3.15	—	0.005	0.005	—	0.010	0.003	—	0.010	0.003	—

12.1.2.2　钼及钼合金加工产品

《钼及钼合金加工产品牌号与化学成分》（YS/T 660—2007）中规定了钼及钼合金加工产品牌号与化学成分，见表 12-26。

表 12 –26 钼及钼合金加工产品牌号与化学成分（质量分数）

牌号	名义成分	主成分/%						杂质元素（不大于）/%								
		Mo	W	Ti	Zr	C	La	Al	Ca	Fe	Mg	Ni	Si	C	N	O
Mo1	—	余量	—	—	—	—	—	0.002	0.002	0.010	0.002	0.005	0.010	0.010	0.003	0.008
RMo1①	—	余量	—	—	—	—	—	0.002	0.002	0.010	0.002	0.005	0.010	0.020	0.002	0.005
Mo2	—	余量	—	—	—	—	—	0.005	0.004	0.015	0.005	0.005	0.010	0.020	0.003	0.010
MoW20	Mo-20W	余量	20±1	—	—	—	—	0.002		0.010	0.002	0.005	0.010	0.010	0.003	0.008
MoW30	Mo-30W	余量	30±1	—	—	—	—	0.002		0.010	0.002	0.005	0.010	0.010	0.003	0.008
MoW50	Mo-50W	余量	50±1	—	—	—	—	0.002		0.010	0.002	0.005	0.010	0.010	0.003	0.008
MoTi0.5	Mo-0.5Ti	余量	—	0.40~0.55	—	0.01~0.04	—	0.002		0.005	0.002	—	—	—	0.001	0.003
MoTi0.5Zr0.1（TZM）②	Mo-0.5Ti-0.1Zr	余量	—	0.40~0.55	0.06~0.12	0.01~0.04	—	—	—	0.010	—	0.005	0.010	—	0.003	0.080
MoTi2.5Zr0.3C0.3（TZC）	Mo-2.5Ti-0.3Zr-0.3C	余量	—	1.00~3.50	0.10~0.50	0.10~0.50	—	—	—	0.025	—	0.02	0.02	—	—	0.30
MoLa	Mo-(0.1~2.0)La	余量	—	—	—	—	0.10~2.00	0.005	0.004	0.015	0.005	0.005	0.010	0.010	0.003	—

① RMo1 为熔炼的钼牌号。

② 对熔炼 MoTi0.5Zr0.1（TZM）钼合金，其氧含量应不大于 0.005%，且允许加入 0.02% 硼（B）。

12.1.2.3 钽及钽合金加工产品

《钽及钽合金加工产品的牌号与化学成分》（YS/T 751—2011）中规定了钽及钽合金加工产品的牌号与化学成分，见表 12 –27。

表 12 –27 钽及钽合金加工产品的牌号与化学成分（质量分数）

牌 号		Ta1	Ta2	FTa1	FTa2	TaNb3	TaNb20	TaNb40	TaW2.5	TaW10	TaW12
主元素/%	Ta	余量	余量	余量	余量	余量	余量	余量	余量	余量	余量
	Nb	—	—	—	—	1.5~3.5	17~23	35.0~42.0	—	—	—
	W	—	—	—	—	—	—	—	2.0~3.5	9.0~11.0	11.0~13.0
杂质元素（不大于）/%	C	0.010	0.020	0.010	0.050	0.020	0.020	0.010	0.010	0.010	0.020
	N	0.005	0.025	0.010	0.030	0.025	0.025	0.010	0.010	0.010	0.010
	H	0.0015	0.0050	0.0020	0.0050	0.0050	0.0050	0.0015	0.0015	0.0015	0.0015
	O	0.015	0.030	0.030	0.035	0.030	0.030	0.020	0.015	0.015	0.030
	Nb	0.050	0.100	0.050	0.100	—	—	—	0.500	0.100	0.100
	Fe	0.005	0.030	0.010	0.030	0.030	0.030	0.010	0.010	0.010	0.010
	Ti	0.002	0.005	0.005	0.010	0.005	0.005	0.010	0.010	0.010	0.010
	W	0.010	0.040	0.010	0.040	0.040	0.040	0.050	—	—	—
	Mo	0.010	0.030	0.010	0.020	0.030	0.030	0.020	0.020	0.020	0.020
	Si	0.005	0.020	0.005	0.030	0.030	0.030	0.005	0.005	0.005	0.005
	Ni	0.002	0.005	0.010	0.010	0.005	0.005	0.010	0.010	0.010	0.010

注：1. Ta1、Ta2、TaNb3、TaNb20、TaNb40、TaW2.5、TaW10、TaW12 为真空电子束熔炼或电弧熔炼的工业级钽及钽合金材。

2. FTa1、FTa2 为粉末冶金方法制得的工业级钽材。

12.1.2.4 铌加工产品

《铌及铌合金加工产品的牌号与化学成分》（YS/T 656—2015）中规定了铌及铌合金加工产品的牌号与化学成分，见表 12-28。

表 12-28 铌及铌合金加工产品牌号与化学成分

牌号		化学成分									
		NbT	Nb1	Nb2	NbZr1	NbZr2	FNb1	FNb2	NbHf10-1	NbW5-1	NbW5-2
主元素（质量分数）/%	Nb	余量	余量	余量	余量	余量	余量	余量	余量	余量	余量
	Zr	—	—	—	0.8~1.2	0.8~1.2	—	—	—	0.7~1.2	1.4~2.2
	Hf	—	—	—	—	—	—	—	9.0~11.0	—	—
	Ti	—	—	—	—	—	—	—	0.70~1.30	—	—
	W	—	—	—	—	—	—	—	—	4.5~5.5	4.5~5.5
	Mo	—	—	—	—	—	—	—	—	1.7~2.3	1.5~2.5
	C	—	—	—	—	—	—	—	—	0.05~0.12	—
杂质元素（质量分数，不大于）/%	Zr	0.001	0.02	0.02	—	—	0.02	0.02	0.70	—	—
	Cu	0.001	—	—	—	—	—	—	—	—	—
	Ti	0.001	0.002	0.005	0.02	0.03	0.005	0.01	—	—	—
	C	0.002	0.01	0.02	0.01	0.01	0.03	0.05	0.015	—	0.02
	N	0.004	0.015	0.05	0.01	0.01	0.035	0.05	0.015	0.01	0.015
	O	0.008	0.015	0.025	0.015	0.025	0.030	0.060	0.023	0.01	0.023
	H	0.001	0.001	0.005	0.0015	0.0015	0.002	0.005	0.0020	0.002	0.0020
	Ta	0.04	0.10	0.25	0.10	0.50	—	—	0.50	0.1	0.5
	Fe	0.002	0.005	0.03	0.005	0.01	0.01	0.04	—	0.02	—
	Si	0.005	0.005	0.02	0.005	0.005	—	0.03	—	0.01	—
	W	0.008	0.03	0.05	0.03	0.05	0.05	0.05	0.50	—	—
	Ni	0.001	0.005	0.01	0.005	0.005	0.005	0.01	—	—	—
	Mo	0.002	0.010	0.050	0.010	0.050	0.050	0.020	0.050	—	—
	Mn	0.001	—	—	—	—	—	—	—	—	—
	Cr	0.001	0.002	0.01	0.002	—	0.005	0.01	—	—	—
	Al	0.002	—	—	—	—	—	—	—	0.02	—
	其他元素 单个	—	—	—	—	—	—	—	—	0.08	—
	其他元素 总和	—	—	—	—	—	—	—	0.3	0.15	0.30

注：1. NbT、Nb1、Nb2、NbZr1、NbZr2、NbHf10-1、NbW5-1、NbW5-2 为真空电弧或电子束熔炼的工业级铌及铌合金产品。

2. FNb1、FNb2 为粉末冶金方法制得的工业铌产品。

12.1.2.5 锆加工产品

《锆及锆合金牌号与化学成分》（GB/T 26314—2010）中规定了锆及锆合金牌号与化学成分，见表 12-29。锆及锆合金化学成分复验分析的允许偏差见表 12-30。

表 12 − 29　锆及锆合金牌号与化学成分（质量分数）

分　类			一 般 工 业			核 工 业		
牌　号			Zr-1	Zr-3	Zr-5	Zr-0	Zr-2	Zr-4
主元素	Zr		—	—	—	余量	余量	余量
	Zr + Hf[①]（不小于）		99.2	99.2	95.5	—	—	—
	Hf（不大于）		4.5	4.5	4.5	—	—	—
	Sn		—	—	—	—	1.20 ~ 1.70	1.20 ~ 1.70
	Fe		—	—	—	—	0.07 ~ 0.20	0.18 ~ 0.24
	Ni		—	—	—	—	0.03 ~ 0.08	—
	Nb		—	—	2.0 ~ 3.0	—	—	—
	Cr		—	—	—	—	0.05 ~ 0.15	0.07 ~ 0.13
	Fe + Ni + Cr		—	—	—	—	0.18 ~ 0.38	—
	Fe + Cr（不小于）		0.2	0.2	0.2	—	—	0.28 ~ 0.37
化学成分/%	杂质元素（不大于）	Al	—	—	—	0.0075	0.0075	0.0075
		B	—	—	—	0.00005	0.00005	0.00005
		Cd	—	—	—	0.00005	0.00005	0.00005
		Co	—	—	—	0.002	0.002	0.002
		Cu	—	—	—	0.005	0.005	0.005
		Cr	—	—	—	0.020	—	—
		Fe	—	—	—	0.15	—	—
		Hf	—	—	—	0.010	0.010	0.010
		Mg	—	—	—	0.002	0.002	0.002
		Mn	—	—	—	0.005	0.005	0.005
		Mo	—	—	—	0.005	0.005	0.005
		Ni	—	—	—	0.007	—	0.007
		Pb	—	—	—	0.013	0.013	0.013
		Si	—	—	—	0.012	0.012	0.012
		Sn	—	—	—	0.005	—	—
		Ti	—	—	—	0.005	0.005	0.005
		U	—	—	—	0.00035	0.00035	0.00035
		V	—	—	—	0.005	0.005	0.005
		W	—	—	—	0.010	0.010	0.010
		Cl	—	—	—	0.010	0.010	0.010
		C	0.050	0.050	0.05	0.027	0.027	0.027
		N	0.025	0.025	0.025	0.008	0.008	0.008
		H	0.005	0.005	0.005	0.0025	0.0025	0.0025
		O	0.10	0.16	0.18	0.16	0.16	0.16

① Zr + Hf 含量为 100% 减去除 Hf 以外的其他元素分析值。

表 12－30　锆及锆合金化学成分复验分析允许偏差（质量分数）

元　素	规定范围的成分复验允许偏差(不大于)/%	
	核　工　业	一　般　工　业
Sn	0.050	—
Fe	0.020	—
Ni	0.010	—
Cr	0.010	—
Fe + Ni + Cr	0.020	—
Fe + Cr	0.020	0.025
O	0.020	0.02
Hf	0.002 或规定极限的 20%（取较小者）	0.10
Nb		0.05
H		0.002
C		0.01
N		0.01
其他杂质元素		—

12.2　美国

12.2.1　冶炼产品

12.2.1.1　钨冶炼产品

钨冶炼产品包括以下几种。

（1）钨铁。《钨铁》（ASTM A144—2009）按化学成分不同，将钨铁分为四个级别，其化学成分见表 12－31 和表 12－32。

表 12－31　钨铁的级别及化学成分[①]（质量分数）

级　别	化学成分(不大于)/%						
	W	C	P	S	Si	Mo	Al
A	85.0 ~ 95.0	0.050	0.010	0.020	0.10	0.20	0.10
B	75.0 ~ 85.0	0.10	0.020	0.020	0.50	0.35	0.10
C	75.0 ~ 85.0	0.60	0.060	0.050	1.0	1.0	—
D	75.0 ~ 85.0	0.60	0.060	0.050	1.0	3.0	—

① 为确定钨含量，应将钨的分析结果修约至 0.1% 报出。

表 12－32　钨铁的级别及化学成分补充要求[①]（质量分数）

级别	化学成分(不大于)/%								
	Mn	Cu	Ni	As	Sb	Sn	Bi	As + Sb + Sn	As + Sb + Sn + Bi
A	0.10	0.50	0.05	0.010	0.010	0.010	0.010	—	0.040
B	0.30	0.07	0.05	0.020	0.020	0.020	0.030	—	0.090
C	0.75	0.10	—	0.10	0.080	0.10		0.20	—
D	0.75	0.10	—	0.10	0.080	0.10		0.20	—

① 不要求每批都分析。

（2）钨基高密度金属。《钨基高密度金属》（ASTM B777—2007）按化学成分不同，将钨基高密度金属分为四个级别，其化学成分见表 12－33。

表 12 - 33 钨基高密度金属的级别及化学成分

级 别	名义含钨量(质量分数)/%	级 别	名义含钨量(质量分数)/%
1	90	3	95
2	92.5	4	97

12.2.1.2 钼冶炼产品

氧化钼。《氧化钼》(ASTM A146—2009)按化学成分不同,将氧化钼分为四个级别,其化学成分见表 12 - 34。

表 12 - 34 氧化钼的级别及化学成分(质量分数)

元 素	氧 化 钼 粉			氧 化 钼 块
	A 级	B1 级	B2 级	
Mo(不小于)/%	55.0	57.0	57.0	51.6
S(不大于)/%	0.25	0.10	0.10	0.15
Cu(不大于)/%	1.0	1.0	0.15	0.15

12.2.1.3 钽冶炼产品

钽及钽合金锭。《钽及钽合金锭》(ASTM B364—2009)按化学成分不同,将钽及钽合金锭分为 5 个牌号,其化学成分见表 12 - 35。

表 12 - 35 钽及钽合金锭的牌号及化学成分

元素	化学成分(质量分数,不大于)/%				
	电子束熔炼(R05200)、真空电弧熔炼(R05200)纯钽	烧结(R05400)纯钽	电子束熔炼(R05255)、真空电弧熔炼(R05255)90%钽和10%钨	电子束熔炼(R05252)、真空电弧熔炼(R05252)97.5%钽和2.5%钨	电子束熔炼(R05240)、真空电弧熔炼(R05240)60%钽和40%铌
C	0.010	0.010	0.010	0.010	0.010
O	0.015	0.03	0.015	0.015	0.020
N	0.010	0.010	0.010	0.010	0.010
H	0.0015	0.0015	0.0015	0.0015	0.0015
Nb	0.10	0.10	0.10	0.50	34.0 ~ 40.0
Fe	0.010	0.010	0.010	0.010	0.010
Ti	0.010	0.010	0.010	0.010	0.010
W	0.050	0.050	9.0 ~ 11.0	2.0 ~ 3.5	0.50
Mo	0.020	0.020	0.020	0.020	0.020
Si	0.005	0.005	0.005	0.005	0.005
Ni	0.010	0.010	0.010	0.010	0.010
Ta	余量	余量	余量	余量	余量

12.2.1.4 铌冶炼产品

铌冶炼产品包括以下几种。

(1)铌铁。《铌铁》(ASTM A550—2009)按化学成分不同,将铌铁分为 3 个级别,其化学成分见表 12 - 36 和表 12 - 37。

表 12-36 铌铁的级别及化学成分（质量分数）

元 素	化学成分(不大于)/%		
	低合金钢级	合金和不锈钢级	高纯级
Nb[①]	60.0~70.0	60.0~70.0	60.0~70.0
Ta	5.0	2.0	0.50[②]
C	0.5	0.3	0.10
Mn	3.0	2.0	0.50
Si	4.0	2.5	0.40
Al	3.0[③]	2.0[③]	2.0[④]
Sn	0.25	0.15	0.02
P	0.10	0.05	0.02
S	0.10	0.05	0.02

① 每批货应提供铌含量的报告，数值修约至 0.1%。
② 买卖双方商定或为不大于 0.25%。
③ 买卖双方商定或为不大于 1.50%。
④ 买卖双方商定或为不大于 1.0%。

表 12-37 铌铁的化学成分补充要求（质量分数）

元 素	化学成分[①](不大于)/%		
	低合金钢级	合金和不锈钢级	高纯级
Cr	1.00	1.00	0.10
W	1.00	0.5	0.05
Ti	1.00	1.0	0.10
Pb	0.25	0.01	0.01
Co	0.25	0.05	0.05

① 铌铁合金的化学成分应在规定的极限值范围内，然而，不要求每批都进行检验。如有要求，生产商应以生产方和需方商定的一段时间的积累为基础，提供这些元素的分析结果。

（2）铌及铌合金锭。《铌及铌合金锭》（ASTM B391—2009）按化学成分不同，将铌及铌合金锭分为 4 种类型，其化学成分见表 12-38。

表 12-38 铌及铌合金锭的化学成分

元 素		1 型 R04200	2 型 R04210	3 型 R04251	4 型 R04261
		化学成分(质量分数,不大于)/%			
一般要求时	C	0.01	0.01	0.01	0.01
	N	0.01	0.01	0.01	0.01
	O	0.015	0.025	0.015	0.025
	H	0.0015	0.0015	0.0015	0.0015
	Zr	0.02	0.02	0.8~1.2	0.8~1.2
	Ta	0.1	0.2	0.1	0.5
	Fe	0.005	0.01	0.005	0.01
	Si	0.005	0.005	0.005	0.005
	W	0.03	0.05	0.03	0.05
	Ni	0.005	0.005	0.005	0.005
	Mo	0.010	0.020	0.010	0.050
	Hf	0.02	0.02	0.02	0.02

元　素		1 型 R04200	2 型 R04210	3 型 R04251	4 型 R04261
		化学成分(质量分数,不大于)/%			
特殊规定时	B	0.0002	—	0.0002	—
	Al	0.002	0.005	0.002	0.005
	Be	0.005	—	0.005	—
	Cr	0.002	—	0.002	—
	Co	0.002	—	0.002	—

（3）铌铪合金锭。《铌铪合金锭》（ASTM B652—2010）规定了铌铪合金锭的化学成分，见表 12 – 39。

表 12 – 39　铌铪合金锭的化学成分（质量分数）

合　金　牌　号	R04295
元　素	含量(不大于)/%
C	0.015
O	0.025
N	0.010
H	0.0015
Hf	9 ~ 11
Ti	0.7 ~ 1.3
Zr	0.700
W	0.500
Ta	0.500
Nb	余量

12.2.1.5　锆冶炼产品

锆冶炼产品包括以下几种。

（1）核用海绵锆和其他形式的原生锆。《核用海绵锆和其他形式的原生锆》（ASTM B349—2009）规定了 UNS R60001 牌号的化学成分，见表 12 – 40。

表 12 – 40　UNS R60001 的化学成分（质量分数）

元　素	杂质元素(不大于)/×10⁻⁴%	元　素	杂质元素(不大于)/×10⁻⁴%
Al	75	Mn	50
B	0.5	Mo	50
Cd	0.5	Ni	70
C	250	N	50
Cl	1300	O	1400
Cr	200	Si	120
Co	20	Ti	50
Cu	30	W	50
Hf	100	U(总量)	3.0
Fe	1500		

（2）核用锆及锆合金铸锭。《核用锆及锆合金铸锭》（ASTM B350—2011）按化学成分不同，将核用锆及锆合金铸锭分为 5 个牌号，其化学成分见表 12 – 41 及表 12 – 42。

表 12 - 41　核用锆及锆合金铸锭的牌号及化学成分

元　素	含量(质量分数,不大于)/%				
	UNS R60001	UNS R60802	UNS R60804	UNS R60901	UNS R60904
Sn	—	1. 20 ~ 1. 70	1. 20 ~ 1. 70	—	—
Fe	—	0. 07 ~ 0. 20	0. 18 ~ 0. 24	—	—
Cr	—	0. 05 ~ 0. 15	0. 07 ~ 0. 13	—	—
Ni	—	0. 03 ~ 0. 08		—	—
Nb	—	—	—	2. 40 ~ 2. 80	2. 50 ~ 2. 80
O	①	①	①	0. 09 ~ 0. 15	①
Fe + Cr + Ni		0. 18 ~ 0. 38	—		
Fe + Cr	—	—	0. 28 ~ 0. 37	—	—
Al	0. 0075	0. 0075	0. 0075	0. 0075	0. 0075
B	0. 00005	0. 00005	0. 00005	0. 00005	0. 00005
Cd	0. 00005	0. 00005	0. 00005	0. 00005	0. 00005
Ca	—	0. 0030	0. 0030		—
C	0. 027	0. 027	0. 027	0. 027	0. 027
Cr	0. 020	—	—	0. 020	0. 020
Co	0. 0020	0. 0020	0. 0020	0. 0020	0. 0020
Cu	0. 0050	0. 0050	0. 0050	0. 0050	0. 0050
Hf	0. 010	0. 010	0. 010	0. 01	0. 010
H	0. 0025	0. 0025	0. 0025	0. 0025	0. 0010
Fe	0. 150	—	—	0. 150	0. 150
Mg	0. 0020	0. 0020	0. 0020	0. 0020	0. 0020
Mn	0. 0050	0. 0050	0. 0050	0. 0050	0. 0050
Mo	0. 0050	0. 0050	0. 0050	0. 0050	0. 0050
Ni	0. 0070	—	0. 0070	0. 0070	0. 0070
Nb	—	0. 0100	0. 0100		
N	0. 0080	0. 0080	0. 0080	0. 0080	0. 0080
P	—	—	—	0. 0020	0. 0020
Si	0. 0120	0. 0120	0. 0120	0. 0120	0. 012
Sn	0. 0050	—	—	0. 010	0. 010
W	0. 010	0. 010	0. 010	0. 010	0. 010
Ti	0. 0050	0. 0050	0. 0050	0. 0050	0. 0050
U(总量)	0. 00035	0. 00035	0. 00035	0. 00035	0. 00035

① 当供需双方协商达成一致时,表中未规定的元素和含量,在要求并给出范围时予以测定。

表 12 - 42　核用锆及锆合金铸锭化学成分的允许分析偏差

元　素	分析允许偏差/%	元　素	分析允许偏差/%
Sn	0. 050	Fe + Cr + Ni	0. 020
Fe	0. 020	Nb	0. 050
Cr	0. 010	O	<0. 020
Ni	0. 010	单个杂质元素	0. 020 或不超过规定限制的 20%
Fe + Cr	0. 020		

（3）原生锆。《原生锆》（ASTM B494—2008）按化学成分不同，将原生锆分为 2 个牌号，其化学成分见表 12 - 43 及表 12 - 44。

表 12 - 43　原生锆的牌号及化学成分

元素	化学成分(质量分数,不大于)/%	
	R60702	R60703
Zr + Hf	99.2	98.0
Hf	4.5	4.5
Fe + Cr	0.2	—
H	0.005	—
N	0.025	—
C	0.05	—
O	①	①

① 需方规定控制范围。

表 12 - 44　不同实验室之间检验分析的允许偏差（质量分数）

元　素	分析允许偏差/%	元　素	分析允许偏差/%
H	0.005	Hf	0.1
N	0.01	Fe + Cr	0.03
C	0.02	O	0.02

（4）锆及锆合金铸锭。《锆及锆合金铸锭》（ASTM B495—2010）按化学成分不同，将锆及锆合金铸锭分为 6 个牌号，其化学成分见表 12 - 45 及表 12 - 46。

表 12 - 45　锆及锆合金铸锭的牌号及化学成分（质量分数）

元素	牌　号					
	化学成分(不大于)/%					
	R60700	R60702	R60703	R60704	R60705	R60706
Zr + Hf	≥99.2	≥99.2	≥98.0	≥97.5	≥95.5	≥95.5
Hf	4.5	4.5	4.5	4.5	4.5	4.5
Fe + Cr	0.2	0.2	—	0.2 ~ 0.4	0.2	0.2
Sn	—	—	—	1.00 ~ 2.00	—	—
H	0.004	0.004	—	0.005	0.005	0.005
N	0.020	0.020	—	0.025	0.025	0.025
C	0.05	0.05	—	0.05	0.05	0.05
Nb	—	—	—	—	2.0 ~ 3.0	2.0 ~ 3.0
O	0.10	0.16	—	0.18	0.18	0.16

表 12 - 46　不同实验室之间检验分析的允许偏差（质量分数）

元　素	分析允许偏差/%	元　素	分析允许偏差/%
H	0.005	Fe + Cr	0.03
N	0.01	Sn	0.05
C	0.02	Nb	0.05
Hf	0.1	O	0.02

（5）锆及锆合金铸件。《锆及锆合金铸件》（ASTM B752—2011）按化学成分不同，将锆及锆合金铸件分为 3 个牌号，其化学成分见表 12 - 47 及表 12 - 48。

表 12 - 47　锆及锆合金铸件的牌号及化学成分（质量分数）

元　素	牌　号		
	含量(不大于)/%		
	702C	704C	705C
Zr + Hf	≥98.8	≥97.1	≥95.1
Hf	4.5	4.5	4.5
Fe + Cr	0.3	0.3	0.3
H	0.005	0.005	0.005
N	0.03	0.03	0.03
C	0.1	0.1	0.1
O	0.25	0.3	0.3
P	0.01	0.01	0.01
Sn	—	1.0 ~ 2.0	—
Nb	—	—	2.0 ~ 3.0

表 12 - 48　分析允许偏差（质量分数）

元　素	含量(不大于)/%	分析允许偏差/%
N	0.03	+ 0.006
C	0.10	+ 0.02
H	0.005	+ 0.001
Fe + Cr	0.30	+ 0.06
O	0.25	+ 0.05
Hf	4.50	+ 0.50
P	0.010	+ 0.003
Sn	1.0 ~ 2.0	± 0.02
Nb	2.0 ~ 3.0	± 0.015
其余元素	0.10	+ 0.02

12.2.2　加工产品

12.2.2.1　钨加工产品

钨板、薄板和箔材。《钨板、薄板和箔材》（ASTM B760—2007）规定了其化学成分，见表 12 - 49。

表 12 - 49　钨板、薄板和箔材的化学成分（质量分数）

元　素	含量(不大于)/%	验证分析允许偏差/%
C	0.010	± 0.002
O[①]	0.010	+10% 相对值
N	0.010	+ 0.0005
Fe	0.010	+ 0.001
Ni	0.010	+ 0.001
Si	0.010	+ 0.001

① 如果对用于制作最终产品的粉末混合样进行化学分析，氧的报告值仅作参考。

12.2.2.2　钼加工产品

钼加工产品包括以下几种。

（1）钼及钼合金厚板、薄板、带材和箔材。《钼及钼合金厚板、薄板、带材和箔材》（ASTM B386—2003）按化学成分不同，将钼及钼合金厚板、薄板、带材和箔材分为 6 个牌号，其化学成分见表 12-50 及表 12-51。

表 12-50　钼及钼合金厚板、薄板、带材和箔材的牌号及化学成分（质量分数）

元　素	牌　号					
	360	361	363	364	365	366
	含量(不大于)/%					
C	0.030	0.010	0.010~0.030	0.010~0.040	0.010	0.030
O	0.0015	0.0070	0.0030	0.030	0.0015	0.0025
N	0.002	0.002	0.002	0.002	0.002	0.002
Fe	0.010	0.010	0.010	0.010	0.010	0.010
Ni	0.002	0.005	0.002	0.005	0.002	0.002
Si	0.010	0.010	0.010	0.005	0.010	0.010
Ti	—	—	0.40~0.55	0.40~0.55	—	—
W	—	—	—	—	—	27~33
Zr	—	—	0.06~0.12	0.06~0.12	—	—
Mo	余量	余量	余量	余量	余量	余量

表 12-51　分析允许偏差（质量分数）

元　素	牌　号	分析范围（最大值或范围）/%	分析允许偏差/%
C	360、363、364、366	0.010~0.040	±0.005
	361、365	0.010	±0.002
O	361	0.0070	+10% 相对值
	360、363、365、366	0.0030	+10% 相对值
	364	0.030	+10% 相对值
N	361、364、365	0.0020	+0.0005
	360、363、366	0.0010	+0.0005
Fe	360、361、363、364、365、366	0.010	+0.001
Ni	360、361、363、364、365、366	0.005	+0.0005
Si	360、361、363、364、365、366	0.010	+0.002
Ti	363、364	0.40~0.55	±0.05
W	366	27.0~33.0	±1.0
Zr	363、364	0.06~0.12	±0.02

（2）钼及钼合金棒、杆和丝。《钼及钼合金棒、杆和丝》（ASTM B387—2010）按化学成分不同，将钼及钼合金棒、杆和丝分为 6 个牌号，其化学成分见表 12-52 及表 12-53。

表 12 – 52 化学成分要求（质量分数）

元 素	牌 号					
	360	361	363	364	365	366
	含量(不大于)/%					
C	0.030	0.010	0.010 ~ 0.030	0.010 ~ 0.040	0.010	0.030
O	0.0015	0.0070	0.0030	0.030	0.0015	0.0025
N	0.002	0.002	0.002	0.002	0.002	0.002
Fe	0.010	0.010	0.010	0.010	0.010	0.010
Ni	0.002	0.005	0.002	0.005	0.002	0.002
Si	0.010	0.010	0.010	0.010	0.010	0.010
Ti	—	—	0.40 ~ 0.55	0.40 ~ 0.50	—	—
W	—	—	—	—	—	27 ~ 33
Zr	—	—	0.06 ~ 0.12	0.06 ~ 0.12	—	—
Mo	余量	余量	余量	余量	余量	余量

表 12 – 53 分析的允许偏差（质量分数）

元 素	牌 号	分析范围（最大值或范围）/%	分析允许偏差/%
C	360、361、363、364、365、366	0.010 ~ 0.040	±0.005
		<0.010	±0.002
O	361	0.0070	+10% 相对值
	360、363、365、366	0.0030	+10% 相对值
	364	0.030	+10% 相对值
N	361、364、365	0.0020	+0.0005
	360、363、366	0.0010	+0.0005
Fe	360、361、363、364、365、366	0.010	+0.001
Ni	360、361、363、364、365、366	0.005	+0.0005
Si	360、361、363、364、365、366	0.010	+0.002
Ti	363、364	0.40 ~ 0.55	±0.05
W	366	27.0 ~ 33.0	±1.0
Zr	363、364	0.06 ~ 0.12	±0.02

（3）电子设备用钼丝和钼杆。《电子设备用钼丝和钼杆》（ASTM F289—2009）将电子设备用钼丝和钼杆分为 3 个品级，所有品级丝、杆的钼含量不小于 99.90% 的纯钼，最大氧含量为 0.007%，最大碳含量为 0.03%。

（4）电子管用扁钼丝。《电子管用扁钼丝》（ASTM F364—2009）按化学成分不同，将电子管用扁钼丝分为两类，其化学成分见表 12 – 54。

表 12 – 54 电子管用扁钼丝类别及化学成分（质量分数）

元 素	含量(不大于)/×10⁻⁴%	
	I 类(UNS R03604)	II 类(UNS R03603)
C	50	15
O	80	175
N	20	10
H	10	10
Al	150	150

元　素	含量(不大于)/ ×10⁻⁴%	
	I 类(UNS R03604)	II 类(UNS R03603)
Ca	50	50
Si	100	350
Fe	100	100
W	200	200
K	150	150
Sn	25	25
其他元素,每个	50	50
Mo/%	≥99.90	≥99.90

12.2.2.3　钽加工产品

钽加工产品包括以下几种。

（1）钽及钽合金厚板、薄板及带材。《钽及钽合金厚板、薄板及带材》（ASTM B708—2005）按化学成分不同,将钽及钽合金厚板、薄板及带材分为 5 个牌号,其化学成分见表 12 - 55 及表 12 - 56。

表 12 - 55　钽及钽合金厚板、薄板及带材的牌号及化学成分（质量分数）

元素	金属钽(R05200) 电子束熔炼或 真空电弧炉熔炼	烧结金属钽 (R05400)	90%钽,10%钨 (R05255) 电子束熔炼或 真空电弧炉熔炼	97.5%钽,2.5%钨 (R05252) 电子束熔炼或 真空电弧炉熔炼	60%钽,40%铌 (R05240) 电子束熔炼或 真空电弧炉熔炼
	含量(不大于)/%				
C	0.010	0.010	0.010	0.010	0.010
O	0.015	0.03	0.015	0.015	0.020
N	0.010	0.010	0.010	0.010	0.010
H	0.0015	0.0015	0.0015	0.0015	0.0015
Fe	0.010	0.010	0.010	0.010	0.010
Mo	0.020	0.020	0.020	0.020	0.020
Nb	0.100	0.100	0.100	0.50	35.0 ~ 42.0
Ni	0.010	0.010	0.010	0.010	0.010
Si	0.005	0.005	0.005	0.005	0.005
Ti	0.010	0.010	0.010	0.010	0.010
W	0.05	0.05	9.0 ~ 11.0	2.0 ~ 3.5	0.050
Ta	余量	余量	余量	余量	余量

表 12 - 56　化学成分附加要求（采购方有要求时）

元素	金属钽(R05200) 电子束熔炼或 真空电弧炉熔炼	烧结金属钽 (R05400)	90%钽,10%钨 (R05255) 电子束熔炼或 真空电弧炉熔炼	97.5%钽,2.5%钨 (R05252) 电子束熔炼或 真空电弧炉熔炼	60%钽,40%铌 (R05240) 电子束熔炼或 真空电弧炉熔炼
	含量(质量分数,不大于)/%				
O	0.025	0.035	0.025	0.025	0.025
N	0.010	0.010	0.010	0.010	0.010
H	0.0015	0.0015	0.0015	0.0015	0.0015
C	0.020	0.020	0.020	0.020	0.020

（2）钽及钽合金棒和丝。《钽及钽合金棒和丝》（ASTM B365—2004）按化学成分不同，将钽及钽合金棒和丝分为 5 个牌号，其化学成分见表 12-57 及表 12-58。

表 12-57　钽及钽合金棒和丝的牌号及化学成分（质量分数）

元素	电子束熔炼（R05200）、真空电弧熔炼（R05200）纯钽	烧结（R05400）纯钽	电子束熔炼（R05255）、真空电弧熔炼（R05255）90%钽 10%钨	电子束熔炼（R05252）、真空电弧熔炼（R05252）97.5%钽 2.5%钨	电子束熔炼（R05240）、真空电弧熔炼（R05240）60%钽 40%铌
	含量（不大于）/%				
C	0.010	0.010	0.010	0.010	0.010
O	0.015	0.03	0.015	0.015	0.020
N	0.010	0.010	0.010	0.010	0.010
H	0.0015	0.0015	0.0015	0.0015	0.0015
Nb	0.10	0.10	0.10	0.50	35.0~42.0
Fe	0.010	0.010	0.010	0.010	0.010
Ti	0.010	0.010	0.010	0.010	0.010
W	0.050	0.050	9.0~11.0	2.0~3.5	0.050
Mo	0.020	0.020	0.020	0.020	0.020
Si	0.005	0.005	0.005	0.005	0.005
Ni	0.010	0.010	0.010	0.010	0.010
Ta	余量	余量	余量	余量	余量

表 12-58　附加的化学成分要求（采购方有要求时）

元素	电子束熔炼（R05200）、真空电弧熔炼（R05200）金属钽	烧结（R05400）金属钽	电子束熔炼（R05255）、真空电弧熔炼（R05255）90%钽 10%钨	电子束熔炼（R05252）、真空电弧熔炼（R05252）97.5%钽 2.5%钨	电子束熔炼（R05240）、真空电弧熔炼（R05240）60%钽 40%铌
	含量（质量分数，不大于）/%				
O	0.025	0.035	0.025	0.025	0.025
N	0.010	0.010	0.010	0.010	0.010
H	0.0015	0.0015	0.0015	0.0015	0.0015
C	0.020	0.020	0.020	0.020	0.020

（3）钽及钽合金无缝管及焊接管。《钽及钽合金无缝管及焊接管》（ASTM B521—2004）按化学成分不同，将钽及钽合金无缝管及焊接管分为 5 个牌号，其化学成分见表 12-59。

表 12-59　钽及钽合金无缝管及焊接管牌号及化学成分（质量分数）

元素	牌号				
	R05200	R05400	R05252	R05255	R05240
	含量（不大于）/%				
O	0.0150	0.030	0.0150	0.015	0.020
N	0.0100	0.010	0.0100	0.010	0.010
C	0.0100	0.010	0.0100	0.010	0.010
H	0.0015	0.0015	0.0015	0.0015	0.0015
Nb	0.1000	0.10	0.5000	0.10	35.0~42.0
Mo	0.0200	0.020	0.0200	0.020	0.020
W	0.0500	0.050	2.0~3.5	9.0~11.0	0.050

元　素	牌　号				
	R05200	R05400	R05252	R05255	R05240
	含量(不大于)/%				
Ti	0.0100	0.010	0.0100	0.010	0.010
Si	0.0050	0.005	0.0050	0.005	0.005
Fe	0.0100	0.010	0.0100	0.010	0.010
Ni	0.0100	0.010	0.0100	0.010	0.010
Ta	余量	余量	余量	余量	余量

12.2.2.4　铌加工产品

铌加工产品包括以下几种。

（1）铌铪合金箔、薄板、带和板材。《铌铪合金箔、薄板、带和板材》（ASTM 654—2010）规定其化学成分应符合 ASTM B652—2010 铌铪合金锭的要求。

（2）铌铪合金棒材和丝材。《铌铪合金棒材和丝材》（ASTM B655—2010）规定其化学成分应符合 ASTM B652—2010 铌铪合金锭的要求。

12.2.2.5　锆加工产品

锆加工产品包括以下几种。

（1）锆及锆合金锻件。《锆及锆合金锻件》（ASTM B493—2008）中按化学成分不同，将锆及锆合金锻件分为 3 个牌号，其化学成分见表 12-60。

表 12-60　锆及锆合金锻件的牌号及化学成分（质量分数）

元　素	牌　号		
	R60702	R60704	R60705
	含量(不大于)/%		
Zr + Hf	≥99.2	≥97.5	≥95.5
Hf	4.5	4.5	4.5
Fe + Cr	0.2	0.2~0.4	0.2
Sn	—	1.0~2.0	—
H	0.005	0.005	0.005
N	0.025	0.025	0.025
C	0.05	0.05	0.05
Nb	—	—	2.0~3.0
O	0.16	0.18	0.18

（2）核用热轧和冷加工锆及锆合金棒、丝材。《核用热轧和冷加工锆及锆合金棒、丝材》（ASTM B351—2008）中按化学成分不同，将核用热轧和冷加工锆及锆合金棒、丝材分为 4 个牌号，其化学成分见表 12-61 及表 12-62。

表 12-61　核用热轧和冷加工锆及锆合金棒、丝材的牌号及化学成分（质量分数）

元　素	牌　号			
	R60001	R60802	R60804	R60901
	含量(不大于)/%			
Sn	—	1.20~1.70	1.20~1.70	—
Fe	—	0.07~0.20	0.18~0.24	—
Cr	—	0.05~0.15	0.07~0.13	—

元 素	牌 号			
	R60001	R60802	R60804	R60901
	含量(不大于)/%			
Ni	—	0.03 ~ 0.08	—	—
Nb	—	—	—	2.40 ~ 2.80
O	①	①	①	0.09 ~ 0.15
Fe + Cr + Ni	—	0.18 ~ 0.38	—	—
Fe + Cr	—	—	0.28 ~ 0.37	—
Al	0.0075	0.0075	0.0075	0.0075
B	0.00005	0.00005	0.00005	0.00005
Cd	0.00005	0.00005	0.00005	0.00005
Ca	—	0.0030	0.0030	—
C	0.027	0.027	0.027	0.027
Cr	0.020	—	—	0.020
Co	0.0020	0.0020	0.0020	0.0020
Cu	0.0050	0.0050	0.0050	0.0050
Hf	0.010	0.010	0.010	0.010
H	0.0025	0.0025	0.0025	0.0025
Fe	0.150	—	—	0.150
Mg	0.0020	0.0020	0.0020	0.0020
Mn	0.0050	0.0050	0.0050	0.0050
Mo	0.0050	0.0050	0.0050	0.0050
Ni	0.0070	—	0.0070	0.0070
Nb	—	0.0100	0.0100	—
N	0.0080	0.0080	0.0080	0.0080
P	—	—	—	0.0020
Si	0.0120	0.0120	0.0120	0.0120
Sn	0.0050	—	—	0.010
W	0.010	0.010	0.010	0.010
Ti	0.0050	0.0050	0.0050	0.0050
U(总计)	0.00035	0.00035	0.00035	0.00035

① 要求并在合同中注明时，应进行氧元素的检测并报出结果。合同中应注明允许的最大值和（或）最小值。

表 12 - 62 分析的允许偏差（质量分数）

合金元素	规定值的允许偏差/%	合金元素	规定值的允许偏差/%
Sn	0.050	Fe + Cr + Ni	0.020
Fe	0.020	Nb	0.050
Cr	0.010	O	0.020
Ni	0.010	单个杂质元素	2×10^{-5} 或规定值的 20%（二者取较小者）
Fe + Cr	0.020		

注：表中规定值为表 12 - 61 所示数值。

（3）核用锆及锆合金薄板、带材和板材。《核用锆及锆合金薄板、带材和板材》（ASTM B352—2006）中按化学成分不同，将核用锆及锆合金薄板、带材和板材分为4个牌号，其化学成分见表12 – 63。

表 12 – 63　核用锆及锆合金薄板、带材和板材的牌号及化学成分（质量分数）

元　素	牌　号			
	UNS R60001	UNS R60802	UNS R60804	UNS R60901
	含量（不大于）/%			
Sn	—	1.20 ~ 1.70	1.20 ~ 1.70	—
Fe	—	0.07 ~ 0.20	0.18 ~ 0.24	—
Cr	—	0.05 ~ 0.15	0.07 ~ 0.13	—
Ni	—	0.03 ~ 0.08	—	—
Nb	—	—	—	2.40 ~ 2.80
O	①	①	①	0.09 ~ 0.15
Fe + Cr + Ni	—	0.18 ~ 0.38	—	—
Fe + Cr	—	—	0.28 ~ 0.37	—
Al	0.0075	0.0075	0.0075	0.0075
B	0.00005	0.00005	0.00005	0.00005
Cd	0.00005	0.00005	0.00005	0.00005
Ca	—	0.0030	0.0030	—
C	0.027	0.027	0.027	0.027
Cr	0.020	—	—	0.020
Co	0.0020	0.0020	0.0020	0.0020
Cu	0.0050	0.0050	0.0050	0.0050
Hf	0.010	0.010	0.010	0.010
H	0.0025	0.0025	0.0025	0.0025
Fe	0.150	—	—	0.150
Mg	0.0020	0.0020	0.0020	0.0020
Mn	0.0050	0.0050	0.0050	0.0050
No	0.0050	0.0050	0.0050	0.0050
Ni	0.0070	—	0.0070	0.0070
Nb	—	0.0100	0.0100	—
N	0.0080	0.0080	0.0080	0.0080
P	—	—	—	0.0020
Si	0.0120	0.0120	0.0120	0.0120
Sn	0.0050	—	—	0.010
W	0.010	0.010	0.010	0.010
Ti	0.0050	0.0050	0.0050	0.0050
U	0.00035	0.00035	0.00035	0.00035

　① 当在订货单中规定时，氧含量应检测并报告。最大、最小或两者允许的值应在订货单中规定。

（4）核设施用的锆及锆合金无缝管和焊接管（不包括用包壳管）《核燃料核设施用的锆及锆合金无缝管和焊接管（不包括用包壳管）》（ASTM B353—2007）中按化学成分不同，将核设施用的锆及锆合金无缝管和焊接管（不包括核燃料用包壳管）分为 5 个牌号，其化学成分见表 12-64。

表 12-64 核设施用的锆及锆合金无缝管和焊接管（不包括用包壳管）的牌号及化学成分

元 素	牌 号				
	UNS R60001	UNS R60802	UNS R60804	UNS R60901	UNS R60904
	含量(质量分数,不大于)/%				
Sn	—	1.20~1.70	1.20~1.70	—	—
Fe	—	0.07~0.20	0.18~0.24	—	—
Cr	—	0.05~0.15	0.07~0.13	—	—
Ni	—	0.03~0.08	—	—	—
Nb	—	—	—	2.40~2.80	2.50~2.80
O	①	①	①	0.09~0.15	①
Fe+Cr+Ni	—	0.18~0.38	—	—	—
Fe+Cr	—	—	0.28~0.37	—	—
Al	0.0075	0.0075	0.0075	0.0075	0.0075
Be	0.00005	0.00005	0.00005	0.00005	0.00005
Cd	0.00005	0.00005	0.00005	0.00005	0.00005
Ca	—	0.0030	0.0030	—	—
C	0.027	0.027	0.027	0.027	0.027
Cr	0.020	—	—	0.020	0.020
Co	0.0020	0.0020	0.0020	0.0020	0.0020
Cu	0.0050	0.0050	0.0050	0.0050	0.0050
Hf	0.010	0.010	0.010	0.010	0.010
H	0.0025	0.0025	0.0025	0.0025	0.0010
Fe	0.150	—	—	0.150	0.150
Mg	0.0020	0.0020	0.0020	0.0020	0.0020
Mn	0.0050	0.0050	0.0050	0.0050	0.0050
Mo	0.0050	0.0050	0.0050	0.0050	0.0050
Ni	0.0070	—	0.0070	0.0070	0.0070
Nb	—	0.0100	0.0100	—	—
N	0.0080	0.0080	0.0080	0.0080	0.0080
P	—	—	—	0.0020	0.0020
Si	0.0120	0.0120	0.0120	0.0120	0.012
Sn	0.0050	—	—	0.010	0.010
W	0.010	0.010	0.010	0.010	0.010
Ti	0.0050	0.0050	0.0050	0.0050	0.0050
U(总计)	0.00035	0.00035	0.00035	0.00035	0.00035

① 当订购单有规定时，应该测定并报告氧含量。最大值或最小值或者最大值及最小值的允许值应在订购单中予以规定。

（5）锆及锆合金无缝及焊接管材。《锆及锆合金无缝及焊接管材》（ASTM B523—2007）中按化学成分不同，将锆及锆合金无缝及焊接管材分为3个牌号，其化学成分见表12-65及表12-66。

表 12-65　锆及锆合金无缝及焊接管材的牌号及化学成分[①]（质量分数）

元　素	牌　号		
	R60702	R60704	R60705
	含量(不大于)/%		
Zr + Hf[②]	≥99.2	≥97.5	≥95.5
Hf	4.5	4.5	4.5
Fe + Cr	0.20	0.2 ~ 0.4	0.2
Sn	—	1.0 ~ 2.0	—
H	0.005	0.005	0.005
N	0.025	0.025	0.025
C	0.05	0.05	0.05
Nb	—	—	2.0 ~ 3.0
O	0.16	0.18	0.18

① 根据供需双方的协议，对化学成分表中没有规定的元素和化合物可以要求分析和确定其限量。
② 锆(Zr) + 铪(Hf)的最小值为保证数值而非测试值。

表 12-66　不同实验室之间成分分析允许偏差（质量分数）

元　素	成分分析允许偏差/%	元　素	成分分析允许偏差/%
H	0.002	Fe + Cr	0.025
N	0.01	Sn	0.05
C	0.01	Nb	0.05
Hf	0.1	O	0.02

（6）锆及锆合金棒材和丝材。《锆及锆合金棒材和丝材》（ASTM B550—2007）中按化学成分不同，将锆及锆合金棒材和丝材分为3个牌号，其化学成分见表12-67。

表 12-67　锆及锆合金棒材和丝材的牌号及化学成分[①]（质量分数）

元　素	牌　号		
	R60702	R60704	R60705
	含量(不大于)/%		
Zr + Hf	≥99.2	≥97.5	≥95.5
Hf	4.5	4.5	4.5
Fe + Cr	0.2	0.2 ~ 0.4	0.2
Sn	—	1.0 ~ 2.0	—
H	0.005	0.005	0.005
N	0.025	0.025	0.025
C	0.05	0.05	0.05
Nb	—	—	2.0 ~ 3.0
O	0.16	0.18	0.18

① 供需双方同意，可以要求分析和确定化学成分表中没有规定的元素和化合物的限量。

（7）锆及锆合金带材、薄板及厚板。《锆及锆合金带材、薄板及厚板》（ASTM B551—2007）中按化学成分不同，将锆及锆合金带材、薄板及厚板锆及锆合金棒材和丝材分为 5 个牌号，其化学成分见表 12 - 68 及表 12 - 69。

表 12 - 68　化学成分①

元　素	牌　号				
	R60700	R60702	R60704	R60705	R60706
	含量(质量分数,不大于)/%				
Zr + Hf	≥99.2	≥99.2	≥97.5	≥95.5	≥95.5
Hf	4.5	4.5	4.5	4.5	4.5
Fe + Cr	0.2	0.2	0.2 ~ 0.4	0.2	0.2
Sn	—	—	1.0 ~ 2.0	—	—
H	0.005	0.005	0.005	0.005	0.005
N	0.025	0.025	0.025	0.025	0.025
C	0.05	0.05	0.05	0.05	0.05
Nb	—	—	—	2.0 ~ 3.0	2.0 ~ 3.0
O	0.10	0.16	0.18	0.18	0.16

① 表中未列出的化学元素要求应经供需双方协商确定。

表 12 - 69　不同实验室之间化学分析的允许偏差

元　素	化学分析的允许偏差/%	元　素	化学分析的允许偏差/%
H	0.002	Fe + Cr	0.025
N	0.01	Sn	0.05
C	0.01	Nb	0.05
Hf	0.1	O	0.02

（8）锆及锆合金无缝和焊接管。《锆及锆合金无缝和焊接管》（ASTM B653—2011）中规定了锆及锆合金无缝和焊接管的化学成分要求，见表 12 - 70。

表 12 - 70　化学成分要求（牌号及 ASTM 标准号）

牌　号	对应的牌号及 ASTM 标准号				
	管	管	板	棒	锻件
PZ 2	B658/B658M	B523/B523M	B551/B551M	B550/B550M	B493
(R60702)	牌号 R60702	牌号 R60702	牌号 R60702	牌号 R60702	牌号 R60702
PZ 4	B658/B658M	B523/B523M	B551/B551M	B550/B550M	B493
(R60704)	牌号 R60704	牌号 R60704	牌号 R60704	牌号 R60704	牌号 R60704
PZ 5	B658/B658M	B523/B523M	B551/B551M	B550/B550M	B493
(R60705)	牌号 R60705	牌号 R60705	牌号 R60705	牌号 R60705	牌号 R60705

（9）核反应堆燃料包壳用锆合金无缝管。《核反应堆燃料包壳用锆合金无缝管》（ASTM B811—2007）中按化学成分不同，将核反应堆燃料包壳用锆合金无缝管锆分为 2 个牌号，其化学成分见表 12 - 71 及表 12 - 72。

表 12 –71 核反应堆燃料包壳用锆合金无缝管牌号及化学成分（质量分数）

元 素	牌 号	
	UNS R60802	UNS R60802
	含量(不大于)/%	
Sn	1.20 ~ 1.70	1.20 ~ 1.70
Fe	0.07 ~ 0.20	0.18 ~ 0.24
Cr	0.05 ~ 0.15	0.07 ~ 0.13
Ni	0.03 ~ 0.08	—
O	0.09 ~ 0.16	0.09 ~ 0.16
Fe + Cr + Ni	0.18 ~ 0.38	—
Fe + Cr	—	0.28 ~ 0.37
Al	0.0075	0.0075
B	0.00005	0.00005
Cd	0.00005	0.00005
Ca	0.0030	0.0030
C	0.027	0.027
Co	0.0020	0.0020
Cu	0.0050	0.0050
Hf	0.010	0.010
H	0.0025	0.0025
Mg	0.0020	0.0020
Mn	0.0050	0.0050
Mo	0.0050	0.0050
Ni	—	0.0070
Nb	0.0100	0.0100
N	0.0080	0.0080
Si	0.0120	0.0120
W	0.0100	0.0100
Ti	0.0050	0.0050
U	0.00035	0.00035

表 12 –72 分析允许偏差

元 素	规定范围的允许偏差/%	元 素	规定范围的允许偏差/%
Sn	0.050	Fe + Cr	0.020
Fe	0.020	Fe + Cr + Ni	0.020
Cr	0.010	O	0.020
Ni	0.010	单个(取较小者)	0.0002 或 20%

12.2.2.6 铪加工产品

热/冷加工铪棒和铪丝。《热/冷加工铪棒和铪丝》(ASTM B737—2010) 中规定了铪棒、铪丝的牌号与化学成分，见表 12 –73。

表 12 - 73 铪棒和铪丝的牌号与化学成分（质量分数）

元 素	成 分/%	
	核 工 业 级 别	合 金 级 别
	Gr. R1	Gr. R3
Al	0.010	0.050
C	0.015	0.025
Cr	0.010	0.050
Cu	0.010	—
H	0.0025	0.0050
Fe	0.050	0.0750
Mo	0.0020	—
Ni	0.0050	—
Nb	0.010	—
N	0.010	0.0150
O	0.040	0.130
Si	0.010	0.050
W	0.020	—
Sn	0.0050	—
Ti	0.010	0.050
Ta	0.0150	0.0150
U	0.0010	—
V	0.0050	—
Zr	①	①
Hf②	余量	余量

① 锆含量须报告，制造商和买方协商产品锆含量值。
② 必要时，铪同位素组成及其分析方法由制造商和买方相互协商确定。

12.3 日本

12.3.1 冶炼产品

日本冶炼产品包括以下几种。

（1）钨铁。《钨铁》（JIS G2306—1998）中，规定了钨铁的牌号及化学成分见表 12 - 74。

表 12 - 74 钨铁牌号及化学成分

牌号	化学成分（质量分数）/%								
	W	C	Si	Mn	P	S	Sn	Cu	As
FW1	75.0~85.0	≤0.60	≤0.50	≤0.50	≤0.05	≤0.05	≤0.08	≤0.10	≤0.10

（2）钨粉。《钨粉》（JIS H2116—2002）中，按类别和化学成分不同，规定了钨粉的化学成分，见表 12 - 75。

表 12 -75　钨粉的类别及其化学成分（质量分数） （%）

类别	W(大于)	Fe(小于)	Mo(小于)	Ca(小于)	Si(小于)	Al(小于)	Mg(小于)	不挥发物(小于)
1	99.9	0.02	0.02	0.003	0.003	0.002	0.001	—
2	99.0	0.30	0.50	0.30	0.30	0.20	0.10	—
A	99.9	0.02	0.02	—	—	—	—	0.01
B	99.0	0.30	0.50	—	—	—	—	0.10

（3）钼铁。《钼铁》（JIS G2307—1998）中，按类别和化学成分的不同，规定了钼铁的牌号及化学成分，见表 12 -76。

表 12 -76　钼铁的牌号及化学成分（质量分数） （%）

类别	牌号	Mo	C(不大于)	Si(不大于)	P(不大于)	S(不大于)	Cu(不大于)
高碳钼	FMoH	55.0 ~ 65.0	6.0	3.0	0.10	0.20	0.50
低碳钼	FMoL	60.0 ~ 70.0	0.10	2.0	0.06	0.10	0.50

（4）铌铁。《铌铁》（JIS G2319—1998）中，按化学成分不同规定了铌铁的牌号与化学成分，见表 12 -77。

表 12 -77　铌铁的牌号与化学成分（质量分数） （%）

牌号	Nb + Ta(不小于)	C(不大于)	Si(不大于)	P(不大于)	S(不大于)	Sn(不大于)	Al(不大于)
FNb1	60	0.20	3.0	0.20	0.20	0.35	4.0
FNb2	60	0.20	3.0	0.20	0.20	3.0	6.0

12.3.2　加工产品

加工产品包括以下几种。

（1）照明和电子设备用钨丝。《照明和电子设备用钨丝》（JIS H4461—2002）中，按类别不同，规定了其化学成分，见表 12 -78。

表 12 -78　照明和电子设备用钨丝的化学成分（质量分数）

类　别	W(不小于)/%
1类	99.95
2类	99.90

（2）照明及电子器件用钨钍合金丝和棒。《照明及电子器件用钨钍合金丝和棒》（JIS M4463—1984）中，按类别的不同，规定了其化学成分，见表 12 -79。

表 12 -79　照明及电子器件用钨钍合金丝棒类别及化学成分（质量分数） （%）

类　别	W	ThO_2	杂质总和(不大于)
1类	余量	0.8 ~ 1.2	0.05
2类	余量	>1.2 ~ 1.6	0.05
3类	余量	>1.6 ~ 2.1	0.05

（3）等离子切割和焊接用惰性气体保护弧焊用钨焊条。《等离子切割和焊接用惰性气体保护弧焊用钨焊条》（JIS Z3233—2001）中，按系列及化学成分不同，规定了其牌号及化学成分，见表 12 -80 和表 12 -81。

表 12-80　A 系列等离子切割和焊接用惰性气体保护弧焊用钨焊条牌号及化学成分

牌　号	化学成分(质量分数)/%				标识色
	添加氧化物	含量	杂质含量(不大于)	钨含量	
YWP	—	—	0.10	≥99.9	绿色
YWTh-1	ThO$_2$	0.8~1.2	0.10	余量	黄色
YWTh-2	ThO$_2$	1.7~2.2	0.10	余量	红色
YWLa-1	La$_2$O$_3$	0.9~1.2	0.10	余量	黑色
YWLa-2	La$_2$O$_3$	1.8~2.2	0.10	余量	黄-绿
YWCe-1	Ce$_2$O$_3$	0.9~1.2	0.10	余量	粉色
YWCe-2	Ce$_2$O$_3$	1.0~2.2	0.10	余量	灰色

表 12-81　B 系列等离子切割和焊接用惰性气体保护弧焊用钨焊条牌号及化学成分

牌　号	化学成分(质量分数)/%				标识色
	添加氧化物	含量	杂质含量(不大于)	钨含量	
WP	—	—	0.20	≥99.8	绿色
WT4	ThO$_2$	0.35~0.5	0.20	余量	蓝色
WT10	ThO$_2$	0.8~1.2	0.20	余量	黄色
WT20	ThO$_2$	1.7~2.2	0.20	余量	红色
WT30	ThO$_2$	2.8~3.2	0.20	余量	紫色
WT40	ThO$_2$	3.8~4.2	0.20	余量	桔色
WZ3	ZrO$_2$	0.15~0.5	0.20	余量	棕色
WZ8	ZrO$_2$	0.7~0.9	0.20	余量	白色
WL10	La$_2$O$_3$	0.9~1.2	0.20	余量	黑色
WC10	Ce$_2$O$_3$	1.8~2.2	0.20	余量	灰色

（4）钽的扁平轧制产品杆材和线材《钽的扁平轧制产品杆材和线材》(JIS H4701—2001) 中，规定了其化学成分，见表 12-82。

表 12-82　钽的扁平轧制产品杆材和线材的化学成分（质量分数）　　　　　（%）

元素	C	O	N	H	Nb	Fe	Ti	W	Si	Ni	Mo	Ta
化学成分(不大于)	0.03	0.03	0.01	0.0015	0.10	0.02	0.01	0.03	0.02	0.02	0.02	≥99.80

（5）锆合金管。《锆合金管》(JIS H4751—1998) 中，按化学成分不同规定了其牌号与化学成分，见表 12-83 和表 12-84。

表 12-83　锆合金管的合金成分（质量分数）　　　　　（%）

牌号	Sn	Fe	Cr	Ni	Fe+Cr+Ni	Fe+Cr	Zr
ZrTN802D	1.20~1.70	0.07~0.20	0.05~0.15	0.03~0.08	0.18~0.38	—	余量
ZrTN804D	1.20~1.70	0.18~0.24	0.07~0.13	—	—	0.28~0.37	余量

表 12 −84 锆合金管的杂质含量（质量分数）

杂质元素(不大于)/%	牌 号	
	ZrTN802D	ZrTN804D
Al	0.0075	0.0075
B	0.00005	0.00005
Ca	0.0030	0.0030
Cd	0.00005	0.00005
C	0.027	0.027
Co	0.0020	0.0020
Cu	0.0050	0.0050
Hf	0.010	0.010
H	0.0025	0.0025
Mg	0.0020	0.0020
Mu	0.0050	0.0050
Mo	0.0050	0.0050
Ni	—	0.0070
N	0.0080	0.0080
Nb	0.0100	0.0100
Si	0.0120	0.0120
Ti	0.0050	0.0050
U	0.00035	0.00035
W	0.010	0.010

第13章 锂、铷、铯、铍、硒、碲、铟牌号与化学成分

13.1 中国

13.1.1 锂及其化合物

13.1.1.1 锂

锂主要以无水氯化锂为原料，经熔盐电解、精炼制得，产品供化工、有色金属、医药、合成橡胶催化、冶炼脱氧等用。《锂》（GB/T 4369—2015）中规定了锂的牌号与化学成分，见表 13 – 1。锂含量（质量分数）为 100% 减去表 13 – 1 中杂质实测总和后的余量。

表 13 – 1 锂的牌号与化学成分

牌号	Li(质量分数, 不小于)/%	杂质含量（质量分数,不大于)/%											
		K	Na	Ca	Fe	Si	Al	Ni	Cu	Mg	Cl⁻	N	Pb
Li-1	99. 99	0. 0005	0. 001	0. 0005	0. 0005	0. 0005	0. 0005	0. 0005	0. 0005	0. 0005	0. 001	0. 004	0. 0005
Li-2	99. 95	0. 001	0. 010	0. 010	0. 002	0. 004	0. 005	0. 003	0. 001	0. 005	0. 005	0. 010	0. 0010
Li-3	99. 90	0. 005	0. 020	0. 020	0. 005	0. 008	0. 005	0. 003	0. 004	0. 010	0. 006	0. 020	0. 0030
Li-4	99. 00	—	0. 20	0. 040	0. 010	0. 040	0. 020	—	0. 010	—	—	—	0. 0050
Li-5	98. 50	—	0. 80	0. 10	0. 010	0. 040	—	—	—	—	—	—	0. 0050
Li-6	96. 50	—	3. 00	0. 10	0. 010	0. 040	—	—	—	—	—	—	0. 0050

13.1.1.2 碳酸锂

A 电池级碳酸锂

电池级碳酸锂是锂离子电池正极材料的关键原料。《电池级碳酸锂》（YS/T 582—2013）中规定了电池级碳酸锂的化学成分，见表 13 – 2。需方有要求时，有害物质应符合欧盟理事会第 2011/65/EU 号指令附件 II 的要求。产品中磁性物质的含量不大于 0.0003%。产品中的水分含量不小于 0.25%。产品粒度：$d_{10} \geqslant 1 \mu m$，$3 \mu m \leqslant d_{50} \leqslant 8 \mu m$；$9 \mu m \leqslant d_{90} \leqslant 15 \mu m$。

表 13 – 2 电池级碳酸锂化学成分（质量分数）

Li₂CO₃ /%	杂质含量(不大于)/%													
	Na	Mg	Ca	K	Fe	Zn	Cu	Pb	Si	Al	Mn	Ni	SO₄²⁻	Cl⁻
≥99. 5	0. 025	0. 008	0. 005	0. 001	0. 001	0. 0003	0. 0003	0. 0003	0. 003	0. 001	0. 0003	0. 001	0. 08	0. 003

B 碳酸锂

碳酸锂是一种重要的锂化合物，可用来制取其他各种锂的化合物、金属锂等产品。主要用在玻璃陶瓷、电池、铝冶炼、医药和原子能工业等。分析化学中用作分析试剂。在水泥外加剂里作为促凝剂使用。《碳酸锂》（GB/T 11075—2013）中规定了碳酸锂的牌号与化学成分，见表 13 – 3。

表 13-3 碳酸锂牌号与化学成分

产品牌号	化学成分(质量分数)/%							
	Li₂CO₃ 主含量 (不小于)	杂质含量(不大于)						
		Na	Fe	Ca	SO₄²⁻	Cl⁻	盐酸不溶物	Mg
Li₂CO₃-0	99.2	0.08	0.0020	0.025	0.20	0.010	0.005	0.015
Li₂CO₃-1	99.0	0.15	0.0035	0.040	0.35	0.020	0.015	—
Li₂CO₃-2	98.5	0.20	0.0070	0.070	0.50	0.030	0.050	—

C 高纯碳酸锂

《高纯碳酸锂》(YS/T 546—2008)中规定了高纯碳酸锂的牌号与化学成分,见表 13-4。

表 13-4 高纯碳酸锂的牌号与化学成分

牌 号			Li₂CO₃-05	Li₂CO₃-045	Li₂CO₃-04
	Li₂CO₃(不小于)/%		99.999	99.995	99.99
化学成分 (质量分数)	杂质含量 (不大于)/×10⁻⁴%	Pb	0.05	0.5	1
		Cu	0.05	0.5	1
		Co	0.01	0.1	1
		Ni	0.05	0.5	1
		Fe	0.05	0.5	3
		Al	0.05	0.5	3
		Mn	0.01	0.5	1
		Zn	0.05	0.5	3
		Cd	0.01	1	5
		Cr	0.05	0.5	1
		Mg	2	5	5
		Ba	2	—	—
		Ca	5	8	10
		Sr	2	—	—
		Na	3	5	10
		K	3	5	10
		Rb	1	—	—
		Cs	1	—	—
		Si	—	10	18
		F	—	10	50

13.1.1.3 氢氧化锂

A 单水氢氧化锂

氢氧化锂是最重要的锂盐之一,用途广泛,主要用于化工原料、化学试剂、电池工业、石油、冶金、玻璃、陶瓷等行业。《单水氢氧化锂》(GB/T 8766—2013)中规定的单水氢氧化锂的牌号与化学成分见表13-5。

表 13-5 单水氢氧化锂的牌号与化学成分

牌 号	化学成分(质量分数)/%									
	LiOH 含量(不小于)	杂质含量(不大于)								
		Na	K	Fe	Ca	CO$_3^{2-}$	SO$_4^{2-}$	Cl$^-$	盐酸不溶物	水不溶物
LiOH·H$_2$O-T1	56.5	0.002	0.001	0.0008	0.015	0.505	0.010	0.002	0.002	0.003
LiOH·H$_2$O-T2	56.5	0.008	0.002	0.0008	0.020	0.55	0.015	0.005	0.003	0.005
LiOH·H$_2$O-1	56.5	0.02		0.0015	0.025	0.70	0.020	0.015	0.005	0.010
LiOH·H$_2$O-2	56.5	0.05		0.0020	0.025	0.70	0.030	0.030	0.005	0.010

B 电池级单水氢氧化锂

电池级单水氢氧化锂主要用作锂离子电池的关键原料。《电池级单水氢氧化锂》(GB/T 26008—2010)中规定了电池级单水氢氧化锂的牌号与化学成分,见表 13-6。

表 13-6 电池级单水氢氧化锂的牌号与化学成分

化学成分(质量分数)		牌 号		
		LiOH·H$_2$O-D1	LiOH·H$_2$O-D2	LiOH·H$_2$O-D3
LiOH·H$_2$O(不小于)/%		98.0	96.0	95.0
杂质含量(不大于)/%	Fe	0.0008	0.0008	0.0008
	K	0.003	0.003	0.005
	Na	0.003	0.003	0.005
	Ca	0.005	0.005	0.01
	Cu	0.005	0.005	—
	Mg	0.005	0.005	—
	Mn	0.005	0.005	—
	Si	0.005	0.005	—
	CO$_3^{2-}$	0.7	1.0	1.0
	Cl$^-$	0.002	0.002	0.002
	SO$_4^{2-}$	0.01	0.01	0.01
	盐酸不溶物	0.005	0.005	0.005

13.1.1.4 氯化锂

A 无水氯化锂

无水氯化锂主要供焊接、材料、空调设备及制取金属锂等用。《无水氯化锂》(GB/T 10575—2007)中规定了无水氯化锂的牌号与化学成分,见表 13-7。

表 13-7 无水氯化锂牌号与化学成分 (质量分数)

牌号	LiCl(不小于)/%	杂质含量(不大于)/%								白度(不小于)/%
		Na	K	Fe$_2$O$_3$	CaCl$_2$	MgCl$_2$	SO$_4^{2-}$	H$_2$O	盐酸不溶物	
LiCl-T	99.3	0.003	0.001	0.0015	0.01	0.0024	0.002	0.40	0.003	60
LiCl-0	99.3	0.02		0.002	0.02	—	0.003	0.60	0.005	60
LiCl-1	99.0	0.25		0.002	0.02	—	0.01	0.80	0.01	60

B 电池级无水氯化锂

电池级无水氯化锂是专门用于生产电池级金属锂的高档产品,用电池级无水氯化锂可不通过蒸馏,直接电解生产电池级金属锂。《电池级无水氯化锂》(YS/T 744—2010)中规定了电池级无水氯化锂的化学成分,见表 13-8。

表 13 - 8　电池级无水氯化锂化学成分（质量分数）

LiCl (不小于)/%	杂质含量（质量分数）（不大于）/%								
	Na	K	Ca	Fe	Ba	SO_4^{2-}	Mg	Cu	盐酸不溶物
99.5	0.0015	0.05	0.0025	0.0003	0.01	0.002	0.0005	0.0005	0.003

13.1.1.5　氟化锂

A　氟化锂

氟化锂主要用于电解铝生产中作电解质成分。《氟化锂》（GB/T 22666—2008）中规定了氟化锂的牌号与化学成分，见表 13 - 9。

表 13 - 9　氟化锂牌号与化学成分

牌 号	化学成分（质量分数）/%						
	LiF (不小于)	Mg (不大于)	SiO_2 (不大于)	Fe_2O_3 (不大于)	SO_4^{2-} (不大于)	Ca (不大于)	水分 (不大于)
LiF-1	99.0	0.05	0.10	0.05	0.20	0.10	0.10
LiF-2	98.0	0.08	0.20	0.08	0.40	0.15	0.20
LiF-3	97.5	0.10	0.30	0.10	0.50	0.20	0.30

B　电池级氟化锂

《电池级氟化锂》（YS/T 661—2016）中规定了电池级氟化锂的化学成分，见表 13 - 10。

表 13 - 10　电池级氟化锂化学成分（质量分数）

LiF (不小于)/%	杂质含量（不大于）/%					
	Na	K	Ca	Mg	Fe	Al
	0.0010	0.0010	0.0010	0.0010	0.0010	0.0010
99.95	Pb	Ni	Cu	Si	Cl^-	SO_4^{2-}
	0.0005	0.0005	0.0005	0.0050	0.0020	0.0020

注：主含量测试方法为差减法，如对其他化学指标有特殊需求，由供需双方协商解决。

13.1.1.6　锂离子电池材料

A　钴酸锂

钴酸锂主要用作小型消费类锂离子电池的正极材料。《钴酸锂》（GB/T 20252—2014）中规定了钴酸锂的牌号与化学成分，见表 13 - 11。

表 13 - 11　钴酸锂化学成分

主元素含量 （质量分数）/%	Co	57～60
	Li	6.5～7.5
杂质元素含量 （质量分数）/%	K	≤0.02
	Na	≤0.03
	Ca	≤0.02
	Fe	≤0.01
	Cu	≤0.01
	Cr	≤0.01
	Cd	<0.01
	Pb	<0.1

B　镍钴锰酸锂

镍钴锰酸锂是一种关键的锂离子电池正极材料。《镍钴锰酸锂》(YS/T 798—2012) 中规定了镍钴锰酸锂的化学成分，见表 13 - 12。

表 13 - 12　镍钴锰酸锂化学成分

化　学　成　分		含量(质量分数)/%
主 元 素 含 量	Ni + Co + Mn	58.8 ± 1.5
	Li	7.5 ± 1.0
杂质元素含量(不大于)	Na	0.03
	K	0.03
	Ca	0.03
	Fe	0.03
	Zn	0.03
	Cu	0.03
	Si	0.03
	SO_4^{2-}	0.5
	Cl^-	0.05

C　磷酸铁锂

磷酸铁锂是一种重要的锂离子电池正极材料，主要用作动力锂电池和储能电池的正极材料。《磷酸铁锂》(YS/T 1027—2015) 中规定了磷酸铁锂的化学成分，见表 13 - 13。

表 13 - 13　磷酸铁锂化学成分

化　学　成　分		含量(质量分数)/%
主　含　量	Li	3.9 ~ 5.0
	Fe	33 ~ 36
	P	18 ~ 20
杂质含量(不大于)	Cu	0.005
	Na	0.03
	Ca	0.03
	Zn	0.03

D　锰酸锂

锰酸锂是一种锂离子二次电池的正极材料，主要用于制造手机电池、电动自行车、电动汽车、储能电站以及电动工具等。《锰酸锂》(YS/T 677—2016) 中规定了锰酸锂的化学成分，见表 13 - 14。

表 13 - 14　锰酸锂化学成分

化　学　成　分		含量(质量分数)/%	
		容量型锰酸锂	动力型锰酸锂
主元素含量	Mn	58.0 ± 2.0	57.5 ± 2.0
	Li	4.2 ± 0.4	4.1 ± 0.4
杂质元素含量	K	0.05	0.01
	Na	0.3	0.1
	Ca	0.03	0.03
	Fe	0.01	0.01
	Cu	0.005	0.005
	S	—	0.167

E　镍钴铝酸锂

镍钴铝酸锂是一种新型的锂离子电池正极材料。《镍钴铝酸锂》(YS/T 1125—2016) 中规定了镍钴铝酸锂的化学成分,见表 13 - 15。

表 13 - 15　镍钴铝酸锂化学成分

化　学　成　分		含量(质量分数)/%
主　含　量	Li	7.0 ± 0.5
	Ni	45.0 ~ 55.0
	Co	4.0 ~ 12.0
	Al	0.2 ~ 1.5
杂质含量(不大于)	Fe	0.01
	Cu	0.005
	Na	0.03
	Ca	0.03
	SO_4^{2-}	0.2
	Cl^-	0.05

F　钛酸锂

钛酸锂是一种新型的锂离子电池负极材料。《钛酸锂》(YS/T 825—2012) 中规定了钛酸锂的化学成分,见表 13 - 16。

表 13 - 16　钛酸锂化学成分

化　学　成　分		含量(质量分数)/%
主　含　量	Li	5.80 ~ 6.70
	Ti	50.14 ~ 52.14
杂质含量(不大于)	Fe	0.01
	Cu	0.005
	Na	0.03
	Ca	0.03

13.1.1.7　锂合金

A　锂硅合金

《电池级锂硅合金》(YS/T 829—2012) 中规定了锂硅合金的牌号与化学成分,见表 13 - 17。

表 13 - 17　锂硅合金牌号与化学成分

牌　　号	化学成分(质量分数)/%	
	Li	Si
Li-Si	44 ± 2	56 ± 2

B　锂硼合金

《锂硼合金》(YS/T 905—2013) 中规定了锂硼合金的牌号与化学成分,见表 13 - 18。

表 13 - 18　锂硼合金牌号与化学成分

牌　　号	化学成分(质量分数)/%	
	Li	其他
Li55	55 ± 2	余量
Li60	60 ± 2	余量
Li65	65 ± 2	余量
Li70	70 ± 2	余量

C　锂铝合金

《锂铝合金锭》（YS/T 1145—2016）中规定了锂铝合金的牌号与化学成分，见表 13 - 19。

表 13 - 19　锂铝合金牌号与化学成分

牌号	主含量(质量分数)/%		杂质含量(质量分数,不大于)/%									
	Li	Al	K	Na	Ca	Fe	Si	Ni	Cu	Mg	Cl	N
Li-Al(一级)	余量	0.10 ~ 5.00	0.001	0.01	0.02	0.005	0.004	0.001	0.001	0.001	0.006	0.02
Li-Al(二级)	余量	0.10 ~ 5.00	0.002	0.02	0.02	0.008	0.008	0.005	0.005	0.005	0.01	0.03

13.1.2　铷及其化合物

13.1.2.1　碳酸铷

《碳酸铷》（YS/T 789—2012）中规定了碳酸铷的牌号与化学成分，见表 13 - 20。

表 13 - 20　碳酸铷牌号与化学成分（质量分数）

牌号	Rb_2CO_3 (不小于)/%	杂质含量(不大于)/%									
		Li	K	Na	Ca	Mg	Fe	重金属 (以 Pb 计)	Al	SiO_2	Cs
Rb_2CO_3-1	99.9	0.0005	0.0080	0.0050	0.0010	0.0005	0.0005	0.0005	0.0010	0.0020	0.050
Rb_2CO_3-2	99.5	0.0010	0.020	0.010	0.0050	0.0010	0.0005	0.0005	0.0050	0.0050	0.20
Rb_2CO_3-3	99.0	0.0010	0.050	0.020	0.0050	0.0010	0.0010	0.0010	0.0050	0.0050	0.50

13.1.2.2　氯化铷

《氯化铷》（YS/T 1019—2015）中规定了氯化铷化学成分，见表 13 - 21。

表 13 - 21　氯化铷化学成分

产品级别	杂质含量(质量分数,不大于)/%									
	Li	Na	K	Cs	Ca	Mg	Fe	Al	Si	Pb
99.0%	0.0010	0.010	0.050	0.20	0.0050	0.0010	0.0010	0.0010	0.0010	0.0010
99.5%	0.0010	0.010	0.050	0.10	0.0050	0.0010	0.0005	0.0010	0.0010	0.0005
99.9%	0.0005	0.0050	0.010	0.030	0.0020	0.0005	0.0005	0.0005	0.0005	0.0005

13.1.2.3　硝酸铷

《硝酸铷》（YS/T 1020—2015）中规定了硝酸铷化学成分，见表 13 - 22。

表 13 - 22　硝酸铷化学成分

产品级别	杂质含量(质量分数,不大于)/%									
	Li	Na	K	Cs	Ca	Mg	Fe	Al	Si	Pb
99.0%	0.0010	0.0200	0.0500	0.2000	0.0050	0.0010	0.0010	0.0050	0.0015	0.0010
99.5%	0.0010	0.0100	0.0200	0.1000	0.0050	0.0010	0.0005	0.0010	0.0015	0.0005
99.9%	0.0005	0.0050	0.0100	0.0300	0.0020	0.0005	0.0005	0.0005	0.0005	0.0005

13.1.3　铯及其化合物

13.1.3.1　高纯碘化铯

《高纯碘化铯》（YS/T 40—2011）中规定了高纯碘化铯的牌号与化学成分，见表 13 - 23。

表 13 - 23 高纯碘化铯牌号与化学成分

牌 号		CsI-01	CsI-02
CsI(质量分数,不小于)/%		99.999	99.99
杂质(质量分数,不大于)/×10⁻⁴%	Li	0.5	1
	Na	0.1	1
	K	1	2
	Rb	1	20
	Ca	0.5	0.5
	Mg	0.2	1
	Sr	1	1
	Ba	2	10
	Al	0.1	0.1
	Fe	0.2	0.5
	Cr	0.1	0.5
	Mn	0.5	1
	Zn	0.5	1
	Ni	0.5	1
	SO_4^{2-}	2	5
	SiO_2	2	2
	NO_3^-	5	10
	$Cl^-(Br^-)$	10	20
	IO_3^-	5	10

注:CsI 含量为 100% 减去金属杂质元素实测值总和的余量。

13.1.3.2 碳酸铯

《碳酸铯》(YS/T 756—2011)中规定了碳酸铯的牌号与化学成分,见表 13 - 24。

表 13 - 24 碳酸铯牌号与化学成分

牌 号		Cs_2CO_3-01	Cs_2CO_3-02	Cs_2CO_3-03	Cs_2CO_3-04
Cs_2CO_3 含量(质量分数,不小于)/%		99.99	99.9	99.5	99.0
杂质含量(质量分数,不大于)/%	Li	0.0001	0.0005	0.001	0.005
	Na	0.0005	0.001	0.01	0.02
	K	0.001	0.005	0.05	0.1
	Rb	0.001	0.02	0.2	0.3
	Ca	0.001	0.003	0.01	0.02
	Mg	0.0001	0.0005	0.001	0.01
	Fe	0.0001	0.0003	0.0005	0.002
	Al	0.0002	0.001	0.002	0.005
	SiO_2	0.005	0.008	0.01	0.025
	重金属(以 Pb 计)	0.0005	0.0005	0.0005	0.001

13.1.3.3 硫酸铯

《硫酸铯》(YS/T 1080—2015)中规定了硫酸铯的级别和化学成分,见表 13 - 25。

表 13 - 25　硫酸铯级别和化学成分

产品级别	杂质含量(质量分数,不大于)/%									
	Li	Na	K	Rb	Ca	Mg	Fe	Al	Si	Pb
99.00%	0.0010	0.0200	0.0200	0.2500	0.0500	0.0010	0.0010	0.0010	0.0010	0.0010
99.50%	0.0010	0.0100	0.0100	0.1500	0.0350	0.0010	0.0005	0.0010	0.0010	0.0005
99.90%	0.0005	0.0010	0.0050	0.0200	0.0010	0.0010	0.0005	0.0005	0.0010	0.0005
99.99%	0.0001	0.0002	0.0005	0.0010	0.0001	0.0001	0.0001	0.0001	0.0005	0.0003

13.1.3.4　硝酸铯

《硝酸铯》(YS/T 1081—2015) 中规定了硝酸铯的级别和化学成分,见表 13 - 26。

表 13 - 26　硝酸铯的级别和化学成分

产品级别	杂质含量(质量分数,不大于)/%									
	Li	Na	K	Rb	Ca	Mg	Fe	Al	Si	Pb
99.00%	0.0010	0.0200	0.0200	0.5000	0.0050	0.0010	0.0010	0.0050	0.0015	0.0010
99.50%	0.0010	0.0100	0.0100	0.2000	0.0050	0.0010	0.0005	0.0010	0.0015	0.0005
99.90%	0.0005	0.0020	0.0050	0.0150	0.0005	0.0002	0.0003	0.0003	0.0010	0.0005
99.99%	0.0001	0.0001	0.0001	0.0005	0.0002	0.0001	0.0001	0.0001	0.0001	0.0003

13.1.4　铍及铍合金

13.1.4.1　氧化铍

《工业氧化铍》(YS/T 572—2007) 中规定了氧化铍的化学成分,见表 13 - 27。

表 13 - 27　工业氧化铍的化学成分

BeO(质量分数, 不小于)/%	杂质含量(质量分数,不大于)/%					
	SiO_2	Al_2O_3	Fe_2O_3	CaO	MgO	P
95	0.5	1.0	0.5	0.2	0.5	0.2

13.1.4.2　金属铍珠

《金属铍珠》(YS/T 221—2011) 中规定了铍珠的牌号与化学成分,见表 13 - 28。铍含量为 100% 减去表 13 - 28 中杂质实测总和的余量。

表 13 - 28　金属铍珠牌号与化学成分

产品牌号		Be-1	Be-2	Be-3	Be-4
杂质含量(质量分数, 不大于)/%	Fe	0.05	0.10	0.12	0.25
	Al	0.02	0.15	0.20	0.25
	Si	0.01	0.06	0.08	0.1
	Cu	0.005	0.015	0.02	—
	Pb	0.002	0.003	0.003	0.005
	Zn	0.007	0.01	0.02	—
	Ni	0.002	0.008	0.015	0.025
	Cr	0.002	0.013	0.015	0.025
	Mn	0.006	0.015	0.015	0.028
	Co	0.0005	0.0005	0.001	—
	B	0.0001	0.0001	0.0001	—
	Cd	0.00004	0.00004	0.00004	—

产 品 牌 号		Be-1	Be-2	Be-3	Be-4
杂质含量(质量分数,不大于)/%	Ag	0.0003	0.0003	0.0003	—
	Mg	1.0	1.0	1.1	1.1
	Sm	0.00001	0.00001	0.00001	—
	Eu	0.00001	0.00001	0.00001	—
	Gd	0.00001	0.00001	0.00001	—
	Dy	0.0001	0.0001	0.0001	—
	Li	0.00015	0.00015	0.00015	—

13.1.4.3　铍片

《铍片》(YS/T 41—2005) 中规定了铍片的产品牌号为 Be-1, 铍片的化学成分见表 13 - 29。供应状态分为硬态 (Y) 和软态 (M) 两种。

表 13 - 29　铍片的化学成分 (质量分数)

Be 含量(不小于)/%	杂质含量(不大于)/%							
	Fe	Al	Mg	Mn	BeO	Be$_2$C	Si	其他单个金属元素
98	0.15	0.14	0.08	0.02	1.5	0.2	0.07	0.03

注: 铍和其他单个金属杂质元素的含量不作分析, 为保证值。

13.1.4.4　锑铍芯块

《锑铍芯块》(YS/T 425—2013) 中规定了锑铍芯块的产品牌号为 SbBe20, 化学成分见表 13 -30。

表 13 -30　锑铍芯块化学成分 (质量分数)

Sb + Be(不小于)/%	m(Be)/m(Sb + Be)	杂质元素含量(不大于)/%							
		BeO	Fe	Si	Al	Mg	Pb	Mn	C
99	20.30 ~ 23.30	1.00	0.10	0.15	0.05	0.02	0.04	0.04	0.10

注: Sb + Be 含量包括 BeO 中的 Be 含量。

13.1.4.5　真空热压铍材

《真空热压铍材》(GB/T 26056—2010) 中规定了真空热压成型制造的铍材产品牌号与化学成分, 见表 13 -31。

表 13 -31　真空热压铍材牌号与化学成分

牌 号	化学成分(质量分数)/%						
	Be	杂质元素含量					
		BeO	Al	C	Fe	Mg	Si
F80-01	≥99.00	<1.00	≤0.06	≤0.10	≤0.08	≤0.06	≤0.06

注: 铍含量为 100% 减去表中杂质元素实测数据总和的余量。

13.1.4.6　铍铝合金

《铍铝合金》(GB/T 26063—2010) 中规定了由粉末冶金工艺或由真空熔铸工艺生产的铍含量在 60% ~69% 的铍铝合金产品的牌号与化学成分, 见表 13 -32。

表 13 – 32　铍铝合金牌号与化学成分

牌号	化学成分(质量分数)/%							
	Be	Al	杂质元素含量(不大于)					
			Si	Fe	O	C	Mg	杂质总量
BeA1-F	60.00 ~ 65.00	余量	—	0.20	1.50	0.15	0.06	2.50
BeA1-Z	60.00 ~ 69.00	余量	0.30	0.20	0.20	0.20	0.06	2.50

注：杂质总量指除 Be、Al 外，Si、Fe、O、C、Mg 等元素的总和。

13.1.5　硒及其化合物

13.1.5.1　二氧化硒

《二氧化硒》(YS/T 651—2007) 中规定了二氧化硒的牌号与化学成分，见表 13 – 33。

表 13 – 33　二氧化硒的牌号与化学成分

项　目	化学成分(质量分数)/%		
	$SeO_2$99	$SeO_2$98	$SeO_2$96
SeO_2(不小于)	99.0	98.0	96.0
水不溶物(不大于)	0.005	0.05	—
灼烧残渣(不大于)	0.1	0.2	—
Pb、Cd、Hg 总计(不大于)	0.005	—	—
氯化物(不大于)	0.005	—	—
Fe(不大于)	0.001	—	—
As(不大于)	0.001	—	—

13.1.5.2　粗硒

《粗硒》(YS/T 1154—2016) 中规定了粗硒的品级和化学成分，见表 13 – 34。

表 13 – 34　粗硒化学成分

品　级	主成分(质量分数)/%
	Se(不小于)
一级品	90
二级品	85
三级品	80

注：金、银为有价元素，应报出分析结果。

13.1.5.3　硒

《硒》(YS/T 223—2007) 中规定了硒的牌号与化学成分，见表 13 – 35。

表 13 – 35　硒的牌号与化学成分

牌号	化学成分(质量分数)/%								
	Se 含量 (不小于)	杂质含量(不大于)							
		Cu	Hg	As	Sb	Te	Fe	Pb	Ni
Se9999	99.99	0.0003	0.0003	0.0005	0.0005	0.001	0.001	0.0005	0.0005
Se999	99.9	0.001	0.001	0.003	0.001	0.007	0.005	0.002	0.002
Se99	99	—	—	—	—	—	—	—	—

牌号	Se 含量 (不小于)	杂质含量(不大于)							
		Bi	Mg	Al	Si	B	S	Sn	总和
Se9999	99.99	0.0005	0.0008	0.0008	0.0009	0.0005	0.004	0.0005	0.01
Se999	99.9	—	—	—	—	—	—	—	0.1
Se99	99	—	—	—	—	—	—	—	1.0

注：1. Se9999、Se999 牌号中的硒含量为 100% 减去表中所列杂质元素实测总和的余量。

　　2. Se99 牌号中的硒含量为直接分析测定值。

13.1.5.4　高纯硒

《高纯硒》(YS/T 816—2012) 中规定了高纯硒的牌号与化学成分，见表 13 - 36。

表 13 - 36　高纯硒的牌号与化学成分

牌号	Se 含量 (不小于)	杂质含量(不大于)							
		Cu	Ag	Mg	Ni	Bi	In	Fe	Cd
Se99.9999	99.9999	0.000005	0.000005	0.00001	0.000005	0.000005	0.000005	0.00001	0.000005
Se99.999	99.999	0.00002	0.00002	0.00005	0.00002	0.00005	0.00005	0.00005	0.00002

牌号	Se 含量 (不小于)	杂质含量(不大于)						
		Te	Al	Ti	Pb	Hg	Sb	总和
Se99.9999	99.9999	0.00001	0.000005	0.000005	0.000005	—	—	0.0001
Se99.999	99.999	0.0001	0.00005	0.00005	0.00005	0.0001	0.00005	0.001

注：牌号中的硒含量为 100% 减去表中所列杂质元素实测总和的余量。

13.1.6　碲及其化合物

13.1.6.1　高纯二氧化碲

《高纯二氧化碲》(YS/T 926—2013) 中规定了高纯二氧化碲的牌号与化学成分，见表 13 - 37。

表 13 - 37　高纯二氧化碲的牌号与化学成分

牌号	TeO_2 (不小于)	杂质含量(不大于)						
		Na	Mg	Al	Ca	Cr	Mn	Fe
$TeO_2$99.999	99.999	0.0001	0.0001	0.0001	0.0001	0.0001	0.0001	0.0001

牌号	杂质含量(不大于)							
	Cu	Zn	Ag	Se	Sn	Pb	Bi	Ni
$TeO_2$99.999	0.0001	0.0001	0.0001	0.0001	0.0001	0.0001	0.0001	0.0001

注：1. 二氧化碲含量为 100% 减去表中所列杂质元素实测总和的余量。

　　2. 表中未规定的其他杂质元素，由供需双方协商确定。

13.1.6.2　碲锭

《碲锭》(YS/T 222—2010) 中规定了碲锭的牌号与化学成分，见表 13 - 38。

表 13 - 38　碲锭的牌号与化学成分

牌号	Te 含量（不小于）	化学成分（质量分数）/%											
		杂质含量（不大于）											
		Cu	Pb	Al	Bi	Fe	Na	Si	S	Se	As	Mg	总和
Te9999	99.99	0.001	0.002	0.0009	0.0009	0.0009	0.003	0.001	0.001	0.002	0.0005	0.0009	0.01
Te9995	99.95	0.002	0.004	0.003	0.002	0.004	0.006	0.002	0.004	0.015	0.001	0.002	—
Te99	99	—	—	—	—	—	—	—	—	—	—	—	—

注：1. Te9999、Te9995 牌号中碲含量为 100% 减去表中所列杂质元素实测值总和的余量。

　　2. Te99 牌号碲含量为产品直接分析测定值。

13.1.6.3　高纯碲

《高纯碲》（YS/T 817—2012）中规定了高纯碲的牌号与化学成分，见表 13 - 39。

表 13 - 39　高纯碲的牌号与化学成分

牌号	Te 含量（不小于）	化学成分（质量分数）/%							
		杂质含量（不大于）							
		Na	Mg	Al	Ca	Cr	Mn	Fe	Ni
Te99.999	99.999	0.00005	0.00005	0.00005	0.00005	0.00005	0.00005	0.0001	0.00005
Te99.9999	99.9999	—	0.000005	0.000005	0.00001	—	—	0.000005	0.000005

牌号	Te 含量（不小于）	化学成分（质量分数）/%								
		杂质含量（不大于）								
		Cu	Zn	Se	Ag	Cd	Sn	Pb	Bi	总和
Te99.999	99.999	0.00005	0.00005	0.0002	0.00002	—	0.00005	0.0002	0.0001	0.001
Te99.9999	99.9999	0.000001	0.00001	0.00001	0.000001	0.000005	—	0.000005	—	0.0001

注：1. 碲含量为 100% 减去表中所列杂质元素实测总和的余量。

　　2. 表中未规定的其他杂质元素，或由供需双方协商确定。

13.1.7　铟及其化合物

13.1.7.1　高纯氧化铟

《高纯氧化铟》（GB/T 23363—2009）规定了高纯氧化铟的化学成分，见表 13 - 40。

表 13 - 40　高纯氧化铟等级和化学成分

等级	In_2O_3（不小于）	In（不小于）	Cl（不大于）	灼减量（不大于）	化学成分（质量分数）/%			
					杂质元素（不大于）			
					Al	As	Cd	Cu
4N	99.99	81.5	0.5	0.5	0.0010	0.0005	0.0010	0.0008
5N	99.999	81.5	0.5	0.5	0.00015	0.00005	0.00005	0.00005

等级	化学成分（质量分数）/%						
	杂质元素（不大于）						
	Fe	Pb	Sb	Sn	Tl	Zn	杂质总和
4N	0.0010	0.0015	0.0005	0.0012	0.0010	0.0015	0.01
5N	0.0001	0.0001	0.00005	0.00015	0.00015	0.00015	0.001

13.1.7.2　铟锭

《铟锭》（YS/T 257—2009）中规定了铟锭的牌号与化学成分，见表 13 - 41。

表 13 - 41 铟锭牌号与化学成分

牌号	In (不小于)	化学成分/%									
		杂质含量(不大于)									
		Cu	Pb	Zn	Cd	Fe	Tl	Sn	As	Al	Bi
In99995	99.995	0.0005	0.0005	0.0005	0.0005	0.0005	0.0005	0.0010	0.0005	0.0005	—
In9999	99.99	0.0005	0.001	0.0015	0.0015	0.0008	0.001	0.0015	0.0005	0.0007	—
In980	98.0	0.15	0.10	—	0.15	0.15	0.05	0.2	—	—	1.5

13.1.7.3 高纯铟

《高纯铟》(YS/T 264—2012)中规定了高纯铟的牌号与化学成分,见表 13 - 42。

表 13 - 42 高纯铟牌号与化学成分

牌号	In 含量 (不小于)/%	化学成分(质量分数)														
		杂质含量(不大于)/×10^{-4}%														
		Fe	Cu	Pb	Zn	Sn	Cd	Tl	Mg	Al	As	Si	S	Ag	Ni	总和
In-05	99.999	0.5	0.4	1	0.5	1	0.5	1	0.5	0.5	0.5	1	1	0.5	0.5	10
In-06	99.9999	0.1	0.1	0.1	—	0.3	0.05	—	0.1	—	—	0.1	0.1	—	—	1

13.2 其他国家

无。

第14章　贵金属合金牌号与化学成分

14.1　中国

国家标准《贵金属及其合金牌号表示方法》(GB/T 18035—2000) 规定了贵金属及其合金牌号表示方法。该标准适用于贵金属及其合金的冶炼产品、加工产品、复合材料、粉末产品及钎焊料牌号的编制。在国家标准和行业标准的编制时，均采用该标准的规定。产品出厂时，也使用该标准规定的牌号标志。

14.1.1　贵金属及其合金牌号表示方法

14.1.1.1　牌号分类

按照贵金属生产过程，并兼顾到某种产品的特定用途，贵金属及其合金牌号分为冶炼产品、加工产品、复合材料、粉末产品、钎焊料五类。

14.1.1.2　冶炼产品牌号

贵金属冶炼产品牌号表示为：

(1) 产品形状，分别用英文的第一个字母大写或其字母组合形式表示，其中：

1) IC 表示铸锭状金属；

2) SM 表示海绵状金属。

(2) 产品的名称，用化学元素符号表示。

(3) 产品纯度，用百分含量的阿拉伯数字表示，不含百分号。

示例1）：IC-Au99.99　表示纯度为 99.999% 的金锭

示例2）：SM-Pt99.999　表示纯度为 99.999% 的海绵铂

14.1.1.3　加工产品牌号

贵金属加工产品牌号表示为：

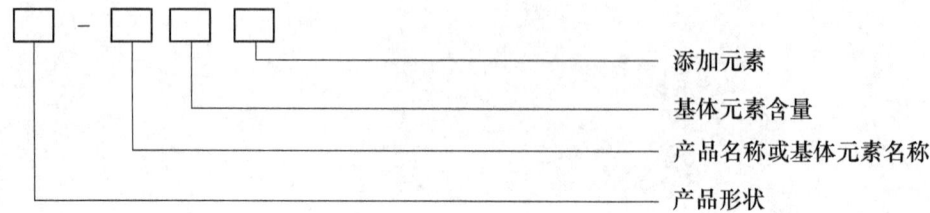

（1）产品的形状，分别用英文的第一个字母大写形式或英文第一个字母大写和第二个字母小写形式表示，其中：

1）Pl 表示板材；

2）Sh 表示片材；

3）St 表示带材；

4）F 表示箔材；

5）T 表示管材；

6）R 表示棒材；

7）W 表示线材；

8）Th 表示丝材。

（2）产品名称：若产品为纯金属，则用其化学元素符号表示名称；若为合金，则用该合金的基体的化学元素符号表示名称。

（3）产品含量：若产品为纯金属，则用百分含量表示其含量；若为合金，则用该合金基体元素的百分含量表示其含量，均不含百分号。

（4）添加元素：用化学元素符号表示添加元素。若产品为三元或三元以上的合金，则依据添加元素在合金中含量的多少，依次用化学元素符号表示。若产品为纯金属加工材，则无此项。

（5）若产品的基体元素为贱金属，添加元素为贵金属，则仍将贵金属作为基体元素放在第二项，第三项表示该贵金属元素的含量，贱金属元素放在第四项。

示例1）：Pl-Au99.999　表示纯度为99.99%的纯金板材

示例2）：W-Pt90Rh　表示含90%铂，添加元素为铑的铂铑合金线材

示例3）：W-Au93NiFeZr　表示含93%金，添加元素为镍、铁和锆的金镍铁锆合金线材

示例4）：St-Au75Pd　表示含75%金，添加元素为钯的金钯合金带材

示例5）：St-Ag30Cu　表示含30%银，添加元素为铜的银铜合金带材

14.1.1.4　复合材料牌号

贵金属复合材料的牌号表示为：

产品状态
贱金属牌号
贵金属牌号相关部分
产品形状

（1）产品的形状，分别用英文的第一个字母大写形式或英文第一个字母大写和第二个字母小写形式表示，其中：

1）Pl 表示板材；

2）Sh 表示片材；

3）St 表示带材；

4）F 表示箔材；

5）T 表示管材；

6）R 表示棒材；

7）W 表示线材；

8）Th 表示丝材。

（2）产品名称：若产品为纯金属，则用其化学元素符号表示名称；若为合金，则用该合金的基体的化学元素符号表示名称。

（3）产品含量：若产品为纯金属，则用百分含量表示其含量；若为合金，则用该合金基体元素的百分含量表示其含量，均不含百分号。

（4）添加元素：用化学元素符号表示添加元素。若产品为三元或三元以上的合金，则依据添加元素在合金中含量的多少，依次用化学元素符号表示。若产品为纯金属加工材，则无此项。

（5）若产品的基体元素为贱金属，添加元素为贵金属，则仍将贵金属作为基体元素放在第二项，第三项表示该贵金属元素的含量，贱金属元素放在第四项。

（6）构成复合材料的贱金属牌号，其表示方法参见现行相关标准。

（7）产品状态分为软态（M）、半硬态（Y_2）和硬态（Y）。此项可根据需要选定或省略。

（8）三层及三层以上复合材料，在第三项后面依次插入表示后面层的相关牌号，并以"/"相隔开。

示例1）：St-Ag99.95/QSn6.5-0.1　表示由含银99.95%银带和含锡6.5%、含磷0.1%的锡磷青铜带复合成的复合带材

示例2）：St-Ag90Ni/H62Y_2　表示含银90%的银镍合金和含铜62%的黄铜复合成的半硬态的复合带材

示例3）：St-Ag99.95/T_2/Ag99.95　表示第一层为含银99.95银带、第二层为2号紫铜带、第三层为含银99.95%银带复合成的三层复合带材

14.1.1.5　粉末产品牌号

贵金属粉末产品牌号表示为：

（1）粉末产品的代号用英文大写字母P表示。

（2）粉末名称：若粉末是纯金属，则用其化学元素符号表示；若是金属氧化物，则用其分子式表示；若是合金，则用其基体元素符号、基体元素含量、添加元素符号依次表示。

（3）粉末形状用英文大写字母表示，其中：

1）S表示片状粉末；

2）G表示球状粉末。

（4）粉末平均粒径用阿拉伯数字表示，单位为μm。若平均粒径是一个范围，则取其上限值。

示例1）：PAg-S6.0　表示平均粒径小于6.0μm的片状银粉

示例2）：PPd-G0.15　表示平均粒径小于0.15μm的球状银粉

14.1.1.6　钎焊料牌号

贵金属钎焊料牌号表示为：

（1）钎焊料代号用英文大写字母B表示。

（2）钎焊料用途用英文大写字母表示，其中：V表示电真空焊料。若不强调钎焊料的用途，此项可

不用字母表示。

（3）钎焊料名称：若为纯金属，则用其化学元素符号表示名称；若为合金，则用该合金的基体的化学元素符号表示名称。

（4）钎焊料含量：若为纯金属，则用百分含量表示其含量；若为合金，则用该合金基体元素的百分含量表示其含量，均不含百分号。

（5）添加元素：用化学元素符号表示添加元素。若产品为三元或三元以上的合金，则依据添加元素在合金中含量的多少，依次用化学元素符号表示。若产品为纯金属加工材，则无此项。

（6）若钎焊料的基体元素为贱金属，添加元素为贵金属，则仍将贵金属作为基体元素放在第二项，第三项表示该贵金属元素的含量，贱金属元素放在第四项。

（7）钎焊料熔化温度：共晶合金为共晶点温度，其余合金为固相线温度/液相线温度。

示例1）：BVAg72Cu-780　表示含72%的银，熔化温度为780℃，用于电真空器件的银铜合金钎焊料

示例2）：BAg70CuZn-690/740　表示含70%的银，固相线温度为690℃，液相线温度为740℃的银铜锌合金钎焊料

14.1.2　金及金合金

14.1.2.1　金冶炼产品

金冶炼产品主要有《金锭》（GB/T 4134—2015）、《高纯金》（GB/T 25933—2010），其牌号化学成分分别见表14-1和表14-2。

14.1.2.2　金加工产品

金及金合金加工产品有《金条》（GB/T 26021—2010）、《半导体封装用键合金丝》（GB/T 8750—2014）、《齿科铸造金合金》（GB/T 17168—2008）、《金靶材》（GB/T 23611—2009）、《金锗蒸发料》（GB/T 26292—2010）、《蒸发金》（GB/T 26312—2010）、《金砷蒸发料》（YS/T 954—2014）、《金粒》（YS/T 855—2012）、《金及金合金板材、带材》（YS/T 201—2007）、《金箔材》（YS/T 202—2009）、《金及金合金丝、线、棒材》（YS/T 203—2009）、《导电环用金及金合金管材》（YS/T 207—2013）等，其牌号化学成分分别见表14-3～表14-15。

14.1.2.3　金粉末

金粉末产品有《超细金粉》（GB/T 1775—2009），其牌号化学成分见表14-16。

14.1.2.4　金钎焊料

金钎焊料产品有《金基合金钎料》（GB/T 18762—2002）和《微波磁控管器件用金基合金钎料》（YS/T 942—2013），其牌号化学成分分别见表14-17和表14-18。

14.1.3　银及银合金

14.1.3.1　银冶炼产品

银冶炼产品主要有《银锭》（GB/T 4135—2016），其牌号化学成分见表14-19。

14.1.3.2　银加工产品

银及银合金加工产品有《保险管用银铜合金丝》（GB/T 23515—2009）、《核级银-铟-镉合金棒》（GB/T 25942—2010）、《表面喷涂用特种导电银涂料》（GB/T 26004—2010）、《电接触银镍稀土材料》（GB/T 26010—2010）、《限流熔断器用银及银合金丝、带材》（GB/T 26041—2010）、《银条》（YS/T 857—2012）、《银靶》（GB/T 26307—2010）、《银蒸发料》（GB/T 26309—2010）、《钽电容器用银铜合金棒、管、带材》（GB/T 23521—2009）、《银镍石墨电触头》（GB/T 27751—2011）、《银粒》（YS/T 856—2012）、《银及银合金器皿制品》（YS/T 408.2—2016）、《银及银合金板/带材》（YS/T 201—2007）、《银及银合金箔材》（YS/T 202—2009）、《银及银合金线材》（YS/T 203—2009）、《导电环用银及银合金管材》（YS/T 207—2013）和《银及银合金异型丝材》（GB/T 23516—2009）等，其牌号化学成分分别见表14-20～表14-36。

表 14-1　金锭

牌号	Au（不小于）	化学成分（质量分数）/% 杂质含量（不大于）												杂质总和① （不大于）
		Ag	Cu	Fe	Pb	Bi	Sb	Pd	Mg	Sn	Cr	Ni	Mn	
IC-Au99.995	99.995	0.001	0.001	0.001	0.001	0.001	0.001	0.001	0.001	0.001	0.0003	0.0003	0.0003	0.005
IC-Au99.99	99.99	0.005	0.002	0.002	0.001	0.002	0.001	0.005	0.003	—	0.0003	0.0003	0.0003	0.01
IC-Au99.95	99.95	0.020	0.015	0.003	0.003	0.002	0.002	0.02	—	—	—	—	—	0.05
IC-Au99.50	99.50	—	—	—	—	—	—	—	—	—	—	—	—	0.5

注：1. IC-Au99.995、IC-Au99.99 和 IC-Au99.95 牌号的金的质量分数以杂质减量法确定，所需测定杂质包括但不限于表中所列杂质元素。

2. IC-Au99.50 牌号金质量分数可由直接测定法获得。

3. 非工业用的 IC-Au99.99、IC-Au99.95 牌号金锭对单个杂质元素含量不作具体要求。

① 所需测定杂质元素包括但不限于表中所列杂质元素。

表 14-2　高纯金

Au（质量分数，不小于）/%	杂质元素（质量分数，不大于）/×10⁻⁴%																		杂质总量（质量分数，不大于）/×10⁻⁴%
	Ag	Cu	Fe	Pb	Bi	Mg	As	Sn	Cr	Ni	Mn	Cd	Al	Pt	Rh	Ir	Ti	Zn	
Au99.999	2	1	2	1	1	1	1	1	1	1	1	1	1	1	1	1	2	1	10

注：高纯金中金的质量分数应为 100% 减去表中杂质元素实测质量分数总和的差值。当杂质元素实测质量分数小于 $0.2 \times 10^{-4}\%$ 时，可不参与差减。

表 14-3　金条

牌号	Au（不小于）	化学成分（质量分数）/% 杂质含量（不大于）												杂质总和① （不大于）
		Ag	Cu	Fe	Pb	Bi	Sb	Pd	Mg	Sn	Cr	Ni	Mn	
IC-Au99.995	99.995	0.001	0.001	0.001	0.001	0.001	0.001	0.001	0.001	0.001	0.0003	0.0003	0.0003	0.005
IC-Au99.99	99.99	0.005	0.002	0.002	0.001	0.002	0.001	0.005	0.003	—	0.0003	0.0003	0.0003	0.01
IC-Au99.95	99.95	0.020	0.015	0.003	0.003	0.002	0.002	0.02	—	—	—	—	—	0.05
IC-Au99.50	99.50	—	—	—	—	—	—	—	—	—	—	—	—	0.5

注：1. IC-Au99.995、IC-Au99.99 和 IC-Au99.95 牌号的金的质量分数以杂质减量法确定，所需测定杂质包括但不限于表中所列杂质元素。

2. IC-Au99.50 牌号金质量分数可由直接测定法获得。

3. 非工业用的 IC-Au99.99、IC-Au99.95 牌号金条对单个杂质元素含量不作具体要求。

① 所需测定杂质元素包括但不限于表中所列杂质元素。

表 14 - 4　半导体封装用键合金丝

型　号	Au (质量分数,不小于)/%	杂质总和 (质量分数,不大于)/%					
		Ag	Cu	Fe	Pb	Sb	Bi
GS							
GW	99.99			0.01			
TS							
AG2	99.00			1.00			
AG3	99.90			0.10			

注：1. 掺杂金丝的金含量按差减法得到，金含量由 100% 减去表中所列六个杂质总和。
　　2. 合金金丝的金含量直接测出。

表 14 - 5　齿科铸造合金（质量分数）　（%）

分　类	Au + 铂族			
	Au	标称值	偏差	Pt + Cd
铸造金合金①	—	25 ~ 75	±0.5	≤0.02
添铂合金①	≥60	≥75	±0.5	

注：铂族金属是指铂、钯、铱、钌和锇。
①如果铸造合金的铟含量（质量分数）大于 0.1%，其实际含量不应超过标称值。

表 14-6　金靶材

牌号	Au (不小于)	杂质含量 (不大于) Ag	Cu	Fe	Pb	Bi	Sb	Pd	Si	Mg	As	Sn	Cr	Ni	Mn	杂质总和①
IC-Au99.999	99.999	0.0005	0.0001	0.0003	0.0001	0.0001	0.0001	0.0001	0.0003	0.0001	0.0001	0.0001	0.0001	0.0001	0.0001	0.001
IC-Au99.99	99.99	0.005	0.002	0.002	0.001	0.002	0.001	0.005	—	0.003	—	—	0.0003	0.0003	0.0003	0.01

（化学成分（质量分数）/%）

注：1. IC-Au99.999、IC-Au99.99 牌号的金质量分数以金质量分数减以杂质量法确定，所需测定杂质包括但不限于表中所列杂质元素。
2. 非工业用的 IC-Au99.99、IC-Au99.95 牌号金锭对单个杂质元素含量不作具体要求。
① 所需测定杂质元素包括但不限于表中所列杂质元素。

表 14-7　金锗蒸发料

产品名称	主要成分（质量分数）/% Au	Ge	Sb	Ni	杂质（质量分数，不大于）/% Pb	Zn	Cd	总量
Au88Ge	余量	11.5~12.5	—	—	0.05	0.05	0.05	0.15
Au88GeSb	余量	11.5~12.5	0.13~0.17	—	0.05	0.05	0.05	0.15
(Au86Ge)Ni	余量	11.3~12.3	—	1.5~2.5	0.05	0.05	0.05	0.15
(Au83Ge)Ni	余量	10.9~11.9	—	4.5~5.5	0.05	0.05	0.05	0.15
(Au80Ge)Ni	余量	10.5~11.5	—	7.5~8.5	0.05	0.05	0.05	0.15

表 14-8　蒸发金（质量分数）

牌号①	Au (不小于)/%	杂质含量 (不大于)/% Ag	Cu	Fe	Pb	Bi	Sb	Si	Mn
Z-Au99.999	99.999	0.0005	0.0001	0.0002	0.0001	0.0001	0.0001	0.0002	0.0001
Z-Au99.99	99.99	0.005	0.002	0.002	0.001	0.002	0.001	0.005	0.0003

牌号①	Au (不小于)/%	杂质含量 (不大于)/% Pd	Mg	As	Sn	Pb	Cr	Ni	总量
Z-Au99.999	99.999	0.0001	0.0002	0.0001	0.0001	0.0001	0.0001	0.0001	0.01
Z-Au99.99	99.99	0.005	0.003	0.003	0.001	0.001	0.0003	0.0003	0.1

注：需方对某种特定杂质元素含量有要求的，按供需双方协商进行。
① 金质量分数为 100% 减去本表中规定的杂质实测值的总和而得。

表 14 - 9 金砷素发料

牌 号		Z-Au99.80As	Z-Au99.50As
合金成分/%	Au(质量分数,不小于)/%	99.8	99.5
单个杂质含量(质量分数,不大于)/%	As	0.20 ± 0.02	0.50 ± 0.05
	Ag	0.0002	0.0002
	Cu	0.0001	0.0001
	Fe	0.0002	0.0002
	Pb	0.0001	0.0001
	Bi	0.0001	0.0001
	Sb	0.0001	0.0001
	Si	0.0002	0.0002
	Pd	0.0001	0.0001
	Mg	0.0001	0.0001
	Sn	0.0001	0.0001
	Cr	0.0001	0.0001
	Ni	0.0001	0.0001
	Mn	0.0001	0.0001

表 14 - 10 金粒

牌号	Au (不小于)	化学成分(质量分数)/% 杂质含量(不大于)												
		Ag	Cu	Fe	Pb	Bi	Sb	Mg	Pd	Sn	Cr	Ni	Mn	杂质合计①
IC-Au99.995	99.995	0.001	0.001	0.001	0.001	0.001	0.001	0.001	0.001	0.001	0.0003	0.0003	0.0003	0.005
IC-Au99.99	99.99	0.005	0.002	0.002	0.001	0.002	0.001	0.003	0.005	—	0.0003	0.0003	0.0003	0.01
IC-Au99.95	99.95	0.020	0.015	0.003	0.003	0.002	0.002	—	0.02	—	—	—	—	0.05
IC-Au99.50	99.50	—	—	—	—	—	—	—	—	—	—	—	—	0.5

注：1. IC-Au99.995、IC-Au99.99 和 IC-Au99.95 牌号的金质量分数以杂质减量法确定，所需测定杂质包括但不限于表中所列杂质元素。
2. IC-Au99.50 牌号金质量分数可由直接测定法获得。
3. 非工业用的 IC-Au99.99、IC - Au99.95 牌号金锭对单个杂质元素含量不作具体要求。
① 所需测定杂质元素包括但不限于表中所列杂质元素。

表14-11　金及金合金板、带材

序号	合金牌号	主要成分(质量分数)/%									杂质元素含量①(质量分数,不大于)/%				
		Au	Ag	Pt	Pd	Cu	Ni	Zn	Mn	其他	Fe	Pb	Sb	Bi	总量
1	Au99.999	≥99.999	—	—	—	—	—	—	—	—	—	—	—	—	0.001
2	Au99.99	≥99.99	—	—	—	—	—	—	—	—	0.004	0.002	0.002	0.002	0.01
3	Au99.95	≥99.95	—	—	—	—	—	—	—	—	0.03	0.004	0.004	0.004	0.05
4	Au90Ag	余量	10±0.5	—	—	—	—	—	—	—	0.1	0.005	0.005	0.005	0.3
5	Au80Ag	余量	20±0.5	—	—	—	—	—	—	—	0.2	0.005	0.005	0.005	0.3
6	Au75Ag	余量	25±0.5	—	—	—	—	—	—	—	0.2	0.005	0.005	0.005	0.3
7	Au70Ag	余量	30±0.5	—	—	—	—	—	—	—	0.2	0.005	0.005	0.005	0.3
8	Au65Ag	余量	35±0.5	—	—	—	—	—	—	—	0.2	0.005	0.005	0.005	0.3
9	Au60Ag	余量	40±0.5	—	—	—	—	—	—	—	0.1	0.005	0.005	0.005	0.3
10	Au96AgCu	余量	3±0.5	—	—	1±0.3	—	—	—	—	0.2	0.005	0.005	0.005	0.3
11	Au75AgCu-1	余量	13±0.5	—	—	12±0.5	—	—	—	—	0.2	0.005	0.005	0.005	0.3
12	Au75AgCu-2	余量	20±0.5	—	—	5±0.5	—	—	—	—	0.2	0.005	0.005	0.005	0.3
13	Au50AgCu	余量	20±0.5	—	—	30±0.5	—	—	—	—	0.2	0.005	0.005	0.005	0.3
14	Au60AgCu-1	余量	25±0.5	—	—	15±0.5	—	—	—	—	0.2	0.005	0.005	0.005	0.3
15	Au58.3AgCu	余量	33.7±0.5	—	—	8±0.5	—	—	—	—	0.2	0.005	0.005	0.005	0.3
16	Au60AgCu-2	余量	35±0.5	—	—	5±0.5	—	—	—	—	0.2	0.005	0.005	0.005	0.3
17	Au55.6AgCuGd	余量	35±0.5	—	—	5±0.5	—	—	—	Gd:0.4±0.15	0.2	0.005	0.005	0.005	0.3
18	Au60AgCuNi	余量	30±1.0	—	—	7±0.5	3±0.3	—	—	—	0.2	0.005	0.005	0.005	0.3
19	Au73.5AgPt	余量	23.5±0.5	3±0.5	—	—	—	—	—	—	0.2	0.005	0.005	0.005	0.3
20	Au69AgPt	余量	25±0.5	6±0.5	—	—	—	—	—	—	0.2	0.005	0.005	0.005	0.3
21	Au95Ni	余量	—	—	—	—	5±0.5	—	—	—	0.2	0.005	0.005	0.005	0.3
22	Au92.5Ni	余量	—	—	—	—	7.5±0.5	—	—	—	0.2	0.005	0.005	0.005	0.3
23	Au91Ni	余量	—	—	—	—	9±0.5	—	—	—	0.2	0.005	0.005	0.005	0.3

续表 14-11

序号	合金牌号	主要成分(质量分数)/%									杂质元素含量①(质量分数,不大于)/%				
		Au	Ag	Pt	Pd	Cu	Ni	Zn	Mn	其他	Fe	Pb	Sb	Bi	总量
24	Au88Ni	余量	—	—	—	—	12±0.5	—	—	—	0.2	0.005	0.005	0.005	0.3
25	Au90.5NiY	余量	—	—	—	—	9±0.5	—	—	Y:$0.5^{+0.1}_{-0.2}$	0.2	0.005	0.005	0.005	0.3
26	Au90.5NiGd	余量	—	—	—	—	9±0.5	—	—	Gd:$0.5^{+0.1}_{-0.2}$	0.2	0.005	0.005	0.005	0.3
27	Au91NiCu	余量	—	—	—	1.5±0.5	7.5±0.5	—	—	—	0.2	0.005	0.005	0.005	0.3
28	Au73.5NiCuZn	余量	—	—	—	2±0.5	18.5±0.5	6±0.5	—	—	0.2	0.005	0.005	0.005	0.3
29	Au72.5NiCuZn	余量	—	—	—	2±0.5	20±0.5	5.5±0.5	—	—	0.2	0.005	0.005	0.005	0.3
30	Au80Cu	余量	—	—	—	20±0.5	—	—	—	—	0.2	0.005	0.005	0.005	0.3
31	Au70Cu	余量	—	—	—	30±0.5	—	—	—	—	0.2	0.005	0.005	0.005	0.3
32	Au60CuNiZn	余量	—	—	—	30±0.5	3±0.5	7±0.5	—	—	0.2	0.005	0.005	0.005	0.3
33	Au74.48CuNiZnMn	余量	—	—	—	22±1.0	2.5±0.5	$1^{+0.2}_{-0.5}$	0.02±0.01	—	0.2	0.005	0.005	0.005	0.3
34	Au79.48CuNiZnMn	余量	13±0.5	—	—	18±1.0	1.8±0.4	$0.7^{+0.2}_{-0.4}$	0.02±0.01	—	0.2	0.005	0.005	0.005	0.3
35	Au69CuPtNi	余量	—	7±0.5	—	21±1.0	3±0.5	—	—	—	0.2	0.005	0.005	0.005	0.3
36	Au71.5CuPtAgZn	余量	4.5±0.5	8.5±0.5	—	14.5±0.5	—	$1^{+0.2}_{-0.5}$	—	—	0.2	0.005	0.005	0.005	0.3
37	Au62CuPdNiRh	余量	—	—	12±0.5	21±0.5	3±0.5	—	—	Rh:2±0.5	0.2	0.005	0.005	0.005	0.3
38	Au95Pt	余量	—	5±0.5	—	—	—	—	—	—	0.2	0.005	0.005	0.005	0.3
39	Au93Pt	余量	—	7±0.5	—	—	—	—	—	—	0.2	0.005	0.005	0.005	0.3
40	Au97Zr	余量	—	—	—	—	—	—	—	Zr:3±0.5	0.2	0.005	0.005	0.005	0.3
41	Au75Pd	余量	—	—	25±0.5	—	—	—	—	—	0.1	—	—	—	0.3
42	Au70Pd	余量	—	—	30±0.5	—	—	—	—	—	0.1	—	—	—	0.3
43	Au65Pd	余量	—	—	35±0.5	—	—	—	—	—	0.1	—	—	—	0.3
44	Au60Pd	余量	—	—	40±0.5	—	—	—	—	—	0.1	—	—	—	0.3
45	Au50Pd	余量	—	—	50±0.5	—	—	—	—	—	0.1	—	—	—	0.3
46	Au65PdPt	余量	—	5±0.5	30±0.5	—	—	—	—	—	0.2	—	—	—	0.3

① 合金杂质元素总量不做出厂分析, 合金中铁、铅、锑、铋、铋只做原料分析。经双方协商, 铟只做原料分析, 并在订货合同中注明, 可做成品分析。

表14-12　金及金合金箔材

序号	合金牌号	主要成分(质量分数)/%									杂质元素含量①(质量分数,不大于)/%				
		Au	Ag	Pt	Pd	Cu	Ni	Zn	Mn	其他	Fe	Pb	Sb	Bi	总量
1	Au99.999	≥99.999	—	—	—	—	—	—	—	—	—	—	—	—	0.001
2	Au99.99	≥99.99	—	—	—	—	—	—	—	—	0.004	0.002	0.002	0.002	0.01
3	Au99.95	≥99.95	—	—	—	—	—	—	—	—	0.03	0.004	0.004	0.004	0.05
4	Au90Ag	余量	10±0.5	—	—	—	—	—	—	—	0.1	0.005	0.005	0.005	0.3
5	Au80Ag	余量	20±0.5	—	—	—	—	—	—	—	0.2	0.005	0.005	0.005	0.3
6	Au75Ag	余量	25±0.5	—	—	—	—	—	—	—	0.2	0.005	0.005	0.005	0.3
7	Au70Ag	余量	30±0.5	—	—	—	—	—	—	—	0.2	0.005	0.005	0.005	0.3
8	Au65Ag	余量	35±0.5	—	—	—	—	—	—	—	0.2	0.005	0.005	0.005	0.3
9	Au60Ag	余量	40±0.5	—	—	—	—	—	—	—	0.1	0.005	0.005	0.005	0.3
10	Au96AgCu	余量	3±0.5	—	—	1±0.3	—	—	—	—	0.2	0.005	0.005	0.005	0.3
11	Au75AgCu-1	余量	13±0.5	—	—	12±0.5	—	—	—	—	0.2	0.005	0.005	0.005	0.3
12	Au75AgCu-2	余量	20±0.5	—	—	5±0.5	—	—	—	—	0.2	0.005	0.005	0.005	0.3
13	Au50AgCu	余量	20±0.5	—	—	30±0.5	—	—	—	—	0.2	0.005	0.005	0.005	0.3
14	Au60AgCu-1	余量	25±0.5	—	—	15±0.5	—	—	—	—	0.2	0.005	0.005	0.005	0.3
15	Au58.3AgCu	余量	33.7±0.5	—	—	8±0.5	—	—	—	—	0.2	0.005	0.005	0.005	0.3
16	Au60AgCu-2	余量	35±0.5	—	—	5±0.5	—	—	—	—	0.2	0.005	0.005	0.005	0.3
17	Au60AgCuNi	余量	30±1.0	—	—	7±0.5	3±0.3	—	—	—	0.2	0.005	0.005	0.005	0.3
18	Au73.5AgPt	余量	23.5±0.5	3±0.5	—	—	—	—	—	—	0.2	0.005	0.005	0.005	0.3
19	Au69AgPt	余量	25±0.5	6±0.5	—	—	—	—	—	—	0.2	0.005	0.005	0.005	0.3
20	Au95Ni	余量	—	—	—	—	5±0.5	—	—	—	0.2	0.005	0.005	0.005	0.3
21	Au92.5Ni	余量	—	—	—	—	7.5±0.5	—	—	—	0.2	0.005	0.005	0.005	0.3
22	Au91Ni	余量	—	—	—	—	9±0.5	—	—	—	0.2	0.005	0.005	0.005	0.3
23	Au88Ni	余量	—	—	—	—	12±0.5	—	—	—	0.2	0.005	0.005	0.005	0.3
24	Au90.5NiY	余量	—	—	—	—	9±0.5	—	—	$Y:0.5^{+0.1}_{-0.2}$	0.2	0.005	0.005	0.005	0.3

续表 14 - 12

序号	合金牌号	主要成分（质量分数）/%									杂质元素含量①（质量分数，不大于）/%				
		Au	Ag	Pt	Pd	Cu	Ni	Zn	Mn	其他	Fe	Pb	Sb	Bi	总量
25	Au91NiCu	余量	—	—	—	1.5±0.5	7.5±0.5	—	—	—	0.2	0.005	0.005	0.005	0.3
26	Au73.5NiCuZn	余量	—	—	—	2±0.5	18.5±0.5	6±0.5	—	—	0.2	0.005	0.005	0.005	0.3
27	Au72.5NiCuZn	余量	—	—	—	2±0.5	20±0.5	5.5±0.5	—	—	0.2	0.005	0.005	0.005	0.3
28	Au60CuNiZn	余量	—	—	—	30±0.5	3±0.5	7±0.5	—	—	0.2	0.005	0.005		
29	Au74.48CuNiZnMn	余量	—	—	—	22±1.0	2.5±0.5	$1^{+0.2}_{-0.5}$	0.02±0.01	—	0.2	0.005	0.005		
30	Au79.48CuNiZnMn	余量	—	—	—	18±1.0	1.8±0.4	$0.7^{+0.2}_{-0.4}$	0.02±0.01	—	0.2	0.005	0.005	0.005	0.3
31	Au69CuPtNi	余量	—	7±0.5	—	21±1.0	3±0.5	—	—	—	0.2	0.005	0.005	0.005	0.3
32	Au71.5CuPtAgZn	余量	4.5±0.5	8.5±0.5	—	14.5±0.5	—	$1^{+0.2}_{-0.5}$	—	—	0.2	0.005	0.005	0.005	0.3
33	Au62CuPdNiRh	余量	—	—	12±0.5	21±0.5	3±0.5	—	—	Rh:2±0.5	0.2	0.005	—	—	0.3
34	Au95Pt	余量	—	5±0.5	—	—	—	—	—	—	0.2	0.005	0.005	0.005	0.3
35	Au93Pt	余量	—	7±0.5	—	—	—	—	—	—	0.2	0.005	0.005	0.005	0.3
36	Au97Zr	余量	—	—	—	—	—	—	—	Zr:3±0.5	0.2	0.005	—	0.005	0.3
37	Au91Pd	余量	—	—	9±0.5	—	—	—	—	—	0.1	—	0.005	0.005	0.3
38	Au88Pd	余量	—	—	12±0.5	—	—	—	—	—	0.1	—	0.005	0.005	0.3
39	Au75Pd	余量	—	—	25±0.5	—	—	—	—	—	0.1	—	—	—	0.3
40	Au70Pd	余量	—	—	30±0.5	—	—	—	—	—	0.1	—	—	—	0.3
41	Au65Pd	余量	—	—	35±0.5	—	—	—	—	—	0.1	—	—	—	0.3
42	Au60Pd	余量	—	—	40±0.5	—	—	—	—	—	0.1	—	—	—	0.3
43	Au50Pd	余量	—	—	50±0.5	—	—	—	—	—	0.1	—	—	—	0.3
44	Au65PdPt	余量	—	5±0.5	30±0.5	—	—	—	—	—	0.2	—	—	0.005	0.3

注：严格控制合金原料中铁、铅、锑、铋等杂质元素含量。铁、铅、锑、铋等杂质元素含量不做出厂分析。可做产品中铁、铅、锑、铋等杂质元素分析。需方如有需求，供需双方协商，并在订货合同中注明。合金杂质元素总量不做出厂分析。

① 合金杂质元素含量分析。

表 14-13　金及金合金丝、线、棒材

序号	合金牌号	主要成分（质量分数）/%									杂质元素含量①（质量分数，不大于）/%				
		Au	Ag	Pt	Pd	Cu	Ni	Zn	Mn	其他	Fe	Pb	Sb	Bi	总量
1	Au99.999	≥99.999	—	—	—	—	—	—	—	—	—	—	—	—	0.001
2	Au99.99	≥99.99	—	—	—	—	—	—	—	—	0.004	0.002	0.002	0.002	0.01
3	Au99.90	≥99.90	—	—	—	—	—	—	—	—	0.004	0.004	0.004	0.004	0.1
4	Au90Ag	余量	10.0±0.5	—	—	—	—	—	—	—	0.2	0.005	0.005	0.005	0.3
5	Au80Ag	余量	20.0±0.5	—	—	—	—	—	—	—	0.2	0.005	0.005	0.005	0.3
6	Au75Ag	余量	25.0±0.5	—	—	—	—	—	—	—	0.2	0.005	0.005	0.005	0.3
7	Au70Ag	余量	30.0±0.5	—	—	—	—	—	—	—	0.2	0.005	0.005	0.005	0.3
8	Au65Ag	余量	35.0±0.5	—	—	—	—	—	—	—	0.2	0.005	0.005	0.005	0.3
9	Au60Ag	余量	40.0±0.5	—	—	—	—	—	—	—	0.2	0.005	0.005	0.005	0.3
10	Au96AgCu	余量	3.0±0.5	—	—	1.0±0.3	—	—	—	—	0.2	0.005	0.005	0.005	0.3
11	Au75AgCu-1	余量	13.0±0.5	—	—	12.0±0.5	—	—	—	—	0.2	0.005	0.005	0.005	0.3
12	Au75AgCu-2	余量	20.0±0.5	—	—	5.0±0.5	—	—	—	—	0.2	0.005	0.005	0.005	0.3
13	Au50AgCu	余量	20.0±0.5	—	—	30.0±0.5	—	—	—	—	0.2	0.005	0.005	0.005	0.3
14	Au60AgCu-1	余量	25.0±0.5	—	—	15.0±0.5	—	—	—	—	0.2	0.005	0.005	0.005	0.3
15	Au58.3AgCu	余量	33.7±0.5	—	—	8.0±0.5	—	—	—	—	0.2	0.005	0.005	0.005	0.3
16	Au60AgCu-2	余量	35.0±0.5	—	—	5.0±0.5	—	—	—	—	0.2	0.005	0.005	0.005	0.3
17	Au59.5AgCuGd	余量	35.0±0.5	—	—	5.0±0.5	—	—	—	Gd:0.40±0.15	0.2	0.005	0.005	0.005	0.3
18	Au59.6AgCuGd-1	余量	30.0±0.5	—	—	10.0±0.5	3±0.3	—	—	Gd:0.40±0.15	0.2	0.005	0.005	0.005	0.3
19	Au60.5AgCuMn-2	余量	33.5±0.5	—	—	3.0±0.5	—	—	3.0±0.5	—	0.2	0.005	0.005	0.005	0.3
20	Au60.5AgCuMnGd	余量	33.0±0.5	—	—	3.0±0.5	—	—	2.5±0.5	Gd:0.50±0.15	0.2	0.005	0.005	0.005	0.3
21	Au60AgCuNi	余量	30.0±0.5	—	—	7.0±0.5	3.0±0.5	—	—	—	0.2	0.005	0.005	0.005	0.3
22	Au73.5AgPt	余量	23.5±0.5	3.0±0.5	—	—	—	—	—	—	0.2	0.005	0.005	0.005	0.3
23	Au69AgPt	余量	25.0±0.5	6.0±0.5	—	—	—	—	—	—	0.2	0.005	0.005	0.005	0.3
24	Au75CuAgZn	余量	7.0±0.5	—	—	17.0±0.5	0.75±0.25	—	—	—	0.2	0.005	0.005	0.005	0.3
25	Au60CuNiZn	余量	—	—	—	30.0±0.5	3.0±0.5	—	—	—	0.2	0.005	0.005	0.005	0.3
26	Au74.48CuNiZnMn	余量	—	—	—	22±1	2.5±0.5	—	0.02±0.1	—	0.2	0.005	0.005	0.005	0.3
27	Au79.48CuNiZnMn	余量	—	—	—	17.5±0.5	1.8±0.4	—	0.02±0.1	—	0.2	0.005	0.005	0.005	0.3

续表 14-13

序号	合金牌号	主要成分(质量分数)/%									杂质元素含量①(质量分数,不大于)/%				
		Au	Ag	Pt	Pd	Cu	Ni	Zn	Mn	其他	Fe	Pb	Sb	Bi	总量
28	Au69CuPtNi	余量	—	7.0±0.5	—	21.0±0.5	3±0.5	—	—	—	0.2	0.005	0.005	0.005	0.3
29	Au71.5CuPtAgZn	余量	4.5±0.5	8.5±0.5	—	14.5±0.5	—	0.85±0.35	—	—	0.2	0.005	0.005	0.005	0.3
30	Au62CuPdNiRh	余量	—	—	12.0±0.5	21.0±0.5	3.0±0.5	—	—	Rh:2.0±0.5	0.2	0.005	0.005	0.005	0.3
31	Au95Ni	余量	—	—	—	—	5.0±0.5	—	—	—	0.2	0.005	0.005	0.005	0.3
32	Au91Ni	余量	—	—	—	—	9.0±0.5	—	—	—	0.2	0.005	0.005	0.005	0.3
33	Au88Ni	余量	—	—	—	—	12.0±0.5	—	—	—	0.2	0.005	0.005	0.005	0.3
34	Au94NiCr	余量	—	—	—	—	5.0±0.5	—	—	Cr:0.7±0.15	0.2	0.005	0.005	0.005	0.3
35	Au93NiCr	余量	—	—	—	—	5.0±0.5	—	—	Cr:1.95±0.25	0.2	0.005	0.005	0.005	0.3
36	Au91NiCu	余量	—	—	—	1.5±0.5	7.5±0.5	—	—	—	0.2	0.005	0.005	0.005	0.3
37	Au73.5NiCuZn	余量	—	—	—	2.0±0.5	18.5±0.5	6±0.5	—	—	0.2	0.005	0.005	0.005	0.3
38	Au72.5NiCuZn	余量	—	—	—	2.0±0.5	20.0±0.5	5.5±0.5	—	—	0.2	0.005	0.005	0.005	0.3
39	Au93.2NiFeZr	余量	—	—	—	—	5.0±0.5	—	—	Zr:0.3±0.15 Fe:1.5±0.5		0.005	0.005	0.005	0.3
40	Au88.7NiFeZr	余量	—	—	—	—	9.0±0.5	—	—	Zr:0.3±0.15 Fe:2.0±0.15		0.005	0.005	0.005	0.3
41	Au90.5NiGd	余量	—	—	—	—	9.0±0.5	—	—	Gd:0.45±0.15	0.2	0.005	0.005	0.005	0.3
42	Au83NiIn	余量	—	—	—	—	9.0±0.5	—	—	In:8.0±0.5	0.2	0.005	0.005	0.005	0.3
43	Au90.5NiY	余量	—	—	—	—	9.0±0.5	—	—	Y:0.45±0.15	0.2	0.005	0.005	0.005	0.3
44	Au75Pd	余量	—	—	25.0±0.5	—	—	—	—	—	0.2	0.005	0.005	0.005	0.3
45	Au70Pd	余量	—	—	30.0±0.5	—	—	—	—	—	0.2	0.005	0.005	0.005	0.3
46	Au65Pd	余量	—	—	35.0±0.5	—	—	—	—	—	0.2	0.005	0.005	0.005	0.3
47	Au60Pd	余量	—	—	40.0±0.5	—	—	—	—	—	0.2	0.005	0.005	0.005	0.3
48	Au50Pd	余量	—	—	50.0±0.5	—	—	—	—	—	0.2	0.005	0.005	0.005	0.3
49	Au65PdPt	余量	—	5.0±0.5	30.0±0.5	—	—	—	—	—	0.2	0.005	0.005	0.005	0.3
50	Au95Pt	余量	—	5.0±0.5	—	—	—	—	—	—	0.2	0.005	0.005	0.005	0.3
51	Au93Pt	余量	—	7.0±0.5	—	—	—	—	—	—	0.2	0.005	0.005	0.005	0.3
52	Au977Zr	余量	—	—	—	—	—	—	—	Zr:3.0±0.5	0.2	0.005	0.005	0.005	0.3

注：严格控制合金原料中铁、铅、锑、铋等杂质元素含量。成品中杂质元素含量不作出厂分析，用户如有需求，在订货合同中注明，可做成品出厂分析。

① 合金中杂质总量不做出厂分析。

表 14-14　导电环用金及金合金管材

序号	合金牌号	主要成分(质量分数)/%								杂质元素(质量分数,不大于)/%					
		Ag	Au	Pt	Pd	Ir	Cu	Ni	Al	Au	Fe	Pb	Sb	Bi	总量①
1	T-Au99.99	—	≥99.99	—	—	—	—	—	—	—	0.003	0.003	0.003	0.003	0.01
2	T-Au99.95	—	≥99.95	—	—	—	—	—	—	—	0.04	0.004	0.004	0.004	0.05
3	T-Au75CuNi	—	余量	—	—	—	15±0.5	10±0.5	—	—	0.10	0.005	0.005	0.005	0.25
4	T-Au60AgCu	35±0.5	余量	—	—	—	5±0.5	—	—	—	0.10	0.005	0.005	0.005	0.25

① 杂质元素总量为表中所列杂质及未列的其他杂质元素。杂质元素总量不做出厂分析，需方如有需求，供需双方协商，并在订货合同中注明。

表 14-15　金及金合金异型丝材

合金牌号	主成分(质量分数)/%									杂质含量(质量分数,不大于)/%				
	Au	Ag	Pd	Cu	Ni	Ce	Sn	La	Au	Fe	Pb	Sb	Bi	总量
Au92Ag	余量	8±0.5	—	—	—	—	—	—	—	0.1	0.005	0.005	0.005	0.3
Au60AgCu	余量	35±0.5	—	5±0.5	—	—	—	—	—	0.2	0.005	0.005	0.005	0.3
Au95Ni	余量	—	—	—	5±0.5	—	—	—	—	0.2	0.005	0.005	0.005	0.3

表 14 - 16　超细金粉

杂质元素含量(质量分数,不大于)/%												杂质总量(质量分数,不大于)/%
Pt	Pd	Rh	Ir	Ag	Cu	Ni	Fe	Pb	Al	Sb	Bi	
0.001	0.001	0.001	0.001	0.002	0.001	0.001	0.001	0.001	0.001	0.001	0.001	0.01

注：金的含量为百分之百减去表中杂质实测量总量的余量。

表 14 - 17　金基合金钎料

序号	合金牌号	主成分(质量分数)/%						杂质含量(质量分数,不大于)/%			
		Au	Cu	Ag	Pd	Ni	其他	Pb	Zn	Cd	总量
1	BAu1064	99.99	—	—	—	—	—	0.003	0.002	0.002	0.01
2	BAu75AgCu885/895	余量	19.5 ~ 20.5	4.5 ~ 5.5	—	—	—	0.005	0.005	0.005	0.15
3	BAu60AgCu835/845	余量	19.5 ~ 20.5	19.0 ~ 21.0	—	—	—	0.005	0.005	0.005	0.15
4	BAu80Cu910	余量	19.5 ~ 20.5	—	—	—	—	0.005	0.005	0.005	0.15
5	BAu60Cu935/945	余量	39.5 ~ 40.5	—	—	—	—	0.005	0.005	0.005	0.15
6	BAu50Cu955/970	余量	49.5 ~ 50.5	—	—	—	—	0.005	0.005	0.005	0.15
7	BAu40Cu980/1010	39.5 ~ 40.5	余量	—	—	—	—	0.005	0.005	0.005	0.15
8	BAu35Cu990/1010	34.5 ~ 35.5	余量	—	—	—	—	0.005	0.005	0.005	0.15
9	BAu10Cu1050/1065	9.5 ~ 10.5	余量	—	—	—	—	0.005	0.005	0.005	0.15
10	BAu35CuNi975/1030	34.5 ~ 35.5	余量	—	—	2.5 ~ 3.5	—	0.005	0.005	0.005	0.15
11	BAu81.5CuNi910/930	余量	15.0 ~ 16.0	—	—	2.5 ~ 3.5	—	0.005	0.005	0.005	0.15
12	BAu82.5Ni950	余量	—	—	—	17.0 ~ 18.0	—	0.005	0.005	0.005	0.15
13	BAu82Ni950	余量	—	—	—	17.5 ~ 18.5	—	0.005	0.005	0.005	0.15
14	BAu55Ni1010/1160	余量	—	—	—	44.5 ~ 45.5	—	0.005	0.005	0.005	0.15
15	BAu88Pd1260/1300	余量	—	—	11.5 ~ 12.5	—	—	0.005	0.005	0.005	0.15
16	BAu92Pd1190/1230	余量	—	—	7.5 ~ 8.5	—	—	0.005	0.005	0.005	0.15
17	BAu50PdNi1121	余量	—	—	24.5 ~ 25.5	24.5 ~ 25.5	—	0.005	0.005	0.005	0.15
18	BAu30PdNi1135/1169	29.5 ~ 30.5	—	—	余量	35.5 ~ 36.5	—	0.005	0.005	0.005	0.15
19	BAu51PdNi1054/1110	余量	—	—	26.5 ~ 27.5	21.5 ~ 22.5	—	0.005	0.005	0.005	0.15
20	BAu70PdNi1005/1037	余量	—	—	7.5 ~ 8.5	21.5 ~ 22.5	—	0.005	0.005	0.005	0.15

序号	合金牌号	主成分(质量分数)/%						杂质含量(质量分数,不大于)/%			
		Au	Cu	Ag	Pd	Ni	其他	Pb	Zn	Cd	总量
21	BAu30AgSn411/412	29.5 ~ 30.5	—	29.5 ~ 30.5		—	Sn:余量	0.005	0.005	0.005	0.15
22	BAu80Sn280	余量	—	—		—	Sn:19.0 ~ 21.0	0.005	0.005	0.005	0.15
23	BAu88Ge356	余量	—	—		—	Ge:11.5 ~ 12.5	0.005	0.005	0.005	0.15
24	BAu99.5Sb360/370	余量	—	—		—	Sb:0.3 ~ 0.7	0.005	0.005	0.005	0.15
25	BAu99Sb360/380	余量	—	—		—	Sb:0.8 ~ 1.2	0.005	0.005	0.005	0.15
26	BAu98Si370/390	余量	—	—		—	Si:1.5 ~ 2.5	0.005	0.005	0.005	0.15
27	BAu89.5GeAg356/370	余量	—	0.4 ~ 0.6		—	Ge:9.0 ~ 10.0	0.005	0.005	0.005	0.15
28	BAu42Cu980/1000	余量	57.5 ~ 58.5	—		—	—	0.005	0.005	0.005	0.15

注:"—"表示该合金牌号中不包含该金属元素。

表 14 - 18　微波磁控管器件用金基合金钎料

序号	合金牌号	主成分(质量分数)/%					杂质元素(质量分数,不大于)/%				
		Au	Cu	Ag	Pd	Ni	Pb	Zn	Cd	O	总量①
1	BVAu88Pd-1190/1230	余量	—	—	12 ± 0.5	—	0.001	0.001	0.001	0.002	0.1
2	BVAu92Pd-1260/1300	余量	—	—	8 ± 0.5	—	0.001	0.001	0.001	0.002	0.1
3	BVAu82.5Ni-950	余量	—	—	—	17.5 ± 0.5	0.001	0.001	0.001	0.002	0.1
4	BVAu82Ni-950	余量	—	—	—	18 ± 0.5	0.001	0.001	0.001	0.002	0.1
5	BVAu55Ni-1010/1100	余量	—	—	—	45 ± 0.5	0.001	0.001	0.001	0.002	0.1
6	BVAu80Cu-910	余量	20 ± 0.5	—	—	—	0.001	0.001	0.001	0.002	0.1
7	BVAu60Cu-935/945	余量	40 ± 0.5	—	—	—	0.001	0.001	0.001	0.002	0.1
8	BVAu50Cu-955/970	余量	50 ± 0.5	—	—	—	0.001	0.001	0.001	0.002	0.1
9	BVAu42Cu-980/1000	42 ± 0.5	余量	—	—	—	0.001	0.001	0.001	0.002	0.1
10	BVAu40Cu-980/1010	40 ± 0.5	余量	—	—	—	0.001	0.001	0.001	0.002	0.1
11	BVAu35Cu-990/1010	35 ± 0.5	余量	—	—	—	0.001	0.001	0.001	0.002	0.1
12	BVAu10Cu-1050/1065	10 ± 0.5	余量	—	—	—	0.001	0.001	0.001	0.002	0.1
13	BVAu60AgCu-835/845	余量	20 ± 0.5	20 ± 0.5	—	—	0.001	0.001	0.001	0.002	0.1
14	BVAu81.5CuNi-910/920	余量	15.5 ± 0.5	—	—	3 ± 0.5	0.001	0.001	0.001	0.002	0.1

① 杂质元素总量含表中所列杂质及未列的其他杂质元素。杂质元素总量不做出厂分析,需方如有需求,供需双方协商,并在订货合同中注明。

表 14-19 银锭

牌号①	银含量(不小于)	化学成分(质量分数)/%								杂质含量(不大于)/%
		Cu	Pb	Fe	Sb	Se	Te	Bi	Pd	杂质总和
IC-Ag99.99	99.99	0.0025	0.001	0.001	0.001	0.0005	0.0008	0.0008	0.001	0.01
IC-Ag99.95	99.95	0.025	0.015	0.002	0.002	—	—	0.001	—	0.05
IC-Ag99.90	99.90	0.05	0.025	0.002	—	—	—	0.002	—	0.10

注：需方如对银锭的化学成分有特殊要求时，可由供需双方协商确定。
① IC-Ag99.99 和 IC-Ag99.95 牌号、银质量分数以杂质减量法确定，所需测定杂质元素包括但不限于表中所列杂质元素。IC-Ag99.90 牌号银质量分数是直接测定。

表 14-20 保险管用银铜合金丝

合金牌号	化学成分(质量分数)/%	
	Ag	Cu
Ag72Cu	72±0.5	余量
Ag50Cu	50±0.5	余量
Ag45Cu	45±0.5	余量

表 14-21 核级银-铟-镉合金棒（质量分数）

元素	主元素/%			杂质(不大于)/%										总量
	Ag	In	Cd	Cu	Fe	Pb	Bi	Mn	Mg	Ni	Si	Sn	Zn	
含量	79.50~80.50	14.75~15.25	4.75~5.25	0.03	0.03	0.03	0.03	0.03	0.03	0.03	0.03	0.03	0.03	0.25

表 14-22 表面喷涂用特种导电涂料

牌号	主要成分			化学成分(质量分数)/%				杂质总量(不大于)
	Ag	Cu	Ni	Pb	Sb	Bi	Fe	
CS-Ag99.99	≥99.99	—	—	0.002	0.002	0.002	0.002	0.01
CS-Ag90Cu	90±0.5	10±0.5	—	0.004	0.004	0.004	0.004	0.3
CS-Ag80Cu	80±0.5	20±0.5	—	0.004	0.004	0.004	0.004	0.3
CS-Ag70Cu	70±0.5	30±0.5	—	0.005	0.005	0.005	0.005	0.3
CS-Ag90Ni	90±0.5	—	10±0.5	0.004	0.004	0.004	0.004	0.3
CS-Ag80Ni	80±0.5	—	20±0.5	0.004	0.004	0.004	0.004	0.3
CS-Ag70Ni	70±0.5	—	30±0.3	0.005	0.005	0.005	0.005	0.3
CS-Cu99.95	—	≥99.95	—	0.004	0.004	0.004	0.004	0.05
CS-Ni99.95	—	—	≥99.95	0.004	0.004	0.004	0.004	0.05

注：化学成分若需方有特殊要求可在订货合同中注明。

表 14-23　电接触银镍稀土材料

牌　号	主要成分（质量分数）/%		杂质含量（不大于）/%				
	Ni	Y	Ag	Fe	Pb	Sb	Bi
AgNi10Y	10±1	0.1~1.5	余量	0.05	0.05	0.005	0.005
AgNi20Y	20±1	0.1~1.5	余量	0.05	0.05	0.005	0.005

注：杂质总量不作产品出厂检验要求，需方有特殊要求，可在合同中注明。

表 14-24　限流熔断器用银及银合金丝、带材

化 学 成 分

牌　号	主要成分/%		杂质元素（质量分数，不大于）/%				
	Ag	Cu	Fe	Pb	Bi	Sb	总量
Ag99.95①	≥99.95	—	0.003	0.005	0.004	0.002	0.05
Ag72Cu	余量	28±1.0	0.10	0.005	0.005	0.005	0.15

① 银的质量分数为 100% 减去表中所列杂质总量的余量。

表 14-25　银条

化学成分（质量分数）/%

牌　号①	银含量（不小于）	杂质含量（质量分数）/%								
		Cu	Pb	Fe	Sb	Se	Te	Bi	Pd	杂质总和
IC-Ag99.99	99.99	0.0025	0.001	0.001	0.001	0.0005	0.0008	0.0008	0.001	0.01

注：需方如对银99.99牌号，银质量分数以杂质减量法确定，所需测定杂质元素包括但不限于表中所列杂质元素。
① IC-Ag99.99牌号，银质量分数以杂质减量法确定，所需测定杂质元素包括但不限于表中所列杂质元素。

表 14-26　银靶

化学成分（质量分数）/%

牌　号①	银含量（不小于）	杂质含量（不大于）/%								
		Cu	Pb	Fe	Sb	Se	Te	Bi	Pd	杂质总和
IC-Ag99.99	99.99	0.0025	0.001	0.001	0.001	0.0005	0.0008	0.0008	0.001	0.01

注：需方如对银锭的化学成分有特殊要求时，可由供需双方协商确定。
① IC-Ag99.99牌号，银质量分数以杂质减量法确定，所需测定杂质元素包括但不限于表中所列杂质元素。

表 14-27　银蒸发料

化学成分(质量分数)/%

牌号①	银含量(不小于)	杂质含量(不大于)									非金属元素(不大于)				
		Cu	Pb	Fe	Sb	Se	Te	Bi	Pd	金属杂质总和	C	H	O	N	S
IC-Ag99.99	99.99	0.0025	0.001	0.001	0.001	0.0005	0.0008	0.0008	0.001	0.01	0.005	0.0005	0.01	0.001	0.002

注：需方如对银锭的化学成分有特殊要求时，可由供需双方协商确定。
① IC-Ag99.99 牌号，银质量分数以杂质减量法确定，所需测定杂质元素包括但不限于表中所列杂质元素。

表 14-28　钽电容器用银铜合金棒、管、带材 (质量分数)

银含量(不小于)/%	铜含量/%	杂质含量(不大于)/%				
		Fe	Pb	Bi	Sb	杂质总和
99.45	0.5±0.05	0.002	0.002	0.002	0.0025	0.05

注：需方如对合金材料的化学成分有特殊要求时，可由供需双方商定。

表 14-29　银镍石墨电触头技术条件 (质量分数)

产品名称	牌号	主要成分/%		
		Ni	C	Ag
银镍(25)石墨(2)	AgNi(25)C(2)	26.5±1.5	2.0±0.5	余量
银镍(30)石墨(3)	AgNi(30)C(3)	31±1	2.5±0.5	余量

注：需方有特殊要求可在合同中注明。

表 14-30　银粒

化学成分(质量分数)/%

牌号	银含量(不小于)/%	杂质含量(不大于)/%								
		Cu	Fe	Pb	Bi	Sb	Se	Te	Pd	杂质总和
IC-Ag99.99	99.99	0.003	0.001	0.001	0.0008	0.001	0.0005	0.0005	0.001	0.01
IC-Ag99.95	99.95	0.025	0.002	0.015	0.001	0.002	—	—	—	0.05
IC-Ag99.90	99.90	0.05	0.002	0.025	0.002	—	—	—	—	0.1

注：需方如对银粒的化学成分有特殊要求时，可由供需双方商定。
① IC-Ag99.99、IC-Ag99.95、IC-Ag99.90 牌号的银的含量（质量分数）是以100%减去表中规定的杂质实测值的总和所得，IC-Ag99.90 牌号银质量分数为直接测定而得。

表 14-31　银及银合金器皿制品

合金牌号	主成分(质量分数)/%		杂质(质量分数①,不大于)/%						
	Ag	Y	Cu	Fe	Pb	Sb	Bi	Se	总量
Ag99.99	≥99.99	—	0.003	0.002	0.001	0.001	0.002	0.0005	0.01
Ag99.95	≥99.95	—	0.025	0.03	0.004	0.004	0.004	—	0.05
MSAg	余量	0.1~0.3	0.05	0.03	0.004	0.004	0.004	—	0.05

注：需方如有需求，供需双方协商，并在订货合同中注明。
① 杂质元素总含量是表中所列杂质元素及未列的其他杂质元素，杂质元素和杂质元素总含量不做出厂分析。

表14-32 银及银合金板、带材

序号	合金牌号	主要成分（质量分数）/%									杂质元素①（质量分数，不大于）/%				
		Ag	Au	Pt	Pd	Cu	Ni	Mg	Ce	其他	Fe	Pb	Sb	Bi	总量
1	Ag99.99	≥99.99	—	—	—	—	—	—	—	—	0.004	0.002	0.002	0.002	0.01
2	Ag99.95	≥99.95	—	—	—	—	—	—	—	—	0.03	0.004	0.004	0.004	0.05
3	Ag88Pt	余量	—	12±0.5	—	—	—	—	—	—	0.1	0.005	0.005	0.005	0.3
4	Ag80Pt	余量	—	20±0.5	—	—	—	—	—	—	0.1	0.005	0.005	0.005	0.3
5	Ag90Pd	余量	—		10±0.5	—	—	—	—	—	0.1	0.005	0.005	0.005	0.3
6	Ag80Pd	余量	—		20±0.5	—	—	—	—	—	0.1	0.005	0.005	0.005	0.3
7	Ag52PdCu	余量	—		20±0.5	28±0.5	—	—	—	—	0.2	0.005	0.005	0.005	0.3
8	Ag95Au	余量	5±0.5	—	—	—	—	—	—	—	0.2	0.005	0.005	0.005	0.3
9	Ag90Au	余量	10±0.5	—	—	—	—	—	—	—	0.1	0.005	0.005	0.005	0.3
10	Ag69Au	余量	31±0.5	—	—	—	—	—	—	—	0.2	0.005	0.005	0.005	0.3
11	Ag60Au	余量	40±0.5	—	—	—	—	—	—	—	0.2	0.005	0.005	0.005	0.3
12	Ag99.5Ce	余量	—	—	—	—	—	—	$0.5^{+0.3}_{-0.2}$	—	0.15	0.005	0.005	0.005	0.3
13	Ag98.5ZrCe	余量	—	—	—	—	—	—	$0.5^{+0.3}_{-0.2}$	Zr:1±0.5	0.15	0.005	0.005	0.005	0.3
14	Ag98.2Mg	余量	—	—	—	—	—	$1.8^{+0.2}_{-0.3}$	—	—	0.2	—	—	—	0.3
15	Ag97Mg	余量	—	—	—	—	—	3±0.5	—	—	0.2	—	—	—	0.3
16	Ag95.3Mg	余量	—	—	—	—	—	4.7±0.5	—	—	0.2	—	—	—	0.3
17	Ag99.55MgNi-1	余量	—	—	—	—	0.18±0.02	0.27±0.02	—	—	0.2	—	—	—	0.3
18	Ag99.55MgNi-2	余量	—	—	—	—	0.2±0.02	0.25±0.02	—	—	0.2	—	—	—	0.3
19	Ag99.47MgNi	余量	—	—	—	—	0.24±0.02	0.29±0.03	—	—	0.2	—	—	—	0.3
20	Ag99.4Cu	余量	—	—	—	0.6±0.2	—	—	—	—	0.1	0.005	0.005	0.005	0.2
21	Ag98Cu	余量	—	—	—	$2^{+0.3}_{-0.5}$	—	—	—	—	0.1	0.005	0.005	0.005	0.2
22	Ag96Cu	余量	—	—	—	$5^{+0.3}_{-0.5}$	—	—	—	—	0.1	0.005	0.005	0.005	0.2
23	Ag92.5Cu	余量	—	—	—	7.5±0.5	—	—	—	—	0.15	0.005	0.005	0.005	0.2

续表 14 - 32

序号	合金牌号	主要成分（质量分数）/%									杂质元素①（质量分数，不大于）/%				
		Ag	Au	Pt	Pd	Cu	Ni	Mg	Ce	其他	Fe	Pb	Sb	Bi	总量
24	Ag91.6Cu	余量	—	—	—	8.4±0.5	—	—	—	—	0.15	0.005	0.005	0.005	0.2
25	Ag90Cu	余量	—	—	—	10±0.5	—	—	—	—	0.15	0.005	0.005	0.005	0.2
26	Ag87.5Cu	余量	—	—	—	12.5±0.5	—	—	—	—	0.2	0.005	0.005	0.005	0.3
27	Ag85Cu	余量	—	—	—	15±0.5	—	—	—	—	0.2	0.005	0.005	0.005	0.3
28	Ag80Cu	余量	—	—	—	20±0.5	—	—	—	—	0.2	0.005	0.005	0.005	0.3
29	Ag77Cu	余量	—	—	—	23±0.5	—	—	—	—	0.2	0.005	0.005	0.005	0.35
30	Ag70Cu	余量	—	—	—	30±0.5	—	—	—	—	0.2	0.005	0.005	0.005	0.35
31	Ag65Cu	余量	—	—	—	35±0.5	—	—	—	—	0.2	0.005	0.005	0.005	0.4
32	Ag55Cu	余量	—	—	—	45±0.5	—	—	—	—	0.2	0.005	0.005	0.005	0.4
33	Ag46Cu	余量	—	—	—	54±1.0	—	—	—	—	0.2	—	—	—	0.5
34	Ag30Cu	余量	—	—	—	70±1.0	—	—	—	—	0.2	—	—	—	0.5
35	Ag25Cu	余量	—	—	—	75±1.0	—	—	—	—	0.2	0.005	0.005	0.005	0.5
36	Ag89.8CuV	余量	—	—	—	10±1.0	—	—	—	V:0.2~0.7	0.2	0.005	0.005	0.005	0.4
37	Ag89.9CuV	余量	—	—	—	10±1.0	—	—	—	V:0.1~0.7	0.2	0.005	0.005	0.005	0.4
38	Ag88.8CuVZr	余量	—	—	—	10±1.0	—	—	—	V:0.2~0.7 Zr:1±0.5	0.2	0.005	0.005	0.005	0.4
39	Ag78CuNi	余量	—	—	—	20±0.8	2±0.5	—	—	—	0.2	0.005	0.005	0.005	0.35
40	Ag80CuNi	余量	—	—	—	18±0.8	2±0.5	—	—	—	0.2	0.005	0.005	0.005	0.35
41	Ag98SnCeLa	余量	—	—	—		—	—	$0.5^{+0.3}_{-0.2}$	Sn:$1^{+0.3}_{-0.2}$ La:$0.5^{+0.3}_{-0.2}$	0.1	0.005	0.005	0.005	0.30

① 合金杂质元素总量不做出厂分析。合金中铁、铅、锑、铋只做原料分析。经双方协商，并在订货合同中注明，可做成品分析。

表 14-33　银及银合金箔材

序号	合金牌号	主要成分(质量分数)/%									杂质元素(质量分数,不大于)/%				
		Ag	Au	Pt	Pd	Cu	Ni	Mg	Ce	其他	Fe	Pb	Sb	Bi	总量
1	Ag99.99	≥99.99	—	—	—	—	—	—	—	—	0.004	0.002	0.002	0.002	0.01
2	Ag99.95	≥99.95	—	—	—	—	—	—	—	—	0.03	0.004	0.004	0.004	0.05
3	Ag88Pt	余量	—	12±0.5	—	—	—	—	—	—	0.1	0.005	0.005	0.005	0.3
4	Ag80Pt	余量	—	20±0.5	—	—	—	—	—	—	0.1	0.005	0.005	0.005	0.3
5	Ag90Pd	余量	—	—	10±0.5	—	—	—	—	—	0.1	0.005	0.005	0.005	0.3
6	Ag80Pd	余量	—	—	20±0.5	—	—	—	—	—	0.1	0.005	0.005	0.005	0.3
7	Ag52PdCu	余量	—	—	20±0.5	28±0.5	—	—	—	—	0.2	0.005	0.005	0.005	0.3
8	Ag95Au	余量	5±0.5	—	—	—	—	—	—	—	0.2	0.005	0.005	0.005	0.3
9	Ag90Au	余量	10±0.5	—	—	—	—	—	—	—	0.1	0.005	0.005	0.005	0.3
10	Ag69Au	余量	31±0.5	—	—	—	—	—	—	—	0.2	0.005	0.005	0.005	0.3
11	Ag60Au	余量	40±0.5	—	—	—	—	—	—	—	0.2	0.005	0.005	0.005	0.3
12	Ag99.5Ce	余量	—	—	—	—	—	—	$0.5^{+0.3}_{-0.2}$	—	0.15	0.005	0.005	0.005	0.3
13	Ag98.5ZrCe	余量	—	—	—	—	—	—	$0.5^{+0.3}_{-0.2}$	Zr:1±0.5	0.15	0.005	0.005	0.005	0.3
14	Ag98.2Mg	余量	—	—	—	—	—	$1.8^{+0.2}_{-0.3}$	—	—	0.2	—	—	—	0.3
15	Ag97Mg	余量	—	—	—	—	—	3±0.5	—	—	0.2	—	—	—	0.3
16	Ag95.3Mg	余量	—	—	—	—	—	4.7±0.5	—	—	0.2	—	—	—	0.3
17	Ag99.55MgNi-1	余量	—	—	—	—	0.18±0.02	0.27±0.02	—	—	0.2	—	—	—	0.3
18	Ag99.55MgNi-2	余量	—	—	—	—	0.2±0.02	0.25±0.02	—	—	0.2	—	—	—	0.3
19	Ag99.47MgNi	余量	—	—	—	—	0.24±0.02	0.29±0.03	—	—	0.2	—	—	—	0.3
20	Ag99.4Cu	余量	—	—	—	0.6±0.2	—	—	—	—	0.1	0.005	0.005	0.005	0.2
21	Ag98Cu	余量	—	—	—	$2^{+0.3}_{-0.5}$	—	—	—	—	0.1	0.005	0.005	0.005	0.2

续表 14-33

序号	合金牌号	主要成分（质量分数）/%									杂质元素（质量分数，不大于）/%				
		Ag	Au	Pt	Pd	Cu	Ni	Mg	Ce	其他	Fe	Pb	Sb	Bi	总量
22	Ag96Cu	余量	—	—	—	$4^{+0.3}_{-0.5}$	—	—	—	—	0.1	0.005	0.005	0.005	0.2
23	Ag92.5Cu	余量	—	—	—	7.5±0.5	—	—	—	—	0.15	0.005	0.005	0.005	0.2
24	Ag91.6Cu	余量	—	—	—	8.4±0.5	—	—	—	—	0.15	0.005	0.005	0.005	0.2
25	Ag90Cu	余量	—	—	—	10±0.5	—	—	—	—	0.15	0.005	0.005	0.005	0.2
26	Ag87.5Cu	余量	—	—	—	12.5±0.5	—	—	—	—	0.2	0.005	0.005	0.005	0.3
27	Ag85Cu	余量	—	—	—	15±0.5	—	—	—	—	0.2	0.005	0.005	0.005	0.3
28	Ag80Cu	余量	—	—	—	20±0.5	—	—	—	—	0.2	0.005	0.005	0.005	0.3
29	Ag77Cu	余量	—	—	—	23±0.5	—	—	—	—	0.2	0.005	0.005	0.005	0.35
30	Ag70Cu	余量	—	—	—	30±0.5	—	—	—	—	0.2	0.005	0.005	0.005	0.35
31	Ag65Cu	余量	—	—	—	35±0.5	—	—	—	—	0.2	0.005	0.005	0.005	0.4
32	Ag55Cu	余量	—	—	—	45±0.5	—	—	—	—	0.2	0.005	0.005	0.005	0.4
33	Ag46Cu	余量	—	—	—	54±1.0	—	—	—	—	0.2	—	—	—	0.5
34	Ag30Cu	余量	—	—	—	70±1.0	—	—	—	—	0.2	—	—	—	0.5
35	Ag25Cu	余量	—	—	—	75±1.0	—	—	—	—	0.2	—	—	—	0.5
36	Ag89.8CuV	余量	—	—	—	10±1.0	—	—	—	V:0.2~0.7	0.2	0.005	0.005	0.005	0.4
37	Ag89.9CuV	余量	—	—	—	10±1.0	—	—	—	V:0.1~0.7	0.2	0.005	0.005	0.005	0.4
38	Ag88.8CuVZr	余量	—	—	—	10±1.0	—	—	—	V:0.2~0.7 Zr:1±0.5	0.2	0.005	0.005	0.005	0.4
39	Ag78CuNi	余量	—	—	—	20±0.8	2±0.5	—	—	—	0.2	0.005	0.005	0.005	0.35
40	Ag80CuNi	余量	—	—	—	18±0.8	2±0.5	—	—	—	0.2	0.005	0.005	0.005	0.35

注：1. 严格控制合金原料中铁、铅、锑、铋等杂质元素含量。铁、锑、铅、铋等杂质元素含量不做出厂分析。需方如有需求，供需双方协商，并在订货合同中注明。可做产品中铁、锑、铅、铋等杂质元素含量分析。

2. 合金杂质元素总量不做出厂分析。

表 14-34　银及银合金线材

序号	材料牌号	主要成分(质量分数)/%										杂质元素(质量分数,不大于)/%				
		Ag	Au	Pt	Pd	Cu	Ni	Mg	Ce	Zr	其他	Fe	Pb	Sb	Bi	总量
1	Ag99.99	≥99.99	—	—	—	—	—	—	—	—	—	0.004	0.002	0.002	0.002	0.01
2	Ag99.90	≥99.90	—	—	—	—	—	—	—	—	—	0.004	0.004	0.004	0.004	0.1
3	Ag88Pt	余量	—	12±0.5	—	—	—	—	—	—	—	0.2	0.005	0.005	0.005	0.3
4	Ag99Pd	余量	—	—	1±0.3	—	—	—	—	—	—	0.2	0.005	0.005	0.005	0.3
5	Ag95Pd	余量	—	—	5±0.5	—	—	—	—	—	—	0.2	0.005	0.005	0.005	0.3
6	Ag90Pd	余量	—	—	10±0.5	—	—	—	—	—	—	0.2	0.005	0.005	0.005	0.3
7	Ag80Pd	余量	—	—	20±0.5	—	—	—	—	—	—	0.2	0.005	0.005	0.005	0.3
8	Ag70Pd	余量	—	—	30±0.5	—	—	—	—	—	—	0.2	0.005	0.005	0.005	0.3
9	Ag60Pd	余量	—	—	40±0.5	—	—	—	—	—	—	0.2	0.005	0.005	0.005	0.3
10	Ag52PdCu	余量	—	—	20±0.5	28±0.5	—	—	—	—	—	0.2	0.005	0.005	0.005	0.3
11	Ag95Au	余量	5±0.5	—	—	—	—	—	—	—	—	0.2	0.005	0.005	0.005	0.3
12	Ag90Au	余量	10±0.5	—	—	—	—	—	—	—	—	0.2	0.005	0.005	0.005	0.3
13	Ag69Au	余量	31±0.5	—	—	—	—	—	—	—	—	0.2	0.005	0.005	0.005	0.3
14	Ag60Au	余量	40±0.5	—	—	—	—	—	—	—	—	0.2	0.005	0.005	0.005	0.3
15	Ag99.5Ce	余量	—	—	—	—	—	—	0.55±0.25	—	—	0.2	0.005	0.005	0.005	0.3
16	Ag98.5ZrCe	余量	—	—	—	—	—	—	0.55±0.25	1.0±0.5	—	0.2	0.005	0.005	0.005	0.3
17	Ag98.2Mg	余量	—	—	—	—	—	1.8±0.2	—	—	—	0.2	0.005	0.005	0.005	0.3
18	Ag97Mg	余量	—	—	—	—	—	3.0±0.5	—	—	—	0.2	0.005	0.005	0.005	0.3
19	Ag95.3Mg	余量	—	—	—	—	—	4.7±0.5	—	—	—	0.2	0.005	0.005	0.005	0.3
20	Ag99.55MgNi	余量	—	—	—	—	0.18±0.02	0.27±0.02	—	—	—	0.2	0.005	0.005	0.005	0.3
21	Ag99.47MgNi	余量	—	—	—	—	0.24±0.02	0.29±0.03	—	—	—	0.2	0.005	0.005	0.005	0.3
22	Ag99.4Cu	余量	—	—	—	0.5±0.1	—	—	—	—	—	0.2	0.005	0.005	0.005	0.3
23	Ag98Cu	余量	—	—	—	2.0±0.4	—	—	—	—	—	0.2	0.005	0.005	0.005	0.3

续表 14 - 34

序号	材料牌号	主要成分(质量分数)/%										杂质元素(质量分数,不大于)/%				
		Ag	Au	Pt	Pd	Cu	Ni	Mg	Ce	Zr	其他	Fe	Pb	Sb	Bi	总量
24	Ag96Cu	余量	—	—	—	4.0±0.5	—	—	—	—	—	0.2	0.005	0.005	0.005	0.3
25	Ag92.5Cu	余量	—	—	—	7.5±0.5	—	—	—	—	—	0.2	0.005	0.005	0.005	0.3
26	Ag91.6Cu	余量	—	—	—	8.4±0.5	—	—	—	—	—	0.2	0.005	0.005	0.005	0.3
27	Ag90Cu	余量	—	—	—	10.0±0.5	—	—	—	—	—	0.2	0.005	0.005	0.005	0.3
28	Ag87.5Cu	余量	—	—	—	12.5±0.5	—	—	—	—	—	0.2	0.005	0.005	0.005	0.3
29	Ag85Cu	余量	—	—	—	15.0±0.5	—	—	—	—	—	0.2	0.005	0.005	0.005	0.3
30	Ag80Cu	余量	—	—	—	20±0.5	—	—	—	—	—	0.2	0.005	0.005	0.005	0.3
31	Ag77Cu	余量	—	—	—	23.0±0.5	—	—	—	—	—	0.2	0.005	0.005	0.005	0.3
32	Ag70Cu	余量	—	—	—	30.0±0.5	—	—	—	—	—	0.2	0.005	0.005	0.005	0.3
33	Ag65Cu	余量	—	—	—	35.0±0.5	—	—	—	—	—	0.2	0.005	0.005	0.005	0.3
34	Ag55Cu	余量	—	—	—	45±0.5	—	—	—	—	—	0.2	0.005	0.005	0.005	0.3
35	Ag50Cu	余量	—	—	—	50±0.5	—	—	—	—	—	0.2	0.005	0.005	0.005	0.3
36	Ag45Cu	余量	—	—	—	55±0.5	—	—	—	—	—	0.2	0.005	0.005	0.005	0.3
37	Ag30Cu	余量	—	—	—	70±0.5	—	—	—	—	—	0.2	0.005	0.005	0.005	0.3
38	Ag25Cu	余量	—	—	—	75±0.5	—	—	—	—	—	0.2	0.005	0.005	0.005	0.3
39	Ag89.8CuV	余量	—	—	—	10.0±0.5	—	—	—	—	V:0.16±0.04	0.2	0.005	0.005	0.005	0.3
40	Ag88.8CuVZr	余量	—	—	—	10.0±1.0	—	—	—	1.0±0.5	V:0.16±0.4	0.2	0.005	0.005	0.005	0.3
41	Ag75CuNi	余量	—	—	—	24.5±0.5	0.5±0.15	—	—	—	—	0.2	0.005	0.005	0.005	0.3
42	Ag78CuNi	余量	—	—	—	20.4±0.4	1.6±0.4	—	—	—	—	0.2	0.005	0.005	0.005	0.3
43	Ag80CuNi	余量	—	—	—	18.4±0.4	1.6±0.4	—	—	—	—	0.2	0.005	0.005	0.005	0.3
44	Ag98SnCeLa	余量	—	—	—	—	—	—	0.55±0.25	—	Sn:0.85±0.35 La:0.55±0.25	0.2	0.005	0.005	0.005	0.3
45	Ag85Mn	余量	—	—	—	—	—	—	—	—	Mn:15.0±0.15	0.2	0.005	0.005	0.005	0.3

注:1. 合金中杂质元素总量不做出厂分析;

2. 严格控制合金原料中铁、铅、锑、铋等杂质元素含量。成品中杂质元素含量不做出厂分析,用户如有需求,在订货合同中注明,可做成品出厂分析。

表 14-35　导电环用银及银合金管材

序号	合金牌号	主要成分(质量分数)/%								杂质元素(质量分数,不大于)/%					
		Ag	Au	Pt	Pd	Ir	Cu	Ni	Al	Au	Fe	Pb	Sb	Bi	总量①
1	T-Ag99.99	≥99.99	—	—	—	—	—	—	—	—	0.003	0.003	0.003	0.003	0.01
2	T-Ag99.95	≥99.95	—	—	—	—	—	—	—	—	0.04	0.004	0.004	0.004	0.05
3	T-Ag95Au	余量	5±0.5	—	—	—	—	—	—	—	0.10	0.005	0.005	0.005	0.25
4	T-Ag92.5Cu	余量	—	—	—	—	7.5±0.5	—	—	—	0.10	0.005	0.005	0.005	0.25
5	T-Ag90Cu	余量	—	—	—	—	10±0.5	—	—	—	0.10	0.005	0.005	0.005	0.25
6	T-Ag87.5Cu	余量	—	—	—	—	12.5±0.5	—	—	—	0.10	0.005	0.005	0.005	0.25
7	T-Ag77Cu	余量	—	—	—	—	23±0.5	—	—	—	0.10	0.005	0.005	0.005	0.25
8	T-Ag78CuNi	余量	—	—	—	—	20±0.8	2±0.5	—	—	0.10	0.005	0.005	0.005	0.25
9	T-Ag77CuNiAl	余量	—	—	—	—	20±0.8	$2^{+0.3}_{-0.7}$	1±0.5	—	0.10	0.005	0.005	0.005	0.25
10	T-Ag80Pd	余量	—	—	20±0.5	—	—	—	—	—	0.10	0.005	0.005	0.005	0.25

① 杂质元素总量含表中所列杂质及未列入的其他杂质元素。杂质元素总量不做出厂分析,需方如有需求,供需双方协商,并在订货合同中注明。

表 14-36　银及银合金异型丝材

合金牌号	主成分(质量分数)/%								杂质含量(质量分数,不大于)/%					
	Au	Ag	Pd	Cu	Ni	Ce	Sn	La	Au	Fe	Pb	Sb	Bi	总量
Ag90Ni	—	余量	—	—	10±1.0	—	—	—	—	—	—	—	—	0.3
Ag80Ni	—	余量	—	—	20±1.0	—	—	—	—	—	—	—	—	0.3
Ag99Cu	—	余量	—	1±0.3	—	—	—	—	—	0.1	0.005	0.005	0.005	0.2
Ag98Cu	—	余量	—	2±0.5	—	—	—	—	—	0.1	0.005	0.005	0.005	0.2
Ag90Cu	—	余量	—	10±0.5	—	—	—	—	—	0.15	0.005	0.005	0.005	0.3
Ag94.5CuNi	—	余量	—	4.5±0.5	1±0.3	—	—	—	—	—	—	—	—	0.3
Ag98SnCeLa	—	余量	—	—	—	$0.5^{+0.3}_{-0.2}$	$1.0^{+0.3}_{-0.2}$	$0.5^{+0.3}_{-0.2}$	—	0.1	0.005	0.005	0.005	0.3

14.1.3.3 银复合材料

银及银合金复合材料有《银二氧化锡/铜及铜合金复合板材》(YS/T 944—2013) 和《银及银合金复合带材》(GB/T 15159—2008), 其牌号化学成分分别见表 14 – 37 和表 14 – 38。

表 14 – 37 银二氧化锡/铜及铜合金复合板材

牌 号	主要成分(质量分数)/%					杂质元素(质量分数,不大于)/%				
	Cu	Cr	Zr	Ag	SnO$_2$	Bi	Sb	Pb	As	总量②
Ag90SnO$_2$	①	—	—	89 ~ 91	9 ~ 11	0.004	0.004	0.006	0.004	0.3
Ag88SnO$_2$	—	—	—	87 ~ 89	11 ~ 13	0.004	0.004	0.006	0.004	0.3
Cu98.7CrZr	余量	0.7 ~ 0.9	0.4 ~ 0.6	—	—	0.005	0.005	0.007	0.005	0.3
Cu99.9	≥99.9	—	—	—	—	0.006	0.006	0.008	0.006	0.1

注:化学成分若需方有特殊要求的可在订货合同中注明。

① "—"表示该牌号对该元素无成分要求。

② 杂质总量计算不包括表中未列杂质元素。

表 14 – 38 银及银合金复合带材

序号	合金牌号	合金成分(质量分数)/%							杂质含量(质量分数,不大于)/%				
		Au	Ag	Pt	Pd	Cu	Ni	Zn	Fe	Pb	Sb	Bi	总量
1	Ag2	—	≥99.95	—	—	—	—	—	0.03	0.004	0.004	0.004	0.05
2	Ag99.4Ni	—	余量	—	—	—	0.6 ±0.1	—	0.15	0.005	0.005	0.005	0.30
3	Ag94Ni	—	余量	—	—	—	6.0 ±0.5	—	0.15	0.005	0.005	0.005	0.30
4	Ag90Ni	—	余量	—	—	—	10.0 ±0.5	—	0.15	0.005	0.005	0.005	0.30
5	Ag80Pd	—	余量	—	20.0 ±0.5	—	—	—	0.10	0.005	0.005	0.005	0.30
6	Ag75Pd	—	余量	—	25.0 ±0.5	—	—	—	0.10	0.005	0.005	0.005	0.30
7	Ag70Pd	—	余量	—	30.0 ±0.5	—	—	—	0.10	0.005	0.005	0.005	0.30
8	Ag50Pd	—	余量	—	50.0 ±0.5	—	—	—	0.10	0.005	0.005	0.005	0.30
9	Ag65CuZn	—	余量	—	—	20.0 ±0.5	—	15.0 ±0.5	0.20	0.005	0.005	0.005	0.35
10	Ag45CuZn	—	余量	—	—	30.0 ±0.5	—	25.0 ±0.5	0.20	0.005	0.005	0.005	0.35
11	Ag95.5CuNi	—	余量	—	—	4.0 ±0.5	0.5 ±0.1	—	0.20	0.005	0.005	0.005	0.35
12	Ag95CuNi	—	余量	—	—	4.0 ±0.5	1.0 ±0.2	—	0.20	0.005	0.005	0.005	0.35
13	Ag93.5CuNi	—	余量	—	—	6.0 ±0.5	0.5 ±0.1	—	0.20	0.005	0.005	0.005	0.35
14	Ag93CuNi	—	余量	—	—	6.0 ±0.5	1.0 ±0.2	—	0.20	0.005	0.005	0.005	0.35
15	Ag94.5CuZnNi	—	余量	—	—	4.0 ±0.5	0.5 ±0.1	1.0 $^{+0.2}_{-0.5}$	0.20	0.005	0.005	0.005	0.35
16	Ag92.5CuZnNi	—	余量	—	—	6.0 ±0.5	0.5 ±0.1	1.0 $^{+0.2}_{-0.5}$	0.20	0.005	0.005	0.005	0.35
17	Ag90.5CuZnNi	—	余量	—	—	8.0 ±0.5	0.5 ±0.1	1.0 $^{+0.2}_{-0.5}$	0.20	0.005	0.005	0.005	0.35
18	Ag91PdCuNi	—	余量	—	0.5 ±0.2	8.0 ±0.5	0.5 ±0.1	—	0.20	0.005	0.005	0.005	0.35
19	Ag90.5CuPdNi	—	余量	—	1.0 ±0.2	8.0 ±0.5	0.5 ±0.1	—	0.20	0.005	0.005	0.005	0.35
20	Ag94.5CuPdNi	—	余量	—	1.0 ±0.2	4.0 ±0.5	0.5 ±0.1	—	0.20	0.005	0.005	0.005	0.35
21	Ag98.2PdCuZnNi	—	余量	—	0.5 ±0.2	0.5 ±0.2	0.3 ±0.08	0.5 $^{+0.2}_{-0.4}$	0.20	0.005	0.005	0.005	0.35

序号	合金牌号	合金成分(质量分数)/%						杂质含量(质量分数,不大于)/%				
		Ag	Cu	Sn	Ce	La	P	Fe	Pb	Sb	Bi	总量
22	Ag99.5Ce	余量	—	—	0.5 $^{+0.3}_{-0.2}$	—	—	0.10	0.005	0.005	0.005	0.30
23	Ag70CuP	余量	28.0 ±0.5	—	—	—	2.0 ±0.5	0.20	0.005	0.005	0.005	0.35
24	Ag98SnCeLa	余量	—	1.0 $^{+0.3}_{-0.2}$	0.5 $^{+0.3}_{-0.2}$	0.5 $^{+0.3}_{-0.2}$	—	0.10	0.005	0.005	0.005	0.30

注:1. 合金杂质总量不做出厂分析。

2. 合金中金、铁只做原料分析。经双方协商,并在订货合同中注明,可做成品分析。

14.1.3.4 银粉末

银及银合金粉末产品有《片状银粉》(GB/T 1773—2008) 和《超细银粉》(GB/T 1774—2009),其牌号化学成分分别见表 14 - 39 和表 14 - 40。

表 14 - 39 片状银粉

Ag 含量（质量分数，不小于）/%	杂质含量（质量分数，不大于）/%													
	Pt	Pd	Au	Rh	Ir	Cu	Ni	Fe	Pb	Al	Sb	Bi	Cd	杂质总量
99.95	0.002	0.002	0.002	0.001	0.001	0.01	0.005	0.01	0.001	0.005	0.001	0.002	0.001	0.05

注：银的百分含量是指在540℃灼烧至恒重后分析所得的银的量。

表 14 - 40 超细银粉

Ag 含量（质量分数，不小于）/%	杂质含量（质量分数，不大于）/%													
	Pt	Pd	Au	Rh	Ir	Cu	Ni	Fe	Pb	Al	Sb	Bi	Cd	杂质总量
99.95	0.002	0.002	0.002	0.001	0.001	0.01	0.005	0.01	0.001	0.005	0.001	0.002	0.001	0.05

注：银含量为100%减去表中杂质实测量总量的余量。

14.1.3.5 银钎焊料

银及银合金钎焊料有微波磁控管器件用《银及银合金钎料》(YS/T 942—2013),其牌号化学成分分别见表 14 - 41。

表 14 - 41 微波磁控管器件用银及银合金钎料

序号	合金牌号	主成分（质量分数）/%					杂质元素（质量分数，不大于）/%				
		Ag	Cu	Pd	Ni	其他	Pb	Zn	Cd	O	总量①
1	BVAg-962	99.99	—	—	—	—	0.001	0.001	0.001	0.002	0.01
2	BVAg72Cu-779	余量	28 ± 1.0	—	—	—	0.001	0.001	0.001	0.002	0.1
3	BVAg50Cu-780/875	余量	50 ± 1.0	—	—	—	0.001	0.001	0.001	0.002	0.1
4	BVAg45Cu-780/880	余量	55 ± 1.0	—	—	—	0.001	0.001	0.001	0.002	0.1
5	BVAg30Cu-780/945	余量	70 ± 1.0	—	—	—	0.001	0.001	0.001	0.002	0.1
6	BVAg68CuSn-730/842	余量	27 ± 1.0	—	—	Sn: 5 ± 0.5	0.001	0.001	0.001	0.002	0.1
7	BVAg70CuNi-785/820	余量	28 ± 1.0	—	2 ± 0.5	—	0.001	0.001	0.001	0.002	0.1
8	BVAg71.5CuNi-780/800	余量	28 ± 1.0	—	0.75 ± 0.25	—	0.001	0.001	0.001	0.002	0.1
9	BVAg61CuIn-630/705	余量	24 ± 1.0	—	—	In: 15 ± 0.5	0.001	0.001	0.001	0.002	0.1
10	BVAg63CuIn-655/710	余量	27 ± 1.0	—	—	In: 10 ± 0.5	0.001	0.001	0.001	0.002	0.1
11	BVAg60CuSn-672/746	余量	30 ± 1.0	—	—	Sn: 10 ± 0.5	0.001	0.001	0.001	0.002	0.1
12	BVAg63CuInSn-553/571	余量	17 ± 1.0	—	—	In: 13 ± 0.5 Sn: 7 ± 0.5	0.001	0.001	0.001	0.002	0.1
13	BVAg52CuPd-867/900	余量	28 ± 1.0	20 ± 0.5	—	—	0.001	0.001	0.001	0.002	0.1
14	BVAg54CuPd-900/950	余量	21 ± 1.0	25 ± 0.5	—	—	0.001	0.001	0.001	0.002	0.1
15	BVAg65CuPd-850/900	余量	20 ± 1.0	15 ± 0.5	—	—	0.001	0.001	0.001	0.002	0.1
16	BVAg58CuPd-824/851	余量	32 ± 1.0	10 ± 0.5	—	—	0.001	0.001	0.001	0.002	0.1
17	BVAg68CuPd-807/810	余量	27 ± 1.0	5 ± 0.5	—	—	0.001	0.001	0.001	0.002	0.1
18	BVAg65CuPdCo-845/900	65 ± 1	20 ± 1.0	余量	—	Co: 0.7 ~ 1.2	0.001	0.001	0.001	0.002	0.1

① 杂质元素总量含表中所列杂质及未列的其他杂质元素。杂质元素总量不做出厂分析，需方如有需求，供需双方协商，并在订货合同中注明。

14.1.4 铂及铂合金

14.1.4.1 铂冶炼产品

铂冶炼产品有《海绵铂》(GB/T 1419—2004)、《高纯海绵铂》(YS/T 81—2006) 和《光谱分析用铂基体》(YS/T 82—2006) 等,其牌号化学成分分别见表 14 - 42 ~ 表 14 - 44。

表 14 - 42 海绵铂 (质量分数)

牌 号		SM-Pt99.99	SM-Pt99.95	SM-Pt99.9
铂含量① (不小于)/%		99.99	99.95	99.9
杂质元素含量 (不大于)/%	Pd	0.003	0.01	0.03
	Rh	0.003	0.02	0.03
	Ir	0.003	0.02	0.03
	Ru	0.003	0.02	0.04
	Au	0.003	0.01	0.03
	Ag	0.001	0.005	0.01
	Cu	0.001	0.005	0.01
	Fe	0.001	0.005	0.01
	Ni	0.001	0.005	0.01
	Al	0.003	0.005	0.01
	Pb	0.002	0.005	0.01
	Mn	0.002	0.005	0.01
	Cr	0.002	0.005	0.01
	Mg	0.002	0.005	0.01
	Sn	0.002	0.005	0.01
	Si	0.003	0.005	0.01
	Zn	0.002	0.005	0.01
	Bi	0.002	0.005	0.01
杂质含量的总量		0.01	0.05	0.10

注:本标准未规定的元素和挥发物控制限及分析方法,由供需双方共同协商确定。

① 铂的含量为 100% 减去表中杂质元素实测总和的余量。

表 14 - 43 高纯海绵铂 (质量分数)

牌 号			SM-Pt99.995	SM-Pt99.999
化学成分	铂含量① (不小于)/%		99.995	99.999
	杂质元素含量 (不大于)/%	Pd	0.0015	0.0003
		Rh	0.0015	0.0001
		Ir	0.0015	0.0003
		Au	0.0015	0.0001
		Ag	0.0008	0.0001
		Cu	0.0008	0.0001
		Fe	0.0008	0.0001
		Ni	0.0008	0.0001
		Al	0.001	0.0003
		Pb	0.0015	0.0001
		Mg	0.0008	0.0002
		Si	0.002	0.0008
	杂质总量(不大于)/%		0.005	0.001

注:表中未规定的元素和挥发物的允许量及分析方法,由供需双方共同协商确定。

① 铂的含量为 100% 减去表中杂质元素实测总和的余量。

表 14-44　光谱分析用铂基体

牌　号			SM-Pt99.995	SM-Pt99.999
化学成分	铂含量①（不小于）/%		99.995	99.999
	杂质含量（不大于）/%	Pd	0.00005	0.000002
		Rh	0.00005	0.00001
		Ir	0.0001	0.0001
		Au	0.00003	0.00001
		Ag	0.00001	0.000002
		Cu	0.00001	0.000002
		Fe	0.00005	0.00001
		Ni	0.00005	0.00001
		Al	0.00005	0.00001
		Pb	0.00005	0.00001
		Mg	0.00001	0.00001
		Si	0.0001	0.0001
		Mn	0.00003	—
		Cr	0.00005	—
		Sn	0.00005	—
		Zn	0.0001	—
		Bi	0.00005	—
		Ru	0.0001	—
	杂质总量（不大于）/%		0.005	0.001

注：表中未规定的元素和挥发物的允许量及分析方法，由供需双方共同协商确定。
① 铂的含量为 100% 减去表中杂质元素实测总和的余量。

14.1.4.2　铂加工产品

铂加工材料产品有《Pt77Co 合金板材》（GB/T 23610—2009）、《柴油机排气净化球型铂催化剂》（YS/T 210—2009）、《物理纯铂丝》（YS/T 376—2010）、《标准热电偶用铂铑 10-铂偶丝》（YS/T 377—2010）、《工业热电偶用铂铑 10-铂偶丝》（YS/T 378—2009）、《铂及其合金器皿制品》（YS/T 408.1—2013）、《电容式变送器用铂铑合金毛细管》（YS/T 597—2006）、《氧化物弥散强化铂和铂铑板、片材》（YS/T 934—2013）、《镍铂靶材》（YS/T 937—2013）、《铂靶》（YS/T 791—2012）、《贵金属及其合金板、带材》（YS/T 201—2007）、《贵金属及其合金箔材》（YS/T 202—2009）、《铂及铂合金线材》（YS/T 203—2009）、《导电环用铂及铂合金管材》（YS/T 207—2013）等，其牌号化学成分分别见表 14-45～表 14-58。

表 14-45　Pt77Co 合金板材

板材牌号	化学成分（质量分数）/%	
	Pt	Co
PL-Pt77Co	余量	23.2±0.5

表 14 - 46　柴油机排气净化球型铂催化剂

产 品 牌 号	铂含量(质量分数)/%
QPt1	0.1 ± 0.01
QPt2	0.2 ± 0.02
QPt3	0.3 ± 0.03

表 14 - 47　物理纯铂丝

名　　称	牌　号	纯度 (R_{100}/R_0) [①]	
物理纯 1 号铂丝	WL Pt-1	≥1.3925	
物理纯 2 号铂丝	WL Pt-2	≥1.3920	<1.3925
物理纯 3 号铂丝	WL Pt-3	≥1.3910	<1.3920
物理纯 4 号铂丝	WL Pt-4	≥1.3900	<1.3910
物理纯 5 号铂丝	WL Pt-5	≥1.3840	<1.3900

① R_{100} 和 R_0 为铂丝分别在 100℃ 和 0℃ 时的电阻值。

表 14 - 48　标准热电偶用铂铑 10-铂偶丝

名　称	牌　号	名义化学成分(质量分数)/%		代　号	极　性
		Pt	Rh		
铂铑 10 合金丝	Pt90Rh	90	10	SP	正极
铂丝	Pt	100	—	SN	负极

表 14 - 49　工业热电偶用铂铑 10-铂偶丝

名　称	牌　号	名义化学成分(质量分数)/%		代　号	极　性
		Pt	Rh		
铂铑 10 合金丝	Pt90Rh	90	10	SP	正极
铂丝	Pt	100	—	SN、RN	负极
铂铑 13 合金丝	Pt87Rh	87	13	RP	正极
铂铑 30 合金丝	Pt70Rh	70	30	BP	正极
铂铑 6 合金丝	Pt94Rh	94	6	BN	负极

表 14 –50　铂及其合金器皿制品

合金牌号	主要成分(质量分数)/%					杂质元素(质量分数,不大于)/%		
	Pt	Au	Rh	Ir	Y + Zr	Au	Fe	总量[1]
Pt99.99	≥99.99	—	—	—	—	0.002	0.008	0.01
Pt99.95	≥99.95	—	—	—	—	0.01	0.01	0.05
Pt93Rh	余量	—	7 ±0.5	—	—	0.05	0.04	0.3
Pt95Ir	余量	—	—	5 ±0.5	—	0.05	0.04	0.3
Pt95Au	余量	5 ±0.5	—	—	—	—	0.05	0.3
MSPt	余量	—	—	—	0.2 ±0.1	0.01	0.01	0.1
MSPt95Au	余量	5 ±0.5	—	—	0.2 ±0.1	—	0.05	0.3

① 杂质元素总量含表中所列杂质及未列的其他杂质元素,杂质元素和杂质元素总量不做出厂分析。需方如有需求,供需双方协商,并在订货合同中注明。

表 14 –51　电容式变送器用铂铑合金毛细管

牌　号	化学成分(质量分数)/%	
	Pt	Rh
Pt90Rh	90 ±0.5	10.0 ±0.5

表 14 –52　氧化物弥散强化铂和铂铑板、片材

序号	材料牌号	化学成分(质量分数)/%								
		主 要 成 分			杂质元素(不大于)					
		Pt	Rh	Zr + Y + Sc + Ce	Fe	Cu	Sn	Pb	Al	总量[2]
1	Pt/M[1]	余量	—	0.2 ± 0.05	0.01	0.005	0.005	0.005	0.004	0.16
2	PtRh3/M[1]	余量	3 ± 0.5	0.2 ± 0.05	0.01	0.005	0.005	0.005	0.004	0.16
3	PtRh5/M[1]	余量	5 ± 0.5	0.2 ± 0.05	0.01	0.005	0.005	0.005	0.004	0.16
4	PtRh7/M[1]	余量	7 ± 0.5	0.2 ± 0.05	0.01	0.005	0.005	0.005	0.004	0.16
5	PtRh10/M[1]	余量	10 ± 0.5	0.2 ± 0.05	0.01	0.005	0.005	0.005	0.004	0.16

① M 代表 Zr、Y、Sc、Ce 中的至少一种金属氧化物,供货时不提供数据;
② 杂质总量不仅包括列出的杂质元素,杂质总量不做出厂分析,用户需要时可以测定其他杂质的含量,经双方协商,可以提供其他牌号的产品。

表14-53　镍铂靶材

牌号	Pt(质量分数)/%	杂质元素含量(质量分数,不大于)/×10⁻⁴%																								杂质总含量(质量分数,不大于)/×10⁻⁴%
---	---	Ag	Al	B	Ca	Cl	Co	Cr	Cu	Fe	K	Mg	Mn	Na	Pb	Si	Sm	Sn	Th	Ti	U	V	Zn	C	H	N	O	
NiPt3-99.995	3±0.5	0.1	0.5	0.1	0.5	0.5	3	1	2	6	0.1	6	0.5	0.05	0.5	3	0.1	0.1	1	0.1	1	0.5	0.1	50	10	30	50	50
NiPt3-99.99		—	10	—	—	—	50	20	30	30	—	10	10	—	10	20	—	10	—	10	—	—	10	—	—	—	—	100
NiPt3-99.95		—	50	—	—	—	—	—	50	100	—	50	50	—	50	50	—	—	—	—	—	—	50	—	—	—	—	500
NiPt5-99.995	5±0.5	0.1	0.5	0.1	0.5	0.5	3	1	2	6	0.1	6	0.5	0.05	0.5	3	0.1	0.1	1	0.1	1	0.5	0.1	50	10	30	50	50
NiPt5-99.99		—	10	—	—	—	50	20	30	30	—	10	10	—	10	20	—	10	—	10	—	—	10	—	—	—	—	100
NiPt5-99.95		—	50	—	—	—	—	—	50	100	—	50	50	—	50	50	—	—	—	—	—	—	50	—	—	—	—	500
NiPt10-99.995	10±1	0.1	0.5	0.1	0.5	0.5	3	1	2	6	0.1	6	0.5	0.05	0.5	3	0.1	0.1	1	0.1	4	0.5	0.1	50	10	30	50	50
NiPt10-99.99		—	10	—	—	—	50	20	30	30	—	10	10	—	10	20	—	10	—	10	—	—	10	—	—	—	—	100
NiPt10-99.95		—	50	—	—	—	—	—	50	100	—	50	50	—	50	50	—	—	—	—	—	—	50	—	—	—	—	500
NiPt15-99.995	15±1	0.1	0.5	0.1	0.5	0.5	3	1	2	6	0.1	6	0.5	0.05	0.5	3	0.1	0.1	1	0.1	4	0.5	0.1	50	10	30	50	50
NiPt15-99.99		—	10	—	—	—	50	20	30	30	—	10	10	—	10	20	—	10	—	10	—	—	10	—	—	—	—	100
NiPt15-99.95		—	50	—	—	—	—	—	50	100	—	50	50	—	50	50	—	—	—	—	—	—	50	—	—	—	—	500
NiPt30-99.995	30±1	0.1	0.5	0.1	0.5	0.5	3	1	2	6	0.1	6	0.5	0.05	0.5	3	0.1	0.1	1	0.1	4	0.5	0.1	50	10	30	50	50
NiPt30-99.99		—	10	—	—	—	50	20	30	30	—	10	10	—	10	20	—	10	—	10	—	—	10	—	—	—	—	100
NiPt30-99.95		—	50	—	—	—	—	—	50	100	—	50	50	—	50	50	—	—	—	—	—	—	50	—	—	—	—	500
NiPt45-99.995	45±1	0.1	0.5	0.1	0.5	0.5	3	1	2	6	0.1	6	0.5	0.05	0.5	3	0.1	0.1	1	0.1	4	0.5	0.1	50	10	30	50	50
NiPt45-99.99		—	10	—	—	—	50	20	30	30	—	10	10	—	10	20	—	10	—	10	—	—	10	—	—	—	—	100
NiPt45-99.95		—	50	—	—	—	—	—	50	100	—	50	50	—	50	50	—	—	—	—	—	—	50	—	—	—	—	500
NiPt60-99.995	60±1.5	0.1	0.5	0.1	0.5	0.5	3	1	2	6	0.1	6	0.5	0.05	0.5	3	0.1	0.1	1	0.1	4	0.5	0.1	50	10	30	50	50
NiPt60-99.99		—	10	—	—	—	50	20	30	30	—	10	10	—	10	20	—	10	—	10	—	—	10	—	—	—	—	100
NiPt60-99.95		—	50	—	—	—	—	—	50	100	—	50	50	—	50	50	—	—	—	—	—	—	50	—	—	—	—	500

注:1. 需方对合金元素和杂质元素有特殊要求的,由供需双方协商。镍铂合金溅射靶材的纯度为100%减去表中金属杂质实测总和的余量(不含C、H、N、O)。

2. "—"表示不作要求。

表 14 – 54　铂靶

牌　　号	SM-Pt99.99	SM-Pt99.95
铂含量①（质量分数,不小于）/%	99.99	99.95
杂质元素含量（质量分数,不大于）/% Pd	0.003	0.01
Rh	0.003	0.02
Ir	0.003	0.02
Ru	0.003	0.02
Au	0.003	0.01
Ag	0.001	0.005
Cu	0.001	0.005
Fe	0.001	0.005
Ni	0.001	0.005
Al	0.003	0.005
Pb	0.002	0.003
Mn	0.002	0.005
Cr	0.002	0.005
Mg	0.002	0.005
Sn	0.002	0.005
Si	0.003	0.005
Zn	0.002	0.005
Bi	0.002	0.005
杂质含量的总量	0.01	0.05

注：表中未规定的元素和挥发物控制限及分析方法，由供需双方共同协商确定。

① 铂的含量为100%减去表中杂质元素实测总和的余量。

表 14 – 55　铂及铂合金板、带材

序号	合金牌号	主要成分（质量分数）/%							杂质元素（质量分数,不大于）/%		
		Pt	Pd	Ir	Rh	Ru	Cu	Ni	Fe	Au	总量
1	Pt99.99	≥99.99	—	—	—	—	—	—	0.002	0.008	0.01
2	Pt99.95	≥99.95	—	—	—	—	—	—	0.01	0.01	0.05
3	Pt95Ir	余量	—	5±0.5	—	—	—	—	0.05	0.04	0.3
4	Pt90Ir	余量	—	10±0.5	—	—	—	—	0.05	0.04	0.3
5	Pt85Ir	余量	—	15±0.5	—	—	—	—	0.05	0.04	0.3
6	Pt85.5Ir	余量	—	17.5±0.5	—	—	—	—	0.05	0.04	0.3
7	Pt80Ir	余量	—	20±0.5	—	—	—	—	0.05	0.04	0.3
8	Pt75Ir	余量	—	25±0.5	—	—	—	—	0.05	0.04	0.3
9	Pt70Ir	余量	—	30±0.5	—	—	—	—	0.05	0.04	0.3
10	Pt74.25IrRu	余量	—	25±0.5	—	0.75±0.3	—	—	0.05	0.04	0.3
11	Pt90Ru	余量	—	—	—	10±0.5	—	—	0.05	0.04	0.3
12	Pt95Rh	余量	—	—	5±0.5	—	—	—	0.05	0.04	0.3
13	Pt93Rh	余量	—	—	7±0.5	—	—	—	0.05	0.04	0.3
14	Pt90Rh	余量	—	—	10±0.5	—	—	—	0.05	0.04	0.3
15	Pt80Rh	余量	—	—	20±0.5	—	—	—	0.05	0.04	0.3
16	Pt70Rh	余量	—	—	30±0.5	—	—	—	0.05	0.04	0.3
17	Pt95.5Ni	余量	—	—	—	—	—	4.5±0.5	0.05	0.04	0.3
18	Pt60Cu	余量	—	—	—	—	40±0.5	—	0.05	0.04	0.3

注：1. 合金杂质元素总量不做出厂分析。

　　2. 合金中金、铁只做原料分析。经双方协商，并在订货合同中注明，可做成品分析。

表 14－56　铂及铂合金箔材

序号	合金牌号	主要成分(质量分数)/%							杂质元素(质量分数,不大于)/%		
		Pt	Pd	Ir	Rh	Ru	Cu	Ni	Fe	Au	总量
1	Pt99.99	≥99.99	—	—	—	—	—	—	0.002	0.008	0.01
2	Pt99.95	≥99.95	—	—	—	—	—	—	0.01	0.01	0.05
3	Pt95Rh	余量	—	—	5±0.5	—	—	—	0.05	0.04	0.3
4	Pt93Rh	余量	—	—	7±0.5	—	—	—	0.05	0.04	0.3
5	Pt90Rh	余量	—	—	10±0.5	—	—	—	0.05	0.04	0.3
6	Pt95.5Ni	余量	—	—	—	—	—	4.5±0.5	0.05	0.04	0.3
7	Pt60Cu	余量	—	—	—	—	40±0.5	—	0.05	0.04	0.3
8	Pt95Ir	余量	—	5±0.5	—	—	—	—	0.05	0.04	0.3
9	Pt90Ir	余量	—	10±0.5	—	—	—	—	0.05	0.04	0.3

注：1. 严格控制合金原料中铁、金杂质元素含量。铁、金杂质元素含量不做出厂分析。需方如有需求，供需双方协商，并在订货合同中注明，可做产品中铁、金杂质元素含量分析。

　　2. 合金杂质元素总量不做出厂分析。

表 14－57　铂及铂合金线材

序号	材料牌号	主要成分(质量分数)/%							杂质元素(质量分数,不大于)/%		
		Pt	Pd	Ir	Rh	Ru	Cu	Ni	Au	Fe	总量
1	Pt99.99	≥99.99	—	—	—	—	—	—	0.008	0.002	0.01
2	Pt99.90	≥99.90	—	—	—	—	—	—	0.01	0.01	0.1
3	Pt95Ir	余量	—	5±0.5	—	—	—	—	0.05	0.04	0.3
4	Pt90Ir	余量	—	10±0.5	—	—	—	—	0.05	0.04	0.3
5	Pt85Ir	余量	—	15±0.5	—	—	—	—	0.05	0.04	0.3
6	Pt82.5Ir	余量	—	17.5±0.5	—	—	—	—	0.05	0.04	0.3
7	Pt80Ir	余量	—	20±0.5	—	—	—	—	0.05	0.04	0.3
8	Pt75Ir	余量	—	25±0.5	—	—	—	—	0.05	0.04	0.3
9	Pt70Ir	余量	—	30±0.5	—	—	—	—	0.05	0.04	0.3
10	Pt74.25IrRu	余量	—	25±0.5	—	0.75±0.3	—	—	0.05	0.04	0.3
11	Pt90Ru	余量	—	—	—	10±0.5	—	—	0.05	0.04	0.3
12	Pt95Rh	余量	—	—	5±0.5	—	—	—	0.05	0.04	0.3
13	Pt93Rh	余量	—	—	7±0.5	—	—	—	0.05	0.04	0.3
14	Pt90Rh	余量	—	—	10±0.5	—	—	—	0.05	0.04	0.3
15	Pt80Rh	余量	—	—	20±0.5	—	—	—	0.05	0.04	0.3
16	Pt70Rh	余量	—	—	30±0.5	—	—	—	0.05	0.04	0.3
17	Pt60Rh	余量	—	—	40±0.5	—	—	—	0.05	0.04	0.3
18	Pt95.5Ni	余量	—	—	—	—	—	4.5±0.5	0.05	0.04	0.3
19	Pt97.5Cu	余量	—	—	—	—	2.5±0.5	—	0.05	0.04	0.3
20	Pt91.5Cu	余量	—	—	—	—	8.5±0.5	—	0.05	0.04	0.3
21	Pt60Cu	余量	—	—	—	—	40±0.5	—	0.05	0.04	0.3

注：1. 合金中杂质元素总量不做出厂分析。

　　2. 严格控制合金原料中铁、铅、锑、铋等杂质元素含量。成品中杂质元素含量不做出厂分析，用户如有需求，在订货合同中注明，可做成品出厂分析。

表 14 - 58　导电环用贵金属及其合金管材

序号	合金牌号	主要成分(质量分数)/%			杂质元素(质量分数,不大于)/%		
		Pt	Pd	Ir	Au	Fe	总量①
1	T-Pt99.99	≥99.99	—	—	0.008	0.002	0.01
2	T-Pt99.95	≥99.95	—	—	0.01	0.01	0.05
3	T-Pt90Ir	余量	—	10 ± 0.5	0.04	0.05	0.25
4	T-Pt82.5Ir	余量	—	17.5 ± 0.5	0.04	0.05	0.25

① 杂质元素总量含表中所列杂质及未列的其他杂质元素。杂质元素总量不做出厂分析,需方如有需求,供需双方协商,并在订货合同中注明。

14.1.4.3　铂复合材料

铂复合材料产品有《阴极保护用铂/铌复合阳极板》(GB/T 23520—2009)和《阴极保护用铂铌复合阳极丝》(YS/T 642—2007)等,其牌号化学成分见表 14 - 59。

表 14 - 59　阴极保护用铂/铌复合阳极板/丝

牌　　号		SM-Pt99.95
铂含量①(质量分数,不小于)/%		99.95
杂质元素含量 (质量分数,不大于)/%	Pd	0.01
	Rh	0.02
	Ir	0.02
	Ru	0.02
	Au	0.01
	Ag	0.005
	Cu	0.005
	Fe	0.005
	Ni	0.005
	Al	0.005
	Pb	0.003
	Mn	0.005
	Cr	0.005
	Mg	0.005
	Sn	0.005
	Si	0.005
	Zn	0.005
	Bi	0.005
杂质含量的总量(不大于)		0.05

注:本标准未规定的元素和挥发物的控制限及分析方法,由供需双方共同协商确定。

① 铂的含量为 100% 减去表中杂质元素实测总和的余量。

14.1.4.4　铂粉末

铂粉产品有《超细铂粉》(GB/T 1776—2009),其牌号化学成分见表 14 - 60。

表 14 - 60　超细铂粉

Pt(质量分数,不小于)/%	杂质(质量分数,不大于)/%												杂质总量(质量分数,不大于)/%
	Pd	Rh	Ir	Au	Ag	Cu	Ni	Fe	Pb	Al	Si	Cd	
99.95	0.02	0.02	0.02	0.02	0.005	0.005	0.005	0.005	0.001	0.005	0.005	0.001	0.05

注:铂质量分数为 100% 减去表中杂质实测量总量的余量。

14.1.5　钯及钯合金

14.1.5.1　钯冶炼产品

钯冶炼产品主要有《海绵钯》(GB/T 1420—2004)和《光谱分析用钯基体》(YS/T 83—2006),其牌号化学成分分别见表 14 - 61 和表 14 - 62。

表 14-61　海绵钯（质量分数）

牌　号		SM-Pd99.99	SM-Pd99.95	SM-Pd99.9
钯含量①（不小于）/%		99.99	99.95	99.9
杂质含量（不大于）/%	Pt	0.003	0.02	0.03
	Rh	0.002	0.02	0.03
	Ir	0.002	0.02	0.03
	Ru	0.003	0.02	0.04
	Au	0.002	0.01	0.03
	Ag	0.001	0.005	0.01
	Cu	0.001	0.005	0.01
	Fe	0.001	0.005	0.01
	Ni	0.001	0.005	0.01
	Al	0.003	0.005	0.01
	Pb	0.002	0.003	0.01
	Mn	0.002	0.005	0.01
	Cr	0.002	0.005	0.01
	Mg	0.002	0.005	0.01
	Sn	0.002	0.005	0.01
	Si	0.003	0.005	0.01
	Zn	0.002	0.005	0.01
	Bi	0.002	0.005	0.01
	杂质总含量	0.01	0.05	0.1

注：表中未规定的元素和挥发物的控制限及分析方法，由供需双方共同协商确定。

① 钯的含量为100%减去表中杂质元素实测总和的余量。

表 14-62　光谱分析用钯基体

牌　号			SM-Pd99.995	SM-Pd99.999
钯含量①（不小于）			99.995	99.999
化学成分（质量分数）/%	杂质含量（不大于）	Pt	0.00005	0.00001
		Rh	0.00005	0.00001
		Ir	0.0001	0.0001
		Au	0.00003	0.00001
		Ag	0.00001	0.00001
		Cu	0.00001	0.00001
		Fe	0.00005	0.00001
		Ni	0.00005	0.00001
		Al	0.00005	0.00001
		Pb	0.00003	0.00001
		Mg	0.00001	0.00001
		Si	0.0001	0.0001
		Mn	0.00003	—
		Cr	0.00005	—
		Sn	0.00005	—
		Zn	0.0001	—
		Bi	0.00005	—
		Ru	0.0001	—
	杂质总量（不大于）		0.005	0.001

注：表中未规定的元素和挥发物的允许量及分析方法，由供需双方共同协商确定。

① 钯的含量为100%减去表中杂质元素实测总和的余量。

14.1.5.2　钯加工产品

钯加工产品主要有异型丝材（见《贵金属及其合金异型丝材》(GB/T 23516—2009)）、炭负载钯催化剂（见《钯炭》(GB/T 23518—2009)）、板材和带材（见《贵金属及其合金板、带材》(YS/T 201—2007)）、箔材（见《贵金属及其合金箔材》(YS/T 202—2009)）、丝材、线材和棒材（见《贵金属及其合金丝、线、棒材》(YS/T 203—2009)）、导电环用管材（见《导电环用贵金属及其合金管材》(YS/T 207—2013)）和氢气净化器用箔材（见《氢气净化器用钯合金箔材》(YS/T 208—2006)）等，其牌号化学成分分别见表 14-63～表 14-69。

表 14-63　钯及钯合金异型丝材

合金牌号	主要成分(质量分数)/%								杂质含量(质量分数,不大于)/%					
	Au	Ag	Pd	Ni	Cu	Ce	Sn	La	Au	Fe	Pb	Sb	Bi	总量
Pd99.9	—	—	≥99.9	—	—	—	—	—	0.01	0.01	—	—	—	0.1
Pd80Ag	—	余量	20±0.5	—	—	—	—	—	0.03	0.06	0.005	0.005	0.005	0.3
Pd30Ag	—	余量	30±0.5	—	—	—	—	—	0.03	0.06	0.005	0.005	0.005	0.3
Pd40Ag	—	余量	40±0.7	—	—	—	—	—	0.03	0.06	0.005	0.004	0.005	0.3
Pd50Ag	—	余量	50±0.8	—	—	—	—	—	0.03	0.06	0.005	0.005	0.005	0.3

注: 经双方协商, 可提供其他牌号产品。

表 14-64　钯炭

牌　号	Pd(质量分数,不小于)/%	杂质元素(质量分数,不大于)/%		
		Fe	Pb	Cu
Pd-0.03/C	2.85	0.05	0.05	0.05
Pd-0.05/C	4.75	0.05	0.05	0.05
Pd-0.10/C	9.70	0.05	0.05	0.05

表 14-65　钯及钯合金板、带材

序号	合金牌号	主要成分(质量分数)/%									杂质含量(质量分数,不大于)/%					
		Pd	Ir	Pt	Ag	Cu	Zn	Au	Co	Ni	Au	Fe	Pb	Sb	Bi	总量
1	Pd99.99	≥99.99	—	—	—	—	—	—	—	—	0.008	0.002	—	—	—	0.01
2	Pd99.95	≥99.95	—	—	—	—	—	—	—	—	0.01	0.01	—	—	—	0.05
3	Pd90Ir	余量	10±0.5	—	—	—	—	—	—	—	0.04	0.05	—	—	—	0.3
4	Pd82Ir	余量	18±0.5	—	—	—	—	—	—	—	0.04	0.05	—	—	—	0.3
5	Pd60Cu	余量	—	—	—	40±0.5	—	—	—	—	—	0.15	—	—	—	0.3
6	Pd90Ag	余量	—	—	10±0.5	—	—	—	—	—	0.03	0.06	0.005	0.005	0.005	0.3
7	Pd80Ag	余量	—	—	20±0.5	—	—	—	—	—	0.03	0.06	0.005	0.005	0.005	0.3
8	Pd60Ag	余量	—	—	40±0.5	—	—	—	—	—	0.03	0.06	0.005	0.005	0.005	0.3
9	Pd50Ag	余量	—	—	50±0.5	—	—	—	—	—	0.03	0.06	0.005	0.005	0.005	0.3
10	Pd60AgCo	余量	—	—	35±0.5	—	—	—	5±0.5	—	0.04	0.06	0.005	0.005	0.005	0.3
11	Pd60AgCu	余量	—	—	36±0.5	4±0.5	—	—	—	—	0.04	0.06	0.005	0.005	0.005	0.4
12	Pd40AgCuNi	余量	—	—	40±0.5	18±0.5	—	—	—	2±0.5	0.04	0.06	0.005	0.005	0.005	0.4
13	Pd35AgCuAuPtZn	余量	—	10±0.5	30±1.0	14±0.5	$1^{+0.2}_{-0.5}$	10±0.5	—	—	—	0.06	0.005	0.005	0.005	0.4
14	Pd70AgAu	余量	—	—	25±0.5	—	—	5±0.5	—	—	—	0.06	0.005	0.005	0.005	0.3

注: 1. 合金杂质元素总量不做出厂分析。
2. 合金中金、铁、铅、锑、铋只做原料分析。经双方协商, 可做成品分析。

表14-66 钯及钯合金箔材

序号	合金牌号	主要成分(质量分数)/%									杂质元素含量(质量分数,不大于)/%					
		Pd	Ir	Pt	Ag	Au	Cu	Zn	Co	Ni	Au	Fe	Pb	Sb	Bi	总量
1	Pd99.99	≥99.99	—	—	—	—	—	—	—	—	0.008	0.002	—	—	—	0.01
2	Pd99.95	≥99.95	—	—	—	—	—	—	—	—	0.01	0.01	—	—	—	0.05
3	Pd90Ir	余量	10±0.5	—	—	—	—	—	—	—	0.04	0.05	—	—	—	0.3
4	Pd82Ir	余量	18±0.5	—	—	—	—	—	—	—	0.04	0.05	—	—	—	0.3
5	Pd60Cu	余量	—	—	—	—	40±0.5	—	—	—	—	0.15	—	—	—	0.3
6	Pd90Ag	余量	—	—	10±0.5	—	—	—	—	—	0.03	0.06	0.005	0.005	0.005	0.3
7	Pd80Ag	余量	—	—	20±0.5	—	—	—	—	—	0.03	0.06	0.005	0.005	0.005	0.3
8	Pd60Ag	余量	—	—	40±0.5	—	—	—	—	—	0.03	0.06	0.005	0.005	0.005	0.3
9	Pd50Ag	余量	—	—	50±0.5	—	—	—	—	—	0.03	0.06	0.005	0.005	0.005	0.3
10	Pd60AgCu	余量	—	—	36±0.5	—	4±0.5	—	—	—	0.04	0.06	0.005	0.005	0.005	0.4
11	Pd40AgCuNi	余量	—	—	40±0.5	—	18±0.5	—	—	2±0.5	0.04	0.06	0.005	0.005	0.005	0.4
12	Pd35AgCuAuPtZn	余量	—	10±0.5	30±1.0	10±0.5	14±0.5	$1^{+0.2}_{-0.5}$	—	—	—	—	0.005	0.005	0.005	0.4
13	Pd70AgAu	余量	—	—	25±0.5	5±0.5	—	—	—	—	—	0.06	0.005	0.005	0.005	0.3

注: 1. 严格控制合金原料中金、铁、铝、锑、铋等杂质元素含量。金、铁、铝、锑、铋等杂质元素含量分析。

2. 合金杂质元素总量不做出厂分析。

严格控制合金原料中金、铁、铝、锑、铋等杂质元素含量。需方如有需求，供需双方协商，铋等杂质元素含量不做出厂分析。可做产品中金、铁、铝、锑、铋等杂质元素含量分析。

表14-67 钯及钯合金丝、线、棒材

序号	材料牌号	主要成分(质量分数)/%								杂质元素含量(质量分数,不大于)/%					
		Pd	Ir	Pt	Ag	Au	Cu	Ni	其他	Au	Fe	Pb	Sb	Bi	总量
1	Pd99.99	≥99.99	—	—	—	—	—	—	—	0.008	0.002	—	—	—	0.01
2	Pd99.90	≥99.90	—	—	—	—	—	—	—	0.01	0.01	—	—	—	0.1
3	Pd90Ir	余量	10±0.5	—	—	—	—	—	—	0.04	0.005	0.005	0.005	0.06	0.4
4	Pd82Ir	余量	18±0.5	—	—	—	—	—	—	0.04	0.005	0.005	0.005	0.06	0.4
5	Pd60Cu	余量	—	—	—	—	40±0.5	—	—	0.04	0.005	0.005	0.005	0.06	0.4
6	Pd90Ag	余量	—	—	10±0.5	—	—	—	—	0.04	0.005	0.005	0.005	0.06	0.4
7	Pd80Ag	余量	—	—	20±0.5	—	—	—	—	0.04	0.005	0.005	0.005	0.06	0.4
8	Pd70Ag	余量	—	—	30±0.5	—	—	—	—	0.04	0.005	0.005	0.005	0.06	0.4
9	Pd60Ag	余量	—	—	40±0.5	—	—	—	—	0.04	0.005	0.005	0.005	0.06	0.4
10	Pd50Ag	余量	—	—	50±0.5	—	—	—	—	0.04	0.005	0.005	0.005	0.06	0.4
11	Pd60AgCo	余量	—	—	35±0.5	—	—	—	Co:10.0±0.5	0.04	0.005	0.005	0.005	0.06	0.4
12	Pd60AgCu	余量	—	—	36±0.5	—	4±0.5	—	—	0.04	0.005	0.005	0.005	0.06	0.4
13	Pd60AgCuNi	余量	—	10±0.5	40±0.5	—	18±0.5	2±0.5	—	0.04	0.005	0.005	0.005	0.06	0.4
14	Pd35AgCuAuPtZn	余量	—	—	30±0.5	10±0.5	14±0.5	—	Zn:0.85±0.35	0.04	0.005	0.005	0.005	0.06	0.4
15	Pd70AgAu	余量	—	—	25±0.5	5±0.5	—	—	—	0.04	0.005	0.005	0.005	0.06	0.4
16	Pd47AgCuAu	余量	—	—	30±0.5	10±0.5	13±0.5	—	—	0.04	0.005	0.005	0.005	0.06	0.4
17	Pd40AuPtAgCu	余量	—	15±0.5	13±0.5	20±0.5	12±0.5	—	—	0.04	0.005	0.005	0.005	0.06	0.4

注:1. 合金中杂质元素总量不做出厂分析。成品中杂质元素含量不做出厂分析,用户如有需求,在订货合同中注明,可做成品出厂分析。
2. 严格控制合金原料中铁、铅、铋、铍等杂质元素含量。

表 14-68 导电环用钯合金管材

序号	合金牌号	主要成分(质量分数)/%								杂质元素(质量分数,不大于)/%					
		Ag	Au	Pt	Pd	Ir	Cu	Ni	Al	Au	Fe	Pb	Sb	Bi	总量①
1	T-Pd60Ag	40±0.5	—	—	余量	—	—	—	—	0.03	0.06	0.005	0.005	0.005	0.25
2	T-Pd70Ag	30±0.5	—	—	余量	—	—	—	—	0.03	0.06	0.005	0.005	0.005	0.25

① 杂质元素总量含表中所列杂质及未列的其他杂质元素。杂质元素总量不做出厂分析,需方如有需求,供需双方协商,并在订货合同中注明。

表 14-69 氢气净化器用钯合金箔材

牌 号	主要成分(质量分数)/%				杂质总量(质量分数,不大于)/%
	Pd	Ag	Au	Ni	
Pd70Ag	余量	25±0.5	5±0.5	—	0.3
Pd73.7Ag	余量	23±0.5	3±0.5	0.3±0.05	0.3

注:供货时如无特殊要求则不提供杂质总含量的数据。

14.1.5.3 钯复合材料

钯复合材料产品有《钯及钯合金复合带材》(GB/T 15159—2008),其牌号化学成分见表 14-70。

表 14-70 钯及钯合金复合带材

序号	合金牌号	合金成分(质量分数)/%							杂质总量(质量分数,不大于)/%				
		Au	Ag	Pt	Pd	Cu	Ni	Zn	Fe	Pb	Sb	Bi	总量
1	Pd2				≥99.95				0.03	0.004	0.004	0.004	0.05
2	Pd60Ag		40.0±0.5		余量				0.1	0.005	0.005	0.005	0.3
3	Pd35AgCuAuPtZn	10.0±0.5	30.0±0.5	10.0±0.5	余量	14.0±0.5		$1.0^{+0.2}_{-0.5}$	0.10	0.005	0.005	0.005	0.30

注:1. 合金杂质总量不做出厂分析。

2. 合金中金、铁只做原料分析。经双方协商,并在订货合同中注明,可做成品分析。

14.1.5.4 钯粉末

钯粉末产品有《超细钯粉》(GB/T 1777—2009),其牌号化学成分见表 14-71。

表 14-71 超细钯粉(质量分数)

Pd 含量(不小于)/%	杂质含量(不大于)/%												杂质总量(不大于)/%
	Pt	Rh	Ir	Au	Ag	Cu	Ni	Fe	Pb	Al	Si	Cd	
99.95	0.02	0.02	0.02	0.02	0.005	0.005	0.005	0.005	0.001	0.005	0.005	0.001	0.05

注:钯含量为100%减去表中杂质实测量总量的余量。

14.1.5.5 钯钎焊料

钯钎焊料产品有《钯基钎料》(GB/T 18762—2002),其牌号化学成分见表 14-72。

表 14-72 钯基钎料

序号	合金牌号	主成分(质量分数)/%						杂质含量(质量分数,不大于)/%			
		Ag	Cu	Pd	Mn	Ni	其他	Pb	Zn	Cd	总量
1	BPd80Ag1425/1470	19.5~20.5	—	余量	—	—	—	0.005	0.005	0.005	0.15
8	BPd60AgCu1100/1250	35.5~36.5	3.5~4.5	余量	—	—	—	0.005	0.005	0.005	0.15
10	BPd33AgMn1120/1170	余量	—	32.5~33.5	2.5~3.5	—	—	0.05	0.05	0.05	0.2

序号	合 金 牌 号	主成分(质量分数)/%						杂质含量(质量分数,不大于)/%			
		Ag	Cu	Pd	Mn	Ni	其他	Pb	Zn	Cd	总量
11	BPd20AgMn1071/1170	余量	—	19.5 ~ 20.5	4.5 ~ 5.5		—	0.05	0.05	0.05	0.2
12	BPd18Cu1080/1090	—	余量	17.5 ~ 18.5			—	0.005	0.005	0.005	0.15
13	BPd35CuNi1163/1171	—	余量	34.5 ~ 35.5		14.5 ~ 15.5	—	0.005	0.005	0.005	0.15
14	BPd20CuNiMn1070/1105	—	余量	19.5 ~ 20.5	9.0 ~ 11.0	14.5 ~ 15.5	—	0.05	0.05	0.05	0.2
15	BPd60Ni1237	—	—	余量		39.5 ~ 40.5	—	0.005	0.005	0.005	0.15
16	BPd21NiMn1120	—	—	19.5 ~ 20.5	31.0 ~ 33.0	余量	—	0.05	0.05	0.05	0.2
17	BPd37NiCrSiB818/992	36.5 ~ 37.5	—	—	—	余量	Cr:10.0 ~ 12.0 Si:2.0 ~ 3.0 B:2.0 ~ 3.0	0.005	0.005	0.005	0.15

14.1.6 铑及铑合金

铑及铑合金产品有《铑粉》(GB/T 1421—2004)、《光谱分析用铑基体》(YS/T 85—2006) 和《铑及铑合金线材》(YS/T 203—2009),其牌号化学成分分别见表 14 - 73 ~ 表 14 - 75。

表 14 - 73　铑粉（质量分数）

牌　号		SM-Rh99.99	SM-Rh99.95	SM-Rh99.9
铑含量[①](不小于)/%		99.99	99.95	99.9
杂质含量 (不大于)/%	Pt	0.003	0.02	0.03
	Ru	0.003	0.02	0.04
	Ir	0.003	0.02	0.03
	Pd	0.001	0.01	0.02
	Au	0.001	0.02	0.03
	Ag	0.001	0.005	0.01
	Cu	0.001	0.005	0.01
	Fe	0.002	0.005	0.01
	Ni	0.001	0.005	0.01
	Al	0.003	0.005	0.01
	Pb	0.001	0.005	0.01
	Mn	0.002	0.005	0.01
	Mg	0.002	0.005	0.01
	Sn	0.001	0.005	0.01
	Si	0.003	0.005	0.01
	Zn	0.002	0.005	0.01
	Ca[①]	—	—	—
	杂质总含量(不大于)	0.01	0.05	0.1

注：本标准未规定的元素和挥发物的控制限及分析方法,由供需双方共同协商确定。

① Ca 为非必测元素。

表 14 -74　光谱分析用铑基体

牌 号			SM-Rh99.999
化学成分 (质量分数)/%	铑含量①(不小于)		99.999
	杂质含量 (不大于)	Pt	0.00002
		Pd	0.00002
		Ir	0.0001
		Ru	0.0001
		Au	0.00005
		Ag	0.00002
		Cu	0.00002
		Fe	0.00002
		Ni	0.00002
		Al	0.0001
		Pb	0.00005
		Sn	0.00005
		Mg	0.00002
		Si	0.0001
		Mn	0.00003
		Zn	0.0001
	杂质总量(不大于)		0.001

注：表中未规定的元素和挥发物的允许量及分析方法，由供需双方共同协商确定。

① 铑的含量为100%减去表中杂质元素实测总和的余量。

表 14 -75　铑丝、线、棒材

材料牌号	主要成分(质量分数)/%			杂质元素含量(质量分数,不大于)/%					
	Ir	Rh	Pt	Au	Fe	Pb	Sb	Bi	总量
Rh99.90		≥99.90							0.1

注：1. 合金中杂质元素总量不做出厂分析。

　　2. 严格控制合金原料中铁、铅、锑、铋等杂质元素含量。成品中杂质元素含量不做出厂分析，用户如有需求，在订货合同中注明，可做成品出厂分析。

14.1.7　铱及铱合金

铱及铱合金产品有《铱管》(YS/T 790—2012)、《铱粉》(GB/T 1422—2004)、《光谱分析用铱基体》(YS/T 84—2006)、《铱坩埚》(YS/T 564—2009) 和《贵金属及其合金丝、线、棒材》(YS/T 203—2009)等，其牌号化学成分分别见表14 -76 ~ 表14 -80。

表 14 -76　铱管 (质量分数)

牌 号		SM-Ir99.99	SM-Ir99.95	SM-Ir99.9
铱含量①(不小于)		99.99	99.95	99.9
杂质含量 (不大于)/%	Pt	0.003	0.02	0.03
	Ru	0.003	0.02	0.04
	Rh	0.003	0.02	0.03
	Pd	0.001	0.01	0.02
	Au	0.001	0.01	0.02
	Ag	0.001	0.005	0.01
	Cu	0.002	0.005	0.01

续表 14 – 76

牌　　号		SM-Ir99.99	SM-Ir99.95	SM-Ir99.9
铱含量[①]（不小于）		99.99	99.95	99.9
杂质含量 （不大于）/%	Fe	0.002	0.005	0.01
	Ni	0.001	0.005	0.01
	Al	0.003	0.005	0.01
	Pb	0.001	0.005	0.01
	Mn	0.002	0.005	0.01
	Mg	0.002	0.005	0.01
	Sn	0.001	0.005	0.01
	Si	0.003	0.005	0.01
	Zn	0.002	0.005	0.01
	Ca[①]	—	—	—
	杂质总含量（不大于）/%	0.01	0.05	0.1

注：表中未规定的元素和挥发物的控制限及分析方法，由供需双方共同协商确定。

① Ca 为非必测元素。

表 14 – 77　铱粉

牌　　号		SM-Ir99.99	SM-Ir99.95	SM-Ir99.9
铱含量[①]（不小于）/%		99.99	99.95	99.9
杂质含量 （不大于）/%	Pt	0.003	0.02	0.03
	Ru	0.003	0.02	0.04
	Rh	0.003	0.02	0.03
	Pd	0.001	0.01	0.02
	Au	0.001	0.01	0.02
	Ag	0.001	0.005	0.01
	Cu	0.002	0.005	0.01
	Fe	0.002	0.005	0.01
	Ni	0.001	0.005	0.01
	Al	0.003	0.005	0.01
	Pb	0.001	0.005	0.01
	Mn	0.002	0.005	0.01
	Mg	0.002	0.005	0.01
	Sn	0.001	0.005	0.01
	Si	0.003	0.005	0.01
	Zn	0.002	0.005	0.01
	Ca[①]	—	—	—
	杂质总含量	0.01	0.05	0.1

注：表中未规定的元素和挥发物的控制限及分析方法，由供需双方共同协商确定。

① Ca 为非必测元素。

表 14 - 78 光谱分析用铱基体

牌 号			SM-Ir99.995
化学成分 (质量分数)/%	铱含量①(不小于)		99.995
	杂质含量 (不大于)	Pt	0.0001
		Pd	0.00005
		Rh	0.0001
		Ru	0.0001
		Au	0.00005
		Ag	0.00002
		Cu	0.00002
		Fe	0.00005
		Ni	0.00005
		Al	0.00005
		Pb	0.00005
		Sn	0.00005
		Mg	0.00002
		Mn	0.00002
		Si	0.0001
		Zn	0.00005
	杂质总量(不大于)		0.005

注：表中未规定的元素和挥发物的允许量及分析方法，由供需双方共同协商确定。

① 铱的含量为100%减去表中杂质元素实测总和的余量。

表 14 - 79 铱坩埚 （质量分数）

牌 号		SM-Ir99.99	SM-Ir99.95
铱含量①(不小于)/%		99.99	99.95
杂质含量 (不大于)/%	Pt	0.003	0.02
	Ru	0.003	0.02
	Rh	0.003	0.02
	Pd	0.001	0.01
	Au	0.001	0.01
	Ag	0.001	0.005
	Cu	0.002	0.005
	Fe	0.002	0.005
	Ni	0.001	0.005
	Al	0.003	0.005
	Pb	0.001	0.005
	Mn	0.002	0.005
	Mg	0.002	0.005
	Sn	0.001	0.005
	Si	0.003	0.005
	Zn	0.002	0.005
	Ca①	—	—
	杂质总含量(不大于)	0.01	0.05

注：本标准未规定的元素和挥发物的控制限及分析方法，由供需双方共同协商确定。

① Ca 为非必测元素。

表 14 – 80　铱及铱合金丝、线、棒材（质量分数）

序号	材料牌号	主要成分/%			杂质元素含量（不大于）/%					
		Ir	Rh	Pt	Au	Fe	Pb	Sb	Bi	总量
1	Ir99.99	≥99.99								0.01
2	Ir99.90	≥99.90								0.1
3	Ir60Rh	60 ± 1	40 ± 1							0.3

注：1. 合金中杂质元素总量不做出厂分析。

　　2. 严格控制合金原料中铁、铅、锑、铋等杂质元素含量。成品中杂质元素含量不做出厂分析，用户如有需求，在订货合同中注明，可做成品出厂分析。

14.1.8　钌及钌合金

钌及钌合金产品有《钌炭》（GB/T 23517—2009）和《钌粉》（YS/T 682—2008），其牌号化学成分分别见表 14 – 82 和表 14 – 83。

表 14 – 81　钌炭

牌　　号	钌（质量分数，不小于）/%	杂质元素（质量分数，不大于）/%		
	Ru	Fe	Pb	Cu
Ru-0.03/C	2.85	0.05	0.05	0.05
Ru-0.05/C	4.75	0.05	0.05	0.05
Ru-0.10/C	9.70	0.05	0.05	0.05

注：经双方协商，可提供其他牌号产品。

表 14 – 82　钌粉（质量分数）

牌　　号		SM-Ru99.95	SM-Ru99.90
钌含量[①]（不小于）/%		99.95	99.9
杂质含量（不大于）/%	Pt	0.005	0.01
	Pd	0.005	0.01
	Rh	0.003	0.008
	Ir	0.008	0.01
	Au	0.005	0.005
	Ag	0.0005	0.001
	Cu	0.0005	0.001
	Ni	0.005	0.01
	Fe	0.005	0.01
	Pb	0.005	0.01
	Al	0.005	0.01
	Si	0.01	0.02
杂质总量（不大于）/%		0.05	0.10

① 钌的含量为 100% 减去表中杂质元素实测总和的余量。

14.1.9　锇及锇合金

锇及锇合金产品有《锇粉》（YS/T 681—2008），其牌号化学成分见表 14 – 83。

表 14 – 83　锇粉（质量分数）

牌　号		SM-Os99.95	SM-Os99.90
锇含量[①]（不小于）/%		99.95	99.90
杂质含量 （不大于）/%	Au	0.001	0.001
	Mg	0.002	0.005
	Si	0.02	0.03
	Fe	0.02	0.03
	Pt	0.001	0.001
	Ni	0.002	0.005
	Al	0.01	0.02
	Ir	0.001	0.002
	Pd	0.002	0.002
	Cu	0.002	0.008
	Ag	0.001	0.001
	Rh	0.002	0.002
杂质总量(不大于)/%		0.05	0.10

① 锇的含量为100%减去表中杂质元素实测总和的余量。

14.2　国际标准化组织

ISO 标准中有贵金属首饰纯度等级见表 14 – 84，具体见 ISO 9202：1991。

表 14 – 84　贵金属合金首饰纯度　　　　　　　　　　　　　　（‰）

贵金属合金	纯　度
金合金	375
	585
	750
	916
铂合金	850
	900
	950
钯合金	500
	950
银合金	800
	(835)
	925

注：1. 括号外的为优选。

　　2. 该国际标准未来修订中有可能增加铂750‰。

14.3　欧盟

欧盟 EN 标准中贵金属及其合金材料主要为航空航天系列标准，其化学成分牌号见表 14 – 85，具体见 EN 3958：2001，EN 3955：2001，EN 3954：2001，EN 3952：2001，EN 3960：2001 等标准。

表 14-85　航空航天系列标准中贵金属钎焊料牌号

牌　号		化学成分(质量分数,不大于)/%													
		Si	P	Cu	Ni	Zn	Al	Bi	Cd	Pb	Ti	Zr	其他杂质总量	Ag	Au
银基钎焊料	AG-B14001 (AgCu42Ni2)	0.05	0.008	41.0 ~ 43.0	1.50 ~ 2.50	—	0.001	0.030	0.030	0.025	—	—	0.15	55.0 ~ 57.0	—
银基钎焊料	AG-B12401 (AgCu40Zn5Ni)	0.05	0.008	39.0 ~ 41.0	0.50 ~ 1.50	4.0 ~ 6.0	0.001	0.030	0.030	0.025	—	—	0.15	53.0 ~ 55.0	—
银基钎焊料	AG-B10001 (AgCu28)	0.05	0.008	27.0 ~ 29.0	—	—	0.001	0.030	0.030	0.025	—	—	0.15	余量	—
金基钎焊料	AU-B40001	—	0.008	—	17.5 ~ 18.5	—	0.001	—	—	—	0.002	0.002	0.15	—	余量
金基钎焊料	AU-B40001 (AuNi18) EN 3960:2001	—	0.008	—	17.5 ~ 18.5	—	0.001	—	—	—	0.002	0.002	0.15	—	余量

14.4　美国

14.4.1　金及金合金

金及金合金有《精炼金》(ASTM B 562—1995 (2012))、《电接触用金 - 银 - 镍合金》(ASTM B 477—1997 (2012))、《电接触用金 - 银 - 铂合金》(ASTM B 522—2001 (2006))、《电接触金合金》(ASTM B 541—2001 (2012))、《电接触用金铜合金》(ASTM B 596—1989 (2006))、《半导体键合用金丝》(ASTM F72—2006),具体分别见表 14 - 86 ~ 表 14 - 91。

表 14-86　精炼金

化学成分(质量分数)/%	元素(质量分数)/%															
	Au 最小(不小于)	Au(不小于,差减法)	Ag + Cu	Ag	Cu	Pd	Fe	Pb	Si	Mg	As	Bi	Sn	Cr	Ni	Mn
成分99.995	—	99.995	—	0.001	0.001	0.001	0.001	0.001	0.001	0.001	—	0.001	0.001	0.0003	—	0.0003
成分99.99	—	99.99	—	0.009	0.005	0.005	0.002	0.002	0.005	0.003	0.003	0.002	0.001	0.0003	0.0003	0.0003
成分99.95	—	99.95	0.04	0.035	0.02	0.005	0.005	—	—	—	—	—	—	—	—	—
成分99.50	99.5	—	—	—	—	—	—	—	—	—	—	—	—	—	—	—

注:1. 为确定测定数据是否满足限制值,应对测试结果按 ASTM E29—2013 的规定进行修约,使其最右位数与对应限值的最右位数相同。

　　2. 供需双方协商一致可以对未列入表中杂质限的元素进行检测。

表 14-87　电接触用金 - 银 - 镍合金

元　素	Au	Ag	Ni	选中贱金属杂质总量 (Pb、Sb、Bi、Sn、As、Cd、Ge、Tl、Ga、S)	所有贱金属杂质总量 (包括选中贱金属)	贵金属杂质总量
含量(质量分数)/%	74.2 ~ 75.8	21.4 ~ 22.6	2.6 ~ 3.4	≤0.01	≤0.2	≤0.1

表 14-88 电接触用金-银-铂合金

纯度	化学成分(质量分数)/%						
	Au	Ag	Pt	选中贱金属 (Pb、Sb、Bi、Sn、As、Cd、 Ge、Ti 和 Ga,不大于)	S (不大于)	铂族金属杂质 总量(不大于)	贱金属杂质总量 (不大于)
I 级	68.0~70.0	23.5~26.5	5.0~7.0	—	—	0.15	0.20
II 级	68.5~69.5	24.5~25.5	5.5~6.5	0.01	0.01	0.15	0.1

表 14-89 电接触金合金

元 素	化学成分(质量分数)/%	
	标 称 含 量	范 围
Au	71.5	70.5~72.5
Pt	8.5	8.0~9.0
Ag	4.5	4.0~5.0
Cu	14.5	13.5~15.5
Zn	1.0	0.7~1.3
贱金属杂质总量(不大于)	—	0.2
铂族金属杂质总量(不大于)	—	0.2

表 14-90 电接触用金铜合金

化学成分(质量分数)/%			
Au	Cu(平均)	贵金属杂质总量(不大于)	其他杂质总量(不大于)
89.0~91.0	9.0~11.0	0.2	0.2

表 14-91 半导体键合用金丝

	化学成分(质量分数)/%				
元 素	Au(不小于)	Be	其他单个杂质 (不大于)	其他主元素	所有可测杂质总量 (不大于)
加铍金丝	99.99	0.0003~0.0010	0.003	—	0.01
高强金丝	99.99	—	—	—	0.01
特种金丝	—	—	—	—	—

注:加铜金丝适用于热压键合机;加铍金丝适用于高速自动热压或热超声键合机;高强金丝主要为满足某些超高速自动热超声键合机。

14.4.2 银及银合金

银及银合金有《精炼银》(ASTM B 413—1997a (2012))、《电接触用纯银焊接材料》(ASTM B 742—1990 (2012))、《电接触铸银合金》(ASTM B 617—1998 (2010))、《电接触用银-铜共晶合金》(ASTM B 628—1998 (2010))、《电接触用银-钨材料》(ASTM B 631—1993 (2010))、《电接触用银-钼材料》(ASTM B 662—1994 (2012))、《电接触用银-碳化钨材料》(ASTM B 663—1994 (2012))、《电接触用75Ag24.5Cu 0.5Ni 合金》(ASTM B 780—1998 (2010))、《电接触用银-镍材料》(ASTM B 693—1991

(2012))、《石墨滑动触电材料》(ASTM B 692—1990 (2012))、《电接触银 – 氧化镉材料》(ASTM B 781—1993a (2012))、《电接触用银 – 氧化锡材料》(ASTM B 844—1998 (2010)),具体分别见表 14 – 92 ~ 表 14 – 103。

表 14 – 92　精炼银

牌　号	化学成分(质量分数)/%								
	Ag (不小于)	Ag + Cu (不小于)	Bi (不大于)	Cu (不大于)	Fe (不大于)	Pb (不大于)	Pd (不大于)	Se (不大于)	Te (不大于)
纯度 99.99(UNS P07020)	99.99	—	0.0005	0.010	0.001	0.001	0.001	0.0005	0.0005
纯度 99.95(UNS P07015)	99.95		0.001	0.04	0.002	0.015	—	—	—
纯度 99.90(UNS P07010)	99.90	99.95	0.001	0.08	0.002	0.025			

注：1. 供需双方协商确定可以增加表中未列杂质元素。

2. 本规范未对氧作要求,也不进行分析测定,当采用差减法计算银纯度时,氧不参与杂质扣减。

3. 为确定测定数据是否满足限制值,应对测试结果按 ASTM E29—2013 的规定进行修约,使其最右位数与对应限值的最右位数相同。

表 14 – 93　电接触用纯银焊接材料

纯度	化学成分(质量分数,不大于)/%											
	Ag[①]	Ag + Cu	Cu	Ni	Cd	Zn	Pb	Fe	Al	Bi	其他杂质总量	所有杂质总量
99.90	99.90	99.95	0.10	0.002	0.005	0.005	0.025	0.005	0.002	0.001	0.05	0.10

注：1. 本规范只定义了一个纯度等级——最小银质量分数 99.90% 的精炼银。它与规范 ASTM B413—1997a (2003) 的杂质元素限不同。规范 ASTM B413—1997a (2003) 适用于精炼后的铸锭银,而本规范涉及的是加工出来的银。银的性能高达 0.10% 与本身的杂质元素类型和含量有关。其他某些杂质元素含量更少或为特殊用途添加其他杂质元素的银没有纳入本规范,因为其性能是明显不同的。

2. 元素 P、Na 和 Li 不是本纯度银中自然存在的杂质,因此其含量也自然不能正常发现。

① Ag 测量采用差减法。

表 14 – 94　电接触铸银合金

化学成分(质量分数,不大于)/%								
Ag	Cu	Zn	Fe	Cd	Pb	Ni	Al	P	杂质总量[①]
89.6 ~ 91.0	9.0 ~ 10.4	≤0.06	≤0.05	≤0.05	≤0.03	≤0.01	≤0.005	≤0.02	≤0.06

① 杂质元素分析通常只对表中所列杂质进行。然而,在检测过程中出现其他元素超标或者预示要超标,就得进一步确定杂质元素总量没有超过表中限值,这里杂质元素总量包括但不限于表中所列杂质元素。

表 14 – 95　电接触用银 – 铜共晶合金

化学成分[①](质量分数)/%									
Ag	Cu	表中所列杂质总量	Zn	Fe	Cd	Pb	Ni	Al	P	其他杂质总量[①]
71.0 ~ 73.0	余量	0.15	≤0.06	≤0.05	≤0.05	≤0.03	≤0.01	≤0.005	≤0.02	≤0.06

① 杂质元素分析通常只对表中所列杂质进行。然而,在检测过程中出现其他元素超标或者预示要超标,就得进一步确定其他杂质元素总量和表中所列杂质元素总量没有超过表中限值。

表 14 - 96 电接触用银 - 钨材料

纯度等级	化学成分[①]（质量分数）/%					
	W	Ag	Cu（不大于）	Co 或 Ni（不大于）	C（不大于）	杂质总量（不大于）
A	余量	25 ~ 29	0.2	1.0	0.2	1.0
B	余量	33 ~ 37	0.2	1.0	0.2	1.0
C	余量	47 ~ 51	0.2	1.0	0.2	1.0

① 杂质元素分析通常只对表中所列杂质进行。然而，在检测过程中出现其他元素超标或者预示要超标，就得进一步确定其他杂质元素总量和表中所列杂质元素总量没有超过表中限值。

表 14 - 97 电接触用银 - 钼材料

等 级		化学成分[①]（质量分数）/%					
		Ag	Mo	Cu（不大于）	Co 或 Ni（不大于）	Cu、Co 或 Ni（不大于）	杂质总量（不大于）
渗透性	A1	33 ~ 37	余量	0.5	0.5	—	1
	A	38 ~ 42	余量	0.5	0.5	—	1
	B	48 ~ 52	余量	0.5	0.5	—	1
压制、烧结和可压制	A	38 ~ 42	余量	—	—	0.5	1
	B	48 ~ 52	余量	—	—	0.5	1

① 杂质元素分析通常只对表中所列杂质进行。然而，在检测过程中出现其他元素超标或者预示要超标，就得进一步确定其他杂质元素总量和表中所列杂质元素总量没有超过表中限值。

表 14 - 98 电接触用银 - 碳化钨材料

等 级		化学成分[①]（质量分数）/%				
		Ag	WC	Cu（不大于）	Co 或 Ni（不大于）	杂质总量（不大于）
渗透性银 - 碳化钨材料	A	38 ~ 42	余量	0.5	0.5	1
	B	48 ~ 52	余量	0.5	0.5	1
	C	63 ~ 67	余量	0.5	0.5	1
压制、烧结和可压制银 - 碳化钨材料	A	38 ~ 42	余量	0.2	0.2	0.5
	B	48 ~ 52	余量	0.2	0.2	0.5
	C	63 ~ 67	余量	0.2	0.2	0.5

注：三种主要渗透性合金成分 40% Ag60% WC，50% Ag50% WC，65% Ag35% WC，其性能主要受颗粒尺寸、形状和 WC 分布，以及均匀性、杂质或添加元素以及其他生产工艺变化影响。

① 杂质元素分析通常只对表中所列杂质进行。然而，在检测过程中出现其他元素超标或者预示要超标，就得进一步确定其他杂质元素总量和表中所列杂质元素总量没有超过表中限值。

表14-99　电接触用75Ag24.5Cu0.5Ni电接触合金

化学成分(质量分数)/%							
主成分(不小于)			杂质(不大于)				
Ag	Cu (差减法报出)	Ni	Zn	Fe	Cd	Pb	杂质总量
74.0~76.0	23.5	0.35~0.65	0.06	0.05	0.05	0.03	0.15

注：1. 本规范限制不排除其他未命名的元素，杂质或添加剂的可能存在。分析检测通常仅对表中所列元素进行。然而，如果用户认为某些杂质元素可能对下游组件有害或因为其他原因则需要对具体元素进行规定，供需双方需对没有规定的杂质元素限和检测同时协商一致。

2. 杂质元素分析通常只对表中所列杂质进行。然而，在检测过程中出现其他元素超标或者预示要超标，就得进一步确定其他杂质元素总量和表中所列杂质元素总量没有超过表中限值。

表14-100　电接触银-镍材料

牌　号	Ag(质量分数)/%	Ni(质量分数)/%	杂质总量(质量分数)/%
90Ag10Ni	89.0~91.0	余量	0.2
85Ag15Ni	84.0~86.0	余量	0.2
80Ag20Ni	79.0~81.0	余量	0.2
70Ag30Ni	69.0~71.0	余量	0.2
60Ag40Ni	59.0~61.0	余量	0.2
50Ag50Ni	49.0~51.0	余量	0.2

表14-101　75Ag-25石墨滑动触电材料

Ag(质量分数)/%	75~3
石墨(质量分数)	余量
金属杂质总量(质量分数)/%	≤1
灰分百分比(ANSI C64.1,质量分数)/%	≤5

表14-102　电接触银-氧化镉材料

牌　号	化学成分① (质量分数)/%		其他杂质
	CdO	Ag	
90Ag/10CdO	10.0±1.0	89.0	①
86.5Ag/13.5CdO	13.5±1.0	85.5	
85Ag/15CdO	15.0±1.0	84.0	
80Ag/20CdO	20.0±1.0	79.0	

① CdO材料在生产过程中出于加工工艺和性能要求可能会添加各种添加剂。这些添加剂的优点目前依然具有争议。另外，原材料本身自带或加工带入的各种杂质因其残留水平和实际用途不同会产生有害或有益影响。这些杂质元素及分析方法需由供需双方协商一致确定。不应在用户未要求和同意情况下改变添加剂或杂质元素。

表14-103　电接触银-氧化锡材料

牌　号	化学成分(质量分数)/%		其他元素
	SnO	Ag(不小于)	
92Ag/8SnO	8.0±1.0	91.0	①
90Ag/10SnO	10.0±1.0	89.0	
Ag/12SnO	12.0±1.0	87.0	

注：杂质元素分析通常只对表中所列杂质进行。然而，在检测过程中出现其他元素超标或者预示要超标，就得进一步确定其他杂质元素总量和表中所列杂质元素总量没有超过表中限值。

① CdO材料在生产过程中出于加工工艺和性能要求可能会添加各种添加剂。这些添加剂的优点目前依然具有争议。任何成分超过0.1%（例如）就应视为添加剂并应有生产厂进行控制。另外，原材料本身自带或加工带入的各种杂质因其残留水平和实际用途不同会产生有害或有益影响。这些杂质元素及分析方法需由供需双方协商一致确定。还应注意到，不同添加剂用于AgSnO材料其作用是不同的。某些工作特性如焊接电阻、电腐蚀等其他性能都有可能在添加剂作用下提高或降低。由于组分和工艺差异对材料带来的性能改变，因此在没有进行操作测试前新替代材料是禁止使用的。不应在用户未要求和同意情况下改变添加剂或杂质元素。

14.4.3 铂及铂合金

铂及铂合金有《精炼铂》(B 561—1994 (2012))、《电接触用纯铂材料》(B 683—2001 (2012))、《电接触用 60Pt-40Ag 合金电接触材料》(B 731—1996 (2012))、《电接触用铂 - 银 - 铜合金》(B 563—2001 (2011))、《电接触用铂 - 铱材料》(B 684—1997 (2012))、《电接触用铂 - 铜材料》(B 685—2001 (2012)),具体分别见表 14 - 104 ~ 表 14 - 108。

表 14 - 104　精炼铂

牌　号		纯度 99.99	纯度 99.95(UNS PO4995)
Pt 含量(差减法,质量分数,不小于)/%		99.99	99.95
杂质元素含量[①] (质量分数,不大于)/%	Rh	0.005	0.03
	Pd	0.005	0.02
	Ru	0.002	0.01
	Ir	0.005	0.015
	Au	0.005	0.01
	Ag	0.003	0.005
	Pb	0.001	0.005
	Sn	0.002	0.005
	Zn	0.002	0.005
	Fe	0.005	0.01
	Mn	0.001	0.005
	Cu	0.004	0.01
	Si	0.005	0.01
	Ca	0.003	0.005
	Mg	0.003	0.005
	Al	0.004	0.005
	Ni	0.001	0.005
	Cr	0.001	0.005
	Sb	0.002	0.005
	As	0.002	0.005
	Bi	0.002	0.005
	Te	0.004	0.005
	Cd	—	0.005
	Mo	0.004	0.01

① 供需双方协商确定,可以增加表中未列杂质元素或化合物、包括烧损量等进行检测。

表 14 - 105　电接触用纯铂材料

化学成分(质量分数)/%						
Pd	杂质总量	铂族金属和 Au、Ag、Cu	其他杂质总量 (Pb、Sb、Bi、Sn、As、Cd、Zn、Fe)	Pb、Sb、Bi、Sn、 As、Cd、Zn(单个)	Fe	其他单个杂质
≥99.8	≤0.2	≤0.1	≤0.1	≤0.01	≤0.015	≤0.02

表 14 – 106　电接触用 60Pt-40Ag 合金电接触材料

化学成分(质量分数)/%					
Pd(差减法)	Ag	Cu	其他贵金属总量[①]	其他杂质[②]	
				单个杂质	总量
≥59.5	39.1~40.5	≤0.1	≤0.2	≤0.01	≤0.10

① 其他贵金属包括 Au、Pt、Rh、Ir、Ru 和 Os。

② 常用金属杂质如:Pb、Sn、Zn、Fe、Si、Mg、Ca、Al、Ni、Cr、Mn、Sb、B、Co、Mo、Te、Cd 和 In。

表 14 – 107　电接触用铂 – 铱材料

牌号	化学成分(质量分数)/%													
	Pt	Ir	杂质总量(不大于)	铂族金属总量(Pd,Rh,Os,Ru),Au(不大于)	部分杂质(不大于)									其他杂质(不大于)
					Pb	Sb	Bi	Sn	As	Cd	Zn	Fe	总量	
90Pt/10Ir	余量	9.50~10.50	0.2	0.1	0.01	0.01	0.01	0.01	0.01	0.01	0.01	0.015	0.1	0.2
85Pt/15Ir	余量	14.50~15.50	0.2	0.1	0.01	0.01	0.01	0.01	0.01	0.01	0.01	0.015	0.1	0.2

注:供需双方协商确定,可以增加表中未列杂质元素进行检测。杂质元素分析通常只对表中所列杂质进行。然而,在检测过程中出现其他元素超标或者预示要超标,就得进一步确定其他杂质元素总量和表中所列杂质元素总量没有超过表中限值。

表 14 – 108　电接触用铂 – 铜材料

化学成分(质量分数)/%									
Pd	Cu	Ag	Fe	Zn	Cd	Pb	Al	其他杂质总量	杂质总量
余量	40.00±0.5	≤0.10	≤0.05	≤0.06	≤0.05	≤0.03	≤0.005	0.1	0.2

注:供需双方协商确定,可以增加表中未列杂质元素进行检测。

14.4.4　钯及钯合金

钯及钯合金有《精炼钯》(B 589—1994 (2012))、《电接触用钯合金》(B 540—1997 (2012)) 和《电接触用钯 – 银 – 铜合金》(B 563—2001 (2011)),具体分别见表 14 – 109 ~ 表 14 – 111。

表 14 – 109　精炼钯

牌号	纯度 99.95(UNS PO3995)
钯含量(差减法,质量分数,不小于)/%	99.95
杂质元素含量[①](不大于)/% Pt	—
Rh	—
Ru	—
Ir	—
除钯外铂族金属总量	0.03
Au	0.01
Ag	0.01
Pb	0.005
Sn	0.005
Zn	0.0025
Fe	0.005
Cu	0.005
Si	0.005
Mg	0.005

续表 14 – 109

牌 号		纯度 99.95(UNS PO3995)
杂质元素含量① （不大于）/%	Ca	0.005
	Al	0.005
	Ni	0.005
	Cr	0.001
	Co	0.001
	Mn	0.001
	Sb	0.002

① 供需双方协商确定，可以增加表中未列杂质元素或化合物、包括烧损量等进行检测。

表 14 – 110 电接触用钯合金

化学成分(质量分数)/%							
Pd	Ab	Cu	Au	Pt	Zn	所有铂族金属 杂质总量	贱金属总量
34.0 ~ 36.0	29.0 ~ 31.0	13.5 ~ 14.5	9.5 ~ 10.5	9.5 ~ 10.5	0.8 ~ 1.2	≤0.1	≤0.2

表 14 – 111 电接触用钯 – 银 – 铜合金

化学成分(质量分数)/%						
Pd	Ag	Cu	Pt	Ni	贵金属杂质总量	贱金属杂质总量
43.0 ~ 45.0	37.0 ~ 39.0	15.5 ~ 16.5	0.8 ~ 1.2	0.8 ~ 1.2	≤0.2	≤0.2

14.4.5 铑及铑合金

铑及铑合金有《精炼铑》(B 616—1996 （2012）)，具体见表 14 – 112。

表 14 – 112 精炼铑

牌 号		纯度 99.95	纯度 99.90	纯度 99.80
Rh 含量(差减法,质量分数,不小于)/%		99.95	99.90	99.90
杂质含量① （质量分数,不大于)/%	Pt	0.02	0.05	0.01
	Ir	0.02	0.05	0.01
	Pd	0.005	0.05	0.05
	Ru	0.01	0.05	0.05
	Pb	0.005	0.01	0.01
	Sn	0.003	0.01	0.01
	Zn	0.003	0.01	0.01
	As	0.003	0.005	0.01
	Bi	0.005	0.005	0.01
	Ca	0.005	0.005	0.01
	Fe	0.003	0.01	0.01
	Si	0.005	0.01	—
	Ag	0.005	0.02	—
	Au	0.003	0.01	—
	Cu	0.005	0.01	—
	Ni	0.003	0.01	—

牌　　号		纯度 99.95	纯度 99.90	纯度 99.80
杂质含量① (质量分数, 不大于)/%	Te	0.005	0.01	—
	Mg	0.005	0.01	—
	Ca	0.005	0.01	—
	Al	0.005	0.01	—
	Cr	0.005	0.01	—
	Mn	0.005	0.005	—
	Sb	0.003	0.005	—
	Co	0.001	0.005	—
	B	0.001	0.005	—

① 供需双方协商确定, 可以对表中未列杂质元素或化合物等进行检测。

14.4.6 铱及铱合金

铱及铱合金有《精炼铱》(B 671—1981 (2010)), 具体见表 14 - 113。

表 14 - 113　精炼铱

牌　　号		纯度 99.90	纯度 99.80(UNS PO6100)
Ir 含量(差减法, 质量分数, 不小于)/%		99.90	99.90
杂质含量① (质量分数, 不大于)/%	Rh	0.05	0.15
	Pt	0.05	0.10
	Pd	0.05	0.05
	Ru	0.05	0.05
	Pb	0.015	0.02
	Si	0.01	0.02
	Sn	0.01	0.01
	Zn	0.01	0.01
	As	0.005	0.01
	Bi	0.005	0.01
	Cd	0.005	0.01
	Fe	0.01	0.01
	Ag	0.02	—
	Au	0.02	—
	Cu	0.02	—
	Ni	0.02	—
	Cr	0.02	—

① 供需双方协商确定, 可以对表中未列杂质元素或化合物等进行检测。

14.4.7 钌及钌合金

钌及钌合金有《精炼钌》(B 717—1996 (2012)), 具体见表 14 - 114。

表 14 – 114 精炼钌

牌 号	纯度 99.90	纯度 99.80
Ru 含量(差减法,质量分数,不小于)/%	99.90	99.90
杂质含量① (质量分数,不大于)/% Pt	0.01	0.02
Pd	0.005	0.05
Ir	0.005	0.05
Rh	0.01	0.05
Os	0.005	0.06
Fe	0.02	0.05
Si	0.005	0.02
Cu	0.005	0.01
Ca	0.005	0.01
Sn	0.005	0.01
Ag	0.005	0.01
Na	0.005	0.01
Au	0.005	0.005

注:化学成分检测结果不一致时,化学方法参考方法由双方一致认可的实验室确定。

① 供需双方协商确定,可以对表中未列杂质元素或化合物等进行检测。

14.5 日本

14.5.1 牙科用贵金属及其合金

日本标准中有《牙科用可锻金银钯合金》(JIS T 6105:2011e)、《牙科铸造用金银钯合金》(JIS T 6106:2011e)、《牙科用金银钯合金焊剂》(JIS T 6107:2011e)、《牙科用铸件 14K 金合金》(JIS T 6113:2015)、《牙科用铸件 14K 金合金的附加金属》(JIS T 6114:2015)、《牙科用铸造金合金》(JIS T 6116:2012)、《牙科用金合金硬钎焊材料》(JIS T 6117:2011)、《牙科用锻制金合金》(JIS T 6124:2005)、《牙科铸件用银合金》(JIS T 6108:2005)、《牙科用银合金钎焊材料》(JIS T 6111:2011)、牙科用贵金属合金化学成分见表 14 – 115。

表 14 – 115 牙科用贵金属及其合金材料化学成分

种 类	化学成分(质量分数,不小于)/%		
	Au	Pd	Ag
可锻金合金	12	—	—
可锻钯合金	—	25	—
可锻银合金	—	—	40
铸造金合金	12	—	—
铸造钯合金	—	20	—
铸造银合金	—	—	40
金焊剂	15	—	—
钯焊剂	—	30	—
银焊剂	—	—	30
14k 金合金	58.33 ~ 60.00		

14.5.2 贵金属钎焊料

贵金属钎焊料牌号见表 14 – 116。

表14-116 贵金属钎焊料牌号

纯度等级 A	纯度等级 B	化学成分(质量分数)/% Au	Ag	Pd	Cu	Zn	Cd	Ni	Sn	Pb	Li	In	其他杂质总量(不大于)	材料温度(资料性)/℃ 固相线(近似)	液相线(近似)	焊接温度
BAg-1	B-Ag45CdZnCu-605/620	—	44.0~46.0	—	14.0~16.0	14.0~18.0	23.0~25.0	—	—	—	—	—	0.15①	605	620	620~760
BAg-1A	B-Ag50CdZnCu-625/635	—	49.0~51.0	—	14.5~16.5	14.5~18.5	17.0~19.0	—	—	—	—	—	0.15①	625	635	635~760
BAg-2	B-Ag35CuZnCd-605/700	—	34.0~36.0	—	25.0~27.0	19.0~23.0	17.0~19.0	—	—	—	—	—	0.15①	605	700	700~845
BAg-3	B-Ag50CdZnCuNi-630/660	—	49.0~51.0	—	14.5~16.5	13.5~17.5	15.0~17.0	2.5~3.5	—	—	—	—	0.15①	630	690	690~815
BAg-4	B-Ag40CuZnNi-670/780	—	39.0~41.0	—	29.0~31.0	26.0~30.0	—	1.5~2.5	—	—	—	—	0.15①	670	780	780~900
BAg-5	B-Ag45CuZn-665/745	—	44.0~46.0	—	29.0~31.0	23.0~27.0	—	—	—	—	—	—	0.15①	665	745	745~845
BAg-6	B-Ag50CuZn-690/775	—	49.0~51.0	—	33.0~35.0	14.0~18.0	—	—	—	—	—	—	0.15①	690	775	775~870
BAg-7	B-Ag56CuZnSn-620/650	—	55.0~57.0	—	21.0~23.0	15.0~19.0	—	—	4.5~5.5	—	—	—	0.15①	620	650	650~760
BAg-7A	B-Ag45CuZnSn-640/680	—	44.0~46.0	—	26.0~28.0	23.0~27.0	—	—	2.5~3.5	—	—	—	0.15①	640	680	680~770
BAg-7B	B-Cu36AgZnSn-630/730	—	33.0~35.0	—	35.0~37.0	25.0~29.0	—	—	2.5~3.5	—	—	—	0.15①	630	730	730~820
BAg-8	B-Ag72Cu-780	—	71.0~73.0	—	余量	—	—	—	—	—	—	—	0.15①	780	780	780~900
BAg-8A	B-Ag72Cu(Li)-770	—	71.0~73.0	—	余量	—	—	—	—	—	0.25~0.50	—	0.15①	770	770	770~870
BAg-8B	B-Ag60CuZn-600/720	—	59.0~61.0	—	余量	—	—	—	9.5~10.5	—	—	—	0.15①	600	720	720~840
BAg-20	B-Cu38ZnAg-675/765	—	29.0~31.0	—	37.0~39.0	30.0~34.0	—	—	—	—	—	—	0.15①	675	765	765~870
BAg-20A	B-Cu41ZnAg-700/800	—	24.0~26.0	—	40.0~42.0	33.0~35.0	—	—	—	—	—	—	0.15①	700	800	800~890
BAg-21	B-Ag63CuSnNi-690/800	—	62.0~64.0	—	27.5~29.5	—	—	2.0~3.0	5.0~7.0	—	—	—	0.15①	690	800	800~900
BAg-24	B-Ag50ZnCuNi-660/705	—	49.0~50.0	—	19.0~21.0	26.0~30.0	—	1.5~2.5	—	—	—	—	0.15①	660	705	705~800
BAu-1	B-Cu62Au-990/1015	37.0~38.0	—	—	余量	—	—	—	—	—	—	—	0.15②	990	1015	1015~1095
BAu-2	B-Au80Cu-890	79.5~80.5	—	—	余量	—	—	—	—	—	—	—	0.15②	890	890	890~1010
BAu-3	B-Cu62AuNi-975/1030	34.5~35.5	—	—	余量	—	—	2.5~3.5	—	—	—	—	0.15②	975	1030	1030~1090
BAu-4	B-Au82Ni-950	81.5~82.5	—	—	—	—	—	余量	—	—	—	—	0.15②	950	950	950~1005

| 纯度等级 | | 化学成分(质量分数)/% | | | | | | | | | | | | 材料温度(资料性)/℃ | | |
A	B	Au	Ag	Pd	Cu	Zn	Cd	Ni	Sn	Pb	Li	In	其他杂质总量(不大于)	固相线(近似)	液相线(近似)	钎焊温度
BAu-5	B-Pd34NiAu-1135/1165	29.5~30.5	—	33.5~34.5	—	—	—	余量	—	—	—	—	0.15②	1135	1165	1165~1230
BAu-6	B-Au70NiPd-1005/1045	69.5~70.5	—	7.5~8.5	—	—	—	余量	—	—	—	—	0.15②	1005	1045	1045~1220
BAu-11	BV-Cu50Au-955/970	49.5~50.5	—	—	余量	—	—	—	—	—	—	—	0.15②	955	970	970~1020
BAu-12	BV-Au75AgCu-890/895	74.5~75.5	12.0~13.0	—	余量	—	—	—	—	—	—	—	0.15②	880	895	895~950
BVAg-0	BV-Ag100-961	—	>99.95	—	≤0.05	—	—	—	—	—	—	—	—	961	961	961~1080
BVAg-6B	BV-Cu50-780/870	—	49.0~51.0	—	余量	—	—	—	—	—	—	—	—	780	870	870~980
BVAg-8	BV-Ag72Cu-780	—	71.0~73.0	—	余量	—	—	—	—	—	—	—	—	780	780	780~900
BVAg-8B	BV-Ag71CuNi-780/795	—	70.5~72.5	—	余量	—	—	0.3~0.7	—	—	—	—	—	780	795	795~900
BVAg-18	BV-Ag60CuSn-600/720	—	59.0~61.0	—	余量	—	—	—	9.5~10.5	—	—	—	—	600	720	720~840
BVAg-29	BV-Ag61CuIn-625/710	—	60.5~62.5	—	余量	—	—	—	—	—	—	14.0~15.0	—	625	710	710~790
BVAg-30	BV-Ag68CuPd-805/810	—	67.0~69.0	4.5~5.5	余量	—	—	—	—	—	—	—	—	805	810	810~930
BVAg-31	BV-Ag58CuPd-825/850	—	57.0~59.0	9.5~10.5	余量	—	—	—	—	—	—	—	—	825	850	850~890
BVAg-32	BV-Au54PdCu-900/950	—	53.0~55.0	24.5~25.5	余量	—	—	—	—	—	—	—	—	900	950	950~990
BVAu-1	BV-Cu36Au-990/1015	37.0~38.0	—	—	余量	—	—	—	—	—	—	—	—	990	1015	1015~1095
BVAu-2	BV-Au80Cu-890	79.5~80.5	—	—	余量	—	—	—	—	—	—	—	—	890	890	890~1010
BVAu-3	BV-Cu62AuNi-975/1030	34.5~35.5	—	—	余量	—	—	2.5~3.5	—	—	—	—	—	975	1030	1030~1090
BVAu-4	BV-Au82Cu-950	81.5~82.5	—	—	—	—	—	余量	—	—	—	—	—	950	950	955~1005
BVAu-11	BV-Cu50Au-955/970	49.5~50.5	—	—	余量	—	—	—	—	—	—	—	—	955	970	970~1020
BVAu-12	BV-Au75CuAg-880/895	74.5~75.5	12.0~13.0	—	余量	—	—	—	—	—	—	—	—	890	895	895~950

注: B 级牌号按 ISO3677 规定进行，为钎焊料牌号。ISO3677 中没有规范 BV 级牌号，加 V 后级别以同其他牌号相区分。

① 其他杂质指 Pb 和 Fe 等。

② 其他杂质指 Cd、Pb、Zn 和 Fe 等。

表 14-117　贵金属钎焊料 BV 牌号按杂质含量分为 a 级和 b 级

纯度等级	杂质含量(质量分数,不大于)/%			
	Zn	Cd	Pb	其他杂质
a	0.001	0.001	0.002	0.001
b	0.002	0.002	0.002	0.002

第15章　半金属及半导体材料牌号与化学成分

15.1　硅材料

硅是最典型的元素半导体材料之一，在自然界中主要以二氧化硅和硅酸盐的形式存在。为满足半导体器件和光伏行业的要求，需要经过物理化学反应和提纯，获得工业硅、高纯硅，进而加工出硅片。

15.1.1　工业硅

《工业硅》（GB/T 2881—2014）中规定工业硅牌号按照硅元素符号与 4 位数字相结合的形式表示，4位数字依次分别表示产品中主要杂质元素铁、铝、钙的最高含量要求，其中铁含量和铝含量取小数点后的一位数字，钙含量取小数点后的两位数字。示例如下：

Si2202

	Si	2	2	02
	硅元素符号	铁含量	铝含量	钙含量
表示：	工业硅	铁含量≤0.20%	铝含量≤0.20%	钙含量≤0.02%。

Si3303

	Si	3	3	03
	硅元素符号	铁含量	铝含量	钙含量
表示：	工业硅	铁含量≤0.30%	铝含量≤0.30%	钙含量≤0.03%。

《工业硅》（GB/T 2881—2014）中按化学成分将工业硅分为 8 个牌号，其需常规检测的元素含量应符合表 15 - 1 的规定，微量元素含量的具体要求应符合表 15 - 2 的规定。

表 15 - 1　工业硅常规检测元素含量

牌　号	化学成分（质量分数）/%			
	名义硅含量[①]（不小于）	主要杂质元素含量（不大于）		
		Fe	Al	Ca
Si1101	99.79	0.10	0.10	0.01
Si2202	99.58	0.20	0.20	0.02
Si3303	99.37	0.30	0.30	0.03
Si4110	99.40	0.40	0.10	0.10
Si4210	99.30	0.40	0.20	0.10
Si4410	99.10	0.40	0.40	0.10
Si5210	99.20	0.50	0.20	0.10
Si5530	98.70	0.50	0.50	0.30

注：分析结果的判定采用修约比较法，数值修约规则按 GB/T 8170 的规定进行，修约数位与表中所列极限值数位一致。

① 名义硅含量应不低于 100% 减去铁、铝、钙元素含量总和的值。

表 15 - 2　工业硅微量元素含量

用　途		类别	微量元素含量（质量分数，不大于）/×10⁻⁴%								
			Ni	Ti	P	B	C	Pb	Cd	Hg	Cr⁶⁺
化学用硅	多晶用硅	高精级	—	400	50	30	400	—	—	—	—
		普精级	—	600	80	60	600	—	—	—	—
	有机用硅	高精级	100	400	—	—	—	—	—	—	—
		普精级	150	500	—	—	—	—	—	—	—
冶金用硅			——	—	—	—	—	1000	100	1000	1000

《金属硅》（ASTM A 922—2005）规定其化学成分应符合表 15 - 3 的规定。

表 15 - 3　金属硅的化学成分

元　素	化学成分（质量分数）/%		
	A 级	B 级	C 级
Si	>98.00	89.00 ~ 97.99	80.00 ~ 88.99
Fe	—	≤4.00	≤4.00

《金属硅》（JIS G2312—1986）中规定其化学成分应符合表 15 - 4 的规定，但是表 15 - 5 规定的指定元素也是可以的。

表 15 - 4　金属硅的化学成分

种　类		记号	化学成分（质量分数）/%				
			Si（大于）	C（小于）	P（小于）	S（小于）	Fe（小于）
金属硅	1 号	MSi1	98.0	0.10	0.05	0.05	0.7
	2 号	Msi2	97.0	0.10	0.05	0.05	1.5

表 15 - 5　金属硅的指定化学成分

种　类		化学成分（质量分数）/%	
		Ca（小于）	Al（小于）
金属硅	1 号	0.4	
		0.2	—
		0.1	
	2 号	—	0.4
			0.2

15.1.2　太阳能级多晶硅

太阳能级多晶硅是光伏行业太阳能电池的重要原材料。《太阳能级多晶硅》（GB/T 25074—2010）中规定太阳能级多晶硅的牌号表示为：

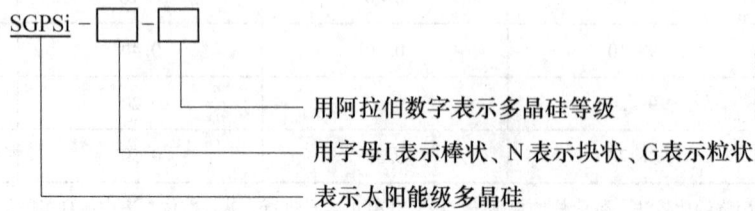

GB/T 25074—2010 中规定太阳能级多晶硅的等级及相关技术要求应符合表 15 - 6 的要求。

表 15 – 6　太阳能级多晶硅等级及技术要求

项目(一)	太阳能级多晶硅等级指标(一)		
	1 级品	2 级品	3 级品
基磷电阻率(不小于)/Ω·cm	100	40	20
基硼电阻率(不小于)/Ω·cm	500	200	100
少数载流子寿命(不小于)/μs	100	50	30
氧浓度(不大于)/atoms·cm^{-3}	1.0×10^{17}	1.0×10^{17}	1.5×10^{17}
碳浓度(不大于)/atoms·cm^{-3}	2.5×10^{16}	4.0×10^{16}	4.5×10^{16}
项目(二)	太阳能级多晶硅等级指标(二)		
	1 级品	2 级品	3 级品
施主杂质浓度(不大于)/×10^{-9}(ppba)	1.5	3.76	7.74
受主杂质浓度(不大于)/×10^{-9}(ppba)	0.5	1.3	2.7
少数载流子寿命(不小于)/μs	100	50	30
氧浓度(不大于)/atoms·cm^{-3}	1.0×10^{17}	1.0×10^{17}	1.5×10^{17}
碳浓度(不大于)/atoms·cm^{-3}	2.5×10^{16}	4.0×10^{16}	4.5×10^{16}
基体金属杂质(质量分数)/×10^{-6}(ppmw)	Fe、Cr、Ni、Cu、Zn、TMI(Total metal impurities)总金属杂质含量不大于0.05	Fe、Cr、Ni、Cu、Zn、TMI(Total metal impurities)总金属杂质含量不大于0.1	Fe、Cr、Ni、Cu、Zn、TMI(Total metal impurities)总金属杂质含量不大于0.2

注：1. 基体金属杂质检测可采用二次离子质谱、等离子体质谱和中子活化分析，由供需双方协商解决。
　　2. 基体金属杂质为参考项目，由供需双方协商解决。

15.1.3　电子级多晶硅

《电子级多晶硅》(GB/T 12963—2014) 中规定电子级多晶硅的牌号表示为：

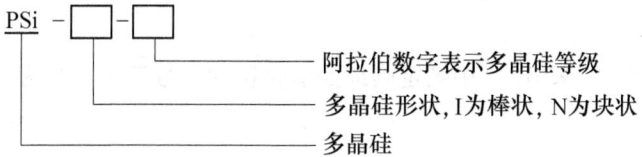

电子级多晶硅按外形分为块状多晶硅和棒状多晶硅，根据导电类型分为 N 型和 P 型，根据纯度的差别分为 3 级。电子级多晶硅的等级及相关技术指标应符合表 15 – 7 的规定。

表 15 – 7　电子级多晶硅的等级及技术指标

项　目	技 术 指 标 要 求		
	电子 1 级	电子 2 级	电子 3 级
施主杂质浓度(不大于)/×10^{-9}(ppba)	0.15	0.25	0.30
受主杂质浓度(不大于)/×10^{-9}(ppba)	0.05	0.08	0.10
少数载流子寿命(不小于)/μs	1000	1000	500
碳浓度(小于)/atoms·cm^{-3}	4.0×10^{15}	1.0×10^{16}	1.5×10^{16}
氧浓度(不大于)/atoms·cm^{-3}	1.0×10^{16}	—	—
基体金属杂质浓度/×10^{-9}(ppbw)	Fe、Cr、Ni、Cu、Zn、Na总金属杂质含量不大于1.0	Fe、Cr、Ni、Cu、Zn、Na总金属杂质含量不大于1.5	Fe、Cr、Ni、Cu、Zn、Na总金属杂质含量不大于2.0
表面金属杂质浓度/×10^{-9}(ppbw)	Fe、Cr、Ni、Cu、Zn、Al、K、Na总金属杂质含量不大于5.5	Fe、Cr、Ni、Cu、Zn、Al、K、Na、总金属杂质含量不大于10.5	Fe、Cr、Ni、Cu、Zn、Al、K、Na、总金属杂质含量不大于15

注：电阻率值由供需双方协商确定。

15.1.4　硅外延片

《硅外延片》(GB/T 14139—2009) 中规定硅外延片牌号表示为：

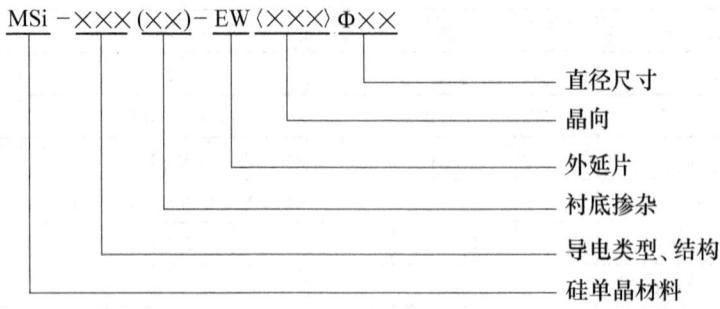

硅外延片按导电类型分为 N 型、P 型，按晶向分为 < 111 >、< 100 > 等，按直径分为 76.2mm、100mm、125mm 和 150mm；衬底的掺杂元素：N 型衬底（掺杂元素为 P、Sb、As），P 型衬底（掺杂元素为 B）。

示例：MSi – N/N$^+$(As) – EW < 111 >Φ100 表示 N/N$^+$结构、掺 As 衬底 < 111 > 晶向、直径 100mm 的硅外延片

15.2　锗材料

锗是一种重要的半导体材料，由于几乎没有比较集中的矿床，也被称为"稀散金属"。四氯化锗、二氧化锗和区熔锗锭属于传统意义上的锗产品，而近年来发展较快的高附加值产品是锗单晶及其深加工产品，在半导体、光纤通讯、红外光学、太阳能电池、化学催化剂、生物医学等领域都有广泛而重要的应用。

15.2.1　高纯四氯化锗

《高纯四氯化锗》(YS/T 13—2015) 中规定高纯四氯化锗的牌号表示方法为：

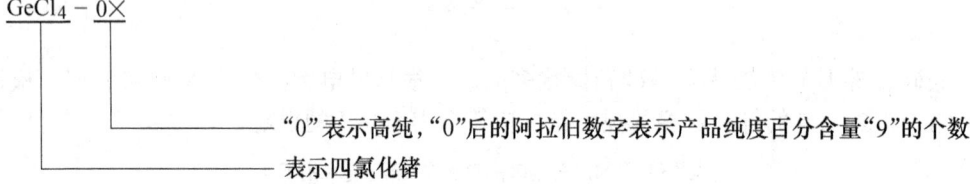

高纯四氯化锗按纯度分为 GeCl$_4$-08、GeCl$_4$-07、GeCl$_4$-05 三个牌号，其化学成分应符合表 15 – 8 的规定。

表 15 – 8　高纯四氯化锗的化学成分

化 学 成 分	要求（质量分数，不大于）/%		
	GeCl$_4$-08	GeCl$_4$-07	GeCl$_4$-05
GeCl$_4$ 含量	≥99.999999	≥99.99999	≥99.999
Cu	0.5×10^{-9}	1.0×10^{-9}	2.0×10^{-7}
Mn	0.5×10^{-9}	1.0×10^{-9}	—
Cr	0.5×10^{-9}	2.0×10^{-9}	—
Fe	1.0×10^{-9}	2.0×10^{-9}	1.0×10^{-6}
Co	0.5×10^{-9}	2.0×10^{-9}	2.0×10^{-7}

化 学 成 分	要求(质量分数,不大于)/%		
	$GeCl_4$-08	$GeCl_4$-07	$GeCl_4$-05
Ni	0.5×10^{-9}	1.0×10^{-9}	2.0×10^{-7}
V	0.5×10^{-9}	2.0×10^{-9}	—
Zn	0.5×10^{-9}	2.5×10^{-9}	—
Pb	0.5×10^{-9}	1.0×10^{-9}	2.0×10^{-7}
As	0.5×10^{-9}	5.0×10^{-9}	5.0×10^{-7}
Mg	0.5×10^{-9}	2.0×10^{-9}	—
In	0.5×10^{-9}	1.0×10^{-9}	—
Al	0.5×10^{-9}	1.0×10^{-9}	

注:四氯化锗的含量为100%减去 Cu、Mn、Cr、Fe、Co、Ni、V、Zn、Pb、As、Mg、In、Al 杂质含量的和。

15.2.2 高纯二氧化锗

《高纯二氧化锗》(GB/T 11069—2006) 中规定高纯二氧化锗的牌号表示为:

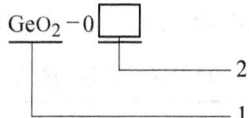

1—GeO_2 表示二氧化锗

2—"0"后加阿拉伯数字表示产品纯度百分含量中"9"的个数。

高纯二氧化锗按化学成分分为两个牌号:GeO_2-05、GeO_2-06,其化学成分应符合表15 - 9的规定。

表 15 - 9　高纯二氧化锗的化学成分

牌号	化学成分(质量分数)/%							
	GeO_2 纯度 (不小于)	杂质含量(不大于)						
		As	Fe	Cu	Ni	Pb	Ca	Mg
GeO_2-06	99.9999	1.0×10^{-5}	1.0×10^{-5}	1.0×10^{-6}	2.0×10^{-6}	2.0×10^{-6}	1.5×10^{-5}	1.0×10^{-5}
GeO_2-05	99.999	5.0×10^{-5}	1.0×10^{-4}	2.0×10^{-5}	2.0×10^{-5}	1.0×10^{-5}	—	—

牌号	化学成分(质量分数)/%						
	GeO_2 纯度 (不小于)	杂质含量(不大于)					
		Si	Co	In	Zn	Al	总含量
GeO_2-06	99.9999	2.0×10^{-5}	2.0×10^{-6}	1.0×10^{-6}	1.5×10^{-5}	1.0×10^{-5}	1.0×10^{-4}
GeO_2-05	99.999	—	2.0×10^{-5}	—	—	1.0×10^{-4}	1.0×10^{-3}

15.2.3 还原锗锭

《还原锗锭》(GB/T 11070—2006) 中规定还原锗锭的牌号表示为:

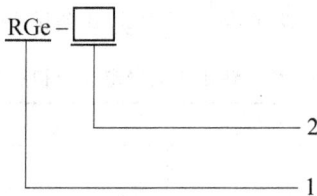

1—RGe 表示还原锗锭;

2—阿拉伯数字,表示产品等级。

还原锗锭按电阻率分为 2 个牌号：RGe-0、RGe-1，其电阻率应符合表 15 - 10 的规定。

表 15 - 10　还原锗锭的电阻率

牌　号	电阻率(23℃ ±0.5℃,不小于)/Ω·cm
RGe-0	30
RGe-1	10

15.2.4　区熔锗锭

《区熔锗锭》(GB/T 11071—2006) 中规定区熔锗锭的牌号表示为：

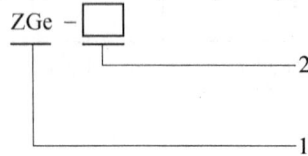

1—ZGe，表示区熔锗锭；

2—阿拉伯数字，表示产品等级。

区熔锗锭按电学性能分为两个牌号：ZGe-0、ZGe-1，其电学性能应符合表 15 - 11 的规定。

表 15 - 11　区熔锗锭的电学性能

牌　号	电阻率(20℃ ±0.5℃,不小于)/Ω·cm	检测单晶的参数(77K)	
		载流子浓度/cm^{-3}	载流子迁移率/$cm^2 \cdot V^{-1} \cdot s^{-1}$
ZGe-0	50	$\leqslant 1.5 \times 10^{12}$	$\geqslant 3.7 \times 10^4$
ZGe-1	50	—	—

15.2.5　锗单晶和锗单晶片

《锗单晶和锗单晶片》(GB/T 5238—2009) 中规定锗单晶和锗单晶片的牌号表示方法为：

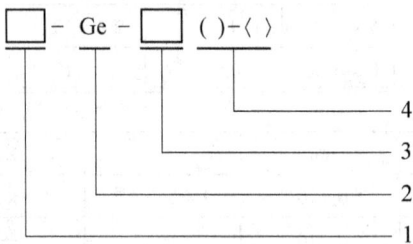

1—锗单晶和锗单晶片的生产方法；用 CZ 表示直拉法，用 HB 表示水平法；

2—Ge 表示锗单晶和锗单晶片；

3—用 N 或 P 表示导电类型，括号内的元素符号表示掺杂剂；

4—用密勒指数表示晶向。

锗单晶的晶向有 <111 >、<100 >。锗单晶的导电类型和掺杂剂见表 15 - 12。

表 15 - 12　锗单晶的导电类型和掺杂剂

导 电 类 型	掺 杂 剂
P	Ga
	In
	Au + Ga(In)
N	Sb

牌号示例：

（1）CZ-Ge-N（Sb）–〈111〉表示晶向为〈111〉N 型掺锑直拉锗单晶和锗单晶片。

（2）CZ-Ge-P（Ga）–〈111〉表示晶向为〈111〉P 型掺镓直拉锗单晶和锗单晶片。

15.3 化合物半导体材料

15.3.1 锑化铟多晶、单晶及切割片

《锑化铟多晶、单晶及切割片》（GB/T 11072—2009）中规定锑化铟多晶与单晶的牌号表示为：

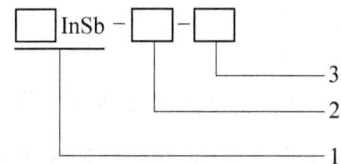

1—用 PInSb 表示锑化铟多晶，MInSb 表示锑化铟单晶；

2—化学元素符号表示掺杂剂；

3—阿拉伯数字表示产品等级。

若产品不掺杂或不分级，则相应部分可省略。

锑化铟多晶的等级及电学性能应符合表 15 – 13 的规定。

表 15 – 13 锑化铟多晶的等级及电学性能（77K）

导电类型	级别	载流子浓度/cm^{-3}	迁移率/cm$^2 \cdot$V$^{-1} \cdot$s^{-1}
N	1	$5 \times 10^{13} \sim 1 \times 10^{14}$	$>6 \times 10^5$
	2	$5 \times 10^{13} \sim 1 \times 10^{14}$	$>5 \times 10^5 \sim 6 \times 10^5$
	3	$5 \times 10^{13} \sim 1 \times 10^{14}$	$>4 \times 10^5 \sim 5 \times 10^5$

非掺杂和掺杂锑化铟单晶的电学性能与位错密度应符合表 15 – 14 的规定。

表 15 – 14 非掺杂和掺杂锑化铟单晶电学性能（77K）和位错密度

牌号	导电类型	掺杂剂	载流子浓度 /cm^{-3}	迁移率 /cm$^2 \cdot$V$^{-1} \cdot$s^{-1}	电阻率/Ω·cm	直径/mm	位错密度（不大于）/个·厘米$^{-2}$
MInSb	N	非掺杂	$(1 \sim 5) \times 10^{14}$	$\geqslant 4.5 \times 10^5$	$\geqslant 0.027$	$10 \sim 200$	1000
MInSb-Te	N	Te	$1 \times 10^{15} \sim 7 \times 10^{18}$	$2.4 \times 10^5 \sim 1 \times 10^4$	$0.026 \sim 0.0001$	$10 \sim 200$	1000
MInSb-Sn	N	Sn	$1 \times 10^{15} \sim 7 \times 10^{18}$	$2.4 \times 10^5 \sim 1 \times 10^4$	$0.026 \sim 0.0001$	$10 \sim 200$	1000
MInSb-Ge	P	Ge	$1 \times 10^{15} \sim 9 \times 10^{17}$	$1 \times 10^4 \sim 6 \times 10^2$	$0.62 \sim 0.012$	$10 \sim 200$	1000
MInSb-Zn	P	Zn	$1 \times 10^{15} \sim 9 \times 10^{17}$	$1 \times 10^4 \sim 6 \times 10^2$	$0.62 \sim 0.012$	$10 \sim 200$	1000
MInSb-Cd	P	Cd	$1 \times 10^{15} \sim 9 \times 10^{17}$	$1 \times 10^4 \sim 6 \times 10^2$	$0.62 \sim 0.012$	$10 \sim 200$	1000

锑化铟单晶切割片牌号表示为：

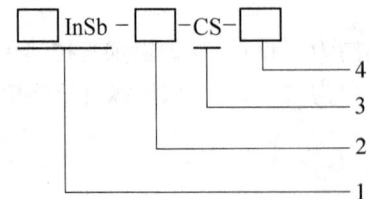

1—MInSb 表示锑化铟单晶；

2—化学元素表示掺杂剂；

3—CS 表示切割片；

4—阿拉伯数字表示产品等级。

示例：1 级掺碲锑化铟单晶切割片表示为 MInSb-Te-CS-1

若产品不掺杂或不分级，则相应部分可省略。

非掺杂和掺杂锑化铟单晶及锑化铟切割片按位错密度和直径分为 3 级，见表 15 – 15。

表 15 – 15　锑化铟单晶及切割片的等级及技术要求

级　别	位错密度/个·厘米$^{-2}$	直径/mm
1	<100	30 ~ 200
2	<100	<30
	100 ~ 500	30 ~ 200
3	>500 ~ 1000	10 ~ 200

15.3.2　砷化镓单晶及切割片

15.3.2.1　液封直拉法砷化镓单晶及切割片

《液封直拉法砷化镓单晶及切割片》(GB/T 11093—2007) 中规定液封直拉法砷化镓单晶的牌号表示为

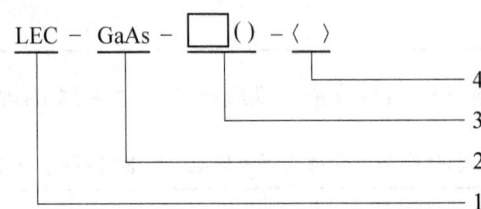

1—砷化镓单晶的生长方法为液封直拉法；

2—砷化镓材料的分子式；

3—导电类型，括号内元素符号为掺杂剂，如果有两个或两个以上的掺杂剂，中间用 + 连接；

4—用密勒指数表示的晶向。

若单晶不强调生产方法或不掺杂时，其相应牌号部分可以省略。

单晶生长方向为 <100>、<111> 或由供需双方协商确定。N 型掺杂剂一般包括 Si、S、Se、Te、Sn；P 型掺杂剂一般包括 Zn、Cd、Be、Mn、Co、Mg。

示例：

LEC-GaAs-SI-<100> 表示液封直拉法半绝缘 <100> 方向砷化镓单晶；

LEC-GaAs-N(Te)-<100> 表示液封直拉法掺碲 (Te) N 型 <100> 方向砷化镓单晶；

LEC-GaAs-SI(Cr + O)-<100> 表示液封直拉法铬 (Cr) 氧 (O) 双掺半绝缘 <100> 方向砷化镓单晶。

《液封直拉法砷化镓单晶及切割片》(GB/T 11093—2007) 中规定液封直拉法砷化镓单晶切割片的牌号表示为：

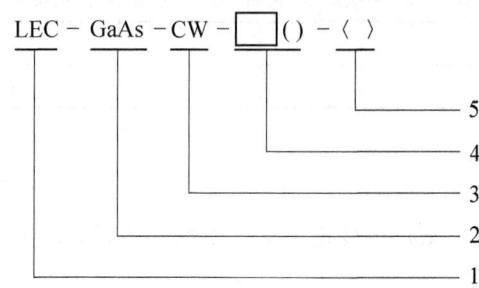

1—砷化镓单晶的生长方法为液封直拉法；

2—砷化镓材料的分子式；

3—晶片为切割片；

4—导电类型，括号内元素符号为掺杂剂，如果有两个或两个以上的掺杂剂，中间用 + 连接；

5—用密勒指数表示的晶向。

若单晶不强调生产方法或不掺杂时，其相应牌号部分可以省略。

示例

LEC-GaAs-CW-SI- < 100 > 表示液封直拉法半绝缘 < 100 > 方向砷化镓单晶切割片；

LEC-GaAs-CW-P(Zn)- < 100 > 表示液封直拉法掺锌（Zn）P 型 < 100 > 方向砷化镓单晶切割片；

LEC-GaAs-CW-SI(Cr + O)- < 100 > 表示液封直拉法铬（Cr）氧（O）双掺半绝缘 < 100 > 方向砷化镓单晶切割片。

15.3.2.2 水平法砷化镓单晶及切割片

《水平法砷化镓单晶及切割片》（GB/T 11094—2007）中规定水平法砷化镓单晶、单晶锭和切割片的牌号表示如下，各部分中，不影响产品识别的部分可省略：

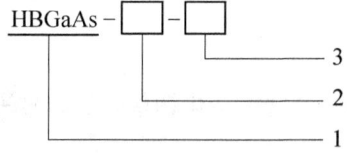

1—水平法砷化镓；

2—用元素符号表示掺杂剂，有两个以上掺杂剂中间用 + 相连，如无特意掺杂剂时则用"纯"表示不掺杂；

3—用 CW 表示切割片，不写 CW 表示是单晶或单晶锭。

示例 1：HBGaAs – Si 表示用水平法生长的掺硅砷化镓单晶（或单晶晶锭）

示例 2：HBGaAs – Cr + O 表示用水平法生长的掺铬和氧的砷化镓单晶（或单晶晶锭）

示例 3：HBGaAs – Si – CW 表示用水平法生长的掺硅砷化镓单晶切割片

低阻导电型砷化镓单晶的导电类型、掺杂剂、载流子浓度和迁移率应符合表 15 – 16 的规定。半绝缘砷化镓单晶的掺杂剂、电阻率应符合表 15 – 17 的规定。

表 15 – 16 低阻导电型砷化镓单晶的导电类型、掺杂剂、载流子浓度和迁移率

导电类型	掺杂剂	载流子浓度范围/cm^{-3}	迁移率范围（不小于）/$cm^{-2} \cdot V^{-1} \cdot s^{-1}$
N	Si	$8 \times 10^{16} \sim 5 \times 10^{18}$	1100
	Te	$8 \times 10^{16} \sim 5 \times 10^{18}$	1500
N	—	$5 \times 10^{13} \sim 5 \times 10^{16}$	—
P	Zn	$4 \times 10^{18} \sim 5 \times 10^{19}$	50

表 15-17　半绝缘砷化镓单晶的掺杂剂、电阻率

掺 杂 剂	电阻率/$\Omega \cdot cm$
Cr 或 Cr + O	$1 \times 10^6 \sim 1 \times 10^{10}$

15.3.3　磷化镓单晶

《磷化镓单晶》(GB/T 20229—2006) 中规定磷化镓单晶的牌号表示方法为：

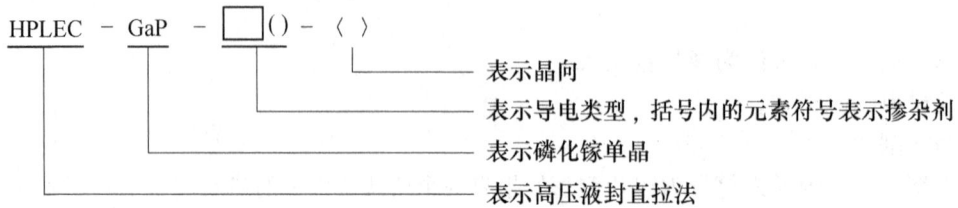

磷化镓的导电类型为 N 型，磷化镓单晶锭的晶向为 <111>。

磷化镓单晶锭的掺杂剂、霍耳迁移率和电阻率应符合表 15-18 的规定。

示例：HPLEC-GaP-N(S)-<111>，表示高压液封直拉法掺硫 N 型 <111> 晶向磷化镓单晶。

表 15-18　磷化镓单晶的导电类型、掺杂剂、电学参数

导电类型	掺杂剂	载流子浓度/cm^{-3}	迁移率(不小于)/$cm^2 \cdot V^{-1} \cdot s^{-1}$	电阻率/$\Omega \cdot cm$
掺杂 N 型	S	$2 \times 10^{17} \sim 8 \times 10^{17}$	100	$10 \sim 10^3$
	Te	$2 \times 10^{17} \sim 8 \times 10^{17}$	100	$10 \sim 10^3$
非掺 N 型	—	$0.5 \times 10^{17} \sim 2 \times 10^{17}$	110	—

15.3.4　磷化铟单晶

《磷化铟单晶》(GB/T 20230—2006) 中规定磷化铟单晶的牌号表示方法为：

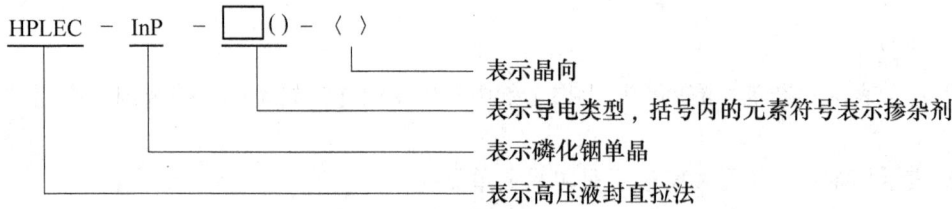

示例：HPLEC-InP-Si(Fe)-<100>，表示高压液封直拉法掺铁半绝缘 <100> 晶向磷化铟单晶。若单晶不强调生长方法和掺杂剂，则相应部分可以省略。

磷化铟的导电类型分为 N 型、P 型、半绝缘型，晶向为 <100>、<111>，其他晶向由供需双方协商确定。

磷化铟单晶的掺杂剂、载流子浓度、迁移率和电阻率应符合表 15-19 的规定。

表 15-19　磷化铟单晶的导电类型、掺杂剂、电学参数

导电类型	掺杂剂	载流子浓度/cm^{-3}	迁移率/$cm^2 \cdot V^{-1} \cdot s^{-1}$	电阻率/$\Omega \cdot cm$
N 型	S	$\geqslant 5 \times 10^{17}$	$\geqslant 500$	—
	Sn	$\geqslant 5 \times 10^{16}$	$\geqslant 1000$	—
半绝缘型	Fe	—	$\geqslant 1000$	$\geqslant 5 \times 10^6$
P 型	Zn	$\geqslant 5 \times 10^{16}$	~ 50	

15.3.5　碳化硅单晶抛光片

《碳化硅单晶抛光片》（GB/T 30656—2014 ）中规定了碳化硅单晶抛光片牌号由 9 位数字或字母组成，形式为 WABCDE-XYZ，各字母代表的含义如下：

W—标准产品；

A—直径（2—50.8mm，3—76.2mm，4—100.0mm）；

B—晶型（4—4H，6—6H）；

C—导电类型（N—导电型，S—半绝缘型）；

D—晶向角度（0—正晶向，1—1°偏角，3—3.5°偏角，4—4°偏角，8—8°偏角）；

E—等级（P—工业级，R—研究级，D—试片级）；

X—硅面抛光状态（L—研磨，P—光学抛光；C—化学机械抛光，即开即用）；

Y—碳面抛光状态（L—研磨，P—光学抛光，C—化学机械抛光，即开即用）；

Z—厚度（D—430μm ± 25μm，E—350μm ± 25μm，F—330μm ± 25μm）。

W24N0P-CPF 代表的含义为该产品为标准产品，直径为 50.8mm、晶型为 4H、导电型、工业级产品，Si 面经化学机械抛光、C 面为光学抛光、厚度范围为（330 ± 25）μm。

15.3.6　碲化镉

《碲化镉》（YS/T 838—2012）中规定碲化镉按化学成分的牌号表示为 CdTe99.999，其化学成分应符合表 15 - 20 的规定。

表 15 - 20　碲化镉的化学成分

牌号	化学成分(质量分数)/%							
	CdTe 含量（不小于）	杂质含量(不大于)						
		Na	Mg	Fe	Ni	Cu	Al	Ca	Sn
CdTe99.999	99.999	0.0001	0.00005	0.0001	0.0001	0.0001	0.00005	0.00005	0.00005
		Pb	Cr	Bi	Sb	Zn	Ag	Se	总和
		0.0001	0.00005	0.0001	0.00005	0.0001	0.00002	0.0002	0.001

注：1. CdTe99.999 牌号中的碲化镉含量为 100% 减去表中所列杂质元素实测总的余量。

　　2. 碲化镉杂质末位后数值的修约和修约后数值的判定分别按 GB/T 8170—2008 中第 3 章和 4.3.3 的规定进行。

15.4　镓

15.4.1　工业镓

工业镓（GB/T 1475—2005）按化学成分分为 Ga3N、Ga4N、Ga5N，其化学成分应符合表 15 - 21 的规定。

表 15 - 21　工业镓的化学成分

牌　号	化学成分(质量分数)/%	
	Ga(不小于)	杂　质　总　和
Ga3N	99.9	(Cu + Pb + Zn + Al + In + Ca + Fe + Sn + Ni)≤0.10
Ga4N	99.99	(Cu + Pb + Zn + Al + In + Ca + Fe + Sn + Ni +其他杂质)≤0.010
Ga5N	99.999	(Cu + Pb + Zn + Al + In + Ca + Fe + Sn + Ni +其他杂质)≤0.0010

注：1. 镓的质量分数为 100% 减去表中所列杂质总和的量。

　　2. 表中未规定的其他杂质元素，可由供需双方协商确定。

　　3. 表中杂质含量数值修约按 GB/T 8170 的有关规定进行，修约后保留两位有效数字。

15.4.2　氧化镓

氧化镓（YS/T 741—2010）按化学成分分为三个牌号：$Ga_2O_3$3N、$Ga_2O_3$4N、$Ga_2O_3$5N，其化学成分应符合表 15 – 22 的规定。

表 15 – 22　氧化镓的化学成分

牌号	化学成分(质量分数)/%												
	Ga_2O_3(不小于)	杂质含量(不大于)/$\times10^{-4}$											
		Na	Ca	Cr	Mn	Fe	Co	Ni	Cu	Zn	In	其他每种	总和
$Ga_2O_3$3N	99.900	50	50	—	—	50	—	50	—	—	—	—	1000
$Ga_2O_3$4N	99.990	5.0	5.0	3.0	3.0	10.0	3.0	3.0	5.0	10.0	5.0	10.0	100
$Ga_2O_3$5N	99.999	1.5	1.0	1.0	0.5	1.5	0.5	0.5	1.0	1.5	1.0	2.0	10

注：1. 氧化镓质量分数为 100% 减去表中所列杂质（质量分数）总和的余量。

2. 对于表中未规定的其他杂质含量，如需方有特殊要求时，可由供需双方另行协议。

3. 表中杂质成分按 GB/T 8170 处理。

15.4.3　高纯镓

《高纯镓》(GB/T 10118—2009) 中规定高纯镓按纯度分为 Ga-06、Ga-07、MBE 级三个牌号，化学成分应符合表 15 – 23 ~ 表 15 – 25 的规定。

表 15 – 23　高纯镓 Ga-06 的化学成分

牌号	化学成分(质量分数)/%										
	Ga(不小于)	杂质含量(不大于)/$\times10^{-4}$									
		Fe	Si	Pb	Zn	Sn	Mg	Cu	Mn	Cr	Ni	总和
Ga-06	99.9999	3	5	3	3	3	3	2	3	3	3	100

注：1. 表中镓质量分数为 100% 减去表中所列杂质含量（质量分数）的总和；

2. 表中未列的其他杂质元素，可由供需双方协商确定。

表 15 – 24　高纯镓 Ga-07 的化学成分

牌号	化学成分(质量分数)/%												
	Ga(不小于)	杂质含量(不大于)/$\times10^{-4}$											
		Fe	Si	Pb	Zn	Sn	Mg	Cu	Mn	Cr	Ni	Na	Ca	总和
Ga-07	99.99999	0.5	0.5	0.5	0.5	0.5	0.5	0.2	0.3	0.5	0.5	0.5	0.5	10

注：1. 表中镓质量分数为 100% 减去表中所列杂质含量（质量分数）的总和；

2. 表中未列的其他杂质元素，可由供需双方协商确定。

表 15 – 25　MBE 级高纯镓的化学成分

牌号	化学成分(质量分数)/%	
MBE 级	Ga(大于)	杂质含量
	99.999999	除了基体 Ga 和离子源 Ta，其他检出杂质元素的含量都低于 GDMS 分析的检测极限

15.4.4 高纯三氧化二镓

《高纯三氧化二镓》(YS/T 979—2014) 中规定高纯三氧化二镓按化学成分分为两个牌号: 5N5、6N,其化学成分要求见表15-26。

表 15-26 高纯三氧化二镓的化学成分

产品牌号	化学成分(质量分数)/%															
	Ga_2O_3（不小于）	杂质含量(不大于)/×10^{-4}														
		Na	Mg	Ca	Cr	Mn	Fe	Co	Ni	Cu	Zn	Sn	In	Pb	Ti	V	总和
5N5	99.9995	0.5	0.4	1.0	0.2	0.2	0.7	0.2	0.2	0.4	0.3	0.2	0.3	0.2	—	—	5
6N	99.9999	0.1	0.1	0.2	0.05	0.05	0.1	0.04	0.04	0.06	0.05	0.04	0.05	0.04	0.04	0.04	1

注: 高纯三氧化二镓的含量为100%减去表中杂质实测总和的余量。

第16章 稀土产品牌号与化学成分

《稀土产品牌号表示方法》(GB/T 17803—2015)规定了稀土矿产品、单一稀土化合物、混合稀土化合物、单一稀土金属、混合稀土金属、稀土合金、稀土永磁材料、稀土储氢材料、稀土发光材料、抛光粉、铽镝铁大磁致伸缩材料、稀土磁制冷材料、稀土催化材料、稀土发热材料及其他稀土产品牌号表示方法。为了与其他有色金属产品章节内容保持一致，本部分按 GB/T 17803—2015 中的产品的顺序，依次给出了除稀土矿产品以外所有现行有效稀土国家、行业产品标准中产品牌号表示方法及化学成分或性能要求。

由于《稀土产品牌号表示方法》(GB/T 17803—2015)于 2015 年发布，现行有效稀土标准中，2015年以前发布的产品标准均按《稀土产品牌号表示方法》(GB/T 17803—1995)规定的数字牌号来表述。待这些标准修订时，将根据新的字符牌号表示方法要求，修订为字符牌号。

16.1 中国

16.1.1 稀土化合物

16.1.1.1 单一稀土化合物

A 单一稀土化合物牌号表示方法

根据《稀土产品牌号表示方法》(GB/T 17803—2015)，单一稀土化合物的牌号由单一稀土化合物分子式、阿拉伯数字和特定字母组成。共分两个层次，其中第一层次表示该产品的名称，第二层次表示该产品的级别（规格），同时在第一层次和第二层次之间用"－"分开。具体表示方法如下：

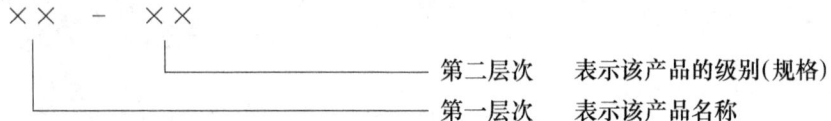

第一层次为该产品的名称，用该产品的分子式表示：

（1）单一稀土氧化物表示为：氧化镧 La_2O_3、氧化铈 CeO_2、氧化镨 Pr_6O_{11}、氧化钕 Nd_2O_3、氧化钷 Pm_2O_3、氧化钐 Sm_2O_3、氧化铕 Eu_2O_3、氧化钆 Gd_2O_3、氧化铽 Tb_4O_7、氧化镝 Dy_2O_3、氧化钬 Ho_2O_3、氧化铒 Er_2O_3、氧化铥 Tm_2O_3、氧化镱 Yb_2O_3、氧化镥 Lu_2O_3、氧化钪 Sc_2O_3、氧化钇 Y_2O_3 等。

（2）单一稀土氢氧化物和盐类表示为：氢氧化物（如 $La(OH)_3$）、卤化物（如 PrX_3）、硫化物（如 Nd_2S_3）、硼化物（如 LaB_6）、氢化物（如 LaH_3）、硝酸盐（如 $La(NO_3)_3$）、碳酸盐（如 $La_2(CO_3)_3$）、磷酸盐（如 $LaPO_4$）、硫酸盐（如 $La_2(SO_4)_3$）、乙酸盐（如 $La(AC)_3$）、草酸盐（如 $La_2(C_2O_4)_3$）等。当元素价态无法确定时，则用该产品分子式中原子个数用 x、y 表示，如 RE_xO_y。

第二层次为该产品的级别（规格），采用其稀土相对纯度（质量百分数）来表示：

（1）当该产品稀土相对纯度（质量分数）等于或大于99%时，则用质量分数中"9"的个数加"N"来表示（"N"为数字9的英文首字母），如99%用2N表示，99.995%用4N5表示。

（2）当稀土相对纯度（质量分数）相同时，但其他成分（包括杂质）百分含量要求不同的产品，可在该组牌号最后依次加上大写字母 A、B、C、D……表示，以示区别这些不同的产品，示例见表 16－1。

表 16-1　单一稀土化合物牌号示例

序号	产品类别	产品牌号	产品规格（稀土相对纯度）	牌 号 结 构	
				第一层次	第二层次
1	氧化镧	La$_2$O$_3$-5N	99.999%	La$_2$O$_3$	5N
		La$_2$O$_3$-4N	99.99%	La$_2$O$_3$	4N
		La$_2$O$_3$-3N5	99.95%	La$_2$O$_3$	3N5
2	氯化钕	NdCl$_3$-4NA	99.99%	NdCl$_3$	4NA
		NdCl$_3$-4NB		NdCl$_3$	4NB
		NdCl$_3$-3N	99.9%	NdCl$_3$	3N
3	磷酸镥	LuPO$_4$-4N5	99.995%	LuPO$_4$	4N5

（3）稀土相对纯度（质量分数）小于99%的产品，其质量百分含量采用四舍五入方法修约后取前两位数字表示，当质量百分含量只有一位数字时，则采用四舍五入修约后取整数，再在该数字前加"0"补足两位数字表示，示例见表 16-2。

表 16-2　稀土相对纯度小于99%时示例

序号	产品类别	产品牌号	产品规格（稀土相对纯度）	牌 号 结 构	
				第一层次	第二层次
1	氧化镱	Yb$_2$O$_3$-95A	95%,其他物理性能不一样	Yb$_2$O$_3$	95A
		Yb$_2$O$_3$-95B	95%,其他物理性能不一样	Yb$_2$O$_3$	95B
2	硝酸镨	Pr(NO$_3$)$_3$-93	92.5%	Pr(NO$_3$)$_3$	93
3	硫酸钆	Gd$_2$(SO$_4$)$_3$-98	98%	Gd$_2$(SO$_4$)$_3$	98

B　单一稀土化合物化学成分

a　单一稀土氧化物

目前，已有国家或行业标准的单一稀土氧化物包括：《氧化钆》（GB/T 2526—2017）（见表 16-3）、《氧化钐》（GB/T 2969—2017）（见表 16-4）、《氧化铈》（GB/T 4155—2012）（见表 16-5）、《氧化钇》（GB/T 3503—2015）（见表 16-6）、《氧化镨》（GB/T 3504—2015）（见表 16-7）、《氧化镧》（GB/T 4154—2015）（见表 16-8）、《氧化镨》（GB/T 5239—2015）（见表 16-9）、《氧化钕》（GB/T 5240—2015）（见表 16-10）、《氧化铽》（GB/T 12144—2009）（见表 16-11）、《氧化钪》（GB/T 13219—2010）（见表 16-12）、《氧化镝》（GB/T 13558—2008）（见表 16-13）、《氧化铒》（GB/T 15678—2010）（见表 16-14）、《氧化钬》（XB/T 201—2016）（见表 16-15）、《氧化铥》（XB/T 202—2010）（见表 16-16）、《氧化镱》（XB/T 203—2006）（见表 16-17）、《氧化镥》（XB/T 204—2006）（见表 16-18）。

根据《氧化钆》（GB/T 2526—2017），氧化钆产品牌号表述及化学成分见表 16-3。

根据《氧化钐》（GB/T 2969—2017），氧化钐产品牌号表述及化学成分见表 16-4。

根据《氧化铈》（GB/T 4155—2012），氧化铈产品牌号表述及化学成分见表 16-5。

根据《氧化钇》（GB/T 3503—2015），氧化钇产品牌号表述及化学成分见表 16-6。

根据《氧化镨》（GB/T 3504—2015），氧化镨产品牌号表述及化学成分见表 16-7。

根据《氧化镧》（GB/T 4154—2015），氧化镧产品牌号表述及化学成分见表 16-8。

根据《氧化镨》（GB/T 5239—2015），氧化镨产品牌号表述及化学成分见表 16-9。

根据《氧化钕》（GB/T 5240—2015），氧化钕产品牌号表述及化学成分见表 16-10。

表16-3 氧化钆产品牌号及化学成分

产品牌号		字符牌号	Gd$_2$O$_3$-5N5	Gd$_2$O$_3$-5N	Gd$_2$O$_3$-4N5	Gd$_2$O$_3$-4N	Gd$_2$O$_3$-3N5	Gd$_2$O$_3$-3N	Gd$_2$O$_3$-2N5
		对应原数字牌号	081055	081050	081045	081040	081035	081030	081025
化学成分（质量分数）/%		REO(不小于)	99.0	99.0	99.0	99.0	99.0	99.0	99.0
		Gd$_2$O$_3$/REO（不小于）	99.9995	99.999	99.995	99.99	99.95	99.9	99.5
		Gd$_2$O$_3$	余量①	余量①	余量①	余量①	余量①	余量①	余量①
	杂质（不大于） 稀土杂质	La$_2$O$_3$	0.00003	0.0002	0.0005	合量 0.0040	合量 0.05	合量 0.10	合量 0.50
		CeO$_2$	0.00003	0.00005	0.0002				
		Pr$_6$O$_{11}$	0.00003	0.00005	0.0002				
		Nd$_2$O$_3$	0.00003	0.0001	0.0005				
		Ho$_2$O$_3$	0.00003	0.00005	0.0005				
		Er$_2$O$_3$	0.00003	0.00005	0.0002				
		Tm$_2$O$_3$	0.00003	0.00005	0.0002				
		Yb$_2$O$_3$	0.00003	0.00005	0.0002				
		Lu$_2$O$_3$	0.00003	0.00005	0.0002				
		Sm$_2$O$_3$	0.00003	0.00005	0.0005	0.0010			
		Eu$_2$O$_3$	0.00005	0.0001	0.0005	0.0015			
		Tb$_4$O$_7$	0.00005	0.0001	0.0005	0.0015			
		Dy$_2$O$_3$	0.00005	0.0001	0.0005	0.0010			
		Y$_2$O$_3$	0.00005	0.0001	0.0005	0.0010			
	非稀土杂质	Fe$_2$O$_3$	0.0001	0.0002	0.0003	0.0005	0.0010	0.0030	0.0100
		SiO$_2$	0.0010	0.0020	0.0030	0.0050	0.0100	0.0200	0.0300
		CaO	0.0005	0.0005	0.0010	0.0020	0.0050	0.0100	0.0200
		CuO	0.0001	0.0002	0.0003	0.0005	0.0010	—	—
		PbO	0.0002	0.0003	0.0005	0.0010	0.0010	—	—
		NiO	0.0001	0.0003	0.0005	0.0010	0.0010	—	—
		Al$_2$O$_3$	0.0010	0.0050	0.010	0.010	0.030	0.050	0.050
		Cl$^-$	0.01	0.01	0.015	0.02	0.03	0.05	0.050
灼减和水分（质量分数，不大于）/%			1.0	1.0	1.0	1.0	1.0	1.0	1.0

注：表内所有化学成分检测均为去除水分后灼减前测定；

① 余量表示为总量减去杂质量后的余量。

表 16 - 4　氧化钐产品牌子及化学成分

产　品　牌　号		字　符　牌　号	Sm_2O_3-4N	Sm_2O_3-3N5	Sm_2O_3-3N	Sm_2O_3-2N5	Sm_2O_3-2N
		对应原数字牌号	061040	061035	061030	061025	061020
化学成分（质量分数）/%		REO（不小于）	99.0	99.0	99.0	99.0	99.0
		Sm_2O_3/REO（不小于）	99.99	99.95	99.9	99.5	99.0
		Sm_2O_3	余量①	余量①	余量①	余量①	余量①
	杂质含量（不大于）	稀土杂质　Pr_6O_{11}	0.0010	合量 0.05（其中 $w(Eu_2O_3)$ <0.0050）	合量 0.1	合量 0.5	合量 1.0
		Nd_2O_3	0.0035				
		Eu_2O_3	0.0010				
		Gd_2O_3	0.0010				
		Y_2O_3	0.0010				
		其他稀土杂质合量②	0.0025				
		非稀土杂质　Fe_2O_3	0.0005	0.0010	0.0010	0.0030	0.0050
		SiO_2	0.003	0.005	0.005	0.010	0.030
		CaO	0.005	0.008	0.010	0.030	0.050
		Al_2O_3	0.010	0.020	0.025	0.030	0.040
		Cl^-	0.01	0.01	0.01	0.02	0.03
灼减和水分（质量分数，不大于）/%			1.0	1.0	1.0	1.0	1.0

注：表内所有化学成分检测均为去除水分后灼减前测定。

① 余量表示为总量减去所有杂质质量。

② 其他稀土杂质合量是指表中没有列出除 Pm、Sc 以外其他所有稀土元素。

表 16 - 5　氧化铈产品牌号及化学成分

产　品　牌　号			021050	021045	021040A	021040B	021035	021030	021025	021020
化学成分（质量分数）/%		REO（不小于）	99.0	99.0	99.0	99.0	99.0	99.0	98.0	98.0
		CeO_2/REO（不小于）	99.999	99.995	99.99	99.99	99.95	99.9	99.5	99.0
	杂质含量（不大于）	稀土杂质/REO　La_2O_3	0.00015	0.001	0.002	0.002	0.015	合量为 0.1	合量为 0.5	合量为 1
		Pr_6O_{11}	0.0001	0.001	0.002	0.002	0.015			
		Nd_2O_3	0.0001	0.0005	0.001	0.001	0.005			
		Sm_2O_3	0.0001	0.0005	0.001	0.001	0.005			
		Y_2O_3	0.0001	0.001	0.002	0.002	0.005			
		Eu_2O_3	0.00005	其余合量 0.001	其余合量 0.002	其余合量 0.002	其余合量 0.005			
		Gd_2O_3	0.00005							
		Tb_4O_7	0.00005							
		Dy_2O_3	0.00005							
		Ho_2O_3	0.00005							
		Er_2O_3	0.00005							
		Tm_2O_3	0.00005							
		Yb_2O_3	0.00005							
		Lu_2O_3	0.00005							
		非稀土杂质　Fe_2O_3	0.0003	0.0005	0.001	0.001	0.005	0.005	0.02	0.04
		CaO	0.001	0.001	0.005	0.01	0.02	0.03	0.5	0.5
		SiO_2	0.002	0.003	0.005	0.01	0.03	0.03	0.03	—
		Cl^-	0.01	0.01	0.01	0.05	0.05	0.05	0.1	0.2
		SO_4^{2-}	—	—	—	—	0.08	0.1	—	—
	灼减（不大于）		1.0	1.0	1.0	1.0	1.0	1.0	1.0	1.0

表 16－6　氧化钇产品牌号及化学成分

产品牌号		字符牌号	Y₂O₃-5N5	Y₂O₃-5N	Y₂O₃-4N5	Y₂O₃-4N	Y₂O₃-3NA	Y₂O₃-3NB	Y₂O₃-3NC
		对应原数字牌号	171055	171050	171045	171040	171030A	171030B	171030C
化学成分（质量分数）/%		REO（不小于）	99.0	99.0	99.0	99.0	99.0	99.0	99.0
		Y₂O₃/REO（不小于）	99.9995	99.999	99.995	99.99	99.9	99.9	99.9
		Y₂O₃	余量	余量	余量	余量	余量	余量	余量
	杂质含量（不大于）	稀土杂质 La₂O₃	0.00005	0.0001	0.0003	0.0010	—	0.02	
		CeO₂	0.00003	0.00005	0.0003	0.0005	0.0005	—	
		Pr₆O₁₁	0.00003	0.00005	0.0003	0.0010	0.0005	0.001	
		Nd₂O₃	0.00003	0.00005	0.0003	0.0005	0.0005	0.001	
		Sm₂O₃	0.00003	0.00005	0.0003	0.0005	0.003	0.001	
		Eu₂O₃	0.00003	0.00005	0.0003	0.0005	—	—	合量0.1
		Gd₂O₃	0.00003	0.00005	0.0003	0.0005	—	0.01	
		Tb₄O₇	0.00003	0.00005	0.0005	0.0010	—	0.001	
		Dy₂O₃	0.00005	0.0001	0.0005	0.0010	—	—	
		Ho₂O₃	0.00005	0.00015	0.0005	0.0010	—	—	
		Er₂O₃	0.00005	0.00015	0.0005	0.0010	—	—	
		Tm₂O₃	0.00002	0.00005	0.0003	0.0005	—	—	
		Yb₂O₃	0.00002	0.00005	0.0003	0.0005	—	—	
		Lu₂O₃	0.00002	0.00005	0.0003	0.0005	—	—	
		非稀土杂质 Fe₂O₃	0.0001	0.0002	0.0003	0.0005	0.0005	0.001	0.002
		CaO	0.0005	0.0005	0.0010	0.0010	—	—	0.002
		CuO	0.0001	0.0002	0.0002	0.0005	0.0002	0.0005	0.001
		NiO	0.0001	0.0002	0.0002	0.0005	0.0002	0.0005	0.001
		PbO	0.0002	0.0002	0.0002	0.0005	0.0005	0.0005	0.001
		SiO₂	0.0010	0.0020	0.003	0.0050	—	—	0.005
		Cl⁻	0.0050	0.01	0.01	0.02	0.03	0.03	0.03
灼减和水分（质量分数，不大于）/%			1.0	1.0	1.0	1.0	1.0	1.0	1.0

注：1. 表内所有化学成分检测均为去除水分后灼减前测定。
　　2. 171030A—光学玻璃用；171030B—人造宝石用；171030C—普通型。

表 16-7 氧化铕产品牌号及化学成分

产品牌号			字 符 牌 号	Eu₂O₃-5N	Eu₂O₃-4N
			数 字 牌 号	071050	071040
化学成分 (质量分数)/%	REO(不小于)			99.0	99.0
	Eu₂O₃/REO(不小于)			99.999	99.99
	Eu₂O₃			余量	余量
	杂质含量 (不大于)	稀土杂质	La₂O₃	0.00005	0.0003
			CeO₂	0.00005	0.0005
			Pr₆O₁₁	0.00005	0.001
			Nd₂O₃	0.00005	0.001
			Sm₂O₃	0.0002	0.001
			Gd₂O₃	0.0002	0.001
			Tb₄O₇	0.00005	合量小于 0.005
			Dy₂O₃	0.00005	
			Ho₂O₃	0.00005	
			Er₂O₃	0.00005	
			Tm₂O₃	0.00005	
			Yb₂O₃	0.00005	
			Lu₂O₃	0.00005	
			Y₂O₃	0.0001	
		非稀土杂质	Fe₂O₃	0.0005	0.0007
			CaO	0.0008	0.001
			CuO	0.0001	0.0005
			NiO	0.0001	0.0005
			PbO	0.0003	0.0005
			SiO₂	0.005	0.005
			ZnO	0.0005	0.0005
			Cl⁻	0.01	0.01
	灼减和水分(质量分数)/%			1.0	1.0

注：表内所有化学成分检测均为去除水分后灼减前测定。

表 16-8 氧化镧产品牌号及化学成分

产品牌号			字符牌号	La_2O_3-5N5	La_2O_3-5N	La_2O_3-4N5	La_2O_3-4N	La_2O_3-3N	La_2O_3-2N5	La_2O_3-2N
			对应原数字牌号	011055	011050	011045	011040	011030	011025	011020
化学成分（质量分数）/%		REO（不小于）		99.0	99.0	99.0	99.0	99.0	99.0	99.0
		La_2O_3/REO（不小于）		99.9995	99.999	99.995	99.99	99.9	99.5	99.0
		La_2O_3		余量	余量	余量	余量	余量	余量	余量
	杂质含量（不大于）	稀土杂质	CeO_2	0.00005	0.00015	0.0005	0.0015	合量 0.1	合量 0.5	合量 1.0
			Pr_6O_{11}	0.00005	0.0001	0.0005	0.0015			
			Nd_2O_3	0.00005	0.0001	0.0005	0.0010			
			Sm_2O_3	0.00005	0.0001	0.0005	0.0010			
			Y_2O_3	0.00003	0.0001	0.0010	0.0010			
			Eu_2O_3	0.00003	0.00005	其余合量 0.0020	其余合量 0.0040	—	—	—
			Gd_2O_3	0.00003	0.00005					
			Tb_4O_7	0.00003	0.00005					
			Dy_2O_3	0.00003	0.00005					
			Ho_2O_3	0.00003	0.00005					
			Er_2O_3	0.00003	0.00005					
			Tm_2O_3	0.00003	0.00005					
			Yb_2O_3	0.00003	0.00005					
			Lu_2O_3	0.00003	0.00005					
		非稀土杂质	Fe_2O_3	0.0001	0.0002	0.0003	0.005	0.005	0.005	0.010
			SiO_2	0.0010	0.0030	0.0050	0.010	0.010	0.050	0.050
			CaO	0.0005	0.0010	0.0050	0.050	0.050	0.050	0.20
			CuO	0.0001	0.0002	0.0002	—	—	—	—
			NiO	0.0001	0.0002	0.0002	—	—	—	—
			PbO	0.0002	0.0005	0.0015	0.010	0.050	0.10	0.10
			Cl^-	0.0050	0.01	0.02	0.03	0.03	0.05	0.20
			Na_2O	0.0005	0.0005	0.0010	0.0010	0.05	0.10	0.10
			SO_4^{2-}	—	—	—	—	0.050	0.15	—
灼减和水分（质量分数，不大于）/%				1.0	1.0	1.0	1.0	2.0	3.0	4.0

注：表内所有化学成分检测均为去除水分后灼减前测定。

表 16-9　氧化镨产品牌号及化学成分

产　品　牌　号			字符牌号	Pr_6O_{11}-4N	Pr_6O_{11}-3N5	Pr_6O_{11}-3N	Pr_6O_{11}-2N5	Pr_6O_{11}-2N
			对应原数字牌号	031040	031035	031030	031025	031020
化学成分（质量分数）/%			REO（不小于）	99.0	99.0	99.0	99.0	99.0
			Pr_6O_{11}/REO（不小于）	99.99	99.95	99.9	99.5	99.0
			Pr_6O_{11}	余量	余量	余量	余量	余量
	杂质含量（不大于）	稀土杂质	La_2O_3	0.001	0.002	0.010	0.05	0.1
			CeO_2	0.002	0.010	0.030	0.05	0.1
			Nd_2O_3	0.004	0.030	0.040	0.35	0.5
			Sm_2O_3	0.001	0.005	0.010	0.03	0.3
			Y_2O_3	0.001	0.002	0.005	0.01	
			其他稀土杂质总和	0.001	0.001	0.005	0.01	
		非稀土杂质	Fe_2O_3	0.0005	0.002	0.005	0.010	0.010
			SiO_2	0.005	0.010	0.010	0.030	0.030
			CaO	0.005	0.010	0.030	0.040	0.050
			Na_2O	0.010	0.020	0.030	0.040	0.040
			Al_2O_3	0.010	0.010	0.010	0.050	0.050
			Cl^-	0.0050	0.015	0.030	0.030	0.050
			SO_4^{2-}	0.020	0.020	0.030	0.040	0.050
			其他显量非稀土杂质总和	0.010	0.010	0.010	0.020	0.030
灼减加水分（质量分数,不大于）/%				1.0	1.0	1.0	1.0	1.0

注：1. 表内所有化学成分检测均为去除水分后灼减前测定。

　　2. 其他稀土杂质是指表中没有列出除 Pm、Sc 以外其他所有稀土元素。

表 16-10　氧化钕产品牌号及化学成分

产　品　牌　号			字符牌号	Nd_2O_3-4N5	Nd_2O_3-4N	Nd_2O_3-3N5	Nd_2O_3-3N	Nd_2O_3-2N5	Nd_2O_3-2N
			对应原数字牌号	041045	041040	041035	041030	041025	041020
化学成分（质量分数）/%			REO（不小于）	99.0	99.0	99.0	99.0	99.0	99.0
			Nd_2O_3/REO（不小于）	99.995	99.99	99.95	99.9	99.5	99.0
			Nd_2O_3（不小于）	余量	余量	余量	余量	余量	余量
	杂质含量（不大于）	稀土杂质	La_2O_3	0.0005	0.001	0.003	0.005	0.02	0.10
			CeO_2	0.0005	0.001	0.005	0.01	0.05	0.10
			Pr_6O_{11}	0.002	0.003	0.03	0.05	0.30	0.50
			Sm_2O_3	0.001	0.003	0.01	0.02	0.03	0.03
			其他稀土杂质	单一杂质量为0.0001,合量为0.001	合量为0.002	合量为0.002	合量为0.015	合量为0.10	合量为0.27
		非稀土杂质	Fe_2O_3	0.0005	0.0010	0.0050	0.0100	0.0100	0.010
			SiO_2	0.0050	0.0050	0.010	0.010	0.010	0.020
			CaO	0.0010	0.0050	0.010	0.020	0.030	0.050
			Na_2O	0.0050	0.010	0.040	0.040	0.040	0.040
			Al_2O_3	0.020	0.030	0.030	0.030	0.030	0.050
			Cl^-	0.010	0.010	0.020	0.020	0.030	0.050
			SO_4^{2-}	0.020	0.020	0.020	0.030	0.030	0.050
			其他显量非稀土杂质总和	0.005	0.010	0.010	0.020	0.030	0.050
水分和灼减合量（质量分数,不大于）/%				1	1	1	1	1	1

注：1 其他稀土杂质指表中未列出的除 Pm、Sc 以外的稀土元素。

　　2. 表内所有化学成分检测均为去除水分后灼减前测定。

根据《氧化铽》(GB/T 12144—2009)，氧化铽产品牌号表述及化学成分见表 16 – 11。

表 16 – 11　氧化铽产品牌号及化学成分

产品牌号			091050	091045	091040	091035	091030	091025
REO(不小于)			99.0	99.0	99.0	99.0	99.0	99.0
Tb_4O_7/REO(不小于)			99.999	99.995	99.99	99.95	99.9	99.5
化学成分(质量分数)/%	杂质含量(不大于)	稀土杂质/REO La_2O_3	0.00005	其余合量 0.001	其余合量 0.002	(Eu_2O_3 + Gd_2O_3 + Dy_2O_3 + Ho_2O_3 + Y_2O_3)合量为 0.05	(Eu_2O_3 + Gd_2O_3 + Dy_2O_3 + Ho_2O_3 + Y_2O_3)合量为 0.1	(Eu_2O_3 + Gd_2O_3 + Dy_2O_3 + Ho_2O_3 + Y_2O_3)合量为 0.5
		CeO_2	0.00005					
		Pr_6O_{11}	0.00005					
		Nd_2O_3	0.00005					
		Sm_2O_3	0.00005					
		Er_2O_3	0.00005					
		Tm_2O_3	0.00005					
		Yb_2O_3	0.00005					
		Lu_2O_3	0.00005					
		Eu_2O_3	0.00005	0.001	0.002			
		Gd_4O_7	0.0001	0.001	0.002			
		Dy_2O_3	0.0002	0.001	0.002			
		Ho_2O_3	0.00005	0.0005	0.001			
		Y_2O_3	0.00005	0.0005	0.001			
	非稀土杂质	Fe_2O_3	0.0003	0.0003	0.0005	0.002	0.003	0.005
		CaO	0.001	0.001	0.002	0.005	0.005	0.01
		SiO_2	0.003	0.003	0.003	0.01	0.01	0.02
		Cl^-	0.01	0.01	0.02	0.04	—	—
灼减(不大于)			1.0	1.0	1.0	1.0	1.0	1.0

根据《氧化钪》(GB/T 13219—2010)，氧化钪产品牌号表述及化学成分见表 16 – 12。

表 16 – 12　氧化钪产品牌号及化学成分

产品牌号			161055	161050	161040	161035	161030
REO(不小于)			99	99	99	99	99
Sc_2O_3/REO(不小于)			99.9995	99.999	99.99	99.95	99.9
化学成分(质量分数)/%	杂质含量(不大于)	稀土杂质 (La + Ce + Pr + Nd + Sm + Eu + Gd + Tb + Dy + Ho + Er + Tm + Yb + Lu + Y)$_x$O$_y$/REO	0.0005	0.001	0.01	0.05	0.15
		非稀土杂质 SiO_2	0.0010	0.0015	0.0020	0.010	0.020
		Fe_2O_3	0.00050	0.0005	0.0010	0.0050	0.020
		CaO	0.0010	0.0015	0.003	0.015	0.030
		ZrO_2	0.00050	0.0015	0.0030	0.030	0.10
		Al_2O_3	0.00050	0.00050	0.0010	0.0030	0.050
		TiO_2	0.0010	0.0030	0.0050	0.010	0.050
		CuO	0.00050	0.0020	0.0050	0.020	—
		V_2O_5	0.00050	0.00050	0.00050	0.0020	—
		MgO	0.00050	0.00050	0.00050	—	—
		Na_2O	0.00050	0.00050	0.0010	—	—
		NiO	0.00050	0.00050	0.00050	—	—
灼减(不大于)			1.0	1.0	1.0	1.0	1.0

根据《氧化镝》（GB/T 13558—2008），氧化镝产品牌号表述及化学成分见表16-13。

表16-13　氧化镝产品牌号及化学成分

产品牌号	REO（不小于）	Dy_2O_3/REO（不小于）	化学成分（质量分数）/%											灼减（不大于）
			杂质含量（不大于）											
			稀土杂质/REO						非稀土杂质					
			Gd_2O_3	Tb_4O_7	Ho_2O_3	Er_2O_3	Y_2O_3	其他稀土杂质	Fe_2O_3	SiO_2	CaO	Al_2O_3	Cl^-	
101040	99	99.99	0.001	0.003	0.002	0.001	0.002	0.001	0.0005	0.005	0.005	0.01	0.01	1.0
101035	99	99.95	合量 0.05						0.001	0.005	0.005	0.02	0.02	1.0
101030	99	99.9	合量 0.10						0.002	0.01	0.01	0.03	0.02	1.0
101025	99	99.5	合量 0.5						0.003	0.01	0.02	0.04	0.04	1.0
101020	99	99.0	合量 1.0						0.005	0.02	0.03	0.05	0.05	1.0

根据《氧化铒》（GB/T 15678—2010），氧化铒产品牌号表述及化学成分见表16-14。

表16-14　氧化铒产品牌号及化学成分

产品牌号			121040	121035	121030	121025	121020
REO（不小于）			99	99	99	99	99
Er_2O_3/REO（不小于）			99.99	99.95	99.9	99.5	99
化学成分（质量分数）/%	杂质含量（不大于）	稀土杂质/REO					
		Dy_2O_3	0.0005	合量 0.05	合量 0.10	合量 0.5	合量 1.0
		Ho_2O_3	0.0015				
		Tm_2O_3	0.002				
		Yb_2O_3	0.002				
		Lu_2O_3	0.001				
		Y_2O_3	0.002				
		其他合量	0.001				
	非稀土杂质	Fe_2O_3	0.0005	0.001	0.001	0.002	0.005
		SiO_2	0.003	0.005	0.005	0.01	0.02
		CaO	0.001	0.005	0.01	0.02	0.02
		CuO	0.001	0.001	—	—	—
		PbO	0.001	0.001	—	—	—
		NiO	0.001	0.001	—	—	—
		Cl^-	0.02	0.02	0.03	0.03	0.05
灼减（不大于）			1	1	1	1	1

根据《氧化钬》（XB/T 201—2016），氧化钬产品牌号表述及化学成分见表16-15。

表 16 – 15　氧化钬产品牌号及化学成分

产品牌号			字符牌号	Ho₂O₃-4N	Ho₂O₃-3N5	Ho₂O₃-3N	Ho₂O₃-2N5
			数字牌号	111040	111035	111030	111025
化学成分（质量分数）/%		REO（不小于）		99.0	99.0	99.0	99.0
		Ho₂O₃/REO（不小于）		99.99	99.95	99.9	99.5
		Ho₂O₃		余量	余量	余量	余量
	杂质含量（不大于）	稀土杂质	La₂O₃	合量为 0.0035	合量为 0.0260	合量为 0.1	合量为 0.5
			CeO₂				
			Pr₆O₁₁				
			Nd₂O₃				
			Sm₂O₃				
			Eu₂O₃				
			Gd₂O₃				
			Yb₂O₃				
			Lu₂O₃				
			Y₂O₃	0.0015			
			Tb₄O₇	0.0010	0.0020		
			Dy₂O₃	0.0015	0.010		
			Er₂O₃	0.0015	0.010		
			Tm₂O₃	0.0010	0.0020		
		非稀土杂质	Fe₂O₃	0.0005	0.0010	0.0050	0.010
			SiO₂	0.0030	0.0050	0.010	0.030
			CaO	0.0020	0.0050	0.010	0.030
			Al₂O₃	0.010	0.020	0.030	0.050
			SO₄²⁻	0.015	0.030	0.050	0.050
			Na₂O	0.0020	0.0050	0.010	0.030
			Cl⁻	0.020	0.030	0.050	0.050
水分加灼减的合量（质量分数,不大于）/%				1.0	1.0	1.0	1.0

注：表内所有检测均为去除水分后灼减前状态。

根据《氧化铥》(XB/T 202—2010)，氧化铥产品牌号表述及化学成分见表 16 – 16。

表 16 – 16　氧化铥产品牌号及化学成分

产品牌号				131040	131035	131030	131025	131020
化学成分（质量分数）/%		REO（不小于）		99.0	99.0	99.0	99.0	99.0
		Tm₂O₃/REO（不小于）		99.99	99.95	99.9	99.5	99.0
	杂质含量（不大于）	稀土杂质/REO	Dy₂O₃	0.0005	合量为 0.05	合量为 0.1	合量为 0.5	合量为 1
			Ho₂O₃	0.0005				
			Er₂O₃	0.0005				
			Yb₂O₃ + Lu₂O₃	0.007				
			Y₂O₃	0.0005				
			其他合量	0.001				
		非稀土杂质	Fe₂O₃	0.0005	0.0020	0.010	0.050	0.070
			SiO₂	0.0050	0.0050	0.010	0.050	0.050
			CaO	0.005	0.010	0.030	0.050	0.050
			Cl⁻	0.020	0.030	0.050	0.050	0.050
灼减（不大于）				1.0	1.0	1.0	1.0	1.0

根据《氧化镱》(XB/T 203—2006)，氧化镱产品牌号表述及化学成分见表16-17。

表 16-17　氧化镱产品牌号及化学成分

产品牌号			141040	141035	141030	141025	141020
化学成分（质量分数）/%	\multicolumn{2}{c}{REO（不小于）}		99	99	99	99	99
	\multicolumn{2}{c}{Lu_2O_3/REO（不小于）}		99.99	99.95	99.9	99.5	99
	杂质含量（不大于）	稀土杂质/REO	Dy_2O_3	0.0005	合量为0.05	合量为0.1	合量为0.5	合量为1
			Ho_2O_3	0.0005				
			Er_2O_3	0.0005				
			$Tm_2O_3+Lu_2O_3$	0.008				
			Y_2O_3	0.0005				
		非稀土杂质	Fe_2O_3	0.0005	0.001	0.01	0.05	0.07
			SiO_2	0.005	0.005	0.01	0.05	0.05
			CaO	0.01	0.02	0.05	0.08	0.1
			Cl^-	0.02	0.03	0.03	0.05	0.05
			灼减	1	1	1	1	1

根据《氧化镥》(XB/T 204—2006)，氧化镥产品牌号表述及化学成分见表16-18。

表 16-18　氧化镥产品牌号及化学成分

产品牌号			151040	151035	151030	151025	151020
化学成分（质量分数）/%	\multicolumn{2}{c}{REO（不小于）}		99	99	99	99	99
	\multicolumn{2}{c}{Lu_2O_3/REO（不小于）}		99.99	99.95	99.9	99.5	99
	杂质含量（不大于）	稀土杂质/REO	Dy_2O_3	0.0005	合量为0.05	合量为0.1	合量为0.5	合量为1
			Ho_2O_3	0.0005				
			Er_2O_3	0.001				
			Tm_2O_3	0.002				
			Yb_2O_3	0.005				
			Y_2O_3	0.001				
		非稀土杂质	Fe_2O_3	0.0005	0.001	0.01	0.05	0.07
			SiO_2	0.005	0.005	0.01	0.03	0.03
			CaO	0.005	0.02	0.05	0.08	0.1
			Cl^-	0.02	0.03	0.03	0.05	0.05
			灼减	1	1	1	1	1

b　单一稀土氢氧化物和盐类

目前，已有国家或行业标准的单一稀土氢氧化物和盐类包括：《氢氧化铈》(XB/T 222—2008)（见表16-19）、《碳酸铈》(GB/T 16661—2008)（见表16-20）、《草酸钆》(GB/T 23589—2009)（见表16-21）、《无水氯化镧》(GB/T 31964—2015)（见表16-22）、《氟化钕》(XB/T 214—2015)（见表16-23）、《氟化镝》(XB/T 215—2015)（见表16-24）、《硝酸铈》(XB/T 219—2015)（见表16-25）、《硝酸铈铵》(XB/T 221—2008)（见表16-26）、《氟化镧》(XB/T 223—2009)（见表16-27）、《六硼化镧》(XB/T 501—2008)（见表16-28）。

根据《氢氧化铈》(XB/T 222—2008)，氢氧化铈产品牌号表述及化学成分见表16-19。

根据《碳酸铈》(GB/T 16661—2008)，碳酸铈产品牌号表述及化学成分见表16-20。

表 16 – 19　氢氧化铈产品牌号及化学成分

产品 牌 号			20540	20530
化学成分（质量分数）/%	REO（不小于）		60 ~ 75	60 ~ 75
	TCe^{4+}/TCe（不小于）		99	98
	CeO_2/REO（不小于）		99.99	99.9
	稀土杂质/REO（不大于）	La_2O_3	0.005	0.01
		Pr_6O_{11}	0.001	0.01
		Nd_2O_3	0.001	0.01
		Sm_2O_3	0.001	0.01
		Y_2O_3	0.001	0.01
	非稀土杂质（不大于）	Fe_2O_3	0.002	0.003
		CaO	0.003	0.005
		SiO_2	0.005	0.01
		SO_4^{2-}	0.005	0.01
		Cl^-	0.005	0.008
		F	0.002	0.002
		Na_2O	0.0002	0.0004
		K_2O	0.0002	0.0003
		PbO	0.0002	0.0004
		CoO	0.0002	0.0004
		CuO	0.0002	0.0002
		NiO	0.0002	0.0004
		Cr_2O_3	0.0002	0.0002

表 16 – 20　碳酸铈产品牌号及化学成分

产品 牌 号			23240	23235	023230A	023230B	23220	23215
化学成分（质量分数）/%		REO（不小于）	45	45	60	45	45	45
		CeO_2/REO（不小于）	99.99	99.95	99.9	99.9	99	95
	杂质含量（不大于）	稀土杂质/REO						
		La_2O_3	0.003	0.02	合量0.1	合量0.1	合量1.0	合量5.0
		Pr_6O_{11}	0.003	0.01				
		Nd_2O_3	0.001	0.01				
		Sm_2O_3	0.001	0.001				
		Y_2O_3	0.001	0.001				
		其他稀土杂质	0.001	0.008				
	非稀土杂质	Fe_2O_3	0.001	0.005	0.005	0.01	0.01	0.02
		SiO_2	0.002	0.005	0.005	0.01	0.01	0.03
		CaO	0.005	0.01	0.01	0.01	0.02	0.03
		Al_2O_3	0.01	0.02	0.02	0.02	—	—
		MgO	0.002	0.003	0.003	0.003	—	—
		PbO	0.001	0.002	0.002	0.003	—	—
		Na_2O	0.02	0.05	0.02	0.05	—	—
		ZnO	0.005	0.008	0.005	0.01	0.03	0.05
		Cl^-	0.03	0.05	0.03	0.05	0.08	0.1
		SO_4^{2-}	0.01	0.01	0.01	0.02	0.03	0.05

根据《草酸钆》(GB/T 23589—2009)，草酸钆产品牌号表述及化学成分见表 16-21。

表 16-21 草酸钆产品牌号及化学成分

产 品 牌 号			083850	083845	083840
REO			35~45	35~45	35~45
Gd_2O_3/REO(不小于)			99.999	99.995	99.99
化学成分 (质量分数)/%	杂质含量 (不大于)	稀土杂质/REO			
		La_2O_3	0.0001	0.0002	
		CeO_2	0.00005	0.0002	
		Pr_6O_{11}	0.00005	0.0002	
		Nd_2O_3	0.0001	0.0002	
		Sm_2O_3	0.00005	0.0010	
		Eu_2O_3	0.0001	0.0001	
		Tb_4O_7	0.0001	0.0010	合量为0.01
		Dy_2O_3	0.00001	0.0005	
		Ho_2O_3	0.00005	0.0005	
		Er_2O_3	0.00005	0.0003	
		Tm_2O_3	0.00005	0.0002	
		Yb_2O_3	0.00005	0.0002	
		Lu_2O_3	0.00005	0.0002	
		Y_2O_3	0.0001	0.0002	
	非稀土杂质 /REO	Fe_2O_3	0.0002	0.0002	0.0003
		SiO_2	0.0030	0.0030	0.0050
		CaO	0.0005	0.0005	0.0010
		CuO	0.0002	0.0002	0.0005
		PbO	0.0003	0.0003	0.0005
		NiO	0.0002	0.0002	0.0005
		Cl^-	0.01	0.01	0.02

根据《无水氯化镧》(GB/T 31964—2015)，无水氯化镧产品牌号表述及化学成分见表 16-22。

根据《氟化钕》(XB/T 214—2015)，氟化钕产品牌号表述及化学成分见表 16-23。

根据《氟化镝》(XB/T 215—2015)，氟化镝产品牌号表述及化学成分见表 16-24。

根据《硝酸铈》(XB/T 219—2015)，硝酸铈产品牌号表述及化学成分见表 16-25。

根据《硝酸铈铵》(XB/T 221—2008)，硝酸铈铵产品牌号表述及化学成分见表 16-26。

表 16 −22　无水氯化镧产品牌号及化学成分

产品牌号		字符牌号	LaCl$_3$ (Anhydrous)-4N	LaCl$_3$ (Anhydrous)-3N	LaCl$_3$ (Anhydrous)-2N5
		对应原数字牌号	011540	011530	011525
化学成分 (质量分数)/%		REO(不小于)	65.20	65.80	65.30
		La$_2$O$_3$/REO(不小于)	99.99	99.90	99.5
	杂质含量 (不大于)	稀土杂质/REO CeO$_2$	0.0015	合量 0.1	合量 0.5
		Pr$_6$O$_{11}$	0.0015		
		Nd$_2$O$_3$	0.0010		
		Sm$_2$O$_3$	0.0010		
		Y$_2$O$_3$	0.0010		
		Eu$_2$O$_3$	其余 合量 0.0040	—	—
		Gd$_2$O$_3$			
		Tb$_4$O$_7$			
		Dy$_2$O$_3$			
		Ho$_2$O$_3$			
		Er$_2$O$_3$			
		Tm$_2$O$_3$			
		Yb$_2$O$_3$			
		Lu$_2$O$_3$			
		非稀土杂质 Fe$_2$O$_3$	0.0010	0.0030	0.0050
		SiO$_2$	0.0030	0.0050	0.010
		CaO	0.0010	0.0030	0.010
		CuO	0.0010	0.0030	0.010
		NiO	0.0010	0.0020	—
		PbO	0.0010	0.0020	—
		Al$_2$O$_3$	0.0010	0.0020	—
		MnO$_2$	0.0010	0.0020	—
		MgO	0.0010	0.010	—
		Na$_2$O	0.0010	0.010	—
		K$_2$O	0.0010	0.010	—
		NH$_4^+$	0.050	0.10	—
		其他显量非稀土杂质总和	0.05	0.10	0.30
		Cl$^-$(不小于)	43.2	42.9	42.7
	水不溶物(质量分数,不大于)/%		0.01	0.05	0.1
	水分(质量分数,不大于)/%		0.1	0.5	1.0

表 16-23　氟化钕产品牌号及化学成分

产品牌号		REO	Nd₂O₃/REO (不小于)	F	化学成分(质量分数)/%												H₂O (质量分数)/%
					杂质含量(不大于)												
					稀土杂质						非稀土杂质						
字符牌号	数字牌号				La₂O₃	CeO₂	Pr₆O₁₁	Sm₂O₃	Y₂O₃	其他稀土合量	Fe₂O₃	SiO₂	CaO	Al₂O₃	NiO		
NdF₃-3N	042030	83±1	99.9	27±1	0.01	0.01	0.03	0.01	0.01	0.03	0.05	0.05	0.03	0.03	0.05		0.5
NdF₃-2N5	042025	83±1	99.5	27±1					合量 0.5		0.08	0.07	0.05	0.05	0.05		0.5
NdF₃-2N	042020	83±1	99.0	27±1					合量 1		0.15	0.1	0.1	0.1	0.05		0.5

注：其他稀土元素包括 Eu、Gd、Tb、Dy、Ho、Er、Tm、Yb、Lu。

表 16-24　氟化镝产品牌号及化学成分

产品牌号		REO	Dy₂O₃/REO (不小于)	F	化学成分(质量分数)/%												H₂O (质量分数)/%	
					杂质含量(不大于)													
					稀土杂质						非稀土杂质							
字符牌号	数字牌号				Gd₂O₃	Tb₄O₇	Ho₂O₃	Er₂O₃	Y₂O₃	其他稀土合量	Fe₂O₃	SiO₂	CaO	Al₂O₃	NiO		O	
DyF₃-4N	102040	84±1	99.99	25±1	0.001	0.003	0.002	0.001	0.002	0.001	0.01	0.01	0.01	0.01	0.01		0.04	
DyF₃-3N5	102035	84±1	99.95	25±1			合量 0.05				0.02	0.03	0.01	0.03	0.05		0.15	
DyF₃-3N	102030	84±1	99.90	25±1			合量 0.1				0.05	0.04	0.05	0.05	0.05		0.15	
DyF₃-2N5	102025	84±1	99.50	25±1			合量 0.5				0.05	0.05	0.05	0.05	0.05		0.15	

注：其他稀土元素包括 La、Ce、Pr、Nd、Sm、Eu、Tm、Yb、Lu。

表 16 – 25 硝酸铈产品牌号及化学成分

产 品 牌 号			Ce(NO₃)₃5N	Ce(NO₃)₃4N	Ce(NO₃)₃3N5	Ce(NO₃)₃3N	Ce(NO₃)₃2N5
数 字 牌 号			023050	023039A	023039B	023039C	023038
化学成分（质量分数）/%	REO(不小于)		39	39	39	39	38
	CeO₂(不小于)		38.99	38.99	38.98	38.96	37.81
	CeO₂/REO(不小于)		99.999	99.99	99.95	99.9	99.5
	稀土杂质/REO（不大于）	La₂O₃	0.0001	0.001	0.01	0.03	合量0.5
		Pr₆O₁₁	0.0002	0.002	0.01	0.02	
		Nd₂O₃	0.0001	0.001	0.005	0.02	
		Sm₂O₃	0.0001	0.001	0.005	0.01	
		Eu₂O₃	0.00005	0.0005	合量0.02	合量0.02	
		Gd₂O₃	0.00005	0.0005			
		Tb₄O₇	0.00005	0.0005			
		Dy₂O₃	0.00005	0.0005			
		Ho₂O₃	0.00005	0.0005			
		Er₂O₃	0.00005	0.0005			
		Tm₂O₃	0.00005	0.0005			
		Yb₂O₃	0.00005	0.0005			
		Lu₂O₃	0.00005	0.0005			
		Y₂O₃	0.00005	0.0005			
	非稀土杂质（不大于）	Fe₂O₃	0.0003	0.0005	0.001	0.001	0.003
		CaO	0.0005	0.0015	0.002	0.005	0.005
		Na₂O	0.0005	0.001	0.002	0.003	0.005
		SiO₂	0.001	0.002	0.005	0.005	0.01
		Al₂O₃	0.001	0.01	0.01	0.01	0.01
		PbO	0.0001	0.0005	0.0005	0.001	0.005
		NiO	0.0001	0.0005	0.001	—	—
		BaO	0.001	—	—	—	—
		MnO₂	0.001	—	—	—	—
		PO₄³⁻	0.001	0.005	0.005	0.005	0.005
		SO₄²⁻	0.005	0.01	0.01	0.01	0.03
		Cl⁻	0.001	0.002	0.002	0.002	0.005
	NO₃⁻(不小于)		42.7	42.7	42.5	42.5	42.5
总比放活度(不大于)/Bq·g⁻¹			1	1	1	1	1
水不溶物			0.01	0.01	0.01	0.01	0.01
浊度(不大于)/NTU			10	10	10	10	10

注：$CeO_2/REO = 100\% - ($其他稀土杂质合量$)$；$CeO_2 = CeO_2/REO \times REO$。

表 16 - 26　硝酸铈铵产品牌号及化学成分

产品牌号			023131A	023131B
化学成分(质量分数)/%	REO(不小于)		31	31
	CeO₂/REO(不小于)		99.99	99.9
	稀土杂质/REO(不大于)	La_2O_3	0.003	0.005
		Pr_6O_{11}	0.001	0.001
		Nd_2O_3	0.001	0.002
		Sm_2O_3	0.001	0.001
		Y_2O_3	0.001	0.001
	非稀土杂质(不大于)	SO_4^{2-}	0.0025	0.005
		Cl^-	0.001	0.001
		SiO_2	0.0001	0.0005
		Fe_2O_3	0.0001	0.0003
		CaO	0.0001	0.001
		Na_2O	0.0001	0.0003
		K_2O	0.0001	0.0002
		PbO	0.0001	0.0003
		CoO	0.0001	0.0003
		CuO	0.0001	0.0001
		NiO	0.0001	0.0003
		Cr_2O_3	0.0001	0.0001

根据《氟化镧》(XB/T 223—2009)，氟化镧产品牌号表述及化学成分见表 16 - 27。

表 16 - 27　氟化镧产品牌号及化学成分

产品牌号	化学成分(质量分数)/%									
	REO (不小于)	La₂O₃/REO (不小于)	F (不小于)	杂质含量(不大于)						
				稀土杂质	非 稀 土 杂 质					
				$(Ce + Pr + Nd + Sm + Y)_xO_y/REO$	Fe_2O_3	SiO_2	CaO	MgO	Al_2O_3	Cl^-
012030	80	99.9	24	0.1	0.1	0.05	0.2	0.05	0.1	0.03
012025	80	99.5	24	0.5	0.1	0.1	0.3	0.1	0.1	0.03
012020	80	99.0	24	1.0	0.2	0.2	0.5	0.2	0.2	0.05

根据《六硼化镧》(XB/T 501—2008)，六硼化镧产品牌号表述及化学成分见表 16 - 28。

表 16 - 28　六硼化镧产品牌号及化学成分

牌号	化学成分(质量分数)/%									
	主 成 分		杂质含量(不大于)							
	B	La	Fe	Mg	Si①	Ca	Mn	Cu	Cr	W	C总
012600	31~33	余量	0.02	0.002	0.005	0.01	0.005	0.005	0.002	0.02	0.05
012601	31~33	余量	0.1	0.005	0.01	0.05	0.01	0.02	0.01	0.02	0.3
012602	31~33	余量	0.2	0.05	0.05	0.05	0.02	0.02	0.05	0.05	0.4

① 为酸溶硅。

16.1.1.2　混合稀土化合物

A　混合稀土化合物牌号表示方法

混合稀土化合物产品牌号由构成混合稀土化合物的分子式、阿拉伯数字和特定元素符号组成。共分两个层次，其中第一层次表示该产品的名称，第二层次表示该产品的级别（规格），同时在第一层次和第二层次之间用"－"分开。具体表示方法如下：

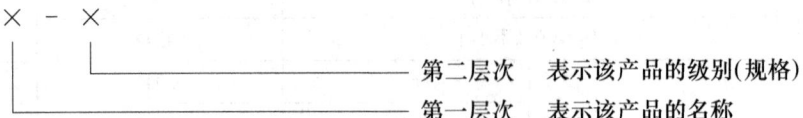

第二层次　表示该产品的级别(规格)
第一层次　表示该产品的名称

第一层次为该产品名称，用该产品的分子式表示，混合稀土化合物分子式除（YEu）$_2$O$_3$、（YEuGd）$_2$O$_3$ 外，其余则按元素周期表内出现的先后顺序编写。当元素价态无法确定时，则用该产品分子式中原子个数用 x、y 表示，如 Re$_x$O$_y$。如 Pr 25%、Nd 75% 氧化镨钕可以表示为（PrNd）$_x$O$_y$-75Nd，示例见表 16－29。

表 16－29　混合稀土化合物牌号示例

序号	产品类别	产品牌号	各元素含量/%	牌号结构	
				第一层次	第二层次
1	氧化钇铕	（YEu）$_2$O$_3$－5.4Eu	Y 94.6%、Eu 5.4%	（YEu）$_2$O$_3$	5.4Eu
		（YEu）$_2$O$_3$－4.0Eu	Y 96%、Eu 4%	（YEu）$_2$O$_3$	4.0Eu
2	氧化镨钕	（PrNd）$_x$O$_y$－75Nd	Pr 25%、Nd 75%	（PrNd）$_x$O$_y$	75Nd
		（PrNd）$_x$O$_y$－75Pr	Pr 75%、Nd 25%	（PrNd）$_x$O$_y$	75Pr
3	磷酸镧铈铽	（LaCeTb）$_x$（PO$_4$）$_y$－16Tb	La 52%、Ce 32%、Tb 16%	（LaCeTb）$_x$（PO$_4$）$_y$	16Tb
4	氧化钆铽镝	（GdTbDy）$_x$O$_y$－30Tb	Gd 60%、Tb 30%、Dy 10%	（GdTbDy）$_x$O$_y$	30Tb
5	磷酸镧铈	（LaCe）$_x$（PO$_4$）$_y$－60La	La 59.5%、Ce 40.5%	（LaCe）$_x$（PO$_4$）$_y$	60La

第二层次为该产品的规格（级别），用有价元素（注：有价元素指 Eu、Tb、Dy、Lu）的百分含量加元素符号表示，如该产品不含有价元素时，则用主量元素的百分含量加主量元素符号表示，如该产品中含两个有价元素（含两个）以上时，则取百分含量最高的有价元素的百分含量加该元素的元素符号表示。

当列入牌号内的元素的百分含量大于 10% 时，则将该数值按四舍五入方式修约后取整数表示，如该元素百分含量小于 10% 时，则将该数值按四舍五入方式修约，保留小数点后一位数，将修约后的两个数字表示含量，如果小数字后面没有数字，则在小数点后面加一个"0"补足两位数字表示，保留小数点，小数点用"."表示；当稀土百分含量相同时，但其他成分（包括杂质）百分含量要求不同的产品，可在数字代号最后面依次加大写字母 A、B、C、D……表示，以示区别这些不同的产品。

B　混合稀土化合物产品化学成分

目前，已有国家或行业标准的混合稀土化合物产品包括：《荧光级氧化钇铕》（GB/T 16482—2009）（见表 16－30）、《离子型稀土矿混合稀土氧化物》（GB/T 20169—2015）（见表 16－31）、《镧铈铽氧化物》（GB/T 23591—2009）（见表 16－32）、《钇铕钆氧化物》（GB/T 53593—2009）（见表 16－33）、《重稀土氧化物富集物》（GB/T 26413—2010）（见表 16－34）、《镨钕氧化物》（GB/T 31965—2015）（见表 16－35）、《铈铽氧化物》（XB/T 220—2008）（见表 16－36）、《镧镨钕氧化物》（XB/T 224—2013）（见表 16－37）、《铈钆铽氧化物》（XB/T 225—2013）（见表 16－38）、《混合氯化稀土》（GB/T 4148—2015）（见表 16－39）、《氟化镨钕》（GB/T 23590—2009）（见表 16－40）、《碳酸轻稀土》（GB/T 16479—2017）（见表 16－41）、《氟化轻稀土》（XB/T 209—2012）（见表 16－42）、《钐铕钆富集物》（XB/T 211—2015）（见表 16－43 和表 16－44）。

根据《荧光级氧化钇铕》（GB/T 16482—2009），荧光级氧化钇铕产品牌号表述及化学成分见表 16－30。

表16－30 荧光级氧化钇铕产品牌号及化学成分

产 品 牌 号			171140A	171140B	171140C
REO(不小于)			99.0	99.0	99.0
(Y$_2$O$_3$ + Eu$_2$O$_3$)/REO(不小于)			99.99	99.99	99.99
Eu$_2$O$_3$/REO			4～10	4～10	4～10
化学成分 (质量分数)/%	杂质含量 (不大于)	稀土杂质/REO	La$_2$O$_3$	0.0002	0.0002	0.0002
			CeO$_2$	0.0002	0.0002	0.0002
			Pr$_6$O$_{11}$	0.0002	0.0002	0.0002
			Nd$_2$O$_3$	0.0002	0.0002	0.0002
			Sm$_2$O$_3$	0.0002	0.0002	0.0002
			Gd$_2$O$_3$	0.0002	0.0002	0.0002
			Tb$_4$O$_7$	0.0002	0.0002	0.0002
			Dy$_2$O$_3$	0.0002	0.0002	0.0002
			Ho$_2$O$_3$	0.0002	0.0002	0.0002
			Er$_2$O$_3$	0.0002	0.0002	0.0002
			Tm$_2$O$_3$	0.0001	0.0001	0.0001
			Yb$_2$O$_3$	0.0001	0.0001	0.0001
			Lu$_2$O$_3$	0.0001	0.0001	0.0001
		非稀土杂质	Fe$_2$O$_3$	0.0002	0.0002	0.0002
			SiO$_2$	0.0040	0.0030	0.0030
			CaO	0.0020	0.0010	0.0010
			CuO	0.0002	0.0002	0.0002
			PbO	0.0002	0.0002	0.0002
			NiO	0.0002	0.0002	0.0002
			Cl$^-$	0.01	0.01	0.01
灼减(不大于)			1.0	1.0	1.0

根据《离子型稀土矿混合稀土氧化物》(GB/T 20169—2015)，离子型稀土矿混合稀土氧化物产品牌号表述及化学成分见表16－31。

表16－31 离子型稀土矿混合稀土氧化物产品牌号及化学成分

产 品 牌 号		字符牌号	REM-00-92A	REM-00-92B	REM-00-92C	REM-00-92D	REM-00-92E
		对应原数字牌号	191012A	191012B	191012C	191012D	191012E
化学成分 (质量分数) /%		REO(不小于)	92	92	92	92	92
	其他稀土 氧化物 组分	Y$_2$O$_3$(不小于)	55	45	30	18	7
		Pr$_6$O$_{11}$ + Nd$_2$O$_3$(不小于)	8	10	15	25	35
		Eu$_2$O$_3$(不小于)	—	—	0.6	0.8	0.4
		Tb$_4$O$_7$(不小于)	1.2	1	0.7	0.6	0.3
		Dy$_2$O$_3$(不小于)	7.5	6.5	4.5	3.5	1.8
		Sm$_2$O$_3$ + Gd$_2$O$_3$(不大于)	10	13	15	13	10
	非稀土 杂质	Al$_2$O$_3$(不大于)	1.5	1.5	1.5	1.5	1.5
		SiO$_2$(不大于)	1.5	1.5	1.5	1.5	1.5
		SO$_4^{2-}$(不大于)	2	2	2	2	2
水分(质量分数,不大于)/%			1	1	1	1	1
灼减(质量分数,不大于)/%			1.5	1.5	1.5	1.5	1.5

注：表内化学成分均为去除水分后灼减前检测所得。

根据《镧铈铽氧化物》(GB/T 23591—2009)，镧铈铽氧化物产品牌号表述及化学成分见表 16 - 32。

表 16 - 32　镧铈铽氧化物产品牌号及化学成分

产　品　牌　号			011160	011158	011154	011141
化学成分 (质量分数)/%	REO(不小于)		99.0	99.0	99.0	99.0
	La_2O_3/REO		60 ± 1	58 ± 2	54 ± 1	41 ± 1
	CeO_2/REO		24 ± 1	27 ± 1	31 ± 1	44 ± 1
	Tb_4O_7/REO		16 ± 0.5	15 ± 0.5	15 ± 0.5	15 ± 0.5
	杂质含量 (不大于)	稀土杂质/REO				
		Pr_6O_{11}	0.003	0.003	0.003	0.003
		Gd_2O_3	0.003	0.003	0.003	0.003
		Dy_2O_3	0.002	0.002	0.002	0.002
		Y_2O_3	0.001	0.001	0.001	0.001
		非稀土杂质				
		Fe_2O_3	0.0005	0.0005	0.0005	0.0005
		SiO_2	0.005	0.005	0.005	0.005
		CaO	0.003	0.003	0.003	0.003
		CuO	0.0005	0.0005	0.0005	0.0005
		PbO	0.0005	0.0005	0.0005	0.0005
		NiO	0.0005	0.0005	0.0005	0.0005
		Cl^-	0.02	0.02	0.02	0.02
	灼减(不大于)		1.0	1.0	1.0	1.0

根据《钇铕钆氧化物》(GB/T 53593—2009)，钇铕钆氧化物产品牌号表述及化学成分见表 16 - 33。

表 16 - 33　钇铕钆氧化物产品牌号及化学成分

产　品　牌　号			171261	171257
化学成分 (质量分数)/%	REO(不小于)		99.0	99.0
	Y_2O_3/REO		61 ± 2	57 ± 2
	Eu_2O_3/REO		6 ± 1	8 ± 1
	Gd_2O_3/REO		33 ± 2	35 ± 2
	杂质含量 (不大于)	稀土杂质/REO		
		La_2O_3	0.0002	0.0002
		CeO_2	0.0002	0.0002
		Pr_6O_{11}	0.0002	0.0002
		Nd_2O_3	0.0002	0.0002
		Sm_2O_3	0.0002	0.0002
		Tb_4O_7	0.0002	0.0002
		Dy_2O_3	0.0002	0.0002
		Ho_2O_3	0.0002	0.0002
		Er_2O_3	0.0002	0.0002
		Tm_2O_3	0.0002	0.0002
		Yb_2O_3	0.0002	0.0002
		Lu_2O_3	0.0002	0.0002
		非稀土杂质		
		Fe_2O_3	0.0003	0.0003
		SiO_2	0.003	0.003
		CaO	0.001	0.001
		CuO	0.0005	0.0005
		PbO	0.0005	0.0005
		NiO	0.0005	0.0005
		Cl^-	0.01	0.01
	灼减(不大于)		1.0	1.0

根据《重稀土氧化物富集物》(GB/T 26413—2010),重稀土氧化物富集物产品牌号表述及化学成分见表 16 – 34。

表 16 – 34　重稀土氧化物富集物产品牌号及化学成分

产品牌号	化学成分(质量分数)/%						
	REO (不小于)	Y_2O_3/REO (不小于)	稀土杂质/REO(不大于)	非稀土杂质(不大于)			灼减 (不大于)
			$(La_2O_3 + CeO_2 + Pr_6O_{11} + Nd_2O_3)$/REO	Fe_2O_3	Al_2O_3	ThO_2	
190080	98.0	80.0	1.0	0.05	0.005	0.01	1.0
190075	95.0	75.0	1.5	0.08	0.01	0.03	4.0
190070	95.0	70.0	1.5	0.08	0.01	0.05	4.0
190065	95.0	65.0	1.5	0.10	0.01	0.05	4.0
190060	92.0	60.0	3.0	0.10	0.05	0.05	7.0

根据《镨钕氧化物》(GB/T 31965—2015),镨钕氧化物产品牌号表述及化学成分见表 16 – 35。

表 16 – 35　镨钕氧化物产品牌号及化学成分

产品牌号			字符牌号	$(PrNd)_xO_y$-85Nd	$(PrNd)_xO_y$-80Nd	$(PrNd)_xO_y$-75Nd	$(PrNd)_xO_y$-70Nd
			对应原数字牌号	040085	040080	040075	040070
化学成分 (质量分数)/%	REO(不小于)			99	99	99	99
	Pr_6O_{11}/REO			15 ± 2	20 ± 2	25 ± 2	30 ± 2
	Nd_2O_3/REO			85 ± 2	80 ± 2	75 ± 2	70 ± 2
	$(Pr_6O_{11} + Nd_2O_3)$			余量	余量	余量	余量
	杂质含量 (不大于)	稀土杂质	La_2O_3	0.05	0.05	0.05	0.05
			CeO_2	0.05	0.05	0.05	0.05
			Sm_2O_3	0.05	0.05	0.05	0.05
			Y_2O_3	0.03	0.03	0.03	0.03
			其他稀土杂质① (合量)	0.1	0.1	0.1	0.1
		非稀土杂质	Fe_2O_3	0.05	0.05	0.05	0.05
			SiO_2	0.05	0.05	0.05	0.05
			CaO	0.05	0.05	0.05	0.05
			Al_2O_3	0.05	0.05	0.05	0.05
			Na_2O	0.05	0.05	0.05	0.05
			SO_4^{2-}	0.05	0.05	0.05	0.05
			Cl^-	0.05	0.05	0.05	0.05
水分加灼减的合量(质量分数,不大于)/%				1.0			

注:表内所有化学成分检测均为去除水分后灼减前测定。

① 其他稀土杂质是指除了表中所列稀土元素及 Sc、Pm 以外的稀土元素。

根据《铈铽氧化物》(XB/T 220—2008),铈铽氧化物产品牌号表述及化学成分见表 16 – 36。

表 16 – 36　铈铽氧化物产品牌号及化学成分

产品牌号	化学成分(质量分数)/%											
	REO (不小于)	CeO_2 /REO	Tb_4O_7 /REO	杂质含量(不大于)								灼减 (不大于)
				稀土杂质/REO					非稀土杂质			
				La_2O_3	Pr_6O_{11}	Gd_2O_3	Dy_2O_3	Y_2O_3	Fe_2O_3	SiO_2	CaO	Cl^-	
020061	99	61 ± 1	39 ± 1	0.004	0.005	0.005	0.002	0.002	0.001	0.005	0.003	0.03	1.0
020065	99	65 ± 1	35 ± 1	0.004	0.005	0.005	0.002	0.002	0.001	0.005	0.003	0.03	1.0

根据《镧镨钕氧化物》(XB/T 224—2013)，镧镨钕氧化物产品牌号表述及化学成分见表 16 - 37。

表 16 - 37 镧镨钕氧化物产品牌号及化学成分

产 品 牌 号				010055
化学成分 (质量分数)/%	REO(不小于)			99.0
	La_2O_3/REO			55 ± 1
	Pr_6O_{11}/REO			11 ± 0.5
	Nd_2O_3/REO			34 ± 1
	杂质含量(不大于)	稀土杂质/REO	CeO_2	0.0050
			Sm_2O_3	0.0050
			Eu_2O_3	0.0010
			Y_2O_3	0.0010
		非稀土杂质	Fe_2O_3	0.0015
			SiO_2	0.0050
			CaO	0.010
			Cl^-	0.010
	灼减(不大于)			1.0

根据《铈钆铽氧化物》(XB/T 225—2013)，铈钆铽氧化物产品牌号表述及化学成分见表 16 - 38。

表 16 - 38 铈钆铽氧化物产品牌号及化学成分

产 品 牌 号				070061
化学成分(质量分数)/%	REO(不小于)			99.0
	CeO_2/REO			23.5 ± 1
	Gd_2O_3/REO			61.0 ± 1
	Tb_4O_7/REO			15.5 ± 0.5
	杂质含量(不大于)	稀土杂质/REO	La_2O_3	0.0005
			Pr_6O_{11}	0.0005
			Nd_2O_3	0.0005
			Sm_2O_3	0.0005
			Eu_2O_3	0.0005
			Dy_2O_3	0.0005
			Ho_2O_3	0.0005
			Er_2O_3	0.0005
			Tm_2O_3	0.0005
			Yb_2O_3	0.0005
			Lu_2O_3	0.0005
			Y_2O_3	0.0005
		非稀土杂质	Fe_2O_3	0.0005
			CaO	0.0020
			SiO_2	0.0030
			Cl^-	0.010
			CuO	0.0002
			PbO	0.0002
			NiO	0.0002
	灼减(不大于)			1.0

根据《混合氯化稀土》(GB/T 4148—2015)，混合氯化稀土产品牌号表述及化学成分见表16-39。

表16-39　混合氯化稀土产品牌号及化学成分

产品牌号		字符牌号	ReCl₃-45A	ReCl₃-45B	ReCl₃-45C
		对应原数字牌号	191545A	191545B	191545C
化学成分 (质量分数)/%		REO(不小于)	45.0	45.0	45.0
	主要稀土组分/REO (不小于)	La_2O_3	27	28.0	37.0
		CeO_2	45.0	45.0	60.0
		Pr_6O_{11}	4.0	8.0	2.0
		Nd_2O_3	14.0	18.0	0.1
	其他稀土组分/REO (不大于)	Eu_2O_3	0.20	0.01	0.01
		Sm_2O_3		0.05	0.05
		Gd_2O_3			
		Tb_4O_7			
		Dy_2O_3			
		Ho_2O_3	合量10.0	合量0.1	合量0.1
		Er_2O_3			
		Tm_2O_3			
		Yb_2O_3			
		Lu_2O_3			
		Y_2O_3			
	非稀土杂质 (不大于)	Fe_2O_3	0.05	0.05	0.05
		BaO	0.50	0.50	0.50
		CaO	合量3.0	合量2.5	合量3.0
		MgO			
		ZnO	0.05	—	—
		Na_2O	0.50	0.50	—
		Al_2O_3	0.04	0.04	0.04
		ThO_2	0.03	0.03	—
		SO_4^{2-}	0.05	0.05	0.01
		PO_4^{3-}	0.01	0.01	0.01
		水不溶物	0.30	0.30	0.30
		NH_4Cl	1.0	1.0	1.0

根据《氟化镨钕》(GB/T 23590—2009)，氟化镨钕产品牌号表述及化学成分见表16-40。

表16-40　氟化镨钕产品牌号及化学成分

产品 牌号	化学成分(质量分数)/%													水分 (质量分数， 不大于)/%
	REO (不小于)	F (不小于)	Nd_2O_3 /REO	Pr_6O_{11} /REO	杂质含量(不大于)									
					稀土杂质				非稀土杂质					
					La_2O_3	CeO_2	Sm_2O_3	Y_2O_3	Fe_2O_3	SiO_2	CaO	Al_2O_3	Cl^-	
042080	82	27	80±2	20±2	0.1	0.1	0.05	0.05	0.2	0.07	0.05	0.1	0.05	
042075	82	27	75±2	25±2	0.1	0.1	0.05	0.05	0.2	0.07	0.05	0.1	0.05	0.8
042070	82	27	70±2	30±2	0.1	0.1	0.05	0.05	0.2	0.07	0.05	0.1	0.05	

根据《碳酸轻稀土》(GB/T 16479—2017)，碳酸轻稀土产品牌号表述及化学成分见表16-41。

表 16-41　碳酸轻稀土产品牌号及化学成分

字符牌号			$(LaCe)_x(CO_3)_y$-65Ce	$(LaCePr)_x(CO_3)_y$-58Ce	$(LaCePrNd)_x(CO_3)_y$-50Ce	$(LaCePrNdEu)_x(CO_3)_y$-0.2Eu
	REO(不小于)		45	45	45	42
化学成分 (质量分数) /%	稀土元素 /REO	La_2O_3	32～38	29～35	24～28	24～28
		CeO_2	62～68	≥58	≥50	48～52
		Pr_6O_{11}	≤0.01	4～7	4～6	4～6
		Nd_2O_3	≤0.03	≤0.5	≥15	≥14.2
		Eu_2O_3	—	—	—	≥0.175
	非稀土 杂质 (不大于)	Fe_2O_3	0.01	0.01	0.005	0.03
		SO_4^{2-}	0.03	0.1	0.05	1.8
		Cl^-	0.15	0.2	0.05	—
		CaO	0.05	0.2	0.045	0.8
		MgO	0.01	—	0.01	0.3
		Al_2O_3	0.05	0.015	0.01	0.06
		ZnO	0.1	0.1	0.01	0.1
		F	—	—	—	0.015
		MnO_2	0.005	—	—	—
		Na_2O	0.1	0.1	—	—
		PbO	0.005	0.005	—	—
	酸不溶物 (不大于)		0.2	0.2	0.2	0.2
灼减(质量分数,不大于)/%			—	—	—	—
放射性(不大于)/Bq·g^{-1}			0.8	0.8	0.8	

注：其他稀土杂质包括除了表中所列元素及 Pm、Sc 以外的稀土元素。

根据《氟化轻稀土》(XB/T 209—2012)，氟化轻稀土产品牌号表述及化学成分见表 16-42。

表 16-42　氟化轻稀土产品牌号及化学成分

产品牌号			192085A	192085B	192085C	192085D	192085E	192085F
	REO(不小于)		85.0±1.5	85.0±1.5	85.0±1.5	85.0±1.5	85.0±1.5	85.0±1.5
	F(不小于)		29.0±1.0	29.0±1.0	29.0±1.0	29.0±1.0	29.0±1.0	29.0±1.0
化学成分 (质量分数) /%	稀土元素 /REO	La_2O_3	>30.0	>30.0	25.0～29.0	25.0～29.0	>80.0	>80.0
		CeO_2	>60.0	>60.0	49.0～53.0	49.0～53.0	—	—
		Pr_6O_{11}	—	—	4.0～7.0	4.0～7.0	—	—
		Nd_2O_3	—	—	14.0～17.0	14.0～17.0	—	—
		Sm_2O_3	<0.05	<0.05	<0.05	<0.05	<0.05	<0.05
		Y_2O_3	<0.05	<0.05	<0.05	<0.05	<0.05	<0.05
	非稀土 杂质含量 (不大于)	Fe_2O_3	0.1	0.2	0.1	0.2	0.1	0.2
		SiO_2	0.05	0.1	0.05	0.1	0.05	0.1
		CaO	0.05	0.05	0.05	0.05	0.05	0.05
		Al_2O_3	0.1	0.1	0.1	0.1	0.1	0.1
		Cl^-	0.03	0.05	0.03	0.05	0.03	0.05
		Na_2O	0.05	0.05	0.05	0.05	0.05	0.05
		NiO	0.05	0.05	0.05	0.05	0.05	0.05
水分(质量分数,不大于)/%			0.5	0.5	0.5	0.5	0.5	0.5

根据《钐铕钆富集物》(XB/T 211—2015)，固体钐铕钆富集物产品牌号表述及化学成分应符合表 16-43 的规定，液体钐铕钆富集物化学成分应符合表表 16-44 的规定。

表 16 - 43　固体钐铕钆富集物产品牌号及化学成分

产品牌号 / 原矿类别	氟碳铈矿-独居石混合精矿			氟碳铈矿精矿		离子吸附型稀土矿	
字符牌号	$(SmEuGd)_2O_3$-10Eu	$(SmEuGd)_2O_3$-8.0Eu	$(SmEuGd)_2O_3$-50Eu	$(SmEuGd)_2O_3$-8.0Eu A	$(SmEuGd)_2O_3$-8.0Eu B	$(SmEuGd)_2O_3$-8.0Eu	$(SmEuGd)_2O_3$-50Eu
数字牌号	060018	060015A	060015B	060012A	060012B	060012C	060012D
化学成分（质量分数）/%							
REO（不小于）	98.0	95.0	95.0	92.0	92.0	92.0	92.0
成分（不小于）　Sm_2O_3/REO	30.0	30.0	45.0	50.0	50.0	30.0	30.0
Eu_2O_3/REO	10.0	8.0	50.0	8.0	8.0	8.0	50.0
Gd_2O_3/REO	16.5	16.0	1.5	16.0	16.0	37.0	10.0
Tb_4O_7/REO	1.1	1.0	—	1.0	—	—	—
Dy_2O_3/REO	3.5	3.3	—	2.0	—	—	—
稀土杂质（不大于）　La_2O_3/REO	0.5	0.5	—	0.5	0.5	—	—
CeO_2/REO Pr_6O_{11}/REO Nd_2O_3/REO	1.0	1.0	2.0	2.0	2.0	2.0	2.0
灼减（质量分数，不大于）	1.0	1.0	2.0	2.0	2.0	2.0	2.0

表 16-44　液体钐铕钆富集物产品牌号及化学成分

产品牌号		氟碳铈矿	氟碳铈矿-独居石混合精矿		氟碳铈矿精矿		离子吸附型稀土矿
原矿类别	字符牌号	$(SmEuGd)_2O_3$-10Eu (L)	$(SmEuGd)_2O_3$-8.0Eu (L)	$(SmEuGd)_2O_3$-5.0Eu (L)	$(SmEuGd)_2O_3$-8.0Eu A (L)	$(SmEuGd)_2O_3$-8.0Eu B (L)	$(SmEuGd)_2O_3$-8.0Eu (L)
	数字牌号	060112A	060112B	060112C	060112D	060112E	060112F
化学成分	REO(不小于)/g·L^{-1}	280	270	200	240	200	180
成分(不小于)/%	Sm_2O_3/REO	30.0	30.0	20.0	50.0	50.0	30.0
	Eu_2O_3/REO	10.0	8.0	5.0	8.0	8.0	8.0
	Gd_2O_3/REO	16.5	15.5	12.0	16.0	16.0	37.0
	Tb_4O_7/REO	1.1	1.0	0.8	1.0	—	—
	Dy_2O_3/REO	3.5	3.3	2.8	2.0	—	—
稀土杂质(不大于)/%	La_2O_3/REO						
	CeO_2/REO	0.5	0.5	1.0	0.5	0.5	0.5
	Pr_6O_{11}/REO						
	Nd_2O_3/REO						

16.1.2 稀土金属

16.1.2.1 单一稀土金属

A 单一稀土金属产品牌号表示方法

单一稀土金属的牌号由单一稀土金属元素符号、阿拉伯数字和特定字母组成。共分两个层次，其中第一层次表示该产品名称，第二层次表示该产品的级别（规格），同时在第一层次和第二层次之间用"－"分开。具体表示方法如下：

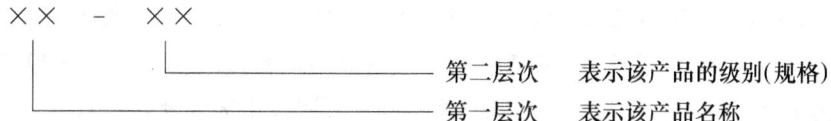

第一层次为该产品的名称，用元素符号表示。单一稀土金属表示为：金属镧（La）、金属铈（Ce）、金属镨（Pr）、金属钕（Nd）、金属钷（Pm）、金属钐（Sm）、金属铕（Eu）、金属钆（Gd）、金属铽（Tb）、金属镝（Dy）、金属钬（Ho）、金属铒（Er）、金属铥（Tm）、金属镱（Yb）、金属镥（Lu）、金属钪（Sc）、金属钇（Y）等。第二层次为该产品的级别（规格），采用其稀土相对纯度（质量分数）来表示，当该产品稀土相对纯度（质量分数）不小于99%时，则用质量百分数中"9"的个数加"N"来表示（"N"为数字9的英文首字母），如99%用2N表示，99.995%用4N5表示，示例见表16－45。

表16－45 单一稀土金属产品牌号示例（稀土相对纯度不小于99%）

序号	产品类别	产品牌号	产品规格（稀土相对纯度）	牌号结构	
				第一层次	第二层次
1	金属钐	Sm-4N	99.99%	Sm	4N
		Sm-3N5	99.95%	Sm	3N5
2	金属铕	Eu-4NA	99.99%,其他物理性能不一样	Eu	4NA
		Eu-4NB		Eu	4NB
		Eu-3N	99.9%	Eu	3N

当稀土相对纯度（质量分数）小于99%的产品，其稀土相对纯度（质量分数）采用四舍五入方法修约后取前两位数字表示，示例见表16－46。

表16－46 单一稀土金属产品牌号示例（稀土相对纯度小于99%）

序 号	产品类别	产品牌号	产品规格（稀土相对纯度）	牌号结构	
				第一层次	第二层次
1	金属镧	La-95A	95%	La	95A
		La-95B	95%	La	95B
2	金属镨	Pr－93	92.5%	Pr	93

当稀土相对纯度（质量分数）相同时，但其他成分（包括杂质）百分含量要求不同的产品，可在数字代号最后面依次加大写字母 A、B、C、D……表示，以示区别这些不同的产品。

B　单一稀土金属产品化学成分

目前，已有国家或行业标准的单一稀土金属产品产品包括：《金属钐》（GB/T 2968—2017）（见表 16 - 47）、《金属钕》（GB/T 9967—2010）（见表 16 - 48）、《金属镝》（GB/T 15071—2008）（见表 16 - 49）、《金属镧》（GB/T 15677—2010）（见表 16 - 50）、《金属钪》（GB/T 16476—2010）（见表 16 - 51）、《金属镨》（GB/T 19395—2013）（见表 16 - 52）、《金属铽》（GB/T 20893—2007）（见表 16 - 53）、《金属铈》（GB/T 31978—2015）（见表 16 - 54）、《金属钆》（XB/T 212—2015）（见表 16 - 55）、《金属钇》（XB/T 218—2016）（见表 16 - 56）、《金属钬》（XB/T 226—2015）（见表 16 - 57）、《金属铒》（XB/T 227—2015）（见表 16 - 58）、《高纯金属镝》（XB/T 301—2013）（见表 16 - 59）、《高纯金属铽》（XB/T 302—2013）（见表 16 - 60）。

根据《金属钐》（GB/T 2968—2017），金属钐产品牌号表述及化学成分见表 16 - 47。

表 16 - 47　金属钐产品牌号及化学成分

产品牌号			字符牌号	Sm-4N	Sm-3N5	Sm-3N	Sm-2N5	Sm-2N
			数字牌号	64040	64035	64030	64025	64020
化学成分（质量分数）/%			RE（不小于）	99	99	99	99	99
			Sm/RE（不小于）	99.99	99.95	99.9	99.5	99
			Sm	余量①	余量①	余量①	余量①	余量①
	杂质含量（不大于）		稀土杂质（合量）②	0.01	0.05	0.1	0.5	1
		非稀土杂质	Fe	0.005	0.005	0.01	0.01	0.01
			Si	0.005	0.005	0.01	0.01	0.01
			Al	0.005	0.005	0.01	0.02	0.02
			Ca	0.005	0.01	0.01	0.03	0.05
			Mg	0.005	0.005	0.01	0.01	0.01
			Cl^-	0.02	0.02	0.03	0.05	0.05
			C	0.01	0.01	0.01	0.02	0.02
			Nb + Ta + Mo + Ti	0.01	0.01	0.01	0.01	0.01

① 余量表示总量减去杂质含量。

② 稀土杂质为除去主稀土元素 Sm 以及 Pm 和 Sc 以外的稀土元素。

根据《金属钕》（GB/T 9967—2010），金属钕产品牌号表述及化学成分见表 16 - 48。

表 16 - 48　金属钕产品牌号及化学成分

产 品 牌 号			044030	044025	044020A	044020B
RE(不小于)			99.5	99.0	99.0	98.5
Nd/RE(不小于)			99.9	99.5	99.0	99.0
化学成分（质量分数）/%	杂质含量（不大于）	稀土杂质/RE	0.1	0.5	1.0	1.0
		非稀土杂质 C	0.03	0.03	0.05	0.05
		Fe	0.2	0.3	0.5	1.0
		Si	0.03	0.05	0.05	0.05
		Mg	0.01	0.02	0.02	0.03
		Ca	0.01	0.02	0.02	0.03
		Al	0.03	0.05	0.05	0.05
		O	0.03	0.05	0.05	0.05
		Mo	0.03	0.05	0.05	0.05
		W	0.02	0.05	0.05	0.05
		Cl	0.01	0.02	0.02	0.03
		S	0.01	0.01	0.01	0.01
		P	0.01	0.03	0.05	0.05

根据《金属镝》(GB/T 15071—2008)，金属镝产品牌号表述及化学成分见表 16 - 49。

表 16 - 49　金属镝产品牌号及化学成分

产 品 牌 号			104040	104035	104030	104025	104020
RE(不小于)			99	99	99	99	98
Dy/RE(不小于)			99.99	99.95	99.9	99.5	99
化学成分（质量分数）/%	杂质含量（不大于）	稀土杂质/RE Gd	0.001				
		Tb	0.003				
		Ho	0.002	合量0.05	合量0.1	合量0.5	合量1.0
		Er	0.001				
		Y	0.002				
		其他稀土杂质	0.001				
		非稀土杂质 Fe	0.01	0.02	0.05	0.1	0.2
		Si	0.01	0.01	0.02	0.03	0.05
		Ca	0.01	0.02	0.05	0.1	0.1
		Mg	0.01	0.01	0.03	0.05	0.05
		Al	0.01	0.02	0.03	0.04	0.05
		Ni	0.01	0.02	0.03	0.05	0.08
		O	0.04	0.05	0.25	0.25	0.3
		C	0.01	0.02	0.03	0.03	0.05
		Ta(或 Nb、Ti、Mo、W)	0.01	0.02	0.3	0.3	0.35

根据《金属镧》(GB/T 15677—2010)，金属镧产品牌号表述及化学成分见表 16 – 50。

表 16 – 50　金属镧产品牌号及化学成分

		产　品　牌　号	14030	14025	14020
化学成分 (质量分数)/%		RE(不小于)	99.5	99	98
		La/RE(不小于)	99.9	99.5	99
	杂质含量 (不大于)	稀土杂质/RE	0.1	0.5	1.0
		非稀土杂质　Fe	0.10	0.20	0.30
		Si	0.03	0.03	0.05
		Ca	0.01	0.02	0.02
		Mg	0.02	0.05	0.05
		Al	0.02	0.05	0.07
		C	0.03	0.05	0.05
		S	0.01	0.02	—
		P	0.01	0.01	—
		Zn	0.01	0.03	—
		Cl^-	0.03	0.03	—

根据《金属钪》(GB/T 16476—2010)，金属钪产品牌号表述及化学成分见表 16 – 51。

表 16 – 51　金属钪产品牌号及化学成分

		产　品　牌　号	164055	164050	164045	164040
化学成分 (质量分数)/%		RE(不小于)	99.95	99.95	99.9	99.9
		Sc/RE(不小于)	99.9995	99.999	99.995	99.99
	杂质含量 (不大于)	稀土杂质　(La + Ce + Pr + Nd + Sm + Eu + Gd + Tb + Dy + Ho + Er + Tm + Yb + Lu + Y)/RE	0.00050	0.0010	0.0050	0.010
		非稀土杂质　Si	0.0015	0.0030	0.0040	0.0080
		Fe	0.0030	0.0080	0.010	0.015
		Ca	0.0015	0.0030	0.0050	0.010
		Al	0.0020	0.0030	0.0040	0.0050
		Th	0.00050	0.0020	0.0025	0.0030
		Ta	0.0020	0.0050	0.0080	0.010
		Cu	0.0010	0.0015	0.0020	0.0025
		Mg	0.00050	0.0010	0.0015	0.0020
		Ni	0.0025	0.0045	0.0060	0.0080
		Zr	0.0010	0.0025	0.0040	0.0080

注：1. RE 含量为 100% 减去非稀土杂质质量分数的和。

　　2. Sc/RE 含量为 100% 减去稀土杂质的和/RE 的质量分数。

根据《金属镨》(GB/T 19395—2013)，金属镨产品牌号表述及化学成分见表 16 – 52。

表 16-52 金属镨产品牌号及化学成分

牌号			034030	034025A	034025B	034020A	034020B
RE(不小于)			99.5	99.5	99.5	99	99
Pr/RE(不小于)			99.9	99.5	99.5	99	99
化学成分(质量分数)/%	杂质含量(不大于)	稀土杂质/RE	0.1	0.5	0.5	1	1
		非稀土杂质 Fe	0.08	0.12	0.12	0.15	0.30
		Si	0.03	0.03	0.05	0.05	0.05
		Ca	0.01	0.01	0.01	0.02	0.03
		Mg	0.01	0.01	0.01	0.02	0.03
		Al	0.03	0.03	0.05	0.08	0.10
		C	0.02	0.03	0.03	0.05	0.05
		O	0.03	0.03	0.04	0.05	0.05
		Mo+W	0.03	0.04	0.05	0.05	0.05
		Cl	0.01	0.01	0.01	0.03	0.03
		S	0.01	0.01	0.01	0.01	0.02
		P	0.02	0.02	0.03	0.05	0.05
		Cd+Pb+Ni+Cr+Ti	0.02	0.03	0.03	0.04	0.05

根据《金属铽》(GB/T 20893—2007),金属铽产品牌号表述及化学成分见表 16-53。

表 16-53 金属铽产品牌号及化学成分

产品牌号	化学成分(质量分数)/%										
	RE(不小于)	Tb/RE(不小于)	稀土杂质 (Eu+Gd+Dy+Ho+Y)/RE	杂质含量(不大于) 非 稀 土 杂 质							
				Fe	Si	Ca	Al	Cu	Ni	W+Ta+Nb+Mo+Ti	C	O
094040	99.0	99.99	0.01	0.02	0.01	0.01	0.02	0.02	0.01	0.01	0.01	0.05
094030	99.0	99.9	0.1	0.05	0.03	0.02	0.03	0.03	0.03	0.10	0.02	0.15
094025	99.0	99.5	0.5	0.10	0.06	0.05	0.05	0.05	0.08	0.20	0.03	0.20
094020	99.0	99.0	1.0	0.15	0.08	0.10	0.10	0.05	0.10	0.30	0.05	0.20
094015	98.5	98.5	1.5	0.20	0.10	0.15	0.20	0.10	0.10	0.35	0.05	0.25

根据《金属铈》(GB/T 31978—2015),金属铈产品牌号表述及化学成分见表 16-54。

表 16-54 金属铈产品牌号及化学成分

产品牌号		化学成分(质量分数)/%										
字符牌号	对应原数字牌号	RE(不小于)	Ce/RE(不小于)	Ce	稀土杂质	杂质含量(不大于) 非 稀 土 杂 质						
						Fe	Si	Al	Ca	Mg	C	S	Mo+W
Ce-3NA	24030A	99.0	99.9	余量	0.1	0.10	0.02	0.05	0.01	0.01	0.03	0.02	0.1
Ce-3NB	24030B	99.0	99.9	余量	0.1	0.10	0.05	0.05	0.01	0.01	0.05	0.02	0.1
Ce-2N5A	24025A	99.0	99.5	余量	0.5	0.15	0.03	0.05	0.02	0.01	0.03	0.02	0.1
Ce-2N5B	24025B	99.0	99.5	余量	0.5	0.15	0.05	0.05	0.02	0.01	0.05	0.02	0.1
Ce-2NA	24020A	99.0	99.0	余量	1.0	0.20	0.03	0.05	0.02	0.01	0.03	0.02	0.1
Ce-2NB	24020B	99.0	99.0	余量	1.0	0.30	0.05	0.10	0.02	0.01	0.05	0.02	0.1

注:稀土杂质为除去主稀土元素 Ce 以及 Pm 和 Sc 以外的稀土元素。

根据《金属钆》(XB/T 212—2015)，金属钆产品牌号表述及化学成分见表 16 – 55。

表 16 – 55 金属钆产品牌号及化学成分

产品牌号		化学成分(质量分数)/%												
		RE (不小于)	Gd/RE (不小于)	Gd (不小于)	杂质含量(不大于)									
					稀土杂质	非稀土杂质								
字符牌号	数字牌号				Sm + Eu + Tb + Dy + Y	Fe	Si	Ca	Mg	Al	Cu	Ni	C	O	W(Ta、Nb、Mo、Ti)[①]
Gd-4N	084040	99	99.99	99.84	0.01	0.01	0.005	0.005	0.005	0.005	0.005	0.005	0.01	0.05	0.05
Gd-3N	084030	99	99.9	99.49	0.1	0.02	0.01	0.03	0.03	0.01	0.03	0.05	0.03	0.10	0.10
Gd-2N5	084025	99	99.5	98.95	0.5	0.03	0.01	0.03	0.05	0.02	0.03	0.05	0.03	0.15	0.15
Gd-2N	084020	99	99	98.08	1	0.05	0.02	0.05	0.1	0.05	0.05	0.05	0.05	0.30	0.20

①根据坩埚材质测 W、Ta、Nb、Mo、Ti 其中一种。

根据《金属钇》(XB/T 218—2016)，金属钇产品牌号表述及化学成分见表 16 – 56。

表 16 – 56 金属钇的产品牌号及化学成分

产品牌号		字符牌号	Y-4N	Y-3NA	Y-3NB	Y-2N
		对应原数字牌号	174040	174030A	174030B	174020
化学成分 (质量分数) /%		RE(不小于)	99	98.5	98.5	98
		Y/RE(不小于)	99.99	99.9	99.9	99
		Y	余量	余量	余量	余量
	杂质含量 (不大于)	稀土杂质	0.01	0.1	0.1	1
		Si	0.01	0.02	0.05	0.05
		Fe	0.01	0.02	0.05	0.2
		Ca	0.01	0.05	0.15	0.15
		O	0.1	0.5	0.3	0.5
		W(Ta、Nb、Mo、Ti)	0.1	0.2	0.2	0.4
		C	0.02	0.03	0.03	0.05
		Ni	0.01	0.05	0.05	0.1
		Mg	0.01	0.05	0.05	0.05

注：稀土杂质为除去主稀土元素 Y 以及 Pm 和 Sc 以外的稀土元素。

根据《金属钬》(XB/T 226—2015)，金属钬产品牌号表述及化学成分见表 16 – 57。

表 16 – 57 金属钬产品牌号及化学成分

产品牌号			字符	Ho-4N	Ho-3N5	Ho-3N	Ho-2N5
			数字	114040	114035	114030	114025
化学成分 (质量分数)/%		RE(不小于)		99	99	99	99
		Ho/RE(不小于)		99.99	99.95	99.9	99.5
		Ho(不小于)		99	99	98.9	98.5
	杂质含量 (不大于)	稀土杂质[①]		0.01	0.05	0.1	0.5
		非稀土杂质	Fe	0.01	0.03	0.05	0.1
			Si	0.01	0.02	0.03	0.05
			Ca	0.01	0.02	0.03	0.05
			Mg	0.01	0.02	0.03	0.05
			Al	0.01	0.02	0.03	0.05
			Ni	0.01	0.02	0.03	0.05
			C	0.01	0.02	0.03	0.05
			O	0.04	0.05	0.25	0.3
			W(Ta、Nb、Mo、Ti)[②]	0.05	0.1	0.2	0.3

① 稀土杂质为除去主稀土元素 Ho 以及 Pm 和 Sc 以外的稀土元素。
② 根据坩埚材质测 W、Ta、Nb、Mo、Ti 其中一种。

根据《金属铒》(XB/T 227—2015),金属铒产品牌号表述及化学成分见表16-58。

表16-58 金属铒产品牌号及化学成分

产 品 牌 号			字符	Er-4N	Er-3N5	Er-3N	Er-2N5
			数字	124040	124035	124030	124025
化学成分(质量分数)/%	RE(不小于)			99	99	99	99
	Er/RE(不小于)			99.99	99.95	99.9	99.5
	Er(不小于)			99	99	98.9	98.5
	杂质含量(不大于)	稀土杂质[①]		0.01	0.05	0.1	0.5
		非稀土杂质	Fe	0.01	0.03	0.05	0.1
			Si	0.01	0.02	0.03	0.05
			Ca	0.01	0.02	0.03	0.05
			Mg	0.01	0.02	0.03	0.05
			Al	0.01	0.02	0.03	0.05
			Ni	0.01	0.02	0.03	0.05
			C	0.01	0.02	0.03	0.05
			O	0.04	0.05	0.25	0.3
			W(Ta、Nb、Mo、Ti)[②]	0.05	0.1	0.2	0.3

① 稀土杂质为除去主稀土元素 Er 以及 Pm 和 Sc 以外的稀土元素。
② 根据坩埚材质测 W、Ta、Nb、Mo、Ti 其中一种。

根据《高纯金属镝》(XB/T 301—2013),高纯金属镝产品牌号表述及化学成分见表16-59。

表16-59 高纯金属镝产品牌号及化学成分

产 品 牌 号			1040H35	1040H30A	1040H30B	1040H25A	1040H25B	1040H25C
化学成分(质量分数)/%	RE(不小于)		99.95	99.9	99.9	99.5	99.5	99.5
	Dy/RE(不小于)		99.995	99.995	99.99	99.995	99.99	99.95
	杂质含量(不大于)	稀土杂质含量/RE	0.005	0.005	0.01	0.005	0.01	0.05
		Fe	0.002	0.005	0.005	0.010	0.010	0.010
		Si	0.001	0.002	0.002	0.005	0.005	0.005
		Ca	0.002	0.005	0.005	0.01	0.01	0.01
		Mg	0.001	0.001	0.001	0.005	0.005	0.005
		Al	0.002	0.005	0.005	0.010	0.010	0.010
		Ni	0.001	0.002	0.002	0.01	0.01	0.01
		Ti	0.005	0.010	0.010	0.020	0.020	0.020
	非稀土杂质	Mn	0.001	0.005	0.005	0.005	0.005	0.005
		Zn	0.001	0.005	0.005	0.005	0.005	0.005
		Pb	0.001	0.001	0.001	0.001	0.001	0.001
		C	0.002	0.005	0.005	0.005	0.005	0.005
		O	0.010	0.020	0.020	0.030	0.030	0.040
		N	0.005	0.010	0.010	0.030	0.030	0.040
		Cl^-	0.005	0.010	0.010	0.030	0.030	0.030
		Ta、Nb、Mo和 W 的合量	0.002	0.005	0.005	0.005	0.005	0.005

根据《高纯金属铽》(XB/T 302—2013),高纯金属铽产品牌号表述及化学成分见表 16 - 60。

表 16 - 60 高纯金属铽产品牌号及化学成分

产品牌号			0940H35A	0940H35B	0940H30A	0940H30B	0940H25
	RE(不小于)		99.95	99.95	99.9	99.9	99.5
	Tb/RE(不小于)		99.999	99.995	99.995	99.99	99.99
化学成分(质量分数)/%	杂质含量(不大于)	稀土杂质含量/RE	0.001	0.005	0.005	0.01	0.01
		非稀土杂质 Fe	0.002	0.002	0.005	0.005	0.01
		Si	0.001	0.001	0.001	0.001	0.01
		Ca	0.002	0.002	0.005	0.005	0.01
		Mg	0.001	0.001	0.001	0.001	0.01
		Al	0.002	0.002	0.005	0.005	0.01
		Ni	0.001	0.001	0.001	0.001	0.01
		Ti	0.005	0.005	0.010	0.010	0.01
		Mn	0.001	0.001	0.005	0.005	0.01
		Zn	0.001	0.001	0.001	0.001	0.001
		Pb	0.001	0.001	0.001	0.001	0.001
		C	0.002	0.002	0.005	0.005	0.01
		O	0.01	0.01	0.02	0.02	0.02
		N	0.005	0.005	0.005	0.005	0.005
		Cl⁻	0.005	0.005	0.01	0.01	0.01
		Ta、Nb、Mo 和 W 合量	0.002	0.002	0.002	0.002	0.01

16.1.2.2 混合稀土金属

A 混合稀土金属产品牌号表示方法

混合稀土金属的牌号由构成混合稀土金属的元素符号、阿拉伯数字和特定元素符号组成。共分两个层次,其中第一层次表示该产品名称,第二层次表示该产品的级别(规格),同时在第一层次和第二层次之间用" - "分开。具体表示方法如下:

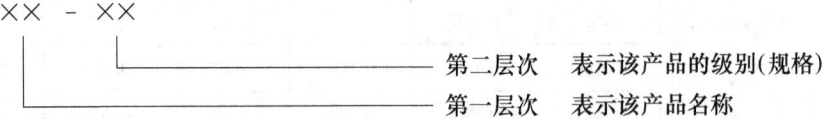

第一层次为该产品的名称,用元素符号表示。混合稀土金属按元素周期表内的先后顺序编写。混合稀土金属表示为:镨钕金属 PrNd、铽镝金属 TbDy、镧钕金属 LaNd 等。第二层次为该产品的规格(级别),用有价元素(注:有价元素指 Eu、Tb、Dy、Lu)的百分含量加元素符号表示,如该产品不含有价元素时,则用主量元素的百分含量加主量元素符号表示,如该产品中含两个有价元素(含两个)以上时,则取百分含量最高的有价元素的百分含量加该元素的元素符号表示。

当列入牌号内元素的百分含量大于 10% 时,则将该数值按四舍五入方式修约后取整数表示,如该元素百分含量小于 10% 时,则将该数值按四舍五入方式修约,保留小数点后一位数,将修约后的两个数字表示含量,如果小数字后面没有数字,则在小数点后面加一个"0"补足两位数字表示,保留小数点,小数点用"."表示。当稀土相对纯度(质量分数)相同时,但其他成分(包括杂质)百分含量要求不同的产品,可在数字代号最后面依次加大写字母 A、B、C、D……表示,以示区别这些不同的产品,示例见表 16 - 61。

表 16-61　混合稀土金属产品牌号示例

序号	产品类别	产品牌号	产品规格（稀土相对纯度）	牌号结构 第一层次	牌号结构 第二层次
1	镨钕金属	PrNd-80Nd	Pr 20%, Nd 80%	PrNd	80Nd
		PrNd-75Nd	Pr 25%, Nd 75%	PrNd	75Nd
2	镧钕金属	LaNd-90NdA	La 10%, Nd 90%	LaNd	90NdA
		LaNd-90NdB		LaNd	90NdB
		LaNd-65Nd	La 35%, Nd 65%	LaNd	65Nd
3	镨钕镝金属	PrNdDy-20Dy	Pr 20% Nd 60% Dy 20%	PrNdDy	20Dy

B　混合稀土金属产品化学成分

已有国家或行业标准的混合稀土金属产品包括：《混合稀土金属》（GB/T 4153—2017）（见表 16-62）、《镨钕金属》（GB/T 20892—2017）（见表 16-63）、《镨钕镝合金》（GB/T 29917—2013）（见表 16-64）。

根据《混合稀土金属》（GB/T 4153—2017），混合稀土金属产品牌号表述及化学成分见表 16-62。

表 16-62　混合稀土金属产品牌号及化学成分

字符牌号			LaCePrNd-50Ce	LaCe-61Ce	LaCe-65Ce	LaCe-69Ce
	RE（不小于）		99	99	99	99
化学成分（质量分数）/%	稀土元素/RE	La	25～29	37～41	33～37	29～33
		Ce	49～53	59～63	63～67	67～71
		Pr	4～7	<0.1	<0.1	<0.1
		Nd	15～17	<0.1	<0.1	<0.1
		Sm	<0.1	<0.1	<0.1	<0.1
	非稀土杂质（不大于）	Mg	0.05	0.05	0.05	0.05
		Zn	0.05	0.05	0.05	0.05
		Fe	0.2	0.2	0.2	0.2
		Si	0.05	0.05	0.05	0.05
		W+Mo	0.1	0.1	0.1	0.1
		Ca	0.05	0.05	0.05	0.05
		C	0.04	0.05	0.05	0.05
		Pb	0.004	0.004	0.004	0.004
		Cu	0.02	0.01	0.01	0.01
		Ti	0.05	0.05	0.05	0.05
		S	0.02	0.02	0.02	0.02

根据《镨钕金属》（GB/T 20892—2017），镨钕金属产品牌号表述及化学成分见表 16-63。

表 16 - 63 镨钕金属产品牌号及化学成分

产品牌号			PrNd-80NdA	PrNd-80NdB	PrNd-75NdA	PrNd-75NdB	PrNd-70NdA	PrNd-70NdB
	字符牌号		PrNd-80NdA	PrNd-80NdB	PrNd-75NdA	PrNd-75NdB	PrNd-70NdA	PrNd-70NdB
	对应原数字牌号		045080A	045080B	045075A	045075B	045070A	045070B
化学成分(质量分数)/%	RE(不小于)		99	99	99	99	99	99
	Pr		20±2	20±2	25±2	25±2	30±2	30±2
	Nd		80±2	80±2	75±2	75±2	70±2	70±2
	杂质含量(不大于) 稀土杂质	La	0.05	0.1	0.05	0.1	0.05	0.1
		Ce	0.05	0.1	0.05	0.1	0.05	0.1
		其他稀土杂质(各)	0.03	0.03	0.03	0.03	0.03	0.03
	非稀土杂质	Fe	0.3	0.3	0.3	0.3	0.3	0.3
		Al	0.05	0.1	0.05	0.1	0.05	0.1
		Si	0.05	0.05	0.05	0.05	0.05	0.05
		Mo	0.05	0.1	0.05	0.1	0.05	0.1
		W	0.05	0.1	0.05	0.1	0.05	0.1
		Ti	0.05	0.05	0.05	0.05	0.05	0.05
		Ca	0.02	0.02	0.02	0.02	0.02	0.02
		Mg	0.02	0.02	0.02	0.02	0.02	0.02
		S	0.01	0.01	0.01	0.01	0.01	0.01
		C	0.03	0.05	0.03	0.05	0.03	0.05

注：其他稀土杂质是指除 La、Ce、Pr、Nd、Pm、Sc 以外的所有稀土元素。

根据《镨钕镝合金》(GB/T 29917—2013)，镨钕镝合金产品牌号表述及化学成分见表 16 - 64。

表 16 - 64 镨钕镝合金产品牌号及化学成分

产品牌号	化学成分(质量分数)/%													
	RE(不小于)	Nd/RE	Pr/RE	Dy/RE	杂质含量(不大于)									
					稀土杂质/RE	非稀土杂质								
						C	Si	Ca	Al	Mg	Fe	O	W+Mo	Cl
045072A	99.5	72±2	23±2	5±0.3	0.5	0.03	0.03	0.01	0.03	0.02	0.3	0.03	0.05	0.01
045072B	99.0	72±2	23±2	5±0.3	1.0	0.05	0.05	0.02	0.05	0.03	0.3	0.05	0.08	0.01
045070A	99.5	70±2	22±2	8±0.5	0.5	0.03	0.03	0.01	0.03	0.02	0.3	0.03	0.05	0.01
045070B	99.0	70±2	22±2	8±0.5	1.0	0.05	0.05	0.02	0.05	0.03	0.3	0.05	0.08	0.01
045068A	99.5	68±2	22±2	10±0.5	0.5	0.03	0.03	0.01	0.03	0.02	0.3	0.03	0.05	0.01
045068B	99.0	68±2	22±2	10±0.5	1.0	0.05	0.05	0.02	0.05	0.03	0.3	0.05	0.08	0.01

注：稀土杂质包括 La、Ce、Sm、Eu、Gd、Tb、Ho、Er、Tm、Yb、Lu、Y。

16.1.3 稀土合金

16.1.3.1 稀土合金产品牌号表示方法

稀土合金的牌号由构成合金的元素符号、阿拉伯数字和特定元素符号组成。共分两个层次，其中第一层次表示该产品的名称，第二层次表示该合金中稀土元素的百分含量。同时在第一层次和第二层次之间用"-"分开，两种稀土元素并存时用分隔符"/"区分开。具体表示方法如下：

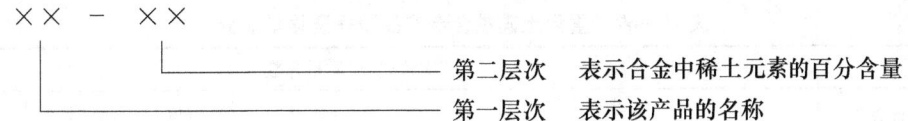

第一层次为该产品的名称，用元素符号表示。按照稀土元素在前，其他元素在后的排序方法来表示，当合金中有两种（含两个）以上的稀土元素，其排列顺序按照元素周期表的顺序排列，如 DyFe、TbDyFe 等。第二层次采用合金中稀土元素的百分含量的前两位数字表示，含两种及两种以上稀土元素的稀土合金用四位阿拉伯数字表示两种稀土元素的百分含量，其中当百分含量大于或等于 10% 的产品，其百分含量采用四舍五入方法修约后取前两位整数表示；当百分含量小于 10% 时，采用四舍五入方法修约后取整数，在该整数前加"0"补足两位数字表示。当合金中构成元素相同，稀土元素百分含量也相同，但非稀土元素的百分含量不同，或者成分相同，性能、结构不一致的产品，可在数字代号最后面依次加大写字母 A、B、C、D······表示，以示区别这些不同的产品。

当稀土合金中稀土含量未知、不可检测、波动很大，或者稀土含量不是重点关注指标时，可用阿拉伯数字"00"特指稀土成分不确定的稀土合金，数字"00"后面可增加 A、B、C······来区分产品等级。如钕铁硼合金中，成分控制精度高的合金可用 NdFeB-00A 表示其牌号，以此类推，示例见表 16-65。在第二层次中若出现两个以上含量时，中间用"/"隔开。如 TbDyFe-14/42A。

表 16-65 稀土合金产品牌号示例

序号	产品类别	产品牌号	产品规格（稀土相对纯度）	牌号结构 第一层次	牌号结构 第二层次
1	镝铁合金	DyFe-80	Dy 80.2%，Fe 19.8%	DyFe	80
2	铽镝铁合金	TbDyFe-14/42A	Tb 13.6%，Dy 42.4%，Fe 44.0%	TbDyFe	14/42A
		TbDyFe-14/42B			14/42B

16.1.3.2 稀土合金产品化学成分

已有国家或行业标准的稀土合金产品包括：《稀土硅铁合金》（GB/T 4137—2015）（见表 16-66、表 16-67）、《稀土镁硅铁合金》（GB/T 4138—2015）（见表 16-68、表 16-69）、《钆镁合金》（GB/T 26414—2010）（见表 16-70）、《镝铁合金》（GB/T 26415—2010）（见表 16-71）、《钕镁合金》（GB/T 28400—2012）（见表 16-72）、《钕铁硼速凝薄片合金》（GB/T 29655—2013）（见表 16-73、表 16-74）、《钇镁合金》（GB/T 29657—2013）（见表 16-75）、《镧镁合金》（GB/T 29915—2013）（见表 16-76）、《钇铝合金》（GB/T 31966—2015）（见表 16-77）、《钪铝合金》（XB/T 402—2016）（见表 16-78）、《钆铁合金》（XB/T 403—2012）（见表 16-79）、《铽铁合金》（XB/T 404—2015）（见表 16-80）、《轻稀土复合孕育剂》（XB/T 401—2010）（见表 16-81）。

根据《稀土硅铁合金》（GB/T 4137—2015），轻稀土硅铁合金产品按化学成分分为 7 个牌号，重稀土硅铁合金产品按化学成分分为 6 个牌号。轻稀土各个产品牌号的化学成分应符合表 16-66 的规定，重稀土各个产品牌号的化学成分应符合表 16-67 的规定。

表 16-66 轻稀土硅铁合金产品牌号及化学成分

产品牌号 字符牌号	产品牌号 对应原数字牌号	化学成分(质量分数)/% RE	Ce/RE（不小于）	Si	Mn	Ca	Ti	Al	Fe
				不大于					
RESiFe-23Ce	195023	21.0≤RE＜24.0	46.0	44.0	2.5	5.0	1.5	1.0	余量
RESiFe-26Ce	195026	24.0≤RE＜27.0	46.0	43.0	2.5	5.0	1.5	1.0	余量
RESiFe-29Ce	195029	27.0≤RE＜30.0	46.0	42.0	2.0	5.0	1.5	1.0	余量
RESiFe-32Ce	195032	30.0≤RE＜33.0	46.0	40.0	2.0	4.0	1.0	1.0	余量
RESiFe-35Ce	195035	33.0≤RE＜36.0	46.0	39.0	2.0	4.0	1.0	1.0	余量
RESiFe-38Ce	195038	36.0≤RE＜39.0	46.0	38.0	2.0	4.0	1.0	1.0	余量
RESiFe-41Ce	195041	39.0≤RE＜42.0	46.0	37.0	2.0	4.0	1.0	1.0	余量

表 16 - 67　重稀土硅铁合金产品牌号及化学成分

产品牌号		化学成分(质量分数)/%							
字符牌号	对应原数字牌号	RE	Y/RE（不小于）	Si	Ca	Mn	Ti	Al	Fe
					不大于				
RESiFe-13Y	195213	10.0≤RE<15.0	45.0	48.0≤Si<50.0	6.0	2.5	1.5	1.0	余量
RESiFe-18Y	195218	15.0≤RE<20.0	45.0	48.0≤Si<50.0	6.0	2.5	1.5	1.0	余量
RESiFe-23Y	195223	20.0≤RE<25.0	45.0	43.0≤Si<48.0	6.0	2.5	1.5	1.0	余量
RESiFe-28Y	195228	25.0≤RE<30.0	45.0	43.0≤Si<48.0	6.0	2.0	1.0	1.0	余量
RESiFe-33Y	195233	30.0≤RE<35.0	45.0	40.0≤Si<45.0	6.0	2.0	1.0	1.0	余量
RESiFe-38Y	195238	35.0≤RE<40.0	45.0	40.0≤Si<45.0	6.0	2.0	1.0	1.0	余量

根据《稀土镁硅铁合金》(GB/T 4138—2015)，轻、重稀土镁硅铁合金产品按化学成分各分为 13 个牌号，牌号表示方法应符合 GB/T 17803 的规定。轻稀土各个牌号产品的化学成分应符合表 16 - 68 的规定，重稀土各个牌号产品的化学成分应符合表 16 - 69 的规定。

表 16 - 68　轻稀土镁硅铁合金产品牌号及化学成分

产品牌号		化学成分(质量分数)/%									
字符牌号	对应原数字牌号	RE	Ce/RE（不小于）	Mg	Ca	Si	Mn	Ti	MgO	Al	Fe
						不大于					
REMgSiFe-01CeA	195101A	0.5≤RE<2.0	46	4.5≤Mg<5.5	1.0≤Ca<3.0	45.0	1.0	1.0	0.5	1.0	余量
REMgSiFe-01CeB	195101B	0.5≤RE<2.0	46	5.5≤Mg<6.5	1.0≤Ca<3.0	45.0	1.0	1.0	0.6	1.0	余量
REMgSiFe-01CeC	195101C	0.5≤RE<2.0	46	6.5≤Mg<7.5	1.0≤Ca<2.5	45.0	1.0	1.0	0.7	1.0	余量
REMgSiFe-01CeD	195101D	0.5≤RE<2.0	46	7.5≤Mg<8.5	1.0≤Ca<2.5	45.0	1.0	1.0	0.8	1.0	余量
REMgSiFe-03CeA	195103A	2.0≤RE<4.0	46	6.0≤Mg<8.0	1.0≤Ca<2.0	45.0	1.0	1.0	0.7	1.0	余量
REMgSiFe-03CeB	195103B	2.0≤RE<4.0	46	6.0≤Mg<8.0	2.0≤Ca<3.5	45.0	1.0	1.0	0.7	1.0	余量
REMgSiFe-03CeC	195103C	2.0≤RE<4.0	46	7.0≤Mg<9.0	1.0≤Ca<2.0	45.0	1.0	1.0	0.8	1.0	余量
REMgSiFe-03CeD	195103D	2.0≤RE<4.0	46	7.0≤Mg<9.0	2.0≤Ca<3.5	45.0	1.0	1.0	0.8	1.0	余量
REMgSiFe-05CeA	195105A	4.0≤RE<6.0	46	7.0≤Mg<9.0	1.0≤Ca<2.0	44.0	2.0	1.0	0.8	1.0	余量
REMgSiFe-05CeB	195105B	4.0≤RE<6.0	46	7.0≤Mg<9.0	2.0≤Ca<3.0	44.0	2.0	1.0	0.8	1.0	余量
REMgSiFe-07CeA	195107A	6.0≤RE<8.0	46	7.0≤Mg<9.0	1.0≤Ca<2.0	44.0	2.0	1.0	0.8	1.0	余量
REMgSiFe-07CeB	195107B	6.0≤RE<8.0	46	7.0≤Mg<9.0	2.0≤Ca<3.0	44.0	2.0	1.0	0.8	1.0	余量
REMgSiFe-07CeC	195107C	6.0≤RE<8.0	46	9.0≤Mg<11.0	1.0≤Ca<3.0	44.0	2.0	1.0	1.0	1.0	余量

表 16 - 69　重稀土镁硅铁合金产品牌号及化学成分

产品牌号		化学成分(质量分数)/%									
字符牌号	对应原数字牌号	RE	Y/RE（不小于）	Mg	Ca	Si	Mn	Ti	MgO	Al	Fe
						不大于					
REMgSiFe-01YA	195301A	0.5≤RE<1.5	40	3.5≤Mg<4.5	1.0≤Ca<2.5	48	1	0.5	0.65	1.0	余量
REMgSiFe-01YB	195301B	0.5≤RE<1.5	40	5.5≤Mg<6.5	1.0≤Ca<2.5	48	1	0.5	0.65	1.0	余量
REMgSiFe-02YA	195302A	1.5≤RE<2.5	40	3.5≤Mg<4.5	1.0≤Ca<2.5	48	1	0.5	0.65	1.0	余量
REMgSiFe-02YB	195302B	1.5≤RE<2.5	40	4.5≤Mg<5.5	1.0≤Ca<2.5	48	1	0.5	0.65	1.0	余量
REMgSiFe-02YC	195302C	1.5≤RE<2.5	40	5.5≤Mg<6.5	1.0≤Ca<2.5	48	1	0.5	0.65	1.0	余量
REMgSiFe-03YA	195303A	2.5≤RE<3.5	40	5.5≤Mg<6.5	1.0≤Ca<2.5	48	1	0.5	0.65	1.0	余量
REMgSiFe-03YB	195303B	2.5≤RE<3.5	40	6.5≤Mg<7.5	1.0≤Ca<2.5	48	1	0.5	0.75	1.0	余量
REMgSiFe-03YC	195303C	2.5≤RE<3.5	40	7.5≤Mg<8.5	1.0≤Ca<2.5	48	1	0.5	0.85	1.0	余量
REMgSiFe-04Y	195304	3.5≤RE<4.5	40	5.5≤Mg<6.5	1.0≤Ca<2.5	46	1	0.5	0.65	1.0	余量
REMgSiFe-05Y	195305	4.5≤RE<5.5	40	6.0≤Mg<8.0	1.0≤Ca<3.0	46	1	0.5	0.8	1.0	余量
REMgSiFe-06Y	195306	5.5≤RE<6.5	40	6.0≤Mg<8.0	1.0≤Ca<3.0	46	1	0.5	0.8	1.0	余量
REMgSiFe-07Y	195307	6.5≤RE<7.5	40	7.0≤Mg<9.0	1.0≤Ca<3.0	44	1	0.5	1.0	1.0	余量
REMgSiFe-08Y	195308	7.5≤RE<8.5	40	7.0≤Mg<9.0	1.0≤Ca<3.0	44	1	0.5	1.0	1.0	余量

注：用于高韧性大断面球墨铸铁铸造，适量添加 Ba（小于2%）、Bi（小于0.5%）、Sb（小于0.5%）。

根据《钆镁合金》(GB/T 26414—2010)，钆镁合金产品牌号表述及化学成分见表 16 – 70。

表 16 –70　钆镁合金产品牌号及化学成分

产品牌号	化学成分(质量分数)/%											
	RE	Mg	Gd/RE (不小于)	杂质含量(不大于)								
				稀土杂质 /RE	非 稀 土 杂 质							
					Si	Fe	Al	Ca	Cu	Ni	C	O
085085A	85 ±2	余量	99.9	0.1	0.02	0.10	0.10	0.05	0.03	0.01	0.05	0.1
085085B	85 ±2	余量	99.5	0.5	0.05	0.20	0.10	0.10	0.05	0.05	0.08	0.1
085075A	75 ±2	余量	99.9	0.1	0.02	0.10	0.10	0.05	0.03	0.01	0.05	0.1
085075B	75 ±2	余量	99.5	0.5	0.05	0.20	0.10	0.10	0.05	0.05	0.08	0.1
085030A	30 ±2	余量	99.9	0.1	0.02	0.10	0.02	0.05	0.03	0.01	0.03	0.05
085030B	30 ±2	余量	99.5	0.5	0.05	0.20	0.05	0.10	0.05	0.05	0.05	0.05
085025A	25 ±2	余量	99.9	0.1	0.02	0.10	0.02	0.05	0.03	0.01	0.03	0.05
085025B	25 ±2	余量	99.5	0.5	0.05	0.20	0.05	0.10	0.05	0.05	0.05	0.05
085020A	20 ±2	余量	99.9	0.1	0.02	0.10	0.02	0.05	0.03	0.01	0.03	0.05
085020B	20 ±2	余量	99.5	0.5	0.05	0.20	0.05	0.10	0.05	0.05	0.05	0.05

根据《镝铁合金》(GB/T 26415—2010)，镝铁合金产品牌号表述及化学成分见表 16 – 71。

表 16 –71　镝铁合金产品牌号及化学成分

产品牌号	化学成分(质量分数)/%											
	RE	Fe	Dy/RE (不小于)	杂质含量(不大于)								
				稀土杂质 /RE	非 稀 土 杂 质							
					C	Si	Ca	Al	Mg	Ni	O	
105085	85.0 ±1.0	余量	99.5	0.5	0.05	0.05	0.03	0.05	0.03	0.03	0.1	
105080	80.0 ±1.0	余量	99.5	0.5	0.05	0.05	0.03	0.05	0.03	0.03	0.1	
105075	75.0 ±1.0	余量	99.5	0.5	0.05	0.05	0.03	0.05	0.03	0.03	0.1	

根据《钕镁合金》(GB/T 28400—2012)，钕镁合金产品牌号表述及化学成分见表 16 – 72。

表 16 –72　钕镁合金产品牌号及化学成分

产品牌号	化学成分(质量分数)/%									
	RE	Mg	Nd/RE (不小于)	杂质含量(不大于)						
				稀土杂质 /RE	非稀土杂质					
					Si	Fe	Al	Cu	Ni	C
045035	35 ±2	余量	99.5	0.5	0.05	0.15	0.05	0.01	0.01	0.08
045030	30 ±2	余量	99.5	0.5	0.05	0.15	0.05	0.01	0.01	0.08
045025	25 ±2	余量	99.5	0.5	0.05	0.15	0.05	0.01	0.01	0.08

根据《钕铁硼速凝薄片合金》(GB/T 29655—2013)，钕铁硼速凝薄片合金产品中，有目的添加的各元素构成产品的主要化学成分，由于原料不纯或制备过程中环境带入的元素构成产品的杂质成分。产品主要化学成分包括（质量分数）：27% ~39% 的稀土（如：钕、镨、铽、镝等），0.8% ~1.3% 的硼，不超过 10% 的其他主要成分（如：铜、钴、铝、锆、镓等），以及余量铁。钕铁硼速凝薄片合金产品主要化学成分控制精度应符合表 16 –73 的规定，产品杂质含量应符合表 16 –74 的规定。

表 16 - 73 钕铁硼速凝薄片合金产品主要化学成分控制精度

牌 号		045001	045002	045003	045004
主要化学 成分控制精度 （质量分数）/%	稀土	±0.20	±0.40	±0.60	±0.80
	硼	±0.02	±0.04	±0.06	±0.08
	其他主要成分	±0.02	±0.04	±0.06	±0.08

表 16 - 74 钕铁硼速凝薄片合金杂质含量

牌 号			045001	045002	045003	045004
杂质含量 （质量分数， 不大于）/%		稀土杂质	0.50	0.60	0.70	0.80
	非稀土杂质	Si	0.05	0.08	0.10	0.12
		Ca	0.02	0.03	0.04	0.05
		Ti	0.02	0.03	0.04	0.05
		Mn	0.05	0.06	0.07	0.09
		C	0.025	0.030	0.040	0.050
		N	0.004	0.005	0.006	0.010
		O	0.02	0.03	0.04	0.05
		其他杂质	0.01	0.02	0.03	0.05

根据《钇镁合金》（GB/T 29657—2013），钇镁合金产品牌号表述及化学成分见表 16 - 75。

表 16 - 75 钇镁合金产品牌号及化学成分

产品牌号	化学成分（质量分数）/%									
	RE	Mg	Y/RE （不小于）	杂质含量（不大于）						
				稀土杂质 /RE	非稀土杂质					
					Si	Fe	Al	Cu	Ni	C
175030A	30±2	余量	99.9	0.1	0.03	0.10	0.02	0.005	0.005	0.04
175030B	30±2	余量	99.5	0.5	0.05	0.15	0.05	0.01	0.01	0.08
175025A	25±2	余量	99.9	0.1	0.03	0.10	0.02	0.005	0.005	0.04
175025B	25±2	余量	99.5	0.5	0.05	0.15	0.05	0.01	0.01	0.08
175020A	20±2	余量	99.9	0.1	0.03	0.10	0.02	0.005	0.005	0.04
175020B	20±2	余量	99.5	0.5	0.05	0.15	0.05	0.01	0.01	0.08

根据《镧镁合金》（GB/T 29915—2013），镧镁合金产品牌号表述及化学成分见表 16 - 76。

表 16 - 76 镧镁合金产品牌号及化学成分

产品牌号	化学成分（质量分数）/%										
	RE	La/RE （不小于）	杂质含量（不大于）								Mg
			稀土杂质 /RE	非稀土杂质							
				Si	Fe	Al	Ca	Cu	Ni	C	W+Mo	
015030A	30±1	99.9	0.1	0.03	0.10	0.02	0.03	0.005	0.005	0.03	0.03	余量
015030B	30±1	99.5	0.5	0.05	0.10	0.05	0.05	0.005	0.005	0.05	0.05	余量
015025A	25±1	99.9	0.1	0.03	0.10	0.02	0.03	0.005	0.005	0.03	0.03	余量
015025B	25±1	99.5	0.5	0.05	0.10	0.05	0.05	0.005	0.005	0.05	0.05	余量
015020A	20±1	99.9	0.1	0.03	0.10	0.02	0.03	0.005	0.005	0.03	0.03	余量
015020B	20±1	99.5	0.5	0.05	0.10	0.05	0.05	0.005	0.005	0.05	0.05	余量

注：稀土杂质包括 Y、Ce、Pr、Nd、Sm、Yu、Gd、Tb、Dy、Ho、Er、Tm、Yb、Lu。

根据《钇铝合金》(GB/T 31966—2015)，钇铝合金产品牌号表述及化学成分见表 16 – 77。

表 16 – 77　钇铝合金产品牌号及化学成分

产品牌号	字符牌号		YAl-30	YAl-20	YAl-10A	YAl-10B
	数字牌号		175030	175020	175010A	175010B
化学成分（质量分数）/%	RE		30 ± 2	20 ± 2	10 ± 2	10 ± 2
	Al		余量	余量	余量	余量
	Y/RE(不小于)		99.5	99.5	99.5	99.5
	稀土杂质/RE(不大于)		0.5		0.5	0.5
	非稀土杂质（不大于）	Si	0.05		0.05	0.05
		Fe	0.2		0.05	0.2
		Mn	0.05		0.05	0.05
		Cu	0.01		0.01	0.01
		Ni	0.01		0.01	0.01
		C	0.08		0.03	0.08

注：稀土杂质是指除 Y、Pm、Sc 以外的所有稀土元素。

根据《钪铝合金》(XB/T 402—2016)，钪铝合金产品牌号表述及化学成分见表 16 – 78。

表 16 – 78　钪铝合金产品牌号及化学成分

产品牌号	字符牌号		ScAl-10A	ScAl-10B	ScAl-5A	ScAl-5B	ScAl-2A	ScAl-2B
	对应原数字牌号		165010A	165010B	165005A	165005B	165002A	165002B
化学成分（质量分数）/%	Sc		10 ± 0.5	10 ± 0.5	5 ± 0.25	5 ± 0.25	2 ± 0.2	2 ± 0.2
	Al		余量①	余量①	余量①	余量①	余量①	余量①
	杂质含量（不大于）	稀土杂质②	0.01	0.01	0.01	0.01	0.01	0.01
		Fe	0.1	0.3	0.1	0.3	0.1	0.3
		Si	0.08	0.08	0.08	0.08	0.08	0.08
		Ca	0.02	0.05	0.02	0.05	0.02	0.05
		Na	0.008	0.008	0.008	0.008	0.008	0.008
		Cu	0.005	0.005	0.005	0.005	0.005	0.005
		Cr	0.005	0.005	0.005	0.005	0.005	0.005
		C	0.03	0.05	0.03	0.05	0.03	0.05

① 余量表示总量减去钪（Sc）和杂质以后的量。

② 稀土杂质是指除 Pm、Sc 以外的所有稀土元素。

根据《钆铁合金》(XB/T 403—2012)，钆铁合金产品牌号表述及化学成分见表 16 – 79。

表 16 – 79　钆铁合金产品牌号及化学成分

产品牌号	化学成分（质量分数）/%											
	RE	Fe	Gd/RE（不小于）	杂质含量(不大于)								
				稀土杂质/RE	非稀土杂质							
					Si	Ca	Mg	Al	Mn	Ni	C	O
085075	75 ± 1	余量	99.5	0.5	0.05	0.01	0.01	0.05	0.05	0.02	0.05	0.03
085072	72 ± 1	余量	99.5	0.5	0.05	0.01	0.01	0.05	0.05	0.02	0.05	0.03
085069	69 ± 1	余量	99.5	0.5	0.05	0.01	0.01	0.05	0.05	0.02	0.05	0.03

根据《铽铁合金》(XB/T 404—2015)，铽铁合金产品牌号表述及化学成分见表 16 – 80。

表 16 - 80　钬铁合金产品牌号及化学成分

产　品　牌　号				115080	115083
化学成分 （质量分数）/%	RE			80 ± 1	83 ± 1
	Fe			余量	
	Ho/RE（不小于）			99.5	
	杂质含量 （不大于）	稀土杂质/RE	Gd	0.05	
			Tb	0.05	
			Dy	0.2	
			Er	0.05	
			Y	0.05	
			其他稀土	合量 0.1	
		非稀土杂质	Ca	0.01	
			Mg	0.01	
			Al	0.05	
			Si	0.02	
			Mn	0.03	
			Ni	0.01	
			Ti	0.01	
			C	0.05	
			O	0.05	
			Cl^-	0.01	

注：其他稀土合量所包含的元素有 La、Ce、Pr、Nd、Sm、Eu、Tm、Yb、Lu、Y 等。

根据《轻稀土复合孕育剂》（XB/T 401—2010），轻稀土复合孕育剂产品牌号表述及化学成分见表 16 - 81。

表 16 - 81　轻稀土复合孕育剂产品牌号及化学成分

产品牌号	化学成分（质量分数）/%							备　注
	Si	RE	Ba	Ca	Sb	Al	Fe	
199101	68 ~ 75	0.5 ~ 1.0	1.0 ~ 2.0	1.0 ~ 2.0	—	<2.0	余量	适用于各种铸铁件
199102A	55 ~ 65	0.5 ~ 1.2	3.0 ~ 4.0	2.0 ~ 3.0	—	<2.0	余量	适用于各种铸态铁素体球铁件
199102B	55 ~ 65	0.8 ~ 1.5	1.0 ~ 2.5	1.5 ~ 2.5	—	<2.0	余量	适用于高强度薄壁灰铁件
199103	50 ~ 60	1.5 ~ 2.5	2.5 ~ 3.0	2.0 ~ 3.0	1.0 ~ 3.0	<2.0	余量	适用于珠光体球铁及厚壁球铁件

16.1.4　稀土功能材料

16.1.4.1　稀土永磁材料

A　稀土永磁材料产品牌号表示方法

a　烧结钕铁硼磁体

烧结钕铁硼磁体的牌号由构成烧结钕铁硼磁体的元素符号、英文字母和阿拉伯数字表示。共分三个层次，其中第一层次表示"烧结"英文 Sintered 的首字母，第二层次表示产品的元素符号，第三层次表示最大磁能积 $(BH)_{max}$ 的上下限平均值（单位为 kJ/m³）和内禀矫顽力 H_{cJ} 的下限值（单位为 10kA/m），具体表示方法如下，示例见表 16 - 82。

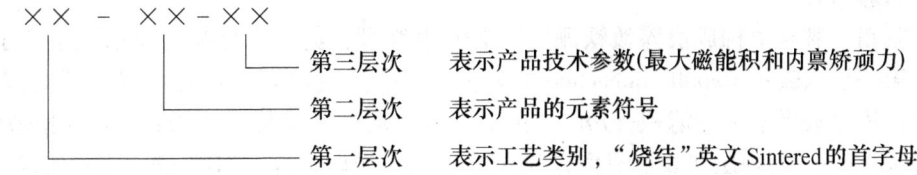

第三层次　表示产品技术参数(最大磁能积和内禀矫顽力)

第二层次　表示产品的元素符号

第一层次　表示工艺类别,"烧结"英文Sintered的首字母

表16-82　烧结钕铁硼磁体的牌号示例

序号	产品名称	牌号	产品规格		牌号结构		
			最大磁能积 $(BH)_{max}/kJ \cdot m^{-3}(MGOe)$	矫顽力 H_{cJ} /10kA·m^{-1}(kOe)	第一层次	第二层次	第三层次
1	烧结钕铁硼磁体	S-NdFeB-422/80	406~438(平均值:422)/51~55(平均值:53)	80/10.1	S	NdFeB	422/80
2		S-NdFeB-279/135	263~295(平均值:279)/33~37.1(平均值:35.1)	135/17	S	NdFeB	279/135

为便于区分牌号的层次,防止各技术参数之间相互混淆,第一层次与第二层次、第二层次与第三层次之间用分隔符"-"区分开,第三层次最大磁能积和内禀矫顽力之间用分隔符"/"区分开。如S-NdFeB-279/135。

　b　粘结钕铁硼磁体

粘结钕铁硼磁体的牌号由构成粘结钕铁硼磁体的元素符号、英文字母和阿拉伯数字表示。共分四个层次表示,其中第一层次表示Bonded的第一个字母,"粘结"的意思,第二层次表示产品的元素符号;第三层次表示最大磁能积 $(BH)_{max}$ 的上下限平均值(单位为 kJ/m³)和内禀矫顽力 H_{cJ} 的下限值(单位为10kA/m),第四层次表示成型方式,"A"表示压缩成型,"B"表示注射成型;具体表示方法如下,示例见表16-83。

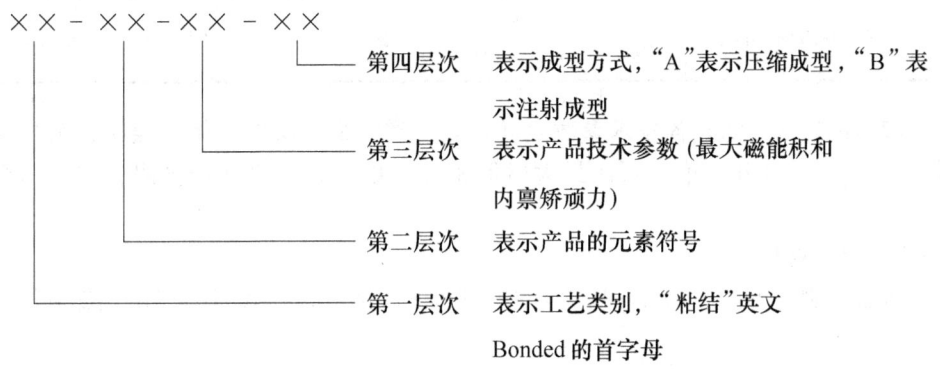

第四层次　表示成型方式,"A"表示压缩成型,"B"表示注射成型

第三层次　表示产品技术参数(最大磁能积和内禀矫顽力)

第二层次　表示产品的元素符号

第一层次　表示工艺类别,"粘结"英文Bonded的首字母

表16-83　粘结钕铁硼磁体牌号的示例

序号	产品名称	牌号	产品规格		牌号结构			
			最大磁能积 $(BH)_{max}/kJ \cdot m^{-3}(MGOe)$	矫顽力 H_{cJ} /10kA·m^{-1}(kOe)	第一层次	第二层次	第三层次	第四层次
1	粘结钕铁硼磁体	B-NdFeB-52/60A	48~56(平均值:52)/6~7(平均值:6.5)	60~90/7.5~11.3	B	NdFeB	52/60	A
2		B-NdFeB-62/103.5A	56~68(平均值:62)/7~8.5(平均值:7.8)	103.5~138/13~17.3	B	NdFeB	62/103.5	A

为便于区分牌号的层次,防止各技术参数之间相互混淆,第一层次与第二层次、第二层次与第三层次之间用分隔符"-"区分开,第三层次最大磁能积和内禀矫顽力之间用分隔符"/"区分开。如B-NdFeB-62/103.5A。

c 快淬钕铁硼磁粉

快淬钕铁硼磁粉的牌号由构成快淬钕铁硼磁粉的元素符号、英文字母和阿拉伯数字表示。共分四个层次表示，其中第一层次表示 Rapidly-quenched 的第一个字母，"快淬"的意思，第二层次表示产品的元素符号，第三层次表示表示最大磁能积 $(BH)_{max}$ 的上下限平均值（单位为 kJ/m³）和内禀矫顽力 H_{cJ} 的下限值（单位为 10kA/m），第四层次表示成型方式，"A"表示单辊快淬，"B"表示雾化快淬；具体表示方法如下，示例见表 16 - 84。

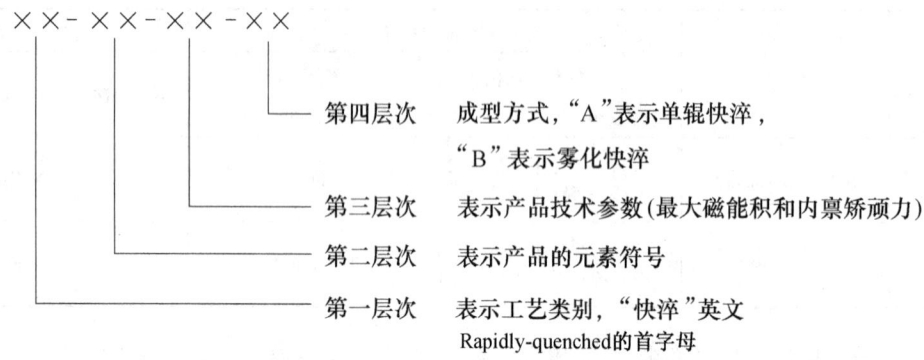

表 16 - 84 快淬钕铁硼磁粉牌号的示例

序号	产品名称	牌 号	产 品 规 格		牌 号 结 构			
			最大磁能积 BH_{max} /kJ·m⁻³(MGOe)	矫顽力 H_{cJ} /10kA·m⁻¹(kOe)	第一层次	第二层次	第三层次	第四层次
1	快淬钕铁硼磁粉	R-NdFeB-80/64B	76~84(平均值:80) /9.6~10.6(平均值:10.1)	64~90/8~11.3	R	NdFeB	80/64	B
2		R-NdFeB-64/20A	60~68(平均值:64) /7.5~8.5(平均值:8)	20~28/2.5~3.5	R	NdFeB	64/20	A
3		R-NdFeB-94/103.5A	≥84~104(平均值:94) /10.6~13.1(平均值:11.8)	≥103.5~143/13~18	R	NdFeB	94/103.5	A

为便于区分牌号的层次，防止各技术参数之间相互混淆，第一层次与第二层次、第二层次与第三层次之间用分隔符" - "区分开，第三层次最大磁能积和内禀矫顽力之间用分隔符"/"区分开。如 R-NdFeB-94/103.5A。

d 热压钕铁硼永磁材料

热压钕铁硼永磁材料的牌号表示方法应符合 GB/T 17803 的规定。牌号表述由三部分组成，具体表示方法如下：

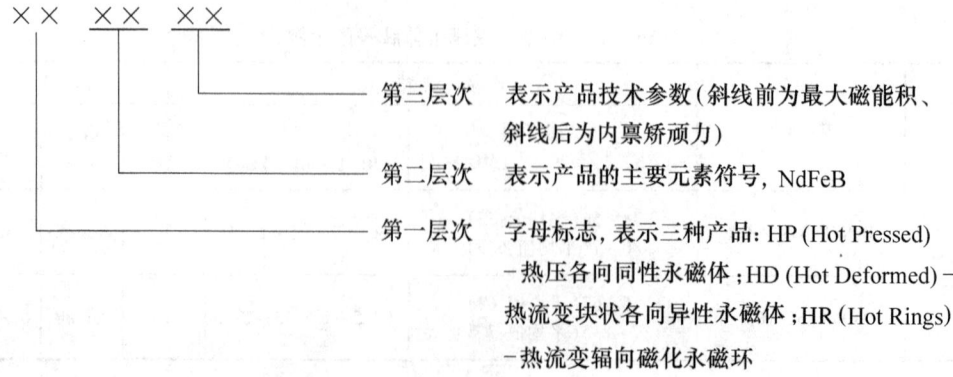

牌号示例如下：

HD-NdFeB382/80 表示 $(BH)_{max}$ 为 366~398kJ/m³，H_{cJ} 为 800kA/m 的热流变块状各向异性钕铁硼永磁材料。

e　钐钴磁体

钐钴磁体的牌号由构成磁体材料的英文字母、元素符号和阿拉伯数字组成。共分三个层次，其中第一层次表示"烧结"英文 Sintered 或者"粘结"英文 Bonded 的首字母，第二层次表示钐钴磁体的产品名称，如 $SmCo_5$、Sm_2Co_{17}；第三层次表示最大磁能积 $(BH)_{max}$ 的上下限平均值（单位为 kJ/m^3）和内禀矫顽力 H_{cJ} 的下限值（单位为 $10kA/m$），用阿拉伯数字表示。具体表示方法如下，示例见表 16-85。

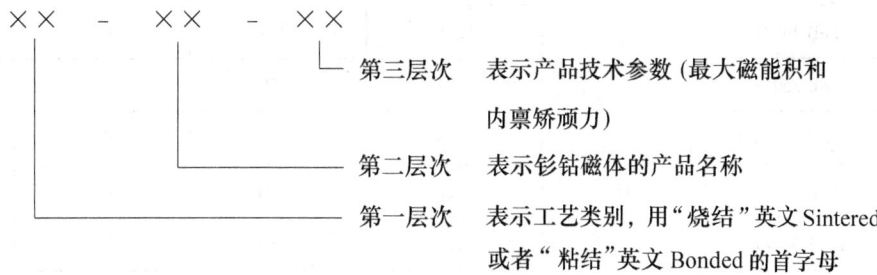

表 16-85　钐钴磁体的牌号示例

序号	产品名称	牌　号	产 品 规 格		牌 号 结 构		
			最大磁能积 $(BH)_{max}(kJ/m^3)/(MGOe)$	矫顽力 H_{cJ} $(10kA/m)/(kOe)$	第一层次	第二层次	第三层次
1	钐钴磁体	$S\text{-}SmCo_5\text{-}135/96$	135/17	96/12.1	S	$SmCo_5$	135/96
2		$B\text{-}Sm_2Co_{17}\text{-}207/80$	207/26	80/10.1	B	Sm_2Co_{17}	207/80

为便于区分牌号的层次，防止各技术参数之间相互混淆，第一层次与第二层次、第二层次与第三层次之间用分隔符"-"区分开，第三层次最大磁能积和内禀矫顽力之间用分隔符"/"区分开。如 S-SmCo-135/96。

B　稀土永磁材料产品化学成分、物理性能要求

a　烧结钕铁硼磁体

根据《烧结钕铁硼永磁材料》（GB/T 13560—2009），烧结钕铁硼永磁材料产品在 23℃ ±3℃下的主要磁性能应符合表 16-86 的规定。

表 16-86　烧结钕铁硼永磁材料产品在 23℃ ±3℃下的主要磁性能

数字牌号	字符牌号	类别	主要磁性能			
			B_r/T （不小于）	$H_{cJ}/kA \cdot m^{-1}$ （不小于）	$H_{cB}/kA \cdot m^{-1}$ （不小于）	$(BH)_{max}/kJ \cdot m^{-3}$
048000	NdFeB 415/80	N	1.42	800	677	406~438
048001	NdFeB 380/80		1.38	800	756	366~398
048002	NdFeB 350/96		1.33	960	756	335~366
048003	NdFeB 320/96		1.27	960	876	302~335
048004	NdFeB 300/96		1.23	960	860	287~320
048005	NdFeB 280/96		1.18	960	860	263~295
048006	NdFeB 260/96		1.14	960	836	247~279
048007	NdFeB 240/96		1.08	960	796	223~256
048010	NdFeB 400/107	M	1.41	1075	938	374~406
048011	NdFeB 380/107		1.38	1075	938	358~390
048012	NdFeB 350/110		1.33	1100	938	335~366
048013	NdFeB 320/110		1.27	1100	910	302~335
048014	NdFeB 300/110		1.23	1100	876	287~320
048015	NdFeB 280/110		1.18	1100	860	263~295

数字牌号	字符牌号	类别	主要磁性能			
			B_r/T （不小于）	$H_{cJ}/kA \cdot m^{-1}$ （不小于）	$H_{cB}/kA \cdot m^{-1}$ （不小于）	$(BH)_{max}/kJ \cdot m^{-3}$
048020	NdFeB 380/127	H	1.38	1274	1000	358 ~ 390
048021	NdFeB 365/127		1.36	1274	976	342 ~ 374
048022	NdFeB 350/135		1.33	1350	938	335 ~ 366
048023	NdFeB 330/135		1.29	1350	938	318 ~ 350
048024	NdFeB 315/135		1.26	1350	912	302 ~ 335
048025	NdFeB 300/135		1.23	1350	890	287 ~ 318
048026	NdFeB 280/135		1.18	1350	876	263 ~ 295
048027	NdFeB 260/135		1.14	1350	844	247 ~ 279
048028	NdFeB 240/135		1.08	1350	812	223 ~ 255
048030	NdFeB 350/160	SH	1.33	1600	938	335 ~ 366
048031	NdFeB 330/160		1.29	1600	938	318 ~ 350
048032	NdFeB 315/160		1.26	1600	912	302 ~ 335
048033	NdFeB 300/160		1.23	1600	886	287 ~ 318
048034	NdFeB 280/160		1.18	1600	876	263 ~ 295
048035	NdFeB 260/160		1.14	1600	836	247 ~ 279
048036	NdFeB 240/160		1.08	1600	796	223 ~ 255
048037	NdFeB 220/160		1.05	1600	756	207 ~ 239
048040	NdFeB 300/200	UH	1.23	1910	886	287 ~ 318
048041	NdFeB 280/200		1.18	1910	845	263 ~ 295
048042	NdFeB 260/200		1.14	2000	816	247 ~ 279
048043	NdFeB 240/200		1.08	2000	756	223 ~ 255
048044	NdFeB 220/200		1.05	2000	756	207 ~ 239
048045	NdFeB 210/200		1.02	2000	732	191 ~ 223
048050	NdFeB 280/240	EH	1.18	2400	845	263 ~ 295
048051	NdFeB 260/240		1.14	2400	816	247 ~ 279
048052	NdFeB 240/240		1.08	2400	756	223 ~ 255
048053	NdFeB 220/240		1.05	2400	756	207 ~ 239
048060	NdFeB 240/260	TH	1.08	2600	756	220 ~ 255
048061	NdFeB 220/278		1.05	2786	756	207 ~ 239

b　粘结钕铁硼磁体

根据《粘结钕铁硼永磁材料》(GB/T 18880—2012)，粘结钕铁硼永磁材料在 23℃ ±3℃下的磁性能和密度见表 16 - 87。

表 16 - 87　粘结钕铁硼永磁材料在 23℃ ± 3℃ 下的磁性能和密度

材　料				主　要　磁　性　能				密度
成形方式	种类	牌　号		B_r/T	H_{cJ} /kA·m^{-1}	H_{cB} /kA·m^{-1}	$(BH)_{max}$ /kJ·m^{-3}	ρ/g·cm^{-3}
		数字型	字符型	范围值	范围值	范围值	范围值	范围值
压缩成型	L	048121A	B-NdFeB44/20 A	0.70 ~ 0.80	200 ~ 280	160 ~ 200	36 ~ 52	5.5 ~ 6.0
	M	048131A	B-NdFeB52/64 A	0.54 ~ 0.60	640 ~ 1035	320 ~ 380	48 ~ 56	5.5 ~ 6.1
		048132A	B-NdFeB60/64 A	0.59 ~ 0.64	640 ~ 1035	340 ~ 420	56 ~ 64	5.6 ~ 6.1
		048133A	B-NdFeB68/64 A	0.62 ~ 0.70	640 ~ 1035	360 ~ 440	64 ~ 72	5.7 ~ 6.2
		048134A	B-NdFeB76/64 A	0.65 ~ 0.72	640 ~ 1035	400 ~ 460	72 ~ 80	5.7 ~ 6.2
		048135A	B-NdFeB84/64 A	0.69 ~ 0.76	640 ~ 1035	400 ~ 480	80 ~ 88	6.0 ~ 6.3
		048136A	B-NdFeB92/64 A	0.76 ~ 0.80	640 ~ 1035	400 ~ 490	88 ~ 96	6.2 ~ 6.5
	H	048141A	B-NdFeB60/104 A	0.58 ~ 0.62	1035 ~ 1430	380 ~ 440	56 ~ 68	5.8 ~ 6.2
注射成型	M	048131B	B-NdFeB30/60 B	0.35 ~ 0.46	600 ~ 750	250 ~ 350	24 ~ 36	4.0 ~ 4.7
		048132B	B-NdFeB38/60 B	0.46 ~ 0.52	600 ~ 750	280 ~ 350	36 ~ 40	4.5 ~ 5.2
		048133B	B-NdFeB44/60 B	0.48 ~ 0.55	600 ~ 750	300 ~ 380	40 ~ 48	5.0 ~ 5.5
		048134B	B-NdFeB52/64 B	0.50 ~ 0.65	640 ~ 800	330 ~ 420	48 ~ 56	5.0 ~ 5.7
		048135B	B-NdFeB60/64 B	0.55 ~ 0.70	640 ~ 800	370 ~ 430	56 ~ 64	5.5 ~ 5.8
		048136B	B-NdFeB68/64 B	0.60 ~ 0.72	640 ~ 800	360 ~ 480	64 ~ 72	5.5 ~ 5.8
	H	048141B	B-NdFeB42/90 B	0.45 ~ 0.55	900 ~ 1100	300 ~ 360	36 ~ 48	5.0 ~ 5.5

注：国际单位制（SI）与电磁单位制（CGSM）的换算关系为：1T△10^{4}Gs，1A/m△4π×10^{-3}Oe，1J/m^3△4π×10Gs·Oe。

根据《快淬钕铁硼永磁粉》（GB/T 20168），快淬钕铁硼永磁粉产品在 23℃ ± 3℃ 下的主要磁性能见表 16 - 88。

表 16 - 88　快淬钕铁硼永磁粉产品在 23℃ ± 3℃ 下的主要磁性能

材　料		主　要　磁　性　能			
种类	牌　号	剩余磁感应强度 B_r/T	内禀矫顽力 H_{cJ}/kA·m^{-1}	磁感应强度矫顽力 H_{cB}/kA·m^{-1}	最大磁能积 $(BH)_{max}$/kJ·m^{-3}
L	NdFeB-R-L-64/20A	0.90 ~ 1.05	200 ~ 280	160 ~ 200	60 ~ 68
	NdFeB-R-L-63/28A	0.82 ~ 0.88	280 ~ 500	200 ~ 400	54 ~ 72
	NdFeB-R-L-126/50A	0.90 ~ 1.00	500 ~ 700	400 ~ 490	112 ~ 140
M	NdFeB-R-M-80/64A	0.70 ~ 0.78	640 ~ 900	360 ~ 420	76 ~ 84
	NdFeB-R-M-90/64A	0.77 ~ 0.80	640 ~ 900	390 ~ 460	84 ~ 96
	NdFeB-R-M-103/64A	0.80 ~ 0.89	640 ~ 900	410 ~ 510	96 ~ 110
	NdFeB-R-M-119/64A	0.86 ~ 0.91	640 ~ 860	500 ~ 570	110 ~ 128
	NdFeB-R-M-127/72A	0.89 ~ 0.92	720 ~ 850	510 ~ 580	120 ~ 134
H	NdFeB-R-H-94/103A	0.75 ~ 0.82	1030 ~ 1430	430 ~ 510	84 ~ 104
	NdFeB-R-H-112/93A	0.82 ~ 0.85	930 ~ 1080	480 ~ 580	104 ~ 120
M	NdFeB-R-M-86/64B	0.73 ~ 0.76	640 ~ 800	400 ~ 460	80 ~ 92
H	NdFeB-R-H-84/90B	0.70 ~ 0.76	900 ~ 1100	380 ~ 460	76 ~ 92

注：国际单位制（SI）与电磁单位制（CGSM）的换算关系为：1T△10^{4}Gs，1A/m△4π×10^{-3}Oe，1J/m^3△4π×10Gs·Oe。

c　热压钕铁硼永磁材料

根据《热压钕铁硼永磁材料》（GB/T ×××××●），热压钕铁硼永磁材料在温度为 23℃ ± 3℃ 下的磁性能见表 16 - 89。

● 此标准已完成审查并上报，待审批、发布后"×××××"改为五位数字。

表16-89 热压钕铁硼永磁材料在温度为23℃±3℃下的磁性能

种类	牌号方法 国际单位制	主要磁性能				密度 ρ	剩磁温度系数 α_B (20~100℃)	回复磁导率 μ_{rec} (不大于)	居里温度 T_c/℃
		剩磁 B_r	磁感矫顽力 H_{cB}	内禀矫顽力 H_{cJ}	最大磁能积 $(BH)_{max}$				
		T	kA/m	kA/m	kJ/m³	g/cm³	%/℃		
		不小于	不小于	不小于					
N	HR-NdFeB 280/96	1.19	732	955	271~289	7.5	-0.12	1.1	312
	HR-NdFeB 300/96	1.23	756	955	287~312	7.5	-0.12	1.1	312
	HR-NdFeB 335/96	1.31	748	955	326~344	7.5	-0.12	1.1	312
	HR-NdFeB 352/96	1.34	752	955	340~364	7.5	-0.12	1.1	312
	HD-NdFeB 319/96	1.28	780	955	310~328	7.5	-0.12	1.1	312
	HD-NdFeB 355/96	1.34	756	955	342~368	7.5	-0.12	1.1	312
	HD-NdFeB 399/88	1.43	756	880	390~408	7.5	-0.12	1.1	312
M	HP-NdFeB 122/114	0.84	574	1144	104~120	7.5	-0.12	1.1	316
	HP-NdFeB 135/115	0.85	580	1150	125~145	7.5	-0.12	1.1	316
	HR-NdFeB 265/111	1.16	852	1114	255~274	7.5	-0.12	1.1	316
	HR-NdFeB 280/111	1.19	875	1114	271~289	7.5	-0.12	1.1	316
	HR-NdFeB 300/111	1.23	899	1110	290~310	7.5	-0.12	1.1	316
	HR-NdFeB 315/108	1.28	850	1080	295~335	7.5	-0.12	1.1	316
	HR-NdFeB 353/111	1.33	897	1114	342~364	7.5	-0.12	1.1	316
H	HP-NdFeB 128/140	0.90	562	1395	120~136	7.6	-0.11	1.1	320
	HR-NdFeB 264/135	1.16	867	1353	255~273	7.6	-0.11	1.1	320
	HR-NdFeB 280/135	1.19	891	1353	271~289	7.6	-0.11	1.1	320
	HR-NdFeB 299/135	1.23	915	1353	287~310	7.6	-0.11	1.1	320
	HR-NdFeB 315/125	1.25	905	1350	295~335	7.6	-0.11	1.1	320
	HR-NdFeB 349/135	1.32	915	1353	340~358	7.6	-0.11	1.1	320

续表 16-89

种类	牌号方法 国际单位制	主要磁性能 不小于				密度 ρ (g/cm³)	剩磁温度系数 αB (20~100℃) (%/℃)	回复磁导率 μrec (不大于)	居里温度 Tc/℃
		剩磁 B_r (T)	磁感矫顽力 H_{cB} (kA/m)	内禀矫顽力 H_{cJ} (kA/m)	最大磁能积 $(BH)_{max}$ (kJ/m³)				
SH	HP-NdFeB125/176	0.82	565	1680	115~135	7.6	-0.11	1.1	340
	HR-NdFeB 240/159	1.10	820	1590	231~249	7.6	-0.10	1.1	340
	HR-NdFeB 260/159	1.14	852	1590	247~273	7.6	-0.10	1.1	340
	HR-NdFeB 280/154	1.20	880	1540	265~295	7.6	-0.11	1.1	340
	HR-NdFeB 300/159	1.23	899	1600	290~310	7.6	-0.10	1.1	340
	HR-NdFeB 314/159	1.28	900	1590	308~321	7.6	-0.10	1.1	340
	HD-NdFeB 355/159	1.34	987	1590	342~367	7.6	-0.11	1.1	340
UH	HD-NdFeB 199/199	1	732	1990	191~207	7.6	-0.1	1.1	350
	HR-NdFeB 221/199	1.04	764	1990	207~233	7.6	-0.1	1.1	350
	HD-NdFeB 240/199	1.1	804	1990	231~249	7.6	-0.1	1.1	350
	HD-NdFeB 280/199	1.19	867	1990	271~289	7.6	-0.1	1.1	350
EH	HD-NdFeB 199/239	1	724	2388	191~207	7.7	-0.1	1.1	360
	HD-NdFeB 240/239	1.1	804	2388	231~249	7.7	-0.1	1.1	360
AH	HD-NdFeB 240/279	1.15	804	2786	231~249	7.7	-0.095	1.1	370
ZH	HD-NdFeB 196/318	0.98	708	3184	183~209	7.7	-0.09	1.1	380
L	HR-NdFeB 160/135 L	0.89	644	1350	151~169	7.7	-0.08	1.1	380
	HR-NdFeB 196/135 L	0.98	708	1350	183~209	7.6	-0.07	1.1	380
	HR-NdFeB 240/135 L	1.1	796	1350	231~249	7.6	-0.07	1.1	380
	HR-NdFeB 300/135 L	1.23	899	1350	287~310	7.7	-0.08	1.1	380
	HD-NdFeB 300/135 L	1.23	899	1350	287~312	7.6	-0.07	1.1	380

d 钕铁硼废料

根据《钕铁硼废料》(GB/T 23588—2009),钕铁硼废料分类见表 16 - 90。

表 16 - 90 钕铁硼废料分类

钕铁硼废料分类	要 求
炉渣料	由钕铁硼合金在熔炼过程中产生的未粉化的报废品所构成的废料。以钕、铁为主体元素,稀土氧化物总量(REO)不低于 10%,不允许混入与冶炼过程无关的夹杂物
粉料(干燥粉、潮湿粉)	由钕铁硼合金生产、加工过程中产生的粉状物及报废品粉化后构成的废料。以钕、铁为主体元素,稀土氧化物总量(REO)不低于 10%,不允许混入与生产、加工过程无关的夹杂物
油泥料	由钕铁硼合金生产、加工过程中产生的油泥状物质构成的废料。以钕、铁为主体元素,稀土氧化物总量(REO)不低于 10%,不允许混入与生产、加工过程无关的夹杂物
块片料	由钕铁硼生产、加工过程中产生的块状物及报废品构成的废料。以钕、铁为主体元素,稀土氧化物总量(REO)不低于 20%,不允许混入与生产、加工过程无关的夹杂物

注:1. 粉料、油泥料易燃。

2. 以上废料经熔烧、去杂加工后,可直接用作生产原料,不再归入废料类。

钕铁硼废料的组成成分应符合表 16 - 91 的规定,稀土氧化物配分量应符合表 16 - 92 的规定。

表 16 - 91 钕铁硼废料的组成成分

组成成分	稀土氧化物总量(REO)	油和水	Co	Fe	B	其他元素
范围(质量分数)/%	10 ~ 70	0 ~ 50	0 ~ 5	余量	1 ~ 2	0 ~ 2

注:其他元素仅指 Nb、Zr、Al、Ga、V、Cu、Ca、Mg、Cr、Ni、Mn、Ti。

表 16 - 92 钕铁硼废料的稀土氧化物配分量

稀土氧化物	Nd_2O_3	Pr_6O_{11}	Dy_2O_3	Gd_2O_3	La_2O_3、CeO_2、Sm_2O_3、Eu_2O_3、Tb_4O_7、Y_2O_3	Ho_2O_3	Er_2O_3、Tm_2O_3、Yb_2O_3、Lu_2O_3
范围(配分量)/%	20 ~ 98	0.1 ~ 35	0.1 ~ 30	0.1 ~ 20	0.1 ~ 10	0.1 ~ 5	0.1 ~ 2

e 钐钴磁体

根据《钐钴 1 - 5 型永磁合金粉》(XB/T 502—2007),钐钴 1 - 5 型永磁合金粉的化学成分见表 16 - 93。

表 16 - 93 钐钴 1 - 5 型永磁合金粉的化学成分

牌号	种 类		化学成分(质量分数)/%					平均粒度/μm
			Sm	Co	杂质含量(不大于)			
					Ca	Fe	O	
066000A	单合金粉	粗粉	35.1 ±0.5	64.4 ±0.5	0.23	0.10	0.3	18 ±5
066000B		细粉	35.1 ±0.5	64.4 ±0.5	0.15	0.10	0.5	5 ±1
066001A	双合金粉	基相合金粉 粗粉	34.5 ±0.5	65.0 ±0.5	0.23	0.10	0.3	18 ±5
066001B		细粉	34.5 ±0.5	65.0 ±0.5	0.15	0.10	0.5	5 ±1
066002A		液相合金粉 粗粉	42.0 ±0.5	57.5 ±0.5	0.23	0.10	0.3	18 ±5
066002B		细粉	42.0 ±0.5	57.5 ±0.5	0.15	0.10	0.5	5 ±1

根据《2 : 17 型钐钆钴铜铁锆永磁材料》(XB/T 507—2009),2 : 17 型钐钆钴铜铁锆永磁材料的主要性能见表 16 - 94。

表 16 – 94　2∶17 型钐钆钴铜铁锆永磁材料的主要性能

系列	牌　号		B_r(不小于)/T	主要磁性能			剩磁温度系数
	数字牌号	字符牌号	B_r(不小于)/T	H_{cB}(不小于)/kA·m^{-1}	H_{cJ}(不小于)/kA·m^{-1}	$(BH)_{max}$/kJ·m^{-3}	α_{Br}/%·K^{-1}
低温度系数系列	068000	SG 127/160/5	0.80	557	1592	127 ± 16	− 0.005 ~ 0.005
	068001	SG 144/160/10	0.85	597	1592	144 ± 16	− 0.01 ~ 0.01
	068002	SG 160/160/10	0.90	637	1592	159 ± 16	− 0.01 ~ 0.01
	068003	SG 175/160/10	0.95	676	1592	175 ± 16	− 0.01 ~ 0.01
	068004	SG 191/160/20	1.00	716	1592	191 ± 16	− 0.02 ~ 0.02
普通系列	068010	SG 160/160	0.90	637	1592	159 ± 16	—
	068011	SG 160/200	0.90	637	1990	159 ± 16	—
	068012	SG 175/160	0.95	653	1592	175 ± 16	—
	068013	SG 175/200	0.95	653	1990	175 ± 16	—
	068014	SG 191/160	1.00	676	1592	191 ± 16	—
	068015	SG 191/200	1.00	676	1990	191 ± 16	—
	068016	SG 207/160	1.02	716	1592	207 ± 16	—
	068017	SG 207/200	1.02	716	1990	207 ± 16	—
	068018	SG 223/120	1.06	763	1194	223 ± 16	—
	068019	SG 238/72	1.10	560	716	238 ± 16	—

注：剩磁温度系数（α_{Br}）的温度范围为 293 ~ 423K，但并不排除这些材料可以在这温度范围以外的使用。

16.1.4.2　稀土贮存（储）氢材料

A　稀土贮存（储）氢材料产品牌号表示方法

稀土储氢材料牌号由构成稀土储氢材料的元素符号、阿拉伯数字和英文字母组成。共分四个层次，其中第一层次表示产品名称，采用材料类型的化学式中主体元素符号来表示；第二层次表示产品的功能类别，采用功能类别名称前两个汉字的拼音首字母表示；第三层次表示技术参数（比容量，循环寿命），用阿拉伯数字表示；第四层次表示代表性元素以及该元素占产品的最高质量百分含量。具体表示方法如下，示例见表 16 – 95。

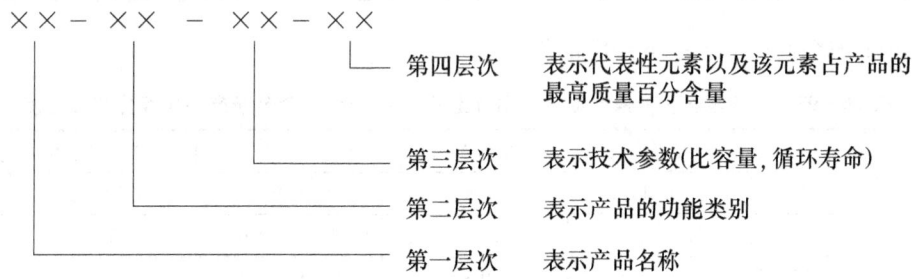

第一层次采用主体元素表示，其中元素符号的顺序为稀土元素在前，其他元素在后，当稀土或者其他元素在两个以上时按照元素周期表顺序进行排列，如 "LaNi"、"LaMgNi"。

第二层次表示产品的功能类别，采用功能类别名称前两个汉字的拼音首字母表示，具体规定如下：

PT：普通型；

GL：功率型；

GR：高容量型；

GW：高温型；

DW：低温型；

DZ：低自放电型；

CS：长寿命型；

KW：宽温型。

第三层次采用稀土储氢材料的电极比容量和循环寿命表示。

第四层次表示代表性元素以及该元素占产品的质量百分含量。具体规定为：对于 LaNi$_5$ 型合金产品，Co00 代表无钴；Co01 代表 $0 < w(\text{Co}) \leqslant 1.5\%$；Co02 代表 $1.5\% < w(\text{Co}) \leqslant 2.5\%$；依次类推，Co10 代表 $9.5\% < w(\text{Co}) \leqslant 10.5\%$。LaNi$_5$ 型合金产品中的钴含量一般最高为 10.5%。对于 La-Mg-Ni 系合金产品，Mg01 代表 $0 < w(\text{Mg}) \leqslant 1.5\%$；Mg02 代表 $1.5\% < w(\text{Mg}) \leqslant 2.5\%$；依次类推。

表 16 – 95　稀土储氢材料牌号示例

序号	产品类别	产品牌号	产品名称	功能类别	电化学性能(25℃ ±2℃)		代表元素	代表元素（质量分数)/%
					比容量（不小于)/mA·h·g^{-1}	循环寿命（不小于)/次		
1	LaNi$_5$ 型合金	LaNi-PT-310/500-Co10	LaNi	PT	310	500	Co	9.5 ~ 10.5
2	LaNi$_5$ 型合金	LaNi-GL-300/500-Co06	LaNi	GL	300	500	Co	5.5 ~ 6.5
3	LaNi$_5$ 型合金	LaNi-GR-330/300-Co03	LaNi	GR	330	300	Co	2.5 ~ 3.5
4	La-Mg-Ni 系合金	LaMgNi-DZ-330/300-Mg01	LaMgNi	DZ	330	300	Mg	0 ~ 1.5

为便于区分牌号的层次，防止各技术参数之间相互混淆，第一层次与第二层次之间用分隔符 "–" 区分开；第二层次与第三层次之间用分隔符 "–" 区分开；第三层次电容量和循环寿命之间用分隔符 "/" 区分开；第三层次与第四层次之间用分隔符 "–" 区分开。

B　稀土贮存（储）氢材料产品化学成分与性能要求

根据《金属氢化物 – 镍电池负极用稀土系 AB$_5$ 型贮氢合金粉》（GB/T 26412—2010），金属氢化物 – 镍电池负极用稀土系 AB$_5$ 型贮氢合金粉产品牌号及电化学性能应符合表 16 – 96 的规定。

表 16 – 96　金属氢化物 – 镍电池负极用稀土系 AB$_5$ 型贮氢合金粉产品牌号及电化学性能

牌号	类型	电化学性能(25℃ ±2℃)		
		比容量（不小于)/mA·h·g^{-1}	循环寿命（不小于)/次	300mA/g 放电容量（不小于)/mA·h·g^{-1}
206000	普通型	310	500	275
206001	功率型	300	500	285
206002	高容量型	330	300	280

产品粒度分布及密度应符合表 16 – 97 的规定。

表 16 – 97　金属氢化物 – 镍电池负极用稀土系 AB$_5$ 型贮氢合金粉产品粒度分布及密度

合金粉		粒度分布/μm			密度（不小于)/g·cm^{-3}	
		D10	D50	D90	松装密度	振实密度
负极湿法成型用粉	A 型	12.0 ±3.0	38.0 ±5.0	85.0 ±10.0	3.2	4.3
	B 型	14.0 ±3.0	54.0 ±5.0	115.0 ±10.0	3.2	4.3
负极干法成型用粉		19.0 ±5.0	65.0 ±10.0	130.0 ±20.0	3.4	4.6

产品的 PCI 特性应符合表 16 – 98 的规定。

表 6 – 98　金属氢化物 – 镍电池负极用稀土系 AB$_5$ 型贮氢合金粉产品 PCI 特性

牌号	类型	40℃下在 $H/M = 0.5$ 时的放氢压力/MPa	40℃下放氢压力在 0.5MPa 时的 H/M（大于)
206000	普通型	0.02 ~ 0.06	0.80
206001	功率型	0.04 ~ 0.08	0.70
206002	高容量型	0.02 ~ 0.04	0.85

注：H/M 是指氢的原子数/合金的原子数。

根据《金属氢化物-镍电池负极用稀土镁系超晶格贮氢合金粉》(GB/T 31963—2015),金属氢化物-镍电池负极用稀土镁系超晶格贮氢合金粉产品的化学成分应符合表16-99规定。

表16-99 金属氢化物-镍电池负极用稀土镁系超晶格贮氢合金粉的化学成分

等 级	化学成分(质量分数)/%							
	主成分量			杂质量(不大于)				
	REO	Mg	Ni	C	O	Cd	Pb	Hg
低镁级	35~45	>0.5~1.5	40~70					
中镁级	30~42	>1.5~2.5	45~70	0.03	0.1	0.002	0.002	0.0005
高镁级	25~40	>2.5~3.5	50~70					

产品的电化学性能应符合表16-100的规定。

表16-100 金属氢化物-镍电池负极用稀土镁系超晶格贮氢合金粉的电化学性能

产品牌号	类 型	电化学性能(25℃±2℃)	
		70mA/g放电比容量(不小于)/mA·h·g^{-1}	循环寿命(不小于)/次
LaMgNi-PT-330/300-Mg03	普通型	330	300
LaMgNi-DZ-320/300-Mg01	低自放电型	320	300
LaMgNi-GR-350/200-Mg02	高容量型	350	200

产品的粒度分布及密度应符合表16-101的规定。

表16-101 金属氢化物-镍电池负极用稀土镁系超晶格贮氢合金粉的粒度分布及密度

合 金 粉		负极工艺	
		湿 法	干 法
粒度分布/μm	D10	12±5	17±7
	D50	40±15	60±15
	D90	75±20	120±30
松装密度(不小于)/g·cm^{-3}		3.1	3.3
振实密度(不小于)/g·cm^{-3}		4.3	4.6

在40℃条件下,贮氢合金粉P-C-I曲线平台在0.001~0.2MPa(吸放氢量$H/M = 0.5$),0.5MPa吸放氢量H/M不小于0.8。

16.1.4.3 稀土发光材料

A 稀土发光材料产品牌号表示方法

稀土发光材料的牌号由发光材料英文首字母和阿拉伯数字组成。共分三个层次,其中第一层次用发光材料英文的首字母"LM"表示;第二层次表示产品的功能类别,用规定的阿拉伯数字表示;第三层次表示产品的体系及标准制定顺序,用规定的阿拉伯数字表示。第一层次与第二层次之间用分隔符"-"区分开。具体表示方法如下,示例见表16-102。

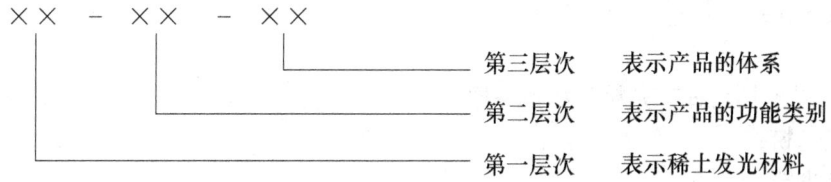

第一层次用发光材料的英文(Luminescent Material)的首字母"LM"表示。第二层次产品的功能类别用规定的阿拉伯数字作为代号的表示方法,具体规定如下:

00:节能灯用荧光粉;

01：蓝光激发 LED 灯用荧光粉；

02：近紫外激发 LED 荧光粉；

03：稀土长余辉荧光粉；

04：紫外灯用荧光粉；

05：等离子（PDP）显示用荧光粉；

06：冷阴极灯用（CCFL）荧光粉；

07：高压汞灯用荧光粉；

08：金卤灯用发光材料；

09～99：备用。

第三层次为产品的体系，用规定的阿拉伯数字的表示方法，如产品体系相同，但其他（如激活剂含量、粒度、发射主峰值波长等）不同的产品，可在其后面依次加大写字母 A、B、C、D⋯⋯表示，以示区别这些不同的产品，具体规定如下：

如："LM-00　节能灯用荧光粉"的下一层次：

00：氧化钇：铕（YOX）红粉；

01：多铝酸镁：铈、铽（CAT）绿粉；

02：磷酸镧：铈、铽（LAP）绿粉；

03：多铝酸镁钡：铕（BAM）蓝粉；

04：多铝酸镁钡：铕、锰（BAMn）蓝粉；

05：2700K 混合粉；

06：3000K 混合粉；

07：3500K 混合粉；

08：4000K 混合粉；

09：5000K 混合粉；

10：5500K 混合粉；

11：6500K 混合粉；

12：卤磷酸锶钙钡：铕（SECA）蓝粉；

13～99：备用。

如："LM-01　蓝光激发 LED 荧光粉"的下一层次：

00：铝酸盐荧光粉；

01：硅酸盐荧光粉；

02：氮化物荧光粉；

03：氮氧化物荧光粉；

04～99：备用。

如："LM-02　近紫外激发 LED 荧光粉"的下一层次：

00：硫化物荧光粉；

01：铝酸盐荧光粉；

02：磷酸盐荧光粉；

03：硅酸盐荧光粉；

04～99：备用。

如："LM-03　稀土长余辉荧光粉"的下一层次：

00：铝酸盐荧光粉；

01：硅酸盐荧光粉；

02：硫氧化物荧光粉；

03：硫化物荧光粉；

04～99：备用。

如："LM-04 紫外灯用荧光粉"的下一层次：

00：铝酸盐荧光粉；

01：磷酸盐荧光粉；

02：硼酸盐荧光粉；

03～99：备用。

如："LM-05 等离子（PDP）显示用荧光粉"的下一层次：

00：硼酸钇：铕 YBO 红粉；

01：钆酸钇：铕 YGO 红粉；

02：钒磷酸钇：铕 YPV 红粉；

03：硅酸锌：锰 ZSM 绿粉；

04：硼酸钇：铽 YBT 绿粉；

05：铝酸钇：铈 YAG 黄粉；

06：多铝酸镁钡：铕 BAM 蓝粉；

07～99：备用。

如："LM-06 冷阴极灯用（CCFL）荧光粉"的下一层次：

00：氧化钇：铕 YOX 红粉；

01：钒酸钇：铕 YVO 红粉；

02：磷酸镧：铈、铽 LAP 绿粉；

03：多铝酸镁钡：铕、锰 BAMn 蓝粉；

04：多铝酸镁钡：铕 BAM 蓝粉；

05：卤磷酸锶钙钡：铕 SECA 蓝粉；

06～99：备用。

如："LM-07 高压汞灯用荧光粉"的下一层次：

00：钒磷酸钇铕；

01：钒酸钇铕；

02～99：备用。

如："LM-08 金卤灯用发光材料"的下一层次：

00：镝系列发光材料；

01：铥钠系列发光材料；

02：钠铊铟系列发光材料；

03～99：备用。

表 16-102 稀土发光材料产品牌号示例

序号	产品类别	产品牌号	产品体系	牌 号 结 构		
				第一层次	第二层次	第三层次
1	节能灯用荧光粉	LM-0001	$MgAl_{11}O_{19}:Ce,Tb$	LM	00	01
		LM-0002	$LaPO_4:Ce,Tb$	LM	00	02
		LM-0000A	$Y_2O_3:Eu(6.6\%)$	LM	00	00A
		LM-0000B	$Y_2O_3:Eu(4.5\%)$	LM	00	00B
2	蓝光激发 LED 荧光粉	LM-0100	$Y_3Al_5O_{12}:Ce$	LM	01	00
		LM-0102A	$Sr_2Si_5N_8:Eu$	LM	01	02A
		LM-0102B	$CaSiAlN_3:Eu$	LM	01	02B
3	稀土长余辉荧光粉	LM-0303	$Y_2O_2S:Eu,Ln$	LM	03	03

B 稀土发光材料产品化学成分与性能要求

已有国家或行业标准的稀土发光材料产品包括：《灯用稀土三基色荧光粉》（GB/T 14633—2010）（表

16-103、表 16-104)、《稀土长余辉荧光粉》(GB/T 24980—2010)(见表 16-105)、《白光 LED 灯用稀土黄色荧光粉》(GB/T 24982—2010)(见表 16-106)、《LED 用稀土氮化物红色荧光粉》(GB/T 30075—2013)(见表 16-107)、《LED 用稀土硅酸盐荧光粉》(GB/T 30076—2013)(见表 16-108)、《灯用稀土磷酸盐绿色荧光粉》(GB/T 30455—2013)(见表 16-109)、《灯用稀土紫外发射荧光粉》(GB/T 30456—2013)(见表 16-110)。

　　根据《灯用稀土三基色荧光粉》(GB/T 14633—2010),灯用稀土三基色红色、蓝色、绿色荧光粉的牌号及相对亮度、色品坐标、热稳定性、密度、中心粒径的偏差值、比表面积的偏差值应符合表 16-103 的规定;中心粒径的中心值($D[V,50]$)、比表面积的中心值(S_w)、红色荧光粉的色品坐标的中心值(x_m, y_m)、蓝色荧光粉色品坐标的中心值(y_m)由供需双方协商确定。灯用稀土三基色混合荧光粉的牌号及色品坐标、中心粒径、显色指数应符合表 16-104 的规定。色品坐标的中心值(x_m、y_m)、中心粒径的中心值($D[V,50]$)由需方按自身的生产工艺向供方提出。

表 16-103　灯用稀土三基色荧光粉牌号及主要性能

灯用稀土三基色荧光粉			红色荧光粉	蓝色荧光粉		绿色荧光粉
数字牌号			200000	200101A	200101B	200202
字符牌号			G27	G26—1	G26—2	G25
光学性能	相对亮度/%		≥99.0	≥80.0	≥99.0	≥99.0
	色品坐标	x	$x_m \pm 0.0050$	0.1450 ± 0.0050	0.1450 ± 0.0050	0.3250 ± 0.0050
		y	$y_m \pm 0.0050$	≤0.0070	$y_m \pm 0.0050$	0.5950 ± 0.0050
	发射主峰/nm		611±1	450±5	450±5;515±5(次峰)	543±2
	热稳定性 (600℃,0.5h, 不大于)	ΔB_q/%	—	7.0	10.0	—
		Δx_q	—	0.0030	0.0030	—
		Δy_q	—	0.0060	0.0100	—
	热猝灭性 (200℃,20min, 不大于)	$|\Delta B_q|$/%	5	10	20	5
		$|\Delta x_q|$	0.0050	0.0030	0.0030	0.0020
		$|\Delta y_q|$	0.0050	0.0060	0.0500	0.0020
密度/g·cm⁻³			5.1±0.2	3.7±0.2	3.7±0.2	4.3±0.2
中心粒径($D[V,50]$)/μm			$D[V,50] \pm 0.50$	$D[V,50] \pm 0.50$	$D[V,50] \pm 0.50$	$D[V,50] \pm 0.50$
比表面积(S_w)/cm²·g⁻¹			$S_w \pm 200$	$S_w \pm 300$	$S_w \pm 300$	$S_w \pm 200$
pH 值			7.0±1.0			
电导率(小于)/μS·cm⁻¹			15	20	20	15
参考化学组成			Y_2O_3:Eu	$BaMgAl_{10}O_{17}$:Eu	$BaMgAl_{10}O_{17}$:(Eu·Mn)	$CeMgAl_{11}O_{19}$:Tb

表 16-104　灯用稀土三基色荧光粉牌号、色品坐标、中心粒径及显色指数

数字牌号	字符牌号	色品坐标		中心粒径($D[V,50]$)/μm	显色指数(不小于)/Ra
		x	y		
200303A	G-RD	$x_m \pm 0.0030$	$y_m \pm 0.0030$	$D[V,50] \pm 0.50$	80
200303B	G-RN	$x_m \pm 0.0030$	$y_m \pm 0.0030$	$D[V,50] \pm 0.50$	83
200303C	G-RB	$x_m \pm 0.0030$	$y_m \pm 0.0030$	$D[V,50] \pm 0.50$	85
200303D	G-RL	$x_m \pm 0.0030$	$y_m \pm 0.0030$	$D[V,50] \pm 0.50$	85
200303E	G-RZ	$x_m \pm 0.0030$	$y_m \pm 0.0030$	$D[V,50] \pm 0.50$	85
200303F	G-RR	$x_m \pm 0.0030$	$y_m \pm 0.0030$	$D[V,50] \pm 0.50$	85

　　根据《稀土长余辉荧光粉》(GB/T 24980—2010),稀土长余辉荧光粉的主要性能见表 16-105。

表 16 - 105 稀土长余辉荧光粉的主要性能

产品化学成分组成体系	类别	产品牌号	发射主峰/nm	色品坐标		发光颜色	相对亮度/%		中心粒径 $(D[V,50])$ /μm	粒度分布
				x	y		10min	60min		
碱土铝酸盐	207001（常规一级）	207001A	510~530	0.245~0.305	0.545~0.605	黄绿色	≥70.0	≥70.0	50~100	—
		207001B	510~530	0.245~0.305	0.545~0.605	黄绿色	≥49.0	≥48.0	20~50	—
		207001C	510~530	0.245~0.305	0.545~0.605	黄绿色	≥34.0	≥33.5	10~20	—
		207001D	480~500	0.115~0.175	0.350~0.410	蓝绿色	≥60.0	≥60.0	50~100	—
		207001E	480~500	0.115~0.175	0.350~0.410	蓝绿色	≥42.0	≥40.0	20~50	—
	207002（常规二级）	207002A	510~530	0.245~0.305	0.545~0.605	黄绿色	44.0~70.0	43.5~70.0	50~100	—
		207002B	510~530	0.245~0.305	0.545~0.605	黄绿色	35.5~49.0	34.5~48.0	20~50	—
		207002C	510~530	0.245~0.305	0.545~0.605	黄绿色	22.5~34.0	21.5~33.5	10~20	—
		207002D	480~500	0.115~0.175	0.350~0.410	蓝绿色	34.0~60.0	33.0~60.0	50~100	—
		207002E	480~500	0.115~0.175	0.350~0.410	蓝绿色	26.5~42.0	25.0~40.0	20~50	—
	207003（常规三级）	207003A	510~530	0.245~0.305	0.545~0.605	黄绿色	35.5~44.0	35.5~43.5	50~100	—
		207003B	510~530	0.245~0.305	0.545~0.605	黄绿色	21.0~35.5	21.0~34.5	15~50	—
碱土铝酸盐	207004（颗粒型）	207004A	510~530	0.245~0.305	0.545~0.605	黄绿色	≥65.0	≥65.0	—	在 0.85~1.80mm 之间的质量分数不小于80%
		207004B	510~530	0.245~0.305	0.545~0.605	黄绿色	≥63.0	≥60.0	—	在 0.40~1.20mm 之间的质量分数不小于80%
		207004C	510~530	0.245~0.305	0.545~0.605	黄绿色	≥58.5	≥55.5	—	在 0.25~0.60mm 之间的质量分数不小于80%
	207005（弱光型）	207005A	510~530	0.245~0.305	0.545~0.605	黄绿色	≥70.0	≥70.0	20~50	
		207005B	510~530	0.245~0.305	0.545~0.605	黄绿色	≥52.5	≥50.5	10~20	
硅酸盐	207101（常规一级）	207101A	455~475	0.110~0.170	0.135~0.195	蓝色	≥65.0	≥65.0	50~75	
		207101B	455~475	0.110~0.170	0.135~0.195	蓝色	≥35.0	≥33.0	20~35	
硫氧化物	207201（常规一级）		620~630	0.530~0.590	0.400~0.460	橙红色	1min	10min	20~40	
							≥65.0	≥65.0		

注：1. 碱土铝酸盐体系化学参考组成为：MO·nAl_2O_3：Eu、Ln（M = Ca、Mg、Sr、Ba；Ln = Dy、Nd、Ho、Sm、Er、Tm、Pr；1≤n≤2）。

2. 硅酸盐体系化学参考组成为：$(Sr_{2-n}Ca_n)$ $MgSi_2O_7$：Eu、Dy。

3. 硫氧化物化学参考组成为：Y_2O_2S：Eu、Ln（Ln = Mg、Ti、Sm、Ho、Pr）。

根据《白光 LED 灯用稀土黄色荧光粉》（GB/T 24982—2010），白光 LED 灯用稀土黄色荧光粉产品的主要性能指标应符合表 16 - 106 的规定，其中热稳定性、热猝灭性、pH 值和电导率为参考值，不作验收依据；中心粒径只规定偏差值。

表 16-106　白光 LED 灯用稀土黄色荧光粉的主要性能指标

牌　号		200500
光谱性能	激发波长范围(λ_{ex})/nm	440 ~ 480
	发射主峰波长范围(λ_{em})/nm	520 ~ 580
相对亮度(Br)/%		≥98.0
色品坐标	x	0.3400 ~ 0.5100
	y	0.6000 ~ 0.4800
热稳定性(180℃,8h)	ΔB_h/%	<3.0
	Δx_h	<0.0010
	Δy_h	<0.0010
热猝灭性(180℃,20min)	$\|\Delta B_q\|$/%	<25
	$\|\Delta x_q\|$	<0.0200
	$\|\Delta y_q\|$	<0.0200
密度/g·cm^{-3}		4.5 ± 0.3
中心粒径($D[V,50]$)/μm		$D[V,50]$ ± 1.00
pH 值		7.0 ± 1.0
电导率/μS·cm^{-1}		<15.0
参考化学组成		$(Y,Gd)_3(Al,Ga)_5O_{12}:Ce$

根据《LED 用稀土氮化物红色荧光粉》(GB/T 30075—2013)，LED 用稀土氮化物红色荧光粉的主要性能见表 16-107。

表 16-107　LED 用稀土氮化物红色荧光粉的主要性能

数字牌号		200661	200662	200663	200664	200665	200666	200667
字符牌号		G36-R1	G36-R2	G36-R3	G36-R4	G36-R5	G36-R6	G36-R7
光谱性能	激发波长(λ_{ex})/nm	300 ~ 550						
	发射主峰(λ_{em})/nm	600 ~ 680						
	半宽度(大于)/nm	80	80	85	85	85	85	85
色品坐标	x	0.6100 ~ 0.6200	0.6200 ~ 0.6300	0.6300 ~ 0.6400	0.6400 ~ 0.6500	0.6500 ~ 0.6600	0.6600 ~ 0.6700	≥0.6700
	y	0.3900 ~ 0.3800	0.3800 ~ 0.3700	0.3700 ~ 0.3600	0.3600 ~ 0.3500	0.3500 ~ 0.3400	0.3400 ~ 0.3300	<0.3300
相对亮度(Br)/%		按供需双方要求,标称值 ±2%						
外量子效率(激发波长/nm)		>0.6(460nm)						
热稳定性 (180℃,8h)	ΔB_h/%	<6						
	Δx	<0.002						
	Δy	<0.002						
热猝灭性 (120℃,20min)	ΔB_q/%	<12						
	Δx	<0.01						
	Δy	<0.01						
密度 ρ/g·cm^{-3}		4.2≥ρ≥3.0						
中心粒径(d_{50})/μm		d_{50}≤10.0,d_{50} ± 0.5　d_{50}>10.0,d_{50} ± 1.0						
粒度分布离散度 s ($s=(d_{90}-d_{10})/d_{50}$)		≤1.5						
pH 值		6 ~ 8						
电导率(δ)/μS·cm^{-1}		<15						

注：参考化学组成为 $(Ca, Sr, Ba)_2Si_5N_8:Eu$ 或 $(Ca, Sr, Ba)AlSiN_3:Eu$。

根据《LED 用稀土硅酸盐荧光粉》（GB/T 30076—2013），LED 用稀土硅酸盐荧光粉的主要性能见表 16 - 108。

表 16 - 108 LED 用稀土硅酸盐荧光粉的主要性能

数字牌号		208201	208202	208203	208204
字符牌号		G57-G1	G57-YG1	G57-Y1	G57-01
发光颜色		绿色	黄绿色	黄色	橙色
参考化学组成		$Sr_{2-x-y}Ba_xEu_ySiO_4(0 \leq x \leq 1.98, 0.02 \leq y \leq 0.1)$		$Sr_{3-x}Eu_xSiO_5(0.02 \leq x \leq 0.1)$	
相对亮度（不小于）/%		≥ 80.0	≥ 80.0	≥ 80.0	≥ 60.0
光谱性能	激发波长范围 λ_{ex}/nm	$250 \sim 500$			
	发射峰值波长范围 λ_{em}/nm	$510 \leq \lambda_{em} < 530$	$530 \leq \lambda_{em} < 550$	$550 \leq \lambda_{em} < 570$	$570 \leq \lambda_{em} < 610$
色品坐标	x	$0.1800 \leq x < 0.3100$	$0.3100 \leq x < 0.4400$	$0.4400 \leq x < 0.5000$	$0.5000 \leq x < 0.6000$
	y	$0.5700 \leq y < 0.6700$	$0.5300 \leq y < 0.6300$	$0.4700 \leq y < 0.5700$	$0.3700 \leq y < 0.4700$
热稳定性（180℃,4h,不大于）	$HS_{Br}/\%$	4.0	4.0	4.0	4.0
	$HS_{\lambda_{em}}/nm$	4.0	4.0	4.0	4.0
	Δx	0.0200	0.0200	0.0200	0.0200
	Δy	0.0200	0.0200	0.0200	0.0200
物理性能	密度 $\rho/g \cdot cm^{-3}$	5.0 ± 0.5	4.7 ± 0.5	4.7 ± 0.5	4.7 ± 0.5
	中心粒径 $d_{50}/\mu m$	$d_{50} \pm 2.0$			
	粒度分布离散度 $S(10,90)$	< 1.5			

根据《灯用稀土磷酸盐绿色荧光粉》（GB/T 30455—2013），灯用稀土磷酸盐绿色荧光粉的主要性能见表 16 - 109。

表 16 - 109 灯用稀土磷酸盐绿色荧光粉的主要性能

灯用稀土磷酸盐绿色荧光粉			绿色荧光粉
数字牌号			200202A
字符牌号			G25 - 1
光学性能	相对亮度（不小于）/%		99.0
	色品坐标	x	$x_m \pm 0.0030$
		y	$y_m \pm 0.0030$
	发射主峰/nm		545 ± 3
	热稳定性（600℃,0.5h,不大于）	$\Delta B_h/\%$	5.0
		Δx_h	0.0030
		Δy_h	0.0030
	热猝灭性（200℃,20min,不大于）	$\lvert \Delta B_q \rvert/\%$	15.0
		$\lvert \Delta x_q \rvert$	0.0030
		$\lvert \Delta y_q \rvert$	0.0030
物理性能	密度/g·cm^{-3}		5.2 ± 0.2
	中心粒径（$D[V,50]$）/μm		$D[V,50] \pm 0.5$
	比表面积（S_w）/cm$^2 \cdot g^{-1}$		$S_w \pm 300$
	pH 值		7.0 ± 1.0
	电导率（不大于）/$\mu S \cdot cm^{-1}$		15

注：参考化学组成为 $LaPO_4$：Ce，Tb。

根据《灯用稀土紫外发射荧光粉》(GB/T 30456—2013)，灯用稀土紫外发射荧光粉的主要性能见表16-110。

表16-110 灯用稀土紫外发射荧光粉的主要性能

灯用紫外荧光粉		铝酸盐		磷酸盐		硼酸盐
数字牌号		208000A	208000B	208101A	208101B	208202
字符牌号		G300	G345	G315	G355	G370
光学性能	相对发射强度(不小于)/%	98	98	98	98	98
	发射主峰/nm	300 ± 5	345 ± 5	315 ± 2	355 ± 2	368 ± 3
	半宽度/nm	41 ± 2	54 ± 2	35 ± 2	35 ± 2	18 ± 2
热稳定性 (650℃,0.5h)	Bs(不小于)/%	95	95	80	80	95
中心粒径($D[V,50]$)/μm		$D[V,50] \pm 1.0$	$D[V,50] \pm 1.0$	$D[V,50] \pm 1.0$	$D[V,50] \pm 1.0$	$D[V,50] \pm 1.0$
参考化学组成		$Sr(Ba)MgAl_{11}O_{19}:Ce$		$LaPO_4:Ce$	$YPO_4:Ce$	$SrB_4O_7:Eu$

16.1.4.4 稀土抛光粉

A 稀土抛光粉产品牌号表示方法

稀土抛光粉的牌号由抛光粉英文首字母和阿拉伯数字组成。共分两个层次，其中第一层次表示稀土抛光粉类产品，用抛光粉英文的首字母"PP"来表示；第二层次表示稀土抛光粉产品类别，用特定的阿拉伯数字表示。第一层次的与第二层次的数字间由分隔符区"-"分开。牌号说明见表16-111。

具体表示方法如下：

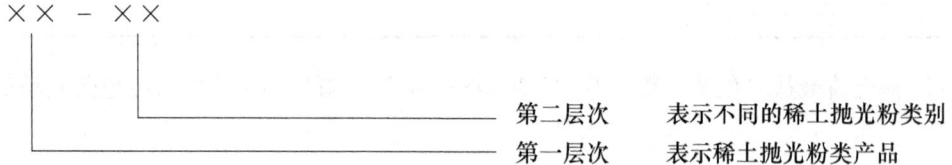

              第二层次 表示不同的稀土抛光粉类别
              第一层次 表示稀土抛光粉类产品

第一层次用抛光粉英文(Polishing Powder)的首字母"PP"来表示。

第二层次稀土抛光粉产品的类别用阿拉伯数字作为代号的表示方法，具体规定如下：

01：D_{95}不大于5.5μm的抛光粉；

02：D_{95}在5.5 ~8μm的抛光粉；

03：D_{95}在8 ~16μm的抛光粉；

04：D_{95}在16 ~35μm的抛光粉；

05：D_{95}在35 ~37μm的抛光粉；

06~20：备用。

表16-111 稀土抛光粉产品牌号示例

序 号	产品类别	产品牌号	D_{95}/μm	牌号结构	
				第一层次	第二层次
1	抛光粉	PP-01	$\leqslant 5.5$	PP	01
2	抛光粉	PP-02	5.5~8.0	PP	02
3	抛光粉	PP-03	8~16	PP	03
4	抛光粉	PP-04	16~35	PP	04
5	抛光粉	PP-05	35~37	PP	05

B 稀土抛光粉性能及化学成分

根据《稀土抛光粉》(GB/T 20165—2012)，稀土抛光粉性能与牌号见表16-112。

表 16 – 112　稀土抛光粉性能与牌号

理化性能			产品牌号			
			206088A	206088B	206088C	206088D
化学成分 (质量分数)/%	REO(不小于)		≥88	≥88	≥88	≥88
	CeO_2/REO(不小于)		≥50	≥50	≥50	≥50
	F(不大于)		≤7.0	≤7.0	≤7.0	≤7.0
	灼减(不大于)		≤2.0	≤2.0	≤2.0	≤2.0
	水分(不大于)		≤1.0	≤1.0	≤1.0	≤1.0
物理性能	中心粒径($D[V,50]$)/μm		0.6 ~ 1.2	0.7 ~ 1.4	0.8 ~ 2.0	≤3.5
	最大粒径($D[V,100]$,不小于)/μm		≤5.5	≤8.0	≤16.0	≤37.0
	真密度 /g·cm^{-3}		6.0 ± 1.0	6.0 ± 1.0	6.0 ± 1.0	6.0 ± 1.0
	研磨效果	抛蚀量(不小于) /mg·cm^{-2}·min^{-1}	≥0.1	≥0.15	≥0.15	≥0.15
		划伤率/%	0	≤10	≤50	—
物相组成	基体		CeO_2	含有基体或含有基体和其他物相中的一种或两种		
	其他物相		REF$_3$、REOF			

产品的总 α 放射性比活度不大于 800Bq/kg；产品分散悬浮液浓度为 100g/L 时，pH 值不大于 8。

16.1.4.5　铽镝铁大磁致伸缩材料

A　铽镝铁大磁致伸缩材料产品牌号表示方法

铽镝铁大磁致伸缩材料的牌号由构成铽镝铁大磁致伸缩材料的元素符号和阿拉伯数字组成。共分两个层次，其中第一层次表示铽镝铁大磁致伸缩材料的主元素，第二层次表示该产品的特征技术参数，采用铽镝铁大磁致伸缩材料的平行磁致伸缩系数（$\lambda_{//}$）区间的最小值表示。为便于区分牌号的层次，第一层次与第二层次之间用分隔符" – "区分开。

具体表示方法如下：

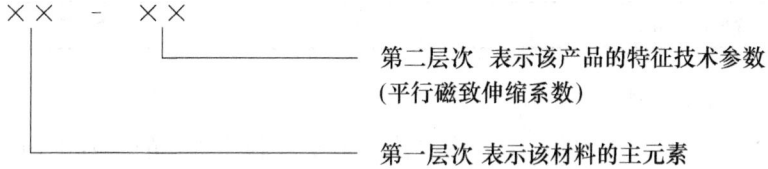

第一层次采用铽镝铁大磁致伸缩材料的主元素符号表示，元素符号的顺序为稀土元素在前，其他元素在后，按照元素周期表先后顺序排列，如"TbDyFe"。第二层次用铽镝铁大磁致伸缩材料的平行磁致伸缩系数 $\lambda_{//}$ 区间的最小值表示。铽镝铁大磁致伸缩材料分类见表 16 – 113。

表 16 – 113　铽镝铁大磁致伸缩材料分类

序号	产品名称	产品牌号	牌号结构	
			第一层次	第二层次
1	铽镝铁大磁致伸缩材料	TbDyFe-500	TbDyFe	$500 \leqslant \lambda_{//} < 750$
2	铽镝铁大磁致伸缩材料	TbDyFe-750	TbDyFe	$750 \leqslant \lambda_{//} < 1000$
3	铽镝铁大磁致伸缩材料	TbDyFe-1000	TbDyFe	$1000 \leqslant \lambda_{//} < 1200$
4	铽镝铁大磁致伸缩材料	TbDyFe-1200	TbDyFe	$\lambda_{//} \geqslant 1200$

B　铽镝铁大磁致伸缩材料性能与成分要求

根据《铽镝铁大磁致伸缩材料》（GB/T 19396—2012），铽镝铁大磁致伸缩材料性能应符合表 16 – 114 的规定。材料按磁致伸缩系数（λ）大小分为 4 个牌号，其牌号表示方法符合 GB/T 17803 的规定。材料的磁致伸缩性能在室温 23℃ ±3℃ 条件下测量。

表 16 - 114　铽镝铁大磁致伸缩材料性能

牌　号	$\lambda_{//}(40kA/m,5\sim10N/mm^2)\times10^{-6}$	d_{33}(不小于)/ $\times10^{-6}m\cdot A^{-1}$
203000	$500\leqslant\lambda_{//}<750$	$\geqslant0.0125$
203001	$750\leqslant\lambda_{//}<1000$	$\geqslant0.025$
203002	$1000\leqslant\lambda_{//}<1200$	$\geqslant0.04$
203003	$\lambda_{//}\geqslant1200$	$\geqslant0.06$

　　每一牌号的材料可分为定向凝固圆棒和机械加工方柱，定向凝固圆棒材料的尺寸偏差应符合表 16 - 115 的规定，机械加工方柱的尺寸偏差应符合表 16 - 116 的规定，材料物理性能应符合表 16 - 117 的规定。

表 16 - 115　定向凝固圆棒材料尺寸偏差

长度(L)/mm	长度偏差/mm	直径(ϕ)/mm	直径偏差/mm
$1.00\leqslant L<10.00$	±0.03	$5.00\leqslant\phi<10.00$	±0.05
$10.00\leqslant L<50.00$	±0.05	$10.00\leqslant\phi<20.00$	±0.08
$50.00\leqslant L\leqslant200.00$	±0.10	$20.00\leqslant\phi\leqslant30.00$	±0.10

表 16 - 116　机械加工方柱的尺寸偏差

底面边长范围/mm	偏差值/mm
$\leqslant10.00$	±0.03
$10.00\sim20.00$	±0.05
$\geqslant20.00$	±0.10

表 16 - 117　材料物理性能

项　目	指　标
密度/kg·m^{-3}	$\geqslant9150$
抗压强度/N·mm^{-2}	$\geqslant400$

16.1.4.6　稀土磁制冷材料

　　稀土磁制冷材料产品牌号有自身的一套表示方法。稀土磁制冷材料的牌号由构成磁制冷材料的元素符号和阿拉伯数字组成。共分三个层次，其中第一层次用该材料的元素符号表示；第二层次表示该材料的规格（形状），其中圆形用直径符号表示，方形用厚度符号表示，第三层次表示材料的几何尺寸（最小直径和最大直径或者是材料的厚（高）度、长度和宽度）。为便于区分牌号的层次，每层之间用分隔符"-"区分开，不同几何尺寸的数据之间用分隔符"/"区分开。具体表示方法见下，示例见表 16 - 118。

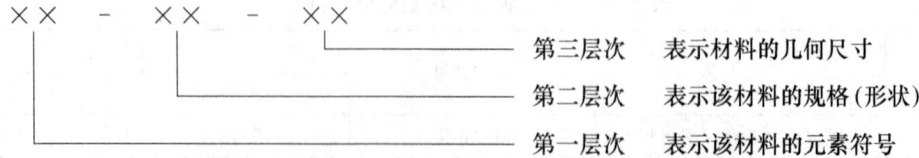

　　第一层次用该材料的元素符号表示，其中元素符号的顺序为稀土元素在前，其他元素在后，按照元素周期表先后顺序排列，如"GdTb"。第二层次表示该材料的几何形状，如该产品几何形状为圆形，则用"Φ"表示，即直径；如该产品几何形状为矩形，则用"P"表示，即厚（高）度、长度和宽度。第三层次表示材料的几何尺寸：

　　（1）凡几何形状为圆形的产品，"Φ"是一个范围，表示的是最小直径值和最大直径值。

　　（2）凡几何形状为矩形的产品，"P"给出的是数值表示该产品的厚（高）度、长度和宽度。

表 16 – 118 稀土磁制冷材料产品牌号表式方法

序号	产品名称	产品牌号	牌号结构		
			第一层次	第二层次	第三层次
1	磁制冷材料	Gd-Φ-0.3/0.5	Gd	Φ	Φ0.3 ~ 0.5
2	磁制冷材料	Gd-P-1/70/17	Gd	P	1mm × 70mm × 17mm
3	磁制冷材料	LaFeCoSiH-Φ-0.5/0.7	LaFeCoSiH	Φ	Φ0.5 ~ 0.7
4	磁制冷材料	LaFeCoSiH-P-1/70/17	LaFeCoSiH	P	1mm × 70mm × 17mm

16.1.4.7 稀土催化材料

A 稀土催化材料产品牌号表示方法

稀土催化材料的牌号由催化剂英文的缩写字母和阿拉伯数字组成。共分三个层次，其中第一层次采用催化剂名称英文缩写 CAT 表示，第二层次表示催化剂的类别，第三层次表示催化剂的应用领域。第一层次的与第二层次的数字间由分隔符区"–"分开，第二层次数字和第三层次数字之间由分隔符区"/"分开。具体表示方法如下，示例见表 16 – 119。

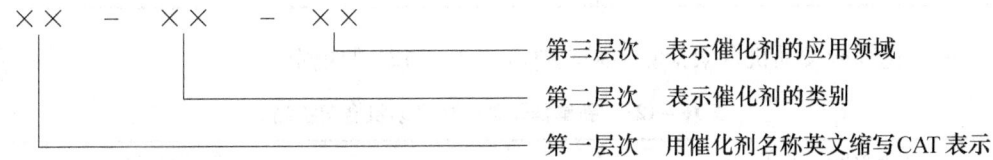

第一层次的字母用催化剂名称英文（Catalyst）缩写 CAT 表示。

第二层次表示催化剂的类别，其数字代码和分类见下：

01：石油裂化催化剂；

02：机动车尾气净化催化剂；

03：催化燃烧催化剂；

04：合成橡胶催化剂；

05：光催化剂；

06：燃料电池催化剂；

07 ~ 20：备用。

第三层次数字表示材料的应用领域，依据此分领域按次序 01、02、03……排列，若应用领域没有则用"00"表示；表示同一应用领域下不同产品类别可依次在其后加大写字母 A、B、C、D……表示。以下列举了目前机动车尾气净化催化剂已有的应用领域，其数字代码和分类见下，其他今后可以参照其采用。

01：汽油车用排气净化催化剂；

02：柴油车用排气净化催化剂；

03：CNG 发动车用排气净化催化剂；

04：摩托车用排气净化催化剂；

05：其他尾气净化催化剂；

06：堇青石蜂窝载体。

表 16 – 119 稀土催化材料产品牌号示例

序 号	产品牌号	牌 号 结 构		
		第一层次	第二层次	第三层次
1	CAT-01/00	CAT	01	00
2	CAT-02/01A	CAT		01A
3	CAT-02/01B	CAT	02	
4	CAT-02/02A	CAT		02A
5	CAT-03/00	CAT	03	00

B　稀土催化材料产品性能及成分要求

已经建立国家或行业标准的稀土催化材料产品包括:《轻型汽油车排气净化催化剂》(GB/T 18881—2009)(见表 16 - 120 ~ 表 16 - 122)、《摩托车排气净化催化剂》(GB/T 23593—2009)(见表 16 - 123、表 16 - 124)、《柴油车排气净化催化剂》(GB/T 29914—2013)(见表 16 - 125 ~ 表 16 - 129)、《汽油车排气净化催化剂载体》(XB/T 505—2011)(见表 16 - 130 ~ 表 16 - 134)。

根据《轻型汽油车排气净化催化剂》(GB/T 18881—2009),同一形式催化剂应采用相同的载体结构和材料,相同的载体容积、外形尺寸和孔密度,相同的催化剂活性组分含量及其比例。产品分类见表 16 - 120。

表 16 - 120　轻型汽油车排气净化催化剂产品分类

产　品　牌　号		201100	201101	201102
形状		圆柱体	椭圆柱体	跑道型
规　格	截面尺寸/mm	30 ~ 180(Φ)	30 × 20 ~ 190 × 170(长轴 × 短轴)	30 × 20 ~ 190 × 170(长轴 × 短轴)
	高度/mm		10 ~ 180	
孔密度/孔·厘米$^{-2}$		62、93、140	62、93、140	62、93、140

新鲜催化剂催化性能发动机台架检测结果应符合表 16 - 121 的规定。

表 16 - 121　新鲜催化剂催化发动机台架检测

转化效率(不小于)/%			起燃温度(不大于)/℃		
CO	HC	NO$_x$	$T_{50(CO)}$	$T_{50(HC)}$	$T_{50(NO_x)}$
90	85	90	250	260	270

催化剂物理性能应符合表 16 - 122 的规定。

表 16 - 122　轻型汽油车排气净化催化剂物理性能

检 测 项 目	性 能 指 标
抗压强度/MPa	应符合 XB/T505 中规定
热膨胀系数(室温 ~ 800℃)/℃$^{-1}$	≤2.2 × 10^{-6}
软化温度/℃	≥1350

根据《摩托车排气净化催化剂》(GB/T 23593—2009),摩托车排气净化催化剂产品分类见表 16 - 123。

表 16 - 123　摩托车排气净化催化剂产品分类

产　品　牌　号		201500
形　状		圆柱体
规　格	截面尺寸/mm	25 ~ 110(Φ)
	高度/mm	10 ~ 150
孔密度/孔·厘米$^{-2}$		8、16、31、47、62

产品催化性能配气检测结果应符合表 16 - 124 的规定。产品涂层脱落率不大于 5%。

表 16 - 124　摩托车排气净化催化剂产品催化性能配气检测结果

转化效率(不小于)/%			起燃温度(不大于)/℃		
CO	HC	NO$_x$	$T_{50(CO)}$	$T_{50(HC)}$	$T_{50(NO_x)}$
85	80	85	230	260	250

根据《柴油车排气净化催化剂》(GB/T 29914—2013),柴油车排气净化催化剂同一形式的柴油机排气

净化氧化催化剂产品应在下列方面一致：

（1）载体结构和材料；

（2）载体容积、外形尺寸、孔数和壁厚；

（3）催化剂设计贵金属含量及其比例。

产品按载体形状和规格分为 3 个牌号，且应符合表 16-125 的规定。

表 16-125 柴油车排气净化催化剂产品牌号、载体形状及规格

		产品牌号	201100	201101	201102
陶瓷载体		形状	圆柱体	椭圆柱体	跑道型
	规格	截面尺寸/mm	50~350(Φ)	50×40~350×330(长轴×短轴)	50×40~350×330(长轴×短轴)
		高度/mm	10~180		
	孔数/孔·厘米$^{-2}$		46、54、62、96		
	尺寸偏差要求		应符合 JC/T 686 中的规定		

新鲜状态下，产品催化性能发动机台架检测结果应满足表 16-126 中的要求。

表 16-126 新鲜状态下产品催化性能发动机台架检测结果

污染物种类	CO	HC
催化转化效率(不小于)/%	85	85
起燃温度(不大于)/℃	250($T_{50(CO)}$)	260($T_{50(HC)}$)

快速老化状态下，产品催化性能发动机台架检测结果应满足表 16-127 的要求。

表 16-127 快速老化下产品催化性能发动机台架检测结果

污染物种类	CO	HC
催化转化效率(不小于)/%	70	70
起燃温度(不大于)/℃	350($T_{50(CO)}$)	350($T_{50(HC)}$)

注：催化器快速老化条件参照本标准进行，或由供需双方协商确定。

产品的物理性能应符合表 16-128 的规定。

表 16-128 柴油车排气净化催化剂产品的物理性能

检测项目		性能指标
抗压强度/MPa	A 轴方向(平行于孔道方向)	>8
	B 轴方向(垂直于孔道方向)	>1.5
热膨胀系数(室温~800℃)/℃$^{-1}$		≤2.2×10^{-6}
软化温度/℃		≥1100

产品的外观质量应符合表 16-129 的规定。

表 16-129 柴油车排气净化催化剂产品的外观质量

缺陷名称	缺陷允许范围
边裂纹	载体周边可视裂纹长度不大于 15mm，深度不大于 4mm
边棱缺损	最大缺陷尺寸不超过 7mm×15mm×20mm(半径×弧长×高度)
堵孔率	除距离载体边缘 3.2mm 范围内，孔道堵塞比例小于 5%

根据《汽油车排气净化催化剂载体》(XB/T 505—2011)，汽油车排气净化催化剂载体按载体形状和规格分为 4 个牌号，且应符合表 16-130 规定。

表 16 - 130　汽油车排气净化催化剂载体牌号、形状及规格

产品牌号	形状和规格										
	端面形态	代号	规格								
			尺寸(小于)/mm			孔密度/目			壁厚/mil[①]		
			长轴	短轴	高度	低目(小于)	常规	高目(大于)	超薄壁(小于)	薄壁	常规(大于)
201200	圆柱形	Y	150	150	170	350	400±50	450	2.5	4.5±2.0	6.5
201201	椭圆形	T	150	100	170	350	400±50	450	2.5	4.5±2.0	6.5
201202	跑道型	P	150	100	170	350	400±50	450	2.5	4.5±2.0	6.5
201203	梯形或不规则型	D	—	—	170	350	400±50	450	2.5	4.5±2.0	6.5

① mil 是长度单位，数值千分之一英寸，即为 0.0254 毫米（mm），属于载体行业习惯用法，单位予以保留。

载体的主要成分应符合表 16 - 131 的规定。

表 16 - 131　汽油车排气净化催化剂载体的主要成分

项　目		指　标
化学成分/%	SiO_2	50±2
	Al_2O_3	35±2
	MgO	13±2
主晶相(堇青石)/%		>90

载体的主要物理性能指标应符合表 16 - 132 的规定。

表 16 - 132　汽油车排气净化催化剂载体的主要物理指标

项　目		指　标
抗压强度/MPa	A 轴方向	≥10.6
	B 轴方向	≥1.45
	C 轴方向	≥1.45
吸水率/%		>16.5
吸水率偏差/%		≤5.0
热膨胀系数/mm·℃$^{-1}$		≤1.80×10^{-6}
软化温度/K		≥1633
体积密度/g·m^{-3}		≤0.55×10^6

产品外观质量应符合表 16 - 133 的规定。

表 16 - 133　汽油车排气净化催化剂载体产品外观质量

缺陷名称	缺陷允许范围
表面裂纹	端面与侧面上不允许有目视裂纹
孔壁缺陷	孔壁缺陷的面积不超过端面的 0.1%
渣棱缺损	长(28mm)×宽(18mm)渣棱缺损数量每端面不超过三处
面凿孔	面凿孔的深度不大于 1.6mm，凿孔总面积小于 300mm^2，孔周长小于 6.4mm
堵孔率	不大于 1.0%

产品的尺寸偏差范围应符合表 16 - 134 的规定。

表16-134 汽油车排气净化催化剂载体产品的尺寸偏差范围

项 目		允 许 偏 差								
载体壁厚分类		超 薄 壁			薄 壁			常 规		
载体孔密度分类		低目	常规	高目	低目	常规	高目	低目	常规	高目
孔密度偏差/个		±20	±25	±30	±20	±25	±30	±20	±25	±30
壁厚/mm		±0.04	±0.04	±0.04	±0.05	±0.05	±0.05	±0.06	±0.06	±0.06
外形尺寸/mm	长度≤100mm	±1.0	±1.0	±1.0	±1.0	±1.0	±1.0	±1.0	±1.0	±1.0
	长度>100mm	±1.5	±1.5	±1.5	±1.5	±1.5	±1.5	±1.5	±1.5	±1.5
平行度偏差(不大于)/(°)		3.0	3.0	2.5	3.0	3.0	2.5	3.5	3.0	3.0
垂直度偏差/%		±1.5	±2.0	±2.0	±1.5	±2.0	±2.0	±2.0	±2.5	±2.5
不圆度/mm	直径≤100mm	±1.0	±1.5	±1.5	±1.5	±1.5	±1.5	±2.0	±2.0	±2.0
	直径>100mm	±1.5	±2.0	±2.0	±2.0	±2.0	±2.0	±2.0	±2.5	±2.5

16.1.4.8 稀土发热材料

A 稀土发热材料产品牌号表示方法

稀土发热材料的牌号由构成稀土发热材料的元素符号和数字组成。共分三个层次,其中第一层次采用发热材料的主元素符号表示,第二层次采用发热材料的直径的规格中心值来表示,第三层次采用发热材料的全长规格中心值来表示。具体表示方法如下,示例见表16-135。

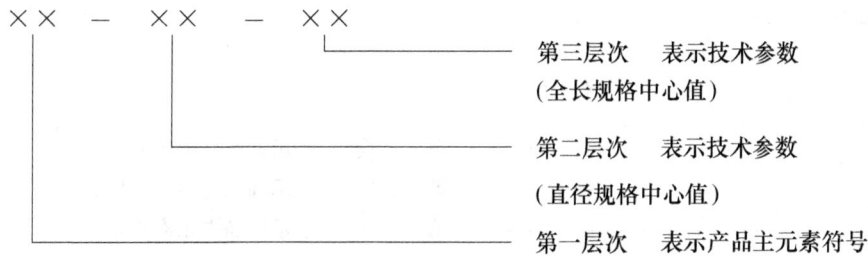

第一层次用构成产品的主元素符号表示产品名称,编写规则为稀土元素在前,其他化学元素在中间,决定产品化学性质的元素符号在最后,如"LaCrO"。

第二层次表示该产品的规格,以产品的直径规格(中心值)表示,如产品直径大于或等于10时,其表示方法是将直径值采用四舍五入方法修约后取前两位整数;当产品直径小于10时,其表示方法是将该直径值采用四舍五入方法修约后取整数,在该整数前加"0"补足两位数字表示。如有直径值相同,但其他规格不同的产品,可在数字代号最后面依次加大写字母A、B、C、D……表示,以示区别这些不同的产品。

第三层次同样表示该产品的规格,用全长规格表示。

当稀土百分含量相同时,但其他成分(包括杂质)百分含量要求不同的产品,可在数字代号最后面依次加大写字母A、B、C、D……表示,以示区别这些不同的产品。

表16-135 稀土发热材料产品牌号表示方法示例

产品类别	产品牌号	产 品 规 格		牌 号 结 构		
		直径/mm	全长/mm	第一层次	第二层次	第三层次
铬酸镧	LaCrO-14/450	14.0±0.5	450±5	LaCrO	14	450

为防止字符与数字混淆,第一层次的元素符号与第二层次的数字间由分隔符"-"区分开,为区别两种不同的技术参数,第二层次的数字和第三层次数字之间用分隔符"/"区分开。

B 稀土发热材料产品性能要求

根据《铬酸镧高温电热元件》(GB/T 18113—2010),铬酸镧高温电热元件的产品牌号、几何尺寸、电阻值及额定使用温度应符合表 16 - 136 的规定。产品使用寿命：1400℃产品使用寿命宜不小于 3000h、1800℃产品使用寿命宜不小于 1000h。

表 16 - 136 铬酸镧高温电热元件牌号及主要规格

产品牌号	几何尺寸/mm						功率 1800℃ $W(U \times I)$	电阻值/Ω		额定使用温度/℃
	外径	全长	电热端	过渡端	引线端	电极端		30℃	1800℃	
204014	14.0±0.5	450±5	120±1	20±1	105±5	40±1	60×12	60±5	5.0±0.1	1800
204016	16.0±0.5	550±5	180±1	40±1	105±5	40±1	70×10	70±5	7.0±0.1	1800
204018	18.0±0.5	650±5	250±1	40±1	120±5	40±1	70×10	80±5	7.0±0.1	1800
204022A	22.0±0.5	900±10	500±1	40±1	120±10	40±1	80×10	90±5	7.0±0.1	1800
204022B	22.0±0.5	1000±10	600±1	40±1	120±10	40±1	80×10	90±5	7.0±0.1	1800

注：功率值为标称值，仅供参考。

16.1.4.9 稀土陶瓷粉

A 稀土陶瓷粉产品牌号表示方法

稀土陶瓷粉的牌号由构成稀土陶瓷粉的元素符号和数字组成。共分三个层次，其中第一层次表示构成该产品的主元素符号，第二层次表示稀土元素的含量规格，第三层次表示该产品生产工艺。具体表示方法如下，示例见表 16 - 137。

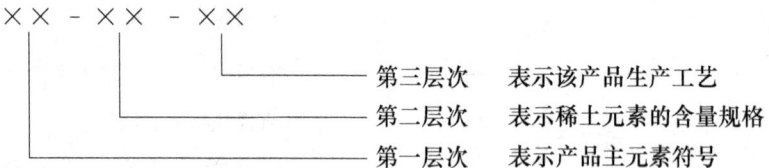

第一层次用构成产品的主元素符号表示产品名称，编写规则为稀土元素在前，其他化学元素在后，如有决定产品化学性质的元素符号在则增加在最后。

第二层次表示该产品的规格，以产品中稀土元素的实际百分含量表示；若产品中有两种或者两种以上稀土元素时，则参照混合稀土的方法，采用主量稀土元素的百分含量加该稀土元素符号表示。

第三层次表示该产品生产工艺（QL 表示气流粉，ZL 表示造粒粉）。

当稀土百分含量相同时，但其他成分（包括杂质）百分含量要求不同的产品，可在数字代号最后面依次加大写字母 A、B、C、D……表示，以示区别这些不同的产品。

为防止字符与数字混淆，第一层次的元素符号与第二层次的数字间由分隔符"-"区分开。

表 16 - 137 稀土陶瓷粉产品牌号表示方法示例

产品类别	产品牌号	产品规格	牌号结构		
		Y_2O_3（质量分数）/%	第一层次	第二层次	第三层次
稀土钇锆陶瓷粉	YZ-5.25QLA	5.25	YZ	5.25	QLA
	YZ-5.25QLB		YZ	5.25	QLB

B 稀土陶瓷粉产品化学成分

根据《稀土复合钇锆陶瓷粉》（GB/T 31968—2015），稀土复合钇锆陶瓷粉产品的水分量、灼减量与比放射性应符合表 16 - 138 的规定。

表 16 - 138　稀土复合钇锆陶瓷粉产品的水分量、灼减量及比放射性

产品牌号	灼减(质量分数,不大于)/%	水分(质量分数,不大于)/%	比放射性(不大于)/Bq·g⁻¹
YZ5.25QLA	1.0		
YZ5.25QLB	1.0		
YZ5.25QLC	1.0		
YZ5.25ZLA	4.0		
YZ5.25ZLB	4.0		
YZ5.25ZLC	4.0		
YZ5.25QLD	1.0		
YZ5.25QLE	1.0		
YZ5.25QLF	1.0		
YZ7.2QLA	1.0		
YZ7.2QLB	1.0	1.0	1.5
YZ7.2QLC	1.0		
YZ7.2ZLA	4.0		
YZ7.2ZLB	4.0		
YZ7.2ZLC	4.0		
YZ13.5QLA	1.0		
YZ13.5QLB	1.0		
YZ13.5QLC	1.0		
YZ13.5QLD	4.0		
YZ13.5QLE	4.0		
YZ13.5QLF	4.0		

注：比放射性是指产品总的放射性比活度。

产品的化学成分应符合表 16 - 139 的规定。

表 16 - 139　稀土复合钇锆陶粉产品的化学成分

产品牌号	化学成分(质量分数,不大于)/%							
	Y_2O_3	Fe_2O_3	SiO_2	Al_2O_3	Na_2O	TiO	Cl^-	$ZrO_2(HfO_2)$
YZ5.25QLA	5.25 ± 0.25							
YZ5.25QLB	5.25 ± 0.25							
YZ5.25QLC	5.25 ± 0.25							
YZ5.25ZLA	5.25 ± 0.25							
YZ5.25ZLB	5.25 ± 0.25							
YZ5.25ZLC	5.25 ± 0.25							
YZ5.25QLD	5.25 ± 0.25							
YZ5.25QLE	5.25 ± 0.25							
YZ5.25QLF	5.25 ± 0.25							
YZ7.2QLA	7.2 ± 0.25							
YZ7.2QLB	7.2 ± 0.25	0.002	0.01	0.01	0.01	0.005	0.02	余量①
YZ7.2QLC	7.2 ± 0.25							
YZ7.2ZLA	7.2 ± 0.25							
YZ7.2ZLB	7.2 ± 0.25							
YZ7.2ZLC	7.2 ± 0.25							
YZ13.5QLA	13.5 ± 0.25							
YZ13.5QLB	13.5 ± 0.25							
YZ13.5QLC	13.5 ± 0.25							
YZ13.5QLD	13.5 ± 0.25							
YZ13.5QLE	13.5 ± 0.25							
YZ13.5QLF	13.5 ± 0.25							

① 余量为 100% 减去 Y_2O_3 及杂质含量的和。

产品的物理性能应符合表 16 – 140 的规定。

表 16 – 140　稀土复合钇锆陶粉产品的物理性能

产品牌号	物 理 性 能		
	中心粒径 D/μm	松装密度 ρ_{ac}/g·cm^{-3}	比表面积(BET)/m^2·g^{-1}
YZ5.25QLA	< 0.1	—	$5 \leqslant BET \leqslant 10$
YZ5.25QLB	< 0.1	—	$10 < BET < 18$
YZ5.25QLC	< 0.1	—	$BET \geqslant 18$
YZ5.25ZLA	—	$1.2 \leqslant \rho_{ac} \leqslant 1.45$	$5 \leqslant BET \leqslant 10$
YZ5.25ZLB	—	$1.2 \leqslant \rho_{ac} \leqslant 1.45$	$10 < BET < 18$
YZ5.25ZLC	—	$1.2 \leqslant \rho_{ac} \leqslant 1.45$	$BET \geqslant 18$
YZ5.25QLD	$0.4 \leqslant D \leqslant 0.6$	—	$5 \leqslant BET \leqslant 10$
YZ5.25QLE	$0.6 < D < 1.0$	—	$10 < BET < 18$
YZ5.25QLF	$1.0 \leqslant D \leqslant 1.3$	—	$BET \geqslant 18$
YZ7.2QLA	$0.4 \leqslant D \leqslant 0.6$	—	$5 \leqslant BET \leqslant 10$
YZ7.2QLB	$0.6 < D < 1.0$	—	$10 < BET < 18$
YZ7.2QLC	$1.0 \leqslant D \leqslant 1.3$	—	$BET \geqslant 18$
YZ7.2ZLA	—	$1.2 \leqslant \rho_{ac} \leqslant 1.45$	$5 \leqslant BET \leqslant 10$
YZ7.2ZLB	—	$1.2 \leqslant \rho_{ac} \leqslant 1.45$	$10 < BET < 18$
YZ7.2ZLC	—	$1.2 \leqslant \rho_{ac} \leqslant 1.45$	$BET \geqslant 18$
YZ13.5QLA	$0.4 \leqslant D \leqslant 0.6$	—	$5 \leqslant BET \leqslant 10$
YZ13.5QLB	$0.6 < D < 1.0$	—	$10 < BET < 18$
YZ13.5QLC	$1.0 \leqslant D \leqslant 1.3$	—	$BET \geqslant 18$
YZ13.5QLD	—	$1.2 \leqslant \rho_{ac} \leqslant 1.45$	$5 \leqslant BET \leqslant 10$
YZ13.5QLE	—	$1.2 \leqslant \rho_{ac} \leqslant 1.45$	$10 < BET < 18$
YZ13.5QLF	—	$1.2 \leqslant \rho_{ac} \leqslant 1.45$	$BET \geqslant 18$

根据《稀土有机络合物饲料添加剂》(XB 504—2008)，稀土有机络合物饲料添加剂的化学成分与牌号见表 16 – 141。

表 16 – 141　稀土有机络合物饲料添加剂牌号及化学成分

产品牌号	化学成分(质量分数)/%				
	REO（不小于）	有害杂质含量(不大于)			
		As	Hg	Cd	Pb
202032	32	2×10^{-4}	0.1×10^{-4}	5×10^{-4}	3×10^{-3}

16.2　国际电工委员会（IEC）

硬磁材料可以简易牌号及字符和数字混合牌号（代码）两种方式表示。目前，简易牌号第一部分为化学符号，表示产品的构成要素，斜短线前面的数值为最大磁能积，单位为 kJ/m^3，后面的数值为内禀矫顽力 H_{cj} 的十分之一，单位为 kA/m。有粘结剂的硬磁（多为有机粘结剂）在牌号后附后缀 "p"。

示例：以 AlNiCo 12/6 为例，其中 12 为最大磁能积的下限（11.6），6 为最小内禀矫顽力的十分之一，即 55kA/m 的十分之一，四舍五入。需要说明的是，如向下修约为零，则需保留修约的第一个小数值。

代码源自 IEC 60404—1 的分类体系。代码中的字母表示硬磁材料的分类。第一个数字表示在不同分类中的材料种类，在第二位中的 "0" 表示磁性材料为各向同性，"1" 表示为各向异性。第三位数字表示不同等级。硬磁材料的分类见表 16 – 142。

表16-142 硬磁材料的分类

类 别	基 本 组 分	数字编码的第1部分 （IEC 60404-B-1 现行有效版本）	原数字编码（IEC 60404-8-1 1986 年版本）
硬磁（R）	铝镍钴铁钛合金	R1	R1
	铬铁钴合金	R6	R6
	铁钴钒铬合金	R3	R3
	稀土钴合金	R5	R5
	稀土铁硼合金	R7	R7
	铂钴合金	删除	R2
	铜镍铁合金	删除	R4
硬磁陶瓷（S）	硬磁铁氧体 （$MO_n Fe_2O_3$；M = Ba, Sr, 和/或 Pb, $n = 4.5 \sim 6.5$）	S1	S1
粘结硬磁材料（U）	粘结铝镍钴铁钛磁体	U1	R1-2
			R1-3
	粘结稀土钴磁体	U2	R5-3
	粘结钕铁硼磁体	U3	—
	硬磁铁氧体	U4	S1-2
			S1-3

根据《磁性材料》（IEC 60404—1），稀土钴磁体的磁性能与密度见表16-143。

表16-143 钴磁体的磁性能与密度

材 料			加工方式	磁 性 能					密度 ρ /kg·dm^{-3}
简要牌号	①	代码		最大磁能积 $(BH)_{max}$ /kJ·m^{-3}	剩磁 B_r/mT	磁感矫顽力 H_{cB}/kA·m^{-1}	内禀矫顽力 H_{cJ}/kA·m^{-1}	相对回复 磁导率 μ_{rec}	
REFeB				不小于				典型值	
$RECO_5$ 140/120	a	R4-1-1	烧结	140	860	600	1200	1.05	8.3~8.5
$RECO_5$ 160/120	a	R4-1-2		160	920	660	1200		
$RECO_5$ 150/70	a	R4-1-3		150	900	600	700		
$RECO_5$ 170/70	a	R4-1-4		170	930	600	700		
$RECO_5$ 120/160	a	R4-1-5		120	800	620	1600		
RE_2CO_{17} 140/100	a	R4-1-10		140	900	620	1000	1.1	8.3~8.4
RE_2CO_{17} 160/70	a	R4-1-11		160	940	600	700		
RE_2CO_{17} 180/100	a	R4-1-12		180	1000	680	1000		
RE_2CO_{17} 200/70	a	R4-1-13		200	1050	600	700		
RE_2CO_{17} 220/70	a	R4-1-14		220	1100	600	700		
RE_2CO_{17} 180/150	a	R4-1-15		180	1000	660	1500		
RE_2CO_{17} 200/150	a	R4-1-16		200	1050	700	1500		

注:参数的典型值:
(1) $RECO_5$
剩磁的温度系数: $a(B_r) = -0.04\%/℃ \sim 0.12\%/℃$（$20 \sim 100℃$）;
内禀矫顽力的温度系数: $a(H_{cJ}) = -0.3\%/℃$（$20 \sim 100℃$）;
居里温度: 720℃;
最大工作温度不高于250℃。
(2) RE_2CO_{17}
剩磁的温度系数: $a(B_r) = -0.03\%/℃$（$20 \sim 100℃$）;
内禀矫顽力的温度系数: $a(H_{cJ}) = -0.25\%/℃$（$20 \sim 100℃$）;
居里温度: 820℃;
最大工作温度不高于350℃。
① a 表示"各向异性"。

根据《磁性材料》(IEC 60404-1)，稀土铁硼磁性材料的磁性能与密度见表 16-144。

表 16-144　稀土铁硼磁性材料的磁性能与密度

材　料			加工方式	磁　性　能					密度 ρ /kg·dm^{-3}
简要牌号	①	代码		最大磁能积 $(BH)_{max}$ /kJ·m^{-3}	剩磁 B_r/mT	磁感矫顽力 H_{cB}/kA·m^{-1}	内禀矫顽力 H_{cJ}/kA·m^{-1}	相对回复磁导率 μ_{rec}	
REFeB				不小于				典型值	
REFeB 170/190	a	R5-1-1	烧结	170	980	700	1900	1.05	7.5~7.7
REFeB 210/130	a	R5-1-2		210	1060	790	1300		
REFeB 250/120	a	R5-1-3		250	1130	840	1200		
REFeB 290/80	a	R5-1-4		290	1230	700	800		
REFeB 200/190	a	R5-1-5		200	1060	760	1900		
REFeB 240/180	a	R5-1-6		240	1160	840	1800		
REFeB 280/120	a	R5-1-7		280	1240	900	1200		
REFeB 320/88	a	R5-1-8		320	1310	800	880		
REFeB 210/240	a	R5-1-9		210	1060	760	2400		
REFeB 240/200	a	R5-1-10		240	1160	840	2000		
REFeB 310/130	a	R5-1-11		310	1300	900	1300		
REFeB 250/240	a	R5-1-12		250	1200	830	2400		
REFeB 260/200	a	R5-1-13		260	1210	840	2000		
REFeB 340/130	a	R5-1-14		340	1330	920	1300		
REFeB 360/90	a	R5-1-15		360	1350	800	900		
REFeB 380/100	a	R5-1-16		380	1420	990	1000		

注:参数的典型值:

剩磁的温度系数:$a(B_r) = -0.1\%/℃ \sim 0.12\%/℃ (20\sim100℃)$;

内禀矫顽力的温度系数:$a(H_{cJ}) = -0.45\%/℃ \sim 0.6\%/℃ (20\sim100℃)$;

居里温度:310℃;

最大工作温度不高于200℃。

① a 表示"各向异性"。

根据《磁性材料》(IEC 60404-1)，有机粘结稀土钴合金的磁性能、居里温度和工作温度见表 16-145。

表 16-145　有机粘结稀土钴合金的磁性能、居里温度及工作温度

材　料			加工方式	磁　性　能							居里温度 /℃	连续工作温度/℃	密度 ρ /kg·cm^{-3}
简要牌号	①	代码②		最大磁能积 $(BH)_{max}$ /kJ·m^{-3}	剩磁 B_r/mT	磁感矫顽力 H_{cB} /kA·m^{-1}	内禀矫顽力 H_{cJ} /kA·m^{-1}	相对回复磁导率 μ_{rec}	$a(B_r)$ /%·℃$^{-1}$	$a(H_{cJ})$ /%·℃$^{-1}$			
RECo p				不小于						典型值			
RECo 20/60p	i	U2-0-20	注射成型	20	350	200	600	1,15	见表 16-143 稀土钴磁体的磁性能和密度			由粘结剂决定	5.6
RECo 30/60p	i	U2-0-30	压缩成型	30	430	300	800	1,15					6.8
RECo 40/60p	a	U2-1-20	注射成型	40	480	300	600	1,05					5.3
RECo 65/70p	a	U2-1-21		65	610	360	700	1,05					5.5
RECo 75/55p	a	U2-1-22		75	650	440	550	1,05					5.7
RECo 110/75p	a	U2-1-30	压缩成型	110	780	480	750	1,05					6.8

① i 表示"各向同性";a 表示"各向异性"。

② 表示 $X = (10+n)$ 供压延和挤压用; $X = (20+n)$ 供注射成型用; $X = (30+n)$ 供压缩成型用; $n = 0,1,2,\cdots,9$。

根据《磁性材料》(IEC 60404—1),有机粘结各向同性稀土铁硼磁性材料的磁性能与密度见表 16 – 146。

表 16 – 146　有机粘结各向同性稀土铁硼磁性材料的磁性能与密度

材料			加工方式	磁性能					密度 ρ /kg·dm⁻³
简要牌号	①	代码②		最大磁能积 $(BH)_{max}$ /kJ·m⁻³	剩磁 B_r /mT	磁感矫顽力 H_{cB}/kA·m⁻¹	内禀矫顽力 H_{cJ} /kA·m⁻¹	相对回复磁导率 μ_{rec}	
REFeB				不小于					典型值
REFeB 28/56p	i	U3-0-20	注射成型	28	430	270	560	1.25	4.2
REFeB 33/56p	i	U3-0-21		33	470	290	560	1.25	4.6
REFeB 26/90p	i	U3-0-22		26	400	270	900	1.15	4.2
REFeB 30/90p	i	U3-0-23		30	440	280	900	1.15	4.6
REFeB 40/70p	i	U3-0-24		40	470	320	700	1.25	5.0
REFeB 45/70p	i	U3-0-25		45	510	350	700	1.25	5.7
REFeB 50/70p	i	U3-0-26		80	550	380	700	1.25	5.7
REFeB 72/64p	i	U3-0-27		72	650	370	640	1.25	6.0
REFeB 40/100p	i	U3-0-28		40	480	330	1000	1.15	5.3
REFeB 63/64p	i	U3-0-30	压缩成型	63	630	360	640	1.25	5.8
REFeB 53/95p	i	U3-0-31		53	560	350	950	1.15	5.8
REFeB 82/68p	i	U3-0-32		82	700	500	680	1.25	6.2

注:参数的典型值:

剩磁的温度系数:$a(B_r) = -0.1\%/℃ \sim 0.15\%/℃(20 \sim 100℃)$;

内禀矫顽力的温度系数:$a(H_{cJ}) = -0.4\%/℃(20 \sim 100℃)$;

居里温度:310℃;

最大工作温度不高于 120℃。

① i 表示"各向同性"。

② 表示 $X = (10 + n)$ 供压延和挤压用;$X = (20 + n)$ 供注射成型用;$X = (30 + n)$ 供压缩成型用;$n = 0,1,2,\cdots,9$。

16.3　美国

磁性材料制造商协会 Magnetic Materials Producers Association (MMPA) 标准 No. 0100-00。

标准所包含的永磁材料的分类见表 16 – 147。表中也给出了各类牌号在本标准中的章节号及对应的 IEC 产品代码。

表 16 – 147　永磁材料的分类

产品	MMPA 标准章条号	IEC 代码
铝镍钴(AlNiCo)	Ⅱ	R1
陶瓷	Ⅲ	S1
稀土	Ⅳ	R4、R5
铁铬钴	Ⅴ	R2

按 MMPA 分类,本规范所包含的永磁材料可分为不同的部分。各个部分将分别阐述产品相关性能、特征及不同类别和等级的要求。总体上,对于历史公认的产品等级,会有对应的介绍(例如:AlNiCo1.2 或陶瓷5.8 等),对于系列简易牌号,按最大磁能积和内禀矫顽力来划分。例如:一个产品的最大磁能积的巨型高斯值为 5.0,内禀矫顽力为 2000 奥斯特(2.0kOe),简易牌号为 5.01/2.0. 如果 IEC 中恰好有相似级别的产品,也将给出 IEC 代码以便相互参照。

根据 MMPA 标准 No.0100-00，稀土磁性材料的典型磁性能要求见表 16-148。

表 16-148　稀土磁性材料的典型磁性能要求

MMPA 简易牌号	对应 IEC 代码	化学成分		磁性能[①]							
		合金	可能含有的元素	最大磁能积 $(BH)_{max}$		剩磁 B_r		矫顽力 H_c		内禀矫顽力 H_{cJ}	
16/19	R4-1	$RE\,Co_5$	RE = Sm	16	130	8300	830	7500	600	19000	1510
18/30	R4-1	$RE\,Co_5$	RE = Sm	18	140	8700	870	8500	680	30000	2390
20/16	R4-1	$RE\,Co_5$	RE = Sm、Pr	20	160	9000	900	8500	680	16000	1270
20/30	R4-1	$RE\,Co_5$	RE = Sm、Pr	20	160	9000	900	8800	700	30000	2390
22/16	R4-1	$RE\,Co_5$	RE = Sm、Pr	22	180	9500	950	9000	720	16000	1270
24/7	R4-1	RE_2TM_{17}	RE = Sm TM = Fe、Cu、Co、Zr、Hf	24	190	10000	1000	6000	480	7000	560
24/26	R4-1	RE_2TM_{17}	RE = Sm TM = Fe、Cu、Co、Zr、Hf	24	190	10000	1000	9300	740	26000	2070
26/10	R4-1	RE_2TM_{17}	RE = Sm TM = Fe、Cu、Co、Zr、Hf	26	210	10500	1050	9000	720	10000	800
26/26	R4-1	RE_2TM_{17}	RE = Sm TM = Fe、Cu、Co、Zr、Hf	26	210	10700	1070	9750	780	26000	2070
28/7	R4-1	RE_2TM_{17}	RE = Sm TM = Fe、Cu、Co、Zr、Hf	28	220	10900	1090	6500	520	7000	560
28/26	R4-1	RE_2TM_{17}	RE = Sm TM = Fe、Cu、Co、Zr、Hf	28	220	11000	1100	10300	820	26000	2070
30/24	R4-1	RE_2TM_{17}	RE = Sm TM = Fe、Cu、Co、Zr、Hf	30	240	11600	1160	10600	840	24000	1910
24/41	R5-1	$RE_2TM_{14}B$	RE = Nd、Pr、Dy TM = Fe、Co	24	190	10000	1000	9600	760	41000	3260
26/32	R5-1	$RE_2TM_{14}B$	RE = Nd、Pr、Dy TM = Fe、Co	26	210	10500	1050	10090	800	31500	2510
28/23	R5-1	$RE_2TM_{14}B$	RE = Nd、Pr、Dy TM = Fe、Co	28	220	10800	1080	10300	820	23000	1830
28/32	R5-1	$RE_2TM_{14}B$	RE = Nd、Pr、Dy TM = Fe、Co	28	220	10730	1073	10490	830	31500	2510
30/19	R5-1	$RE_2TM_{14}B$	RE = Nd、Pr、Dy TM = Fe、Co	30	240	11300	1130	10800	860	19000	1510
30/27	R5-1	$RE_2TM_{14}B$	RE = Nd、Pr、Dy TM = Fe、Co	30	240	11300	1130	10800	860	27000	2150
32/16	R5-1	$RE_2TM_{14}B$	RE = Nd、Pr、Dy TM = Fe、Co	32	260	11800	1180	11200	890	16000	1270
32/31	R5-1	$RE_2TM_{14}B$	RE = Nd、Pr、Dy TM = Fe、Co	32	260	11600	1160	11100	880	31000	2470
34/22	R5-1	$RE_2TM_{14}B$	RE = Nd、Pr、Dy TM = Fe、Co	34	270	11960	1196	11500	920	22250	1770
36/19	R5-1	$RE_2TM_{14}B$	RE = Nd、Pr、Dy TM = Fe、Co	36	290	12310	1231	11520	920	19140	1520

MMPA 简易牌号	对应 IEC 代码	化 学 成 分		磁 性 能[1]							
		合金	可能含有的元素	最大磁能积 $(BH)_{max}$		剩磁 B_r		矫顽力 H_c		内禀矫顽力 H_{cJ}	
36/26	R5-1	$RE_2TM_{14}B$	RE = Nd、Pr、Dy TM = Fe、Co	36	290	12200	1220	11700	930	26000	2070
38/15	R5-1	$RE_2TM_{14}B$	RE = Nd、Pr、Dy TM = Fe、Co	38	300	12500	1250	12000	950	15000	1190
38/23	R5-1	$RE_2TM_{14}B$	RE = Nd、Pr、Dy TM = Fe、Co	38	300	12400	1240	12000	950	23000	1830
40/15	R5-1	$RE_2TM_{14}B$	RE = Nd、Pr、Dy TM = Fe、Co	40	320	12800	1280	12000	950	15000	1190
40/23	R5-1	$RE_2TM_{14}B$	RE = Nd、Pr、Dy TM = Fe、Co	40	320	12900	1290	12400	990	23000	1830
42/15	R5-1	$RE_2TM_{14}B$	RE = Nd、Pr、Dy TM = Fe、Co	42	340	13100	1310	12700	1010	15000	1190
44/15	R5-1	$RE_2TM_{14}B$	RE = Nd、Pr、Dy TM = Fe、Co	44	350	13500	1350	13000	1030	15000	1190
48/11	R5-1	$RE_2TM_{14}B$	RE = Nd、Pr、Dy TM = Fe、Co	48	380	13750	1375	10300	820	11000	880
50/11	R5-1	$RE_2TM_{14}B$	RE = Nd、Pr、Dy TM = Fe、Co	50	400	14100	1410	10300	820	11000	880

① 为达到表中所列性能指标要求,待测样品需达到磁饱和状态。